国家科学技术学术著作出版基金资助

“十五”国家重点图书

中国农作物抗病性及其利用

李振岐　商鸿生　主编

中国农业出版社

内 容 提 要

应用抗病品种防治农作物病害是最经济有效的措施，也是农作物病害综合治理的基本途径。中国植物病理学会抗病育种专业委员会鉴于农作物抗病性研究和利用的重要性，特组织我国有关专家组成《中国农作物抗病性及其利用》编写组编写本书。

本书分上、下两篇，共25章。第1～11章为上篇，上篇为总论；第12～25章为下篇，下篇为各论。第一章为绪论，介绍农作物抗病性的研究历史和主要成就；第二章介绍农作物抗病性的概念和类型；第三章介绍农作物抗病种质资源；第四章介绍农作物的抗病机制；第五章介绍农作物抗病性的遗传与变异；第六章介绍病原物致病性分化、遗传和变异；第七章介绍农作物抗病育种；第八章介绍染色体工程与抗病育种；第九章介绍农作物杂种优势利用；第十章介绍农作物基因工程与抗病育种；第十一章介绍农作物抗病性的保持与提高；第十二章介绍小麦品种抗病性及其利用；第十三章介绍水稻品种抗病性及其利用；第十四章介绍玉米品种抗病性及其利用；第十五章介绍马铃薯品种抗病性及其利用；第十六章介绍棉花品种抗病性及其利用；第十七章介绍油菜品种抗病性及其利用；第十八章介绍花生品种抗病性及其利用；第十九章介绍大豆品种抗病性及其利用；第二十章介绍甜菜品种抗病性及其利用；第二十一章介绍烟草品种抗病性及其利用；第二十二章介绍白菜、甘蓝品种抗病性及其利用；第二十三章介绍黄瓜、西瓜品种抗病性及其利用；第二十四章和第二十五章分别介绍番茄品种和辣（甜）椒品种的抗病性及其利用。

本书为我国在农作物抗病性研究和利用方面的第一本系统性专著，内容全面，反映了我国在农作物抗病性研究和利用方面的主要成就和最新进展，对于教学、科研、农业技术和管理人员均有重要参考价值。

小麦

小麦成株期三种锈病症状

①叶锈　②秆锈　③条锈

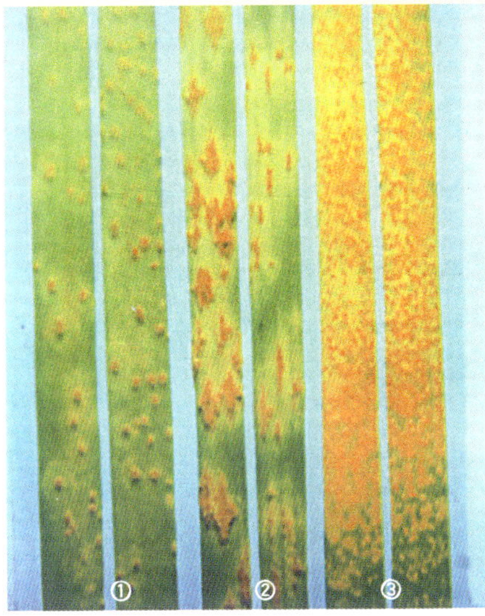

小麦苗期三种锈病症状

①叶锈　②秆锈　③条锈

小麦不同部位条锈病症状

小麦条锈病田间发病状

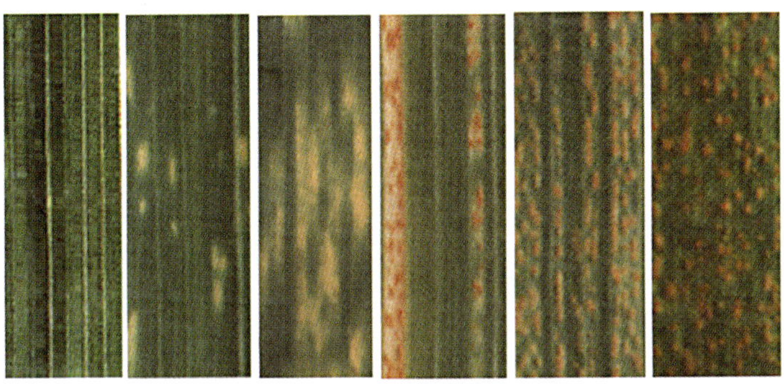

0　0;　1　2　3　4

小麦对条锈病的反应型分级标准

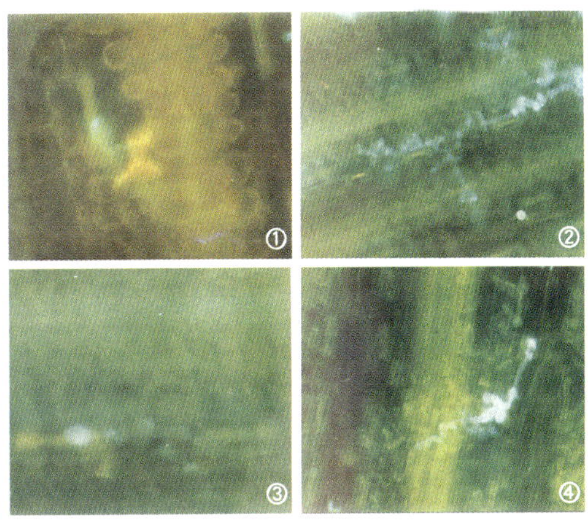

小麦低反应型抗条锈品种的过敏性坏死反应类型（显示黄色荧光的为坏死叶肉细胞）

①早期坏死抑制型（水源11）　②早期抑制型（牛朱特）　③早期坏死型（洛夫林10）　④抑制坏死延迟表达型（泰山1号）

小 麦

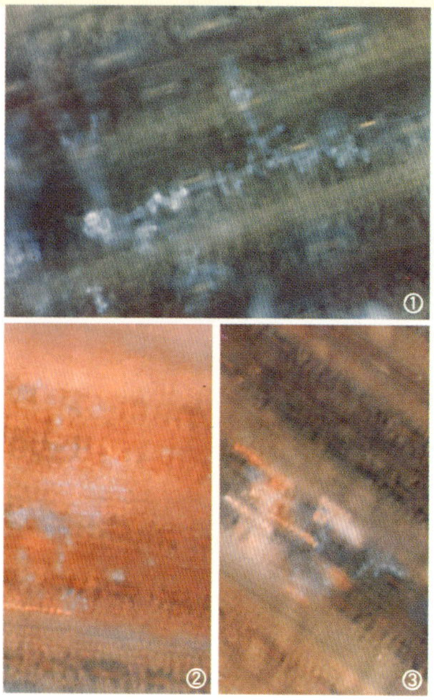

小麦慢条锈品种的过敏性坏死反应（显示黄色荧光的为坏死叶肉细胞）

①感病对照（辉县红） ②慢锈品种平原 50 ③慢锈品种农大 198

定量接种用沉降塔

①、③孢子沉降塔结构 ②使用方法

小麦秆锈病病茎秆

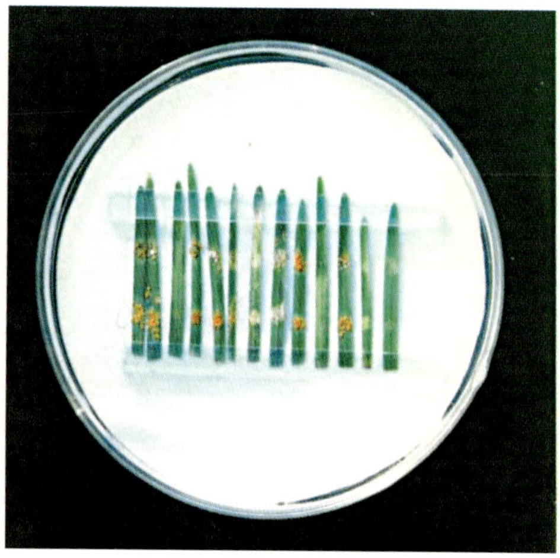

小麦秆锈病菌离体叶培养

小麦优质高产多抗品种——沈免 96

沈阳农业大学免疫研究室试验地

小 麦

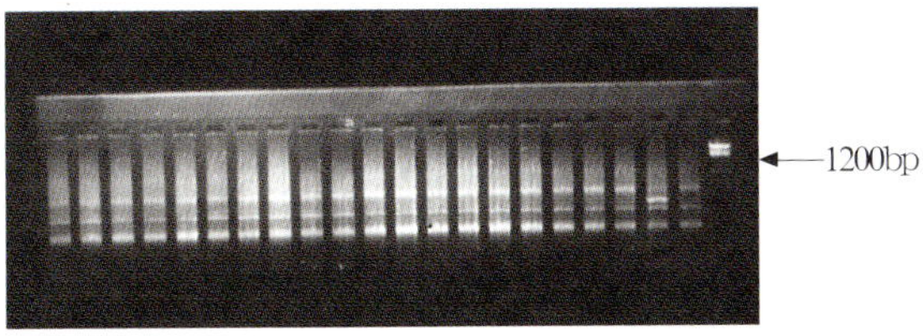

小麦抗叶锈病基因*Lr37*的ISSR标记

试验温室内叶锈接种苗的隔离培养

小麦白粉病穗部症状

小麦白粉病田间发病状

小麦赤霉病症状

小麦抗白粉病品种与感病品种比较

①感病品种　②抗病品种

小麦黄矮病田间发病状

水 稻

水稻苗瘟田间发病状

水稻叶瘟症状

水稻节瘟症状

稻瘟病田间发病状

水稻穗颈瘟症状

水稻温室育苗

稻瘟病接种方法

①喷雾接种　②注射接种　③涂抹接种　④滴注接种

水稻

接种稻瘟病菌后保湿

水稻抗瘟性分级标准

抗源水稻品种红脚占

广西野生稻鉴定圃

水稻白叶枯病田间发病症状

水稻白叶枯病症状

水稻

抗白叶枯病水稻品种汕优桂 33

稻种资源抗白叶枯病鉴定圃

抗白叶枯病水稻品种博优桂 99

抗白叶枯病水稻品种青华矮 6 号

水稻细菌性条斑病症状

水 稻

细菌性条斑病感病品种民科占(左)与抗病品种双桂1号(右)

水稻纹枯病发病状

多抗性水稻品种湘早籼19号

高耐条纹叶枯病
水稻品种明恢63

高感条纹叶枯病
水稻品种06381

中度耐条纹叶枯病
水稻品种合系128

玉 米

玉米大斑病（左）和小斑病（右）症状比较

玉米瘤黑粉病症状

玉米丝黑穗病雌穗症状

玉米丝黑穗病叶片症状

玉米丝黑穗病矮化丛生病株

玉米丝黑穗病雄穗症状

棉 花

棉花黄萎病症状

棉花黄萎病症状

棉花抗枯萎病品种与感病品种田间比较

抗黄萎病棉花品种中植86-6与中17选系比较

棉花枯萎病和黄萎病病株剖茎比较

①枯萎 ②黄萎 ③健株

棉花

棉花枯萎病症状——绉缩型

棉花枯萎病症状——紫红型

棉花枯萎病症状——黄化型

棉花枯萎病症状——青枯型

棉花枯萎病症状——网纹型

油料作物

油菜

油菜病毒病病叶

油菜病毒病病株

油菜病毒病病叶

油菜菌核病病叶

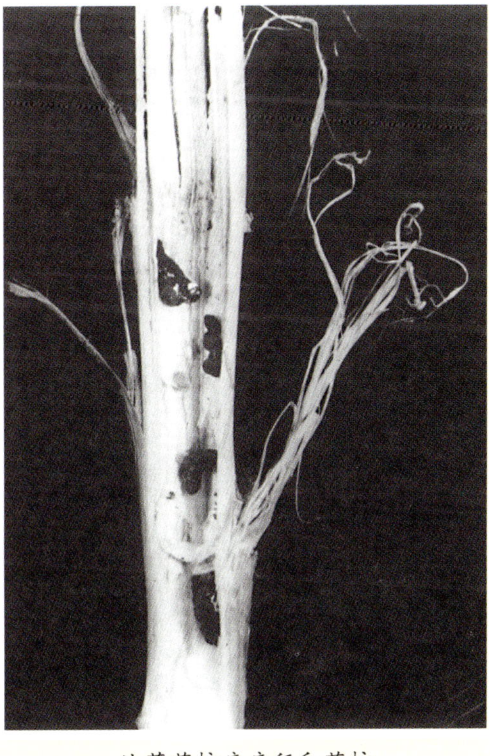

油菜菌核病病秆和菌核

油料作物

花生

花生青枯病症状

抗花生青枯病品种田间对比试验

花生锈病症状

大豆

大豆锈病反应型（过敏型）

大豆锈病反应型（局限型）

大豆锈病反应型（枯斑型）

大豆锈病反应型（扩散型）

蔬菜

观察接菌大白菜对黑腐病菌的抗病性表现

白菜黑斑病苗期抗病性鉴定时加湿器安装法

接种白菜保湿24小时后揭膜

接种用喷枪

用喷枪接种病毒

应用真叶滴接法鉴定不结球白菜抗黑斑病的分级标准

蔬菜

利用大白菜苗期抗病性筛选抗病材料

秦白系列品种抗病性鉴定

秦白系列品种

秦白系列品种示范田

抗 ToMV、CMV 和叶霉病的中杂 8 号番茄品种

辣椒感染病毒植株与转基因抗病植株比较

①病株 ②转基因抗病株

中农 8 号黄瓜（抗霜霉病、白粉病、枯萎病、病毒病等病害）

编 写 人 员

主　编：李振岐　商鸿生

副主编：吴立人　许志刚　孙恢鸿　马　存　李明远

编写人（参编单位按章节次序，编写人员按姓氏笔画排序）

西北农林科技大学：	马秉元　王　阳　王美南　井金学　左豫虎　吉万全　李　硕　李振岐　何蓓如　段双科　郭蔼光　康振生　商鸿生　薛秀庄
中国农业科学院植物保护研究所：	马　存　王锡锋　牛永春　吴立人　陈万全　周广和　段霞瑜　盛宝钦
沈阳农业大学：	张书绅
河北农业大学：	朱之堉　杨文香　徐大庆
江苏省农业科学院植保研究所：	王裕中　陈怀谷
贵州大学：	张庆勤
中国农业科学院水稻研究所：	沈　瑛
南京农业大学：	许志刚
福建农林大学：	林含新　谢联辉
广西壮族自治区农业科学院植物保护研究所：	孙恢鸿
东北农业大学：	田兴亚　欧阳广琪
中国农业科学院油料研究所：	李丽丽　余子林　谈宇俊
中国农业科学院甜菜研究所：	戚洪泉
中国农业科学院烟草研究所：	王凤龙　朱贤朝　孔繁玉　郭永峰
北京农林科学院植保环保研究所：	李明远
中国农业科学院蔬菜花卉研究所：	冯兰香　冯东昕　李宝栋
江苏省农业科学院蔬菜研究所：	王述彬

前　　言

应用抗病品种防治农作物病害是最经济、有效的措施，也是农作物病害综合治理的最基本途径。我国老一辈植物病理学家和作物抗病育种学家自20世纪30年代起就开始从事农作物抗病性的研究与利用，取得了很多成绩，为我国农作物抗病性研究和利用奠定了良好的基础。新中国成立后54年来，在党和政府的大力支持下，在植物病理学家和抗病育种学家的共同努力下，小麦、水稻、玉米、马铃薯、棉花、油料作物和蔬菜等主要农作物抗病性研究和利用都取得了巨大成就，在生产上发挥了重要作用。我国过去尚无一本这一方面的系统专著，中国植物病理学会抗病育种专业委员会有鉴于此，在中国农业出版社的大力支持下，由西北农林科技大学李振岐院士和商鸿生教授任主编，由西北农林科技大学、沈阳农业大学、河北农业大学、中国农业科学院、南京农业大学、福建农林大学、北京市农林科学院、东北农业大学和江苏省农业科学院、贵州大学、广西壮族自治区农业科学院等11个单位有关专家组成了编写组，共同编写《中国农作物抗病性及其利用》一书。

本书分上、下两篇，共25章。第1～11章为上篇，上篇为总论；第12～25章为下篇，下篇为各论。第一章为绪论，介绍农作物抗病性的研究历史和主要成就，由李振岐编写；第二章介绍农作物抗病性的概念和类型，由商鸿生编写；第三章介绍农作物抗病种质资源，由井金学编写；第四章介绍农作物的抗病机制，由商鸿生编写；第五章介绍农作物抗病性的遗传与变异，由商鸿生、李硕、王美南编写；第六章介绍病原物致病性分化、遗传和变异，由康振生、左豫虎编写；第七章介绍农作物抗病育种，由井金学、王阳编写；第八章介绍染色体工程与抗病育种，由薛秀庄、吉万全编写；第九章介绍农作物杂种优势利用，由何蓓如编写；第十章介绍农作物基因工程与抗病育种，由郭蔼光编写；第十一章介绍农作物抗病性的保持与提高，由李振岐、王阳编写。第十二章介绍小麦品种抗病性及其利用，由牛永春、张书绅、陈万全、朱之堉、杨文香、徐大庆、盛宝钦、段霞瑜、段双科、张庆勤、王裕中、陈怀谷、王锡锋、周广和等编写；第十三章介绍水稻品种抗病性及其利用，由孙恢鸿、沈瑛、许志刚、谢联辉、林含新等编写；第十四章介绍玉米品种抗病性及其利用，由马秉元编写；第十五章介绍马铃薯品种抗病性及其利用，由田兴亚和欧阳广琪编写；第十六章介绍棉花品种抗病性及其利用，由马存编写；第十七章介绍油菜品种抗病性及其利用，由李丽丽编写；第十八章介绍花生品种抗病性及其利用，由谈宇俊编写；第十九章介绍大豆品种抗病性及其利用，由余子林、谈宇俊编写；第二十章介绍甜菜品种抗病性及其利用，由咸洪泉编写；第二十一章介绍烟草品种抗病性及其利用，由朱贤朝 、王凤龙、孔繁玉、郭永峰编写；第二十二章介绍白菜、甘蓝品种抗病性及其利用，由李明远编写；第二十三章介绍黄瓜、西瓜品种抗病性及其利用，由冯东昕、李宝栋编写；第二十四章介绍番茄品种抗病性及其利用，由冯兰香编写；第二十五章介绍辣（甜）椒品种抗病性及其利用，由王述彬编写。全书由商鸿生修订定稿。

在本书编写过程中，还得到西北农林科技大学植物保护学院的陈崇义、徐智斌、庄 华、尹晓飞等同志的大力协助，对他们的热心帮助致以最诚挚的谢意。本书的出版得到了国家科学技术学术著作出版基金的资助，全体编写人员表示衷心感谢。

由于编者水平有限和经验不足，错误和疏漏之处在所难免，敬请有关专家和读者批评指正。

李振岐　商鸿生

2005年3月15日

目　　录

下篇　各　　论

上篇　总论

第一章　绪论

第二章　农作物抗病性的概念和类型

第三章　农作物抗病种质资源

第四章　农作物的抗病机制

第五章　农作物抗病性的遗传与变异

第六章　病原物致病性的分化、遗传和变异

第七章　农作物抗病育种

第八章　染色体工程与农作物抗病育种

第九章　农作物杂种优势利用

第十章　作物基因工程与抗病育种

第十一章　农作物抗病性的保持与提高

第一章

绪　　论

第一节　抗病性利用在农作物病害防治中的作用

一、防治农作物病害的重要性

自从人类驯化栽培植物进行农业生产活动以来，植物病害一直是作物生产的最大威胁之一。例如远在公元前700年古罗马时代就有麦类锈病流行成灾的记载。植物的瘟病、枯萎病、黑穗病等对作物生产的危害在历史上也早有记载。因而，为了保证自己的生存和发展，人类自古以来一直在自觉和不自觉地与栽培植物上所发生的各种病害做斗争，以期减少其危害，更好地实现自己生产的目的。在农作物病害流行史上所发生的一些重大病害事件，例如1844—1846年由于马铃薯晚疫病的流行所造成的爱尔兰饥荒；1942年由于水稻胡麻斑病的流行所造成的孟加拉饥荒；1870年由于咖啡锈病的流行，使斯里兰卡的咖啡全部毁产；1970年和1971年由于玉米小斑病的流行，使美国玉米生产遭受重大损失；1950年我国小麦条锈病大流行损失小麦60亿kg等等，都使人们更加深刻地认识到防治农作物病害的重要性。

在农业现代化生产中，植物病害对作物的威胁并未减轻，而是随着耕作制度的改变，品种的更换，尤其是随着品种的单一化种植和栽培条件的改变，还有加重的趋势。近年来国内外的生产实践一致证明，要获得农作物的高产、优质和稳产，必须做好农作物病害的防治，并将其作为保证高产、优质和稳产的重要措施之一。

二、抗病性利用在农作物病害综合治理中的作用

国内外的经验证明，防治农作物病害必须采取综合治理策略，而应用抗病品种是农作物病害综合治理的最基本途径。利用抗病性来防治农作物病害，是人类最早采用的防治植物病害的方法。尽管19世纪中期以后，一个时期由于“惟病原论”和“绝对防治论”的思想影响，在农作物抗病性的利用方面曾走过一段弯路，片面强调了专化抗病性的作用，但抗病性利用在农作物病害防治中的重要作用并未减弱，而是随着抗病育种工作的开展，愈加受到人们的重视。20世纪70年代以来，由于生态系统观点的指导和系统工程学方法的引入，对农作物病害的防治策略水平有了根本改变，提出了“综合治理”的策略，但抗病性利用仍然是最基本和最重要的措施。即使在药剂防治为主的情况下，也要求农作物本

身有一定程度的抗病性，才能更好地发挥药剂防治的作用。

为什么抗病性利用在农作物病害防治上有如此重要的作用？这是由于“内因是根据，外因是条件”，只有选用抗病品种和通过各种途径提高农作物的抗病性，充分发挥农作物本身的抗病作用，并以此为基础，协调应用其他防治措施，才能取得最好的防治效果。

利用抗病性防治农作物病害的另一优点是不需增加投资，经济，简便，易行，且不污染环境，因而最受广大农民群众欢迎。

过去对农作物病害，尤其是对小麦、水稻、棉花、玉米等大田作物病害的防治实践也充分证明，利用抗病性是防治农作物病害的最基本和最重要的途径。例如，由于合理地应用以抗病品种为主的综合防治措施，1956 年以来我国的小麦秆锈病基本上得到了控制；1956—1976 年小麦条锈病的流行基本上得到了控制；1972 年以来，由于推广了抗病品种，棉花枯萎病的危害也大为减轻。

第二节 农作物抗病性研究和利用简史

一、19 世纪中后期

尽管人类从远古驯化栽培植物以来，就自觉或不自觉地开始利用抗病性来防治植物病害，但直至 19 世纪中期，生产进一步发展和一些重大病害事件，特别是马铃薯晚疫病大流行的影响所造成的爱尔兰饥荒，使人们开始从神道观念束缚中解放出来，才推动了农作物抗病育种工作的发展。这一时期达尔文（C. R. Darwin，1859）的“物种起源”学说、巴士德（L. Paster，1822—1895）的“微生物病原”学说、狄巴利（Anton de Bary，1831—1888）的“病害传染”学说相继问世，1830 年狄巴利又提出破坏性共生现象等，才使人们对农作物抗病性开始有了认识，并开始了研究活动，取得了一些成果。如 1880 年英国选种家 Clark 用马铃薯“早玫瑰”品种与“英国胜利”杂交，育成了抗晚疫病品种“马德波特・沃皮特”。Liebig（1863）发现增施磷肥可以提高马铃薯对晚疫病的抗性，而偏施氮肥可加重发病。1896 年 Eriksson 和 Hening 发现小麦对锈病的反应有严重感染、轻度感染和近乎完全抵抗三种类型，并建议在生产上应用近乎完全抵抗的品种。1879 年和 1894 年 Shrödter 和 Eriksson 先后发现醋栗锈病菌（*Puccinia caricis*）和谷类秆锈菌（*Puccinia graminis*）有寄生专化现象。以上这些研究结果，为 20 世纪初期以后农作物抗病育种工作的发展，以及人类以科学理论为依据，积极地研究和利用植物抗病性奠定了基础。因而也可以说，这一阶段就是农作物抗病育种的萌芽时期。

二、20 世纪初期

20 世纪初期，植物抗病性的研究和利用工作进入了一个新的阶段。这一时期主要有以下进展：

（一）建立了遗传学理论

1900 年孟德尔（G. J. Mendel）的遗传定律被重新肯定，为植物抗病性的研究和利用提供了遗传学理论。1905 年 Biffen 用小麦抗条锈品种 American Club 与感条锈品种 Michigan Bronze 杂交和用大麦抗白粉病品种与感白粉病品种杂交证明，植物的抗病性不但可以遗传，而且是按照孟德尔的遗传定律遗传。1909 年 Orton 用栽培种西瓜 Eden 与饲料西瓜 Citon 杂交，并按照孟德尔的遗传定律在子 2 代和子 3 代继续选择，选出了抗萎蔫病的食用西瓜“胜利者”。

（二）发现病菌有生理分化现象

在前人工作基础上，1917 年 Stakman 和 Piemeisel 又发现小麦秆锈菌内有生理小种的分化。这一发现为专化抗病育种奠定了理论基础。

（三）开始研究病原菌致病性的遗传和变异

1904 年 Blackeslee 发现毛霉菌有异宗配合现象，1927 年 Criegie 又发现秆锈菌也有异宗配合现象。这些发现，为研究病原真菌的有性杂交和遗传开创了道路。其后在 20 世纪 30 年代前后，许多学者进行了有性杂交试验，证明小种内、小种间、专化型间均可通过有性杂交产生新的致病类型。这一时期在病原真菌的突变方面也做了大量工作，证明病原真菌可通过突变产生新的致病类型。此外，1932 年 Hansen 和 Smith 还在半知菌中发现了异核现象。

（四）提出了一些有关植物抗病机制的学说

这一时期还提出了一些有关植物抗病机制的学说。如毒素和抗毒素学说（Ward，1902）、酸度学说（Comes，1910）、渗透压学说（Dougal，1910）、膨压学说（Rivera，1913）、抗体及拟抗体学说（Кричевский，1916）和植物免疫发生学说（Вавилов，1919）。此外，瓦维洛夫还于 1939 年出版了《植物对侵染性病害的免疫学》专著。

由以上所述可知，这一时期植物免疫学作为一门学科已开始形成，为抗病育种工作奠定了理论基础。

三、20 世纪中期

进入 20 世纪中期即 40～60 年代，植物抗病性的研究和利用工作得到了进一步发展。这一时期在理论方面的最重要建树是弗洛尔（H. H. Flor，1942）在深入研究了亚麻与锈菌的遗传关系后，提出了“基因对基因”假说（gene—for—gene hypothesis），为在基因水平上和从寄主与病原物之间的相互关系方面研究植物的抗病性提供了理论依据。与此同时，在植物抗病性与外界环境的关系方面也有了进一步的认识。

这一时期的工作，除了进行大量的品种抗病性鉴定、选育出一大批抗病良种外，还有以下重要进展：

（1）在过去工作基础上进一步开展了植物病原菌致病性的遗传和变异研究，发现病菌可以通过准性生殖产生变异（Pontecorvo，1953）。

（2）在植物抗病性的遗传变异规律和寄主与病原物相互关系方面开展了许多研究，取得了较大进展。

（3）开始了物理、化学和人工免疫研究。

（4）在植物抗病机制方面做了大量研究，又提出了一些新的假说。如退化学说（斯特拉霍夫，1959）、杀生素学说（维尔捷列夫斯基，1959）、酶学说（鲁宾，1960）。

（5）一批新的关于植物免疫的理论著作先后问世。如《植物免疫性的发生及其应用》（杜宁，1946），《植物侵染性病害原理》（高又曼，1951），《植物免疫生理学》（苏霍鲁柯夫，1959)，《植物病害原理》(E. C. Stakman 和 J. G. Harrar，1957)，《植物病理学，问题和进展》(C. S. Holton 等)，《植物侵染性病害的简明教程》(高尔连科，1959)，《植物免疫生理与生化》(鲁宾，1960)，《植物免疫学》(北京农业大学，1961) 等。

总之，这一时期在植物抗病性的研究和利用方面，无论在理论上和技术上均有了较大发展，使植物免疫学的各方面内容都得到了进一步充实和提高。

四、20 世纪 70 年代以后的新发展

20 世纪 70 年代以后，植物抗病性的研究和利用工作无论在广度和深度方面均有了很大发展。从广度方面，开始应用生态系统观点、群体遗传学观点和系统工程学方法进一步揭示了在不同条件下病原物的致病性和植物的抗病性及其相互关系的规律，并且根据“相对防治论”的策略思想，提出了综合应用专化抗病性与一般抗病性，稳定病菌群体毒性变异，延长品种使用年限的新策略。从深度方面，开始应用分子生物学、分子遗传学等学科的先进理论与技术及其他有关的现代化手段和设备，在细胞、亚细胞和分子水平上进一步揭示了病原物致病性和品种抗病性及其相互作用的机制，并且在诱导抗病性研究和运用各种生物技术，如细胞工程育种、分子标记育种和基因工程育种技术等选育抗病新品种方面取得了一些突破性进展。此外，又有一批新的关于植物抗病性研究的专著问世。总之，这一时期在植物抗病性研究和利用的各个方面均有了很大进展。关于这一阶段各方面进展的具体内容将在本书有关章节加以详细介绍，兹不赘述。

第三节　我国在农作物抗病性研究和利用方面取得的主要成就

一、新中国成立前的工作

我国有几千年农业生产历史，在长期的农业生产实践中，我国劳动人民积累了极其丰富的抗病丰产栽培经验，同时也培育了无数的适应各种生态环境的抗、耐病农家品种，在生产上发挥了巨大作用。新中国成立前我国植物抗病性的研究和利用工作发展很慢，从本世纪 30 年代才开始从事这方面的研究。俞大绂 (1928—1929) 研究了小麦品种对秆黑粉病的抗性，发现金大 716 有高度抗病性；沈其益 (1934) 研究了小麦抗秆黑粉病的遗传；涂治 (1934)、尹莘芸 (1947) 和方中达 (1944) 以及王焕如 (1942) 先后分别研究了小麦秆锈菌、条锈菌和叶锈菌的生理小种；凌立 (1945) 研究了中国小麦秆锈菌转主寄主的作用等。这些研究工作为后续工作的开展奠定了良好基础。

二、新中国成立后的成就

新中国成立后，在党和政府的热情关怀和大力支持下，我国植物抗病性的研究和利用工作得到了迅速发展，主要取得了以下成就：

(1) 在稻、麦、棉、玉米、薯类、油菜、果树、蔬菜等各种农作物方面大规模地开展了抗病、丰产良种的选育工作，选育出一大批抗病良种在生产上推广应用，对控制我国一

些重要病害，如稻瘟病、稻白叶枯病、小麦三种锈病、玉米大斑及小斑病、马铃薯晚疫病、马铃薯病毒病和棉花枯萎病和黄萎病等的危害起了巨大作用（蔡旭，1988）。

（2）从国内外广泛搜集抗病种质资源，并以主要作物和主要病害为重点，系统地进行了抗病性鉴定，积累了大量资料，为抗源材料的合理利用和抗病品种的选育与合理利用，以及抗病性的研究提供了重要条件（董玉琛、郑殿升，2000；魏育明，2000）。

（3）以小麦条、秆、叶锈病菌及小麦白粉病菌、稻瘟病菌、稻白叶枯病菌、玉米小斑病菌、棉花枯萎病菌、棉花黄萎病菌、十字花科病毒病等为主，对我国农作物重要病菌的生理小种（致病型、株系）及其致病性进行了分析测定，为抗病品种选育和利用以及抗病性研究提供了重要依据（汪可宁、谢水仙等，1988；杜正文，1991；陈其煐等，1990）。

（4）在病菌变异（李振岐、商鸿生，1989；黄振涛、曹远银等，1991）、抗病性遗传（蔡旭，1988）、抗病机制、栽培抗病、诱导抗病性及现代生物技术育种，包括染色体和细胞工程育种、分子标记育种、基因工程育种等方面（王关林、方宏筠，1998；成卓敏等，1996；范云六等，1995；徐建龙等，1996）均进行了一定工作，取得了一些可喜的进展，为进一步开展工作打下了良好的基础。

（5）研究和建立了病菌的DNA分子遗传标记体系，为研究病菌群体的遗传学奠定了技术基础。

（6）出版了一批专著，发表了大量论文。

农作物抗病性的研究和利用虽然取得了很多成就，但在不少方面特别是在抗病性的遗传和抗病机制研究，多抗性品种的选育，以及现代生物技术的应用等方面与发达国家相比还有一定差距。为此，今后必须大力加强农作物抗病性理论和先进技术的研究和应用，以便使我国农作物抗病性的研究和利用工作得到迅速提高，早日赶上国际先进水平，更好地为我国农业现代化建设服务！

参　考　文　献

[1] 埃·高又曼．植物侵染性病害原理．北京：农业出版社，1958

[2] 北京农业大学．植物免疫学．北京：农业出版社，1961

[3] 蔡旭主编．植物遗传育种学．北京：科学出版社，1988

[4] 陈其煐，李典谟，曹赤阳主编．棉花病虫害综合防治及研究进展．北京：中国农业科技出版社，1990

[5] 陈熙主编．植物免疫学．上海：上海科学技术出版社，1989

[6] 陈秀峰，张硕成，单卫星编著．植物病害生物防治．西安：陕西人民教育出版社，1993

[7] 成卓敏，何小源，陈彩层．应用基因工程创造抗黄矮病毒转基因工程小麦新种质．植物保护，1996，22（3）18～20

[8] 董玉琛，郑殿升主编．中国小麦遗传资源．北京：中国农业出版社，2000

[9] 杜正文主编．中国水稻病虫害综合防治策略与技术．北京：中国农业出版社，1991

[10] 范云六，时光春．创建持久抗晚疫病资源的新途径及其基础研究．农业生物技术学报，1995，3（4）：10～15

[11] 黄河．马铃薯对晚疫病的水平抗性研究．马铃薯，1983（1）：6～15

[12] 黄振涛，曹远银，姚平等. 小麦秆锈菌不同小种间相对生存能力研究. 植物病理学报，1991，21 (1)：65～71
[13] 雷新云，李怀芳，裘维蕃等. 植物诱导抗性对病毒致死作用及诱导物质 NS-83 机制的探讨. 中国农业科学，1987，29 (4)：1～5
[14] 李光博，曾士迈，李振岐主编. 小麦病虫草鼠害综合治理. 北京：中国农业科技出版社 . 1990
[15] 李振岐. 我国小麦品种抗条锈性丧失原因及其解决途径. 中国农业科学，1980，13 (3)：72～77
[16] 李振岐，商鸿生. 小麦锈病及其防治. 上海：上海科学技术出版社，1989
[17] 李振岐主编. 植物免疫学. 北京：中国农业出版社，1995
[18] 李振岐，曾士迈主编. 中国小麦锈病. 北京：中国农业出版社，2002
[19] 刘国胜，刘玉乐，李胜国等. 病原细菌无毒基因 *avrD* 介导的抗赤星病转基因烟草. 植物病理学报，1996，26 (2)：165～170
[20] 刘万才，邵振润，姜瑞中主编. 小麦白粉病测报与防治技术研究. 北京：中国农业出版社，2000
[21] 汪可宁，谢水仙，刘孝坤等. 我国小麦条锈病防治的研究进展. 中国农业科学，1988，21 (2)：1～8
[22] 王关林，方宏筠主编. 植物基因工程原理与技术. 北京：科学出版社，1998
[23] 王金生. 分子植物病理学. 北京：中国农业出版社，1999
[24] 魏育明. 小麦特异种质资源分子生物学研究. 博士学位论文，雅安：四川农业大学，2000
[25] 吴元华，郑云泽，贝纳新等. 转马铃薯 Y 病毒复制酶基因烟草的获得及抗病性分析. 中国烟草科学，1997，1 (3)：23～26
[26] 徐建龙，林贻滋，翁锦屏等. 水稻白叶枯病抗性基因的聚合及其遗传效应 1. 作物学报，1996，22 (2)：129～134
[27] 徐建龙，林贻滋，张炳林. 水稻白叶枯病抗病基因 *Xa-21* 的初步利用. 浙江农业学报，1996，8 (2)：70～73
[28] 曾士迈. 关于植物的水平抗病性. 植物保护，1979，5 (2)：1～3，(3)：34～38
[29] 曾士迈. 抗病育种见：华南农业大学等编 . 植物遗传育种学. 北京：科学出版社，1976，512～519
[30] 曾昭慧主编. 中国水稻病虫综合防治进展. 杭州：浙江科学技术出版社，1987
[31] 张鹤龄，宋艳茹，彭学贤. 表达马铃薯 X 病毒和 Y 病毒双价外壳蛋白基因马铃薯植株的抗病性. 病毒学报，1996，12 (4)：360～366

第二章

农作物抗病性的概念和类型

植物的抗病性是指植物避免、中止或阻滞病原物侵入与扩展，减轻发病和损失程度的一类特性。抗病性是植物与其病原生物在长期的协同进化中相互适应、相互选择的结果。病原物形成了不同类别、不同程度的寄生性和致病性，植物也相应地形成了不同类别、不同程度的抗病性。植物对侵染性病害的抵抗性，即抗病性，是寄主植物最重要的属性之一。在寄主植物与其病原物长期相互制约、相互适应的协同进化过程中，病原物发生了寄生性分化，产生了复杂多样的致病性因素，寄主植物也出现了多种抗病性类型和复杂的抗病机制。

第一节　抗病性归类依据和主要类型

植物的结构抗病性是植物体所具有的能减轻或克服病原物致病作用的可遗传的性状。有时特指植物抵抗病原物侵入、扩展和繁殖的性状。这是一类人类认识最早、应用最广的抗病性。植物抗病性可以出于不同的目的，从不同的角度，按照不同的标准，赋予不同的概念，划分为多种类型。

一、按植物的抗病机制分类

按照抗病机制和抗病因素的不同，植物的抗病性可分为被动抗病性（passive resistance，preformed resistance）和主动抗病性（active resistance，postinfectional resistance）。

植物具有复杂多样的抗病因素，有些因素在接触病原物之前就已存在，它们所确定的抗病性称为“被动抗病性”。被动抗病性还可以划分为物理抗病（physical defence）和化学抗病（chemical defence）两类。物理的被动抗病性是由植物所固有的形态的、机能的和组织结构的物理因素所确定的，其中包括植物体表的形态结构、木栓化组织、木质化组织、导管的组织结构特点、花器结构和开花习性等等。化学的被动抗病性因素则是病原物侵染前既存的生理生化因素，例如植物体内的天然抗菌物质、葡聚糖酶、几丁酶、酶抑制物质以及植物根部和叶片的溢泌物质等。

植物的主动抗病性是病原物侵染所诱导的。主动抗病性因素也可以划分为物理的和化学的两大类，但不论是何种因素，在病原物侵染之前，或者尚不存在，或者尚未活化，处于很低的水平，病原物的侵染才使之产生或活化。植物的主动抗病反应，即保卫反应，反映了侵染诱导的植物代谢过程的改变。

植物抗病性还可以按照表达的病程阶段不同而划分为抗侵入、抗扩展、抗（病原物）繁殖、抗损失等。其中以抗侵入和抗扩展最常见，前者导致了病原物的侵入数量和侵染点减少，发病率降低，后者限制了病原物在植物体内的定殖和发展，改变了病斑类型或降低了发病严重度。

植物对病毒的抗病性，因历史的原因，其类型的划分和所用术语与真菌和细菌病害不同，至今也未能统一。联系到抗病机制和抗病因素，植物对病毒的抗病性一般分为以下几种：

（1）极度抗病性（extreme resistance）或免疫（immunity）：病毒不能侵染，接种后不表现任何症状，体内也检测不到病毒粒体。

（2）过敏性抗病性（hypersensitivity，hypersensitive resistance）：接种后植物细胞迅速坏死，抑制了病毒增殖和扩展。

（3）抗病性（resistance）：泛指过敏性抗病性以外的各种抗病类型，情况很复杂，多指抑制和延迟病毒增殖与症状表达。有人根据抗病机制划分为抗侵入（resistance to virus infection），抗病毒定殖和抗扩展（resistance to establishment and spread of virus in host plant），抗病毒增殖（resistance to virus multiplication），限制病毒移动（resistance to virus movement）。

（4）耐病性（tolerance）：多指植物被病毒侵染后，症状轻微，但体内病毒粒体浓度并不降低的现象，此时病毒的复制和移动并未受到明显抑制。

二、按抗病性指标和表达特点分类

植物的抗病性可以用多种指标衡量，这些指标大致可分为两大类，即定性指标和定量指标。对产生局部病斑的病害来说，病害反应型，即病斑类型，就是一种定性指标，它反映了寄主和病原物相互作用的性质。当发生过敏性坏死反应时，病斑较小，周边有明显的枯死或褪绿组织，病原菌的繁殖受到限制，这是抗病的表现，划为较低等级的反应型或确定为抵抗型病斑，而不发生过敏性坏死反应，病斑周围无明显枯死或褪绿组织，扩展不受限制，病斑较大，病原菌正常繁殖，则是感病的特征，划为较高级别的反应型或确定为感染型病斑。抗病性若用定性指标来衡量和表示，则称为定性抗病性（qualitative resistance）。在麦类作物对锈病等病害的抗病性研究中，还将表现过敏性反应和低反应型的抗病性特称为“低反应型抗病性”（resistance of low infection type）。

用以衡量抗病性的定量指标种类很多，例如发病率、病害严重度、病情指数、病斑数量、病斑大小、病原物繁殖程度等等。在衡量农作物对根病的抗病程度时，有的甚至用病株地上部高度或干重作指标。凡用定量性状表示的抗病性称为定量抗病性（quantitative resistance ）。

在研究马铃薯对晚疫病的抗病性和大麦对叶锈病的抗病性时，还提出了“部分抗病性”（partial resistance）的概念（Niederhauser 和 Mills，1953；Parlevliet 和 van Ommeren ，1975）。部分抗病性是一种定量抗病性，抗病品种的反应型虽较高，但发病的定量指标较低。有人认为，它不是由产生过敏性坏死反应的机制所决定的。

慢发抗病性，例如麦类作物的“慢锈性”，“慢（白）粉性”等，也是以定量指标度量的。在具有慢病性的品种上，病害普遍率和严重度较低且上升速度较缓，病原菌菌落小而少，扩展缓慢，再生能力弱，产孢较少，寄主产量降幅较小。度量指标有病害严重度、病情指数、病害流行曲线下面积（AUDPC）、表观流行速度（r）等。还有的用慢病性组分，例如潜育期、侵染频率、产孢期、产孢量、产孢指数、菌落密度、病斑数量等需精细测定的指标。袁文焕等（1995）对具有慢条锈性的 38 个小麦品种进行了比较研究，结果表明严重度发展速度的快慢与其反应型高低之间没有必然联系，严重度也有小种专化性，但严重度高低与小种专化性强弱之间也没有因果关系。曹克强等（1989）对小麦品种慢叶锈性的研究也证明慢病性有专化性。

数量性状抗病性表现为潜育期较长，侵染频率较低和产孢率较低，称为“部分抗病性”。且这些抗病性组分是多基因控制的，并假设为非小种专化的与持久的。已发现寄主具有定量抗病性的病害有小麦条锈病、小麦秆锈病、小麦叶锈病、玉米锈病（*Puccinia sorghi*，*P. polysora*）、小麦白粉病、大麦白粉病、马铃薯晚疫病、莴苣霜霉病（*Bremia lactucae*）、大麦云斑病（*Rhynchosporium secalis*）、玉米大斑病、水稻白叶枯病、马铃薯 X 病毒、马铃薯 Y 病毒、花生锈病、大白菜细菌性软腐病、菜豆枯萎病（*Fusarium solani* f. sp. *phaseoli*）、菜豆丝核菌病害（*Rhizoctonia solani*）、菜豆细菌性疫病（*Xanthomonas phaseoli*）、蚕豆灰霉病（*Botrytis fabae*）等等。

定量抗病性的遗传规律只在少数寄主—病原物系统中作过详细研究，现已知定量抗病性常为若干微效至中等效应的基因所控制，在大多数情况下，所涉及的基因数目并不很多。小麦对叶锈的定量抗病性涉及 2～3 个基因，对秆锈病的涉及 3～5 个基因，西欧的大麦品种携带 1～5 个控制对叶锈病定量抗病性的微效基因。

过去有人认为定量抗病性是非小种专化的，但精密的试验证明，在许多寄主—病原物体系中，定量抗病性也存在微小的小种专化效应。

植物抗病性表达的生育阶段也有所不同。有些农作物品种的抗病性在苗期就能表达，并得以进行抗病性鉴定，这类抗病性称为苗期抗病性（seedling resistance）。有些品种只有在植株充分发育后，抗病性才能表达，这类只在成株期表达的抗病性称为成株抗病性（adult resistance）。由于成株抗病性在田间易于发现和鉴定，又称为田间抗病性（field resistance）。

还有一类抗病性，在特定的植物器官表达，称为器官专化抗病性（organ-specific resistance)。例如，水稻对稻瘟病的抗病性即具有器官分化，抗叶瘟的品种不一定抗穗颈瘟，抗穗颈瘟的品种不一定抗叶瘟。马铃薯茎叶对晚疫病的抗病性与块茎的抗病性也不一定相同。

三、按抗病性的专化性分类

病原菌有致病性分化现象，同一种病原菌的群体中可能有许多形态相同，但致病性不同的类型，即生理小种。相应的，农作物不同品种的抗病性也可能有所不同。品种的抗病性可能仅仅对某个或某几个小种有效，而不能抵抗其他小种，这种抗病性类型是小种专化性抗病性（race-specific resistance）。不具有此种特性的抗病性则称为非小种专化性抗病性（race-non-specific resistance ）。对活物寄生菌侵染引起的病害，例如锈病、白粉病、霜霉病等，以及一些死物寄生菌引起的病害，小种专化性抗病性因抗病效能高、遗传方式简单、易于鉴定和进行育种操作，已成为广泛应用的主要抗病性类型。其主要缺点是可以被新的毒性小种所克服，从而导致抗病品种"丧失"抗病性。

在现代抗病育种事业肇始之前，非小种专化性抗病性曾长期被人类"不自觉"地应用，但在现代抗病育种过程中因人类刻意选择小种专化性抗病基因（*R*-基因），非小种专化性抗病性因不被选择而"流失"。非小种专化性抗病性还常作为品种的背景抗病性而存在，也被称为一般抗病性（general resistance）。

各种病原物都有其一定的寄主范围，能够被某种病原物寄生和致病的植物物种，是其寄主植物，寄主范围以外的则为非寄主，非寄主植物具有的抗病性称为非寄主抗病性（nonhost resistance ）。随着染色体工程和基因工程的发展，人类已经可以转移和利用农作物近缘种属，甚或不相关生物的有用基因，建立抗病植株，因而非寄主抗病性的研究和利用日益受到重视。

四、按抗病性的遗传方式分类

植物的抗病性绝大多数是由细胞核基因控制的，有的是由一个或少数几个基因控制，被称为单基因抗病性（monogenic resistance）或寡基因抗病性（oligogenic resistance ），通称为主效基因抗病性（major gene resistance ）。由主效抗病基因（*R*-基因）控制的抗病性是当前人类所利用的主要植物抗病性类型，此种主效基因在不同遗传背景中的表达可能不同。例如，来源于长雄蕊野生稻的抗白叶枯病显性基因 *Xa-21*，在籼粳稻不同背景下，表达特点和转育效应也不同（徐建龙等，1996）。聚合主效抗病基因可增强抗病性，拓宽抗病谱。

植物的定量抗病性属数量性状遗传，是由多数基因控制的，各个基因的单独作用微小，这称为多基因抗病性（polygenic resistance ）或微效基因抗病性（minor gene resistance）。

由细胞质遗传的抗病性（cytoplasmic resistance ）实例甚少。在玉米与玉米小斑病菌的互作中，病菌的 T 小种产生寄主专化性毒素，特定地作用于 T 型细胞质玉米的线粒体，导致严重的叶枯症状，这表明含有 T 型胞质的玉米具有细胞质小种专化性感病性，感病细胞质与毒素作用加重病害的严重程度。另外，不同来源的细胞质对细胞核控制的抗病性也有不同影响。徐乃瑜等（1991）证明在同核条件下，不同来源细胞质对小麦同一病害抗病性的影响不同，同一种细胞质对不同病害抗病性的影响也不完全相同。在小麦抗条锈性的遗传研究中亦发现了核质互作（张建诚等，1992）。

五、按抗病性的流行学特点分类

不同类型的抗病性，对病害流行的作用不同。有的主要减少初始菌量，有的则主要降低流行速率。差别抗病性（discriminatory resistance ）对病原物群体中各个毒性基因型的反应有差别，它能抵抗其中一部分基因型，从而减少了初始接种体数量。延迟抗病性

(dilatory resistance）对病原菌群体的各组成部分同样有效，虽然与感病品种相比也有减少初始菌量的作用，但其流行学效应主要是减低流行速率，推迟病害流行。后者也被称为慢发抗病性，例如小麦的慢锈性（slow-rusting，吴友三等，1980；袁文焕等，1995），慢（白）粉性（杨家书等，1985；赤国彤等，1994），水稻的慢瘟性（孙国昌，1994），玉米对大斑病的慢病性（周小刚等，1997）等。

六、按寄主—病原物互作的性质分类

Vanderplank（1963，1968）根据寄主与病原物互作的性质，把植物抗病性区分为垂直抗病性（vertical resistance）和水平抗病性（horizontal resistance）两类。在寄主与病原物两个变量构成的系统中，寄主品种与病原物小种间的交互作用确定了垂直抗病性，寄主品种间的主效应确定了水平抗病性。Vanderplank 早期曾给出了虽较通俗但不甚严密的定义，他指出，若农作物品种只能抵抗病原物的少数小种，而不能抵抗其他小种，则该品种具有垂直抗病性；若能抵抗各个小种，则具有水平抗病性。一组垂直抗病性品种，若用毒性不同的若干小种接种，则供试品种对各小种的抗感程度相差很大，若以抗病性为纵坐标，以供测小种为横坐标，将品种对各小种的表现作图，则曲线起伏很大，略与横坐标垂直，故名。水平抗病性品种对各小种的抗病性差异不大，若将供试品种的抗病程度由低到高依次排列，则对不同的小种保持“不变的次序”。若将品种对各小种按抗病程度作图，则该曲线略与横坐标平行。自从 Vanderplank 提出水平抗病性以来，对其概念和性质一直存在争议。我国对小麦抗条锈病的水平抗病性曾作过较多探讨（曾士迈等，1979）。

七、避病与耐病

植物因不能接触病原物而不发病，或接触减少而发病减轻的现象，称为“避病”(disease escape)。植物易受侵染的生育阶段与病原物接种体大量散布时期不相遇，因时间上错开而减少了与病原物的接触，这称为“时间避病”。植物因空间隔离而减少了与病原物的接触，则称为“空间避病”。植物的形态和机能特点可能成为重要的空间避病因素。例如，植株叶片上举，叶片与茎秆夹角小的小麦品种，比叶片平伸的品种，叶面着落的真菌孢子较少，还不易集露，条锈病和叶锈病都较轻。

植物的抗损失特性也称为耐病性或耐病（tolerance to disease），亦即在病害严重程度或病原物发育程度与感病品种相同时，其产量或品质损失较低。耐病毒的作物品种，体内病毒粒体的浓度不低于感病品种，但不表现明显的症状。

植物抗病性是综合性状，虽然可从不同的角度，按不同标准，划分为不同的类型，各种类型之间却可能存在某种内在的联系。例如，有人认为垂直抗病性即小种专化抗病性，也是主效基因控制的定性抗病性，其流行学效应表现为差别抗病性的特点，按其抗病机制，多属主动抗病性。这类抗病性的抗病效能较高，在环境条件变化时较稳定，但易因病原物的小种变动而丧失。水平抗病性应是非小种专化抗病性，是由微效基因控制的定量抗病性，表现为延迟抗病性的流行学特点，其抗病机制比较复杂，这类抗病性对环境因素的变动较敏感，但不会因小种的改变而丧失。但是，严格说来，按不同标准，由不同角度所划分的类型之间不会完全画等号，即使在一个寄主—病原物系统中观察到某种相似性，也不应无条件地推广到其他病害系统中去。

第二节 持久抗病性

定性抗病性是人类所利用的主要抗病性类型，这种主效基因抗病性虽然抗病效能很高，但由于是小种专化的，常因病原菌小种变异而丧失抗病性，寿命甚短。人们希望能利用一类长期有效的抗病性，即持久抗病性，来延长抗病品种的寿命。

Johnson（1979，1983）认为当某一品种长期在适于发病的环境下广泛种植后仍能保持其抗病性，则该品种所具有的抗病性即为持久抗病性（durable resistance）。曾士迈（1996）进一步指出，某品种在小种易变地区多年大面积推广，当该地区在所在年代中已有数批品种丧失了抗病性之后，该品种仍始终未变，则其抗病性是持久抗病性，或很可能是持久抗病性。

由于植物抗病性的多样性和复杂性，持久抗病性也可能有多种类型，在各寄主—病原物系统中可能有所不同。但不论是何种类型，都应通过长期和大面积种植的考验，能够保持足够长的时间，并能遗传传递给后代。

西欧大麦品种对白粉病的抗病性提供了持久抗病性的例证。西欧的大麦种质具有持久的部分抗病性，是由多数微效基因控制的。此种抗病性随株龄增加而增强，在田间表现为叶片上白粉菌侵染面积较小。在苗期则可根据侵染率低、潜育期较长、产孢能力较弱等指标进行室内鉴定。

1979年以来欧洲大麦品种中引入了*mlo*抗病性，这种抗病性是由大麦第4染色体长臂上*Mlo*位点的隐性主效基因控制的，具有多个复等位基因。*mlo*抗病性全生育期表达，抵抗自然界的所有白粉菌菌系，病株表现免疫或低反应型。具有*mlo*抗病性的品种自20世纪80年代以来在欧洲大面积种植，表现出明显的持久性。

就小麦对锈病的抗病性而言，欧美的研究表明，单基因抗病性也可能是持久的，例如抗秆锈基因*Sr2*、*Sr26*、*Sr31*，抗叶锈基因*Lr 34*、*Lr46*，抗条锈基因*Yr18*等。*Yr18*与2～4个微效基因组合，在大多数环境条件下，都能提供足够持久的抗病性。

持久抗病性也可以由少数主效基因聚合而产生，例如成株抗叶锈基因*Lr12*和/或*Lr13*与全生育期抗锈基因*Lr34*的聚合。对条锈病有持久抗病性的几个荷兰品种，也具有聚合在一起的小种专化的成株抗病性基因与全生育期抗病基因。英国的Little Joss品种对条锈病具有持久抗病性，该品种在5叶期以后接菌，表现过敏性坏死反应。

小麦对条锈病的高温抗病性是持久的。我国已经发现了一批改良品种和农家品种，具有较好的高温抗锈性（王利国等，1995；商鸿生等，2000）。小偃6号等已经种植了20余年，仍然对条锈病保持抗病（马青等，2000）。成株高温抗病品种在美国西北部太平洋沿岸种植了20余年，也保持其抗条锈性。

我国的繁6和绵阳系小麦品种自70年代初起，先后在条锈病常发区四川、陇南和陕南连续种植，年种植面积保持在150万～270万hm^2，到90年代初田间开始发病，保持抗条锈性达20余年（牛永春等，1997）。繁6是用7个亲本通过聚合杂交方法选育的。该系统的品种具有主效基因控制的成株抗病性，还具有温敏抗锈性或高温抗锈性（杨华安等，1990；商鸿生等，1994）。

小麦对赤霉病的抗病性，不论是单基因控制的还是多基因控制的，都能持久抗病，赤霉病菌也没有明显而稳定的致病性分化现象。

国外的研究表明，对稻瘟病的主效基因抗病性均不能持久，即使把水稻的多点抗病品种的抗病性导入改良品种中，育成的品种虽然在许多地方也表现抗病，但均很快丧失。传统的旱稻品种 Moroberekan 则长期保持抗病性，系统测定表明这种抗病性是部分抗病性，在成株期表达，病株侵染率低，病斑小而少，产孢量少。彭绍裘等（1996）以病区时空动态效应检验为核心，以纬度病圃、抗谱测定和抗病性信息流的追踪考证作为持久抗瘟性鉴定评价方法的基础。经综合评价，认为 Tetep、小粒野生稻、湘资 3150、天津野生稻、谷梅 2 号、魔王谷等具有持久抗瘟性。同样地，在马铃薯与晚疫病系统中，主效抗病基因（*R*-基因）控制的抗病性寿命短，缺乏持久性，多基因控制的部分抗病性提供了对晚疫病的持久抗病性。

我国选育的抗枯萎病棉花品种，抗病性比较稳定，可以持久利用。川 52-128 在各地种植 20 余年仍保持良好的抗病性，陕 401、陕棉 11 号等在重病地连续种植 5 年，抗病性无明显减退（吴传德，1984）。

曾士迈（1996）系统论述了品种抗病性的持久度及其估测问题。他认为抗病性的持久度是任何品种（包括持久抗病性品种和非持久抗病性品种）在环境条件和品种布局等因素影响下，抗病性表现的持久程度，即通常所谓抗病性的寿命长短。对同一品种而言，取决于环境条件和病害系统的背景结构及其人为管理。小种专化性抗病性品种如有特殊遗传结构（如多系品种）或布局合理，其抗病性表现也可能相当持久，虽然在一般情况下都是短命的。持久抗病性指的是基因型，抗病性持久性是表现型。表现持久的，可能是，但不一定就是持久抗病性；持久抗病性的表现也因环境条件和背景系统而异。

第三节　诱发抗病性

植物经病原物接种，或者经多种生物因子、化学物质、物理因子处理后所产生的抗病性称为诱导抗病性（induced resistance）或获得抗病性（acquired resistance）。诱导抗病性是一种针对病原物再侵染的抗病性。

在植物病毒学的研究中，人们早已发现病毒近缘株系间有“交叉保护作用”，当寄主植物接种弱毒株系后，再第二次接种同一种病毒的强毒株系，则产生较轻的症状，病毒复制也受到抑制。显然，第一次接种弱毒株系诱导出了对强毒株系的抗病性。后来证实这种诱导抗病现象普遍存在，不仅同一种病原物的不同株系或小种间交互接种能诱发这种抗病性，而且不同种类、不同类群的微生物（病毒、细菌、真菌等）交互接种也能使植物产生诱导抗病性。不仅如此，超声波或药物处理致死的微生物、由微生物和植物提取的化学物质（葡聚糖、糖蛋白、脂多糖、脱乙酰几丁质等）、化学药剂、物理因子、甚至机械损伤等，在一定条件下都能诱导出抗病性。当前对微生物和化合物的诱导作用已有广泛和深入的研究。

在病原微生物对抗病性的诱导中，把第一次接种称为“诱导接种”（inducing inoculation)，把第二次接种称为“挑战接种”（challenge inoculation）。根据诱导抗病性的表达范围，将其划分为两个类型：局部诱导抗病性（local induced resistance）和系统诱导抗病性（systemic induced resistance ）。

局部诱导抗病性只表现在诱导接种部位。Muller 和 Borger（1941）最早证明了局部诱导抗病性的存在。他们用晚疫病菌非亲和性小种接种马铃薯块茎中部，24 小时后再用亲和性小种接种整个块茎表面，结果只有块茎中部表现抗病的过敏反应，而块茎两端与只行挑战接种的对照块茎一样，都严重发病。

系统诱导抗病性是在同一植株未行诱导接种的部位和器官所表现出的抗病性。例如，黄瓜幼苗第一叶片，分别用烟草坏死病毒（TNV）、瓜刺盘孢（*Colletotrichum lagenarium*）或角斑病病原细菌（*Pseudomonas syringae* pv. *lachrymans*）作诱导接种，7 天后对第二叶片作挑战接种，结果第二叶片上仅出现少数局部枯斑，表现出高度抗病性。马铃薯早疫链格孢可诱导烟草对赤星病产生系统抗病性，而且由白菜、油菜、葱和丁香上分离的链格孢菌株也有一定的诱导能力（文景芝等，1996）。

不同的研究单位对系统诱导抗病性曾给以不同的名称。现在应用最多的是称为“系统获得抗病性”（Systemic Acquired Resistance，SAR）。

植物根围的促生菌（例如 *Pseudomonas fluorescens*）土壤施用后，聚集于根表，不引起任何症状，但可诱导茎叶对多种病原菌产生抗病性，为了与 SAR 区分，称为诱导的系统抗病性（Induced Systemic Resistance，ISR）。

不论局部诱导抗病性或系统诱导抗病性都有明显的时间依存性，在诱导接种后需经过一段特定的时间间隔，即迟滞期，待植物体内发生某些代谢变化后，才能检测出抗病性。保持一定的温度和光照，有利于诱导抗病性的表达，系统诱导抗病性对环境因素的变化更为敏感。诱导抗病性一般是非专化的，即诱导因子与所抵抗的病原物之间没有选择性。即使用死亡的细菌菌体和真菌孢子接种，也可能使植物产生诱导抗病性，特别是局部诱导抗病性。例如，将热力杀死的青枯细菌菌体渗入烟草叶片，能诱导系统的保护作用。由该细菌提取脂多糖（LPS），再用低浓度的脂多糖处理烟草也能诱导产生抗病性。诱导接种方法对诱导抗病性的表达也有影响。骆桂芳等（1996，1997）采用茎部注射、喷雾和灌根等三种方法接种东北霜霉（*Peromospora manschurica*），诱导黄瓜植株对霜霉病的抗病性，结果注茎接种的免疫作用最强，喷雾接种的次之，灌根接种的则无诱导作用，抗病性的表达伴随着木质素和可溶性糖合成量而增高。

生物因素诱导的抗病性具有一定的长效性。抗病性表达的速度和强度，取决于诱导接种物的剂量与所保护的植物细胞数量的对比关系。一般说来，诱导接种物剂量越高，寄主抗病反应就发生得越快、越强。系统诱导抗病性的强度还取决于挑战接种部位与诱导接种部位之间的距离等因素。

Roberts（1983）证明用 TMV 诱导的烟草抗病性可通过种子传递给后代。Tuzun 和 Kuc（1985）报道，TMV 诱导的烟草对霜霉病的抗病性可通过组织培养传递给再生植株及其无性系后代。谈文等（1992）的研究表明，化学因子诱导的烟草对 CMV 的抗病性可通过种子传递给后代。董汉松等（1994）用番茄条斑病毒弱毒株系 N14 和含卫星 RNA 的 CMV 株系 SV52 分别诱导烟草品种 NC89，使之获得了对赤星病的抗病性，这种抗病性可通过组织培养和种子遗传，在后代中选出了抗病品系 NC89 - V1、NC89 - V2，抗病性分别比 NC89 提高 68%～70%和 90%～92%。

诱导抗病性的机制很复杂，涉及木质化（lignification）作用、其他类型的细胞壁修饰物质、发病相关蛋白质（pathogenesis-related proteins）等，迄今还没有一个完整的说法。但不论如何，诱导抗病性的根源仍在于植物本身，并不是凭空"获得"的，不应当因使用了"诱导"的字样而引起误解。

诱导抗病性的表达涉及复杂的信号传递过程，主要有水杨酸途径和茉莉酸途径。有人还提出系统素（systemin）、电信号（electrical signals）、乙烯等对信号传递也有重要作用。

利用诱导抗病性来控制病害是一个很有希望的研究方向。利用病毒的弱毒株系或病原菌的弱致病性菌系来诱导抗病性，防治病害，已对番茄与 TMV 和黄萎病菌、马铃薯与 X 病毒、甜瓜与炭疽病菌、烟草与 TMV 和霜霉病、栗树与栗疫病菌等许多寄主与病原物组合进行了系统研究，有的还进行了相当规模的温室试验和田间试验，取得了明显效果。但是，总的说来，这类研究多是在人工控制条件下进行的，还缺乏在田间病害自然流行条件下诱导抗病性的稳定性、持久性，防病增产效果与经济效益以及应用技术等项研究。

人类早就企盼能研制出一种药物，施用之后，使植物获得抗病性。就像人、畜所用的疫苗，一经接种，终生免疫。直到近年，才发现能够高效诱导系统获得抗病性（SAR）的化合物。此类化合物至少应符合两条标准：第一，能激发防卫反应，且具有与生物诱导相同的抗病谱，表达相同的生化标记；第二，无体外抗菌活性，在植物体内也不能转化为抗菌物质。现有符合上述标准并经充分研究的化合物有水杨酸、2，6 -二氯异烟酸和苯并噻二唑化合物等（Kessmann 等，1994）。

1979 年 White 首次证明，施用外源水杨酸（SA）可诱导烟草对 TMV 的抗病性和 PR 蛋白的积累。后来还发现黄瓜对 TNV 和炭疽病的系统获得抗病性表达之前，其韧皮部有 SA 积累。烟草接种 TMV 也可诱导内源合成的 SA 积累，且与 PR 蛋白有关，外源 SA 也诱导同一组基因表达。我国学者已证明外源 SA 可诱导水稻对稻瘟病（蔡新忠等，1996，1997）和白叶枯病的抗病性（肖用森等，1996），黄瓜对霜霉病的抗病性（云兴福等，1997）等。

SA 激发的抗病性多局限于接受处理的植物组织，外源 SA 施用后不能有效地传导。另外，其有效剂量与造成植物毒害的药量接近，植物对 SA 还有耐药性，这些都限制了它的实际应用。

Kessmann（1993）发现 2，6 -二氯异烟酸（INA）及其衍生物能诱导系统获得抗病性，可有效地保护黄瓜、水稻、烟草、辣椒、梨等作物，防治真菌和细菌病害。分子生物学研究表明，INA 处理与生物因子诱导同一组基因，可活化 β - 1，3 -葡聚糖酶、几丁酶和磷酸葡糖酸脱氢酶。INA 诱导的抗病反应与过敏性坏死反应相似。处理水稻后，还发现脂氧合酶和脂肪代谢有变化，这可能涉及更复杂的抗病机制。

苯并噻二唑化合物（BTH）是广谱植物免疫剂，可保护多种双子叶植物，抵抗病毒、细菌和真菌等多种病原物。它对单子叶植物也有效，处理水稻幼苗后，可使之整个生育期抵抗稻瘟病。处理小麦，能全生育期抵抗白粉病、叶锈病和叶枯病。处理浓度低于 0.1

mmol/L，也能诱导出对白粉病强烈的抗病性。由表达系统获得抗病性的小麦体内克隆出5种诱导产生的cDNA，命名为cWCI-1至cWCI-5，它们编码产生多种蛋白质，对这些蛋白质的性质和机能也已有所了解。

其他能诱导植物抗病性的化合物亦有报道。葛银林等（1995）证明二硝基苯胺类化合物能诱导棉花对枯萎病的抗病性，该化合物无杀（抑）菌活性。王国平等（1994）则探讨了诱导水稻抗瘟性的非生物诱导物。

参 考 文 献

[1] 蔡新忠，郑重，宋凤鸣．水杨酸对水稻幼苗抗瘟性的诱导作用．植物病理学报，1996，21（1）：7～12

[2] 蔡新忠，郑重，宋凤鸣．水杨酸诱导水稻幼苗抗瘟性的生化机制．植物病理学报，1997，27（3）：231～236

[3] 曹克强，王焕如．小麦品种慢叶锈性及其变异性和专化性研究．植物病理学报，1989，19（1）：53～58

[4] 陈孝，施爱农，尚立民．簇毛麦对不同白粉病菌菌系的抗性反应及其在小麦遗传背景下的表达．植物病理学报，1997，27（1）：17～22

[5] 成卓敏，何小源，陈彩层．应用基因工程创造抗黄矮病毒转基因工程小麦新种质．植物保护，1996，22（3）18～20

[6] 赤国彤，张雪松，张丽岩等．小麦慢发性抗白粉病品种的筛选．华北农学报，1994，9（3）：63～66

[7] 董汉松．植物抗病防卫基因表达调控与诱导抗性遗传的机制．植物病理学报，1996，26（4）：289～293

[8] 范云六，时光春．创建持久抗晚疫病资源的新途径及其基础研究．农业生物技术学报，1995，3（4）：10～15

[9] 葛银林，张元恩．二硝基苯胺类化合物对棉花抗枯萎病的诱导作用及机理．植物保护学报，1995，22（1）：62～66

[10] 李琼芳，蔡应繁，谭永久等．棉花抗黄萎病多菌系新抗源种质的研究．中国农业科学，1996，29（4）：47～52

[11] 梁克恭，戴法超，王晓鸣．主要粮食作物种质资源抗病性评价研究进展．植物保护，1997，23（1）：37～38

[12] 刘国胜，刘玉乐，李胜国等．病原细菌无毒基因 *avrD* 介导的抗赤星病转基因烟草．植物病理学报，1996，26（2）：165～170

[13] 刘颖超，郭爱国，朱之堉等．中国三麦区小麦抗叶锈基因部署研究．植物病理学报，1996，26（1）：19～23

[14] 刘宗镇，汪志远，赵文俊等．我国改良小麦品种抗赤霉病性的来源与抗赤霉病性改良中的问题．中国农业科学，1992，25（4）：47～52

[15] 骆桂芳，崔俊涛，张莉等．东北霜霉菌对黄瓜霜霉病的诱导免疫作用．植物病理学报，1996，26（4）：359～364

[16] 骆桂芳，崔俊涛，张莉等．黄瓜叶片中糖和木质素含量与霜霉病诱导抗性的关系．植物病理学报，1997，27（1）：65～69

[17] 马存，陈其煐．我国棉花抗枯、黄萎病育种研究进展．中国农业科学，1992，25（1）：50～57
[18] 马青，商鸿生．小偃系列小麦品种对条锈病的高温抗病性研究．西北农业学报，2000，9（1）：39～42
[19] 牛永春，吴立人．繁6-绵阳系小麦抗条锈性变异及对策．植物病理学报，1997，27（1）：5～8
[20] 彭绍裘，刘二明，黄费元等．水稻持久抗瘟性研究．植物保护学报，1996，23（4）：293～299
[21] 钱幼亭，周广和，周希明．从麦类种质资源中筛选大麦黄矮病毒（BYDV）抗源．植物保护学报，1993，20（1）：71～75
[22] 商鸿生，陆和平，李振岐．绵阳11号和15号小麦品种抗条锈性的进一步研究．西北农业学报，1994，3（2）：59～62
[23] 商鸿生，王利国，陆和平等．小麦对条锈病高温抗病性表达规律的研究．植物保护学报，1997，24（2）：97～100
[24] 商鸿生，马青．陕甘小麦品种及抗源的高温抗条锈性研究．西北农业大学学报，2000，28（1）：101～104
[25] 沈瑛，陈国华，林开仁等．水稻品种抗稻瘟病特性分类的初步研究．植物病理学报，1984，14（4）：207～212
[26] 沈瑛，胡国文．水稻外引品种（系）多抗病虫性的评价和利用．植物保护学报，1988，15（2）：73～77
[27] 孙国昌．水稻品种慢瘟抗性的研究现状和进展．国外农学——植物保护，1994，7（3/4）：2～3
[28] 万永芳，颜济，杨俊良等．小麦近缘野生植物的赤霉病抗性研究．植物病理学报，1997，27（2）：107～111
[29] 王利国，商鸿生，井金学．高温抗条锈性小麦品种的筛选和鉴定．西北农业学报，1995，4（1）：35～38
[30] 汪智渊，吴汉章，薛宝娣，陈永萱．转 *CMV-CP* 基因番茄后代的田间抗病性．南京农业大学学报，1997，20（1）：39～42
[31] 王国平，罗宽．水稻品种抗瘟性诱导研究 I．非生物诱导物的筛选及诱导方法初探．植物病理学报，1994，24（2）：123～127
[32] 文景芝，单宝柱，杨建华．马铃薯早疫链格孢菌可诱导烟草对赤星病产生系统抗性．马铃薯杂志，1996，10（2）：93～95
[33] 吴传德．棉花抗枯萎病品种抗性稳定性初步研究．植物保护学报，1984，11（2）：85～90
[34] 吴友三，刘维志．小麦耐秆锈品种的性状因素．中国农业科学，1980，13（2）：15～33
[35] 吴元华，郑云泽，贝纳新等．转马铃薯Y病毒复制酶基因烟草的获得及抗病性分析．中国烟草科学，1997，1（3）：23～26
[36] 肖用森，王正直，郭绍川．水杨酸对杂交稻抗白叶枯病的作用．植物保护学报．1996，23（4）：359～362
[37] 徐建龙，林贻滋，翁锦屏等．水稻白叶枯病抗性基因的聚合及其遗传效应．作物学报，1996，22（2）：129～134
[38] 徐建龙，林贻滋，张炳林．水稻白叶枯病抗病基因 *Xa-21* 的初步利用．浙江农业学报，1996，8（2）：70～73
[39] 徐乃瑜，易自力，何瑞锋．小麦异源细胞质对主要病害抗性影响的初步研究．作物学报，1991，17（5）：326～339
[40] 杨华安，吴立人，Stubbs RW．绵阳系统小麦品种抗条锈性分析．中国农业科学，1990，23（6）：1～5

[41] 杨家书，吴畏，吴友三．小麦品种对白粉病慢发性抗病性的因素分析．植物保护学报，1985，12 (1)：37～43
[42] 杨文定，吴祖建，王苏燕等．表达反义核酶 RNA 的转基因水稻对矮缩病毒复制和症状的抑制作用．中国病毒学，1996，11 (3)：277～283
[43] 袁文焕，张忠军，冯峰等．小麦慢条锈性品种的筛选及小种专化性．中国农业科学，1995，28 (3)：35～40
[44] 云兴福，李荣禧，马立国等．几种化学物质诱导黄瓜对霜霉病的抗性．植物保护学报，1997，24 (2)：159～163
[45] 曾士迈，王沛有，武修英等．小麦对条锈病的水平抗病性研究初报．植物保护学报，1979，6 (1)：1～10
[46] 曾士迈．品种抗病性持久度的估测 (I)．植物病理学报，1996，26 (3)：193～203
[47] 张鹤龄，宋艳茹，彭学贤．表达马铃薯 X 病毒和 Y 病毒双价外壳蛋白基因马铃薯植株的抗病性．病毒学报，1996，12 (4)：360～366
[48] 张建诚，谢三刚，韩满仓等．小麦核质互作抗条锈类型的发现及其遗传机制分析．华北农学报，1992，7 (1)：14～18
[49] 章琦，王春莲，李道远．野生稻抗稻白叶枯病性的评价．中国农业科学，1994，27 (5)：1～9
[50] 章琦．我国水稻抗白叶枯病基因的利用及策略．植物保护学报，1995，22 (3)：241～246
[51] 周小刚，余俊杰，彭化贤．玉米品种对大斑病慢发性抗病性的因素分析．西南农业学报，1997 (10)：31～35
[52] 朱文华，张庆勤．关于延长小麦抗白粉病基因使用年限的探讨——异地育种．植物病理学报，1997，27 (4)：293～297
[53] Kessmann H et al.. Induction of systemic acquired disease resistance in plant by chemicals. Annu Rev Phytopathol，1994，32：439～459

第三章

农作物抗病种质资源

农作物抗病种质资源(germplasm resources for resistance to disease)是农作物抗病育种的物质基础,凡农作物抗病育种的重大进展与突破无不与优异的抗病种质的发现、改造和利用有关。随着人口的增长和对生活资料需求的增加,农业生产条件的改变,农业生产水平的提高,对作物抗病水平提出了更高的要求。同时,现代农业因作物遗传基础狭窄,使抗病性兴衰循环的周期日益缩短,而寻找更优良的抗病种质资源是克服这种危机的关键措施之一,可为农业生产可持续发展提供重要物质储备。

第一节　农作物抗病种质资源的类型和来源

农作物抗病种质资源主要包括地方品种、育成品种、特殊遗传材料和野生近缘植物等。

一、地方品种

地方品种（land races）亦称农家品种或原始品种。原始品种由起源地逐渐扩散到世界各地，因生态条件和耕作制度不同，品种产生了不同的适应性和变异类型，经自然选择和人工选择，形成了遗传上的多样性。地方品种中存在着丰富的抗病种质资源。

我国幅员辽阔，地势复杂，海拔相差悬殊，气候多样。同时我国农业历史悠久，精耕细作。这些都为多种植物生长演化提供了适宜条件，使同种植物在不同条件下，经过自然选择与人工选择，形成了不同的类型和品种。它们有的起源于我国，有的是从国外引入的。据统计，我国栽培植物主要种类约 600 种，其中粮食作物 30 多种，经济作物约 70 种，果树约 140 种，蔬菜约 110 种，牧草约 50 种，花卉约 130 种，绿肥约 20 种，药用植物 50 余种。起源于我国的栽培植物有谷类、竹类、薯类、蔬菜、果树、糖料作物、纤维作物、染料作物等共 170 多种。但另有人通过古籍记载和历史遗物考证，并参考国外学者的资料，认为我国目前栽培的作物计有 308 种。其中我国史前就有分布的或土生的栽培植物共有 237 种，包括粮食作物 20 种、蔬菜和调料作物 54 种、果树 53 种、纤维作物 11 种、经济作物 26 种、竹藤类 29 种、观赏作物 19 种、药用植物 42 种。

我国的地方品种积累了丰富的抗病性，许多现代品种的抗病性来源于地方品种。目前，我国收集保存的栽培稻中，地方品种约有 50 000 份。许多地方水稻品种有良好的抗瘟性，成为抗稻瘟病育种的主要抗源。我国已经掌握小麦地方品种 1 2897 份，许多小麦抗锈、抗白粉、抗赤霉和抗病毒的抗源来自地方品种。总之，地方品种是作物在长期进化过程中，大自然留给人类的一笔不可估量的财富，是巨大的抗病基因库。

二、育成品种

指人工选育的品种，为过去或目前在生产上使用的品种，也是进一步选育新品种的种质资源。育成品种多具有高效抗病主效基因，且具有良好的农艺性状，易于通过常规杂交方法转移抗病基因，育成新的抗病品种。育成品种来自国内和国外。从 20 世纪 30 年代起，我国开始作物杂交育种以来，育种家有目地选育高产优质的抗病品种。新中国成立以后，我国抗病育种工作更取得了举世瞩目的成就。据 1994 年统计，我国已有小麦育成品种 6 700 余份。在 20 世纪 50 年代育成的抗锈良种碧蚂 1 号，是世界上育成品种中种植面积最大的品种。其姊妹系碧蚂 4 号派生出的品种多达 68 个。至 1982 年，共选育小麦品种 1 663 个，其中杂交育成的 1 543 个。我国水稻杂交育种始于 1926 年，至 1985 年共育成水稻品种 704 个，其中许多品种是抗病品种，在水稻生产中发挥了重要作用。棉花通过杂交也育成了多个抗枯萎病、黄萎病品种，如陕棉 401、中棉所 9 号、中棉所 12 号、辽棉 5 号等。育成品种是抗病育种所应用的最重要的亲本材料。

三、近缘植物

近缘植物包括某些作物的起源种、野生种和野生近缘种。由于利用现有品种的抗病基因，已不能很好地解决品种抗病性丧失的问题，而现代生物技术又为外源抗病基因的利用提供了有力的技术支持，利用近缘植物的抗病性已成科学家们关注的焦点。根据作物起源中心理论，在作物和病原物的共同起源中心，近缘植物中蕴藏着丰富的抗病基因。在马铃薯原产地南美洲，有抗马铃薯晚疫病、马铃薯 X 病毒、马铃薯 Y 病毒、马铃薯 A 病毒或线虫的不同野生种。水稻草丛矮缩病的抗源存在于尼瓦拉野稻（*Oryza nivara*）中。棉花抗黄萎病的抗源为墨西哥的野生棉（*Gossypium hirsutum* ssp. *mexicanum*）。甜根子草（*Saccharum spontaeum*）中存在抗甘蔗花叶病毒的基因。我国 30 多种粮食作物中，稻、大麦、燕麦、黍、粟、稗、小豆、绿豆、荞麦、籽粒苋等有野生种；经济作物中大豆、油菜、苏子、秋葵、苎麻、黄麻、苘麻、甘蔗、茶、桑、芦苇、竹、花椒、八角、肉桂等有野生种；蔬菜中的菱、茭白、荸荠、蒲菜、慈姑、莼茶、水芹、葱、韭、甜瓜、山药、苋类、百合、萱草、胡萝卜、菜用苋等也有野生种。这些野生种是一批有待开发的抗病资源宝库。

除上述三大类材料外，还有许多特殊材料，也是抗病育种的基础材料，例如多倍体、非整倍体、突变体材料等。

第二节　农作物抗病种质资源的研究和利用

我国种植农作物的历史可追溯到 8 000 年以前。在漫长的农业发展过程中，我国一直重视农作物种质资源的搜集、保存、研究和利用工作。所积累的农作物种质资源中包括了大量的抗病种质资源，这已成为我们进行抗病育种工作的基础。

一、历史上我国种质资源研究与利用的成就

我国历史上的抗病种质资源研究工作，包括对我国起源的一些作物的驯化、栽培、选择和保存，以及从国外的引进工作。

记载种质资源的最早历史文献是殷墟发掘的甲骨文，在公元前 3 600 年已有禾、稷、粟、桑和椒的栽培。南北朝时期贾思勰在《齐民要术》(公元 533—544 年）中，详细记录了 86 个粟品种，8 个黍品种，5 个稷品种，13 个水稻品种，11 个糯稻品种，还有大豆、绿豆、小豆、豌豆、蚕豆和豇豆等。其他古籍如晋的《竹谱》、唐的《茶经》、北宋的《荔枝谱》、南宋的《桔录》、明的《本草纲目》和清的《携李谱》和《花镜》等，都记载了我国历史上丰富多彩的作物种质资源。我国素有引进良种的优良传统，汉武帝派遣张骞出使西域（公元前 100 年左右)，引进了葡萄、苜蓿、石榴、红花、芝麻、核桃、蚕豆、黄瓜、大蒜、葱、芫荽、胡椒、胡萝卜、豌豆、绿豆等作物，这些作物经 2 000 多年来在我国的栽培和扩散，经人工和自然选择已形成丰富多样的品种。公元 1010 年，宋真宗时从越南中部引进了大批作物品种，其中有一些早熟和耐旱的水稻品种。玉米在明朝（16 世纪）引入我国。马铃薯在 19 世纪 40 年代引入我国。原产中美洲的陆地棉于 1882 年引入我国。另外，我国还从东南亚、美洲、地中海等地引进了大量的蔬菜品种或热带作物。1921—1925 年从国外引进小麦品种 3 000 份，1932 年从英国人 Fohn Percival 处购得小麦品种 1 700多份。1940—1947 年，我国从国外引进了马铃薯品种（品系）74 份，近缘种 16 份，杂交组合 62 个，自交系 45 个。我国还先后从国外引进多批水稻品种。1919—1920 年农商部中央农事试验场报告了当时由日本、意大利引进水稻品种的试验结果，认为日本品种高千穗丰产性好，以后陆续引进了日本品种陆羽 132、青森 5 号和朝鲜品种安东陆稻。

二、新中国成立后我国的抗病种质资源研究和利用工作

新中国成立以后，党和政府对作物种质资源非常重视。特别是 1978 年建立了中央和地方的专门作物种质资源研究机构网络，负责我国作物种质资源的搜集、整理、保存和研究工作。同时国内有关研究单位也有专门的科室或个人从事某种种质资源的搜集、整理、保存和研究。我国种质资源工作取得了举世瞩目的成就。

（一）种质资源的收集

新中国成立以来，我国开展了两次大规模的品种征集工作。第一次为农业合作社高潮到来之前，为了防止因推广良种而使地方品种丢失，1955 年和 1956 年中央农业部两次发出通知，要求以县为单位普遍征集作物地方品种。据 1958 年统计，共征集到大田作物近 53 种，品种材料约 20 万份；蔬菜 88 种，1.73 万份。第二次为十年动乱结束后，针对当时种质资源工作遭到破坏和停滞的实际情况，并基于种质资源工作发展的需要，于 1979 年国家科委和农业部联合发出农作物种质资源补充征集的通知，在全国范围内征集农作物品种和近缘植物资源。据 1983 年统计，共征集到 60 多种作物，整理出 11 万份材料。我国从 20 世纪 60 年代起，先后组织了多次对重点地区和重点作物的考察工作。通过考察收

集到大量的地方品种、野生种和野生近缘植物，收集到各种作物栽培种、野生种种子及标本近5万份。发现了一批新种、亚种、变种类型。如从云南收集到普通小麦68个变种，其中新发现的变种23个，密穗小麦新变种4个，硬粒小麦新变种1个，云南小麦新变种10个。从西藏收集的普通小麦有84个变种，西藏半野生小麦有23个变种或类型。西藏栽培大麦有3个亚种288个变种；野生大麦有2个亚种48个变种。另外果树、茶树、蔬菜和桑树等也都有新发现。

（二）种质资源的引进

我国把引种工作作为丰富种质资源库的一项重大战略措施。在1950年至1987年间，我国从100多个国家和地区引进了作物遗传资源材料11万份左右，包括粮食作物、油料作物、纤维作物、糖料作物、饮料作物、蔬菜、果树、牧草、药用植物、花卉等及热带经济作物等。这些引进材料或作为品种直接使用，或作为杂交亲本间接利用。50年代后我国陆续从日本、朝鲜、美国、印度、意大利等国引进了水稻品种，70年代我国引入国外水稻品种2 983份，80年代引进水稻品种7 600份。在我国推广的引进水稻品种有70个。引进小麦品种推广的有20多个。农垦58水稻品种推广面积约达374万hm^2。南大2419、阿夫（Funo）、阿勃（Abbondanza）、郑引1号（St1472/506）、甘肃96（C、I、12203）等小麦品种栽培面积曾达66.67万hm^2。斯字棉（Stoneville4）、岱字棉15（Deltapine）、光叶岱字棉（Deltpine Smoothleaf）等9个品种推广面积均超过6.67万hm^2。我国引进马铃薯直接用于生产有两次高潮，1935—1947年从英、美等国引进几批材料，从中选出一批适于我国生产条件的品种。1950—1960年又从国外引入许多资源材料，从中选出白头翁、波友号、德友号等品种，解决了晚疫病的危害。其中有的品种，迄今仍为一些地区的主栽品种。还有一些品种用作亲本，选育抗病品种，如以多子白为亲本选育出耐PVX、抗晚疫病的品种23个和一些优良品系。从国外引进的棉花品种除直接利用外（如岱字棉系和斯字棉系），还从引进的材料或系统中，选出了抗病品种，或以其为亲本经杂交后，育出了抗病品种。

（三）种质资源的抗病性研究

我国对各种大田作物进行了大规模的抗病性鉴定，主要病害对象包括稻瘟病、稻白叶枯病、稻黄萎病，小麦的三种锈病、赤霉病、白粉病，大麦的黄花叶病毒病、赤霉病、网斑病和白粉病，玉米的大斑病、小斑病、丝黑穗病、矮花叶病，高粱的丝黑穗病，谷子白发病、锈病和谷瘟病，甘薯的黑斑病、瘟病、根腐病、茎线虫病、茎腐病，大豆的胞囊线虫病和灰斑病，绿豆的叶斑病和根腐病，花生的青枯病和锈病，棉花的黄萎病、枯萎病，苎麻根腐线虫病，黄麻黑点炭疽病等。仅在1983—1985年抗病鉴定的材料就达到27.5万份。同时也对蔬菜种质资源进行了抗病性鉴定，其中有菜豆炭疽病、菜豆枯萎病、大白菜霜霉病、大白菜芜菁花叶病毒病、黄瓜疫病、黄瓜霜霉病、黄瓜白粉病、黄瓜花叶病毒病、辣椒炭疽病和烟草花叶病毒病等。通过抗病性鉴定，筛选出了一批用于生产或作杂交亲本的宝贵材料。

（四）抗病种质资源的利用

1. 地方品种中的抗病种质资源　在长期的自然选择和人工选择压力下，地方品种中积累了丰富的抗病性类型。小麦地方品种的抗病性具有与病害长期协同进化而导致的地域

性。黄河中下游农家小麦品种高抗条锈病，据对五省二市3 024份材料测定，抗病的约占43.8%，多数可抗1～4个小种，有的可抗8～9个小种。而抗赤霉病材料则以长江中下游的农家品种居多，如江苏的望水白，浙江的吴淞麦、红和尚，福建的翻山小麦等。许多小麦地方品种具有避病性、慢病性和耐病性。如陕西的蚂蚱麦具有慢锈性，光葫芦头和册亨光头具有慢白粉性 。有些品种具有耐病毒病特性，如大荔三月黄、蚂蚱麦病叶退绿黄化慢，能正常抽穗，产量损失小，而大籽白、无芒麦、红须麦和蒲扇把等则有症状康复现象。

针对稻瘟病，全国稻瘟病科研协作组在70年代从70 000份地方品种中筛选出红脚占、砦糖河、赤块矮选、中系7604等，成为抗稻瘟病的抗源。云南由于其特殊自然生态条件，成为我国水稻抗病种质资源的宝库，全国协作组在30个不同病圃中，从云南的410份材料中，鉴定出6个抗稻瘟病的粳型陆糯稻品种。湖南省农业科学院从云南稻种质资源中鉴定出5个抗源品种。江苏省农业科学院从太湖流域的1 466个地方品种中，鉴定出15个稳定抗叶瘟、穗瘟的品种。贵州省从4 572份材料中筛选出7个抗病品种。安徽省亦鉴定出6个抗病品种。北方稻区协作组经人工接种和自然诱发，鉴定出了6个抗病品种。鉴于水稻白叶枯病危害的严重性，我国也开展了抗病种质资源的筛选。湖北省农业科学院在80年代初，从2 943份材料中筛选出12个抗病品种。安徽省从482个材料中筛选出3个抗病品种。江苏省农业科学院从1 389份材料中筛选出281份重要抗病材料，其中11个经多年鉴定，抗病性和农艺性状均好。浙江省农业科学院从杭嘉湖地区的1 979个地方品种中鉴定出5个抗病品种。由各地的材料发现粳稻及粳型糯稻对白叶枯病的抗病性较好。

2. 引进品种中的抗病种质资源　国外引进品种在我国作物抗病育种所用亲本中发挥了巨大的作用，成为抗病育种的核心抗源之一。

从20世纪30年代，我国开始引进国外小麦品种，其中碧玉麦（Quality，澳大利亚）、南大2149（Mentana，意大利）、矮粒多（Ardito，意大利）、中农28（Villa Glori，意大利）、胜利麦（Triumph，美国）、早洋麦（Early Premiium，美国）等品种当时曾在我国麦区小面积试种。

1949—1990年由国外引进小麦种质资源16 500余份，其中包括普通小麦、稀有种、野生近缘植物和特殊遗传材料。80多个外国小麦品种在我国生产上被直接利用。用引进小麦品种作为亲本，育成了许多抗病品种。北方春小麦抗秆锈病的抗源多为来自北美的明尼2761、明尼2759、C. I. 12268和撒切尔，还有南美的欧柔、如罗和佛朗坦那，以及来自前苏联的小鹅186。在北方冬麦区，用由美国引进的原产澳大利亚的碧玉麦（Quality），育成了著名小麦品种碧蚂1号，种植面积曾达600万hm^2，其姊妹系碧蚂4号派生品种达68个。印度品种NP842参与了多交品种繁6和繁7的选育，由繁6杂交选育出了著名的绵阳系品种。用朝鲜品种水源11育成许多抗条锈品种。美国品种C. I. 12203引入甘肃后，定名为甘肃96，成为锈病抗源品种。美国小麦品种早洋麦，通过一次杂交育成了32个品种。由这些品种又衍生出51个品种，其中北京8号衍生出36个品种。胜利麦与燕大1817杂交育成农大好、华北187、石家庄487等11个品种，这些品种又衍生出29个品种。智利的欧柔除直接在生产上利用外，也是抗三锈的骨干亲本，用其一次杂交育成了

240个品种，其中推广面积达0.67万 hm^2 以上者61个，获奖品种18个。意大利品种适应性强，除直接使用外，许多品种用作农艺亲本和抗条锈病的亲本，其中由阿勃、阿夫、南大2419、St2422/464等衍生出的品种分别为200个、150个、100个和50个以上。据系谱分析，我国小麦品种中有25%的意大利品种血统。在20世纪70年代，我国引进了一批1B/1R易位系，包括洛夫林10、洛夫林13、阿夫乐尔、高加索、山前麦等，其丰产性好，兼抗白粉病和条锈病，耐生育后期高温，成为我国小麦育种的骨干亲本。目前北方冬麦区育成和推广品种中，含有1B/1R血统的占1/3。近年英国品种Norman、TJB、Maris Huntsman、C39等，由于其穗部增产潜力和抗条锈性、抗白粉病特点受到我国育种家的关注。国外引进的小麦遗传资源在促进我国小麦生产中功不可没。

我国引进的水稻品种许多成为抗源和多抗品种。砦糖、Tetep、Tadukan、Zenith、Sigadis、Memo-riaka、Careon、Lebounet、IR36、IR25、砦1号、BL1、BL2、BL7、Ipi14、PI15、盐州14、喀2号等品种成为稻瘟病抗源，IR20、IR22、IR26、IR28、IR29、IR30、IR36、BG90-2、TKM6、ASD7、OV85、OV89、DZ78、DZ192、BJ1、PTB23、ARC7326、Pelital-1、Zenith、Sigadis、GTG778、Taduka、Babawec、Leadrica、矢祖、银河、早生美国3号、中新120、丰年早生、黎明、北陆95等作为抗白叶枯病的抗源。水稻引进品种作为抗源，育成了许多抗病品种，以IR36为亲本育成了兼抗稻瘟病、白叶枯病、褐飞虱和稻叶蝉的良种HA79317-4和HA79317-7。以Tetep为抗源，育成了高抗稻瘟病、中抗白叶枯病的良种湘州5号。广东省以IR20为抗源经两次杂交，育成了抗白叶枯病的花竹矮，利用抗稻瘟病抗源砦2号育成了中花8号，用BL7育成了吉粳61，用神糯育成了秀水48等抗病良种。

3. *抗病种质资源的创新* 抗病种质资源的产生包括两个途径，其一是自然界自发突变和天然杂交，不断产生新的作物变异类型；其二是科学家通过品种间杂交和远缘杂交、细胞工程、染色体工程、组织培养等手段将抗病性与某些优良性状相结合，有目的地扩大作物抗病遗传基础，创制便于进一步杂交利用的材料。我国在抗病种质资源创新方面取得了显著的成就，有力地促进了抗病育种工作和作物生产。

据不完全统计，小麦近缘的11个属的31个种，在我国已与小麦杂交成功。在20世纪50年代就育成了八倍体小黑麦，以后陆续通过品系间杂交育成了多个品种，如劲松5号，具有丰产、优质、抗病、适应性好等特点，在高寒山区种植，比当地品种增产10%～43.2%。以后育成了六倍体小黑麦WHO系统，抗丛矮病，增产。通过普通小麦与中间偃麦草杂交，再用普通小麦回交，育成了八倍体小偃麦中1、中2、中3、中4等，高抗条锈病和黄矮病。有人用普通小麦与带有不同偃麦草染色体的八倍体小偃麦杂交，育成了两套小偃麦二体附加系。我国在50年代，也成功地将普通小麦与长穗偃麦草杂交，通过回交育成部分双二倍体——八倍体小偃麦系列，用八倍体小偃麦育成了小偃4号、小偃6号、高优504、小偃107等大面积推广品种。其中小偃6号在我国北方麦区长期大面积推广，是著名的抗病优质小麦品种。我国还育成了小麦—山羊草双二倍体系，小麦—簇毛麦双二倍体系。小麦与多枝赖草杂交育成一批附加系和易位系，其他与小麦杂交成功并具有重要意义的植物有旱麦草属、鹅冠草属、冰草属、披碱草属、新麦草属、大麦属的一些种。这些远缘杂交材料可进一步加工成有利用价值的抗病种质资源。

另外，对许多小麦近缘植物的抗病资源进行了发掘，发现簇毛麦、卵穗山羊草、拟斯卑尔脱山羊草、东方山羊草、三芒山羊草和钩刺山羊草等均对白粉病免疫。发现披碱草、老芒麦、圆柱披碱草、纤毛鹅冠草和直穗鹅冠草兼抗黄矮病的 RAV 和 PAV 两个株系。

参 考 文 献

[1] 董玉琛，郑殿升．中国小麦遗传资源．北京：中国农业出版社，2000

[2] 金善宝．中国小麦品种志．北京：中国农业出版社，1986

[3] 李振岐，曾士迈（主编）．中国小麦锈病．北京：中国农业出版社，2002

[4] 孙漱源，金敏忠，张志明等．水稻稻瘟病及其防治．上海：上海科学技术出版社，1986

[5] 中国农学会遗传资源学会编．中国作物遗传资源．北京：中国农业出版社，1994

第四章

农作物的抗病机制

植物在与病原物长期的共同演化过程中，针对病原物的多种致病因素，形成了复杂的抗病机制。研究植物的抗病机制，深入认识抗病性，有助于合理利用抗病性，达到控制病害的目的。植物的抗病机制是多因素的，有先天具有的被动抗病性因素，也有病原物侵染后表达的主动抗病性因素。抗病性因素还可以划分为物理的（physical defense）和化学的（chemical defense）两大类型，前者包括形态的、机能的和组织结构的抗病性因素，后者则包括生理的和生物化学的因素。任何单一的抗病因素都难以解释植物抗病性。事实上，植物抗病性是多种被动和主动抗病性因素共同或相继作用的结果，所涉及的因素越多，抗病性的效能就越全面。植物抗病反应是多种抗病因素顺序表达的动态过程。本章主要介绍国内相关研究情况。

第一节　被动抗病性因素

植物的被动抗病性（passive resistance，preformed resistance ）是植物的固有性状所决定的抗病性，这些性状在接触病原物之前就已存在。被动抗病性涉及复杂的物理抗病因素和化学抗病因素，这些因素的作用是非专化性的，多用以说明植物一般抗病性和背景抗病性的机制。在许多情况下，植物固有的形态结构和生理生化性状不足以提供足够的保护作用，但可以显著延迟或减少病原物的侵入与扩展。

一、物理的抗病性因素

植物被动抗病性的物理因素是植物固有的形态结构特征，它们主要以其机械坚韧性和对病菌酶作用的稳定性而抵抗病原物的侵入与扩展。虽然一般认为有抗病作用的物理因素甚多，但已被系统研究、能提出确切实验证据和确知其抗病效能的却不多。

（一）植物体表的形态和结构

植物体的表皮以及被覆在表皮上的蜡质层、角质层等构成了抵抗病原物入侵的最外层防线。蜡质层（wax layer）有减轻和延缓发病的作用，因其可湿润性差，不易黏附雨滴和露滴，不利于病原菌孢子的萌发和侵入。对于由表皮直接侵入的病原菌来说，植物表皮角质层（cuticle）越发达，抗侵入能力也越强。例如，茶树叶片角质层较厚，栅栏组织层次较多的品种发病轻，病原菌易侵入茶树嫩梢，在老叶表面难以形成附着胞（高旭辉，

1997）。

植物表皮层细胞壁发生钙化作用，可积累较多的果胶钙，对病原菌果胶酶水解作用有较强的抵抗能力。叶片表皮细胞壁硅化能力强的水稻品种抵抗稻瘟病和胡麻叶斑病。老化的水稻叶片表皮硅化程度较高，也较抗病。细胞壁和细胞质内硅化物含量高，既能减少病原菌侵入，也能阻止侵入后菌丝的扩展。

对于从气孔侵入的病原菌，特别是病原细菌，气孔的结构、数量和开闭习性也是抗侵入因素。柑橘属植物不同种类对溃疡病（*Xanthomonas campestris* pv. *citri*）的抗病性与其气孔结构有关。橘（*Citrus nobilis*）气孔有角质脊，开口狭窄，气孔通道内外难以形成连续水膜，病原细菌难以侵入，而甜橙（*C. sinensis*）和柚（*C. grandis*）气孔开口宽，易被侵入。

小麦叶锈菌主要侵染叶片，较少侵染叶鞘和茎秆。据对某些小麦品种的观察，这一现象可能与气孔开闭习性有关系，叶鞘上的气孔与叶锈菌附着胞接触后立即关闭，病菌不能侵入气孔腔。

外壁胞质连丝（ectodesmata）是由表皮细胞的原生质穿过细胞壁而伸出的胞质束，直径约40nm。植物表皮的角质层破裂后，病毒粒体能通过外壁胞质连丝而侵入表皮细胞。烟草叶片对烟草花叶病毒（TMV）的感染程度与外壁胞质连丝数量成正相关。烟草随日龄增加，外壁胞质连丝数目减少，对TMV的抗病性增强。

皮孔、水孔和蜜腺等自然孔口也是某些病原物侵入的通道，其形态和结构特性也与抗侵入有关。疮痂病菌（*Streptomyces scabies*）可通过幼龄马铃薯茎和块茎上未木栓化的皮孔侵入致病，当皮孔木栓化后，病菌就难以侵入了。张学君等（1991）发现抗细菌性软腐病的马铃薯品种，薯块单位面积上皮孔数目少，表皮角质层厚，周皮细胞层数多，皮孔组织角质化程度高。扫描电镜观察表明，抗病品种Murlur的薯块皮孔内的细菌畸形，皮孔内还有大量颗粒状或块状填充物质。

植物的蜜腺似乎具有两类防卫因素，其一是能分泌含糖量达30%以上的花蜜，只有耐高渗透压的火疫病菌（*Erwinia amylovora*）才能由蜜腺侵入，其二是形态学因素，苹果较梨抗病，是因为苹果蜜腺周围有密集的毛状物，可以阻滞病原细菌的侵入 。

（二）木栓化组织

木栓化组织的细胞壁和细胞间隙充满了木栓质（suberin）。木栓质是多种高分子量酸类构成的复杂混合物。木栓细胞构成了抵抗病原物侵入的屏障。不仅如此，病原物侵染也能诱导木栓化作用，成为植物主动的抗扩展因素。

植物受到机械伤害后，可在伤口周围形成木栓化的愈伤周皮（wound periderm），能有效地抵抗由伤口侵入的病原细菌和真菌。马铃薯块茎的愈伤层可防止软腐细菌（*Erwinia carotovora*）侵入引起的组织浸解。愈伤木栓化速度快的大白菜品种较抗软腐病。高温高湿有利于木栓化作用。甘薯块根在33℃和相对湿度95%～100%时，伤口木栓化最快，高度抵抗多种腐烂细菌和真菌。

植物的内皮层细胞有木栓化的凯氏带。抗病玉米品系幼苗中胚轴的内皮层和1～2层中柱鞘细胞木栓化，可以阻止赤霉病菌（*Gibberella zeae*）由皮层侵入中柱。抗病甘蓝品种的根和下胚轴的内皮层与中柱鞘细胞高度木栓化，枯萎病菌（*Fusarium oxysporium* f.

sp. *conglutinas*）不能由皮层侵入中柱。

甘薯抗茎线虫病品种鲁薯－78066和胜利百号块根周皮的木栓层细胞有4～5层，并在细胞壁上沉积较多的木栓质，可有效阻止病原线虫（马铃薯腐烂线虫）侵入，而感病品种栗子香和徐薯18的周皮不发达，只有1～2层细胞，且木栓质极少，线虫能在24小时内从表皮直接侵入（林茂松等，1996）。甘薯块根的木栓层也是抵抗黑疤病菌（*Ceratocystis fimbriata*）侵入的重要因素，甚至一层细胞壁的栓化，就足以抗侵入（郑相如等，1987）。

（三）木质化组织

木质素（lignin）为苯丙烷衍生物的聚合物，是最重要的细胞壁成分之一，胞间层、初生壁和次生壁都可能积累木质素，从而阻止病原物的扩展。例如，小麦秆锈菌的侵染菌丝只能在小麦茎秆和叶片的薄壁组织与厚角组织中蔓延，而不能通过木质化的厚壁组织扩展。有的小麦品种高度感染秆锈病，其茎秆表皮下薄壁组织连片，秆锈菌菌丝得以自由扩展并形成较大的孢子堆。中度抗病品种厚壁组织较发达，一部分厚壁组织突起与表皮相连，把薄壁组织分隔开来，菌丝扩展受阻，孢子堆小。有的高抗品种茎秆表皮下面大部分为厚壁组织，病原菌扩展微弱，不能正常繁殖。

（四）其他物理抗病因素

植物初生细胞壁主要由纤维素和果胶质构成，也含有一定数量的非纤维素多糖和半纤维素。纤维素细胞壁对一些穿透力弱的病原真菌也可以成为限制其侵染和定殖的物理屏障。大孢指疫霉（*Sclerophthora macrospora*）的菌丝分解水稻叶片薄壁组织的胞间层，但不能穿透纤维素细胞壁。当叶片老化时，胞间层内不溶性果胶物质增多，病原菌的果胶酶难以将其分解，因而病原菌就不能在较老的水稻叶片内扩展了。

木本植物组织中常有胶质、树脂、单宁类似物质产生和沉积，也有阻滞某些病原菌扩展的作用。

导管的组织结构特点可能成为植物对维管束病害的抗病因素。例如，某些抗枯萎病的棉花品种导管细胞数较少，细胞间隙较小，导管壁和木质部薄壁细胞的细胞壁都较厚。抗榆疫病（*Ceratocystis ulmi*）的榆树品种导管孔径小，导管液流黏稠度较高，流速较低，不利于病菌分生孢子随导管液流上行扩展。

花器结构和开花习性对抵抗花器侵染的病害可能有重要意义。

二、化学的抗病性因素

植物可能普遍具有化学的被动抗病性因素，抗病植物可能含有天然抗菌物质或能抑制病原菌酶的物质，也可能缺乏病原物寄生和致病所必需的重要化学成分等。但是，对于这些化学因素的抗菌机制和在自然条件下的实际作用等所知甚少，有待进一步研究。

（一）天然抗菌物质

在受到病原物侵染之前，健康植物体内就含有多种天然抗菌物质（preformed antimicrobial substances），诸如酚类物质、皂角苷、不饱和内酯、有机硫化物等。天然抗菌物质与植物抗病性有一定关系。

紫色鳞茎表皮的洋葱品种比表皮无色的品种对炭疽病（*Colletotrichum circinans*）有

更强的抗病性。这是因为有色鳞茎外层死鳞片分泌原儿茶酸和邻苯二酚，能抑制病菌孢子萌发而减少侵入。多巴胺（dopamine）是香蕉果实中的主要酚类物质，对炭疽病菌（*Colletotrichum musae*）有较强的抑制作用，在香蕉抗病品种中含量较高（蒋跃明，1997）。棉花抗黄萎病品种植株中棉酚含量和叶片中单宁含量也明显高于感病品种（顾本康等，1990；夏正俊等，1994）。

糖苷类抗菌物质种类也较多。燕麦高度抵抗小麦全蚀病菌，由燕麦根部分离到一类称为燕麦素（avenacin）的皂角苷类抑菌物质，能抑制禾顶囊壳小麦变种（小麦全蚀病菌，*Gaeumannomyces graminis* var. *tritici*）的生长。禾顶囊壳燕麦变种（燕麦全蚀病菌，*G. graminis* var. *avenae*）具有燕麦素酶，能分解燕麦素，从而得以正常侵染燕麦。

大麦幼苗在35日龄内能抵抗麦根腐平脐蠕孢（*Bipolaris sorokiniana*），这是因为大麦具有抗菌性皂角苷——大麦素A和大麦素B。随着苗龄增长，叶中钙、镁等二价阳离子增多，可以钝化大麦素，使大麦抗病性降低。此外，番茄的番茄苷（α-tomatine），马铃薯的茄碱（solanine）和卡茄碱（chaconine）等也是研究较多的皂角苷。

不饱和内酯对植物和微生物都有毒害作用，在植物体内以葡糖苷形式存在，受到伤害或病原菌侵染后，由β-糖苷酶的作用而释放出来。从郁金香体内已分离出郁金香苷（tuliposide），郁金香苷有A、B两种，可转变为抗菌性的内酯——郁金香素（tulipalin），与郁金香花蕊抗灰霉病（*Botrytis cinerea*）、球茎抗基腐病（*Fusarium oxysporum* f. sp. *tulipae*）有关。

芥子油是一种硫化物，以葡糖苷酯的形式存在于十字花科植物中，被酶水解后生成异硫氰酸类物质，有抗菌活性。葱属植物含大蒜油（leek oil），主要成分是蒜氨酸（alliin），酶解后产生蒜素（allicin），有较强的抗真菌和抗细菌活性。

（二）溢泌物质

植物根部和叶部能溢泌出多种物质，诸如酚类物质、氰化物、有机酸、氨基酸等，其中有些对微生物有毒性。高粱根部泌出氢氰酸，可抑制大斑病病菌孢子萌发。抗镰刀菌枯萎病的亚麻品种根部也释放较多氢氰酸。有些抗黄萎病的棉花品种根部泌液中有较多的胆碱（choline）。小扁豆根的溢泌液中有甘氨酸、苯丙氨酸和甲硫氨酸，能抑制尖镰孢小扁豆专化型分生孢子萌发。

（三）葡聚糖酶和几丁酶

植物的葡聚糖酶和几丁酶可降解病原真菌细胞壁的葡聚糖和几丁质成分，因而与植物体内病原菌的菌丝分解有关，在番茄植株中就观察到黄萎轮枝孢菌体的分解，有人认为这是番茄几丁酶和β-1，3-葡聚糖酶作用的结果。

（四）酶抑制物质

大多数病原真菌和细菌能分泌一系列水解酶，渗入寄主组织，分解植物大分子物质，当这类水解酶被抑制，就可能延缓或阻止病程发展。植物体内的某些酚类、单宁和蛋白质是水解酶的抑制剂，可能与抗病性有关。例如，葡萄幼果果皮中一种单宁含量较高，可抑制灰葡萄孢（*Botrytis cinerea*）的多聚半乳糖醛酸酶，使侵染中断。在甘薯组织中发现一种水溶性蛋白质，可抑制多聚半乳糖醛酸酶，该酶是病原真菌降解寄主细胞壁的一种关键酶类。

（五）含糖量和其他因素

植物组织中某些为病原物营养所必需的物质含量较少，可能成为抗扩展的因素。有人提出“高糖病害”和“低糖病害”的概念，解释植物体糖分含量与抗病性的关系。番茄早疫病（*Alternaria solani*）是低糖病害，当寄主体内含糖量较低时，抗病性降低，发病重。如果采取疏花疏果或其他栽培措施，使番茄体内保持较高含糖量，抗病性就会增强，发病显著减轻。小麦锈病是高糖病害，当小麦体内含糖量较低时，抗病性增强。陈捷（1991）发现腐霉引起的黄瓜苗期猝倒病也属于高糖病害，在黄瓜幼龄易感阶段，体内总糖和还原糖含量都很高。若对抗病品种喷施糖类，导致发病率增高。

水稻在分蘖期和抽穗期体内淀粉含量低，碳氮比低，最易感染稻瘟病。在分蘖期抗病品种稻株叶鞘中积累的淀粉较多，在孕穗期后有些抗病品种叶鞘淀粉含量较感病品种高，另一些抗病品种淀粉含量的降低较感病品种慢（陈彩校等，1983；刘学群等，1989）。方中达等（1963）研究了水稻的“黑黄状态”与抵抗白叶枯病的关系，由于施用氮肥多而表现“黑”的植株，较少肥而表现“黄”的植株易于感病。水稻叶片处于“黑”的状态时，游离氨基酸含量高，尤其以天门冬氨酸、谷氨酸、丝氨酸和天门冬酰胺的差异最明显，但是糖和多元酚的含量则较低。糖的含量高低主要取决于还原糖的多少。李志正等（1985）的研究也表明，抗白叶枯病的中籼稻扬稻 1 号和 910 品系叶片中还原糖含量高。抗白叶枯病的水稻品种体内氨基酸含量，尤其是天门冬氨酸和谷氨酸含量低于感病品种（夏景玉，1989）。

棉花抗黄萎病的品种植株体内总糖量和还原糖含量略高于感病品种，但依发育阶段有所不同（顾本康等，1990；夏正俊等，1994），而抗枯萎病的品种水溶性总糖和还原糖含量则低于感病品种（陈其煐等，1990）。抗黄萎病、枯萎病的棉花品种植株体内某些氨基酸的含量也有增加（吕金殿等，1981；顾本康等，1990）。郭金城等（1990）认为棉花子叶中的油酸含量与品种对枯萎病的抗病性成正相关，亚麻酸含量则与品种对枯萎病的抗性成负相关。

马铃薯晚疫病菌需要寄主体内有较高浓度的可溶性糖类，可溶性糖类比率较低的品种往往较抗病。王金生等（1990）认为马铃薯块茎表皮组织还原糖含量与品种对细菌软腐病抗病性之间没有相关性，但薯肉组织的情况比较复杂。抗感品种之间相互比较时，两者没有相关性，但对一定的品种，经低温贮藏、温度处理和厌气处理后，组织的还原糖含量发生了变化，感病性与还原糖之间有正相关性。

高氮条件下番茄细胞膜磷脂含量增多，甾醇含量减少，细胞膜的稳定性增强，对枯萎病菌（*Fusarium oxysporum* f. sp. *lycopersici*）毒素的抵抗性增强。因而细胞膜磷脂与甾醇含量比值也可能是对兼性寄生物的被动抗病性因素。

小麦品种间盛花期穗部胆碱浓度存在极显著差异，富含胆碱的残留花药、雌蕊和早期颖果是禾谷镰孢的主要初侵染点，富集在穗轴和护颖表皮层叶绿素组织的胆碱可能作为分生孢子座的营养源，刺激菌丝生长和形成分生孢子，从而引起再侵染，穗筛管汁液中的胆碱刺激菌丝沿维管束扩展。因而胆碱不仅影响赤霉病菌的侵入，也影响其扩展，盛花期麦穗胆碱浓度与小麦对赤霉病的抗病性成极显著的负相关（李祥义等，1994）。

陆地棉、中棉和海岛棉都具有棉花凝集素。种子内凝集素活性与品种对枯萎病的抗病性呈正相关。抗病品种1～6片真叶期根、茎、叶中凝集素活性高于感病品种，花铃期以后差异逐渐缩小。抗病品种花粉凝集素含量比感病品种高4倍以上（李琼芳等，1992）。提纯的棉花凝集素或抗病品种凝集素的粗提物对枯萎病菌孢子萌发都有明显抑制作用（刘士庄等，1996；李琼芳等，1992）。

植物体缺少病原菌所必需的因子也导致抗病。例如，感染眼斑病（*Drechslera sacchari*）的甘蔗品种细胞膜上具有病原菌毒素的“接受蛋白质”，毒素可与之结合而发生作用。相反地，抗病品种细胞膜上蛋白质种类不同，不能与毒素结合。

第二节 主动抗病性因素

植物的主动抗病性（active resistance，postinfectional resistance）是病原物侵染所诱发的。植物的主动抗病性因素，不论是物理因素还是化学因素，在病原物侵染前，或者尚不存在或者处于很低的水平，病原物侵染才使之产生或活化，因而主动抗病性因素反映了侵染诱导的植物代谢过程的改变。植物主动抗病反应，即防卫反应，可能包括紧密相连的两个阶段：即对病原物的识别阶段和抗病性表达阶段。在抗病性表达阶段所发生的植物代谢变化，可能是抗病机制，也可能是次生的生物化学变化，而不是抗病的原因，这样人们所观察到的抗病反应，就仅仅是抗病性表达的标记。

一、物理的主动抗病性因素

病原物侵染引起的植物代谢变化，导致亚细胞、细胞或组织水平的形态和结构改变，产生了物理的主动抗病性因素。物理抗病性因素能将病原物的侵染局限在细胞壁、单个细胞或局部组织中，或将其排除。有时，物理抗病性因素的限制和消除作用对于决定植物与病原物相互关系的性质不一定起主要作用，需与过敏性坏死反应或植物保护素等相配合，才能收到较好的抗病效果。

（一）细胞壁的改变

病原菌侵染和伤害导致植物细胞壁木质化、木栓化、沉积酚类物质和钙离子等多种保卫反应。木质化作用（lignification）是在细胞壁、胞间层和细胞质等不同部位产生和积累木质素的过程。现已发现真菌细胞壁成分，如几丁质、脱乙酰几丁质能够诱导木质化作用，但酵母菌、细菌和多种植物保护素诱发子无诱导作用。木质素沉积使植物细胞壁能够抵抗病原菌侵入的机械压力。大多数病原微生物不能分解木质素，木质化能抵抗真菌酶类对细胞壁的降解作用，中断病原菌的侵入。木质素的透性较低，还可以阻断病原物与寄主植物之间的物质交流，防止水分和养分由植物组织输送给病原菌，也阻止了真菌的毒素和酶渗入植物组织。

在木质素形成过程中还产生了一些低分子量酚类物质，和可能对真菌有毒，或能钝化真菌酶的其他代谢产物。木质化作用和细胞壁的其他变化阻滞了病原菌扩展，使植物产生的植物保护素有可能积累到有效剂量。此外，也有人认为真菌菌丝尖端与植物木质化部位紧密接触后也能发生木质化，从而失去了可塑性，不能继续生长。

植物受病毒侵染后产生局部病斑，限制了病毒扩展，这可能也与木质化作用有关系。

木栓化（suberization）是另一类常见的细胞壁保卫反应。病原菌侵染和伤害都能诱导木栓质（suberin）在细胞壁微原纤维间积累，木栓化常伴随植物细胞重新分裂和保护组织形成，以替代已受到损害的角质层和栓化周皮等原有的透性屏障。木栓化也增强了细胞壁对真菌酶的抵抗能力。

病原物侵染可引起植物体内酚类化合物增多，多种植物细胞壁在受到病原菌侵染和伤害后沉积酚类化合物。抗病马铃薯的块茎接种晚疫病菌的不亲和小种后，就产生类似木质素的物质，主要是p-香豆酸和阿魏酸酯。酚类化合物进一步氧化为醌类化合物，并聚合为黑素（melanin），可以抑制病原菌分泌的细胞壁降解酶。陈捷等（1996）证明酚类物质对瓜果腐霉（*Pythium aphanidermatum*）产生的细胞壁降解酶合成和活性有明显的抑制作用。宋凤鸣等(1996)发现枯萎病菌侵染可明显提高棉苗体内的酚含量，由此认为酚类物质，特别是绿原酸和阿魏酸与棉花对枯萎病的抗病性有关。魏守军等(1992)也发现棉株感染枯萎病后棉酚含量增加，抗病品种增幅较大。抗细菌性条斑病的水稻品种叶片中总酚和黄酮类化合物在发病早期迅速增加，感病品种直到发病后期才有较多积累(周洁等，1997)。

菜豆胚轴受到丝核菌侵染后细胞壁积累钙离子和其他多价阳离子，可以抑制真菌半乳糖醛酸酶对菜豆组织的浸解作用。烟草花叶病毒侵染烟草叶片形成局部病斑时，其外围细胞壁沉积钙离子，形成坚固的不溶性盐类，限制了病毒扩展。

富含羟脯氨酸糖蛋白（hydroxyproline-rich glycoprotein，HRGP）是高等植物中的一种结构蛋白，在细胞壁中普遍存在。多种植物受到病原物侵染后，诱导羟脯氨酸和HRGP迅速增加。HRGP的积累与抗病性有一定关系，其分子上结合许多氨基酸，呈碱性，带正电荷，起凝集素作用，能凝集带负电荷的粒子或细胞，因而能把病原菌固定在细胞壁上，阻止病原菌的侵入和扩散。HRGP还是木质素的沉积位点，可作为结构屏障，抵抗病原菌酶的作用。冯洁等（1995）发现抗枯萎病的棉花品种86-1细胞壁内HRGP含量明显高于感病品种邯14。HRGP的积累与细胞壁木质化程度和对枯萎病的抗病性成正相关，棉枯萎病菌不同的小种诱导其积累的能力不同，因而HRGP在寄主与病原物的专化性识别中也可能起作用。

（二）细胞壁类似物质

在细胞壁内侧或外侧表面沉积新生细胞壁类似物质（wall-like material），是植物对病原菌侵染的常见反应类型之一。

病原真菌行将侵入时，侵入位点下方植物细胞质迅速聚集，其中含有细胞核、内质网、线粒体、高尔基体等细胞器并产生胼胝质沉积，导致细胞壁增厚。胼胝质主要成分为β-D-1，3-葡聚糖。许多种植物表皮细胞壁内侧，在细胞壁与质膜之间，与真菌附着胞和侵入钉相对应的位置上常形成半球形沉积物，即乳头状突起，简称乳突（papillae），其周围表皮细胞壁变色，形成圆形或卵圆形的区域，称为晕圈（halo）。乳突主要由胼胝质组成，也含有木质素、木栓质、硅化物、纤维素、酚类物质和蛋白质等。乳突和晕圈区域对酶和其他化学物质有高度的抵抗性。形成乳突可能是植物细胞对真菌侵入钉的物理损害所产生的反应，也可能是某种化学激发的结果。禾本科植物受到真菌侵染时多形成乳突。许多研究者认为，乳突形成是小麦和大麦叶片抵抗白粉菌侵入的主要因素。形成乳突的频率越高，抗病性也越强。但在小麦白粉病中，抗病性的强弱取决于乳突沉积活动开始的早晚和沉积速度（胡东维，1995；文成敬等，1989）。此外，在木瓜果实抗炭疽病，啤酒花与番茄根部抗轮枝孢黄萎病等许多实例中，都已证明乳突能抵抗病原菌侵入。但是，也发现许多病原菌突破乳突而成功侵入的例证，因而关于乳突的抗病机制及其影响因素尚需深入研究。

胼胝质沉积内也含有酚类物质，有人认为它不仅是抵抗病原菌的物理屏障，也是化学屏障，与植物对多种病害的抗病性有关。徐作廷等（1991）发现，抗腐霉茎腐病的玉米品种在接菌后，茎基部筛管中有胼胝质沉积，而感病品种则没有或很少。

植物受到真菌侵染或伤害后，细胞壁还可能积累纤维素而增厚，或者产生新的细胞壁层次，这些变化都可能与抗病性有关。

（三）形成愈伤组织

多种植物，特别是木本植物和贮藏根、块茎等器官，在受到侵染或伤害后能产生愈伤组织，即病变或受伤部位的外围薄壁组织细胞变为次生分生组织细胞，重新分裂增生，细胞壁逐渐木栓化和木质化，形成一圈紧密的愈伤组织，即离层（abscission layer），将受侵染部位与健全组织隔开，阻断了其间物质输送和病原菌扩展，以后病斑部分干枯脱落。

如果真菌和细菌的侵染发生在植物器官表层，愈伤木栓化作用可造成疮痂症状，在枝干上则常有脱皮现象。

丝核菌由皮孔侵入马铃薯块茎后，病斑组织与健康组织之间形成由 2～3 层木栓化细胞构成的离层，病斑组织连同其中的病原菌脱落。马铃薯抗病品种块茎被癌肿病菌（*Synchytrium endobioticum*）侵染后也形成木栓化的离层，病部脱落，形成疤痕。

甘薯块根受到紫纹羽病菌侵染后，因品种抗病性不同而出现不同的反应。感病品种在侵入菌丝下方的薄壁组织迅速变褐，出现湿腐，有的甚至不发生褐变，薄壁组织迅速浸解。抗病品种块根仅受到轻微侵染，肉眼未见褐变，但镜检可见菌丝接触的细胞褐变坏死，菌丝顶端被封锁。侵染点周围形成木栓层，不久便脱落。有些抗病品种虽然侵染点的薄壁组织也褐变干腐，但褐变部位周围形成木栓层。

愈伤组织形成是非专化性的抗病反应，不同植物的愈伤反应能力有很大差异，其抗病效果取决于寄主反应的速度和强度，与病原菌致病的速度和强度这两个方面的对比。增加氧气供应和提高环境温度可以增强呼吸作用，从而促进愈伤反应。

（四）维管束阻塞和其他变化

引起维管束阻塞是植物抵抗维管束病害的主要保卫反应。阻塞维管束既能防止真菌孢子和细菌菌体随蒸腾液流上行扩展，又能导致寄主抗菌物质积累和防止病原菌的酶与毒素扩散。维管束阻塞的主要原因是病原物侵染产生了胶质（gum）和侵填体（tylose）。胶质是由导管端壁、纹孔膜以及穿孔板的细胞壁和胞间层产生的，其主要成分是果胶和半纤维素。胶质产生是寄主的一种反应，而不单纯是病原菌水解酶作用的结果。侵填体是导管相邻的薄壁细胞通过纹孔膜在导管腔内形成的膨大球状体。

对棉花黄萎病、枯萎病，瓜类和番茄尖镰孢枯萎病等许多病例的研究，都表明胶质和侵填体的迅速形成是抗病机制。袁红旭等（1992，2002）在研究棉花品种岱 16 及其变异后代抗枯萎病特性时发现，用病原菌毒素处理后，抗病品种茎和叶柄维管束褐变，形成胶质和侵填体等阻塞物，在处理后 24～48 小时导管已被阻塞。黄瓜感染枯萎病（*Fusarium oxysporum* f. sp. *cucumerinum*）后，导管内相继出现管壁覆盖物、侵填体和褐色物。抗病品种的管壁覆盖物厚，侵填体能完全堵塞导管，阻止了菌丝的扩展。褐色物虽在抗病品种和感病品种中都能完全阻塞导管，但在抗病品种中出现较早，数量较多（徐建华等，1997）。

在水稻对白叶枯病成株抗病品种的解剖研究中，赵新平等（1987）发现接菌后叶片导管中形成了丝状物质将细菌菌体包围，细菌数量少，菌体变形。

另外，木质部导管发病变褐所产生的酚类物质能抑制病原菌的酶，酚类物质与胶质和侵填体配合可增强其抗病作用。姚技强等（1996）发现抗黄萎病的刚果茄根、茎部导管和薄壁细胞中自发荧光物质产生比感病品种早，荧光强度高。此种荧光物质是抗菌性芳香族化合物，由发生自发荧光的速度和强度可判断抑菌物质产生的快慢和多少。在病原菌侵染后，刚果茄能迅速合成抑菌物质，根、茎部菌量低，发病轻。

二、化学的主动抗病性因素

化学的主动抗病性因素是植物抗病性研究的中心课题，在理论上或抗病育种的实践中都有重要意义。化学的主动抗病性因素所涉及的问题很多，主要有过敏性坏死反应、植物保护素、植物对病原菌毒素的解毒作用等。除此之外，在研究主动抗病性时还发现了许多重要的生理、生化现象，但对其病理学意义还不清楚，也不了解这些现象是否涉及抗病性机制，或者仅仅是抗病反应过程中的次要变化。

（一）过敏性坏死反应

过敏性坏死反应（necrotic hypersensitive reaction）又称过敏性反应（hypersensitive response，HR），指植物对不亲和性病原物侵染表现高度敏感的现象，发生此种反应时，侵染点细胞及其临近细胞迅速坏死，病原物受到遏制，或被封锁在枯死组织中而死亡。过敏性坏死反应是植物最普遍的保卫反应类型，对真菌、细菌、病毒和线虫等多种病原物普遍有效。

早期对过敏性坏死反应的研究主要是针对专性寄生物进行的。Ward（1902）最早发现雀麦草受到叶锈病菌侵染后，叶片细胞坏死和形成枯死斑是一种抗病反应。后来 Stakman（1915）在麦类对锈病的抗病性研究中，正式采用了过敏性（hypersensitivity）这一术语。植物对锈菌、白粉菌、霜霉菌等专性寄生菌不亲和小种的过敏性反应，以侵染点细胞和组织坏死、病叶不表现肉眼可见的明显症状或仅出现小型枯死斑、病原菌不能生存或不能繁殖为特征。据此可划分为级别较低的反应型，因而这类抗病性也被称为“低反应型抗病性”。

多种兼性寄生真菌引起的病害，例如马铃薯晚疫病、稻瘟病、玉米小斑病、玉米大斑病、烟草黑胫病、番茄叶霉病、苹果黑星病等等也都有这种抗病性。对某些病害，抗病品种和感病品种都出现组织坏死，但是，在抗病品种植株上，坏死出现较早，坏死斑小，病原菌的发展明显受抑。

植物对病原细菌的过敏性反应特点与对兼性寄生真菌相似，抗病寄主在侵染早期迅速产生坏死，而感病寄主坏死出现较晚，病斑较大。在发生过敏性反应的抗病植株叶片内，细菌繁殖速率明显降低，细菌数量减少几十倍至几百倍。

对病毒侵染的过敏性反应也产生局部坏死病斑，病毒的复制受到抑制，病毒粒体由坏死病斑向邻近组织的转移受阻。在这种情况下，仅侵染点少数细胞坏死，整个植株不发生系统侵染。有些植物和病毒组合产生系统性坏死，虽然也属于过敏性反应，但不具有抗病性。

植物过敏性坏死反应伴随有一系列组织学、细胞学、生理学和生物化学变化。例如，马铃薯晚疫病菌不亲和性小种接种马铃薯无伤幼叶后，引起过敏性反应，这一过程包括5个连续的阶段：①病原菌侵入，形成球形侵染菌丝，寄主细胞核趋向侵入部位，该部位细胞内形成原生质丝；②寄主原生质变颗粒状并流向侵入部位，细胞核膨大，病菌开始形成泡囊；③原生质变纤维状，淡褐色，小颗粒停止活动，病菌继续形成泡囊；④细胞开始失水，核收缩，细胞壁因单宁类物质的渗透而变褐，病菌停止生长，菌丝细胞中出现脂肪球并开始退化；⑤寄主细胞变褐色或黑褐色，与菌丝相继或同时死亡。接种不亲和小种，很快就达到第四、第五阶段，而接种亲和小种后也经历上述5个阶段，但进程缓慢，细胞坏死时，菌丝体早已扩展到周围细胞或者病原菌已经产孢。

关于过敏性坏死反应的抗病机理，最早由Stakman等人根据禾谷类锈病的研究提出所谓“饥饿学说”，认为寄主细胞坏死后病原菌被封锁，因缺乏营养物质而死亡。后来在一些病害中发现了病原菌受抑制早于寄主细胞坏死的事例，难以用“饥饿学说”解释。小麦条锈病的组织病理学研究，进一步揭示了寄主坏死与病菌抑制之间复杂的相互关系，据此可划分为寄主细胞早期坏死型、锈菌早期受抑型、锈菌抑制滞后型和晚期坏死抑制型等不同组织病理学类型（刘松洁等，1991）。很可能细胞的过敏性坏死并不是抗病的原因，而是寄主和病原菌之间某种初始反应的结果。

小麦品种过敏性反应过程有一系列细胞学变化，包括产生防卫结构和物质，以及寄主细胞的坏死解离。条锈菌吸器母细胞侵入叶肉细胞时，寄主细胞壁染色加深、变厚、质膜内陷。在细胞壁与质膜之间形成了乳突状结构和颗粒状沉积物。条锈菌侵入叶肉细胞后，吸器发育失常。但吸器周围沉积胼胝质，有的胼胝质可完全包围吸器，部分吸器在形成早期就受抑坏死，部分在形成之后受抑坏死，此时吸器外质膜皱褶，并出现孔洞，吸器外间质加宽，并有大量电子致密度加深的物质沉积。与此同时，寄主细胞膜系统电子致密度加深，并有电子致密物沉积、线粒体肿胀、内脊消失、内质网不规则，与高尔基体等细胞器解体为泡囊、叶绿体外膜破裂、细胞核凝聚、质膜内陷，最终整个细胞解体、坏死（马青等，2002）。

晚近的研究表明，过敏性反应涉及寄主—病原物的识别，激发子的激发作用和复杂的信号传递系统，在其表达过程中还发生一系列防卫反应，包括细胞膜与防御酶系的改变，酚类物质、木质素和植物保护素积累以及新蛋白质的产生等等。国内对小麦条锈病的研究发现，在抗病性表达早期发生了木质素的异常积累（王保通等，1996）。在不亲和反应初始阶段，寄主RNA和rRNA合成能力显著增强，可翻译mRNA和poly（A+）－RNA水平迅速升高，蛋白质合成异常活跃，并产生了新的发病相关蛋白（张慧等，1994，1995；商鸿生等，1995）。

（二）植物保护素

植物保护素（phytoalexin）是植物被病原物侵染后，或受到多种生理的、物理的、化学的因子诱导后，所产生或积累的一类低分子量抗菌性次生代谢产物。植物保护素对真菌的毒性较强，有些种类对细菌、线虫、植物或动物也有毒性。Muller 和 Borger（1940）用马铃薯晚疫病菌非亲和性小种接种抗病马铃薯品种块茎的切片，诱导出过敏性坏死反应，间隔一定时间后即使再接种亲和性小种，也不能引起侵染。他们据此推测预先接种非亲和性小种，诱导马铃薯切片产生并扩散出一种抗菌物质，从而提出了植物保护素学说。1968 年，由马铃薯晚疫病菌非亲和性小种侵染的农林 10 号马铃薯中分离出了植物保护素，并确定了其结构，命名为日齐素（rishitin）。

现在已知 30 科 150 种以上的植物产生植物保护素，豆科、茄科、锦葵科、菊科和旋花科植物产生的植物保护素最多，同一种植物可能产生多种化学结构相似的植物保护素。迄今 350 多种植物保护素的化学结构已被确定，其中多数为类黄酮和类萜化合物。类黄酮植物保护素主要由豆科植物产生，例如豌豆的豌豆素（pisatin），菜豆的菜豆素（phaseollin）、基维酮（kievitone）和相关化合物，大豆、苜蓿和三叶草等产生的大豆素（glyceollin），苜蓿和三叶草的苜蓿素（medicarpin），甜菜的甜菜素（betavulgarin）等。

类萜植物保护素主要由茄科植物产生，例如马铃薯块茎产生的日齐素（rishitin）、块茎防疫素（phytuberin）等，甜椒产生的甜椒醇（capcidiol），棉花受黄萎轮枝孢侵染后产生的棉籽醇（gossypol）和半棉籽醇（hemigossypol）等。

禾本科植物一向是植物保护素研究的薄弱领域，晚近始有改变。例如，已从水稻中相继发现和纯化了多种水稻植保素，已知结构的有稻壳酮 A 和 B（momilactone A 和 B）、水稻素 A－F（oryzalexins A－F）、Phytocassanes A－D、樱花素（sakuranetin）以及一些环氧型或多羟基型氧化不饱和脂肪酸。其中樱花素以及环氧型或多羟基型氧化不饱和脂肪酸分别属于类黄酮类和氧化脂肪酸类植保素，其他都为双萜类植保素。彭友良等（1991）在研究水稻对稻瘟病的抗病性时，发现了不亲和性稻瘟菌侵染的叶片中合成和积累了抗菌性物质 RF1 和 RF2。范军等（1995）进一步纯化了 RF2，并证明它是一种新的水稻植保素。1996 年范军和彭友良又报道了某些性质与之相似的另一种新水稻植保素 P2。

此外，还有人从冠锈病菌侵染的燕麦中发现了燕麦植保素（avenalumin），从高粱叶片中发现了高粱保卫素，即 apigeninidin 和 luteolinidin。迄今还没有找到葫芦科植物产生的植保素。

晚近研究较多的还有芪类植保素（Stilbene-type Phytoalexins）。芪类物质是植物的次生代谢物，仅存在于少数几种植物中。最早在受灰葡萄孢（*Botrytis cinerea*）侵染的葡萄中发现了一种具有抗病作用的白藜芦醇，即 3，4，5－三羟基反式芪，根据其化学特性及其产生机制，认为是一种植保素。芪类植保素是由芪合酶（resveratrol synthase）催化底物丙二酰- CoA 和香豆酰- CoA 而合成的，具有抑制植物病原真菌菌丝生长和孢子萌发等作用。当植物受病原菌侵染或紫外线照射、臭氧、创伤等刺激时，芪类在受激部位的含量显著增加。植物受到真菌侵染后，其体内芪类植保素含量增加，使植物抗病性增强。来源于葡萄的芪合酶基因已经被用于转化烟草、水稻、油菜、马铃薯等作物。转基因植物具有较好的抗病性。

如上所述，植物保护素是诱导产物，生物因子如真菌、细菌、病毒、线虫等，非生物因子如重金属离子、叠氮化钠、放线菌酮等化学物质和机械刺激等都能激发植物保护素产生。后来还发现真菌的高分子量胞壁成分，如葡聚糖、脱乙酰几丁质、糖蛋白，甚至细胞壁片段等也有激发作用。有些高分子成分为病原菌亲和性小种与非亲和性小种所共有，称为非专化性激发子（non-specific elicitor），有些仅为非亲和性小种所具有，称为专化性激发子（specific elicitor）。

植物保护素是植物的一种主动抗病性因素。植物保护素在病原菌侵染点周围的植物活跃细胞中合成，并向比邻已被病原菌定殖的细胞中扩散，已死亡和行将死亡的细胞中有多量积累。在植物保护素积累达到毒害浓度时，病原菌停止扩展和生长。在大豆与大雄疫霉、马铃薯与晚疫病菌、亚麻与亚麻锈菌等许多实例中，只有寄主与病原菌表现不亲和性时，才有较多的植保素积累，亦即在具有抗病基因的植株中植物保护素迅速积累，病原菌停止发展。

（三）对病原菌毒素的解毒作用

有些植物能够代谢病原菌产生的植物毒素，将毒素转化为无毒害的物质。植物的解毒作用，是病原菌侵染诱导的主动保卫反应。虽然迄今已被深入研究的解毒作用实例较少，但仍可看出植物解毒作用能够降低病原菌的毒性。维多菌素（victorin）是燕麦叶枯病菌（*Helminthosporium victoriae*）产生的寄主选择性毒素。燕麦抗病品种与感病品种钝化维多菌素的能力明显不同。两类品种的胚芽鞘在毒素处理后8～10小时都能钝化维多菌素。12小时后感病品种胚芽鞘细胞破裂，停止钝化毒素，而抗病品种则继续保持钝化能力。24小时后抗病品种胚芽鞘中毒素含量仅为感病品种的1/30。

脱氧雪腐镰刀菌烯醇（deoxynivalenol，DON）是小麦赤霉病菌（*Fusarium graminearum*）产生的真菌毒素，为重要的致病因子。小麦抗病品种望水白穗组织中DON含量较低，且自接菌后第八天起迅速下降，而同时感病品种中DON含量却持续增加。据此推测，在抗病品种中存在某种解毒机制，可将DON降解成为无毒性或毒性较低的物质（陈利峰等，1996）。抗赤霉病品种苏麦3号、繁9则能转化DON，形成能抑制病原菌分生孢子萌发的产物X（姚泉洪等，1996）。

（四）产生发病相关蛋白

1970年一些科学家由接种TMV后出现过敏性反应的烟草叶片中分离到一类蛋白质，这就是发病相关蛋白（pathogenesis-related protein），简称PR蛋白。后来发现病毒、细菌、真菌等病原物侵染以及创伤的刺激都可诱导PR蛋白的产生。酸性PR蛋白在酸性条件下稳定，多存在于植物细胞间隙，不为伤痍所诱导。碱性PR蛋白在碱性环境中稳定，多存在于植物细胞的液泡内，具明显的组织专化性，在根部表达，可为乙烯和伤痍刺激所诱导。PR蛋白种类很多，功能复杂。现已知具有葡聚糖酶、几丁酶、过氧化物酶、超氧化物歧化酶、胞壁结构蛋白、蛋白酶抑制因子、病毒复制抑制因子以及其他功能的PR蛋白，但多数PR蛋白的功能不明。

（五）活性氧迸发

活性氧，亦称反应性氧，是一类高反应性的氧自由基，包括超氧根阴离子（O_2^-）、氢氧根离子（OH^-）、羟自由基（OH）、过氧化氢（H_2O_2）等。正常细胞中微量的活性氧来自线粒体和叶绿体等细胞器中的电子传递体系某些游离酶（如黄嘌呤氧化酶和细胞膜NADPH-氧化酶）的作用。植物细胞中活性氧的快速、短时间、大量释放的现象被称作活性氧迸发或氧化性迸发（oxidative burst）。有人认为活性氧迸发是植物细胞与病原物激发子互作早期的一个重要现象。Doke（1983）首次报告晚疫病菌侵染引起的马铃薯块茎过敏性反应有活性氧产生。后来 Low（1986）和 Lindner 等（1988）发现病原物激发子诱导大豆悬浮细胞培养物活性氧迸发。进一步的研究表明活性氧可能参与细胞壁木栓化过程，活性氧迸发还可能是病原真菌引起的某些植物防卫机制的中间信号。

刘曼西等（1996，1997）利用对黄萎轮枝孢抗病性不同的番茄近等位基因系作试材，获得细胞悬浮培养物 S-GCR 26 和 R-GCR 218，用黄萎轮枝孢激发子处理后，抗病的 R-GCR 218 发生活性氧迸发，而敏感性的 S-GCR 26 未表现出明显变化。这一结果证明，活性氧迸发是抗病性番茄细胞受病原菌激发子作用后发生的特征性现象。

（六）植物防御酶系发生变化

植物受到病原物侵染而发生主动防卫反应时，体内一系列防御酶系发生了广泛的病理变化，其中研究较多的主要有苯丙氨酸解氨酶、过氧化物酶、多酚氧化酶、几丁酶、β-1，3-葡聚糖酶、β-糖苷酶、超氧化物歧化酶、过氧化氢酶、脂氧合酶等等。

苯丙氨酸解氨酶（phenylalanine ammonia lyase，PAL）、过氧化物酶以及肉桂酸-4-羟基化酶、4-香豆酸-乙酰辅酶 A 连接酶等都是植物苯丙烷类代谢途径的关键酶，这一途径与木质素、植物保护素等防卫物质的合成有重要关系。病原菌的侵染和病原菌毒素处理都能诱导苯丙氨酸解氨酶活性增强，且酶活性增强与抗病性呈正相关。在病原菌侵染的最初几小时，酶活性缓慢增强，随后急剧上升，达到高峰期，以后进入减退期。有研究表明，在侵染初期 PAL 可以重新合成，而后期植物细胞中则积累了钝化 PAL 的大分子物质（抑制蛋白）。国内已证明 PAL 与病原物侵染和抗病性有关系的寄主—病原物组合主要有水稻与稻瘟病菌（肖拴锁等，1997），水稻与白叶枯病菌（吴岳轩等，1996），小麦与条锈病菌（王凤乐，1990），小麦与叶锈病菌（杨秀芹等，1990），小麦与秆锈病菌（杨家书等，1992），小麦与白粉病菌（杨家书等，1986），小麦与赤霉病菌（王雅平等，1994），玉米与大、小斑病菌（王敬之等，1982），棉花与枯萎病菌（魏守军等，1992），马铃薯与晚疫病菌（王敬之等，1982），黄瓜与枯萎病菌（徐建华等，1995），辣椒与辣椒疫霉（冉莹青等，1997）以及其他。

过氧化物酶（peroxidase，PO）在脱氢酶的参与下，可以催化许多重要酚类物质的氧化反应，参与木质素的聚合过程，PO 还是细胞内重要的内源性活性氧清除剂，从而与植物抗病性有密切关系。在小麦—条锈菌相互关系的研究中发现，表达抗病反应时，酶活性显著增强，PO 酶活高峰出现较早（康振生等，1987；王凤乐，1990；于孝如等，1993）。王保通（1995）和商鸿生（1998）发现抗条锈性表达伴随着与细胞壁结合的 PO 活性增强，在高温抗条锈性表达时变化尤其强烈。以离子键和共价键与细胞壁结合的 PO 活性，在罹病植株转移到高温（21℃）环境后 12 小时和 24 小时分别有特异性增高。

国内已证实 PO 与病原物侵染和抗病性有关的寄主与病原物组合还有水稻与稻瘟病菌（王彦才等，1991），水稻与白叶枯病菌（吴岳轩等，1996），小麦与叶锈病菌（王智昕等，1989；王冬梅等，1994），小麦与秆锈病菌（杨家书等，1992），小麦与白粉病菌（杨家书等，1984；靳华芬等，1985），小麦与赤霉病菌（叶华智，1988；徐朗莱等，1991），玉米与大、小斑病菌（刘国胜等，1991），玉米与丝黑穗病菌（赵羹梅等，1996），棉花与枯萎病菌（沈其益等，1978），棉花与黄萎病菌（朱荷琴等，1995；郭海军等，1995），大豆与大豆花叶病毒（庄炳昌等，1993），黄瓜与霜霉病菌（李靖等，1991），黄瓜与瓜果腐霉（陈捷等，1996），黄瓜与枯萎病菌（徐建华等，1995），番茄与烟草花叶病毒（阎文昭等，1985；郭兴启等，1997），辣椒与辣椒疫霉（冉莹青等，1997），苹果属植物与褪绿叶斑病毒（肖艳等，1992），葡萄与黑痘病菌（杨国顺等，1997）以及其他。

多酚氧化酶（polyphenoloxidase，PPO）可催化醌和单宁的合成。病原物侵染可诱导PPO活性变化，且与抗病性表达有关。黄瓜被枯萎病菌侵染后，抗病品种PPO活性明显增强（徐建华等，1995）。用赤霉病菌接种后，感病小麦品种穗组织中有抗坏血酸（ascorbic acid）积累，据推测抗坏血酸可能抑制了PPO活性而导致植物感病（陈利锋等，1997）。袁红旭（1992）发现，棉花抗枯萎病品种在接菌后PPO活性和抗坏血酸氧化酶（ASO）活性都有明显提高。叶明志等（1996）在研究水稻与白叶枯病和细菌性条斑病的相互关系时，发现感病品种接菌后PPO酶活下降，而抗病品种保持基本不变或明显增强，依品种而异。

在正常情况下，酚类物质以无毒的糖苷形式存在于植物体内，受到病原菌侵染后，在糖苷酶作用下糖苷可转化为对菌类有毒性的糖苷配基。几丁酶和β-1，3-葡聚糖酶能降解病原真菌的细胞壁，引起溶菌现象。香蕉果实被炭疽病菌侵染后几丁酶和β-1，3-葡聚糖酶活性增强，抗病品种“黑油身”酶活迅速升高，且一直保持较高水平，感病品种63—1酶活水平较低（蒋跃明，1995）。杨树溃疡病菌（*Dothiorella gregaria*）及其菌丝体提取物都能诱导杨树几丁酶和β-N-乙酰氨基葡萄糖苷酶的积累，在诱导的速度和强度上，抗病品种毛白杨都优于感病品种北京杨。病原菌诱导的两种酶活性升高幅度，毛白杨分别为北京杨的4.7倍和3倍（胡景江等，1997）。

植物体活性氧的积累可导致膜脂过氧化和膜差别透性丧失，但还可诱导过敏性坏死和植物保护素产生等保卫反应。在正常情况下细胞内有清除活性氧，防止其毒害作用的保护体系，其中以酶系统（包括超氧化物歧化酶、过氧化氢酶等）的清除作用较为重要。超氧化物歧化酶（superoxide dismutase，SOD）有清除超氧阴离子的作用，该酶与植物抗病性的关系虽已有研究，但尚未取得一致的结论。

在小麦赤霉病的研究中，曾发现抗、感品种接菌后SOD活性都增高，抗病品种比感病品种增幅更大（王雅平等，1994），后来又发现抗病品种和感病品种SOD活性表现出相反的变化趋势（陈利锋等，1997），后者还发现抗病品种过氧化氢酶（CAT）活性有明显增强。

朱友林和刘纪麟（1996）利用玉米的近等基因系研究了大斑病菌侵染后SOD的动态，在侵染初期抗病系SOD活性一般呈下降趋势，低于感病近等基因系，在中、后期却有大幅上升，明显高于感病近等基因系。他们认为抗病系初期SOD活性减弱，与其细胞质膜透性增强、结构变化、发生过敏性坏死以及大量释放抗菌素等早期抗病反应有密切关系，而中、后期活性增强则与抗病系限制病斑扩展的能力有关，因而SOD和有关活性氧代谢在玉米抗病反应中起重要作用。崔洋等（1992）则观察到对玉米小斑病菌C小种毒素敏感的C细胞质线粒体SOD活性明显下降，而不敏感的T、N细胞质线粒体酶活上升或持平。

甘薯对蔓割病的抗病品种和感病品种叶片中，脂质过氧化与保护酶变化动态亦不相同，接菌后抗病品种POD活性峰出现较早，CAT达到峰值后下降较缓（柯玉琴等，1994）。关于棉花抗氧化系统对黄萎病的反应，毛树春等（1996）指出，病株CAT活性下降导致过氧化氢积累是诱导因素，CAT、SOD活性下降既造成了对寄主细胞的伤害，同时也是寄主的防御反应。

脂氧合酶（lipoxygenase，LOX）对植物生长发育和抗逆性有重要作用，也可能与抗病性及其信号因子产生有密切关系。水稻被不亲和性稻瘟病菌小种侵染后，体内LOX活性明显升高。秦引萍等（1995，1996）分离并鉴定出稻瘟菌诱导性稻叶脂氧合酶CM-Lox1和CM-Lox2，杨依军等（1997）的免疫印迹杂交试验证明这两种同工酶有密切的血清学关系。抗黑斑病甘薯品种鄂薯1号块根，在接菌后也发生了较强的脂质过氧化作用，表明脂质过氧化介入了抗病机制（郭绍东等，1995）。

第三节　避病和耐病机制

植物的避病（disease escape）和耐病（tolerance to disease）构成了植物防卫系统最初和最后两道防线，即抗接触和抗损失。这种广义的抗病性与抗侵入、抗扩展和抗繁殖有着不同的遗传基础和生理基础。栽培措施、环境条件和病原物状态对两者有重要影响，有时这些因素本身也能导致植物避病，但这已超出了植物抗病性的论述范围。作物本身具有的避病和耐病性状，不受病原物致病性分化的影响。揭示其作用机制，选育和利用避病与耐病品种，是病害防治不可缺少的组成部分。

一、植物的避病机制

植物因不能接触病原物或接触的机会减少而不发病，或发病减少的现象称为避病。植物可能因时间错开或者空间隔离而躲避或减少了与病原物的接触，前者称为“时间避病”，后者称为“空间避病”。避病现象受到植物本身、病原物和环境条件三方面许多因素及其相互配合的影响。

植物易受侵染的生育阶段与病原物有效接种体大量散布时期是否相遇，是决定发病程度的重要因素之一。两者错开或全然不相遇就能收到避病的效果。

对于只能在幼芽和幼苗期侵入的病害，种子发芽势强，幼芽生长和幼苗组织硬化较快便缩短了病原菌的侵入期。小麦种子发芽快、幼芽出土快的品种可减少秆黑粉病和普通腥黑穗病病原菌侵入的机会，发病较轻。但若播种过深，土壤带菌量大，即使发芽势强的品种也难以躲避病菌的侵染。

有些病害越冬菌量很少，在春季流行时，需要一个菌量积累过程，只有菌量积累到一定程度后，才会严重发病，造成减产。对于这类病害，早熟品种避病。在华北和西北冬麦区，早熟小麦品种往往能避免秆锈病、叶锈病和白粉病。春季以外来菌源为主的小麦条锈病流行地区，早熟品种也有避病作用，若外来菌源到达较晚，避病作用更为明显。

小麦赤霉病穗腐的易感阶段为抽穗至开花期，开花期是病菌侵染盛期，有些品种开花集中，花期较短，发病就轻。小麦若在易感阶段遇雨，发病很重，若没有降雨，就不会发病，这是不利于病菌的环境条件所造成的避病作用。采取适当的栽培措施也能使作物避病。例如，在甘肃陇南一带，冬小麦适期晚播，能避过越夏菌源的侵染，秋苗条锈病和白粉病显著减轻。

植物的形态和机能特点可能成为重要的空间避病因素。小麦叶片上举，叶片与茎秆间夹角小的品种比叶片平伸的品种，叶面着落的病原真菌孢子较少，还不易集露，条锈病和叶锈病都较轻。矮秆小麦茎节较短，纹枯病和雪霉叶枯病由基部茎秆上行传播快，往往发病严重。马铃薯株型直立品种比匍匐品种晚疫病重。大、小麦散黑穗病菌由花器侵入，闭颖授粉的品种感染较少。某些雄性不育的小麦、黑麦和高粱品种，开颖受粉，由花器侵染的麦角病发病重，这从反面证实了避病性的作用。

植物茎、叶、果实表面的蜡质层不利于水滴附着和展布，蜡质层发达的品种叶片上孢子萌发数量少，发病减轻。有些作物品种叶表面绒毛多，对某些病毒的介体蚜虫有忌避作用，传毒机会减少。有些植物叶片溢泌的化学物质，对传病介体昆虫也有忌避作用。植物还可分泌促进根围和叶围拮抗微生物活动的物质，结果也减少了接触植物的病原菌数量。

二、植物的耐病机制

耐病品种具有抗损失特性，在病害严重程度或病原物发育程度与感病品种相同时，其产量或品质损失较低。耐病毒的作物品种，体内病毒粒体的浓度不低于感病品种，但不表现明显的症状。

关于植物耐病的生理机制，现在还所知不多。禾谷类作物耐锈病的原因可能是生理调节能力和补偿能力较强。小麦品种耐锈 2 号高度耐叶锈病，其病叶上侵染点之间的绿色组织光合速率增高，能部分补偿病原物的消耗，对营养器官中储藏物质的利用也明显增强，输入籽粒中的氮、磷和碳水化合物减少不多。另外，还发现植物对根病的耐病性可能是由于发根能力强，被病原菌侵染后，能迅速生出新根。麦类耐锈病的能力也可能是因为发病后根部吸水能力增强，能够补充叶部病斑水分蒸腾的消耗。

杨家书等（1995）系统研究了铁春 1 号小麦耐白粉病的机制，发现涉及多方面的因素：第一，具有光合补偿作用；第二，超氧化物歧化酶活性增强，能及时清除因病害胁迫产生的超氧自由基，避免了对细胞膜的伤害；第三，具有储存物质运转的补偿作用，可以充分利用储存物质部分补偿光合产物的不足，使籽粒中氮、磷和碳水化合物不致减少。

参　考　文　献

[1] 陈彩校，冯驹．水稻生理抗病的研究：稻株淀粉与稻瘟病发生的关系．植物保护学报，1983，10（2）：73～78

[2] 陈捷，高洪敏，朱有钰，吴友三．酚类物质和代谢对瓜果腐霉菌产生的细胞壁降解酶活性的影响．植物病理学报，1996，26（2）：171～176

[3] 陈利锋，宋玉立，徐雍皋．小麦赤霉病穗中脱氧雪腐镰刀菌烯醇量的变化．植物病理学报，1996，26（1）：25～28

[4] 陈利锋，宋玉立，徐雍皋等．抗感赤霉病小麦品种超氧化物歧化酶和过氧化氢酶的活性比较．植物病理学报，1997，27（3）：209～213

[5] 陈利锋，叶茂炳，陈永幸等. 抗坏血酸与小麦抗赤霉病性的关系. 植物病理学报，1997，27（2）：113～118

[6] 陈其煐，郭海丹，刘发敏，肖建国. 陆地棉不同品种苗期含糖水平与抗枯萎病相关性研究. 见：陈其煐，李典谟，曹赤阳主编. 棉花病虫害综合防治及研究进展. 北京：中国农业科技出版社，1990，247～250

[7] 崔洋，马春红，刘克明等. 纯化的玉米小斑病菌小种毒素活性的研究. 植物病理学报，1992，22（2）：175～178

[8] 范军，彭友良. 一种新的水稻植保素的诱导、纯化及特性研究. 植物病理学报. 1996，26（3）：217～221

[9] 方中达，刘经芬，许志刚. 水稻抗病性的研究Ⅲ. 水稻黄黑状态对白叶枯病的反应. 植物病理学报，1963，6（2）：113～118

[10] 冯洁，陈其煐，石磊岩. 枯萎病诱导棉花细胞壁富含羟脯氨酸糖蛋白积累与枯萎病抗性间的关系. 植物病理学报，1995，25（2）：133～138

[11] 高旭辉. 茶赤斑病与叶片结构及空间位置的关系. 茶叶科学，1997，17（1）：21～26

[12] 顾本康，李经仪，夏正俊等. 棉花品种抗黄萎病机制的初步研究. 见：陈其煐，李典谟，曹赤阳主编. 棉花病虫害综合防治及研究进展. 北京：中国农业科技出版社，1990，235～242

[13] 郭海军，董志强，林永增. 黄萎病对棉花叶片 SOD、POD 酶活性和光合特性的影响. 中国农业科学，1995，28（6）：40～45

[14] 郭金城，宋晓轩，张久绪，李成葆. 棉花种子、根系和子叶中脂肪酸组成的变化与抗枯萎病的相关性. 见：陈其煐，李典谟，曹赤阳主编. 棉花病虫害综合防治及研究进展. 北京：中国农业科技出版社，1990，260～263

[15] 郭绍东，李合生. 甘薯块根组织脂氧合酶及其在抗病生理中的功能研究. 植物病理学报，1995，25（4）：325～329

[16] 郭兴启，朱汉城，严敦余等. 不同抗性番茄感染番茄花叶病毒（ToMV）后若干生化反应. 山东农业大学学报，1997，28（2）：275～280

[17] 胡东维. 小麦白粉菌与寄主相互作用的细胞学研究. 西北农业大学博士学位论文，1995

[18] 胡景江，朱玮. 溃疡病菌对杨树几丁酶、β-N-乙酰氨基葡萄糖苷酶的诱导作用. 植物病理学报，1997，27（2）：181～185

[19] 蒋跃明. 香蕉采后炭疽病发生与几丁酶和β-1，3-葡聚糖酶的关系. 植物病理学报，1995，25（3）：238

[20] 蒋跃明. 多巴胺和糖类物质对香蕉采后炭疽病发生的抑制和诱导作用. 植物病理学报，1997，27（2）：157～160

[21] 靳华芬，沈扬. 小麦抗感白粉病的不同品种过氧化物酶同工酶的比较研究. 植物学报，1985，27（2）：222～224

[22] 康振生，李振岐，刘松洁. 洛夫林 10 抗条锈性与过氧化物酶活性关系初探. 西北农业大学学报，1991，19（1）：19～23

[23] 柯玉琴，潘廷国，伍迪明. 甘薯抗蔓割病的生理机制：Ⅰ. 感染蔓割病后甘薯叶片脂质过氧化及保护酶的变化. 福建农业大学学报，1994，23（1）：112～116

[24] 李靖，利容千，袁文静. 黄瓜感染霜霉病菌叶片中一些酶活性的变化. 植物病理学报，1991，21（4）：277～283

[25] 李琼芳，江怀仲，文巧. 棉花凝集素的形成与抗枯萎病性关系的研究. 植物病理学报，1992，22（3）：283～288

[26] 李祥义，吴兆苏．小麦盛花期穗胆碱浓度与赤霉病抗性的关系研究初报．作物学报，1994，20（2）：176～185
[27] 李秀琴，陈捷，姚健民等．玉米全蚀病菌毒素的初步研究．沈阳农业大学学报．1992，23（3）：221～223
[28] 李志正，张洪熙，陈志栋等．中籼稻扬稻 1 号及 910 品系对白叶枯病抗性的研究．植物保护学报，1985，12（1）：29～35
[29] 林茂松，贺丽敏，文玲等．甘薯形态结构对茎线虫病的抗性机制．中国农业科学，1996，29（3）：8～12
[30] 刘国胜，邹玉华，黄梧芳等．玉米单倍体胚性细胞无性系抗大、小斑病性与过氧化物酶活性关系的初步研究．河北农业大学学报，1991，14（4）：79～83
[31] 刘曼西，Kolattukudy PE. *Verticillium albo - atrum* 激发子诱导的番茄组织培养细胞的反应性氧迸发．植物生理学报，1996，22（2）：137～144
[32] 刘曼西，Kolattukudy PE. 病原激发子对番茄阴离子过氧化物酶表达与反应性氧迸发的诱导．植物生理学报，1997，23（3）：220～226
[33] 刘士庄，施承梁，叶杨等．棉花凝集素的分离纯化及其对棉花枯萎病菌的影响．植物病理学报，1996，26（4）：311～315
[34] 刘松洁，商鸿生，李振岐．小麦低反应型抗条锈性的组织病理学研究．西北农业大学学报，1991，19（增刊）：11～17
[35] 刘学群，李合生，胡耀星等．稻瘟病菌鉴别品种的生理生化研究．植物保护学报，1989，16（1）：31～36
[36] 吕金殿，甘莉，牛淑贞．抗枯萎病棉花品种氨基酸分析．植物病理学报，1981，11（3）：63～64
[37] 马青，商鸿生．小麦与条锈菌不亲和互作的超微结构．植物病理学报，2002，32（4）：306～311
[38] 毛树春，邢金松，刘传亮．棉花抗氧化系统对黄萎病的反应．棉花学报，1996，8（2）：92～96
[39] 秦引萍，彭友良．脂氧合酶的侵染诱导在植物抗病反应中的可能作用，农业生物技术学报．1995，3（4）：1～9
[40] 秦引萍，杨依军，彭友良等．稻瘟菌侵染诱导性水稻脂氧合酶的同工酶鉴定及性状分析．农业生物技术学报，1996，4（2）：180～189
[41] 商鸿生，张慧，李振岐．条锈菌侵染初期小麦初生叶内可翻译 mRNA 的变化．植物生理学报，1995，21（3）：247～253
[42] 商鸿生，张慧，李振岐．条锈菌侵染早期小麦叶片 RNA 和 rRNA 的合成．植物病理学报，1995，25（3）：215～220
[43] 商鸿生．小麦对条锈病的高温抗病性研究．中国农业科学，1998，31（4）：46～50
[44] 沈其益，阎隆飞，李庆基等．棉花感染枯萎病后过氧化物酶同工酶的变化．植物学报，1978，20（2）：108～113
[45] 宋凤鸣，郑重．绿原酸和阿魏酸与棉花对枯萎病抗性的关系．浙江农业大学学报，1996，22（3）：236～240
[46] 王保通．小麦高温抗条锈性与木质素合成及其关键酶的关系．西北农业大学硕士学位论文，1995
[47] 王保通，商鸿生．小麦高温抗条锈性表达与木质素合成的关系．植物保护学报，1996，23（3）：229～234
[48] 王冬梅，王智昕，杨秀屏等．已知 Lr 基因小麦在叶锈菌侵染过程中 PO 活性及其同工酶的变化．河北农业大学学报，1994，17（1）：1～6
[49] 王凤乐．小麦条锈菌同工酶分析与受侵小麦酚类代谢关键酶病理变化研究．西北农业大学硕士学

位论文，1990
[50] 王金生，张学君，方中达．马铃薯品种对细菌软腐病抗性生理指标的研究Ⅱ．品种还原糖含量及其与软腐病抗性的关系．南京农业大学学报，1990，13 (2)：69～75
[51] 王敬之，薛应龙．植物苯丙氨酸解氨酶的研究Ⅱ．苯丙氨酸解氨酶在抗马铃薯晚疫病中的作用．植物生理学报，1982，8 (1)：35～43
[52] 王敬之，薛应龙．植物苯丙氨酸解氨酶的研究Ⅲ．玉米小斑病菌T小种和大斑病菌毒素对苯丙氨酸解氨酶的刺激作用．植物生理学报，1982，8 (3)：237～244
[53] 王雅平，吴兆苏，刘伊强．小麦抗赤霉病性的生化研究及其机制的探讨．作物学报，1994，20 (3)：327～333
[54] 王彦才，徐兆桢，穆永顺．水稻抗瘟性与过氧化物酶同工酶的初步研究．植物保护学报，1991，18 (4)：289～292
[55] 王智昕，汪宜萱，刘娟等．在叶锈菌侵染过程中小麦过氧化物酶同工酶的变化．植物保护学报，1989，16 (2)：73～76
[56] 魏守军，宋小轩，陈建华等．棉花感染枯萎病后棉酚及PAL的变化．棉花学报，1992，4 (1)：81～85
[57] 文成敬，陶家凤．细胞乳突的形成和小麦白粉菌成功侵染的关系．植物病理学报，1989，19 (1)：17～20
[58] 吴岳轩，曾富华，王荣臣．杂交稻对白叶枯病的诱导抗性与细胞内防御酶系统关系的初步研究．植物病理学报，1996，26 (2)：127～131
[59] 夏正俊，顾本康，吴蔼民等．棉花品种抗黄萎病性与体内生化成分相关分析．植物保护学报，1994，21 (4)：305～310
[60] 肖拴锁，王钧．水稻中超氧诱导与稻瘟病菌抗性及苯丙氨酸解氨酶、几丁酶、β-1，3-葡聚糖酶活性诱导的关系．中国水稻科学，1997，11 (2)：93～102
[61] 肖艳，成明昊，李育农．褪绿叶斑病毒（CLSV）对苹果属植物过氧化物酶活性及同工酶影响．西南农业大学学报，1992，14 (2)：100～105
[62] 徐建华，利容千，王建波．黄瓜不同品种感染镰刀菌枯萎病后几种酶活性的变化．植物病理学报，1995，25 (3)：239～242
[63] 徐建华，王建波，利容千等．黄瓜感染枯萎病后病理组织学的研究．植物病理学报，1997，27 (4)：349～352
[64] 徐朗莱，叶茂柄，徐雍皋等．过氧化物酶及其同工酶与小麦抗赤霉病性的关系．植物病理学报，1991，21 (4)：285～290
[65] 阎文昭，裘维蕃．TMV侵染不同抗性番茄品种之后引起的过氧化物酶活性及同工酶的变化．植物病理学报，1985，15 (4)：193～198
[66] 杨家书，李顺芳，吴畏等．小麦品种对白粉病抗病性与过氧化物酶的关系．植物病理学报，1984，14 (4)：235～240
[67] 杨家书，吴畏，吴友三等．植物苯丙酸类代谢与小麦对白粉病抗性的关系．植物病理学报，1986，16 (3)：169～174
[68] 杨家书，于泉林，曹远银等．"铁春1号"小麦耐白粉病机制研究．植物病理学报，1995，25 (3)：227～232
[69] 杨秀芹等．小麦被叶锈菌侵染后PAL活性变化．河北农业大学学报，1990，13 (4)：102
[70] 杨依军，秦引萍，黄俊斌，彭友良．稻瘟菌诱导性稻叶脂氧合酶的进一步纯化及抗体制备．植物病理学报，1997，27 (3)：243～249

[71] 姚技强，林柏青，肖蕴华. 茄子黄萎病抗病材料的组织病理学研究. 植物病理学报，1996，26 (2)：159～163

[72] 姚泉洪，刘宗镇，曾以申. 抗病小麦对脱氧雪腐镰刀菌烯醇的脱毒及产物的生物活性. 真菌学报，1996，15 (1)：59～64

[73] 叶华智，伍光庆. 小麦与禾谷镰刀菌相互作用下病穗过氧化物酶和酯酶的变化. 植物病理学报，1988，18 (3)：169～174

[74] 叶明志，王树彬，高汉芳等. 水稻对细菌性病害的抗性与多酚氧化酶活性的关系. 福建农业大学学报，1996，25 (1)：50～55

[75] 于孝如，袁文焕，金欣藻等. 条锈病菌侵染小麦不同时期过氧化物酶同工酶的变化. 西北农业学报，1993，2 (2)：27～30

[76] 袁红旭. 岱16及其变异后代苗期抗枯萎病特性研究. 西北农业大学硕士学位论文，1992

[77] 袁红旭，商鸿生. 棉花枯萎病菌接种及粗毒素处理后棉苗维管束病理特征. 植物病理学报，2002，32 (1)：16～20

[78] 张慧，商鸿生，李振岐. 在条锈菌侵染早期小麦初生叶内多聚核糖体水平与蛋白质合成能力的变化. 植物生理学报，1994，20 (4)：339～345

[79] 张慧. 小麦条锈病罹病植物的核酸与蛋白质代谢. 西北农业大学博士学位论文，1994

[80] 张慧，商鸿生，李振岐. 小麦条锈病罹病叶片核酸水解酶活力的变化. 西北农业大学学报，1995，23 (2)：24～27

[81] 张学君，王金生，方中达. 马铃薯品种对软腐欧氏杆菌皮孔侵染的抗性机制. 植物病理学报，1991，21 (3)：205～209

[82] 赵龑梅，张鹏宴，蒋小满. 过氧化物酶活性与玉米自交系对丝黑穗病抗性关系. 植物病理学报，1996，26 (1)：37～39

[83] 赵新平，张瑞品，谢岳峰. 水稻白叶枯病成株抗性品种病理解剖研究. 植物病理学报，1987，17 (3)：185～190

[84] 郑相如，文永昌，陈漱韵. 甘薯块根感染黑疤病后的结构特征和荧光现象. 北京农业大学学报，1987，13 (4)：393～400

[85] 周洁，陈伟，叶明志等. 水稻感染细菌性条斑病后叶片中酚类物质的变化. 福建农业大学学报，1997，26 (2)：250～255

[86] 朱荷琴，宋晓轩，邢金松. 棉花的抗氧化系统与其抗黄萎病的关系. 华北农学报，1995，10 (增刊)：130～133

[87] 朱友林，刘纪麟. 受玉米大斑病菌侵染后玉米抗感近等位基因系SOD动态变化的研究. 植物病理学报，1996，26 (2)：133～137

[88] 庄炳昌，徐豹，廖林. 接种大豆花叶病毒后大豆叶片超氧化物歧化酶、过氧化物酶和蛋白组分的变化. 植物病理学报，1993，23 (3)：261～265

第五章

农作物抗病性的遗传与变异

按照抗病性指标不同，可把植物抗病性分为两大类，即定性抗病性与定量抗病性，两者的遗传基础和性状传递方式不同。绝大多数抗病性有关基因为细胞核基因，位于染色体上。除此之外，细胞质基因也可能控制抗病性，但已知实例很少。

第一节　农作物定性抗病性的遗传

植物定性抗病性主要是指低反应型抗病性，亦即根据品种发病后所表现的反应型级别，区分抗病表型或感病表型。定性抗病性是由主效基因控制的，具有明显的小种专化性。

一、基本分析方法

定性抗病性的遗传分析，是用抗病品种与感病品种进行有性杂交，杂交后代用病原菌适宜的小种接种，测定抗病和感病表型的分离情况，依据孟德尔分离和独立分配定律进行分析，以了解控制品种抗病性的基因数目、显隐性、基因互作以及其他遗传性质。

由子一代（F_1）的表型，可以判断抗病基因的显隐性。分析子二代（F_2）、子三代（F_3）和回交群体的分离情况，即可推定抗病基因数目和基因互作。

为了解抗病品种具有的抗病基因是已知基因还是未报道的新基因，就需要进行抗病基因鉴定。如果有一套已知抗病基因的单基因系（single gene lines）可以利用，就简化了鉴定工作。所谓单基因系，是一套具有相同遗传背景的品系，每个品系仅具有 1 个已知抗病基因。将在遗传分析中保留的未知基因纯合植株，分别与各单基因系杂交，接种测定子二代表型。如果与某一单基因系杂交的子二代没有感病植株分离，则两者基因相同。

若没有现成单基因系可资利用，就需采用其他方法。最常用的是将待测材料与已知抗病基因的品种进行双列杂交（diallel crosses），接种测定子二代群体和其他杂交群体，若没有抗病性分离，就可以推测杂交双方含有相同抗病基因。所用试材不同，实际分析过程可能比较复杂，所得结果需要继续用其他方法验证。

低反应型抗病基因是小种专化性抗病基因，即 R 基因，多以英文病害名称或病原菌名称的缩写形式顺序命名，不同病害各有其习惯方法。例如 *Yr6* 基因，为小麦登记的第 6 个抗条锈病基因，*Yr* 即为条锈病英文名（Yellow rust）的缩略。本书各章对主要农作物的抗病基因研究情况，都有具体介绍，本节不作详细探讨。

对新发现的抗病基因要作染色体定位。传统定位是用单体分析法（monosomic analysis），确定抗病基因所在的染色体，这需要有一套单体材料。20世纪50年代初，Sears培育出一套小麦单体材料，为小麦的基因定位工作奠定了基础。若有单端着丝点双体（monotelodissomics）材料可用，还可进一步将抗病基因定位在染色体臂上。传统基因定位分析法比较繁琐，现已陆续采用分子标记方法进行定位。

二、定性抗病性的主要遗传特点

对各种病害定性抗病性的遗传分析，积累了大量资料。针对麦类锈病、白粉病，稻瘟病，马铃薯晚疫病，亚麻锈病和一些蔬菜病害的抗病性遗传研究，尤为深入。尽管所用寄主与病原菌种类不同，所揭示的定性抗病性遗传规律却基本一致。

定性抗病性一般由单个主效基因（major gene）控制。二倍体植物一个抗病品种可能含有1对抗病基因，也可能含有2对、3对甚至更多抗病基因。在多数情况下，这类主效基因为显性，少数为隐性或不完全显性。例如，抗条锈基因*Yr2*、*Yr6*、*Yr9*，抗叶锈基因*Lr22b*、*Lr23*、*Lr30*、*Lr37*，抗秆锈基因*Sr2*、*Sr17*、*Sr30*等为隐性，而*Yr19*、*Yr23*，*Lr12*、*Lr13*、*Lr14a*、*Lr14b*、*Lr17*、*Lr18*、*Lr21*、*Lr22a*，*Sr7b*、*Sr9b*、*Sr10*、*Sr16*等为不完全显性。某个基因的显隐性并不是一成不变的，品种的遗传背景、测定菌系和环境条件都可以改变显性程度。

一些定性抗病基因位点有多个复等位基因。小麦染色体上对秆锈病有2个位点（*Sr7*，*Sr9*），对叶锈病有4个位点（*Lr2*，*Lr3*，*Lr14*，*Lr22*），对条锈病有2个位点（*Yr3*，*Yr4*）具有复等位抗锈基因。例如，在*Sr9*位点有6个复等位基因，即*Sr9a*，*Sr9b*，*Sr9d*，*Sr9e*，*Sr9f*和*Sr9g*。亚麻至少有34个抗病基因，分为7组，即K、L、M、N、P、D和Q。在M组内有7个基因，在N组内有3个基因紧密连锁，在L组有12个复等位基因。

抗病基因间常有连锁现象，最具实用价值的是那些抗不同种锈病或不同病害的基因之间的连锁。例如，*Yr1*与抗白粉病基因*Pm4a*紧密连锁，遗传距离为2.0±0.6个单位。有的抗病基因与控制形态特征的基因连锁，例如*Yr10*与控制小麦褐色颖壳的基因连锁，可据以快速识别该抗病基因的存在。了解不同抗病基因之间的连锁，有助于基因分析、基因转移和抗病育种工作。

低反应型抗病基因具有多效性。抗病基因的效能差异很大。有的可以达到免疫或近免疫，有的只能控制中度抗病性，表现2^+或混合型反应（X型、Y型和Z型）。有的抗病基因的表型，几乎难以与感病表型明确区分。多数抗病基因能控制全生育期的抗病性，但有的只控制成株期抗病性，或只控制苗期抗病性。品种的遗传背景可以影响抗病基因的效能，某些品种遗传背景中具有抑制因子和修饰因子。

环境条件对抗病基因效能也有影响。温度的影响最大，不同抗锈基因对温度的敏感程度不同，温度敏感性还因品种背景和锈菌菌系不同而变异。抗叶锈基因中，*Lr14a*、*Lr16*、*Lr17*、*Lr18*和*Lr23*对温度变化高度敏感，其中*Lr18*和*Lr14a*在高温下抗锈性降低，而*Lr16*、*Lr17*和*Lr23*等则在高温下抗锈性增强，低温下抗锈性降低。在抗秆锈基因中，*Sr6*、*Sr15*、*Sr17* 等都是著名的温敏基因。*Sr6* 在 15 ℃时表现抗病，在 24℃下变为感病。温度从 18℃提高到 21℃，*Sr15* 的反应型从 0；－1 型上升到 4 型。

在大多数情况下抗病基因都独立作用，很少有一个抗病基因抑制另一个抗病基因的现象，有时基因间有互补作用、上位作用或其他互作。互补作用（complimentary effect）是指两对独立分离的抗病基因同时存在时表达抗病性。上位作用（epitasis ）是指两对抗病基因共同存在时，其中一对基因掩盖了另一对基因的作用。通常抗性较强的基因对抗性较弱的基因上位，如 *Sr5*（控制免疫反应）对 *Sr9b*（控制中等抗病反应）上位。

当寄主基因型中有两个或多个基因控制对某一小种的抗病性时，可能表现出积加作用（additive effect），此时，不但反应型降低，病害严重度也可降低。抗病基因被病原菌的匹配毒性基因“克服”之后，仍然会表现出微小的抗病效应，这种作用被称为残余效应（residual effect）或“鬼魂效应”。有的学者认为定性抗病性被病原菌新小种克服之后，残余效应表现为定量抗病性或品种的背景抗病性。

第二节　农作物定量抗病性的遗传

定量抗病性亦称数量抗病性，是一类用定量抗病性状（quantitative resistance characters）作指标来评估的抗病性。控制这类性状的基因称为定量抗病性基因，国外文献有时也称为部分抗病性基因。定量抗病性状在杂交子代的分离不符合简单的孟德尔分离比，需用数量遗传学方法进行研究。

一、基本分析方法

经典数量遗传学分析，选取表型对立的亲本杂交，建立适宜的子代实验群体，观测群体性状的表型分布、个体或品系间表型的相关，利用统计分析方法，将所得观测结果配合群体均值、方差、协方差的理论模型，估算基因数目，描述与数量表型相关基因的特征，例如加性效应、显性效应、上位效应、基因型与环境互作效应等，计算遗传率。

用于遗传分析的定量抗病性指标很多，诸如病害潜伏期、病斑长度、病斑数量、病原菌繁殖量、发病率、发病曲线下面积（the area under the disease progress curve，AUDPC）等等。这些指标都具有数量性状的一般特点，其变异是连续的，在杂种一代往往表现出两亲本的中间类型，无显性和表现部分显性，有的还会表现超亲分离或杂种优势。定量抗病性性状易受环境条件的影响，在子二代既有基因型分离的差异，又有环境引起的表观变异。控制定量性状的基因数目多，单个基因效应小，但其作用是可以累加的。经典数量遗传学并不企图认知单个的基因，而是用统计的方法从基因的总效应上进行分析。

近年来，借助于分子标记方法，提出了定量性状的基因位点定位分析法（QTL mapping）。QTL 的定位分析方法通过分析整个染色体组的 DNA 标记和定量性状表型值的关系，估算定量性状的基因位点数目、位置和遗传效应。QTL 指定量性状基因位点（quantitative trait loci，QTLs），它只是一个统计学参数，代表染色体上影响定量性状表现的某个区段，其范围可以超过 10cmol/L。一个定量性状的 QTL 通常为 4～5 个或 7～8 个。一个 QTL 可能是一个基因，也可能是两个或多个连锁基因。

进行 QTL 定位分析，要构建基因组 DNA 分子标记遗传连锁图。在常用的 RFLP、RAPD、AFLP 等 DNA 分子标记中，RFLP 更为适用。QTL 定位分析的基本程序包括建立定位分析群体，检测群体中每一个体的标记基因型和定量性状值，以及统计分析标记基因型和定量性状值之间的连锁关系，确定 QTL 在染色体上的相对位置，估计 QTL 的遗传参数。

需选择具有相对定量性状的纯合系，获得适宜的定位分析群体，如杂交 F_2代分离群体、回交群体或重组群体等。后者如重组自交系（recombinant inbred line，RIL）、双单倍体群体（doubled haploid，DH）等。QTL 定位中分子标记的统计分析方法有单标记分析法、区间分析法和复合区间分析法等。

进行定量性状 QTL 定位需要有分子标记连锁图谱。具有多态性的分子标记并不是基因，对所分析的遗传性状没有遗传效应。若分子标记覆盖整个基因组，控制定量性状的基因两侧会有相连锁的分子标记。这些与定量性状基因紧密连锁的分子标记将表现不同程度的遗传效应。分析这些表现遗传效应的分子标记，就可推断所研究的定量性状受多少个 QTL 控制，QTL 的位置以及各 QTL 对该性状的效应与联合效应。

二、定量抗病性的遗传特点

（一）传统数量遗传学研究结果

综合各种病害的定量抗病性遗传研究，有以下主要结果：

（1）控制定量抗病性的有效基因数目，大多为 2～10 个，很可能实际数目更多一些。定量抗病性虽然为多数基因所控制，但涉及的基因数目少于典型的多基因农艺性状。

（2）各世代均值的差异主要来自纯合体效应（homozygote effect），杂合体效应（heterozygote effect）较小。不论自花授粉作物、异花授粉作物，也不论病原菌是专性寄生的、兼性寄生的都是如此。上位效应仅在特定案例中出现。一般说来，杂交优势并不很明显，抗病性或感病性都可能表现优势。

（3）控制定量性状的基因以加性效应为主，非等位基因的互作效应，即显性效应多不重要。

（4）定量抗病性性状的遗传率相当高，这表明表型的变异主要是遗传因素决定的。

上述结果对抗病育种有所启迪。它告诉我们，通过逐代选择，可以大大提高育种群体的定量抗病性水平。为使选择有效，需要选择适宜的定量性状，并采用正确的评价方法。特别要注意排除定性抗病性的干扰。在温室或生长室内等控制条件下，进行病情指标的鉴定和评估，优于田间鉴定，因为可以更好地控制病害流行，和更精确地测定病情指标。另一方面，间接选择的效率，可因基因型与环境互作和抗病性表达的株龄与器官专化性而降低。对某些病害，杂种优势低，甚至还会出现抗病性减低的杂种优势，杂交育种时应慎重选择母本和父本，最好双方都有较强的定量抗病性。

（二）基因位点定位分析结果

控制定量抗病性状的基因也是一类 QTL，特称为定量抗病性基因位点（quantitative resistance loci，QRL）。关于基因位点数目，QTL 定位分析表明，多数情况仅有 3～5 个，且其中 1～2 个起主要作用，为定量主基因位点（major QRL），能说明表型总变异的

30%～50%以上，其余 QRL 的效应较小。总之，涉及定量抗病性的基因数目比其他重要数量农艺性状要少 。

多数 QRL 既有加性效应也有显性效应或部分显性效应，有一些 QRL 仅有加性效应。大多数 QRL 不存在超显性，但在玉米灰斑病、豌豆褐斑病、番茄青枯病等植物病害系统中也发现一些来自感病亲本的 QRL，表现出超亲分离现象。

定量抗病基因位点间的互作情况随病害系统有所不同。传统数量遗传学发现控制定量抗病性的非等位基因间有上位作用，QRL 分析也发现了定量抗病性的上位作用。对稻瘟病的定量抗病性还涉及双向互作。但对大豆胞囊线虫病，尽管检查了 5 个群体（每群体有 75～120 个体），未发现显著的基因互作。大多数 QRL 都是独立起作用的。

QRL 与环境条件往往有显著的互作关系，同一个抗病材料，在不同环境条件下测定，QRL 的数量和效应可能不同。定量主基因位点表现较稳定，在各种环境条件下都能检测到，其余的与环境条件和遗传背景之间互作显著。

定量抗病基因的表达与许多生物学因素有关。可因植株日龄、生育阶段、罹病组织类型、接种部位以及其他因素而有所不同。同一病例，若利用不同的定量抗病性指标，诸如潜伏期、罹病叶片面积、病原菌存活率、病原菌繁殖力等，分别进行遗传分析，会发现其间有部分重叠的抗病性基因，亦即部分抗病基因有多种效应。

定量抗病基因与小种专化性的关系，是一个长期争论的问题。Vanderplank 提出了水平抗病性的概念，其基本依据就是控制定量抗病性的微效基因，与病原菌的小种之间不存在特异性互作。QRL 定位分析发现，许多病害都存在定量抗病基因（QRL）与病原菌小种的相互作用。马铃薯晚疫病在定量抗病性研究中具有重要历史意义，Vanderplank 曾据以提出垂直抗病性与水平抗病性的概念 。控制抗病性的微效基因曾被认为是小种非专化的。QTL 分析结果表明，对晚疫病菌的定量抗病性是由少数小种非专化性基因与小种专化性抗病基因共同控制的。番茄对细菌性青枯病的定量抗病性，涉及 2 个定量主基因，其中 1 个是高度小种专化的，另一个对所测 3 个菌系均无专化性。此外，在大麦叶锈病、番茄青枯病、大豆胞囊线虫病等病害系统中都已发现 QRL 的专化性。由这些研究结果可以认为，定量抗病性基因也同样具有小种专化性。

第三节　基因对基因学说

美国植物育种学家 Flor，在 20 世纪 40—50 年代持续进行了亚麻抗锈性与亚麻锈菌致病性的遗传试验。Flor 用已知抗病基因的亚麻品种测定亚麻锈菌不同小种杂交后代的致病性分离，又用已知致病基因的锈菌小种测定不同亚麻品种杂交后代抗病性的分离，经过长期试验，发现了两者的对应关系，由此产生了基因对基因学说（the gene - for - gene concept）。他指出“在具有 1 个抗病基因的亚麻品种上，锈菌杂交 F_2代表现 1 对因子的分离比，在具有 2 个、3 个或 4 个抗病基因的品种上，病菌 F_2代相应表现 2 对、3 对或 4 对因子的分离比。这说明对应于寄主的每一个决定抗病性的基因，病原菌也存在一个决定致病性的基因”。在寄主—寄生物体系中，“任何一方的基因都只有在另一方相对应的基因的作用下才能被鉴定出来”。

后来，陆续对许多病害的研究，都证实符合“基因对基因”关系。基因对基因学说是普遍适用的，虽然它不一定只有一种模式。

在寄主抗病基因、感病基因与病原物的无毒基因、毒性基因之间，存在诸多对应关系，只有抗病基因与无毒基因之间是特异性关系，引起不亲和互作，此时寄主表现抗病。而其余对应关系都引起亲和互作，寄主表现感病。

“基因对基因”学说的建立，不仅是植物病理学和植物免疫学领域的一件大事，对相关学科的发展也有重要影响。抗病基因与无毒基因的互作成为研究的核心问题，互作的生化机制、两者的识别和信号传递、过敏性坏死反应的特异性激发子乃至抗病基因与无毒性基因的克隆相继成为重要研究课题，这些都对植物分子病理学的发展提供了思路和试材。

第四节　农作物抗病基因（*R* 基因）的克隆

植物的抗病基因，即 *R* 基因，是在基因对基因互作中，与病原物无毒基因（avirulence gene，*avr* 基因）匹配的基因，亦称识别基因（recognition gene）。抗病基因与无毒基因互为显性，数量相等、功能互补，抗病基因产物与无毒基因产物相互识别和特异性结合后，激发植物的一系列防卫基因的表达，导致不亲和反应。

一、*R* 基因的克隆策略

克隆基因有正向遗传学和反向遗传学两种途径。正向遗传学途径通过被克隆基因的产物或表现型突变去进行，反向遗传学途径则是根据特定序列或其在基因组中的位置来实现的。由于大多数抗病基因产物及其表达调控机制尚不清楚，加之抗病突变体难以获得等原因，现在运用正向遗传学方法克隆抗病基因，尚处在起步阶段。现已克隆的抗病基因，都是通过反向遗传学途径克隆的。

克隆基因的反向遗传学途径主要有 3 种具体方法，即转座子示踪法、随机突变体筛选法和图位克隆法。

转座子作为插入诱导剂，已广泛应用于基因的鉴定和分离。在植物中，玉米的 Ac/Ds、Spm 和 Mu 因子，金鱼草的 Tam 因子已成功地用于分离基因。由于 Ac/Ds 和 Spm 转座子家族在其他植物中也具有转座功能，因此这一标记系统可有效地用于其他植物。近年来，T - DNA 作为插入诱变剂也受到了重视，将转座子或 T - DNA 插入到欲分离基因的内部或附近，使目标基因突变，然后用插入 DNA 为探针，即可从被标记的突变体基因文库中克隆该基因。对于克隆抗病基因，转座子示踪法更为有效，但多拷贝基因的存在，以及插入位点的随机性有时会限制它的应用。利用转座子标记克隆的抗病基因有玉米抗圆斑病基因 *Hm1*，番茄抗叶霉基因 *cf - 9*、*cf - 4*，烟草抗花叶病毒基因 *N*，亚麻抗叶锈基因 *L6* 和 *M* 等。

随机突变体筛选法因随机性较大，且不能控制失活基因的种类和数量，限制了该法在克隆抗病基因方面的应用。

图位克隆（map - based clonning），又称为定位克隆，该法根据目的基因在染色体上的位置进行克隆，无需预先知道基因的 DNA 顺序，也无需预知其表达产物的有关信息。运用该法要有根据目的基因的有无而建立起来的遗传分离群体，如 F、DH、BC、RI 等。继而开展以下几项工作：第一，首先找到与目标基因紧密连锁的分子标记；第二，用遗传作图和物理作图，将目标基因定位在染色体的特定位置；第三，建立含有大片段的基因组文库（BAC 或 YAC）；第四，以目标基因连锁的分子标记为探针，筛选基因组文库；第五，用获得的阳性克隆构建目的基因区域的跨叠群；第六，通过染色体步行、登陆或跳跃获得含有目标基因的大片段克隆；第七，通过亚克隆获得含有目的基因的小片段克隆；第八，通过遗传转化和功能互补验证，最终确定目标基因的碱基序列。随着分子标记技术的发展，现在业已建图的植物多达几十种，其中包括了所有重要农作物。

二、已知 *R* 基因产物的特点

多年来，人们应用遗传图谱和分子标记技术，已经对主要农作物的重要抗病基因进行了定位和遗传学研究。1992 年首次从玉米中克隆到了 *Hm1* 基因。迄今已从植物中分离出了 30 多个抗病基因，虽然这些抗病基因针对不同的细菌、真菌、病毒和线虫种类，其间序列同源性很低，但它们的产物却具有相似结构。Hammond - Kosack 等（1997）对已克隆的植物抗病基因的产物进行了广泛的比较，发现它们具有一些共同的结构域：核苷酸结合位点（nucleotide binding site，NBS）、富亮氨酸重复（leucine - rich repeats，LRRs）、跨膜结构域（transmembrane domain，TM）、蛋白激酶（protein kinase，PK）、亮氨酸拉链（leucine zipper，LZ）和 Toll/白介素—1 同源区域（Toll - Interlenkin - 1 like receptor，TIR）等（表 5 - 1）。

表 5 - 1 已经克隆的植物抗病基因

R 基因	植物	基因产物结构	所抵抗的病原物	匹配 *avr* 基因	发 表 人
Pto	番茄	S/TK	*Pseudomonas syringae* pv. *tomato*	*avrPto*	Martin 等，1993
RPS4	拟南芥	TIR - NBS - LRR	*Pseudomonas syringae* pv. *pisi*	*avrRps4*	Hinsch 等，1996；Warren 等，1999；Gassmann 等，1999
RPP5	拟南芥	TIR - NBS - LRR	*Peronospora parasitica*	*avrPp5*	Parker 等，1997
RPP1	拟南芥	TIR - NBS - LRR	*Peronospora parasitica*	不明	Botella 等，1998
N	烟草	TIR - NBS - LRR	*Tobacco mosaic virus*	病毒复制酶	Whithams 等，1994
L6	亚麻	TIR - NBS - LRR	*Melampsora lini*	*avr - L6*	Lawrence 等，1995
M	亚麻	TIR - NBS - LRR	*M. lini*	*avr - M*	Anderson 等，1997
RPM1	拟南芥	LZ - NBS - LRR	*Pseudomonas syringae* pv. *maculicola*	*avrRpm1*，*avrB*	Grant 等，1995
RPS2	拟南芥	LZ - NBS - LRR	*Pseudomonas syringae* pv. *tomato*	*avrRpt2*	Dong 等，1991；Whalen 等，1991；Bent 等，1994
Prf	番茄	LZ - NBS - LRR	*P. s. tomato*	*avrPto*	Salmeron 等，1996
RPS5	拟南芥	LZ - NBS - LRR	*P. s. tomato*	*avrPphB*	Warren 等，1998
RPP8	拟南芥	LZ - NBS - LRR	*Peronospora parasitica*	*avrRpp8*	McDowell 等，1998
RPP13	拟南芥	LZ - NBS - LRR	*Peronospora parasitica*	*avrPp3*	Bitter - Eddy 等，2000
Mi	番茄	LZ - NBS - LRR	*Meloidogyne incognita* *Macrosiphum euphorbia*	不明	Mulligan 等，1998；Rossi 等，1998；Vos 等，1998
Rx1	马铃薯	LZ - NBS - LRR	*Potato virus X*		Abdelhafid 等，1999

（续）

R 基因	植物	基因产物结构	所抵抗的病原物	匹配 avr 基因	发表人
Rx2	马铃薯	LZ-NBS-LRR	*Potato virus X*		Abdelhafid 等，2000
Mla1	大麦	LZ-NBS-LRR	*Erisyphe graminis* f. sp. *hordei*	*avrMla1*	Zhou 等，2001
Mla6	大麦	LZ-NBS-LRR	*Erisyphe graminis* f. sp. *hordei*	*avrMla6*	Halterman 等
I2	番茄	NBS-LRR	*Fusariu oxysporum* f. sp. *lycopersici*	不明	Simons 等，1998
I2c	番茄	NBS-LRR	*Fusariu oxysporum* f. sp. *lycopersici*	不明	Ori 等，1997
Xa1	水稻	NBS-LRR	*Xanthomonas oryzae* pv. *oryzae*	*avrXa1*	Yoshimura 等，1998
Rx	马铃薯	NBS-LRR	*Potato virus X*	PVX-CP	Bendahmane 等，1999
Gpa2	马铃薯	NBS-LRR	*Globodera rostochiensis*	不明	Stiekema 等，1999
Bs2	辣椒	NBS-LRR	*Xanthomonas campestris*	*avrBs2*	Tai 等，1999
Pi-b	水稻	NBS-LRR	*Magnaporthe grisea*	不明	Wang 等，1999
Pi-ta	水稻	NBS-LRR	*Magnaporthe grisea*	*avrPita*	Valent，1999；Bryan 等，2000
Cre3	小麦	NBS-LRR	*Heterodera avenae*	不明	Lagudah 等，1997
Mla	大麦	NBS-LRR	*Erysiphe* graminis	不明	Schulze-Lefert，1999
Rp1-D	玉米	NBS-LRR	*Puccinia sorghi*	不明	Collins 等，1999
Cf-9	番茄	LRR-TM	*Cladosporium fulvum*	*avr9*	Jones 等，1994
Cf-2	番茄	LRR-TM	*C. fulvum*	*avr2*	Dixon 等，1996
Cf-4	番茄	LRR-TM	*C. fulvum*	*avr4*	Thomas 等，1997
Cf-5	番茄	LRR-TM	*C. fulvum*	*avr5*	Dixon 等，1998
Hcr9-4E	番茄	LRR-TM	*C. fulvum*	*avr4E*	Takken 等，1998
Hs1^{pro-1}	甜菜	LRR-TM	*Heterodera schachtii*	不明	Cai 等，1997
Xa-21	水稻	LRR-TM-S/TK	*Xanthomonas oryzae* pv. *oryzae*	不明	Song 等，1995
Hm1	玉米	毒素还原酶	*Cochlioblus carbonum*	无	Johal 等，1992
Mlo	大麦	TM-TM-TM-TM-TM-TM	*Erysiphe graminis* f. sp. *hordei*	无	Buschges 等，1997

根据 *R* 基因编码的蛋白结构特点，可将已克隆的 *R* 基因分为 5 大类。

（一）NBS-LRR 类 *R* 基因

大多数 *R* 基因属 NBS-LRR 类，但并不是具有 NBS-LRR 蛋白就有抗病性，有些 NBS-LRR 蛋白也可能在植物细胞程序化死亡过程中起作用。这类基因的共同特点是在它们编码蛋白的近 N 端处存在着核苷酸结合位点（NBS），而在其近 C 端存在着富亮氨酸重复序列（LRRs）。这类蛋白一般存在于细胞质中，NBS 结构暗示它们在发挥功能时可能要结合 ATP 或 GTP，而 LRR 结构则表明它们可能作为受体，结合病原产生的某种诱导物，从而启动细胞信号传递过程。对亚麻 *R* 基因的研究表明，LRR 可能决定着 *R* 基因的专化性，LRR 的改变将会引起 *R* 基因抗病谱的改变。

根据其有无 TIR 结构可将这类 *R* 基因进一步分为 2 个亚类。第一亚类即 TIR-NBS-

LRR 型，包括烟草的 *N* 基因，亚麻的 *L6* 基因、*M* 基因，拟南芥的 *RPP5* 基因。烟草 *N* 基因编码的蛋白是一个胞质内定位的蛋白，其氨基端与哺乳动物 IL-1R 和果蝇 Toll 蛋白的胞质域具有同源性。对果蝇 Toll 受体和哺乳动物白介素 IL-1R 受体在防卫过程中的研究，为植物中 TIR 结构域的作用提供了线索。在 Toll/IL-1R 信号系统中，胞质 TIR 结构域参与活化 pelle/IRAK-2 蛋白激酶，而这一活化过程是通过 Tube/IL-Acp 和 MyD88 蛋白媒介得以实现的。MyD88 作为一个接头（adaptor）蛋白，其 N-端正好和IRAK与IRAK-2的 N-端结构域相似，另一羧基端则和 IL-1R 和 IL1AcP 相似。这种杂二聚体化结构可使 MyD88 作为 IL-1R 信号系统中上、下游组分之间连接的桥梁。在哺乳动物的免疫系统中，对病原信号的识别是在胞外进行的。IL-1R 的胞质域在病原物信号的作用下，可引起转录因子 NF-kB 的激活及从胞质到胞核的移位，进而激活防卫基因的转录和表达。烟草的 N 蛋白有可能也采用了类似的机制。有人进一步推测，此类基因是通过IL-1R 和 Toll 受体同样的方式来活化植物防卫反应，在抗病反应中起信号传递作用。但最近的研究表明，TIR 结构可能参与了对病原的识别。对亚麻抗锈病基因 *L* 的 13 个等位基因的研究发现，TIR 域的变异导致了病原识别反应的变化。因此，TIR 和 LRR 结构可能在病原识别反应中都起作用。

第二亚类则没有 TIR 区域，目前仅在双子叶植物中发现，包括拟南芥的 *RPS2*、*RPM1*，水稻的 *Xa1*，番茄的 *Prf* 和 *I2* 基因等。*RPS2*、*RPM1* 和 *Prf* 基因含有 LZ 结构。最近的遗传学证据表明，这两亚类蛋白是通过不同的途径传递信号的。在拟南芥中，具有 TIR 的蛋白是通过含 *EDS1* 基因途径传递信号，而 LZ 类蛋白传递的信号需要 *NDR1* 基因。

LRR 结构域参与蛋白质—蛋白质互作和与配体结合，也可促进基因产物与参与防卫反应信号的其他蛋白质作用。*RPS2*、*RPM1* 和 *N* 基因 LRR 结构中单个氨基酸的改变就导致过敏反应能力的丧失，这表明 LRR 结构域中微小的修饰就能轻易地破坏 LRR 的功能。LRR 的诱变在破坏对病原的反应中有特别影响，因为 LRR 是与病原无毒基因下游信号传递成分互作所必需的。*R* 基因中的 NBS 结构域的高度保守性，说明核苷酸结合对 *R* 基因发挥功能是必不可少的。虽然 *N* 和 *RPS2* 基因 NBS 区域定向突变，可使其失去诱发过敏性坏死反应的功能，但是 NBS 区域在植物防卫反应中的机制仍不清楚，可以肯定的是，核苷酸的结合可改变 *R* 基因蛋白和防卫反应信号传导途径间的互作。

高度变化的 LRRs 对识别病原无毒基因编码产物起重要作用。以前认为 NBS 区域中有些序列是植物 NBS-LRR 蛋白所特有的，但最近在凋亡蛋白酶 CED-3 和 caspase-9 的活化物 CED-4（线虫）和 Apaf-1（哺乳动物）中也发现了此种序列，植物过敏性坏死反应与动物细胞凋亡的相似性，暗示了两者功能上的一致性。CED-4 和 Apaf-1 是以二聚体形式活化各自的靶蛋白酶的，这和 MyD88 的作用方式类似。目前还没有直接证据表明植物抗病基因蛋白中的 TIR 或 LZ 是否也存在类似现象。

（二）LRR-TM 类 *R* 基因

此类 *R* 基因所编码的蛋白没有 NBS 位点，仅有 LRR 结构域，如番茄抗叶霉病菌不同小种的基因 *cf-9*，*cf-2* 和 *cf-4*。这些基因的产物都是锚定于细胞膜上的糖蛋白受体，它们在细胞膜外存在着一个巨大的 LRR 构成的受体结构域，这样的 LRR 区往往占据了蛋白分子的大部分。除了跨膜区外，这些蛋白位于细胞内的部分仅有数十个氨基酸残基。它们一般都有多个N型糖基化位点。如*cf-9*具有N-端信号肽，其产物是锚定在细胞膜上的糖蛋白。进一步分析表明，这三个基因的LRR比NBS-LRR类蛋白的LRR更均匀一致，且其LRR中有一保守的甘氨酸残基。它们三者之间的高度同源，尤其是后面9个LRR几乎一样，清楚地表明了它们之间的相关性。拥有LRR结构的蛋白，不仅可以接受来自病原菌配体（有可能就是无毒基因编码的肽）信号，而且还可与其他蛋白结合。像*cf-9*蛋白拥有巨大的LRR结构域，可能使它除与*Avr9*肽结合外，仍可与其他的蛋白质相互作用，共同参与植物防卫反应中的信号传递。比较*cf-2*、*cf-4*、*cf-5*和*cf-9*四种基因编码的蛋白，显示C末端保守性强，而N端差异较大。这说明C末端可能与共同信号传递有关，而N端则与特异的识别反应有关。

（三）STK类*R*基因

抗番茄细菌性斑点病的*Pto*基因，是迄今为止发现的惟一STK类基因。番茄*Pto*基因产物是一个位于胞质内的丝氨酸—苏氨酸激酶（STK），它没有NBS和LRR结构域。*Pto*-*avrPto*基因互作的研究显示，病原细菌avrPto蛋白进入植物细胞后，可与胞内的Pto激酶直接作用。但病原真菌是否也采用这种机制，目前还不清楚。

对*Pto*基因及其连锁的研究揭示了植物*R*基因与病原细菌无毒基因的互作机制。番茄中引起对杀虫剂倍硫磷敏感的*Fen*基因与*Pto*基因连锁，且两者的同源序列为80%以上，但*Fen*编码的蛋白并不与avrPto蛋白作用。而当Fen蛋白中加入一小段来自Pto蛋白的与底物结合相关的片段时，就可以和avrPto蛋白作用。相反，若在*Pto*或*avrPto*基因的相关位点发生突变，则Pto和avrPto的互作就要受到干扰，可见*Pto*和*avrPto*基因的特定序列决定了寄主对病原物识别的特异性。

（四）LRR-TM-PK类*R*基因

水稻抗白叶枯病基因*Xa21*编码的蛋白是一个受体蛋白激酶，是较为特殊的一个*R*基因，它既含有与Cf-9蛋白相似的胞外LRR受体域（Xa21蛋白的N端是疏水的信号肽，其后则有23个不完备的以24个酪氨酸为单位的LRR结构，其结构中也有特征性的保守的甘氨酸），又含有与番茄Pto蛋白相似的胞内STK（丝氨酸—苏氨酸蛋白激酶）结构域，在这两个区域之间存在一个跨膜区。该基因产物也是高度糖基化的。

Xa21这样的蛋白结构能单独完成胞外信号的接受和转换。含LRR的胞外域识别并结合来自病原物的激发子，由此感知病原侵染的信号，该信息传导将活化胞内丝氨酸—苏氨酸蛋白激酶的表达，从而激活细胞内一系列反应，引发防卫反应。*Xa21*对水稻白叶枯病原细菌的许多小种表现抵抗，可能识别这些病原物共有的某种决定因子。Xa21蛋白的LRR结构域可能识别胞外的各种类型的配体，包括病原菌无毒基因产物avrXa21，但这一过程还未得到实验证实。因此，是否*Xa21*也像编码蛋白激酶的*Pto*基因（只有STK结构域而无LRR结构）那样利用STK结构域去识别对应的无毒基因蛋白，仍值得进一步研究。Pto蛋白和Xa21蛋白都有胞内PK活性，由Pto的活化环（Loop）中的Thr-204识别特异性的病原avrPto蛋白；而cf-9和Xa21蛋白则又都具备胞外LRR结构域，这种受体与激酶的结构与功能，在信号识别与传递过程中均有重要意义。

最近克隆的水稻抗白叶枯病基因*Xa1*也属于NBS—LRR类蛋白，但其LRR结构域位于胞内，如果Xa21和Xa1的LRR结构域均参与配体识别结合，那么它们显然是在不同的细胞位置起作用。这一现象是否为 *Xa* 基因为适应无毒基因产物的进化特异性所引起，尚不得而知。

（五）其他类型的 *R* 基因

$Hs1^{pro\text{-}1}$ 为一跨膜的 LRR - TM 基因，与甜菜对胞囊线虫的抵抗性有关，但它又不等同于其他一些具 LRR - TM 结构的蛋白，$Hs1^{pro\text{-}1}$ 推测的信号肽和 TM 都很短，并且含有许多带电荷的氨基酸残基，这一点和上述功能域是矛盾的。另外，其假定的 LRR 结构域也缺少其他一些 LRR 区所共有的特征，不仅缺少推论中的亮氨酸间隔，而且也没有其他特殊的氨基酸残基。为此，$Hs1^{pro\text{-}1}$ 被认为可能是胞质蛋白成员中的新一类 *R* 基因成员。

玉米抗圆斑病的 *Hm1* 基因产物是一个依赖于 NADPH 的 HC -毒素还原酶，抵抗玉米圆斑病菌的 1 号生理小种。但 HC -毒素缺陷菌株对不含 *Hm1* 基因的寄主也没有致病性，说明 *Hm1* 基因与 HC -毒素基因的作用机理与经典的基因对基因模式有所区别。抗大麦白粉病的 *mlo* 基因也是不符合上述模式的抗病基因。

大麦的 *mlo* 基因也是不符合基因对基因模式的抗病基因。*mlo* 是控制大麦对白粉病广谱抗病性的隐性基因。具有 *Mlo* 基因的感病大麦品种，诱导突变后，突变株缺失 *Mlo* 或变成隐性 *mlo* 基因，也获得广谱抗病性。*Mlo* 基因位于大麦 4 号染色体的长臂上。在水稻、拟南芥、棉花、西瓜等多种植物中都存在 *Mlo* 的同源基因或同源序列。*Mlo* 基因家族大约有 35 个成员。

第五节　农作物抗病性的变异

人们所看到的植物抗病现象，是抗病性相关基因与病原物致病性相关基因，在一定环境条件下，相互作用产生的表现型。这种抗病表现型会因植物与病原物双方遗传的改变，或者环境条件的改变而发生变异。对于小种专化性抗病性来说，农作物品种大面积、全局性的抗病性变异，是由于病原菌优势小种改变而发生的，这种现象称为抗病性“丧失”，在本书第六章中有所阐述。本章介绍农作物本身变异和环境改变对抗病性的影响。

一、农作物自身的变异

一个新育成的抗病品种群体内，抗病基因频率和基因型频率达到了相对稳定，群体处于遗传平衡状态。如果没有突变，也无异源基因渗入，那么，群体将逐代维持相对稳定。但是，常有各种自然和（或）人为因素影响遗传平衡，引起群体抗病性的变化。一个品种抗病性的稳定只能是相对的。除了抗病性遗传基础的变异外，还经常见到抗病性表现型的改变，这是抗病性表达条件的变化所造成的。

（一）基因突变

突变是遗传变异的根本来源，但自然突变率很低，除非存在剧烈的物理或者化学诱变，否则，突变对品种遗传组成的改变及抗病性的影响比较轻微。突变的效应是双向的，可以获得新的抗病性也可能丧失原有的抗病性。在作物育种中，可以选择感病品种中的抗病突变个体，培育出新的抗病品种。

（二）异源基因渗入

异源基因渗入是影响品种遗传组成改变的重要因素。异源基因渗入的方式主要是天然杂交和机械混杂。

作物品种在种植过程中不可避免地会发生天然杂交（异交），异花授粉作物的异交率为50%～100%，常异花授粉作物为4%～50%，即使自花授粉作物，其异交率也有1%～4%。抗病品种植株与感病品种杂交，引起基因重组，后代出现抗病性变异的杂种个体。在栽培过程中，从播种到收获、运输、贮藏等各个环节，都有可能发生品种间机械混杂。留种地块连作时，因前茬作物的自然落粒，或因使用未腐熟的农家肥料，带入感病品种种子，也会引起机械混杂。机械混杂提高了抗病性不同的品种间发生天然杂交的机会，进而发生生物学混杂。机械混杂使抗病品种群体内混入感病品种个体，杂交后产生感病的杂种个体。

机械混杂和天然杂交的结果，使抗病品种群体中出现了遗传性不同的感病个体，若其具有选择有利性，则其频率将不断增加，而抗病基因与抗病基因型的频率逐代减少，品种失去了原有的抗病性。这种情况在异花授粉作物中十分普遍，在自交作物中也有不同程度的发生。

（三）品种性状的高代分离

在育种过程中，若家系归并过早，群体遗传组成尚未纯合与稳定，少数杂合体在高代将继续分离，出现少数不同性状的个体，其中也包括感病个体。有的抗病品种出圃过早，在扩繁或推广应用过程中，仍会继续发生分离，出现感病基因型，部分个体感病。有时由于病原菌类型或环境条件方面的原因，此种分离或分化的个体不被识别。但若改变环境条件或选用匹配小种鉴定，就会发现群体的抗病性分化。井金学等用条锈菌条中 29 小种的毒性突变菌株测试，发现小麦品种水源 11、抗引 655 和中四群体中均有抗病和感病的两类植株，但其形态特征一致，并非品种混杂。许多品种推广前并未进行抗病性遗传分析，尽管在农艺性状上能达到纯合，但抗病基因未必全是纯合的。

（四）人工选择的作用

选择是改变品种群体遗传组成的重要因素，在栽培条件下，人工选择的作用更为重要。如果品种群体内出现了异源感病基因和感病基因型，而且又与易被注意的生物学性状相关连，例如株型、穗型、适应性等，就会被有意或无意地加以选择，几代时间，其数量就会有明显的增长。选择压力愈大，遗传组成的改变也愈大。小麦品种辉县红高度感染国内所有条锈菌小种，后来群体中分化出高秆而抗病的植株，若无适当小种，抗病性不被表现。有些单位选择群体高秆、长势健旺的个体留种，经过几年的繁殖，该品种群体遗传组成明显变化。接种匹配的条锈菌小种，表现过敏性坏死反应，这表明品种的抗病性已经改变。

（五）抗病表现型的改变

除了抗病性的遗传变异以外，人们经常看到抗病性表现型的变化，此种变化仍在抗病基因的作用范围内，是有条件的，暂时的变化。有些抗病基因只在特定发育阶段或特定条件下表达。前者控制的抗病性因植物发育阶段或生理年龄不同而表现差异。某些小麦品种对条锈病在苗期感病，但在成株期抗病。我国 20 世纪 70 年代至 90 年代在四川、甘肃、陕西广泛种植的繁6—绵阳系统的小麦品种，苗期感染多个条锈菌小种，成株期表现中抗至高抗，应用达20年之久。有些小麦品种较老的组织感染叶锈病，而新生的组织抗病。同一株小麦，下部叶片感病，上部叶片抗病；同一片叶子，中下部抗病，上部感病。水稻对稻瘟病在分蘖和抽穗阶段易感病，而在拔节阶段抗病性增强，也属于这种情况。在环境因素中，以温度对抗病基因表达的影响最明显，小麦对锈病即有许多温度敏感基因。商鸿生等（1998）发现在我国小麦品种资源中，有只在相对高温下表达的抗病类型，即高温抗病性品种。有趣的是，高温抗病性的表达也因小麦发育阶段而异，有些品种可全生育期表达，有的则仅在成株期或仅在苗期表达。

二、病原物的影响

植物抗病性变异的原因除了寄主自身的因素之外，主要原因是病原物群体中生理小种的数目和组成发生了变异，其遗传基础是由于突变或基因漂流在病原物群体中出现了新的生理小种。

对专化性程度较高的病原物，生产上多采用主效基因抗病品种。主效抗病基因只对少数流行小种有效。大面积推广这些抗病品种，会遏制流行小种的繁衍，但因其定向选择作用，对病菌群体具有匹配毒性基因的小种发挥强大选择压力，使其频率上升，由稀有小种成为优势小种，使生产品种的抗病性失效，亦即“丧失”了抗病性。自20世纪50年代以来，我国小麦品种发生了7次大范围的抗条锈性“丧失”现象，均是条锈菌生理小种变化所引起的。

品种抗病性也会因病原物接种势不同而变化，但这仅是表型的变异。病原物的接种势包括病菌的接种密度、萌发率和侵入潜势。在正常条件下，小麦条锈菌夏孢子萌发率不到20%，如果接种量太小，感病品种也不能发病。具有定量抗病性的品种，接种势对抗病性表达有更大的影响。通常接种势越强，品种的抗病性表现越弱，接种势越弱，则品种抗病性表现越强。例如，采用菌沙法接种全蚀病菌，接种量较低，小麦品种小偃6号发病严重度为33%，采用菌饼接种法，接菌量高，发病严重度高达60%，甚至导致全株枯死。

三、环境因素的影响

环境因素可以引起品种抗病性表型的变化。对抗病性影响较大的环境因素有温度、湿度、光照、水分条件与矿质营养等。环境因素既可能影响寄主作物，也可能影响病原物或两者之间的相互作用。环境因素直接或间接地调节抗病性与致病性相关基因的表达，从而导致抗病性表型发生变化。

对小麦条锈病而言，温度对品种抗病性的影响较大。随着环境温度的变化，有些品种的抗锈性表现稳定，有的则有所变动，其中多数高温趋抗。洛夫林小麦在低温下感染多个小种，随温度升高，由感病变为抗病。高温抗锈品种小偃6号，在常温下（14～16℃），反应型为3～4型，表现感病，在相对高温下（18～21℃），孢子堆周围出现坏死斑，呈典型的过敏型坏死反应，表现抗病。

光照对品种抗病性的影响较复杂，常与温度和湿度等条件交错在一起发生作用。小麦品种对条锈病的抗病性会因光照强度、光照时间和光的质量而异。以往的研究表明，增加光照强度使品种抗锈性降低，而遮荫可延长潜育期，充分黑暗则植株黄化，抑制锈菌发育。光照的影响也随品种和小种组合不同而异。

适宜的水肥条件可以增强作物的长势，提高作物的抗病性。水肥条件差时，会削弱小麦对叶枯病（*Bipolaris sorokianum*）的抗病性。过量的氮肥使水稻对稻瘟病菌（*Magnaporthe grisea*）的抗性降低，都是著名的例子。

参　考　文　献

[1] 陈万权. OTR作图法在植物数量抗病性遗传研究中的应用. 植物病理学报，1999，29（1）：8～14

[2] 董继新，董海涛，李德葆. 植物抗病基因研究进展. 植物病理学报，2001，31（1）：1～9

[3] 井金学，商鸿生，李振岐等. 小麦品种抗条锈病分化的初步研究. 植物病理学报，1997，27（1）：9～16

[4] 李振岐. 我国小麦品种抗条锈性丧失原因及其解决途径. 中国农业科学，1980，13（3）：72～76

[5] 李振岐，商鸿生，阴省林等. 洛夫林小麦抗条锈性变异的研究. 中国农业科学，1984，17（1）：68～73

[6] 陆师义等. 光与温度对小麦品种抗锈性的影响. 植物病理学报，1958，4（2）：129～135

[7] 宁毓华，李振岐，常雨龙. 温度对小麦品种苗期抗条锈性的稳定性影响的研究. 西北农学院学报，1984，12（1）：45～57

[8] 商鸿生. 小麦品种抗锈性和锈菌毒性遗传. 西北农学院学报，1985，13（2）：101～113

[9] 商鸿生，陆和平，李振岐. 绵阳11号和15号小麦品种抗条锈性的进一步研究. 西北农业学报，1994，3（2）：59～62

[10] 商鸿生. 小麦对条锈病的高温抗病性研究. 中国农业科学，1998，31（4）：46～50

[11] Bent AF. Plant disease resistance genes：fuction meets structure. Plant Cell，1996，8：1757～1771

[12] Ellis J，Peter D，Tony P. Structure，function and evolution of plant disease resistance gene. Current Opinion in Plant Biology，2000，3：278～284

[13] Flor HH. Current status of the gene-for-gene concept. Ann. Rev. Phytopathol，1971，9：255～296

[14] Geiger HH，Heun M. Genetics of quantitative resistance to fungal diseases. Annu Rev Phytopathol，1989，27：317～341

[15] Hammond-Kosack KE，Jones JD. Plant disease resistance genes. Ann. Rev. Plant Physiol. Mol. Biol，1997，48：575～607

[16] Qayoum A，Line RF. High-temperature，adult-plant resistance to stripe rust of wheat. Phytopathology，1985，75：1121～1125

[17] Young ND. QTL mapping and quantitative disease resistance in plant. Annu Rev Phytopathol，1996，34：479～501

第六章

病原物致病性的分化、遗传和变异

第一节　病原物致病性的分化

一、植物病原物致病性分化的概念

植物病原物的致病性（pathogenicity）是指病原物侵染寄主引起病害的特性。病原菌对农作物品种的小种专化致病性又称为毒性（virulence）。致病性是一个相对的概念，一种病原物仅能对寄主植物中一定的属、种或品种具致病性，而对其他寄主植物则无致病的能力，植物病原物在寄主植物上所表现的这种致病性差异称为致病性分化，也叫寄生专化性或生理专化性。病原物的致病性分化现象是病原物与寄主植物在长期演化过程中相互适应和选择而形成的。一般来说，寄生性程度越高的病原物致病性分化程度也越高，如麦类锈菌、白粉菌等。寄生性程度越低的病原物致病性分化程度也越低，如一些兼性寄生菌。

人类发现植物病原物的致病性分化现象已有 100 多年的历史。1894 年瑞典的埃里克森（J. Eriksson）通过秆锈菌试验发现了病原物的致病性具有分化的现象，并根据在不同属、种、品种上的反应差异，确定了禾谷类秆锈菌的六个专化型。1917 年美国的斯坦克曼（E. C. Stakman）发现，在小麦秆锈菌的专化型内还存在有小种的分化。1950 年在研究小麦品种 Thatcher 丧失抗秆锈性过程中又发现在小种内还有生物型（biotype）的分化。这些研究结果在理论上和技术上为后来开展病原菌致病性的分化研究奠定了基础。

根据植物病原物在寄主植物不同属、种、品种上的致病性差异，在病原物种下往往有变种（variety，缩写为 var.）、专化型（forma specialis，缩写为 f. sp.）或生理小种（physiological race）、生物型的分化。

（一）变种和专化型

变种和专化型都是病原物种下的分类单位。变种之间在形态上有差异，它们对不同属的植物致病力不同。而专化型间在形态上无明显差异，区别不同的专化型主要根据它们对同科不同属植物的致病力的差异。

（二）生理小种

生理小种是病原物种、变种或专化型内由生物型或生物型群所组成的群体。病菌生理小种之间在形态上无差异，主要根据它们对不同品种的致病力差异来划分。由于死体营养病原物可以人工培养，除根据其对品种的致病力差异进行鉴定外，也可根据其培养性状和生理生化等特性进行辅助鉴别。细菌的生理小种也称菌系或致病型。病毒的生理小种称株系，不过病毒株系之间的区别主要根据它们在一定寄主上的症状差异，区别是否为同一种病毒的不同株系，还可根据血清反应和彼此是否有交叉保护作用以及是否有相似的寄主范围和传播方式等来确定。

（三）生物型

生物型是生理小种内由遗传一致的个体所组成的群体。在一个生理小种内可有一个生物型,也可有多个生物型。鉴定小麦秆锈菌生理小种的生物型主要根据供试菌系在辅助鉴别品种上的反应。

二、植物病原物生理小种的鉴定

（一）生理小种鉴定的意义

生理小种鉴定是植物病原菌寄生专化性研究的最重要内容，特别是寄生专化性程度较高的病原菌，其生理小种的区系分布和消长变化规律是比较复杂的。因此，及时分析掌握这些病菌的小种组成及其消长变化动态，可提高防治和研究工作的预见性和主动性。例如，当掌握了某种病菌群体中有 1 个潜在的毒性新小种并且有可能迅速发展时，就可以发出该小种的流行趋势预报，提早防治，可使防治工作免于被动。又如，当分析掌握了各个地区的主要病菌的小种组成和发展情况后，就可有计划地选育和布局利用抗病品种，更好地发挥品种在防治中的作用。此外，在对病害流行、品种抗病性变异和病菌抗药性等很多研究中也需以生理小种的分析结果作为依据。由此可知，分析鉴定病原菌的生理小种在防治上和研究上均有十分重要的意义。

（二）生理小种的鉴定方法

不同病原物生理小种的鉴定方法不完全相同。病原真菌和细菌小种的鉴定大多是采用一套鉴别寄主，根据供试菌株在鉴别寄主上的致病力表现来确定小种。

1. *应用国际鉴别寄主*（international differentials）　国际鉴别寄主也叫标准鉴别寄主（standard differentials)。根据供试菌系在鉴别寄主上的抗（R）感（S）反应鉴别小种的类型，根据各个小种在总标样中所占的比例，确定主要小种和优势小种。应用鉴别寄主区分生理小种的依据，是基于病菌生理小种之间的差异，主要表现在对不同品种的致病力不同。为了使鉴别寄主具有代表性，选好鉴别寄主是十分重要的。选择鉴别寄主，要根据以下 4 个条件：①鉴别能力强，对致病小种敏感，抗病与感病界限清楚；②稳定性好，在不同条件下鉴定结果均很稳定；③品种在遗传上为纯系，种子纯，质量好；④代表性强，对生产上的推广品种和重要抗源亲本有充分的代表性。

应用一套国际鉴别寄主来鉴定病菌生理小种的方法，是美国明尼苏达大学 Stakman 在鉴定小麦秆锈菌生理小种工作中首先研究成功的。他经过反复试验，从几百个小麦品种中选定 12 个品种作为国际通用鉴别寄主。其后，对其他病菌生理小种的鉴定也选定了各自的国际鉴别寄主。实践证明，应用一套国际鉴别寄主在各国通用时，便于国与国或地区与地区之间彼此交流鉴定结果。但由于所用品种代表性有限，新鉴定出的生理小种有很大的局限性，不能反映各国生理小种的区系情况，也不能充分反映品种与小种间的相互关系，因而很难在生产上发挥作用。

应用一套固定的国际鉴别品种鉴定小种，不但不适用于各个国家，对原选定的国家也是不能长期适用的，因为随着生产的发展，生产品种和所应用的抗源亲本将会不断地发生变化。在这种情况下，随着时间的推移，所用鉴别品种的代表性会越来越小。1950—1953年，在美国和加拿大由于新毒性小种15B的发展，引致小麦秆锈病大流行，当时用国际鉴别寄主鉴定不出新小种的出现和发展。这一事件使人们认识到，应用国际统一鉴别寄主的方法必须改进。以下所列第二、第三和第四种方法就是目前在这方面提出的改进方案。

2. *在国际鉴别寄主基础上增加辅助鉴别品种和筛选品种* 目前许多国家鉴定小麦秆锈菌的生理小种采用的就是这种方法。增加的辅助鉴别品种(supplimentary varieties)选自正在推广的抗病品种和抗病亲本,而筛选品种(screening varieties)选自后备抗源材料。例如沈阳农业大学植物免疫研究室在进行小麦秆锈菌生理小种的鉴定工作中,采用11个品种作为鉴别寄主,其中包括国际鉴别寄主的马阔斯(Marquis)、履浪斯(Reliance)、库斑卡(Kubanka)、浮纳尔(Vernal)、卡不利(Khapli)、爱因亢(Einkorn)和五个辅助鉴别寄主,即免字52(M52)、华东六号(HD6)、明尼2761(M2761)、欧柔(Orofen)和如罗(Rulofen),并采用对我国现行各小种都具有抗病性的品种和Sr单基因系来侦察新致病类型的出现。

1959—1965年，1973—1987年的21年间，该室在全国范围内先后共鉴定10 968份小麦秆锈菌的夏孢子世代的标样，鉴定出17、19、21、21C1、21C2、21C3、34、34C1、34C2、34C3、34C4、40、116、194、207和柯态1型等16个小种或类型。除了17、21、34、40和116之外，其余11个都是新发现的。21号和34号两个小种群是主要流行小种群，21号小种群是优势小种群，其次为34号小种群。我国小麦秆锈菌主要生理小种在鉴别寄主幼苗上的反应型见表6-1。

表6-1 中国小麦秆锈菌(*Puccinia graminis* var. *tritici*)生理小种在鉴别寄主幼苗上的反应型

小种	鉴别寄主												
	L. C.	Mar.	Rel.	Kota	Kub.	Ein.	Ver.	Kha.	M52	M2761	HD6	Ru.	Or.
17	4	4=	0;	3+	3+	3	1=	1=	0	0	0	—	—
19	4	2	0;	3=	3++	3	0;	1=	4	0	0	—	—
21	4	4	0	3++	4=	1=	0;	1=	0	0	0	0	0
21C1	4	4	0	3−	4	1	0;	1	4	0	0	0	0
21C2	4	4	0	4	4	1	0;	1	0	0	4	0	0
21C3	4	4	0	3−	4	1	0;	1	4	0	4	0	0
34	4	4	4−	4	4±	1=	0;	1±	0	0	4	0	0
34C1	4	4	4	3−	4	1	0;	1	4	0	4	0	0
34C2	4	4	4	4	1	1	0;	1	4	4	4	0	0
34C3	4	4	4	4=	4	1	0;	1	0	0	0	0	4
34C4	4	4	4	4	4	1	0;	1	4	0	4	4	4
40	4	4	4	4++	4	0;	4	1=	4	4	4	—	0
194	4	4−	0	3++	0;−1	0;−1	0	0;−1	0	0	4	—	—
207	4	4	0	3−	3−	1−	0	0;−1	0	0	4	—	—
116	4	4	0	4	4	0;	4	1	4	0	4	0	0

3. *采用变动鉴别寄主*（dynamic differentials）　这一方法是由巴西学者 Silva 等提出的。该方法是根据各国生产品种和抗源品种的抗病性变化情况选定鉴别寄主，当其中某一鉴别品种失效时可随时更换。目前一些国家鉴定小麦条锈菌的生理小种多采用此法。中国小麦条锈菌生理小种的鉴定一直采用此方法。在 20 世纪 60 年代初，中国农业科学院植物保护研究所通过测定 100 多个条锈菌菌系对 200 个代表性品种的致病性，筛选出了我国第一套小麦条锈菌生理小种鉴别寄主，其中包括 Trigo Eureka、Fulhard、碧蚂 1 号、保春 128、西北 54、西北丰收和 Strubes Dickkopf 等 7 个小麦品种。随着小麦生产的不断发展和病菌与寄主的协同进化，不断用适当的重要生产品种或抗源品种对鉴别寄主进行补充和调整。到 1974 年，先后增加了玉皮、甘肃 96、南大 2419、维尔、阿勃、早洋、阿夫、丹麦 1 号、尤皮 2 号、北京 8 号、丰产 3 号等小麦品种，除去了 Strubes Dickkopf。1978 年起，又增加了重要品种泰山 1 号、洛夫林 13 和抗引 655。1983 年，将对当时流行小种均表现感病的碧蚂 1 号、西北 54、西北丰收、玉皮、甘肃 96、北京 8 号和泰山 1 号暂时除去，但在确定新小种反应模式时仍加入测定，另外增补了水源 11、中四和洛夫林 10。1991 年又增加了 Hybrid 46，截至目前，中国小麦条锈菌鉴别寄主共有 24 个鉴别品种。到 2003 年已先后发现并正式命名了 32 个小种，即条中 1 号至条中 32 号，其中条中 32 号为目前优势小种。这 32 个小种中的一些主要小种在鉴别寄主上的反应见表 6-2。此外还鉴定到 40 多个不同的致病类型，如尤皮致病类型 1、2，洛 10 类型 2～6，洛 13 类型 2～12，Hybrid46 类型 3～9，水源类型 1～12 等。这就较系统地查清了 40 多年来中国条锈菌生理小种的类型、群体组成和地区间的变化动态，阐明了各个阶段小麦品种抗条锈性发生变化的原因，为抗锈育种和品种合理布局提供了科学依据。

4. *采用已知基因品种或单基因品系作为鉴别品种*　这一方法是根据弗洛尔的基因对基因学说提出的。Blacks 等（1953）首先用马铃薯 4 个抗病基因鉴定和命名了马铃薯晚疫病菌的 16 个生理小种。其后在对其他病菌小种的鉴定中也有许多人采用已知基因品种或单基因品系作为鉴别品种，如鉴别燕麦秆锈菌、稻瘟病菌和大豆疫霉菌生理小种的鉴别寄主等。

综合分析以上方案可以看出，在保留国际鉴别寄主的基础上增加辅助鉴别寄主和筛选品种，比单纯应用国际鉴别寄主在结合各国实际上是有所改进的，但未能从根本上解决这一方法的局限性，应用变动鉴别寄主比应用国际通用鉴别寄主在结合各国生产实际上是一个大的改进，但不足之处是国与国之间的情况难以交流。而用已知基因鉴别品种则既可克服国际鉴别寄主的局限性又可弥补用变动鉴别寄主难以相互交流的缺点，同时，还能在基因水平上了解病菌群体中的毒性变异动态和小种与品种之间的相互关系，因而是较好的方法。

鉴别病菌的生理小种除采用上述四种方法外，也可根据病菌生理小种的生理生化性状、培养特性和抗血清、荧光反应等方法作辅助鉴定。

（三）生理小种命名方法

1. *顺序编号命名法*　此法是按生理小种发现的先后顺序编号命名。用此法命名可以按国际统一顺序编号，如中国发现的小麦秆锈菌小种 21 号、56 号等小种就是用此法编号的。如果增加辅助品种，在国际统一编号小种中又发现了新类型，则可在小种号后加 C（代表中国）再编号，如 21C1、21C2、21C3 等的命名。一个国家或地区还可自行编号，如我国小麦条锈菌的生理小种就是按此法编号命名的（表 6-2）。

表 6-2 中国小麦条锈菌主要生理小种在鉴别寄主上的反应

鉴别寄主	条中1号	条中2号	条中8号	条中10号	条中13号	条中17号	条中18号	条中19号	条中20号	条中21号	条中22号	条中23号	条中24号	条中25号	条中26号	条中27号	条中28号	条中29号	条中30号	条中31号	条中32号
Trigo Eureka	R	S	R	R	S	S-R	R	R	R	S-R	S	S	S-R	S-R	S-R	S	S	S	S	S	S
Fulhard	R	S	S	S	S	S	R	S	S	S	S	S	S	S	S	S	S	S	S	S	S
碧蚂 1 号	S	R	R	S	R-	S	S	S	S	S	S	S	S	S	S	S	S	S	S	S	S
保春 128	S	R	S-R	R	R	R	S	S	R	S	S	S	S	S	S	S	S	S	S	S	S
西北丰收	S	R	R	S	R	S	S	S	S	S	S	S	S	S	S	S	S	S	S	S	S
西北 54	S	R	R	S	R	S	S	S	S	S	S	S	S	S	S	S	S	S	S	S	S
玉皮	R	R	S	S	S	S	S	S	S-R	S	S	S	S	S	S	S	S	S	S	S	S
南大 2419	R-S	R	R	R	S	S-R	R-S	S	S	S-R	S	S	S	S	R	S	S	S	S	S	S
甘肃 96	R	R	S	S	S	S	S	S	R	S	S	S	S	S	S	S	S	S	S	S	S
维尔	R	—	R	R	—	R	R	R	R	R	R	R	R	S	R	S	S	S	S	S	S
阿勃	R	R	R	R	S	S-R	S	S	R	S	S	S	S	S	S	S	S	S	S	S	S
早洋	R	R	R	R	S	S	R-	S	R	S	S	S	S	S	S	S	S	S	S	S	S
阿夫	R	—	R	R	R	R	R-S	S	S	S-R	S-R	S	S	S	S	S	S	S	S	S	S
丹麦 1 号	R	—	R	R	R	R	S	S	R	S-R	S-R	S	R	S	S	S	S	S	S	S	S
尤皮 2 号	R	—	R	R	R	R	R	R	R	S	S	R	R	R	R	S	R	R	R	R	S
北京 8 号	R-S	R	R	R-S	R-S	S	S	S	S-	S	S	S	S	S	S	S	S	S	S	S	S
丰产 3 号	R	—	R	R	R	R-S	R-S	S	S	S	S	S	S	S	S	S	S	S	S	S	S
洛夫林 13	R	—	R	R	R	R	R	R	R	R	R	R	R	R	R	R	R	S	S	S	S
抗引 655	R	—	R	—	R	R	R	R	R	R	S	R	R	R	R	S	R	R	R	R	S
泰山 1 号	R	—	R	—	—	S	S	S-R	R	S-R	S-R	S-	S-	S-	S-	S	S	S	S	S	S
水源 11	R	—	R	R	—	R	R	R	R	R	R	R	R	R	R	R	R	R	R	S	S
中四	R	—	R	R	—	R	R	R	R	R	R	R	R	R	R	R	R	R	R	R	R
洛夫林 10	R	—	R	R	—	R	R	R	R	R	R	R	R	R	R	R	S	S	S	S	S
Hybrid46	—	—	—	—	—	—	R	R	R	—	R	R	R	R	R	R	R	R	S	S	S

2. *毒性公式命名法*　此法是 Green（1965）提出的，毒性公式是用对某小种有效的抗病基因作分子，无效的抗病基因作分母写成的公式，即无毒性（R）/有毒性（S）。由毒性公式可推断出该小种所具有的毒性基因（与分母中各抗病基因匹配）和无毒基因（与分子中各抗病基因匹配）。根据锈菌田间标样鉴定结果可算出小种频率（鉴定为该小种的标样数/标样总数）。表 6－3 是 Martens 等 1979 年提出的北美燕麦秆锈菌生理小种编号及其毒性公式。

表 6－3　北美燕麦秆锈菌小种编号及其毒性公式

（Martens 等，1979）

北美编号	毒性公式	北美编号	毒性公式
NA 1	1.2.3.4.3.9.13.16.a/15	NA16	2.4.9.10.15.16.a/1.3.8
NA 2	1.2.3.4.3.13.16.a/9.15	NA17	2.4.9.13.15.16/1.3.8.a
NA 3	1.2.3.4.3.16.a/9.13.16	NA18	2.4.9.13.16.a/1.3.6.15
NA 4	1.2.3.8.16.a/4.9.13.16	NA19	2.8.9.13.16.a/1.2.4.15
NA 5	1.2.4.3.9.13.16.a/3.15	NA20	3.8.13.16.a/1.1.4.9.15
NA 6	1.2.4.8.13.16.a/3.9.15	NA21	3.3.13.15.16.a/1.2.4.3
NA 7	1.2.4.8.16.a/3.9.13.15	NA22	4.3.9.13.16.a/1.2.3.15
NA 8	1.2.3.16.a/3.4.9.13.15	NA23	4.9.13.15.16.a/1.2.3.8
NA 9	1.3.8.13.16.a/2.4.9.15	NA24	3.9.13.16.a/1.2.3.4.15
NA10	1.4.3.9.13.16.a/2.3.15	NA25	3.13.16.a/1.2.3.4.9.15
NA11	1.3.9.13.16.a/2.3.4.15	NA26	8.10.a/1.2.3.4.9.12.15
NA12	1.3.13.16.a/2.3.4.9.15	NA27	9.13.15.16.a/1.2.3.4.3
NA13	1.13.16.a/2.3.4.8.9.15	NA28	9.13.15.16/1.2.3.4.8.a
NA14	2.3.4.9.13.15.16.a/1.3	NA29	9.13.16.a/1.2.3.4.3.15
NA15	2.4.8.9.13.15.16.a/1.3	NA30	13.16.a/1.2.3.4.8.9.15

3. *分段加数命名法*　用此法命名有加感法和加抗法两种，现分别说明如下。

（1）加感法：是日本学者在 1976 年提出的。若用 9 个鉴别寄主时，其具体方法是将 9 个鉴别寄主分成三段，按顺序分别给予代表数码 1，2，4，10，20，40，100，200，400，将所鉴定的小种感染的鉴别寄主的数码加起来所得的和，即为该小种的代号。病菌生理小种分段加数加感法命名模式见表 6－4。

表 6－4　病菌生理小种分段加感法命名模式

小种代号	鉴别寄主									备　注
	1	2	4	10	20	40	100	200	400	
252	R	S	R	S	R	S	R	S	R	如鉴别寄主增加，可继续按顺序分段写上阿拉伯数码，依次类推
463	S	S	R	R	S	S	R	R	S	

这个方法的优点是模式简单，便于记忆，分段数码有规则，鉴定的小种侵染哪些鉴别寄主容易推算。

（2）加抗法：中国学者对稻瘟病菌小种类型的划分，是根据鉴别寄主分群品种的感病性来确定的。所用的 7 个鉴别品种按其抗病性程度，由抗病至感病依次排列，以 A、B、

C、D、E、F、G 等字母分别代表鉴别品种特特勃、珍龙 13、四丰 43、东农 363、关东 51 号、合江 18 号和丽江新团黑谷。在小种命名时，先按分群品种的反应来分群。例如，某一鉴定的菌株在 A 群分群品种特特勃上接种，品种显示感病反应，则不考虑该菌株在其他分群品种上的反应，就将其划分为 A 群小种。若另一鉴定菌株在特特勃上接种，品种显示抗病反应，而在 B 群分群品种珍龙 13 号上接种，品种显示感病反应，则也不再考虑该菌株在其余分群品种上品种的反应，就把它划分为 B 群。凡是接种 A、B 品种呈抗病反应，C 品种为感病反应，则该菌株属 C 群小种，其余依次类推。若用某一菌株接种 7 个鉴别品种，品种全部显示抗病反应，则把该菌株划分为 H 群。7 个鉴别品种能鉴定出的最大小种数量为 128 个，即 2^7 个，其中 A 群内有 2^6 个，B 群内有 2^5 个，C 群内有 2^4 个，D 群内有 2^3 个，E 群内有 2^2 个，F 群内有 2^1 个，G 群内有 2^0 个，H 群有 1 个。小种号的推算，采用加抗法。首先把 7 个鉴别品种按抗病性，依次排列为 A、B、C、D、E、F、G，分别以各群小种的最大数值 64、32、16、8、4、2、1 作为代码，然后视各品种的反应决定，品种显示感病反应的为 0，显示抗病反应的则套其应有的代码，最后把分群品种以外的各品种中显示抗病反应的代码相加，再加 1（表示 H 群 1 个）即得小种号。例如，某一菌株在 7 个鉴别品种上接种，品种反应为 R、S、R、R、S、R、S，即 A 品种表现抗病，B 品种呈感病反应，属 B 群小种，在 B 品种以下的各个鉴别品种上，C、D、F 三个品种呈抗病反应，则小种号为 C、D、F 三个品种的代码之和加 1，即 16＋8＋2＋1＝27，该小种正式定名为 ZB_{27}（Z 是中国汉语拼音的第一个字母），其全称为中国稻瘟病菌 B 群 27 号生理小种。

（四）生理小种的鉴定程序

植物病原菌生理小种的鉴定程序，大体上可分为标样采集和登记、保存、标样的繁殖、致病性鉴定和结果分析等步骤。由于病原物不同，鉴定的具体程序可因情况不同而有所改变。一般专性寄生物的标样采得后即可进行记载和保存，兼性寄生物的标样，采得后需做分离培养（有的需立即进行），然后再进行其他步骤。关于生理小种鉴定的具体程序可参考方中达编著的《植病研究方法》第 19 章中有关部分。

三、毒性频率和综合致病性分析

为解决单纯鉴定病菌的生理小种在抗病育种和品种利用上的局限性，国内外不少学者提出分析研究毒性频率（virulence frequency）和联合致病性（pathogenicity association），并在一些病菌如小麦叶锈菌、白粉菌、稻瘟病菌等方面取得了一定进展。因此了解毒性频率和联合致病性的意义及其研究进展，对深入了解病原物的寄生专化性是十分必要的。

毒性频率是一种病原物群体中的对一定抗病品种（抗病基因）有毒性的菌株（毒性基因）出现的频率。毒性频率的公式为：

$$毒性频率（\%）=（有毒性菌株数/总菌株数）\times 100\%$$

分析毒性频率的地区范围，可以是全国的，也可以是某一地区的。在被测品种的抗病基因（尤其是单基因品种）已经查明的条件下，分析一种病菌群体中的相匹配的毒性基因出现频率是比较方便的。如果被测品种的基因型不明，所测结果可表示被测病原物种内一系列菌株对一定品种的毒性。例如用小麦叶锈菌的 100 个不同菌株分别接种 1 个被测小麦品种，有50%的菌株对它有毒性，其毒性频率就是50%。

联合致病性是病原物群体中对2个以上被测品种（抗病基因）有毒性的菌株（毒性基因）出现的频率（%）。

毒性频率反映1个被测品种与病原物群体中一系列菌株的相互关系。而联合致病性则反映2个以上被测品种与病原物群体中一系列菌株的相互关系。

以上述两方面分析结果作为依据，育种和品种利用工作的目的性会更强，工作也会更为主动。

河北农业大学赵兰波等，在1981—1982年用来自河北省各地的86个叶锈菌株和24个已推广品种、将推广品种和区试品种以及抗源作试材，研究了其相互作用（表6-5）。由表6-5可知，对所有供试品种的毒性频率值均很高，说明这些品种可被叶锈病严重感染。在将推广或参加区试的3个品种中，以冀麦10号的毒性频率值最低，唐辐194最高，乐亭1185居中，在供试的3个抗源中以对抗引655的毒性频率值最高，它已不能作为抗叶锈病的抗源，虽然洛夫林10最低，但据研究，对该品种有毒性的洛10类群正在发展，应当提高警惕。

表6-5　河北省小麦叶锈菌对主要品种的毒性频率

种　类	品　种	毒性频率（%）
已推广品种	泰山1号	89.5
	东方红3号	96.5
	冀麦3号	90.7
将推广或参加区试品种	冀麦10号	5.8
	乐亭1185	47.7
	唐辐194	95.3
抗　源	洛夫林10号	10.3
	抗引655	87.2
	查平戈	44.2

除了计算菌株对供试品种的毒性频率以外，还可列出表示供试菌株与多个小麦品种互作特点的毒性公式（表6-6）。然后再作联合毒性分析（表6-7）。以上分析结果为河北省小麦品种的合理利用提供了很好的依据。

表6-6　河北省86个叶锈菌株对5个小麦品种的毒性公式及其出现频率

毒性公式	菌株数	该类菌株出现频率（%）	毒性公式	菌株数	该类菌株出现频率（%）
/9，10，18，23，24	2	2.3	10，18，23/9，24	1	1.2
9/10，18，23，24	1	1.2	9，10，23，24/18	7	8.1
9，10/18，23，24	2	2.3	9，10，18/23，24	1	1.2
9，23/10，18，24	1	1.2	9，10，18，24/23	2	2.3
9，10，24/18，23	1	1.2	9，10，18，23，24/	56	67.4
18，23，24/9，10	2	23.0	9，18，23，24/10	2	2.3
9，10，18，23/24	5	5.8	10，18，23，24/9	1	1.2

注：9=冀麦10号，10=78-4020，18=PKBL-16，23=洛夫林10，24=洛夫林13

表 6-7 河北省两个以上品种共同表现抵抗的叶锈菌株频率

共同抵抗的品种	叶锈菌株频率（%）	共同抵抗的品种	叶锈菌株频率（%）
9，10	88.4	9，10，18	76.7
9，18	79.0	9，18，24	72.1
9，24	81.4	9，10，23，24	75.6
9，10，23	81.4	9，10，18，24	69.8

注：表中品种名称见表 6-6 脚注

第二节 植物病原菌致病性的遗传

致病性是病原物的一种可以遗传和变异的生物学特性。植物病原菌致病性的遗传有单基因（或寡基因）遗传，多基因遗传和胞质遗传，而以对真菌的毒性遗传研究较多。根据已有资料，病原真菌的毒性遗传多为单基因隐性独立遗传，少数情况下有互作，个别情况下有连锁，很少有复等位现象。

开展病原真菌的毒性遗传研究，主要采用传统的有性杂交方法，先获得供测菌系的自交后代或菌系间的杂交 F_1 和 F_2 代孢子群体，然后再接种特定的抗病基因品种（已知基因品种或单基因系），分析毒性基因的分离情况。

关于病原真菌毒性的遗传，过去在小麦锈菌、小麦全蚀病菌、苹果黑星病菌、麦类白粉病菌、黑穗病菌等方面研究较多。

一 、小麦锈菌毒性的遗传

Craigie（1927）发现了锈菌性孢子的功能，为通过杂交方法研究小麦锈菌（以秆锈菌为主）毒性的遗传开辟了道路。Newton 等（1930）提出了小麦秆锈菌杂交和自交的方法，为研究小麦锈菌毒性的遗传提供了有效途径。

研究小麦锈菌毒性遗传的方法比较复杂，需先在室内控制条件下诱发锈菌纯系产生冬孢子，再设法使冬孢子萌发，并接种到相应的转主寄主上，待产生性子器后，再进行自交或杂交，用交配后产生的锈孢子再接种小麦，建立自交后代或杂交 F_1 和 F_2 代夏孢子群体，最后接种具特定抗锈基因的小麦单基因系或已知抗锈基因的品种，分析毒性基因的分离情况。以上方法详见《植物免疫学实验》（商鸿生，1994）。

根据现有研究资料，小麦锈菌毒性的遗传主要有如下特点：

（1）杂合性：小麦锈菌的多个位点是杂合的，只要有一个等位基因（无毒基因 *A*）发生突变，就可使无毒性菌系（*Aa*）变为纯合的毒性菌系（*aa*）。

（2）无毒基因多为显性：多数情况下，无毒基因表现显性，毒性基因表现隐性。同一基因在不同小种中的显、隐性表现不同。有的测定品种也影响锈菌无毒性基因的显性表现。

（3）毒性基因的复等位现象：至今未见报道，基因连锁也少见。已知毒性基因间的连锁有叶锈菌的 *P32ka* 和 *P30* 之间，*P3* 和 *P14a* 之间等少数几个例子。

（4）基因互作：毒性基因间以及毒性基因与遗传背景间有相互作用。例如小麦秆锈菌的某些小种对 *Sr9d* 的毒性由两个互补的显性基因控制。小麦品种 *Lr2* 位点有三个复等位基因即*Lr2a*、*Lr2b*和*Lr2c*。北美叶锈菌系有三种基因型，对*Lr2*位点表现不同的作用。其一是隐性毒性基因纯合*p2p2*，对各*Lr2*抗病基因都有毒性。其二是显性无毒基因纯合*P2P2*或杂合*P2p2*对各*Lr2*基因均无毒性。其三是毒性基因杂合*P2p2*并与一个或一组修饰因子共同作用，使得*Lr2a*表现中度抗病反应，使*Lr2b*和*Lr2c*感病。显然修饰因子增加了*p2*基因的毒性。此外，还发现毒性基因间有累加、掩盖和上位等作用。

（5）与抗病基因的对应关系：小麦的抗锈基因与锈菌的（无）毒性基因间一般是一一对应的关系。但也发现有锈菌的两个基因与小麦一个基因相对应的情况。如叶锈标准小种11号在小麦单基因系（Bagex Thatcher）上表现两个基因的分离，而反复测定表明，该系只有一个抗病基因。这种关系是基因对基因关系中的一个例外，还是该抗病基因的位点是由两个紧密连锁的基因组成的，需进一步证明。

小麦条锈菌的有性世代尚未发现，现在只能根据条锈菌系在已知抗病基因的小麦品种上的毒性表现，推测它所具有的毒性基因和可能的基因型。

二、小麦全蚀病菌的致病性遗传

小麦全蚀病是由禾顶囊壳小麦变种（*Gaeumannomyces graminis* var. *tritici*）侵染小麦根系而引起的根部病害，该病的发生可直接影响小麦地上部分的生长及其产量。Chambers和Flentji（1967）早期采用根部变黑程度作为致病性的指标的试验，认为小麦全蚀病菌的致病性是由1～2个主效基因控制的质量性状。后来Blanch等（1981）采用病株地上部分的干重作为测量致病性的指标，发现小麦全蚀病菌的致病性属于数量性状遗传，受到约5～9个基因控制。商鸿生和袁红旭（2003）以接种株地上部分的干重作为测量致病性的指标，确认该病菌的致病性为数量性状遗传，估计控制致病性的基因数为5～7个，并发现致病性表型易受环境因素的影响，致病性强弱与菌落颜色无明显相关。

三、苹果黑星病菌的毒性遗传

苹果黑星病菌（*Venturia inaequalis*）的毒性遗传研究结果比较清楚，因为小种间杂交后可生成大量子囊，每个子囊产生的8个子囊孢子可顺序取出，培养成8个单子囊孢子（单倍体）菌系，分别接种具有一定抗病基因的品种后即可分析供试菌系的毒性基因情况。

苹果黑星病菌有两个交配型，不易发生自交。用杂交产生的单子囊孢子系接种，苹果抗病品种产生0型、1型、2型或3型病斑。感病品种产生4型病斑。其病斑类型划分标准为：0型：无肉眼可见的病斑；1型：多个或少数小病痕，不产孢；2型：坏死斑或褪绿斑，形状不规则或规则，不产孢；3型：较大的坏死斑，产孢，病叶不脱落；4型：大斑，大量产孢，病叶脱落。

根据已有的资料，苹果黑星病菌可能有大量的毒性基因，远远超过已鉴定出的19个，一般为单基因遗传，基因间很少紧密连锁。这些特性有利于病菌大量产生新的致病类型及其对寄主的适应（Boone，1971）。

四、麦类白粉菌毒性的遗传

关于麦类白粉菌毒性遗传的研究较多。小麦、大麦和燕麦的三种白粉菌均含有两个染色体，两者一大一小。白粉菌为异宗结合，变种之间可以杂交，但杂交后所产生的子囊孢子再回接到原寄主上时，往往无致病力或致病力大大降低。

小种间杂交比较容易。研究结果表明白粉菌的毒性一般为单基因遗传。据 Wolfe（1972）测定至少有 12 个位点上的 17 个基因决定着对大麦品种的毒性。

五、黑粉菌毒性的遗传

大多数黑粉菌为异宗结合，一般单核体的小孢子可分为两个交配型，而双核体的单倍体后代可分为四个交配型。

经过对花药黑粉菌（*Ustilago violacea*）、玉米黑粉菌（*Ustilago zeae*）、高粱丝黑穗病菌和散黑穗病菌、小麦光腥黑穗病菌、小麦网腥黑穗病菌、大麦和燕麦的散黑穗病菌、大麦和燕麦坚黑穗病菌等的毒性研究证明，黑粉菌的毒性遗传有以下特点：

（1）多数为单基因控制，少数为多基因控制。

（2）毒性基因有隐性遗传、显性遗传、不完全显性遗传等不同方式。

（3）超亲遗传现象较多，并且有的如高粱黑穗菌的致病力可向两个方向发展，同种内小种间杂交可提高致病力，而种间杂交可降低致病力。

（4）有的基因间具互补作用，如小麦腥黑穗菌和燕麦散黑穗菌。

第三节 植物病原菌致病性的变异

一、研究植物病原菌致病性变异的意义

植物病原物的变异性是病原物的一种遗传特性，也是病原物的一种适应特性，有了较强的变异性，病原物才能适应不断变化的环境而得以继续生存和发展。大量实践证明，病原物致病性尤其是毒性的变异，是引致品种抗病性“丧失”的主要原因。因此，只有系统掌握植物病原物致病性变异的规律，才能制定出科学的控制品种抗病性“丧失”、延长品种使用年限的策略和措施，更好地发挥品种在病害综合治理中的作用。此外，病原物对杀菌剂发生抗药性，也是药剂防治中的重要问题之一，研究和掌握病原物致病性的变异规律，也可为这一问题的解决提供科学依据。

二、病原菌致病性的变异

植物病原物致病性的变异，涉及到毒性变异、侵袭力变异和致病谱的改变等三个方面。

（一）毒性变异（variation in virulence）

系指病原物小种（菌系，株系）的一定毒性基因与品种的一定抗病基因互作的结果，导致毒性增强或变弱；也可由无毒性变为有毒性或由有毒性变为无毒性，即毒性谱发生改变。

（二）侵袭力的变异（variation in aggresiveness）

系指病原物小种在孢子萌发率、侵染率、潜育期、产孢量、侵染期等方面的变异。这些变异一般在供试小种有毒性的品种上才能表现出来。较强的侵袭力是病原物小种在群体中有较高的适合度的基本条件之一。

（三）致病谱的改变

系指病原物寄主植物种类的增加或减少。

此外，在上述致病性因素发生变异的同时，病原物在形态、色泽、生理生化特性等方面也可发生一系列变化。掌握这些变化对于认识病原物致病性的变异和了解其机制是十分重要的。

以上变异按照其性质可归为两类，一类为表型变异（phenotypic variability），一类为基因型变异（genotypic variability）。表型变异是病原物遗传物质制约范围内的变异。这种变异可随外界环境条件的改变而改变，一般不是质的变异，因而在一定条件下是可逆的；而基因型的变异是病原物遗传物质的变异。由于遗传物质的变异所引致的毒性、侵袭力、寄主范围、形态、生理生化特性等方面的一系列变异是质的变异，通常是不可逆的。在研究病原物致病性变异的各种现象时，善于及时区分变异的性质对研究工作的顺利开展是非常有益的。

此外，按照变异的方式病原物致病性的变异还可分为原有致病类型的组成数量变化和新的致病类型的产生两种情况。前者是指病原物群体中已有致病类型在周围各种条件影响下的数量变化；后者是指病原物群体中通过不同途径，不断产生新的致病类型。不论原有致病类型的数量变化，还是新的致病类型的产生，都会使病原物原有的致病性发生改变，从而也可改变病原物与寄主植物之间的相互关系。

三、病原物致病性遗传变异的途径

不断产生新的致病类型，是病原物致病性发生变异的最根本原因。因此，研究和掌握植物病原物新致病类型的产生途径和条件，才能深入了解病原物致病性变异的规律，为控制其变异提供科学依据。

植物病原物新致病类型的产生途径，主要有有性杂交、突变、异核现象、准性生殖和适应性变异等多种途径。

（一）有性杂交

通过有性杂交（sexual hybridization）产生新的致病类型，在具有有性生殖的病原物，如锈菌（条锈菌除外）、黑粉菌、白粉菌、黑星病菌、长蠕孢菌、霜霉菌以及许多其他病原中是常见的变异方式。植物病原菌在杂交过程中，发生基因分离和重组，从而发生遗传性质的变异。植物病原菌的有性杂交，一般有4种方式：小种内自交，小种间杂交，专化型间杂交，属间、种间杂交。

植物病原菌通过有性杂交产生新的小种，在自然条件下也是经常发生的。例如据美国Stakman调查，在小檗丛生的地区曾发现有43个小麦秆锈菌生理小种，而在无小檗地区只发现有5个小种；在夏孢子的标样中，新小种的出现率为1∶50，而在有性结合的锈孢子标样中新小种的出现率为1∶5。此外，随着美国清除转主寄主工作大规模开展，小麦秆锈菌小种的数目逐渐减少，小种的群体组成也越来越稳定，这在实践上为这一认识提供了有力证明（Roelfs，1977）。

（二）突变

突变（mutation）是病原物新小种产生的重要途径，也是新的毒性基因产生的惟一途径。因此，掌握植物病原物突变的机制和条件对控制病原物致病性的变异有非常重要的意义。

突变是一种遗传状态，可以通过复制而遗传的DNA结构的任何永久性改变，都叫突变。基因突变是DNA结构中碱基所发生的改变。发生突变的生物个体，叫做突变体（mutant）。由于突变体中DNA碱基序列的改变，因而产生了突变体的表现型。发生突变的基因称为突变基因（mutant gene）。突变前的基因称为野生型（wild type）基因。

病原物的毒性突变（mutation in virulence）是病原物某一菌系在毒性方面对原有菌系的突然偏离。即在毒性方面发生质的变异。按照突变的产生方式可分为自发突变（spontaneous mutation）和诱导突变（induced mutation）。自发突变是在自然条件下，由于病原物本身产生诱变物质或与自然诱变物质接触而自然发生的变异。诱导突变是人工用物理、化学等因素诱发产生的变异。按照突变产生机制又可分为基因突变（gene mutation）和染色体畸变（chromosome aberration）。基因突变又称点突变，是病原物的DNA分子结构发生的改变，可以是碱基替代（base substitution）、碱基插入（base insertion）或碱基缺失（base deletion）。染色体畸变是指染色体某一区段发生缺失（deletion）、倒位（inversion）、重复（duplication）和易位（translocation）。

病原物的突变，如果从突变的效应背离或返回到野生型这两种方向上来讲，可以分为正向突变（forward mutation）和回复突变（back mutation 或 reverse mutation）。正向突变是指改变了野生型性状的突变。突变体所失去的野生型性状可以通过第二次突变得到恢复，这种第二次突变就叫做回复突变。真正的原位回复突变很少（也就是回复到野生型的DNA序列），而大多数是第二点突变。原来的突变位点依然存在，而它的表现型效应被基因组第二位点的突变所抑制，因而又称为抑制突变（suppressor mutation）。

井金学等（1992，1993，1995）对小麦条锈菌通过突变发生毒性变异的问题进行了系统研究。应用经$^{60}Co\gamma$射线和紫外线照射的条锈菌夏孢子，接种感病品种后，发现两种物理诱变剂处理条锈菌夏孢子后，对其有强烈的致死作用，使夏孢子萌发率降低，还可改变其致病性。其量的改变表现为使潜育期延长、严重度降低、病叶率减少，说明锈菌受物理诱变剂处理后其侵入和扩展能力受到抑制。其质的改变表现为使病菌与寄主的相互关系由亲和型反应变为非亲和型反应，并使锈菌的繁殖力显著下降，繁殖器官的发育和繁殖机能都受到削弱。此种生物学效应影响到锈菌的整个发育过程。对毒性突变规律和突变菌株的性质的研究，发现各毒性突变株与野生菌系和国内目前已知的生理小种及致病类型的毒性谱均不同。多数毒性突变菌株发生了多位点突变，并且发生了毒性和非毒性两个方向的突变。一些突变菌株的毒性表型可稳定遗传，而另一些突变菌株的毒性表型表现遗传不稳定，经几代繁殖后，又恢复其野生菌系的毒性表型。在小麦条锈菌紫外线诱变试验中，条中29-1小种的不同毒性突变菌株，在各筛选品种上的毒性突变率明显不同，大致变化于10^{-6}～10^{-4}之间（表6-8）。

病原物通过突变产生新的毒性小种，如果遇到适宜的哺育品种和条件，得到进一步发展后可引致相匹配的抗病品种抗病性的“丧失”。澳大利亚过去小麦品种抗秆锈性的“丧失”和加拿大安大略省番茄抗叶霉病性的“丧失”，均已证明主要是由病菌不断产生的突变菌系引起的。

表 6-8　小麦条锈菌条中 29-1 小种经紫外线照射后在筛选品种上的毒性突变率

（引自商鸿生等，1994）

筛选品种	照射时间（min）	接种叶数（片）	萌发孢子数（个）	突变体数（个）	突变率
尤皮Ⅱ号	8	151	26 900	3	1.11×10^{-4}
长武 131	8	580	722 970	1	1.38×10^{-6}
秦麦 4 号	8	759	1 388 865	2	1.44×10^{-6}
Hybrid46	8	333	468 098	1	2.17×10^{-6}
抗引 655	8	960	844 800	3	3.55×10^{-6}
水源 11	8	698	882 730	5	5.66×10^{-6}
无芒中四	8	919	100 791	7	6.95×10^{-5}

（三）异核现象

异核现象（heterokaryosis）又称异核作用。所谓异核现象系指在病原真菌的一个细胞或孢子中有 2 个以上遗传性质不同的细胞核的现象。这种现象是 Blackslee 于 1904 年首先发现的。1932 年 Hansen 和 Smith 在研究灰霉菌时将这种现象称为异核现象，将变异个体称为异核体（heterokaryon）。但这一术语只适用真菌的营养生长阶段，非指异宗配合时所形成的异核体。关于病原真菌的异核现象过去国内外学者均曾做过一系列研究，认为遗传性质不同的菌系之间通过核的交换和重组，可以使病菌的致病性发生变异，产生新小种。植物病原真菌异核体的形成一般主要通过芽管结合、菌丝联结、菌丝融合等方式，发生核的交换或重组，也可通过双核菌丝中的一个核发生突变产生。研究异核现象，可选用毒性不同的菌系混合接种，在其后代中筛选具有特异毒性的新菌系。也可以利用有颜色标记的菌株或营养缺陷型菌株用于试验。

Nelgon（1955）用小麦秆锈菌的 11 号小种（红褐色）与小种 121 号（灰褐色）混合接种后，筛选出具有橘红色的夏孢子菌株，含有 3～4 个核，能侵染 Vernal 小麦，但经过 6 代转接后新菌株失去了橘红色，也失去了对 Vernal 品种的致病性，说明异核菌株有时是不稳定的。我国的闵幼农等（1966）研究了稻恶苗病菌的异核现象，发现在 19 个野生菌株中有紫、红、白三种异核菌株类型。其中紫色菌株产生的赤霉素 500 倍于白色菌株，同时，其致病性也最强；白色菌株产生赤霉素最少，无致病力；红色菌株的致病力介于二者之间。新疆维吾尔自治区农业科学院应用原生质体融合技术证明，棉花枯萎病菌也可以通过核的交换产生异核新菌系。

李振岐、康振生等 1982—1991 年系统研究了小麦条锈菌的异核作用。发现小麦条锈菌小种内、小种间均可发生芽管结合，并可在小麦叶片上形成结合体，结合体内可观察到 1～4 个细胞核；受侵小麦叶片组织内条锈菌菌丝和吸器母细胞中的多核现象极为普遍，观察到了条锈菌的菌丝间有融合现象；通过不同菌系间的混合接种，筛选出了毒性谱与原始菌系不同的异核新菌系；异核新菌系夏孢子和芽管中的多核率明显高于原始菌系；异核菌系的多核率随继代培养而降低，并且其致病力发生不同的变化，有的异核菌系可保持其稳定的致病力，而有的异核菌系则逐代失去致病力；对田间小麦条锈菌夏孢子多核率的检测发现，感病品种上的多核率为 0.15%，而抗病品种上的为 0.05%，这表明在自然条件下小麦条锈菌异核作用在感病品种上发生的频率要高于抗病品种。这些研究证实异核作用也是我国小麦条锈病菌发生毒性变异的重要途径之一。

（四）准性生殖

准性生殖（parasexuality）又称准性循环（parasexual cycle），是指不经过有性生殖的减数分裂而导致染色体的基因重组和单倍化的一种生殖方式。其发生过程如下：①形成异核体；②异核体内的两个异质细胞核发生偶然的融合后形成二倍体核；③在有丝分裂过程中发生染色体交换和基因重组；④ 双倍细胞核的单倍化，形成遗传物质重组的单倍体菌株。准性生殖与有性生殖的区别在于：①准性生殖为体细胞重组；②准性生殖过程中染色体的交换和基因重组是在有丝分裂过程中发生的。准性生殖每个过程没有明显的相关性，而且不像有性生殖那样存在着有规律性和有控制的循环。

准性生殖是 Roper 和 Pontecorvo 于 1952 年在研究构巢曲霉［*Aspergillus nidulans*（Eid.）Wint］时发现的。现已发现小麦秆锈菌、叶锈菌、玉米黑粉菌、棉花黄萎病菌、蛇麻黄萎病菌、稻瘟病菌、小麦根腐病菌、大麦坚黑穗病菌、马铃薯晚疫病菌等多种病原真菌均有准性生殖。在大多数生物中，遗传变异仅来自有性生殖，而某些菌类在有性生殖缺乏时，可产生异核现象或发生准性生殖，从而提供了除有性生殖外的遗传灵活性，起到类似一般有性生殖的作用。在真菌遗传学中，通过准性生殖导致体细胞重组，可以在无性繁殖的真菌中进行杂交育种以及基因在染色体上的定位研究。

通过准性生殖发生变异的菌株的特点是产生二倍体细胞核，其细胞核的体积比正常菌株的大 1 倍，同时核中 DNA 的含量也为正常菌株的 1 倍，这些特征可作为鉴别的依据。Day 认为，对无性生殖或有性生殖作用不大的病原真菌，准性生殖可能是新小种产生的途径。

（五）适应性变异

在植物病原菌中由于适应（adaptation）所发生的毒性渐进变异（progressive increase in virulence）现象是常见的。渐进变异可以是病菌致病力的逐步提高，也可以是病菌致病力的逐步降低。关于其遗传机制尚未查明，有人认为这种现象的产生是病原菌的微突变加选择造成的，有人则认为是一种适应性变异（即由于产生适应酶）。毒性渐进变异是个现象，其遗传机制可能因不同情况而异，还有待于进一步研究明确。

除上述 5 种变异途径外，还有其他的转化（transformation）、转导（transduction）、接合（conjugation）以及其他途径，不同病原物的变异途径不同。上述 1～5 种变异途径病原真菌均可采用，细菌的变异主要是通过突变、转变、转导和结合；病毒的变异主要是通过突变和同一病株体内不同病毒间的基因重组；线虫的变异主要是通过突变、不同线虫间染色体的偶合（mixing of chromsome）和有性过程基因重组。

第四节 农作物抗病性与病原物致病性分化的关系

侵染性植物病害是寄主植物与病原物这两种生物之间互作的结果。在自然界中，植物抗病性和病原物致病性处于共同进化状态，病原物致病性的变化必然为寄主抗病性的变化所平衡，反之亦然，这样就保持了致病性和抗病性的动态平衡，使得寄主和病原物都得以存活下来。然而，在农业生态体系中，病原物与寄主植物之间的平衡关系因人为的干扰而被打破，寄主群体抗病性遗传结构受人为控制，病原物群体的致病性遗传结构则主要由寄主抗病性遗传结构决定。农作物抗病品种大面积单一化种植加大了对病原菌的选择压力，使得病原真菌的致病性易发生变异、非优势毒性类群演变为优势类群所致，从而造成病原菌种内群体遗传结构发生分化，最终导致农作物抗病性的丧失。因而，明确植物抗病性和病原物致病性分化的关系及其动态演化规律，可为作物抗病性的合理利用和植物病害可持续控制提供理论依据。

一、垂直体系和水平体系

1976年Robinson首先提出了植物病害系统（Plant Pathosystem）的概念，他采用Vanderplank的水平抗病性和垂直抗病性的概念，把植物病害系统分为垂直的植病系统和水平的植病系统，以从理论上探讨寄主—病原物相互关系，寻求为抗病育种服务的方法论。

从客观存在的总群体看，寄主由多种抗病性类群（pathodeme）组成，病原物由多种致病性类群（pathotype）组成。一系列不同的抗病性类群（或品种）和一系列不同的致病性类群（或菌系）相遇时，其相互关系可分为两大类，一类是系统中存在着特异性的互作（specific interaction）或分化性互作（differential interaction），即为垂直体系。另一类则无此互作，呈现出抗病和致病表现的恒定等级（constant ranking），即为水平体系。

在垂直体系中，寄主抗病性差别是垂直抗病性差别，病原物致病性差别是毒性差别。垂直体系要能保持其抗病性的稳定，寄主群体抗病性遗传必须是多样化的，或者在时间或空间上呈不连续性。如寄主群体抗病性遗传是单一化的，则抗病性难以持久。当然，这还要看寄主病原物双方的遗传弹性的对比而定。寄主群体遗传弹性主要取决于可用的垂直抗病基因是否很多，新抗病基因是否易于获得，品种选育是否容易和品种推广更替能否迅速完成等。病原群体的遗传弹性则取决于其变异潜能、繁殖速度、传播效能和距离等。

在水平体系中，寄主抗病性的差异是水平抗病性差异，病原物致病性差异是侵袭力的差异。水平体系中寄主抗病程度一般不如垂直体系，但却较为稳定持久。在自然生态系中，水平抗病性保持中等程度，太高则病原物数量下降，病害选择压力减小，转而使水平抗病性又趋于降低；太低则病原物数量增长，选择压力增强，这又转而使水平抗病性逐代增强。在植物驯化和育种过程中，人类偏重于提高农艺性状，有时会削弱植物原有的水平抗病性，加之密植高水肥等农业措施常会有利于某些病害的流行，因而在农业生态系中，植物原有的或残存的水平抗病性往往已不能满足防病保产的需要。然而，只要作物群体有足够的遗传异质性或基因结构足够复杂多样，再加上一定选择压力，则水平抗病性仍可再度提高。这一点在天然异交作物中尤为明显。

在自然生态系中，水平体系固然是稳定的，垂直体系也是处于动态平衡之中的。垂直抗病基因多种并存，寄主群体中遗传的多样性以及时空分布的间断，都使得病原物各种致病性类群大体均衡并存，难以分化出什么优势小种。只有在人们选用某一单一的垂直抗病性基因，并大面积单一种植后，才发生强度的定向选择促成优势小种的形成，反过来引致抗病性“丧失”。

二、定向选择和“稳定化”选择

垂直抗病性品种大面积推广后，相应的毒性小种便能在其上得天独厚地发展，连年种植该品种，该毒性小种就愈繁殖愈多，这就叫做定向选择（directional selection），这种现象在生产中十分明显。20 世纪 50 年代，国内大面积单一化推广小麦良种碧蚂 1 号后，相应小种条中 1 号就迅速上升成为优势小种，致使碧蚂 1 号“丧失”抗病性。以后，碧玉麦、甘肃 96 等对条中 10 号，北京 8 号、农大 311 等对条中 17 号等，都是通过定向选择“丧失”抗锈性的。

和定向选择方向相反的选择压力叫做“稳定化”选择（stabilizing selection），这是 Vanderplank（1968）在植物病理学中创用的一个新术语。它是一种在抗病品种面积减少、感病品种面积增多的条件下，使毒性小种（或毒性基因）频率下降的选择压力。

定向选择使毒性小种（或基因）频率上升，稳定化选择则使之下降，而使无毒性小种（或基因）频率上升。关于后者，Vanderplank 的解释是在感病品种上毒性小种往往竞争不过无毒性小种。他认为，毒性和侵袭力（或适合度）之间有时存在负相关，毒性基因愈多，其侵袭力（或适合度）往往愈弱。

三、微梯弗利亚效应

定向选择对微效基因抗病性也可同样发生作用，水平抗病性在病害选择压力下就能逐代增强，在没有病害选择压力的情况下就会逐代削弱。1963 年 Vanderplank 就指出：在 1920 年以前，欧洲曾选育出不少对晚疫病具有水平抗病性的马铃薯品种，1930 年以后开始选育和推广垂直抗病性品种，即 *R* 基因品种。在 *R* 基因保护下，许多品种上晚疫病没有流行，其水平抗病性无从表现，自然也就不再有选择。在连续多代无选择压力的情况下，选育出的品种虽然含有 *R* 基因，但水平抗病性基因却流失了。后来，一旦新小种流行，*R* 基因失效，这些品种从免疫一步变为高度感病，甚至比其原来的感病亲本还要感病。这种现象在品种 Vertifolia 上表现得最为明显，研究得最清楚，所以他名之为“微梯弗利亚效应”（Vertifolia effect）。其实质意思是，在垂直抗病性育种过程中，水平抗病性的人为流失，这种现象其实是广泛存在的，而且和利用抗病品种防治病害关系极为密切。按 Robinson 的看法，在自然生态系中，植物的水平抗病性原居中等，到了农田生态系中，在作物驯化、品种选育中已难免多少有所流失，特别是在发现垂直抗病性以后，人们进行垂直抗病性育种过程中，水平抗病性又进一步大量流失。这样育成的品种，一旦垂直抗病性丧失，反而高度感病。由于其水平抗病性很弱，新小种在该品种上能够迅速繁殖，所以抗病性丧失才会如此之快。由此可见，所谓的抗病性“丧失”本来只指垂直抗病性基因的失效，并非垂直抗病性基因本身丧失了，而水平抗病性才是会真正丧失的，造成微效抗病性基因的流失。

一般认为，只要有垂直抗病性可利用，抗病育种应以垂直抗病性为主，以水平抗病性为辅或可有可无。但是，Robinson（1987）认为，抗病育种应以水平抗病性为基础，可不用垂直抗病性或是不得已而两者并用，或是锦上添花。他据理论推导和历史经验，认为水平抗病性是普遍存在且又是持久的，水平抗病性的小小加强也能使其他防治负担大为减轻。因此，水平抗病性应是寄主抗病性管理的首要目标。即使还需要加用垂直抗病性，也必须在保持水平抗病性强度的基础上进行。

参 考 文 献

[1] 陈瑞辉，王克荣．我国棉花黄萎病菌的群体遗传．棉花学报，2001，13（4）：209～212

[2] 单卫星，陈受宜，康振生等．DNA 指纹分析在植病真菌群体遗传研究中的应用．西北农业大学学报,1995，23（6）：84～89

[3] 井金学，商鸿生，李振岐．^{60}Coλ 射线对小麦条锈病菌夏孢子的生物学效应．核农学报，1992，6（2）：116～120

[4] 井金学，商鸿生，李振岐．紫外线照射对小麦条锈菌生物学效应的研究．植物病理学报，1993，24（2）：299～304

[5] 井金学，商鸿生，李振岐．小麦重要抗源和后备品种对条锈菌突变菌株抗病性的进一步研究．西北农业大学学报，1995，23（1）：19～25

[6] 康振生，李振岐，商鸿生．小麦条锈菌夏孢子阶段核相状况的研究．植物病理学报，1994，24（1）：26～31

[7] 康振生，李振岐，商鸿生．小麦条锈菌异核新菌系的筛选及核游离试验研究．植物病理学报，1994，24（2）：101～105

[8] 李振岐主编．植物免疫学．北京：中国农业出版社，1995

[9] 李振岐，曾士迈主编．中国小麦锈病．北京：中国农业出版社，2002

[10] 鲁国东，王宗华，谢联辉．稻瘟病菌分子遗传学研究进展．福建农业大学学报，1997，26（1）：56～63

[11] 任林柱，白容霖．稻瘟病菌群体结构的研究进展．吉林农业大学学报，2002，24（2）：122～126

[12] 商鸿生主编．植物免疫学实验．北京：中国农业出版社，1994

[13] 商鸿生，井金学，李振岐．紫外线诱导小麦条锈菌毒性突变的研究．植物病理学报，1994，24（4）：347～351

[14] 商鸿生，袁红旭．小麦全蚀病菌致病性遗传规律研究．菌物系统，2003，22（4）：634～638

[15] 王金生．分子植物病理学．北京：中国农业出版社，1999

[16] 王宗华，鲁国东，赵志颖等．福建稻瘟菌群体遗传结构及其变异规律．中国农业科学，1998，31（5）：7～12

[17] 伍尚忠，朱小源，杨祁云等．应用分子标记技术鉴证稻瘟病菌宗谱与寄主遗传背景的亲缘关系．中国农业科学，1999，32（6）：56～62

[18] Robinson R A. Plant Pathosystem. Springer - Verlag，1987

[19] Vanderplank J E. Disease Resistance in Plant. Academic Press，New York，1984

第七章

农作物抗病育种

利用抗病品种是控制植物病害的主要方法之一，具有有效、简便、经济和对环境安全等优点。在现代农田生态体系中，更成为农作物病害综合防治的核心措施。可以说，抗病育种是农业科学中发展历史悠久，而又新技术密集的重要领域。随着社会经济的发展，对优良抗病品种的需求更为迫切。抗病育种的环节包括抗病种质资源的搜集、保藏、系统研究和科学利用，建立简便易行的抗病性鉴定技术，利用多种技术转导和积累抗病基因等，经严格鉴定筛选，最终得到综合性状优良，对特定病害高度抵抗的品种。

第一节　农作物抗病育种的目标

农作物抗病育种必须与高产、优质和高效的育种目标相结合，选育综合性状优良的品种。在抗病育种中，应对抗病性给出明确的要求和规定，这些要求在技术上应是可行的，并有必要的遗传资源。

首先，应确定拟选育品种的主抗和兼抗目标。通常把危害最重、流行频率最高而且有可利用抗源的病害列为抗病育种的主攻目标，其他重要病害列为兼抗目标。有的病害虽然重要但无抗源，只能暂时排除在抗病育种目标之外。

第二，应确定所利用的抗病性类型。植物抗病性有主效基因控制的和微效基因控制的两类。主效基因抗病性多表现为低反应型，易于鉴定和选择，抗病效能高，应成为首选目标。若无低反应型抗病资源，则可考虑选用微效基因抗病性。

第三，应对抗病程度作出相应的标准。对抗病程度的要求应依据地域、病害的重要程度和防治配套措施而定。对病害常发区、重大病害和完全依赖品种防治者，应要求抗病程度高，达到免疫和高抗程度。而对易发区、兼治病害和有配套防治措施者，则可要求抗病程度稍低，以免造成不必要的人力物力支出。

第二节　植物抗病性鉴定

抗病性鉴定是抗病育种工作的重要环节，其主要目的是鉴别植物材料的抗病性类型和评定其抗病性程度。抗病性鉴定主要用于抗源筛选，杂交后代选择和高代品系、品种的比较评定。

抗病性鉴定应有明确的目标，确定对象病害和病原菌小种，有针对性地选用鉴定方法。应注意抗特定病害或特定小种的抗病材料。除注意材料的抗病水平外，还要考虑其产量和质量损失程度。对重要材料要全面掌握其抗病潜力，特别是兼抗性。应开发适应病害特点的简易和标准化的鉴定技术，以保证短时间内可以筛选大量材料，并有利于不同选育者对材料的比较分析。尽可能建立统一病圃，实现大范围内的多点鉴定和比较。

一、抗病性鉴定方法

植物抗病性鉴定，依据抗病性在群体、个体、组织、细胞和分子水平不同的表达形式而采用不同的鉴定方法。根据鉴定场所的不同，可分为田间鉴定和室内鉴定。按照植物材料的生育阶段不同，可分为成株期鉴定、苗期鉴定及离体鉴定。按鉴定的指标的不同，可分为形态鉴定、生理生化鉴定和分子鉴定。但需要强调的是，任何鉴定结果都要与田间鉴定结果相比较，评价其适用性。

（一）田间鉴定

这是在自然条件下进行的，是抗病性鉴定的最基本的方法。其优点表现在能在群体和个体水平上识别抗病性，尤适于成株抗病性、慢发抗病性、耐病性、避病性的鉴定；其次可系统观察植株不同生育阶段的抗病性变化，全面揭示其抗病性类型和水平。再次是该鉴定结果是反映品种在生产中的实际表现。其缺点是受生长季节限制，难于在短期内鉴定大量材料，不能利用危险性新病原物和新小种进行鉴定，田间条件不易控制，年际间发病程度有所波动。

田间抗病性鉴定多在病圃中进行，按初侵染菌源不同，有天然病圃和人工病圃两类。天然病圃不接种病菌，一般设置在病害常发区或老病区重病田块，依靠自然菌源侵染，并通过调节播期、施肥、灌水等措施促使发病。尽管如此，仍避免不了病情波动，必须依靠数年的资料，对材料或品种的抗病性才能做出准确的结论。人工病圃依赖接种造成病害流行。人工病圃应设置于不受或少受自然菌源干扰的地区，以免外来菌源干扰，使鉴定结果难以分析。若鉴定材料或品种对气传病害的抗病性，病圃应设置于该病害的偶发区或外来菌源少而晚的地区。对土传病害来说，应将病圃设置于无病地区。人工病圃应有适宜发病的环境条件。根据鉴定的目的，人工病圃可接种混合菌种以鉴定材料或品种的综合抗病性。也可设置隔离小区，每小区各种一套品种，分别接种不同小种，以鉴定品种对不同小种的抗病性。

田间鉴定可进行统一设计，将同批种子在不同国家或地区进行定点鉴定，了解鉴定材料对病原菌不同群体或在不同生态条件下的抗病特点，确定其抗病性适应范围。设置于不同国家的称为国际统一病圃，如国际统一锈病圃等。

田间病圃一旦建立可以长期使用，特别是对土传病害，连年应用后病圃内的病菌分布更趋均匀，鉴定结果误差更小。

（二）室内鉴定

室内鉴定在温室、人工气候室、植物生长箱等可进行人工控制的设施内进行。此种鉴定方式不受自然条件和生长季节的影响，可连续进行抗病性鉴定，尤其是苗期抗病性鉴定，可在短期内鉴定大量的材料。在控制条件下，可对多种病原物或小种（包括危险小种）进行抗病性测定，同时可研究单个环境因子对植物抗病性的影响。室内鉴定也有明显的缺点，不能对群体进行鉴定，难以测出群体水平表达的抗病性、避病性和耐病性。室内环境难以完全模拟大田生态条件，鉴定结果不一定与田间鉴定结果一致。室内鉴定尤其适于大量材料的初步筛选与比较，目前已广泛用于麦类锈病和白粉病、稻瘟病、稻白叶枯病、玉米大斑病和小斑病、棉花枯萎病和黄萎病、烟草黑胫病、大白菜和黄瓜霜霉病等多种重要病害的抗病性鉴定。

需要指出的是，必须搞清植物材料的苗期抗病性与成株期抗病性的相关性，有些材料全生育期抗病，有些材料苗期感病但成株期抗病，也有些材料苗期抗病但成株期感病。因此，必须在苗期和成株期均进行抗病性鉴定才能全面了解供试材料的抗病性。

（三）离体鉴定

鉴于某些植物的抗病性可在器官、组织、细胞水平上表达，因此就可利用这些材料进行抗病性鉴定。离体鉴定方法简易快速，可在短期内大量筛选材料，同一植株可用其器官、组织或细胞测定对不同病菌或不同小种的抗病性，增加了可比性。同时所鉴定的单株仍可结实，适于从分离群体中选择抗病单株，加速育种进程。

离体鉴定时多用离体叶片、分蘖、枝条、茎、穗等材料。用这些材料进行抗病性鉴定时，离体材料需置于培养液中，其中添加一定量的植物激素，以保持其正常的生理功能和抗病性表达能力。如用小麦离体叶段进行抗秆锈病鉴定时，将一定长度的幼叶置于培养皿内的湿滤纸上，该滤纸以 40mg/kg 的正苯氨基嘌呤液保湿，用秆锈菌孢子涂抹叶部接种，在适宜的温湿度条件下培养 10 天后记载反应型。对玉米大斑病抗病性的鉴定用 2 周龄植株叶片，切成 5～10cm 叶块，置于培养皿内的湿滤纸上，喷施大斑病菌孢子悬液，在 28℃条件下培养两天后计数病斑类型和数量。现离体鉴定方法已广泛用于麦类秆锈病和白粉病、玉米大斑病和小斑病、马铃薯晚疫病、马铃薯 X 病毒、烟草黑胫病等多种病害的抗病性鉴定。

还有用病菌产生的植物毒素处理植物离体材料，鉴定其抗病性的方法。某些植物病原真菌和细菌能产生寄主选择性毒素和非寄主选择性毒素，植物材料对这些毒素的抵抗性与对病原菌的抗病性相同，故可用毒素代替病原菌进行抗病性鉴定。目前已有 10 多种病菌毒素或培养滤液用于抗病性鉴定。玉米小斑病菌产生的 T 毒素，已用以测定玉米离体叶片或根冠细胞对玉米小斑病的抗病性，分别以叶斑的多少、大小或根冠细胞的存活率评定供试品种的抗病性。此外，还可利用病菌产生的毒素处理植物原生质体，筛选抗病突变细胞。

（四）生理生化鉴定

植物的某些生理的、生化的、血清学的指标与病原菌的侵染过程和抗病性表达有一定的相关性，因而也可用以作为鉴定植物品种抗病性的指标。应用这种方法进行抗病性鉴定多数是针对接菌的或毒素处理的材料，测定条件易于标准化，可用于大量材料的快速筛选。

植物组织的电生理学参数可作为指标进行抗病性鉴定。如用测定抽穗期到乳熟期田间小麦旗叶或毒素处理的叶段中的电阻参数，来鉴定小麦对根腐病的抗病性，小麦组织内电阻大小与抗根腐病性呈正相关。小麦抗、感品种的细胞膜对赤霉病菌毒素的敏感性不同，抗病品种耐毒性强，细胞膜损伤程度轻，胞内电解质渗漏少，电导率低。因此可根据毒素处理后不同品种组织浸出液的电导率确定抗病性程度。

抗、感品种间苯丙氨酸解氨酶、多酚氧化酶、过氧化物酶、抗坏血酸氧化酶以及其他重要酶类的活性变化有明显的差异，同工酶谱亦不同，已有人用酶类的变化来判别抗病品种。

其他生化物质也可用以作为抗病性鉴定的指标。例如甘薯罹病组织在荧光显微镜下有自发荧光，抗、感病品种间荧光面积和形状存在明显差异，可用该方法进行甘薯不同品种抗黑斑病性的鉴定。玉米植株中抗病物质丁布的含量与抗大斑病性呈正相关，因此可用测定玉米叶组织内的丁布含量，来鉴定品种的抗病性。对某些病毒病也可利用血清学指标进行抗病性鉴定。

（五）核酸鉴定

核酸分子标记是重要的遗传学指标，可以利用与抗病基因紧密连锁的DNA片段的变异来鉴定抗病材料。此种鉴定方法有明显的优势，抗、感差异直接以DNA形式出现，不受环境影响，在作物不同发育阶段和对不同组织器官均可检测。其多态性高，等位位点变异水平丰富，表现中性，即不影响目标性状表达。多数分子标记表现共显性，能分辨不同基因。核酸鉴定是以核酸片段的电泳谱带的差异作指标。所用方法包括酶解和southern杂交结合技术、PCR技术或酶解与PCR相结合的技术等，具体应用的有限制性片段长度多态性（RFLP）、随机扩增多态性（RAPDs）、扩增片段长度多态性（AFLP）、简单重复序列（SSR）和抗病基因类似序列（ RGAs）等分子标记方法。由这些方法建立的分子标记指纹图谱由数十个等位基因位点组成，对整个基因组的代表性明显优于常规技术。其灵敏度极高，可检测到单碱基突变。

二、植物抗病性鉴定的接种技术

植物抗病性只有在病原物存在、环境条件适宜时才得以表达。因此，在鉴定植物抗病性时，多采用人工接种并保证适宜的发病条件。为保证接种成功，接种体必须是高质量的，要明确病原物的致病力和保持其纯度，避免杂菌污染。接种时要使每个植株接种量均匀一致，接受相同的侵染压力。应控制发病条件，以保证顺利发病。鉴定植株应处于适于发病的生育时期，鉴定期间应无其他病害感染。

虽然各种植物病害的发生规律不同，但接种鉴定的基本步骤仍有相同之处，接种鉴定程序见下列简明图解（图7-1）。

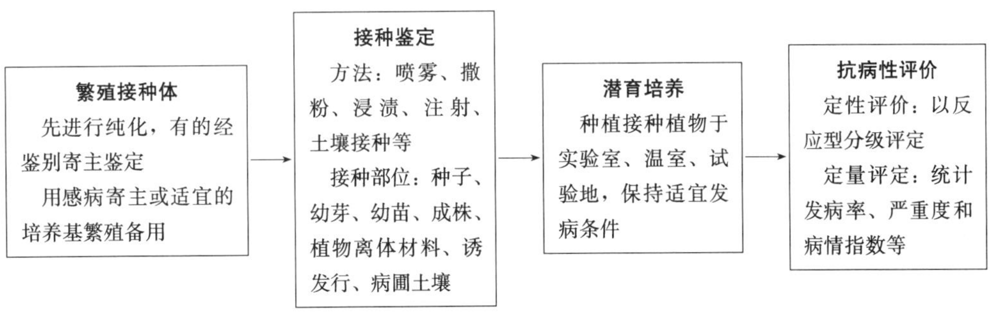

图7-1　人工接种程序图

(一) 接种方法

根据植物病害发生的规律不同，采取适宜接种技术。常用的接种技术主要有下列几种。

1. *喷雾接种法* 真菌孢子或菌丝片段、细菌培养物等用天然水、蒸馏水或无离子水配制成悬液，用各种类型的喷雾器喷布植株，该方法主要用于叶部病害的田间和室内接种。某些病菌的孢子在水中具有团聚性，悬液中常加入吐温 20 或吐温 80，以增强孢子的分散性。悬液中病菌的浓度一般控制在 10^4～10^6 个孢子/ml。接种后需保湿 24h，以利于病菌侵入。

2. *喷粉接种法* 该法适于植物地上部特别是叶部接种。接种时将病菌孢子与滑石粉按 1∶300 比例配制成孢子粉，用喷粉器喷粉，或指形管用纱布封口后将孢子粉抖落于植株。最好在田间结露时或是喷细雾后接种，以保证发病。

3. *直接接种法* 用某种方式直接将病菌固定于植株特定部位。如将琼脂培养基块，直接贴附于植物特定部位，使琼脂上的病菌直接侵入植物组织。蘸有病菌的湿棉球，装入微湿室，用弹簧夹固定于叶片上，此法可同时接种数个小种于同一叶片。用滤纸片蘸孢子或用小米粒直接培养赤霉病菌插入小麦穗部颖壳，鉴定小麦品种对赤霉病的抗扩展性。麦类锈病常用涂抹法接种，此法是用水湿手指轻轻脱去叶面蜡质后，用手指或接种针、毛笔蘸取夏孢子悬浮液涂抹叶面，然后喷细雾保湿 24h 后取出培养。

4. *病植物体接种法* 将盆栽发病植株或病残体置于待鉴定的材料中间，病部所产生的孢子经气流传播，侵染植株。此法常用于气流传播的叶部病害如锈病、白粉病、霜霉病的接种。田间接种时，将发病的幼苗置于待鉴定材料中，也可在待测材料周围种上诱发品种，用诱发行产生的孢子诱发病害。室内接种时，用产孢的幼苗在待鉴定材料上来回扫抹或抖动，孢子飘落在幼苗上。有时将病残体均匀撒布在植株行间，待其产生孢子诱发病害，此法常用于玉米大小斑病菌的田间接种。

5. *伤口接种法* 对于一些由伤口入侵的病害，常用刺伤造成伤口的方式接种。接种方法有针刺法、剪叶法、牙签穿刺法、注射器注射法，这些方法是用细针、剪刀或牙签蘸取细菌液或真菌培养物后，再对植株造成伤口，使病菌顺利从伤口侵入引致发病，或用注射器向植株内注射病菌。有些病毒接种则是利用金刚砂造成微伤口以使病毒侵入。

6. *传媒介体接种法* 对传媒传播的病毒需用介体进行接种。对虫传病毒，应将传毒昆虫在毒源植物上饲养规定的时间后，将规定数目的带毒昆虫转移至待鉴定植株上，使之取食传毒，然后杀死介体昆虫。为了防止其他病毒污染，病毒接种多在隔离温室或网室中进行。对由土壤微生物传播的病毒，可直接接种土壤微生物进行传毒。

7. *土壤接种法* 对一些土壤传播的病害，需用土壤接种，进行植物抗病性鉴定。土壤接种法有接种培养的病菌和直接混入病残体等方法。土壤传播的病原物用麦粒沙或玉米沙培养基培养，或用液体培养基培养，然后取培养物按规定的比例混入土壤接种。病残体可在捣碎后撒入田间或翻埋入土壤内，此法常用于棉花枯萎病的鉴定。

以上所述接种方法有的是模拟自然传播方式应用喷雾、喷粉、田间诱发等方式接种，有的是采用破坏植物某些抗病因素，提高接种效率，如致伤接种等。在进行抗病性鉴定时，应根据病害发生规律和鉴定目的灵活运用有关接种方法。

（二）抗病性的评定

植物抗病性根据病原物侵染后，在一定环境中的病情，即抗病表现型来评定。对表现型的评定，可采用病情的定性指标或定量指标。

1. 定性指标 评判过敏性坏死反应的抗病性或者以抗扩展为主的抗病性，采用定性指标反应型。反应型划分根据叶片上侵染点坏死反应的强弱、病斑大小、病斑形状与色泽，以及病菌子实体的发育程度，但不同病害分级所侧重的特征不同。小麦秆锈病与白粉病的反应型划分标准见表 7-1 和表 7-2。

表 7-1 小麦秆锈病的反应型划分标准

反应型代号	抗病性等级	反应型特点
0	免疫	肉眼不见任何症状
0;	近免疫	仅生黄白色枯斑，无孢子堆
1	高度抗病	孢子堆极小，四周枯斑明显
2	中度抗病	孢子堆小到中等，四周有枯死圈，圈内常出现绿岛
3	中度感病	孢子堆中等到大，四周无枯死，但常褪绿
4	高度感病	孢子堆大，常相互愈合，四周不褪绿
5	混杂型	接种同一小种后，同一叶片上各型病斑混生

表 7-2 小麦白粉病苗期反应型分级

反应型代号	抗病性等级	反应型特点
0	免疫	植株无病
0;		发生坏死反应，叶片有枯死斑
1	高抗	叶片病斑小，直径小于 1mm，菌丝层稀薄，可透见绿色叶面，偶见较大病斑，但透绿，产孢极少
2	中抗	叶片病斑直径小于 1mm，但菌丝层较厚，不透绿，能产生一定量孢子
3	中感	叶片病斑多，直径大于 1mm，菌丝层厚，产孢量大，但病斑不连片
4	高感	叶片病斑直径大于 1mm，菌丝层厚，产孢量大，病斑连片

2. 定量指标 对植物抗病性的衡量除定性指标外，还用定量指标，常用的定量指标有发病率、严重度和病情指数。

发病率指发病个体数占调查个体总数的百分比，如病株率、病茎率、病果率等，表示发病的普遍程度。

严重度指植物发病的严重程度，分级表示，严重度级别可按单个叶片、单个植株或整个田块的发病程度划分，也可综合考虑而划分，制成分级标准检索表或分级标准图。调查时以其为标准，目测估计。叶部病害的严重度可按叶斑面积占叶面总面积的百分率划分，也可以用发病最严重者的病斑面积为 100%而划分。如小麦条锈病的严重度分级，就是以叶片上孢子堆最大覆盖率 35%为严重度 100%，按等比数列级差来划分的。表 7-3 为小麦黄矮病严重度分级标准，是综合考虑单个叶片发病程度和整株发病情况而制定的。

表 7-3 小麦黄矮病严重度分级标准

级 别	特 点
0	健株
1	部分叶尖黄化
2	旗叶下 1 片叶黄化
3	旗叶下 2 片叶黄化
4	旗叶黄化 1/4，旗叶下 1 片叶黄化
5	旗叶黄化 1/4，旗叶下 2 片叶黄化
6	旗叶黄化
7	旗叶和旗叶下 1 片叶黄化
8	旗叶和旗叶下 2 片叶黄化
9	植株矮化，但能抽穗
10	植株矮化显著，不抽穗

病情指数为发病率和严重度的综合值，以植株为调查单位时，其计算公式为：

病情指数＝Σ（各级病株数×严重度）/（调查总株数×最高严重度）×100%

病情分级本身并非抗病性级别，但病情数据可用以划分抗病性级别。用病情数据划分抗病性级别，需设立感病对照作为参照系，以感病对照品种的病情数据为基准比较划定。调查时感病品种田间发病不宜达到100%，因为达到100%后感病对照的病情已停止增长，而抗病品种的病情仍在增长，掩盖了二者之间的抗病性差异。为了消除此种误差，应规定感病对照品种的病情为低于100%的某一数值，在抗、感品种间差异最明显时调查。采用相对抗病指数（RRI），作指标更为科学合理。其计算公式为：

$$RRI=\ln(y/1-y)-\ln(x/1-x)$$

式中：x 为感病对照品种的病情指数，y 为供试品种的病情指数，依所得相对抗病性指数数值大小划分抗病性等级。

另外，还有一些定量方法和指标可用来评判植物抗病性，如比较室内定量接种时病害单循环过程的定量指标，包括潜伏期、病斑密度、病斑长度、产孢持续期和产孢量等，以及比较田间病害多循环过程中的定量指标流行速度（r 值）或病情发展曲线下面积(AUDPC)等。

三、水平抗病性鉴定方法

水平抗病性大致等同于小种非专化抗病性、定量抗病性或微效基因抗病性，其鉴定方法仍在探讨中，已经提出的有以下六种。

（一）病情历史考察法

若某一品种在各地多年保持抗病性稳定或基本稳定，就可能是水平抗病性品种。以历年病情调查或抗病性鉴定资料为依据，参考各地、各年的病菌小种变化动态资料，对照感病品种的病情变化资料，做出初步的结论。历史考察法的评定结果只能作为初步结果，尚需经其他鉴定方法进一步证实。

（二）分小种鉴定法

同一套供试品种种植于各小种圃中，分别接种不同小种或菌系。小种圃采用随机区组设计，设感病对照，所得病情数据进行统计分析。以分析结果推断是否是水平抗病性。若品种×小种互作方差不显著，则可能是水平抗性，否则为其他类型抗病性。需要注意的是，若测试品种为同一类抗病性品种，即同为垂直抗病品种或同为水平抗病品种，易于通过统计结果做出结论。若两类抗病品种并存，为混合体系，则可能有干扰或掩盖作用。

（三）抗病等级排列法

根据品种对不同小种的抗病性强弱，按序排列成阵，如呈恒定等级序列，即某品种的抗病性名次，不论在哪个小种圃中总是不变，则认为该品种为水平抗病品种。本方法从理论上讲较为客观，但实际上难以实施。

（四）多点联合鉴定法

按照统一规划，在小种易变区和小种群体结构差异较大的常发地区，进行多点联合鉴定，连续数年，凡抗病性表现稳定者，则认为可能是水平抗病性品种，再经小种圃法进一步核证。该方法可进行大量品种多点考核，克服小种圃法中小种有限、考核条件不严之弊。其缺点是小种组成不明，需另行鉴定。

（五）流行速度法

据流行学研究结果，水平抗病性降低流行速度，故凡流行速度显著低于感病对照者则为水平抗性品种。本方法是作多循环的流行试验，每一供试品种种成方块圃，在其中央一点接种，以此接种点为方块圃的惟一流行菌源，使病害发生两个循环以上。经病情系统调查，计算出流行速度，进行品种间比较并与感病对照品种比较，得出结论。该方法的前提是品种的反应型需是典型的感病型。

（六）遗传分析法

水平抗病性品种为多基因控制，呈数量性状遗传。因此将供试品种与感病品种（不含抗病基因的品种）杂交，分析其后代的抗病表现和分离情况，若是质量性状分离为垂直抗病性，若是数量性状分离则为水平抗病性。应注意鉴定时必须用单一纯净小种接种。

第三节 农作物抗病育种的基本途径

农作物抗病育种的特点是对选择对象的抗病性监测贯彻于整个育种过程中，包括抗病性鉴定和抗病植株的选择。抗病育种的基本途径包括引种、系统选种、杂交育种、诱变育种和生物技术育种，其基本目标是发现、创造、选择抗病性变异植株，并将之培育成可利用的品种。

一、引 种

引种指从国外或国内其他地区引进优良的抗病品种，经试验、试种，表现优于当地品种的，直接用于生产。这是利用现有品种资源的简便而经济有效的办法，不但可直接获得优良品种，同时还可丰富当地育种资源，为其他育种方法提供育种材料。我国引种成功的例子不少。原产澳大利亚的碧玉麦，原产美国的早洋麦都是著名的抗锈良种。20 世纪 70 年代从国外引进的阿勃、阿夫、郑引 1 号、洛夫林类群品种等在我国小麦生产上发挥了重要作用。国内地区间引种的碧蚂 1 号、内乡 5 号和泰山 1 号等抗锈良种，种植面积皆超过了 $66.7\times10^4\text{hm}^2$。为防治稻瘟病，先后由日本引进了元子 2 号（原野 2 号）、农垦 19 号（藤坂 5 号）、农垦 20 号（十和田）、农垦 21 号（越路早生）等水稻品种。经济作物中许多抗病良种也是由国外引进的。岱字 15 号是抗黄萎病的棉花品种，自 1950 年引入我国后，长期大面积种植，直至 1975 年。马铃薯品种中抗花叶病的红纹白，抗晚疫病的西北果等；烟草品种中抗黑胫病的牛津 1 号和抵字 101 都是由美国引进的。由波兰引进了抗褐斑病甜菜品种 CLR。由朝鲜引进了抗花叶病油菜品种早生朝鲜。

引种时首先必须考虑品种的生态适应性，引入不适应生态区，可能表现不出其品种特点。经验证明，气候条件相似地区间引种易于成功，由纬度相近国家间东西引种比同一国家内南北引种更有效。一个品种引进一个新的地区，由于环境条件的改变，其群体可能发生抗病性分离，必须注意提高纯度以保持原品种的抗病特性。引种时必须考虑原产地与引进地区间病害或小种区系组成间的差异，应先少量引进试种，明确其抗病性后再大量引种。同时注意检疫以防止危险性有害生物随之传入，造成有害生物入侵事件。一个引入抗病品种大面积种植后，一般不宜再作为抗源用于抗病育种，以免造成大田品种遗传同质化，导致病害流行。

二、系统选育

该法是在现有品种中，用系统选择方法将抗病性良好的变异株(穗、芽)选出，并育成品种的方法。系统选育的遗传基础是作物群体由于自然突变、天然杂交或品种的抗病基因分离而造成的异质性。通常在病害自然流行和人工接种条件下，在一个较大的群体中选择抗病单株(穗、芽)，避免漏选抗病个体或误选避病个体。所选个体第二年在病圃内种成株(穗)行，接菌严格鉴定，由抗病株(穗)行或抗病性发生分离的株(穗)行中再选优良抗病单株(穗)，未入选者淘汰。第三年仍将所选单株种成株(穗)行，继续接种鉴定，选择抗病性稳定者。以后根据需要继续接种选择并着重考查农艺性状。最终入选材料要作区域试验。抗病性强、产量和质量水平高于或相当于原品种或当地生产品种的，方可作为品种推广。若是异花授粉作物，选出抗病个体后需经过几代自交和病圃鉴定，形成抗病性稳定的自交系，作进一步改良。或者是选出抗病个体后，第二年混播在生产上使用，并从群体中继续选择优良抗病个体，继续混播混选，连续多年之后，该品种的群体抗病水平将有明显提高。

系统选种法作为一个简易实用的选种方法，在现代育种诞生之前，人类早已应用。用“一穗传”选种方法改良原始品种群体，保存和积累了宝贵的抗病基因。新中国成立后由高度感染条锈病的小麦品种辉县红中选出了抗病品种偃师 1 号，各地还从南大 2419、阿勃、阿夫、洛夫林和丰产 3 号等著名小麦品种中，选择优异抗病单株，形成了许多品种或品系，对保持和提高这些品种的抗锈性起了重大作用。由水稻南特 16 号内选出的抗稻瘟病单株，育成了矮脚南特，又从该品种中选出了兼抗稻瘟病和白叶枯的南早 1 号。由德字 531 棉花中选出抗病单株，育成了我国第一个抗枯萎病棉花品种 52 - 128，从岱字 15 中选出抗枯萎病棉花品种 57 - 681。由关农 1 号中选出了耐黄萎病品种辽棉 1 号，由锦棉 22 号中选出了抗黄萎病品种辽棉 2 号。由陕 65 - 141 中选出的棉花品种 86 - 1，对枯萎病的抗病性和丰产性都有大幅度提高。系统选育法过去在抗病育种中发挥了重大作用，今后仍将发挥重要作用。

三、杂交育种

杂交育种将两个以上亲本品种的理想基因结合于同一杂种个体中，培育出具有亲本的综合优良性状的抗病新品种。通过人工杂交可使基因重组，创造遗传变异，创造新的种质资源，从中选择所需要的品种类型。杂交育种是当前作物抗病育种中最常用和最有效的方法，分杂交和回交两种方式。包括杂交、选择和鉴定等育种环节。

杂交育种必须作好亲本的选择、杂交方式的确定和杂交后代的选择。杂交亲本的选择是选育抗病品种的第一关，其选择得当与否关系到选育抗病品种的成败。根据以往经验，亲本选育应遵循以下原则：①杂交双亲具有较多优点，缺点较少且易克服。适应性、产量水平、综合性状和抗病性表现突出，并遗传力高。如著名抗枯萎病品种中棉 12 号，以乌干达 4 号和适应性广、产量水平高的邢台 6871 杂交而成。②亲本间主要性状要互补，亲本之一应为综合性状好的当地适应品种（农艺亲本），另一亲本具有高度抗病性（抗病亲本）。著名小麦抗锈良种碧蚂 1 号的亲本碧玉麦和蚂蚱麦，就是在越冬性、成熟期、抗条锈病、抗倒伏性和籽粒大小等优缺点互补的基础上所选择的。若以抗多个小种或多个病害为育种目标，应选择所抗小种或病害不同的亲本进行杂交。③亲本间亲缘关系较远，遗传差异较大。对我国杂交育成的多个冬小麦抗锈良种的系谱分析表明，几乎所有杂交组合中，其亲本之一是国外品种或与其有血缘关系的品种。④杂交亲本应具较好的配合力。选用杂交亲本时应考虑一般配合力，所谓一般配合力是指某一亲本品种和其他若干品种杂交后，杂种后代在某个数量性状上的平均表现。用一般配合力好的品种作亲本，易从中选出好品种。如著名抗锈亲本碧蚂 4 号，在生产上表现不如碧蚂 1 号，但却用其作亲本，育出了许多有名的品种。棉花品种 52－128、57－681 本身并非优良品种，但用其育成了不少高产、优质、抗病的良种。

双亲抗病性越强，后代越易分离出抗病性强而稳定的类型。抗病亲本应尽量选择全生育期免疫或高抗的材料，农艺亲本应选择抗病或耐病的品种，应避免选用高感品种。多亲本杂交，抗病亲本应占大多数。亲本应具有抗多小种或多种病害的广谱抗病性。

根据上述原则，选择抗病良种成功的实例可列举如下。

（1）20 世纪 50 年代北方冬麦区大面积种植的抗条锈良种碧蚂 1 号：

碧玉麦（Quality）	×蚂蚱麦	——→碧蚂 1 号
（原产澳大利亚）	（陕西关中地方品种）	
对条锈病免疫	感染条锈病	抗病
抗倒伏	不抗倒伏	中等倒伏
成熟早	成熟期中等	成熟期中等
粒大	粒小	粒大
品质好	品质差	品质好
越冬性差	越冬性强	越冬性中等

（2）20 世纪 80 年代推广的抗病良种中棉 12 号：

乌干达 4 号	×邢台 6871	——→中棉所 12 号
非洲引进品种	斯字棉 2B 选出	衣分高，纤维品质好
纤维品质好	河北当地品种 衣分高	具有亲本没有的高抗枯、黄萎病性，为目前黄河流域棉区高产、抗病品种

杂交方式是指在一个杂交组合里要用几个亲本，以及各亲本间如何配置的问题，是杂交育种另一重要因素。

两个亲本间进行杂交称为单交或成对杂交，以符号 A×B 或 A/B 表示，应用最广泛，简单易行，育种时间短，杂种后代规模较小，能选育出具有双亲互补优良性状的品种。两亲本可互为父母本，如称 A（♀）/B（♂）为正交，称 B（♀）/A（♂）为反交。若亲本性状遗传不受细胞质影响，多以当地适应性强的品种作为母本，正反交性状差异不大。若抗病性状受细胞质控制，则应以具有抗病细胞质者为母本。

应用单交方式育成了许多抗病品种，如小麦抗病良种北京 8 号（碧蚂 4 号/早洋），棉花抗病良种中棉 12 号（乌干达 4 号/邢台 6871）等。

两个以上亲本间的杂交称为复交，要进行两次或两次以上的杂交。一般先将一些亲本配成单交组合，再在组合之间或组合与品种之间进行两次乃至多次杂交。复交杂种的遗传基础比较复杂，杂交亲本至少一个是杂种，F_1 代表现分离。其产生的变异类型多，性状稳定较慢，育种年限较长，但可综合多个亲本的优良性状，扩大杂交后代的遗传基础。复交方式因亲本数目及杂交方式不同而有多种。

三交是三个亲本间的杂交，其杂交方式为（A/B）F_1∥C 或（A/B）F_n×C。抗病品种冀棉 14 号的杂交过程为两个抗病亲本陕棉 4 号和陕 3165 杂交，再与丰产的 75－23 杂交。著名抗锈小麦品种泰山 1 号的杂交方式为碧蚂 4 号/早熟 1 号//欧柔。

三交也可采用双交方式，即两个单交的 F_1 代再杂交，可以是三个或四个亲本。其杂交方式是 A/B//C/B。抗稻瘟病的晚粳糯品种祥湖 25，其杂交方式为矮粳 23/祥湖 14//测 21/矮粳 23。

四交是指选择四个亲本的杂交，其杂交方式有四亲本序列杂交 A/B//C/3/D 和双交 A/B//C/D 两种。双交方式的四交只需杂交两次就可完成杂交过程，而四亲本序列杂交则需杂交三次。四交多采用双交方式，而不用序列四交方式。四交杂种遗传基础丰富，育成多抗品种的可能性大。复交还有更复杂的形式，可组合更多的抗病基因于杂交后代中，但必须选择适应性和综合性状好的亲本作为基础亲本，用基础亲本分别与不同抗病品种杂交，然后其杂交后代再逐步杂交，最终选育成抗病基础丰富的抗病品种，著名条锈病抗源品种繁 6 和繁 7 就是先后利用 7 个亲本陆续以单杂的 F_1 代和 F_2 代互交而成。

多父本授粉杂交是将一个以上的父本品种的花粉混合授粉于母本的杂交方式。此种杂交方式可在同一母本品种的基础上同时获得多个单交组合，分离类型丰富，易于从中选出抗病组合。著名抗病品种陕棉 4 号（中棉所 3 号/辽棉 2 号＋射洪 57－681），陕棉 401（8763/射洪 52＋徐州 1818＋y60－5//射洪 57－681），辽棉 4 号（辽阳短果枝/斯字 2B//关农 1 号/斯字 2B＋等量中棉花粉）等均是用多父本花粉混合授粉而成。多父本授粉虽然观察到花粉管和多精子进入胚囊的现象，但多余精子作用至今尚在探索中。

四、回交育种

这是改进品种个别性状的一种特殊方法。以具有优良适应性、丰产性或综合性状的亲本作为轮回亲本，以具有优良抗病性状的抗病品种作供体亲本，两者杂交得到 F_1 代。若供体亲本的抗病性由单个显性基因控制，杂交一代直接与轮回亲本回交，得到回交 F_1 代（BC_1F_1）后进行抗病性鉴定，淘汰隐性组合的感病植株，选出杂合抗病植株，继续与轮回亲本回交，一般需 5～6 代，再自交一代从中选出抗病性纯合的抗病品种（图 7－2）。

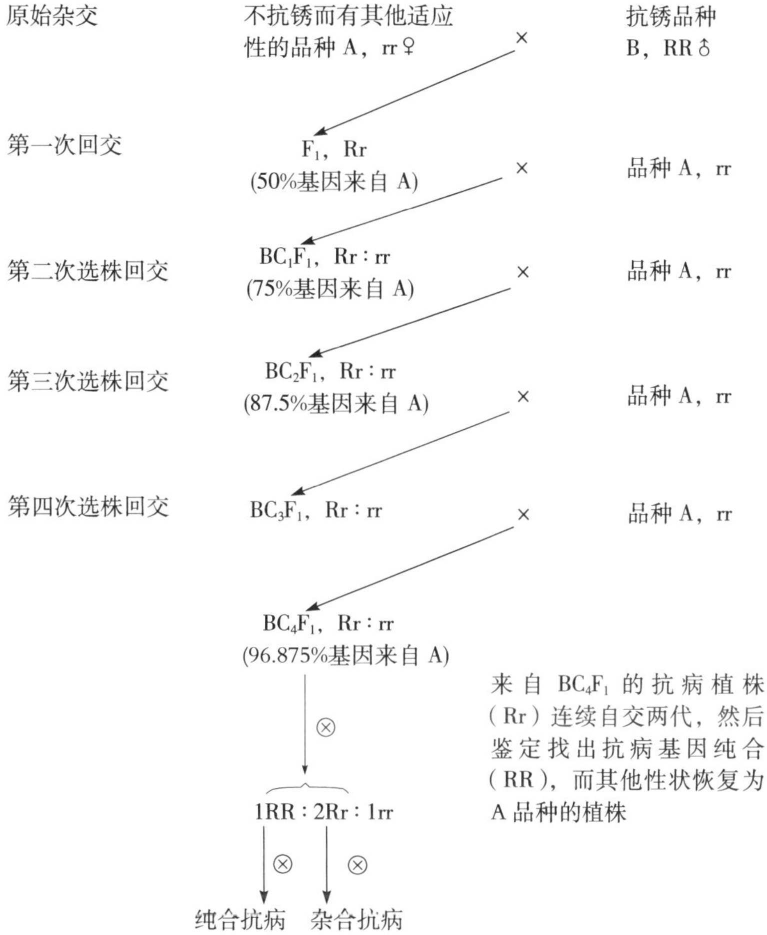

图 7-2　回交育种过程示意图——单显性基因的转移

当抗病供体的抗病性由单个隐性基因控制时，回交 F_1 代必须自交，在 F_2 代进行抗病性鉴定，选取纯合抗病植株再与轮回亲本回交（图 7-3）。

运用回交法培育具有多个不同抗病性基因的品种，可用逐步回交法或聚合回交法。聚合回交法指同时转移几个目标抗病基因时，选择几个具有不同抗病基因的授予亲本，先以一个进行抗病性转移，获得一个抗病性得到改良的材料后，再以它为轮回亲本，进行第二个抗病基因转移，如此等等。其关键是要从中选出具有所需目标抗病性状的材料，以便继续与轮回亲本杂交。聚合回交法是在几个回交方案中分别转移不同的抗病基因，最后将它们组合于同一个体之中。此种回交方式的优点在于各单独回交组合分别鉴定不同性状，不同目标基因间相互杂交，最终选择出多抗性品种。

回交法还用于选育单基因系或近等基因系，其策略是用同一优良品种作轮回亲本，分别与具不同抗病基因的多个供体亲本连续回交，从而选出一套具有共同遗传背景但分别具有不同抗病基因的品系，称为单基因系，或者选出分别具有等位抗病基因与感病基因的近等位基因系。

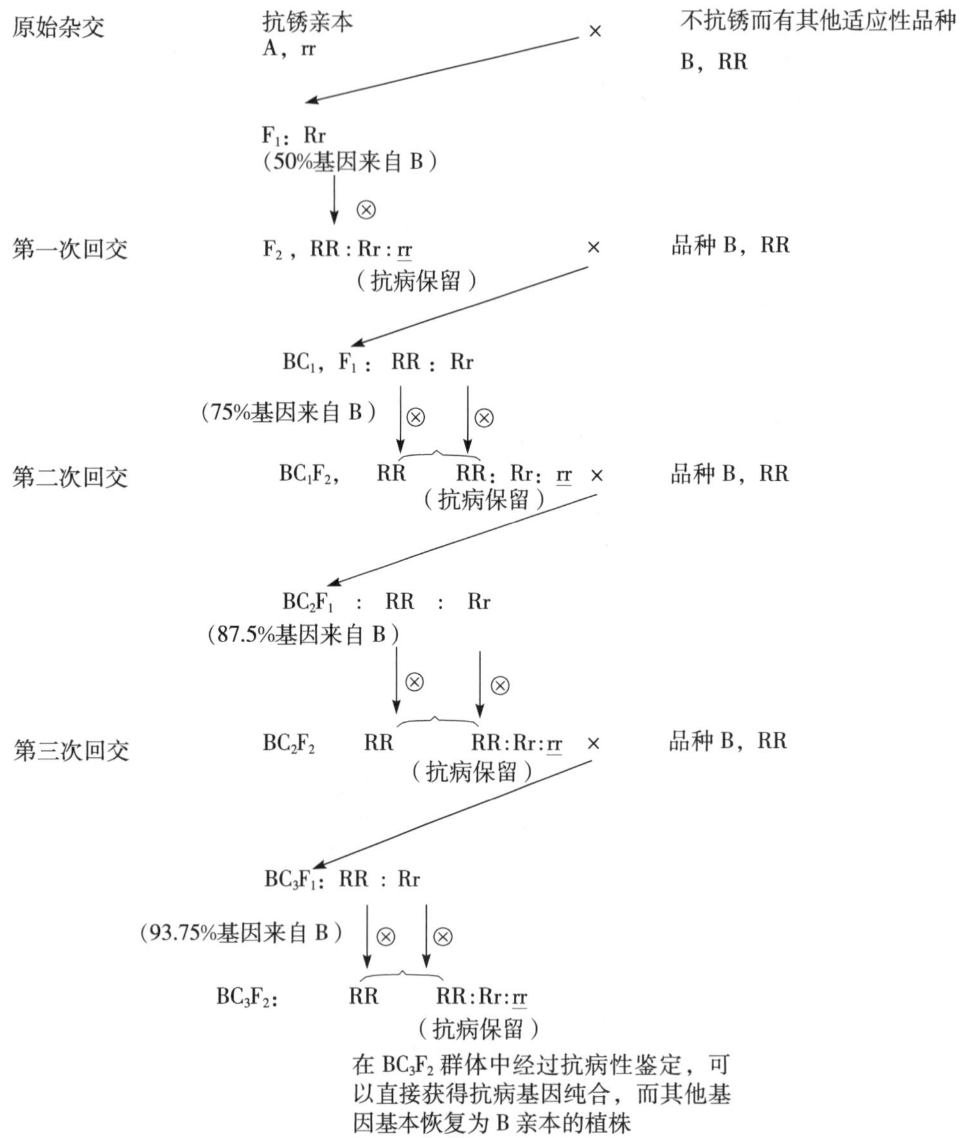

图 7-3　回交育种过程示意图——单隐性基因的转移

五、杂交后代的选择方法

品种间杂交后代的选择分系谱法、混合法、衍生系统法和单籽传法等。其中以前两种方法最为常用。系谱法自杂种第一次分离世代（单交 F_2、复交 F_1）开始选株，分别种成株行，即系统，以后各世代均在优良系统中继续进行单株选择，直至选出抗病性状优良一致的系统，升级进行最终产量品质比较。该方法广泛用于自花授粉和异花授粉作物中。因选择过程中各世代都予以系统编号，以及考查株系历史和亲缘关系故称系谱法（pedigree method）。混合法是在自花授粉作物的杂种分离世代，按组合混合种植，不加选择，直至估计杂交后纯合率达到 80%以上时（约在 F_5～F_8），才开始选择一次单株，下一代成为系统，然后选择优良系统进行升级试验。对于寡基因控制，易于早代纯合和遗传力高的性状宜用系谱法，对于多基因控制的数量形状，混合法有利于保存大量的有利基因。对低反应抗病性的选择，宜用系谱法，而对数量抗病性状的选择则宜用混合法。现以自交作物的系谱法为例，简介操作要点。

F_1代：每组合种一小区，稀植 10～20 株。本世代不淘汰，按组合收获所有植株。

F_2代：每组合种一小区，稀植 1 000～2 000 株。并种亲本与杂交后代比较。选择优良单株分别脱粒和考种。综合 F_1和 F_2的表现，选优汰劣。

F_3代：将入选的 F_2代单株种成株行，严格选择，从株系中选择最优良的单株，分别考种脱粒。

F_4代：种成株行和精选单株的方法同 F_3代，但精选的株数较少。

F_5代：种植和选株的方法同 F_4，进一步精选少数单株，该世代所选优良单株已达到纯合。

F_6代：将上代入选的单株种子分小区密植，对表现优良整齐的小区，分别按小区收获。

F_7代：将上代入选各株系小区种子进行有重复的小区条播，进行各品系的初步产量比较，选出优良品系。

F_8～F_{10}代：主要是对当选品系进行多重复产量比较试验，进一步选择优良品系。

F_{11}～F_{12}代：当选品系进行大区产量比较试验。

需要指出的是，F_1代一般不进行抗病性鉴定，因为抗病性为隐性或不完全显性时，会发病过重而收不到种子。但有些病害，其 F_1代病情与后代抗病性直接相关，病轻的组合后代中抗病植株的比例高，这在 F_1代就可接种鉴定，淘汰病重的组合。F_2代至 F_5代，则需要人工接种鉴定抗病性，选择抗病优良单株。高代品系需要时亦可在病圃中考验。小区和大区比较试验以考察产量品质为主，必要时可接种或种于病害流行区考察其抗病性。

对混合法来说只需 F_5代一次选择单株，所选单株后代可能还要产生分离，尚需一、二代选择株系。

异交作物群体中个体间遗传差异大，需要自交若干代才能纯合。在杂交抗病育种时，先行抗病性鉴定，选出抗病单株，自交一定代数，每代均经病圃鉴定，从中选择出抗病个体，建立抗病自交系，然后与农艺亲本自交系杂交，在子代中继续选择抗病丰产优质品系。

六、远缘杂交育种

许多作物的近缘种属在长期的自然进化过程中，积累了许多抗多种病害的基因。鉴于作物种内可利用的抗病基因数量和质量有限，科学家把目光转移到利用外源基因。由于远缘杂交技术的成功，使作物种属间的隔离屏障被打破，利用外源基因成为现实。目前利用异源抗病基因主要有两种技术，分别简述于下。

（一）合成异源整倍体

有些作物与其他种、属杂交，特别是与异属杂交，可以合成稳定的异源多倍体或双二倍体，发展成新的物种或新属。小麦远缘杂交成果最显著，据统计已合成双二倍体近 300 种。属间合成的例子有小麦与黑麦合成的小黑麦，小麦与长穗偃麦草合成的小偃麦，小麦与山羊草合成的小山麦，小麦与簇毛麦合成的小簇麦等。已用于育种和生产的有国外合成的六倍体小黑麦和国内合成的八倍体小黑麦，这是人工合成的第一个用于生产的新作物。我国以八倍体长穗偃麦草与小麦杂交育出了多个具有特色抗病性的品种。著名品种小偃6号就有该组合的血统。用作抗病亲本的小簇麦对白粉病免疫，高抗秆锈病和叶锈病，已用其形成了许多有希望的后代材料。黑龙江省农业科学院用普通小麦与中间偃麦草杂交和回交，合成了具56条染色体的不完全双二倍体多年生1号小麦，成为抗黄矮病的重要抗源。法国以偏凸山羊草—波兰小麦的双二倍体，与普通小麦Marne回交，育成了著名的条锈病抗源V. P. M。

（二）转导外源基因

通过外源染色体的附加、代换和易位三种方式或将近缘植物有益基因导入作物基因组，是引入外源基因的重要方法。如在小麦原有染色体组的基础上增加一条或一对外源染色体可构成异附加系（alien addition line)。异种的一条或一对染色体取代小麦中相应的染色体，称为异代换系（alien substitution line)。当异种的任何染色体片段与小麦的染色体对应的片段发生易位（交换)，小麦对应的染色体片段被置换称为易位系（translocation)。据统计，目前已有黑麦、山羊草、披碱草、大麦等外源染色体的小麦附加系200多种，异代换系200多种。易位系因只含有异种属有利基因的片段，故其遗传较稳定，对抗病种质资源的建拓和新品种的选育起了重要作用。著名的$1B_L/1R_S$易位系为黑麦的1R染色体短臂易位到小麦的1B染色体上，1R短臂具有抗锈病和抗白粉病的基因，此易位系形成了著名抗源品种阿芙乐尔、高加索、洛夫林系统，据统计我国具有该血统的小麦品种达1 500多个，为我国第五批主栽品种，对控制锈病、白粉病的为害，发展小麦生产起了巨大作用。

为了提高易位效率，可利用电离辐射和诱发部分同源配对的方法。如以小麦与小伞山羊草杂交育成的单体附加系，然后在减数分裂前用射线照射植株，取其花粉杂交，在其分离后代中选出了易位系Transfer，该易位系的易位发生于$6B_L$上，该异源片段具有抗叶锈基因*Lr9*。也可利用缺失Ph_1基因或其突变基因ph_1来诱导易位系产生，因Ph_1基因缺失或者突变后不再抑制染色体部分同源配对，可诱导部分同源的小麦与异源染色体配对，进而发生染色体易位，形成易位系。

通过上述技术已将许多异源抗病基因转入到作物中，不但丰富了农作物的遗传基础，而且选育出了许多高抗多抗品种。如马铃薯、番茄、烟草、甜菜、油料和麦类作物等的外源基因在抗御病害中发挥了重大作用。

利用异源基因改造农作物遗传基础和选育抗病品种，必须进行许多基础研究。首先要明确近缘植物的抗病谱，通过系统鉴定明确其对农作物多种病害和不同小种的抗病性，提高利用的目的性和预见性，对重要材料要研究其遗传特性。其次要研究其抗病机制，明确其抗病类型。因所用的外源基因多控制过敏性坏死反应，虽然抗病基因数量增加，但仍未摆脱因病菌小种变异而导致抗病基因失效的被动局面。因而需要挖掘其他类型的抗病性，以及通过导入外源基因而获得持久抗病的品种。第三要防范外源基因导入后，一些不良基因进入农作物，而使一些侵染近缘植物的病害也成为农作物病害的危险。

七、利用杂种优势

利用杂种优势是提高作物产量的重要途径。利用杂种优势的基础是选育自交系，实践证明杂交一代的抗病性与亲本的抗病性具有明显的相关性，配制抗病杂种要先选育抗病的自交系。大规模应用杂交优势的作物如玉米、水稻、十字花科蔬菜等都是很重视抗病自交系的选择。如已将种质资源中抗玉米大斑病的 *Ht* 基因和抗玉米小斑病的基因转育到国内一些骨干自交系中。由国外引进的适应性好的抗病自交系，可直接用作亲本组配杂交组合。目前，对亲本自交系与杂种一代抗病的关系已总结出了几个特点。

(1) 控制数量抗病性的基因间有显著的累加效应，组配杂交种时要选用抗病自交系作亲本，以提高杂种的抗病性。实践证明，两个抗病自交系组配的杂交一代全部抗病；两个中等抗病的自交系所组配的杂种一代，表现中等抗病的居多数；抗病与感病自交系所组配的后代，其抗病性中等偏抗。两个高感自交系所组配的杂种一代大部分是严重感病的，少部分是轻度或中度感病的。

(2) 具有数量抗病性的自交系与具有低反应型抗病性的自交系组配，其杂种一代两种抗病性互补，即杂种一代除表现低反应型外，其数量抗病性指标偏向更抗病的亲本，抗病性比两个纯数量抗病性的自交系组配的子一代强。

(3) 具有不同低反应型显性抗病基因的自交系组配，杂种一代具有双方的显性基因（双显性体），抗病性更强。

(4) 对于细胞质控制的感病不育系，应尽量避免选用。可选用多种抗病保持系与不育系进行回交，育成具有同一抗病基因但细胞质不同的不育系，并以这些不同细胞质的不育系与同一恢复系配制杂交种。

上述特点表明，在利用杂种优势时，根据各种抗病类型自交系组配后杂种一代的遗传规律，选育各种抗病类型的自交系，合理进行组配，充分发挥各种抗病类型的优势。对数量抗病性来说，应采用轮回选育方法，将尽可能多的抗病基因集中到同一优良品种中。对质量抗病性来说，可转育成含不同抗病基因的自交系。

八、诱变育种

诱变育种是利用理化因素诱发变异，再通过定向选择，选育抗病品种的方法。人工诱变较自然突变变异率高而变异谱广，该技术适于打破植物性状间不利连锁，能促进重组，所诱导的突变性状遗传稳定，育种年限较短，具有其他育种途径所没有的优势。

诱变抗病育种除了诱发、鉴定、筛选有利的突变体外，其他方法和程序基本与常规育种相同。诱变育种需注意如下几点。

（一）诱变材料

根据诱变目标将需要诱变处理的材料分为两种情况，一种是当地丰产性、适应性良好但不抗病的推广品种，经过诱变可产生抗病基因，另一种为抗病良种但个别性状需要诱变改造。改变个别性状时需选用纯合的单株后代，而改变多个性状时需选用杂交后代为处理材料。诱变处理的材料一般包括种子、幼苗、孕穗期植株、接穗、配子、合子等，其中以种子为主，因其处理运输方便，但诱变率低。处理生理活跃期的材料如萌动种子、幼苗、孕穗植株等，诱变率高，尤以合子和配子诱变效果好。

（二）诱变因素

诱变有物理诱变和化学诱变两大类，物理诱变大部分导致染色体畸变，化学诱变导致点突变。物理诱变因素有电离辐射、紫外光辐射等，近年还发展了用航天器搭载材料，接受宇宙射线辐射的所谓航天育种。化学诱变剂有甲基磺酸乙酯（EMS）、硫酸二乙酯（DES）或其他种类的化学诱变剂。当前应用最多的是$^{60}Co\gamma$射线，其他因素如热中子和快中子、激光以及化学诱变等应用不多。应根据诱变的目标、设备、材料种类来选用诱变因素。诱变剂量应根据植物材料和病害来选择，防止产生多种不需要的变异，给筛选和育种造成困难。诱变剂量应控制在中等或低剂量范围内。

（三）突变体筛选和利用

诱变处理的材料，大部分变异分离发生在M_2代，筛选工作可从M_2代开始。据测定，抗病性突变的频率较低，M_2代大致为$10^{-5}\sim10^{-4}$或更低，因而此代应有较大的群体。根据植物材料和病害的种类不同，可在室内或病圃接种条件下进行筛选。若诱变处理代发生隐性突变或微突变，M_2代尚未修复，需待到M_3代开始筛选。筛选到的突变体性状优良者可直接用于生产，大部分则用作抗源，进行杂交抗病育种。由于突变育种的独特优势，利用这种技术来创造变异，选育抗病品种成为重要的途径。早在1942年，德国人首次应用诱变技术育成了抗白粉病的大麦品种。世界各国广泛开展诱变抗病育种，据1990年统计，通过诱变选育的抗病品种239个，其中禾谷类186个。我国为利用突变选育品种的大国，据统计至1989年，在29个不同作物中诱变育成了325个推广品种，占世界诱变育种总数的1/3，推广面积933.33万hm^2。其中小麦品种居多，大多数抗秆锈、条锈和叶锈，有的则抗白粉病或耐赤霉病。山农63、小偃6号、鄂麦6号、鲁麦1号、新曙光1号、宁麦3号等都已大面积推广。抗玉米大斑病的雄性不育系双26A、抗玉米小斑病的雄性不育系辽2、抗玉米大斑病和小斑病的鲁系单7号、抗霜霉病的大豆品种辽79-7461，抗灰斑病的大豆品种哈辅79-601等都是诱变育种的产物。

九、生物技术育种

20世纪80年代以后，随着组织培养技术的日臻完善，细胞工程成为生物育种的主体，其内容包括花药培养、体细胞无性变异体筛选、原生质体培养、融合和体细胞杂交等。这些技术的基础是植物细胞具有全能性，可再生成完整的植株，并有独特作用，解决细胞工程育种中的特定问题。进入90年代后，分子生物学和分子遗传学的进一步发展使分子标记和基因工程逐渐成为作物育种中最具潜力的方法。

（一）细胞工程抗病育种

1. *花药培养* 花药是花的雄性器官，将在特定发育期（一般单核靠边期）的花药丝利用培养基培养，使花药中的一些花粉粒改变发育进程，形成愈伤组织，从中分化出植物。由于培养时花粉粒已完成减数分裂，因而花药培养形成单倍体愈伤组织，并分化出单倍体植株，通过自然或人工加倍，形成纯合的二倍体植株。

花药培养成功是单倍体育种的基础，花药培养育种具有独特的优势。首先能大大缩短育种年限。在常规杂交育种中，杂种后代经多代分离，才能获得稳定的纯合品系，种内杂交需4～5代，远缘杂交需6～8代。杂种F_1或F_2代花药离体培养，发育成单倍体植株，经染色体自然或人工加倍，即可获得纯合二倍体，不再分离。从杂交到获得稳定的纯合二倍体只需2个世代。其次是能够极大地提高育种选择效率。按孟德尔遗传定律，具n对独立遗传隐性基因的F_2群体中，基因型为$(2^n)^2$，而在花粉植株一代（H_1）群体中基因型只有2^n种，隐性性状及重组体出现的几率，单倍体育种法比二倍体育种法高2^n倍。最后，该技术能提高突变体筛选效率。花培获得单倍体和纯合二倍体花粉植株没有显隐性关系，培养过程中引起的体细胞变异或由人工诱导所产生的突变体均可有效地选择出来，特别是隐性突变能较容易地筛选出来，并能防止限制嵌合体。在水稻育种方面，通过花药培养育种，育成了早熟、高抗稻瘟病和高产优质的粳稻品种龙粳2号，以及抗稻瘟病、米质优的籼稻品种赣晚籼27和兼抗稻瘟病、白叶枯病的籼粳杂交稻单209。也育成了杂交稻的抗病不育系协青早A。我国小麦花培育种保持世界领先地位，从1972年小麦花培成功到1983年花培成著名品种京花1号以来，先后育成了一批抗锈品种，如豫37、豫60、陕农755等，已大面积推广种植。花药培养也用于构建分子标记的加倍单倍体（DH）群体。对转基因材料进行花药培养，可避免外源基因分离乃至丢失，可获得稳定的转基因系。

2. 体细胞无性系变异与突变体筛选　植物组织培养的再生植株中存在着广泛的遗传变异，这种现象称为无性系变异。体细胞变异成为抗病性的重要来源。通过在培养基中添加某种选择剂，就可将组织或培养物中特定的细胞突变体筛选出来，用于抗病遗传研究或抗病育种。体细胞无性系变异具有变异频率高、变异范围广、后代稳定快等优点。筛选细胞的抗病性变异主要采用三种途径。

（1）直接利用病原菌鉴定和筛选：此法以病原物接种经过人工诱变处理的离体细胞或原生质体，鉴定其抗病性，从而筛选出抗病细胞，并分化成再生植株。该技术大多用于抗病毒细胞筛选，用提纯的病毒（或病毒RNA）接种寄主原生质，筛选不含病毒或含量低的再生植株，成功事例不多。我国用水稻白叶枯病菌直接侵染水稻愈伤组织，筛选出了抗白叶枯病的再生植株。

（2）利用病原物毒素筛选：利用病原菌产生的植物毒素作为筛选剂，鉴定细胞的抗病性。目前多利用粗毒素和病原菌培养滤液进行筛选，简便易行，经济快速。野生型细胞对毒素反应灵敏，抗病突变细胞易于识别和检出，细胞对毒素的抗性，再生植株对毒素的抗性与植株的抗病性之间显著相关。已成功用于细胞抗病性鉴定和筛选的毒素或病菌培养滤液有：玉米小斑病菌T毒素、马铃薯晚疫病菌培养滤液、马铃薯尖孢镰刀菌培养滤液、小麦禾谷镰刀菌培养滤液、水稻胡麻斑病菌培养滤液、稻瘟病菌培养滤液、芸薹黑胫病菌培养滤液、烟草野火病菌毒素、烟草细交链孢毒素、甘蔗眼斑病菌HS毒素、苜蓿镰刀菌枯萎病菌培养滤液等。已用此法筛选到烟草抗病愈伤组织、玉米抗T毒素的T型细胞质抗病系、抗马铃薯晚疫病的再生植株、水稻抗胡麻斑病和褐斑病的突变体、抗稻瘟病的株系、小麦抗根腐病和赤霉病的突变体等。

（3）再生植株筛选：植物组织培养的再生植株中存在广泛的遗传变异，对组织培养形成的再生植株进行抗病性鉴定和筛选，可在整株水平上选择出源于体细胞变异的抗病材料。有人从$^{60}Co-\gamma$射线照射水稻愈伤组织第三代再生植株中筛选到早熟、丰产、优质、抗病的优良株系。

3. *原生质体培养及体细胞杂交* 植物原生质体是指植物细胞除去细胞壁后质膜包围的裸露细胞。原生质体可作为遗传操作的受体，使作物获得新的有利性状。不同原生质体融合并再生体细胞杂种植株，可克服有性杂交不亲和的生殖障碍，转移远缘种的有利性状。原生质体培养主要包括用幼胚诱导愈伤组织，建立胚性悬浮细胞系，从中游离原生质体，将原生质体再生愈伤组织转移分化培养基，产生完整植株。原生质体融合一般采用电融合法和 PEG-高钙高 pH 法。电融合法，是将原生质体置于充满融合液的电极之间，先加上高频交流电场，使原生质体耦极化，沿电场方向排列成串珠状并紧密接触，然后施加瞬时高压电直流脉冲，引起原生质体相互接触部位的细胞膜穿孔，使 2 个细胞原生质体融合成 1 个细胞。PEG-高钙高 pH 法是将 20%～35%的 PEG 溶液加到混合原生质体悬液上，引起原生质体凝聚，再用高钙高 pH 溶液洗涤，便可产生高频率的融合。利用原生质体融合方法获得了具有 C_4 植物高光敏特性及疣粒野生稻高抗白叶枯病基因的水稻再生植株。原生质体培养与融合是扩大作物抗病基因库的有效途径，目前各种作物的抗病基础的扩大，都试图以该项技术作为突破口之一。

（二）抗病基因分子标记

作物抗病育种包括创造变异，选择所需基因型和鉴定与推广优良基因型等程序。基因型选择是其关键环节，通常以表现型进行选择，易受作物基因间互作、自身显隐性及环境因素干扰，工作量大，周期长。近年发展起来的分子标记技术为基因型选择提供了极大的方便，表型与分子标记结合，促进了目标性状的选择。分子标记的是与目标性状基因紧密连锁的片段，甚至其本身就是目标基因的一部分，与目标性状共分离。利用分子标记能够对大群体进行筛选和评价，技术可靠，重复性好，经济有效，对人类无害，同时还具有其他标记不具有的优点，即直接以 DNA 的形式表现，在植物各种组织、器官和各发育阶段均可检测，不受季节、环境和材料的限制。分子标记数目极大，遍及整个基因组，可以找到与任何目标性状紧密连锁的标记，其多态性高，植物自然存在许多等位变异，不需专门创造特殊的遗传材料。分子标记不影响目标性状的表达，与不良性状无必然的连锁关系，有许多分子标记呈简单孟德尔遗传，表现为共显性，表型与基因型统一，能识别纯合基因型与杂合基因型。分子标记间无干扰，可在同一试验内同时利用多种分子标记，对多个目标性状进行选择。这些优点将给抗病育种带来许多变化。

分子标记可归纳为两大类，第一类是以酶切 DNA 分子杂交技术为基础的限制性酶切片段长度多态性技术（restriction fragment length polymorphism，RFLP）；第二类是以 DNA 体外特异性扩增技术（PCR）为基础的分子标记，如随机引物多态性（randomly amplified polymorphis DNAs，RAPD）；简单序列重复标记（simple sequence repeats，SSR）；扩增片段长度多态性（amplified fragment length polymorphism，AFLP），实即为利用 PCR 技术对酶切片段进行扩增的技术。

分子标记应用于抗病育种，主要有以下几方面。

1. *抗病基因定位* 即确定抗病基因在染色体上的位置及与之相连锁的基因。通过构建分离群体（BSA 群体、DH 群体、重组自交系群体等）分子标记的连锁图，并分析所要定位的抗病性状与分子标记的距离关系，不仅可以定位由单个基因控制的质量性状，还能定位控制数量性状的基因（QTL）。用分子标记定位的水稻主效抗病基因有抗稻瘟病、抗稻白叶枯病的基因，还定位了表达数量性状的对稻瘟病、白叶枯病、纹枯病的抗病基因（QTL），并研究了 QTL 作用的大小及其相互关系。已被分子标记的小麦抗白粉病的 *Pm* 基因有 8 个，抗叶锈病的 *Lr* 基因有 6 个，抗秆锈病的 *Sr* 基因有 3 个，抗条锈病的 *Yr* 基因有 1 个，还有抗病毒基因 *WSMV-1* 和抗眼斑病基因等（表 7-4）。

表 7-4 已行分子标记的小麦抗病基因

基 因	供 体	标 记 类 型	来 源
Pm1，*Pm2*，*Pm36*	普通小麦	RFLP	Hartle 等，1995
Pm4a	栽培二粒小麦	RFLP	Ma，Z Q 等，1994
Pm6	提莫菲维小麦	RFLP	Tao，W J，1998
Pm12	斯卑尔脱山羊草	RFLP	Jia 等，1996
Pm13	高大山羊草	RFLP	Donini 等，1995
Pm21	簇毛麦	RAPD	Qi 等，1996
Lr9	小伞山羊草	RAPD-STS	Schachermayr 等，1994
Lr19，*Lr24*	长穗偃麦草	RFLP	Microsatellites
Lr32	节节麦	RFLP	Autrique 等，1995
Lr35	斯卑尔脱山羊草	Microsatellites	Gold 等，1998
Lr?	*Ae. markgraffii*	RAPD	Peil 等，1997
Sr22	*Triticum boeoticum*	RFLP	Paull 等，1994
Sr24	长穗偃麦草	RFLP	Autrique 等，1995
Sr39	斯卑尔脱山羊草	Microsatellites-SCAR	Gold 等，1998
Yr15	野生二粒小麦	RFLP-RAPD	Sun 等，1997
H23，*H24*	节节麦	RFLP	Ma，Z Q 等，1994
WSMV-1	中间偃麦草	STS-PCR	Talbert 等，1996
BYDV	中间偃麦草	RFLP	Larkin 等，1995
Eyespot	簇毛麦	RFLP	Yildirim 等，1998
Pch1	偏凸山羊草	RFLP	Chao 等，1989
Ccn-D1	节节麦	RAPD	Eastwood 等，1994

2. 分子标记辅助抗病育种　在抗病性状鉴定的基础上，寻找与目标性状紧密连锁的标记进行精确定位，是标记辅助选择和基因定位克隆的基础。对抗病目标基因精确定位，常用扩大作图群体、采用更多探针和内切酶实现，也可应用随机引物扩增，分别由分离群体中目的性状座位相对等位基因纯合个体组建的近等基因 DNA 池中，找到与目的性状紧密连锁的 RAPD 片段。用第一种方法，已在抗稻瘟病 *pi-1*、$pi\text{-}2^5$、*pi-ta* 基因的两侧分别找到与各自紧密连锁的标记。用随机引物扩增法已在稻瘟病抗源品种红脚占找到了与抗病基因紧密连锁的 RAPD 片段，未发现该标记与抗病基因间的重组。使用常规方法，有时因不同抗病基因对测试小种反应相同，不能确定为不同基因，分子精确定位可以克服此种弊端，检出不同抗病基因。

标记辅助选择是根据与目的性状基因连锁的标记座位上的等位基因而定位的，选择的可靠程度取决于目的性状座位与标记座位的重组频率，两座位的遗传距离愈小愈好，交换频率愈低愈好。为了保证选择的正确性，比较理想的是在目标基因两侧分别找到紧密连锁的标记，与基因间的遗传距离小于 5cM。据报道，利用 STS 检测含抗白叶枯病基因 *Xa21* 植株的准确率达到 91.2%，用两侧连锁标记检测含抗稻瘟病基因 $pi\text{-}2^5$ 植株准确率达到 100%。标记辅助选择可将不同基因聚合到同一品种之中。通过标记辅助选择，国际水稻研究所已获得分别聚合3个抗稻瘟病基因和3个抗白粉病基因的株系。分子辅助选择为将多个抗病基因聚合到同一品种培育持久抗病品种提供了有效途径。

3. 抗病基因克隆 植物抗病基因克隆有多种方法，以图位克隆（map-based doning）和转座子标记技术（transposition tagging）应用较多。

图位克隆是建立在基因精确定位基础上，首先通过基因定位手段找出目的基因两侧紧密连锁的标记，构建高密度的遗传图谱或物理图谱，构建YAC或BAC文库，从YAC或BAC文库中筛选含有分子标记和紧密连锁的目的基因的阳性克隆，以分子标记为起点，向目的基因进行染色体步行（chromosome walking）以找到目的基因；最后将要克隆的抗病基因分成数个小片段，或筛选cDNA文库获得cDNA分子，转入植物。在表现出目的性状的转基因植株所导入的DNA中含有所克隆的基因。1995年我国科学家与国外试验室合作率先克隆了来自长药野生稻的显性抗白叶枯病基因*Xa21*，并利用基因工程手段证明了该克隆对白叶枯病的抗性。通过抗病基因供体$IRBB_{21}$和转基因品系106-17的cDNA比较，证实了*Xa21*基因的完整结构，获得*Xa21*的转基因植株。该基因包含受体IKP结构域和激酶结构域，其编码的蛋白可能具有胞外病原菌识别和胞内信号传递的双重作用。这对阐明植物抗病机制有重要意义。利用图位克隆法，目前获得抗病基因的有：大麦抗白粉病基因*mlo*，番茄抗叶霉病基因*cf-2*、抗叶斑病基因*Pto*和*Prf*、抗枯萎病基因*I2*，拟南芥抗丁香假单胞杆菌基因*RPS2*、*RPM1*和抗霜霉病基因*RPP5*，水稻抗白叶枯病基因*Xa1*、抗稻瘟病基因Pi_b，甜菜抗线虫基因HSI^{pro-1}等。

转座子作为插入诱导剂，已广泛应用于基因的鉴定和分离。目前应用较多的转座子有玉米Ac/Ds和Spm。近年T-DNA也受到重视。转座子克隆技术是将转座子或T-DNA插入到欲分离基因的内部或附近，使目标基因突变，然后以插入DNA为探针，从被标识的突变体基因文库中克隆该基因。转座子标记法更有利于抗病基因的克隆。利用转座子标记克隆的抗病基因有玉米抗圆斑病基因*Hm1*，番茄抗叶霉病基因*cf-9*、*cf-4*，烟草抗烟草花叶病毒基因*N*，亚麻抗锈病基因*L6*和*M*。

人们研究发现已克隆的20多个抗病基因大都含有编码蛋白质的同源序列，表现出许多高度保守区域。如LI、LRR、NBS和STK等，据此提出了新的分子标记和基因克隆方法RGA（Resistance gene analogs）。这种比较基因组学研究方法，已用抗病基因保守区域合成寡核苷酸引物，通过PCR从大豆、马铃薯、小麦、玉米中克隆到众多的RGA。连锁分析表明，很多RGA与抗病基因紧密连锁，甚至就是抗病基因的一部分。该技术已成功地克隆到4个RGA与*Yr9*连锁，分离到*Lr10*基因的候选基因。从*T. ventricosum*中分离出VrgalD片段，位于含抗锈基因*Yr17*、*Yr37*、*Sr38*的区段上。还发现与*Lr21*基因连锁的RFLP标记含Kinase2a和Kinase3的结构域与小麦的*Cre3*和大麦的*Rpl-D*基因具同源性，为克隆*Lr21*基因提供了可能性。总之，利用RGA法克隆抗病性基因正在蓬勃发展，可望取得惊人的进展。

（三）植物抗病基因工程

基因工程是人们按照预先设计的生物施工蓝图，把需要的目的基因经体外切割、拼接与重新组合，然后引入受体细胞，并使其在受体内复制、表达，按要求改变受体细胞的遗传特性，然后由转化细胞再分化成具有预期性状的工程植株，这就是植物基因工程的基本过程。自1983年人类首次通过植物基因工程获得转基因烟草和马铃薯以来，迄今至少有近百种植物获得了转基因植株。其中包括水稻、小麦、玉米、棉花等重要作物。所转的基因包括抗病基因、抗虫基因、抗除草剂基因、抗旱基因、抗盐基因、蛋白质组分基因、雄性不育基因等等。

植物抗病基因工程可分为三个相互连接的部分：

1. 目的基因构建　包括目的基因的分离、纯化和体外重组。植物基因工程基因表达中经常使用的报告基因（reporter）有β-葡萄糖苷酸酶基因（*Gus*）、氯霉素乙酰转移酶基因（*cat*）和β-糖苷酶基因（*uidA*）及由水母中分离的绿色荧光蛋白基因（*GFD*）。常用的选择标记有新霉素磷酸转移酶基因 *Nap-II*（编码产物对某些氨基葡糖苷类抗生素如卡那霉素、新霉素等具有抗性）以及草甘膦的靶基因。常用的启动子（promoter）有花椰菜花叶病毒（CaMV）的35S启动子、增强CaMV35S启动子、玉米来源的Ubiguitin基因（*Ubi*）启动子、水稻来源的actin基因启动子。

2. 转化方法　常用的方法有基因枪转化法、电激法、根癌土壤杆菌介导法、花粉管通道法以及其他方法。

（1）基因枪法：亦称高速微弹轰击法。即用外源DNA包裹在微小的金粒或钨粒（直径1～2μm）表面，而后用高压放电装置将这些粒子加速，穿透植物细胞壁和细胞膜，使外源DNA能进入到植物的细胞中。基因枪法的优点是：可同时射出多个包有目的基因的小子弹，转化率高；转化受体广泛，可用愈伤组织、幼胚、原生质体等；对离体培养条件要求不高，植株再生率高。

（2）电激法：又称电穿孔法。利用高压放电产生的脉冲使植物细胞膜产生非对称穿孔，从而使外源DNA等大分子通过这些通道进入细胞，实现遗传转化。电激法的转化受体除原生质体外，带壁细胞、幼胚、愈伤组织亦可。

（3）致瘤土壤杆菌介导法：首先通过细菌间的接合作用将已插入外源基因的克隆载体从大肠杆菌转移到致瘤土壤杆菌，通过致瘤土壤杆菌感染植物达到转化的目的。致瘤土壤杆菌感染有几种方法：①活体接种法，把新鲜培养的致瘤土壤杆菌接种到伤口部位，从而诱发肿瘤的形成。造成伤口的方法有刀切、针刺或直接涂在幼嫩顶部。也有用微粒轰击法在植物顶端分生组织造成伤口的。②共培养法，可分为原生质体共培养、悬浮细胞共培养和愈伤组织共培养等途径。③叶盘转化法，将植物叶片（或下胚轴、子叶、根等）进行表面消毒，用无菌打孔器从植物组织上取下圆形小片，然后接种含有转移载体的致瘤土壤杆菌，对其进行筛选再生，接着再转移到土壤中栽培。此法可能转移较大的DNA片段，而且所转DNA很明确的为T-DNA左右边界之间的序列，其基因插入的低拷贝性，有利于克服基因失活现象，转化比较温和，转化率高，且转入的外源基因常呈孟德尔遗传，转化再生植株可育。致瘤土壤杆菌介导转化法已经成为各种植物转基因的重要方法。

（4）花粉管通道法：授粉后一定时期将外源总DNA或目的基因滴加或注入子房，使其沿着花粉管生长时在花柱中开辟的通道进入胚囊，从而转化受精前后的卵细胞。该方法为我国科学家周先宇所设计，操作方便，能直接得到种子，已被广泛用于棉花、水稻、小麦等作物，已获得一批有价值的稳定新品系，但其机理尚有争议。

（5）植物病毒载体转化法：将外源基因插入到病毒基因组中，通过病毒对植物细胞的感染而将外源基因导入植物细胞。目前利用的植物病毒载体系统有：单链 RNA 植物病毒载体系统，单链 DNA 植物病毒载体系统，双链 DNA 植物病毒载体系统。

基因工程方法能在短时间内使植物获得基因纯合的目的性状，克服传统育种年限长的弊端，从而为抗病育种提供了一个新途径。目前用于植物抗病基因工程的抗真菌和细菌病害基因有：① 抗病基因，如水稻抗白叶枯病基因 *Xa21* 等；②解毒酶类基因，如对烟草野火病菌毒素具有解毒作用的 *ttr* 基因，对草酸毒素起解毒作用的草酸氧化酶基因等；③抗菌肽及抗菌蛋白类基因，如人溶菌酶基因 *Hl*、天蚕素基因 *ceropin*，兔防御素基因 *Np-1*，核糖体失活蛋白基因 *RIP* 等；④病程相关基因，如几丁质酶基因、葡聚糖酶基因等；⑤活性氧类基因，如葡萄糖氧化酶基因 *GO* 等；⑥植保素基因，如芪合酶基因等。

抗病毒基因类型有：①病毒复制酶基因，利用源于病毒的复制酶基因干扰病毒的复制，如黄瓜花叶病毒复制酶基因、烟草花叶病毒复制酶基因、番木瓜环斑病毒复制酶基因等；②病毒外壳蛋白基因，如烟草花叶病毒外壳蛋白基因、黄瓜花叶病毒外壳蛋白基因、大麦黄矮病毒外壳蛋白基因等；③失活病毒移动蛋白基因，主要是利用编码失活的病毒移动蛋白的基因干扰病毒的扩散和移动，如烟草花叶病毒移动蛋白基因；④病毒基因相关序列，例如利用病毒基因反义序列、核酶基因等抑制病毒基因的复制、剪接和表达。例如马铃薯卷叶病毒基因的反义序列等；⑤其他来源的基因，如核糖体钝化蛋白基因、抗体基因等。

我国先后有三个单位获得了水稻抗白叶枯病 *Xa21* 基因的转化植株，这些植株明显提高了水稻抗白叶枯病的性能。也成功获得了抗水稻矮缩病毒基因的转基因植株。利用花粉管通道法获得一批抗白粉病、抗旱、抗大麦黄矮病的小麦转基因植株。将 *ttr* 基因导入烟草后构建成高抗烟草野火病的株系。转天蚕素基因 *ceropin* 的烟草明显提高了抗病性。几丁质酶基因和葡聚糖酶基因被成功地导入黄瓜，提高了抗霜霉病的能力，导入番茄后提高了抗枯萎病的能力。黑曲霉的葡萄糖氧化酶基因 *GO* 导入马铃薯后，大大提高其抗软腐病的能力。

抗病毒的转基因研究进展迅速，目前已获得转番木瓜环斑病毒复制酶基因的抗病毒番木瓜、转烟草花叶病毒外壳蛋白基因的抗病毒马铃薯、转马铃薯花叶病毒移动蛋白突变基因的抗病毒马铃薯、转多种病毒外壳蛋白基因或反义 RNA 序列的抗病毒烟草，这些转基因抗病毒作物的获得，大大提高了防治病毒病的水平，创造了一批重要的种质资源。

参考文献

[1] 李振岐，曾士迈，商鸿生．植物免疫学．北京：中国农业出版社，1996

[2] 李振岐，曾士迈主编．中国小麦锈病．北京：中国农业出版社，2002

[3] 凌忠专，孙其昌译．稻瘟病与抗病育种．北京：农业出版社，1990

[4] 潘家驹．作物育种学总论．北京：中国农业出版社，1998

[5] 吴景峰．作物遗传育种工程技术．郑州：河南科学技术出版社，2000

[6] 吴兆苏．小麦育种学．北京：农业出版社，1990

[7] Russell GE. Plant breeding for pest and disease resistance. Butterworth & CO Publishers Ltd，1981

第八章

染色体工程与农作物抗病育种

控制生物性状的基因位于染色体上，当染色体的数量、结构、功能等发生变异时，会引起生物遗传特性的改变。染色体工程是按照人们的预先设计，利用染色体工程基础材料，通过附加、代换、削减和易位等染色体操作改变生物染色体组成，进而定向改变其遗传特性的新技术。染色体工程育种，在国内外进展很快，方法日趋成熟和完善，并有以下创新和发展：①利用特殊的小麦种质创造出一种简便的获得双二倍体的方法，该种质使小麦远缘杂种染色体自然加倍（郑殿升，1996）；②在染色体工程的程序中引入花药组织培养技术，建立了花粉植株的染色体工程新体系，不经过受精过程即可直接获得各种非整倍体、异附加系、异代换系和异易位系；③利用添加双单体或多重添加单体法、单倍体法产生二体异附加系，避免了（n+1）雄配子在选择受精过程中传递率低的缺陷；④以单端体、缺体与供体直接杂交培育异代换系的“单端体回交法”、“缺体回交法”，不用异附加系直接创制异代换系，从而简化了染色体工程的程序；⑤利用生化标记、分子探针等进行各种遗传特性的鉴定与检测，并直接创制异附加系、异代换系和异易位系，无需测配和两两杂交来检测其异同，更大程度地简化了染色体工程的程序。

染色体工程是在细胞遗传学基础上发展起来的一门新学科。目前研究比较深入、进展比较快的是小麦染色体工程。

第一节　外源遗传物质的抗病性

我国的作物种类多，而且具有极其丰富的野生种和野生近缘植物，尤其是野生稻、野生大豆资源和庞大的小麦近缘种、属资源。

据统计，我国已收集和保存的野生植物种质资源约 2 万份，其中属粮食作物的 1 万多份，油料作物的 0.64 万份。水稻的野生近缘植物有野生稻、假稻，小麦的野生近缘植物有山羊草、鹅冠草、披碱草、赖草、冰草等 11 类，还有西藏半野生小麦等，野生大麦有二棱和六棱的（内蒙古大麦是栽培大麦的祖先），玉米有野生近缘植物薏苡，粟有野生近缘植物狗尾草，荞麦有野生荞麦、多年生甜荞和苦荞、一年生甜荞和苦荞；油料作物有野生大豆（紫花、白花）、野油菜等。野生种和野生近缘植物具有多种优异特性，是作物育种的重要物质基础（郑殿升，1996）。

一、水稻的野生资源与抗病育种

野生稻资源中蕴藏着丰富的抗病虫基因，现已发现对褐飞虱、白背飞虱、黑尾叶蝉、稻蓟马、螟虫、稻水蝇等害虫和对草丛矮缩病、白叶枯病、稻瘟病、细菌性条斑病等病害表现抵抗的野生稻材料。据国家种质南宁野生稻圃鉴定，白叶枯病抗源有广西普通野稻（*Oryza rufipogon*）、广西药用野稻（*O. officinalis*）、泰国普通野稻（*O. rufipogon*）和非洲的长药野稻（*O. longistaminata*）；褐飞虱的抗源有高秆野稻（*O. alta*）、阔叶野稻（*O. latifolia*）、小粒野稻（*O. minuta*）以及药用野稻（*O. officinalis*）；稻瘟病抗源有广西普通野稻（*Oryza rufipogon*）、广西药用野稻（*O. officnalis*）。国际水稻研究所自 1969 年开始进行转移野生稻抗病虫基因的工作，曾先后将 *O. nivara* 对草丛矮缩病抗病性、长药野稻对白叶枯病抗病性、小粒野稻对稻瘟病和白叶枯病抗病性、药用野稻对褐飞虱和白背飞虱的抵抗性以及 *O. australiensis* 对褐飞虱和白叶枯病的抵抗性成功地转入到栽培品种中（颜辉煌等，1997；卢爱兰等，1996）。

二、小麦的野生资源与抗病育种

在小麦野生近缘植物中，含有丰富的锈病、白粉病、赤霉病和黄矮病等病害的抗源。锈病抗源有黑麦（*Secale cereale*）、彭梯卡偃麦草（*Elytrigia ponticum*）、中间偃麦草（*Et. intermedium*）、簇毛麦（*Haynaldia villosa*）、斯卑尔脱小麦（*Triticum spelta*）、小伞山羊草（*Aegilops umbellulata*）、尾状山羊草（*Ae. caudata*）、卵穗山羊草（*Ae. ovata*）、顶芒山羊草（*Ae. comosa*）、拟斯卑尔脱山羊草（*Ae. speltoides*）、方穗山羊草（*Ae. squarrosa*）及东方山羊草（*Ae. turanicum*）等。

白粉病抗源有黑麦、鹅冠草（*Roegneria kamoji*）、纤毛鹅冠草（*R. ciliaris*）、多枝鹅冠草（*R. multiculmis*）、老芒麦（*Elymus sibiricus*）、圆柱披碱草（*E. cylindricus*）、垂穗披碱草（*E. nutans*）、偃麦草（*Elytrigia repens*）、长穗偃麦草、大赖草（*Lemus racemosus*）、短芒大麦草（*Hordeum brevisubulatum*）、布顿大麦草（*H. bogdonii*）、簇毛麦、旱麦草（*Eremopyrum triticeum*）以及含有 C 和 S 染色组的山羊草物种。

黄矮病是我国小麦的重要病害之一，但在小麦属中没发现抗源。据报道（董玉琛，1992），在许多生长于我国的小麦族物种中可以找到抗源，如赖草属的赖草（*L. secalinus*）、大赖草、羊草（*L. chinensis*）、多枝赖草（*L. multicaulis*）、窄颖赖草（*L. angustus*），披碱草属中的披碱草（*E. dahuricus*）、圆柱披碱草、毛披碱草（*E. villifer*）、滨麦草（*E. tangutorum*），大麦属的短芒大麦草、紫大麦草（*H. vialaceum*），偃麦草属的中间偃麦草、偃麦草（*Et. repens*），鹅冠草属的纤毛鹅冠草以及冰草属的扁穗冰草（*Agropyon cristatum*）。山羊草属和黑麦属植物全部感病。

在世界各地的小麦中都很难找到赤霉病抗源。南京农业大学细胞遗传室发现长江下游的鹅冠草、纤毛鹅冠草和大赖草，四川农业大学小麦研究所发现四川的纤毛鹅冠草等都抗赤霉病。南京农业大学细胞遗传室已获得了 3 个抗赤霉病的小麦—大赖草异附加系。

现已有 5 个属 16 个种的 40 个抗锈病、白粉病和黄矮病基因转移到小麦中来（表 8-1），其中大多数已完成了基因定位（张瑞，1999；吴妙等，1992；颜辉煌等，1997；卢爱兰等，1996；吉万全等，1999）。

表 8-1　来自野生近缘植物已导入普通小麦的抗病基因

导入基因及其染色体定位	供体亲缘种	小麦栽培品种
Lr9（6BL）	小伞山羊草	Abe，Arthur71，McNair701，Riley67
Lr19（7DL）	彭梯卡偃麦草	Agrus
Lr21（1DL）	粗山羊草（*Ae. tauschii*）	
Lr22（2DS）	粗山羊草	
Lr24，*Sr24*（3DL）	彭梯卡偃麦草	KS79H69
Lr25（4A）	普通黑麦	
Lr26（1B/1R）	普通黑麦	Avrora，Kavkaz，Orlando，Saladin，Salzmundr
Lr26，*Sr31*（1B/1R）	普通黑麦	Almus，Winnetou，Burgas
Lr28（4BL）	拟斯卑尔脱山羊草	
Lr29（7DS）	彭梯卡偃麦草	
Lr32	粗山羊草	
Sr5	普通黑麦	Zebra
Sr24（3DL）	彭梯卡偃麦草	Agent，Gamka，SST23，SST102，T4R（二SST44）
Sr25（7DL）	彭梯卡偃麦草	Marquis，Thatcher，Eagic，Kite
Sr26（6A）	彭梯卡偃麦草	Gaberic，Terre，Hybrit，Titan，Jabiru，Avooet
Sr27（3A）	普通黑麦	Avrora
Sr31（1B/1R）	普通黑麦	Avrora
Sr32	拟斯卑尔脱山羊草	
Sr33（1DL）	粗山羊草	
Sr34（2D）	顶芒山羊草	
Yr5（2BL）	斯卑尔脱小麦	E5557，E8510
Yr8（2D，2A）	顶芒山羊草	Compair
Yr9(1B/1R)，*Yr9*，*Pm7*	普通黑麦	Clement，Mildress，Perseus，Benno Weique，Wentzel，Zorba，Salmon；Lovrin 10，Lovrin 12，Lovrin 13，Mironovskaja 10，Kavkaz，Predgornaja2，Besostaja 2，Skoraspelkka 35，Amanada，Disponent，Goertz，Graanada，Helios，Kronjuvel，Merkkur
Yr15（1BS）	野生二粒小麦（*T. dicoccoides*）	G-25
Yr17（2A）	粗山羊草	Brigadier
Yr19（5B）	顶芒山羊草	Compare
Pm1b（7A）	栽培一粒小麦	Moczlatka
Pm1c（7A）	栽培一粒小麦	MIN
Pm1d（7A）	斯卑尔脱小麦	TRI 2258
Pm3b（1AS）	普通黑麦	Chul
Pm4a（2AL）	二粒小麦	Khapli/8*Ce
Pm4b（2AL）	波斯小麦	Amarda
Pm5（7BL）	栽培二粒小麦（隐性）	Hope
Pm6（2B）	提莫菲维小麦（*T. timopheecii*）	Timalen
Pm7（4BS/2R）	普通黑麦	Transee8*，Chancellor V，Transfed
Pm8（1B/1R）	普通黑麦	Kavkoz
Pm12(6BS)(6BS.6SS/6BL)	拟斯卑尔脱山羊草	Line31
Pm13（3BS/3S）（3DS/3S）	高大山羊草（*Ae. longissima*）	RIA
Pm16（4A）	野生二粒小麦	Norman lines

（续）

导入基因及其染色体定位	供体亲缘种	小麦栽培品种
Pm17（1AS=T1AL）1R#2S	普通黑麦	Amigo
SuPm17（7D）		Caribo
Pm19（7D）	粗山羊草	XX186
Pm20（6BS．6R#2L）	粗山羊草	Prlific
Pm21（6AL/6VS）	簇毛麦	麦 5/sub．6v
Pm25（1A）	一粒小麦	PI 427662
BYDV（1HS/2AS）	贝兹大麦	I/TD

三、玉米的野生资源与抗病育种

玉米的野生近缘植物有类玉米属（又称类蜀黍属，大刍草 *Zea mexicana*）和摩擦禾属（*Tripsacum*）。经鉴定，类玉米属和摩擦禾属中蕴藏着丰富的玉米病害如叶枯病、茎腐病、炭疽病等的抗病基因。已将佛罗里达摩擦禾（*T. floridanum*）的抗大斑病基因导入马齿型玉米中，将鸭茅状摩擦禾（*T. dactyloides*）的抗炭疽病、茎腐病、大斑病、小斑病等病害的抗病基因转移到玉米中。

四、大豆和油菜的野生资源与抗病育种

我国是大豆的起源地，近缘野生大豆（*Glycine soja*）资源非常丰富，目前我国已保存有不同进化类型的野生大豆种质资源 5 000 余份，成为世界上保存野生大豆种质资源最多的国家。野生大豆具有多节、多荚、多粒、多分枝、高蛋白、抗茎溃疡病、胞囊线虫等许多栽培大豆缺乏的优良基因，是拓宽大豆遗传基础、创造优异资源、改良栽培大豆的重要基因源。

菌核病（*Sclerotinia sclerotiorum*）是油菜的重要病害，病原菌具广谱致病性，能侵染 64 科 225 属共 383 种植物，国内外至今未见发现抗源的报道。

第二节　染色体工程基础材料的创制

染色体工程基础材料，主要指非整倍体，例如单体、缺体、三体、四体、端体和双二倍体以及异附加系、异代换系等等，其中最重要的是单体。从单体的自交后代中可分离出缺体、端体和三体。这些材料虽然在农业生产中没有直接的应用价值，但都是开展遗传研究和染色体工程育种的重要工具和宝贵材料（薛秀庄等，1991，1991，1993；吉万全，1991）。

在多倍体种中，非整倍体类型用作染色体标记的范围较二倍体种更为广泛。在多倍体物种中，六倍体小麦（*Triticum aestivum*，2n=6x=42）有广泛的非整倍体系列，并对其进行了系统的研究，广泛应用于遗传分析中。

一、单体（monosomic）

单体是正常二体细胞中缺少一条染色体的个体（2n－1）。单体有三种类型，即初级单体、次级单体（单等臂体）和三级单体（双单体加一条三级染色体）。单体产生的途径有：①正常二体自交产生；②理化因子诱导；③种、属间远缘杂交；④组织、细胞培养产生；⑤同源染色体不分离或同源染色体不联合，形成n－1配子与正常的n配子受精，产生2n－1单体；⑥易位杂合子；⑦非整倍体产生（包括三体联合失败、单体的变迁和自交、缺体的不联合）；⑧单体回交转育产生新单体，这是最简单、最省时、最省力的方法。

在农作物中，普通小麦、燕麦、烟草、棉花、油菜、玉米和水稻等都已先后发现了单体，在普通小麦、烟草、燕麦和玉米中已得到了成套的单体系列，棉花得到了A组的5个和D组的3个单体。小麦的单体系列最多，自美国Sears创制出第一套“中国春”单体系列以来，已相继育成了100套小麦单体系列（表8-2），其中普通小麦97套、硬粒小麦3套（薛秀庄等1991；吉万全，1991）。

表8-2　已转育成的小麦单体系列

国名	数目	单体系名称
阿根廷	1	Sinvalocho
澳大利亚	9	Condor Selection P44，Egret，Federation，Gabo，Gamenya，Gamut，Kenya744，Oxley，Spica
保加利亚	3	Besostaya 1，Roussalka，Sadovo 1
加拿大	10	Cadet，Kharkov MC_{22}，Lemhi，Prelude，Redman，Red Bobs，Rescue，S-615，Thatcher，Winalta
中国	11	京红1号，阿勃，扬麦1号，北京10号，中7902，7336，丰抗13，苏麦3号，小偃6号，陕麦893，甘麦8号
捷克	2	Kralika，Zlatka
埃及	1	Giza 144
法国	1	Courtot
德国	10	Alcedo，Carola，Caribo，Carsten Ⅷ，Iubilar，Kanich，Poros，Qualitas，*Triticum spelta*-saharense，Wachtel
匈牙利	2	Mironovskaya 808，Rannyaya 12
印度	3	C591，Kalyansona，*T. durum*-Biyage yellow
意大利	1	Mara
日本	4	Norin 10，Nanbu-komugi，Shinchunaga，*T. durum*-stewart
荷兰	1	Starke
波兰	2	Grana，Luna
罗马尼亚	2	Besostaya AI，Favorits selection（F307-65）
南非	3	Flameks，Inia 66，SST_3
西班牙	4	Aragon 03，Ariana 8，Florence Aurore，Pane 247
瑞士	1	Probus
英国	7	Bersee，Cappelle-Desprez，Glennson81，Hobbit’sib’，Holdfast，Koga Ⅱ，Moutin
美国	6	Cheyenne，Chinese Spring，Chris，Elgin，*T. dururm* Langdon，Wichita
前苏联	13	Avrora，Bezostaya 2，Diamant 2，Kavkaz，Kazakstan 126，Kazakstanskaya 12，Milturum 533，Novostepnayachka，Opal，Priboy，Saratovskaya 29，Saratovskaya 46，Skorospelka 35
前南斯拉夫	3	Novosadska，Ranal，Sava

二倍体作物的单体很难成活，因为每条染色体对于染色体组平衡都是必不可少的，它们不像多倍体那样能承受个别染色体的丢失。大麦的单体根本不能存活。在水稻、二倍体烟草和燕麦中虽然发现过单体，但都由于不育或下一代恢复成二体，而不能将单体传递下去。玉米则很特别，其单体不但可以成活，而且能遗传，目前已完成了整套系列的培育，并应用于玉米胚类脂的脂肪酸成分的研究。

在减数分裂中，单体产生两类配子（n 和n－1），所以单体自交后代形成二体、单体和缺体三种类型。由于大多数单体与二体在形态上没有差别、n－1雄配子传递率很低，保存起来工作量很大，使其应用受到限制。为了克服这些困难，李振声等（1982）在小麦与偃麦草杂交后代中获得 4D（4E）蓝粒异代换系的基础上，提出了创制蓝单体的设想。该种单体不必镜检而利用种子颜色就可将单体与二体或缺体区分开，利用蓝单体也可使单体漂移减少到最低限度。目前已得到了 1A、2D、3A、3B、3D、4A、4B、4D、5A、5B、5D、6A、6B、6D、7D 和 7B 等 16 种蓝单体（穆素梅，1999）。

单体主要用于性状的遗传分析、基因定位、染色体所属组型的鉴定，以及用来产生缺体、端体等臂体、三体等非整倍体，培育品种间代换系、异代换系和异易位系等。

二、缺体（nullisomic）

缺体是比正常二体缺失了 1 对同源染色体的个体。20 世纪初，人们在普通小麦中发现了缺体类型（2n=40=20”），即拟斯卑尔脱穗型缺体。1954 年，Sears 在普通小麦“中国春”中获得了整套缺体，但其中有一半是不育的，即便是能育的缺体，也不完全稳定，倾向于演变为补偿三体。因而，缺体只有通过单体自交来保存，这限制了缺体在染色体工程中的应用。李振声等在蓝单体的创制过程中，通过连续自交、选择，得到了 1A、3A、5A、6A、7A、1B、5B、6B、7B、2D、3D、4D 和 6D 等 13 种自交结实的缺体（穆素梅，1999）。薛秀庄等通过单体自交后代大群体筛选和连续自交，变换遗传背景以及无性系繁殖等方法在国际上首次获得普通小麦可以繁衍后代的缺体系 20 个，克服了缺体保存和利用的困难。

产生缺体的途径有：①单体、单端体、单等臂体、三体自交；②种、属间远缘杂交；③由组织和细胞培养产生。

目前在普通小麦、燕麦、油菜等多倍体植物中发现了缺体，普通小麦和燕麦已有成套的缺体系列。缺体小麦的用途与单体小麦相同，利用缺体小麦有明显的优点，保存、利用所花费的细胞学工作量小，稳定自交结实的缺体系后代基本上全为缺体，不需像单体那样逐株镜检。用缺体进行基因染色体定位时，杂种 F_1 全为单体株，亦不需镜检。缺体既可做母本，又可做父本，灵活性强，对核雄性不育基因定位有独特作用。

三、三体（trisomic）与四体（tetrasomic）

三体是某一对同源染色体为 3 条的个体。三体最早是 Blakeslee 于 1921 年在曼陀罗中发现的。三体在植物中普遍存在，共有 5 种类型，即初级三体（通常的三体）、次级三体（多的一条额外染色体为等臂染色体）、三级三体或易位三体（多的额外染色体为两条不同源染色体易位后形成的易位染色体）、补偿三体和端三体。三体来源于单倍体、三倍体、四体、双三体等的分离，四倍体与二倍体的杂交，易位杂合子，理化因素处理的正常二体以及组织或细胞培养等。三体主要用于基因的染色体定位，尤其是四倍体和二倍体种的基因定位。三体还是基因剂量研究的好材料，是四体的主要来源。目前在玉米、水稻、谷子、黑麦、大麦、高粱、甜菜、棉花、烟草和小麦等作物中都已得到三体系列，大豆已得到了 Tri - A、B、C、D、E 等 5 种三体。

四体是某对同源染色体为 4 条的个体。人们对四体的研究不多，它产生于三体自交。四体是研究基因剂量效应的特殊遗传材料。

四、端体（telosomic）

端体是在染色体组成中具有 1 条或多条端着丝粒染色体或等臂染色体的个体。单体或三体自交后代中发生着丝粒错分裂可形成端体。理化因素处理，组织或细胞培养也可产生端体。在小麦、棉花、燕麦等多倍体作物中，都已得到了完整的端体系列。端体的类型有多种，在小麦中类型尤为丰富，主要有：①单端体（monotelosomic）；②双端体（ditelosomic），是某一对染色体只有 1 对同源染色体臂的个体；③重双端体（double ditelosomic），是某一对同源染色体被分割成长臂和短臂双端体的个体；④双单端体（double monotelosomic），是一对染色体缺失而由其同源染色体的两个臂替代的个体；⑤单等臂体（monoisosomic），是一对染色体缺失而由其同源染色体的 1 个等臂体替代的个体；⑥双等臂体（di-isosomic），是一对染色体缺失而由其同源染色体的 1 对等臂体替代的个体。

端体的主要用途包括：①进行基因的染色体臂定位，并确定基因与着丝粒间的遗传距离；②作为细胞学标记，进行细胞学选择和单体、缺体、代换系的验证，以及雄性核不育基因的染色体定位（ Lucken，1984)；③利用单端体代替单体进行遗传分析，可以避免单价体的漂移（变迁）。

五、人工合成的异源多倍体——双二倍体（amphiploid）

双二倍体包括完全双二倍体（complete amphiploid）和部分双二倍体（partial amphiploid)。

不同染色体组的双亲杂交 F_1 代经诱导或自然加倍后，即可得到完全双二倍体。据不完全统计，已有黑麦、山羊草、大麦、冰草、鹅冠草、偃麦草、芒麦草、新麦草、披碱草、赖草、簇毛麦、旱麦草、摩擦禾等 13 属 80 多个种的小麦近缘植物与小麦杂交成功，药用野生稻与水稻，摩擦禾、类玉米属植物与玉米，白芥、萝卜、芝麻菜等植物与油菜，狼尾草、约翰逊草［*Sorghum halepense*（L.）Pers.］、苏丹草、甘蔗等与高粱，狗尾草与谷子等都已杂交成功。人工合成的栽培种与野生种的完全双二倍体，仅小麦属就有近 300 种，其中我国科学家合成的有 20 余种(薛秀庄等，1993；吉万全，1991；马缘生，1992)。

中国农业科学院董玉琛等用她发现的特殊小麦种质资源，创制出获得双二倍体的一种简便方法，即利用四倍体波斯小麦 Ps5、硬粒小麦 DR147 使小麦×山羊草、小麦×黑麦、小麦×簇毛麦等属间杂种的 F_1 代染色体自然加倍，并用以合成了一批小麦—山羊草双二倍体。

一些双二倍体仅含有供体亲本的部分染色体组。它是杂种 F_1 经回交和自交形成的新种。如在小麦的远缘杂交中，就已得到了八倍体小偃麦、八倍体小滨麦、八倍体小大麦等。这些部分双二倍体仅具一组异源染色体（或是合成组），携带育种目标所需的性状，如抗病、丰产（大穗、大粒、多粒）、优质、耐盐碱、耐干旱等优良特性。与完全双二倍体相比，更接近于育种目标。

六、异附加系

异附加系（alien addition line）是指某一栽培物种附加了1对异源种、属染色体的材料。添加了2对以上异源染色体的材料，称为多重异附加系。

异附加系以麦类最多，除小麦为受体外，还有以黑麦为受体的。目前，世界上已育成了小麦附加黑麦、山羊草、偃麦草、簇毛麦、大麦、赖草、冰草、芒麦草、新麦草、披碱草、鹅冠草等20多个物种染色体的小麦异附加系200多个，还育成了一些多重异附加系（表8-3）。除此以外，已育成的各种作物的异附加系还有：添加了甘蓝染色体的白菜型油菜异附加单体，添加了黑芥的甘蓝异附加系、甘蓝型油菜异附加系，添加蓝花子染色体的甘蓝型油菜异附加系，添加 *B. procumbens* 染色体的栽培甜菜异附加系，添加摩擦禾属染色体的玉米异附加单体，添加非洲异常棉和阿拉伯棉的陆地棉异附加系，添加药用野生稻染色体的栽培稻异附加系，添加砂燕麦、*A. birtuta*、*A. brabat* 染色体的燕麦异附加系（吉万全，1991；马缘生，1992）等等。还有以普通烟草为供体，附加上粘毛烟草、蓝雪烟草或圆锥烟草的10个附加系。

培育异附加系常用的方法是栽培物种与近缘野生种杂交，杂种 F_1 或 F_1 加倍后的双二倍体，用受体亲本回交1至数次，从回交后代中选择添加单体，自交后得到二体异附加系（吉万全，1991；马缘生，1992）（图8-1）。利用双单体添加、多重添加单体自交，以及利用单倍体法亦可产生二体异附加系，同时还避免了（n+1）雄配子在选择受精过程中竞争力差的缺陷，提高了获得异附加系的频率。

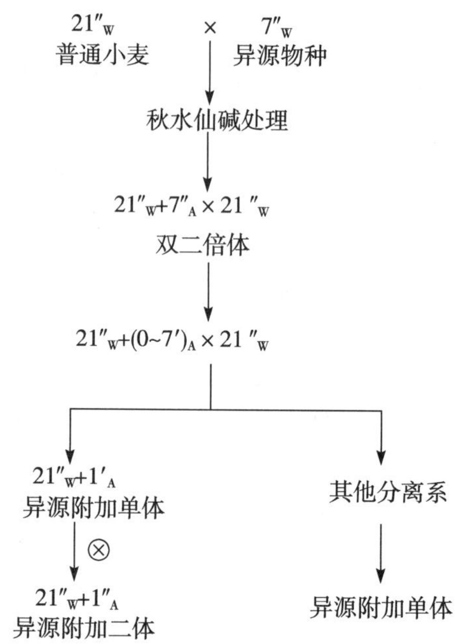

图8-1 普通小麦异附加系的培育

异附加系由于基因不平衡和细胞学的不稳定以及导入不良基因等原因，限制了在生产上的直接应用，但整套异附加系是研究物种起源和进化；研究染色体组亲缘关系和基因作用的重要遗传材料，是培育异代换系、异易位系的中间材料，并可作为一种特殊材料在小麦杂种优势利用中发挥作用（Driscoll，1972）。在杂交小麦的X系（染色体为2n=44）、Y系（染色体为2n=43）、Z系（染色体为2n=42）中，利用携有黑麦5R染色体雄性不育恢复基因和毛颈标志基因的附加系，来生产杂交小麦种子（Reader等，1992）。

表 8-3 普通小麦异附加系

供体种、属与染色体	受体品种或附加系名
山羊草	
小伞山羊草：1u (B)，2u (D)，5u (C)，6u (A) 7u (G)，F	中国春
易变山羊草：A，C，E，G，H，J，M，N，O，P，Q	Poso/7-9 中国春
顶芒山羊草：2M	中国春
2M	Hobbit[a] sib[a]
4M	欧柔
无芒山羊草：A，C，E，F	中国春
高大山羊草：A，C，D，E，G，B，$2S^1$ (A)，$1S^1$ (C)，$4S^1$ (D)，$5S^1$ (F)，$3S^1$ (G)，$6S^1$，$7S^1$	中国春
$4S^1$	硬粒小麦 Sel 56-1
沙融山羊草：$4S^1$ $2S^1$ (?)，$3S^1$ (?)，$5S^1$ (?)，$7S^1$	中国春
$4S^1$	Chris，. Selkirk
二角山羊草：$3S^b$，$7S^b$	Holdfast
方穗山羊草：1D，2D，3D，6D，$4D_S/5D_S$，$5D_L/7D_S$，$7D_L/4D_L$	PBW_{114}硬粒小麦
西尔斯山羊草：Ⅰ，Ⅱ，Ⅲ，Ⅳ，Ⅴ，Ⅵ，Ⅶ	中国春
偏凸山羊草：6Un (A)，5Un (B)，4Un (D)，G，H，C	Moisson
冰草	
扁穗冰草（*Ag. cristatum*)：1P，2P，3P，4P，5P，6P，7P	Fukohomugi
Ag. pulcherrimum：1	95S16-11（高抗 BYDV）
披碱草	
澳大利亚披碱草（*E. rectisetus*)：3 个	Fukohomugi
偃麦草	
长穗偃麦草（2n=14)：1E（Ⅰ)，2E（Ⅴ)，3E/5E（Ⅳ)，4E（Ⅲ)，Ⅵ，6E（Ⅶ），7E（Ⅱ)，3E，5E	中国春
彭梯卡偃麦草（2n=70)：Ae4，Ae5，Ae6	Rescue
3el	Pawnee，中国春，鲁麦 5 号
4el	小偃蓝粒
6el	Gabo，Thatcher
7el	Aoba-Komugi，Miyagino-komugi，Thatcher
$7el_2$	Inia60，Marquis，Nainari60，Ramona50，Thatcher
4 个	小偃 759，小偃 7231，小偃 1192，小偃 74E20
中间偃麦草：1Agi，3Agi，4Agi，5Agi	Vilmouin27
6Agi，7Agi	Novi sad60，Vilmouin27
7Agi	Panonija
2Ai-2	Z1，Z2，Z6
4Agi	CI15093，Heine IV
1St，2St，3 St，4 St，5 St，6 St，7 St	阿勃
E 组和 F 组共 14 个	吉春 274，垦 149，3B-2，新曙光 1 号，琢城 1 号
二列偃麦草（*Et. distchum*)：13 个	中国春
旱麦草	
东方旱麦草（*Er. orientale*)：2 个	Fukohomugi

（续）

供体种、属与染色体	受体品种或附加系名
簇毛麦	
希腊簇毛麦：2Ha，4Ha，5Ha	中国春
意大利簇毛麦：1Ha，6Ha，7Ha	中国春
V_2，V_6，V_7	宁麦 7317，宁麦 4 号
V_2，V_4	湘麦 1 号
1 个	白粒高 38
大麦	
贝兹大麦：1H（5S），2H（2），3H（3），4H（4），5H（7），6H（6），7H（1）	中国春
智利大麦：A（7H），B（2H），C（5H），E（6H?），F（4H），G（1H）	中国春
栽培二棱大麦：2H，5H	7182，昌农 82，中国春，小偃 107
加州野大麦：1H，2H，4H，7H	
赖草	
大赖草：Lr-2，Lr-7，Lr-14（兼抗赤霉病）	中国春
6N	
滨麦草 TA2052：$1Hp^t$，$1H^t$，$5H^t$，$6H^t$	中国春
3 个	M852-1-2-26，M852-1-2-1-3，M852-1-2-1-5
中国赖草：1 个	072-39
多枝赖草：1Ns，2Ns，3Ns，4Ns，5Ns，6Ns，7Ns，1Xm，2Xm，3Xm，6Xm，7Xm	中国春，丰抗 7 号，丰抗 10 号，丰抗 13 号
1 个（抗 BYDV）	中国春，丰抗 7 号，丰抗 13 号
新麦草	
华山新麦草：2 个	7182
新麦草：2N，3N，6N	Em115
鹅冠草	
纤毛鹅冠草：3 个	中国春：RC236-13(抗赤霉病)，RC227-8（抗赤霉病)，RC216-9
鹅冠草：4 个	中国春：RC236-13，RC227-8（抗赤霉病)，K22015，K04026（高抗赤霉病）
黑麦	
帝国黑麦：1R（E）2R（B），3R（G）4R（C），5R（A），6R（F），7R（D）	中国春
国王 2 号：1R（Ⅴ），2R（Ⅲ），4R（Ⅳ），5R（Ⅰ），6R（Ⅱ），7R（Ⅶ）	紧握（Holdfast）
国王 2 号：1R，2R，3R，4R，5R，6R，7R	中国春
Dakold：Ⅰ，Ⅱ，Ⅳ，Ⅴ，Ⅵ，Ⅶ	Kharkov
Petkuser Sommerroggen：1R	异质中国春
Petkus：I	农林 40 号
2R	Aobakomugi
Rosen：2RL	Cornell 小麦选系 82a1-2-4-7/中国春
帝国黑麦：3R	Jaya 硬粒小麦
Emery：5R	中国春
Florida Black：5R	中国春
Gator：5R	中国春

（续）

供体种、属与染色体	受体品种或附加系名
Prolific：5R	中国春
Merced：5R	中国春
帝国黑麦：5RL	中国春
Weedy I：5R	中国春
Beagle 黑麦：1R，6R，1R+6R	科冬 58
Weser：5R	中国春
White：5R	中国春
Wrens：5R	中国春
Wrens Brazil：5R	中国春
澳大利亚南部黑麦：1R，1RS/2RS，1RL/2RS	里程碑/中国春
1Rs(帝国黑麦)/2Rs，1RL(帝国黑麦)/2RS	里程碑/中国春
Weique 代换系中的 1R	Aquila，Cariplus
X Triticosecale T701：6R	Aroona
黑麦 B 染色体	中国春
高山黑麦（*S. montanum*）：1R，2R，3R，4R，5R，6R	中国春
1R	品 9
1R，4R，5R	Banacnkamska
乌拉尔图小麦（*T. urartu*）：4A	中国春
4A	里程碑
野生二粒小麦（*T. boeotium*）：4	里程碑
一粒小麦（*T. monoooccum*）：4	里程碑
提莫菲维小麦（*T. timopheevii*）：6	中国春
普通小麦	
中国春：1B，2D，3A，4A，5B，6B，7A，7D	Petkus 黑麦

七、异代换系

异代换系（alien substitution line）是指某一物种的染色体被 1 对异源种、属染色体替换后所产生的材料。产生异代换系的主要方法有：①单、缺体和异附加系杂交；②单端体或缺体与近缘物种直接杂交，然后回交选育；③杂种 F_1 花药培养选育。

异代换系亦以麦类最多，目前已获得黑麦、山羊草、偃麦草、大麦、簇毛麦、披碱草、滨草等植物染色体的小麦异代换系，共 220 多种（表 8-4）。此外，还获得了代换有粘毛烟草、蓝茉莉叶烟草染色体的海岛棉异代换系，代换有 *A. barbata* 染色体的栽培燕麦异代换系等（薛秀庄等，1991），但未见有关玉米、大麦、水稻、谷子、高粱等二倍体作物异代换系的报道。

采用单体、缺体和异附加系杂交是选育异代换系的最简便方法，其程序如图 8-2 所示。

表 8-4　普通小麦的异代换系

供体种、属与染色体	被代换的小麦染色体	受体品种（或代换系名）
山羊草		
二角山羊草		
$3S^b$	3A	Holdfast
$7S^b$	7B	Holdfast
尾状山羊草		
5C	5A，5D	中国春
代换后颖变黑	?	中国春
顶芒山羊草		
2M	2A，2B，2D	中国春
2M	2D	
2M1	2D	
高大山羊草		
C	1A，1B，1D	中国春
$2S^l$（A）	2A，2B，2D	中国春
G	3B	中国春
G	3A，3B，3D	中国春
D	4B	中国春
D	4A，4B，4D	中国春
$4S^l$	4A	Chris，Selkirk
$5S^l$（F）	5A，5B，5D	中国春
A	6B	中国春
沙融山羊草		
$4S^l$（优先传递）	4A，4B，4D	中国春
$4S^l$（优先传递）	4A，4B，4D	Chris
拟斯卑尔脱山羊草		
4S	4D	缺天选 15（4D 缺体）
小伞山羊草		
1U（B）	1A，1B，2D	中国春
1U，$4S^l$	1D，4D	中国春
2U（D）	2A，2B，2D	中国春
5U（C）	5A，5B，5D	中国春
7U	7A，7B，7D	中国春
易变山羊草		
A	1A，1B，1D	中国春
G	2A，2B，2D	中国春
E	5B	Poso/中国春
偃麦草		
长穗偃麦草		
1E	1A，1B，1D	中国春
2E	2A，3B，2D	中国春
3E/5E	3A，3B，5D	中国春
4E	4A，4B，4D	中国春
6E	6A，6B，6D	中国春
7E	7A，7B，7D	中国春
3E	3A，3B，3D	中国春
5E	5A，5B，5D	中国春
TAP-67，*Lr24*，*Sr24*	3D	Pawnee，TAP 67/4* 中国春

（续）

供体种、属与染色体	被代换的小麦染色体	受体品种（或代换系名）
彭梯卡偃麦草（2n=70）：		
Ae4	4D	Rescue
Ae6	6D	Rescue
6el	6A，6D	Thatcher
6el	6A，6B，6D	Gabo/中国春
6el	6D	NE66536
载有雄性不育基因的染色体	7B	VE161
7el	7D	Marquis
$7el_2$	7D	Marquis
Sr，*Lr-a*，*Yr-b*	7A	中国春
载有 *Lr19 Sr25* 基因的染色体	7A，7B，7D	Aoba-Komugi，中国春
	7D	Argus
	7D	Thatcher
载有抗条纹花叶病毒基因的三条染色体	4D，5D，6D	Rescue
4Ee	4D	天选 15 缺体
4Fe	4D	天选 15 缺体
中间偃麦草		
载有 *Sr* 基因的染色体	3A，3D，7D	中国春
载有对花叶病毒免疫基因的染色体	4B	CI16092
载有 *Sr* 基因的染色体	7A，7B，7D	中国春，Vilmouin27
3Agi 载有 *Lr* 基因并且为毛叶	5BS/7BS	Vilmouin27
7Agi 载有 *Sr* 基因的染色体	5BS/7BS	Vilmouin27
载有 *Lr* 基因的染色体	7B	Nambu-komugi
载有 *Lr* 基因的染色体	3A，3D	
4Fi	4D	72180 缺体
载有抗锈基因的染色体	1D	阿勃
载有抗锈基因的染色体	3D	阿勃
2Ai-2		ZD 28
大麦		
贝兹大麦		
3H	3A，3B，3D	中国春
4H	4A，4D	中国春
5H	5A，5B，5D	中国春
6H	6A，6B，6D	中国春
7H	7B	中国春
农家栽培二棱大麦		
H	1B	WBS0264
H	2D	WBS0215
H	5B	WBS0225
智利大麦		
1H	1A	中国春
4H	4D	中国春
5H	5A，5D	中国春
7H	7A，7B，7D	中国春
球茎大麦		
6个	未确定	ST-2，ST-3，ST-7，ST-8，ST-9，ST-11

（续）

供体种、属与染色体	被代换的小麦染色体	受体品种（或代换系名）
簇毛麦		
载有抗白粉病基因的染色体	未确定	宁麦 7317
6V	6A，6D	宁麦 7317
4Ha	1A	中国春
6Ha	6A，6B，6D	中国春
赖草		
滨麦草		
1个	4D	72180
多枝赖草		
1J 或 1N	1D	218－1－1
新麦草		
华山新麦草		
3个	3B，3D，5A	7182
鹅观草		
鹅观草		
1RK（抗赤霉病）	?	中国春
黑麦		
帝国黑麦		
1R（E）	1A，1B，1D	中国春
2R（B）	2B，2D	中国春
3R（G）	3A，3B，3D	中国春
C	4B	中国春
5R	5A，5B，5D	中国春
5RL，5R	5A，5D	中国春
国王 2 号黑麦		
1R	1A	Holdfast
2R	2A，2B，2D	Holdfast
6R（Ⅱ）	6A，6B，6D	Holdfast
6RL	6B，6D	Holdfast
Dakold 黑麦		
1R（Ⅶ）	1B，3B	Kharkov
3R（Ⅰ）	1A，1B，3B，3D	Kharkov
4R/7R（Ⅴ）	4B，4D，7B	Kharkov
5R（Ⅵ）	5A，5D	Kharkov
6R（Ⅳ）	6A，6D	Kharkov
Petkus 黑麦		
2R	2D	Aoba-Kumugi
1R	1B	Aqulia，Burgas2，Cariplus，LP系，Hohenth st2153/63，Mildress，Mivonovoskaia，Neuzucht，Orlando，Riehesel 47/51，Salzmunde 14/44，Saladin，Weihenstephan 1007/53，Weique 代换系，Wentzel，Zorba
5R	4A	W70a86
5RL	5A	Hungarian 205-70

（续）

供体种、属与染色体	被代换的小麦染色体	受体品种（或代换系名）
Beagle 黑麦		
1R	1B，1D	科冬 58
6R	6D	科冬 58
德国白粒		
4R	4D	天选缺体（代 91，代 96，代 100，代 101）
X Tritinosoouto T701		
6R	6D	中国春
高山黑麦		
1R	1B，1D	中国春
2R	2A，2B，2D	中国春
5R，5RL	5A	中国春
6R	6A，6B，6D	中国春
7R	7A，7B	中国春
荆州黑麦		
4R	4D	中国春
黑麦品种 Onohoiskaya		
1R	1A	
2R?		
乌拉尔图小麦		
4A	4A，4B	里程碑/中国春
4A	4A，4B，4D	中国春
野生一粒小麦		
4	4B	硬粒小麦 56-1
提莫菲维小麦		
6	6A，6B，6D	中国春
?	4A	Blaukorn stains，Brunn，Moskau
?	4B	Blaukorn stains，Probstorf，Tschermark，Weihenstephan

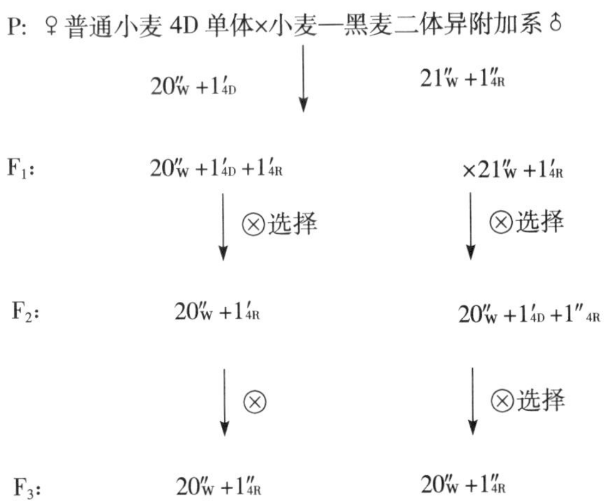

图 8-2　普通小麦异代换系的培育

用单端体回交法培育异代换系，是 Kota 和 Dvorak（1985）提出的直接定向培育代换系的新方法（图 8－3）。其理论依据是异源染色体通过雄配子向后代的传递力，取决于该染色体对小麦配子所缺的小麦染色体的补偿能力（Johnson，1966；Gupta，1969；Dvorak，1980）。利用该法，获得了中国春—高大山羊草的 $6B^{l}$（6B）代换系。

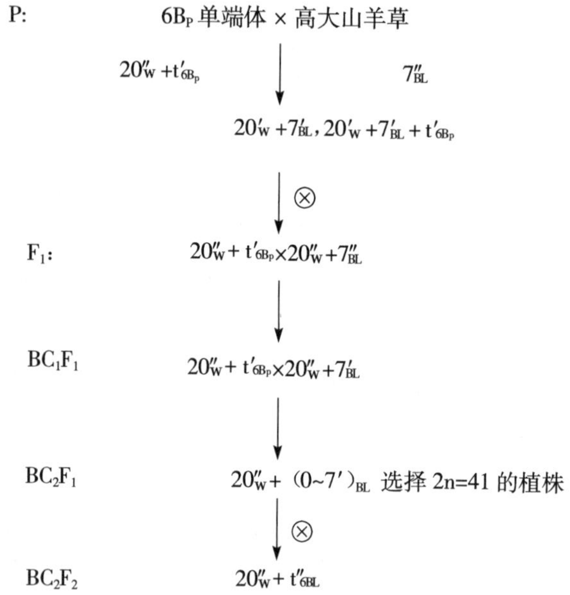

图 8－3 以单端体为受体快速培育普通小麦异代换系

李振声等（1983）在蓝粒单体系列理论的基础上提出用缺体回交法培育异代换系，依供体不同而采用两种途径。若缺体和供体容易杂交，可采用直接缺体回交法（图 8－4）。

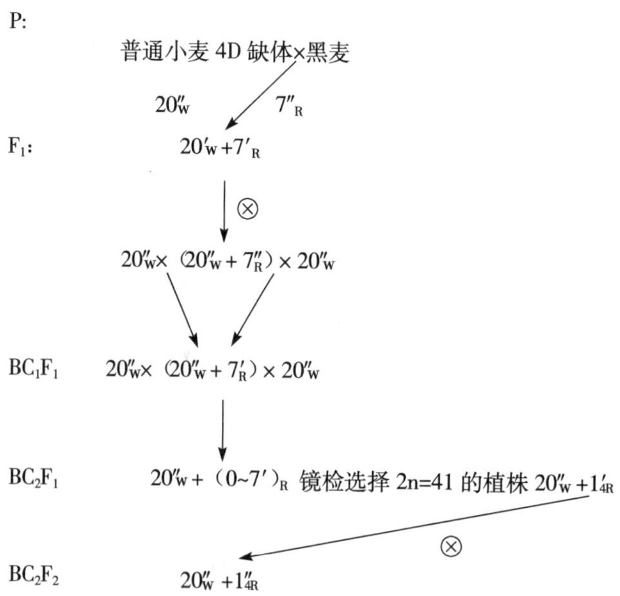

图 8－4 缺体回交法培育普通小麦异代换系 I

如缺体和供体杂交亲和性很差，或者供体种、属的染色体数目多，难以利用该法，这就需要借助于一些中间性材料，如八倍体等。用八倍体作供体的缺体回交法，培育普通小麦异代换系的程序如图 8－5 所示。

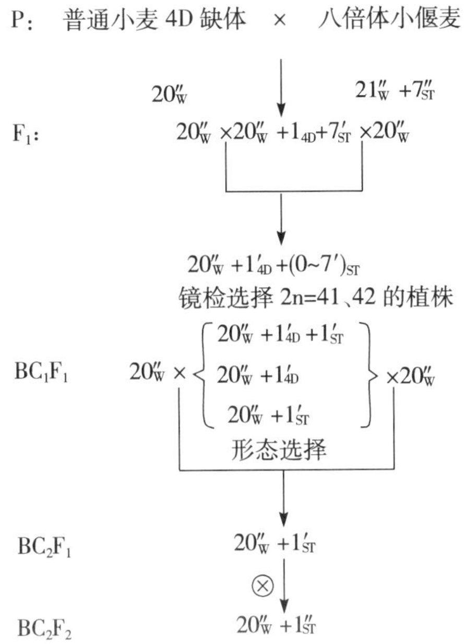

图 8－5　缺体回交法培育普通小麦异代换系Ⅱ

第三节　染色体工程育种

随着农业生产水平的不断提高，对农作物品种提出了越来越高的要求。恢复和丰富农作物栽培种基因库的有效途径，是发掘利用野生种和野生近缘种、属植物的丰富基因资源。

远缘杂交是导入异源基因的一个有效途径。但是，在通过远缘杂交转移外源基因过程中，存在着随机性、自发性以及周期长等缺点。Sears（1956）曾通过辐射将一个抗叶锈病基因从小伞山羊草易位到了普通小麦中，这一开创性工作是通过染色体工程，利用野生基因资源的开端。染色体工程育种可以有目的、有计划地在较短的时间内将异源基因导入农作物品种中，从而丰富栽培植物的遗传基础，提高其抗病性、抗逆性和丰产性。

在染色体工程中，创造新种质和培育新品种的常用方法有诱导染色体易位法，单、缺体回交法，桥梁亲本法以及人工合成同源多倍体等。

一、诱导染色体易位（translocation）

将异源染色体整组或整条地导入栽培种，虽然丰富了其基因库，带来了许多优良基因，但也不可避免地导入一些不利基因。这就限制了双二倍体、异附加系和异代换系的利用。最好的方法是诱导异源染色体产生易位，仅仅导入异源染色体片段，且片段愈小越好

（薛秀庄等，1993；刘秉华，1984）。异易位系多可直接应用于育种，成为优异的种质材料或品种。

迄今已有6属11种植物的优良基因导入了栽培小麦，育成了80多种易位系。利用6种易位系，培育出了30多个新品种，在生产上大面积推广种植（表8-5）。其他作物亦有成功的实例，如Maan（1963）将粘毛烟草（*N. glutins*）的抗黄叶病基因，易位到栽培烟草品种中，Aung和Thomas（1976）成功地将*A. barbata*的抗白粉病基因易位到栽培燕麦中，进而培育出了5个抗病品种（Thomas，1981）。

表8-5 小麦异源易位系

供体物种	易位染色体	转移基因	受体品种或易位系名
山羊草			
小伞山羊草	1U/1B.1D	胚乳蛋白	中国春
	6U/6BL	*Lr9*	Transfer
	6U/4A	*Lr9*	中国春T41
	6U/2D	*Lr9*	中国春T44
	6U/6BS	*Lr9 Co*	中国春T40
	?	*Lr9*	Abe Arthur 71，Chinrano，McNairn 7012203，Oasis，Riley 67，Sulivan
尾状山羊草	5Cs/5DL	核仁组织	中国春
	5CS/5DL	核仁组织	中国春
偏凸山羊草	?/70	*Pch1*	VPM1
顶芒山羊草	2ML/2DL	*Yr8*	Compare 中国春，Almus，Besostaja 2，Predgomaja 2，Skorospelka 35，Gango
	2ML/2D	*Yr8*	2DS/2NL，2MS中国春
	2D/2M	*Yr8*	2DS/2MS，2MS Maris
拟斯卑尔脱山羊草	2S/2A	*Sr32*，*T9*	中国春
	2S/2B	*Sr32*	中国春
	6S?/6A	*Pm12*	Wembley
高大山羊草	C/4BS	*Gl1*	中国春
偃麦草			
彭梯卡偃麦草	3Ag/3D	*Sr24*，*Lr24*	Agent
（2n=70）	3Ag/3D	*Sr24*，*Lr24*	TAP67
	3Ag/3B	*Lr24*	TAP67
	4el2/4Aa	蓝粒	U. C66049
	?	*Lr24*，*Sr24*	蓝孩二号，Fox（美国）
	4el/1A，2D	蓝粒	蓝单体1A，2D
	3A，3B，3D，4A		3A，3B，3D，4A
	4B，4D，5A，5B		4B，4D，5A，5B
	5D，6A，6B，6D		5D，6A，6B，6D
	7A，7B		7A，7B
	6el/6AB	*Sr26*	Thatcher，Eagle，Kite，Avocet，Bass，Blade，Flinders Jabiru，Titan 杂种，King，Sunelg，Quarrion，Takall，Terre
	6AgP/6DL	Rcutlmite	Robertsonian易位Ⅰ，Ⅱ
	7el/7DL	*Lr19*，*Sr25*	Thatcher，Agatha（加拿大）

（续）

供体物种	易位染色体	转移基因	受体品种或易位系名
	7el/7D	*Sr25*	Marquis
	7AgL/7AS	*Lr29*，*Sr25*	Aarus（加拿大）
	7AgL/7DL	*Lr19*	Aarus（加拿大）
	?	*Lr24*，*Sr24*	Ossage，Sage（美国）
	?	*Lr24*	Parkar76（美国），Teewon（美国），Pavne
	?	抗旱，优质	小偃4号，小偃5号，小偃6号
中间偃麦草	?	*Le*	Heine 4（德国）
	?	*Yr*，*BYDV*	陕麦8007，陕麦897
	?	优质	小冰麦33，陕麦150
二列偃麦草	? /7DL	*Lr*，黄胚乳	Ini a-66
	? /7DL	*Lr19*，*Sr25*	1/TD（南非）
簇毛麦			
	6VS/6AL	*Pm21*	扬麦5号
赖草			
多枝赖草	?	耐盐	L88
大麦			
贝兹大麦	1HS/2AS	*BYDV*	2A/2AS，1HS
	5HS/5BL		中国春
智利大麦	1H/1B	矮秆	1B/1B，1H
黑麦	1RS/1BL	*Sr*，*Lr*，*Yr*	Weqiue，Benno，Kavkaz，Aurora，Feldkroned，Ham-t，Let，Linos，Odilo，Peraus，Urban，Gotz，Disponent，Helios，Granada，Isidor，Kronjuwel，Merkur，Amamdus，Advokat，Heinrioh，Dozent，Hlbrecht，Apollo，Herzog，Florida，Knirps，Kristall，Niklas，Winnetou，洛夫林10号、洛夫林12号
	1AL,1RS/1BL,1RS	*Sr*	中国春，Gabo
	1DL，1RS	*Sr*	中国春，Gabo
	1BL/1BL	*Yr9*	Veery（墨西哥）
	1R/1B	*Pm*	84059—4—2（中国）
	1R/1B	*Yr*	7336，7859（中国）
	5RL/?	毛颈	科冬58
	1R/1A	大粒/高蛋白	See 111（印度）
	1RL/1AS	黑麦谷蛋白	中国春
	1RL/1BS	黑麦谷蛋白	中国春
	1RL/1DS	黑麦谷蛋白	中国春
	1R/1B	*Lr*，*Sr*，*Yr*	Salmon（日本）
	1R/1ABL	*R* greenbug	Amigo
	1RS/1DL	*Sr*	中国春
	1RS/1BL	*Sr*	Gabo
	1RS/1BS	*Sr*	C89，D69，C62
	1AL,1RS/1BL，1RS	*Sr*	中国春/Gabo
	1AL,1RS/1DL，1RS	*Sr*	中国春/Gabo
	1BL,1RS/1DL，1RS	*Sr*	中国春/Gabo
	2RL/2AL	Phenol反应	中国春
	2RL/4AB	*Lr25*，*Pm7*	Transeo，Transfed
	2R/?	*Lr*	Abakomugi AT-1，AT-2，AT-3

（续）

供体物种	易位染色体	转移基因	受体品种或易位系名
	3R/3D	*Sr27*	中国春
	3R/?	*Sr27*	硬粒小麦 Jaya
	C/4A	*ADH*，*6PGD*	中国春
	5RL/4AB	*Hp*	Cornell 82a1-2-4-7
	5R/6D	*Hp*	中国春 HN-1
	5R/5BS	*Hp*	中国春 HN-2
	5R/5DL	*Hp*	中国春
	5RL/4A	*Hp*	Viking
	5R/5A	*Hp*	中国春
	7RS/4Aa	*ACPH*	T8，中国春
	?	*Lr*	农林 40，ST-1
	?	*Lr*	Sabikei-31，Sabikei-32，Sabikei-33
	2RS/2BS，5RL/5AL	*Yr*	陕麦 8003
小麦			
普通小麦			
中国春	6B/6R	*B2*	Petkus 黑麦 6”+1

我国在易位系的研究方面成绩显著，西北植物研究所将彭梯卡偃麦草丰产、抗病、优质等优良基因导入普通小麦，培育出著名的小偃 6 号品种，在全国 10 省（直辖市）大面积推广种植，累计推广面积达 600 万 hm^2，还广泛地被用作亲本。细胞学分析表明，小偃 6 号的易位染色体为 *1AL*、*2A*、*5A*、*6*、和 7BS。山西省农业科学院将中间偃麦草抗黄矮病的基因导入普通小麦培育出高抗黄矮病的忻 4070、忻 4079 新品种。陕西省农业科学院利用 *Ph* 基因缺失效应，将黑麦的抗条锈基因导入普通小麦，培育出丰产、抗条锈的陕麦 8003 品种，还通过双二倍体桥梁法将中间偃麦草的优质基因导入普通小麦，培育出优质面包小麦品种陕麦 150。

按产生过程，异源染色体易位可分为自然易位和人工诱发易位两类。在远缘杂交后代中，自然易位虽然发生频率低，但补偿性好，可补偿栽培种农艺性状的不足。人工诱发易位主要有以下 5 种。

（一）由具有同源染色体组的物种转移有益基因

与栽培小麦具有同源染色体组的物种，包括大多数四倍体小麦的直接祖先——野生二粒小麦（染色体组 AABB）、普通小麦 A、D 染色体供体——二倍体一粒小麦（染色体组 AA）和方穗山羊草（染色体组 DD）以及一些与栽培小麦共有 A 或 D 染色体组的小麦属和山羊草属的一些多倍体物种。这些物种的染色体与小麦栽培种的同源染色体之间能够完全配对，因此可以通过交换将其有益基因转入栽培物种中，其育种方法很简单。

利用杂交通过交换已成功地将野生二粒小麦的抗白粉病基因、抗条锈病基因和品质基因（吉万全等，1999；Kimber，1984），黑麦的抗白粉病基因（Reader 等，1992），偏凸山羊草的抗眼斑病基因，簇毛麦的抗白粉病基因以及抗大麦黄矮病毒基因等先后导入了普通小麦。

（二）利用遗传控制体系诱导易位

20 世纪 50 年代以来，人们发现了位于小麦 5B 染色体长臂上的 *Ph1* 基因可以控制小麦部分同源染色体配对。其后又发现在 3D 染色体的短臂上也有一个配对控制基因

(*Ph2*)，但它的抑制作用强度仅为5BL上抑制基因的一半或略高。由于*Ph*基因的存在，限制了部分同源染色体配对。因此，诱发*Ph*基因变异引起了细胞遗传学家的广泛兴趣。Sears（1966）获得2个突变体，分别发生*Ph1*或*Ph2*基因的缺失，命名为*ph1b*基因突变体和*ph2a*基因突变体。另外，Wall等（1971）获得了3DS变异的一个突变体，Sears认为是3DS上*ph2*位点发生微缺失，取名*ph2b*基因突变体。上述3个隐性突变体，统称为*Ph*基因隐性突变系。

Sears等*ph*基因突变系的获得和Tsujimoto等杀配子基因（*gelag*、$Gc-S^L$、$Gc-S^L2$、*Gc-C*）的发现，使得利用遗传控制体系进行染色体操作产生易位的频率大大提高，现在已成功的将彭梯卡偃麦草、中间偃麦草、黑麦、簇毛麦、大麦、披碱草和某些山羊草的抗病基因转移到普通小麦，转移途径主要有以下两种。

1. 利用控制染色体配对的基因或基因体系诱导部分同源染色体配对　5BL上的*Ph1*基因和3DL上的*Ph2*基因的隐性突变或缺失促使部分同源染色体配对频率增高，拟斯卑尔脱山羊草、无芒山羊草等对*Ph*基因的抑制作用，使小麦与其亲缘种、属部分同源配对重组率增高。

（1）利用5B缺失，在没有*Ph*基因状态下使异源染色体与小麦染色体配对、重组。依所用材料不同，有下述两种：

a. 利用5B缺失株与异源种、属直接杂交，再用农艺亲本回交得到异源易位。5B缺失的材料有5B单体、5B缺体、5B缺体—5D四体、涉及5B的相互易位杂合体、5BP（5BS）双端体等，其中5B单体用的最多。现已用5B单体和黑麦、山羊草、偃麦草等做过杂交，并将二角山羊草的早熟性转移到小麦品种“紧握”（Holdfast）中去（Riley等，1966），得到了大粒、高蛋白的小麦——黑麦易位系“Sec-111”（Joshi和Singh，1989）；将黑麦抗条锈病基因转移到普通小麦中，培育出抗条锈病、高产的小麦——黑麦易位系陕麦8003（薛秀庄等，1990）。

b. 利用异代换系、异附加系作为异源基因供体和5B缺失株杂交。但异附加系或代换系本身含有一对5B染色体，所以必须将其转成5B单株，然后再与5B缺体——5D四体杂交，选育易位系。Sears（1972，1973）利用普通小麦—彭梯卡偃麦草3D（3Ag）、7D（7Ag）异代换系，采用此法得到了21个3D/3Ag、12个7D/7Ag易位系。Kibirigesebuntya和Knott（1983）用同样的方法得到了$7D/7el_2$小麦—偃麦草易位系。

（2）应用野生种抑制*Ph*基因诱导部分同源配对。利用拟斯尔脱山羊草和无芒山羊草抑制*Ph*基因产生易位的途径有：

a. 异附加系和拟斯卑尔脱山羊草杂交，F_2用农艺亲本回交数次。Riley等（1968）用此法得到著名的2DL/2ML“Compair”易位系。

b. 异代换系和普通小麦—拟斯卑尔脱山羊草杂交，然后用农艺亲本回交。

c. 普通小麦与拟斯卑尔脱山羊草杂交，F_1用农艺亲本回交数次，将拟斯卑尔脱山羊草的有利基因导入小麦中。Dvorak（1977）采用此法已将拟斯卑尔脱山羊草的有利基因如抗锈基因导入小麦中。但此法的缺点是在促进异源种、属与小麦的部分同源配对的同时，异源种、属如山羊草和小麦的染色体会发生配对、重组，不利于易位系的选择。

（3）应用*Ph*基因隐性突变体。在已诱导出的*Ph*突变体ph1a、ph1b、ph1c、ph2a、

ph2b（Sears 1984；Jampatos Dvorak 1986）中，诱导小麦与黑麦杂种 F_1 染色体配对能力的大小顺序为 ph1b＞ph2a＞ph2b（Sears 1979，1982），其中 ph1b 的水平最高，而且最常用。利用的方式有：

a. ph1b 直接与异源物种杂交，F_1用农艺亲本回交数次得到易位系。应用此法，樊路等将部分山羊草的有益基因直接转到小麦中。

b. 异附加系或代换系与 ph1b 杂交，或先将异附加系、代换系转成 5B（或 3D）单体，然后再用 ph1b 杂交，农艺亲本回交得到易位系。应用此法已将高大山羊草的抗白粉病基因 *Pm13*（Ceoloni 等，1988）、中间偃麦草的抗小麦条纹花叶病毒（WSMV）基因（Wang 等，1977；Liang 等，1979）、长穗偃麦草的抗秆锈病基因（Kibirige-sebuntya 等，1983）、黑麦的抗锈基因（Koebner 等，1986）等转入到小麦中。利用该法也得到了小麦—大麦的 $3D_L$/3A 和 6Hs/6B 重组体（Islam 等，1988）。

另外，杨天章等（1986）发现小麦—偃麦草异代换系 V_E161 中的 1 对 Ael 染色体，不仅能引起小麦的雄性不育，而且强烈地促进小麦部分同源配对，具有代替 5B 缺失、抑制 Ph 的作用。在小麦属内的提莫菲维小麦、阿拉拉特小麦、茹可夫斯基小麦的 5B（5G）效应也有促进部分同源配对的作用，但不同于普通小麦的 5B 染色体（Joshi 等，1982）。

2. 利用杀配子基因诱导易位　杀配子效应即载有杀配子基因的染色体处于半合子或杂合状态时，不含该基因的染色体所形成的雌、雄配子无受精能力（彭梯卡偃麦草仅使雌、雄配子无受精功能），而含有该基因的染色体自身则优先传递。离果山羊草、柱穗山羊草、尾状山羊草的 3C 染色体（Endo，1975，1978，1982），Stopsis 组沙融山羊草的 $2S^l$、$4S^l$染色体，高大山羊草的 $2S^l$、$4S^l$ 染色体（Miller 等，1982，1983；Finch 等，1984；Endo，1975；Maan，1975，1976；Endo，1982，1985），拟斯卑尔脱山羊草的 2S 染色体（Tsujimoto 和 Tsunewaki，1984），彭梯卡偃麦草的 7el 染色体（Marais，1990），中间偃麦草以及二列偃麦草的染色体上均载有杀配子基因（*GC*）。Tsujimoto 和 Tsunewaki（1985）以及 Tsujimoto（1986，1988）等还发现，农林 26 号普通小麦的 2B 染色体上带有抑制杀配子效应的基因 *Igcl*，该基因和杀配子基因（$4S^l$，3C 染色体上）互作，产生染色体断裂、融合，并可用于诱导易位；而 *Gc1a* 和 *Gc1b* 基因引起染色体断裂后还可产生染色体缺失变异。

利用该法可将近缘种、属的优良基因导入小麦中，Endo（1988）利用离果山羊草的杀配子染色体效应得到了小麦—黑麦易位 1BS/1RL、4Aa/4RS、？/1RS 和 6BS、1RS。

（三）利用组织培养诱导染色体易位

将有目标性状的次级远缘杂种（双二倍体、异附加系、异代换系）与普通小麦杂交，F_1代进行花药培养，能直接、快速地得到易位系。远缘杂交细胞培养中，再生植株常显示各种染色体畸变，包括许多染色体易位，从而促进异源基因的转移。Orton（1980）在 *Hordium vulgare*×*H. jubaticum* 种间杂交的再生植株中，观察到多价体的形成和增加部分同源染色体配对；胡含等在普通小麦×六倍体或八倍体小黑麦或黑麦以及普通小麦×八倍体小偃麦的 F_1代花药培养的再生植株中，获得了一批小黑麦抗白粉病的异附加系和异代换系，还获得大粒、毛颈的小黑麦异易位系、小偃麦异附加系和异代换系（胡含等，1990）；广西农业科学院资源研究所将栽培稻和具非 AA 型的染色体组的野生稻进行试管授粉和幼胚拯救法，获得 F_1 植株后，再用栽培稻回交，已获得回交二代植株。澳大利亚 Breffell 等人利用小麦与中间偃麦草杂种的组织培养，已将偃麦草的抗大麦黄矮病基因转移到小麦中。

（四）辐射诱导产生易位

电离辐射可随机断裂染色体，同时常使断片在新的部位复合。异源片段可转移到它们的部分同源染色体和非部分同源染色体中。1956 年，Sears 利用 X 射线首次成功地将小伞山羊草的抗条锈病基因导入普通小麦。随后 Knott 和 Driscoll 等将彭梯卡偃麦草、中间偃麦草和黑麦的抗病基因成功地导入普通小麦。通过辐射，西北植物研究所培育出小麦—偃麦草易位系——小偃 6 号小麦新品种，西北农业大学和广东省农业科学院获得了无籽或少籽的西瓜易位系（王鸣等，1985）。

辐射诱发易位的频率高，但随机性大，出现补偿性能好的优良易位机会小。对于染色体臂配对频率很低的材料，用该法易位效果好。

（五）利用罗伯逊氏易位

罗伯逊易位是指在减数分裂过程中，两个非同源的单价体同时发生错分裂，产生端着丝点染色体，由这些新产生的非同源端着丝点染色体融合而形成的易位。如果栽培小麦的一条染色体和带有目标性状的异源染色体同时在花粉母细胞（PMC）内呈单价体状态时，就有可能产生罗伯逊易位，将异源基因导入小麦中（Sears，1972，1973）。异代换系和农艺亲本（整倍体）杂交，F_1 在减数分裂过程中产生两个单价体，则会出现罗伯逊易位，在自交或回交后代中产生异源易位。Sears（1968，1972，1973）利用此法得到了 2AL/2RS、6BL/5RL 小麦。

综上所述，利用辐射诱发、罗伯逊易位、杀配子基因和组织培养诱导等方法随机性高、目的性差，且辐射产生的易位染色体通过雄配子的传递率低。利用部分同源染色体配对等遗传控制体系诱导的易位，目的性强、异源片段补偿的能力较好、易位染色体通过雄配子的传递率高，但出现的频率较低，且仅局限于部分同源群内。若将辐射诱发与部分同源配对、组织培养与辐射等方法结合起来使用，效果就会更好。

二、单体、缺体回交法培育新品种（品系）

利用缺体植物与外源植物直接杂交，杂种 F_1 代用秋水仙素加倍，获得缺一对普通小麦染色体的双二倍体，再用缺体回交 1～2 次，在自交后代中就会得到异代换系。西北植物研究所用此方法已获得多个小麦—黑麦异代换系。陕西省农业科学院采用缺体植物与近缘植物或亚远缘植物杂交，不需秋水仙素加倍，直接用缺体回交 1～2 次，获得了小麦—野生二粒小麦、小麦—簇毛麦异易位系数个。采用单、缺体植物和与异附加系杂交，F_1 再与农艺亲本杂交则将更快的获取易位品种（图 8-6）。

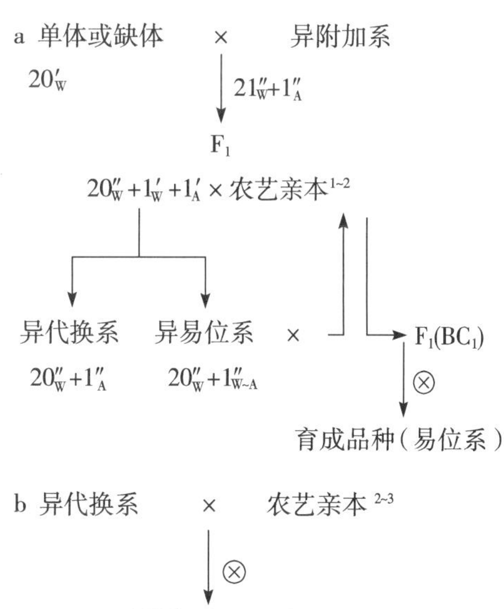

图 8-6　利用非整倍体培育新品种（品系）

三、桥梁亲本法

双二倍体、异附加系、异代换系等材料可将整组、整条外源染色体与普通小麦染色体结合在一起，但多数材料不稳定，或伴有不利基因，因而不能作为生产品种利用，仍需用染色体工程手段把有用基因转到小麦染色体上，才能发挥育种效益。这些材料与栽培种杂交易成功，而且易选出生产品种，如部分双二倍体小偃麦品种中四和中五就是小麦与中间偃麦草杂交转移基因的良好桥梁材料，中四、中五具有亲本中间偃麦草抗三锈、抗黄矮、耐旱、优质等优良基因。陕西省农业科学院用中五、中四作为桥梁亲本与普通小麦农艺亲本杂交、回交，培育出抗条锈、耐旱的新品种陕麦 8007 和优质、抗旱的陕麦 150 新品种（图 8 - 7）。

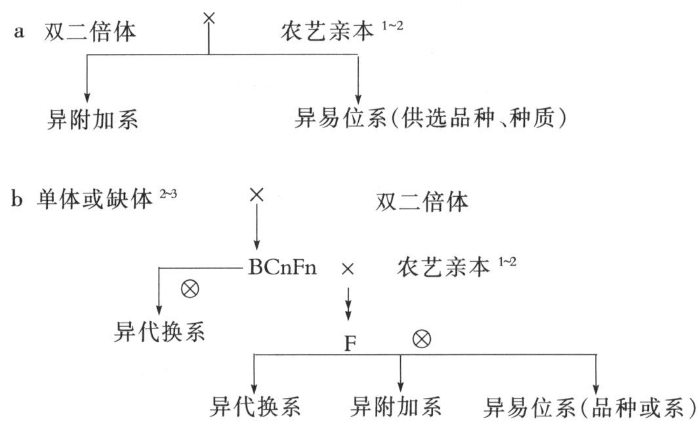

图 8 - 7 利用双二倍体桥梁法培育普通小麦新品种（品系）

四、染色体组工程（人工合成同源多倍体）

多倍性对于无性繁殖、异花授粉植物的进化有重要意义，对自花授粉植物并无此意义。因此，以营养器官产出、而非种子产出为目的的农作物，其同源多倍体显示出很大生产潜力。由二倍体栽培植物多倍化，加倍产生的同源多倍体遗传基础较好。

水稻、玉米、荞麦、高粱、油菜、棉花等农作物已成功地培育出人工多倍体。我国在染色体组工程育种方面也做出了卓越成绩，中国农业科学院作物研究所选出同源四倍体水稻，其粒重、米质和蛋白质含量均比二倍体显著提高。罗跃武（1986）选育出四倍体高粱三系，并配制出四倍体杂交高粱，其优势强、籽粒蛋白质和氨基酸含量比二倍体高粱显著提高。原浙江农业大学培育的同源四倍体大麦比二倍体大麦蛋白质含量高 47%，同源四倍体荞麦比二倍体产量高 3～6 倍，并抗霜冻。中国农业科学院鲍文奎、孙元枢等培育出高产、耐病、适应性强的六倍体和八倍体小黑麦品种。此外，同源四倍体是克服远缘杂交困难的有效途径，利用同源四倍体玉米、高粱、中棉、草棉等与摩擦禾属、黄丹草、陆地棉等进行种、属间杂交已获成功，扩大了遗传资源。

参 考 文 献

[1] 董玉琛. 小麦野生近缘植物的研究和利用. 见：中国农学会遗传资源分会，中国农业科学院品种资源研究所编. 植物优异种质资源及其开拓利用. 北京：中国科学技术出版社，1992. 39～44

[2] 胡含. 禾谷类花粉植株的染色体工程. 见：胡含，王恒立主编. 植物细胞工程与育种. 北京：北京工业大学出版社，1999. 132～139

[3] 吉万全. 农作物染色体工程与育种. 农业科技情报（陕西），1991，12（2）：7～11

[4] 吉万全，薛秀庄，王秋英等. 野生二粒小麦抗白粉病基因的转移及其 RAPD 分析. 西北植物学报，1999，19（6）：31～36

[5] 刘秉华. 把野生亲缘种遗传物质引入普通小麦的几种方法. 国外农业科技（中国农业科学院），1984（7）：11～14

[6] 卢爱兰，陈正华，孔含洁等. 抗芜菁花叶病毒基因甘蓝型油菜的研究. 遗传学报，1996，23（1）：77～83

[7] 马缘生. 特殊遗传材料的开拓利用. 见：中国农学会遗传资源分会，中国农业科学院品种资源研究所编. 植物优异种质资源及其开拓利用. 北京：中国科学技术出版社，1992. 12～16

[8] 穆素梅. 建立一套具有标记性状的蓝粒单体小麦及其自花结实的缺体小麦. 云南大学学报（自然科学版），1999（21）：60～61

[9] 王鸣，张兴平，张显. 用 γ 射线诱发染色体易位选育少籽西瓜的研究. 园艺学报，1985（15）：2

[10] 吴妙，秦学毅，李谷柏等. 优良的野生稻种质资源及其利用. 北京：中国科学技术出版社. 1992

[11] 薛秀庄，吉万全，王秋英. 阿勃小麦稳定自交结实缺体系统的创制. 作物学报，1991，17（6）：417～423

[12] 薛秀庄，吉万全. 染色体工程技术在小麦育种中的应用. 陕西农业科学，1991（1～3）：43～45

[13] 薛秀庄. 小麦染色体工程与育种. 石家庄：河北科学技术出版社，1993

[14] 颜辉煌，熊振民，闵绍楷等. 紧穗野生稻的褐飞虱抗性导入栽培稻的研究. 遗传学报，1997，24（5）：424～431

[15] 张瑞. 小麦抗白粉病基因定位及分子标记. 麦类作物，1999，19（3）：11～14

[16] 郑殿升. 中国作物野生种种质资源. 作物品种资源，1996（2）：18

[17] Driscoll CJ. Systems of producing hybrid wheat. Crop Science，1972，12：516～517

[18] Friebe B，Hotchett JH，Gill BS，et al. Transfer of hessian fly resistance from rye to wheat via radiation-mediated terminal and intetcalary chromosomal translocation. Theor Appl Genet，1991，83：33～44

[19] Heum M 等. 黑麦白粉病抗性基因向小麦导入. 麦类作物，1991，11（6）：13～17

[20] Kimber G. 向小麦转移近缘种基因技术的选择. 科技译丛(南京农学院)，1984，1～5

[21] Reader SM 等. 野生二粒小麦抗白粉病基因向普通小麦的转入. 麦类作物，1992，12（2）：1～2

第九章

农作物杂种优势利用

遗传基础有差异的两个生物体杂交，F_1 代在生长势、抗逆性、抗病性、繁殖力、生产力等方面比双亲优越的自然现象，被称为杂种优势。

杂种优势现象，早在 2 000 多年前就被发现。人类经历了长期的知识积累，20 世纪 20 年代开始在作物生产上广泛利用杂种优势，取得了巨大的社会经济效益，对缓解全球人口剧增造成的食物短缺发挥了重要作用，从而被认为是 20 世纪生物科学最重大的成就之一。

第一节　基本原理

一、农作物杂种优势利用简况

2 000 年前，人类已观察到马与驴杂交产生骡子的杂种优势现象，并在传统农业时代广为应用。17 世纪德国科学家 Cameunurius 发现植物有性别分化。1760 年德国生物学家 Koreufor 进行烟草杂交，获得了丰产、早熟、优质的杂种。1877 年，Beal 将两个玉米品种隔行相邻种植，人工去雄授粉，结果杂种一代比亲本增产 25%（Beal，1880）。但这项工作在 19 世纪未能引起人们重视。

20 世纪初期，一批科学家根据遗传学原理，开展玉米自交系及其杂交种的研究，提出了研究报告，引起了普遍的关注（杨之炯，1946）。但由于当时玉米自交系产量低，单杂交种子生产成本高，进一步的研究及应用进展缓慢。1917 年 Jones 建议采用玉米双杂交种，以提高种子生产率，降低成本（刘仲元，1964）。1933 年美国开始在生产上应用玉米双交种，揭开了作物杂交种应用于生产的历史一幕。

玉米是雌雄同株异花且花粉量大的植物，人工去雄杂交简便易行，这是玉米杂交种最早应用于生产的客观条件。而大多数作物为雌雄同花植物，去雄杂交较为不便，它们的杂种优势，在作物雄性不育性的研究成熟后，方开始在生产上逐步得到应用。1943 年 Jones 和 Clard 利用洋葱雄性不育系，配制的杂交种平均产量比亲本高约 50%，葱球大而整齐，抗病性强（Hanson，1946）。1954 年 Stephens 利用西非高粱和南非高粱杂交，获得了高粱雄性不育系，并在高粱品种中筛选到恢复系，建立了雄性不育三系体系（Stephens，1954）。利用雄性不育系生产高粱杂交种，开辟了常异交作物利用杂种优势的新途径。

此后，许多粮油棉作物和果蔬作物相继发现和育成了多种雄性不育系，进而育成杂交种，应用于生产。迄今杂交种已付诸生产应用的作物有玉米、高粱、水稻、谷子、油菜、棉花、甜菜、向日葵、烟草、黑麦、洋葱、大葱、番茄、茄子、辣椒、白菜、甘蓝、萝卜、花椰菜、西瓜、黄瓜、甜瓜、菠菜、莴苣、芹菜等等。另外在家蚕、家畜、果树、林木、牧草等生产领域也已广泛利用杂交种。世界主要粮食作物小麦的杂种优势利用，经过半个世纪各国科学家的不懈努力，目前已通过雄性不育三系、光温敏感雄性不育二系、化学杀雄等途径选育了一批强优势组合，正在一定范围内试用。

二、农作物杂种优势的生理生化基础

杂交一代所表现的各种优势，有其生理、生化基础。大量研究表明，杂交种在生理性状和生化代谢过程中有与亲本不同的特点。

秦泰辰（1981）报道，玉米自交系朝鲜红和 CI77166 的最大叶面积都较其 F_1 代低，抽穗盛期 F_1 代的叶面积指数为 2.45，亲本自交系朝鲜红和 CI77166 则分别为 1.71 和 1.83；自交系朝鲜红的全生育期光合势为 F_1 代的 73.14%，CI77166 为 F_1 代的 84.58%。河北师范大学生物系（1974）报道，玉米杂种群单 105 抽穗期叶面积指数为 2.64，亲本自交系 525 和 C103 分别为 1.55 和 1.57。全生育期单株光合势，亲本自交系 525 和 C103 分别为群单 105 的 55.3%和 54.9%。可见玉米杂交种的绿叶面积和光合势均比亲本有明显的优势。

作物杂交一代的光合强度，一般高于亲本。据河北师范大学（1974）测定，7 个玉米杂种一代的光合强度是亲本自交系平均值的 107.6%～128.5%。据上海植物生理研究所测定，扬花期杂交水稻光合强度为 15.6，亲本 IR661 为 10.1，另一亲本二九南 1 号不育系为 11.2。谢列维亚（1969）的研究表明，在玉米杂交种籽粒发育后期，叶面积和光合强度均明显超过亲本，籽粒干重增长量亦超过亲本。

许多研究指出，玉米杂交一代生长旺盛的原因之一，是杂交种体细胞分裂加速，细胞数目增长较快。细胞分裂、增大与生长素、异生长素、维生素等活性物质有关。马茨珂夫研究指出，杂种的 B 族维生素含量一般高于自交系，生长素类物质含量介于双亲之间。

杂交种的呼吸强度低于亲本，这是干物质积累优势的生理原因。延边农学院（1973）报道，玉米单交种的呼吸强度为亲本自交系的 86.8%～96.2%。杂交水稻的呼吸强度也比亲本为低，南优 2 号的呼吸强度在各个生育期均比 2 个亲本低。南优 2 号乳熟期的呼吸强度仅为亲本恢复系 IR24 的 88.35%，为亲本不育系二九南 1 号的 75.05%（上海师范大学生物系，1978）。光呼吸是一个消耗同化产物、浪费能源的过程，一些高产作物和优良作物品种往往具有低光呼吸的特性。水稻是光呼吸较强的 C_3 植物，而杂交水稻光呼吸则较低。据测定，杂交水稻南优 2 号，孕穗至乳熟期光呼吸强度明显低于恢复系和保持系。与光呼吸有正相关的过氧化氢酶活性，亦有相应的变化趋势。杂交水稻南优 2 号醇酸氧化酶相对活力为 62.2%，其亲本 IR661 和二九南 1 号不育系分别为 96.3%和 70.0%。

据上海植物生理研究所（1978）测定，杂交水稻南优 3 号扬花期 CO_2 补偿点为 76μl/L，而亲本 IR661 和二九南 1 号不育系分别为 80μl/L 和 88μl/L，这表明杂交种具有 CO_2 补偿点低的生理特点。这一特点还由光呼吸筛选箱生长试验而得以证实。在光呼吸筛选箱中密封 3 天后，杂交水稻南优 2 号和矮优 2 号叶片仍呈绿色，而亲本 IR24、IR661 、珍珠矮已开始发黄。密封 8 天后，两个杂交稻仍有少数幼苗呈绿色，而亲本已大部枯黄，10 天后亲本全部枯黄，而两个杂交种尚有 30%～40%带绿色的秧苗。

作物杂交种在抵抗不良物理因子方面亦有优势。沙赫巴佐夫以 48～58 ℃高温处理玉米杂交种及其亲本自交系的萌动种子 20min，发现杂交种种子半致死温度比自交系高 2 ～3 ℃。在 72～80 ℃的温度下处理，干种子半致死温度，杂交种比自交系高 2.5～ 4℃，表明杂交种具有较亲本强的抗高温性能。此外，还发现亲本与杂种在抗辐射方面也存在差异（秦泰辰，1981）。

杂种一代与亲本在生化代谢上有明显差异，其著名的例证是 Robbins（1941）的番茄品系及其 F_1 代的切根培养试验。品系 Johannesfeuer 切根后在加有吡哆酸（Pyroxidin）的培养液中生长良好，另一品系 Red Currant 切根后在加有尼古肼胺（nicotinamide）的培养液中生长较好。而这两个品系的杂交 F_1 代切根后，在缺乏这两种维生素的培养液中能正常生长，表明杂种合成吡哆酸和尼古肼胺的能力较其亲本品系更强。如以 N 表示有合成尼古肼胺能力的遗传因子，n 表示无此能力；P 表示有合成吡哆酸能力的遗传因子，p 表示无此能力。两品系及其 F_1 的基因型为：

亲本	Johannesfeuer	×	Red Cruuant
基因型	Nnpp	↓	nnPP
F_1 基因型		NnPp	

F_1 代综合了双亲的优点，具有合成两种维生素的能力，表现出生化优势。

杂种在产量、品质、抗病性方面的优势，都具有光合同化能力和生化代谢方面的基础，这是杂种优势的内在原因。

三、杂种优势的遗传解释

杂种优势是生物界的普遍现象，这种现象对于人类具有十分重要的经济意义。因此从 19 世纪末至今，国内外学者试图从遗传学角度解释杂种优势现象的成因，提出了许多假说，归纳起来主要有五种。

（一）显性因子假说

Bruce（1910）认为显性基因对生物生长发育有利，隐性基因对生物生长发育不利，F_1 代集中了两个亲本所有的显性基因，因而表现出杂种优势。

这一假说较好地解释了杂种优势产生的原因。人类关注的杂种优势性状大多为多基因控制的数量性状，一个亲本具有全部有利的显性基因的概率很小，只有 F_1 代才有可能将双亲的全部显性基因聚集起来，而产生优势。随着杂种优势的广泛研究，人们又给这一假说补充了一些新内容。

其一，显性基因的加性效应。因为农作物的性状大多可进一步细分为亚性状，许多亚性状显性基因的效应积加可使某一性状最终有明显的杂种优势。

其二，非等位基因的上位性效应，即指不同位点基因之间相互作用而导致的杂种优势。

显性假说也受到一个理论问题的挑战。如 F_1 代集中双亲全部显性基因而表现优势，

F_1 代自交，F_2 代以及以后世代应产生一定频率的纯合显性后代，其表现应与 F_1 代相同，但还未发现这样的事例。对于这一点，一些学者用显性基因连锁假说来解释，F_1 代具有双亲全部显性基因而表现优势，但显性基因往往与不利的隐性基因连锁，自交后代中难以得到显性纯合个体。另外许多事实说明显性基因并不一定优越，而且数量性状往往不存在明显的显隐性关系，这是该假说的又一明显的理论缺陷。

（二）超显性假说

Shull（1909）认为杂种 F_1 代生长势旺盛的原因，在于两个异质遗传因子结合产生的刺激作用，异质因子差异大，就表现较强的杂种优势。East（1936）在此基础上提出了等位多基因积累效应假说。他认为同一位点上存在一系列微效基因，这些功能、结构不同的基因在杂合时能表现出超出显性的效果，即 $a_1a_2>a_1a_1$，a_2a_2。例如植物的某一位点的两个基因分别控制对锈病 1 个生理小种的抗病性，纯系品种只抗 1 个小种，而杂种则能抗 2 个甚至 2 个以上生理小种。超显性假说认为这种位点内的杂合效应在不同位点之间还会产生互作，即二级甚或三级互作效应，因此 F_1 代比纯系品种显示出无法相比的优势。

超显性假说得到越来越多的生理、生化试验资料的支持。但这一假说也有理论上的缺陷，它完全排斥了显性基因的作用。而且在许多情况下，杂合体并不比纯合体优越。

（三）异质结合假说

达尔文的一个著名论点"非近亲交配有益，多代近亲繁殖有害"是这一假说的最早依据。Shull（1909）在这一学术观点影响下，提出了异质结合假说，认为杂交导致遗传异质结合，由于异质性配子结合的生理刺激作用，产生了杂种优势。他甚至将杂种优势归结为"一个改变了的细胞核和一个未改变的细胞质相互作用的结果"。

在 20 世纪作物杂种优势育种实践中，有一个被广泛接受的重要观点，认为双亲在起源、类型和亲缘关系上差异较大的组合，通常显示出一定程度的杂种优势。杂交水稻强优势组合大多是我国南方矮秆籼稻不育系与起源于菲律宾的"国际稻"及其衍生系组配的。杂交油菜"秦油 2 号"是日本油菜类型与欧洲油菜类型组配的。80 年代以来，我国大面积应用的玉米杂交种大多都是国内自交系与美国自交系 M107 及其衍生系组配的。近年来籼稻×粳稻亚种间超级杂交稻、陆地棉×海岛棉种间杂交种的强大优势更加说明了这一点。

（四）遗传平衡假说

1942 年，Mather 提出了"基因平衡"概念。他认为自花授粉物种的纯合体是经过长期选择保存下来的严格遗传平衡的基因组，能保证该物种在适应的环境下，繁殖最有适应性的后代。苏联学者杜尔宾由此发展成为解释杂种优势现象的遗传平衡假说（杜比宁，1974）。他认为任何性状的发育都是有关基因与环境互作决定的，即是遗传平衡的结果。杂种优势的表现也是遗传平衡的结果。玉米自交引起遗传平衡破坏而长势衰退，两个自交系杂交后，杂合基因型达到新的遗传平衡而表现优势。此假说的中心思想是不同基因型的相互作用，改变了原有遗传平衡。杂种群体是经选择而创造出来的一种遗传平衡很好的异质结合系统。所谓遗传平衡体系包括核基因组、核质互作、个体发育与系统发育、环境与遗传体系等的平衡。

遗传平衡假说表达了对杂种优势原因的总体见解，但没有说明体系内各组成因素的比重和不同意义。

（五）生活力假说

李森科在1952年提出这一假说，其中心思想在于认为生活力与遗传型是一个生物体的两种特性，是两个不同范畴的概念。近亲繁殖是稳定和保持遗传型的手段，而杂交是提高生活力的手段。生活力强弱，取决于两个亲本性细胞的遗传异质性程度。所以，杂种优势就是杂种的生活力。只要能揭露并正确利用亲本的遗传异质性，就可以在一定程度上控制杂种一代生活力的形成，即控制杂种优势（谢洛英莫娃，1956）。

上述假说各在某一方面有独到之处，但都不能很好地解释杂种优势这一复杂的现象，各种假说阐明的情况都可能单独或共同存在于一个杂种之中。对杂种优势形成的原因，除上述假说外，还有其他一些解释。利用分子生物学技术研究杂种在基因表达上的特点，可能会对杂种优势做出新的解释。关于杂种优势的理论，仍在进一步研究之中。

第二节　杂种优势利用基础材料的创制

杂种优势主要表现在杂种一代，以后各代随纯合基因型比率提高，优势渐次衰退。杂种优势利用的基础材料，应根据作物的栽培学和经济学特点，采用不同的途径，满足大量生产杂交一代种子的要求。创制杂种优势利用基础材料，有以下几种主要途径。

一、利用自交系选配杂交种

玉米雌雄同株异花，去雄方便，果穗大产种量多，适合人工去雄生产杂交种。因此，玉米是大田作物最早应用杂种优势的作物。最初提供试验的玉米品种间杂交种增产幅度不大。其原因是玉米品种是一个异交群体，由于显性基因的效应，许多有害基因得以在群体中保留，影响到杂种优势表现。采用玉米人工强制自交，得到遗传纯合的自交系，对抗逆性、配合力等加以选择，终于育成了现代玉米杂交种。玉米自交系的选育方法主要有以下5种。

（一）利用农家种、优良杂交种选育自交系

利用农家种、优良杂交种通常需自交5代以上，自交后代按果穗分别种植，逐代淘汰感病、畸形、生长势差的劣系。在自交2～3次后，选优良自交后代，与一个配合力中等的自交系或品种测交，进行配合力选择。这样就可能得到性状优良、抗病性强、配合力高的优良自交系。

（二）利用优良自交系杂交选育新自交系

其选育方法与自交作物杂交育种相同。即按育种目标选配亲本组合，逐代自交选择优系，直至稳定。这样育成的自交系一般称“二环系”。来源于优良自交系的杂交后代，较易获得生活力强、遗传特性好的自交系。如我国著名高配合力自交系自330即用此法育成。

（三）辐射引变选育自交系

利用X射线、γ射线和中子辐射诱导变异已成为作物育种途径之一。利用辐射引变选育自交系也已取得一些成果。辐射引变可用品种、杂交种、自交系等为材料。辐射剂量，杂交种干种子一般为2.5万～3.0万C/kg，品种为2.5万C/kg，自交系为1.5万～2.0万C/kg。有条件时也可在玉米开花前至开花期，将盆栽植株置于钴圃内照射，开花后分期采粉自交或杂交。辐射处理后代，按照辐射育种后代选育方法，逐代自交选育优良自交系。

（四）远缘杂交选育玉米自交系

利用与玉米较易杂交的大刍草（*Eushlaena*）、加马草（*Tripsacum*）、高粱等与玉米自交系或杂交种杂交、回交后代，选育自交系。据初步研究，能给玉米引入一些优良性状。

（五）轮回选择进行群体改良

随着玉米杂交种应用面积的增长，地方品种不断被淘汰，自交系血缘日益狭窄，利用二环系途径选育新的优良自交系，越来越困难。近年来，通过轮回选择进行群体改良以选育自交系的方法越来越受到重视。轮回选择的出发点是一批高配合力自交系间充分异交的群体，在群体中挑选优良单株选育自交系。群体中的配子基因型比较优良，遗传基础丰富，充分异交可使更多优良基因集合，打破不利基因连锁，增加基因重组机会。据报道，美国目前应用的骨干自交系，许多是通过轮回选择法得到的。

轮回选择的具体方法有半姊妹轮回选择、全姊妹轮回选择、半姊妹相互轮回选择和全姊妹相互轮回选择等。

自交作物和常异交作物，通过化学杀雄、人工去雄来利用杂种优势，其亲本遗传上与玉米自交系是相似的纯系，亲本材料的选育方法大致相近。

二、利用作物雄性三系选育杂交种

水稻、高粱、油菜、小麦等雌雄同花作物，必须有一种简便的大规模母本去雄方法，才能大量生产杂交一代种子。1908年在豌豆中发现了作物雄性不育现象，给这些作物的杂种优势利用带来了希望。1954年Stephens最早利用西非高粱作母本、南非高粱作父本，连续回交后得到了具有西非高粱细胞质、南非高粱细胞核的高粱雄性不育系3197A，原回交父本3197便是这个不育系的雄性不育保持系，利用不育系3197A与高粱品种广泛测交，得到了雄性不育恢复系。不育系、保持系、恢复系合称雄性不育三系。1956年美国利用高粱三系配制的杂交种，约推广13万hm^2左右。1959年后杂交高粱推广面积已占美国高粱面积的90%。我国在1956年引进美国高粱三系，我国育成的杂交高粱在60年代末推广，1975年种植面积已达267万hm^2。

不育系与保持系在隔离区内相邻种植，生产不育系种子，不育系与恢复系在隔离区相邻种植生产杂交一代种子，这种三系体系是一些作物大规模利用杂种优势的基础。

（一）雄性不育系的选育

1. 细胞核代换　根据遗传学原理，以某种近亲植物为母本，而以一种作物品种（系）为父本，连续回交7～8代，父本的核遗传物质将取代母本核遗传物质，成为具有近亲植物细胞质和这一种作物细胞核的细胞核代换系。由于异种细胞质与细胞核的相互作用，某些核代换系出现雄性不育，而回交父本则成为这种雄性不育的核代换系的保持系。细胞核代换方法是作物雄性不育系创制的基本途径。高粱雄性不育系3197A就是用核代换方法创制的。

1962 年 Wilson 等育成了具有提莫菲维小麦（*T. timopheevi*）细胞质和普通小麦细胞核的 T 型小麦雄性不育系，并用核代换过程中产生的可育株选育恢复系，育成小麦 T 型雄性不育三系。此后世界各小麦主产国纷纷引进，用以进行杂交小麦的选育（Wilson，1962）。至 80 年代初期，虽经过育种家的努力，T 型杂交小麦仍未能在生产上应用。一般认为 T 型不育系恢复源稀少，恢复度不高，不育系种子皱缩，影响到杂种一代的优势，增加了杂交小麦选育的难度。各国科学家开始另辟蹊径，相继得到 40 多种异源细胞质的小麦不育系，但绝大多数由于细胞质的不良遗传效应而不能用于杂交小麦选育。日本学者常胁恒一郎等 1978 年报道，将斯卑尔脱小麦、莫迦小麦、普通小麦 1B/1R 易位系“沙尔蒙”细胞核导入粘果山羊草（*Ae. kotscheyi*）细胞质，产生完全雄性不育，“中国春”等小麦可恢复其育性。“沙尔蒙”保持的不育系虽性状较好，但产生约 30%～40%的单倍体，而斯卑尔脱小麦和莫迦小麦为野生种，亦很难用于杂交小麦选育（Tsunewakik 等，1978）。

何蓓如等（1987）分析了常胁的研究资料和中国 1B/1R 类型小麦的系谱，认为利用中国 1B/1R 类型小麦与粘果山羊草的细胞质，有可能合成不产生或极少产生单倍体的不育系。1981 年开始进行选育研究，1987 年完成 1B/1R 类型粘果山羊草细胞质的小麦雄性不育系（简称 K 型不育系），并测交从中国小麦中获得一批恢复系，实现了三系配套。选育过程如下：

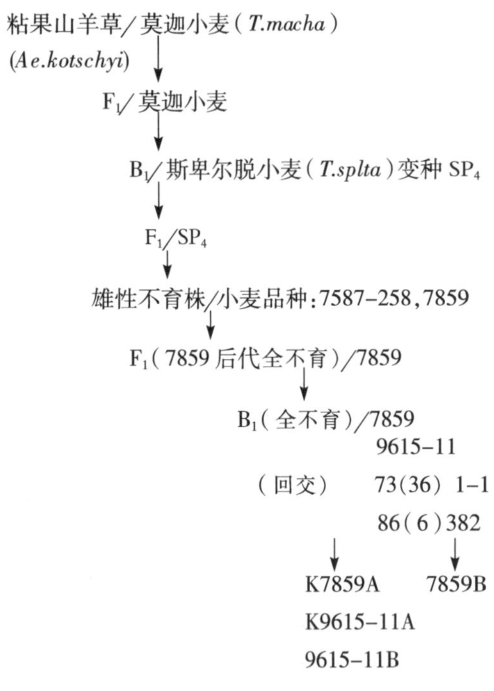

K 型不育系与 1 055 个小麦品系测交，结果能完全保持其不育性的小麦品系占 26.2%，能恢复 K 型不育系育性（F_1 代自交结实率在 80%以上）的恢复系占 30.2%，其余 43.6%的品系不同程度地恢复 K 型不育系育性。这表明 1B/1R 类型的 K 型不育系恢复源较为广泛。

细胞质遗传效应分析结果表明，粘果山羊草细胞质对小麦主要经济性状没有显著不良或有利影响，核质互作效应显著，表明 K 型小麦雄性不育系的细胞质基础是好的。

在获得一批不育系和恢复系后，经选择，育成了一批配合力较高的三系亲本。由此育成适应西北春麦区的强优势组合“西农 901”，1995 年通过审定，并用于生产。

我国杂交水稻的年应用面积已达数千万公顷，主要通过雄性不育三系生产杂交种子。目前应用较广的野败型雄性不育系是我国野生稻细胞质与我国南方籼稻核代换获得的，在东南亚水稻中获得了恢复系，实现了三系配套。除野败型外，采用各地野生稻与栽培品种杂交、回交，亦育成了各种野生类型细胞质的雄性不育系，如红野型不育系、崖野型不育系、藤野型不育系、华野型不育系、合野型不育系和野栽型不育系等（李炳泽等，1982）。用籼稻与粳稻杂交和回交，育成了粳型不育系，如滇一型、滇二型及杜-129不育系等。

我国在世界上首先大面积应用的杂交油菜也是通过雄性不育三系途径育成的。其雄性不育系亦是通过核代换方法获得的。

种内存在细胞质遗传分化的物种，利用种内细胞质也可育成雄性不育三系。除高粱雄性不育系外，玉米利用种内细胞质差异育成了T型、C型、M型等雄性不育三系用于生产。

在蔬菜育种中，已获得了洋葱、萝卜、大白菜等雄性不育三系，这些蔬菜作物杂种优势利用取得了很高的经济效益。蔬菜大多以收获营养体为目的，利用不育系与其他品种杂交，只要求一代营养体优势强，不必考虑育性是否恢复和三系是否配套。

2. 射线诱变雄性不育系及恢复系　1961年辽宁省昭乌达盟农科所用$^{60}C_O-\gamma$（射线以2 000C/kg的剂量处理玉米品种间杂交种“赤交26”一代种子，在M_3穗行中发现了4个雄性不育株，遂用同一穗行可育株花粉授粉，父本株自交，经过连续回交和育性鉴定，育成了雄性不育系“赤双26”（辽宁省昭乌达盟农科所，1974）。经遗传分析，赤双26不育系属核质互作类型，与玉米T型、M型不育系有所区别。该不育系配置的杂交种已用于生产。

恢复系的诱变选育亦有成功的事例。Sasaki等（1978）用X射线处理小麦T型不育系“比松”，获得育性恢复突变，并证明这些突变系对T型不育系具有一定恢复能力。何蓓如等（1989）用$^{60}C_O-\gamma$射线于1979—1980年分别处理T型不育系T小偃4号A、T郑引1号A均获得育性恢复突变系，经与T型不育系测交，平均自交结实率为86.7%，基本保持了原不育系的优良综合性状。

三、核不育材料的创制

能实现三系配套的雄性不育系属核质互作不育遗传类型。而完全由细胞核基因决定的雄性不育称为核不育材料。核不育材料一般找不到稳定保持系，且通常不是完全雄性不育的，其可育花自交后代育性分离，仍产生一定比例的不育株。用核不育材料生产杂交一代种子的方法，一是在母本行内拔去可育株，保证F_1代全部是杂种，二是母本或父本有可遗传的标志性状，根据标志性状在F_1代间苗时拔除假杂种。显然这种方法只能在用种量小、经济价值大的作物中运用，近年在番茄、大白菜等蔬菜作物中有所应用，在棉花生产中也有应用。黄寿松等（1993）将长穗偃麦草的蓝胚乳基因标记到小麦核不育材料的可育基因染色体上，这种不育材料称为小麦蓝标型核不育材料。自交当代籽粒粒色分离，纯白色为全不育株，淡蓝色为可育杂合体，后代仍可分离出不育株，如果能有一种高效低成本的粒色分检机具，可检出白粒种子用于制种，浅蓝色种子用于生产不育系。

核不育材料主要从大田群体中发现。核不育材料的改良，可采用优良农艺亲本与核不育材料中的不育株隔代回交，即杂交一次、自交一代，在自交后代中选优良不育株再回交，直至达到目标为止。

四、光、温敏感雄性不育系的创制

多种生态因子可影响植物雄性育性的表达，其中对光周期、气温因子的敏感性较易利用。最早发现毛梗双花草的育性与光周期的变化有关，此后相继在水稻、小麦、高粱、油菜、大豆等作物中也都发现光周期或温度敏感型雄性不育现象。针对雄性不育三系生产杂交种过程中的技术问题，人们设想利用光周期或温度敏感的雄性不育系，来生产杂交种和实现不育系的自繁，将三系法简化为两系法。

石明松（1973）在晚粳农垦 58 的大田中发现了一株雄性不育株，经反复试验证明，在日照≥14h 的条件下稳定雄性不育，而在短日照条件下则不同程度的可育，其育性转换是稳定遗传的。1985 年该不育材料被命名为“湖北光周期敏感核不育材料”（HPGMR），即农垦 58S（勒德明等，1987）。各地以农垦 58S 为亲本的性状改良，已育成一批新的籼稻、粳稻光敏材料。此后在水稻中又发现了安农 S－1、衡农 S－1 等新的光敏或温敏雄性不育材料（卢向阳等，1991）。1992 年两系杂交稻衡农 S－1×明恢 63 组合通过了审定。目前，我国水稻遗传和育种工作者致力选育优良的籼型光敏不育系和粳型广亲和恢复系，以期培育籼粳亚种间两系“超级杂交稻”。

日本学者 Sasakuma 等（1979）在 D^2 类山羊草细胞质的小麦核代换系中，发现了小麦育性的光周期敏感现象，并在中国春及日本品种中找到了育性恢复基因。1992 年何觉民等育成了 ES－3、ES－4、ES－5 等一系列光温敏雄性不育小麦。同年谭昌华等育成了重庆温光型雄性不育小麦（谭昌华等，1992）。

近年何蓓如等在中国北方观察到 ES 系列及重庆光温敏雄性不育小麦，在黄淮麦区不能表现雄性不育特性，推测是北方小麦配子形成期气温高于这两种不育系的育性转换临界温度。因此，开始选育适应北方小麦主产区光温条件的光温敏小麦不育系。经当地分期播种和多点异地种植，育成了 3 种类型光周期敏感、异常温度敏感的小麦雄性不育系（易同名，1998）：

（1）长日照敏感不育系 A31：幼穗分化后期，在日照≥14.3h 的条件下表现完全雄性不育，低于此日照则表现不同程度自交育性。日照是育性转换主控因子，温度亦有一定修饰作用。现已在黑龙江、吉林春播 2 年，表现稳定，完全雄性不育。而在黄淮麦区种植，自交结实率在 70％左右。

（2）中长日照敏感不育系 A20：幼穗分化后期日照≥12.6h 完全雄性不育，而在日照＜12.6h条件下有不同程度的自交育性。

（3）异常温度敏感雄性不育系 A16：在减数分裂期前后日平均气温≥18℃有一定自交育性。而在黄淮麦区秋播则完全雄性不育。利用 A16 配置的杂交组合“9070”经 3 年多点试验均比对照增产 20％以上，正在扩大繁殖制种和试验示范。

我国大麦和高粱光温敏雄性不育系研究已取得了重要进展。陈绍光（1990）获得杂交大麦两系法制种技术专利。王前和等培育成光（温）敏雄性不育系大麦。陈淑君 1992 年培育成光温敏雄性不育高粱。

光温敏感不育材料创制的基本途径，是比较同一材料处于不同光温条件下的雄性育性。基本方法是在当地分期播种，并结合异地多点试验。其遗传改良一般是利用农艺亲本与光、温敏材料杂交后代，在分期播种试验中筛选对光、温敏感的不育性，并在正季播种条件下选择抗病性、产量、品质等性状。

五、选育作物雄性不育系的染色体工程方法

染色体工程在现代作物育种工作中日益显示其独特的作用，有目的地添加、削减、代换染色体片段以及创造易位系，可以产生有益变异。在作物杂种优势利用基础材料创制中，染色体工程也有特殊的作用。

（一）创造双杂合体作为玉米核不育系的保持系

核不育材料一般因得不到保持系，而无法使雄性不育性代代相传。育种家通过染色体工程方法选育出玉米双杂合体，用作核不育材料的保持系。双杂合体的遗传结构的特点是具有 1 对缺失杂合染色体，缺失染色体上带有可育基因 *Ms*，而正常染色体上带不育基因 *ms*。缺失染色体不能通过雄配子传递，而可以通过雌配子传递，因此它产生的有生活力的雄配子全部带有不育基因 *ms*，与核不育基因型 *ms ms* 杂交，后代群体全不育。而双杂合体自交，仍产生 1/2 的双杂合体及 1/2 的不育个体，见图 9-1。

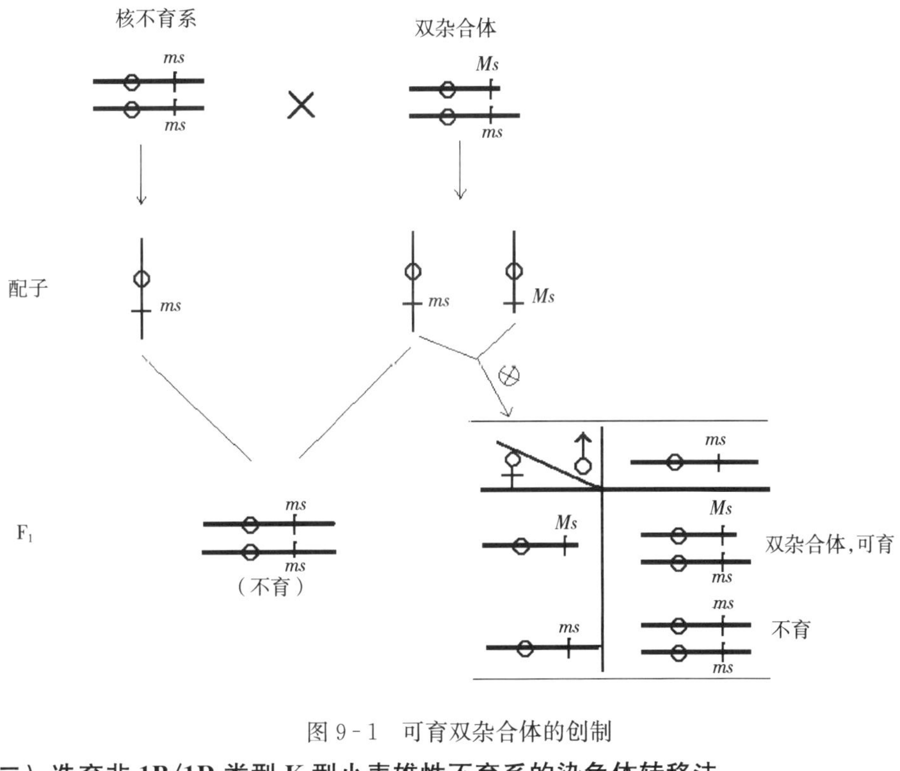

图 9-1　可育双杂合体的创制

（二）选育非 1B/1R 类型 K 型小麦雄性不育系的染色体转移法

我国当前用于杂交小麦选育研究的 K 型不育系，是以 1B/1R 类型为保持系的。由于小麦条锈生理小种的变化，大多数 1B/1R 类型小麦已丧失了抗病性，而且 1B/1R 类型小麦品质不佳、遇雨易造成穗发芽，近年由 1B/1R 类型杂交选育的小麦优良 1B/1R 材料越来越少，K 型不育系面临失去保持系资源支撑的潜在问题。

何蓓如创制了一种通过染色体转移方法选育非 1B/1R 类型 K 型小麦雄性不育系的专

利技术（何蓓如，1987）。小麦野生变种斯卑尔脱小麦1B染色体短臂上存在T型恢复基因 Rf_3 和K型不育主效基因 rfk_1，两者有连锁关系。基于这种遗传关系，用优良T型不育系作母本，以斯卑尔脱小麦变种（*T. splt.* var. *duh.*）为父本杂交得到半可育的 F_1 代，因 Rf_3 是T型不育的恢复基因，育性恢复即标志 Rf_3 基因的存在，和与其连锁的 rfk_1 基因以一定的概率存在。F_1 与T型不育系回交，以消除斯卑尔脱小麦的野生性状，回交一代育性分离，选性状好且育性恢复单株自交同时与K型不育系测交，能完全保持不育性的单株后代即非1B/1R类型。其遗传结构是具有提莫菲维小麦细胞质和斯卑尔脱小麦1B染色体短臂有关 Rf_3 和 rfk_1 基因的片段，由于 Rf_3 基因纯合，育性正常，称作TSP材料。

TSP材料在遗传上已满足了非1B/1R类型K型保持系的要求，但由于带有较多野生不良性状，一般不能满足育种要求，因此只是选育非1B/1R类型K型保持系的基础材料。

以TSP材料为母本去雄，与适于作为杂交小麦母本的优良材料杂交、回交，每代选出性状优良可育株回交2～3代，再自交1～2次，后代选系对K型不育系测交，选出优良保持系并与雄性不育的 F_1 回交几代，即育成优良的非1B/1R类型K型小麦雄性不育系。为加速进程，也可从 B_1 代开始一边回交，一边与不育系测交、回交。从杂交开始，经过5～6代即可育成新不育系（图9-2）。

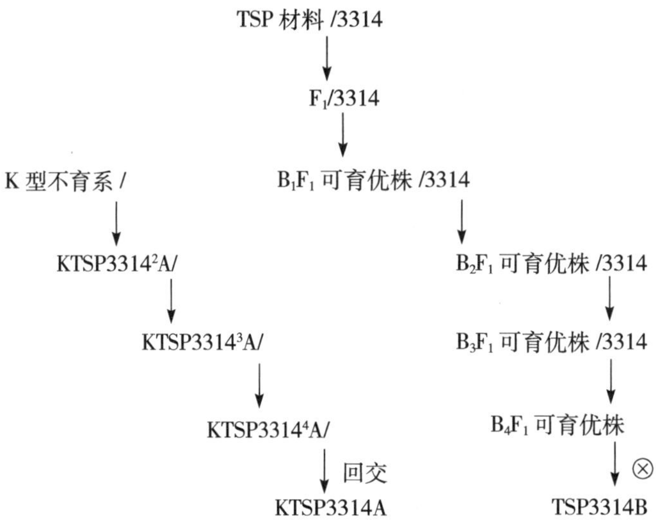

图9-2 非1B/1R类型K型小麦雄性不育系选育

利用这一方法可将任意优良小麦品种（系）改造成非1B/1R类型K型不育系。育成的非1B/1R类型K型不育系，与遗传型相似的1B/1R类型不育系的比较表明，非1B/1R类型K型不育系不产生单倍体，平均恢复度提高17.4%。

此外，1972年Dviscoll提出了小麦核雄性不育的X、Y、Z三体系统的构想，为麦类作物雄性不育及杂种优势利用提供了一条新思路。

六、自交不育和系的创制及应用

自交不育和性是指雌雄配子均正常，而自交时由于特殊的遗传机制，花粉粒不萌发或花粉管延伸不够，导致不能授粉结实。而遗传型不同的个体之间授粉结实则是正常的。

自交不育和性是植物界广泛存在的现象，在 55 个科 176 个物种中都有发现，尤以十字花科植物发生最为普遍。1932 年 Pearson 建议利用自交不育和系配置杂交种。20 世纪 70 年代以来，我国科学工作者育成了高配合力大白菜、甘蓝自交不育和系并相继育成强优势杂交种。80 年代后，这些杂交种已在全国范围内广泛应用。

关于自交不育和性的遗传机制，一般认为是细胞核内存在不亲和基因 S，S 位点存在一系列复等位基因 S_1，S_2，S_3……等，当雌雄配子具有相同基因时，花粉粒壁与柱头上的乳突细胞产生拮抗作用，而当雌、雄器官基因型不同，如为 S_1S_2，S_3S_4 时，花粉粒落在柱头上，乳突细胞水解，花粉萌发，花粉管伸入花柱。

研究发现自交不育和植物花蕾期柱头尚未成熟，乳突细胞覆盖不完全，开花前 2～4 天剥开花蕾授粉自交，往往能够结实。自交不亲和系蕾期授粉产生下一代自交不育和系，自交不和育系与其他品种杂交即可产生杂交一代种子。

自交不育和系的创制，一般采用自交分离、定向选择的方法。选择指标有 3 个，一是自交不育和性的稳定性，由此保证生产杂交种的纯度；二是蕾期授粉结实的可靠性，使其得以繁种；三是配合力、抗病性及经济性状的选择。

杂种优势利用基础材料的创造除上述途径外，还有雌性系利用、孤雌生殖利用等。利用基因工程方法导入雄性不育基因的研究进展，已引起广泛关注。随着科学技术进步，将产生更多的有效途径，用来创制杂种优势利用基础材料。

第三节　农作物杂交种的抗病性

抗病性增强是杂种优势的重要特征之一。由于双亲抗病基因在 F_1代的累加，等位基因间的显隐性互作和非等位基因的上位性互作，杂种一代的抗病性有不同程度的优势。

农作物杂交种的抗病性与亲本的抗病性密切相关。抗病杂交种的选育通过抗病亲本的合理选育与组合配置来实现。抗病遗传资源的发掘以及与优良性状和高配合力的结合是选育抗病杂交种的基础。

农作物抗病性是植物与致病微生物长期相互作用的结果。人类在病原微生物致病基因变异和植物抗病基因变异的互动中维持农作物的相对抗病性。因此，研究专化致病性生理小种的变异是保持农作物杂交种抗病性的又一基础。

一、玉米杂交种的抗病性

我国自 1953 年开始利用玉米品种间杂交种，20 世纪 60 年代开始应用自交系间双杂交种，70 年代主要应用自交系间单杂交种。抗病杂交种的应用有效地控制了大斑病和小斑病，基本解除了丝黑穗病对玉米高产区的严重威胁。

（一）玉米杂交种对大斑病的抗病性

玉米对大斑病的抗病性可分为多基因抗病性和单基因抗病性。多基因抗病性属于非小种专化性抗病性，它对大斑病的各小种具有近似的抗病能力。生产上使用的抗病杂交种大多有多基因抗病性。单基因抗病性是对大斑病菌特定毒性小种的抗病性，某个抗病基因只对 1 个或几个小种有效，而对其他小种无效。

多基因抗病性多表现为成株期抗病性，虽不能达到免疫程度，但可通过降低流行速度和减少再侵染菌源，使菌量积累趋缓而减轻病害。此类抗病性为数量性状遗传，取决于部分显性基因的累加效应，也有的为显性和上位性效应。杂种一代的抗病性近似或高于双亲抗病性的平均值。辽宁省丹东市农科所研究了大斑病抗病性不同的自交系组配成的单交种与亲本抗病性的关系，抗病性 1 级的自交系与 2 级的自交系组配、2 级与 2 级的组配，在 5 个组合中 F_1代抗病性都为 1 级，表现了抗病性的累加效应。2 级的自交系与 3 级的自交系组配的 2 个组合，其杂种 F_1代，1 个组合为 1 级，另一个组合平均为 1.32 级，表现超亲遗传。亲本抗病性级别 2 级的与 4 级的组配，5 个组合 F_1代的平均抗病性级别分别为 1.75、1.70、2.19、1.96 和 1.23，亦表现超亲遗传。亲本 3 级与 4 级的组配，在 4 个组合中，F_1代的平均抗病性级别分别为 3.88、2.73、2.67 和 1.37 级，亦即除了 1 个组合接近 4 级，其余均在 3 级以下，甚至 1 个组合略高于 1 级，明显表现出抗病基因的累加效应。亲本抗病性 4 级与 4 级的亲本组配，6 个组合的 F_1抗病性级别依次为 4.3、3.69、3.61、3.41、4.30 和 4.69，也表现出基因的累加效应。总之，多基因抗病亲本的组合大多因抗病基因累加而使抗病性增强。

小种专化性抗病性由主效基因控制，已发现的主效抗病基因主要有 Ht_1、Ht_2、Ht_n 等。主效基因抗病性大多为显性遗传，少数为隐性遗传。

小种专化性抗病性在新的毒性小种未产生时有良好的保护效果，一旦新毒性小种产生将很快“丧失”抗病性。

（二）玉米杂交种对小斑病的抗病性

玉米小斑病菌有 O 小种和 T 小种，O 小种对正常细胞质和各类型雄性不育细胞质具有相似的毒性，而 T 小种对 T 组（包括 T、P、Q、Ha 型）雄性不育细胞质具有专化毒性。

1. *对 O 小种的抗病性*　玉米对小斑病菌 O 小种的抗病性大多由多基因控制，表现为数量抗病性。抗病自交系与感病自交系组配，杂种一代抗病性大多为部分显性，抗病基因具有累加效应和互补效应。山东农业大学鉴定了 1 491 个单交组合的抗病性，两个亲本都抗病，组配的单交种也全部抗病；两个亲本自交系都感病，组配的单交种，64.7%感病，35.3%中度或轻度感病；两个中等抗病的自交系组配的单交种，中抗的占 52.9%，轻感的占 29.4%，重感的占 17.7%；抗病自交系与感病自交系组配的单交种中等偏抗。我国已选育出一批高抗自交系，其杂交种已广泛应用，大大减轻了小斑病的发生。

玉米对小斑病也有单基因控制的抗病性。国外发现了隐性抗病基因 *rhm*，并将 *rhm* 基因导入感病系，抗病性提高的程度不同，且不很突出。许多学者认为，*rhm* 基因抗病性必须与多基因抗病性结合才能充分发挥作用。

2. *对 T 小种的抗病性*　玉米对小斑病菌 T 小种的抗病性主要由细胞质基因控制，核基因也有一定影响。现已查明所有 T 组玉米不育系对 T 小种都是敏感的。我国山东省烟台地区农科所 、辽宁省丹东市农科所、河南省新乡地区农科所、山东省农业科学院、原北京农业大学等单位，从 20 世纪 60 年初期就开始将一批优良自交系转育成 T 型不育系，并选育出杂交种，结果均因小斑病为害，而蒙受严重损失。至 60 年代后期，国内大部分单位放弃了 T 型不育系的利用。据研究，细胞质控制的抗病性可能属于小种专化性抗病性，有可能选择产生新的毒力小种。

玉米C组、S组不育系抗T小种，我国育成的双26不育系也抗T小种。

育种实践表明，核基因背景不同的T型不育系对T小种的抗病性有差异，但其抗病效应不及细胞质基因大。

3. 对丝黑穗病的抗病性　丝黑穗病在我国春玉米区普遍发生，病株颗粒无收，发病率等于损失率，具有毁灭性。

据吉林省农业科学院研究，2个抗病自交系组配的杂种一代抗病，2个感病自交系组配的杂种一代感病，其发病率比亲本低。抗病与感病自交系组配，F_1代发病率中间偏高。但由于丝黑穗病的危害大，杂种一代应以不感病为目标。我国20世纪70年代中期的骨干自交系525、埃及205、唐四平头等都感病，大面积应用曾造成春玉米区丝黑穗病流行。后使用了自330、Mo17等抗病自交系及其杂交种，很快控制了丝黑穗病的流行。

二、杂交水稻的抗病性

（一）对稻瘟病的抗病性

稻瘟病是发生最广，危害最大的世界性水稻病害，病原菌分化出几百种生理小种。经遗传研究，现已发现水稻有14个抗病位点，21个抗病基因。有3个位点存在复等位基因。病原菌小种与抗病基因有明显的专化性互作。抗病性可由1对、2对，甚至4对基因控制。大部分水稻品种含有1～3对显性抗病基因，极少数抗病基因隐性。抗病基因之间可能有互补、重叠、上位和抑制等互作关系。

湖南农学院对大量杂交水稻组合进行了抗稻瘟病遗传分析。在三叶一心期接种，接种后10天调查病情，据以分为抗病、中抗、感病等3个等级。在224个杂交组合中，抗病显性的有102个组合，抗病隐性的有31个组合，中间型有15个组合，超亲有18个组合；双亲抗病而F_1代也抗病的有24个组合，双亲感病而F_1代感病的组合有34个。可见在大多数情况下，抗病性表现为显性或部分显性，能比较容易选出抗稻瘟病的组合（朱立宏，1990）。

此外，水稻对稻瘟病还有多基因抗病性，尚待深入研究。

（二）对水稻白叶枯病的抗病性

水稻白叶枯病菌有多个致病型，具专化致病性。1961年日本西村首先报道，水稻第四染色体上有一个显性抗病基因。据称已命名的抗病位点有8个，抗病基因有20多个。水稻有显性单基因控制的抗病性，也有2对以上不完全显性基因控制的抗病性，少数抗病基因表现隐性，非等位基因之间可能有互作效应（朱立宏，1990）。

菲律宾国际水稻研究所认为南亚、东南亚地区有3个白叶枯病抗源中心，即尼泊尔、孟加拉中心，南印度、斯里兰卡中心和印度尼西亚中心，该所育成的IR系列抗病品种所用抗源大部分来自这三个中心。

杂交水稻对白叶枯的抗病性，因亲本抗病性不同而不同。湖南农学院（1978）用85个杂交组合及其亲本进行抗白叶枯遗传分析。结果大部分组合抗病性为不完全显性，其他为抗病性显性、抗病性隐性和超亲遗传。研究证实，抗病性与细胞质基因无关。

在生产中，高抗恢复系IR26与高感不育系二九南1号、珍汕97、V20不育系组配的杂交稻南优 6 号、汕优 6 号、威优 6 号等表现中抗；中感恢复系 IR24、IR661 与高感不育系二九南 1 号、珍汕 97 组配的杂交稻南优 2 号、南优 3 号、汕优 2 号、汕优 3 号等表现中感；高感恢复系“意广”与高感的红莲-华矮 15 不育系组配，其杂交种为高感。20 世纪 80 年代以来，为提高杂交水稻的抗病性，以多抗、优质为目标选育新恢复系，以代替抗病性不强的恢复系 IR24、IR26。经过努力，筛选得到了 IR30、密阳 46、测 64、测 48 等，杂交育成了明恢 63、桂 33、台八-5、二六窄早等早熟、抗病恢复系，产生了一批早熟性、抗病性有所提高的杂交组合，如威优 48-2、威优 1126 等杂交早稻，威优 64、汕优 63、汕优桂 33、汕优 10 号等中晚杂交稻，秀优 57、六优 C 堡、六优 1 号等粳型杂交稻。

三、杂交小麦抗病性的估计

杂交小麦目前尚未在生产上大面积应用，但从抗病性遗传研究和小面积示范，可对杂交小麦的抗病性作一估计。

Shebeski（1966）在加拿大中部调查了春小麦 6 个生产品种及其 14 个 F_1代杂交种对秆锈病的抗病性，发现抗病为显性的组合 4 个，抗病性处于双亲之间的组合 2 个，感病显性组合 6 个，其余 2 个组合双亲抗病性无差异，F_1代表现与亲本相同。由此可以看出，双亲抗病性有差异时，约有半数组合 F_1代表现不同程度的抗病性（谢学民等，1981）。

据原北京农业大学研究，对条锈病抗病性不同的品种杂交，F_1代抗病性表现显性或不完全显性，也有呈隐性的。

F_1代对叶锈病的抗病性亦随组合和抗源而异，控制抗病性的基因也有寡基因和多基因的不同。

对白粉病的抗病性亦因组合和抗源不同而在 F_1代有不同表现，抗病性显性、隐性或表现出中间类型。

总体来看，小麦抗病性的杂种优势表现，应与其他农作物一致。只要加强亲本抗病性的选育，根据抗病性遗传特点选配组合，就会得到抗病杂交小麦。我国 20 世纪 90 年代已审定的三系杂交种西农 901，化杀杂交种化优 1 号、津化 1 号等在生产中表现了较好的综合抗病性。

小麦重要致病菌都有较多小种，在选育杂交小麦时应密切关注小种动态。

四、果蔬作物杂交种的抗病性

我国瓜果、蔬菜作物已基本实现杂种化，杂交种在产量、品质等方面优势突出，抗病性的优势也很明显。

天津市农业科学院的津杂号、西北农业大学的农城号等黄瓜杂交种在抗枯萎病、霜霉病等重要病害方面表现突出。中国农业科学院和山东省一些单位选育的甘蓝杂交种具有较强的综合抗病性。西安市农科所选育的番茄杂交种有较强的抗病毒能力。山东省各单位选育的丰抗号大白菜杂交种抗霜霉病和软腐病的能力较强。这些杂交种的推广在保证我国蔬菜产量稳定方面发挥了很大作用。

西北农业大学选育的西农 8 号西瓜杂交种，由于有突出的抗枯萎病能力，在重茬面积大、发病严重的主产区大受欢迎，推广面积迅速扩大。

参 考 文 献

[1] 杜比宁．植物育种的遗传学原理．北京：科学出版社，1974

[2] 何蓓如，宁毓华，刘曙东等．1B/1R 类型小麦 K 型雄性不育体系初步研究．西北农业大学学报，1987，15（3）：107～109

[3] 何蓓如，李正德，李冬肖．$^{60}Co-\gamma$ 射线诱导的小麦 T 型雄性不育系育性恢复突变．遗传学报，1989，16（1）：1～6

[4] 何觉民，戴君惕，邹应斌等．两系杂交小麦研究：I．生态雄性不育小麦的发现、培育及其利用价值．湖南农业科学，1992（5）：1～3

[5] 河北师范大学生物系植物学研究组．玉米杂种、自交系、品种光合性能的比较研究初报．遗传学通讯，1974（4）：35～40

[6] 黄寿松．小麦核型—蓝标型雄性不育、保持系的研究与利用．杂种小麦研究进展．北京：中国农业出版社，1993

[7] 勒德明，李泽炳，万经猛．水稻光周期敏感核不育特性在育种上的主要利用途径及其价值．中国农业科学，1987，20（1）：6～12

[8] 李泽炳，肖翊华，朱英国等．杂交水稻的研究与实践．上海：上海科学技术出版社，1982

[9] 辽宁省昭乌达盟农科所．玉米新雄性不育系"双 26"的选育研究．遗传学通讯，1974（3）：21～24

[10] 刘仲元．玉米育种的理论与实践．上海：上海科学技术出版社，1964

[11] 卢向阳，易建华，饶力群等．温度和日长对"安 S-1"育性的影响及其花粉败育的机理．湖南农学院学报，1991，17（3）：427～432

[12] 秦泰辰．杂种优势利用原理和方法．南京：江苏科学技术出版社，1981

[13] 上海师范大学生物系．水稻栽培生理．上海：上海科学技术出版社，1978

[14] 谭昌华，余国东，杨沛丰等．重庆温光型核不育小麦的不育性研究初报．西南农业学报．1992，5（4）：1～6

[15] 西北农学院．作物育种学．北京：中国农业出版社，1981

[16] 谢学民，张全德，朱汉如．小麦杂种优势的研究与利用．上海：上海科学技术出版社，1981

[17] 延边农学院农学系作物育种组．玉米杂交种性状的遗传规律．遗传学通讯，1973（1）：1～7

[18] 杨之炯．美国杂种玉米育成经过与现状．农报，1946，（3）：7～11

[19] 玉米遗传育种学编写组．玉米遗传育种学．北京：科学出版社，1979

[20] 中国科学院遗传研究所．植物雄性不育的意义及其研究动态．遗传学通讯，1971（1）：32～35

[21] 朱立宏．主要农作物抗病性遗传研究进展．南京：江苏科学技术出版社，1990

[22] Beal WJ. Indian corn. Mich State Bd Agr Ann Rpt，1880，19：279～289

[23] Bruce AB．The Mendelian theory of heredity and the augmentation of vigour. Science，1910，32：627～628

[24] Eest EM．Heterosis．Genetics，1936，2：375～379

[25] Hanson WD. Correlation of mitochondrial activities and plant bigor with genotypic background in maize and soybeans. Crop Sci，1946，15：62～66

[26] He PR，Li HB，Ma LJ，et al.．Breeding of Non-1B/1R K-type male sterile wheat lines by means of chromosome transfer，The Proc，1st Int．Workshop on Hybrid Wheat，China Agri Uni Press，1988，Beijing，57～64

[27] Sasaki M, et al. 5th Wheat Genet. Symp. 1978, 295～299

[28] Sasakuma T, Ohtsuka I . Cytoplasm effects of Aegilops species having D genome in wheat, I. Cytoplasmic differentiation among five species regrding pistillody induction. Seiken Ziho, 1979, 27～65

[29] Shull GH . A pure Line method of corn breeding. Rept Amer Breeders Assoc, 1909, 4: 296～301

[30] Stephens JC, Holland RF. Cytoplasmic male sterility for hybrid sorghum seed production. Agron Jour, 1954, 46: 20 ～ 23

[31] Tsunewakik MY, Endo R . On the descent of the cytoplasms of polyploid species in Triticum and Aegilops. Proc 5th Int Wheat Genet Syinp, 1978, 53～62

[32] Wilson JA, Ross W. Male sterility infection of the *T. aestium* nuclears and *T. timopheevi* cytoplasm. Wheat Information Service, 1962, 14: 29～30

第十章

作物基因工程与抗病育种

第一节　基因工程育种原理

20 世纪后叶，分子生物学领域一系列突破性成就及实验技术的建立，使生物技术得以发展并为人类带来巨大利益和财富。生物技术已浸透到生命科学的各个领域。

生物技术通常包括基因工程、细胞工程、发酵工程和蛋白质（酶）工程等四个方面。其中，以克隆和重组 DNA 为核心技术的基因工程最重要，发展也最快，带动和促进了生物技术其他三个方面的发展。在植物科学领域，特别是农业科学方面，基因工程技术除广泛地应用于基础理论研究，例如作物优质、高产、抗病、抗虫、抗旱、抗盐碱机理研究和基因功能研究外，也已成功地用于基因工程育种，已创制了一些抗虫、抗病、抗除草剂、优质、高产、抗旱和抗盐等作物品种，显示了十分良好的应用前景。

本节仅就基因工程概念、基因工程育种原理及主要程序做一简要介绍。

一、基因工程概念

所谓“基因工程”就是利用体外 DNA 重组技术，将目的基因与载体 DNA 连接形成重组子，再将重组子导入生物细胞以改变生物遗传特性的技术。

（一）重组 DNA 是基因工程的核心技术

重组 DNA 技术是在体外利用 DNA 连接酶将两个不同源的 DNA 分子重组在一起的技术。1972 年美国斯坦福大学 Paul Berg 教授利用限制性内切酶和连接酶，将噬菌体 P_{22}的 DNA 和猴病毒 40（SV40）的 DNA 在体外重组成功，获得世界第一个人工重组 DNA 分子。在此基础上，1973 年加利福尼亚大学旧金山分校的 Herber Boyer 教授和斯坦福大学的 Stanley Cohen 教授将大肠杆菌（*E. coli*）带有 Tec^r（四环素抗性基因）和 Km^r（卡那霉素抗性基因）基因的质粒体外重组后再转化 *E. coli* 受体，获得 Tec^r 和 Km^r遗传信息的表达，这是人类历史上第一次有目的的基因重组并获得表达的成功尝试。可以看做人类跨入基因工程时代的里程碑。人们从此可以从基因（DNA）水平改造生物，按照自己的意愿创造新的生物物种。

（二）基因工程受体系统

基因工程受体和载体是一个系统的两个方面，受体是外源基因的表达场所。所用的受体可分为两类：原核生物和真核生物。大肠杆菌是最早的受体系统，至今仍用于基因克隆和表达，已建成了一系列基因工程菌株。酵母是简单的单细胞真核生物，也已构建了一系列工程菌株，用于目的基因表达和构建高等生物复杂基因文库。

植物细胞、原生质体、愈伤组织及部分已分化的组织和器官也作为基因工程受体，但大多需要经过组织培养过程诱导成转化植株。动物基因工程主要以生殖细胞和胚细胞作为基因工程受体。

（三）转基因个体的筛选和鉴定

在基因工程操作过程中，并非所有的细胞和个体都能转入外源基因，因此从开始转化到组织器官、个体形成都要经过筛选。先后通过两个阶段才能最终确定转化个体：① 直接筛选，直接通过目标基因的序列、酶切图谱鉴定或同源性分析（原位杂交）鉴定；② 间接筛选，可通过目的基因的翻译产物、转录产物或报告基因（如 *Gus* 基因，*GFP* 基因）表达产物来筛选。

二、基因工程育种概述

农业与人类的衣、食、住、行息息相关，是人类生存的基础。几千年来，人类通过多种生产技术环节发展农业生产，以提高农产品产量和质量，其中作物育种是各种农业技术的核心。经过长期实践，人们建立了一套较完善的作物育种方法，特别是 20 世纪 60～70 年代以优良作物品种培育和推广为核心的“绿色革命”，更使人们认识到育种对解决粮食问题的重要性。但常规育种潜力有限，已远远无法满足未来人们对粮食的需求。

基因工程育种是通过基因转化对作物遗传特性进行改良，是对传统的植物有性杂交技术和无性繁殖技术的一种全面革新。从长远看，这为作物改良提供了有效的方法，是作物育种的又一次技术革命。与传统育种相比，基因工程育种可以打破不良性状连锁，大大缩短育种年限，可以克服常规育种无法逾越的障碍，使物种间的遗传物质结合成为可能，与常规育种目标一致地创造出具有丰产、优质、抗旱、抗病虫害、耐盐碱或抗耐其他环境胁迫等优良性状的作物新品种。另外，通过基因转化技术，也可以将植物改造成“生物反应器”（或称之为“生物工厂”），将一些非植物源“有用”基因转入植物，利用植物来表达这些“异源基因”以生产“药物”。目前，一些特殊“疫苗”已可以通过“植物工厂”来生产，如狂犬病疫苗、HBV（乙肝）疫苗等。

植物基因转化的关键在于有效的 DNA 转移方法，合理的表达载体构建，高效的标记与筛选技术和一个优良的转化受体系统，这些构成了植物转基因的基本程序。

三、植物转基因基本程序

植物转基因的基本程序包括：克隆目的基因→验证目的基因功能→构建表达载体→基因转化→筛选转化植株→植株特性鉴定→转基因植物安全性评估及释放。

（一）目的基因克隆及功能验证

目前，目的基因获得有多种途径：如来自基因文库；利用已报道的其他物种或模式植物的同源基因设计引物，通过 PCR 扩增克隆目的基因；通过差异显示（DD - PCR）获得以及人工合成等。PCR 技术已广泛地用于目的基因的克隆和表达鉴定等多个方面，但应注意，用于PCR扩增的酶，因缺乏校正功能而可能产生的位点变化。因此，应对用于转化的目的基因再通过基因组DNA进行校正。

目的基因克隆后，应通过模式植物转基因途径或微生物转化获得表达蛋白的方法，验证基因功能。前者是先将基因转入拟南芥或烟草等转基因模式植物观察其表型变化或特殊功能是否获得（如抗病虫害、抗盐碱及抗旱等）；后者则是构建目的基因的原核表达载体，通过对微生物表达的目的蛋白纯化和功能分析研究其功能。

（二）表达载体构建

要将目的基因导入植物体，使之整合于植物染色体上，并进行稳定表达，获得转基因植株，必须借助于合适的植物表达载体。因此，在获得目的基因后，构建合适的植物基因表达载体，对于获得理想的转基因植物个体十分重要。

1. 载体构建元件　在作物基因工程中，转化植物的表达载体主要包括以下元件：

（1）启动子。合适的启动子可提高外源基因的表达效率，在作物基因工程育种中，应根据育种目标及受体特性选择不同的启动子，如对于抗虫、抗病转化体，应选择组成型表达的启动子使目的基因在植物各部分表达。目前广泛应用的花椰菜花叶病毒（*Cauliflower mosaic virus*，CaMV）35S启动子适用于双子叶植物，而在大多数单子叶植物中活性较低。对于单子叶植物目前常用的启动子有源于玉米的泛素（ubiguitin）基因*Vbi1*的启动子Ubi，其在转基因玉米、水稻、小麦中都有较高的活性，效率可达到CaMV 35S的4～5倍。

在很多情况下，往往还需要目的基因进行特异性表达，如组织或器官特异性、发育周期特异性表达，则需要相应的启动子。如若要在果实或种子中表达，则需加上果实或种子特异表达的启动子；若需要诱导型表达，则需要加上具有诱导应答元件的启动子。

总之，启动子不仅驱动表达，影响表达丰度，而且影响表达特异性。在植物基因工程中，选择合适的启动子，对于育种能否成功起着至关重要的作用。

为了增强启动子效率，有时在构建表达载体时还需连入“增强子”序列，以增强启动子启动活力。烟草花叶病毒（TMV）中的富含TTAAC序列的非翻译前导序列（通常称为Ω序列）能与真核80S核糖体结合，因而可促进外源基因在真核细胞中的表达，这一序列有时也称之为翻译增加子，用于植物基因工程。

（2）mRNA poly（A）添加识别序列。植物中mRNA的稳定性与多聚腺苷酸（polyadenylic acid）化序列poly（A）的加入速度及长度有关，poly（A）的添加依赖于基因3′端非编码区（3′VTR）的一段添加poly（A）的酶的识别序列“AAUAAA”。应注意添加。

（3）筛选标记基因及报告基因。为了有效、快速、准确地识别植物遗传转化体，需要在表达载体中构建一些用于快速筛选的基因。目前，常用的植物筛选标记基因有：卡那霉素抗性基因（Km^r）、新霉素抗性基因（npt^r）、潮霉素抗性基因（hyg^r）及除草剂抗性基因（*bar*）。上述基因的功能是在相应的选择压力下把转化体选择出来，为达到选择目的，在选择培养基中加入选择剂，产生一定的选择压力，致使未转化的细胞不能生长发育，而转化细胞因选择标记基因产物对选择剂产生抗性而不受选择剂影响，能正常生长发育和分化。

报告基因是具有特殊功能的筛选标记基因，利用其对在选择剂条件下再生的植株或组织、细胞进行进一步筛选，确定是否属于真正的基因转化体。报告基因可在转化体细胞中瞬时表达，且产物是惟一的，对宿主细胞无毒性，其产物检测方便廉价。常用的植物转化体报告基因如 *Gus* 基因（β - glucuronidase gene，β -葡萄糖苷酸酶基因）、*GFP*（green-fleuorescent protein，绿色荧光蛋白基因）等。

（4）终止子。是 3′末端转录终止序列，如来自 Ti 质粒上胭脂碱合成酶的 nos 序列。nos 终止子可以满足多数植物的需求。

（5）内含子。在植物表达载体构建中有时需加入基因的内含子。内含子的加入既可阻止外源基因在用于遗传转化的原核生物农杆菌中的表达，同时对启动子转录活性也有一定影响，特别是在单子叶植物中可以提高外源基因的表达水平。

2. *表达载体的构建策略* 将上述调控元件与目的基因拼接后（拼接后应特别注意读码框的正确），即可构建成嵌合基因表达盒（expression box）。将表达盒插入（或拼接入）相应质粒后即可构建成用于植物遗传转化的表达载体，图 10 - 1 为构建好的通过致瘤土壤杆菌介导的植物表达载体。

利用致瘤土壤杆菌转化法的载体，在表达盒的两侧有相应的 T - DNA 边界序列（图 10 - 1），而用于基因枪法、花粉管通道法及原生质体等直接转化方法的表达载体则不应太大，以避免外来的生物和机械剪切对嵌合基因表达盒完整性的破坏。

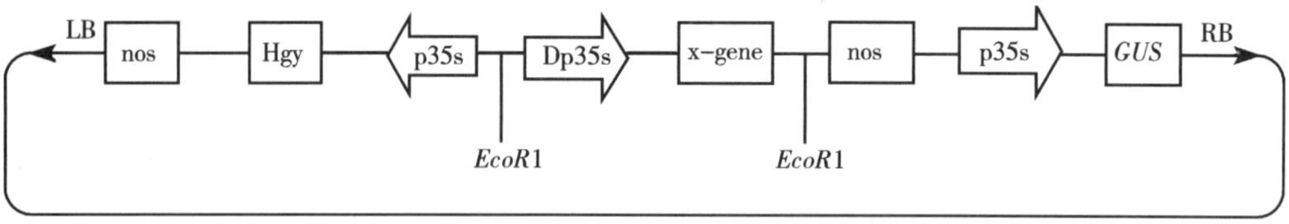

图 10 - 1 一个构建好的基因表达盒（Pcambia 1301 - x - gene）
LB：T - DNA 左边界；RB：T - DNA 右边界；nos：来自胭脂碱合成酶的 3′末端终止序列；p35s：启动子；*Gus*：报告基因；*hgy*：潮霉素抗性基因

在对植物进行基因转化时，有时是一个基因的转化（单价载体），但有时是多基因转化，后者需用多价载体。多价载体（polyvalent vector）是将多个待转化基因构建在同一质粒上而形成的表达载体。

在涉及多个基因的转化研究中，各基因在载体上的相对位置对其转化频率和基因表达都会产生影响。当基因位于不同载体上进行多质粒转化时，其共转化频率一般低于用多价载体进行的单质粒转化。不同基因选用相同的启动子时，一般很容易引发基因沉默。有研究者提出，将不同基因的编码区合理拼接后置于同一启动子下游的融合基因（fused gene）构建策略，不但可以提高共转化频率，降低基因沉默的几率，而且有利于多个基因的同步表达。

植物表达载体的构建无论在理论上和技术上都相当复杂，很多问题还尚待研究。表达载体的构建，不仅直接影响植物遗传转化的频率，而且也影响外源基因在转基因植物中的表达效率和遗传稳定性，是植物转基因研究的前期基础。

（三）植物转基因方法

1984 年第一个转基因植物——转基因烟草问世。此后植物转基因技术得到广泛应用和发展，烟草已成为植物转基因技术的模式植物。转基因技术发展，主要基于转基因方法的不断改善和更新。植物转基因技术方法总的可分为非生物学方法介导的基因转移和生物学方法介导的基因转移两个体系。非生物学方法包括 PEG 法、电击法、显微注射法、脂质体法、超声波法、基因枪法等；生物学方法包括致瘤土壤杆菌和花粉管通道介导的基因转移。上述方法各有优点，也都有局限性。本节只对目前广泛使用的基因枪法、致瘤土壤杆菌法和花粉管通道法做一简介。

1. *基因枪法介导的基因转化*　基因枪法最早由康奈尔大学的 Sanford（1987）提出，其原理是利用高速运动的金属粒子将其表面的外源 DNA 带入受体组织细胞并整合到植物细胞染色体组中，从而达到稳定遗传和表达的目的。该方法的优点是受体材料靶细胞来源基本不受限制，各种植物的可再生细胞、组织、器官等均可作为受体用以转化。基因枪法也不受基因型的限制，可广泛适用于不同物种以及同一物种的不同品种。基因枪法还在一定程度上克服了采用原生质体法转化系统时培养及再生困难的障碍，重复性较高。基因枪法的操作方法也相对简单。基因枪法最大的优点体现在对不易转化的禾本科植物的成功转化。目前，已相继在转化水稻、玉米、大麦、小麦、燕麦、高粱等主要禾谷类作物中获得了成功。基因枪法可用于基因的瞬时表达，因此，用于研究启动子活性快捷而又方便。用基因枪法还可以转化线粒体、叶绿体等植物的细胞器。

用基因枪法进行基因转化也有局限性，如转化效率不高；基因插入往往是多拷贝的，常造成转基因的失活或沉默；轰击过程中可能造成外源基因的断裂，使插入的基因无活性；不同材料、不同发育时期使用金（钨）粉用量不同，用量的不当影响细胞、组织分化，也会对细胞造成伤害；另外，基因枪法也常会出现嵌合体（chimaera），同时也存在设备昂贵问题。但总的来说，基因枪法在用其他方法难以转化的转化体系中还是有明显的优势。

2. *致瘤土壤杆菌介导的基因转化*　致瘤土壤杆菌是导致植物组织产生肿瘤的一种天然的遗传转化菌株。其特有的 Ti 质粒能将外源基因引入受体细胞，并可使外源基因整合到受体染色体而获得稳定表达。经过人工改造后的致瘤土壤杆菌可介导定向的植物遗传转化。

致瘤土壤杆菌介导植物遗传转化的原理是其带有特殊的核外质粒——Ti 质粒，Ti 质粒上有一段可转移的 DNA 片段——T-DNA，在天然 Ti 质粒上，T-DNA 两端有两段可使 T-DNA 重组到植物染色体上的左、右边界序列（LB、RB），有使植物致瘤的基因，在经过改造除去致瘤基因的 T-DNA 上插入构建好的“表达盒”（带有启动子、目的基因、筛选标记和报告基因），将此“表达盒”插入 Ti，即构建好 Ti 表达载体，将此 Ti 质粒转入致瘤土壤杆菌，致瘤土壤杆菌即可介导目的基因转入植物细胞。

1984 年 Herrera 利用致瘤土壤杆菌介导首次获得转基因烟草，1985 年 Horsh 等人又创立了致瘤土壤杆菌介导的烟草叶盘转化法，使致瘤土壤杆菌感染转化外源基因的受体范围得到拓宽。致瘤土壤杆菌介导的植物遗传转化方法因简单有效，转移基因整合效率高，而且目的基因整合多发生于转录活跃区利于表达，而在双子叶植物遗传转化中备受青睐。目前在以前人们认为难以用致瘤土壤杆菌法转化的禾谷类作物，如水稻、玉米、大麦和小麦以及真菌、裸子植物中也已有成功的报道。在转移大片段 DNA 方面也有了新的突破。

3. *花粉管通道法介导的基因转化* 花粉管通道法是我国科学家周光宇首次建立的转化外源基因方法。其基本原理是授粉后外源DNA能沿着花粉管渗入，经过胎座上部传输组织中的花粉管外缝隙、胎座表面、珠孔、花粉管通道进入胚囊，转化还不具备正常细胞壁的卵、合子或早期胚胎细胞。该方法无需组织培养及诱导植株再生的过程，对任何开花的单、双子叶植物都可以使用。导入的既可以是基因组DNA片段，也可以是重组的表达盒和表达载体。用花粉管通道法进行植物基因转化，可以直接获得种子。但这一技术必须在开花时期应用，受时间限制，在使用中也必须对植物的受精过程及时间规律、花期特征有良好的掌握。目前，应用花粉管通道法已成功地将外源基因导入了棉花、小麦、水稻等多种作物，并利用GFP做标记成功地为这一技术提供了分子生物学证据。

（四）外源基因转化的受体系统

所谓受体系统即用于转化的外植体通过组织培养途径或其他非组织培养途径，能高效、稳定地再生无性系，并能接受外源DNA整合和对转化筛选剂敏感的再生系统。成功的植物基因转化首先依赖于建立良好的植物受体系统，包括核转化受体系统及质体转化受体系统。要求受体具有高效稳定的繁殖和再生能力及基因型不依赖性；具有较高的遗传稳定性和对选择压力敏感；具有能恢复成可育的转基因植株的能力；具有培养过程中可以避免的体细胞克隆变异和可能的不育情况；来源广泛而经济。

对于植物基因转化而言，除花粉管通道法外，离体培养是无论哪种体系都需要的。

受体系统的另一概念是指外源基因转入的基因组受体系统，对于植物而言，主要是细胞核和质体两个系统。

1. *植物组织培养——外源基因转化的细胞组织系统* 植物组织培养是指在无菌条件下，将离体的植物器官、组织、细胞以及原生质体，在适宜的培养基上，培养成完整再生植株的过程。植物细胞具有全能性是植物转化体系的基础，而组织培养是一个必需的阶段。从细胞培养到产生植株可通过两种途径：① 培养的植物体细胞组织，如胚胎、小孢子或叶片、子叶下胚轴甚至原生质体等，可直接作为转化受体，再经诱导分化形成胚状体结构（胚状体），并顺序通过原胚期、球形胚期、鱼雷期和子叶期等阶段，最后形成小植株。这一过程是体细胞直接产生胚状体，不经过愈伤组织过程，称之为胚状体途径。此途径产生的转化体来源于体细胞胚胎，一般认为基本上是单一细胞起源。因此，其转化体多为非嵌合体；② 愈伤组织途径，是将培养的植物体细胞经过分化形成的愈伤组织作为转化体，转化后的愈伤组织经诱导形成根和芽（或芽和根），最后长成小植株，此途径称之为"愈伤组织途径"或"器官发生途径"。

2. *外源基因转化的基因组受体系统* 在植物基因工程中，外源基因的基因组受体系统主要是核基因组，其次是质体基因组。

（1）以细胞核为最终受体系统的基因转化 细胞核是自20世纪70年代初基因工程技术诞生以来的主要转基因受体，已非常普遍地应用到农作物育种的各个方面，并取得了很多有意义的成果。也是几十年来植物基因工程的主要研究方向。但是随着研究的深入，核基因转化也暴露出来一些弊端，如核基因组大、遗传背景复杂、导入的基因难以控制；外源基因因受到核基因组复杂的调控而表达率低；后代不稳定及分离现象严重；外源基因插入导致重要的核基因失活；外源基因往往沉默；外源基因随花粉扩散导致安全性问题等等。这些问题与目前对核基因组的调控机制、遗传背景和外源基因重组机制还不完全清楚有关，而要解决这些问题，还需要一个漫长的研究过程。

（2）以质体为最终受体的基因转化　质体是植物的主要细胞器。质体是多倍体，基因组拷贝数非常大，因此使整合的外源基因也以高拷贝存在，为外源基因的高效表达创造了条件；同时，质体基因结构、转录和翻译系统均类似于原核生物，使源于原核的基因无须改造和修饰就可以进行转化和高效表达；外源基因导入质体基因组后，只进行母系遗传，使基因工程安全性得到保障。但质体系统也存在一些问题，如质体是多倍体，转化过程如何保证不出现质体嵌合问题等。

第二节　作物抗病基因工程

植物病虫害往往使农业生产蒙受严重损失，其中1/3可归因于病害。植物病害包括病毒、真菌、细菌和线虫病害。仅病毒病引起全球农作物损失每年约达200亿美元，且病毒病十分顽固，称之为“植物癌症”。真菌病害则占植物病害的绝大多数，仅在水稻中就有240余种，占病害的90%之多，而细菌病害在世界范围约有300多种，在我国就有60～70种，危害虽不及真菌病害，但也常常造成生产上的重大损失。

对于植物病害，人类通过使用农药，采用高水平生产管理技术和培育、种植抗病品种等手段，与病原进行了长期不懈的斗争。虽然已取得长足长进，但仍然未解决问题，甚至产生了新的问题。例如农药在食物中的残留及造成严重的环境污染。基因工程技术的发展，为培育抗病作物品种提供了新的手段，也开辟了作物抗病育种的新时代。本节仅就作物抗病基因工程概况及原理做一简介。

一、作物抗病毒基因工程

病毒侵染植物细胞的简要历程如下：病毒脱壳→病毒基因组复制→蛋白质合成→新病毒颗粒组装→病毒在植物体内的运输，根据这一过程及病毒病的分子生物学，抗病毒基因工程采用了不同的策略，包括以下几方面。

（一）病毒外壳蛋白基因工程

外源的病毒外壳蛋白(coat protein，CP)基因导入植物细胞后，可能以下列方式使植物细胞得到保护：第一，当病毒侵染植物细胞时，释放病毒核酸，入侵病毒的裸露核酸进入植物细胞后，立即被转化植物细胞合成的自由CP所重新包裹，从而阻止了入侵病毒核酸的复制和翻译。在离体条件下，附加自由CP能够抑制未装配病毒的翻译的试验结果支持了这一假设。第二，可能是*CP*基因的大量表达抑制了入侵病毒脱壳。支持这一假设的证据是转*CP*基因植株可抗完整病毒的侵染，但不能抗裸露病毒RNA的入侵。同时转*CP*基因植株的抗病性与CP表达量成正相关。若以高剂量病毒接种可使转基因植株抗病性丧失也间接地支持这一假说。

迄今已利用这一原理针对许多病毒成功地构建了各种抗病毒植株，如番茄花叶病毒（ToMV）、马铃薯X病毒（PVX）、马铃薯Y病毒（PVY）、苜蓿花叶病毒（AlMV）、黄瓜花叶病毒（CMV）等抗性植株。中国农业科学院植物保护研究所首次将大麦黄矮病毒的外壳蛋白基因导入小麦，为这一重要禾谷病毒病害的控制闯出了一条新路。目前该方法大多数局限于基因组为单链的RNA病毒（ssRNA病毒），对应用于其他种类病毒（dsRNA病毒、ssDNA病毒、dsDNA病毒）或具有复杂衣壳的病毒的研究正在探索中。

尽管外壳蛋白基因的应用已获得了成功，但该方法还存在着潜在的危险性，如异源包被作用形成新的杂合病毒等。克服这一缺点的可取途径是尝试利用突变体外壳蛋白。

（二）病毒复制酶基因工程

病毒复制酶基因是病毒非结构蛋白基因，复制酶是在病毒核酸进入寄主细胞并由寄主核糖体翻译形成的。作为抗病毒基因工程引入的转化基因不是病毒复制酶基因的完整序列，而是编码病毒复制酶核心功能团的DNA片段。烟草转TMV复制酶54kD的基因片段（完整蛋白126kD）植株对TMV表现出较高的抗病性，接毒500μg/ml，植株不发病；而用豌豆早期褐色病毒（PEBV）221kD的复制酶中相当于TMV的54kD部分的核酸片段转化烟草，获得的转基因植株对高达1 000μg/ml的接种量仍具有高度抗病性。另外，将编码CMV复制酶的缺失一个亚基的cDNA转入烟草，转基因植株可抗500μg/ml的病毒接种量。在研究其机制时，在转基因烟草中并未检测到54kD的蛋白产物，说明其抗病性可能是转入的复制酶功能团DNA片段转录产物干扰了病毒的复制。若将126kD的完整基因转入植株则转基因植株无抗病性。这进一步说明只有一定空间构象的RNA才能抑制病毒复制。

目前，根据上述结果，除已把豌豆早期褐色病毒（PEBV）54kD蛋白基因转入烟草外，还把PVX和CMV 97kD部分基因分别转入马铃薯和烟草，都表现了抗病性。将突变或缺失的复制酶基因在植物中表达，并产生一种无正常功能的蛋白时，也有很高的抗病性。其抗病机制是否与野生型复制酶产生竞争，干扰病毒复制，从而诱导了对病毒的抵抗性有关，还有待进一步研究。

（三）核酶（Ribozyme）基因工程

核酶是一类小分子RNA，具有特殊二级结构，能对RNA分子的特定碱基间磷酸二酯键进行转酯反应而产生切割作用。Haseloff和Gerlach（1988）首先合成了能催化裂解CAT（氯霉素乙酰转移酶）的核酶，并在体外预期位点裂解*CAT*基因。我国的许政铠等（1992）设计合成了以*TMV-MP*基因区域正链和负链及正链3-端序列为靶的锤头型核酶RZ1、RZ2、RZ3。体外试验证明其能在预期位点切割TWV-RNA。唐宏（1992）合成了水稻矮缩病毒（RDV）第十片段具有特异性切割活性的核酶。目前，已将核酶基因导入马铃薯中，创造出抗马铃薯纺锤块茎类病毒的转基因植株。转核酶基因植物抗病毒的机制可能与该基因片段可与病毒RNA形成特殊构象（如锤头型构象）而使病毒RNA断裂有关。

（四）病毒卫星RNA基因工程

卫星RNA是Schneider 1969年在烟草环斑病毒制备物中发现的一种低分子量RNA。它是病毒基因组RNA外的一种小分子RNA，与病毒基因组核苷酸序列无同源性，也无编码能力，必须依赖于相伴病毒才能侵染和复制。但它可干扰相伴病毒复制，因而可改变相伴病毒的致病能力。据此，有人利用卫星RNA转化植物，例如建成表达CMV和TRV的卫星序列的转基因烟草，在CMV或TRV病毒侵染时，发病症状会减轻。

利用病毒卫星 RNA 使植物获得抗病毒特性的最大优点在于：一旦相应病毒侵入，其卫星 RNA 就被激活和放大，因此植物细胞中只要有低浓度的卫星 RNA 的复制物就可产生较强的抵抗性。此外，转卫星 RNA 赋予植物的抵抗性不会因病毒的接种量而变化。

利用卫星 RNA 策略存在的问题是：① 只有少数植物病毒具有卫星 RNA，可使用范围有限；② 卫星 RNA 不能彻底抑制其相伴病毒的复制，而且具有减轻病害症状作用的卫星 RNA 一旦发生突变可能会加重病害，但目前尚未有良性卫星 RNA 突变成强致病卫星 RNA 的报道。

利用卫星 RNA 转化植物使其获得抗病性的已有烟草、番茄和辣椒等植物。

（五）病毒反义 RNA 基因工程

反义 RNA 策略已广泛应用于植物基因工程。在抗病毒育种方面，反义 RNA 策略是将病毒基因如 *CP* 基因、复制酶基因或病毒基因组的其他组分片段反向连接于真核启动子后导入植物，在植物细胞中表达的反义 RNA 与病毒 RNA 互补，从而抑制病毒 mRNA 的翻译。目前对 TMV、CMV、PVX、TEV、ZYMV 等病毒的反义 RNA 转化都做了尝试，均表现出了不同程度的抗病性。这一技术与其他手段结合可能会更有前途。

（六）病毒融合蛋白基因工程策略

病毒融合蛋白策略也被称为复合基因转基因策略，即把两种以上基因表达盒串联在一起导入植物，使它们形成复合基因或双价、三价基因，克服单一基因抗病毒谱窄的缺点。

中国科学院微生物研究所将 CMV 的 *Sat-RNA* 基因和 *CMV - CP* 基因的表达盒串联在一起导入烟草植株，已培育出含有 *CP* 和 *Sat-RNA* 基因的双价工程植株。体外攻毒实验表明，工程植株体内 CMV 浓度仅是对照植株的 0～5%，病情指数仅为对照的 21%，且获得的抗病性能够维持整个季节。之后，又将 TMV 和 CMV 的 2 种 *CP* 基因组建成双价基因，连接并置于 CaMV 35S 启动子下游，构建 *TMV - CP - CMV - CP* 融合蛋白基因的植物表达载体 pRTC，通过致瘤土壤杆菌转化烟草 NC89，转基因烟草对 TMV、CMV 分别表现出抗性。而有人将 PVX 和 PVY 的 *CP* 基因表达盒串联在一起同时导入马铃薯中，获得了能够稳定转录和表达各自 *CP* 的高抗工程植株。在番茄、苜蓿、马铃薯、大豆、水稻等多种植物上获得成功，能抵抗的病毒种类已超过 20 种。

（七）阻止介体传毒的基因工程策略

多数植物病毒在自然条件下要靠昆虫（如蚜虫、叶蝉、飞虱、粉虱、粉蚧、蓟马、甲虫、椿象、螨类等）、真菌（禾谷多黏菌、芸薹油壶菌、马铃薯粉痂病菌、内生集壶菌等）及线虫等生物媒介传播。介体传毒有专一性，这种专一性与病毒基因产物有关。如 TEV 编码的一个分子量为 56kD 的不被外壳蛋白包裹蛋白，为 TEV 的蚜虫传播所必需，被命名为蚜传辅助成分（HC）。研究表明，编码 56kD 蛋白的 *HC* 基因突变，会使蚜虫丧失传毒能力。同样花椰菜花叶病毒（CaMV）基因组中，ORT-Ⅱ编码的一个 18kD 蛋白，也与蚜传有关，称之为蚜传因子（ATF）。如果通过反义技术将上述蚜传辅助成分（HC）或蚜传因子（ATF）反义基因转入植物表达，则会封闭病毒的上述蛋白基因表达，使这些病毒不能由蚜虫传播。这样的转基因植物，虽对病毒无抗性，但可控制病毒的传播。在大面积种植中，这种转基因植物就有了抗病效应。有些植物病毒的 CP 也参与介体传播，若将 *CP* 基因与 *HC* 基因结合起来，可能会得到更好的效果。

（八）植物自身的抗病毒基因策略

植物自身也存在着抗病毒基因，这是植物长期与病毒协同进化的结果。利用植物自身的抗病毒基因是控制病毒非常理想、安全的策略。抗病毒基因大多数是由单显性基因控制的，由于能提供明显的抗病、感病界限，便于对后代选择，所以最容易进入育种程序。目前已克隆了一些抗病毒植物基因，如豇豆抗 CPMV 的基因，拟南芥抗芜菁皱缩病毒（TCV）的基因 *RTM*，马铃薯抗 PVX 的基因 *Rx* 和抗 PVY 的基因 *Ry*，烟草抗 TMV 基因 *N*，以及辣椒的若干抗病毒基因。抗病毒基因广泛存在于自然界植物中，转基因技术克服了常规育种方法的局限性。将烟草抗 TMV 的基因 *N* 导入番茄中，转基因番茄发生过敏反应并抗 TMV。将马铃薯的 *Rx* 基因在马铃薯和烟草中表达，转基因植株均获得了对 PVX 的极端抗性，这表明抗病毒基因介导的抗性所必须的其他成分在植物中可能是全保守的，同时也为抗病毒基因的应用开辟了诱人的前景。设想将一特殊的启动子与病原的无毒基因和植物的抗病基因融合在一起，导入植物中，当病原无毒基因产物（作为特异性激发子）与寄主发生作用时，该启动子能在局部快速启动表达，引发过敏性反应和系列防卫反应，从而使植株获得局部或整体的抗病性。

（九）抗病毒基因工程展望

随着植物分子生物学、分子植物病理学及植物生理生化等领域的深入研究，人们将进一步揭示病毒的分子生物学特征、基因组特征、基因功能、病毒生活史的细节以及病毒与寄主植物、病毒与介体、介体与植物间的相互关系，从而完善已有的抗病毒策略，同时还将设计出更加新颖、有效、安全的新策略，将这一领域的研究推向一个新阶段。

二、作物抗真菌和细菌病害基因工程

作物抗真菌和细菌病害基因工程总的来说要落后于抗病毒病基因工程，至今较少成熟的技术路线。这是因为植物本身缺乏有关基因，也因为分子病理学及分子生物学的理论积累还不够。病原真菌和细菌同植物的相互作用也十分复杂，涉及信号识别、传递及防卫基因表达等各个环节。近年来，随着对植物抗病反应机制及病原菌致病机理的深入研究，抗真菌和细菌病害基因工程也取得了一些进展，主要包括以下策略：

（一）通过在识别水平上的调控使植物产生抗病性

针对转基因植物抗性单一的问题，De Wit 于 1992 年提出了获得转基因抗病植物的“双元策略”，即将病菌的无毒基因（*avr*）与寄主相应的抗病基因（*R*）结合在一起，然后与适合的启动子连接后导入植物。该启动子在受到病原菌侵染诱导后启动，转基因植物表达广谱抗病性。现已从丁香假单胞（*Pseudomonas syringae*）、野油菜黄单胞（*Xanthomonas campestris*）、水稻白叶枯病菌（*Xanthomonas oryxae*）、番茄叶霉病菌（*Cladosporium fulvum*）和水稻稻瘟病菌（*Magnaporthe grisea*）等多种病原菌中克隆到 50 多个 *avr* 基因，其中对番茄叶霉病菌的 *avr9* 基因的产物及功能比较清楚。现在已有利用该策略成功的转基因实例。

（二）在植物防卫反应水平上的调控

1. *发病相关蛋白（Pathogenesis related protein，PR 蛋白）基因的应用*　植物受病原物侵染时常产生一些 PR 蛋白进行抵御，例如几丁质酶和 β-1，3-葡聚糖酶等。

（1）几丁质酶和β-1，3-葡聚糖酶基因的应用。植物在受到病原菌侵染、诱发物激发及各种伤害后，可诱导产生高水平的几丁质酶和葡聚糖酶。几丁质和葡聚糖是大多数病原真菌细胞壁的主要成分，人们设想可通过导入几丁质酶基因和葡聚糖酶基因来提高植物的抗病性。现在已经从菜豆、水稻、烟草、拟南芥、油菜、甜菜、马铃薯、大豆等多种植物中分离克隆到了几丁质酶基因，转化菜豆几丁质酶基因 *CH5B* 与 CaMV35S 强启动子嵌合基因的烟草，对立枯丝核菌的抵抗性明显增强。从细菌、放线菌、真菌等微生物中也克隆到一些几丁质酶基因。葡聚糖酶基因则从大豆、烟草、大麦、豌豆等作物中克隆到一些。有报道表明，同时表达水稻碱性几丁质酶基因和苜蓿葡聚糖酶基因的转基因烟草对烟草蛙眼病表现出了更强的抵抗性。但对此策略也存在一些失败的例证，如转烟草几丁质酶的毛叶烟草植株反而增加了对烟草蛙眼病的感病性。这可能有两种原因，其一是几丁质酶和葡聚糖酶存在着多种同工酶，且在植物体内的定位不同，可能是特定的同工酶或特定的定位对某一特定的病原菌才起作用；其二是分子细胞学研究发现，只有菌丝正在生长的端部才有裸露的几丁质并对几丁质酶表现敏感，而成熟菌丝可有效抵抗几丁质酶的降解。所以，应从植物与病原物互作的分子生物学及生物化学机制角度去认识和应用植物的防卫基因。

（2）其他 PR 蛋白基因的应用。还有很多 PR 蛋白的生物学功能尚不清楚，但也取得了一些成功的转化实例。1993 年 Alexander 等获得了高水平组成型表达的转 *PR-1a* 基因烟草，同时高抗烟草黑胫病和霜霉病。渗调蛋白也是一种 PR 蛋白，现已导入马铃薯和烟草中，转基因马铃薯推迟了晚疫病症状表现。

2. *植物植保素基因的应用* 植保素是植物被病原物侵染后所产生或积累的一类低分子量抗菌物质。植保素的产生与积累是植物体内主要的防御反应之一。至今已从不同科、属植物中鉴定了 350 多种植保素，主要是类黄酮类和类萜类物质。现已将葡萄中的两个芪合酶基因导入烟草，获得了对灰霉病的抗性。

3. *溶菌酶基因的应用* 溶菌酶对病原细菌表现出很强的裂解活性，把外源溶菌酶基因导入植物可获得对细菌病害的抗性。现已获得转 T4 噬菌体溶菌酶基因的马铃薯植株，对黑胫病的抗病性有所增强。

4. *抗菌蛋白基因的应用* 在某些植物、微生物及昆虫中存在一些杀菌肽或抗菌蛋白，如玉米中的 zeamatin、巨大曲霉中的由 51 个氨基酸组成的胞外蛋白等，对一些细菌和真菌就具有杀伤或抑制作用，我国已将天蚕蛾血淋巴中的一些小分子量杀菌肽基因导入马铃薯，获得了抗细菌性青枯病的植株。

植物凝集素也是一类抗菌蛋白，不具催化功能，但可与几丁质特异性结合，从而起到抵御病菌侵入的作用。植物凝集素在多种植物中广泛存在。20 世纪 90 年代以后，克隆凝集素蛋白编码基因的工作开始起步。

5. *与细胞壁强度有关的基因的应用* 病原菌侵染时，植物细胞壁的快速木质化和富含羟脯氨酸糖蛋白（HRGP）的积累增强了细胞壁的强度，从而可提高植物对病原菌侵染的抵抗力。克隆与细胞壁强度相关的重要基因并导入植物也不失为一条提高植物抗病性的有效途径。现已从欧芹中克隆到 *comt* 基因并进行了转基因研究。

6. *核糖体失活蛋白基因及其应用* 核糖体灭活蛋白（RIP）来自植物，是一类作用于真核生物细胞核糖体，抑制蛋白质合成的蛋白毒素。RIP不灭活自身的核糖体，却能特异性地作用于亲缘关系较远的种类，如真菌的核糖体。从大麦中分离出的RIP能够抑制真菌的活性。离体研究表明，从大麦种子中纯化的RIP在500μg/ml的浓度下，即可抑制立枯丝核菌的生长。另外，几丁质酶和β-1，3-葡聚糖酶与RIP有协同增强作用。

Logrmann等将分离的大麦*RIP*基因和创伤诱导启动子相连接，导入烟草中，获得的转*RIP*基因烟草植株和未转化对照植株相比，对立枯丝核菌（*Rhizoctonia solani*）侵染的抗病性增强。Schell等将受控于伤诱导启动子的大麦RIP cDNA导入烟草，获得了抵抗立枯丝核菌的重组植株。在此例中外源RIP在寄主细胞中未表现出毒性，转基因烟草仍能生长传代。

不同的RIP分别对于病毒、真菌和昆虫具有不同的作用。美国Monsanto公司的研究人员发现，存在于美国商陆叶和种子中的RIP，即商陆抗病毒蛋白（PAP）具有抗植物和动物病毒的活性。*RIP*基因的最大优点在于能使植物获得对多种非相关病毒的广谱抗性。

7. *病原菌毒素降解酶基因的应用* 大多数病原细菌和至少有十多种病原真菌产生作为重要致病因子的毒素。在长期进化过程中，病原菌获得了对自身毒素的防御能力。如果能从产毒素病原菌或其他微生物中克隆到降解毒素的基因，就有望成功地提高植物的抗病性。现已成功地克隆了烟草野火病病原细菌的烟毒素降解酶基因*ttr*，还克隆了菜豆晕斑病病原细菌的菜豆萎蔫毒素降解酶基因*argK*。将*ttr*基因或*argK*基因导入烟草，在所获得的转基因植株中都有高水平的表达。*argK*基因也被导入菜豆，转基因植株表现抗病。

8. *过敏素蛋白基因的应用* 过敏素（harpin）是多种植物病原细菌产生的一类细菌蛋白，是由“过敏性反应和致病性”基因*hrp*编码的非专化性激发子，可以激发植物表达过敏性坏死反应。克隆过敏素基因并用于转化植物，是植物抗病基因工程的一种新策略。最早分离的过敏素是仁果火疫病菌*hrpN*基因编码的Harpin Ea。现已克隆了该过敏素基因并转化马铃薯，获得的转基因植株抵抗晚疫病。

9. *抗病基因的过量表达* 番茄抗病基因*Pto*本来特异性地识别丁香假单胞菌无毒基因*avrPto*，使植物表现专化抗病性。最近研究发现，*Pto*基因在番茄植株中的过量表达能导致植株局部细胞死亡（伴随荧光物质在栅栏细胞的出现）、水杨酸积累等防卫反应，从而增强了植株的广谱抗病性。这启示人们是否能够避开小种专化性抗病性，而利用抗病基因的过量表达，使转基因植株具有比较广谱的和持久的抗病性。在表达载体构建中，选用强启动子及应答元件，可能会实现这一目标。

三、作物抗线虫病基因工程

在传统的植物线虫病害的防治法中，抗病品种的选育及利用是经济有效的方法，但并不是所有的寄主植物均有可利用的抗源，即使一些具有抗病品种的寄主（如大豆对大豆胞囊线虫），也常常由于单一抗病品种的连作，对病原线虫发挥定向选择作用，致使病原线虫新小种出现，而使抗病品种“丧失”抗病性。近十年来，随着人们对植物和植物寄生线虫互作的分子生物学研究的深入，使通过基因工程的方法选育抗病品种成为可能。克隆一些抗线虫的基因，如番茄的*Mi*基因，就可能利用转基因方法将抗线虫基因转入寄主植物，使之获得对线虫的抗性。

目前针对植物线虫的转基因有两种策略。第一，模拟线虫取食的专化性细胞破坏作用和弱化作用。此策略在线虫取食位点分离特异性表达的基因，然后利用这类基因的启动子，改变线虫选择性，表达植物细胞死亡，弱化其代谢产物，使寄主上不能形成取食位点，不能供给线虫发育所必须的养分。第二，使线虫取食抗线虫基因的代谢产物或植物蛋白酶抑制剂，改变食性，从而降低其发育速度和产卵能力。例如，转豇豆胰蛋白酶抑制剂基因（*CPTI*）的马铃薯植株可抑制马铃薯白线虫的早期发育及交配能力，结果只能在植株根部产生一些小的、几乎无致病力的雌虫和大量的雄虫，而不是产生大量可产卵的雌虫。半胱氨酸蛋白酶抑制剂（cystatins）已在很多植物上报道，豇豆、水稻和玉米等植物编码此蛋白的基因已被测序。水稻半胱氨酸蛋白酶抑制剂基因（*OC-1*）和其他多种半胱氨酸蛋白酶抑制剂基因在种子中的表达能力很强，但是不能在胞囊线虫正常侵染的植株根系表达。Urwin等将水稻的半胱氨酸蛋白酶抑制剂基因（*OC-1*）转到番茄植株中，转基因植株可以明显抑制马铃薯白线虫雌虫的生长发育，降低其产卵能力。

目前主要工作应是以下两方面：第一，分离和克隆抗线虫基因。运用卫星标记和染色体断裂点分析技术，Cai等已于1997年克隆到抗甜菜胞囊线虫的基因，并发现该基因与其他高等植物的抗病基因具有一定的结构类似性。第二，线虫侵染植物形成取食部位时诱导的特异启动子基因的克隆。Opperman等于1994年克隆到在烟草根部特异表达的启动子TobRBT序列，并与RNase基因连接，获得了抗线虫的转基因植株。

总之，植物的防卫机制是多种多样的，随着抗病机制研究的不断深入，基因工程的策略和手段也会不断拓宽，基因工程必将为病害防治提供巨大的发展机会和潜力。

参 考 文 献

[1] 陈章良主编．植物基因工程研究（Ⅱ）．北京：北京大学出版社，2001

[2] 董志峰，马荣才等．转基因植物外源目的基因片段的生物安全研究进展．植物学报，2001，43（7）：661～672

[3] 贾力，吴茂森，张文蔚等．大麦黄矮病毒单双价外壳蛋白基因植物表达载体构建及小麦遗传转化．农业生物技术学报，2001，9（1）：23～27

[4] 李汝刚，时光春，范云六等．Harpin蛋白基因的克隆及序列分析．植物病理学报，1998，28（3）：281～286

[5] 牛颜冰，李桂新等．转病毒移动蛋白及复制酶基因烟草的协生和重组风险分析．中国农业科学，2003，36（4）：393～397

[6] 王关林，方宏筠．植物基因工程．北京：科学出版社，2002

[7] 闫新甫主编．转基因植物．北京：科学出版社，2003

[8] 袁斌．分子生物学技术在植物线虫学中的应用．植物保护21世纪展望．北京：中国科学技术出版社，1998

[9] Bendahmane A，Kanyuka K，and Baulombe D C. The Rx gene from potato controls separate virus resistance and cell death response. Plant Cell，1999，11：781～792

[10] Cooper B，Lapidot M，Heick J A，et al. A defective movement protein of TMV in transgenic plants confers resistance to multiple viruses whereas the functional analog increases susceptibility. Virology，

1995, 206: 307～313

[11] DeWit PGM. Molecular characterization of gene-for-gene systems in plant-fungus interactions and the application of avirulence genes in control of plant pathogens. Ann Rev Phytopatho, 1992, 30: 341～399

[12] Gallie D R, Walbot V. The 5′ leader sequence of tobacco mosaic virus RNA enhances the expression of foreign gene teanscript in vitro. Nucleic Acids Res, 1989, 15 (8): 3257～3273

[13] Herrera-Estrella L, Van den Broeck G, Maenhaut R, et al. Light-inducible and chloroplast-associated expression of a chimaeric gene introduced into *Nicotiana tabacum* using a Ti plasmid vector. Nature, 1984, 310: 115～120

[14] Horsch R B, Fry J E, Hoffmann N L, et al. A simple and general method for transferring genes into plants. Science, 1985, 227: 1229～1231

[15] Klein T M, Wolf E D, Sandford J C, et al. High-velocity microprojectiles for delivering nucleic acids into living cells. Nature, 1987, 327: 70～73

[16] Liu Y G, Shirano Y, Fukaki H, et al. Complementation of mutants with large genomic DNA fragments by a transformation-competent artificial chromosome vector accelerates positional cloning. PNAS USA, 1999, 96: 75～79

[17] Logermann J, et al. Expression of a barley ribosome-inactivating protein leads to increased fungal protection in transgenic tobacco plants. Bio/technology, 1992, 10: 305～308

[18] Nehra N S, Chibbar R N, Leung N. Self-fertile transgenic wheat plants regenerated from isolated scutellar tissues following microprojecyile bombardment with two distinct gene constructs. The Plant Journal, 1994, 5 (2): 285～297

第十一章

农作物抗病性的保持与提高

第一节 农作物抗病性保持与提高的重要性

种植抗病品种是防治植物病害的最重要途径。20 世纪初期以来，防治许多重要大田作物病害，尤其是麦类锈病、白粉病、稻瘟病、稻白叶枯病、玉米大斑病和小斑病、棉花枯萎病和黄萎病等，抗病品种的利用几乎是主要措施。对以药剂防治为主的病害，也要求品种本身有一定程度的抗病性或耐病性才能更好地发挥药剂防治的作用（陆师义，1985）。

利用抗病品种控制农作物病害，不仅作用显著，而且由于具有经济、简便、不污染环境等优点，很受广大农民群众的欢迎。

但是，选育一个优良农作物抗病品种很难，尤其是选育一个丰产、优质、兼抗多种病害的品种更难，一般需要七八年甚至十年以上的时间才能育成。国内外的生产实践反复证明，一个优良抗病品种虽然得来不易，但是在推广应用过程中，除个别或少数品种的抗病性可维持较长时间外，一般在生产上应用 5 年左右就会“丧失”其抗病性。这种品种抗病性迅速“丧失”的情况，在小麦品种抗锈性、水稻抗瘟性、马铃薯抗晚疫病性等方面尤为突出。如我国自 1957 年碧蚂 1 号小麦品种丧失抗条锈性以来，先后已有 7 批生产品种“丧失”了抗条锈性，从而失去了生产应用价值，不得不停止种植。

品种抗病性“丧失”问题，不仅是我国农业生产上的一个突出问题，也是一个世界性的难题。例如，1970 年美国由于 75%以上玉米品种“丧失”了对小斑病的抗性，减产 175 亿 kg，价值 10 亿美元；我国 1990 年由于洛类小麦品种在西北、华北广大麦区“丧失”了抗条锈性，减产近 25 亿 kg，价值约 20 亿元。

因此，在农作物抗病性的利用中，必须重视品种抗病性的保持和提高，以期尽最大可能延长品种的使用年限。此外，近年来的研究表明，采用物理的、化学的和生物的方法提高农作物的抗病性，尤其是应用生物制剂处理使农作物品种产生诱导抗病性，抗病谱广且对农作物和环境无污染，因而有着广阔的应用前景，也应大力加强研究。

总之，研究保持与提高农作物抗病性的策略和措施，不仅有重要的实践意义，而且也有十分重要的理论意义。

第二节 农作物抗病性持久化的策略

一、过去的教训

人类自20世纪20～30年代开始在生产上应用改良品种以来，较过去应用农家品种不仅在产量上有了很大提高，同时在对一些重大病害的控制上也确实起了巨大作用。但是，当时在品种选定和利用上由于受“惟病原论”和“绝对防治论”观点的限制和经验不足，片面强调了由单基因或寡基因控制的专化抗病性的作用，因而随着新品种的扩大推广，生产上所用品种的抗源越来越单一，抗病基因也越来越少，这就给病菌通过突变和基因重组所产生的新的致病类型造成了越来越大的选择压力，从而导致一些毒性新小种迅速发展，引致一批批抗病良种因“丧失”抗病性而被从生产上淘汰下来。

进入40年代以后，由于Flor的“基因对基因”学说的提出，人们开始从基因水平和从病原物与寄主植物之间相互关系上研究和利用植物的抗病性，抗病性的研究和利用水平上有了进一步提高，在一定程度上克服了“惟病原论”的思想影响，但未能从根本上解决问题。

进入70年代以后，在生态系统和“相对防治论”观点指导下，才开始比较深刻地认识到，生产上所用抗病品种遗传的单一性是引致品种抗病性“丧失”的最根本的原因。因此，如不彻底改变，单一化种植由单基因或寡基因控制的专化抗病性品种的被动局面，品种抗病性“丧失”问题是难以解决的。

二、保持农作物抗病性的策略

针对上述存在的问题，为了保持农作物的抗病性，使之在综合防治中发挥应有的作用，必须采取如下策略。

（一）用遗传的多样性来控制病菌的多变

前已提及，病菌的毒性变异是引致品种抗病性“丧失”的主要原因，而病菌之所以较易克服品种的抗病性，主要是由于过去所应用的品种抗病性多是由单基因或寡基因所控制。因此，为了解决品种抗病性“丧失”问题，必须用遗传多样性即多基因来控制病菌的多变，使病菌群体的毒性结构相对稳定下来，才能使品种的抗病性相对的稳定。

（二）综合应用主效基因抗病性和微效基因抗病性

为了使品种达到遗传多样性，除充分发挥品种的主效基因抗病性的作用外，必须注意发挥品种的微效基因抗病性的作用，两者取长补短，协调应用，才能有效地克服病菌的多变，使品种的抗病性相对保持稳定。

（三）协调使用多种措施

在充分发挥品种本身抗病性的基础上协调应用栽培的、化学的、生物的以及其他措施，大力提高植物的抗病性和控制植物病害的发生与发展。应用植物抗病性来防治植物病害固然有其优点，但是任何一个品种的抗病性都是相对的，并且也都有一定局限性，不可能在任何条件下对所有病害和所有小种均有足够的抗病性。因此，在充分发挥品种本身抗病性的基础上，采用一切可行措施，来提高植物的抗病性并控制病害的发展，才能使品种的抗病性得到有效的发挥。

（四）狠抓影响病菌变异的关键环节

病菌毒性变异是引致品种抗病性丧失的主要原因，但影响病菌毒性变异的因素很多，只有抓住影响病菌毒性变异的关键环节，才能有效地控制病菌的毒性变异。例如，影响我国小麦条锈病菌毒性变异的关键环节是陇南以及川西北等易变区的存在。所以，只有因地制宜通过品种合理布局，并协调应用栽培、化学等措施，狠抓对陇南等易变区的控制，使条锈病菌新小种不易产生和发展，才易于使品种的抗条锈性保持稳定，不致发生变异。

三、农作物专化抗病性的合理利用

专化抗病性的优点是抗病性明显，易于选育，且受环境影响较小，其缺点是由单基因或寡基因控制，易因小种的变异而“丧失”。从发挥专化抗病性的优点和克服其缺点出发，可采取以下措施。

（一）应用聚合品种

聚合品种（convergent variety）是将多个主效抗病基因，通过复合杂交引入同一品种而育成的。由于聚合品种的抗病性是由多个主效基因控制，所以可大大降低病菌小种对品种的适应速率，从而也可延长品种的使用年限。例如，加拿大育成的小麦聚合品种 Selkirk 对秆锈病的抗病性保持了 30 余年。聚合品种之所以能延缓病菌的适应速率，主要是由于品种所具有的抗病基因越多，病菌越难以产生完全能致病的突变菌株。因为病菌对寄主的一个位点（抗病基因）的突变率为 10^{-n}，那么对 2 个，3 个……6 个位点的毒性突变率则为 10^{-2n}，10^{-3n}……10^{-6n}。

聚合品种虽有以上优点，但也有其不足之处，即选育费时（需 14～16 年，如用加代法，可适当缩短）、费工，技术要求比较严格，必须先育成多系品种，然后再在多系品种间进行杂交，并经过严格选择、鉴定才能育成。

（二）应用多系品种和混合品种

多系品种（multilines）是用一个优良农艺性状品种作为轮回亲本，分别与具不同抗病基因的品种杂交和回交，选出一套农艺性状与轮回亲本相似，而所含抗病基因各不相同的品系，然后针对各地小种组成情况，进行混系种植。通过异质混合，抑制对毒性小种的定向选择，稳定病菌的群体，并可产生诱发抗病性和减少侵染几率，从而既可降低病害的发生数量，又可抑制病害流行速率。据试验，在一个多系品种中，感病品种的数量不超过 40%，对产量影响不大。

应用多系品种的方案最先由 Jensen 提出，后由 Borlaug 等人推行发展。多系品种的品系组成以比较多一些为好，除对病菌的稳定化选择作用更为显著外，还易于遮掩和抵消品系间在株高、成熟期和穗形等方面的差异。在美国衣阿华州推广的燕麦多系品种 E68 和 M68 由 7～11 个系组成。在美国推广的小麦多系品种 Miramar63（Frey，1977）和华盛顿州立大学新育成的小麦多系品种 Urew（CI 17951）均由 10 个系组成。在美国中西部由于推广多系品种每年约控制了 40.48 万 hm^2（100 万英亩①）的燕麦冠锈病（Browning，1977）。

① 注：英亩为非许用单位，$1hm^2$＝2.471 英亩。

此外，也可用农艺性状相似而抗病基因不同的多个品种混合种植，即应用混合品种（cultivar mixtures），获得一种作物的抗病异质性。其抗病作用原理同多系品种。据曹克强、曾士迈（1991）对小麦混合品种对白粉病、锈病等的抗病作用研究，认为密度效应为最重要的机制之一，其次为阻挡效应和诱导抗病性。

多系品种或品种混合的防病作用是无疑的。这两种方法在应用上的困难是，① 必须有一个强有力的良种繁育体系来保证，才能实行，这在目前还受一定条件的限制；② 多系品种、混合品种均要求在农艺性状上一致，这对提高产量和品质也有一定的限制。

（三）实行品种轮换

品种轮换即基因轮换（gene rotation）。其方法是根据小种逐年变化情况用具有不同抗病基因的品种有计划地进行轮换种植，从时间上切断病菌新小种的定向选择和发展。我国在20世纪60年代曾在川西用此法控制小麦条锈菌13号和16号小种的发展。在国外曾用此法控制番茄黄萎病菌小种2号的发展。

此法的防病作用也是肯定的。在应用中的问题是，生产水平在不断提高，在这种情况下，如再用原来的品种替换种植是很难适应生产发展需要的，必须有计划地不断选育和繁殖更好的后备品种来替换需要淘汰的品种才能推行。

（四）抗病品种合理布局

抗病品种的合理布局即基因布局（gene deployment），其方法是将具有不同抗病基因的品种在一定的地区范围（可小可大）实行合理布局，从空间上阻止对病菌新小种的定向选择。对流行性很强的病害如小麦条锈病，可在同一流行区系的不同关键地区，如越夏易变区、传播桥梁区、越冬区和流行区等分别种植具有不同抗病基因的品种，从而阻止病菌的越夏、越冬和流行传播。在北美洲曾用此法控制燕麦冠锈病。

我国在20世纪60、70年代用此法在西北、华北控制小麦条锈病的流行和传播，也取得了较好的结果。

为做好抗病品种的合理布局，首先必须掌握各种病害的发生发展规律、病菌小种组成及其消长变化规律和流行的关键地区。其次还需了解生产品种的抗病基因情况。这样，才有条件进行合理布局配置，很好地发挥这一方法的作用。

四、农作物非专化抗病性的合理利用

农作物非专化抗病性或水平抗病性的优点是这种抗病性一般由多个微效基因联合起作用，抗病性比较稳定，其缺点是一般抗病程度不高，且易受环境条件的影响而降低其作用。

国外在马铃薯抗晚疫病、水稻抗白叶枯病、玉米抗锈病和黑粉病、烟草和花生抗细菌性青枯病等方面均有成功地利用水平抗病性的例证。在小麦抗条锈病、玉米抗大斑病、苹果抗黑星病、燕麦抗秆锈病和冠锈病方面也开始重视水平抗病性的利用。

我国应用水平抗病性比较成功的例子是在四川武隆地区推广的马铃薯晚疫病品种——滑石板，该品种种植50年以上，但其抗病性始终保持稳定不变。又如棉花抗枯萎病品种52-128，已推广30年仍保持抗病性且是目前推广的许多重要棉花品种的亲本材料。近年来，我国在小麦抗条锈病育种方面也做了大量工作，取得了一些新进展。许多研究工作已经证明，在我国的农家品种中蕴藏着大量对条锈病的水平抗病和耐病品种资源，这些品种资源有的可在山区直接利用，在高产川区一个有希望的途径是从改良品种中寻找非专化抗病性品种，如小偃6号就是其中一例。

水平抗病性利用中的问题是：① 关于水平抗病性的遗传、育种和鉴定方法等目前还研究得不够，需进一步加强；② 有人担心水平抗病性是否会丧失，关于这一点，国内外的经验已经证明，相对来讲这种抗病性是比较稳定的。即或是发生变异，也是比较缓慢的。水平抗病性的作用，一方面固然可以减少部分初始菌量，但主要是降低多循环病害的流行速度。但是这种抗病性的作用毕竟是有限的，因此，为了更好地发挥水平抗病性的作用，必须针对其抗病性不强、易受环境影响等弱点，协调应用栽培的、化学的，生物的措施，提高其抗病性并控制菌源的发展，以保证品种水平抗病性的有效发挥。

选育兼具垂直抗病性和水平抗病性品种，可以使主效基因和微效基因共同发挥作用。具体选育方法是通过轮回选择将水平抗病性基因累加起来，然后再与垂直抗病性品种杂交，并进行选择，育出既有显著的垂直抗病性，又有潜在的微效抗病基因的新品种，这样的品种在种植过程中，即使由于新的毒性小种的出现，使垂直抗病性“丧失”，也可由于有多个微效抗病基因的存在，不会给生产造成很大损失。

总之，以上所说的三种抗病性品种的利用，虽然具体措施不同，但其基本原则是一致的，就是用品种的遗传多样性即多基因抑制对病菌的定向选择，增强稳定化选择，达到控制病菌群体发展、减少其危害的目的。

五、持久抗病性的利用

随着植物抗病品种兴衰循环的周期愈来愈短，人们把解决植物抗病性“丧失”问题的注意力集中到持久抗病性上，持久抗病性和持久抗病品种的选育成为目前研究的热点（徐建龙，1996；袁文焕，1995；曾士迈，1979；Parlevliet，1977）。

持久抗病性的定义几经发展，现明确的定义为：当某一品种长期在适于发病的环境下广泛种植仍能保持其抗病性时，其所具有的抗病性即为持久抗病性，而且这种抗病性与某些基因型有关，是可以遗传的。

对持久抗病性品种的识别主要是观察其历史表现，是否是广泛种植多年并仍保持抗病性，也有人以相关公式评价抗病性的持久性，认为如果品种抗病性对X（试验年限）和Y（病害平均严重度）的回归系数为零或与零差异不显著，则认为该品种具有持久抗病性。有人认为应补充该品种暴露于病原物的面积参数，才更能反映其本质。根据近年研究，在不同植物病害系统中都发现了持久抗病性的事例，水稻品种 Morobereken 具有对稻瘟病的持久抗病性，表现为低侵染率高反应型特点；在水稻对白叶枯病的抗病性研究中也发现具有持久抗病性品种。在小麦对条锈菌的抗病性研究中发现，对这一病害的持久抗病性的品种并不少见，英国品种 Little Joss 幼叶表现过敏坏死，产生极少孢子堆，旗叶只表现过敏性坏死斑。与此相类似的品种有 Maris Widgeen，Hybrid de Bersee，Elite Lepeuple，Cappelle Desprez。近年研究发现，小麦对条锈病具有高温抗病性，其表达特点是在较高环境温度下所诱导的一种低反应型抗病性。美国发现了 Cheyerme 和 Gaine 等 7 个品种具有高温抗病性。我国商鸿生等（1997，1998）发现了 28 个具有高温抗病性的品种，并对其表达规律、保产效果、抗病机制、抗病性遗传做了深入研究，发现高温抗病性为非小种专化抗病性，是一种持久抗病性的宝贵资源，对解决小麦品种抗条锈性丧失问题有重大意义。大麦抗白粉病研究中也发现了含 *mlo* 基因的品种具有持久抗病性。

关于持久抗病性的遗传基础，国内外学者认为，不同抗病系统其持久抗病性的遗传基础不同，不宜进行一般性的推论。有些抗病系统是由单个主效基因控制持久抗病性，如小麦对叶锈病的持久抗病性与 *Lr34* 和 *Lr13* 共同作用有关，大麦抗白粉病隐性主效基因 *mlo* 所控制的抗病性机制与其他主效基因不同，具有持久抗病性。小麦对条锈病的高温抗病性也由主效基因控制。马铃薯抗 X 病毒基因 *Nx* 控制对 X 病毒的持久抗病性。许多研究表明，持久抗病性与若干基因的联合存在有关，包括两种类型，一种为主效基因的聚合 (pyramiding)，另一种是微效基因的积累 (accumulation)。主效基因积累曾成功地控制北美和澳洲的小麦秆锈病，其遗传基础是巧妙的基因组合，其亲本 Hope 含有 *Sr2* 、*Sr7b*、*Sr9d* 和 *Sr17* 抗秆锈基因，但其中 *Sr2* 起重要作用。大量的研究表明微效基因积累更易获得持久抗病性，这些微效基因联合构成的复杂遗传结构更易形成持久抗病性。不过对微效基因有无小种专化性存在不同观点。对持久抗病性的遗传基础要强调不同抗病系统有着不同特点，有其可供利用的持久抗病性。

关于持久抗病性品种的选育问题，在了解其遗传基础的前提下，制定育种战略，除常规杂交外，在选择上尤其要在多点大面积进行鉴定，才能得到可靠的结果。近年发展起来的分子生物学技术为培育持久抗病品种提供了重要的技术支持。目前大量开展标记和克隆持久抗病基因的研究工作，相信这些新技术的应用，将会给持久抗病性的研究利用增添巨大的动力，取得意想不到的成果。

总之，以上所说的抗病性品种的利用，虽然具体措施不同，但其基本原则是一致的，就是用品种系统内的遗传多样性或系统中单个品种的遗传复杂性抑制对病菌的定向选择，增强稳定化选择，达到控制病菌群体的发展的目的。

第三节　提高农作物抗病性的主要途径

一、扩大和丰富农作物的抗病种质资源

通过多种渠道，广泛搜集农作物的抗病种质资源是从根本上提高、增强农作物抗病性的最基本途径。这是农作物抗病性利用的基础工作，必须持续地进行，才能使农作物抗病性的利用工作得到不断发展。

（一）广泛收集、鉴定我国的农家品种资源

我国是一个农业古国，生产历史悠久，几千年来积累了极其丰富的农家品种资源，应在过去工作基础上，更加广泛地进行搜集和整理，并有计划地进行抗病性鉴定，然后作为抗病种质资源妥善保存，以备有目的有计划地使用。

（二）广泛收集和鉴定野生近缘植物

我国地域辽阔，地理生态条件复杂多样，因而各种植物的野生近缘类型很多，其中蕴藏着大量的抗病种质资源，有的经过长期的培育与自然选择，具有极强的适应性和抗病性。只要广泛搜集鉴定，是一定可以找到十分宝贵的免疫或高抗、多抗病性材料的。20 世纪 70 年代以来，国外在这方面已做了大量工作。新中国成立后，我国在一些作物尤其

在小麦、水稻、大豆等重要作物方面也开始了系统搜集和整理，取得了很大进展，今后应继续扩大收集、鉴定，以便不断丰富我国的野生近缘抗病种质资源。

（三）引进国外抗病资源

利用一切可能渠道，广泛引进国外的优良品种和野生近缘抗病种质资源，尤其应注意从各种作物的原产地和栽培已久地区引入。我国改革开放以来，在这一方面已做了大量工作，这对丰富我国各种作物的抗病基因起了很大作用，今后还应继续加强。

以上这三项工作的目的都是为了使我国各种作物的抗病基因组成多样化，以便从根本上增强各种作物的抗病性。

二、加强选种和抗病良种的繁育，不断提高品种的种性和抗病性能

实践证明，加强选种，搞好提纯复壮，对改善种子品质和提高抗病性能，减少病菌对寄主植物的适应有着十分重要的作用。这在棉花抗枯萎病，小麦、玉米抗黑粉病以及其他作物抗多种病害，尤其是兼性寄生菌病害中均积累了较为丰富的经验。例如，原西北农业大学高永成、杨之为等利用在人工病圃中连续选择抗病单株的方法，成功地将感病的棉花品种转育成抗病力很强的品种就是一个很好的例证。另外，从玉米植株群体中选果穗发病少的植株可大大提高玉米对黑粉病的抗病性，选择大粒小麦种子可提高小麦对秆黑粉病的抗病性等等。这许多例证均说明，选种对提高品种抗病性的重要作用。

植物品种的生物学异质性是普遍存在的，有的显著，有的不显著。因此，不论其异质性程度如何，均可利用其个体间的差异进行选择。选种的目的就是将品种植株群体中比较突出的个体选择出来，加强繁育，用以提高种性和抗病性能。

做好选种的另一任务是去杂、去劣、去病，提高种性和减少病菌变异机会。但实践证明，要做好这一工作，必须建立一套强有力的良种繁育制度和体系才能有所保证。

三、应用栽培措施提高农作物的抗病性

合理的栽培制度与方法的贯彻实施，是保证植物正常生长和发育、提高其抗病能力的最基本措施（陆师义，1958）。栽培制度和措施对植物抗病性的影响是很大的，它可以直接或间接地影响病菌的致病性和寄主植物的抗病性及其相互关系。不同栽培制度与措施对植物抗病性的影响不同，即或是同一栽培制度与措施在不同条件下其作用也可能有很大差异。现仅就主要栽培制度与措施在提高植物抗病性上的作用简述如下：

（一）适期播种

适期播种，避免过早、过迟，可以增强作物对多种病害的抗病性和避病性。例如，冬小麦播种避免过迟，春小麦播种避免过早，可大大减少小麦腥黑穗病菌的侵入机会，因为冬小麦的生长适温为12～16℃，春小麦为16～20℃，而病菌以在9～12℃侵染力最强。因而，如果冬小麦晚播或春小麦早播，由于土温低，均不利于小麦种子迅速萌发出土，而有利于病菌自芽鞘入侵。如果适期播种，小麦种子萌发出土快，病菌入侵的机会就会大大减少。

（二）合理密植

合理密植通风透光好，植株生长健壮，可以使许多作物提高抗病力。例如，水稻合理密植，稻株健壮，抗纹枯病性增强；小麦合理密植，植株健壮，行间湿度小，可以提高麦

株对白粉病、纹枯病以及其他叶部、叶鞘病害的抗性。

（三）合理施肥

合理施肥是提高植物抗病性的重要措施。实践证明，合理施肥的关键是增施磷、钾肥，避免偏施氮肥。增施磷肥可使寄主植物表皮的角质层加厚。植物内部的机械组织加强，促进早熟，从而可提高植株对后期侵染的病害的抵抗力。据研究，马铃薯对晚疫病的抗病性和小麦对全蚀病的抗病性均可通过增施磷肥得到加强。增施钾肥可增强光合作用，增加蛋白质合成，强化茎秆组织，激活许多酶的活性，从而可使寄主提高对多种病害的抗病性。据研究，增施钾肥可使水稻对稻瘟病，棉花对枯萎病，小麦对叶锈病、白粉病，马铃薯对晚疫病，甜菜对褐斑病的抗病性增强。在增施磷、钾肥的同时，合理施用氮肥，避免偏施可使植物的新陈代谢正常，植株生长健壮并可增强抗病性。

（四）科学用水

科学用水也是提高植物抗病性的重要途径之一。尤其对根部病害的抗病性影响更大。灌水过多或排水不良，土壤积水，湿度大，氧气缺乏，二氧化碳累积，减缓寄主细胞木栓化的形成，可增加土壤中病菌尤其是细菌侵染的机会。如适量灌水和及时排水，土壤水分适宜，则有利于寄主细胞木栓化的形成，从而可提高寄主对土壤病菌尤其是细菌的抵抗性。如在温、湿度较低的条件下，马铃薯细菌性软腐病可大大减轻，就是因为在这种条件下，马铃薯抗病性增强，而细菌侵染力降低之故。

关于通过改进栽培管理措施提高作物抗病性的途径是很多的，这里所举的只是最基本的四个方面，实际上，在产前、产后和作物生长期间还有很多应当改进的途径，不过途径再多，其原则只有一个，就是一切有利于植物正常生长和发育的优化栽培措施，一般都是可以减少病害发生的。

四、应用化学措施提高农作物的抗病性

（一）应用微量元素

在合理施用大量元素的基础上，施用适量的微量元素也可提高植物的抗病性。对植物抗病性有较大影响的微量元素主要有锌、铜、钼、镁、铁、锰等。试验结果表明，用0.1%、0.2%的硫酸铜液喷射马铃薯叶面可提高其对晚疫病的抵抗性；水稻上使用锰盐可减少体内可溶性氮的含量和降低等电点，从而可增强稻株的抗瘟性；施用硼素可提高三叶草对镰刀菌根腐病的抗病性（用0.2%硼酸液浸种发病率比对照降低3倍）；施用镍盐可提高小麦对条锈病的抗病性；施用锌盐可提高小麦对白粉病，棉花对枯萎病和玉米对矮花叶病等的抗病性。

关于微量元素在提高植物抗病性上的作用机制，归纳各方面研究结果有以下几点：① 微量元素进入植株体内后，可使寄主植物被破坏的生理机能得以恢复；② 提高植株体内酶尤其是氧化酶的活性，从而加强其保卫机能；③ 可能产生抑菌物质，抑制病菌的发育。

为进一步了解一些学者关于微量元素的作用机制的观点，现将斯特拉霍夫关于这一问题的看法介绍如下：斯特拉霍夫用生物学方法和解剖学方法，对微量元素增强植物免疫性的机制问题进行过多年研究。当他在使用氮、磷、钾三要素基础上，用增施各种微量元素

方法来提高黑麦对秆黑粉病、小麦对腥黑穗病和锈病的抗病性时，发现寄主植株抗病性的提高与植株中病菌菌丝的退化性变化有关，如菌丝变细、分枝变短、原生质变成不均匀的颗粒状，进而变成空胞化，最后菌丝溶解。他发现用锌处理的，病菌菌丝的退化性变化最明显，植株发病率也最低。其次是铜，至于硼或单纯施用三要素效果则不明显。他认为，病菌发生的退化性变化可能与有的微量元素可诱发植株体内产生抑菌素有关。另外，还发现铜素可促进寄主植物产生局部坏死反应。

由上述看来，微量元素不仅是寄主植物的辅酶成分，同时，有的还可能是使寄主植物产生植物保卫素的诱导剂。

（二）应用多种有机物

应用水杨酸、乙烯、茉莉酸、脂肪酸、脱乙酰几丁质、昆布多糖、β-葡聚糖、寡糖素等预处理植物，激发植物系统获得抗病性（SAR）日益受到重视。人们正试图把此类有机物加工成一定的剂型应用到植物病害的防治中，使其成为植物病害控制中最具潜力的措施。目前已商品化生产的合成诱导剂有：① Propenazole（商品名 Oryzemate），施用后可诱发水稻对稻瘟病的抗病性；② 2-二氯-3，3-二甲基环丙烷羧酸（DCP），施用后水稻产生专一的内酯类植保素可抑制稻瘟病的为害；③ 3-氨基丁酸（BABA）对番茄、马铃薯、烟草的疫病菌（*Phutophthora infestans*）、霜霉菌（*Peronospore tabacina*）的侵染具有优异的保护作用。尤其是水杨酸、INA 和 BTH 诱导抗病性的作用得到了广泛的研究，揭示了作用机制并评估了应用前景。研究认为水杨酸不仅是植物产生系统获得抗病性所必需，而且也是病原菌侵染植物后活化一系列防卫反应的信号传递过程中的主要成分。INA 在水稻、小麦、大麦、黄瓜、烟草、拟南芥、甘蔗、菜豆、月季等单、双子叶植物上施用，能系统诱发植物对多种真菌、细菌和病毒等病原物的抵抗能力。BTH 作为第一个商品化生产的“植物激活剂”已被应用于大田生产，对多种作物的多种病害防治有优异的作用。BTII 表现出广谱性，对黄瓜、烟草、拟南芥、菜豆、辣椒、番茄、欧芹、白菜、向日葵、水稻、小麦上的多种病害有较好的诱导抗病性作用；持效期长，BTH 诱导的 SAR 在整个生育期都有较好的抗病作用，如苗期处理可使水稻整个生育期对稻瘟病具有抗病性；用量低，田间试验表明每公顷使用有效成分 30g 的用量可很好地控制小麦白粉病、叶斑病的为害。大田施用时对大麦、小麦白粉病的防效可达 50%～75%，持效期达 30～40 天；在田间控制蔬菜病害方面已提出防治标准。BTH 的抗病机制表现在组织结构抗病性上，是植物细胞内壁形成大量乳突，减少病菌侵入，病菌侵染后细胞死亡，菌丝侵染点有大量酚类物质沉积，使病菌菌丝败育。植株体内的抗病性反应的激活伴随一系列发病相关蛋白（PR 蛋白）的积累。人们已在几十种植物上发现 PR 蛋白的产生，监测到几丁质酶、β-1，3-葡聚糖酶和过氧化酶活性的增加。有人在 BTH 诱导植物产生 SAR 的信号传导中发现 BTH 本身作为一种信号物质在 SAR 中起作用。

总之，化学诱导剂将在植物抗病性的提高和保持中发挥越来越重要的作用。

五、应用生物措施提高农作物的抗病性

应用生物措施提高农作物抗病性是一个很有发展前途的途径。其主要方法是用弱毒或

无毒菌系（株）或寄生菌的代谢产物作诱导制剂使植物产生诱导抗病性。近年来在这一方面取得了很大进展，在麦类、水稻、马铃薯、瓜类、棉花等许多作物上的试验均取得了成功。

（一）用弱毒或无毒菌系诱导

在瓜类作物方面，Kuc’等（1985）在黄瓜上用*Colletolrichum lagenarium*、*Pseudomonas lachrymans*和*Tobacco necrosis virus*进行诱导处理，保护了黄瓜免受11种侵染性病害的为害。另外，他们用对黄瓜不致病的西瓜尖镰孢菌（*Fusarium oxysporum* f. *niveum*）诱导黄瓜幼苗根部，几天后再用黄瓜尖镰孢菌（*F. oxysporum* f. *cucumerium*）接种，对照植株接种后很快死亡，而处理植株一直生长良好。诱导接种的免疫作用表达所需时间因诱导菌不同而异：用TNV诱导接种，经48～72h开始表达，用真菌或细菌诱导接种，经72～96h开始表达。在麦类作物方面，Johnson和Haffman（1958）用燕麦冠锈菌小种202作诱发接种物，在小麦品种Cheyenne上进行诱导处理，使该品种产生了对叶锈菌小种5的免疫性。Chenng和Barber（1975）用无毒力秆锈菌小种21-2、21-3、21-7在小麦品种Reliance上诱导接种，获得了对小麦秆锈菌小种126-6、126-7的抗病性。在水稻方面，岩野正敬（1986）在水稻品种草笛上先用稻瘟病菌的非亲和性小种作诱导接种，3天后再接种亲和性小种，结果不仅病菌病斑数减少，而且病斑面积也变小了。在棉花方面，曾有人研究指出：用等量或超量无毒力或弱毒力棉花黄萎病菌小种作诱导接种时，无毒或弱毒力小种先接种，隔5～15天后再接种毒力小种均可获得良好的诱导效果。在烟草方面，Ross（1959，1961，1966）报道，用TMV弱毒株系对三生烟作诱导接种，3天后可产生对TMV、TNV和TRSV等多种病毒的抗性，7天后达到最高峰，至少可保持42天。Lovrekovich等（1965）和Sequeira等（1977）将烟草野火病菌和烟草青枯病菌加热杀死，对烟草作诱导处理，产生了对同种病原细菌的抗性。Kuc’及其学生Sadik往茎部形成层外组织注射霜霉菌孢子液可使95%～99%供试烟草植株在整个生长期得到保护。Kuc'等（1983）还发现，在免疫烟草砧木上嫁接未免疫烟草接穗，可使接穗获得免疫。将免疫接穗嫁接在未免疫砧木上，接穗长大后一直保持免疫。雷新云（1987）在室内用诱导物NS-83处理烟草时发现，NS-83有钝化TMV和抑制TMV初侵染的作用，且可诱导与抗病性有关的细胞分裂素和过氧化物酶活性的增强。田间试验表明，NS-83除可抑制侵染外，还可降低病情指数。

（二）用寄生真菌的代谢产物诱导

据文献报道，从致病疫霉（*Phytophthora infestance*）的菌丝体中分离到的脂肪糖蛋白质类综合体可作为诱导物，使植株内产生植保素日齐素（rishitin）和块茎防疫素（lubimin）。又据报道，用5mg/kg的脂肪糖蛋白质类综合体于播前处理马铃薯块茎，可使马铃薯明显获得对晚疫病、早疫病、丝核菌病和疮痂病（*Streptomyces scabies*）的抗病性。*Fusarium sambucinum*的菌丝体浸出液和分生孢子悬浮液均为很好的诱导剂。在马铃薯播前，每吨块茎用0.03%浓度的*F. sambucinum*菌丝体浸出液40～60L处理，并于生长期用同浓度的菌丝体浸出液喷雾，用量为每公顷300～400L，也可提高马铃薯对晚疫病、早疫病、丝核菌病和疮痂病的抗性。

第四节　我国在保持与提高农作物抗病性中存在的问题及解决途径

一、存在的问题

过去在植物抗病性的保持和提高方面在研究和应用上虽然取得了一定成绩，对保证我国农业生产起了很大作用，但还存在以下问题：

（1）过去在育种工作中过分重视专化抗病品种，而对非专化抗病品种重视不够，做的工作很少，因而生产上应用的品种主要是专化抗病性品种，抗病性遗传单一化严重，尤其在麦类和水稻方面更为突出，这种抗病性很易被病菌的新毒性基因所克服而失效。

（2）育种部门与植保部门有机配合不够，对品种审查不严，所育出的品种一般抗病性比较单一并且不强，尤其缺乏抗多小种和多种病害的品种，致使原有的品种被更换了，但新品种又往往带来了一系列新问题，形成品种工作中的恶性循环。这种情况在小麦、玉米、水稻等作物的品种应用上均比较突出。

（3）过去由于对植物抗病性的遗传研究不够，因而植物病理和育种工作都有很大的盲目性。

（4）品种的应用尚缺乏统一的（全国或地区性）合理布局计划，盲目性比较严重，再加上推广中片面强调品种的应用面积，往往造成抗源品种单一化，为病菌通过定向选择，迅速发展创造了有利条件。

（5）缺乏严格的、科学的良种繁育制度和体系，品种多、乱、杂现象严重，也为病菌变异提供了有利条件。

（6）在品种应用中，尚缺乏比较成熟的、因地区因作物制宜的、提高植物抗病性的成套方法并且付诸实施。

二、解决的途径

针对上述存在的问题，今后的解决途径是：

（1）在抗病育种方面，除继续加强专化抗病性育种外，应大力加强对非专化抗病性品种的选育，以便为综合应用两类抗病性品种创造条件。

（2）加强育种部门与植物保护部门的合作，除抽出专人与育种工作者配合进行鉴定外，应加强对品种抗病性审查和鉴定方法的研究，以便使抗病育种工作更有目的、有计划地进行。

（3）因地区因作物制定科学的抗源品种合理布局和使用计划，使品种布局逐步合理化。

（4）建立健全良种繁育制度与体系，大力改进良种繁育工作。

（5）研究制定提高各种农作物抗病性的策略和方法，并在生产上贯彻落实，尽力延长品种使用年限。

（6）加强植物抗病性的遗传研究，为育种和品种合理利用提供理论依据。

参 考 文 献

[1] 北京农业大学编. 植物免疫学. 北京：农业出版社，1961

[2] 蔡新忠，郑重，宋凤鸣. 水杨酸对水稻幼苗抗瘟性的诱导作用. 植物病理学报，1996，21（1）：7～12

[3] 蔡旭主编. 植物遗传育种学. 北京：科学出版社，1988

[4] 曹克强，王焕如．小麦品种慢叶锈性及其变异性和专化性研究．植物病理学报，1989，19（1）：53～58

[5] 陈其煐，李典漠，曹赤阳主编. 棉花病虫害综合防治及研究进展. 北京：中国农业科技出版社，1990

[6] 陈熙主编. 植物免疫学. 上海：上海科学技术出版社，1989

[7] 成卓敏，何小源，陈彩层. 应用基因工程创造抗黄矮病毒转基因工程小麦新种质. 植物保护，1996，22（3）18～20

[8] 赤国彤，张雪松，张丽岩等. 小麦慢发性抗白粉病品种的筛选. 华北农学报，1994，9（3）：63～66

[9] 董汉松. 植物抗病防卫基因表达调控与诱导抗病性遗传的机制．植物病理学报，1996，26（4）：289～293

[10] 杜正文主编．中国水稻病虫害综合防治策略与技术．北京：农业出版社，1991

[11] 范云六，时光春. 创建持久抗晚疫病资源的新途径及其基础研究．农业生物技术学报，1995，3（4）：10～15

[12] 黄河．马铃薯对晚疫病的水平抗病性研究. 马铃薯，1983（1）：6～15

[13] 黄振涛，曹远银，姚平等. 小麦秆锈菌不同小种间相对生存能力研究. 植物病理学报，1991，21（1）：65～71

[14] 雷新云，李怀芳，裘维蕃等. 植物诱导抗病性对病毒致死作用及诱导物质 NS-83 机制的探讨. 中国农业科学，1987，29（4）：1～5

[15] 李光博，曾士迈，李振岐主编. 小麦病虫草鼠害综合治理. 北京：中国农业科技出版社，1990

[16] 李琼芳，蔡应繁，谭永久等. 棉花抗黄萎病多菌系新抗源种质的研究. 中国农业科学，1996，29（4）：47～52

[17] 李振岐，商鸿生，阴省林等. 洛夫林小麦抗条锈性变异研究. 中国农业科学，1984，17（1）：68～73

[18] 李振岐，商鸿生编著. 小麦锈病及其防治. 上海：上海科学技术出版社，1989

[19] 李振岐，曾士迈主编. 中国小麦锈病. 北京：中国农业出版社，2002

[20] 李振岐. 我国小麦品种抗条锈性丧失原因及其解决途径. 中国农业科学，1980，13（3）：72～77

[21] 李振岐主编. 植物免疫学. 北京：中国农业出版社，1995

[22] 梁克恭，戴法超，王晓鸣．主要粮食作物种质资源抗病性评价研究进展．植物保护，1997，23（1）：37～38

[23] 刘颖超，郭爱国，朱之堉等．中国三麦区小麦抗叶锈基因部署研究．植物病理学报，1996，26（1）：19～23

[24] 刘宗镇，汪志远，赵文俊等．我国改良小麦品种抗赤霉病性的来源与抗赤霉病性改良中的问题．中国农业科学，1992，25（4）：47～52

[25] 陆师义，黎膏翔．光与温度对小麦品种抗条锈性的影响．植物病理学报，1958，4（2）：129～135
[26] 骆桂芳，崔俊涛，张莉等．东北霜霉菌对黄瓜霜霉病的诱导免疫作用．植物病理学报，1996，26（4）：359～364
[27] 骆桂芳，崔俊涛，张莉等．黄瓜叶片中糖和木质素含量与霜霉病诱导抗病性的关系．植物病理学报，1997，27（1）：65～69
[28] 马存，陈其煐．我国棉花抗枯黄萎病育种研究进展．中国农业科学，1992，25（1）：50～57
[29] 宁毓华，李振岐，成巨龙．温度对小麦品种苗期抗条锈性的稳定性影响研究．西北农学院学报，1984，12（1）：45～57
[30] 牛永春，吴立人．繁 6-绵阳系小麦抗条锈性变异及对策．植物病理学报，1997，27（1）：5～8
[31] 彭绍裘，刘二明，黄费元等．水稻持久抗瘟性研究．植物保护学报，1996，23（4）：293～299
[32] 钱幼亭，周广和，周希明．从麦类种质资源中筛选大麦黄矮病毒（BYDV）抗源．植物保护学报，1993，20（1）：71～75
[33] 商鸿生，陆和平，李振岐．绵阳 11 号和 15 号小麦品种抗条锈性的进一步研究．西北农业学报，1994，3（2）：59～62
[34] 商鸿生，王利国，陆和平等．小麦对条锈病高温抗病性表达规律的研究．植物保护学报，1997，24（2）：97～100
[35] 商鸿生．小麦对条锈菌的高温抗病性研究．中国农业科学，1998，31（4）：46～50
[36] 沈瑛，胡国文．水稻外引品种（系）多抗病虫性的评价和利用．植物保护学报，1988，15（2）：73～77
[37] 万永芳，颜济，杨俊良等．小麦近缘野生植物的赤霉病抗病性研究．植物病理学报，1997，27（2）：107～111
[38] 汪可宁，谢水仙，刘孝坤等．我国小麦条锈病防治的研究进展．中国农业科学，1988，21（2）：1～8
[39] 王金生．寄主—病原物互作．植物病理学报，1992，22（4）：289～292
[40] 文景芝，单宝柱，杨建华．马铃薯早疫链格孢菌可诱导烟草对赤星病产生系统抗病性．马铃薯，1996，10（2）：93～95
[41] 吴传德．棉花抗枯萎病品种抗病性稳定性初步研究．植物保护学报，1984，11（2）：85～90
[42] 吴洵耻，刘波．棉花黄萎病菌菌株间交互保护作用研究（Ⅰ）两菌株有效间隔天数试验．植物病理学报，1987，17（4）：215～217
[43] 吴元华，郑云泽，贝纳新等．转马铃薯 Y 病毒复制酶基因烟草的获得及抗病性分析．中国烟草科学，1997，1（3）：23～26
[44] 徐建龙，林贻滋，翁锦屏等．水稻白叶枯病抗病性基因的聚合及其遗传效应．作物学报，1996，22（2）：129～134
[45] 徐乃瑜，易自力，何瑞锋．小麦异源细胞质对主要病害抗病性影响的初步研究．作物学报，1991，17（5）：326～339
[46] 杨家书，吴畏，吴友三．小麦品种对白粉病慢发性抗病性的因素分析．植物保护学报，1985，12（1）：37～43
[47] 袁文焕，张忠军，冯峰等．小麦慢条锈性品种的筛选及小种专化性．中国农业科学，1995，28（3）：35～40
[48] 曾士迈，王沛有，武修英等．小麦对条锈病的水平抗病性研究初报．植物保护学报，1979，6（1）：1～10
[49] 曾士迈，王沛有，武修英等．小麦对条锈病的水平抗病性研究初报．植物保护学报，1979，6

(1)：1～10

［50］曾士迈. 关于植物的水平抗病性. 植物保护，1979，5（2）：1～3，（3）：34～38

［51］曾士迈. 抗病育种. 见：华北农业大学等编. 植物遗传育种学. 北京：科学出版社，1976. 512～519

［52］曾士迈. 品种抗病性持久度的估测（Ⅰ）. 植物病理学报，1996，26（3）：193～203

［53］曾昭慧主编. 中国水稻病虫综合防治进展. 杭州：浙江科技出版社，1987

［54］张元恩. 植物诱导抗病性研究进展. 生物防治通报，1987，3（2）：88～90

［55］章琦. 我国水稻抗白叶枯病基因的利用及策略. 植物保护学报，1995，22（3）：241～246

［56］周小刚，余俊杰，彭化贤. 玉米品种对大斑病慢发性抗病性的因素分析. 西南农业学报，1997，10：31～35

［57］朱文华，张庆勤. 关于延长小麦抗白粉病基因使用年限的探讨——异地育种. 植物病理学报，1997，27（4）：293～297

［58］Kessmann H et al. Induction of systemic acquired disease resistance in plant by chemicals. Annu Rev Phytopathol，1994，32：439～459

［59］Kiyosawa S . Genetics and epidemiological modeling of breakdown of plant disease resistance. Ann Rev Phytopathol，1982，20：93～117

［60］Johnson R . Durable resistance，definition of genetic control and attainment in plant breeding. Phytopathology，1981，71：568～569

［61］Parlevliet JE，Zadoks JC . The intergrated concepts of disease resistance. A new view including horizontal and vertical resistance in plant. Euphytica，1977，26：5～21

［62］Sequeira L . Mechanisms of induced resistance in plant. Ann Rev Microbiol，1983，37：51～79

［63］Shaner G . Reduced infectability and inoculum production as factors of slow mildewing in Knox Wheat. Phytopathology，1973，63（10）：1307～1311

［64］Sharp E L，Krupinsky J M . Reselection for improved resistance of wheat to stripe rust. Phytopathology，1979，69：400～404

下篇　各论

第十二章

小麦品种抗病性及其利用

第一节 条 锈 病

小麦条锈病（*Puccinia striformis*）是世界上几乎所有小麦产区均有发生的一种重要病害，尤其在高纬度或高海拔的气候较冷凉的地区为害严重。病害流行时，受害小麦可减产30%以上，甚至绝收。条锈病也是我国小麦上发生面积最广、危害最重的一种病害，它的经常发生和流行给我国小麦生产造成了巨大损失，特别是它的大面积暴发流行对我国小麦生产具有全局性的影响。如1950年、1964年和1990年的条锈病全国大流行，就分别损失小麦60亿kg、30亿kg和26.5亿kg。2002年再次发生小麦条锈病大流行，波及我国小麦产区11个省（自治区、直辖市），在全力防治的情况下，仍损失小麦14亿kg。多年来，我国在小麦品种抗条锈性的研究和利用方面做了大量工作，抗病品种在控制小麦条锈病流行中发挥了重要作用。

一、品种抗性在小麦条锈病综合防治中的作用和地位

新中国成立后，由于党和政府对小麦条锈病的高度重视和广大科技人员的努力，小麦条锈病研究和防治工作取得了巨大成绩，完成了我国小麦条锈病流行体系研究，明确了条锈病的大区流行区划，发现了条锈病主要越夏区、越冬区、春季流行区域和流行关键地区，明确了条锈病主要流行因素。长期进行了小麦条锈菌生理小种监测和品种抗锈性变异监测，发现并命名了32个生理小种和多个致病类型，对条锈菌生理小种的变异及消长规律和品种抗病性"丧失"规律有了深入认识。在对条锈病发生发展规律不断认识的基础上，制定了"以种植抗病品种为主，以药剂防治和栽培措施为辅"的综合防治策略，大力培育和推广抗锈品种，开发防治药剂，使得小麦条锈病在很大程度上得到控制，减少了条锈病危害造成的损失。

小麦的抗条锈性是小麦在与条锈菌相互作用的漫长进化过程中形成的特性，是自然界业已存在的控制病害的因素。利用品种抗性防治病害不存在化学防治的污染问题和额外负担。实践证明，利用品种抗性是综合治理小麦条锈病的基础，选育和应用抗病品种是小麦条锈病综合防治中最重要和最基础的措施。在生产上推广和应用抗病品种，既可经济、有效地控制条锈病为害，又有利于减少污染、维护生态环境，同时又便于农民操作，具有显

著的经济和社会效益。如引进的小麦抗条锈病品种碧玉麦、南大 2419、早洋麦、钱交麦、阿夫、阿勃、山前麦、牛朱特、洛夫林等，国内育成的小麦抗条锈病品种碧蚂 1 号、北京 8 号、石家庄 54、济南 2 号、农大 183 等以及洛夫林衍生系、繁 6 及其衍生系、水源衍生系等众多品种，都曾在 20 世纪 40 年代以来不同阶段我国小麦生产中发挥重要作用。

二、小麦品种抗条锈性的类型

小麦品种的抗条锈性是其与条锈菌相互作用过程中表现出的对病菌及其造成危害的抵抗特性。不同小麦品种对于条锈菌不同生理小种的抗性程度和抗性表现特点不同，而抗性的程度和表现特点又受环境条件以及小麦本身的生育期等的影响。

根据小麦品种抗条锈性的不同方面的特点，可将其分为不同的类型。如根据抗条锈性表达的生育期特点，可分为苗期抗病性、成株期抗病性和全生育期抗病性；根据抗条锈性表达的温度特点，可分为常温抗病性、高温抗病性和温度敏感性抗病性；根据控制抗锈性的基因特点，可分为主效基因抗病性和微效基因抗病性；根据抗锈性的表现型特点，可分为低反应型抗病性和慢锈性（数量性状抗病性）；除了真正意义上的抗锈性外，广义的小麦品种抗锈性还包括耐锈性。

表现为苗期抗锈性的小麦品种多数具有全生育期抗性，成株期抗锈性只在成株期表达，而在苗期温室鉴定中则不表达。低反应型抗锈性可以是全生育期抗锈性，也可以是苗期抗锈性或成株期抗锈性。慢锈性属于数量性状抗锈性，可表现在侵染率较低、潜育期较长、孢子堆数目较少、孢子堆较小以及产孢持续期较短等某一方面或多个方面。高温抗锈性的表达需要较高的环境温度。温度敏感性抗性的表达对温度比较敏感，多数在温度偏高时表现抗病，偶有相反的情况。

耐锈性是指某些品种虽可严重感染锈病，但其产量损失显著低于感病品种的特性。耐锈品种可能具有较强的生理补偿作用，如根系发达、吸水能力强、光合作用效率较高、灌浆速度较快等，足以抵消锈病造成的一部分损失。在锈病流行时，耐锈品种具明显的保产作用。

（一）低反应型抗锈性

具有低反应型抗锈性的品种在锈菌侵入后迅速发生过敏性坏死反应，即侵染点及其附近的寄主细胞坏死，锈菌生长受抑制，表现出明确的、较低级别的反应型（0～2），抗病性表现为从免疫到中度抗病水平。刘松洁等（1991）报道，因小麦品种-条锈菌小种的组合不同，过敏性坏死反应在细胞水平的表现可分为以下 4 个类型：① 寄主细胞早期坏死型：抗锈性表达最早出现在初生吸器母细胞形成后，发生典型的叶肉细胞过敏性坏死，完全抑制了菌落发展。免疫和近免疫品种中条锈菌产生 1 个或数个吸器母细胞后，发育完全中断。高抗品种的叶肉细胞坏死后，菌落仍略有生长。② 条锈菌早期抑制型：某些高抗品种中条锈菌吸器母细胞的形成和侵染菌丝的生长早期被抑制，但叶肉细胞坏死出现较晚。③ 锈菌抑制滞后型：某些中度抗病品种在条锈菌侵染早期，叶肉细胞就发生坏死，但菌落仍继续发育，滞后一段时间后方受到抑制。④ 晚期坏死抑制型：在某些中抗品种中条锈菌菌落受抑制和叶肉细胞坏死都延迟出现，坏死叶肉细胞分布在菌落边缘或散生在侵染菌丝之间。

由于低反应型抗锈性往往对锈菌生理小种有高度的专化性，具体的抗病品种只对一定的生理小种有效，因此，这种抗病性有时也被称为小种专化性抗锈性或垂直抗锈性。低反应型抗锈性一般由少数主效抗病基因控制，品种的抗病性不易随环境条件改变而变化，易于识别、鉴定和转育，是小麦抗锈育种中主要利用的抗性类型，但此类抗病性可因锈菌新小种的出现而“丧失”。

低反应型抗条锈基因多数在小麦全生育期表达，也有一些仅在特定的生育阶段表达。如 *Yr16*、*Yr18* 等抗条锈基因只在小麦成株期表达，这种只在小麦成株期才表达的抗锈性称为成株（期）抗锈性，我国生产上著名的小麦抗锈品种绵阳 11 和繁 6 等就具有成株抗锈性。成株抗锈品种由苗期感病向成株期抗病的抗病性转换时期依品种而异。据侯文邦等（1996）研究，绵阳 11 在 5 叶期出现由感病向抗病的转化，7 叶期成株抗病性得以表达。Elia 在 3 叶期转化，5 叶期表达。

温度等环境条件对低反应型抗条锈性表达有一定影响，对温度变化的敏感程度还因不同的抗锈基因以及小麦品种-锈菌小种组合而异。一般说来，低反应型抗条锈性在高温下增强。王凤乐等（1997）的测定表明，绵阳 11、繁 6、Cappelle - Desprez 和 Anza 等品种，随着培育温度由低温（2/15℃）向常温（12/19℃）和高温（14/25℃）升高，其苗期抗条锈性由高感、中感向中感、中抗转变，成株期由中感、中抗向中抗、高抗转变。商鸿生等（1994）在 14～21℃恒温条件下，分别比较了绵阳 11 和绵阳 15 各生育阶段的抗病表现，也证实了随温度升高病斑坏死趋于明显，夏孢子堆长径减小，反应型降低。还有一些品种只在相对较高温度（18～21℃以上）下表现为低反应型抗条锈性，且没有小种专化性，称之为高温抗锈性。

低反应型抗条锈性是小麦生产上广泛应用的抗条锈性类型，是防治条锈病的主要武器，控制低反应型抗条锈性的主效基因成为小麦抗锈育种中的重要转移目标。牛永春、王凤乐等对我国 219 个重要小麦品种和抗源材料所具有的抗条锈基因作了推导分析，发现它们分别携带有 *Yr1*、*Yr2*、*Yr3*、*Yr7*、*Yr9*、*Yr10*、*YrA*、*YrSD*、*YrSel*、*YrSU* 等抗条锈主效基因（牛永春等，2000；王凤乐等，1994）。其中含有 *Yr9* 基因的品种最多，含有 *Yr1* 基因的次之。已有的工作表明，在我国小麦农家品种、国外引进品种和小麦的近缘种、属中，都蕴藏有丰富的低反应型抗条锈种质资源。

（二）慢锈性

具有慢锈性的品种其反应型一般较高，属于中度感病或感病，但严重度和普遍率较低。由于侵染率较低、潜育期较长、孢子堆数目较少、孢子堆较小以及产孢持续期较短等一种或多种因素，病害在田间扩展较慢，病情发展也较慢，因此，称之为慢锈性和迟锈性，也有很多学者称之为部分抗病性、相对抗病性或田间抗病性等。具有慢锈性的品种之间的差异表现为数量差异，难以用定性的方法鉴别。范德普朗克（Vanderplank，1968）把这种抗锈性称为水平抗病性，具有水平抗病性的品种没有小种专化性，因而也称之为非小种专化性抗病性，对各个锈菌小种都具有某种程度的抗性。慢锈性可能由多数微效基因控制，其表现可受环境条件影响而有较大差异，一般不会因小种区系的变化而改变，是一种较持久的抗病性。

慢锈性的流行学特征是降低流行速度，使得菌量积累较慢，从而推迟流行。曾士迈等

(1979）的比较试验表明，水平抗病性推迟流行的作用在方块圃中表现得最充分。所谓方块圃是每个品种种植为一方形病圃，在其中央接种一个小种，造成本源流行。方块圃的面积愈大，流行期愈长，品种的慢锈作用就表现得愈明显。曾士迈等（1979，1983）研究了水平抗病性的鉴定方法和我国小麦品种资源中的水平抗锈性，认为在理论上水平抗病性应当是对所有按毒性划分的小种都没有特异的选择作用，而实际上判断水平抗病性只能靠经验式的方法，即使用尽可能多的小种进行分小种抗病性鉴定和考察该品种抗病性的历史表现。如果品种和小种间的交互作用不明显，则该品种就可能有水平抗病性。另外，还可在条锈病常发区和病菌易变地区设立天然病圃进行多点联合鉴定，以空间代时间，加速水平抗锈材料的初筛和鉴定。

骆勇、曾士迈（1988）对慢锈品种的抗病性组分进行了分析，认为在田间测定慢锈品种的抗病性组分是可行的。在所测定的组分中，以侵染几率、产孢量和病斑扩展速度的作用较大，而潜育期和传染期的作用较小。所测定的 5 个慢锈品种上述 5 个抗病组分都与对照品种有极显著差异，品种间方差占总方差的绝大部分，品种与小种间互作不显著，或虽显著，但在总方差中所占比例甚小。袁文焕等（1995）的研究结果表明，慢锈品种中有的反应型较高，有的较低，反应型高低与严重度、发展速度的快慢之间没有必然的因果关系。慢锈品种严重度的小种专化性由弱到强，呈现连续变异，严重度高低与小种专化性强弱之间也没有因果关系。

（三）高温抗条锈性

小麦品种的高温抗条锈性是只在较高环境温度下表达的一种低反应型抗病性，其细胞学特征与一般低反应型抗病性的典型的过敏性坏死反应相同。据商鸿生等（1997）报道，高温抗条锈性表达的最低温度为 18～21℃，品种间略有不同。诱导高温抗锈性所必需的最短处理时间为连续 8～12 h，一次处理即可诱导高温抗锈性，延长处理时间或增加处理次数，不能再增强抗锈性。若每天处理时间少于 8 h，即便经多天连续处理，也不表现高温抗锈性，这表明高温诱导处理无累积效应。利用“温度转换培养法”对高温抗锈性诱导表达的病程阶段进行的研究结果表明，只有在潜育期和显症初期（花斑期）进行高温处理才有诱导抗锈性的作用，而在夏孢子堆出现以后进行高温处理则不能诱导抗锈性。高温抗锈性表达后除反应型由感病变抗病之外，孢子堆数量减少，孢子堆变小，产孢量减少，产孢期缩短。用条中 23 号、条中 25 号、条中 26 号、条中 27 号、条中 28 号和条中 29 号等小种接种供试农家品种和改良品种，没有发现高温抗锈性的小种专化性，因而高温抗锈性具有持久抗病性的特征。

高温抗锈品种在田间条锈病流行条件下，防病保产作用显著。据商鸿生等 1989—1992 年田间系统测定表明，在陕西省关中灌区自然条件下，5 月初发生抗锈性的由感变抗的转换，此后条锈严重度和病情指数无明显增长。高温抗锈品种与感病品种相比保产效果在中度流行年份可达 80%以上，在大流行年份可达 60%～70%。全生育期高温抗锈品种小偃 6 号是利用染色体工程育成的高产优质品种，种植面积达 200 万 hm^2 以上，20 世纪 80 年代初期就已出现能侵染该品种的多个条锈菌毒性小种，但它一直保持田间抗锈性。美国的高温抗锈品种在西北部太平洋沿岸种植 25 年之久，未因条锈病小种变化而丧失抗锈性。这些事实都证实高温抗病性是一类持久抗病性（商鸿生，1998）。

三、小麦品种抗条锈性的鉴定

小麦品种材料的抗条锈性鉴定是抗性利用和抗病育种的基础，也是小麦生产品种合理布局和轮换的依据。由于低反应型抗条锈性表现型明确、易于识别、鉴定和转育利用，在生产实践中小麦品种的抗条锈性鉴定也主要针对低反应型抗锈性。随着对抗锈性多样化重要性的认识和对持久抗条锈品种抗病机制的研究，慢锈性、高温抗条锈性、温敏微效基因抗锈性等也日益受到重视。

(一) 低反应型抗条锈性的鉴定

我国的小麦抗锈性鉴定工作始于1930年左右，当时主要由各从事小麦育种单位如中央大学、中央农业实验所、四川省稻麦改进所等单位分散进行。20世纪40年代后期进行小麦抗源鉴定筛选工作的主要是华北农业科学研究所，于1949年将鉴定结果汇集成册，印发给各小麦育种单位使用。几十年来，中国农业科学院植物保护研究所、陕西省农业科学院植物保护研究所、甘肃省农业科学院植物保护研究所、四川省农业科学院植物保护研究所、北京农业大学以及其他一些单位进行了大量小麦抗源和育种材料的鉴定筛选工作。其中既有苗期鉴定也有成株期鉴定，既有分小种鉴定也有混合小种鉴定。据汪可宁等(1988)不完全统计，到1988年全国就已进行小麦品种、品系抗条锈性鉴定30万份，仅中国农业科学院植物保护研究所1961—1986年成株抗锈性鉴定材料就约5万份。近年来，各有关单位仍一直在进行着小麦品种材料的抗条锈性鉴定，筛选出了大量抗条锈品种材料。中国农业科学院植物保护研究所还坚持每年将主要鉴定结果印刷、发送给各育种单位、管理部门及其他有关单位，作为小麦抗锈品种的选育、推广和抗锈品种合理利用以及锈病流行趋势预测的重要依据。

低反应型抗条锈性表现型明确、易于识别和鉴定。一般采用温室苗期人工接种的方法，鉴定品种的苗期抗性，采用田间成株期人工接种或诱发鉴定品种的成株期抗性。苗期鉴定人工接种在麦苗1叶展开时进行。根据待鉴定品种材料的多少和菌种的准备情况，可采用接种针涂抹接种法、撒粉接种法或孢子沉降塔接种法进行接种。接种后置于10℃左右温度下结露保湿一昼夜，然后置于昼夜平均温度不超过16℃、白天最高温度不超过20℃、光照不少于12h/d的温室中培育。两周后对照感病品种充分发病时，调查发病情况，记载反应型。反应型按产生枯死斑的情况、病斑的颜色、孢子堆的多少、大小等分级，详见表12-1。

表12-1　小麦条锈病反应型分级标准

反应型	抗病程度	症　状　特　点
0	免疫	叶片上无可见症状
0;	近免疫	叶片上出现枯死斑或失绿斑，不产生夏孢子堆
1	高抗	叶片上出现枯死斑，夏孢子堆很小、常不突破表皮，在枯死斑上零星分布
2	中抗	叶片上出现枯死斑，病斑枯黄色，病斑上夏孢子堆小到中等且较少
3	中感	叶片上病斑有褪绿现象，但无枯死，夏孢子堆中到大型且数量较多
4	高感	叶片上病斑无明显褪绿，病斑上夏孢子堆大而多

注：可在反应型的右上角附加“+”或“−”以表示偏轻或偏重。有时用“X”表示一个叶片或植株上出现混合反应型的情况。

田间成株期鉴定一般都在田间种植诱发行，诱发行的人工接种在麦苗返青拔节期进行。也可根据具体情况，在拔节后期对待鉴定品种材料直接接种。田间接种可采用喷雾接种法、撒粉接种法或心叶注射接种法进行。接种选择在田间湿度大、晚间易于结露、无风天的傍晚进行。为保证接种效果，可给病圃浇水或在接种当晚用塑料薄膜覆盖接种材料。用塑料薄膜覆盖时注意覆盖前喷雾，于次日早上太阳出来时及时揭去薄膜。田间病圃的调查记载在小麦灌浆期叶片尚未枯黄以前进行。反应型的分级标准与苗期相同，成株期除记载反应型外，还记载严重度和普遍率。

王利国等（1995）综合运用田间接种筛选和室内控温鉴定等方法进行小麦品种的高温抗条锈性鉴定，在供试的400份陕西省农家品种和92份改良品种（系）中，发现了28个具有高温抗条锈性的品种（系），并根据其高温抗病性表达的生育阶段不同可划分为三个类型：①全生育期高温抗病：南郑大穗麦、勉县黄秆麦、勉县大头红麦、勉县长芒大红麦、宁强大头小麦、宁强大早麦、镇安冷山糙、镇安马口稀、山阳扇子把、小偃6号、77-69、宛原18-36、83（36）4-11-4-6（甘肃平凉）、钱交麦、79196-16-1-2（甘肃省农业科学院）、79-0130、代青121、河套18号、8222-13-4等；②仅苗期高温抗病：天761、静宁690和镇安泥鳅串；③仅成株期高温抗病：商县红粒瞎石三、柞水红小麦、平利三月黄、旬阳红画麦、宁强梭条红麦、商县鱼儿麦等。

（二）慢条锈性的鉴定

如前所述，慢条锈性表现为多种数量性状差异，其鉴定也就较为困难。袁文焕、李高保（1996）根据多年来的经验，选择出实用性强、操作简便的3个慢锈性鉴定指标，即潜育期、相对严重度和千粒重损失率，并给出了鉴定标准（表12-2）。袁文焕等对82个品种进行3年鉴定的结果，符合率为92.68%，说明该分级方法可用于鉴定慢锈品种。参试82个品种被划分为5种类型，第1类品种为高度慢锈类型，第2类为中度慢锈品种，第3类属于耐锈类型品种，第4类为中度快锈类型，第5类属于高度感病类型。

表12-2 小麦慢（条）锈性鉴定标准

类 型	代 表 品 种	潜育期比对照延长的天数（天）	严重度（%）	千粒重损失率（%）
高度慢锈	里勃留拉、武都白茧	5～7	＜10	＜5
中度慢锈	平原50、小偃6号、阿夫	3～5	11～25	6～10
低度慢锈	陕西蚂蚱、咸农4号	2～3	26～40	11～20
中度感锈	北京8号、泰山1号	1～2	41～80	21～30
高度感锈	铭贤169、燕大1817	0	81～90	＞30

鉴定出的高度慢锈品种有里勃留拉、长武131、武都白茧、句容03、陕229、西农85（69）、94-5530、94-5268、陕160、咸农4号、繁6、西农1376、陕757、百农3217、平凉21、平原50、小偃6号、兰天1号、92（4）076、西农64、阿夫、豫麦17、521、清农3号、咸农151、雅安早、M404、春鉴150、H9117-10、6811-3等30个品种。该类型品种的特点是潜育期长（平均18.3天），病情指数和千粒重损失率低，平均病情指数为15.04，平均千粒重损失率只有6.98%，在生产中有很大的利用价值。中度慢锈品种有

秦麦 9 号、扬麦 5 号、春鉴 42、黑芒大穗、陕 225、徐州 8876、长江 8865、陕保 7-6、丰产 3 号、南大 2419、宁 9144、长江 8863、天选 35、春鉴 172、陕 167、西农 6028、宝麦 1 号、新洛 8 号、陕 7859、烟农 15、H9153-8、90（3）H17、轮早 6、原冬 9247、陕西蚂蚱、永良 4 号、济南 13、扬麦 87-142 等 28 个品种。

北京农业大学植物保护系等单位采用多点联合鉴定的方法来鉴别小麦对条锈病的水平抗性，初步结果推断平原 50、陕西蚂蚱、邯郸蚰子麦、农大 198、阿桑、咸农 4 号、保加利亚 10 号和 14 号、徐州 8 号、东方红 3 号、农大 168、农大 4356、农大 6085 等品种具有对条锈病的水平抗性（曾士迈等，1983）。根据小麦品种—病菌小种组合的相对病情指数的方差分析结果，也推断平原 50、蚰子麦和蚂蚱麦等属水平抗性品种（曾士迈等，1979，1981）。

四、小麦品种抗条锈性的遗传

20 世纪初英国人 Biffen（1905）证明了小麦抗条锈性遵循孟德尔遗传规律，从而揭开了小麦抗条锈性遗传研究的序幕。小麦条锈菌生理小种的发现（Gassner and Straib，1933），促进了小麦品种抗条锈性的遗传研究。1962 年英国人 Lupton 和 Macer 对 7 个小麦品种的抗条锈性做了较为系统的研究，并提出了用 Yr 系统来命名抗条锈基因，后来不断有新的 *Yr* 基因被发现、研究和命名。

我国小麦抗条锈遗传研究始于 20 世纪 40 年代，蔡旭曾用抗病品种玉皮和矮粒多与 3 个感病品种杂交，研究了抗病性的遗传方式。1962 年蔡旭等报道了关于亲本抗锈性传递力、感病亲本对抗条锈性遗传的影响以及苗期抗锈性作用等问题的研究结果。1963 年汪可宁等报道了 1955—1958 年间关于亲本选择、交配方法以及个体选拔原则等方面的研究结果。20 世纪 70 年代以来，国内对一大批小麦抗条锈材料进行了研究，对一些重要的抗病品种的基因进行了较深入的遗传分析，并确定了一些抗条锈基因的染色体位置。20 世纪 90 年代开始开展了小麦品种抗条锈基因的推导分析工作，90 年代后半期开始开展了抗条锈基因的分子标记研究，并取得重要进展。这些研究成果促进了小麦抗条锈育种工作和抗条锈性资源的利用，也对探讨条锈菌变异和病害流行规律起到了一定的指导作用。

（一）小麦抗条锈性的经典遗传学分析

小麦的抗条锈性可以由 1 个或几个主效基因控制，也可由多个微效基因控制，也可由主效基因加微效基因控制，多个基因间还存在着复杂的相互关系。大多数抗条锈基因属显性遗传，少数属隐性遗传。

单个主效基因控制的抗病性遗传方式简单，易于进行抗性的鉴定、基因跟踪与育种中间材料的选择，以往的抗条锈育种多选育单基因抗锈的品种。由于抗条锈基因显性遗传时在杂交后代中出现大量的抗病植株，而隐性遗传时在杂交 F_1 代中无抗病植株，且在其他后代中抗病植株比例小，人们往往注重选用显性基因而忽略隐性基因。实际上，隐性单基因控制的抗病性在杂交 F_2 代表现抗病的植株中其抗病性就已纯合、稳定，在这一点上比显性基因更易选择。单基因控制的抗病性也有很多情况是不完全显性或不完全隐性遗传。例如刘孝坤（1990）报道，当抗病品种水源 11 与感病品种铭贤 169 的杂交 F_1 代植株接种条锈菌条中25号小种时，反应型表现为1型，比水源11高，表明水源11对条中25号的抗病性为不完全显性。有时一个抗病基因既可表现为显性又可表现为隐性，取决于接种的条锈菌小种，杂交时另一亲本也有影响。

两对或两对以上基因控制的抗病性随基因数的增加其遗传愈加复杂，除了各基因位点上等位基因的关系（显隐性）外，还包括非等位基因的互作（显性上位或隐性上位，独立或互补）。如果两对基因相互独立，不论抗病基因是显性还是隐性，皆表现为上位作用。在小麦抗锈育种中，如果亲本中有两个独立的显性抗条锈基因，其杂交 F_1 代表现为抗病，杂交 F_2 代的抗感分离比为15∶1，抗病植株较多、易于筛选。抗病植株中只要有一个抗性基因位点纯合，后代中一般不会出现感病植株。但如果两个抗病基因的抗小种谱不同，要将两个基因转入到一个品种中的话，就需在后代中筛选出两个抗病基因位点都纯合的植株，满足这种条件的植株在杂交 F_2 代中只占1/16。由一对显性基因和一对隐性基因控制的抗条锈性也很常见，如刘孝坤（1990）报道的包括洛夫林10、洛夫林13在内的15个小麦抗源材料对条中25号小种的抗病性属于这类抗病性。

每个抗条锈基因对于条锈菌生理小种的抗病性谱不同。当具有多个抗条锈基因的品种接种某一条锈菌生理小种进行鉴定时，只有对该小种有效的抗条锈基因的抗病性得以表达。如果只有一个抗条锈基因对该小种有效，那么被鉴定的品种就表现为一对抗病基因的遗传。因此，需要接种不同的条锈菌生理小种，才能鉴定出该品种中的其他抗条锈基因。李剑雁等（1992）报道了水源11对条中21号和条中23号生理小种的抗病性各由一对不同的基因控制，它们分别位于3D和5D染色体上。辛志勇等（1984）曾推论，丰抗13号所携带的位于2B染色体上的基因来源于水源11，显然这个基因不同于抗条中21号和条中23号的基因。由此推论，水源11至少有3个不同的抗条锈病基因。如果用对这三个基因均无毒性的条锈菌生理小种接种水源11的杂交 F_2 代，三个基因就可能被同时检测出来。

小麦的抗条锈性除可由相互独立的两对或两对以上基因控制外，还可由具互补关系的两对或两对以上基因控制。即当这些抗病基因结合在一个植株中时，抗病性才能得以表达。如果抗锈性由两对隐性互补基因控制，杂交 F_2 代中的抗病株比例就很低，这时筛选的群体就要足够大。这种情况不太常见，沈克全等（1991）发现Fr84-8对条中29号的抗病性就是由两对隐性互补基因控制的。当小麦的抗条锈性由多对基因控制时，有时存在基因的效应大小、不完全显隐性、加性效应等情况，还有时存在抑制性基因，其遗传就更复杂。在遗传研究和筛选多基因控制的抗病性过程中，要有足够大的群体（杨作民，1981）。何家泌（1980）在研究抗源材料5701-0-169和Impala对条中1号的抗病性遗传时，杂交 F_2 代出现3∶13的抗感分离比，认为抗病亲本带有一对显性的抗病性基因，而感病亲本带有一对抑制性基因。如果杂交 F_2 代得到3∶13的分离比，要做出正确的结论，就需要把抗病品种与其他感病品种杂交。如果在杂交 F_2 代出现3∶1的抗感分离比，则该杂交组合中感病亲本带有一对抑制性基因，否则，抗病亲本带有一对显性和一对隐性的互补抗病性基因。

表12-3列出了国内研究过的部分小麦品种对条锈菌不同生理小种的抗病性遗传特点。

表 12-3　部分小麦品种对条锈菌不同生理小种的抗性遗传特点

抗病品种	病菌小种	与感病品种杂交 F_2 代抗感比	抗病基因数及显隐性	基因互作关系	参考文献
南大 2419	条中 1 号	3∶1	1 显		何家泌，1980
Trigo-Eureka	条中 1 号	3∶1	1 显		何家泌，1980
阿勃	条中 1 号	3∶1	1 显		何家泌，1980
内乡 36	条中 1 号	3∶1	1 显		何家泌，1980
早洋麦	条中 1 号	3∶1	1 显		何家泌，1980
丰抗 13	条中 25 号	3∶1	1 显		辛志勇等，1984
丰抗 13	108E141	3∶1	1 显		辛志勇等，1984
丰抗 13	171E138	3∶1	1 显		辛志勇等，1984
Moro	条中 25 号	3∶1	1 显		刘孝坤，1990
Suwon92/Omar	条中 25 号	3∶1	1 显		刘孝坤，1990
Triticum spelta album	条中 25 号	3∶1	1 显		刘孝坤，1990
1607	条中 25 号	3∶1	1 显		刘孝坤，1990
水源 11	条中 25 号	3∶1	1 显		刘孝坤，1990
水源 11	条中 21 号	3∶1	1 显		李剑雁等，1992
水源 11	条中 23 号	3∶1	1 显		李剑雁等，1992
洛夫林 18	条中 23 号	3∶1	1 显		李剑雁等，1992
山前麦	条中 23 号	3∶1	1 显		李剑雁等，1992
绿 7 蚰	条中 25 号	3∶1	1 显		沈克全等，1991
北京 837	条中 25 号	3∶1	1 显		庞家智等，1991
原冬 96	条中 25 号	3∶1	1 显		庞家智等，1992
丰抗 2 号	条中 25 号	3∶1	1 显		庞家智等，1993
Avrora	条中 25 号	3∶1	1 显		孙荣锦等，1991
农大 233	条中 29 号	3∶1	1 显		沈克全等，1991
远中 5 号	条中 29 号等	3∶1	1 显		张书绅等，1990
C39	条中 29 号	1∶3	1 显		沈克全等，1991
矮粒多	条中 1 号	1∶3	1 显		何家泌，1980
Hybrid 46	条中 25 号	15∶1	2 显	相互独立	刘孝坤，1990
Clement	条中 25 号	15∶1	2 显	相互独立	刘孝坤，1990
阿芙乐尔	条中 23 号	15∶1	2 显	相互独立	李剑雁，1992
高加索	条中 23 号	15∶1	2 显	相互独立	李剑雁，1992
洛夫林 13	条中 23 号	15∶1	2 显	相互独立	李剑雁，1992
Sutjeska	条中 25 号	13∶3	1 显 1 隐	相互独立	刘孝坤，1990
$809C_2$-2311	条中 25 号	13∶3	1 显 1 隐	相互独立	刘孝坤，1990
Balkan	条中 25 号	13∶3	1 显 1 隐	相互独立	刘孝坤，1990
9D49-612	条中 25 号	13∶3	1 显 1 隐	相互独立	刘孝坤，1990
SWD73295	条中 25 号	13∶3	1 显 1 隐	相互独立	刘孝坤，1990
2109-36	条中 25 号	13∶3	1 显 1 隐	相互独立	刘孝坤，1990
Posavka 2	条中 25 号	13∶3	1 显 1 隐	相互独立	刘孝坤，1990
PKBL-16	条中 25 号	13∶3	1 显 1 隐	相互独立	刘孝坤，1990
NS2772	条中 25 号	13∶3	1 显 1 隐	相互独立	刘孝坤，1990
Kaliska	条中 25 号	13∶3	1 显 1 隐	相互独立	刘孝坤，1990
钱保德	条中 25 号	13∶3	1 显 1 隐	相互独立	刘孝坤，1990
洛夫林 10	条中 25 号	13∶3	1 显 1 隐	相互独立	刘孝坤，1988
洛夫林 13	条中 25 号	13∶3	1 显 1 隐	相互独立	刘孝坤，1988
洛夫林 18	条中 25 号	13∶3	1 显 1 隐	相互独立	刘孝坤，1988
山前麦	条中 25 号	13∶3	1 显 1 隐	相互独立	刘孝坤，1988

（续）

抗病品种	病菌小种	与感病品种杂交 F_2 代抗感比	抗病基因数及显隐性	基因互作关系	参考文献
抗引 655	条中 25 号	13∶3	1 显 1 隐	相互独立	刘孝坤，1988
5701-0-169	条中 1 号	3∶13	1 显	1 抑制基因	何家泌，1980
Impala	条中 1 号	3∶13	1 显	1 抑制基因	何家泌，1980
阿夫	条中 1 号	7∶9	2 隐	相互独立	何家泌，1980
早熟 1 号	条中 1 号	7∶9	2 隐	相互独立	何家泌，1980
Decoy1/*Ae. tauschii* 510	条中 30 号、条中 31 号	9∶7	2 隐	互补作用	杨武云等，1999
Fr84-8	CDL-1	1∶15	2 隐	互补作用	沈克全等，1991

（二）小麦抗条锈基因的鉴定

不同名称的抗源材料可能带有同一抗病基因，用其育成的不同品种就可能带同一抗病基因。具有同一抗病基因品种的大面积种植会加速对该抗病基因有毒性的条锈菌生理小种的发展，从而导致品种的抗病性"丧失"。因此，小麦抗条锈基因的鉴定对于抗条锈资源的发掘和合理利用十分重要。

双点杂交（双列杂交，复等位基因杂交）法是普遍应用的确定基因间关系的方法。此法是将抗病品种与抗病品种杂交并用对两亲本均无毒性的小种接种其杂交 F_2 代、F_3 代或回交后代，根据后代是否分离来确定两亲本是否带有相同基因、等位基因或连锁基因。何家泌用此法研究了郑州 14 等 14 个小麦品种对条中 1 号的抗病性基因之间的关系，其亲本之间没有相同的抗病基因。刘孝坤（1990）用双点杂交法分析了国外重要抗源对条中 25 号抗病性基因的关系，结果表明洛夫林 10、洛夫林 13、洛夫林 18、山前麦和阿芙乐尔等 1B/1R 易位系带有至少 1 对相同基因（*Yr9*）。进行双点杂交分析，要注意首先或同时确定各抗病品种对接种小种的抗性分别由几对基因控制，杂交后代的群体也要足够大。即使杂交 F_2 代中抗性没有分离，也有三种可能：① 两抗病亲本携带至少 1 对相同基因；② 两亲本所带基因不同但紧密连锁；③ 两亲本所带基因是等位的。究竟哪个结论是正确的，需进一步研究分析。

通过非整倍体进行基因的染色体定位是基因鉴定的直接方法，单体分析是确定基因在小麦染色体上位置的最常用方法。20 世纪 50 年代初，E. R. Sears 培育出成套的中国春小麦的缺体和单体材料，为小麦的基因定位工作奠定了基础。自 Macer（1966）用单体分析法将 Chinese 166 携带的 *Yr1* 基因定位在 2A 染色体上以后，已经有 60 多个抗条锈基因的染色体位置得到了确定（表 12-4，表 12-5）。

表 12-4 已正式命名的小麦抗条锈基因

（据 McIntosh 等，1995，1998，2001，2002）

抗条锈基因	基因起源	抗性类型	显隐性	染色体位置	代表品种（系）
Yr1	*T. aestivum*	S	D	2AL	Chinese 166
Yr2	*T. aestivum*	S	D/R	7B	Heines Ⅶ
Yr3a	*T. aestivum*	S	D	1B	Cappelle-Desprez
Yr3b	*T. aestivum*	S	D	1B	Hybrid 46
Yr3c	*T. aestivum*	S	D	1B	Minister
Yr4a	*T. aestivum*	S	D	6B	Cappelle-Desprez
Yr4b	*T. aestivum*	S	D	6B	Hybrid 46

（续）

抗条锈基因	基因起源	抗性类型	显隐性	染色体位置	代表品种（系）
Yr5	*T. spela album*	S	D	2BL	*T. spelta album*
Yr6	*T. aestivum*	S	D/R	7BS	Heines Kolben
Yr7	*T. durum*	S	D	2BL	Thatcher
Yr8	*Ae. comosa*	S	D	2A/2D	Compair
Yr9	*S. cereale*	S	D	1BL/1RS	Kavkaz
Yr10	*T. aestivum*	S	D	1BS	Moro
Yr11	*T. aestivum*	A			Joss Cambier
Yr12	*T. aestivum*	A			Mega
Yr13	*T. aestivum*	A			Maris Huntsman
Yr14	*T. aestivum*	A			Hobbit
Yr15	*T. dicoccoides*	S	D	1BS	*T. dicoccoides* - G25
Yr16	*T. aestivum*	A	D	2D	Cappelle-Desprez
Yr17	*T. ventricosum*	S	D	2AS	VPM1
Yr18	*T. aestivum*	A/S	D	7DS	Jupateco 73R
Yr19	*Ae. speltoides*	S	D	5B	Compair
Yr20	*T. aestivum*	S	D	6D	Fielder
Yr21	*T. aestivum*	S	D	1BL	Lemhi
Yr22	*T. aestivum*	S	D/R	4D	Lee
Yr23	*T. aestivum*	S	D	6D	Lee
Yr24	*T. tauschii*	S	D	1BS	K733
Yr25	*T. aestivum*	S	D	1D	TP1295
Yr26	*T. turgidum*	S	D	1BS	R55
Yr27	*T. aestivum*	S	D	2BS	Selkirk
Yr28	*T. tauschii*	S	D	4DS	*T. tauschii* W - 219
Yr29	*T. aestivum*	A	D	1BL	Pavon F76
Yr30	*T. aestivum*	A	D	3BS	Opata 85

注：*T.* 代表 *Triticum*；*Ae.* 代表 *Aegilops*；*S.* 代表 *Secale*

表 12-5　未正式命名或尚未命名的已定位的小麦抗条锈基因

抗条锈基因	染色体	小麦品种	参考文献	抗条锈基因	染色体	小麦品种	参考文献
YrHVII	4A	Heines VII	Chen 等，1995	*YrCV*	2BS	Carstens V	McIntosh 等，1998
YrCle	4B	Clement	Chen 等，1995	*YrH52*	1BS	*T. dicoccoide* (H52)	Peng 等，1999
YrMor	4B	Moro	Chen 等，1995	*Yrns*—*B1*	3BS	Lgst79 - 74	Börner 等，2000
YrTye	6D	Tyee	Chen 等，1995	*Yr*—	4A	Cometa Klein	Singh 等，1959
YrTr1	6D	Tres	Chen 等，1995	*Yr*—	4B	Cometa Klein	Singh 等，1959
YrTr2	3A	Tres	Chen 等，1995	*Yr*—	6A	Cometa Klein	Singh 等，1959
YrDa1	1A	Daws	Chen 等，1995	*Yr*—	2B	丰抗 13	辛志勇等，1984
YrDa2	5D	Daws	Chen 等，1995	*Yr*—	2B	绿 7 岫	沈克全等，1991
YrMin	4A	Minister	Chen 等，1996	*Yr*—	3B	农大 233	沈克全等，1991
YrND	4A	Nord Desprez	Chen 等，1996	*Yr*—	7B	C39	沈克全等，1991
YrV23	2B	Vilmorin 23	Chen 等，1996	*Yr*—	2A	Fr84 - 8	沈克全等，1991
YrH46	6A	Hybrid 46	Chen 等，1996	*Yr*—	3A	Fr84 - 8	沈克全等，1991
YrDru	5B	Druchamp	Chen 等，1996	*Yr*—	3D	水源 11	李剑雁等，1992
YrDru2	6A	Druchamp	Chen 等，1996	*Yr*—	5D	水源 11	李剑雁等，1992
YrSte	2B	Stephens	Chen 等，1996				

（续）

抗条锈基因	染色体	小麦品种	参考文献	抗条锈基因	染色体	小麦品种	参考文献
YrSte2	3B	Stephens	Chen 等，1996	*Yr*—	4D	原冬 66	庞家智等，1992
YrYam	4B	Yamhill	Chen 等，1996	*Yr*—	5B	丰抗 2 号	Pang 等，1993

注：以字母命名的 *Yr* 基因为临时名称，*Yr*— 表示尚未给予名称；*T.* 代表 *Triticum*

我国的小麦抗条锈基因定位工作起步较晚。辛志勇等 1984 年报道，丰抗 13 携带的 *Yr1* 基因位于 2A 染色体上，而控制对小种 171E138 抗病性的显性基因位于 2B 染色体上，根据对条锈菌小种的抗谱不同，推断 2B 染色体上的这个基因与其他小麦品种 2B 上的 *Yr5* 和 *Yr7* 基因不同，是一个待命名的新基因，该基因可能来自水源 11。李剑雁等（1992）用相同的方法将水源 11 中控制对条中 21 号小种抗病性的基因定位在 3D 染色体上，将控制对条中 23 号小种抗病性的基因定位于 5D 染色体上。因此，水源 11 可能至少具有 3 对抗条锈基因。

宁毓华、宋哲民（1984）用观察染色体的方法发现洛夫林 10、洛夫林 13、山前麦、高加索、阿芙乐尔、牛朱特和沙孟德等 40 多个洛类衍生品种只有 1 对带随体的染色体，从而确认这些品种为 1B/1R 小麦—黑麦染色体代换系或易位系，都具有 *Yr9* 基因。张书绅等（1990）对八倍体小麦远中 5 号及其变异系进行染色体观察和用 7 个条锈菌小种进行接种试验，发现远中 5 号的抗病基因来自天蓝偃麦草（*Agropyron glaucum*）的 E 或 F 染色体。

沈克全等（1991）利用从南斯拉夫引进的诺维斯特早熟 1 号（NSR—1）单体系对绿 7 蚰、农大 233、C39 和 Fr84—8 的抗条锈基因进行了染色体定位。绿 7 蚰对条中 25 号的抗病性和农大 233 对条中 29 号的抗病性均由一对显性基因控制，其有关染色体单体杂交 F_2代抗感分离为 97∶3 的比例，而其他单体和双体的杂交 F_2代则成为正常的 3∶1 的抗感比。C39 对条中 25 号的抗病性是由一对隐性基因控制的，其有关染色体单体的杂交 F_2代也是 97∶3 的抗感分离比例。这些结果说明，不管抗病基因是显性还是隐性，在无等位基因配对的情况下抗病性都表现了出来。Fr84—8 对条中 29 号的抗病性是由两对互补的隐性基因控制的，有关染色体单体的杂交 F_2代抗感分离比为 1∶3，其他单体和双体的杂交 F_2代抗感分离比为 1∶15。两个隐性基因都在单体中表达出来，这种情况是不多见的。在小麦抗锈病基因的染色体定位研究中，隐性基因通常在单体中不能够表达。

位于不同位点上的抗条锈基因一般属于不同的基因，但也偶有例外。例如，抗条锈病基因 *Yr8* 是从顶芒山羊草（*Triticum comosum* Richter=*Aegilops comosa*）转到普通小麦中来的。品种 Compair 的 *Yr8* 基因位于 2D 染色体上，而在有的品系中，*Yr8* 基因位于 2A 染色体上。在表 13-4 列出的已正式命名的抗条锈基因中，部分基因被确定在染色体臂上，部分基因以及表 13-5 列出的基因还不清楚在哪条臂上，*Yr11* 到 *Yr14* 基因所在的染色体则尚未确定，此外还有很多暂定名和未定名基因尚未定位。截止到目前，已发现的抗条锈基因分布在 B 组染色体上的较多，A 组染色体上的较少，除 5A 和 7A 染色体外，其他 19 条染色体上都有抗条锈基因分布，有的染色体上有多达 10 余个抗条锈基因。

DNA 分子标记技术近年来发展迅速，在抗病性遗传方面也得到广泛应用。利用与抗病基因紧密连锁的分子标记进行抗病基因鉴定，能够不通过接菌，不受环境条件影响，快速确定待测品种材料是否含有特定抗病基因。用分子标记技术进行抗病基因鉴定还可避免多个基因间的互相干扰，同时鉴定多个基因。DNA 分子标记还用于抗病基因的精确定位，确定抗病基因在遗传图谱上的位置。

小麦抗条锈基因的 DNA 分子标记研究从 20 世纪 90 年代末开始，目前已有以色列、法国和美国分别报道了 *Yr15*（Chague 等，1999）、*Yr17*（Robert 等，1999）和 *Yr9*（Shi 等，2001）基因的 DNA 分子标记。国内这方面工作进展较快，牛永春及其合作者用 RAPD 和 AFLP 等分析方法，分别获得了 *Yr7*（牛永春等，1998）、*Yr8*（Niu 等，1999）、*Yr10*（Shao 等，2001）和 *Yr5*（钟鸣等，2002）基因的 DNA 分子标记，这些分子标记不仅与目标基因紧密连锁，而且都已被转化为便于应用的 SCAR 标记。马渐新等（Ma 等，2001）报道了 *Yr26* 基因的微卫星标记。总的来讲，与已经发现的小麦抗条锈基因相比，目前报道的分子标记还太少，而且已报道的分子标记大多没有转化为 SCAR 标记，原始的 RFLP 标记、RAPD 标记、RGA 标记或微卫星标记不便在育种中使用。随着研究工作的发展，这一状况必将得到改变。

（三）抗条锈基因推导

基因推导法是基于 Flor 的基因对基因学说（Gene-for-Gene Concept），根据待测品种对一套已知毒性谱不同的病菌菌系的反应来推测品种可能具有的抗病基因，是一种不通过杂交而进行基因分析的方法。这种方法快速、简便，可在短期内对大量品种进行分析。但是，由于所用病菌菌系毒性谱的局限性和一种结果可能有多种解释，而使分析不彻底，结果不够确切，有时甚至会得出错误结论。目前，国际上尚没有一套较完整的小麦抗条锈单基因系，使得用基因推导法对小麦抗条锈性基因进行推导就更为困难。但该方法对于快速了解大量材料的抗条锈基因状况，进行抗病基因的鉴别归类，或为进一步的研究提供一些假设都是很有价值的。

杨华安和 Stubbs（1990）用来自世界各国的 21 个条锈菌菌系对我国小麦条锈菌鉴别寄主进行了抗条锈基因的推导分析，认为 Trigo Eureka、阿夫、水源 11 分别携带抗条锈基因 *YrBastion*、*YrA*、*Yr3* 和 *YrSu*，洛夫林 10 和洛夫林 13 带有 *Yr9*，碧蚂 1 号、西北 54 号和北京 8 号带有 *Yr1*，Fulhard、保春 128、南大 2419、维尔、阿勃、尤皮 2 号、抗引 655、中四、碧蚂 1 号、西北 54、西北丰收、玉皮、北京 8 号和泰山 1 号 14 个品种带有目前未知的抗条锈基因。王凤乐等（1994）用其中的 20 个条锈菌系，对我国陕西、甘肃、四川的 39 个重要小麦品种和 20 个抗源材料进行了抗条锈基因推导分析。在 11 个品种中具有 *Yr9* 基因，抗源材料 BPM2 和奥地利黑麦抗所有供试菌系，贵农 21、贵农 22 具有 *Yr10* 基因，其他抗源材料分别具有 *YrSD*、*Yr3* 等基因。

牛永春等（2000）在对产自世界 18 个国家的 40 个条锈菌系和产自国内的 15 个生理小种进行预备试验的基础上，选出 26 个毒性谱不同的菌系或生理小种，于 1996—2002 年先后对我国中东部主要冬麦区和陕、甘、川等西部省区的 160 个小麦生产品种和抗源材料以及 50 个挑选出的抗病农家品种进行了抗条锈基因推导分析。在所分析的小麦生产品种中 *Yr9* 基因所占比例最大，占河南、山东、河北、安徽等东部主产冬麦区品种的 1/3 以上，其次是 *Yr2* 基因和 *Yr1* 基因，个别品种具有 *YrA*、*Yr3* 或 *YrSel* 基因，来自陕西、甘肃、四川等西部省区的一些品种除上述基因外，还具有 *YrSu*、*Yr10*、*Yr7* 或 *YrSD* 基因。

五、小麦品种抗条锈性的利用

（一）小麦抗条锈品种的选育和应用

我国小麦抗条锈病品种的选育和应用始于早期的品种引进和抗性鉴定。20 世纪 20～30 年代，引进了碧玉麦（Quality，原产澳大利亚）、矮立多（Ardito，原产意大利）、中农 28（Villa Glori，随潘氏小麦引入我国）、南大 2419（Mentana，原产意大利）等。经中央大学及中央农业实验所等单位试种后，在部分省推广种植。北京农业大学于 20 世纪 40 年代引进了一批抗病品种，经试种选出 9 份适应性较好的抗锈品种，定名为农大 1 号至 9 号。其中早洋麦（Early Premium，农大 1 号）和钱交麦（Cheyenne × Early Blackhull，农大 3 号）表现突出，于 1950 开始推广。这些抗锈优良品种的引进试种成功部分改变了北部冬麦区当时无抗锈品种的状况，在 1950 年全国小麦条锈病大发生时及以后数年间在生产上发挥了重要作用，在有关地区收到巨大防病保产效益。

1942 年西北农学院赵洪璋等用碧玉麦作为抗锈亲本进行杂交育种工作，配制蚂蚱麦/碧玉麦组合，育成了碧蚂 1 号、碧蚂 4 号、碧蚂 5 号等品种，改变了我国缺乏小麦抗条锈病育成品种的状况。这些品种的推广，对于 20 世纪 50 年代我国小麦条锈病的控制发挥了重大作用。1959 年碧蚂 1 号在全国的种植面积已达 600 万 hm^2，成为我国小麦育种史上种植面积最大的品种。1955 年中国农业科学院、河北省农业科学院及山东省农业科学院各自用碧蚂 4 号与早洋麦配成碧 4/早洋组合，并分别选育出北京 8 号、石家庄 54、济南 2 号、济南 4 号、济南 5 号、郑州 15、徐州 8 号等一批抗锈良种在生产上大面积推广，对 20 世纪 60 年代小麦条锈病的控制起到一定作用。

胜利麦（Triumph，农大 2 号）虽未在生产上直接推广，但北京农业大学、中国农业科学院以及河北、山西等省有关单位从胜利麦/1817 组合中选出了一系列抗锈品种，如农大 183、农大 311、华北 187、华北 672、石家庄 407、太谷 49 等，这些品种得到大面积推广种植。南大 2419 以及矮粒多、中农 28 不仅高抗条锈病、轻感叶锈病、耐秆锈病，而且丰产性好、适应性强，20 世纪 60 年代曾在我国广泛种植。用南大 2419 作亲本各地培育了大量抗锈品种，如河南的内乡 5 号、百泉 5 号，江苏的徐州 14，河北的石家庄 34，云南的 778、南原 1 号，四川的川麦 5 号，甘肃的甘麦 7 号，北京的京红 4 号等。用中农 28 和西北 60 杂交育成了西农 6028，再由西农 6028 与丹麦 1 号杂交育成了丰产性好、抗锈性强的丰产 1 号、丰产 2 号、丰产 3 号，又用丰产 3 号与咸农 39 杂交育成了抗锈、矮秆、高产的矮丰 3 号等，这些品种曾在黄淮海地区以及南方冬麦区得到大面积推广，在小麦生产上发挥了重要作用。矮粒多在四川、甘肃等地用作育种材料，育成了 51 麦、竹叶青、雅安早等品种，用这些品种和后来引进的品种杂交又育出了一系列品种，在四川等地得到大面积推广种植。

20 世纪 50 年代末至 60 年代先后引进了欧柔（Orofen，原产智利）、阿勃（Abbondanza，原产意大利）、阿夫（Funo，原产意大利）、吉利（Tevere，原产意大利）、尤皮 2 号（Jubileina Ⅱ，原产保加利亚）等一批新的抗病品种在生产上推广或作为抗病亲本使用，60～70 年代在育种中还用了其他新的抗源如鹅冠 186、维尔、苏联早熟 1 号、丹麦 1 号等。各地由这些品种育成了很多品种，如由阿勃/辉县红杂交后代选育出的泰山 4 号，由泰山 4 号/欧柔育成的泰山 5 号、济南 13，由尤皮 2 号/阿勃育成的天选 15、天选 6 等，甘肃的甘麦号品种也含有阿勃血统。7023是由阿夫系选而育成的，70年代末至80年代初遍及河南全省，并在南方一些省广为种植。南方冬麦区还从阿夫中选育出了扬麦1号、武麦1号、苏麦1号、苏麦2号、苏麦3号等品种。欧柔抗三锈，被广泛用作抗锈亲本，育出了一大批抗锈良种，其中由碧蚂4号/苏联早熟1号//欧柔杂交育成的泰山1号是我国继碧蚂1号、南大2419之后种植面积最大的品种。这些品种的应用有效地控制了这一期间的小麦条锈病流行。

20世纪70年代，由于我国小麦主产区相继出现条锈菌条中17号、条中18号、条中19号和条中20号等生理小种，生产上条锈菌生理小种发生了变化，很多育种家都转而采用“洛类”抗源，这类抗源是苏联用小麦和黑麦杂交得到的1B/1R易位系的衍生物，1965年及1970年两次引入我国，包括阿芙乐尔（Avrora)、高加索（Kavkaz)、山前麦(Predgornaya)、牛朱特（Neuzucht)、洛夫林10号（Lovrin 10)、洛夫林13号（Lovrin 13）等。后来引进的东欧品种如南斯拉夫的Sutjeska、Posavka2，保加利亚的女水妖(Rusalka)，罗马尼亚的F49－70等亦均属于此类。在它们的1B染色体上易位的1R短臂上有4个抗病基因，即抗条锈基因*Yr9*、抗叶锈基因*Lr26*、抗白粉基因*Pm 8*及抗秆锈基因*Sr31*。由于这些抗源兼抗4种重要病害，更由于它们具有很好的丰产性，因此深受育种家的喜爱，在我国风行达20年。最早使用洛类抗源的可能是中国农业科学院和北京市农林科学院，于1973年配置了有芒白4号/洛10和有芒红7号/洛10组合，并于1980年推出一批丰抗号品种。其中除丰抗12、丰抗13是其他组合后代外，大都来源于以上两个组合。此后很多育种单位先后使用洛类抗源，如山东农业大学用牛朱特为抗源育成了鲁麦1号，陕西省农业科学院育成的陕7859的亲本中包括山前麦等。自20世纪80年代起，至21世纪初我国冬小麦主要生产品种中仍以“洛类”衍生品种占主流。

繁6是四川农业大学颜济用7个亲本（伊博1828/印度824/3/四川51麦//成都光头/中农483/4/中农28B/伊博1828//印度824/阿夫）通过聚合杂交方法培育出的重要抗条锈品种，20世纪70年代初开始在四川广泛种植。后来绵阳农科所又以繁6为抗病亲本，先后培育出绵阳11、绵阳15、绵阳19、绵阳20、绵阳21、绵阳25、绵阳26等绵阳系列品种，于80年代初推广种植，并在生产上逐步取代了繁6。随后，更多的育种单位以繁6及其姊妹系69－1776或绵阳11为亲本，先后育出了川麦21、川麦22、川麦23、川麦24、川麦26、川麦27，川育5号、川育6号、川育8号、川育11号、川育12号，80-8，天选36、天选40和小偃107等许多生产品种。从20世纪70年代初起，这些繁6及其衍生系品种先后在条锈病常发区四川、陇南和陕南连续种植，年种植面积保持在150万～270万hm^2，整个70年代至80年代其抗性经久不衰。到90年代新小种条中30号、条中31号出现，才“丧失”了对条锈病的抗性（牛永春和吴立人，1997)。

抗条锈病育种与常规育种所用方法大体相同，包括引种、杂交育种、系选、辐射育种、花药培养及轮回选择等。其中最常用的是杂交育种，大都采用单交及简单的复合杂交如双交、三交等，也常进行品系间杂交，较少应用回交育种。在获得大量抗病品种之后，又用它们作为杂交亲本进行阶梯式改良。常规方法培育的抗条锈品种大多都是具有单个主效抗条锈基因，很少有聚合多个抗病基因的品种，同时聚合有主效和微效抗条锈基因或多个微效抗条锈基因的品种更少。随着染色体工程育种的发展，利用小麦近缘种、属的抗条锈基因取得了巨大的成功，如20世纪70年代初期引进的洛夫林10、洛夫林13、山前、阿芙乐尔、高加索等1B（1R）异代换系或1B/1R异易位系带有来源于黑麦的基因，具有低反应型抗条锈性，是我国各地70年代小麦育种的骨干亲本，我国80年代育成和推广的抗条锈品种绝大部分带有它们的血统。李振声等利用长穗偃麦草与普通小麦杂交选育出了著名的抗条锈品种小偃6号，年种植面积曾达约67万hm^2。

（二）小麦品种抗条锈性利用中存在的问题和解决途径

小麦品种的抗锈性“丧失”问题多年来一直困扰着我们。我国从1950年至今发生了十几次小麦条锈病较大流行，每次都与病菌新小种的产生和发展以及随之造成的品种大面积抗性丧失有关。病菌毒性新小种的产生和发展直到优势小种的形成，又与小麦生产品种中抗条锈基因的单一化或简单化有关。纵观我国小麦条锈菌生理专化研究40多年的结果，条锈菌流行小种的兴衰无不与小麦品种布局的改变有密切关系。每一次生产品种的大面积更替，接着就是病菌生理小种的变化，病菌生理小种的变化导致品种抗性“丧失”进而又带来生产品种的大面积更替，新中国成立以来如此循环往复已经历了7次（表12-6）（吴立人和牛永春，2000）。之所以出现这种情况，就是生产品种存在抗病基因单一化问题。每一阶段生产上的品种并不一定单一，但它们的抗源较为单一，抗病基因较为单一，这就会对新的毒性小种产生定向化选择作用。病菌的变异总是经常发生的，一旦出现对生产上的主要抗病基因有毒性的变异菌系，就会迅速繁殖发展起来，形成优势小种，继而具有该抗病基因的品种便“丧失”抗病性。

表12-6 新中国成立以来小麦生产品种大范围的抗条锈性“丧失”

次序	开始年代	生理小种	“丧失”抗性的代表品种
1	1955—1956	条中1号	碧蚂1号、西北54、西北丰收、农大183
2	1960—1962	条中8号和条中10号	玉皮、甘肃96、西北134、陕农9号
3	1962	条中13号、条中16号等	南大2419
4	1969	条中17号	早洋麦、北京8号、石家庄54、农大311、北京10号
		条中18号和条中19号	阿勃、甘麦8号
5	1976	条中21号、条中22号和条中27号	尤皮2号、天选15、天选16、天选17、中梁5号、武农132、青春2号
		条中23号、条中25号和条中26号等	丰产3号、阿夫、泰山1号、泰山4号、官村1号、卫东8号、农大139、百泉40、偃大24、小偃5号、小偃6号、东方红3号、济南13
6	1985	条中28号、条中29号小种以及洛10、洛13致病类群	“洛类”及其衍生品种，如：洛夫林10、阿芙乐尔、山前麦、丰抗2号、丰抗4号、丰抗8号、秦麦1号、京花1号、鲁麦3号
7	1995	条中30号、条中31号小种以及Hybrid46致病类群、水源致病类群	繁6及其衍生品种，水源11衍生品种

由于条锈菌某一特定生理小种的产生和发展依赖于一定面积的特定小麦品种，只有当某一品种大面积地单一化种植或某一抗病基因的大面积单一化应用，才会有病菌优势小种的形成和发展，最终导致品种大面积“丧失”抗锈性。因此，只有在生产上实现小麦品种抗病基因的多样化，病菌少数毒性变异菌系的产生和发展才会受到抑制，小麦与条锈菌互作的生态体系就会比较稳定。

我国不少小麦抗锈育种工作者均在从事有效抗条锈病基因的转移，创造具不同特点的中间抗源材料和培育农艺性状优良的抗锈品种，为实现抗病基因的多样化和抗病基因的合理利用奠定了一定的物质基础。实现小麦品种抗条锈基因的多样化可有以下途径：① 培育多个分别具有不同抗条锈病基因的品种同时应用于生产；② 培育分别具有不同的抗条锈基因而农艺性状等其他方面均相同的一组品系混合种植；③ 在一个品种中聚合多个抗病基因，可包括不同的主效基因和微效基因；④将具有全生育期抗性、成株期抗性、水平抗性、持久抗性、慢锈性等各种不同抗性特点的基因兼蓄并用。

王凤乐等（1997）对6个国内外持久抗条锈小麦品种抗病性特点进行的分析，万安民等（2000）对18个国外报道的可能具有持久抗条锈性的小麦品种的抗病特点进行的分析，都表明了这些品种中存在温敏型微效抗病基因或成株抗病基因或两者都存在，预示了温敏型微效抗锈基因和成株抗锈基因在持久抗锈性中的作用。因此在注重培育聚合多个抗病基因品种的同时，要注意不同类型抗性基因的结合，尤其注意成株抗锈基因、高温抗锈基因和温敏微效基因的利用，使得培育出的品种具有较持久的抗锈性。

无论何种途径，要实现小麦品种抗条锈病基因的多样化，必需掌握有丰富的抗病基因明确的抗源。只有了解抗源的基因背景和抗病基因的特点，才能对其充分与合理地利用。使用抗病基因性质和特点不明确的抗源，可能造成虽然品种的抗源材料不同而抗病基因相同的抗病基因单一化应用和不合理布局。因此广泛收集抗源并对其抗病基因进行鉴别，了解不同抗病基因的遗传和表达特点，建立抗病基因数据库，才能合理、有效地对抗病基因加以利用。同时继续引进、大力开辟和加强创制新的抗源，不断扩大与充实抗病基因库，为抗病品种的培育提供丰富的抗源和广泛的抗病基因选择余地。有些有效抗条锈基因并没有在育种中得到利用，是因为具有这些抗病基因的抗源农艺性状太差，育种过程中难于改造，育种家都不太喜欢。因此，今后还要摒弃急功近利思想，注意改造农艺性状差的抗源材料，开发利用来自远缘种、属的抗锈基因。近几年已有人在做这方面工作，状况正在改善。同时，研究和建立小麦抗条锈病基因的简便、快速、准确的鉴别手段与分析体系，将促进抗条锈基因的合理利用、促进小麦抗锈育种工作。

对小麦条锈菌群体毒性变化的监测需要长年不断地进行，了解和掌握生产上条锈病菌群体毒性结构的变化动态，才能使小麦抗锈育种工作有的放矢，才能对抗条锈病基因充分、合理地利用，从而对控制条锈病的流行和危害发挥有效作用。由于陇南、川西北等地特殊的生态环境，条锈病菌在这些地区既可越夏又可越冬。高山地区较强的紫外线易于诱发条锈菌变异，条锈菌可在不同海拔高度周年循环的生态条件又使病菌变异体易于生存和发展。因此，陇南、川西北地区不仅是我国小麦条锈病的菌源基地，也是我国条锈病菌新小种的发源地。所以，治理陇南、川西北等条锈病菌越夏菌源基地，调整种植结构，在小麦品种抗病基因多样化的基础上，实施抗病基因合理布局，尽可能切断条锈病菌在该区小范围内的周年循环，对于保持品种抗性意义重大。

第二节　秆 锈 病

一、小麦秆锈病的发生及其危害

小麦秆锈病（*Puccinia graminis* f. sp. *tritici*）是世界性小麦病害，在我国流行虽然不像条锈病那样频繁，但是一旦暴发远比其他锈病为害严重。我国小麦秆锈病历史上的易发区和常发区有闽、粤东南沿海和云南中、南部（包括红河、文山、思茅及德宏州）小麦秆锈菌越冬区，江淮中下游冬麦区和东北及内蒙古东北部春麦区。据记载，东北春麦区在1923年、1934年、1937年、1948年、1951年、1952年、1956年、1958年和1964年有9次小麦秆锈病大流行；江淮冬麦区在1956年、1958年和1964年有3次秆锈病中、大流行；闽、粤冬麦区在1949—1966年的17年中有6次中、大流行。每次秆锈病的流行都造成巨大的产量损失。新中国成立前夕，东北春麦区因小麦秆锈病的猖獗流行，使全区小麦面积下降到不足47万 hm^2，平均每公顷产量不足750kg。1956年江淮流域秆锈病大流行，仅苏、皖两省就损失小麦10亿 kg。由于选育和推广抗锈品种，近30年来我国小麦秆锈病得到了有效控制，但是潜在威胁还存在，仍不能掉以轻心，我国小麦秆锈病的易发区和常发区都把抗秆锈病作为小麦育种的主攻对象之一。

二、小麦品种的抗秆锈性及其遗传

（一）抗病性类型

小麦秆锈病菌是专化性很强的活体寄生菌，存在着明显的生理小种分化和毒性差异，小麦品种间也存在着显著的抗病性差异。品种的抗秆锈性可分为三种类型：

1. 小种专化抗病性　抗病性只对病原菌某些生理小种有效，而对同一病原菌的另一些生理小种无效。秆锈菌侵染后，寄主植物产生过敏性坏死反应，杀死病菌或抑制其扩展，呈现0（免疫）、0;（近免疫）、1（高抗）和2（中抗）反应型。在遗传上抗病性由单基因或寡基因控制，抗病性作用明显，单基因存在时容易鉴别。但是，这种抗病性往往是短暂的，在抗源单一化的条件下容易因病原菌新小种的出现而使品种“丧失”抗锈性。在抗源多样化的条件下合理利用主效抗病基因，也可使抗病性保持相对持久。少数主效基因也具有较好的持久抗病性。例如 *Sr2*，可能控制持久抗病性，在北美利用50多年仍具有一定的效果；*Sr26* 和 *Sr31* 基因在澳大利亚和中国广泛利用15年和20年以上仍未发现毒性生理小种。

2. 非小种专化抗病性　抗病性对病原菌不同生理小种无明显差异，在遗传上一般由微效多基因控制。微效基因在单独存在时抗病性作用很小，难以度量，对环境条件反应敏感，常表现为加性效应。许多微效基因结合时可提供低度到中等的抗病性。品种间抗病性差异表现为侵染率、潜育期、孢子堆数目和体积大小以及产孢量等数量性状的差异。微效多基因控制的抗病性一般是持久抗病性，不因生理小种的变化而“丧失”，可以推迟病害的传播蔓延，减少受害损失。一些多年大面积推广的中感至中抗品种可能含有微效抗病性基因。

3. 耐病性　一个小麦品种在锈病严重发生的情况下，呈现感病的反应型，其病情指数很高，但受害率与其他感病品种相比大大降低，称其具有耐病性。耐病品种本质上是感病的，因为其具有较强的生理补偿作用，如根系发达、吸水能力强、光合效率高、灌浆速度快等，能抵消一部分因锈病造成的产量损失。

（二）小麦的抗秆锈病基因

迄今为止，至少已发现60多个小麦抗秆锈性基因，并且已把40多个抗病基因定位在染色体上（表12-7）。绝大多数已报道的抗秆锈基因都是小种专化性的。抗秆锈性基因在

Sr7、*Sr8*、*Sr9* 的位点上存在复等位基因。抗秆锈性基因来源广泛，除来自小麦属各种之外，还来自小麦的近缘属、种，如 *Sr24*、*Sr25*、*Sr26* 来自长穗偃麦草，*SrAgi* 来自中间偃麦草，*Sr33* 来自方穗山羊草，*Sr34* 来自顶芒山羊草，*Sr38* 来自偏凸山羊草，*Sr32*、*Sr39* 来自拟斯卑尔脱山羊草，*SrAe* 来自尾状山羊草，*Sr27*、*Sr31* 来自栽培黑麦。这些已知的 *Sr* 单基因系控制的低反应型已基本清楚。低反应型（low infection type）是指在 18℃的温度下，且抗病基因无加性或抑制作用的条件下对无毒菌系的反应型，是基本表现型。

表 12-7 已知小麦抗秆锈病基因及其对秆锈菌的抗病反应

抗病基因	来 源	苗期对无毒菌系的反应型	成株抗病性	染色体位置
Sr2	*T. dicoccum*	4	R，TrS	3BS
Sr5	*T. aestivum*	0，0；	I	6DS
Sr6	*T. aestivum*	；，；1－，X	MS	2DS
Sr7a	*T. aestivum*	1C，23C	MS	4AL
Sr7b	*T. aestivum*	2，2＋	MS	4AL
Sr8a	*T. aestivum*	2	MS	6AS
Sr8b	*T. aestivum*	X	MS	6AS
Sr9a	*T. aestivum*	2，23	MS	2BL
Sr9b	*T. aestivum*	2＋	MS	2BL
Sr9d	*T. dicoccum*	；1，2－	R-MR	2BL
Sr9e	*T. dicoccum*	；1，2－	R-MR	2BL
Sr9f	*T. aestivum*	；2	?	2BL
Sr9g	*T. durum*	2	MR	2BL
Sr10	*T. aestivum*	；1＋N，23CN	MR-MS	?
Sr11	*T. aestivum*	；2－，2＋3－	MR	6BL
Sr12	*T. durum*	0；X－	MR	3BS
Sr13	*T. durum*	2－，2＋	MR	6AL
Sr14	*T. durum*	12C，23C	MR-MS	1BL
Sr15	*T. aestivum*	；1＋N，XN	MS-S	7AL
Sr16	*T. aestivum*	2－，2＋	MS	2BL
Sr17	*T. dicoccum*	；1N，X－N	MR	7BL
Sr18	*T. aestivum*	；2	I	1DL
Sr19	*T. aestivum*	1	R	2BL
Sr20	*T. aestivum*	2	MS	2BL
Sr21	*T. monococcum*	；1，2－	MR	2AL
Sr22	*T. boeoticum*	0；，2－	R-MR	7AL
Sr23	*T. aestivum*	23C，1＋C	MS-S，MR	4B，2BS
Sr24	*A. elongatum*	2－，2＋	MS	3DL（3D-3Ag）
Sr25	*A. elongatum*	2－，2＋	MS	7DL（7D-7Ag）
Sr26	*A. elongatum*	；2－	R-MR	6AL（6A-6Ag）
Sr27	S. sereale	0；	I	3A（3A-3R）
Sr28	*T. aestivum*	；	I	2BL
Sr29	*T. aestivum*	2＋，2－	MR	6DL，6DS
Sr30	*T. aestivum*	2－，2	MR	5DL
Sr31	S. cereale	0；，2－	R	1BL（1BL-1RS）
Sr32	*Ae. comosa*	2－	MR	2A，2B，2D
Sr33	*Ae. squarrosa*	2	MR	1DL

（续）

抗病基因	来 源	苗期对无毒菌系的反应型	成株抗病性	染色体位置
Sr34	*Ae. comosa*	3C，1+C	MS-S，MR	2A，2D，2M
Sr35	*T. monococcum*	0；	I	3AL
Sr36	*T. timopheevi*	0，0；1+，40；	R，TrS	2BS
Sr37	*T. timopheevi*	0；	I	4AL
Sr38	*Ae. ventricosa*	—	—	2AS
Sr39	*Ae. speltoides*	2−	—	2B
Sr40	*T. araraticum*	；1+2	MS-S	2BS
SrTt-3	*T. timopheevi*	1+C	I-R	
Kt' 2'	*T. aestivum*	2	MS	2BL
U	*T. aestivum*	21CN，1+C	MR	2D
H	*T. dicoccon*	2C	MS	
Agi	*A. intermedium*	；2	R	
Tm2	*T. monococcum*	—	—	
Ae	*Ae. caudate*	；1	MS-S	
Tmp		2−	MS	
Lc		；1+	—	
McN		；2−	—	
Gt		2+	MS	
Dp-2		2	MR	
PI		；1	—	
Pt		2−	—	
M		X	—	
Wst-2		2	MR	
X		23	MS	
Wld-1		2	R-MS	

I：免疫，R：抗病，MR：中抗，MS：中感，TrS：少量感病，S：感病。

摘自 Roelfs 和 Groth（1988），Kerber（1991），Dyck（1990，1992），McIntosh（1993）

（三）小麦抗秆锈性遗传的一般规律

1. 抗病基因的显隐性 小麦品种抗秆锈基因多数为显性遗传，也有几个抗病基因为不完全显性，少数抗病基因是隐性的。如 *Sr7b*、*Sr10* 为不完全显性，在寄主抗病基因杂合状态下导致反应型的提高。*Sr17* 为隐性，*Sr30* 为近隐性。*Sr6*、*Sr12* 对部分菌系显性遗传，对部分菌系呈隐性抗病性。此外，秆锈菌为杂合基因型时，不但会引起反应型的提高，有时还会导致抗病基因显隐性的改变。如 *Sr17*，当与基因型为 *P17P17* 的菌系互作时，小麦杂交 F_2 代呈现 3R∶1S 分离比例，为显性；当与基因型为 *P17p17* 的菌系互作时，小麦杂交 F_2 代呈 1R∶3S 的分离比例，为隐性。

2. 抗病基因的互作方式 抗秆锈基因多数为独立遗传，也存在着基因互作。常见的基因互作方式有上位作用、加性作用、互补作用、抑制作用和修饰作用。如果一个决定低反应型的基因和一个决定中间反应型的基因存在于同一品种之中，当用一个对两者都无对应毒性基因的菌系鉴定时，观察到的往往是决定低反应型的基因效应，这时认为决定低反应型的基因对决定中间反应型的基因起上位作用。小麦抗秆锈性基因的加性作用有不少报道。Knott（1957）曾报道 *Sr9b*、*Sr10*、*Sr11* 和 *Sr12*，通过降低病害严重度提高了 *Sr7a*

的抗病能力。Williams 等（1968）报道过源于 Lumillo 的三个抗秆锈性基因在单基因时分别控制 0；12－、0；3 和 2－3－的反应型，但两个或三个基因结合时反应型则为 0；或 0；13。Roelfs 发现控制褪绿或坏死的抗秆锈性基因与控制减小产孢面积的基因结合时，加性效应最为明显。例如控制 2-3c 型的基因 *Sr23* 与控制 2 型的基因 *Sr29* 结合时，其反应型降为 2c 型。互补作用是两个抗病基因必须同时存在时提供抗病性。抑制基因和修饰基因本身不起抗病性作用。但是抑制因子使抗病基因钝化，修饰因子可以使抗病基因的抗病性效应增强或减弱。

3. 抗病基因的连锁遗传　部分抗秆锈基因与抗叶锈或抗条锈等基因连锁。如 Dyck（1992）报道，*Sr9g*-*Yr17*、*Sr17*-*Lr20*、*Sr23*-*Lr16*、*Sr24*-*Lr24*、*Sr26*-*Lr19*、*Sr31*-*Lr26*-*Yr9*、*Sr34*-*Yr18*、*Sr38*-*Lr37*-*Yr17* 及 *Sr40*-*Lr16*-*Sr36*-*Sr8* 等基因连锁。掌握抗不同锈病基因之间的连锁，有助于基因分析、基因转移和抗病育种工作。

4. 遗传背景影响抗病基因的表达　遗传背景是指抗病基因所处寄主植物的基因型。*Sr5*、*Sr6*、*Sr 7b*、*Sr 9b*、*Sr 17* 等基因在不同遗传背景下抗病性效应可能不同，有时也会产生显隐性的改变。如 Luig 和 Rajaram（1972）报道，*Sr5* 在 Kanred、Reliance 和 Marquis 的遗传背景下低反应型为 0，在感病品种 W2691 的遗传背景下低反应型为 X＋3－。我们也观察到以 Marquis 为遗传背景的 *Sr6* 单基因系 K58Mq10 对小种 21C3、34、34C2 的抗病性效应强而且稳定，反应型为 0－；1，而以 W2691 为遗传背景的 *Sr6* 单基因系 LineD，只对小种 21C3 的抗病性效应强而且稳定，对小种 34 和 34C2 的某些菌系则呈 X＝－4 级反应型。

Sr9d、*Sr9e*、*Sr13*、*Sr21*、*Srdp*-2、*Sr22* 等抗秆锈性基因，在不同染色体倍性的小麦品种中，反应型不同。染色体倍数愈高，控制的低反应型也愈高。如 *Sr9e* 在四倍体品种 Vernal 中控制 0；－1 的低反应型，而在六倍体品种 Verstein 中控制 2 级低反应型。

5. 环境条件影响抗病基因的表达　温度和光照条件的变化对某些抗秆锈性基因的表达有显著的影响。著名的温敏基因有 *Sr6*、*Sr15*、*Sr17*。Forsyth（1965）报道，*Sr6* 从 15℃时的枯斑反应型到 24℃变为 3＋型。病原菌侵入后 3～4 天的温度对反应型的影响最大，这时如果昼夜温差小，反应型变异小；昼夜温差大，反应型变异也大。*Sr15* 对温度变化更为敏感。Gousseau（1987）等报道，当温度从 18℃提高到 20℃，*Sr15* 的反应型从；1N 升到 4－。含 *Sr15* 的 Thew 和 Norka 用无毒的秆锈菌系在接种前后的不同时间置于 18℃或 30℃的条件下，18℃的温度下为抗病，30℃则感病，并可逆转。18℃2 天，形成非亲和反应，再用 30℃处理 6h 变成亲和反应。形成亲和反应后用 18℃处理 36h 以上，又可形成非亲和反应。*Sr13* 则相反，在温室苗期，*Sr13* 在 18℃时产生 2＋3 的反应型，在强光长日照、昼夜温差大、温度 26℃时，反应型则降为；1－。

6. 小麦生育期影响抗病基因的表达　多数已定名的抗秆锈基因的抗病性在全生育期表达。但是 *Sr2*、*Sr23*、*Sr25*、*Sr40* 的抗病能力受生育期的显著影响。*Sr2* 在苗期感病，成株期抗病。*Sr23*、*Sr25*、*Sr40* 苗期抗病，成株期却抗病性不足。

三、抗秆锈性的利用

利用小麦及其近缘种、属对秆锈病的抗病性，选育和推广抗锈品种是防治小麦秆锈病最经济、最有效和无环境污染的措施。新中国成立以来，我国的农业科技工作者从数万个来自国内外的小麦品种资源中筛选出大批的小麦秆锈病的优良抗源亲本，选育出上千个抗锈良种，使我国各主要麦区小麦生产品种实现了5～7次更新，有效地控制了秆锈病的流行和危害，有力地推动了小麦生产的发展，同时也积累了丰富的小麦抗锈育种的经验。

（一）针对秆锈菌小种群动态及毒性变异选择抗源亲本

新中国成立以来，我国先后发现小麦秆锈菌9个小种群17个生理小种（沈阳农学院植物免疫室，1978；黄振涛等，1984；姚平等，1995）。其中，21号小种群一直是优势小种群，34号小种群次之，其他类型频率很小。虽然小种群变化不大，但是在21号和34号小种群中不断有新的毒性小种出现，每个新出现的小种都使相对应的*Sr*基因“丧失”抗病性，同时也使含有这种*Sr*基因的抗源及其衍生品种丧失抗病性。例如：34号种群的出现，使*Sr5*“丧失”抗病性，1964年出现34C2小种后，使50年代引入的明尼号抗源（*Sr5*、*Sr17*、*SrMn*、*SrMz*等）及其衍生品种全部“丧失”抗病性。1976年和1977年出现34C3和34C4小种以后，分别使重要抗源品种欧柔（含*Sr5*、*Sr6*）、如罗（含*Sr6*、*Sr30*）及其衍生品种“丧失”了抗病性。1993年出现了21C3CTR小种之后，又使含有*Sr11*的一些引自墨西哥的抗源及其衍生品种“丧失”了抗病性。

针对小麦秆锈菌的小种群动态和毒性变化，我国进行了三次大的秆锈病抗源的更换。第一次是利用50年代中期从美国明尼苏达引入的明尼号材料作抗源，至60年代中期逐渐“丧失”了抗病性；第二次是利用60年代初从智利引入的品种欧柔和如罗等作为抗源，在70年代后期逐渐“丧失”了抗病性；第三次是利用70年代初从罗马尼亚、德国和苏联引入的品种洛夫林10、洛夫林13、牛朱特、山前2号、高加索、阿芙乐尔等（含来自黑麦的*Sr31*等）和从墨西哥、印度及巴基斯坦等引入的矮秆多基因抗病性的品种作抗源。这些抗源品种在我国小麦抗秆锈病育种中起了十分重要的作用，选育出几批生产上大面积推广的抗病丰产良种。

根据沈阳农业大学姚平等（1996）报道，1990—1996年从全国22个省（自治区、直辖市）采集的1 605份秆锈菌标样中，鉴定出21C3、34、34C1和34C2共4个小种群20个致病型。其中21C3类群占89.3%，为优势类群，21C3CKR、21C3CKH、21C3CTR为优势致病型。毒力基因*v5*、*v9e*、*v21*、*v26*、*v30*、*v31*、*v33*、*v35*、*v37*、*v38*出现频率小于15%，相应的抗病性基因可视为我国秆锈病育种的有效基因。抗部分生理小种的选择性抗病基因主要有*Sr2*、*Sr6*、*Sr7a*、*Sr10*、*Sr11*、*Sr13*、*Sr17*、*Sr22*、*Sr23*、*Sr24*、*Sr25*、*Sr29*、*Sr36*、*SrGt*、*SrWld-1*等，这些抗病性基因可以与其他有效抗病性基因结合使用。

（二）合理选配杂交组合

合理选配亲本组合是取得抗病育种成功的关键。尽可能地选用农艺性状较好、抗病性强、兼抗当地多种主要病害和多个生理小种的材料作抗源亲本，与丰产性好、品质优良、适应性广的大面积推广品种或优良品系配制杂交组合；在同一杂交组合中选用含不同*Sr*基因的抗源，注意对各种主要病害种类的抗性互补和对不同生理小种的抗性互补，这样才能提高抗病育种的成功率。例如，我国20世纪60～70年代的重要秆锈抗源品种欧柔，兼抗秆锈和条锈，丰产性好，适应性强，有些麦区直接用作生产品种，也被全国各主要麦区广泛地用作抗锈亲本，先后育成上百个品种。在黄淮麦区育成并推广的泰山 1 号（碧蚂 4 号/苏联早熟 1 号//欧柔）、泰山 5 号、济南 13、向阳 4 号、徐州 17、泗阳 936 和泗阳 117、百泉 22、京红 1 号、京红 5 号、京选 4 号、京选 8 号、钟山 6 号、甘麦 57 等抗锈品种；在华南麦区育成并推广的晋麦 2418、文革 1 号、抗锈青、龙溪号等抗锈良种；在东北麦区育成的新曙光 1 号、新曙光 2 号、新曙光 5 号、沈农 2 号等抗锈良种，都是以欧柔为抗源亲本。其中泰山 1 号在黄淮麦区年最大推广面积 373 万 hm^2 余，成为继碧蚂 1 号、南大 2479 之后种植面积最大的品种。又如，我国 20 世纪 70 年代初从罗马尼亚和苏联引入的洛夫林 10、洛夫林 13、山前 2 号、高加索、阿芙乐尔等具 1B/1R 的抗源材料，高抗三种锈病和白粉病，综合农艺性状较好，被我国广泛用作抗病亲本。80 年代以来育成并推广了一大批丰产抗病品种，如豫麦 1 号、豫麦 3 号、豫麦 5 号、豫麦 7 号、豫麦 9 号、豫麦 10 号、豫麦 15、豫麦 16、豫麦 21、豫麦 29、鲁麦 1 号、鲁麦 2 号、鲁麦 3 号、鲁麦 5 号、鲁麦 7 号、鲁麦 8 号、鲁麦 9 号、鲁麦 14、鲁麦 15、丰抗 1-11、冀麦 23、冀麦 24、冀麦 26、冀麦 30、冀麦 36、京 411、原冬 3 号、鄂恩 1 号、陕 7859 等品种都含有 1B/1R 血缘，其中鄂恩 1 号、陕 7859、冀麦 26、冀麦 30、鲁麦 1 号、鲁麦 7 号、鲁麦 14、鲁麦 15、豫麦 7 号、豫麦 21 等品种年最大推广面积在 6.7 万 hm^2 以上。80 年代后期 1B/1R 抗源对条锈病、叶锈病、白粉病的抗性逐渐“丧失”，但是它携带的基因 *Sr31* 仍然高抗秆锈病。

（三）选育含有聚合抗病基因的持久性抗病品种

在抗源单一化和抗病基因布局不合理的条件下，一个抗病品种大面积推广之后，往往少则 2～3 年，多则 7～8 年便“丧失”抗病性，变为感病品种，给生产带来巨大损失。多年来，人们一直在探求稳定持久的抗病性。Johnson（1973，1983）提出了持久抗病性（durable resistance）的概念：当某一品种长期在适于发病的环境下广泛种植仍能保持其抗病性时，其所具有的抗病性即为持久抗病性。关于持久抗病性的遗传机制有各种解释，一般都认为，由多个抗病性基因组成的复杂抗病性，即使是专化性的抗病性基因，也要比寡基因抗病性更稳定持久。品种抗病的历史支持了这种看法，如品种 Selkirk 含有 *Sr2*、*Sr6*、*Sr7b*、*Sr9d*、*Sr17*、*Sr23* 六个基因，自 1951 年引入加拿大后，在生产上利用了 30 年，一直保持对秆锈病的成株抗病性。

持久抗病性与若干基因的联合存在有关，很多学者认为抗源积累是获得持久抗病性的有效途径。所谓抗源积累是指将若干抗某一病原的抗病基因导入单一寄主基因型中（Kolmor 等 1991；Mundt，1990）。抗源积累有两种类型：一种是主效基因聚合（pyramiding），另一种是若干效力相对小的微效基因的积累（accumulation）以提供适当水平的抗病性。如何选育持久性抗病品种，人们提出了不同的选育途径。加拿大的 Green 和 Campbell（1979）利用几个具有不同抗病基因的抗源作亲本，并在田间用含不同致病基因的混合菌种进行选择。如果抗病基因和病原小种选配得当，可能会选育出具有复杂抗病基因的新品种。他们的经验似乎说明应用现有的专化性抗病基因的复杂组合，就足以防治锈病。荷兰 Parlevliet（1992）提出，将 2 个或 3 个完全有效的小种专化基因结合在一起，可能成为病原菌不易突破的多基因屏障。英国植物育种研究所的 Johnson（1978，1981）提出，若使用具有持久性抗病性的品种作抗源，在配制杂交组合时，注意避免形成能抗所有现存锈菌小种的专化性抗病基因的新组合。如果出现了能够掩盖持久抗病性的小种专化性抗病基因的组合，在选择时就应力求少选择此类基因，这样，新品种中的抗病性就有可能来自持久抗病亲本。美国的 Sharp（1976）在品种抗条锈病的研究中，认为微效温敏基因累加的抗病性可能具有持久性，并且在两种温控条件下进行温敏微效基因的选择和积累。Beek（1983）及 Parlevliet 和 Van Ommeren（1988）利用相互杂交和轮回选择的群体改良方法，进行微效基因或部分抗病性基因的积累。他们的做法共同点是：利用一组含有微效抗病性基因或部分抗病性基因的生产品种相互杂交，建立起遗传上异质的分离群体，选择应着重淘汰高度感病的和完全抗病的植株（它们不含微效抗病基因或含有主效抗病基因），在保留材料中进行了农艺性状的选择。选择 2～4 代后，中选植株间再相互杂交和进行下一轮选择。随着选择轮回和世代的推进，微效抗病性基因或部分抗病性基因被积累，并且增加了农艺性状与抗病性结合的几率。国际玉米小麦改良中心（CIMMYT）的 Rajaram 等（1981），以含 *Sr2* 的基因组作为该中心小麦种质持久抗秆锈病的支柱，并不断地累加其他抗病性基因，通过 *Sr2* 与其他基因的互作获得持久性抗病性。

我国在小麦抗秆锈病育种中，也注意了抗病性基因的不断累加。黑龙江省农业科学院小麦育种研究所，几十年来利用引自美国的明尼号、意大利的阿夫、前苏联的小黑麦 AD20、智利的如罗、墨西哥的 Nadadore“s”63、墨巴 66 等和我国地方良种克华等材料，综合几大洲不同生态型的优良农艺性状和抗病基因，创造了许多宝贵的中间育种材料，用这些基础资源进行阶梯杂交，选育出一批适应不同生态类型、丰产性好、兼抗秆锈病、叶锈病、根腐病及赤霉病轻的克字号优良品种，在东北麦区北部大面积推广，在控制秆锈病流行中起了重要作用。据曹远银等用基因推导法分析，新克旱 9 号可能含有 *Sr5*、*Sr9e*、*Sr21*、*Sr25*、*SrGt*，垦红 6 号可能含有 *Sr9e*、*Sr21*、*Sr32*、*SrGt*，豫麦 1 号、豫麦 2 号、豫麦 14 可能含有 *Sr9e*、*Sr11*、*Sr21*、*SrGt*。这些品种可能是含有多个抗病基因的聚合抗病品种，对秆锈病具有广谱抗病性。其中豫麦 2 号在黄淮麦区被作为优良的抗源亲本。

（四）抗源的鉴定、筛选和创新

抗源的鉴定、筛选和创新是抗病育种工作的基础。首先，随着秆锈菌新小种的不断出现，原有的抗源“丧失”了抗病性，要求不断地提供新的抗源。其次，抗病育种要求有丰富多彩的抗源类型，用抗源的多样性抑制病原菌群体变异速度和新生理小种的产生。为了避免重复使用同类抗源，需要鉴别抗源的异同，进行抗源归类。第三，从小麦近缘种、属中导入新抗源，丰富我国的小麦抗秆锈基因库，可以不断地提高育成新品种的抗病性水平。多年来，我国植物保护工作者和育种工作者，鉴定筛选出一批又一批的秆锈病新抗源，转育出大量的农艺性状好兼抗多种主要病害的中间抗源亲本，为小麦抗秆锈病育种提供了品种资源的抗病性信息，不断地提供了抗源亲本，大力地促进了小麦抗秆锈病新品种的选育和推广。

沈阳农业大学张书绅等（1999）在小麦秆锈、叶锈和白粉病多样化二线抗源加速利用和多抗病性育种亲本材料创新中，采用 5 个环节紧密结合的育种程序，这些环节包括：①多样化二线抗源的收集、鉴定、筛选和遗传分类；②抗病基因的滚动式加代回交转育；③高产和优质种质的导入；④抗病基因的积累；⑤多抗病性的合成等。进而以秆锈、叶锈和白粉病多样化二线抗源为目的抗病基因，选育出一批以辽宁小麦生产品种为遗传背景，含

有 *Sr26*、*Sr31*、*Lr9*、*Lr19*、*Lr24*、*Lr38*、*Pm12*、*Pm16*、*Pm18*、*Pm19*、*Pm21* 等抗病基因的单基因系、多基因累加系和兼抗三种病害的多抗系，这些材料抗病性突出，农艺性状和品质优良，已被国内一些育种单位用作抗源亲本。

四、抗秆锈性利用中存在的问题

（一）越冬菌源北传的桥梁区大面积种植感病品种

长江上游冬麦区的四川盆地、云贵北部和陕西汉中地区大面积种植的绵阳 15、绵阳 19、绵阳 20、绵阳 21 等，长江中、下游冬麦区江苏和安徽两省的淮河以南、浙江、上海、湖北等地大面积种植的浙麦 1 号、浙麦 2 号、鄂麦 9 号、扬麦 4 号、扬麦 5 号、扬麦 6 号、扬麦 158 等，都高度感染流行的优势小种 21C3 和 34C2。一旦云、贵、川南和闽粤东南沿海地区越冬菌源比较充足，遇有适宜秆锈病流行的气象条件，这些麦区仍有发生秆锈病大流行的潜在可能。所以，这些麦区在小麦抗病育种中应加入抗秆锈亲本。

（二）南北抗源趋同化

20 世纪 70 年代我国南、中、北部都利用农艺性状优良、兼抗秆锈和条锈的欧柔和如罗作抗源。60 年代中期欧柔引入云南之后，不到 10 年就导致感染欧柔和如罗的新小种 34C3、34C4 的出现。随之，南方冬麦区、北方冬麦区和北方春麦区以欧柔和如罗为抗源的一大批品种也相继“丧失”了抗秆锈性（黄振涛，1978）。70 年代初以来，全国又都广泛地以洛夫林、山前、高加索、阿芙乐尔、牛朱特等含 1B/1R 血缘的品种作小麦育种的抗源，使其很快“丧失”了对条锈病、叶锈病、白粉病的抗病性，虽然它们抗秆锈性基因（*Sr31*）仍然有效，但势必缩短了抗源的使用寿命。在小麦秆锈菌的越冬越夏区、越冬区和越夏区的不同区间，有组织地采用不同的抗源，实行抗病性基因的多样化和合理布局，可以延缓新小种产生的周期，是宏观控制小麦秆锈病流行的战略措施。

第三节　叶　锈　病

由小麦叶锈菌（*Puccinia recondita* f. sp. *tritici*）引起的小麦叶锈病是世界上危害最严重的小麦病害之一，也是威胁我国小麦生产的一种主要病害。北方麦区在 20 世纪 70 年代就曾 3 次中度以上流行（1973 年、1975 年和 1979 年），造成严重减产。即使在非流行年份，广大麦区也常有发生，给我国小麦生产造成不同程度危害。培育和利用抗病品种是防治小麦叶锈病最经济有效的措施，要充分发挥抗锈良种在病害防治中的作用，必须掌握小麦叶锈菌的致病性和品种的抗病特点及其互作关系，选育广谱抗性和持久抗性品种，合理利用各种类型抗病基因。

一、小麦叶锈菌致病性分化及其变异

（一）生理小种鉴定

早在 1921 年，Mains 等人便发现小麦叶锈菌存在致病性分化现象，并在 1926 年建立了生理小种鉴别寄主，根据不同菌株在鉴别寄主品种上的反应，将小麦叶锈菌区分为 12 个生理小种。后来，Johnston 和 Mains（1932）对鉴别寄主及小种检索表进行了修订，用

Malakof、Hussar、Democrat、Webster、Mediterranean、Carina、Brevit、Similis 和 Loros 等 8 个品种鉴定生理小种，其后，广为应用，发展成为小麦叶锈菌国际标准鉴别寄主。至 1966 年发表了第七次小麦叶锈菌生理分化国际登记册的修正本，包括了 228 个小种（Johnson 等，1966）。20 世纪 50 年代至 60 年代中期，意大利的 Basile、北美小麦叶锈病研究工作者协会及澳洲的 Watson 等对原有的鉴别寄主先后作了修正和补充（Basile，1957；Watson，1962）。北美小麦叶锈病研究工作者协会主张采用测定品种、辅助鉴别寄主和标准鉴别寄主，至 1971 年发展成为携带不同抗叶锈病基因的小麦单基因系作为鉴别寄主，Long 等（1989）发表了一个北美小麦叶锈菌命名系统，即采用 *Lr1*、*Lr2a*、*Lr2c*、*Lr3*、*Lr3ka*、*Lr9*、*Lr11*、*Lr16*、*Lr17*、*Lr24*、*Lr26* 和 *Lr30* 等 12 个已知抗叶锈病基因的小麦近等基因系作鉴别寄主，并改用密码命名法命名生理小种，该系统一直运用至今。

我国早在 20 世纪 40 年代便开始小麦叶锈菌生理分化研究。王焕如（1940）利用国际标准鉴别寄主分析云南等省的小麦叶锈菌生理分化现象，鉴定出 1、63 和 123 号 3 个生理小种，这是我国有关小麦叶锈菌生理小种研究的先驱性工作。随后的研究结果表明，国际标准鉴别寄主不适合我国应用。从 1973 年开始，国内一些教学和科研单位普遍开展小麦叶锈菌生理分化研究工作，寻找鉴别寄主，分析小种动态，为育种和生产部门提供重要信息。1974 年成立了全国小麦叶锈菌生理小种研究协作组。协作组在普遍进行小麦品种抗叶锈性测定的基础上，于 1977 年在通县会议上共同商定，确立了洛夫林 10、6068、IRN66 - 331、Redman、东方红 3 号、丰产 3 号、白蚰包、泰山 4 号等 8 个小麦品种作为全国通用鉴别寄主，对出现频率较高的小种统一定名为叶中 1 号、叶中 2 号、叶中 3 号（汪可宁等，1982）。随着时间的延续，出现频率超过 2%则按顺序命名。至 1996 年，共命名了 48 个生理小种（叶中 1～48 号）。出现频率较高的小种类型有叶中 1 号、叶中 2 号、叶中 3 号、叶中 29 号、叶中 38 号和洛 10 小种类群，年度间除洛夫林 10 致病类群的出现频率从 1976 年的 2.5%逐年上升到 1986 年的 85.5%外，其余小种的出现频率明显下降（王焕如等，1987a）。由于我国小麦生态区系的不同，在此期间各地区、各单位还在统一鉴别寄主的基础上，为适应本地区小麦品种变更的需要，增加了辅助鉴别寄主，因地制宜地使用了不同的命名方法和小种名称，如植字号（中国农业科学院植物保护研究所）、春字号（黑龙江省农业科学院植物保护研究所）、豫字号（河南省农业科学院植物保护研究所）、鲁字号（山东省农业科学院植物保护研究所）及八进法命名的小种（河北农业大学）等。中国农业科学院植物保护研究所从 1991 年开始，改用只含单个抗叶锈病基因的小麦近系基因作为鉴别寄主，以取代传统的未知基因品种（系），并采用密码法命名了 58 个生理小种（或致病类型），主要小种类型有 PHT、THT、DGD、PHP 和 PHR 等，1991—1998 年间的出现频率分别为 25.1%、4.6%、3.6%、3.5%和 3.0%（陈万权等，1998a）。小麦叶锈菌生理小种鉴定对于小麦抗病性遗传育种和品种布局等具有重要的指导意义。

（二）小麦叶锈菌毒性分析

叶锈菌毒性是指锈菌小种对具一定抗病基因品种的专化致病能力。20 世纪 70 年代初，美国科学家 Loegering（1971）和 Browder（1973）提出了生物间遗传学，即研究两种生物间相互作用的遗传学概念。在植物病理学中，生物间遗传学研究的是寄主和病原物的相互作用，特定的病原物基因型、特定的寄主基因型和特定的环境条件相互作用形成特定的表现型即反应型（结合体表现型）。

在我国，王焕如于80年代初首先引进生物间遗传学观点和方法，采用毒性组合和毒力频率分析法来研究小麦和锈菌的相互作用（王焕如等，1984、1987b），毒性组合描述病原物群体中某个菌株与一系列寄主品种之间的相互关系。小种采用Green（1981）提出的毒力公式法命名，毒力公式用分式表示（无毒力/有毒力），即鉴别寄主中对某些菌株表现低反应型的列在斜线上面，高反应型的列在斜线下面。反应型按0、;、1、2、3、4等级别划分。毒力频率分析法描述的是一个寄主品种与病原菌群体一系列菌株之间的相互关系，以病菌群体中毒力菌株数占总菌株数的百分率来表示。引致低反应型(0～2)的为无毒力菌株，高反应型(3～4)的为有毒力菌株。毒力频率值在30%以下的为抗病品种，在60%以上的为感病品种，在30%～60%之间的为中度抗病或感病品种(王焕如等，1986)。

（三）小麦叶锈菌毒性遗传

20世纪30年代，Allen（1932）对小麦叶锈菌有性时期的仔细观察和描述，为研究病菌致病性遗传奠定了基础。Brown和Johnson（1949）用叶锈菌3号小种的一个菌株自交，在产生的后代中发现了3个不同小种和3个未描述过的小种，并揭示了一些小种在致病性和夏孢子颜色上呈杂合状态。经典的遗传研究结果表明，小麦叶锈菌毒性基因大都表现为隐性和单基因独立遗传，并符合典型的基因对基因的关系，但也发现少数毒性基因呈显性或不完全显性遗传、连锁遗传及修饰和抑制基因的作用（Statler，1988）。

60年代以来，随着小麦抗叶锈病近等基因系的建立，国际上便开始利用已知抗叶锈病基因为标记，不通过病原菌间的杂交而是根据基因对基因理论和生物间遗传学原理推导病原菌的毒性基因型。80年代中后期以来，同工酶标记、双链RNA（dsRNA）和DNA分子标记技术在小麦叶锈菌毒性遗传研究中得以应用，取得了长足的进展。Burdon等（1985）对来自加拿大、美国和墨西哥的叶锈菌进行10种同工酶体系检测，结果发现这些菌株在EST同工酶体系的Est2位点上具有多态性，据此将该地区叶锈菌划分为两个亚群。Newton等（1985）报道了2株美国小麦叶锈菌株中dsRNA的存在，并证明了dsRNA能在小麦叶锈菌夏孢子中继代转移，不同菌株间dsRNA具有异质性。Kolmer等（1995）利用19个抗叶锈病小麦近系基因系和RAPD技术对北美64个小麦叶锈菌株进行测试，将其区分成45个表现型，并发现毒性与DNA多态性存在一般关系，分子多态性与*Lr2*位点的毒性变异密切相关。

（四）小麦叶锈菌毒性变异

小麦叶锈菌新毒性小种（或致病类型）的产生和发展是引致品种抗锈性丧失的主要原因。小麦叶锈菌主要通过有性杂交、突变、异核作用、准性生殖和渐进变异等途径产生新的毒性小种。

1. 有性杂交　小麦叶锈菌通过在转主寄主上进行不同方式的有性杂交可产生新小种类型。Brown等（1949）通过叶锈菌的自交产生了不同的小种类型。Samborski等（1968、1976）研究提出北美叶锈菌群体的高度杂合性是导致几个加拿大小麦品种抗病性丧失的原因，病菌杂合的基因型可获得选择的优势。施弗曼（1958）用小麦叶锈菌分别与冰草、莲子草叶锈菌在唐松草上杂交获得了新种。国外报道，毛茛科的唐松草属（*Thalictrum*）、人参果属（*Isopurum*）和紫草科的牛舌草属（*Anchusa*）、兰蓟属（*Echium*）的一些种是小麦叶锈菌的转主寄主（王焕如，1985）。赵兰波等（1994）在内蒙古卓资县白石头沟村野生的亚欧唐松草（*Thalictrum minus*）、长梗亚欧唐松草（*T. minus* var. *stipellatum*）、东亚唐松草（*T. minus* var. *bypoloucum*）、瓣蕊唐松草（*T. potaloideum*）上均发现有大量叶锈菌夏孢子堆，通过田间调查和室内接种试验证明唐松草是小麦叶锈菌的转主寄主，但它们在自然条件下对病害流行和病菌毒性变异的作用很小。

2. 突变　小麦叶锈菌的突变是 Roberts（1936）首先在英国发现的。其后，Samborski（1963）、Day（1974）、Dmitriev 和 Shelomova（1976）、Statler（1985）也发现有突变现象。Dmitriev 等指出，小麦叶锈菌的最高突变频率为 2.5×10^{-6}，即四十万分之一。Statler 研究表明，叶锈菌不同位点突变率有所不同，P^{1}、P^{2}、P^{16} 和 P^{29} 位点容易突变。

3. 异核现象　小麦叶锈菌的异核现象是 Vakili 和 Caldwele（1957）首先发现的。Dmitriev 和 Shelomove（1976）报道，小麦叶锈菌产生异核体的最高频率约为 6×10^{-6}，即十六万分之一。郭爱国等（1988）观察，叶锈菌夏孢子芽管结合率为 1.14%～1.45%，芽管中具有 1、3 或 4 个细胞核的占 0.8%～1.4%。用 2～5 个不同菌系组成不同组合，在 3 个品种上进行 5 代继代培养，并通过细胞学和生物学方法验证，证明异核现象是叶锈菌产生新小种的机制之一。

4. 毒性渐进变异

玛蒙托娃（1952—1956）用小麦叶锈菌的单孢菌系在不同抗锈品种上进行继代转接培养，发现病菌在寄主影响下致病力发生了变化。李振岐（1959）用留切申思 9 号上的叶锈菌单孢菌系，在人工控制条件下对保 4 号（高抗）、保 6 号（抗）和留切申思（感病对照）的幼苗和成株进行连续转接培养试验，发现供试菌经过 8 代以后，其致病力发生了显著改变，并认为这种变异现象是适应变异的结果。

二、小麦品种抗叶锈性的类型

（一）低反应型抗叶锈性

具有这种抗叶锈性的品种在叶锈菌侵入后迅速发生过敏性坏死反应，杀死病菌或抑制其扩展，表现出较低的反应型级别。其抗锈强度可由免疫到中抗（表 12-8），低反应型抗叶锈品种对锈菌的生理小种具有高度的专化性，具体的抗病品种只对一定的生理小种有效，一般由少数主效抗病基因控制，是小麦抗锈育种中所利用的主要抗锈性。

表 12-8　小麦叶锈病反应型

反应型	症　状	抗性评价
0	无夏孢子堆或肉眼可见的侵染点	免疫
;	无夏孢子堆，但有坏死或褪绿斑	近免疫
1	夏孢子堆小，周围有坏死斑	抗病
2	夏孢子堆小到中等，周围有坏死或褪绿	中抗
X	大小不等的夏孢子堆随机分布在整个叶片上	中间型
Y	夏孢子堆从叶尖至叶基渐小	中间型
Z	夏孢子堆从叶基至叶尖渐小	中间型
3	夏孢子堆中等，周围有褪绿，很少有坏死	中感
4	夏孢子堆大，无褪绿和坏死，常有次生孢子堆	感病

（二）慢叶锈性

小麦品种的慢叶锈性是指小麦和叶锈菌表现亲和的非过敏性反应，但在田间自然条件下病情增长较晚、较慢。其抗叶锈性因素比较复杂，包括侵染率、潜育期、产孢量、孢子堆数目、孢子堆大小、流行速度、终期病情和其他因素。慢锈性又称为数量抗病性、部分抗病性、一般抗病性、非小种专化抗病性（水平抗病性）等。慢叶锈性大都由微效多基因所控制，具有数量遗传特性，对保持抗病性的稳定性和持久性具有重要意义（Wilcoxson，1981）。曹克强、王焕如（1989）在对小麦慢叶锈性研究中指出，在宏观上慢锈表现相对稳定，呈水平状态，但在微观上慢锈性的各个组分（潜伏期、侵染率、产孢量、产孢期）表现为小种专化性，呈垂直状态，但也有个别慢锈品种因小种不同而有转化为快锈的可能（Wilcoxson，1981；曹克强等，1989）。为了减缓由于叶锈菌小种的变异而引起品种抗病性“丧失”现象的不断出现，相对慢叶锈性品种的利用近年来已受到广泛地重视。

三、小麦品种抗叶锈性鉴定

小麦抗叶锈性鉴定是抗锈品种选育和利用的重要环节，其主要任务是在自然和人工接种的条件下，鉴别小麦品种材料对叶锈病的抗病性类型和评定抗病性程度，进而从大量的种质资源、杂交后代和生产品种中筛选出抗病性强或有特色的优良抗源。根据叶锈菌生理小种（或致病类型）的消长动态监测，以主要流行小种（或优势类型）为供试菌源，在温室和田间采用苗期鉴定、成株鉴定和异地鉴定等不同方法进行联合鉴定，以充分发掘单抗、多抗和慢锈性优良种质资源和品种（系）。

自“六五”以来，国家科技攻关组织全国植物保护、育种和品种资源单位，利用叶锈菌混合优势小种对国家种质库的3万多份小麦品种资源、新品种（系）等进行了田间成株期抗叶锈性人工接种鉴定，筛选出了大批优良抗病材料，其中部分抗源已在育种中得到利用（杨立萍、王剑雄，1991）。陈万权等（1999）选用BBB、DHS、PGT和PHT等4个叶锈菌致病类型并设置5/10℃、15/20℃、25/30℃（黑暗/光照）3种不同温度条件，对我国小麦生产试验和区域试验品种进行了抗叶锈性稳定性试验。结果表明，小麦品种对叶锈病的抗病性表现常受温度等环境条件的影响，有的品种在不同温度条件下抗病性表现稳定或较稳定，少数品种表现为高温抗病性或低温抗病性，大部分品种存在明显的品种、菌系和温度三者的相互作用。

小麦品种的慢叶锈性鉴定过程繁琐，难以用定性的方法鉴别。何家泌等（1981）、杨家书等（1987）、曹克强等（1989）、陈万权等（1998b）根据各自的供试材料，在温室和田间分别选择了病害潜育期、侵染频率、产孢量、产孢期、流行速率、病程曲线下面积、反应型、夏孢子堆显症率达50%所需的有效积温、乳熟期病情、菌丝体和夏孢子的大小、吸器数目、坏死组织有无、生理小种特异性及产量等因素进行比较研究，筛选出了阿夫、中引305、中引515、中引109、冀麦3号、信阳751、宣安52选、平原50、黑芒麦、荆州234、荆州236、荆州239、绵阳26、绵优1号、绵优2号和8181N98等明显慢叶锈的品种（系）。陈万权等（1998）在田间用15个具不同毒性基因组合的叶锈菌系混合接种在37个不同抗锈类型的小麦品种（系）上，通过病害潜育期、流行速率、病程曲线下面积、反应型、夏孢子堆显症率达50%所需的有效积温、终期病指等抗性组分的相关分析和品种的聚类分析结果表明，在病害发生有利的环境条件下，终期病情指数小于 0.30 和夏孢子堆显症率达 50%所需的有效积温相对值大于 1.20，在很大程度上可代表品种慢叶锈抗病性，可作为小麦品种慢叶锈选育的重要指标。

四、小麦品种抗叶锈性遗传

自 Ausemus（1946）首先根据基因对基因原理，以锈菌毒性为标记将 Malakof、Webster 和 Fulcaster 3 个小麦品种的不同抗叶锈基因分别定名为 *Lr1*、*Lr2*、*Lr3* 以来，国际上在小麦抗叶锈性遗传研究方面开展了大量的工作，取得了很大的进展。截止到 1998 年，已正式登记命名了 57 个抗叶锈基因（*Lr* 基因），统一编号到 *Lr46*，除少数尚未有效地建成单基因系外，其余大都已标定在小麦特定的染色体上。并对各个基因的抗病性特点、显隐性及其连锁遗传关系等进行了深入研究，一些重要基因已在小麦抗锈育种中得到广泛应用。

（一）遗传研究方法

根据国内外小麦抗叶锈性遗传研究的历史和现状，所采用的方法大体可归纳为传统的杂交方法、抗病基因推导、染色体定位和分子标记等 4 种。

1. *传统的杂交方法* 根据孟德尔遗传定律配制杂交组合，通常是利用抗锈和感锈材料进行有性杂交，观察杂交后代的抗性表现和分离情况，按抗、感病植株的数量分布分析遗传因素的多寡和作用，从而确定抗锈基因数目、显隐性及其互作方式等。通常要观察杂交 F_1 代的表现和杂交 F_2 代的分离比例，并用 F_1 代的回交或 F_2 代不同类型植株在 F_3 代的表现来检验。杂交组合的配制可采取配对法即选用某些抗病亲本分别与不同抗病类型品种（包括感病、中抗、高抗的品种）杂交和双列法即把不同抗病类型品种互相杂交，一般不做反交。

Johnston 等（1964）及 Dyck 等（1968）分别以完全感病品种 Wichita 和 Thatcher 为轮回亲本，通过多代回交和自交，将不同抗病基因转移到统一的感病品种背景中，制备出了成套的小麦抗叶锈病单基因系和近等基因系（Near－isogenic Lines，简称 NILS），并证明单基因系和近等基因系没有改变原有抗病基因的抗病特点。

2. *基因推导法* Flor 的基因对基因理论和 Loegring 的寄主－病原物相互关系遗传学原理是抗病基因推导的理论依据。寄主中存在的特定的抗病基因可由病原菌对应的无毒基因来探知。寄主的抗病性是寄主和病原物相互作用的产物，而不单是寄主的作用，这种相互作用的表现型是反应型。反应型高低，按 0、;、1、2、X、Y、Z、3、4 等级别区分，0～3 为低反应型，4 为高反应型。寄主品种是否存在某个（或某些）抗病基因，可由寄主和病原物相互作用表现型即反应型的微小区别来推断。其方法是将成套的具有不同毒性基因组合的鉴别菌系，接种在一系列已知抗病基因的小麦近等基因系（或单基因系）和待测品种上，在相同条件下培育，调查记载反应型。根据反应型资料和系谱进行比较分析，推测未知基因品种是否具有某个（或某些）抗病基因及可能含有的抗病基因类型。

基因推导法简便、快速，在短期内可分析大量的品种，结果便于比较，利用抗病基因的溯源归类。自 20 世纪 70 年代末以来，该法已在小麦抗叶锈病遗传研究中普遍应用。

3. *抗病基因染色体定位* 根据细胞遗传学原理，利用小麦非整倍体（单体、三体、缺体等)、染色体代换系、附加系、易位系和端着丝粒等细胞学手段研究其抗锈性，明确抗病基因数目及显隐性，同时确定基因所在染色体的位置。在小麦抗叶锈基因定位中，通常采用单体分析（Monosomic analysis)。单体即缺少一条染色体（2n－1)，目前国内外已培育出许多小麦品种的单体系列，如中国春（CS)、诺维萨特早熟 1 号（NSR－1)、阿勃、扬麦 1 号、中 7902、京红 1 号单体系列等。如果携带某一特定抗病基因位点的那条染色体处于单体状态，等位基因呈杂合状态时，其自交后代的遗传分离比例就必然会偏离整倍体时所观察到的正常分离比例，根据分离比例的受扰情况便可将有关基因定位到染色体组中的特定染色体上。

在已定名的 57 个抗叶锈病基因中，大都是通过单体遗传分析定位在小麦特定染色体上的。抗病基因染色体定位法准确细致，但费工费时，工作量较大，只适合于对少数重点未知基因品种进行分析。

4. 抗病基因分子标记 随着现代生物科学的不断发展，一些分子生物学新技术、新方法如同工酶、限制性片段长度多态性（RFLP)、随机扩增多态性 DNA（RAPD）等也逐渐在小麦抗叶锈病遗传研究中得到应用。利用 DNA 分子标记技术可对与抗病基因连锁的基因组区域进行分析，鉴定染色体上特异的 DNA 片段。找出与抗病基因连锁的分子标记，为以标记为基础进行选择和分离抗病基因打下基础。到目前为止，已检测到了与 *Lr1*、*Lr9*、*Lr10*、*Lr19*、*Lr21*、*Lr24*、*Lr25*、*Lr29*、*Lr32* 和 *Lr34* 等 10 个抗叶锈病基因共分离或紧密连锁的分子标记（Siedler 等，1993；David 等，1993；Feuillet 等，1995；Antrique 等，1995；Winzeler 等，1995；Procunier 等，1995；Dedryver 等，1996；Schachermayr 等，1996；Keller 等，1996；William 等，1997；陈万权等，1999)。研究结果应用在小麦抗病育种实践中，可对抗病基因进行快速、准确地追踪，大大加速抗病育种进程，提高育种成效。

（二）小麦抗叶锈性遗传规律

1. 显隐性 小麦对叶锈病的抗性一般表现为显性遗传，并由单个主效基因所控制，少数情况下，这类主效基因表现为隐性遗传如 *Lr30* 和 *Lr37* 等和部分显性遗传如 *Lr13*、*Lr17*、*Lr21* 等。

2. 复等位性 小麦对叶锈菌有 4 个位点具有复等位抗锈基因，如在 *Lr2* 位点包括 *Lr2a*、*Lr2b*、*Lr2c* 等 3 个复等位基因，在 *Lr3* 位点同样具有 *Lr3*、*Lr3ka*、*Lr3bg* 3 个复等位基因，在 *Lr14* 和 *Lr22* 位点分别包含 2 个复等位基因。

3. 连锁遗传 小麦抗叶锈病基因之间（如 *Lr27*-*Lr31*、*Lr26*-*Lr33*)，抗叶锈病基因（*Lr* 基因）与抗条锈病基因（*Yr* 基因)、抗秆锈病基因（*Sr* 基因）或抗白粉病基因（*Pm* 基因）之间，都有连锁遗传现象。业已发现 *Lr19*-*Sr25*、*Lr20*-*Sr15*、*Lr24*-*Sr24*、*Lr26*-*Yr9*-*Sr31*-*Pm8*、*Lr29*-*Lr31*-*Sr2*、*Lr34*-*Yr25*、*Lr37*-*Yr19*-*Sr38* 等连锁遗传关系，这为抗病基因鉴定和转移利用带来了方便。

4. 积加作用 几个抗叶锈基因的效应有积累作用，例如 *Lr13*＋*Lr16*、*Lr13*＋*Lr34*、*Lr33*＋*Lr34*＋*LrT3* 都可以增强抗叶锈性。

5. 互补作用 非等位抗叶锈基因在大多数情况下独立作用，但亦有少数基因之间存在相互作用，表现出互补效应，如在 Thatcher 品种中，位于染色体 3BS 上的抗叶锈基因

Lr27 与 4BS 上的 *Lr31* 便具有互补抗病作用。小麦品种 Era 对叶锈病的成株抗性是由于 *Lr13* 和 *Lr34* 两个基因互补抗病作用的结果（Ezzahiri 等，1989）。

6. 修饰或抑制作用　小麦品种遗传背景中的抑制因子和修饰因子可消弱或增强抗叶锈基因的作用。如小麦品种 Exchange 中的微效修饰因子可增强 *Lr12* 和 *Lr13* 的抗病效能，四倍体小麦 Altar84 携带的抗叶锈基因 *Lr23* 受来自染色体 2DS 上的专化抑制因子 *SuLr23* 的作用而不能表达（Singh 等，1996；Nelson 等，1997）。抗叶锈基因 *Lr34* 可使位于染色体 7DL 上的抗秆锈基因抑制因子失活，从而提高品种的抗秆锈性（Kerber 等，1999）。

7. 残余效应　抗叶锈基因被相应毒性基因克服后仍然会表现出微小的抗病作用。例如，小麦品种 Columbus 具有 *Lr13* 和 *Lr16* 两个抗叶锈基因，幼苗接种对 *Lr13* 有毒力而对 *Lr16* 无毒力的叶锈菌系可降低病害反应型。

8. 剂量效应　在 Thacther 品种中，*Lr9* 的等位基因间及其与叶锈菌对应毒性基因间存在明显的剂量效应。

9. 基因效能　抗叶锈基因的表达效能受品种遗传背景、植株生育期和温度等环境条件的影响。在已定名的 57 个抗叶锈基因中，*Lr12*、*Lr13*、*Lr22a*、*Lr22b*、*Lr34*、*Lr35*、*Lr37* 等基因表现为成株抗性，难以在苗期进行抗病性检测；*Lr34*、*Lr46* 具明显的慢叶锈特性，其余基因均表现为全生育期抗病。*Lr11*、*Lr14a*、*Lr18*、*Lr20*、*Lr30* 等基因在低温下更有效，在高温下抗病性降低；*Lr2a*、*Lr16*、*Lr17*、*Lr23* 等基因则在高温下抗病性增强，在低温下抗病性减弱。品种的遗传背景对抗病基因的表达效能具有较大的影响，如 *Lr2a*、*Lr2b* 和 *Lr2c* 在 Thatcher 品种中抗病性最强，在 Prelude 中较弱，在 Red Bods 中最弱。

10. 数量遗传　对小麦慢叶锈品种 Suwon85、Parula、CI13227、Pavon76 等的遗传研究结果表明，这些品种的慢叶锈性一般由 2～4 个有积加作用的基因所控制，在杂交后代群体中病害潜育期、孢子堆大小等重要抗性组分表现连续变异，呈正态分布或近似正态分布，具有明显的数量性状遗传特点（Kühn 等，1990；William 等，1997；Shaner 等，1997；Singh 等，1998）。William 等（1997）采用 QTL 作图方法将慢叶锈品种 Parula 中的 3 个数量抗性位点（QRLs）分别定位在染色体 7BL、1BS 和 1DS 上。

（三）我国小麦抗叶锈性遗传研究

1. 小麦叶锈菌鉴别寄主的抗病基因类型　陈万权等（1995）选用 21 个具有不同毒性基因组合的叶锈菌系，对我国小麦叶锈菌 8 个统一鉴别寄主进行抗病基因推导分析。结果表明，洛夫林 10 具有 *Lr26* 基因，白蚰包和泰山 4 号具有 *Lr1* 基因，6068 携带 *Lr1* 和 *Lr3* 两个基因，IRN66 - 331、Redman 携带有 *Lr1*、*Lr2c* 和未知基因，东方红 3 号和丰产 3 号具有不同于供试 30 个已知基因的未知基因。杨文香等（1994）的研究结果也表明，6068 和白蚰包均含有 *Lr1* 基因。由此来看，这套鉴别寄主携带的主效基因比较单一，大都具有 *Lr1* 基因，鉴别力较差；同时，有的品种如 IRN66 - 331、Redman、6068 携带 *Lr1*、*Lr2c*、*Lr3a* 等多基因组合，由于基因间的互作，专化反应难以区分，需选用鉴别力较强的只含单个抗病基因的小麦单基因系来补充和代替，逐步实现以基因鉴定取代常规的小种和品种鉴定。但为了便于同历史结果比较，这套鉴别寄主仍有一定的留用价值。

2. 小麦生产品种和重要抗源的抗病基因分析　20 世纪 90 年代以来，随着抗叶锈病小麦近等基因系或单基因系的引进和利用，国内广泛开展了抗叶锈病基因的推导工作（胡长程等，1992；郭爱国等，1991、1993；陈万权等，1993、1995、1997a、1997b；杨文香等，1994；Singh 等，1999），探明了我国华北、江淮和西南麦区 300 多个小麦生产品种、后备品种和重要抗源材料的抗叶锈病基因状况。推导出了 *Lr1*、*Lr2a*、*Lr2c*、*Lr3*、*Lr3Bg*、*Lr10*、*Lr11*、*Lr13*、*Lr14a*、*Lr15*、*Lr16*、*Lr18*、*Lr23*、*Lr26*、*Lr30*、*Lr34* 和 *Lr13*＋*3ka* 等 17 个已知抗叶锈病基因（或基因组合），以单基因或基因组合的形式分布在 220 个小麦品种（系）中。其中，*Lr3*、*Lr16* 和 *Lr26* 是我国小麦品种携带的主要已知抗叶锈基因，出现频率分别为 10%、21%和 37%。

赤国彤等（1991）选用洛夫林 10、洛夫林 13、阿芙乐尔、高加索、山前麦、Sage 和方秃头等 7 个小麦抗锈亲本分别与感病品种 5389 配制杂交组合，用叶中 1 号小种接种测定杂交 F_1 代、F_2 代、F_3 代及回交 1 代的抗叶锈性。除洛夫林 10 在各代均表现感病反应外，其余 6 个品种组合均表现出 1 对显性基因遗传的抗感分离比例。

胡延吉等（1991）用 80－57、山农辐 60、烟农 15、辉县红、泰山 5 号、综抗矮 2 号等 6 个亲本组配成双列杂交，分析了苗期慢叶锈性的配合力及基因效应。结果表明，F_1 代不同组合间苗期叶锈潜育期存在明显差别，多数组合表现正向杂种优势。品种慢叶锈性为数量性状遗传，由加性效应和非加性效应共同控制，一般配合力和特殊配合方差均达到极显著水平，不同亲本间一般配合力效应差异显著，以 80－57 为最高。

3. 抗叶锈基因的染色体定位　我国有关小麦抗叶锈病基因定位研究工作较少，最早报道的是舒文华等（1990）利用引自南斯拉夫的诺维萨特早熟 1 号（Novosadska Rana 1，简称 NSR－1）单体系列，对保加利亚抗叶锈品种 Yantar 进行抗病基因定位研究，通过单体遗传分析明确其对叶中 3 号的抗性是由位于 5A 和 1D 染色体上的 2 个不完全显性互补基因所控制，这两个基因可能是新的抗叶锈基因。陈万权等（1995）引用中国春全套单体系列和抗叶锈病小麦近等基因系为材料，采用单体遗传分析和基因推导相结合的方法，对我国小麦品种北京 837 抗叶锈病基因进行染色体定位研究。结果表明，北京 837 对叶中 1 号的抗性系由分别位于染色体 1B 和 6B 上的 2 个显性互补基因所控制，位于 1B 上的基因可能是 *Lr26*，位于 6B 上的可能是 *Lr3*。

近年来，中国农业科学院植物保护研究所已开展小麦抗叶锈病基因的分子标记工作，业已发现慢叶锈基因 *Lr34* 的 RAPD 标记。

五、小麦抗叶锈种质资源及其利用

（一）小麦抗叶锈病种质资源

小麦种质资源极其丰富，据统计，全世界已入库的小麦种质资源样本约 10 万份。我国从 20 世纪 50 年代便开始小麦种质资源的收集、考察和整理工作，1986 年建成了现代化国家长期种质库，库内保存了国内外小麦种质资源近 4 万份。80 年代以来，中国农业科学院植物保护研究所、河北农业大学、中国农业大学等单位广泛开展了小麦种质资源多抗性鉴定和评价工作，筛选出了一大批抗叶锈或兼抗其他多种病害的材料。如在“七五”期间，中国农业科学院植物保护研究所对 13 080 份我国农家品种和改良品种、7 389 份国外材料、1 040 份稀有种和近缘植物共计 21 509 份小麦品种资源进行了田间成株期抗叶锈性鉴定，鉴定出抗叶锈病材料 2 518 份，占 11.7%。在这些抗病材料中，国内材料仅有 190 份，国外材料占 2 142 份，小麦稀有种 86 份。我国农家品种抗叶锈病的不多，但这类材料适应性强，是培育新品种的重要基础。在国外抗叶锈材料中以墨西哥的居多，有 1 206份，占 56.3%，其次是阿根廷 201 份、美国 132 份、澳大利亚 59 份，分别占国外抗性材料的 9.4%、6.2%和 2.9%。墨西哥抗源株矮、粒大，多为春性，一些地区有早衰和叶枯现象；阿根廷的抗源矮秆、早熟，但千粒重较低；美国的抗源株矮，缺点是粒小、晚熟；澳大利亚和其他国家的材料综合性状较差。"八五"和"九五"期间，中国农业科学院植物保护研究所等单位广泛开展抗源的收集和鉴定工作，对国内一些新育成品种、改良品种和国外引进的材料继续进行抗叶锈鉴定和筛选，大大丰富了我国小麦抗病育种的材料来源。

小麦的近缘种属是小麦抗叶锈病的重要基因宝库。在"七五"期间鉴定的 1 040 份小麦近缘种属材料中，表现抗病的有 86 份，占 8.3%。在国际上已定名的 57 个抗叶锈基因中，有 24 个来自小麦近缘属，如 *Lr19*、*Lr24*、*Lr29* 来自长穗冰草（*Agropyron elongatum*），*Lr38* 来自中间偃麦草（*Agropyron intermedium*），*Lr21*、*Lr22a*、*Lr39*、*Lr40*、*Lr41*、*Lr42*、*Lr43* 等基因来自方穗山羊草（*Aegilops squarrosa*），*Lr28*、*Lr35*、*Lr36*、*Lr44* 来自斯卑尔脱山羊草（*Aegilops speltoides*），*Lr37* 来自偏凸山羊草（*Aegilops ventricosa*），*Lr25*、*Lr26*、*Lr45* 来自黑麦（*Secale cereale*）等，这些基因对我国小麦叶锈病大都具有较强的抗病性，苗期毒性基因出现频率 0～30%，田间成株期病情在 40MR 以下（陈万权等，1993，1998a），且已转移到小麦中，是很好的叶锈抗源，值得开发利用。

来自普通小麦及其近缘种的抗叶锈病基因，除 *Lr2a* 和 *Lr15* 具有较好的苗期抗病性及 *Lr13*、*Lr23*、*Lr34* 的成株抗病性较好外，大都不抗我国小麦叶锈病，毒性基因出现频率在 60%以上，田间成株期病情指数在 65MS 以上，在国内小麦抗锈育种中没有单独利用的价值（陈万权等，1993）。然而，赤国彤等（1990）研究证实，抗病基因组合可大大提高抗病效果。因此，将不同抗病基因组合到同一品种中去不失为抗病育种的重要手段。

（二）小麦抗叶锈育种

我国抗叶锈性利用始于 20 世纪 60 年代，黄淮麦区最早利用来自美国的抗锈品种早洋麦、胜利麦和意大利的南大 2419、阿夫与本地品种杂交，选育出了石家庄 407、博爱 7023 等抗叶锈病兼抗条锈病新品种。长江中下游麦区利用意大利的 St2422/464、阿夫、阿勃、吉利、美国的胜利麦、智利的欧柔等品种与当地品种杂交选育出了大批矮秆、大穗、耐肥、抗病、抗倒伏的新品种，如高抗叶锈病品种扬麦 1 号、扬麦 3 号、大丰 1087、宁麦 3 号、荆州 1 号、华麦 7 号等，中抗叶锈品种襄麦 4 号、襄麦 5 号、鄂麦 6 号、鄂 23021、安徽 9 号、阜阳 4 号、矮秆早、华东 6 号等。西南麦区则利用美国的明尼 II-50-25 和巴基斯坦的墨巴 66 作抗源，育成了高抗三种锈病品种南原 1 号、繁 13、云麦 32 等。北部麦区利用早熟、矮秆、抗叶锈病的澳大利亚品种圣塔埃伦娜，美国的早洋麦、胜利麦，意大利的维尔等作亲本，选育出了抗锈性和早熟性都比较突出的新品种，如北京 8 号、农大 139 等。华南麦区利用智利的如罗、欧柔及墨西哥小麦作抗源育成了高抗叶锈病品种福麦 6 号、莆田 1 号、桂麦 1 号等。东北春麦区利用美国的明尼 2761、CI12268，墨西哥的他诺瑞 F71、墨巴 66，智利的如罗、欧柔及天蓝冰草等叶锈抗源育成了远中号、克旱号、克丰号、辽春号、沈免号、小冰麦等抗病品种。北部春麦区利用南大 2419、墨巴 66 等育成了京红 4 号、晋麦 3 号、晋麦 4 号等高抗叶锈病品种。到 70 年代中后期，随着我国小麦叶锈菌毒性的进化，其中绝大多数品种都相继丧失了原本的抗叶锈性。

20 世纪 70 年代以后，我国小麦抗锈育种成果显著。从罗马尼亚、苏联等东欧国家引入洛夫林 10、洛夫林 13、阿夫乐尔、高加索和山前麦等具 1B/1R 血缘的锈病抗源，这些新材料携带抗三锈基因（*Yr9*、*Lr26*、*Sr31*）和抗白粉病基因（*Pm 8*），并有灌浆速度快、秆硬抗倒伏、穗粒较大、丰产性好、配合力强的特点，其抗锈性呈显性遗传，易获得抗性后代。我国多数育种单位以此作为主抗源进行品种改良，其中以洛夫林 10 和洛夫林 13 利用最多。选育出了大量品种并在生产上大面积推广应用，如丰抗 2 号、丰抗 8 号、京 411、北京 837、北农 2 号、京冬 6 号、津丰 258、豫麦 9 号、豫麦 10、豫麦 13、豫麦 29、冀麦 24、冀麦 25、冀麦 26、冀麦 30、鲁麦 3 号、鲁麦 7 号、鲁麦 8 号、鲁麦 12、鲁麦 15、济南 13、晋麦 21、陕 7859、陕 229、川麦 23、川育 11、川育 12、川育 13、鄂麦 1 号、鄂麦 9 号、鄂恩 1 号等。至 90 年代初，我国生产品种约 70%具有“洛类”亲缘。与此同时，也育成了一批带有其他抗病基因的高产、优质新品种，如百农 3217、皖 7107、豫麦 2 号、西安 8 号、铁春 1 号、丰强 3 号、新克旱 9 号、小偃系统、扬麦系统、绵阳系统、贵农系统等。这些抗病品种的推广，对我国小麦生产上台阶发挥了重要作用。

20 世纪 80 年代初，由于“洛类”抗源在我国的广泛使用，为叶锈菌的定向选择提供了良好的哺育条件，产生了对 *Lr26* 有毒力的新小种或致病类型，如西北麦区的叶中 34 号（FHM、FHR、FHT 等），黄淮海麦区的叶中 4 号、叶中 19 号（PHT、PRT、THT、PHP 等），而且出现频率逐年上升，到 1998 年我国小麦叶锈菌群体对 *Lr26* 的毒性基因频率高达 96.8%，导致“洛类”后代品种抗病性水平普遍下降或丧失。针对我国推广品种抗病基因单一化以及寡基因控制的抗锈性易于“丧失”等问题，中国农业科学院植物保护研究所、河北农业大学、中国农业大学、沈阳农业大学等单位在大量进行抗锈性鉴定的基础上，筛选出了一批不同于 *Lr26* 基因的新抗病材料，如含 *Lr9*、*Lr19*、*Lr24*、*Lr29*、*Lr34*、*Lr38*、*Lr39*、*Lr41* 等已知基因和其他未知基因的抗叶锈材料，并与当地推广品种杂交或回交，选育出了抗叶锈性和丰产性均较突出的中间品系，供育种单位进一步利用。例如，中国农业大学以 87－12 为轮回亲本，通过轮回选择获得了分别携带 *Lr39*、*Lr41* 及无名基因、成株抗性基因的高代回交材料；沈阳农业大学以当地推广品种铁春 1 号、辽春 10、沈免 91、沈免 96 等作轮回亲本，采用滚动式加代回交方法进行抗叶锈基因 *Lr9*、*Lr19*、*Lr38* 等的回交转育，获得了对叶锈病的高代二线抗源和多基因累加品系（张书绅等，1999）。这些工作都为加速我国抗叶锈育种进程奠定了良好的物质基础。

六、我国小麦抗叶锈性研究的成绩、问题及其解决途径

由于我国学者的努力工作，使抗锈研究整体水平有了很大提高，近年来叶锈病的发生和危害程度大大降低。但我国小麦抗叶锈研究起步晚，基础薄弱，与欧美发达国家相比还存在很大差距，许多生产品种和抗源材料的抗病遗传背景并不十分清楚，给许多工作带来了很大的盲目性。此外，由于我国小麦叶锈病不像条锈、白粉等病害在生产上大面积流行

成灾，使部分育种家放松了对叶锈病的警惕，放弃了在育种圃进行人工接种鉴定，许多育成品种不抗叶锈病，给小麦安全生产构成了严重威胁。今后应大力加强有关研究工作。

（一）加强小麦叶锈菌毒性监测，掌握病菌消长动态

以携带不同抗叶锈基因的小麦近等基因系或单基因系作为鉴别寄主，对我国小麦叶锈菌的毒性进行年度监测，掌握其消长动态及其变异规律，为抗病育种提供科学依据。

（二）广泛开展小麦品种材料抗叶锈性的鉴定和筛选

在自然或人工接种条件下，采用苗期鉴定、成株期鉴定和异地鉴定相结合的方法，鉴别小麦品种材料对叶锈病的抗病性类型和评定抗病性程度，进而从大量的种质资源、杂交后代、高代品系和生产品种中筛选出抗病性强或有特色的优抗材料。

（三）掌握品种抗叶锈性遗传变异，合理利用各种类型抗病基因

将传统遗传育种方法和现代生物技术有机地结合起来，从群体到分子水平、从理论到应用对小麦抗叶锈性的遗传和变异规律进行深入而系统的研究，弄清抗病基因的遗传方式、表达频率、作用范围以及基因与基因、基因与环境和与植株生育期互作关系，并采用RFLP、RAPD、AFLP等分子标记技术及细胞遗传学方法对重点材料的抗病基因进行标记、定位，为标记辅助育种及抗病基因的图位克隆和转移以及利用慢锈基因或数量抗病基因奠定基础。

（四）培育和创造多抗性优良新种质和品种（系）

分别通过远缘杂交、杂种胚组培挽救、细胞工程等手段进行抗病基因组片段转移，结合分子标记辅助常规育种，聚合选育或轮回选择，以获取抗多种病害的育种材料和品种（系），对新育成的多抗性品种（系）进行抗病性评价和品种试验示范。

（五）组建抗病基因快速分析体系

通过基因推导和轮回选择方法，组建小麦叶锈菌毒性基因库及抗病小麦近等基因系，建立小麦和叶锈菌相互作用的基因分析体系。

第四节　白 粉 病

小麦白粉病（*Blumeria graminis*（DC.）Speer）是世界性病害，在亚洲、欧洲、北美洲等许多国家均有发生。20世纪70年代以前，小麦白粉病仅在我国西南地区和沿海一带发生。进入80年代，由于栽培管理水平的提高，单一抗病基因的大面积、长时间推广应用，以及小麦白粉病菌变异快、小种多等原因，使我国多数地区种植的小麦品种普遍“丧失”抗病性，导致小麦白粉病在全国范围加重流行。1990年小麦白粉病发生为害面积达1 200万 hm^2，减产小麦32亿kg。基于此，国家组织人力、物力对小麦白粉病进行了应急研究。近年来，在流行测报、药剂防治、抗病性筛选、抗源创新、抗病育种等方面均取得了较大进展和成效，使小麦白粉病在我国一些麦区的发生危害得到一定程度的控制。与其他农作物品种病害防治相似，利用小麦品种对白粉病的抗病性，是小麦白粉病综合治理中最根本和最经济有效的措施，同时符合现代农业可持续发展的方向。因此，加强小麦白粉病菌变异、抗病性“丧失”机制的研究，不断培育出能满足我国小麦生产和市场不同需求的抗病性持久、稳定的优良品种，仍是现阶段小麦白粉病研究的主攻目标。本节就小麦白粉病的抗病性鉴定方法、种质资源抗病性鉴定筛选、影响品种抗病性因素、抗病基因及其利用等方面作一阐述。

一、小麦白粉病抗病性鉴定方法

抗病性鉴定方法对深入系统了解品种抗病性十分重要。1984 年以来，小麦资源抗病性鉴定纳入国家科技攻关项目，在此期间，在总结经验的基础上，产生了一系列好的抗病性鉴定方法。

（一）小麦白粉病成株抗病性记载方法

“0～9 级法”是国际上作物叶部病害多用的病情记载方法，为使其适用于小麦白粉病的发生情况，盛宝钦等（1991）做了适当修改。此法依据小麦白粉病的发生规律是下重上轻，病情由下向上发展的特点，把株高分为 9 等份，病位每上升一段，病情即增加一级（李光博等，1990）。调查时，据小麦群体病情的病位高度和不同高度叶片病情严重度来定级别（图 12 - 1）。

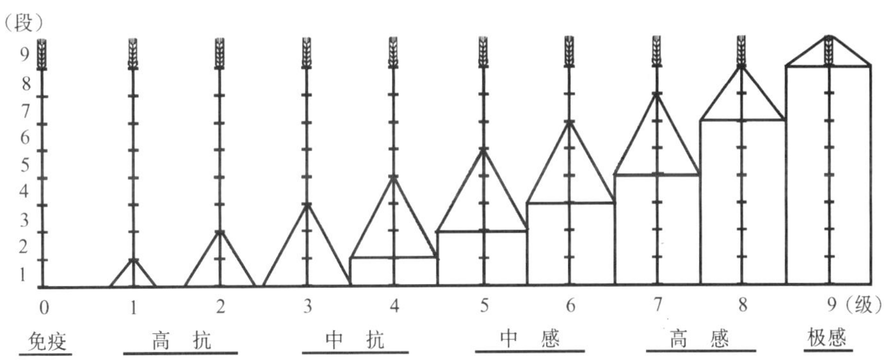

图 12 - 1　小麦白粉病“0～9 级法”分级标准模式图

（二）苗期病情记载方法

苗期由于植株没拔节，所以不能应用成株记载法。只能据白粉病菌落大小、多少、厚薄来划分反应型（盛宝钦，1988），加上免疫的 0 型，共分 5 型。菌落小于 1 mm 的为 1、2 型；1、2 型的区别是 1 型菌落透绿，2 型不透绿。菌落大于 1 mm 的为 3、4 型；3、4 型的区别是 3 型不连片，4 型连片（表 12 - 9）。

表 12 - 9　各种反应型菌落的主要区别

菌落特点	1 型	2 型	3 型	4 型
大小	小		大	
多少	少		不连片	连片
厚薄	透绿	不透绿	厚	

（三）田间鉴定技术

在田间创造小麦白粉病充分发病条件，对小麦白粉病田间成株鉴定十分关键。高氮、高水、高密度，加上人工接种，以保证充分发病（盛宝钦，1992）。于抽穗期和乳熟期各调查1次，第一次主要调查底部叶片病情，第二次因底叶已干，只能记载后期发展病情（图12-2）。最后以病情重的那一次为准。

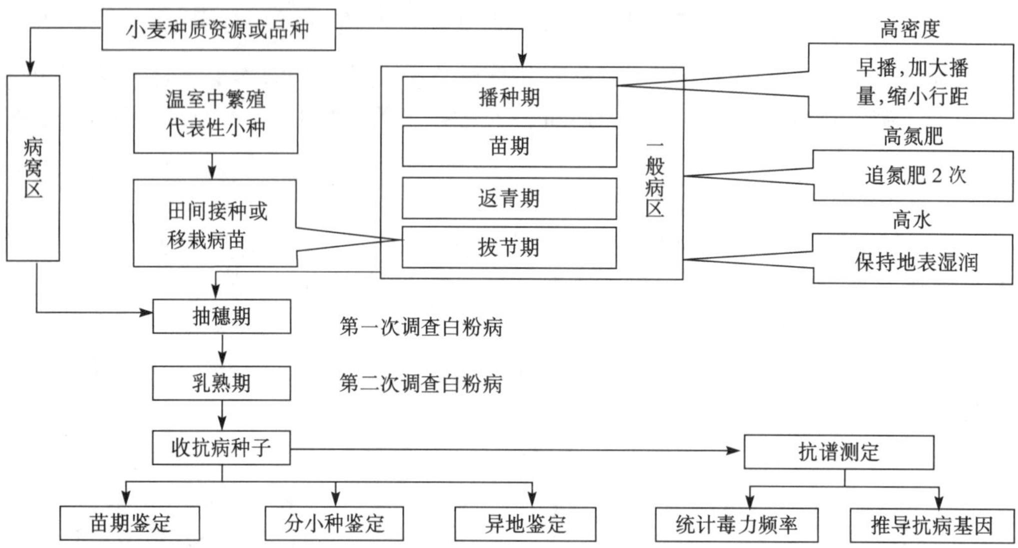

图12-2 小麦白粉病抗病性鉴定方法和程序

对小麦白粉病抗病性研究，需要有总体研究步骤，可分三个层次（盛宝钦，1990）：①田间成株抗病性鉴定。②对抗源的各个抗病属性进行鉴定，如苗期鉴定、分小种鉴定、异地鉴定、水平抗病性鉴定等。③进行抗源归类、基因分析或定位，使抗源研究达到基因水平。

上述三条应循序渐进地进行，不能颠倒。首先进行成株鉴定，因小麦材料对白粉病苗期感染、成株抗者居多，如先进行苗期鉴定，则易淘汰掉相当一部分成株抗病性材料。为了明确材料的抗病程度、抗谱宽窄、适应范围和水平抗病性等，必须做抗源各属性的测定。最后进行第三步，择优进行抗源归类、基因分析或基因定位。如此由简入繁、由浅入深的研究过程，可向育种家提供一个深入系统明晰基因水平的抗病育种亲本。

二、抗小麦白粉病种质资源筛选鉴定

我国是小麦生产大国，也是小麦资源大国，鉴定筛选小麦抗源，为抗病育种提供优异抗病亲本十分重要。1984年，国家实行科技攻关以来，对国家资源库的数万份小麦遗传材料，进行了大规模的抗白粉病筛选。对攻关选育的杂交亲本、“863”抗白粉病生物技术选育品种（系）以及由美国冬小麦白粉病圃引入的国外材料，都进行了白粉病抗病性筛选鉴定。随着小麦叶片离体鉴定技术的应用，大大提高了抗源筛选工作的效率。

对国家小麦遗传种质资源库的小麦资源，筛选主要分三大部分：我国农家小麦品种（系）、国内改良品种和国外引入品种。三种材料合计有数万份。农家小麦品种绝大部分不抗白粉病，只有极少数如小白冬麦、红卷芒、白蚰蜒条等对白粉病具高抗至免疫水平，还有小部分属中等抗病水平。农家品种的特点是，对白粉病具水平抗病性，它不像一般小麦白粉病那样底部叶片的菌落密集，使下部叶片受害提前干枯；农家品种病情下重上轻的现象不突出，菌落较不密集，所以一般受害较轻。

国内改良品种大多数也是不抗白粉病的，只有少数抗病。特别值得一提的是小黑麦非常抗病（孙元枢等，1994）。在利用种质资源进行抗白粉病选育方面，贵州农学院张庆勤等工作开展较早、颇有成效，20 世纪 60 年代用矮立多/南大 2419＋5043＋5046 等混合花粉授粉杂交，育成高抗白粉病的大山洞 1 号、大山洞 7 号和贵农 1 号，从矮立多对白粉病免疫的矮秆变异株中育成白粉病抗源品种——白免 3 号，至 2003 年在我国的多数麦区仍对白粉病表现高抗。70 年代选育的肯阿贵 1 号、综抗矮 2 号，80 年代选育的贵农 10 号、贵农 21、贵农 22 以及 90 年代选育的黔荣、黔丰、燕小黑等系列，都有很好的抗白粉病性。

在国家资源库中的国外引入材料，有一小部分抗病性较好，如 Maris、TSB、ZG、VPM 系列和以色列的野生二粒小麦衍生系，罗马尼亚、南斯拉夫（王剑雄等，1988）等国家的小麦材料，抗白粉病性较高。美国冬小麦区白粉病圃的材料抗白粉病性很高，我国江苏省农业科学院品资室等单位，每年接受他们寄来的材料，进行筛选研究，这些材料的缺点是成熟期较晚，农艺性状较差，对蚜虫的抗性不高，可利用的抗病系列有 Sc、Fr、Gk、TR、LT、ZG、SMH、MV、NS 等。对国家资源库材料的鉴定结果，已输入资源库计算机，供使用者查找。对较好的抗源，进行了分小种鉴定、苗期鉴定（盛宝钦等，1993、1993）、慢病性观察和异地鉴定等。经过这一系列鉴定后，择优进行了基因推导、抗源归类或基因定位。

中国农业科学院植物保护研究所与品种资源研究所等合作还鉴定筛选出一批小麦近缘种植物（盛宝钦等，1993；周荣华等，1993），如西藏小麦、新疆小麦、二粒小麦等白粉病抗源。对小麦近缘属植物，也从鹅观草属（*Roegneria* C. Koch）、偃麦草属（*Elytrigia* Des）等 8 个属的 53 个种中，筛选出一批小麦白粉病抗源，这为生物技术抗病育种，提供了新的种质材料。

三、影响小麦品种抗病性的因素

小麦白粉病在我国有明显的地域性流行特点，各地小麦品种的抗病性主要受以下因素的影响。

（一）病菌毒性

由于小麦白粉菌有性生殖频繁，无性繁殖突变率高等原因，病菌极易变异，产生新的毒性基因。近 20 年来，我国山东、河南等十多个省（直辖市），都对小麦白粉病菌生理小种或病菌毒性进行过监测，发现其在各地的毒力组成、频率、分布等不尽一致（李隆业等，1992；李永顺等，1980、1983、1984、1988；唐玉兰等，1991、1995；吴明藻等，1981、1983；王锡锋等，1988、1991—1993 等）。西南麦区是小麦白粉病的重发区，也是病菌易变区。80 年代中期，首先在四川发现 *Pm 8* 的抗病性“丧失”，接着 *Pm 8* 在全国范围很快“丧失”抗病性，形成至今抗病品种甚少的被动局面。由于 *V1*、*V3*、*V5*、*V7*、*V8* 等毒性基因在我国任何地方都可查到，所以它们对应的抗病基因早已失去抗病性，其毒性频率均达 100%。而 *V21*、*V2* ＋ *V 6*、*V2* ＋ *V M1d* 等毒性基因出现频率很低，故它们对应的抗病基因抗病性极好。进入 90 年代，西南地区 *V2*、*V4a*、*V4b* 等的出现频率上升很快，对黄淮海麦区推广应用其对应的抗病性基因已形成威胁。病菌的迁移，既可使病害流行，又可因新毒性基因的传播而导致品种抗病性的迅速“丧失”。

（二）气候

小麦白粉病发生的有利气象条件是中温、弱光、高湿度（Grainger，1974）。就全国气候而言，由南向北，雨量逐渐减少，这是白粉病南重北轻的原因之一。南方阳光直射温度高，紫外光对白粉病菌有杀伤作用，不利于白粉病繁衍；但南方阴雨天多，能减弱直射的阳光，同时可降温，从而有利于白粉病菌繁衍。降雨使相对湿度增高，有利于病菌孢子发芽、菌丝生长，这是长江流域比黄淮海麦区发病重的主要原因。天空无云、太阳直射、降雨少、相对湿度低经常是抑制黄淮海麦区白粉病大流行的主要原因。黄淮海麦区如果4～5月份阴天多、降雨量大，则相对湿度高，此时小麦已进入孕穗抽穗期，麦株上部叶片已可遮光，病害迅猛发展，短时间内可形成区域广泛的大流行，因此4～5月份阴雨天的多少，是该地区病害流行测报的主要因素。秋末冬初麦区气温高，可累积更多的秋苗带菌量。冬季气温高可减少越冬菌源死亡率。初春气温回升早可使越冬菌源提前繁殖。低温有利于白粉病在小麦生长后期的发展。省区间、地区间雨量分布不均，往往是它们之间病害流行程度不同的重要原因之一。南方的有些地方雨量过多，不利于病菌孢子在菌落上累积和藉气流传播，有时反而成了白粉病流行的抑制因素。

（三）自然地理环境

自然地理环境指地球表面的山、川、原、湖、海和植被等不同的地形、地貌。我国地域辽阔，各种地形地貌都具备，自然地理环境的不同，也是影响小麦白粉病在不同地区流行程度不同的一个重要因素。云贵高原和川南山地，海拔高，气候凉爽，降雨较多，可满足病菌生长繁殖条件，又可使病菌越夏，从而使其成为病窝区。长江中下游和黄淮海平原区，病菌不能越夏，但病菌在平原上遇上东南季风，利于扩散传播，成为病害由南向北发生流行的一个有利因素。沿江、河、湖、海地区相对湿度高也有利于白粉病的发生。就各省（自治区）内而言，由于局部地区的山地、丘陵、植被、水源形成地区性的小气候不同，是省内白粉病发生分布不匀的重要因素。

（四）栽培措施和耕作制度

1. *栽培措施* 这是同一个地区相邻地块间病情差异的主要原因。由于目前品种大多不抗病，病情差异主要是水、肥、密、播期、播量等差异所造成的，多水、多氮、过密、过早播等不合理措施可促进发病（Hebert 等，1948；Last，1954；Shaner，1977；盛宝钦等，1998），它们恶化了麦田生态系，减弱了麦株抗病力。高水肥等管理的丰产田，麦株密集遮光、湿度大、温度较低、通风差，利于白粉菌繁殖，易诱发白粉病。要通过种植抗病品种，改善栽培条件和药剂防治加以解决。

2. *耕作制度* 麦田内的原有生态平衡可被不合理的栽培措施所破坏，麦田外耕作区内的生态环境可因耕作制度的变更等因素而改变。如扩大水浇地面积，旱地改水田，旱作改水稻，稻麦两熟（或三熟）制，稻麦混种制，麦辣套种制均可改变麦田生态环境。筑水库，修水渠，扩大灌溉面积，山地绿化，平地种植防护林，扩大果林、蔬菜面积等，都可改变麦田周围的生态系统，也能诱发白粉病的发生。

四、小麦品种对白粉病的抗性和应用

小麦品种对白粉菌的抗病性有多种表现类型，有的是全生育期免疫或高抗，如法国的

V. P. M 系统的品种及其衍生品种，有的是苗期感病而成株期抗病。还有专化抗病性和非专化抗病性（如慢白粉抗病性）以及耐病性之分。

（一）小麦品种的抗病基因及其利用

1930 年，澳大利亚学者 Waterhouse. 首次报道小麦品种 Thew 携带一对显性抗病基因，随后 Sears（1950）把抗白粉病基因 *Pm 1* 定位在 7AL 上，至今已有 24 个位点共 33 个小麦抗白粉病基因定位在所有 7 个染色体部分同源群中（表 12-10）。

表 12-10 已知小麦抗白粉病基因及其抗病性表现

基因	位置	来 源	定名人及时间	代表品种	对田间毒性小种的反应	
					苗期反应型	成株期病指
Pm 1	7AL	普通小麦	Sears，1950	Axminster	4（S）	77
Pm 2	5DS	普通小麦	Briggle，1966	Ulka	2～3（R～S）	53.1
Pm 3a	1AS	普通小麦	Briggle，1966	Asosan		
Pm 3b	1A	普通小麦	Briggle，1966	Chul		
Pm 3c	1A	普通小麦	Briggle，1966	Sonora		
Pm 3d	1A	普通小麦	Zeller，1993	Kolibri		
Pm 3e	1A	普通小麦	Zeller，1993	W150		
Pm 3f	1A	普通小麦	Zeller，1993	Michigan Amber/8Cc		
Pm 4a	2AL	栽培二粒小麦	Briggle，1966	Khapli/8Cc	3～4（S）	51.3
Pm 4b	2AL	波斯小麦	The，1979	Amarda	0	0.0
Pm 5	7BL	栽培二粒小麦	Lebsock，1974	Hope	4	82.7
Pm 6	2B	提莫菲维小麦	Joegenson，1973	Timalen		
Pm 7	4BS	黑麦	Driscoll，1967	Transec		
Pm 8	1B/1R	黑麦	Zeller，1973	Kavkaz	4	48.14
Pm 9	7AL	普通小麦	Bennet，1984	Normandie		
Pm 10	1D	普通小麦	Tosa，1987	Norin		
Pm 11	6BS	普通小麦	Tosa，1988	中国春		
Pm 12	6BS	拟斯卑尔脱山羊草	Miller，1987	Line31		
Pm 13	3D	高大山羊草	Ceoloni，1988	R1A		
Pm 14	6B	普通小麦	Tosa，1990	Akabozu		
Pm 15	7DS	普通小麦	Tosa，1990	Norin		
Pm 16	4A	野生二粒小麦	Reader，1991	Norman lines		
Pm 17	1A	黑麦	Heun，1990	Amigo	3～4（S）	38.3
Pm 18	7AL	普通小麦		MIN		
Pm 19	7D	方穗山羊草	Lutz，1995	Syntheticxx 186		
Pm 20	6BL	黑麦	Friebe，1994	KS93WGRC28		
Pm 21	7AS	簇毛麦	Liu，1988	扬麦 5/sub. 6v	0	0.0
Pm 22	1D	普通小麦	Peusha，1995	Virest		
Pm 23	5A	普通小麦	Yang，1996	Line81－7241		
Pm 24	6D	普通小麦	Huang，1997	Chiyacao		
Pm 25	1A	栽培一粒小麦	Shi，1998	NC96BGTA5		

注：①表中已知基因对田间小麦白粉病菌毒性小种的反应一列中的具体数据者系陕西杨凌病圃 2000—2001 年鉴定资料，其他见参考文献（盛宝钦，1992）。②*Pm 18* 现被重新归类为 *Pm 1c*。

这些抗病基因的发现和定位为有目的地进行抗白粉病育种打下了良好的基础。除表12－10中所列已知抗白粉病基因外，在一粒小麦、阿拉拉特小麦及山羊草属中的不同种，像偏凸山羊草（*A. ventricosa*），丛形山羊草（*A. comosa*），冰草属，大麦属及鹅观草属等近缘物种中亦发现有对小麦白粉病高抗至免疫的材料。然而，值得指出的是，普通小麦本身的抗病性资源尚待充分挖掘利用。我国的有些地方品种，如小白冬麦、红卷芒、复壮30（改良地方品种）均表现高抗白粉病。弄清这些抗源的基因位点及抗谱范围，对有效利用很有必要。

我国植物病理工作者自80年代以来，也开展了基因推导工作，用菌系法或标样法对我国农家小麦品种进行了抗源归类。张忠山（1991）等对18个小麦品种进行了抗白粉病基因推导，明确了徐州21、豫麦13和百农3217不含任何抗病基因，豫麦15具有*Pm1*＋*Pm2*基因，花培28具有*Pm2*基因，豫麦17和郑州831具有*Pm2*＋*Pm6*基因，豫麦9具有*Pm8*基因，西安9号等10个品种不含供试已知抗白粉病基因。向齐君（1996）等推导了30个小麦抗源材料。明确其中1份材料具*Pm2*＋*Pm6*，7份具*Pm4a*，10份具*Pm4b*，2份具*Pm5*，4份与小白冬麦的抗谱相同，另有8份材料的抗谱异于参试已知基因系，其中有的材料可能是新的抗病基因。向齐君（1996）等还对17个新育小麦抗病性品系进行了抗病性推导。孙宝启（1993）对36个中国小麦品种和3个外国品种进行了抗白粉病基因推导。郭爱国等也做了基因推导工作。

司权民（1992）等用标样法对收集的小麦品种（系）进行了抗源归类，与菌系法不同的是菌种不经纯化，直接用于测试。其他做法与菌系法相同。对152个品种（系）的测试结果，归出15个类群，每类群有一代表性品种，类群内抗谱相同或相似，可能其抗病性基因也相同或相似。这对抗病育种选择抗源亲本和基因布局有用。此法对不能保存、纯化菌种的单位适用，缺点是测试标样要多，工作量大。

盛宝钦（1992）等在鉴定我国6 000多个农家小麦品种时，发现有些品种长相、性状、抗病性几乎完全相同，只是来自不同省，名字不一。这些品种，可能是古代远距离运粮、异地种植改了名字，实际原本是一个品种。由于是农家品种，没经杂交，所以是纯核。于是他就把这些长相、性状、抗谱相同的品种归为同一类，共有4类，它们与已知基因抗谱也不同，所以是我国独有的抗病基因。其主要品种有：小白冬麦、蚂蚱麦、红卷芒、游白兰等，共十余个品种。

目前，有关抗病品种或品系所含具体*Pm*基因的信息常来自系谱推导、单体分析、基因定位、抗谱分析及寄主与病原互作产生的侵染型分析等方法。但在亲本遗传背景不清楚或含有两个或两个以上抗病基因的情况下，上述分析方法的具体操作就显得比较复杂，很难在育种实践中广泛采用，而且由于基因之间的互作及环境条件干扰，其准确性也往往受到影响，而现今发展起来的分子标记技术在某种程度上解决了这个问题。分子标记相对于形态标记、细胞学标记和生化标记具有以下特点：①不受时空限制，不依赖基因表达，可在任何发育阶段和组织中进行检测。②数量多、多态性高。③有许多分子标记表现为共显性，能够鉴别基因型是否纯合，提供完整的遗传信息等。在小麦抗白粉病分子标记研究中使用的主要是RFLP和RAPD两种技术，刘金元等（2000）利用已验证过的与*Pm2*、*Pm4*及*Pm6*紧密连锁的分子标记，对南京农业大学细胞遗传研究所与江苏省里下河地区农科所合作育成的优良抗病新品系，以及其他单位育成的但所含具体 *Pm* 基因尚有异议的抗病品种进行了分析，明确这些材料中所含具体的白粉病抗病基因。显示出分子标记技术在育种应用上的独特优越性。

我国长期大面积推广的品种 90%左右的抗源来自 *Pm 8* 基因，但 *Pm 8* 基因目前在绝大部分地区已基本或完全丧失抗病性，随后在中国的栽培小麦品种中还检测到 *Pm 2*、*Pm 4a*、*Pm 4b*、*Pm 5*、*Pm 6* 等基因，*Pm 1*、*Pm 3a*、*Pm 3c*、*Pm 3f*、*Pm 5*、*Pm 7* 等抗病基因在我国已先后报道被相对应生理小种的毒性基因所克服，而 *Pm 1*、*Pm 4*、*Pm 6*、*Pm XBD*（存在于农家品种小白冬麦中）等目前在我国西南地区已发现开始“丧失”抗病性，但它们在我国其他绝大部分地区仍表现有效。在抗病品种的培育过程中，几乎没有利用含 *Pm 7* 的品系 Transec，这可能是由于其存在不良性状连锁之故。*Pm 9* 没有单独的载体，它往往与 *Pm 1*、*Pm 2* 共存于一个品种中。*Pm 10*、*Pm 11*、*Pm 14*、*Pm 15*抗偃麦草专化型白粉病，不抗小麦白粉病，所以在生产上没有利用价值。经鉴定，*Pm 12*、*Pm 13*、*Pm 18*、*Pm 20* 及 *Pm 21* 目前在我国表现高抗至免疫，因而亦应尽快将它们转入生产品种中去。除 *Pm 21* 以外，含有其他 4 个 *Pm* 基因的品种（系）农艺性状差，不宜直接用作育种亲本，但可借各种新的生物技术手段辅助，以加快转移利用这些 *Pm* 基因的进程。另外 *Pm 17* 虽然抗病性不全面，但大多数菌系对其均无很高毒力，可作为背景抗病性材料与其他基因组合使用。

80 年代中期以来，随着 *Pm 8* 基因的抗病性在我国大部分地区相继“丧失”，导致小麦白粉病在全国范围内多次大流行，而且目前可供大面积推广应用含其他 *Pm* 基因的抗病品种很少，所以我国随时都有面临小麦白粉病流行的危险。品种抗病性“丧失”过快，是由于病菌小种变异快，新小种克服了相应 *Pm* 基因的抗病性所致，这种寄主与病原物间的竞争将长期存在，且愈演愈烈，从而造成小种专化抗病性在育种上的被动局面。如何走出这种困境，保持相对稳定、持久的抗病性，是抗病育种界共同关注的焦点。

（二）今后的主要工作

抗病育种的历史证明，选育和使用抗病品种防治农作物病害是最经济有效的措施。长期以来，抗病育种主要使用了小种专化抗病性，由于病原菌生理小种变异，抗病品种的抗病性“丧失”现象愈益突出，大大缩短了抗病品种使用年限，甚至品种抗病性“丧失”的速度超过了育种速度，这是理论和实践上亟待研究解决的课题。许多学者认为，解决此问题主要可从以下几方面来考虑。

1. 尽快改变抗源单一化和品种单一化的局面　加快推广利用不同的高效抗病基因，逐步实现抗病基因和抗病品种的合理布局。针对我国不同麦区，以不同类型的基因合理布局，包括麦田内、麦区内和麦区间三个范围。

在麦田内，种植多系品种或混合品种，利用不同系或不同品种携有的不同抗病基因，就可以减少地块中感病寄主的密度，发挥抗病品种物理障碍和非毒性孢子的诱导抗病作用，达到减轻病情的目的（Lannou 等，1997）。这一措施已在丹麦（Munk，1997）、前民主德国（Wolfe，1997）等大面积应用，取得很好的效果。

在麦区内，实行抗病性基因多元化、抗病品种多样化、种植不同抗病性类型的品种等，如种植部分抗病性、数量抗病性、慢病性品种。避免主效基因长期大面积使用，以减缓对小种的定向选择，预防抗病性迅速"丧失"的现象重演。

在我国不同生态麦区间和大平原麦区之间，要合理布局抗病基因。据盛宝钦、杨家书、石鹏皋等研究（盛宝钦等，1996；杨家书等，1992），我国小麦白粉病的初侵染源，除某些省份的当地越夏菌源外，还有外来菌源，我国云、贵、川的病菌借西风向长江中下游扩散，经繁殖后，借东南季风向黄淮海麦区传播，再跨渤海湾向东北春麦区传播。治理的方法是在湖北省和山东省种植不同抗病基因品种，形成阻隔带，或在各不同麦区种植不同抗病基因品种，以阻挡病菌的远距离传播。长江中下游麦区和黄淮海麦区是连片的平原麦区，如沿陇海铁路两侧种植不同抗病基因隔离带，或华北麦区与江淮麦区各种植不同抗病基因品种，则可隔断平原区的南菌北传（盛宝钦等，1996）。另外，在小麦白粉病越夏区及其周围非越夏区，各布局不同抗病基因品种，也可减少当地越夏菌源的向外传播。上述地区间的基因布局是初步设想方案，在科研上，尚有许多工作要一步一步试验和实践。

2. *注重多个高效基因的累加*　进行抗白粉病基因累加是培育持久抗病性品种的一条有效途径。陈新民（1999）利用矮秆、早熟、抗条锈病的 CA8695 为母本，与高秆、晚熟、抗白粉病（含 *Pm2* ＋ *Pm4b* ＋ *Pm6* 三个抗白粉病基因）和条锈病的 C39 为父本杂交，F_1 代与推广品种京 411 复交，选育出 CA9950、CA9953、CA9644、CA9641 等小麦新品系，其抗病性明显优于单一基因。抗病性基因累加或抗病性基因组合可延长抗病性使用寿命（Jensen 等，1991；Jorgensen，1991；Munk 等，1991）。如丹麦 Gunnar 品种具 *Mla3*、*Ml* 两个连锁抗白粉病基因，其毒性频率则一直保持为 0；而只具 *Mla3* 单基因的品种，则很快变为感病。英国的 Maris Huntsman 含 *Pm2*＋*Pm6* 基因，该品种在英国种植十余年仍然保持较好的抗病性，这可能是由于其中所含的两个乃至数个主效抗病基因，即使小种演化也难以导致其抗病性"丧失"。实践证明，单基因控制的抗病性极易"丧失"，由多个基因控制的抗病性一般较为稳定持久。借助分子标记等新技术，培育抗谱互补性较强的多系品种应用于大田，也可以控制新的优势小种在某一地区的流行及扩展。

3. *重视慢白粉性和部分抗病性品种的选育利用*　抗病品种的选育应在追求免疫、高抗等传统目标的同时，不要轻易放弃其他抗病性的应用。在生产上，低感、慢白粉和耐病品种也值得合理布局利用。小麦品种的慢白粉抗病性，已逐渐引起人们的兴趣和重视。许多研究证明，慢白粉抗病性组分包括侵染效率低、潜育期较长、产孢能力弱，从而使白粉病上升速度缓慢，最终严重度和普遍率较低。Shaner（1973）对慢白粉小麦品种 Knox 的研究指出，这种慢病性主要是由于减少了病菌侵染和孢子的产生所致。Singh（1990）以菌落数量、菌落尺度、产孢指数和严重度为指标，鉴定印度的 HB208、CPAN1922、PBW34 和 CPAN1676 等 4 个品种为慢白粉病品种。王锡锋等以病害进展曲线下的面积（AUDPC）和最终严重度为指标，鉴定周麦 8846 和保丰 7228 为慢白粉品种。张志德等（1994）研究发现，小麦品种里勃留拉、咸农 4 号和阿勃为慢白粉病品种。吴畏等（1985），盛宝钦（1990）也先后鉴选出一些具有慢白粉抗病性的小麦品系。段双科等（1999）在陕西八年的观察研究表明，淮阴 894、阿勃等属低感、慢白粉品种，具有非小种专化抗病性的特征，抗病性持久稳定。慢白粉病品系（种）大都是苗期感病，田间成株期抗病，这类品种成株期病程发展有以下特征：①病菌侵染潜育期长；②病叶普遍率和严重度低，病情指数增长速度缓慢；③顶三叶菌落稀少；④病斑薄、小、产孢量少；⑤考种表明对千粒重影响不显著。从病菌—寄主群体互作的观点出发，慢白粉抗病性趋于稳定化选择的方向。因此可保持自然界病菌毒性群体相对稳定，从而延长抗病品种的寿命。

部分抗病性是主效基因抗病性丧失后的一种抗病性表现形式，又称剩余抗病性，多为微效基因控制。这种抗病性多在成株期表达，故又称成株抗病性或田间抗病性。部分抗病性常表现有较好的持久性。根据 Parlevliet 等的经验（1988）用轮回选择法时，要采用毒谱宽的小种接种，还要汰除感病的和不表现症状的植株，选留反应型高，但严重度低的植株，同时还进行农艺性状的选择，然后再混合轮选就可能除去主效基因抗病性的干扰，这样所获得的部分抗病性品系就可能具持久性。

Vanderplank（1963）和 Robinson（1976）的方法是采用适当的小种接种，不断除去群体中的具有小种专化抗病性或垂直抗病性的植株，所保留的就可能是非小种专化抗病性或水平抗病性，从中可以选择出持久抗病性品系。采用这一方法的难点是难以识别和选定适当的小种。1984 年 FAO 的国际水平抗病性计划就采用这种方法，但所选出的品种是否具有持久抗病性，还有待验证。

Kundseu 等（1987）的方法是：在室内通过幼苗或成株的离体叶片或完整无损叶片上的接种试验来评价部分抗病性，其指标为：①侵染几率；②潜育期；③产孢能力。这种工作要求植物在同样的能重复的环境条件下种植、接种和培育，而且接种要定量，能重复地进行。我国尚未见用此法获得成功的报道。

4. 抗源创新，进一步开拓和利用新的抗源亲本材料　熊恩惠等（1986）认为，在小麦的近缘种、属中，提莫非维小麦、二粒小麦、波斯小麦、阿发拉特小麦、茹科夫斯基小麦、山羊草属、簇毛麦属、偃麦草属（中抗病性）等有丰富的抗病基因。在抗源创新过程中，利用上述小麦的近缘种、属外源抗源，通过杂交、组织培养、花药培养、花粉管导入、子房注射等手段导入小麦。在检测追踪技术上，常用的有染色体计数、染色体配对分析、染色体分带、分子原位杂交、同工酶分析、RAPD 和 RFLP 分析等生物技术手段，获得以下几个成功的实例。

刘大钧等（1982，1986，1990，1993，1995，1996）利用簇毛麦（*Haynaldia villosa*）与普通小麦杂交、回交产生异附加系、异代换系，γ 射线照射处理后，经过抗病性追踪、染色体分带、分子原位杂交、非整倍体分析、RAPD 和 RFLP 分析等，选育出 6VS/6AL 易位系，在中国各省对白粉病表现免疫，在美、德、墨等国也表现高度抵抗，其有效基因已被国际小麦基因命名委员会正式命名为 *Pm 21*。

陈孝和尚立民等（1996，1997）利用簇毛麦与普通小麦杂交，通过幼胚培养和花药培养，选育出 RW14（红粒）、RW15（白粒）等 6D/6V 代换系（不同于刘大钧的 6A/6V 代换系）以及 6DL/6VS 易位系 Pm 97033、Pm 97034 和 Pm 97035 等（不同于 6AL/6VS 易位系），这些材料对白粉病在国内表现免疫。

徐乃瑜等（1996）采用改进的酚—RNA 酶法，从波兰小麦中提取 DNA，向鄂恩 1 号小麦品种子房注射，成功地选育出武大 833、武大 838，均对白粉病免疫；还用花粉管导入法选出武大909，对白粉病和锈病高抗。此外，还用花粉管导入法，把提莫非维小麦的DNA导入鄂恩1号小麦，选育出武大1032，高抗白粉病和赤霉病。以同样方法把野生二粒小麦DNA导入鄂恩1号，选育出武大1057，也高抗白粉病和赤霉病。张文俊等（1995）将黑麦6R抗源导入小麦的研究也获得了进展。李隆业等（1992）的研究表明，小麦野生近缘植物对白粉病免疫或高抗的有蓖穗冰草、麦滨草、多花偃麦草、旱麦草、鹅观草及杂草型黑麦6个种。国内外育种者已利用这些种、属中培育出了一些新的抗源，如CI12633、TP114、V. P. M系统等。60年代贵州农学院从矮粒多小麦的变异单株中选育出了对白粉病免疫的白免3号，70年代后期通过杂交培育出了免疫的肯贵阿1号，80年代以来又相继培育出贵农19、贵农20、贵农21、贵农22等对条锈病、秆锈病、叶锈病和白粉病免疫或近免疫的品系，其中有的可直接在生产上利用，同时都可作为白粉病的抗源。近年来江苏省农业科学院用抗源材料TP114、CI12633、Maris Huntsman与扬麦3号、苏麦3号杂交，转育出了一批新的中间抗病亲本，命名为苏抗1至苏抗13。西北农林科技大学小麦研究中心生物育种室，已从普通小麦与野生二粒麦杂交后代中选育出对白粉病具有稳定免疫或高抗的中间材料鉴40、鉴41、鉴47等。有望借助现代生物技术新手段将它们导入生产品种中。冯锋（1991）认为含*Pm 4*的Khapli系统品种目前抗病性良好，应重视改良或转移其抗病基因。此外，小麦本身（特别是抗病性好的地方品种）的有效抗病基因也值得挖掘利用。

第五节 赤霉病

赤霉病是麦类作物的重要病害，世界各小麦产区都有发生。据1991年的不完全统计，我国小麦赤霉病的发生面积已超过300万hm^2，以长江中下游冬麦区和东北东部春麦区发病最重。长江中下游麦区在1950—1999年的50年间，赤霉病共大流行7年，中度流行15年。大流行年份的病穗率达50%～100%，产量损失20%～40%；中度流行年份病穗率30%～50%，产量损失10%～20%。东北春麦区在1959—1988年间，赤霉病中度以上流行达6次，平均减产20%以上。我国北方冬麦区、黄淮冬麦区和北方春麦区，虽属赤霉病偶发区或局部发生区，但流行年份发病面积和危害程度也相当大，给小麦生产造成严重威胁。例如，江苏淮北麦区属赤霉病偶发区，1985年赤霉病有所流行，1998年再度流行，发病面积达50多万hm^2，发病田块病穗率达10%～15%，产量损失约1.6亿kg。1985年河南省和陕西省关中地区发病面积分别达373万hm^2和43万hm^2，损失小麦8.85亿kg。1988年宁夏灌区发病面积已占小麦种植面积的70%，病穗率在15%以上。小麦被赤霉病菌侵染后，病麦粒内含有赤霉毒素，对人、畜有害。

一、小麦对赤霉病抗性利用的主要成就

自20世纪50年代以来，我国对小麦赤霉病的病原菌、发生流行规律、综合防治技术等都做了大量的研究，提出了综合防治方法。在赤霉病防治体系中，高效低毒化学农药的应用与推广起了重要作用。但是，小麦赤霉病具有间隙发生和暴发流行的特点，是否发病与危害轻重，往往受制于当年小麦开花灌浆期的气象条件，药剂防治常处于被动地位，农

药的施用也使小麦和环境受到一定程度的污染。种植抗病品种是经济、安全和有效的防治措施，愈益受到人们的重视。

对小麦抵抗赤霉病的研究，始于 1891 年，Arthur 首先确认小麦品种间存在对赤霉病感病性的差异。我国戴松恩等（1941）较早地开展了小麦抗赤霉病育种的相关研究。在 20 世纪 50 年代到 80 年代，我国植物病理工作者先后探明了小麦赤霉病菌的主要种类及其致病性，提出了一系列抗病性鉴定方法与评价标准，分离了赤霉病菌的次生代谢产物，测定了其生物活性，并用于抗病材料的快速筛选。

全国小麦赤霉病研究协作组和一些育种单位，经过 20 余年努力，对数以万计的种质资源作了抗病性鉴定，获得了一批抗病性强而稳定的材料，其中包括著名的溧阳望水白、温州红和尚等。育种学家通过单株选择、杂交育种和远缘杂交等途径，育成了一些抗病品种，例如万年 2 号、苏麦 3 号及其姐妹品种镇麦 7495 和荆州 66 等。随后又对已育成的抗病品种作了改良和后续选育，提高了抗病性和丰产性。例如，以万年 2 号为亲本育成了湘麦 1 号，以苏麦 2 号为亲本育成了繁 60096。以苏麦 3 号为复合杂交亲本，还育成了兼抗赤霉病、白粉病和锈病的宁 7840、宁 8026、宁 8017 等 3 个品系。从鄂麦 6 号中，经单株选择，育成了鄂麦 9 号等。

90 年代以来，随着高新农业技术的发展，小麦抗赤霉病的生物技术育种取得了明显进展。江苏省农业科学院应用花药组织培养和赤霉毒素选择，从宁麦 3 号中获得了抗病性、丰产性和适应性优良的新品种宁 895004。上海市农业科学院应用太谷雄性核不育基因，通过轮回选择育成了抗病新品种申麦 2 号。

二、小麦赤霉病的病原菌及其致病性

（一）小麦赤霉病的病原菌种类

小麦赤霉病是由玉蜀黍赤霉［*Gibberella zeae*（Schw.）Petchl.］引起的病害。小麦各生育阶段都可被该菌侵染，引起种腐、苗腐、茎腐和穗腐等症状，以穗腐的为害损失最大。玉蜀黍赤霉的无性态是禾谷镰刀菌（*Fusarium graminearum* Schwabe）。根据国内外文献报道，除禾谷镰刀菌外，还有 20 多个镰刀菌的种或变种，能够引起小麦穗腐。

Johnson 和 Dickson（1920）报道，美国小麦赤霉病的病原菌 98%以上为硕宾赤霉［*Gibberella saubinetii*（Mont.）Sacc.］，该菌后来被重新定名为玉蜀黍赤霉，其余 2%包括黄色镰刀菌［*Fusarium culmorum*（W. G. Smith）Sacc.］、燕麦镰刀菌［*Fusarium avenaceum*（Fr.）Sacc.］以及其他镰刀菌。Gordon（1944）用了 6 年时间，从3 094个小麦、大麦和燕麦种子样品上，分离到 16 个镰刀菌种或变种，仍以禾谷镰刀菌、黄色镰刀菌、燕麦镰刀菌为主要类群。

我国自 20 世纪 50 年代以来，对小麦赤霉病的病原菌进行了系统研究与鉴定。俞大绂从长江流域的小麦种子上分离获得了禾谷镰刀菌、黄色镰刀菌、串珠镰刀菌（*Fusarium moniliforme*）和燕麦镰刀菌等 4 个种。70 年代中期至 80 年代中期，我国 22 个省（直辖市、自治区）鉴定了当地小麦赤霉病菌的种类，总共从病穗或病粒分离获得了 6 300 多个菌株，鉴定发现了 28 个镰刀菌种或变种（表 12 - 11）。禾谷镰刀菌在各地均占绝对优势，它在各地鉴定的菌株总数中所占的比率，云南为 70%、贵州为 72.4%、宁夏 63.8%、青海50%、西藏25%，其余各省、自治区、直辖市都达90%以上。

真菌分类除采用经典的形态学方法外，Pitt和Hawksworth（1985）还提出，可根据真菌产生多种次生代谢物质，确定其化学型。在Miller等（1985）以镰刀菌毒素划分化学型的基础上，我国王裕中等（1985）研究了中国小麦赤霉病常发区病穗采集的47个禾谷镰刀菌菌株所产生的毒素种类，结果发现产生DON毒素（Deoxynivalenol，脱氧雪腐镰刀菌烯醇）的禾谷镰刀菌可以区分为IA和IB两个化学型。除产生DON外，还产生3AC-DON，而不产生15AC-DON的禾谷镰刀菌属化学型IA；除产生DON外，还产生15AC-DON，不产生3AC-DON的菌株则属于化学型IB。化学型IA的菌株都来自我国上海、江苏、安徽、湖北、四川等长江流域温暖麦区；属于化学型IB的菌株则来源于黑龙江、陕西、河南及福建北部山区等较为冷凉地区。

（二）小麦赤霉病菌的致病性及其变异

1. *病原菌的致病力* 小麦赤霉病菌对小麦品种的致病力存在差异，已为国内外许多学者的试验或调查所证实，但对病原菌是否存在生理专化性，则众说不一。涂治（1929）利用5种镰刀菌的10个菌株，分别接种包括小麦、大麦和燕麦在内的10余个品种或材料，结果认为禾谷镰刀菌和黄色镰刀菌各有3个生理小种，燕麦镰刀菌有2个生理小种。陈鸿藻等（1982）用来源于不同地区的3个禾谷镰刀菌菌株，接种10个小麦品种，根据菌株与品种的互作特点，认为该菌有致病特异性。但是，更多的研究则认为，小麦赤霉病菌菌株间致病性虽有明显差异，但不能据以证明具有生理专化性。李清铣等（1982）、徐雍皋等（1982）、郑元梅等（1983）、徐素珍等（1984）分别用来源不同的数十个菌株接种小麦品种，结果都认为菌株间有明显的致病性分化，可区分为强、中、弱3种致病类型，但这些菌株对小麦品种并无致病特异性，尚未发现病原菌的生理分化现象。

表12-11 中国小麦赤霉病穗腐镰刀菌种类及其分布

镰刀菌种及其变种（学名）	分布（省、自治区、直辖市）
禾谷镰刀菌 *Fusarium graminearum* Schw.	四川、贵州、福建、湖南、浙江、上海、江苏、安徽、陕西、宁夏、吉林、黑龙江、广东、云南、湖北、江西、河南、青海、西藏、北京、山东、甘肃
黄色镰刀菌 *F. culmorum* (W. G. Smith) Sacc.	四川、贵州、安徽、江苏、宁夏、云南、江西
燕麦镰刀菌 *F. avenaceum* (Corda ex Fr.) Sacc.	贵州、湖南、安徽、浙江、江苏、上海、黑龙江、陕西、宁夏
燕麦镰刀菌谷类变种 *F. avenaceum* (Fr.) Sacc. var. *graminum* (Corda) Sacc.	江苏、上海
燕麦镰刀菌草状变种 *F. avenaceum* (Fr.) Sacc. var. *herbarum* (Corda) Sacc.	上海、福建、云南、四川、湖北、陕西、河南、青海、吉林、黑龙江、西藏
拟枝孢镰刀菌 *F. sporotrichioides* Sherb.	江苏、福建
拟枝孢镰刀菌厚膜变种 *F. sporotrichioides* var. *chlamydosporum*	浙江
拟直孢镰刀菌 *F. arthrosporioides* Sherb.	江苏

（续）

镰刀菌种及其变种（学名）	分布（省、自治区、直辖市）
半裸镰刀菌 *F. semitectum* Berk. et Rav.	浙江、江苏、上海、宁夏、江西、云南
半裸镰刀菌大孢变种 *F. semitectum* Berk. et Rav. var. *majus* Wollenweber	江苏、宁夏
木贼镰刀菌 *F. equiseti.* (Corda) Sacc.	贵州、浙江、江苏、上海、宁夏、江西
木贼镰刀菌紧密变种 *F. equiseti* var. *compactum*	贵州
木贼镰刀菌长脚变种 *F. equiseti* var. *longipes*	四川、安徽
锐顶镰刀菌 *F. acuminatum* Ell. et Ev.	湖南、浙江、上海、四川、陕西
接骨木镰刀菌 *F. sambucinum* Fuck.	浙江、广东、云南、湖北、江西、吉林、黑龙江、西藏
砖红镰刀菌 *F. lateritium* Nees	浙江
串珠镰刀菌 *F. moniliforme* Sheldon	西藏、四川、云南、贵州、湖南、湖北、江西、安徽、江苏、浙江、广东、上海、福建、吉林、黑龙江
串珠镰孢胶孢变种 *F. moniliforme* var. *subglutinans* Wr. et Reink	江苏
尖孢镰刀菌 *F. oxysperum* Schlecht.	贵州、湖南、浙江、江苏、上海
尖孢镰刀菌芬芳变种 *F. oxysporium* var. *radolens* (Wollenw.) Gordon	浙江
茄病镰刀菌 *F. sonali* (Mart.) Sacc.	江苏、上海、宁夏
雪腐镰刀菌 *F. nivale* (Fr.) Ces.	贵州、浙江、上海、福建、宁夏、江苏、江西、安徽
雪腐镰刀菌大孢变种 *F. nivale* (Fr.) Ces. var. *majus* Wollenweber	宁夏
三线镰刀菌 *F. tricinctum* (Corda) Sacc.	浙江、贵州、江西
镰状镰刀菌 *F. fusarioides* (Frag. et Cif.) Booth	浙江
弯角镰刀菌 *F. camptoceras* Wr. et Rg.	江苏、福建、安徽
同色镰刀菌 *F. concolor* Rg.	福建、云南、上海、河南
硫色镰刀菌 *F. sulphureum* Schecht.	上海、福建、四川、湖北、浙江、吉林、安徽

禾谷镰刀菌不同菌株间产生毒素的能力有十分明显的差异。致病性强的菌株，产毒素的能力也强，弱致病性菌株的毒素产量则偏低。例如，强致病性菌株 JF_{17} 和 JF_{15}（分别来

自江苏太仓和大丰），DON 毒素产量分别为 304μg/g 和 443μg/g，中等致病性菌株 JF_7（来自江苏吴江）的 DON 毒素产量为 154μg/g，而弱致病性菌株 JF_7（来自江苏常熟）的 DON 毒素产量则为 80μg/g（陆鸣等，1989）。禾谷镰刀菌次生代谢物质的种类及其产量有可能成为衡量菌株致病力强弱的一个重要标准。

2. 病原菌的变异 小麦赤霉病菌在形态、生理及其致病性方面的变异常有发现，病原菌致病性变异往往直接影响赤霉病的发生和为害程度。

Ullstrop（1935）从玉米赤霉的单子囊中分离获得 8 个单子囊孢子菌株，经 28 次继代培养后，有 5 个菌株不仅菌丝生长速度、气生菌丝数量等培养性状与原始菌株有显著差别，而且致病性也有所减弱。对变异菌落再作单孢分离，继代培养后的单孢分离物又出现了与原来的变异型不同的扇形变异。国内学者的研究也证实了禾谷镰刀菌菌株经多次继代培养后，大多数菌株的生长速率随继代培养次数的增加而降低，气生菌丝生长量和产孢数量也相应减少。在 PDA 培养基平板上还会产生菌落形态变异，表现扇形、半月形、放射形、不规则形态等多种形态，以扇形角变为主，角变率可达 4.3%～11.4%。

徐雍皋等（1982）用禾谷镰刀菌株及其 6 个角变菌株，分别接种苏麦 3 号（抗病品种）和矮秆早（感病品种），观察病害日扩展速率的变化，结果角变菌株侵染抗病品种或感病品种的病害日扩展速率比原始菌株分别降低了 43.2%～76%（平均为 57.2%）和 25%～87.5%（平均为 52.4%）。这就说明了致病性变异也是赤霉病菌变异的一个重要特点。

此外，一些研究还指出，镰刀菌可以发生种间变异。突变、异核现象、有性杂交和各种理化因素的诱导都可能导致病原菌的变异。

三、抗病性的类型与特点

小麦对赤霉病有避病性和抗病性，后者有形态和组织结构抗病性与生理生化抗病性，表现为抗侵染或抗扩展。

（一）避病性

避病性实质上不属于抗病性的范畴。有些感病品种，由于抽穗开花期错过了病原盛发期或气象条件适宜期，从而躲避了赤霉病菌的大量侵染，某些年份可能不发病或轻微发病。由于并非真正的抗病性，在赤霉病常发地区种植避病品种，小麦难以稳产。

（二）形态与组织结构抗病性

不同学者之间，对形态和组织结构抗病性的研究结果很不一致。有的认为植株高度与抗病性正相关（尹腾蛟等，1981；何觉民，1983；廖玉才，1985a），有的认为穗长、小穗密度等与抗性有密切关联（尹腾蛟等，1981；李瑞明等，1982、1980；陈楚和，1983；童一中，1980；廖玉才，1985a、1985b）；有的则认为植株高度、穗部性状与抗性并无遗传相关（吴兆苏等，1984；Gocho，1985）。但吴兆苏等（1984）认为这些性状有可能影响赤霉病的发生程度。陆维忠等（1990）用株高差异显著的等基因系分别与抗病、感病品种回交或杂交，分析其 P_1代、P_2代、F_1代和 F_2代的株高与赤霉病病情（病级数、病粒率）间的关系。结果表明，植株高度与对赤霉病的抗性无显著相关，在遗传背景相同的条件下，不因植株高度下降而影响其抗病程度。邹明烈等（1988）将大拇指矮的矮秆基因通过杂交导入抗病品种望水白、苏麦 3 号及中抗品种扬麦 3 号和感病品种蜀万 704 中，分别获得了相应品种的矮秆近等基因系。经接种鉴定，矮秆材料对赤霉病的抗病程度与供体亲本相同，并未发生变化。矮望水白、矮苏麦 3 号和矮扬麦 3 号仍然表现抗病或中等抗病，矮蜀万 704 仍然表现高度感病。这进一步证实了小麦的株高与抗病性之间没有必然的联系。

（三）抗侵染与抗扩展

根据病原菌侵染寄主植物的病理过程，植物对病原菌的抵抗性一般涉及两个主要方面：阻止初期侵染的建立（抗侵染）和抑制病菌侵入后的扩展速度（抗扩展）。Schroeder 和 Christensen（1963）明确指出，小麦品种对赤霉病的抗性具有抗侵染和抗扩展两种类型。

浙江省农业科学院（1978）的研究表明。在基本条件一致的情况下，田间小麦赤霉病病穗率的高低，表示品种抗侵入性能的强弱；病情指数的高低则表示品种抗扩展性能的大小。例如，九兰小麦的病穗率和病情指数分别比苏麦 3 号高出 0.5 倍和 3 倍，这说明苏麦 3 号的抗侵入和抗扩展性能均优于九兰小麦。王裕中等（1982）为避免不同小麦品种因生育期不同而可能造成的发病差异，于 1976—1981 年分别在室内和田间进行了接种试验，结果表明生育期相似的小麦品种（系）间，病穗率的差异显示了小麦品种（系）对赤霉病抗侵染力的不同，而品种（系）间对病害的反应级别，则显示了品种（系）对病原菌抗扩展能力的强弱。以 1979 年试验结果为例，4 月 23 日始花的小麦品种沭叶 1 号和苏麦 3 号的病穗率分别为 95%和 40%，病害级别分别为 3.9 和 1.6；4 月 25 日始花的矮秆早和 2018 小麦，病穗率分别为 100%和 40%，病害级别分别为 3.4 和 2.1。这一资料说明，苏麦 3 号和 2018 小麦分别比花期相同的沭叶 1 号和矮秆早有较强的抗侵染力和抗扩展力。福建农学院（1982）在 1 166 个品种的抗病性鉴定中，也发现品种间抗扩展能力有较大差异，苏麦 3 号从小花发病至整个小穗凋枯所需要的时间比晋麦 33 长得多，表明苏麦 3 号的抗扩展性较强。

有些小麦品种兼具抗侵染性和抗扩展性，有的仅居其一。例如，小麦品种新中长（王裕中等，1982；刘宗镇等，1985）不抗病菌侵染，但对菌丝在麦穗内的扩展有良好抵抗性。小麦品种 Frontana、镇 7495（王裕中等，1982）的小穗发病率并不高，有一定的抗侵染性，但病菌一旦侵入，在穗内扩展迅速，不具备抗扩展能力。另有一类品种（系）如望水白、苏麦 3 号（王裕中等，1982）等则兼具两种抗病性。赤霉病菌对小麦造成的损害，与品种（系）是否具有这两类抗病性以及其抗性程度有关。正确鉴别抗病资源的抗病性类型，合理选择与利用，对于小麦抗赤霉病育种及相关研究都是十分重要的。

（四）与抗病性有关的生理生化特性

1. *胆碱类物质*　Strange 等（1971a，1971b，1974，1978）发现，小麦花药中的胆碱和甜菜碱能促进禾谷镰刀菌的生长发育。王雅平（1994）的试验表明，小麦盛花期品种间麦穗中胆碱含量与其对赤霉病的抗病性呈显著负相关。叶华智等（1998）测定了抗病性不同的 4 个小麦品种穗部的胆碱总量，结果表明感病品种（繁 6、绵阳 11 号）颖壳和穗轴中胆碱类含量显著高于抗病品种（苏麦 3 号、望水白），而花药中胆碱物质总量在抗、感品种之间无显著差异。同时证实小麦穗部的水浸抽提物及胆碱对赤霉菌分生孢子萌发、芽管伸长和菌丝生长都有明显的刺激作用。

2. *麦胚凝集素* 袁汉博等（1987）研究发现，麦胚凝集素（WGA）对 N-乙酰氨基葡萄糖具有专一性，能与真菌细胞壁的主要成分几丁质结合，阻止孢子萌发的壁溶作用及芽管胞壁的形成和伸长，从而抑制禾谷镰刀菌分生孢子的萌芽，1987 年他们比较了 18 个品种 WGA 粗提液的血凝效价，发现小麦的抗赤霉病性与 WGA 血凝效价有一定的正相关。

3. *小麦赤霉病菌毒素及其降解酶* 80 年代以来，国内外学者进一步发现小麦赤霉病菌的次生代谢产物——单端孢霉烯族化合物（trichothecene）在病害致病过程中起重要作用。迄今发现的单端孢霉烯族化合物已超过 60 种，其主要毒素组分是脱氧雪腐镰刀菌烯醇（DON）。

江苏省农业科学院植物保护研究所自 80 年代中期以来开展了麦类赤霉病菌毒素研究，从江、浙、皖、沪、闽、黔、川、豫、冀、陕、黑等 11 个省（直辖市），数十个县收集赤霉病菌菌株，培养后分离到的毒素有 25 种。其中单端孢霉烯族化合物 15 种，以 DON 为主，占总样品的 100%，其次为 3AC—DON 占 87.2%、15AC—DON 占 30%、4，15—diacetylnivalenol 占 7.5%、isotrichodermin 占 45%、spore16 占 52.5%、calonectrin 占 70%、7，8—dihydroxyeqlonectrin 占 97.9%；8 种倍半萜类化合物，其中黄色镰刀孢素（culmorin）占 95.7%、桑布菌醇（sambucinol）占 95.7%；其他种类 2 种，赤霉烯酮（zearalenone）占 100%、丁烯羟酸内酯（butenolide）也占 100%（王裕中等，1994）。小麦黄化芽鞘生物测定结果显示，7 种主要毒素对小麦品种的生物活性，也以 DON 为最强，芽鞘生长抑制率高达 63.3%（王裕中等，1989）。

Miller 等（1985）通过人工接菌试验，发现抗病小麦品种不仅体内的菌丝生长量和 DON 浓度较感病品种低，而且 DON 毒素与菌丝生长量的比值（DON/Ergostrol）也低于感病品种。抗病品种体内可能存在某种 DON 毒素降解酶，能够降解赤霉菌在生长代谢过程中所产生的 DON，从而减轻了病原菌对小麦的致害程度。据此，Miller 等提出了小麦品种有“降解 DON 毒素”的第三种抗性类型。

许多研究者（王裕中等，1989；刘思衡等，1990；陈怀谷等，1990；姚泉洪等，1991；徐雍皋等，1991；Miller 等，1985）都相继证实，小麦赤霉病菌的次生代谢产物 DON 具有较强的生物活性，能损伤小麦细胞膜，使细胞崩解，抑制小麦体细胞内蛋白质的合成，抑制胚根、胚芽及芽鞘的生长，引起麦苗和麦穗萎蔫。抗病品种与感病品种对 DON 的敏感性差异，可高达 100～1 000 倍。抗病品种有较强的耐毒素能力。

4. *苯丙氨酸解氨酶、超氧化物歧化酶和过氧化氢酶* 据报道，苯丙氨酸解氨酶（PAL）参与黄酮、木质素等次生物质的合成，被认为在植物的抗病过程中起积极作用。在一些病害中，病原菌侵染后，抗病品种 PAL 活性比感病品种要高。但一些试验表明（王雅平等，1994；叶茂炳等，1990）的试验表明，小麦品种间盛花期麦穗 PAL 酶活性与其抗赤霉病性呈显著负相关。

超氧化物歧化酶（SOD）是一种细胞保护酶，具有清除对生物体有害的氧自由基的作用，使生物膜系统免受伤害。陈利锋等（1997）研究发现，接种后抗病品种望水白 SOD 活力下降，一直低于未接种对照，中抗品种扬麦 4 号和感病品种宁麦 6 号的 SOD 活性初期略有下降，但很快升高并显著高于对照。而抗病品种的过氧化氢酶（CAT）活性接种后始终高于对照，感病品种则相反。SOD 和 CAT 均为活性氧代谢中重要的酶，可能在小麦抗赤霉病过程中有积极的作用。

5. *内切多聚半乳糖醛酸酶* 内切多聚半乳糖醛酸酶（endo - polygalacturonase，endo -PG）是病原真菌侵染植物时所分泌的一种酶，它能分解植物细胞间层和初生细胞壁上的果胶成分，不但为真菌繁殖提供营养，还使植物细胞壁上的其他成分更容易地被真菌分泌的其他酶所分解。

Albersheim 等（1971）首先在双子叶植物菜豆和番茄的细胞壁中发现了能抑制真菌 endo - PG 的蛋白质，即多聚半乳糖醛酸酶抑制蛋白（polygalacturonase inhibiting protein，PGIP)，以后在其他一些双子叶植物中也发现了 PGIP 的存在。菜豆抵抗豆刺盘孢（*Collectotrichum lindemuthianum*）的品种细胞壁中 PGIP 的含量高，比感病品种的细胞壁更能抵抗 endo-PG 的分解（Laffitte，1984）。

郑远旗等（1994）从小麦中分离并纯化了 PGIP。周立等（1998）发现小麦黄化苗的 PGIP 对禾谷镰刀菌（*Fusarium graminearum*）、稻瘟病菌（*Pyricularia oryzae*）、油菜菌核病菌（*Sclerotinia sclerothorium*）和玉米大斑病菌（*Exserohilum turcicum*）的endo - PG 以及病原真菌本身的生长都有抑制作用，还能够引起禾谷镰刀菌和玉米大斑病菌的生长异常。比较试验证实，中度感染赤霉病的品种中不仅 PGIP 含量比高感品种高，而且在寄主组织中分布更广泛。两类小麦品种的 PGIP 电泳谱带也有差异，除有一条共同的主带外，中感品种比高感品种多一条分子量较小的蛋白质弱带。小麦 PGIP 的含量、分布和种类的差异可能与小麦对赤霉病菌的抵抗能力有一定关系。寄主的 PGIP 与病原菌 endo - PG 结合，会降低病原菌 endo - PG 的活性和对植物细胞壁的降解作用，这不仅有助于保护植物细胞壁，较少遭受病原真菌其他水解酶的渗透，而且有助于活性诱导因子（寡聚半乳糖醛酸）更有效地激活植物防卫反应。

四、小麦对赤霉病抗性的遗传

（一）抗病性的遗传方式

Christensen（1927）首先发现小麦对赤霉病的抗病性是可遗传的。此后许多人进行了多方面的研究，由于试材不同和研究方法不同，所得结果也不相同。

在我国，许多试验（张乐庆，1982；夏穗生，1984；廖玉才，1985a）表明，抗病品种和感病品种正交和反交所得 F_1 代的抗病性差异不显著，抗病性为细胞核遗传。而顾佳清（1983）的研究则发现抗病与感病亲本正反交 F_1 代的抗病性表现并不相同，认为有细胞质的遗传效应。

小麦品种对赤霉病的抗病性在杂交后代群体中，表现为连续变异的数量性状遗传特征（张乐庆等，1982）。顾佳清（1983）发现抗病亲本与感病亲本杂交后，F_1 代的病情指数大于双亲平均值，偏向抗病亲本，F_2 代的病情指数呈连续性的偏态分布，频率多集中于一个高峰附近，后代表现趋向抗病亲本。夏穗生等（1984）以苏麦 3 号和望水白作抗病亲本配制了 8 个杂交组合，发现 F_2 代单株的病级分布呈双峰形，中间类型少，抗病和感病的比例相近。周朝飞等（1987）、柏贵华等（1989）的抗病、感病品种杂交试验也得到了类似结果。

苏麦 3 号和 Frontana 是世界各国小麦抗赤霉病育种中被广泛利用的两个抗源品种，抗病性遗传研究也很多。周朝飞（1987）利用望水白、苏麦 3 号和宁 7840 与 4 个感病品种杂交，F_2代抗病性分离呈现双峰，认为苏麦 3 号抗病性可能由 2～3 对主效基因控制。Ban（1998）利用 DH 群体抗感分离比例，推测苏麦 3 号的抗病性由 2 对基因控制。关于 Frontana，有人认为有 2 对抗病基因，有人则认为至少含有 3 对抗病基因。

Snijgders（1990a）曾对 10 个代表不同抗病性的冬小麦品种，进行了抗病性遗传分析，结果发现抗病基因数目在 1～6 之间，不同品种所含基因数目不同。林一波等（1992）对 7 个抗病品种的遗传分析也发现存在 2～4 对主效基因，依品种而异。

尽管不同研究者的结果不尽相同，仍可以认为苏麦 3 号的抗赤霉病性是由少数几对主效基因控制的数量性状，其他品种的抗病性同样也是由几对主效基因控制的数量性状。

陈楚和（1983）引用数量遗传学中双列杂交分析方法，对感病与抗品种杂交后代的分析表明，抗赤霉病性主要受加性效应控制，非加性成分中以显性效应为主。随后，肖世和（1985）、廖玉才等（1985a）、蒋国梁等（1989）、李又芳等（1990）都进一步证实了小麦对赤霉病的抗病性是多基因控制的数量性状，以基因加性效应为主，有部分显性效应，遗传力偏低。

同时，也有一些研究认为上位性效应在某些材料中也很重要（Bai，1998）。中川元兴（1955）曾报道，小麦品种新中长的抗赤霉病性受 3 对互为上位和下位的主效基因控制。夏穗生等（1984）、周朝飞等（1987）、柏贵华等（1989）发现望水白、苏麦 3 号、温州红和尚等对赤霉病的抗扩展性不仅受 2～3 对主效基因支配，微效基因对主基因的表达也具有修饰作用。

陈楚和（1983）利用 2 个抗病品种和 2 个感病品种进行的双列杂交分析还表明，抗病品种苏麦 3 号和温州红和尚具有较多显性抗赤霉病基因，对减少其后代的病小穗率有较高的一般配合力。此后，Snijders（1990b）等的双列杂交分析，都获得抗赤霉病性的一般配合力较高，而特殊配合力不明显的结论。

此外，对赤霉病抗病性还有超亲分离现象（刘宗镇等，1992；Christensen，1927）。原江苏省苏州地区农科所在 60 年代末期，用感病品种 Funo（阿夫）和台湾小麦杂交，选育出了抗病品种苏麦 3 号。Snijders（1990a）在两个感病品种杂交的后代中也发现了较抗病的材料。Van Ginkel（1996）利用两个抗病品种宁 7840 和 Frontana 杂交，后代出现了比亲本更抗病的植株。

（二）抗赤霉病基因的染色体定位

余毓君等（1982）利用中国春双体和单体系列与苏麦 3 号杂交，分析 F_2代的抗病性，结果认为苏麦 3 号至少有 5 对抗病基因，分别位于 2A、5A、1B、6D 和 7D 染色体上，而在 2D 上有促进感病的基因。姚金保（1997）利用中国春的苏麦 3 号单个染色体代换系，将苏麦 3 号的抗病基因定位在（7A）、2B、3B 和 6B 上。Anderson（1998）利用 AFLP 和 RFLP 标记进行分析，发现苏麦 3 号的 1 个抗病基因位于 3BS，另一个位于 6BS。Procunier（1998）对二粒小麦与苏麦 3 号杂交后代，用微卫星法检测到 F_2代群体中，一些含有苏麦 3 号整套 D 组染色体的植株非常感病，由此推测苏麦 3 号 D 组染色体可能没有抗病基因。通过研究芒与抗病性的关系，Ban（1998）认为苏麦 3 号的芒性状基因与抗病性基因连锁，Ban 将这一抗病基因定位于 5AL 上。

利用中国春单体分析法，余毓君等（1982，1990）认为望水白的抗病基因位于 4A、5A、7A、7B 和 4D 染色体上，除了 5A 与苏麦 3 号相同外，其余都不同。温州红和尚的抗病基因位于 2A、5B、6B、6D、3D、4D 和 7D 染色体上，而平湖剑子麦的抗病基因则位于 7A、3B、5B、6B 和 6D 上。同时还发现苏麦 3 号、望水白、温州红和尚 3 个品种只有抗病基因，抗性强而稳定；平湖剑子麦在发病后期有较多的抗病基因，感病基因少，抗性也较稳定；延冈坊主和万年 2 号在发病初期具有抗病基因，后期具感病基因，属中抗类型品种。Buerstmargr（1996）用同一方法研究了 U - 136.1 的抗病性遗传，认为抗病基因位于 5A、1B、4B、6B 和 6D 上，并发现与苏麦 3 号一样，U - 136.1 也有促进感病基因，只是这个基因位于 2B 上，而不是 2D 上。

Van Ginkel（1996）利用重组自交系，验证了不同品种抗病基因的染色体定位。他利用 Frontana 和宁 7840 杂交，在后代中得到了一定比例的感病植株及抗性超亲的植株，表明这两个品种的抗性基因不等位。

表 12 - 12　不同抗性材料中抗病基因的染色体定位

抗病品种	抗病基因染色体	研究方法	资料来源
苏麦 3 号	2A、5A、1B、6D、7D（7A）、2B、3B、6B、3BS、6BS、5AL	染色体单体分析 单个染色体代换系 RFLP、AFLP 性状连锁分析	余毓君，1982 姚金保，1997 Anderson，1998 Ban，1998
望水白	4A、5A、7A、7B、4D	染色体单体分析	余毓君，1982
温州红和尚	2A、5B、6B、3D、4D、7D	染色体单体分析	余毓君，1982
平湖剑子麦	7A、3B、5B、6B、6D	染色体单体分析	余毓君，1982
V - 136.1	5A、1B、4B、6B、6D	染色体单体分析	Buerstmargr，1997

* 引自袁建华博士论文。

（三）抗赤霉病基因的分子标记

长期以来，作物遗传育种学家们利用数量遗传学和细胞遗传学方法，研究小麦赤霉病抗病性的遗传方式，进行抗病基因的定位。利用分子标记的方法则可以更精确地估计基因数目和把基因定位到特定染色体的特定区段。Bai(1998)利用重组自交系群体分析宁 7840 的抗病性遗传，得到 5 个与抗性连锁的 RAPD 标记，9 个连锁的 AFLP 标记。Ban(1996)获得了与隐性感病修饰基因连锁的 RA PD 标记。随着研究的深入与发展，分子标记将有助于抗赤霉病辅助育种以及抗病基因的遗传研究。

五、小麦抗赤霉病种质资源

小麦抗赤霉病种质资源是抗病育种的物质基础。抗赤霉病育种的进展与种质资源的发现、开拓和正确利用紧密相关。

（一）抗病种质资源的筛选

小麦品种间感病程度存在差异，但未发现对赤霉病免疫的品种。Hanson（1950）总结了 1935—1950 年数千份小麦品种的抗赤霉病性，绝大多数品种感病，少数品种相对抗病。此后，国外相继报道了一批抗赤霉病的品种，如美国的前进麦（Progress），据查其抗源可能来自中国东北。意大利罗马谷物研究所报道，硬粒小麦吉阿多512对赤霉病免疫，但引入中国试种，却表现感病。另据报道，日本品种延冈坊主有较强抗病能力，巴西品种Frontana有一定抗侵入能力，李麦（Lee）表现抗扩展，澳大利亚品种sodat感病较轻，其他性状也较好。

我国自1974年起就组织了全国范围的小麦种质资源抗赤霉病性联合鉴定与统一评价，到1982年为止共鉴定了国内外小麦样本约3万多份。明确了我国为抗赤霉病种质资源最丰富的国家，经过长期的自然选择和人工选择，抗（耐）病品种主要分布在赤霉病流行频率高的长江中下游各地以及福建省。据刘宗镇等（1991）报道，从17 621个普通小麦材料中筛选到抗病品种32个，占0.18%；中抗品种229个，占1.3%；中感—中抗品种123个，占0.7%；中感品种1 104个，占6.27%；其余16 133个品种（91.55%）都是感病的。不仅没有发现免疫的品种（系），而且抗病品种也为数甚少，但品种间感病程度还是有很大差异的，可将384个表现抗病和中抗品种（系）归纳为3种类型：①抗性强而稳定的抗病品种。如望水白、苏麦3号、繁60085等。这类品种较少，只占抗病和中抗品种的8.3%，在不同地区、不同年度、不同病害流行条件下，田间发病都较轻，表现抗侵入、抗扩展。②抗性较稳定的中抗品种。这类品种占59.6%，其中有些如苏麦2号、翻山小麦、荆州1号等，与其他中度抗病或中度感病的品种杂交，后代的抗病性往往会超过亲本，也是可以利用的优良抗源。③中感一中抗品种。这类品种占32.1%，抗性表现不稳定，易受环境条件（降雨和湿度）的影响，发病条件适宜时，常表现中度感病，甚至感病。例如鄂麦6号、Frontana等。王裕中等（1982）经过6年的初筛和复筛，将5 704个普通小麦材料，依据抗病性强弱也划分为不同的类型，与前述结果一致。他们从这些普通小麦材料中筛选到一批稳定的抗（耐）病品种，包括江苏的望水白、苏麦3号、镇7495、宁7840，浙江的剑子麦、软秆洋麦、蜈蚣麦、波苏1号、林苏7号、林苏12等，湖北的荆州1号、鉴30，江西的万年2号，福建的翻山小麦、繁635、繁60085等。抗病材料苏麦3号、望水白、宁7840的发现推动了我国乃至世界的小麦抗赤霉病育种，尤其是苏麦3号已被各国广泛用作抗病亲本。

此外，国外在引进我国抗源的同时，也积极开展当地种质资源的筛选，如欧洲、大洋洲等地从当地品种中也筛选出一批高抗材料（Buerstmayr，1996）。

（二）利用小麦近缘物种创造新抗源

普通小麦抗病性较好的材料大部分丰产性较差、农艺性状不理想，很难直接用作育种亲本（王裕中，1982）。对这些材料的系谱分析发现，它们基本上局限于意大利品种Mentana、Funo和我国地方品种台湾小麦及其衍生系的抗病性（刘宗镇，1992；王仲明，1996），遗传来源单一，抗赤霉病基因贫乏。

为了寻找更丰富的抗赤霉病遗传资源，科学家们已开始把目标转向小麦近缘属物种。经过大量研究，发现黑麦属（*Secale*）、冰草属（*Agropyron*）、披碱草属（*Elymus*）、山羊草属（*Aegilops*）、簇毛麦属（*Haynaldia*）、大麦属（*Hordeum*）和旱麦草属（*Eremopyrum*）中没有对赤霉病免疫和高抗的材料（全国小麦赤霉病研究协作组，1982；刘宗镇等，1985；叶华智等，1996）。

1982年，墨西哥国际玉米小麦改良中心（CIMMYT）首先发现巨大冰麦草（*Elymus*

giganteus，即 *Leymus racemosus* Lam.）对赤霉病有较高的抗病性（Mujeeb-Kazi，1983），并获得了普通小麦与巨大冰麦草的杂种及其回交后代，从中选育出一些抗赤霉病的中间材料。南京农业大学细胞遗传研究室自 20 世纪 80 年代初起，对 10 余个小麦亲缘属物种进行了抗赤霉病性鉴定，筛选到高抗材料除巨大冰麦草外，还有纤毛鹅观草（*Roegneria ciliaris*）、鹅观草（*Roegneria kamoji*），它们的抗病性都高于苏麦 3 号，鹅观草被认为是迄今筛选出的抗病性最强的抗源（1996）。叶华智等（1996）在自然发病和人工接种条件下，评价和筛选了小麦近缘植物 7 个属 36 个种共 202 份材料，也仅发现鹅观草属中有几份材料具有高度的抗扩展性和一定的抗侵入能力，是一批很有希望的抗赤霉病遗传资源。80 年代以来，南京农业大学细胞遗传研究室致力于由近缘物种向普通小麦转移赤霉病抗病性的研究，现已选育出数个抗病性高于苏麦 3 号的普通小麦一大赖草（巨大冰麦草）异附加系、普通小麦一鹅观草异附加系和普通小麦一纤毛鹅观草异附加系。陈佩度等（1996）在对普通小麦一大赖草异附加系抗病性研究中还发现，至少有 3 对大赖草染色体携有抗赤霉病基因，其中有 1 对染色体上的基因所控制的抗性明显高于苏麦 3 号，另 2 对染色体基因控制的抗病性与苏麦 3 号相仿。通过不同抗病性附加系间的互交，还创造出双重或多重附加（代换或易位）系，提高了抗赤霉病性强度。该细胞遗传研究室利用选育出的抗赤霉病异染色体系（附加系和代换系）与抗赤霉病的普通小麦品种或农艺亲本杂交，从获得的 F_2～F_3代中，选育出一批抗病性明显高于苏麦 3 号的单株，为进一步选育抗赤霉病新品系提供了优良的遗传群体。

六、小麦抗赤霉病性的鉴定技术

在抗源筛选和抗病育种工作中，要准确评价品种与育种材料的抗病性，不仅需要有充分的发病条件，还要有一套精确可靠、简单易行的鉴定方法。

（一）接种菌源

1. 菌株的选择　禾谷镰刀菌是我国小麦赤霉病的优势致病菌，菌株之间的致病力存在着显著差异。在抗病性鉴定时，一般混合使用禾谷镰刀菌几个有代表性的菌株。王裕中等（1985）发现菌株间致病力虽有显著差异，但各地几个菌株致病性的平均值之间并无明显差异。可以将同一地点数个菌株混合，接种鉴定抗病性。为了保证接种菌株保持原有的致病性，不宜使用移植培养多代的菌株，因为频繁移植培养后，菌株的致病性逐渐减弱或丧失（李清铣，1983）。将致病性衰退的菌株回接活体寄主，分离获得复壮菌株，可恢复致病能力。

2. 接种体的菌态　只有具有强或较强致病性，病原菌才能完成侵染过程。王裕中等比较了小麦赤霉病菌子囊孢子与分生孢子的致病性，以相同浓度的两种孢子悬浮液，用单花注射法接种麦穗，结果其间潜育期差数小于 1 天，接种 8 天后病小穗率无明显差异，这说明子囊孢子和分生孢子具有相同的致病性。徐雍皋等（1982）的研究也证明，子囊孢子、分生孢子和菌丝体对小麦的致病性没有显著差异，即使仅用 1～2 个孢子接种，都能侵染麦穗，引起典型的穗腐症状。在侵染与扩展速度上，子囊孢子与分生孢子是相似的，但较接种菌丝体慢。接种后达到同等病情所需要的时间，接种菌丝体的比接种孢子的快 7 天左右。在抗病性鉴定中，这三种类型的接种体都有应用，接种效果都较理想。

（二）接种方法与抗病性评价

小麦品种对赤霉病的抗病性至少涉及两个主要方面：初期侵染的建立和病原菌侵占寄主组织的速度。Schroeder 和 Christensen（1963）用分生孢子悬浮液喷雾接种麦穗，以病小穗数和病种子的百分率来衡量品种抗病性。受侵染的小穗数不一定能反映病菌引起的危害总量，因为病原菌侵占麦穗主轴的范围、严重程度和速度因品种而异。病种子百分率能够较确切地反映病菌在麦穗上扩展的严重程度，严重程度还会因麦穗长度、小穗数和初期侵染小穗的位置而不同。正确评价品种的抗病性，应当考虑到这些影响因素。华东农科所在 20 世纪 50 年代，首先采用带菌麦粒土表撒施法接种，散布地面的麦粒表面不断产生子囊孢子，成为病原菌的接种源，还用稀薄的绿豆汤振荡培养，获得分生孢子，用作接种源。评价抗病性以接种后的病穗率和病情指数作为指标。这些方法一直沿用至今。由于田间病菌子囊壳的形成，子囊孢子的成熟、释放，分生孢子的产生、传播和侵染，受气象条件影响极大，因此小麦品种的田间发病程度常因年份、播期、抽穗期的早迟而有较大差异。在气候干旱少雨，发病特轻的年份，即使土表接种或开花期喷洒孢子液，若无其他辅助措施，都不足以让感病品种充分发病，还有可能不发病，难以评定小麦品种的抗病性（1982）。

赤霉病抗病性鉴定适用的接种方法有以下几种，使用哪种方法需要根据鉴定的要求来确定。

1. *病麦粒土表接种* 将人工培养的带菌麦粒，按每 667m^2 2～4kg 的用量，于小麦孕穗中后期（抽穗前约 10～15 天）均匀撒在大田麦株间。土表病麦粒吸湿后，菌丝发育，形成子囊壳及子囊孢子。抽穗扬花时，子囊孢子弹射至麦穗或小花上，完成对小麦的侵染。此法如前所述，受环境条件影响较大，年度间、播期间、地区间或生育期不同的小麦品种间的发病差异较大。

2. *孢子液喷雾接种* 用培养好的分生孢子或子囊孢子配成孢子悬浮液，适宜菌量为 100 倍显微镜下每视野有 10～20 个孢子。在小麦扬花期，于傍晚向穗部均匀喷洒孢子液，使麦穗上形成雾珠或保持湿润，以保证孢子萌发、侵染时对湿度的要求。该法可克服因播期、品种生育期不同所造成的差异，但仍然受到气象条件的影响，年度间、地区间的发病差异仍然是不可避免的。小麦抽穗扬花期间的降雨对发病的影响很大，在这一关键生育期间，可用喷水设施进行田间辅助人工降雨。

江苏省农业科学院和上海市农业科学院多年来用该法诱发病害，效果令人满意，但需要掌握适度，即在充分保湿的条件下，接菌的选择压力不可过大，否则发病过重，不仅无法评价品种之间的抗病性差异，而且有可能毁掉那些在农艺性状或其他性状上有特色或有利用价值的材料。因此，土表接种法和孢子悬浮液喷雾接种法一般不适合于育种圃和种质资源圃，适用于小麦品种（或材料）抗病性鉴定圃。

使用土表接菌和孢子液喷雾接种这两类方法，多以病穗率和病情指数作为品种抗病性评价的指标。也有的以抗病与感病对照品种病情指数的平均值和相应的标准差作为划分抗病与感病的依据，适用于鉴定品种的抗侵入性和抗扩展性。

3. *麦穗单花滴注接种* 在小麦齐穗至始花期，选择尚未开花的麦穗，用注射器向麦穗中部一小穗的小花内注入 10～20μl 培养好的分生孢子或子囊孢子悬浮液（100 倍显微镜下每视野内有10～20个孢子)。发病后以病害分级、日扩展速率或病小穗率作为抗病性的衡量指标。此外，剪颖滴菌法、带菌载体接种法、室内离体麦穗单花滴注接种法等都同属于这一类型的接种方法，这类方法常用于鉴定品种的抗扩展性。由于受环境条件的影响相对较小，相同品种在不同年度间、不同地区间或不同播期间的抗病性表现也相对稳定。这一鉴定技术可用于比较病原菌的致病性和品种抗病性，也可用于抗病性遗传和抗病机制研究。

4. *赤霉毒素生物测定法*　小麦赤霉病菌可以产生数十种次生代谢产物，其中主要是脱氧雪腐镰刀菌烯醇（DON）。小麦的组织对赤霉毒素的敏感性与品种抗病性有显著的相关性（王裕中等，1989；刘思衡，1990；陈怀谷，1990；徐雍皋，1990）。利用赤霉毒素测定品种抗病性的方法，目前主要有小麦黄化芽鞘生物测定法和胚根生长抑制测定法两种。

黄化芽鞘生物测定法：Cutler（1985）报道，芽鞘生物测定法是一种敏感、简便的生物测定方法，可用作测定植物生长抑制剂、刺激剂和新陈代谢产物的生物活性。赤霉毒素对小麦的黄化芽鞘也有很强的生物活性（王裕中等，1989；陈怀谷，1990）。选健康小麦种子，用1%漂白粉液表面消毒15min，先浸种催芽，取露白种子播种在消毒过的含水石英砂或浸湿的培养皿滤纸上，于22～25℃黑暗条件下培养3～4天。然后切取离芽尖4～8mm的芽鞘片段，置于含一定毒素浓度（以DON为标准）的磷酸—柠檬酸缓冲液（pH5.6）+2%蔗糖液中，振荡培养18～20h（25℃，黑暗，50r/min）后，测量芽鞘长度。根据芽鞘生长受抑制程度，比较不同品种对毒素的敏感性。敏感浓度为10^{-3}mol/L的定为抗病（R），$10^{-5}\sim10^{-4}$mol/L的定为中抗（MR），0.5×10^{-5}mol/L的定为中感（MS），10^{-6}mol/L的感病（S）。

胚根生长抑制法：徐雍皋等（1991）用抗病性不同的品种种子在25℃下保湿催芽，取露白种子播种在含5ml粗毒素稀释液的培养皿滤纸上，于25℃下处理48h，测量胚根长度。根据胚根生长抑制率，评价不同品种的抗病性。如用0.4%的粗毒素处理，小麦胚根生长抑制率，苏麦3号（R）为3.46%，扬麦4号（MR—MS）为17.6%，而矮秆早（S）为33.8%。

上述4种类型的接种鉴定技术各有特点，需要根据研究目的或生产要求，选择最适合的方法。小穗单花滴注接种的鉴定结果比较准确、稳定，但仅反映了抗扩展性。土表接种和花期喷菌接种方法简单易行，但受环境条件影响较大。在鉴定材料多、田间保湿不均匀、发病条件不一致的情况下，可先用土表接种和花期喷菌接种法进行抗病品种初筛，淘汰明显感病的材料。对初选材料再用单花滴注接种法进行复筛，以确定其抗病程度和应用价值。赤霉毒素生物测定法，除用于鉴定品种抗病性外，还用于对小麦杂交后代单株、抗病转基因单株、抗病突变体单株的抗病性早期检测。还有一些鉴定方法，例如细胞膜损伤度测定（刘思衡等，1990；刘惕若等，1988），麦胚凝集素测定（袁汉博等，1987），苯丙氨酸解氨酶、过氧化物酶、超氧化物歧化酶测定（王雅平，1994）等。这些方法的效果和利用价值还需进一步研究证实。

七、小麦抗赤霉病育种和品种利用的经验、问题与解决途径

对赤霉病的抗病育种既重要又困难，过去选育的一些抗病品种，例如望水白、温州红

和尚、万年 2 号、苏麦 3 号、鄂麦 6 号、宁 7840 和福 421145 等，或因农艺性状欠佳，或因在赤霉病大流行年份仍造成产量损失和籽粒品质降低，不能适应小麦生产的要求，需要在丰产与抗病的综合性状方面取得突破性进展。

赤霉病菌属非专化致病性真菌，寄主范围广泛，有性生殖频繁，致病性因素复杂。小麦对赤霉病没有免疫品种，缺乏抗病基因。许多抗源材料，由于不亲和性、抗病基因与不良性状基因相连锁等原因，未能将其抗赤霉基因转移到栽培品种中去。小麦品种对赤霉病的抗病性为数量遗传，受几对主效基因和微效修饰基因的影响，遗传力偏低，要把这些抗病基因与优良的农艺性状都结合到一个品种中去，是比较困难的。

经过近 30 年的抗赤霉病育种实践，我国从事抗赤霉病育种及其相关研究的科技工作者积累了丰富的经验，对抗赤霉病育种工作形成了较为一致的认识。

（一）品种抗病性与综合性状的关系

优良品种一般要兼具丰产性、优质性、抗逆性。抗逆性包括抗病（虫）性、抗旱性、抗寒性等具体要求，对抗病性就要求持久稳定且兼抗几种病害。这类品种固然十分理想，但过分求全，往往难以实现。农业生产需要统筹兼顾，对各育种目标都应有一个适度的要求。抗病只是手段，保证优质、丰产才是目的。周朝飞等（1987）就曾提出，小麦抗赤霉病育种的目的，不仅要抗赤霉病，还要有较好的丰产性、多抗性和适应性。钱存鸣等（1996）在总结抗赤霉病育种经验时，进一步强调抗赤霉病育种不能仅仅满足于单一抗病性的突破，而应重视品种综合性状的改良与总体水平的提高。对育种材料的抗病性的要求应当适度，在符合生产总体水平要求的情况下，要重视中抗品种的选育。刘宗镇等（1992）也认为，对赤霉病菌这样腐生性较强的病原菌，不可能像对专性寄生菌那样，要求抗病品种达到免疫或高抗的程度。在赤霉病流行的条件下，一个具有中等程度的相对抗病的品种，在生产上就有应用潜力，过高的抗病要求，最终育出的可能只是高抗的亲本材料，而不是实际应用的抗病品种（钱存鸣，1996）。例如，多抗品种宁 7840 是［（阿芙乐尔×安徽 11）F_2×苏麦 3 号］的选系，高抗赤霉病、白粉病和锈病，抗赤霉病性和丰产性均好于苏麦 3 号，但由于植株较高，不抗倒伏，穗部经济性状也不及当时的推广品种，始终无法在生产上应用，只能用做抗病亲本。相反，江苏省里下河地区农科所育成的扬麦 5 号和扬麦 158，抗赤霉病性并不突出，表现为中感—中抗，但适应性广，综合性状良好，在生产中表现中（丰）产、稳产，在长江下游麦区推广面积均超过 150 万 hm^2，先后成为该地区种植面积最大的两个小麦品种。由此可见，在抗赤霉病育种中，以优良综合性状为总体目标，采取将抗赤霉病性状与优良综合性状紧密结合的育种策略，就能够培育出在生产上有实用价值的优良抗病品种。

（二）改良和利用抗赤霉病遗传资源，开拓多种育种途径

在赤霉病抗病育种中，除了继续采用已有的品种诱变、常规杂交育种等方法外，还要通过复合杂交、阶梯杂交和多次选择等途径，建拓抗赤霉病的新抗源和选育综合性状优良的品种（周朝飞等，1984、1987）。

以往实际应用的抗源仅局限于几个基因型，其中以苏麦 3 号在国内外应用频率最高，从而造成了抗病基因的相对单一化。我国拥有世界上最丰富的抗赤霉病种质资源，已经发现许多位于不同染色体上的抗病基因，加之小麦对赤霉病的抗病性有明显的超亲现象，合理利用抗源，有可能育出抗病性超亲的品种。由感病品种阿夫（Funo）/台湾小麦育出了抗病品种苏麦3号。华中2133（毛颖阿夫×宜麦1号）和镇7495（复穗黄×友谊麦）两个抗病品种的育成，是抗赤霉病超亲现象利用的又一佐证。吴兆苏等（1984）、黄德崇等（1990）提出了建拓小麦抗赤霉病基因库，即利用太谷核不育基因为遗传改良工具，选用遗传基础不同的抗源材料和优良品种进行多亲本综合杂交，建立和开拓以抗赤霉病为主的基因库，通过轮回选择，积累抗赤霉病基因，打破不利基因连锁，在提高抗赤霉病性的同时改进所需要的其他性状。刘宗镇等（1991）也利用抗病性的累加效应，把抗病遗传资源中的抗病（R）类、中抗（MR）类、中感（MS）类以至感病（S）类的部分具有抗病基因的材料，运用到抗病育种中去。他们认为，中抗（MR）、中感（MS）类抗源不仅数量多，而且其中有很多是农艺性状好的高代品系、栽培品种或现行推广品种，这些材料或品种是应用累加法实施抗病育种的重点抗源。实践证明，选用具有一定程度抗病性而农艺性状好的基因型参加累加，其后代选系多兼具一定程度的抗病性和优良综合性状。上海市农业科学院植物保护研究所等单位利用太谷雄性核不育基因，把包括5个农艺亲本和20个抗源在内的25个亲本进行组合杂交，经轮回选择育成了申麦2号。该品种具有较好的抗病性，适宜在长江中下游病害频发地区种植。

此外，随着农业生物技术的发展，应用花药培养技术、细胞突变体筛选技术和抗病基因技术等进行生物技术育种也已取得了初步成效。

（三）继续改进抗病性鉴定方法

现有的多种抗病性鉴定方法，已经在抗源鉴选和抗病育种中发挥了重要作用，有许多经验值得认真总结，也有一些问题需要进一步商榷。

1. *多年多点鉴定*　一个小麦品种的抗病性在不同地区可能表现不一样，这就需要进行多点鉴定。如果一个品种在所有鉴定地点，抗病性表现都接近或超过抗病对照品种，就可以确定该品种抗病，如果在多数地点表现抗病，在少数地点表现感病，则应当认作总趋势是抗病的，若在不同地点的抗病性表现不一致，就需要继续进行多年鉴定。根据多年多点鉴定结果，才能确定其抗病程度和抗病稳定性（周朝飞等，1987）。扬麦5号、扬麦158、宁麦8号、宁麦9号及宁895004等品种，都是在长江中下游赤霉病常发麦区以及福建省建阳地区多年设点鉴定，在了解其适应性的同时，确认了抗病性和抗病稳定性。

2. *设立病害鉴定圃*　在同一地区的不同年份间，赤霉病病情和品种的抗病性表现也可能不一样，这就需要在选种圃之外，设立人工诱发病害的鉴定圃，保证在不利于病害发生的年份（轻病年或不发病年）能正常进行抗病性鉴定。选种圃不接种赤霉菌，接近自然生态条件，没有过大的病害选择压力，不会轻易淘汰一些丰产潜力大、品质优良或其他农艺性状较好的材料。病害鉴定圃通过人工接种而诱发病害，目的是提高选择效率。但也并非发病越重越好，选择压力应当适度，发病近似于自然而略偏重即可。过大或过小的选择压力，常常会掩盖了基因型间的差异，不利于抗病品种或品系的鉴选。针对小麦品种抗赤霉病的遗传特点，诱发病害时造成的选择压力，对早代材料宜偏轻，对高代材料或品系则可逐代加重，以减少早代材料中对提高抗病性有益的微效基因流失。

3. *开拓抗病性快速鉴定新技术*　随着抗赤霉病育种的不断发展，对抗赤霉病鉴定工作也有了更高、更新的要求，即准确、可靠、快速。农业生物技术的发展，已为利用高新技术进行抗病性鉴定提供了理论基础与技术准备。需要进一步掌握国内外有关抗赤霉病育种和有关研究的新信息，加强国内外各研究单位的合作，及时总结和应用相关研究成果，开拓抗病性快速鉴定新技术。

第六节 病毒病

世界上为害麦类作物的病毒病有 50 多种，苗期和成株期均能侵染，一般侵染愈早，对小麦生长和产量的影响愈大。在我国，小麦病毒病主要有小麦黄矮病、小麦丛矮病、小麦红矮病、小麦黄花叶病、小麦线条花叶病等。其中小麦黄矮病和丛矮病的分布较广，其余多限于在特定地区发生。小麦病毒病与其他植物病害，如由真菌、细菌和线虫等引起的病害一样，属于侵染性病害。病毒是一种没有细胞结构的生物，是由核酸及其蛋白质外壳组成的较简单的生命类型，是一种绝对的专性寄生物，要完全依赖植物细胞内的代谢和能量系统进行复制、遗传和变异，并影响寄主细胞的代谢，使植物生病。由于病毒病的发生涉及寄主、病毒、介体、环境等多种因素，加之病毒病防治药剂缺乏，故抗病毒品种的选育推广成为病毒病防治的重要措施。

一、小麦品种对黄矮病的抗病性及其利用

小麦黄矮病是世界性的病害，流行年份可减产 20%～30%，严重时达 50%以上，被称为小麦的“黄色瘟疫”和“癌症”。在我国华北和西北冬、春麦区，曾先后于 1966、1968、1970、1973、1978、1980 和 1999 年发生中度偏重为害或大流行。1987 年陕西和甘肃两省小麦因此减产 5 亿多 kg，1996 年甘肃省河西走廊地区黄矮病流行造成小麦减产达 36.8%。因此，小麦黄矮病是我国流行范围最广、危害最大和研究最深入的病毒病害。

（一）小麦黄矮病的病原及其株系划分

小麦黄矮病是由大麦黄矮病毒（*Barley yellow dwarf virus*，BYDVs）引起的。BYDVs 为球形病毒，由蚜虫以循回型持久性方式传播，不能通过汁液摩擦接种。不同种的病毒其蚜传特性不同。病毒在植物体内仅局限于韧皮部组织，并且在寄主体内的浓度很低。研究表明，有 150 多种植物可作为 BYDVs 的寄主，未发现能够侵染双子叶植物的分离物。BYDVs 在寄主上的症状表现因寄主种类、品系、生长期及生理条件、病毒株系、接种剂量和环境条件等因素的变化而不同。由此引起的小麦黄矮病的常见症状表现为节间缩短、矮化、叶片失绿，一般由叶尖或叶缘开始，向下扩展，叶片中下部呈黄绿相间的纵纹。

20 世纪 60 年代以来，对 BYDVs 的不同分离物的介体传播性能、寄主种类及致病性进行了大量的研究（Rochow，1969；Gill 等，1969）。在大麦黄矮病毒的生物学特性中，其蚜虫传播特性的差异非常显著，因此把它作为株系划分的标准。Rochow 和 Muller（1971）根据蚜传特性将取自美国纽约的 BYDVs 划分为 5 个不同的株系：PAV、MAV、SGV、RPV、RMV。PAV 由禾缢管蚜（*Rhopalosiphum padi*）、麦长管蚜（*Sitobion avenae*）等非专化传播；MAV 由麦长管蚜（*Sitobion avenae*）专化传播；SGV 由麦二叉

蚜（*Schizaphis gramium*）专化传播；RPV 由禾缢管蚜（*R. padi*）专化传播；RMV 由玉米蚜（*R. maidis*）专化传播。根据 ICTV（2000）第七次报告，BYDVs 的不同株系已升格为种并被划分到黄症病毒科（Luteovirdae）的黄症病毒属（*Luteovirus*）和马铃薯卷叶病毒属（*Polevirus*）中，其中黄症病毒属目前已确定 BYDV - PAV 和 BYDV - MAV 两个正式成员。BYDV 的 RPV 株系则属于马铃薯卷叶病毒属（*Polerovirus*），现在定名为禾谷黄矮病毒 RPV（*Cereal yellow dwarf virus* - RPV）。

在我国，大麦黄矮病毒主要有 4 种株系类型，它们及各自主要的蚜传介体分别为 GAV（麦二叉蚜、麦长管蚜）、GPV（麦二叉蚜、禾谷缢管蚜）、PAV（禾谷缢管蚜、麦长管蚜、麦二叉蚜）、RMV（玉米蚜）。GAV 与 MAV 的抗血清反应强烈，外壳蛋白核酸序列同源性很高（周广和等，1987；常胜军等，1999）。GAV 和 MAV 的显著区别在于前者可以被麦长管蚜和麦二叉蚜两种蚜虫有效的传播，而后者仅被麦长管蚜专化性传播。GPV 与美国五种分离物无血清学关系，是我国所特有的血清型。GPV 外壳蛋白基因核苷酸和氨基酸序列与 PAV、MAV 同源性很低，与 RPV 的同源性相对较高（核苷酸和氨基酸的同源性分别为 83.7%和 77.5%），但两者却无血清学关系（成卓敏等，1996）。GPV 与 BWYV、PLRV 外壳蛋白基因核苷酸和氨基酸同源性比 MAV 和 PAV 还要高，可能是本科中马铃薯卷叶病毒属的成员。

表 12 - 13　我国 BYDVs 的株系划分

（周广和等，1986、1987）

株系类型	传　毒　蚜　虫	互作关系
GAV	麦二叉蚜（*Schizaphis graminum*） 麦长管蚜（*Macrosiphon avenae*）	非专化性
PAV	禾谷缢管蚜（*Rhopalosiphum padi*） 麦长管蚜（*Macrosiphon avenae*） 麦二叉蚜	非专化性
GPV	麦二叉蚜（*Schizaphis graminum*） 禾谷缢管蚜（*Rhopalosiphum padi*）	非专化性
RMV	玉米蚜（*Rhopalosiphum maidis*）	专化性

（二）小麦黄矮病抗源的鉴定

小麦抗黄矮病育种的基础是具有优良的抗病种质资源。自 20 世纪 60 年代以来，国内外开始从小麦及其近缘植物中筛选黄矮病的抗源。从 1973 年开始，中国农业科学院植物保护研究所鉴定了 4 万多份小麦品种（系），在普通小麦品种（系）中未发现抗病材料。国外的研究仅在大麦中找到一些抗病基因，如 *Yd2*、*Yd3*、*Yd1*，但这些基因在小麦中抗病性不强，因此在抗病育种中的利用价值不大，并认为普通小麦中不存在抗源材料，只有几个小麦品种表现耐病，如国际玉米小麦改良中心（CIMMYT）的小麦品种 Anza 对 BYDV - MAV 耐病但对其他株系敏感。我国的一些小麦品种特别是农家品种，如延安 19、复壮 30、蚂蚱麦、大荔三月黄等在黄矮病流行地区表现发病较晚较轻，尤其是从幼苗开始发病至成株期，不仅拔节正常，而且病株叶片发病部位始终仅处于褪绿黄化状态，扩展极其缓慢，表现出慢病性。

（三）利用近缘植物抗病基因进行抗黄矮病育种

由于在普通小麦中未发现抗小麦黄矮病毒的种质资源，自 20 世纪 60 年代起，国内外开始从普通小麦的近缘植物中筛选黄矮病的抗源。发现 *Thinopyrum*、*Elytrigia* 和 *Leymus* 三个属的许多植物对黄矮病毒免疫或高抗。70 年代，法国和中国的学者分别将普通小麦与中间偃麦草（*Thinopyrum intermedium*）杂交，育成了异源八倍体中 4、中 5 和异附加系 TAF46 及 L1，经检测均高抗黄矮病。中间偃麦草是由 E1、E2 和 X 三个染色体组构成的异源六倍体，易与小麦杂交，而且具有抗黄矮病毒、抗锈以及耐旱和抗寒等优异基因，已成为小麦品种遗传改良不可多得的优良基因源，被广泛应用于小麦的育种。1991 年中国农业科学院作物研究所、植物保护研究所与澳大利亚合作，以附加系 L1 为抗源，利用中国春 ph 突变体诱导部分同源染色体配对和组织培养两条途径，诱导 L1 中 7Ai－1 染色体与小麦染色体发生重组或重接，将中间偃麦草 7Ai－1 上的抗黄矮病基因导入小麦中，育成了一批抗黄矮病的异位系材料。1993 年，中国农业科学院作物研究所与植物保护研究所合作以异源八倍体无芒中 4 为抗源，与不同普通小麦品种杂交、回交和组培，选育出抗黄矮病的异附加系 Z1、Z2、Z6，其抗病性均由附加的一对中间偃麦草 2Ai－2 上的抗病性基因控制。辛志勇等（1997）以 Z1、Z2 和 Z6 作为母本与普通小麦杂交，对其幼胚进行组织培养，选育出 2n＝42 的抗黄矮病小麦新种质。国内有关育种单位利用这些种质已育成了抗黄矮病的临抗 1 号、张春 19 和张春 20 等小麦品种。

（四）小麦抗黄矮病基因工程育种

基因工程技术为培育抗病毒病品种开辟了新途径。在分子生物学和植物生物技术迅速发展的近十余年中，植物病毒抗病基因工程的技术路线已趋向成熟，并且仍在不断发展。

1. *病毒 CP 基因介导的抗病性* 植物病毒外壳蛋白基因介导的抗病性是研究最早、应用最广泛的抗病毒基因工程策略。自 1986 年将 TMV 的 *CP* 基因导入烟草获得抗病毒转基因后代以来，已对多种植物病毒的 *CP* 基因进行遗传转化并获得了抗病毒植株。1993 年，成卓敏等最早报道将 BYDV - GPV 的 *CP* 基因通过花粉管通道法导入普通冬小麦品种北京 837 中，获得具有较强抗病性的转基因小麦。McCarthy（1996）采用 BYDV -PAV 的 *CP* 基因转化小麦，发现转基因植株具有延迟发病并且减轻症状的作用。研究发现 *CP* 介导的抗病性具有以下几个共同的特点：①抗病性能力与 CP 蛋白的表达量成正相关；②抗病性与接种的病毒浓度有关，高浓度病毒接种能克服 *CP* 介导的抗病性；③抗病性只对病毒粒子起作用，一般不抗裸露的病毒 RNA 的攻击。Reimann-Philipp 等（1993）设计了 *CP* 基因的组织特异性表达实验，结果表明，抗病性依赖于 *CP* 基因在表皮细胞的表达，而在叶肉细胞表达的 *CP* 不能介导病毒抗病性。根据上述实验事实，可以推断 *CP* 介导的抗病性机理可能是转基因植物表达外壳蛋白，干扰了病毒侵染早期的脱壳过程（Register 等，1988）。随着研究的深入，*CP* 介导的抗病性呈现出复杂性。不可翻译的 *CP* 基因也能介导转基因植株对相关病毒的高度抗病性，且抗病性可以达到免疫程度，这些现象表明 *CP* 基因介导的抗病性中也存在着不依赖于 CP 本身的抗病性机制。几乎与此同时，病毒其他基因介导的病毒抗病性中也发现了类似情况。不断的研究揭示病原物来源的基因介导病毒抗病性的另一机制：RNA 水平上介导的抗病性。另外，研究表明，导入 *CP* 基因的突变体所产生的抗病性要强于野生型 *CP* 基因。

2. *病毒复制酶基因介导的抗病性* 利用病毒的复制酶基因获得转基因植物具有抗病

毒及其RNA、抗病性程度强和抗病性持续时间长等优点，已成为非常有用的抗病毒基因工程策略之一。1998年Kove等报道，如果接种导入含有BYDV-PAV复制酶基因的5′端部分的燕麦的T2和T3代，转基因植株在接毒初期表现出发病症状，但随后发病减轻或停止，并可开花、结实，而对照植株则在植株高度达到25cm之前死亡。吴茂森(2000)将GPV株系的复制酶基因片段ORF1和ORF2利用花粉管通道法分别转化小麦品种陕160、陇鉴127、晋麦47、京东8号，获得3个T1代ORF2转基因系。其中，2个为陕160，1个为陇鉴127。温室及田间抗病性鉴定，陕160转基因系表现出高度的抗病性，在对照植株严重发病时，转基因植株不表现症状或仅出现轻微的叶尖发黄；陇鉴127转基因植株也有减轻发病的作用，对照叶片全部黄化时，可保持旗叶不黄化或黄化叶面积小于1/3。

3. *病毒运动蛋白（MP）基因介导的抗病性* 对植物病毒运动蛋白的功能和特性的研究，启发人们尝试探索运动蛋白基因介导的抗病毒转基因策略。根据植物病毒运动蛋白的功能和病毒在细胞间运动的机制，假如在植物体内引入某种分子，这类分子可能会封闭或干扰MP的正常功能，则限制或阻止病毒在植物体内的扩展，从而达到抗病的目的。Cooper等（1989）的研究表明，将TMV30kD基因的完整编码区及缺失了5′端的RNA结合区的突变基因导入烟草，发现转完整基因的植株发病明显快于对照植株，而转缺失突变型基因的植株对病毒感染具有很强的抵抗作用。中国农业科学院植物保护研究所2003年运用基因枪介导法将BYDV-GAV的MP全长基因和缺失型基因导入小麦品种扬158，得到了基因组中整合有全长基因片段和3′端缺失的突变体的转基因小麦。导入全长MP基因的植株M1和M2，共20株在接种15～16天时，即普遍（17株）出现明显发病症状，下部叶片明显黄化，7～8天后发展到旗叶并很快达到1/2处。有的叶片甚至整叶枯萎。导入3′端缺失基因的植株10株中有4株表现为发病明显延迟，接种20天时仅下部叶片略微呈现症状，接种40天后旗叶仅叶尖黄化，总体症状较轻，而对照呈现正常平稳的发病状态。根据以上结果可以得出初步的结论，大麦黄矮病毒GAV的运动蛋白基因导入小麦后使小麦更加感病，而导入缺失运动蛋白基因能够使发病延迟并减轻。

4. *病毒或介体传毒基因介导的抗病性* 由于BYDVs只能由麦蚜以持久性非增殖方式传播，介体麦蚜的传毒与否及传毒效率的高低是影响黄矮病流行的重要因素，若能阻断病毒的介体传播途径，对于病毒病的防治将起到极大的推动作用。植物本身可能存在自然的对病毒介体的抗病性，同时病毒基因组和介体内均存在着与传毒有关的基因，国内外的研究证实BYDV基因组中的开放阅读框架3和5通读所编码的蛋白（通读蛋白，RTP）与介体麦蚜传毒有关（Miller等，1997）。王锡锋（1998，2003）利用覆盖测定技术，从BYDV GAV株系的介体麦二叉蚜和麦长管蚜体内鉴定并纯化出了一种分子量为50kD的蛋白质，该蛋白质是唾液附腺上的传毒受体蛋白。因此，利用基因工程技术将BYDV GAV株系的ORF5基因导入到小麦植株内，并克隆麦二叉蚜体内编码50kD传毒蛋白的基因，构建植物表达载体并进行遗传转化，植物表达这种蛋白后，便会干扰病毒的介体传播；另一方面，病毒自身与识别密切相关的蛋白或其一部分多肽在植物中表达，也会产生同样的效果。目前，人们在着力于这方面的研究。

二、小麦品种对黄花叶病的抗性及其利用

小麦黄花叶病主要分布于我国长江流域和淮河流域的四川、陕西、江苏、浙江、湖北和河南等省。此病在我国20世纪60年代以前只是零星发生，70年代以来不断扩大蔓延，为害日趋严重。除零星发病田外，一般病田减产10%～30%，严重的达70%～80%。目前已成为我国小麦生产上继黄矮病之后的又一重要病毒病害。

(一) 小麦黄花叶病的病原种类

小麦黄花叶病为真菌介体传播（土传）病毒引起的小麦病害，在世界各地广泛发生，经常造成严重危害。已报道有三种禾谷多黏菌（*Polymyxa graminis*）传播的小麦病毒，分别为土传小麦花叶病毒（*Soil-borne wheat mosaic virus*，SBWMV）、小麦梭条斑花叶病毒（*Wheat spindle streak mosaic virus*，WSSMV）和小麦黄花叶病毒（*Wheat yellow mosaic virus*，WYMV）。其中，土传小麦花叶病毒为杆状病毒粒体，血清学上与其他两种菌传小麦病毒有明显的区别，在我国主要分布在山东荣成、崂山及江苏省的个别地区。小麦梭条斑花叶病毒和小麦黄花叶病毒均为线条状的病毒粒体，而且在症状、寄主范围、血清学和核酸及外壳蛋白构成等方面非常相近，常规方法难以区分。因此，国内外对这两种病毒的发生及分布的认识较混乱，同一地区所分离的病毒可能因研究者不同而赋予不同的名称。近年来，通过对不同地区病毒分离物的血清学和分子生物学鉴定，证明在我国四川和陕西南部报道的小麦黄花叶病，以及在湖北、安徽、江苏、河南等地报道的小麦梭条斑花叶病均由小麦黄花叶病毒（WYMV）引起，而未发现小麦梭条斑花叶病毒（WSSMV）。

(二) 小麦品种对黄花叶病毒的抗病性

各地试验结果表明，不同小麦品种对黄花叶病毒的抗、耐病性差异很大。四川鉴定出繁6较抗病，而大头黄、雅安早及甘麦12等品种高度感病。河南鉴定出的小偃5号、矮粒多、偃师9号和陕农7859等品种发病较轻。陕西的4372和西育8号等较抗病。江苏鉴定出8165、8086、西风、宁丰小麦、济南13、苏8926、宁麦7号、宁麦9号和宁麦10号等高抗品种，其发病率在5%以下。岳绪国等（2001）报道了1997—2000年对3 931份材料的鉴定结果，表现高抗的683份，占17.37%，中抗—中感材料863份，占21.95%，说明小麦材料中的抗病材料较丰富。对江苏省近年的推广品种以及有特殊育种价值的163份材料鉴定结果表明，高抗的品种32份，占19.63%，中抗—中感材料48份，占29.45%。其中抗病品种以冬性、半冬性为主，如仪宁小麦、RF-1济南13和皖麦19等。

(三) 小麦品种对黄花叶病毒的抗病性遗传

秦家忠等（1986）报道，抗病亲本×抗病亲本，其F_1代的表现型为抗病，如日本矮×繁6等6个组合；抗病亲本×感病亲本，其正反交F_1代表现型均为抗病，如日本矮×大头黄等5个组合；感病亲本×感病亲本，其正反交F_1代表现型均为感病。说明控制小麦品种对黄花叶病毒的抗病性为细胞核遗传，并认为控制日本矮和华曼的抗病性是由一对显性基因；而繁6的抗病性由两对基因（一对显性基因，一对隐性基因）控制。姚金保等（1999）根据抗、感品种杂交、回交后代的表现，认为抗病品种宁麦9号的抗病性主要受两对显性基因控制。程兆榜等（2000）选用17个高抗品种、9个高感品种随机进行

杂交，通过对杂交后代及部分回交后代的分析鉴定，发现小麦品种对黄花叶病毒的抗病性遗传机制较复杂，可能存在复等位基因，且基因抗病性效应强弱不同。以济南 13 和秦麦 7 号为代表的组合，抗病基因为单基因显性；以宁丰、安农 854 和 86 繁 1 为抗病亲本的组合，抗病性可能受两对显性基因控制，但两基因的效能稍弱，单独存在时表现为不完全抗病性；鄂 2078 和皖西 8716 含有两对抗病基因，一对基因的效应很强，另一对较弱；西风和苏 8926 含有的抗病基因至少三对，其中一对基因的效应极强。岳绪国等（2001）的研究证明，小麦品种对黄花叶病毒的抗病性为细胞核遗传，抗病性基因为显性，属多基因控制。

（四）小麦抗黄花叶病品种的选育

1. *常规杂交抗病品种的选育*　由于小麦种质资源中存在对黄花叶病毒免疫或高抗的抗源材料，应用常规品种间杂交的方法培育抗病品种成为重病区小麦育种的目标之一。四川省农业科学院植物保护研究所（1983）用繁 6 和 74－4 两个抗（耐）病品种作亲本，培育出 8 个抗病品系，其抗病性比感病品种大头黄高，丰产性能不低于抗病品种繁 6。近年来，江苏省有关小麦育种单位育成了宁丰、苏 8926、苏 9321、苏 9356、宁麦 7 号、宁麦 9 号、宁麦 10 号、镇 9759 等高抗黄花叶病且丰产性好的一批品种（系），其中江苏省太湖地区农科所因位于黄花叶病毒致病性强的地区，近年所选育出的新品种（系）以高抗的居多。并提出适合的抗病性鉴定技术和准确的评价指标是选育抗病品种的关键因素，首先要选择发病均匀、感病品种发病率稳定在 100%、严重度在 2～3 级的病圃；其次是适当早播，以免错过和缩短适宜介体活动的土温，造成症状不明显；第三要掌握合适的调查时期和评价标准，一般当抗病株和感病株趋于稳定为止，做一次重点调查，评价标准是以不表现症状的为抗病株，表现症状的为感病株。

2. *抗小麦黄花叶病毒的基因工程育种*　像其他植物病毒一样，利用病毒来源的基因，选择合适的小麦品种进行遗传转化并对其后代进行筛选，可以通过基因工程的方法获得抗黄花叶病毒的小麦品种。中国农业大学于嘉林等（2002）构建了含有小麦黄花叶病毒外壳蛋白基因和与菌传有关的 72kD 蛋白基因的两个植物表达载体，通过基因枪法对京核 931、R－036 和豫麦 21 等 14 个小麦品种的幼胚进行遗传转化，将 PCR 鉴定表现阳性的 T_0 和 T_1 代转基因植株的种子播种于重病田，筛选到了 1 个转外壳蛋白基因的 T_2 代植株群体在田间表现高抗，而且该抗病性株系中的外壳蛋白含量明显低于感病品系，认为其抗病性是由病毒诱导的基因沉默引起的。中国农业科学院作物研究所徐惠君等（2001）以扬麦 158 幼胚愈伤组织为受体，通过基因枪介导法将含有小麦黄花叶病毒复制酶基因的植物表达载体转入小麦，T_0 代植株经 PCR 鉴定，获得了 14 株含复制酶基因的转化植株，转化率为 0.43%，T_2 代分子鉴定和田间抗病毒鉴定，获得了 4 个抗黄花叶病毒的转基因品系。

三、小麦品种对其他病毒病的抗病性及其利用

（一）小麦品种对丛矮病的抗病性

小麦丛矮病是由北方禾谷花叶病毒（*Northern cereal mosaic virus*，NCMV）引起的病毒病害，灰飞虱（*Laodelphax striatella*）为主要传毒介体。20 世纪 60 年代曾在我国西北及山东等省的部分地区流行；70 年代河北省及北京、天津地区在推行冬小麦与棉花、

玉米套种的地区，病害扩展迅速；80年代以后在内蒙古和黑龙江部分春麦区流行。小麦丛矮病的发生主要是由于耕作制度的变化，导致传毒介体易于传毒所致，通过避免早播、不在秋作物田中套种小麦等农业措施为主，辅以药剂的综合防治，可有效控制丛矮病的为害。小麦品种对丛矮病的抗、耐程度也存在差异，天津市农业科学院植物保护研究所（1981）在河北省藁城县重病区对1066份材料进行了抗病性鉴定，高抗品种为多年生小麦中4、中5和法国早等，这些高抗品种的特性是根系发达，叶片正反面都有绒毛。由于中4和中5来源与中间偃麦草，多年生小麦和法国早是黑麦系统的，可见小麦丛矮病的抗源存在于近缘植物及其杂交后代。内蒙古自治区的呼麦3号和黑龙江的东农川春等春小麦品种具有较好的抗病性和丰产性，已在生产上推广应用。

（二）小麦品种对红矮病的抗病性

小麦红矮病主要发生在陕西、山西北部、甘肃陇南和陇东及宁夏自治区海拔较高的山塬地区，其病原是一种由叶蝉传播的线状病毒。自20世纪50年代选育推广钱交麦、敖得萨3号、2711等抗病品种以来，各地区陆续选育推广抗病品种20多个，有效地控制了红矮病的为害。随着小麦品种的更新换代，一些老的抗病品种不断被淘汰，70年代以后，选育推广的庆选15、庆选27、庆丰1号、静宁6号、7537、昌乐5号、平凉35和榆林8号等，对减少红矮病的损失，具有一定的作用。

（三）小麦品种对线条花叶病的抗病性

小麦线条花叶病又名小麦糜疯病，最早于1922年在美国报道，在我国主要发生在西北黄土高原的塬区，包括山西和陕西北部、甘肃的陇东。病原是小麦线条花叶病毒（*Wheat streak mosaic virus*，WSMV），由粟瘿螨（*Aceria milli* sp. nov.）传播，除侵染小麦外，还侵染糜子及部分禾本科杂草。虽然在大量的冬小麦品种中未发现免疫的品种，但品种间抗病性存在显著差异，有不少品种具有一定的抗病性。20世纪70年代，丰产3号、延安6号、农大157、农大155和太谷49等品种，感染病毒后虽然出现一些症状，但不出现拐节匍匐，造成的产量损失也轻，在生产上发挥了重要作用。近年来，选育推广的延安17、延安19、榆林8号、7537、庆丰1号等品种，不仅对线条花叶病毒具有一定的抗、耐病性，还抗一些生产上的重要病害。

（四）小麦品种对蓝矮病的抗病性

小麦蓝矮病是20世纪60年代被发现的一种病害，以陕西北部、甘肃陇东和陇南、山西北部等黄土高原丘陵区发生较频繁。朱象三等（1984）报道了小麦蓝矮病的发生、分布与症状，明确该病害是由条沙叶蝉（*Psammotettix striatus*）以持久性方式专化性传播，并对病原物的寄主范围进行了测定，当时认为是病毒性病害。安德荣等（1991）对田间小麦蓝矮病植株进行超薄切片电镜观察，发现大量的多型性植原体（类菌原体）病原物和张秦凤等（1993）根据病原物、寄主与介体的关系及病株对四环素的敏感性确认其病原为植原体，成为我国首例发现的小麦植原体病害。张荣等（1998）在网室对陕西省主要推广品种、区域试验品种（系）和后备材料共93份进行了抗病性鉴定，未发现免疫类型，但不同品种（系）间抗病性有很大差异，筛选到渭麦721、清麦3号和鲁麦14等3个稳定高抗品种，来源于美国的0872-2和92-8为抗病品种。

参 考 文 献

第一节

[1] 蔡旭. 小麦成株对条锈病抵抗性的遗传研究. Chinese Jour. Agric. 1949, 1 (1): 29～42

[2] 蔡旭, 刘中宜, 张树榛等. 小麦杂交育种工作中品种特性遗传传递规律和亲本选配问题. 作物学报, 1962, 1 (2): 85～96

[3] 何家泌. 小麦抗锈性遗传与抗锈育种. 河南省农业科学院植物保护研究所资料, 1979

[4] 何家泌. 小麦抗锈性遗传与抗锈育种. 中国农业科学, 1980, 13 (4): 53～64

[5] 侯文邦, 康振生, 李振岐. 小麦品种对条锈病的高温成株抗性. 国外农学——麦类作物, 1996 (1): 42～43

[6] 金善宝主编. 中国小麦品种及其系谱. 北京: 农业出版社, 1983

[7] 李剑雁, 薛秀荘, 唐国顺. 水源 11 小麦品种抗条锈性的遗传研究. 见: 陕西省植物保护研究所编著. 植物保护研究 (1978—1990). 西安: 陕西科学技术出版社, 1992, 18～22

[8] 李剑雁. 条中 23 号小种对五个小麦抗源材料的抗锈性遗传研究. 见: 陕西省植物保护研究所编著, 植物保护研究 (1978—1990). 西安: 陕西科学技术出版社, 1992, 23～30

[9] 李振岐. 我国小麦品种抗条锈性丧失原因及其解决途径. 中国农业科学, 1980, 13 (3): 72～76

[10] 刘松洁, 商鸿生, 李振岐. 小麦低反应型抗条锈性的组织病理学研究. 西北农业大学学报, 1991, 19 (增刊): 11～17

[11] 刘孝坤. 小麦抗源对条锈病的抗性遗传研究初报. 植物保护学报, 1988, 15 (1): 33～39

[12] 刘孝坤. 国外重要小麦抗源对我国条锈病的抗性遗传研究. 植物保护学报, 1990, 17 (4): 307～312

[13] 骆勇, 曾士迈. 小麦条锈病 (*Puccinia striiformis*) 慢锈品种抗性组分的研究 I. 中国科学 (B 辑), 1988 (1): 51～59

[14] 宁毓华, 宋哲民. 一类具有一对随体染色体的 1B/1R 小黑麦抗锈材料的初步研究. 西北农学院学报, 1984, 12 (2): 82～87

[15] 牛永春, 吴立人. 繁 6-绵阳系小麦抗条锈性变异及对策. 植物病理学报, 1997, 27 (1): 5～8

[16] 牛永春, 吴立人. 对我国小麦条锈病持续控制的思考. 见: 中国植物保护学会青年工作委员会等编. 植物保护 21 世纪展望暨第三届全国青年植物保护科技工作者学术研讨会文集. 北京: 中国科学技术出版社, 1998, 153～155

[17] 牛永春, 刘红彦, 吴立人等. 小麦品种 "Lee" 中抗条锈病基因的 RAPD 标记. 高技术通讯, 1998, 8 (12): 11～14

[18] 牛永春, 乔奇, 吴立人. 豫鲁皖三省重要小麦品种抗条锈基因推导. 植物病理学报, 2000, 30 (2): 122～128

[19] 庞家智, 孙荣锦, 杨之刚. 冬小麦 "原冬 96" 抗条锈病基因分析. 植物病理学报, 1992, 22 (2): 189～191

[20] 庞家智, 孙荣锦, 杨之刚. 冬小麦北京 837 抗条锈病基因的定位研究. 植物病理学报, 1993, 23 (1): 10

[21] 全国小麦条锈病水平抗性联合鉴定协作组 (曾士迈, 肖悦岩执笔). 小麦条锈病水平抗性多点联合鉴定方法的研究初报. 中国农业科学, 1983, 16 (4): 58～67

[22] 商鸿生，陆和平，李振岐. 绵阳 11 和绵阳 15 小麦品种抗条锈性的进一步研究. 西北农业学报，1994，3（2）：59～62

[23] 商鸿生，王利国，陆和平等. 小麦对条锈病高温抗病性表达规律的研究. 植物保护学报，1997，24（2）：97～100

[24] 商鸿生. 小麦对条锈病的高温抗病性研究. 中国农业科学，1998，31（4）：46～50

[25] 沈克全，杨作民，王小军等. 小麦单体系用于抗锈基因定位的研究. 北京农业大学学报，1991，17（2）：31～35

[26] 孙荣锦，庞家智，杨之刚. 冬小麦品种阿夫乐尔抗条锈病基因的单体分析. 遗传学报，1991（13）：3～5

[27] 万安民，牛永春，徐世昌等. 持久抗条锈病小麦品种抗性特点及其在我国的利用价值. 作物学报，2000，26（6）：751～755

[28] 汪可宁，洪锡午，陈善铭等. 小麦品种对条锈病抗病性遗传规律研究初报. 植物病理学报，1963，6（2）：197～206

[29] 汪可宁，谢水仙，刘孝坤等. 我国小麦条锈病防治研究的进展. 中国农业科学，1988，21（2）：1～8

[30] 王凤乐，吴立人，万安民等. 陕甘川重要小麦品种抗条锈基因分析. 作物学报，1994，20（5）：589～594

[31] 王凤乐，吴立人，谢水仙等. 我国小麦重要抗源材料抗条锈基因推导及成株抗病性分析. 植物病理学报，1994，24（2）：175～180

[32] 王凤乐，吴立人，徐世昌等. 持久抗条锈小麦品种抗病性特点分析. 植物保护，1997，23（3）：3～6

[33] 王利国，商鸿生，井金学，高温抗条锈性小麦品种的筛选和鉴定. 西北农业学报，1995，4（1）：35～38

[34] 吴立人，牛永春. 我国小麦条锈病持续控制的策略. 中国农业科学，2000，33（5）：46～54

[35] 辛志勇，Johnson R，Law C，Worland A J. 冬小麦丰抗 13 抗条锈病基因的分析. 作物学报，1984，10（4）：217～222

[36] 杨华安，Stubbs RW. 中国小麦条锈菌鉴别寄主抗条锈基因初步分析. 植物保护学报，1990，17（1）：67～72

[37] 杨武云，颜济，杨俊良等. 硬粒小麦——节节麦人工合成种 Decoy1/*Aegilops tauschii* 510 抗条锈性状（条中 30，条中 31）的遗传分析. 西南农业学报，1999，12（2）：38～41

[38] 杨作民. 小麦对条锈病抗性遗传的研究. 作物学报，1981，7（2）：81～90

[39] 杨作民. 小麦育种工作中抗源的筛选与分析. 见：庄巧生、王恒立主编. 小麦育种理论与实践的进展. 北京：科学普及出版社，1987，90～119

[40] 杨作民，唐伯让，沈克全，夏先春. 小麦抗病育种的战略问题——小麦对锈病、白粉病第二线抗源的建立和应用. 作物学报，1994，20（4）：385～394

[41] 袁文焕，张忠军，冯锋等. 小麦慢条锈性品种的筛选及小种专化性. 中国农业科学，1995，28（3）：35～40

[42] 袁文焕，李高保. 慢条锈性小麦品种鉴定方法初探. 甘肃农业科技，1996（5）：28～30

[43] 曾士迈，王沛有，武修英等. 小麦对条锈病的水平抗病性研究初报. 植物保护学报，1979，6（1）：1～10

[44] 曾士迈，王沛有，张万义. 相对抗病性指数——小麦抗锈性定量方法改进之一. 植物病理学报，1981，11（3）：7～12

[45] 张书绅，章钰文，袁文焕．远中5号中来自天蓝偃麦草的一个染色体组对三种锈病的抗病性作用．植物病理学报，1990，20（4）：277～280

[46] 中国农业科学院品种资源研究所麦类研究室．中国小麦品种资源的系谱及其特性．上海：上海科学技术出版社，1982

[47] 钟鸣，牛永春，徐世昌，吴立人．小麦品种 *Triticum spelta album* 中抗条锈病基因 *Yr 5* 的 RAPD 标记．遗传学报，2002，29（8）：719～722

[48] Biffen RH. Mendels law of inheritance and wheat breeding. J Agric Sci. 1905（1）：4～48

[49] Börner A，Röder MS，Unger O，Meinel A. The detection and molecular mapping of a major gene for non specific adult plant disease resistance against stripe rust（*Puccinia striiformis*）in wheat. Theoretical and Applied Genetics，2000，100：1095～1099

[50] Chague V，Fahima T，Dahan A，et al. Isolation of microsatellite and RAPD markers flanking the *Yr 15* gene of wheat using NILs and bulked segregant analysis. Genome. 1999，42（6）：1050～1056

[51] Chen XM，Line RF，Jones SS. Chromosomal location of genes for resistance to *Puccinia striiformis* in winter wheat cultivars Heines VII，Clement，Moro，Tyee，Tres and Daws. Phytopathology，1995，85，：1362～1367

[52] Chen XM，Jones SS，Line RF. Chromosomal location of genes for resistance to *Puccinia striiformis* in seven wheat cultivars with resistance genes at the *Yr3* and *Yr4* loci. Phytopathology，1996，86：1228～1233

[53] Gassner G，Straib W. Die Bestimmung der biologischen Rassen des Weizengelbrostes [*Puccinia glumarum* f. sp. *tritici*（Schmidt）Enks und Henn]. Arbeiten ausder boilogischen Reichsanstalt fuer Land-und Forstwirschaft. Berlin-Dahlem. 1933，20：141～163

[54] Lupton FCH，Macer RCF. Inheritance of resistance to yellow rust（*Puccinia glumarum* Erikss. and Henn.）in seven varieties of wheat. Transactions of the British Mycological Society，1962，45：21～45

[55] Ma JX，Zhou RG，Dong YS，et al.. Molecular mapping and detection of the yellow rust resistance gene *Yr26* in wheat transferred from *Triticum turgidum* L. using microsatellite markers. Euphytica，2001，120（2）：219～226

[56] Macer RCF. The formal and monosomic genetic analysis of stripe rust（*Puccinia striiformis*）resistance in wheat. Proceedings of the 2nd International Wheat Genetics Symposium Lund，Sweden 1963（MacKey J ed.）：Hereditas Supplement. 1966，2：127～142

[57] McIntosh RA，Wellings C R，Park R F. Wheat Rusts：An Atlas of Resistance Genes. Australia：CSIRO，1995

[58] McIntosh RA，Hart GE，Devos KM，Gale MD，Rogers WJ. Catalogue of Gene Symbols for Wheat. In：Proceedings of the 9th International Wheat Genetics Symposium. Saskatoon，Canada：University Extension Press，1998，5：1～236

[59] McIntosh RA，Devos KM，Dubcovsky J，Rogers WJ. Catalogue of Gene Symbols for Wheat：2001 Supplement. Wheat Information Service，2001，93：40～60

[60] McIntosh RA，Devos KM，Dubcovsky J，Rogers WJ. Catalogue of Gene Symbols for Wheat：2002 Supplement. Wheat Information Service，2002，95：50～80

[61] Niu YC，Liu HY，Zhong M，et al. RAPD markers linked to yellow rust resistance genes in wheat. The Ninth European Congress on Biotechnology CD ROM Proceedings（Hofman M. ed.），Brussels：Branche Belge de la Société de Chimie Industrielle，1999.

[62] Pang JZ, Sun RJ, Yang ZG, et al. Monosomic analyses of yellow rust and leaf rust resistance genes in winter wheat cultivar Fengkang 2. Plant Breed (Z. Pflanzenzucht), 1993, 110: 153～156

[63] Peng JH, Fahima T, Röder MS, et al. Microsatellite tagging of the stripe rust resistance gene *YrH 52* derived from wild emmer wheat, *Triticum dicoccoides*, and suggestive negative crossover interference on chromosome 1B. Theoretical and Applied Genetics, 1999, 98: 862～872

[64] Robert O, Abelard C, Dedryver F. Identification of molecular markers for the detection of the yellow rust resistance gene *Yr17* in wheat. Molecular Breeding, 1999, 5 (2): 167～175

[65] Sears RE. The aneuploids of common wheat. Missouri Agr Exp Sta Res Bul, 1954, 572: 1～58

[66] Shao YT, Niu YC, Zhu LH, et al. Identification of an AFLP marker linked to the stripe rust resistance gene *Yr 10* in wheat. Chinese Science Bulletin, 2001, 46 (17): 1466～1469

[67] Shi ZX, Chen XM, Line RF, et al. Development of resistance gene analog polymorphism markers for the *Yr 9* gene resistance to wheat stripe rust. Genome, 2001, 44 (4): 509～516

[68] Singh MP, Swaminathan MS. Monosomic analysis in bread wheat. III. Identification of chromosomes carrying genes for resistance to two races of yellow rust in Cometa Klein. Indian J Genet. Plant Breed, 1959, 19: 171～175

[69] Vanderplank JE. Disease Resistance in Plants. New York: Academic Press, 1968

第 二 节

[70] 曹远银，姚平，朱桂清等. 中国 41 个小麦生产品种抗秆锈病基因推导及抗性稳定性分析. 沈阳农业大学学报，1994，25 (4)：392～397

[71] 曹远银，姚平，朱桂清等. 中国小麦生产品种抗秆锈病基因推导及其作用分析. 中国农业科学，1996，29 (6)：89～90

[72] 曹远银，姚平，黄振涛等. 小麦秆锈菌不同小种竞争能力研究. 植物保护学报，1996，23 (1)：45～50

[73] 曹远银，姚平，毕云青等. 我国小麦秆锈病新越冬初菌源地的发现及验证. 植物保护学报，2001，28 (4)：294～298

[74] 胡长程. 我国小麦秆锈菌的毒性分析. 植物病理学报，1991，21 (1)：53～57

[75] 黄振涛，姚平，吴友三. 1984 年全国小麦秆锈菌生理小种区系分析及寄主离体叶培养鉴定法的应用. 沈阳农业大学学报，1986，17 (2)：21～26

[76] 黄振涛，姚平，曹远银等. 1986 年小麦秆锈菌小种种群动态分析. 沈阳农业大学学报，1988，19 (4)：28～32

[77] 黄振涛，姚平，曹远银等. 1987 年小麦秆锈菌生理小种鉴定分析. 沈阳农业大学学报，1989，20 (4)：436～438

[78] 黄振涛，曹远银，姚平等. 小麦秆锈菌不同小种间相对生存能力研究. 植物病理学报，1991，21 (1)：65～71

[79] 李舜芳，吴友三. 小麦秆锈菌生理小种在离体叶片和苗期的鉴定结果比较. 沈阳农学院学报，1982，7 (20)：136

[80] 李振岐，商鸿生. 小麦锈病及其防治. 上海：上海科学技术出版社，1989

[81] 王云章等. 东北中部地区大叶小檗与小麦秆锈病关系研究初报 . 东北农业科学通报，1958 (3)：77～88

[82] 吴友三，刘维志. 小麦耐秆锈品种的形状因素. 中国农业科学，1980，13 (2)：15～23

[83] 吴友三，黄振涛．中国二十年间小麦秆锈菌生理小种的消长分析．沈阳农业大学学报，1987，18（3）：105～138
[84] 杨家书，吴畏，吴友三等．植物苯丙胺酸类代谢与小麦对白粉病（*Erysiphe graminis* f. sp. *tritici*）抗性的关系．植物病理学报，1986，16（3）：169～174
[85] 杨家书，吴畏，常迺滔等．远中5号小麦及其变异系对秆锈病抗性机制初探．辽宁农业科学，1992（1）：13～16
[86] 姚平，曹远银．1990年小麦秆锈菌生理小种动态分析．植物保护学报，1993，20（1）：65～70
[87] 姚平，曹远银，刘维志等．1993年小麦秆锈菌生理小种动态分析．植物保护学报，1995，22（4）：303～308
[88] 姚平，曹远银，刘维志等．1994年小麦秆锈菌生理小种动态分析．沈阳农业大学学报，1996，27（40）：263～268
[89] 姚平，曹远银，刘维志等．全国小麦秆锈菌生理小种动态分析（1990—1994）．植物保护学报，1997，24（4）：292～302
[90] 曾广然，薛立信．东北中部地区大叶小檗与小麦秆锈病发生关系的研究．植物保护学报，1963，2（1）：47～55
[91] 张书绅，张钰文，吴友三．4个春小麦抗源对小麦秆锈菌3个生理小种的抗病基因分析．植物病理学报，1987，17（2）：69～77
[92] 朱桂清，曹远银，姚平等．小麦抗秆锈病基因推导的计算机程序及应用．沈阳农业大学学报，1998，29（3）：205～209
[93] Browder LE. A modified detached leaf culture technique for study of cereal rust. Plant Diseases. 1964，48（11）：906～908
[94] Loegering WQ，et al. Wheat lines near-isogenic for reaction to *Puccinia graminis tritici*. Phytopathology，1969，39（4）：457～459
[95] Pillai PK，Wilcoxson RD. Detached leaf culture of brown and black rusts of wheat. Indian Phytopathology，1970，75：51～53

第三节

[96] 曹克强，王焕如．小麦品种慢锈性及其变异性和专化性研究．植物病理学报，1989，19（1）：53～58
[97] 陈万权，胡长程．我国28个小麦品种抗叶锈基因推导．作物学报，1993，19（3）：268～275
[98] 陈万权，胡长程．中国小麦锈病群体的毒性基因分析．中国农业科学，1993，26（2）：17～23
[99] 陈万权，胡长程，晏思白等．冬小麦品种837抗叶锈病基因的染色体定位．植物病理学报，1995，25（4）：297～300
[100] 陈万权，晏思白．我国小麦叶锈菌鉴别寄主抗病基因分析及商榷．见：中国植物保护学会编．植物保护研究进展．北京：中国科学技术出版社，1995
[101] 陈万权，王剑雄．76个小麦品种抗叶锈及秆锈基因初步分析．作物学报，1997，23（6）：665～668
[102] 陈万权，秦庆明，王奎荣．江苏省重要小麦品种抗叶锈病和秆锈病基因初步分析．植物保护学报，1997，24（2）：225～234
[103] 陈万权，秦庆明，陈扬林等．1992—1996年我国小麦叶锈菌毒性动态．植物病理学报，1998，28（2）：101～106

[104] 陈万权，秦庆明，陈扬林等. 小麦成株期慢锈性的初步筛选. 西南农业学报，1998，11：54～61
[105] 陈万权，冯杰，秦庆明等. QTL作图在植物数量抗病性遗传研究中的应用. 植物保护学报，1999，26（3）：277～282
[106] 陈万权，秦庆明，陈扬林等. 我国40个小麦品种抗叶锈性研究. 植物病理学报，2001，31（1）：16～25
[107] 赤国彤，朱之堉，王焕如等. 53个已知Lr基因的小麦品种（系）对我国小麦叶锈菌12个小种的反应. 河北农业大学学报，1990，13（4）：51～56
[108] 赤国彤，朱之堉，王焕如等. 7个小麦品种抗叶锈性遗传研究初报. 河北农业大学学报，1991，14（4）：76～78
[109] 郭爱国，王焕如，朱之堉. 小麦叶锈菌异核现象研究. 植物病理学报，1989，18（3）：179～185
[110] 郭爱国，朱之堉，王焕如等. 十八个小麦品种（系）抗叶锈基因的推导. 华北农学报，1991，6（增刊）：109～114
[111] 郭爱国，刘颖超，朱之堉. 河北省21个小麦品种抗叶锈基因的推导. 河北农业大学学报，1993，16（1）：59～62
[112] 何家泌，董庆周. 小麦不同品种慢锈性的初步观察. 植物保护，1981，7（6）：10～11
[113] 胡长程，陈万权. 我国25个小麦品种抗秆锈、叶锈基因初步分析. 植物病理学报，1992，22（4）：369～376
[114] 胡延吉，丁飞波，李晴祺等. 小麦苗期慢叶锈抗性配合力和基因效应的初步研究. 植物病理学报，1991（21）：299～303
[115] 金善宝主编. 中国小麦品种及其系谱. 北京：农业出版社，1983
[116] 李振岐，商鸿生. 小麦锈病及其防治. 上海：上海科学技术出版社，1989
[117] 舒文华，沈克全，杨作民. 小麦抗病性遗传Ⅳ. 抗条锈小麦品系绿7岫和抗叶锈小麦品种的抗病基因定位研究. 作物学报，1990，16（4）：289～298
[118] 汪可宁，洪锡午. 我国小麦叶锈菌生理专化研究. 植物病理学报，1982，12（3）：13～20
[119] 王焕如，赵兰波，朱之堉等. 毒力频率法在小麦叶锈病研究中的运用和发展. 河北农业大学学报，1984，7（2）：25～33
[120] 王焕如. 小麦叶锈菌转主寄主问题. 国外农学——麦类作物，1985（5）：22～25
[121] 王焕如，朱之堉，赵兰波. 小麦锈病研究工作中若干观点性问题的讨论. 华北农学报，1986，1（2）：58～63
[122] 王焕如，朱之堉，汪宜萱等. 生物间遗传学在我国小麦叶锈病研究中的运用和发展. 植物病理学报，1987（4）：203～210
[123] 王焕如，袁景顺，朱之堉等. 小麦叶锈菌生理小种研究（1973—1986年）. 河北农业大学学报，1987，10（1）：158～171
[124] 杨家书，董金琢，吴畏等. 小麦品种慢叶锈抗病性的研究. 植物保护学报，1987，14（2）：73～80
[125] 杨立萍，王剑雄. 小麦种质资源抗叶锈性鉴定初步研究. 植物保护，1991，17（1）：13～14
[126] 杨文香，朱之堉，王焕如. 我国小麦叶锈菌鉴别寄主抗病性基因的推导. 植物病理学报，1994，24（2）：181～184
[127] 张书绅，邱永春. 东北春麦区小麦抗叶锈病和白粉病育种策略及多样化二线抗原加速利用方法. 沈阳农业大学学报，1999，30（3）：337～342
[128] 赵兰波，袁景顺，朱之堉等. 唐松草作为小麦叶锈菌的转主寄主问题的研究. 植物病理学报，1994，24（3）：219～222

[129] Allen RF. A cytological study of infection of Baart and Kanred wheats by *Puccinia graminis tritici*. J Agric Res, 1923, 23: 131～52

[130] Ausemus ER, Harrington JB, Worzella WW, et al. A summary of genetic studies in heraploid and hetraploid wheat. J Am Soc Agron, 1946, 38: 1028～1099

[131] Autrique E, Singh RP, Tanksley SD, et al. Molecular markers for four leaf rust resistance genes introgressed into wheat from wild relatives. Genome, 1995, 38: 75～83

[132] Browder LE. Probable genotypes of some *Triticum aestivum* 'Agent' derivatives for reaction to *Puccinia recondita* f. sp. *tritici*. Crop Sci, 1973, 13: 203～206

[133] Burdon JJ, Roelfs AP. Isozyme and virulence variation in asexually reproducing populations of *Puccinia graminis* and *P. recondita* on wheat. Phytopath, 1993, 75: 907～913

[134] Day P. Genetics of Host-Parasite Interaction. San Francisco. 1974, 139～149

[135] Dedryver F, Jubier MF, Thouvenin J, et al. Molecular markers linked to the leaf rust resistance gene Lr34 in different wheat cultivars. Genome, 1996, 39: 830～835

[136] Dyck PL, Samborski DJ. Wheat alien hybrids involving a chromosome 5B translocation. Can J Genet Cytol, 1968, 10: 217～220

[137] Ezzahiri B, Roelfs AP. Inheritance and expression of adult plant resistance to leaf rust in Era wheat. Plant Dis, 1989, 73: 549～551

[138] Feuillet C, Messmer M, Schachermayr G, et al. Genetic and physical characterization of the *Lr 1* leaf rust resistance locus in wheat (*Triticum aestivum* L.). Mol Gen Genet, 1995, 248: 553～562

[139] Flor HH. Current status of the gene-for-gene concept. Ann Rev Phytopath, 1971, 9: 275～296

[140] Green GJ. Identification of physiologic races of *Puccinia graminis* f. sp. *tritici* in Canada. Can J Plant PathologyK, 1981, 3: 33～39

[141] Johnston CO, Mains EE, Studies on physiologic specialization in *Puccinia triticina*. Tech Bull US Dep Agric, 1932, 313: 22

[142] Johnston CO, Heyne EG. Wichita wheat backcross lines for differential hosts in identifying physiologic races of Puccinia recondita. Phytopathology, 1964, 54: 385～388

[143] Kema GHJ, Niks RE, Daamen RA, et al (Eds). Proc 9th European and Mediterranean Cereal Rusts and Powdery Mildew Conference, Lunteren, The Netherlands. 1996, 34～36

[144] Kerber ER, Aung T. Leaf Rust Resistance Gene *Lr34* Associated with Nonsuppression of Stem Rust Resistance in the Wheat Cultivar Canthatch. Phytopathology, 1999, 89: 518～521

[145] Kolmer JA, Liu JQ, Sies M. Virulence and molecular polymorphism in *Puccinia recondita* f. sp. *tritici* in Canada. Phytopathology, 1995, 85: 276～285

[146] Kuhn RC, Ohm HW., Shaner G. Inheritance of slow leaf rusting resistance in Suwon 85 wheat. Crop Sci, 1980, 21: 655～659

[147] Loegering WQ, McIntosh RA, Burton CH. et al. Computer analysis of disease data to derive hypothetical genotypes for reaction of host varieties to pathogens. Can J Genet Cytol, 1971, 13: 742～48

[148] Long DL, Kolmer JA. A North America System of nomenclature for *Puccinia triticina*. Phytopathology. 1989 (79): 525～529

[149] Mains EB, Jackson HS. Two strains of *Puccinia triticina* on wheat in the United States (Abst). Phytopath, 1921, 11: 40

[150] Mains EB, Jacdson HS. Physiologic specialization in the leaf rust of wheat, *Puccinia triticina*

Erikss. Phytopathology，1926，16：89～120

[151] McIntosh RA，Johnson JW，Roberts JJ. Catalogue of gene symbols for wheat. Wheat Information Service，1994，79：47～56

[152] McIntosh RA，Johnson JW，Roberts JJ. Catalogue of gene symbols for wheat. Wheat Information Service，1995，81：22～49

[153] McIntosh RA，Wellings CR，Park RF. Wheat Rusts：an atlas of resistance genes，CSIRO Australia，1995，29～82

[154] McMillin DE，Johnson JW，Roberts JJ. Linkage between an endopeptidase locus and a gene conferring leaf rust resistance (*Lr19*) in wheat. Crop Sci，1993，33：1201～1203

[155] Nelson JC，Singh RP，Autrique JE，et al. Mapping genes conferring and suppressing leaf rust resistance in wheat. Crop Sci，1997，37：1928～1935

[156] Newton AC，Caten CE，Johnson R. Variations for isozyme and double stranded RNA among isolates of *Puccinia striiformis* and two other cereal rusts. Plant Pathol，1985，34：235～247

[157] Procunier JD，Townley-Smith TF，Fox S，et al. PCR - based RAPD/DGGE markers linked to leaf rust resistance genes *Lr29* and *Lr25* in wheat (*Triticum aestivum* L.). J Genet & Breeding，1995，49 (1)：87～91

[158] Roelfs AP. Race specificity and methods of study . The Cereal Rusts，Bushnell WR & Roelfs AP (Eds). 1985，Vol. I，pp132～164

[159] Rubiales D，Niks RE. Characterization of *Lr34*，a Major Gene Conferring Nonhypersensitive resistance to Wheat Leaf Rust. Plant Dis，1995，79：1208～1212

[160] Samborski DL. A mutation in *Puccinia recondita* Rob. ex Desn f. sp. *tritici* to virulence on Transfer chinese Spring ×Aegilops umbellulata Zhuk. Can J Bot，1963，41：475～479

[161] Samborski DL，Dyck PL. Inheritance of virulence in wheat leaf rust on the standard differential wheat varieties. Can J Genet Cytol，1968，10：24～32

[162] Samborski DL，Dyck PL. Inheritance of virulence in *Puccinia recondita* on six backcross lines of wheat with single genes for resistance to leaf rust. Can J Bot，1976，54：1666～1671

[163] Schachermayr G，Feuillet C，Keller B，et al. Development of molecular markers linked to the *Lr1*，*Lr9* and *Lr24* leaf rust resistance genes in wheat. Proc 9th European and Mediterranean Cereal Rusts and Powdery Mildew Conference，Kema GHJ (Eds)，Lunteren. The Netherlands. 1996，188～191

[164] Shaner G，Buechley G，Nyquist WE. Inheritance of latent period of *Puccinia recondita* in wheat. Crop Sci，1997，37：748～756

[165] Siedler H，Schachermayr G，Winzeler M，et al. DNA marker-based analysis of near isogenic wheat lines with the *Lr9* resistance gene. In：Li ZS & Xin ZY (Eds.) Proc 8th Intern Wheat Genetics Symposium. Beijing：China Agricuitural Scientceh Press，1993 (2)：813～815

[166] Singh RP，Rajaram S，Huerta-Espino J. Suppressors for leaf rust and stripe rust resistance in interspecific crosses. Proc 9th European and Mediterranean Cereal Rusts and Powdery Mildew Conference，Kema GHJ (Eds)，Lunteren，The Netherlands，1996，176～178

[167] Singh RP，Mujeeb - Kazi A，Huerta - Espino J. *Lr46*：a gene conferring slow rusting resistance to leaf rust in wheat. Phytopathology，1998，88：890～894

[168] Singh RP，Chen WQ，He ZH，et al. Leaf rust resistance of spring，facultative，and winter wheat cultivars from China. Plant Dis，1999，83：644～651

[169] Statler GD. Probable genes for leaf rust resistance in several hard red spring wheats. Crop Science, 1984, 24: 883～886

[170] Statler GD. Genetics of Plant Pathogenic Fungi, Sidhu GS (Eds), Academic Press, 1988 , 363～371

[171] Van Arsdel EP, Parmeter JR, Riker AJ. Elevation effects on temperature and rainfall correlated with blister rust distribution in south western Wisconsin. Phytopath, 1957, 47: 536

[172] Wang HR. Notes on physiologic specialization in leaf rust of wheat in China. Phytopathology, 1940, 37: 680～681

[173] Wilcoxson RD. Genetics of slow rusting in cereals. Phytopath, 1981, 71: 989～993

[174] William HM, Hoisington D, Singh RP, et al. Detection of quantitative trait loci associated with leaf rust resistance in bread wheat. Genome, 1997, 40: 253～260

[175] Winzeler M, Winzeler H, Keller B. Endopepidase polymorphism and linkage of the Ep-D1c null allele with the *Lr 19* leaf-rust-resistance gene in hexaploid wheat. Plant Breeding, 1995, 114: 24～28

第四节

[176] 陈佩度，刘大钧．普通小麦与簇毛麦杂种后代的细胞遗传学研究．南京农学院学报，1982（4）：1～16

[177] 陈孝，施爱农，尚立民等．簇毛麦对不同白粉病菌菌系的抗性反应及其在小麦遗传背景下的表达．植物病理学报，1997，27（1）：17～22

[178] 陈孝，徐惠君，杜丽璞等．利用组织培养技术向普通小麦导入簇毛麦抗白粉病基因的研究．中国农业科学，1996，29（5）：1～8

[179] 程春和等．从扬麦158的选育试论综合育种．见：庄巧生，杜振华主编．中国小麦育种研究进展（1991—1995）．中国农业出版社，1995，146～152

[180] 赤国彤，张雪松，张丽岩等．小麦慢发性抗白粉病品种筛选．华北农学报，1994，9（3）：63～66

[181] 段双科，吴兴元，杨英．小麦品种（系）在白粉病圃中的抗病性变化．麦类作物学报，2000，20（2）：48～52

[182] 段双科，许育彬，吴兴元．小麦白粉病菌致病毒性和抗病基因及抗病育种研究进展．麦类作物学报，2002，22（2）：83～86

[183] 李光博，曾士迈，李振岐主编．小麦病虫草鼠害综合治理．北京：中国农业科技出版社，1990

[184] 李隆业，黄元江．小麦白粉菌群体的毒性研究．植物病理学报，1992，22（1）：55～58

[185] 李隆业，黄元江等．四川省小麦白粉病菌毒力监测结果和实用意义．西南农业大学学报，1985（4）：57～63

[186] 李全智等．抗条锈白粉病种质的评价与利用．见：庄巧生，杜振华主编．中国小麦育种研究进展（1991—1995）．中国农业出版社，1995，254～258

[187] 李卫民，姚技强，盛宝钦等．西藏小麦种质资源抗病性鉴定简报，中国种业，1995（1）：32～33

[188] 李永顺，陈俊．贵阳小麦白粉病菌毒力上升．植物保护，1988，14（1）：27

[189] 李永顺，朱文华，张庆勤．小麦白粉菌生理小种鉴定结果初报．植物病理学报，1983，13（2）：62～63

[190] 李永顺，朱文华．小麦白粉菌生理小种的研究．植物保护，1984，10（1）：14～15

[191] 李永顺等．小麦白粉病菌生理小种研究初报．贵州农业科学，1980（3）：49～51

[192] 刘大钧，陈佩度，裴广铮等. 簇毛麦种质导入小麦及其利用的研究. 见：胡含，王恒之主编. 植物细胞工程与育种. 北京：北京工业大学出版社，1990
[193] 刘大钧，陈佩度，吴沛良等. 硬粒小麦-簇毛麦双二倍体. 作物学报，1986，12（3）：155～162
[194] 刘红彦，何文兰，王锡锋等. 豫北地区小麦抗白粉病流行动态及主要品种慢白粉性分析. 河南农业科学，1998（2）：20～21
[195] 陆鸣等. 江苏小麦白粉菌毒力频率和潜力. 江苏农业学报，1986（2）：37～41
[196] 裴广铮，陈佩度，刘大钧. 小麦与簇毛麦杂种后代抗白粉病株系的细胞遗传学分析. 南京农业大学学报，1986，9（1）：1～9
[197] 齐莉莉，陈佩度，刘大钧等. 小麦白粉病新抗源——基因 *Pm21*. 作物学报，1995，12（3）：257～262
[198] 齐莉莉，刘大钧，陈佩度等. 从普通小麦-簇毛麦易位系中分离与抗病基因连锁的分子标记. 高新技术通讯，1993（8）：31～34
[199] 尚立民，陈孝，肖世和等. 抗白粉病普通小麦-簇毛麦新种质的遗传学及生化鉴定. 作物学报，1997，23（2）：159～164
[200] 尚立民等. 利用生物技术向普通小麦导入簇毛麦抗白粉病基因的研究. 见：庄巧生，杜振华主编. 中国小麦育种研究进展（1991—1995）. 北京：中国农业出版社，1996，311～318
[201] 盛宝钦，段霞瑜. 对我国小麦抗白粉病基因合理布局的思考. 见：张芝利，朴永范，吴钜文主编. 中国有害生物综合治理论文集. 北京：中国农业科技出版社，1996，385～387
[202] 盛宝钦，段霞瑜. 我国小麦白粉病大区流行病菌远距离传播区系刍议. 见：张芝利，朴永范，吴钜文主编. 中国有害生物综合治理论文集. 北京：中国农业科技出版社，1996，380～384
[203] 盛宝钦，向齐君，段霞瑜等. 1991—1992 年我国小麦白粉病生理小种的变异动态. 植物病理学报，1995，25（2）：116
[204] 盛宝钦，周益林. 小麦慢发性抗白粉病品种鉴定. 北京农业科学，1990，8（3）：43～45
[205] 盛宝钦. 关于小麦抗白粉病研究战略的商榷. 植物保护，1990，16（4）：33～34
[206] 盛宝钦. 小麦白粉病田间鉴定技术. 北京农业科学，1992（4）：16～17
[207] 盛宝钦. 用反应型记载小麦苗期白粉病. 植物保护，1988，14（1）：49
[208] 盛宝钦，段霞瑜，周益林等. 部分抗白粉病小麦农家品种的归类初探. 作物品种资源，1992（4）：33～34
[209] 盛宝钦，周益林，严明. 小麦抗白粉病品种资源的鉴定与评价. 国外农学——麦类作物，1993（3）：38～41
[210] 盛宝钦，段霞瑜. 对记载小麦成株白粉病“0～9 级法”的改进. 北京农业科学，1991，（1）：38～ 39
[211] 盛宝钦，周益林. 已知含抗白粉病基因小麦品种的鉴定及评价. 北京农业科学，1993，11（1）：33～37
[212] 盛宝钦，段霞瑜，周益林等. 栽培防病措施对防治小麦白粉病的重要作用. 植物保护学报，1998，25（3）：218～222
[213] 司权民，张新心，段霞瑜等. 小麦白粉病菌生理小种鉴定. 中国农业科学，1987，20（5）：64～70
[214] 司权民，张新心，段霞瑜等. 小麦抗白粉病品种的基因分析与归类研究. 植物病理学报，1992，22（4）：349～355
[215] 孙宝启. 我国小麦品种抗白粉病基因鉴定. 见：李学渊主编. 首届全国青年小麦遗传育种学术研讨会论文集. 北京：中国农业科技出版社，1993，143～149

[216] 孙元枢，王崇义，陈秀珍等. 黑麦抗性导入普通小麦的研究初报. 作物杂志，1994（4）：16～17
[217] 唐玉兰，刘泉姣，刘青春. 山东省小麦白粉菌类型及群体毒性分析. 山东农业科学，1995（3）：34～36
[218] 唐玉兰，刘泉姣，张柏松. 山东省小麦白粉菌生理小种鉴定. 山东农业科学，1991（5）：39～41
[219] 王剑雄，刘雅清，李风春等. 南斯拉夫小麦品种的抗病性表现及其系谱. 作物杂志，1988（1）：7～10
[220] 王锡锋，何家泌. 小麦白粉菌联合致病性分析. 植物病理学报，1988，18（2）：107～111
[221] 王锡锋. 河南省小麦白粉病秋季菌源毒性结构的初步分析. 植物保护，1991，17（5）：2～4
[222] 王锡锋，何文兰，何家泌等. 小麦品种的慢白粉性田间鉴定. 植物保护学报，1991，18（3）：230
[223] 王锡锋，张忠山，何家泌等. 河南省小麦白粉菌生理小种及其致病性测定. 植物保护学报，1992，19（2）：303～308
[224] 王锡锋，张忠山，何家泌. 河南省小麦白粉病菌毒性和联合毒性分析. 见：李光博，郭予元主编. 全国主要粮棉作物病虫草鼠害综合防治关键技术研究. 北京：中国科学技术出版社，1993，229～233
[225] 吴明藻，燕嗣皇. 小麦白粉菌生理小种研究. 贵州农业科学，1981（3）：34～35
[226] 吴明藻，燕嗣皇，胡贵棋. 小麦白粉菌生理小种研究初报. 植物病理学报，1983，13（2）：60～61
[227] 向齐君，盛宝钦，段霞瑜等. 若干小麦抗白粉病品系的有效抗病基因分析. 作物学报，1996，22（6）：741～745
[228] 向齐君，盛宝钦，段霞瑜等. 小麦白粉病抗源材料的有效抗病基因分析. 华北农学报，1996，11（4）：43～47
[229] 徐乃瑜等. 应用外源 DNA 导入技术创造抗病优质高产的小麦新种质. 见：庄巧生，杜振华主编. 中国小麦育种研究进展（1991—1995）. 北京：中国农业出版社，1996，486～496
[230] 杨家书，吴畏，吴友三. 小麦品种对白粉病慢发性抗病性的因素分析. 植物保护学报，1985，12（1）：37～43
[231] 杨家书，葛泉卿，吴畏等. 东北春麦区小麦白粉菌的侵染循环. 植物病理学报，1992，22（1）：35～39
[232] 杨英，段双科，吴兴元. 小麦白粉病抗病材料的鉴定研究. 麦类作物学报，2000，29（4）68～71
[233] 张文俊，Snape JW. 分子标记技术定位黑麦 6R 染色体上抗小麦白粉病基因. 科学通报，1995（40）：2274～2276
[234] 张文泽等. 四川省小麦白粉病菌种群结构和毒力频率的初步分析. 西南农学院学报，1981（4）：26～31
[235] 张新心，周益林，段霞瑜等. 小麦白粉病菌生理小种动态监测和种群毒性区系研究. 见：李光博，郭予元主编. 全国主要粮棉作物病虫草鼠害综合防治关键技术研究. 北京：中国科学技术出版社，1993，238～243
[236] 张志德，李振岐，刘卿. 四个小麦品种的慢白粉病抗性研究. 植物病理学报，1994，24（3）：197～201
[237] 张志德，周可等. 用慢白粉指数评价小麦品种的慢白粉性. 西北农业大学学报，1996，24（6）：39～42
[238] 张忠山等. 黄淮麦区 18 个小麦品种抗白粉病基因的推导. 中国农业科学，1991，24（6）：39～44
[239] 周荣华等. 中国多年生小麦近缘属野生植物的抗病性鉴定. 作物品种资源，1993（3）：1～5
[240] 周益林，段霞瑜，盛宝钦等. 小麦白粉病有性种群和无性种群毒性比较. 见：中国植物保护学会

编．植物保护研究进展．中国科学技术出版社，1995，69～73

[241] 周益林，盛宝钦．小麦白粉病菌群体毒性谱研究现状（综述）．国外农学——麦类作物，1993 (3)：22～24

[242] 朱建祥等．安徽省小麦白粉菌毒性频率分析．安徽农学院学报，1986 (1)：59～68

[243] Chen PD, Qi LL, Zhou B, et al. Development and molecular cytogenetic analysis of wheat-*Haynaldia villosa* 6VS/6AL translocation lines specifying resistance to powdery mildew. TAG, 1995, 91: 1125～1128

[244] Flor HH. Current status of the gene-for-gene concept. Ann Rev phytopathols, 1971, 26: 351～367

[245] Grainger J. The ecology of *Erysiphe graminis* D. C. Trans Br Mycol Soc, 1974, 31: 54～65

[246] Gregory S, Robert E. The effect of nitrogen fertilization of the expression of slow-mildewing resistance in Knox wheat. Phytopathology, 1977, 67: 1051～1056

[247] Gregory S. Evaluation of slow-mildewing resistance of Knox wheat in the field. Phytopathology 1973, 63: 867～872

[248] Hebert TT, Rankin WH, Middleton GK. Interaction of nitrogen fertilization and powdery mildew on yield of wheat (Abstr). Phytopathology, 1948, 38: 569～570

[249] Heun M, Fischbeck G. Genes of powdery mildew resistance in cultivars of spring wheat. Plant Breeding, 1987, 99: 282～288

[250] Heun M, Fischbeck G. Identification of wheat powdery mildew resistance genes by analyzing host-pathogen interactions. Plant Breeding, 1987, 98: 124～129

[251] Jensen HP, Jorogensen JH. Resistance to powdery mildew in spring barley varieties and their distribution in Denmark 1977 to 1989. In: J H Jorgensen (Ed.), Integrated Control of Cereal Mildews: Vinulence Patterns and Their Change. Ris National Laboratory. Roskilde, Denmark. 1991, 257～262

[252] Jorgensen JH. Mechanism of Mlo resistance to barley powdery mildew. Sveriges Utsadesforenings Tidsskrift 1991, 101 (2): 80～84

[253] Knudsen JCN, Dalsgaard HH, Jorgensen JH. Partial resistance to barley powdery mildew. In: Yasuda S and Konishi T (Eds), Barley Genetics V, Japan: Okayama University. Press, 1987, 645～650

[254] Lannou C, Pope C. Mechanisms of variety mixtures for reducing epidemics. In: Variety Mixtures in Theory and Practice COST Action 817. INRA-Grignon-France. 1997, 4～5

[255] Last FT. Some effects of temperature and nitrogen supply on wheat powdery mildew. Ann Biol, 1954, 40: 312～332

[256] Last FT. The effect of time of application of nitrogenous fertilizer on powdery mildew of winter wheat. Ann Appl Biol, 1954, 41: 381～392

[257] Li LQ, Cao MS, Chen PD, et al. Identification, mapping and application of polymorphic DNA associated with resistance gene *Pm21* of wheat. Genome, 1996, 39: 191～197

[258] Liu DJ, Chen PD, Pei GZ, et al. Transfer of *Haynaldia villsoa* chromosome into *Triticum aestivum*. Proc. 7th International Wheat Genetics Symposium. Cambridge, U K, 355～361

[259] Lutz J, Katzhammer M, Stephan U, et al. Identification of powdery-mildew-resistance genes in common wheat (*Triticum aestivum* L. em. Thell.) V. Old German cultivars and cultivars released in the former GDR. Plant Breeding, 1995, 114: 29～33

[260] M S Wolfe 著．杨作民，曾士迈等译．策略性地运用寄主抗病性能够保持它们原有的持久性吗?

见：杨作民，曾士迈等译．抗病性的持久性．北京：中国农业大学出版社，1997，61～70

[261] Munk L，Jensen HP，Jorgensen JH. Virulence and disease severity of barley powdery mildew in Denmark 1974—1989. In：J H Jorgensen（Ed.）. Integrated Control of Cereal Mildew. Virulence Patterns and Their Change. Riso National Laboratory，Roskilde，Denmark. 1991，55～65

[262] Munk L. Variety mixtures：19 years of experience in Denmark. In：Variety Mixtures in Theory and Practice. COST Action 817，INRA-Grignon-France. 1997，7～9

[263] Parlevliet J E，A Van Ommeren. Accumulation of partial resistance in barley to barley leaf rust and powdery mildew through recurrent selection against suscepbility. Euphytica，1988，37：261～274

[264] Robinson RA. Plant Pathosystems. In：Heitefuss R，Williams（eds），Physiological Plant Pathology. Springer-Verlag，Berlin，Germany，1976

[265] Shaner G，Finney TE. The effect of nitrogen fertilization on the expression of slow mildewing resistance in Knox wheat. Phytopathology，1977，67：1051～1056

[266] Shaner G. Reduced infectability and inoculum production as factors of slow-mildewing in knox wheat. Phytopathology，1973，63：1307～1311

[267] Vanderplank JE. Plant Diseases：Epidemics and Control. New York and London：Academic Press，1963

第五节

[268] 柏贵华，肖庆璞，梅籍芳．六个小麦品种抗赤霉病性的遗传表现．上海农业学报，1989（4）：17～23

[269] 陈楚和．小麦抗赤霉病遗传的研究．浙江农业大学学报．1983，9（2）：1 15～126

[270] 陈鸿逵，王拱辰，梁训义．浙江省大、小麦赤霉病穗上的镰刀菌种类及其致病性．植物病理学报，1982，12（3）：1～11

[271] 陈鸿藻等．禾谷镰刀菌与小麦品种（系）交互作用的初步分析．生物学通讯，1982（1）：30～50

[272] 陈怀谷，王永文，王裕中．应用赤霉毒素－芽鞘生测法鉴定小麦品种抗赤霉病性．江苏农业科学，1990（6）：23～24

[273] 陈焕玉，张乐庆，潘雪萍等．小麦品种对赤霉病抗扩展性的稳定性研究．作物学报，1992，18（2）：150～156

[274] 陈利锋，宋玉立，徐雍皋等．抗感赤霉病小麦品种超氧化物歧化酶和过氧化氢酶的活性比较．植物病理学报，1997，27（3）：209～213

[275] 陈佩度，王兆娣，王苏玲等．将大赖草种质转移给普通小麦的研究．遗传学报，1995，22（3）：206～210

[276] 陈佩度，刘大均．翁益群等，利用亲缘植物创造抗赤霉病小麦新种质．见：庄巧生，杜振华主编．中国小麦育种研究进展（1991—1995）．北京：中国农业出版社，1996，304～310

[277] 福建农学院作物育种教研组，植物保护教研组．小麦抗赤霉病育种工作的初浅认识．福建农业科技，1978（1）：31～34

[278] 高立贞．部分小麦近缘属植物及小偃麦杂种对小麦赤霉病的抗病性鉴定．陕西农业科学，1980（2）：19～22

[279] 顾佳清．小麦赤霉病抗性遗传的研究．中国农业科学，1983，16（6）：61～64

[280] 何觉民．关于小麦抗赤霉病育种研究Ⅱ．小麦品种形态抗赤霉病性的机制．湖南农学院学报，1983（3）：13～18

[281] 黄德崇，汪志远，赵文俊等．抗赤霉病小麦基因库群体的抗性分析．上海农业学报，1988，4

(2)：7～12

[282] 黄德崇，汪志远，赵文俊等．基因库育种法在小麦抗赤霉病育种中的应用．上海农业学报，1989，5 (2)：89～92

[283] 黄德崇，刘宗镇，汪志远等．小麦抗赤霉病育种中应用轮回选择法的研究．上海农业科技，1990 (5)：20～21

[284] 江苏省农科院植保所麦病组，粮作所小麦育种室及品资室．小麦品种对赤霉病抗性研究的进展与应用，江苏农业科学，1985 (1)：15～16

[285] 蒋国梁，吴兆苏．小麦品种对赤霉病抗扩展性遗传的动态分析．作物杂志，1989 (3)：15～16

[286] 匡开源，陆仕华，史士英等．脱氧雪腐镰刀菌烯酸产毒菌株的筛选和产毒条件．上海农业学报，1987，3 (4)：57～62

[287] 李克昌．小麦赤霉病及其防治（第二版）．上海：上海科学技术出版社，1982

[288] 李清铣，王彰明．麦类禾谷镰刀菌致病性鉴定．植物保护学报，1982，9 (3)：163～168

[289] 李清铣，王彰明．江苏麦类禾谷镰刀菌变异性研究．植物保护学报，1983，10 (1)：25～32

[290] 李瑞明等．小麦品种对赤霉病抗性的初步研究．江西农业科学，1982 (8)：12～14

[291] 李又芳，余毓君．小麦品种温州红和尚对赤霉病抗性指标的单体分析．华中农业大学学报，1988，7 (4)：7～14

[292] 李又芳，余毓君．7 个小麦品种对赤霉病抗扩展性指标的双列杂交分析．见：朱立宏主编．主要农作物抗病性遗传研究进展．南京：江苏科学技术出版社，1990，185～192

[293] 廖玉才，余毓君．小麦地方品种望水白抗赤霉病性的遗传分析．华中农学院学报，1985，4 (2)：6～14

[294] 廖玉才，余毓君．七个小麦品种抗赤霉病性的双列杂交分析．华中农学院学报，1985，4 (3)：1～10

[295] 林一波，杨竹平，吴兆苏．不同地理来源抗赤霉病小麦品种的抗性遗传分析．上海农业学报，1992，8 (1)：31～36

[296] 刘景松．小麦有关性状与赤霉病的相关分析．黑龙江农业科学，1985 (2)：39～42

[297] 刘思衡，廖海林，潘祥华．应用赤霉病菌粗毒素测定小麦品种的抗赤霉病性．福建农学院学报，1990 (3)：300～304

[298] 刘惕若，薛国兴，张匀华等．小麦品种对赤霉病的抗性与抗病害扩展力的研究．植物病理学报，1988，18 (2)：113～118

[299] 刘宗镇，汪志远，赵文俊．小麦品种资源抗赤霉病性研究．上海农业学报，1985，1 (2)：75～84

[300] 刘宗镇，汪志远，黄德崇等．小麦抗赤霉病性超亲现象的普遍性与抗赤霉病遗传资源的利用．上海农业学报，1991，7 (增刊)：65～70

[301] 刘宗镇，汪志远，赵文俊等．我国改良小麦品种抗赤霉病性的来源与抗赤霉病改良中的问题．中国农业科学，1992，25 (4)：47～52

[302] 陆鸣，王裕中，朱伟云等．江苏 4 个禾谷镰刀菌菌株产生的主要毒素成分分析．江苏农业学报，1989 (3)：46～48

[303] 陆维忠，刘芬兰，林一波等．小麦赤霉病抗性与株高的相关性研究．见：朱立宏主编．主要农作物抗病性遗传研究进展．南京：江苏科学技术出版社，1990，229～235

[304] 陆维忠，周楠，刘芬兰等．小麦抗赤霉病体细胞无性系变异的诱导与选育．江苏农业科学，1991 (4)：13～14

[305] 钱存鸣，周朝飞，马兆祉等．江淮下游地区小麦品种存在的问题及现阶段的育种策略．江苏农业科学，1989 (1) 增刊：20～23

[306] 钱存鸣，周朝飞，姚国才等．改良小麦品种丰产性、适应性和稳定性的育种策略与方法．见：庄巧生、杜振华主编．中国小麦育种研究进展（1991—1995）．北京：中国农业出版社，1996，54～63
[307] 全国小麦赤霉病研究协作组．我国小麦赤霉病穗部镰刀菌种类、分布和致病性．上海师范学院学报，1984（3）：69～82
[308] 苏州地区农科所．小麦抗赤霉病育种的几点体会．江苏农业科技，1973（6）：8～9
[309] 童一中．小麦品种对赤霉病的抗性及其遗传基础的初步探讨．上海农业科技，1980（2）：8～11
[310] 王雅平，吴兆苏，刘伊强．小麦抗赤霉病的生化研究及其机制的探讨．作物学报，1994，20（3）：327～333
[311] 王裕中，杨新宁，肖庆璞．小麦赤霉病抗性鉴定技术的改进及其抗源的开拓．中国农业科学，1982，15（5）：67～77
[312] 王裕中，肖庆璞，杨新宁等．江苏省小麦赤霉病菌优势种——禾谷镰刀菌的致病力．江苏农业学报，1985，1（1）：11～16
[313] 王裕中，Mill JD. 小麦品种对禾谷镰刀菌毒素的抗性研究．植物病理学报，1989，19（2）：105～108
[314] 王裕中，陈怀谷，杨新宁等．禾谷镰刀菌株毒素的生物活性及其在小麦品种抗赤霉病性鉴定中的应用．中国农业科学，1989，22（4）：54～57
[315] 王裕中，米勒 JD. 中国小麦赤霉病菌优势种——禾谷镰刀菌产毒素能力的研究．真菌学报，1994，13（3）：229～234
[316] 吴鹏．关于小麦赤霉病抗病育种的几点体会．浙江农业科学，1980（1）：36～40
[317] 吴兆苏，沈秋泉，陆维忠等．小麦抗赤霉病基因库的建拓．作物学报，1984，10（2）：73～80
[318] 吴志凤，王裕中．利用禾谷镰刀菌粗毒素筛选抗小麦赤霉病突变体．江苏农学院学报，1994，15（1）：35～39
[319] 吴志凤，陈利锋，章元寿等．小麦赤霉病菌细胞壁活性物质的提取及其性质、组分的研究．农业生物技术学报，1997，5（2）：168～172
[320] 夏穗生，周朝飞，钱存鸣等．苏麦 3 号、望水白赤霉病抗性遗传初步研究．江苏农业科学，1984（8）：5～8
[321] 肖世和．小麦抗赤霉性的配合力及因子分析．湖南农学院学报，1985（1）：9～16
[322] 徐敬友，徐雍皋，方中达．禾谷镰刀菌“种”的变异观察．江苏农学院学报，1991（2）：41～44
[323] 徐朗莱，叶茂炳，徐雍皋等．过氧化物酶及其同工酶与小麦抗赤霉病性关系．植物病理学报，1991，21（4）：285～290
[324] 徐素珍，陆金土．上海地区麦类赤霉病菌种类研究初报，上海农业科技，1980（2）：12～14
[325] 徐素珍，陆金土．禾谷镰刀菌致病专化性的探讨．上海农业科技，1984（6）：27～28
[326] 徐雍皋，方中达．玉蜀黍赤霉对小麦品种致病力的测定方法和致病力的分化．植物病理学报，1982，12（4）：53～57
[327] 徐雍皋，徐敬友，方中达．禾谷镰刀菌菌丝融合和细胞核数目的观察．南京农业大学学报，1990，13（1）：125～126
[328] 徐雍皋，朱斌，方中达．禾谷镰刀菌培养滤液对小麦胚根毒性作用研究．南京农业大学学报，1991，14（1）：43～46
[329] 徐雍皋，徐敬友，方中达．禾谷镰刀菌菌落角变的观察．植物病理学报，1992，22（2）：11～14
[330] 姚金保，葛永福，王书文等．小麦品种苏麦 3 号抗赤霉病基因的染色体定位研究．作物学报，1997，23（4）：450～453

[331] 姚泉洪，刘宗镇，黄晓敏等．DON对小麦胚芽鞘伸长的作用．上海农业学报，1991，7（增刊）：79～80
[332] 叶华智，万永芳，伍光庆．胆碱与小麦品种抗赤霉病关系的研究．西南农业大学学报，1998，23（6）：544～546
[333] 叶茂炳，徐朗莱，徐雍皋．苯丙氨酸解氨酶和绿原酸与小麦抗赤霉病性关系，南京农业大学学报，1990，13（3）：103～107
[334] 尹腾蛟，尹世强．小麦（籽粒）对赤霉病抗性遗传力的研究．湖南农业科学，1981（5）：31～35
[335] 余毓君．小麦品种苏麦3号抗赤霉病性及产量因素的单体分析．华中农学院学报，1982，1（2）：70～72
[336] 余毓君．平湖剑子麦、洪洌大太宝、崇洋红麦、延岗坊主、万年2号抗赤霉病性基因分析．作物学报，1990，17（4）：248～254
[337] 俞大绂．中国镰刀菌（*Fusarium*）菌种的初步名录．植物病理学报，1955，1（1）：1～18
[338] 袁汉博，赵立忱，周旭等．麦胚凝集素与小麦抗赤霉病性的关系．上海农业学报，1987，3（4）：63～68
[339] 张乐庆，潘雪萍．小麦品种对赤霉病的抗扩展性的遗传研究．华南农学院学报，1982，3（4）：21～29
[340] 赵忠贞，闵捷．小麦品种抗赤霉病遗传特性初步观察．浙江农业科学，1980（6）286～289
[341] 郑元梅．福建小麦赤霉病的致病菌种及其致病性的研究．植物病理学报，1983，13（2）：53～59
[342] 郑远旗，杨宗剑，李剑吾等．小麦内切多聚半乳糖醛酸酶抑制蛋白的分离纯化研究．生物化学与生物物理学报，1994，26（5）：555～558
[343] 周朝飞，夏穗生，钱存鸣等．小麦抗赤霉病育种初步探讨．江苏农业科学，1984（2）：15～18
[344] 周朝飞，夏穗生，钱存鸣等．关于小麦抗赤霉病育种问题的探讨．中国农业科学，1987，20（2）：19～25
[345] 周立，刘勇，李建吾等．小麦多聚半乳糖醛酸酶抑制蛋白对几种病原真菌抑制作用的研究．植物病理学报，1998，28（2）：107～112
[346] 周楠，崔叶龙，陆维忠．抗小麦赤霉病体细胞突变体筛选研究．江苏农业学报，1993，9（2）：22～27
[347] 朱涵，郭稚祥．小麦赤霉病的发病因素及抗病育种研究，福建农业科技，1981（6）：5～7
[348] 朱涵．闽北山区小麦赤霉病的发生与田间自然抗病性鉴定效果研究．小麦育种通讯，1988（2）：17～19
[349] 邹明烈，柏贵年，赵寅槐等．小麦品种不同株高等基因系赤霉病抗性比较．江苏农业学报，1988，4（1）：1～5
[350] Ahmed KZ，Mesterhazy A，Sagi F. In vitro techniques for selecting wheat（*Triticum aestivum* L.）for *Fusarium*－resistance. l. Double－layer culture technique. Euphytica，1991，7：251～257
[351] Albersheim P，Anderson AJ. Proteins from plant cell walls inhibit polygalacturonases secreted by plant pathogens. Proc Natl Acad Sci USA ，1971，68：1815
[352] Anderson JA. Detection Fusarium head blight resistance QTL in wheat using AFLPs and RFL Ps . In：Proceeding of the 9th international wheat genetics symposium. 1998（1）：135～138
[353] Bai GH. Identification of AFLP markers linked to one major QTL controlling scab resistance in wheat. In：Proceeding of the 9th international wheat genetics symposium. 1998（1）：81～83
[354] Ban T. Genetic analysis of Fusarium head blight resistance using wheat doubled haploids. In H J Dubin，L Gilchrist，J Reeves，A Mcnab (eds)，Fusarium Head Scab：Global status and Future Pros-

pects. Proceeding of a workshop Head at CIMMYT El Betan, Mexico, 1996, 71~78

[355] Ban T. Genetic analysis of resistance to Fusarium head blight caused by *Fusarium graminearum* in wheat. In: Proceeding of the 9th international wheat genetics symposium. 1998 (1): 192~196

[356] Buestmayr H, Lemmens HM, Gransgruber H, et al. Breeding for scab resistance in wheat: inheritance of resistance and possibilities for *in vitro* selection. In: H J Dubin, L Gilchrist, J Reeves and A Mcnab (eds), Fusarium Head Scab: Global status and Future Prospects, Proceeding of a workshop Head at CIMMYT El Betan, Mexico, 1996, 52~58

[357] Christensen JJ, Stakman EC. Susceptibility of wheat varieties and hybrids to wheat scab in Minnesota. Phytopathology, 1927, 17 (1): 40~41

[358] Cutler FT, Jarvis BB. Preliminary observations on the effects of macrocyclic trichothecenes on plant growth. Environ, and Expet Bot, 1985, 25: 115~128

[359] Gocho H. Wheat breeding for scab resistance. Wheat information Service, 1985, 60: 41~49

[360] Gordon WL. The occurrence of *Fusarium* species in Canada prevalence and taxonomy of Fusarium species in cereal seeds. Canada Journ Bot, 1944, 30: 209~251

[361] Hanson EW, Ausemus ER, Stakman EC. Varietical resistance of spring wheat to Fusarium head blight. Phytopathology, 1950, 40: 902~914

[362] Johnson AG, James GD, Helen J. An epidemic of Fusearium Blight (scab) of wheat and other cereals. Phytopathology. 1920, 10 (1): 51

[363] Laffitte C, Barthe JP, Montillet JL, et al. Glycoprotein inhibitors of *Colletotrichum lindemuthianum* endopolygalacturonase in near isogenic lines of *Phaseolus vulgaris* resistant and susceptible to anthracnose. Physiol plant pathol, 1984, 25: 39

[364] Mesterhazy A. Selection of head blight resistance wheat through improved seedling resistance. Plant Breeding, 1987, 98: 25~36

[365] Miller JD, Yong JC, Sampson DR. Deoxynivalenol and *Fusarium* head blight resistance in spring cereals. Phytopath Z, 1985, 113: 354~367

[366] Schroeder HW, Christensen JJ. Factors affecting resistance of wheat to scab caused by *Gibberella zeae*. Pytopathology, 1963, 53: 831~838

[367] Snijders CHA. Diallel analysis of resistance to head blight caused by *Fusarium culmorum* in winter wheat. Euphytica, 1990, 50: 1~9

[368] Snijders CHA. The inheritance of resistance to head blight caused by *Fusarium culmorum* in winter wheat. Euphytica, 1990, 50: 11~18

[369] Stange RN, Deraml A. Virulence enchancement of *Fusarium graminearum* by choline and betaine and of *Botrytis cinerea* by other constituents of wheat germ. Trans Br Mycol Soc, 1978, 70 (2): 201~207

[370] Strange RN, Smith H. A fungal stimulant in anthers which predisposes wheat to attack by *Fusarium graminearum*. Physionogical Plant Pathology, 1971, 1: 144~150

[371] Strange RN, Majer JR, Smith H. The isolation and indentification of choline and bataine as the two major components in anthers and wheat germ that stimulate *Fusarium graminearum* in vitro. Physiol. Plant Pathol, 1974, 4: 277~290

[372] Wang YZ, and Miller, JD. Effects of *Fusarium graminearum* metabolies on wheat tissue in relation to *Fusarium* head blight resistance, J. Phytopathology, 1988, 122: 118~125

[373] Wang YZ, Miller JD. Screening techniques and Sources of resistance to *Fusarium* head

blight. Proc. CIMMYT Conference on tropical Wheat production. Jan Thail and CIMMYT, Mexico City, Mexico, 1987

[374] Wilcoxson RD, Busch RH, Ozmon EA. *Fusarium* head blight resistance in spring wheat cultivars. Plant Disease, 1992, 76: 658～661

[375] 中川元兴. 小麦品种だぃ赤び病抵抗性 に 关する 研究，第二报，赤ぴ病耐病性に关 する遗传因子. 日本育种学杂志，1955，5 (1)：15～22

第 六 节

[376] 安德荣，魏宁生，张秦凤等. 小麦蓝矮病病原物——类菌原体初报，植物病理学报，1991，21 (4)：263～266

[377] 常胜军，王锡锋，周广和等. 大麦黄矮病毒 GAV 株系外壳蛋白基因在大肠杆菌中的高效表达. 病毒学报，1999，15 (4)：368～371

[378] 陈孝，辛志勇，肖世和等. 抗 BYDV 小麦—中间偃麦草易位系 α-淀粉酶同工酶的研究. 作物学报,1997，23：16～20

[379] 成卓敏，何小源，陈彩层等. 大麦黄矮病毒外壳蛋白基因合成及用花粉管途径获得小麦转基因植株. 自然科学进展，1993，3 (6)：560～564

[380] 成卓敏，何小源，陈彩层等. 应用基因工程创造抗黄矮病毒转基因小麦新种质. 植物保护，1996，22 (3)：18～20

[381] 程兆榜，侯庆树，周益军等. 小麦梭条花叶病抗病性的遗传研究. 作物学报，2000，26：359～365

[382] 李光博，曾士迈，李振岐主编. 小麦病虫草鼠害综合治理. 北京：中国农业科技出版社，1990

[383] 秦家忠，黎中明，陶家凤等. 小麦品种对土传黄叶病毒抗病性遗传的初步研究. 四川农业大学学报，1986 (4)：17～28

[384] 王浩瀚，王勇，李雁民等. 抗黄矮病春小麦新品种——张春 19 号. 麦类作物学报，2002，22：100

[385] 王浩瀚，李雁民，甄东升等. 抗黄矮病专用小麦新品种张春 20 号及其栽培技术. 麦类作物学报，2002 (22)：101

[386] 王锡锋. 麦蚜传播大麦黄矮病毒的机制研究. 中国农科院博士学位论文，1998

[387] 王锡锋，周广和. 大麦黄矮病毒介体麦长管蚜和麦二叉蚜体内传毒相关蛋白的确定. 科学通报，2003，48：1671～1675

[388] 吴茂森. 大麦黄矮病毒 GPV 株系复制酶基因介导的抗病毒转基因小麦的研究. 中国农业科学院博士学位论文，2000

[389] 辛志勇，徐惠君，陈孝等. 应用生物技术向小麦导入黄矮病抗病性的研究. 中国科学(B辑). 1991，21：36～42

[390] 徐惠君，庞俊兰，叶兴国等. 基因枪介导法向小麦导入黄花叶病毒复制酶基因的研究. 作物学报，2001，27 (6)：688～694

[391] 姚金保，杨学明，姚国才等. 小麦梭条花叶病抗源宁麦 9 号的抗病性遗传及利用策略. 麦类作物，1999，19：28～30

[392] 岳绪国，景德道，陈爱大. 小麦抗梭条花叶病品种的田间筛选及抗病性遗传研究初报. 麦类作物学报,2001，(21)：22～25

[393] 张秦风，张荣，任芝英等. 类菌原体引起的小麦蓝矮病. 微生物学报，1993，33 (5)：361～364

[394] 张荣，张秦风. 不同小麦品种（系）对小麦蓝矮病的抗病性鉴定研究. 植物病理学报，1998，28：

122
[395] 中国农业科学院植物保护研究所主编．中国农作物病虫害（上册）．北京：中国农业出版社，1995
[396] 周广和，张淑香，W F 罗乔．一种由麦二叉蚜和麦长管蚜传播的小麦黄矮病毒株系的鉴定．植物病理学报，1986，16 (1)：17～22
[397] 周广和，成卓敏，张向才等编著．麦类病毒病及其防治．上海：上海科学技术出版社，1987
[398] 周广和，张淑香，钱幼亭．小麦黄矮病毒 4 种株系鉴定与应用．中国农业科学，1987，20：12
[399] 周广和．世界大麦黄矮病研究概况．世界农业，1989 (7)：38
[400] 朱象三，张鹏林，任芝英等．小麦蓝矮病研究．植物保护学报，1984，11 (1)：35～41
[401] Abel PP，Nelson RS，et al. Delay of disease development in transgenic plants that express the tobacco mosaic virus coat protein gene. Science . 1986，232，738～743
[402] Cauderon Y. The resistance to wheat rust of *Agropyron intermedium* and its use in wheat improvement，Proc 4th Int Wheat Genet，Symp. 1973，401～407
[403] Comeau A，Plourde A. Cell，tissue culture and intergeneric hybridization for barley yellow dwarf virus resistance in wheat. Can J Plant Pathol，1987，9：188～192
[404] Cooper B，Lapldot M，Heick JA，et al. A defective movement protein of TMV in transgenic plants confers resistance to multiple viruses whereas the functional analog increases susceptibility. Virology，1995，206：307～313
[405] Dong J，He ZT，Han CG，et al. Generation of transgenic wheat resistance to wheat yellow mosaic virus and identification of gene silence induced by virus infection. Chinese Science sulletin，2002，47：1446～1450
[406] Gill CC. Cyclical transmissibility of barley yellow dwarf virus from oats with increasing age of infection. Phytopathology，1969，59：23
[407] Han CG，Li DW，Xing YM，et al. Wheat yellow mosaic virus widely occurring in wheat in China. Plant Disease，2000，84：627～630
[408] Koev G，Mohan BR，Dinesh-Kumar SP，et al. Extreme reduction of disease in oats transformed with the 5' half of the barley yellow dwarf virus-PAV genome. Phytopathology，1998，88：1013
[409] McCarthy PL，Hansen J，Shiel PJ，et al. Coat protein-mediated resistance to wheat streak mosaic and barley yellow dwarf viruses in soft white winter wheats. Presented at Int Congr Virol. Jerusalem，10th. 1996，184
[410] Miller WA，Lada R. Barley yellow dwarf viruses. Annuals of Review Phytopathology，1997，35：167～190
[411] Rasmusson DC，Schallar CW. The inheritance of resistance in barley to barley yellow dwarf virus. Agronomy Journal，1959，51：661～664
[412] Register JC，Beachy RN. Resistance to TMV in transgenic plants results from interference with an early event in infection. Virology，1988，166：524～532
[413] Reimann-Philipp U，Beach RN. Coat protein-mediated resistance in transgeneic tobacco expressing the tobacco mosaic virus coat protein from tissue-specific promoters. Mol Plant-Microbe Interact，1993，6：323～330
[414] Rochow WF. Biological properties of four isolates of barley yellow dwarf virus. Phytopathology，1969，59：1580～1589
[415] Rochow WF，Muller IA. Fifth variant of barley yellow dwarf virus in New York. Plant Disease，

1971，55：874

[416] Singh RP，Burnett PA，Albarran M. A gene for tolerance to barley yellow dwarf virus in bread wheats. Crop Science，1993，33：231～234

[417] Van Regenmortel MHV，Fauquet CM，Bishop DHL. Virus taxonomy，classification and nomenclature of viruses. Seventh Report of the International Committee on Taxonomy of Viruses. Academic Press，2000

第十三章

水稻品种抗病性及其利用

国内外多年的实践证实，选用抗病品种是综合防治水稻病害的重要措施。我国是世界稻作的起源地之一，已有7 000余年的栽培历史，在长期自然选择和人工选择过程中，水稻的种质资源十分丰富，其中蕴藏着各种特异性抗病基因，为国内外育种家所瞩目（游修龄，1982）。近20余年来，为了获得稳定、持久的多抗性材料或抗病良种，直接或间接地应用于生产，全国有计划、有组织地进行了5次规模较大的联合鉴定或协同攻关，并已取得了丰硕的成果。

第一次是1976—1979年，受农业部科学技术司的委托，由浙江省农业科学院主持，成立了由33个单位组成的全国稻瘟病科研协作组，其中包括浙江、吉林、广西、云南、湖南、四川等省（自治区）农业科学院，共鉴定了稻种2 187份，其中籼稻916份，粳糯稻1 271份，选出了一批优良抗源和抗丰兼优的品种应用于生产，促进并推动了我国抗瘟育种研究的进展（全国稻瘟病科研协作组，1980）。

第二次是1980—1984年，中国农业科学院品种资源研究所组织了广东、广西、云南、四川、湖南、浙江、吉林、天津等省（自治区、直辖市）农业科学院和辽宁省丹东市农业科学研究所参加，对3 510份国外引进稻种资源，进行了主要农艺性状和抗“三病”（稻瘟病、白叶枯病、黄矮病）“二虫”（褐稻虱和稻纵卷叶螟）异地同步多点鉴定，从中发现一批在多个地区具有广谱抗病性的材料。

第三次是1984—1985年，由中国农业科学院品种资源研究所主持，与云南、广东、广西、四川、湖南、湖北、浙江、吉林等省（自治区）农业科学院和中国水稻研究所协作，对2 021份云南稻种资源进行了抗“三病”（稻瘟病、白叶枯病、黄矮病）“三虫”（褐稻虱、白背飞虱、三化螟）的多点同步鉴定，取得了良好的结果。

第四次是1986—1990年，由中国水稻研究所主持，与国内15个省（自治区、直辖市）农业科学院协同攻关，对26个省（直辖市、自治区）提供的地方品种、育成品种、杂交稻三系材料及外引品种进行了抗“四病”（稻瘟病、白叶枯病、纹枯病、细菌性条斑病）“三虫”（褐稻虱、白背飞虱、稻瘿蚊）的鉴定，共鉴定了194 516份次。筛选出了一批单抗、双抗或多抗性材料，并已将抗病性数据输入了国家种质库。同期，浙江省农业科学院和中国水稻研究所共同主持，组成了植物保护学、植物生理学、谷物化学与育种学等多学科协作队伍，对931份水稻新品种（系）进行了抗病、抗虫、抗冷害和米质分析。筛选出了一批单抗、双抗或多抗病性品种（系），可在不同稻区因地制宜地加以利用（中国水稻研究所，1990)。

第五次是1991—1995年，由中国水稻研究所主持，与广东、广西、江苏省（自治区）农业科学院协作，对25 680份次的稻种资源进行了抗“三病”（稻瘟病、白叶枯病、纹枯病）“二虫”（褐稻虱、白背飞虱）的鉴定。对历年苗期和成株期鉴定中发现的217份优良材料进行了异地同步多年多点鉴定，初步明确了部分品种抗病性和抗虫性的适应范围与利用价值（沈瑛等，1993；稻种资源抗病虫鉴定子专题协作组，1996)。

第一节 稻瘟病

一、重要性和主要成就

稻瘟病是我国水稻的严重病害之一，病原菌是 *Magnaporthe grisea* (Hebert) Barr.（*Pyricularia oryzae* Cav.）。稻瘟病的发生，一般山区重于平原，晚稻重于早稻（华南稻区除外），粳糯稻重于籼稻。流行年份一般减产10%～20%，严重的可减产40%～50%。

我国对稻瘟病的研究始于20世纪20年代，先后有魏景超、朱凤美、裘维蕃、朱学曾等对稻瘟病的病原菌及其生物学特性、发病因素和流行规律以及品种抗病性诸方面进行了研究，为我国稻瘟病的研究奠定了基础。50～60年代，各地相继开展了较大规模的水稻品种抗病性鉴定和筛选利用研究，部分省份，如辽宁、台湾、福建、吉林等还对稻瘟病菌的生理小种进行了初步研究。70年代，在农业部科学技术司的领导下，成立了全国稻瘟病科研协作组，在水稻品种抗病性、病菌生理小种和综合防治等方面，开展了较为深入的研究，筛选出特特普、珍龙13、四丰43、东农363、关东51、合江18、丽江新团黑谷7个鉴别品种，并初步探明了我国各主要稻区病菌生理小种的区系分布。70年代后期以来，通过植物病理和水稻育种工作者的紧密结合，在收集、整理、鉴定、筛选数以万计的稻种资源和初步掌握小种类型的基础上，提供抗源，通过采用常规育种、辐射育种、组织培养以及杂交优势利用等方法，选育出一批矮秆、丰产、抗病性较强的良种，在全国各病区因地制宜地推广应用，对控制病害、减轻损失、确保水稻稳产高产发挥了重大的作用（孙漱源等，1987)。

二、稻瘟病菌的致病性、生理小种及其变异

（一）生理小种的类型、分布和动态变化

国内外研究证实，稻瘟病菌存在着不同的生理小种，掌握小种的区系分布及其变化消长规律，对稻瘟病的防治、抗源的筛选、抗病品种的选育和品种的合理布局都是十分重要的。据全国稻瘟病菌生理小种联合试验组（1980）报道，利用我国筛选的7个鉴别品种，共鉴定出7群43个小种（表13-1)。后来，在1985年鉴定出8群66个小种，1989年鉴定出8群85个小种（金敏忠、柴荣耀，1990)。

华南双季籼稻区7群小种均有分布，其中ZA、ZB和ZC三群小种占有很高的比例，ZB群小种是优势小种。北方一季粳稻区，多数省份尚无ZA群小种出现，ZD、ZE、ZF和ZG群小种占有很高比例，ZF群和ZG群小种为优势小种。长江流域双季籼粳稻混栽区是小种演化的中间地带，7群小种均占有一定的比例，但在籼型品种上以ZB群、ZC群小

种为主，粳型品种上以 ZF 群和 ZG 群为主，ZD 群和 ZE 群也占有一定的比例且具有较强的致病性，在筛选抗源和良种推广中不可忽视。

表 13-1　我国稻瘟病菌生理小种在 7 个鉴别品种上的反应模式

病菌生理小种		特特普	珍龙13	四丰43	东农363	关东51	合江18	丽江新团黑谷
ZA	1	S	S	S	S	S	S	S
	13	S	S	S	R	R	S	S
	15	S	S	S	R	R	R	S
	25	S	S	R	R	S	S	S
	29	S	S	R	R	R	S	S
	31	S	S	R	R	R	R	S
	37	S	R	S	S	R	S	S
	45	S	R	S	R	R	S	S
	49	S	R	R	S	S	S	S
	51	S	R	R	S	S	R	S
	55	S	R	R	S	R	R	S
	57	S	R	R	R	S	S	S
	59	S	R	R	R	S	R	S
	61	S	R	R	R	R	S	S
	63	S	R	R	R	R	R	S
ZB	1	R	S	S	S	S	S	S
	3	R	S	S	S	S	R	S
	5	R	S	S	S	R	S	S
	9	R	S	S	R	S	S	S
	11	R	S	S	R	S	R	S
	13	R	S	S	R	R	S	S
	15	R	S	S	R	R	R	S
	17	R	S	R	S	S	S	S
	19	R	S	R	S	S	R	S
	25	R	S	R	R	S	S	S
	29	R	S	R	R	R	S	S
	31	R	S	R	R	R	R	S

病菌生理小种		特特普	珍龙13	四丰43	东农363	关东51	合江18	丽江新团黑谷
ZC	1	R	R	S	S	S	S	S
	3	R	R	S	S	S	R	S
	5	R	R	S	S	R	S	S
	7	R	R	S	S	R	R	S
	9	R	R	S	R	S	S	S
	11	R	R	S	R	S	R	S
	13	R	R	S	R	R	S	S
	15	R	R	S	R	R	R	S
ZD	1	R	R	R	S	S	S	S
	3	R	R	R	S	S	R	S
	5	R	R	R	S	R	S	S
	7	R	R	R	S	R	R	S
ZE	1	R	R	R	R	S	S	S
	3	R	R	R	R	S	R	S
ZF	1	R	R	R	R	R	S	S
ZG	1	R	R	R	R	R	R	S

汇总各省（自治区、直辖市）有关资料表明，1981 年以来南方稻区 ZA、ZB 和 ZC 等 3 群小种数量上升较快。ZB 群小种目前已在广东、福建、四川、湖南及浙江南部和江西山区、丘陵地区，已取代原优势小种而跃居首位。在广西、云南、贵州、和江苏等稻区，ZB 群和 ZC 群小种也正逐年增加。在北方稻区，ZD 群、ZE 群、ZF 群的小种数量明显上升，有的地区还出现了 ZA 群、ZB 群和 ZC 群小种。湖南省于 1979—1984 年推广了以珍龙、IR8 和 IR24 为主要抗源的品种和杂交组合，致使 ZB 群和 ZC 群小种迅速上升为优势小种。广东、贵州、四川、江西及浙江省也有类似情况。

（二）稻瘟病菌的致病基因与致病特点

1983—1986 年，云南农业大学利用日本的 13 个水稻单基因鉴定品种测定了云南 46 个代表性菌株的致病基因，结果大部分菌株具有 3 个以上的致病基因，极少数菌株具 1～

2个致病基因。其中 $AV-K^{s+}$ 致病基因（“+”示致病基因，无“+”示非致病基因）出现频率为91%，$AV-t^{+}$ 的频率为69%，$AV-a^{+}$ 为60%，$AV-K^{p+}$ 为40%，$AV-ta^{+}$ 为37%，$AV-i^{+}$ 为34%，$AV-K^{+}$ 为35%，$AV-b^{+}$ 为24%，$AV-K^{m+}$ 为23%，$AV-Z^{+}$ 为17%，$AV-ta^{2+}$ 为13%，$AV-Z^{t+}$ 为4%（段永嘉等，1987）。

李成云等（1997）利用云南陆稻的两个分离菌株，研究了杂交后代的交配型及其在13个水稻品种上致病性分离，结果表明菌株94-84c对楚粳17、岫4-10、云粳135和春江06分别持有1个非致病基因，对福锦、春江11、云粳34和腾糯2号分别持有2个非致病基因。95-23-4a菌株对半节芒、大红谷和大白谷分别持有1个非致病基因。两个亲本菌株对丽江新团黑谷都不持有非致病基因。

浙江省农业科学院于1983—1985年曾对我国稻区的抗病品种、主栽品种及有希望的品系进行了分小种测定，结果表明：①不同的品种或品系对供试的7群13个小种的抗病性明显不同。能抵抗多个小种或抗谱广的品种，其抗病性也较稳定。②对籼稻品种致病性强，具有威胁性，易于导致目前一些品种丧失抗病性的是ZA群、ZB群、ZC群小种。而对粳型品种致病性强，影响品种使用寿命的小种主要是ZD群和ZE群小种。但ZA群小种也是不可忽视的。在粳稻品种中较易筛选到抗ZA群、ZB群或ZC群小种的品种；在籼型品种中较易筛选到抗ZD群或ZE群小种的品种（金敏忠等，1986）。

柴荣耀等（1997）用 ZA_{49}、ZD_{3} 和 ZE_{33} 等3个小种，两两以等孢子量混合，于同等条件下接种感病品种秀水620和秀水48，发现小种间相对生存力的强弱与小种单独接种时产生的病斑数、病斑大小和产孢量有关。相对生存力强的小种在病菌群体中易取得优势。因此，小种间相对生存力差异也是影响稻瘟菌群体中小种组成发生变化的因素。

（三）分子技术在稻瘟病菌研究中的应用

朱衡等（1994，1995）利用具有高度多态性的稻瘟病菌的重复序列探针POR6，分析了44个菌株的DNA指纹，按其指纹的相似率将我国北方地区的22个菌株归为8个谱系。中国水稻研究所与美国普度大学合作，用重复序列探针MGR586与限制性内切酶EcoR1组合，分析了我国1980—1996年期间17省（直辖市）146个不同稻区475个稻瘟病菌株的限制性片段长度多态性（RFLPs），依其指纹的相似率，结合病菌的致病性测定，将表现为48个不同致病型的475个菌株区分为56个谱系。通过对不同稻区稻瘟菌谱系与毒性之间关系的分析，以期明确稻瘟菌的致病性变异及其演化过程，为改进种质资源的筛选方法和持抗育种的程序提供科学依据（沈瑛等，1993；Shen 等，1998）。王宗华等（1997）根据OPG、OPH、OPK三个系列60个引物对福建稻瘟菌RAPD的分析结果表明，其群体具有丰富的RAPD多样性，且可有效地区分稻瘟菌小种间的差异。近年来，随着分子生物技术的介入，使稻瘟病菌遗传规律的研究得到迅速发展，人们已建立了稻瘟病菌遗传转化体系，构建其遗传图谱并克隆了数种与致病性有关的基因，并利用重复DNA序列从分子水平上对病菌的群体遗传学进行了研究。稻瘟病菌分子遗传学研究的进一步发展，将有利于揭示病菌的致病机理并为病害的防治提供新的思路和手段。

三、水稻抗瘟性的类型和特点

（一）慢瘟性与速瘟性

1984—1985年，王绍坤等（1987）用ZB9小种的75－49菌株，接种鉴定了62个水稻品种，筛选出了南京11、大艮鱼、金刚、奥羽244和滇榆1号等5个慢瘟性品种和丽江新团黑谷与朝六早等2个速瘟性品种。慢瘟性品种病斑少而小，产孢量少，病菌侵入后菌丝生长受抑制，病势发展缓慢；速瘟性品种病斑多而大，产孢量大，病菌侵入后菌丝生长繁茂，病害发展很快。慢瘟性品种的硅含量、剑叶表皮硅化细胞数、酚类和类黄酮物质含量均比速瘟性品种高。稻叶中提取的酚类物质，经纸层析分离，已确定的有阿魏酸、对-香豆酸和绿原酸。这三种酚酸在10^{-3}mol/L浓度时对稻瘟菌菌丝和孢子芽管的生长具有明显的抑制作用。

（二）质量抗病性、数量抗病性与田间抗病性

朱小源等（1996）采用广东不同稻区的220个菌株、我国不同稻区的124个菌株与致病性强而稳定的单孢分离菌株GD-V_1人工接种，分别测定了三黄占2号、梅三五2号、三芦占7号、矮三芦占、青六矮1号、晚桂早1号、三五糯、IR36和植20-5等9个品种的抗病性。所测定的指标包括抗病性频率、病斑密度、病斑大小和病叶面积（%）等，用以评定供试品种的质量抗病性和数量抗病性。另外，还在广东、广西、福建、湖南、云南、湖北、浙江和吉林等8个不同纬度的水稻病区，进行了大田抗病性观察。结果表明，具有较强质量抗病性和较强数量抗病性的三黄占2号、三芦占7号、梅三五2号和三五糯等品种，在各个病区都表现出很高的田间抗病性；质量抗病性强、数量抗病性弱的矮三芦占，以及数量抗病性强、质量抗病性弱的IR36在大部分病区都表现出较好的抗病性，但在个别病区表现出较高的感病性；质量抗病性和数量抗病性均较弱的植20-5在大部分病区表现较为感病。

（三）生物学性状抗瘟性

李桦等（1997）对342份粳稻材料进行了抗瘟性（抗叶瘟、穗颈瘟）与其生物学性状（株高、穗长、每穗粒数、分蘖率、单株有效分蘖数、空秕率、着粒密度及成熟期等）的相关分析结果表明：抗叶瘟性与株高、穗长、每穗粒数、单株有效分蘖数、着粒密度呈显著正相关，相关系数依次为0.409、0.491、0.426、0.657、0.471；与空秕率呈显著负相关，相关系数为－0.591。抗穗颈瘟性与株高、每穗粒数、单株有效分蘖数呈显著正相关，相关系数依次为0.717、0.462、0.362；与空秕率、分蘖率、着粒密度呈显著负相关，相关系数依次为－0.343、－0.332、－0.476。

（四）组织结构抗瘟性

吴鸿健等（1989）用12个抗瘟性不同的品种，将穗颈易感病区段（穗颈节下1cm处）作了400余切片，进行解剖学观察，发现凡绿色细胞的中、小群数占50%以上，每群细胞数在30个以下，横切面绿色细胞总数在700个以下的结构表现抗病，而绿色细胞大群数占80%以上，每群绿色细胞数在50个以上，横切面绿色细胞总数在1 000个以上的结构表现感病，居于两者之间的为中间型。吴信淦等利用石蜡切片和超薄切片观察了稻瘟病各期病斑中寄主细胞的反应，发现寄主细胞对稻瘟病菌侵染的反应复杂，包括薄壁细

胞崩散和干枯，形成了棕色圈，维管束细胞产生深色物质，围困菌丝；形成黄晕圈，圈内薄壁细胞内容物部分消失等。他们认为棕色圈的薄壁细胞干枯与维管束细胞生成深色物质，可能限制了病斑的扩大。陈敏慧和吴信淦利用电子显微镜技术，对水稻与稻瘟病菌的相互作用进行了研究，发现在棕色针尖状抗病病斑中，寄主细胞已失去质壁分离能力，细胞膜、液泡膜破碎并颗粒化，叶绿体崩散。在中止型抗病病斑中寄主细胞并未失去质壁分离能力，但在棕色边缘的细胞中分布着很多羽毛状颗粒，甚至细胞间隙也有羽毛状颗粒，这些羽毛状颗粒包围着菌丝使其失去活力。在感病的水浸状病斑和纺锤形病斑中，羽毛状颗粒极少，病斑边缘部位的叶肉细胞均已干涸，细胞内和细胞间隙都充塞着菌丝。他们认为病菌入侵诱发了过敏性反应，把入侵菌丝局限于棕色针尖状病斑内，产生了羽毛状颗粒物，阻止侵入菌丝的迅速蔓延，使病斑不再扩大。包围稻瘟病菌丝的颗粒，有可能就是植物保护素（陈志强，1989）。

（五）生理生化抗瘟性

稻株的生理生化状况与稻瘟病发生具有密切的关系。70 年代以来，我国学者对水稻的淀粉含量、碳氮代谢和酶活性生理生化抗瘟性也有许多研究与报道。

陈彩校等（1983）测定了 42 个不同抗病性水稻品种的稻株淀粉含量，分蘖期淀粉含量等于或低于 2 级的中山红、青小金、团结 1 号等，叶瘟发生较多，淀粉含量越低，发病率越高；淀粉含量高于 3 级的包选 2 号、B71－34、晚中糯等，叶瘟发生较少，淀粉含量越高，发病率越低。在抽穗期，贮藏于水稻叶鞘的淀粉逐步转移到穗部。叶鞘淀粉含量下降速度过快的团结 1 号、窄叶青和抽穗前稻株淀粉含量本来就很低的青小金等，穗瘟发生较重，而抽穗前淀粉含量比较高的或抽穗后淀粉含量下降比较平稳的包选 2 号、B71－34 等，穗瘟则发生较轻（陈彩校等，1983）。

刘学群等（1989）、张国忠等（1988）、雷元翠等（1989）以稻瘟病菌小种鉴别品种为主，测定了品种叶鞘淀粉含量、叶片 C/N 比、木质素含量等。结果表明，在分蘖期，抗病、中度抗病、感病和高度感病的品种之间，叶鞘淀粉含量从高到低梯度差异明显。在孕穗期以后，抗病品种或是叶鞘绝对淀粉含量较感病品种高，或是叶鞘淀粉含量下降较感病品种慢。叶片 C/N 值有分蘖期和抽穗期两个明显低峰期。在低峰期，感病和高度感病品种除 C/N 值低于抗病和中度抗病品种外，低 C/N 值持续时间也更长。在未发病条件下，抗病、中度抗病、感病、高度感病等类品种，木质素含量和过氧化物酶活性从高到低大致呈梯度分布，但发病后两者都有明显的增加，感病品种比抗病品种的增幅更大。

此外，我国学者还研究了过氧化物酶及其同工酶、多酚氧化酶、酯酶同工酶和细胞色素氧化酶同工酶等多种酶类与抗瘟性的关系，得到了一系列研究结果。

肖拴锁等（1997）测定了 19 个水稻品种和 8 个稻瘟病菌生理小种间所构成的 152 个组合中水稻品种的超氧（O_2^-）产率，发现无论喷洒稻瘟菌孢子还是真空渗透稻瘟菌菌丝代谢物，无论接种水稻幼苗叶片还是幼穗诱导的愈伤组织，在 4h 内，在非亲和性组合中 O_2^- 产率均上升，而在亲和性组合中 O_2^- 产率则下降。O_2^- 产率的增减与病原小种和水稻品种互作的性质有关，而与小种或品种本身的特性没有多少联系。O_2^- 产率的增加可能与启动寄主防卫反应有关。

（六）诱导抗瘟性

用生物因子或非生物因子预先处理，可使水稻获得对稻瘟病菌挑战接种的抗病性。沈瑛等多次反复试验证明（沈瑛等，1990，1990），稻瘟病菌的非致病性菌株和弱致病性菌株，均可明显地诱导水稻植株对稻瘟病的抗病性。湖南农学院王国平等（1994）、郭建荣等（1994）从39种化学药剂和98种中药材中筛选化学诱抗药剂，发现用亚硒酸钠、硫酸锰的稀释液和中药材前胡、白芷的提取液浸泡水稻种子或叶面喷雾，均可诱导稻株产生对稻瘟病的抗性。在人工喷雾接菌条件下，感病品种抗叶斑的诱导效果为43%～93%；在注射接菌条件下，抗穗瘟的诱导效果为29%～78%。供试药剂对感病品种和弱致病菌株的诱导效果，优于对抗病品种和强致病菌株，药液叶面喷雾的诱导效果优于药液浸种。在苗期用药液浸种并喷雾的诱导效果，优于单独浸种或喷雾；在穗期以圆秆后30天喷雾效果最佳，抗病性诱导效果随喷雾次数的增加而增加。硫酸锰（$MnSO_4$）诱抗的最佳浓度为200mg/kg，亚硒酸钠（Na_2SeO_4）为10^{-4}mol/L。前胡和白芷都用100倍水液，因其有效诱导成分主要是水溶性物质。加入展布剂的水提物比未加展布剂的抗病性诱导效果更好。这两种诱导剂对稻瘟菌菌丝生长和孢子萌发均无明显抑制作用，对水稻种子萌发及根、芽生长也均无影响，但可促进水稻生长，增强过氧化物酶及其同工酶活性以及多酚氧化酶的活性，提高抑菌物质的积累。

浙江农业大学宋凤鸣（1994）、蔡新忠等（1996，1997）利用十八碳二烯酸和水杨酸，中国科学院上海植物生理研究所肖拴锁等（1997）对毛地黄草苷及其他化合物，进行了诱发水稻抗病性的研究。

四、抗瘟性的遗传与变异

我国在20世纪60年代以后陆续进行了抗瘟性遗传研究。1967年台湾省谢氏等首次在近代品种中鉴定出*Pi*-*4*、*Pi*-*13*、*Pi*-*22*和*Pi*-*25*等4个抗病性基因。1976年浙江省农业科学院发现，早稻广陆矮4号/南特占的抗病性由2对抗病基因控制。

凌忠专等（1984，1990）利用日本代表菌系和中国菌系对我国部分水稻品种进行了抗病基因的推断和分析（凌忠专等，1984，1990），将所测品种划分为以下8类：

（1）爱知旭型（*Pi*-*a*）：京育1号、老虎稻、中系7727、京丰7号、京丰8号、京国9-2、泸选19、中系7827、中系7826、中系7728、京系3号、云粳15、云粳21、花糯、长毛白糯、香糯、毫糯公、长毛香、背子谷、大红谷。

（2）石狩白毛型（*Pi*-*i*）：红旗20、6059、中系7606。

（3）关东51型（*Pi*-*k*）：早白歌、虎蕾选、中系7735、中系7732、7809、161、响铃谷、光头玉谷、长毛糯、乌咀谷、短黄糯、米壳红糯、香谷、黑壳谷。

（4）*Pi* No.4型（Pi-ta^2）：中丹1号、中丹2号、中丹3号、中作13、楚籼1号、黄瓜糯、细谷1、帕盆、小红谷。

（5）K_1型（*Pi*-*ta*）：糯谷、冷水香。

（6）新雪型（*Pi*-*i*，*Pi*-*a*）：中系7607、合江18、大香糯、响铃糯。

（7）杜稻型（*Pi*-*k*，*Pi*-*a*）：中系7733、宁系3号、五七大白谷、东农363、细谷2、苦根谷、小黑冷水谷、黑谷1、黑咀、大白谷1、大糯、黑谷2、地谷、红香谷、毫利行3、毫糯澜、俄摆得、短脚糯、白糯、紫糯、冷水谷、西畴地红谷、黑节巴1、磕糯谷、红糯、老造谷、红丝酒。

(8) 砦1号型（$Pi-Z^t$）：中花6号、中花7号等。

1984年清泽、凌忠专用日本和菲律宾的代表菌系测定中国7个鉴别品种的基因组成，明确了东农363具有$Pi-a$和$Pi-k$基因；合江18具有$Pi-a$和$Pi-i$基因；四丰43可能具有$Pi-a$和$Pi-t$或$Pi-b$；关东51具有$Pi-k$基因；珍龙13的基因组成还不能确定；丽江新团黑谷不具有已命名的抗病性基因。日本的鉴别菌系对中国的籼型品种缺乏鉴别能力。

吉林省农业科学院对中早熟水稻新品种长白9号稻瘟病抗病性基因鉴定分析结果认为（张俊国，1996），长白9号除了含有主效抗病性基因$Pi-k^s$外，还可能含有其他微效抗病性基因。商世吉等（1996）用具有鉴别能力的稻瘟病菌037、007、033、035、017、333、137h和101等小种喷雾接种部分合江系统的水稻品种，鉴别其抗瘟基因型。

何祖华等（1989）等于1985—1986年分析了Tetep等8个抗稻瘟病品种对ZB_{15}、ZC_3和ZC_{15}等3个稻瘟病小种的抗病性遗传。结果表明，8个抗病品种对供测小种共有13对显性抗病基因。按照品种抗病基因型的相似性，可以将这些品种划分为4个抗病性类型：Tetep、矮梅早3号、IR36、红阳矮4号为Ⅰ类；水源300粒和矮脚白米仔为Ⅱ类；IR9782为Ⅲ类；国际油占1号为Ⅳ类。

据申宗坦等（1986）报道，高抗稻瘟病的红脚占、砦糖、Tetep和74-5461BG等籼稻品种对ZB_1、ZB_{15}、ZC_{15}、ZC_3等菌系的抗病性，分别由显性基因$Ipi-1$、$Ipi-2$、$Ipi-3$和$Ipi-4$控制，这4个抗病基因之间还有紧密的连锁关系。李新海等（1996）采用“累积分布曲线法”，用日本的7个鉴别菌系鉴定了农林20/东农415组合的7套F_3系统，结果东农415对P_2b、北1、稻168等3个菌系的抗病性是由3对显性基因控制的；对研53-33菌系的抗病性是由2对显性互补基因控制的；对研54-04菌系的抗病性由2对显性基因和1对隐性基因控制；对稻72和研54-20的抗病性由2对显性基因控制。分析结果还显示，水稻品种东农415至少含有3个显性抗瘟基因，且基因间存在互作。

唐乐尘等（1994）报道，用7个代表性生理小种，接种分析了4个不育系、8个恢复系及其配制的杂交组合的抗病性遗传，结果高抗与中度抗病亲本的杂交组合F_1表现为高抗；高抗或中度抗病与高度感病亲本的杂交组合F_1表现为中度抗病，呈不完全显性；而感病亲本间的杂交组合F_1均表现为感病。

五、水稻抗瘟性的鉴定方法

“七五”期间我国对国内外原有鉴定技术加以改进和提高，全部鉴定流程分初筛、复筛和精筛等部分，逐步进行。初筛所鉴定品种数量大，在初筛中表现中度抗病以上的材料才进入复筛和精选。

初筛采用苗期人工接种或病区自然诱发的方法进行。供试的稻种材料每份2g，分别用吸水纸包好，按顺序排列于盛有肥沃土壤的育苗盘或水泥池内，设感病的籼、粳各1个品种作对照。催芽后旱播育秧，2叶期酌施氮肥，以利于发病。在幼苗3～4叶期，用当地分离的优势多孢菌株接种或用多个生理小种混合喷雾接种。菌液浓度在显微镜100倍视野下有 20 个以上孢子，100 株苗约接 20ml 菌液。接种后，在 26～28℃温度下遮光保湿 14～16h，再在 20～30℃和高湿（经常喷水）环境下培育，防止死苗，促进发病。复筛和精筛以病圃自然诱发为主，辅以人工接种鉴定。每份材料播种量以不少于 100 粒为宜。田边四周及品种间栽插感病品种作诱发行，并附加我国稻瘟病菌生理小种鉴别品种 7 个。

接种后 5～7 天，按以下标准进行调查记载。

苗瘟和叶瘟的分级标准：

0 级（HR）：无病；

1 级（R）：仅有针尖大小的褐点；

2 级（R）：有稍大的褐点；

3 级（MR）：圆形稍长的灰色小病斑，边缘褐色，病斑直径约 1～2mm；

4 级（MS）：典型纺锤形病斑，长 1～2cm，通常局限于两条主脉之间，被害叶片面积 2%以下；

5 级（MS）：典型病斑，被害叶片面积 3%～10%；

6 级（S）：典型病斑，被害叶片面积 11%～25%；

7 级（S）：典型病斑，被害叶片面积 26%～50%；

8 级（HS）：典型病斑，被害叶片面积 51%～75%；

9 级（HS）：全部叶片枯死。

穗颈瘟与节瘟的分级标准：

0 级（HR）：无病；

1 级（R）：发病率低于 1%；

3 级（MR）：发病率 1.0%～5.0%；

5 级（MS）：发病率 5.1%～25%；

7 级（S）：发病率 25.1%～50%；

9 级（HS）：发病率 50.1%～100%。

六、水稻对瘟病的抗病种质资源

（一）我国稻种资源抗病性鉴定的基本情况

全国稻瘟病菌生理小种联合试验组于 1976—1979 年，用 2 187 份稻种资源在全国不同地区的 30 个稻瘟病圃中，进行了叶瘟和穗瘟的鉴定。没有发现在全国各病圃中都表现抗病，即抗所有的生理小种的品种，但有些品种在全国多数病圃中表现稳定，是育种的珍贵材料，其中有的抗丰兼优，已直接用于生产。

中国农业科学院品种资源研究所和我国主要稻区 9 省（自治区、直辖市）农业科学院、所合作，于 1980—1984 年对 3 510 份外引水稻品种（系）进行了抗稻瘟病异地同步多点鉴定。发现 3～4 叶期在 7～8 个病圃中，表现中度以上抗病性（0～3 级）的籼稻有 26 份，占总数的 3.2%，粳稻有 12 份，占 1.0%，其中一批良好的抗源，已应用于生产。

1982—1984 年江苏省农业科学院对 1 466 份太湖流域粳稻品种进行了抗病性鉴定，筛选出高抗品种 3 个，占鉴定总数的 0.2%；中度抗病品种 16 个，占 1.09%。

“七五”期间，中国水稻研究所与 15 省（自治区、直辖市）农业科学院合作，对 26

个省（自治区、直辖市）提供的稻种资源及外引品种 39 087 份进行了抗稻瘟病的初筛鉴定，又对其中表现抗病和较抗病的 3 217 份品种进行了复筛鉴定。通过初、复筛鉴定，结合农艺性状综合评价，推荐抗源品种 17 份，抗丰兼优品种 18 份。在明确当地稻瘟病菌生理小种区系和进行适应性试验后，这些材料可作抗病亲本或在生产上直接利用。

"八五"期间，中国水稻研究所植物保护系与江苏、广西、广东三省（自治区）农业科学院合作，对由中国农业科学院品种资源研究所和中国水稻研究所品种资源系提供的 25 680 份稻种资源进行了苗期和成株期鉴定，对历年表现抗病性稳定的 217 份品种进行了抗病谱测定和异地同步多年多点鉴定。中国水稻研究所于 1984—1992 年对由国际水稻研究所提供的国际稻瘟病圃材料 2 038 份进行了苗期、成株期鉴定和抗病谱测定，从中推荐了 IR64 等 13 份对 22 个稻瘟病菌生理小种的抗瘟率为 70%以上的材料和水源 290、密阳 54 等 10 份抗病性强、产量高、米质较优的品种，经适应性试验后可直接或间接应用于生产。

云南省地处低纬度高原，地理生态条件特殊，地方品种多样化。1976—1979 年，云南省农业科学院提供了西双版纳、思茅、曲靖和昆明等 9 个地（州）市 23 个县的 410 份材料，经全国各地稻瘟病圃鉴定结果表明，云南地方品种中度抗病的材料多属粳陆稻、粳陆糯、籼稻和籼糯。从地理分布看，较抗病的品种多分布于云南省西南及南部的西双版纳和思茅等地区。中国农业科学院品种资源研究所 1984—1985 年对 2 021 份云南地方品种的鉴定，以及 1986—1990 年云南农业科学院品种资源站对 4 561 份地方品种的鉴定，都获得了相似的结果，再次证实了云南地方品种的抗病性以南部地区最强，由南部和西南部向北部和西北部地区递减，以西北部高寒山区的品种抗病率最低，抗病性有随纬度和海拔的增高而递减的趋势。

（二）抗稻瘟病的水稻种质资源

根据 1976—1979 年全国稻瘟病圃多点鉴定，在多数稻区表现抗病且抗病性稳定的籼型品种有红脚占、赤块矮选、砦糖、Tetep、IR1110 - 67；粳型品种有中系 7604、毫帕、城堡 1 号、BL2 等。1982—1984 年表现抗病的籼稻有谷梅 2 号、白石燕、建阳瘦田块、广农种、矮青 1 号、矮脚白米仔、红阳矮 4 号、毫索锡、天津野生稻、湘资 3150、HA 79 -537、双抗 77021、IR9828 - 36 - 3、IR2061 - 464 - 2 - 4 - 5、IR2053 - 436 - 1 - 2、SPR6726 - 134 - 2 - 26、CR189 - 4、咯 2 号；粳稻有黑壳粳、魔王谷、扎罗、若谷、Pi No.4、北陆 52、盐洲 1 号、盐洲 5 号和盐洲 14、莱蓬内特、弗图纳选系等。直接用于生产的有秋光、越富、BG90 - 2、幸实等。用作杂交亲本的有 Tetep、IR24、IR29、IR36 和 ASD7 等。

"七五"期间，中国水稻研究所与 15 个省（自治区、直辖市）农业科学院共同承担了全国稻种资源抗病性鉴定，鉴定出岩京、三百粒籼、高秆平阳京、硬头京、三株京、花二早、苦心稻、台中籼糯 1 号和台中籼糯 2 号、IR1357、毫外、毫味糯、大白谷、江西糯、C702043、KAU1727、MRC606 - 383、水原 294、密阳 82 等抗瘟品种。1984—1989 年，中国农业科学院作物品种资源研究所与云南、广东、广西、四川、湖南、湖北、浙江、吉林省（自治区）农业科学院及中国水稻研究所合作进行了异地同步多点鉴定，在 8 个病圃中有 7 个病圃表现抗病的有大白谷 2、鸡血谷、毫旗海、毫荒浪、毫造亮、矮脚糯、地白谷、旱谷和冷水谷等品种。

1991—1995年，中国水稻研究所与广东、广西、江苏省（自治区）农业科学院以及中国农业科学院品种资源研究所协作，对5 034份稻种资源进行了抗瘟性的异地同步多年多点鉴定以及对不同生理小种的抗病性测定，从中鉴定出双桂选6号、浙农8010、谷梅1号等单抗稻瘟病材料11份，以及嘉农籼育40、密阳54、安选4号、暹罗占等15份抗病性较为稳定并兼抗多种病虫的品种。同期，中国水稻研究所还鉴定了由国际水稻研究所提供的国际稻瘟病圃材料1 235份。通过苗期人工接种和田间自然诱发鉴定，筛选出IR13761-11-3、IR18349-22-1-2-1-1、IR387、GIZA175、密阳95、水源355等6份抗病性较为稳定的材料，可供育种和生产部门选用。彭绍裘等（1996）从38 000份国内外稻种资源中筛选出140份有希望的材料，并对多个抗病性组分进行了系统研究，从中筛选出Tetep、小粒野生稻、湘资3150、天津野生稻、谷梅2号、魔王谷等具有持久抗病性特性的材料，并提出了持久抗瘟性鉴定的4个有效组分和品种抗病性分类的方法。甘代耀等（1996）的鉴定结果认为，特特普、赤块矮选、红脚占和谷农13等4个抗源均高抗叶瘟与穗瘟。1986—1992年，湖南省农业科学院植物保护研究所和湖南杂交水稻研究中心肖放华等（1994）还对杂交水稻的不育系320份、保持系365份、恢复系3 335份进行了抗病性鉴定，抗病不育系有平鉴A、华矮15A（红莲）、田一窄8A、A1、IR21845-90-3A等5份，抗病保持系有辐育1号B、兰新B、早丰B、PT317B等4份，抗病恢复系有IR18348-36-3-3、IR18349-53-1-3-1-3、IR20654-R-R-R-1-3-1-3、密阳54、毫补卡、明恢63、谷梅2号等305份。

七、水稻抗稻瘟病良种的选育和利用

优质、高产、多抗是水稻品种选育的总体目标，抗病育种成败的关键在于稳定抗源的选用。我国北方一季粳稻区应用城堡1号、城堡2号为抗源，育成了中花、中系和中作系统的粳型品种；南方双季籼粳混栽区应用BG90-2、Si-Pi 681032、Tetep为抗源，育成了南京和城特系统的籼型和粳型品种；华南籼稻区选用地方品种为抗源，先后育成了双桂、青华矮、竹玻矮系统的籼型品种。这是我国抗瘟育种上的一大进展。

四川省农业科学院对部分国外品种采取病圃连续多年鉴定与小种抗谱测定相结合的方法，筛选出特特普、IR1529-380-3-2、IR4567-39-3、IR1544-340-3-1、IR2053-521-1-1、IR2061-464-7-14、IR2793-80-1、IR4409-35-3等8个广谱抗病性品种，并利用抗源IR2061-464-1-3育成了川植3号等抗病品种，经受住了1984—1985年稻瘟病大流行的考验。

中国水稻研究所利用密阳46作恢复系，育成协优、Ⅱ优、威优、D优等抗病组合，已于全国推广600万hm^2以上；又利用外引抗源IR8530-229-3作亲本，育成了米质优的中育系列，除抗稻瘟病、白叶枯病外，还兼抗褐稻虱，是有一定生产潜力的多抗、高效新品种，现已推广近6.67万hm^2。

根据1983—1985年的鉴定，在抗病丰产良种中早稻有双桂1号、矮梅早3号；中籼有滇瑞408、丛芦51；晚籼有青华矮6号、浙丽1号、双桂36号；晚粳有长白7号、中花8号、中花9号、秀水48、城特232。有希望的品种（系）有滇瑞306、谷梅2号、黑壳粳、81-107、牡交77-151、845-4、81-68。据1986—1990年鉴定，抗病至中度抗病的籼（糯）稻有竹兰1号、三芦占7号、中谷矮1号、闽糯580、三五糯、晚六早2号、中育88-6、中育88-7、川米1号等；粳（糯）稻有浙湖6号、浙湖129、浙湖160、春江29、中作8609-8、中作87-14、H 129等；杂交籼稻有江优594；已推广的抗病丰产良种有特青、珍桂矮1号、青六矮1号、南京14、双朝25、南农籼2号（籼稻）、吉粳62、吉粳63（粳）；有希望的品种有三黄占2号、青华矮、华竹矮等。

在抗瘟品种的鉴定和利用方面虽然已取得了明显的进展，但抗病良种推广3～5年后，病菌常产生能侵染该品种的优势小种，从而引起抗病性“丧失”，病害又复流行，造成严重损失。因此，需加强对水稻品种持久抗病性或延长抗病性品种利用的寿命研究。还要开展稻瘟菌致病性变异机制，有性遗传分析，无毒基因的分析、克隆和转基因系的建立等方面的研究。要进行水稻主要品种的基因分析，提高抗瘟育种和抗病性品种合理布局的水平。应用生物技术，例如分子探针、基因克隆、基因定位、基因转化等选育抗病性品种的研究，也有待进一步探索。

第二节 白叶枯病

一、重要性和主要成就

稻白叶枯病（*Xanthomonas oryzae* pv. *oryzae*）是水稻的重要病害之一，自1884在日本发生以来，迄今全世界各大稻区均有发生，可分为亚太流行区、西非流行区和北美洲新病区。我国所在的亚太原发生区的水稻受害最重。水稻的受害和损失程度，依病害发生的类型、早迟及其严重度不同而异。凋萎型引起青枯凋萎、枯心或白穗，损失严重，有时甚至被迫重栽或毁种；叶缘型发生早，一般损失尚较小，但孕穗期如植株上部三张功能叶病情在2级以上时，减产将达20%以上，最严重的可达70%～80%（方中达，1962；伍尚忠，1983；许志刚等，1998）。

近百年来，国内外稻白叶枯病的防治实践证明，在各种防治方法中，种植抗、耐病水稻品种乃是关键措施。日本在1909年即根据不同品种田间自然发病的轻重，来评价水稻品种的抗病性，1923年开始采用杂交方法培育抗病品种。在我国，1926年丁颖从抗病性和适应性强的普通野生稻与栽培稻自然杂交后代中筛选育成了中山1号（伍尚忠，1983；许志刚等，1998；章琦，1990）。1956年方中达等探讨水稻品种抗病性的测定方法，并对145个水稻品种进行了抗白叶枯鉴定，正式开展了水稻抗病性的评价和利用（方中达等，1957）。1957年2月，全国水稻白叶枯病座谈会把品种抗病性鉴定作为稻白叶枯病的重要研究内容之一（华中农科所植保系，1957）。广东省在水稻品种抗源筛选的基础上，利用抗源品种矮种水田谷和花龙水田谷作抗病性供体亲本，与丰源杂交，育成了秋二矮、窄叶青等品种（方中达等，1957）。1975—1978年，农业部又先后委托江苏省和广东省农业科学院召开了3次全国稻白叶枯病科研协作会，交流了稻白叶枯病的研究新进展，并制订了水稻品种对白叶枯病抗病性鉴定的实施方案（章琦，1990；方中达等，1957；华中农科所植保系，1957）。1986年后，我国更将稻种资源抗白叶枯病性鉴定，作为“七五”国家重点科技攻关项目中粮食作物种质资源抗病虫鉴定的一个重要组成部分，在全国范围内开展（沈瑛等，1991）。水稻抗白叶枯病育种、稻白叶枯病菌致病型研究和监测、水稻抗病基因和稻白叶枯病菌致病基因分析以及水稻抗白叶枯病性遗传研究又分别列入国家科技攻关项目中。

40 多年来，我国经反复试验比较，确定剪叶法是水稻抗白叶枯病性鉴定的最好方法。在全国范围内，广泛采集、分离稻白叶枯病菌菌株标样，利用 5 个鉴别寄主品种，查明了我国稻白叶枯病菌致病性分化及其变异状况。病菌菌株与鉴别品种互作具有特异性，据此将我国稻白叶枯病菌分为 7 个致病型。Ⅳ型和Ⅱ型分别是我国南方籼稻区、长江流域籼粳稻混栽区与北方粳稻区的优势致病型。Ⅴ型是我国南方籼稻区致病性最强的致病型。

中央及各省、自治区、直辖市科研单位，采用各自优势致病型的代表性菌株和全国统一的剪叶鉴定法，对历年收集保存的稻种资源进行了抗病性的初筛、复筛和精筛。我国收集保存的稻种资源约 6 万份，从中所发掘的抗病性好的稻种资源约 1 000 份以上。同时各地以抗病性为主，不断选用一些抗病性好、农艺性状较好的品种作为抗源，开展抗病性育种。据不完全统计，全国新育成的抗病常规稻品种和杂交稻组合并已大面积种植推广的达 150 个以上。由于这些抗病品种及组合的推广，全国稻白叶枯病的年发生面积已明显下降。其中广西等省、自治区稻白叶枯病的发生，已降低到无足轻重的地位。为了更好地利用抗病性稻种资源，选育抗白叶枯病品种，我国一些学者分别采用中国、日本和菲律宾的有代表性菌株对 130 多个栽培稻和野生稻的抗病性遗传及其抗病基因进行了研究与分析，明确了其遗传规律和主要抗病基因，育成了水稻近等基因系 CBB_3、CBB_4、CBB_{12}（暂名）等。此外，我国学者对抗病机制和白叶枯病菌的致病机制也进行了初步研究。

二、稻白叶枯病菌的致病性分化和变异

（一）白叶枯病菌的致病性分化状况

查明稻白叶枯病菌的致病性分化及其变异状况，是进行水稻品种抗白叶枯病性鉴定和水稻抗病育种的前提。从 1975 年起，我国水稻产区的主要科研、教学单位收集了 5 000 多个菌株，利用包括日本与 IRRI 的鉴别品种在内的 100 多个水稻品种，对稻白枯病菌的致病性及其变异作了大量研究。1986—1989 年，南京农业大学、江苏省和广东省农业科学院植物保护研究所、中国农业科学院作物育种栽培研究所等单位协作，面向全国病区收集了 835 个菌株，分别在北京、南京、扬州和广州等地，用 30 个鉴别品种接种测试其致病性差异。根据在 5 个基本鉴别品种成株期的反应特征，将供试菌株区分为 7 个致病型（表 13 - 2）。北方粳稻区的菌株多属Ⅱ型和Ⅰ型，南方籼稻区的菌株以Ⅳ型最多，Ⅱ型次之，但还有少量Ⅴ型菌存在，在长江流域籼粳稻混栽区则以Ⅱ、Ⅳ型为多（方中达等，1990）。后来，广东、广西、湖北和云南等省（自治区），又分别在各自地域内采集、分离新的菌株进行了测定（徐羡明等，1994，1995；孙恢鸿等，1993；成国英等，1994；钱汉良等，1997；段永嘉等，1987）。广西的测定结果与南方稻区致病型相似，但与全国测定期间所采用的原广西菌株的反应有较大的差异。全国测定的原广西菌株中，Ⅱ型最多，Ⅳ和Ⅰ型次之，无Ⅴ型；广西测定的新菌株中，则Ⅳ型最多，Ⅱ型次之，并存在Ⅴ型。湖北新测定的致病型与长江流域籼粳稻混栽区的情况亦略有出入，Ⅳ型最多，Ⅲ、Ⅱ、Ⅰ型依次渐少。广东测定结果虽与已往相似，惟因近年大面积种植含 Xa - 4 抗病基因的杂交稻组合，致病型Ⅴ明显上升（表 13 - 3）。但云南将 412 个菌株，根据所用鉴别品种的反应，分

Ⅰ$_{A}$～Ⅰ$_{H}$ 和Ⅱ$_{A}$～Ⅱ$_{H}$、Ⅲ$_{A}$～Ⅲ$_{F}$、Ⅳ$_{A}$～Ⅳ$_{C}$、Ⅴ$_{A}$ 和Ⅵ$_{A}$ 共 27 个菌系，其中Ⅰ$_{A}$、Ⅱ$_{A}$、Ⅲ$_{A}$、Ⅳ$_{A}$ 是主要菌系，其菌株数分别占总菌株数的 14.79%、16.90%、15.49%和 13.38%。

表 13-2 中国稻白叶枯病菌致病型在水稻鉴别品种上的反应

致病型	金刚 30	Tetep	南粳 15	Java14	IR26
0	R	R	R	R	R
Ⅰ	S	R	R	R	R
Ⅱ	S	S	R	R	R
Ⅲ	S	S	S	R	R
Ⅳ	S	S	S	S	R
Ⅴ	S	S	R	R	S
Ⅵ	S	R	S	R	R
Ⅶ	S	R	S	S	R

表 13-3 我国广大稻区稻白叶枯病菌的致病型

地区	测定年份	总菌株数	0		Ⅰ		Ⅱ		Ⅲ		Ⅳ		Ⅴ		Ⅵ		Ⅶ		其他	
			个	%	个	%	个	%	个	%	个	%	个	%	个	%	个	%	个	%
全国	1986—1989	417	35	8.39	73	17.51	140	33.57	57	13.67	98	23.50	2	0.48	9	2.16	3	0.72		
南方	1985—1988	280	14	5.00	44	15.7	89	31.7	25	9.0	102	36.4	2	0.7	1	0.4	3	1.1		
长江流域	1985—1988	240	28	11.67	58	24.17	50	20.83	18	7.50	11	4.58	12	5.0	16	6.67	47	19.58		
北方	1985—1987	82	14	17.1	27	32.9	30	36.6	6	7.3	1	1.3			4	4.9				
广东	1988—1993	450	71	15.78	71	15.78	131	29.11	40	8.89	181	40.22	27	6.0						
广东*	1990—1994	193	29	15.02			43	22.28	18	9.33	77	39.90	26	13.47						
广西	1987—1990	72	1	1.39	1	1.39	18	25.00	2	2.78	45	62.50	2	2.78					3	4.17
湖北*	1989—1991	208	23	11.1	21	10.1	22	10.6	28	13.5	113	54.3			1	0.5				
湖北	1992—1994	108	14	13	18	16.7	21	19.4	24											

*广东指珠江三角洲，湖北指江汉平原。

（二）白叶枯病菌致病机制和致病基因鉴定

1986 年以来，南京农业大学和湖南农学院对稻白叶枯病菌致病性与胞外水解酶、胞外多糖和毒素的关系进行了研究（邵蔚兰等，1986；高必达等，1986；蒋士君等，1992）。稻白叶枯病菌的毒性与蛋白酶活性呈正相关，与淀粉酶活性呈负相关，与果胶酶、酯酶和纤维素酶活性的关系不密切。强致病性菌株的胞外多糖及一种未知糖生成量均高于弱菌株，洗去和添加胞外多糖对病菌侵染有显著影响，胞外多糖可增加病菌附着力，可机械堵塞幼苗基部维管束，中脉注射能导致变褐坏死，能使水稻细胞电解质渗漏。从菌体培养滤液中提取到了毒素。毒素稀释液能抑制水稻出苗，引起稻苗萎蔫和烟草坏死反应。稻白叶枯病菌的毒素经薄层层析，显示含有琥珀酸、延胡索酸、苯乙酸等 7 个组分。野生菌和毒性基因突变体毒素组分大体相同，但含量有明显差异，不同小种间的毒素区别不大。这种毒素可能是一种非寄主特异性毒素。

南京农业大学和广西大学农学院应用分子遗传学分析方法，对水稻白叶枯病菌致病基因进行了鉴定和分析。南京农业大学采用转座子 Tn5 诱变稻白叶枯病菌日本系统 3 个小种（JxoⅠ、JxoⅢ、JxoⅤ），鉴定和克隆出稻白叶枯病菌中存在有不同类型的致病基因，其中有毒性基因、无毒基因和受寄主诱导基因，并查明了这些基因的特性及其对致病性、致病生化因子可能的调控关系。其中：毒性基因 *hrp* 和 *dsp* 正向调控着病菌对水稻的毒性，*hrp* 基因克隆片段具有增加病菌不同小种的毒性和扩大寄主范围的正向功能，*hrp* 基因片段缺失所构建的毒性基因突变体 Du728 可运用于生物防治中。无毒基因 *avrXa*4 与水稻 IR_{26} 抗病基因互作，可负向调控对水稻的亲和性，决定病菌对水稻不亲和性。*avrXa*4 的研究将有益于分离和克隆出水稻抗病基因 *Xa*4，开展抗病基因工程育种（何晨阳等，1994）。

广西大学农学院以甘蓝黑腐病菌（*Xanthomonas campestris* pv. *campestris*）的致病因子调控基因 *rpf*（genes of regulation of pathogenicity factors）为探针，通过 DNA－DNA 杂交、转座子 Tn5 诱变和功能互补等试验，应用广谱性载体 pLAFR1，在大肠杆菌中建立了稻白叶枯病菌野生菌株 T3 000 的基因文库，鉴选到一个重组质粒 pGXN3000，此重组质粒中存在着与甘蓝黑腐病菌的 *rpf* 具有同源性的片段，并证实 pGXN3000 中至少存在有 3 个与致病性有关的基因 *rpfA*、*rpfC* 和 *rpfF*（唐纪良等，1991；武波等，1996；王兴达等，1996；冯家勋等，1996）。

三、抗病性的鉴定方法

自 1956 年起，我国学者探讨和比较了多种抗白叶枯病鉴定方法（许志刚等，1998），至 70 年代中期，全国便一致采用剪叶鉴定法（吴全安等，1991）。对白叶枯病抗病性的鉴定分初筛、复筛和精筛等三个步骤。初筛和复筛均只用当地优势致菌型（群）的 1 个代表性菌株接种，但精筛则采用本稻区不同致病型菌株 4 个以上，有的甚至还采用日本和菲律宾各生理小种的代表菌株进行鉴定。鉴定圃绝大多数设置在试验场或病区大田中。育秧、栽插和田间管理依当地习惯而定，但略增施氮肥，不排水晒田，不施用任何防治细菌病害的杀菌剂。菌株选定后，采用肉汁胨或 Wakimoto 氏培养基，在 28℃下培养 72 h 后使用。接种菌液浓度一般每毫升含菌 3×10^8 个。在成株期剪叶接种。接菌 20～21 天后，以品种为单位，采用目测法调查病情。病情和抗病性分级标准是：

0 级（免疫，IM）：剪口处仅有伤痕，无病斑；

Ⅰ级（高抗，HR）：剪口处有短小病斑，病斑面积占叶面积 0.1%～6.0%；

Ⅲ级（抗病，R），病斑面积占叶面积 6.1%～12.0%；

Ⅴ级（中抗，MR），病斑面积占叶面积 12.1%～25.0%；

Ⅶ级（感病，S），病斑面积占叶面积 25.1%～50.0%；

Ⅸ级（高感，HS），病斑面积占叶面积 50.1%以上。

不同单位采用的鉴定步骤、接种菌液浓度、接种及调查时期、评价方法和标准等，也可能略有不同。还有人将病情和抗病性分级 0、Ⅰ、Ⅲ、Ⅴ、Ⅶ、Ⅸ等，改为 0、Ⅰ、Ⅱ、Ⅲ、Ⅳ、Ⅴ等。

此外，何汉生等认为离体叶片段法可作为抗病性室内鉴定方法（何汉生等，1985）。

四、水稻对白叶枯病的抗病性类型和特点

水稻品种对白叶枯病的抗病性反应，实质上是水稻品种与白叶枯病菌菌株间互作的结

果。各地采用致病性不同的代表性菌株在同一生育期或用同一个菌株在不同的水稻生育期，分别接种各种抗病品种，发现水稻品种的抗病性表现有很大差异。有些品种经多年、多点、多种菌株测定，具有稳定的广谱抗病性，但有些品种抗病性很不稳定。

水稻抗病性与生育期有密切关系，有些抗病品种在水稻全生育期均抗病，有些在苗期感病，植株成长后则由感病转为抗病，此种转变又有逐渐变化和突然变化两个类型（张端品等，1984；章琦等，1986；过崇俭等，1987；赵新华等，1995）。发生感病与抗病转变的叶位，不同品种间和同一品种对不同菌株间均不相同。我国所发掘的抗源品种矢祖、印度诺和青华矮 6 号等分别对菲律宾菌株 PXO_{61} 和我国菌株 KS-1-3 都全生育期抗病。邳早 15、蚌蛛芒、南粳 15 对 PXO_{61}、和 KS-1-3 则表现成株抗病（章琦等，1986，1988）。国外品种 Bulu Patih、Ketan Gondel、Pulut Kemandi、Ketan Gondopuro、Ketan Bajong、Rathu Heenati、辛尼斯（偏粳）、早生爱国 3 号对我国江陵 691 菌株也属于成株抗病类型（赵新平等，1985），IR_{26} 等对江陵 691 则属于全生育期抗病类型。

植株形态及结构与抗病性有关，株型紧凑，叶片较窄，挺直不披，剑叶和主茎角度小，水孔较少较小，有利于减少病菌的侵染（北京农业大学，1982）。

抗病品种被病菌侵入后，细胞叶绿体膜系统降解，线粒体肿胀，不亲和细胞中质膜内陷，具有膜系网络结构和大量纤维状与颗粒状物质（王以秀等，1992）。ATPase 活性常规分析表明，抗病品种的叶片叶绿体 Ca^{2+}-ATPase、根端线粒体 ATPase 活性有所降低，感病品种则显著下降。抗病品种叶片线粒体 ATPase 有所上升，感病品种则显著上升。仅叶片叶绿体 Mg^{2+}-ATPase 活性，抗病品种显著上升，感病品种显著下降（柯玉琴等，1993）。

方中达等（1963）曾认为抗病品种细胞内多元酚和糖含量比感病品种高，而游离氨基酸中的谷氨酸和天门冬氨酸含量较少。

孙恢鸿等（1989）1983—1987 年分析了早、晚稻各 5 个品种的种子和接菌前叶片、接菌 14 天后叶片中可溶性还原糖和蔗糖的含量，结果不论还原糖、蔗糖还是总含糖量，感病品种的种子和接菌前的成株期叶片，都比抗病品种高。但叶片接菌 14 天后，感病品种叶片内的蔗糖含量明显下降，抗病品种则有升有降，且升降幅度均较小。据程宁辉等研究，抗病品种 IR_{26} 剑叶接菌后 ^{14}C 同化物累积亦高于感病品种金刚 30（程宁辉等，1993）。

中国科学院上海生物化学研究所和江苏省农业科学院近年经蛋白质双向电泳分析，发现水稻中有对不亲和白叶枯病菌株专一识别的多肽。这种多肽与不亲和菌株产生特异性作用，但与亲和菌株不发生作用。全生育期抗病品种 IR_{26} 在成株期和苗期均出现一个与不亲和菌株专一作用的多肽，成株抗病品种南粳 15 在成株期有与不亲和菌株作用的多肽，而在苗期则未发现。有 3 个抗病基因的 DV85 有两个以上的菌株特异识别多肽，并推测这些多肽可能是抗病基因的产物（陶全州等，1992）。

20 世纪 80 年代以来，我国学者先后研究了不同品种中过氧化物酶、酯酶、苯丙氨酸解氨酶、超氧化物歧化酶（SOD）和豌豆查尔酮合成酶（CHS）等酶类与抗病性的关系（吴功振等，1981；叶钟音等，1984；涂巨民等，1986；叶明志等，1991；袁文静，1993；吴岳轩等，1996），所得结果虽略有出入，但抗病性不同的品种间仍存在明显的差异。周茂繁 1986 年报道，用 2 个致病性不同的稻白叶枯病菌菌株，交互接种 3 个抗病性不同的水稻品种，发现两菌株间存在交叉保护作用，先接种致病性弱的菌株可诱导对强菌株的抗病性（周茂繁，1986）。周乐聪等的类似试验也证明不亲和菌株可诱导对亲和菌株的抗病性（周乐聪等，1993）。周乐聪等还发现补骨脂、重楼、刺五加和麻黄对水稻抗病性的诱导效果也很好（周乐聪等，1993）。

五、抗病性的遗传与抗病基因

在水稻品种抗病性鉴定和白叶枯病菌致病性分化研究的基础上，我国从1979年起开展了水稻对白叶枯病抗病性的遗传研究。

（一）抗病性的遗传

先后有华中农业大学、南京农业大学、浙江农业大学、安徽农业大学、云南农业大学、华南农业大学、中山大学、仲恺农技学院、中国农业科学院、中国科学院以及广西、广东、江苏、浙江、江西和四川等省（自治区）农业科学院等单位，以当地稻白叶枯病菌的优势致病菌群为主，采用我国30多个代表性菌株和日本、菲律宾用于水稻抗病基因分析的菌株，分析研究了我国70多个抗源品种、新育成品种、60多个外引品种以及8个普通野生稻的抗病性遗传规律。综合上述研究结果（表13-2和13-3），有以下结论：

（1）参试的国内外不同类型的抗病品种和普通野生稻，都有显性或隐性抗病基因。一个水稻品种有的含有1对显性或隐性基因，也有的含有2对、3对抗病基因，个别品种还含有多个基因。有些品种的抗病性还受主效基因与微效基因的共同制约。大多数品种的抗病性乃由1～2个主效基因所控制。

（2）主效基因间存在着互补作用、重叠作用、上位作用或抑制作用等互作。

（3）经主效抗病基因的等位测定，发现我国许多籼稻和粳稻品种，特别是新育成品种具有 *Xa-4* 和 *Xa-3* 基因。有些抗病品种和野生稻可能具有与已知抗病基因不同的新基因。

（4）赵新平等研究了6个爪哇稻品种和3个粳稻品种对菌株江陵691的成株抗病性遗传，观察到成株抗病性的显性反转现象，成株抗病基因处于纯合状态时由感病转为抗病的时期早于杂合状态。因此，在植株发育的一定阶段进行接种，就可以在分离群体中鉴别出纯合抗病单株与杂合抗病的单株，便于尽早选择纯合抗病株作进一步杂交。

（5）同一水稻品种对不同菌株，有的抗病性遗传相同或类似，有的则存在明显差异，取决于供试菌株致病性的异同（表13-4、13-5、13-6）。

表13-4 我国水稻品种对白叶枯病的抗病性遗传分析

品 种	所用菌株	抗病性遗传方式	抗病基因	资料来源
雾露谷、云香糯1号、毫双7号	江陵691	1对显性基因	可能与IR28（*Xa-a*）等位	谢岳峰等，1990
毫梅	江陵691	1对显性基因	暂名 *Xa-i*	谢岳峰等，1990 戴陆园等，1990
风情2号	江陵691	1对显性基因	暂名 *Xa-j*	谢岳峰等，1990 万焕桥等，1993
云南大粒	江陵691	2对重叠隐性基因	与 *xa-5*、*xa-9*、*xa-13* 不等位	罗利军等，1991

（续）

品 种	所用菌株	抗病性遗传方式	抗病基因	资料来源
冬糯	江陵 691	1 对隐性基因	暂名 *xa-k*，与 *Xa-a*、*Xa-c*、*Xa-e*、*Xa-f*、*Xa-i* 独立遗传，与 *Xa-g* 连锁遗传	林兴华等，1992
中白米、黄牛尾香糯	江陵 691、PXO61、PXO99、PXO112、T7174	1 对显性基因	暂名 *Xa-g*，且与 *Xa-1*、*Xa-2*、*Xa-3*、*Xa-4*、*xa-5*、*xa-13*、*Xa-14* 不等位，但与 *xa-13* 连锁	熊卫等，1994
安宁早	江陵 691、PXO61、PXO99、PXO112、T7174	1 对显性基因	与 *Xa-1*、*Xa-2*、*Xa-3*、*Xa-4*、*xa-5*、*xa-13*、*Xa-14* 不等位，也与 *Xa-a*、*Xa-c*、*Xa-e*、*Xa-f*、*Xa-g*、*Xa-i* 不等位，但与 *xa-13* 连锁	熊卫等，1994
鲁士谷	江陵 691、PXO61、PXO99、PXO112、T7174	1 对显性基因	与 *Xa-1*、*Xa-2*、*Xa-3*、*Xa-4*、*xa-5*、*Xa-13*、*Xa-14* 不等位，也与 *Xa-a*、*Xa-c*、*Xa-e*、*Xa-f*、*Xa-g*、*Xa-i* 不等位	熊卫等，1994
干炸谷	PXO61	1 对显性基因	*Xa-3*	高和平等，1996
堆金子、毫糯扬	PXO61	1 对显性基因	与 *Xa-1*、*Xa-2*、*Xa-3*、*Xa-4*、*Xa-5*、*Xa-14* 独立遗传	高和平等，1996
大绿种	KS-6-6、浙 173、KS-1-21、JS49-6	1 对显性基因	与 *Xa-1*、*Xa-2*、*Xa-3* 不等位	万建民等，1990
3311-2-2	KS-8-4、OS-14	1 对不完全显性基因	*Xa-4*	朱立宏等，1979
87-8072、87-8074	KS-6-6	1 对显性基因	可能由 DV_{85} 提供	朱立宏等，1990
85-21416	KS-6-6	1 对隐性基因	可能由 DV_{85} 提供	朱立宏等，1990
邳早 15	HB17、T7174	1 对成株期显性基因	Xa-*3*	章琦等，1990
中百 4 号	HB17、T7174	2 对成株期连锁显性基因，交换值 30%	其一为 *Xa-3*	章琦等，1990
青华矮 6 号	HB-17、PXO61、GD321-20	1 对不完全显性基因	*Xa-4*	伍尚忠等，1990 章琦等，1990
双抗 12、双抗 18	HB-17、PXO61、江陵 691	1 对显性基因	*Xa-4*	杨文才等，1994
川植 4 号、川植5号、三黄占 2 号、二九丰、扬稻 1 号、75-34、83007、NTO_2	HB17、P1	1 对不完全显性基因	*Xa-4*	章琦等，1994
湘虎 25	HB17、P1	1 对成株期显性基因	*Xa-3*	章琦等，1994

（续）

品　种	所用菌株	抗病性遗传方式	抗病基因	资料来源
华竹矮、玻璃矮	GD321－20 等	1 对显性主基因	*Xa*－4	伍尚忠等，1990 祁祖白等，1987
玻璃占、辐竹选、矮澄辐 2 号、辐包矮 1 号	RX－139	多基因，控制单株斑长的最少基因数 K＝5，广义遗传力 h_B^2＝78.59％		王润华等，1995
红谷占	GXO311	1 对隐性基因	*xa*－5	李容柏等，1994
窄叶青 8 号	云 85－91－1	1 对显性基因		张世光等，1989
南粳 11、贵州麻谷、大治 1 号、大治 3 号、74－47 鉴选、7432－15、7304－3	KS－1－3	1 对显性基因		周泰初等，1982
坡特 232	8810－1	1 对显性基因	可能为 *Xa*－4	徐建龙等，1990
浙湖 8 号	8810－1	2 对显性互补基因，且与上不等位		徐建龙等，1990
宁 67、台 202	P_1、T_1、W_1	1 对显性基因	*Xa*－3	徐建龙等，1993
丙 814	P_1、T_1、W_1	2 对重叠显性基因	其中一对 *Xa*－3	徐建龙等，1993
安抗 2 号	XO－57	1 对不完全显性基因		李晓凤等，1984
早 36	W－2、S－3	2 对显性基因，抗 W－2 的 2 个与抗 S－3 的 2 个独立基因连锁		王昌明，1986
VT34－1	W－2、S－3	2 对互补显性基因，其中一对控制两菌株，另 2 对分别控制一菌株		王昌明，1986
3624－33（桂 33）	W－2、S－2	3 对累加显性基因，其中抗 W－2 的 3 个与抗 S－3 的 3 个独立基因连锁		王昌明，1986

表 13－5　外引水稻品种对我国白叶枯病的抗病性遗传分析

品　种	所用菌株	抗病性遗传方式	抗病基因	资料来源
早生爱国 3 号	江陵 691、06485－91－1、KS－1－3	1 对显性基因	华中农业大学将本品种对江陵 691 的抗病基因暂定名为 *Xa*－*e*	张端品等，1982； 张世光等，1989； 郑文心等，1990； 周泰初等，1982
中新 120	江陵 691	1 对显性基因	与早生爱国 3 号对江陵 691 相等位	张端品等，1982
金南风、农垦 58	江陵 691	1 对显性基因，两品种间相等位	暂名 *Xa*－*f*	张端品等，1982
IR1529－680－3、IR1561、IR2415－90－4－3－2、IR7149－51－1－3	C1701	1 对显性基因，各品种间等位		曾左葵等，1983

（续）

品　种	所用菌株	抗病性遗传方式	抗病基因	资料来源
IR2061	C1701、XO-57	1对显性基因，本品种对C1701的遗传关系与上述品种同		曾左葵等，1983 李晓凤等，1984
Pelita I/I	C1701、KS-8-4、OS-14、KS-6-6	1对显性基因，本品种对C1701与上述品种同		曾左葵等，1983 朱立宏等，1979
BG35-2	C1701	多基因，广义遗传力90.657%		曾左葵等，1983
GE456、辛尼斯（偏粳）	C1701	1对显性基因，且与IR1529非等位		曾左葵等，1983
Bulu Patih、Ketan Bajong、K. Gondel、K. Gondopuro、Pulut Kemandi、Rathu Heenati	江陵691	1对成株显性抗病基因基因，各品种间等位，与IR28为复等位，与IR1545-339和DV85的隐性基因独立遗传，但与苗期相比，抗病性呈明显反转现象		赵新平等，1985
Para Djara、Sudumalawee	PXO61、PXO81、PXO86、PXO79、PXO81	抗PXO61，与IR20同	推知为 *Xa*-4	谢岳峰等，1982
DD100、Dharid、Kumri、Buri Katari	PXO61、PXO86、PXO79、PXO81	同抗4菌株，与DV85同	推知为 *Xa*-7、*xa*-5	谢岳峰等，1982
Agauh、ARC6231、ARC7046、Bateswar、B.2、Bawalia2、Bathuri、Bhoria、Bhadwee、Bile Kagga 36、Katachikon、Lad Ahu、Lahargura、Lalsar、Pantiraj	PXO61、PXO86、PXO79、PXO81	抗PXO61、PXO79、PXO86，与IR1545-339同	推知为 *xa*-5	谢岳峰等，1982
BJ1	KS-8-4、OS-14、KS-6-6	1对隐性主基因		高山林等，1982
IR30	KS-8-4、OS-14、KS-6-6、GXO6、76016、75088、75060	1对显性主基因		朱立宏等，1979； 万邦惠等，1980； 郑文心等，1990； 中山大学遗传研究室，1979
IR29、IR2061-464-2-4-5	KS-8-4、OS-14、KS-6-6、浙86	1对显性基因		朱立宏等，1979； 章旺根等，1986
DV86、DZ78	KS-8-4、OS-14、KS-6-6	1对显性上位基因和1对隐性基因		高山林等，1982

（续）

品　种	所用菌株	抗病性遗传方式	抗病基因	资料来源
印度诺	PXO61	1对隐性基因控制全生育期，2对隐性基因控制成株期抗病性	其一为 *xa*-5	章琦等，1986
Cuba 2196、Guba 2301、Cuba 4010、三江	HB-17、P1、江陵691	1对显性基因	*Xa*-4	杨文才等，1994
IR56	群Ⅳ	1对显性主基因控制，可能还受微效基因影响		祁祖白等，1987
IR2070-464-1-3（760106）、IR2071-636-5-5（750031）	76016	1对显性基因		郑文心等，1990
小广2	064	1对显性基因		郑文心等，1990
东海、农林112（京引44）	064	1对隐性基因		郑文心等，1990
IR36	GXO6	1对显性或不完全显性基因	推知为 *Xa*-4	万邦惠等，1980
戈马列	浙86	1对显性基因，但与IR29的非等位，且受珍汕97隐性基因所制约		章旺根等，1986
IR1561-228-3-3（740032）	XO-57	1对不完全显性基因，且有一些微效基因控制病斑扩展长度		李晓凤等，1984
IR1545-339	江陵691	1对显性基因	暂名 *Xa*-*C*	谢岳峰等，1990

表13 6　同一水稻品种对不同白叶枯病菌菌系的抗病性遗传表现

品　种	所用菌系	抗病性遗传表现	资料来源
马罗糯谷	江陵691	1对显性基因，与IR26、IR1545-339、DV85、早生爱国3号、金南风、辛尼斯均不等位	谢岳峰等，1990
	PXO61	1对隐性基因，与 *Xa*-3、*Xa*-4、*xa*-5、*Xa*-6、*Xa*-7 均不等位	谢岳峰等，1990
八月糯、冷水谷、矮脚糯（1）、矮脚糯（2）、87304	江陵691	1对显性基因	谢岳峰等，1990
	PXO61	1对隐性基因	谢岳峰等，1990
87305	江陵691	2对显性基因	谢岳峰等，1990
	PXO61	1对显性基因和1对隐性基因	谢岳峰等，1990
长毛糯	江陵691	1对显性基因，可能与爱国3号等位	谢岳峰等，1990
	PXO61	显隐性未测，但与 *Xa*-3、*Xa*-4、*xa*-5、*Xa*-6、*Xa*-7 均不等位	谢岳峰等，1990
扎昌龙	江陵691	1对显性成株抗病基因	谢岳峰等，1990
	PXO61	1对显性基因，与 *Xa*-4 不等位，且连锁遗传	谢岳峰等，1990；高和平等，1996

（续）

品　　种	所用菌系	抗病性遗传表现	资料来源
小爱2号	KS-6-6、KS-1-21、JS49-6	2对隐性基因	万建民等，1990
	浙173	多基因	万建民等，1990
风景稻	KS-1-21、浙173	1对隐性基因	万建民等，1990
	KS-6-6、JS49-6	多基因	万建民等，1990
南粳15号	江陵691或KS-4-1、KS-1-3	1对显性基因，与早生爱国3号、辛尼斯独立遗传，且有重叠作用	张端品等，1982； 赵新平等，1985
	HB-17、T7174	两对成株期连锁显性基因，交换值30%，其一为*Xa-3*	潘启民等，1980； 周泰初等，1982； 章琦等，1990
嘉23	Ⅱ型、Ⅳ型	1对不完全隐性基因	章显光等，1995
	8810-1	1对显性基因，且可能为*Xa-4*	徐建龙等，1990
辛尼斯	KS-8-4、OS-14、KS-6-6	1对隐性基因	高山林等，1982
	江陵691、X_O57	1对显性基因	张端品等，1982； 李晓凤，等1984
矢　祖	PXO61	1对隐性基因	章琦等，1986
	KS-1-3	1对显性基因	周泰初等，1982
蚌珠芒	HB17、T7174	1对成株期显性基因	章琦等，1990
	KS-1-3	两对互补显性基因	周泰初等，1982
IR26	江陵691、C1701、GX06、76016、群Ⅳ、75088、75060、KS-8-4、OS-14、KS-6-6	1对显性或不完全显性基因，华中农业大学将本品种对江陵691的抗病基因暂定名为*Xa-a*	曾左葵等，1983； 朱立宏等，1979； 中山大学遗传研究室，1979； 祁祖白等，1987； 郑文心等，1990； 万邦惠等，1980
	W_2、S_3	3对累加显性基因，抗两菌系的各3个独立基因连锁	王昌明，1986
DV85	C1701、KS-8-4、江陵691	1对显性基因和1对隐性基因，华中农业大学将本品种对江陵691的抗病基因暂定名*Xa-d*，但与IR1529的非等位	曾左葵等，1983； 高山林等，1982
	C1301	质量性状遗传	曾左葵等，1983
	C0104	1对隐性基因	曾左葵等，1983
	C0503	1对隐性基因，且与上不同，还互相连锁	曾左葵等，1983
Dular	C1701	1对隐性基因，并与DV85对C1701隐性基因等位	曾左葵等，1983
	C1301	1对隐性基因，但与对C1701的不同	曾左葵等，1983
	C0104	2对隐性基因	曾左葵等，1983
	C0503	2对隐性基因，但与对C0104的不同	曾左葵等，1983

（续）

品　　种	所用菌系	抗病性遗传表现	资料来源
IR28	江陵 691、OS-75	各 1 对显性基因，分别暂定名 *Xa-a*、*Xa-h*，且互相连锁，交换值 17%	余功新等，1990
	C1701、GX06	1 对显性基因	曾左葵等，1983；万邦惠等，1980
	C1301	2 对显性基因，广义遗传力 70.78%，且与对 C1701 的不同	曾左葵等，1983
	C0104、C0503	无抗病基因	曾左葵等，1983

表 13-7　普通野稻对白叶枯病的抗病基因分析

普通野稻编号	所用菌系	抗病性遗传方式	抗病基因	资料来源
RBB16	HB-17 与 P1 或 T1	对 P1 和 HB-17 2 对显性基因，对 T1 3 对显性基因	与 *Xa-4* 非等位	林世成等，1992
EP7、EP8、EP9	GX0133	1 对隐性基因	*xa-5*	李容柏等，1995
EP6	GX0133	1 对不完全显性基因		李容柏等，1995
EP1	GX0133	2 对显性基因		李容柏等，1995
EP2	GX0133	2 对显性基因	其中一对可能为 *Xa-4*	李容柏等，1995
WBB1	9 个国际鉴别小种	对 P6 一对完全显性基因	与 *Xa-21* 非等位	章琦等，1999

此外，南京农业大学张红生等测定了 *Xa-1*、*Xa-2*、*Xa-3*、*Xa-4*、*xa-5*、*Xa-7*、*xa-8*、*Xa-10*、*Xa-11*、*xa-13*、*Xa-14* 和 *Xa-21* 等 12 个近等基因系对我国稻白叶枯病菌 7 个致病型的抗病反应，结果 *Xa-4*、*xa-5*、*Xa-7*、*xa-13* 和 *Xa-21* 等 5 个抗病基因系表现广谱抗病反应。又用其中 3 个显性抗病基因系与 6 个常规感病品种和 5 对常用杂交稻不育系与保持系配组，含 *Xa-7*、*Xa-21* 的组合 F_1 表现抗病，含 *Xa-4* 的组合仅表现中抗，从而认为杂交稻抗病育种应加强对 *Xa-7* 和 *Xa-21* 基因的应用（1997）。

（二）水稻抗白叶枯病基因定位

南京农业大学和中国科学院遗传研究所王建设等将抗病基因 *Xa-7* 定位于第 11 染色体 G_{1465} 与 RG_{103} 之间，图距分别为 21.1cM 和 34.2cM（1996）。

中国农业科学院作物育种栽培研究所章琦等用携有 WBB1 抗病基因的近等基因系与感病亲本金刚 30 杂交的 F_1 和 F_2 群体，进行与目标基因连锁的 SSR 标记筛选，在 F_2 中选择出 160 株进行叶片基因组总 DNA 提取，检测和共分离分析，将 WBB1 抗病基因定位于水稻第 11 个染色体，WBB1 的基因位点与 OSR_6 和 RM_{224} 之图距分别为 5.3cM 和 27.7cM(1999)。

华中农业大学采用我国白叶枯病菌株江陵 691 和 OS75，对 F_1 和 F_2 人工接种，按传统的分析法，将 IR_{26} 或 IR_{28}、IR1545-339、DV85、早生爱国 3 号、南粳 15 或金南风或农垦 58、辛尼斯或中白米或黄牛尾香糯、毫梅、风情 2 号、冬糯对江陵 691 的抗病基因暂时命名为 *Xa-a*、*Xa-c*、*Xa-d*、*Xa-e*、*Xa-f*、*Xa-g*、*Xa-i*、*Xa-j* 和 *xa-k*，将 IR_{28} 对 OS75 的抗病基因暂时命名为 *Xa-h*，并利用 G. S. Khush 提供的一套籼型水稻标记基因系定位 *Xa-a*、*Xa-h* 于第Ⅷ连锁群、定位 *Xa-i* 于第Ⅵ＋Ⅸ连锁群第 2 染色体

（戴陆园等，1990）、定位 $Xa-j$ 于第Ⅷ连锁群第 9 染色体（万焕桥等，1993）、定位 $xa-k$ 于第 7 染色体（林兴华等，1992）。

六、水稻抗病种质资源

（一）基本情况

据中国农业科学院作物品种资源研究所第一次全国编目统计，全国共有栽培稻地方品种、育成品种和国外引进品种等各类资源约 3 万份，再加上 1979 年后全国新育成的、国外引入的以及国内补充征集的一批新稻种质源，全国总计约有栽培稻种质资源 6 万份左右。全国已作过抗病性鉴定的栽培稻种共 119 400 份次，野生稻 7 512 份次。在栽培稻中，地方种质资源有 93 942 份次（表 13 - 8），从国外引入的种质资源有 22 603 份次（表 13 - 9），杂交稻三系资源有 2 855 份次（表 13 - 10）。在野生稻中，普通野稻最多，药用野稻次之，疣粒野稻、小粒野稻、长雄蕊野稻较少，其他 16 种野稻更少（表 13 - 11）。

表 13 - 8　我国栽培稻种质资源抗白叶枯病鉴定结果

地区范围	鉴定单位	鉴定年份	总品种数	其中Ⅰ、Ⅲ级		资料来源
				品种数	比例（%）	
全国	中国水稻研究所	1986—1990	3 913**	891	22.77	沈瑛等，1991
			4 341	1 249	28.77	
广东	中山大学生物系	1977	581	3	0.52	中山大学遗传研究室，1979
	广东省农业科学院植物保护研究所	1980—1984	2 012*	216	10.74	徐羡明等，1986
		1986—1990	5 361	163	3.04	徐羡明等，1990
			528	19	3.60	徐羡明等，1991
广西	广西壮族自治区农业科学院植物保护研究所等	1986—1990	7 946	61	0.77	孙恢鸿等，1991
湖南	湖南水稻研究所等	1976	2 248	10	0.48	湖南水稻研究所等，1977
		1975—1985	7 588*	899	11.86	魏子生等，1988
			4 682	34	0.73	张克云，1991
	湖南农学院	1984—1987	200*	47	23.50	郭孔雁，1988
湖北	湖北省农业科学院品种资源室	1981—1983	2 943	256	8.70	湖北省农业科学院品种资源室，1985
			1 462	647	44.20	曾左葵等，1992
江苏	南京农学院	1956	145	11	7.59	方中达等，1957
		1957—1958	1 209	279	23.08	方中达等，1963
	江苏省农业科学院植物保护研究所等	1975—1978	2382	738	30.98	江苏省农业科学院植物保护研究所等，1980
		1982—1984	1 389	281	20.23	过崇俭等，1986
			960	265	27.61	顾正远等，1991
浙江	中国水稻所等		1 652	16	0.97	应存山等，1987
安徽	安徽省农业科学院水稻研究所等		482	3	0.62	苏泽胜 ，1986
		1986—1990	805	44	5.47	苏泽胜等，1990
	安徽省农业科学院植物保护研究所	1980—1987	507	6	1.18	夏景玉等，1989
福建	福建农学院	1975—1982	4 853	19	0.39	张学博等，1984
		1980—1983	5000	208	4.16	夏怡厚等，1985

（续）

地区范围	鉴定单位	鉴定年份	总品种数	其中Ⅰ、Ⅲ级		资料来源
				品种数	比例（%）	
江西	江西宜春农业专科学校	1985	200	3	1.50	徐冬春等，1986
	江西省农业科学院植物保护研究所	1986—1990	3 453*	677	19.61	何月秋等，1997
上海	上海市农业科学院植物保护研究所	1985—1986	278	231	83.09	陈全庆等，1987
四川	四川省农业科学院植物保护研究所	1976—1982	10 357*	2 019	19.79	张成琬等，1983
云南	中国农业科学院品种资源研究所	1980—1984	1 115	1		戴法超等，1985
	云南省农业科学院等	1986—1987	6184	345	5.58	陈勇等，1990
	中国农业科学院品种资源研究所等	1984—1987	1574	41	2.61	曹秀菊等，1991
	云南农业大学	1983—1990	940	285	30.32	张世光等，1991
贵州	贵州省农业科学院水稻研究所	1987	2 847	457	16.05	戴继跃等，1989
	贵州省农业科学院植物保护研究所		3 759	103	2.74	曾令祥等，1991
山东	山东省农业科学院水稻研究所	1982—1984	46	2	4.35	周家瑜等，1987
合　计			93 942	10 529	11.21	

*　除本地种质资源外，还含有外引种质资源等。

**　3913 系初筛，4341 系复筛。

表 13-9　外引栽培稻种质资源抗白叶枯病鉴定结果

鉴定单位	鉴定年份	总品种数	其中Ⅰ、Ⅲ级		资料来源
			品种数	比例（%）	
中国农业科学院品种资源研究所等	1980—1981	2 017	186	9.22	国外引进稻种资源抗病虫鉴定协作组，1982
	1978—1984	3 510	161	4.59	褚菊征等，1986
中国水稻研究所	1984—1992	1 126	15	1.33	沈瑛等，1993
	1991—1993	285	18	6.32	赵新华等，1994
中山大学生物系	1977	437	20	4.58	中山大学遗传室，1979
广东省农业科学院植物保护研究所	1980	21*	12	57.14	伍尚忠等，1981
	1981—1992	1 551	781	50.35	徐羡明等　，1995
广西壮族自治区农业科学院植物保护研究所	1975—1983	2 179	1 185	54.38	孙恢鸿等，1985
	1981—1992	587	262	44.63	孙恢鸿等，1993
湖南水稻研究所等	1976	583	261	44.77	湖南水稻研究所等，1977
	1976—1983	709	306	43.16	魏子生等，1984
	1975—1985	4 440	2 062	46.44	魏子生等，1988
	1975—1992	1 190	712	59.83	李友荣等，1993
江苏省农业科学院植物保护研究所等	1975—1978	2 665	1 520	57.04	江苏省农业科学院植物保护研究所等，1980
福建省农业科学院植物保护研究所	1979—1993	1 303	486	37.30	余永钰等，1995
合　计		22 603	7 987	35.34	

*　含少数地方品种。

表 13-10 我国杂交稻三系种质资源抗白叶枯病鉴定结果

鉴定单位	鉴定年份	总份数	其中Ⅰ、Ⅲ级		资料来源
			份数	比例（%）	
不育系					
中国农业科学院作物研究所		8	2		路文如等，1987
湖南农学院		10	0		万文举等，1979
湖南水稻研究所	1975—1985	22	1		魏子生等，1988
湖南省农业科学院植物保护研究所	1986—1989	176	1	0.57	李宣铿等，1992
南京农业大学		10	1		许志刚等，1997
福建农学院		12	1		王乃元等，1991
小　计		238	6	2.52	
保持系					
中国农业科学院		8	2		路文如等，1987
湖南农学院		8	0		万文举等，1979
湖南水稻研究所	1975—1985	23	0		魏子生等，1988
湖南省农业科学院植物保护研究所	1986—1989	185	3	1.62	李宣铿等，1992
南京农业大学		11	1		许志刚等，1997
小　计		235	6	2.55	
恢复系					
中国农业科学院		8	5		路文如等，1987
湖南农学院		12	7		万文举等，1979
湖南省农业科学院植物保护研究所	1986—1989	2 346	265	11.30	李宣铿等，1992
广西壮族自治区农业科学院植物保护研究所		10	4		孙恢鸿等，1984
南京农业大学		6	3		许志刚等，1997
小　计		2 382	284	11.92	
总　计		2 855	296	10.37	

表 13-11 国内外野生稻种质资源抗白叶枯病性鉴定

鉴定单位	鉴定年份	总份数	其中Ⅰ、Ⅲ级		资料来源
			份数	比例（%）	
中国农业科学院植物保护研究所		62	5	8.07	韩玉梅等，1988
中国农业科学院作物品种资源研究所		1 745	58	3.31	庞汉华，1992
中国农业科学院作物研究所	1987—1992	871	172	19.75	章 琦等，1994
广东省农业科学院植物保护研究所	1982—1985	2 246	77	3.43	徐羡明等，1986
广东省农业科学院植物保护研究所		556	86	15.47	潘大建等，1995
广西壮族自治区农业科学院植物保护研究所	1981—1991	1 752	57	3.25	孙恢鸿等，1992
广西农业科学院植物保护研究所	1982—1985	71	35	49.30	孙恢鸿等，1995

（续）

鉴定单位	鉴定年份	总份数	其中Ⅰ、Ⅲ级		资料来源
			份数	比例（%）	
江西省农业科学院植物保护研究所		203	81	39.90	黄瑞荣等，1990
湖南省农业科学院植物保护研究所		5	2		彭绍裘等，1982、1991
福建农业大学		1	1		杨仁崔等，1999
合　计		7 512	574	7.64	

在所鉴定的栽培稻种质资源中，未发现任何免疫品种，抗病和高抗的材料共 19 386 份，占鉴定材料总数的 16.24%，其中地方品种 10 529 份，占该类鉴定品种总数的 11.21%，国外引种品种 7 987 份，占 35.34%，杂交稻材料 296 份，占 10.37%，野生稻材料 574 份，占 7.46%。在鉴定的野生稻种质资源中，疣粒野稻（*O. meyeriana*）、长雄蕊野稻（*O. longistaminata*）、小粒野稻（*O. minuta*）、药用野稻（*O. officinalis*）和根茎野稻（*O. rhizomatis*）抗病性最强，普通野稻抗病性较差，但有些编号材料也抗病。

（二）抗病品种的类型与地理分布

综合广东、广西、江苏、湖南、安徽、云南、贵州等省（自治区）的资料，不同的栽培稻类型，所含抗病品种的数量是不同的，一般粳稻多于籼稻，晚稻多于中稻，中稻多于早稻，陆稻多于水稻，糯稻多于粘稻（表 13－12）。

表 13－12　不同类型的栽培稻品种抗白叶枯病性比较

类型	鉴定数	1级		3级		5级		7级		9级		资料来源
		数量（个）	比例（%）	数量（个）	比例（%）	数量（个）	比例（%）	数量（个）	比例（%）	数量（个）	比例（%）	
籼稻	24 419	50	0.21	3 283	13.45	3 883	15.90	9 744	39.90	7 459	30.55	徐羡明等，1990；孙恢鸿等，1991；魏子生等，1988；江苏省农业科学院，1980
粳稻	10 176	255	2.51	2 306	22.66	4 143	40.71	2 229	21.91	1 243	12.22	
水稻	12 429	5	0.04	202	1.63	1 584	12.74	4 502	36.22	6 136	49.37	徐羡明等，1990；孙恢鸿等，1991
陆稻	878	4	0.46	13	1.48	352	40.09	344	39.18	165	18.39	
粘稻	11 034	2	0.02	159	1.44	1 635	14.82	4 111	37.26	5 127	46.47	徐羡明等，1990；孙恢鸿等，1991
糯稻	2 273	7	0.31	56	2.46	301	13.24	735	32.34	1 174	51.65	
白米稻	4 639	9	0.19	99	2.13	1 274	27.46	2 599	56.03	658	14.18	徐羡明等，1990
红米稻	722			55	7.62	146	20.22	459	63.57	62	8.59	
早稻	1 405	2	0.14	226	16.09	477	33.95	417	29.68	283	20.14	江苏省农业科学院，1980
中稻	5 649	269	4.76	1 574	27.86	2 222	39.33	1 134	20.07	450	7.97	
晚稻	1 692	26	1.54	575	33.98	911	53.84	144	8.51	36	2.13	

入选的我国地方抗病品种，在全国各地的分布频率，虽然北方粳稻区比南方籼稻区多，但无明显规律（江苏省农业科学院，1980；陈勇等，1990；戴继跃等，1989）。在入选的国外抗病性品种中，则以国际水稻研究所为最多。广西农业科学院的分析表明，在提供 50 个以上供试品种的 9 个国家或国际单位中，国际水稻研究所的抗病性品种所占比例为 80.09%，孟加拉的占 78.08%，印度尼西亚的占 77.65%，泰国的占 70.49%，日本的

占54.81%，越南的占52%，印度的占47.09%，斯里兰卡的占37.74%，哥伦比亚的占21.57%（孙恢鸿等，1985）。湖南省农业科学院1975—1992年测定结果亦与之类似（李友荣等，1993）。这说明国际水稻研究所以及以它为中心的主要东南亚产稻国家20世纪70年代以来坚持不懈地进行抗病育种是有成效的。

（三）抗白叶枯病的水稻种质资源

在各省（自治区、直辖市）初筛结束后，除各自复筛与精筛外，江苏省农业科学院（华东农科所植保系，1957）和中国水稻研究所（沈瑛等，1991，1993，1994，1996）先后组织了全国联合鉴定，进行复筛与精筛，供试品种共计4 505份。结果其中有高抗品种183份，占4.06%；抗病品种1 111份，占24.66%。再结合农艺性状评价，分别向全国推荐了抗源品种45个，抗丰兼优的品种76个。各单位根据复筛、精筛结果，以及根据抗病性遗传、抗病基因分析结果提出的下列抗病种质资源，似乎更有利用价值或进一步研究的价值（沈瑛等，1991，1993；许志刚等，1998；方中达等，1963；徐羡明等，1986；汪新国，1991）。

1. *地方品种* 有高山红粳稻（10-1016）、白壳晚（10-1626）、白壳糯稻（10-1064）、黄壳晚（10-1630）、大香糯（21-2304）、饵块谷（21-3459）、白谷（08-0015）、矮绿种（08-0178）、高脚白壳江（15-3655）、黄糯谷（22-2973）、冷水酒谷（22-2087）、红安江西糯（17-0137）、大糯（16-2048）、红谷占（16-4204）、邳早15号、贵州麻谷、蚌蛛芒、海南糯、毫梅、云南大粒、绥阳占、中白米、安宁早、鲁士谷和黄牛尾香糯等。

2. *国外引进品种* 有早生爱国3号、日本晴、水原290、水原294（WD-13422）、水原297（WD-13424）、水原305（WD-13420）、黄玉、三江、关东60、秋光、矢祖、印度诺、喜峰、黎明、中新120、银河、ARC7326、ASD7、BG35-2、BG90-2、BJ1、BR153-2B-10-1-3（WD-15743）、Cisanade、Cuba2301、Cuba2196、Cuba4010、Dular、DV85、DV86、DZ78、DZ192、G.E.456、IR20、IR22、IR26、IR28、IR29、IR30、IR36、IR50、IR54、IR58、IR60、IR64、IR72、IR1529-680-3-2、IR1545-339、IR2061、IR2823-399-5-6、IR2850B-SI-2-3、IR3853-162-1-2-3、IR4409-65-3、IR4422-164-3-6、IR8608-65-2-3-2、IR8608-239-22-3、IR9965-48-2（外选35）、IR9782-111-2-1-2、IR13146-45-2、IR13168-143-1、IR13415-9-3、IR14605-21-3、IR15795-151-2-8-2-2、IR17494-32-1-1-3-2、IR19660-46-1-3-2-2、IR25916-15-3-2、IR28224-21-2-2-3、IR-BB5、IR-BB7、IR-BB8、IRI346、Java14、Kalimekri77-5、KAU1727（WD-15282）、Milyang23、Milyang46、Milyang54、Milyang64（WD-13526）、MRC606-383（WD-14464）、RP2151-192-1、RP2136-88-3、Si-Pi692033、Suweon290、TKM6、Tetep、Zenith等。

3. *杂交稻三系* 不育系有矮选A、G451A、926A等，保持系有矮选B、青选2号B、阿-涟源早B、B-潭引早籼B等，恢复系有IR26、IR30、IR36、IR46、IR480-48、IR1111-22、IR1111-78、IR2061、IRYN-E-TNAu（Ap）103I、Milyang45、News-abarmati、RP633-200-1-7-41、水源303、水源313、泸科1号、泸陆矮2号、朝北矮223、白壳红谷、窄叶青、皖恢9号、龙晴4号、京香糯3号、测64、30选、桂33、抗21、抗33、抗63、抗65、413、9083等。

4. 野生稻　普通野稻（*Oryza rufipogon*）有广西 WBB-1、RBB-16、I82-2、Ep1、Ep2、Ep6、Ep7、Ep8、Ep9，广东 S1011、S1082、S1153、S2159，江西东乡庵家山-4、水桃树下-1 等。疣粒野稻（*O. meyeriana*）有广西 I82-89 等。长雄蕊野稻（*O. longistaminata*，含 *Xa-21*）有广西 I82-5、I82-6、I82-10、I82-45、I82-46、I82-47、I82-50、I82-51、I82-53、I82-55、I82-57、I82-66 等。小粒野稻（*O. minuta*）有 IRRI101089、W17、W44、广西 I82-13、广西 I82-73 等。斑点野稻（*O. punctata*）有 W50、广西 I82-16 等。药用野稻（*O. officinalis*）有 IRRI Acc. 100896、W46、广东 0101、广东 0171、广西 I82-11、I82-72 等。短叶舌野稻（*O. breviligulata*）有广西 I82-63 等。阔叶野稻（*O. latifolia*）有 W14 等，紧穗野稻（*O. eichingeri*）有广西 I82-25 等，马来野稻（*O. redleyi*）有广西 I82-24 等，根茎野稻（*O. rhizomatis*）有 IRRI Acc. 105415 等。

5. 衍生中间品种　有南京农业大学的 D601、D602、D603（含 *xa-5* 和 *Xa-3*）、87-8072（含 *Xa-7*）、DP5148、DP5165（含 *Xa-21*）等，安徽农业大学的 84-259、84-260、84-261、84-264（含 *Xa-7*），浙江嘉 23-2、ZD92147、ZD92149（粳型）、ZD92152（籼型）、ZD92150（含 *Xa-7*）、植 1、植 2、植 3、植 4、植 5、植 6、植 7、植 8、植 9、植 10（含 *Xa-4*），中农院双抗 12、双抗 18（含 *Xa-4*）等。

七、抗病新品种的选育及利用

像稻白叶枯病这样迄今尚未有理想防治药剂的病害，抗病品种的利用更为重要。我国各省、直辖市、自治区从种质资源抗病性鉴定起，不断选定一些抗病性和农艺性状较好的抗源品种，提供给各育种单位利用，并坚持育种与植物保护学科相结合，开展抗白叶枯病育种，进行水稻新品种区域试验与推广。对所育成的新品种长期进行了抗病性鉴定。湖南省农业科学院水稻研究所白叶枯病组，还长期深入病区育种，并由单抗向多抗、由抗病虫向兼抗寒、水、旱等自然灾害而不断发展。全国已育成了一大批抗白叶枯病的常规稻新品种和杂交稻新组合，并投入生产使用（表 13-13）（黄世文等，1990、1993；沈瑛等，1992、1993；伍尚忠等，1980、1985、1986；赵新华等，1995；魏子生等，1988 等）。

常规稻新抗病品种有 164、381、665、665-2、681、74-105、77006、77008、77012、77014、8T62、851、AO_4、AO_9、HA361、HA79317-4、二九丰*（*已列入农业部“关于发布适用农业科学技术成果的通告”第 1 号，下同）、二白矮、三源 92、三黄占 2 号、中二占、中作 180*、中育 88-9、丰澳占、丰矮占 1 号、水源 290、水辐 17、包辐 766、宁早 730、宁粳 9 号*、嘉 45、嘉 48、嘉农籼育、丙 664、辽粳 5 号、辽粳 10 号、台中籼糯 1 号、台中籼糯 2 号、秀水 664、秀水 88122、早糯 403、优质谷 05 占*、长丝占、农垦 58、华粳籼 74、甸 992、甸 995、甸 1019、扬稻 1 号*、扬稻 2 号、扬稻 3 号（原名鉴 262）、扬稻 4 号、扬辐籼 2 号、扬辐糯 1 号、扬粳 201、连粳 1 号、延粳 13 号、余水糯、竹包矮 384、青丰占、青华矮 6 号*、青粳占 10 号、金早 6 号、金早 7 号、金陵 57、武育粳 2 号、武育矮 3 号、罗选 203、南京 14、南粳 36、南农籼 2 号、珍桂矮 1 号、香稻 164、坡特 232、秋二矮、波惠占、玻璃占、玻璃矮、特青 2 号、特籼占 25、海青 130、桂 713、桂晚辐、桂山矮 3 号*、桂丰占、桂山占、桂野占 2 号、桂珍矮 38、盐粳 2 号、盐粳 3 号、粤 90-3、粤香占、粤农占、梅奥占2号、鄂早7号*、鄂荆糯6号、清芦占、植20-5、晚华矮1号、晚华矮11选、湘早籼3号、湘早籼7号、湘早籼16号、湘早籼19号、湘早籼20号、湘早籼21号、湘早籼29号、湘早糯1号*、湘晚籼5号、湘抗32选5、朝二占、朝三矮、朝花矮188、湖广占、新青矮、新包矮、新广美、粳籼89、矮三芦占、辐竹2号、辐竹2号选、福糯1号、激青、穗丰占、冀粳1号、冀粳6号*等130多个。

表13-13 我国主栽和新育成水稻品种或杂交稻组合对白叶枯病的抗性鉴定

鉴定单位	鉴定年份	总品种数	其中Ⅰ、Ⅲ级		资料来源
			品种数	比例（%）	
中国农业科学院作物研究所		8	5		路文如等，1987
	1984—1985	77	24	31.17	章琦，1988
中国水稻研究所	1987—1988	145	21	14.48	黄世文等，1990
		5	3		沈瑛等，1992
		5	3		黄世文等，1993
	1997	35	11	31.43	沈瑛等，1998
广东省农业科学院植物保护研究所	1978	19	3		伍尚忠等，1980
		23	7		伍尚忠等，1985
	1982—1985	11	3		伍尚忠等，1986
	1991—1994	8	4		陈忠诚等，1995
	1996—1997	125	28		曾列先等，1998
广西壮族自治区农业科学院植物保护研究所	1981—1995	213	31	14.55	孙恢鸿等，1997
	1981—1995	78*	33	42.31	孙恢鸿等，1998
湖南水稻研究所等	1976	429	15	3.50	湖南水稻研究所等，1977
		36*	7	19.44	
	1980—1985	262	38	14.50	魏子生，1988
	1978—1987	79*	12	15.19	李友荣等，1988
	1986—1995	1 807	241	13.34	侯小华等，1997
湖南省农业科学院植物保护研究所		391*	19	4.86	李宣铿等，1992
湖北省农业科学院植物保护研究所	1986—1990	244	12	4.92	谷守礼等，1990
	1993	76	18	23.68	陈其志等，1997
	1993—1994	14	6		钱汉良等，1995
华中农业大学	1989—1991	16	4		成国英等，1995
		4	1		成国英等，1990
江苏省农业科学院植物保护研究所等	1975—1978	1 771	825	46.58	江苏省农业科学院植物保护研究所等，1980
		164	110	67.17	顾正远等，1991
南京农业大学		38	13		沙学延等，1994
		8*	2		许志刚等，1997
中国水稻研究所等		288	7	2.43	应存山等，1987
浙江省农业科学院植物保护研究所		87	24	27.59	翁锦屏等，1990
		54	4	7.41	翁锦屏等，1987
安徽省农业科学院植物保护研究所	1982—1984	35	23	65.71	王文相等，1986
河南省农业科学院	1991—1993	24	0		薛俊杰，1995
		21	9		鲁传涛等，1997
宁夏回族自治区农业科学院植物保护研究所		28	2		肖思心等，1989
合　计		6 628	1 568	23.66	

*杂交稻组合。

杂交稻新抗病组合有：汕优 6 号、威优 6 号、汕优 30、威优 30、泗优 30、汕优 30 选、汕优 36、威优 36、Ⅱ优 46、抗优 63（汕优抗 63）、协优 64、博优 64、秀优 57*、黎优 57、汕优 413、泗优 9083、汕优桂 8、汕优桂 32、汕优桂 33*、汕优桂 34、汕优桂 99、博优桂 99（博优 903）、金优桂 99、特优抗 65、威优晚 3、培两优特青、培矮 64S/288、W6154S/特青等 30 多个。

据不完全了解，以上这些新抗病品种或组合育成后，在我国各稻区都进行了大面积试种和推广，有的已代替原感病品种或组合，成为当地的主栽品种。20 世纪 70 年代是我国稻白叶枯病发生危害高峰，年发生面积大，危害也重。但随着这些抗病品种、组合的大面积种植，全国稻白叶枯病年发生面积已明显下降，在广西等省、自治区稻白叶枯病的危害已无足轻重（孙恢鸿等，1997、1998）。这些新抗病品种还可作为抗源利用，可以预料今后将有一批更新的抗病品种问世，在农业生产中发挥更大的作用。

八、抗病育种和品种利用的经验、问题及其解决途径

（一）抗病基因利用

张端品（1988）、张红生（1997）等的系统研究表明，在已知的 19 个水稻对白叶枯病的抗病基因中，*Xa-3*、*Xa-4*、*xa-5*、*Xa-7*、*xa-13* 和 *Xa-21* 对我国的白叶枯病菌具有广谱抗病性，而 *Xa-1*、*Xa-2*、*xa-8*、*Xa-10*、*Xa-14* 和 *Xa-18* 对我国菌系则基本没有抗病性。今后，我国在水稻抗病育种中，应以使用含有 *Xa-3*、*Xa-4*、*xa-5*、*Xa-7*、*xa-13*、*Xa-21* 及其他一些新的广谱抗病基因为主。

（二）育种方法

40 多年来，我国的水稻抗白叶枯病育种，采用了多种方法，包括抗病品种与感病品种杂交、杂交与 F_1 代花药培养相结合（张承妹等，1993）、感病品种种子辐射处理（王文俊，1992）、花培和体细胞培养诱导（孙立华等，1991；曾列先等，1992）与系统选育等。湖南农学院戴良英在万文举等将外源玉米（慈利玉米）DNA 导入于栽培稻湘早籼 8 号而得到的后代材料中，选出了 GER-1，具有较强的抗病虫性能（戴良英等，1994）。在多种方法中，以品种间杂交简便易行，育成率高，但性状稳定一般需至 F_5 以后。杂交结合 F_1 花培育成率高，不仅适用于品种间杂交，更适用于籼粳杂交和野栽杂交，杂种性状于 H_2 代即可稳定，但需有一定的花培设备和技术。至于其他方式，虽有不少成功的事例，然而育成率较低，在缺乏抗源品种时可以采用。

（三）野生稻抗病性

一些野生稻中含有比栽培稻抗谱更广的抗源材料。长雄蕊野稻（*Oryza longistaminata*）含有抗谱较广的 *Xa-21* 抗病基因。林世成等也从广西抗病普通野稻中发现了 RBB16，该材料具有与 *Xa-4* 非等位的基因，在籼粳杂交转育抗病性时也不受亚种遗传背景的影响，是宝贵的优良抗源（林世成等，1992）。广西农业科学院等还发现，有些入选的抗病野生稻不是纯合体，宜通过花培获得抗病纯合体，再选择抗病株系供育种利用（孙恢鸿等，1991）。

（四）扩大抗病性遗传基础

我国虽已育成了许多抗病品种并广泛应用于生产，但 *Xa-3* 和 *Xa-4* 分别是我国粳

稻和籼稻应用最多的抗病基因，抗源单一化（章琦等，1995）。*Xa-3* 只抗稻白叶枯病菌日本小种1号、2号、3号，不抗小种4号和5号。*Xa-4* 虽然抵抗我国多数致病型，但不抗致病型Ⅴ，*Xa-4* 只抗菲律宾小种1号和5号，不抗南亚小种。抗源过于单一，遗传基础狭窄，抗病性容易丧失。为此，近年有人已引进了含有 *Xa-7* 和 *Xa-21* 的抗源品种，应予继续和扩大引进（张红生等，1997；万丙良等，1998）。此外，还应深入发掘和利用野生稻与栽培稻的新抗病基因，为今后抗稻白叶枯病育种打下更好的物质基础。

（五）加强基础研究

章琦与国外学者合作，用2个DNA探针 pJEL101 和 pBSavrXa-10 对我国稻白叶枯病菌78个菌系进行了RFLP分型。我国稻白叶枯病菌多数致病型为杂合组群。菌系分子表现型的变异远远大于致病型。同一致病型的菌系中出现多个RFLP谱型，同一RFLP谱型的菌系又分别属于不同的致病型。朱衡（1995）利用RAPD标记对28个白叶枯菌株的分析也得出相似结果。我国仍需继续寻找新的鉴别品种，并运用现代分子生物技术，进一步完善我国白叶枯病菌鉴别系统，监测新小种。

我国学者对部分抗病品种进行了抗病性遗传和抗病基因等位研究，为抗病育种提供了很有价值的科学依据。但因采用的菌系、方法及调查标准不同，对相同的品种却得出不同的解释。1991—1994年中国农业科学院作物育种栽培研究所与南京农业大学、华中农业大学协作，就水稻抗白叶枯病主效基因遗传研究中的取材和分析方法，建立了一个标准化程序（章琦等，1996），有助于品种抗病性遗传研究水平的提高。

第三节 病毒病

一、重要性和主要成就

我国发生的水稻病毒病害共有9种，即矮缩病、黄叶病（又称暂黄病、黄矮病）、黑条矮缩病、条纹叶枯病、草矮病、簇矮病、齿叶矮缩病、瘤矮病和东格鲁病。水稻病毒病害虽然在20世纪40年代之前就有报道，但真正成为水稻生产上的重大问题是在1963年，该年江南地区水稻上发生几种病毒病害。此后的十几年间，水稻病毒病害在我国水稻种植区广泛流行为害，造成了巨大的产量损失（谢联辉等，1984）。在60年代和70年代，曾先后成立了华东地区和全国性的水稻病毒病害研究协作组，进行了大量的研究，认为二熟制的推广和感病品种的大量种植是病毒病害流行的主要原因。

谢联辉等（1994）在长期研究和生产实践中，总结提出了水稻病毒病害的综合防治对策，即“抗、避、除、治”四字方针，其中，“抗”是最重要的一环，抗病品种利用是防治水稻病毒病害最有效、最经济、最持久、最安全的措施。

至今，我国已鉴定了1万多个品种（品系、杂交组合）对主要水稻病毒及其介体的抵抗性，筛选出一批较好的抗源材料和品种，并应用于抗病育种和生产实践，取得了很大成绩（谢联辉等，1984；吴祖建，1996）。一些抗病性强、抗谱广、高产的品种，如古巴稻154、闽晚6号、博罗矮、赤块矮3号、版纳2号、汕优30等已在病区大面积推广，取得了积极的效果。以福建省龙海县水稻东格鲁病的防治实践为例，该县采取的主要措施是压缩感病品种汕优2号和四优2号的插秧面积，改种、扩种抗病性强的品种，如IR30、汕优 30、赤块矮 3 号、包胎矮等。结果该县在 1982 年有效地控制了东格鲁病的流行，挽回产量损失 100 万 kg 以上（谢联辉等，1983）。此外，在对水稻黄叶病和矮缩病的防治中，也是采取了以种植抗（耐）病品种为基础的综合防治措施。仅据湖南省益阳、常德、衡阳和湘潭四个地区在 1975—1982 年的不完全统计，防治面积达 254.35 万 hm^2 次，挽回损失 3.38 亿 kg（谢联辉等，1994）。

二、水稻病毒的致病性、株系及其变异

病毒侵染水稻后，病株表现系统性症状，常见全株矮缩、分蘖增多及叶片畸形、褪绿（包括花叶、褪绿条点或条纹、变黄等）或叶色变浓绿、叶脉肿大等症状。病情因病毒种类、株系、品种或生育期不同而有差异。抗病品种的症状较感病品种轻。早期感染的水稻植株，比后期感染的植株发病率高，症状严重，产量损失大。

水稻病毒在自然界中存在广泛的变异，国内外已研究了几种重要水稻病毒的株系分化。

根据不同分离物的致病性差异，我国水稻草矮病毒（*Rice grassy stunt virus*，RGSV）可划分为两个株系，株系 1 对药用野稻（*Oryza officinalis*）敏感，而不易侵染尼瓦拉野稻（*O. nivara*）及 IR 系列品种；株系 2 对尼瓦拉野稻及 IR 系列品种敏感，而不易侵染药用野稻，这与菲律宾的 RGSV-Ⅱ株系、台湾的水稻萎凋矮化病毒相似（林奇英等，1993）。

水稻东格鲁病毒的变异更为复杂，它是由球状和杆状两种病毒共同侵染而引起的病害。根据各分离物在 Kararibhog 和桂朝 2 号品种上的症状表现，我国水稻东格鲁球状病毒（*Rice tungro spherical virus*，RTSV）划分为 3 个株系（林奇英等，1993）。菲律宾的东格鲁病毒至少有 S 和 M 两个株系，在 FK-135 和 Acheh 品种上产生不同的失绿症状。印度的东格鲁病毒也存在株系分化，根据寄主反应分为 RTV1、RTV2、RTV3、RTV4 等 4 个株系，而 RTV2 还进一步分为 A、B、C 等 3 个亚株系（Anjaneyulu 等，1972；Mishra 等，1976）。此外，Fan 等（1996）根据东格鲁杆状病毒（*Rice tungro bacilliform virus*，RTBV）的核苷酸序列而将其分成南亚和东南亚两个组。

水稻矮缩病毒（*Rice dwarf virus*，RDV）不同分离物间也存在很大的变异，这种变异不仅可以通过室内人工定向筛选获得（Kimura，1976，1987），而且大量存在于自然界中（徐承业等，1979；Murao 等，1994）。采自福建不同地区的 RDV 分离物在生物学特性上，如获毒率、发病率、传毒天数、间歇期、循回期、潜育期等方面都存在不同程度的差异。此外，福州分离物同日本的普通株系和严重株系，在症状、传毒特性、血清学关系以及 dsRNA 和蛋白组分的电泳迁移率上均有差异（吴祖建，1996）。

在没有褐飞虱传播的情况下，将水稻齿矮病毒（*Rice ragged stunt virus*，RRSV）连续在病株上保存 3 年后，RRSV 就丧失了昆虫传播能力，在症状、基因组组成及大小上与原株系也有差别（Maoka 等，1993）。RRSV 在自然界同样存在突变，如日本两个分离物 S9 区段的电泳迁移率不同，这两个分离物在介体体内混合存在（Suga 等，1995）。我国 RRSV 的 S9 区段序列与泰国分离物、印度分离物比较，长度都是 1132bp，核苷酸序列的同源性分别为 99.8%和 94.4%，所编码蛋白质序列的同源性分别为 100%和 99.4%（卢

雄斌等，1997）。印度和泰国分离物 S9 区段在核苷酸和氨基酸上的一致性分别为 94.6% 和 99.4%（Upadhyaya 等，1995）。

最近发现我国水稻条纹病毒（*Rice stripe virus*，RSV）的 7 个分离物之间在 06381、IR36、TN1 等 6 个品种上存在明显的致病性差异，可以分为 3 组，且组内分离物之间致病性也有所不同。PCR-SSCP 检测发现，这些分离物存在广泛的分子变异。根据 *CP* 和 *SP* 基因的核苷酸序列和氨基酸序列同源性及碱基变异特征，它们可划分为 3 组，第一组为西南组，包括云南的 YL、BS 分离物；第二组为华东组，包括上海的 JD 和福建的 LY 分离物；辽宁的 PJ、北京的 SQ 和山东的 JN 分离物归入北方组（林含新，1999）。

三、水稻抗病毒的类型和特点

植物对病毒的抗病性类型可以分成 6 大类，即免疫、抗侵染、抗扩展、抗增殖、耐病性和抗介体（裘维蕃，1985）。水稻病毒仅通过昆虫或其他生物介体传播，其侵入是借助介体的刺吸式口器直接送到寄主体内的维管束细胞，不存在或未发现有抗侵染这种类型。水稻病毒的侵染都造成系统性症状，也不存在或未发现抗扩展类型。因此，水稻对病毒的抗病性类型只有 4 种。

（一）免疫性

免疫性的确切定义应该是，一种病毒无论以何种方式接种到寄主上，都不会发生任何反应。在抗病性鉴定中，我们可以发现有些品种是免疫的。但事实上，真正的免疫材料是很难找到的。在鉴定中，由于昆虫介体带毒率、接种株数及一些偶然因素的影响，致使某些品种被鉴定为免疫，而如果加大病毒接种的压力或采用原生质体感染，免疫品种往往变成抗病品种。因此，对水稻抗病毒性而言，免疫只是一个相对的概念。

（二）抗增殖

指水稻病毒在植物体内不能以正常速度增殖，或其浓度极低。具有这种机制的抗病品种常见，表现为潜育期长，症状出现时间推迟。

（三）耐病性

水稻对病毒的耐病性至少有 3 种类型，第一种是隐症侵染，即病毒在寄主内能增殖，但寄主不表现任何症状；第二种是耐病性，即病毒既能增殖，同时又表现了相当严重的症状，但产量没有重大的损失；第三种称作真耐病性，即症状比耐病性更轻且产量损失更少。

（四）抗介体

大部分水稻病毒都是由叶蝉或飞虱传播的，水稻对这些昆虫的抵抗性也有 3 种类型，第一种是非选择性（nonperference）；第二种是抗生性（antibiosis）；第三种是耐害性（tolerance）。在具有抗虫性的品种上，昆虫的获毒机会减少，繁殖力降低，从而间接地使病毒传播率降低。

四、水稻抗病毒的遗传与变异

由于水稻病毒病害在 60 年代和 70 年代发生重，有关抗病性遗传及变异的研究也主要集中在这个时期，研究对象仅限于几种为害严重的水稻病毒。

日本陆稻品种对 RSV 的抗病性是由 *St-1* 和 *St-2* 两个显性互补基因控制的。其中，*St-2* 基因控制抗病性的程度，而 *St-1* 基因协助 *St-2* 表现其抗病性。*St-1* 与蜡质胚乳基因 *WX* 及感光基因 *Se* 有连锁关系，所以 *St-1* 基因属于与染色体第 6 片段对应的第Ⅰ连锁群。根据染色体正反易位分析，*St-2* 基因位于对应于第Ⅴ连锁群的染色体第 12 片段上。

巴基斯坦的籼稻品种 Modan 和印度尼西亚 Bulu 型水稻对 RSV 的抗病性是由一个不完全显性基因 $St\text{-}2^i$ 控制。此基因是 *St-2* 的等位基因，但抗病性水平比 *St-2* 高，该基因与种子休眠性相关。$St\text{-}2^i$ 基因的作用随测定的品种而异。高水平抗病的基因对于低水平抗病的基因几乎表现完全的显性。在 F_1 代及回交 F_1 个体中抗病基因 *St-2* 的表现，稍受母本细胞质的影响。基因 *St-1* 不仅与 *St-2* 表现出互补基因的作用，而且与 $St\text{-}2^i$ 亦有此效应，可能存在某些修饰基因对于抗病程度具有一些影响（鸟山等，1975；库什，1978）。Nemoto 等（1994）鉴定的 IR50 品种，既抗 RSV，又抗灰飞虱。抗病性遗传分析表明，该品种对病毒和昆虫的抗性受多基因控制，并发现抗虫性在抗病毒品种中的积累对减少病毒的感染是有效的。最近，Hayano－Saito 等（1988）将 Modan 品种中的抗病基因 $Stv\text{-}b^i$ 定位在水稻第 11 条染色体上，并存在于 RFLP 标记 XNpb220 与 XNpb257/XNpb254之间的一段仅有 1.8cM 遗传距离的片段上。

我国对 RSV 的遗传分析，也发现抗病基因为显性遗传（刑祖颐等，1985）。陆家安等（1990）的结果表明，高抗 RSV 对中抗为显性遗传，抗病性受 1 对抗病基因控制，并且细胞质对该病的遗传可能也有明显的作用，认为在抗病育种中用高抗品种作母本较好，后代选择可避免细胞质的干扰和影响。此外，品种的遗传背景对抗病性表达也存在一定的影响。

对水稻东格鲁病抗病性遗传方式的全面分析尚未进行。国际水稻研究所（IRRI）的报告指出，Pankhari203 品种中的抗病性是受 *Tuv-a* 和 *Tuv-b* 两个互补的显性基因支配（库什，1975，1978）。印度学者的研究结果表明，IR8×Latisail 杂交组合中，对东格鲁病的抗病性是显性的，F_1 代杂种表现抗病。F_2 代群体中，移栽前的抗病与感病株比率是 9∶7,与双基因互补比率是一致的。移栽后的抗病与感病株比率是 15∶1，这肯定了 Latisail 品种中的抗病性由两个基因控制的分析（沙斯特莱，1975）。最近，IRRI 的 Sebastian 等（1996）应用分子标记技术将 ARC11554 中抗 RTSV 和抗二点黑尾叶蝉的基因定位在第 4 染色体上，与 RFLP 标记 RZ262 的遗传距离为 5.5cM。

有关水稻草矮病毒的抗病性遗传，目前仅知在 *Oryza nivara* 野生稻中有一个显性基因 *GS* 控制抗病性，该基因和抗介体褐飞虱的显性基因 *Bpbl* 是分开的（库什，1978）。

水稻黑条矮缩病毒（Rice black－streaked dwarf virus，RBSDV）的抗病品种 Tetep 与 2 个感病的日本品种杂交，分析 F_1 代、B_1 代、F_2 代和 F_3 代的表现，发现抗病性是由显性基因 *Bs* 控制的，但也可能存在抗病修饰基因（鸟山等，1975）。

水稻对 RDV 的抗病性也为显性遗传，而且以母本的抗病性遗传传递力较强（谢联辉等，1982）。

五、水稻的抗病毒种质资源

我国稻作历史悠久，稻种资源极其丰富，将近 5 万份，而且各种生态类型应有尽有。

除此之外，还引进、保存了国外稻种资源约 5 000 余份。目前已鉴定了 1 万多份品种（品系、组合）材料对各种水稻病毒及其介体昆虫的抗病性。下面介绍野生稻、栽培稻及国外引进品种中已鉴定的抗病毒种质资源。

（一）野生稻

野生稻中具有丰富、优良的抗病毒基因。我国有 3 种野生稻，即普通野稻（*O. rufipogon* Griff）、药用野稻（*O. officinalis* Wall）和疣粒野稻（*O. meyeriana* Baill）。药用野稻对 RGSV 株系 2 和 RTSV 株系 1、株系 3 及 RTBV 株系 2 均表现高抗。引进的印度尼瓦拉野稻对 RGSV 株系 1、RTSV 株系 1、株系 3 和 RTBV 株系 2 表现高抗（吴祖建等，1994）。江西普通野稻高抗 RYDV（林世成等，1990）。

（二）栽培稻

对水稻黄叶病毒（*Rice transitory yellowing virus*，RTYV）高抗的有 691、农试 6 号、广二矮 5 号、7052、奎科 25022、奎科 25056、秋二早 1 号选、龙革 1 号、龙革 113、赤块矮 3 号、紫军早、黎明粳（谢联辉等，1982）、博罗矮、白壳矮、版纳 2 号、窄叶青 8 号、水混、四优 4 号、汕优 4 号等（谢联辉等，1984）、粳籼 89 和特优 20（吴祖建等，1995）；中抗的有珍龙 13、晚籼 1 号、二九青、鸭子矮、洋枋糯、矮禾水田谷、农试 2 号、农试 4 号、奎科 25048、广二矮 V-49、梅峰 9 号等 37 个品种（吴祖建等，1995）以及早单八、特优 50、荆糯、06381、明恢 63、黑米糯、台南 9 号、闽岩糯（余晓明等，1991）、南特号、莲塘早、湘矮早 10 号、7607、包选 2 号、包胎矮、铁秋、广余 73、余赤 231-8、秀江晚 3 号、闽晚 6 号、晚粳 257、鄂晚 3 号、鄂晚 5 号、四优 6 号、新粳 4 号等（林世成等，1990）。抗黑尾叶蝉的有温选 10 号、珍龙 13 等（谢联辉等，1984）。

高抗 RDV 的有赤块矮 3 号、太引 1 号、矮脚塘竹、广矮 3784、农试 2 号、圭辐 3 号、黄壳大禾、石革矮；中抗的有马来红、农试 4 号、珍龙 13、钢枝占、691（谢联辉等，1984）；中抗的有特优 63、七山占、枝优 63、06381、荆糯 6 号、万家香 16 号、龙桂 4 号、汕优 10 号、秀水 122 等（全国稻瘟病科研协作组，1980）、南特号、莲塘早、湘矮早 10 号、7607、包选 2 号、包胎矮、广余 73、秀江晚 3 号和洞庭晚籼（林世成等，1990）。

高抗水稻簇矮病毒（*Rice bunchy stunt virus*，RBSV）的有赤块矮 3 号和包胎矮、包胎矮选、珍龙选 3 号、中山红 136、中山红无名种等；中抗的有珍龙 13、珍龙 410、农试 4 号、金早 8 号、金早 13 号、红 410、珍珠矮、珍汕 96、竹印 2 号、秋矮 133、广二矮 5 号、汕矮选 4 号、花尼水田谷、桂阳早 18、铁骨矮 1 号等（林奇英等，1993）。

高抗 RRSV 的有赤块矮 3 号、三农 3 号、三农 8 号和赤块矮选；中抗的有包胎矮（谢联辉等，1982）及特优 63、03501-HE19、粳籼 89、早单八、06381、太湖陆、南粳 36、秀水 122 等（吴祖建，1996）。

高抗 RTSV、RTBV 的有汕优桂 33、汕优 30、金早 6 号、赤块矮选、中山红无名种等（吴祖建等，1994）。

高抗 RGSV 的有赤块矮选、中山红无名种、世纪 137 等，中抗的有优 Ⅰ 制西、78130、珍优 2 号、荆糯 6 号、特优 865、06381、安二优 85 等（林丽明等，1998）。

高抗 RSV 的有金早 21、威优 89、威优 77、南青四号、籼协 27、昆籼等籼稻品种以及中作 9 号、中作 59、中作 180、农虎 6 号、铁桂丰、盐粳 20、丙 88151、海六一红、选代 7-1 等粳稻品种；中抗的有中百 4 号、京稻 1 号、京稻 2 号、TN1、金早 7 号、汕优 2101、特优 865、汕优 77、珍汕 97A、龙特甫 A、8169-33 等（林含新，1999；林世成等，1990；黄前炽等，1983；高东明等，1991）。

（三）国外引进品种

高抗 RTYV 的有古巴稻 154、古巴稻 198、卡拉杜马依、IR22、IR29、IR1110-20、Tadukan 等；中抗的有 Utri Merah、Utri Rajapan、IR24 等（谢联辉等，1984，1983；吴祖建，1996）。高抗 RDV 的有 Tetep、古巴稻 154、卡拉杜马依、IR36、IR880、IR26、Mudgo、藤野、直野、Utri Merah；中抗的有 Utri Rajapan。中抗 RBSV 的有古巴稻 154。中抗 RRSV 的有 IR30。高抗 RGSV 株系 1 的有 IR28、IR58，高抗 RGSV 介体褐飞虱的有 IR28、IR64（吴祖建等，1994）。高抗水稻东格鲁病的有 Pankhari203、IR28、IR30、IR58、HB437 等；中抗的有 IR24；高抗其介体黑尾叶蝉的有 IR28、Pankhari203、Gam Pai 30-12-15 等（谢联辉等，1982，1983；吴祖建等，1994）。高抗 RSV 的有 IR36、中国 91、峰丰、Tetep、Tadukan、St No. 1、青空、C4-63、IR26、IR8、烟锦糯等（刑祖颐等，1985；陆家安等，1990；Ezuka，1985）。

六、水稻抗病毒的鉴定方法

抗病性鉴定方法采用集团接种法和试管定苗定虫接种法。

（一）集团接种法

取二叶一心期幼苗，每个品种 30～120 株，种植于一个 80cm×40cm 铁盘内，置于养虫笼中，按每苗 1～2 只，接入 2～4 龄经卵毒虫或已经过循回期的带毒虫，每天赶虫 2 次，以增加传毒机会。让其传毒 2～3 天后，将幼苗移植到防虫网室中。统计发病率，记载症状发展情况。设置重复 2～4 次。

（二）试管定苗定虫接种法

将集团接种法筛选出的所有抗病品种，采用单苗单虫单管测定。每个品种 40 只带毒虫，隔日换苗，直到带毒虫死亡。将幼苗移植到防虫网室中，记载症状发展情况。

品种抗病性评价标准采用全国水稻病毒病害科研协作组统一制订的抗病性分级标准，以对照品种的发病率为 100%，求出各品种的发病比率，以发病比率划分抗病性等级为五级：0 级为免疫；0～5%为高抗；5%～30%为中抗；30%～60%为中感；60%～100%为高感。

七、抗病育种和品种利用的经验、问题及其解决途径

20 世纪 60 年代初期以后，水稻病毒病害在我国发生日趋严重，而成为生产上的一个重要威胁。人们就抗病品种鉴定、防治进行了大量的研究，不少抗病性强、丰产性好的品种已直接应用于生产中，取得了很好的效果。但我国对水稻病毒病害的抗病遗传及育种研究一直不够。直接针对水稻病毒病害而育出的品种只有中作 9 号、中作 59 和中作 180 等 3 个抗水稻条纹叶枯病的粳稻品种（刑祖颐等，1985）。因此，我国虽然具有极其丰富的稻种资源和抗源，已鉴定的品种（品系、组合）多达 1 万多个，但一直未有既高抗又高

产、优质的品种问世。此外，80 年代后，水稻病毒病害基本上成为地方性病害而逐渐为人们所忽略，育种学家在育种时不再考虑对病毒的抗病性问题，推广部门也往往忽略推广品种的抗病毒问题，这就为我国水稻病毒病害的流行创造了良好的机会。从 80 年代末期以来，一些水稻病毒病害又开始流行为害，如水稻黑条矮缩病自 1991 年以来，先后在浙江省温州、台州、丽水和金华市的杂交水稻上大面积流行（陈声祥，1996）。根据我们 1997—1999 年的调查，水稻条纹叶枯病目前在云南、辽宁、北京、江苏、上海仍十分常见，特别是云南保山和辽宁盘锦等地，田间发病率一般为 10%～20%，严重者可达 50%～60%。抗病性鉴定结果表明，这些地区的主栽品种对 RSV 几乎都是高感品种。

解决的途径有两个。第一，加强传统的抗病毒育种研究。广泛地鉴定抗源，搞清抗病遗传方式，在育种时要考虑品种的抗病毒病害问题；第二，开辟新的抗病性利用途径，如基因工程育种。

近十多年来，植物基因工程技术的发展，使得对重要农作物进行遗传改良的设想得以实现，从而为水稻抗病毒病害的利用开辟了新的途径。目前，我国已开展了一些工作，取得了一定成效。中国科学院微生物研究所将水稻条纹病毒 *CP* 基因转入籼型水稻，转基因水稻表现出一定抗病性（燕义唐等，1992，1997）。表达反义核酶 RNA 的转基因水稻对水稻矮缩病毒的复制和症状具有抑制作用（杨文定等，1997）。对水稻黄叶病毒具有较高抗病性的转基因水稻也已得到（陈声祥，1996）。北京大学将 RDV 外壳蛋白基因、小核心蛋白基因和非结构蛋白基因转入水稻，并已经在部分转基因水稻中检测到了相关基因，攻毒试验正在进行之中（Zheng 等，1997）。最近，我国也将水稻齿矮病毒 S9 区段上的 ORF 转入水稻中，得到了转基因水稻植株，该基因已在转基因植株中表达，抗病性测定正在进行之中（Zhao 等，1998）。

第四节　纹 枯 病

一、重要性和主要成就

稻纹枯病是我国水稻的三大病害之一。20 世纪 60 年代以来，随着推广矮秆、多蘖、高产品种和增肥、增密的栽培方式，稻田病原物的积累增多，病害渐趋普遍和严重。有些稻区纹枯病已高居水稻三大病害之首（彭绍裘等，1986，1987；沙学延等，1990）。据不完全统计，1980 年全国水稻纹枯病发生面积为 1 000 万 hm^2，损失稻谷约 350 万 t；1995 年全国发病面积已扩大到近 1 600 万 hm^2，损失稻谷达 1 100 万 t 以上。纹枯病菌不仅危害水稻，而且还侵染玉米、甘蔗等多种农作物（蒙姣荣等，1998；陈集双等，1990）。

80 年代以来，我国学者对水稻的抗病性、纹枯病菌的致病性分化、品种抗病性鉴定方法、抗源与抗病性品种利用等领域都进行了研究。其中水稻种质资源抗纹枯病鉴定、稻纹枯病菌致病性分化研究和水稻抗病性遗传分析等还分别列入了国家和部、省级科技攻关项目。

20 多年来，我国学者反复比较了喷雾、撒施、包扎和插秆（嵌入）等纹枯病菌接种方法，发现插秆法适用于当前水稻品种的抗病性鉴定。另外，还在广泛采集和分离纹枯病菌的基础上，全面研究了菌株培养型、菌丝融合、菌株与水稻鉴别品种的互作以及纹枯病菌致病性分化等问题，确定了我国水稻纹枯病菌的优势菌系群。1976—1993 年，我国广东、湖南、江苏、浙江、安徽、上海、贵州和台湾等省、市鉴定的栽培稻种质资源达46 000份次，野生稻达 2 000 余份次，选出了 69 份栽培稻抗病种质资源，已推荐用于生产，还发现了 23 份野生稻抗病种质资源。各地在探明纹枯病发生程度与产量损失率关系的基础上，论证了在生产中利用中抗品种的可行性，并推荐了第一批水稻中抗新品种（组合）。

二、稻纹枯病菌致病性的分化

（一）致病性分化

稻纹枯病菌是 1905 年佐佐木次郎在日本长崎县的樟苗上发现的，1906 年经白井光太郎研究命名为 *Hypochnus sasakii* Shirai，1910 年三宅描述为 *Sclerotium irregulare*，1912 年泽田明确了 *Hypochnus sasakii* Shirai 是许多植物的病原菌，也侵染水稻引起纹枯病，还进一步证明 *Sclerotium irregulare* 与 *Hypochnus sasakii* 是同一个种。此后，该菌学名屡经变更，异名多达 10 余种。1963 年，在国际丝核菌生物学和病理学研究会上，始将本病菌无性态定名为立枯丝核菌 *Rhizoctonia solani* Kühn，有性态定名为瓜亡革菌 *Thanatephorus cucumeris*（Frank）Donk。从水稻上分离到的立枯丝核菌菌株能侵害多种植物，而从其他植物上分离到的菌株亦能侵害水稻。据 1965 年高坂报道，该菌可侵染 32 科 188 种植物。此外，还从病株分离到双核丝核菌，但数量较少。

我国学者已从稻纹枯病菌培养型、菌丝融合以及对水稻鉴别寄主品种的致病性等几个方面进行了研究，并取得了较大的进展（蒙姣荣等，1998；陈集双等，1990；张天晓等，1984，1986 等）。

1. *菌株培养型* 据江苏农业科学院植物保护研究所试验（过崇俭等，1985），安徽、江苏、湖南、福建等省部分稻区的 47 个菌株在 PSA 培养基上培养，划分为 A、B、C 三种培养型，再将各培养型的菌株分别接种于 IET4699（R）、金刚 30 号（S）和 IR9752-71-3-2（HS）等 3 个水稻品种上，调查致病情况，结果表明菌株的培养型与致病性有关。A 型菌株菌丝紧贴培养基表面生长，气生菌丝少，菌核多，常形成小而不规则的块状菌核聚集物，培养基呈黑褐色，致病性强，19 个菌株平均病情指数为 75.1。B 型菌株菌丝亦紧贴于培养基表面，常在培养皿的四周或中央形成许多菌核，每皿多达 200～600 个，菌核大小为 0.7～4.8mm，培养基呈褐色，致病性中等，18 个菌株的平均病情指数为 60.6。C 型菌株气生菌丝繁茂，形成菌核少，菌核大小为 1.18～8.66mm，培养基淡褐色，致病性偏弱，10 个菌株的平均病情指数为 47.5。

此外，台湾蔡氏对菌株在培养基上的菌丝生长适温和生长速度也进行了观察。根据生长适温，将 40 个菌株分为 4 个群（适温分别为 20℃、24℃、28℃和 32℃）。根据生长速度，则分为慢速（＜25mm/天）、中速（25～35mm/天）和快速（＞35mm/天）等 3 个群（邱人璋，1978）。

2. *菌丝融合状况* Parmeter 等（1969）根据菌株间菌丝融合情况，将立枯丝核菌分为不同的菌丝融合群。我国学者从全国各地水稻稻株及稻根所分离的菌株，与各菌丝融合群代表菌株的菌丝融合情况详见表 13-14（蒙姣荣等，1998；陈延熙等，1985；李清铣等，1988）。其中一个试验的结果表明，在测定的 303 个菌株中 293 个菌株属于立枯丝核菌 AG-1-IA 菌丝融合群，1 个属于 AG-2-1，4 个属于 AG-4，3 个属于双核丝核菌 AG-Bb 群。

另一次测定结果表明，在 506 个菌株中，计有 339 个菌株属于立枯丝核菌 AG-1 菌丝融合群，5 个属于 AG-2，4 个属于 AG-3，143 个属于 AG-4，4 个属于 AG-5，1 个属于 AG-6，6 个属于 AG-7，3 个属于双核丝核菌的 AG-Bb 群，1 个属于 AG-D 群。在这些菌丝融合群中，以 AG-1 或 AG-1-IA 对水稻致病性最强。

此外，杜金池和张穗等分别测定了台湾和辽宁、吉林、黑龙江诸省的立枯丝核菌菌丝融合群，结果亦相似（张穗等，1985；邱人璋，1978）。

表 13-14 我国水稻纹枯病菌的菌丝融合群测定状况

省、自治区名称	测定年份	总菌株数	*Rhizoctonia solani*								双核丝核菌				资料来源
			AG-1	AG-1-IA	AG-2	AG-2-1	AG-3	AG-4	AG-5	AG-6	AG-7	AG-Bb	AG-9	未定	
全国	1985	9		8		1									陈延熙等，1985
湖南	1984	7	7												张天晓，1984
湖南	1986	18	18												张天晓，1986
湖北	1993	62		62											李祥等，1993
广西	1998	186		179				4				3			蒙姣荣等，1998
江苏	1988	1		1											李清铣等，1988
浙江	1987	27		27											刘力等，1987
浙江	1990	14		12										2	陈集双等，1990
四川	1990	108	105					1				2			李华荣等，1990
四川	1991	166	162					2				1	1		邓先明，1991
四川	1994	207	47		5		4	140	4	1	6				陶家凤等，1994
河南	1993	1		1											王振跃等，1993
河南	1997	3		3											岳红兵等，1997

3. **菌株与水稻品种的互作** 贵州省农业科学院曾令祥等先在 1983—1985 年，用多菌系混合菌种接种鉴定了 5 000 余个水稻品种，选出 30 余个具有不同抗病性水平的品种，再对选出的品种作进一步比较，最后选出 12 个鉴别品种，分属地方籼稻品种、地方粳稻品种和改良籼稻矮秆品种等 3 个组，每组各 4 个品种。在 1985—1988 年，采用贴茎法将 169 个从贵州 41 个县（市）稻田菌核分离获得的菌株，分别接种于鉴别品种 3～4 叶期植株。11 天后以病斑扩展长度作指标评级，分级标准如下：

抗病（R）：病斑长度短于苗高或总叶片长度的 10%；

中抗（MR）：病斑长度为苗高或总叶片长度的 10.1%～30%；

感（S）：病斑长度为苗高或总叶片长度的 30%以上。

根据各鉴别品种的反应，把全部菌株分成 3 组 13 个不同菌系群，即 ThA、ThB、ThC、ThD；TkA、TkB、TkC、TkD；MhA、MhB、MhC、MhD、MhE 等。其中 ThA、ThB、ThC 是贵州稻纹枯病菌的主要菌系群。各菌系群在鉴别品种上的致病模式、菌株数和所占比率，如表 13-15（曾令祥等，1990）。

表 13-15　贵州省稻纹枯病菌的菌系群及其在鉴别品种的致病反应

水稻鉴别品种名称		病菌菌系群												
		Th				Tk				Mh				
		A	B	C	D	A	B	C	D	A	B	C	D	E
地方籼稻组	二翻早	S	M-R	M-R	M-R	MR	R	R	M-R	R	R	M-R	R	MR
	梭米草	S-R	S	M-R	M-R	MR	R	R	M-R	R	R	M-R	R	MR
	绥阳谷	S-R	S-R	S	M-R	MR	MR	M	MR	R	R	M-R	M-R	R
	大白谷	S-R	S-R	S-R	S	MR	R	R	MR	MR	R	M-R	R	R
地方粳稻组	小黄谷	S-R	S-R	S-R	S-R	S	R	M	MR	MR	R	M-R	R	MR
	有芒大头白壳	S-R	S-R	S-R	S-R	S-R	S	R	MR	R	R	M-R	R	MR
	晚米大杯子谷	S-R	S-R	S-R	S-R	S-R	S	S	MR	MR	R	M-R	R	MR
	小白糯	S-R	S-R	S-R	S-R	S-R	S	R	S	MR	R	MR	R	MR
改良籼稻组	K46	S-R	S-R	S-M	S-R	S-R	S-R	M	S-R	S	R	MR	MR	MR
	MRC1239	S-R	S-R	S-R	S-R	S-R	S-R	S	S-R	S-R	S	MR	R	R
	育 401	S-R	S-M	S-R	S-M	S-R	S-R	S	S-R	S	S	S	MR	MR
	桂朝 2 号	S-M	S-R	S-M	S-R	S-R	S-M	S	S-R	S	S-R	S-M	S	MR
菌株数		69	22	21	11	11	3	1	5	7	4	5	4	6
占总菌株比例(%)		40.3	13.0	12.4	6.5	6.5	1.8	0.6	3.0	4.1	2.4	3.0	2.4	3.5

（二）致病机制

浙江省农业科学院检测了 119 个水稻纹枯病菌菌株的果胶酶、纤维素酶、半纤维素酶的产酶量，进而对 30 个不同产酶量的菌株，进行了致病性测定（陈兵等，1992）。结果表明，水稻纹枯病菌的产酶量与菌株产地、海拔高度及菌株生长速度无关，果胶酶和纤维素酶的产酶量与致病性关系密切。菌株果胶酶和纤维素酶活性愈强，病害便愈重；反之，菌株果胶酶和纤维素酶活性愈弱，病害则较轻。若果胶酶与纤维素酶比较，果胶酶在致病过程中起主导作用。

西南农业大学李华荣等（1990）以立枯丝核菌的 AG-1 群、AG-4 群，双核丝核菌 AG-Bb 群等菌丝融合群的标准菌株和作者分离的代表性菌株为试材，比较了过氧化物酶同工酶和非特异性酯酶的差异，发现不同菌丝融合群间两者均有明显的差异，而同一菌丝融合群内不同菌株间的基本酶带则很相似。

湖南省农业科学院和沈阳农业大学联合对水稻纹枯病菌毒素进行了初步研究（康霄文等，1992）。将水稻纹枯病菌在改良的 Richard 培养基中培养，培养滤液经离心、灭菌、活性炭粒吸附层析和甲醇洗脱后，获得了纯毒素结晶。该毒素对水稻胚根、胚芽有抑制作用，对水稻 4 叶期幼苗有致萎作用。用该毒素接种水稻也表现与病菌侵染类似的症状。溶于乙醚和水中毒素活性部分表现出不同的活性，估计水稻纹枯病菌毒素的活性组分不只一种。陈幼石（1958）认为水稻纹枯病菌产生的毒素为对苯乙醇酸（parahydroxy pheylacetic acid）。

陶家凤等（1992）还发现，属于不同菌丝融合群的水稻纹枯病菌，侵染机制也存在着一定的差异。AG-1-IA 从侵染垫及裂片状附着胞上形成侵染钉，侵入水稻，但 AG-4 只在稻株下位叶鞘有较少侵染垫和附着胞，在其他部位则以菌丝直接穿透侵入或从气孔侵入。

三、抗病性的类型和特点

70年代以来，国内外学者对水稻品种抗纹枯病的类型进行了分析与研究。在我国，南京农业大学和江苏省农业科学院所研究的内容较为全面（张红生等，1990；陈志谊等，1992），台湾、安徽、贵州和吉林等省也有一些报道。

（一）在稻株上的侵染状况

张红生等（1990）将纹枯病菌菌株RH-9，接种抗病品种Tetep和感病品种IR9752（全称IR9752-71-3-2，下同），两者侵入途径和定殖部位无差别，抗病品种叶鞘上的菌丝生长量较少，病斑出现迟，病部扩展和组织解体慢，感病品种上菌丝生长量较多，病斑出现早，病部扩展和组织解体快。孟祥伟等（1996）采用叶鞘贴菌和撒菌两种接种法接种9个不同抗病性的品种，观察病斑类型与病菌扩展速度和最终病情的关系。发现病斑有能育（指扩展）和不育两种类型。在不同抗病性品种上，能育病斑的出现期、不育病斑与能育病斑的比值和病部的扩展速度都不同。中抗品种嘉掉4号、云花78、竹杂2号和吉种86-07的能育病斑出现晚，较少，不育病斑与能育病斑的最终比值为1∶5～10，前期水平扩展和垂直扩展能力较低，平均5天垂直扩展距离为0.25～2.73 cm，水平扩展距离为0.25～1.68cm。感病品种藤系138和长白7号的能育病斑出现早，且较多，不育病斑与能育病斑的最终比值为1∶23以上，前期水平和垂直扩展能力强，平均5天垂直扩展距离为5.7～7.7cm，水平扩展距离为0.5～5.15cm。中感品种寒九、胜穗波和京引127的能育病斑出现日期、数量及扩展能力均介于上述中抗和感病两类品种之间，其不育病斑与能育病斑的最终比值为1∶12～18，平均5天垂直扩展距离为0.6～5.4cm，水平扩展距离为0.37～2.20cm。杨家珍（1982）和曾令祥等（1987）也得到了类似结果，他们还发现在高抗品种上，只见到白色菌丝缠绕稻株但不见病斑，或病斑很少，后菌丝死亡不再扩展。这说明除了抗扩展类型的品种外，还有抗侵入类型的品种存在。

（二）水稻生育期与抗病性的关系

曾令祥等（1987）对54个品种的抗病性测定表明，苗期和成株期抗病性一致的有25份，占46.3%，苗期病轻而成株期病重的20份，占37.0%；苗期病重而成株期病轻的9份，占16.7%。林清用6个品种，在分蘖、拔节期和抽穗期分别接种AG-1-IA，发现3个品种分蘖期和拔节期发病比抽穗期轻（1992）。据台湾嘉义农业试验分所在品种台南5号上接种测定，孕穗期接种的受害重，产量损失大，抽穗期接种的则受害轻，损失小（邱人璋，1978）。

此外，曾令祥等（1995）还发现在所试验的常规稻和杂交稻各3个品种或组合中，生育期与病害严重度有关。常规稻良桂占早熟，病害最重，育417中熟，病害居中，特青迟熟，病害最轻；杂交稻威优64早熟，威优481中熟，汕优63迟熟，其发病趋势与常规稻相类似。造成这种差异的原因，除不同熟期的品种在抽穗期间的天气不同外，还可能由于稻株内淀粉和氮素含量不同所致。

（三）稻株高度与抗病性的关系

邓耀宗等研究表明，株高与纹枯病的严重度呈负相关。矮秆品种，分蘖较多，株间通风较少，湿度较高，病菌菌丝蔓延至上部叶片、叶鞘所需时间较短，病害常较重；反之高秆品种，分蘖较少，株间通风较好，湿度较低，病菌菌丝蔓延至上部叶片、叶鞘所需时间较长，病害则较轻。

（四）叶表面蜡质和叶鞘硅化细胞与抗病性的关系

纹枯病菌在稻株上的侵染状况与叶鞘、叶片表面蜡质含量和硅化细胞密度有密切关系。叶鞘、叶片的蜡质含量和硅化细胞密度则因水稻品种而异。王建林等（1990）、张红生等（1990）和陈志谊等（1992）在各自的研究中均予以证实。

水稻叶鞘、叶片表面的蜡质沉积是品种抗侵入的重要机制之一。蜡质层既直接以机械方式阻止病菌侵入，也阻止病菌与寄主间某些与识别作用有关的信号分子的渗透和交换，从而阻止或延迟病菌侵染垫和附着胞的形成。南京农业大学张红生等对7个水稻品种的测定表明，病级低于1的Tetep、IET4699、Ratna和IR64的叶片蜡质含量较高，达3.17～3.81mg/cm^2，平均为3.38mg/cm^2；病级在1.2左右的Kataktara D_2和Guyanal的蜡质含量居中，分别为2.98mg/cm^{2}和2.94mg/cm^2；而病级为3.16的感病品种IR9752的蜡质含量最低，仅2.71mg/cm^2。蜡质含量与病级呈极显著负相关，相关系数r=－0.7837（张红生等，1990）。陈志谊等在4个水稻品种测定中，发现抗病品种Tetep和IET4699的叶片蜡质含量达0.83～0.96mg/cm^2，而感病品种金刚30和IR9752仅0.52～0.59mg/cm^2。蜡质含量与病情指数亦呈极显著负相关，相关系数r=－0.905（陈志谊等，1992）。

稻株细胞硅化程度高，表面组织加厚，茎秆坚硬，抗病性增强。陈志谊等对5个品种的离地面5cm处叶鞘的观察表明，抗感品种间硅化细胞数量具有明显的差异。以1mm长维管束两侧的硅化细胞数量为准，抗病品种Tetep和IET4699的硅化细胞分别为124.7±2.23个/mm和120.4±4.5个/mm，而感病品种金刚30和IR9752则分别为102.0±0个/mm和109.7±0个/mm，并发现中抗杂交稻组合汕优63的硅化细胞为114.9±2.3个/mm，局部叶鞘维管束还有双层硅化细胞的现象（陈志谊等，1992）。

（五）稻株叶鞘淀粉和还原糖含量与抗病性的关系

张红生等（1990）分别测定了不同水稻品种叶鞘的淀粉和还原糖含量。淀粉测定结果表明，病菌接种前，除Ratna外，病级在2.1～2.7间的Tetep、IET4699、1737、Nanpungbyeo等抗病品种的淀粉含量为22.5～28.2mg/g・f・wt，显著高于病级在3.5～4.5间的感病品种84-3019和IR9752。接种后，Tetep、IET4699和1737等3个抗病品种的淀粉含量变化不大，仍维持在22.7～26.9mg/g・f・wt，Ratna和Nanpungbyeo还分别增加5.1和5.2mg/g・f・wt，但感病品种84-3019和IR9752的淀粉含量仅为13 mg/g・f・wt和13.1mg/g・f・wt。接种前后叶鞘内淀粉含量与病级间均呈极显著负相关。还原糖含量测定结果表明，病菌接种前抗病与感病品种还原糖含量差别不大。但接种后5～7天，抗病与感病品种还原糖含量虽均有增加，但抗病品种Tetep和IET4699比未接种植株增加了2～3倍，感病品种84-3019和IR9752只增加1倍左右；接种后第七天，感病品种的还原糖含量开始下降，而抗病品种却仍维持较高水平。

（六）酶活性与抗病性的关系

张红生、陈志谊等分别对多酚氧化酶、苯丙氨酸转氨酶和过氧化物酶的活性及过氧化物酶同工酶的变化进行了测定。

多酚氧化酶和过氧化物酶同属氧化酶系统，主要参与酚类氧化为醌以及木质素前体的聚合作用。张红生等（1990）的测定结果表明，接种前抗病品种 Tetep 和 IET4699 的 PPO 活性分别为 58.5 和 57.0 个单位，感病品种 84－3019 和 IR9752 分别为 37.5 和 38.9 个单位，抗病品种比感病品种活性高。接种后 1 周内，抗病品种的酶活性变化不大，但感病品种趋于下降。陈志谊等（1992）的测定结果表明，接种前抗病和中抗品种 Tetep、IET4699 和汕优 63 的多酚氧化酶活性分别为 0.181、0.180 和 0.183，而感病品种金刚 30 和 IR9752 分别为 0.120～0.107，抗病品种亦比感病品种活性高。但接种后 2 天，所有品种的 PPO 活性都有较大的增加，接种后 10 天才略有下降，至第 17 天时又呈缓慢上升，抗病品种的活性仍比感病品种高。

张红生等（1990）对过氧化物酶的测定表明，接种前抗病品种 Tetep 和 IET4699 的酶活性分别为 27.0 和 25.0，比感病品种 84－3019 和 IR9752 高 25%～40%。接种后，抗病品种的活性迅速增加，第三天达最高峰，峰值大，约为接种前的 2 倍，后缓慢下降；而感病品种的活性增加较慢，第四天达最高峰，峰值小，仅为接种前的 1 倍，后又很快下降。Tetep、IET4699、84－3019 和 IR9752 等未接种的过氧化物酶同工酶的酶带数分别为 5、4、3、3 条，接种的则分别增加到 7、6、4、4 条，其中抗病品种未接种和接种的酶带数与接种后新增酶带数均比感病品种多。陈志谊等（1992）的测定结果表明，接菌前抗病品种 Tetep 和 IET4699 的过氧化物酶活性分别为 0.294 和 0.211，感病品种金刚 30 和 IR9752 分别为 0.230 和 0.288，两类品种差异很小。接菌后 2 天，抗病品种的酶活性亦迅速增加，但第十天才达最高峰，后又很快下降；而感病品种的活性初期增加缓慢，第十天虽达最高峰，但峰值较低，后下降亦较慢。

苯丙氨酸转氨酶是植物次生物质代谢系统中比较关键的一个酶。陈志强等（1989）测定的结果表明，接种前抗病品种 Tetep 和 IET4699 的酶活性分别为 0.96 和 0.95，感病品种金刚 30 和 IR9752 均为 0.53，抗病品种的 PAL 活性比感病品种高 44.5%～81.1%。接种后 2 天，抗病品种 Tetep 和 IET4699 活性明显下降，接种后 10 天仍继续下降；而感病品种金刚 30 和 IR9752，接种后 2 天的活性则明显上升，尔后才明显下降。

四、水稻抗病性的遗传

有关水稻抗纹枯病性的遗传研究，国内外均开展甚少。日本的桥冈良夫（1951）曾选用 10 个中抗的粳稻品种与木下糯等感病品种杂交，发现抗病为显性，感病为稳性，抗病性受 1 对或 2 对基因控制。Khush（1984）则认为水稻对纹枯病的抗病性水平较低，这种中等偏低的抗病性是由多基因控制的，其遗传方式可能与多基因控制的产量性状相似。

沙学延等（1987）和王建林（1989）分别选用 4 个和 7 个中抗品种（系）为材料，根据 6 个世代（P_1、P_2、F_1、F_2、BC_1、BC_2）孕穗期接种的发病分析，认为抗病性为部分显性，F_2 呈连续变异，表现为数量性状遗传，受多数微效基因控制，其最少有效基因数为 1～4 个，广义和狭义遗传力均较小。朱立宏等于 1984—1989 年，选用 Tetep、IET4699、Jawa14、野稻、棉花条、水稻霸王、IR64、Ratna、Guyanal、Kataktara D_2、Nampungbyeo、Ta－poo－cho－z、P5275 等 13 个具有中等抗病性的品种（系），采用双亲和双列交配设计，人工接种水稻纹枯病菌株 RH－9，进行遗传分析（朱立宏等，1990）。研究结果表明，品种（系）间抗病性有显著差别，抗病性相对稳定，呈部分显性，受多基因控制，加性效应为主，狭义遗传力变幅 16.0%～68.6%。遗传分析和配合力分析证明 Ta-poo-cho-z、Tetep、IET4699、IR64、Guyanal、Ratna、Jawa14、Kataktara D_2 等品种（系）的抗病性较好。

潘学彪等（1997）研究了特青和 Jasmine85 两个半矮生品种的抗病性遗传，发现这 2 个抗源品种各具有 1 对显性抗病基因，彼此独立，但两者结合时表现一定的加性效应。

潘学彪等（1997）还研究了不同接菌方法对水稻抗病性遗传研究的影响，发现以嵌入法接种，在抽穗后 30 天或发病初期调查最为适宜。用嵌入法接种，植株间始病迅速且整齐一致，感病品种发病适度，不同品种间抗感差异明显。抽穗后 30 天左右或发病初期调查，品种间的发病差异不受拔节至抽穗期茎秆伸长时间和高度的影响，调查结果具有较高的代表性。

五、水稻抗纹枯病的种质资源

（一）我国现有稻种资源抗病性鉴定的基本情况

稻纹枯病菌寄主范围很广，同一种寄主作物不同品种间抗病性差异有限，发掘和培育抗病品种难度很大。

我国稻种资源对纹枯病的抗病性鉴定始于 20 世纪 70 年代。1976—1982 年湖南省农业科学院对来自四大洲 40 多个国家的陆稻、糯稻、粳稻、籼稻及野生稻共 2 万多份稻种材料进行了抗病性鉴定，1980 年后又鉴定了从国际水稻所引入的国际水稻纹枯病抗病性鉴定圃材料（彭绍裘等，1986；朱立宏等，1990）。从这些材料中未发现抗病性水平较高的品种，但发现有些品种达到中抗水平。还发现水稻品种间或寄主植物间菌核形成量有很大差异。易感品种青森 5 号每单株在 6 天内可形成菌核 76 粒，而南特号仅形成 8 粒。

迄今为止，除湖南外，江苏、浙江、安徽、上海和贵州等省（直辖市）农业科学院也进行了栽培稻种质资源鉴定，广东和湖南还进行了普通野稻、药用野稻及疣粒野稻种质资源鉴定。据不完全统计，1976—1993 年全国共鉴定栽培稻种质资源 36 072 份次，野生稻种质资源 3 种 2 024 份次。抗病性强的栽培稻占鉴定总份数的 0.18%～6.12%，平均 0.50%；中抗的占 0.50%～33.75%，平均 7.37%。但野生稻仅有中抗而没有抗病性强的材料，中抗的占鉴定总份数的 1.14%（表 13-16）（过崇俭等，1985；杨家珍，1982；曾令祥等，1987；朱立宏等，1990；陈志谊等，1989，1994）。杨家珍也发现不同水稻品种间菌核形成能力差异明显，除去年份间的变异，仍可看出 83-15-1-17-3 形成菌核较少，庆莲 3 号较多。大多数品种的菌核数量与病情指数不相关，而与初侵染源多少有关（蔡新忠等，1996）。

表 13-16 我国稻种资源抗纹枯病鉴定结果

省、直辖市名称	鉴定年份	总份数	抗（R）		中抗（MR）		资料来源
			份数	%	份数	%	
栽培稻							
台湾		10 000	?		?		邱人璋等，1978
湖南	1976—1983	24 000			?		彭绍裘等，1986
江苏	1983—1984	49	3	6.12	3	6.12	过崇俭等，1985

（续）

省、直辖市名称	鉴定年份	总份数	抗（R）		中抗（MR）		资料来源
			份数	%	份数	%	
栽培稻							
江苏	1983—1987	212	8	3.77			陈志谊等，1989
	1984—1989	13	8				朱立宏等，1990
	1992—1993	3 901	7	0.18	393	10.07	陈志谊等，1994
浙江	1989—1990	1 188	29	2.44	401	33.75	蒋文烈等，1993
安徽	1977—1981	975	4	0.41	18	1.85	杨家珍等，1982
	1987—1988	204	4	1.96	12	5.88	王文相等，1990
上海	1985—1986	277	?		?		陈全庆等，1987
贵州	1983—1986	5 253	11	0.21	26	0.50	曾令祥等，1987
野生稻							
广东	1987—1990	2 021			23	1.14	徐羡明等，1992
湖南	1978—1980	3	0		0		彭绍裘等，1982

（二）抗病品种与不同水稻类型的关系

江苏、浙江和安徽省的分析表明，在不同栽培稻类型中，抗病与中抗品种的数量是不同的。在江苏省和安徽省的籼稻中，抗病与中抗的材料分别占总份数的 20%和 40%，粳糯稻中分别占 10%和 12.5%。在浙江省的籼稻中，抗病与中抗的占总份数的 21.18%，在粳糯稻中则占 40.3%（表 13－17）。

表 13－17　不同水稻类型抗纹枯病性的比较

省别	类型	总份数	R		MR		R+MR		资料来源
			份	%	份	%	份	%	
江苏	籼	15	3				3	20.00	过崇俭等，1985
	粳	30	0		3		3	10.00	
浙江	籼	255	6	2.35	48	18.82	54	21.18	蒋文烈等，1993
	粳糯	933	23	2.46	353	37.83	376	40.30	
安徽	籼	50	3	6.00	17	34.00	20	40.00	杨家珍等，1982
	粳	14	1	7.14	1	7.14	2	14.29	
	糯	2	0		0		0		

（三）抗纹枯病的种质资源

各省市所推荐的栽培稻抗病种质资源共 69 份。江苏有芦柴红、西石黄、小白良杏红、Tetep* （*指推荐者不只 1 处，下同）、Jawa14*、IET4699*、下脚黑稻、庄 500、庄 507、庄 509、杂草稻 13、Baliketumbaran、Gamilunan、Ta-poo-cho-z、IR64、Guyanal、Nampungbyeo、Ratna 和 Kataktara D_2 等 19 个（过崇俭等，1985；朱立宏等，1990；陈志谊等，1989，1994）。浙江有老红稻、紫乌稻、野猪晚、松江种、三百粒、田鸡青、大种老来青、小粳稻、江北荔枝红、好甩矮红谷、浙江晚稻、黑壳落霜青、晚青粳晚稻、阔板种、红壳糯、光生稻、叶殿术、大尝晚、乌咀糯、大吊粳、长芒粳、当地糯、白糯谷、紫红、矮秋头、生蒙晚、铜山京、八月白和乌节谷等 29 个（蒋文烈等，1993）。安徽有南 56、水稻霸王、野稻、棉花条、红脚占、芭芒稻-37、78－1309、IR1543－43－2－3、抗病

1号、IR20和IR42等11个（杨家珍，1982；王文相等，1990）。上海有白芒绿种、孔雀青和鸡轧杀等3个（陈全庆等，1987）。贵州有二翻早、大秆谷、大鸟咀谷、绥阳谷、大白谷（2）、油白米、梭米草和穿谷（2）等8个（曾令祥等，1987）。

广东省所推荐的普通野稻抗病种质资源有S1001、S1031、S1040、S1211、S2057、S3192、S3304、S6070、S6075、S6191、S6230、S7578、S7613、S7630、S8156、S8158、S3353、S3413、S3434、S4017、S6074、S7576和S8153等23个。其中S1001和S3192还兼抗细菌性条斑病，S1031、S3304、S3413和S8153还兼抗白叶枯病（徐羡明等，1992）。

六、水稻新品种的抗病性鉴定和利用

（一）中度抗病品种的田间防病效果及评价

不同水稻品种的纹枯病发生程度虽存在着明显的差异，但除了印度水稻改良中心报道的IET4699高度抗病外，还没有发现免疫和高抗的，抗病的也很少，只有中抗的。1984—1987年江苏省农业科学院在田间人工接菌条件下，比较了10个水稻生产品种纹枯病发生程度及与产量损失率的关系，后来又在用井冈霉素防治条件下，比较了中抗病品种与感病品种的发病程度和产量，以评价利用中抗品种的可行性（陈志谊等，1988，1989；过崇俭等，1992）。结果品种间的发病程度及其与产量损失率的关系，分别具有显著和极显著的差异。中抗品种，如鉴262（杨稻3号、中籼）、扬粳201（中粳）、7038（中粳）、紫金粳（中粳）、汕优63（杂交稻）等，在施药1～2次和不施药的处理间，千粒重、空秕率和产量的差异，除个别品种外，都不显著。感病品种中国91（中粳）的施药与不施药处理间，各指标差异都极显著，用药1次和2次的处理间差异不显著。中抗病品种在生长过程中，虽不可避免地受到纹枯病菌的侵染，但并不引起明显的产量损失。感病品种因纹枯病菌的为害，空秕率增加，千粒重下降，产量降低，必须进行药剂防治。余卓桐的品种比较试验结果亦相似（余卓桐，1985）。

（二）水稻新品种抗病性鉴定

江苏（陈志谊等，1988，1989；过崇俭等，1992）、安徽（檀根甲等，1992）和贵州省农业科学院（曾令祥，1991）分别选择当地生产品种进行了抗病性鉴定与探讨，1993—1994年湖北省农业科学院对该省当年76份新育成品种进行了全面的人工接菌鉴定（陈其志等，1997）。此外，吉林省通化市农科所孟祥伟（1996）和江苏省扬州地区农科所李志正（1987）等也进行了类似的测定。据鉴定结果，已知中抗以上的水稻生产品种和新品种有鉴262、7038、扬粳（稻）201、紫金粳、浙辐802、先锋1号、特青、Jasmine85、W17、W19、1826、895-295、荆糯925、9110、7416、鄂宜105、太湖糯、竹杂2号、嘉掉4号、云花78、吉种86-07、Mars和Melrose等，已知中抗的杂交稻组合有汕优63、汕优6号、汕优/CDR22等。

七、水稻抗纹枯病鉴定方法

20世纪50年代以来，国内外学者对水稻品种抗纹枯病的鉴定技术进行了探讨。尤以日本吉村和西泽、国际水稻所与我国过崇俭等的研究最广泛和深入。在“七五”期间，提出了一个全国统一的水稻品种抗纹枯病鉴定方法（1985），以后又进一步修改和发展了这个鉴定方法。

江苏省农业科学院植物保护研究所等单位的试验表明，在喷雾、撒施、包扎和插秆等不同接种方法中，菌丝喷雾法易受湿度等环境因素的影响，导致菌丝体失去活力，鉴定结果变化较大；撒接法初期病情缓慢，各品种不同植株间发病程度差异较大；包扎法费工费时，不适于田间大量的接种试验；只有插秆法的结果比较可靠，方法简便易行，适于鉴定大量品种，是一种较好的接种鉴定方法（过崇俭等，1985）。

插秆法又称嵌入法。该法将供试稻种种苗或野生稻种茎秆种植于田间，按我国水稻高产栽培法管理，但不排水晒田，不施用任何杀菌剂，略增施氮肥。在稻株分蘖后期至圆秆拔节期，将人工培养的带菌稻秆（或短牙签）插接于稻株中上部叶鞘内，带菌稻秆长10～20cm，菌龄9～12天，每株分蘖插接1支，每丛分蘖接种1～3株，每品种接10～20蔸即可。稻株抽穗勾头后至黄熟期间，据纹枯病的发病部位及为害状况，按下列病害分级标准进行调查、记载和评价：

0级（免疫）：无病；

Ⅰ级（高抗，HR）：稻株自上而下数，病害发生于第四叶（倒4叶）以下的基部叶鞘、叶片上；

Ⅲ级（中抗，MR）：病害延伸至倒4叶叶鞘、叶片上；

Ⅴ级（中感，MS）：病害延伸至倒3叶叶鞘、叶片上；

Ⅶ级（感病，S）：病害延伸至倒2叶叶鞘、叶片上；

Ⅸ级（高感，HS）：病害扩展延伸至剑（顶）叶叶鞘、叶片，甚至可引起全株枯死。

八、品种利用中的经验、问题及其解决途径

水稻纹枯病是重要的水稻病害之一，虽早已受到人们的关注，但由于纹枯病菌寄主范围很广，在现有水稻品种中没有免疫和高抗的，抗病的也很少，绝大多数抗病性品种只有中抗水平，迄今仍采取栽培与药剂防治相结合的综合防治对策。国内外的研究与实践证明，中抗品种发病迟，病害也较轻，不用药防治时，产量与用药防治时没有显著的差异。品种抗病性不同，病害所造成的产量损失不同，经济阈值也不同。中抗品种因病所引起的产量损失率仍在经济阈值许可范围内（陈志谊等，1988，1989；过崇俭等，1992；余卓桐，1985）。因此，应重视和加强对中抗、高产、优质品种的选育与利用。今后，在继续加强抗源筛选的同时，应将常规和现代生物技术相结合，运用各种方式，累积和转移抗病基因，以进一步提高现有抗病性水平。

我国迄今虽未见有水稻抗纹枯病育种的正式报告，但在新品种选育过程中已注意到抗纹枯病特性，还选育出一批中抗以上的新品种，有的已用于生产，受到国外同行的赞许。在国外，已发现了一些新抗源，还将传统抗源品种 Tetep 改造成为改良抗源 PI50071、PI50072和PR6555。此外，还人工创造出新抗源 LSBR-5和LSBR-33，并育成了新抗病品种 Leah、1179、Ballevue、KATY、Della、LA2071、LA2149 和 LA2152等（潘学彪等，1997）。可以预期，利用高产抗病品种防治水稻纹枯病的目标是完全可以达到的。

参　考　文　献

第一节

[1] 蔡新忠，郑重，宋凤鸣．水杨酸对水稻幼苗抗瘟性的诱导作用．植物病理学报，1996，26（1）：7～12

[2] 蔡新忠，郑重．水杨酸诱导水稻幼苗抗瘟性的生化机制．植物病理学报，1997，27（3）：231～236

[3] 柴荣耀，金敏忠．水稻稻瘟病菌小种间相对生存力研究．植物保护学报，1997，24（3）：215～220

[4] 陈彩校，冯驹．水稻生理抗病的研究：稻株淀粉与稻瘟病发生的关系．植物保护学报，1983，10（2）：73～78

[5] 陈志强．稻瘟病抗性机制研究综述．华南农业大学学报，1989，10（3）：82～91

[6] 褚菊征，戴法超，曹秀菊等．云南稻种资源对稻瘟病抵抗性联合鉴定结果．中国农业科学，1990，23（2）：88～89

[7] 稻种资源抗病虫鉴定子专题协作组（沈瑛执笔）．稻种资源抗稻瘟病性鉴定研究．作物品种资源，1993（1）：32～33

[8] 稻种资源抗病虫鉴定子专题协作组（沈瑛执笔）．稻种资源抗病虫鉴定及持久抗性研究．作物品种资源，1996（4）：32～35

[9] 段永嘉，朱有勇，陈海如等．稻瘟病抗性机制和遗传规律研究初报，云南农业大学学报，1987，2（2）：9～19

[10] 甘代耀，蔡清华．抗瘟资源品种酯酶同工酶初测．福建农业科技，1989（5）：13

[11] 甘代耀，王鸟齐，翁启勇等．五个抗源品种抗瘟性鉴定及抗瘟遗传分析．福建省农业科学院学报，1996，11（3）：7～9

[12] 郭建荣，罗宽．水稻品种抗瘟性诱导效果研究．湖南农学院学报，1994，20（1）：66～70

[13] 郭建荣，罗宽．水稻品种抗瘟性诱导机制研究．湖南农学院学报，1994，20（3）：255～261

[14] 何祖华，申宗坦．籼稻品种对稻瘟病菌小种 ZB_{15}、ZC_3 和 ZC_{15} 的抗性遗传．植物病理学报，1989，19（3）：140

[15] 黄大年，王金霞，杨炜等．提高稻瘟病菌转化频率的研究．中国水稻科学，1995，9（1）：15～19

[16] 金敏忠，陶心兰，张庆生．浙江省稻瘟病菌生理小种分布及其变化动态的研究．浙江农业科学，1986（5）：222～226

[17] 金敏忠，柴荣耀．我国稻瘟病菌生理小种研究的进展．植物保护，1990，16（3）：37～40

[18] 雷元翠，李合生，杨绳桃．中稻品种抗稻瘟性生理及生化鉴定指标的研究．湖北农业科学，1989（8）：6～8

[19] 李成云，陈宗麒，陈琼珠．稻瘟病菌的研究进展．西南农业学报，1995，8（3）：107～112

[20] 李成云，沈瑛．稻瘟病菌两个陆稻菌株的致病性遗传研究．中国农业科学，1997，30（4）：30～36

[21] 李桦，宋成艳，沈长军等．粳稻品种抗稻瘟病性与其生物学性状的相关关系研究．植物保护，1997，23（3）：11～13

[22] 李新海，邹德堂．水稻东农 415 的抗瘟性基因分析．中国水稻科学，1996，10（2）：85～90

[23] 凌忠专，清泽茂久．中国部分水稻品种的抗瘟性分类．中国农业科学，1984，17（2）：19～28

[24] 凌忠专，王久林，潘庆华等．部分云南粳稻品种抗瘟性分类．中国农业科学，1990，23（5）：

5～11
[25] 刘学群，李合生，胡耀星等. 稻瘟病菌鉴别小种的生理生化研究. 植物保护学报，1989，16 (1)：31～36
[26] 鲁国东，王宗华，谢联辉. 稻瘟病菌分子遗传学研究进展. 福建农业大学学报，1997，26 (1)：56～63
[27] 罗林，杨祁云，张少红等. 广东省稻瘟病菌 DNA 指纹分析初报，广东农业科学，1997 (2)：33～35
[28] 彭绍裘，黄费元，孙国昌等. 水稻品种在不同纬度下持久抗瘟性的研究. 中国农业科学，1996，29 (2)：52～58
[29] 彭绍裘，刘二明，罗利民等. 水稻持久抗瘟性研究 . 植物保护学报，1996，23 (4)：293～299
[30] 清泽茂久，凌忠专. 用日本菌系鉴定中国鉴别品种的稻瘟病抗性基因. 中国科学（B 辑）. 1984 (1)：44～52
[31] 全国稻瘟病菌生理小种联合试验组. 我国稻瘟病菌生理小种研究. 植物病理学报，1980，10 (2)：71～81
[32] 全国稻瘟病科研协作组. 水稻品种资源抗稻瘟病鉴定. 中国农业科学，1980，13 (4)：44～45
[33] 全国稻瘟病科研协作组. 稻瘟病防治研究第六次全国科研协作会议论文汇编. 1983
[34] 商世吉，张颖，李明贤等. 水稻品种稻瘟病真抗性基因型的推断. 延边农学院学报，1996，18 (3)：151～154
[35] 申宗坦，孙漱源，章旺根等. 几个籼稻品种对稻瘟病抗性的遗传分析. 中国水稻科学，1986，1 (1)：1～7
[36] 沈瑛，肖培村，陈国华等. 水稻品种抗稻瘟病特性分类的初步研究. 植物病理学报，1984，14 (4)：207～211
[37] 沈瑛，胡国文. 水稻外引品种（系）多抗病虫性的评价与利用. 植物保护学报，1988，15 (3)：73～77
[38] 沈瑛，黄大年，范在丰等. 稻瘟菌非致病性和弱致病性菌株对稻株诱导抗性的初步研究. 中国水稻科学，1990，4 (2)：95～96
[39] 沈瑛，袁筱萍，朱培良等. 稻种资源抗稻瘟病、白叶枯病鉴定研究. 植物保护，1991，17 (1)：2～4
[40] 沈瑛，袁筱萍，朱培良等. 国外抗病水稻种质的筛选与利用. 植物保护学报，1993，20 (3)：241～246
[41] 沈瑛，朱培良，袁筱萍. 中国稻瘟病菌的遗传多样性. 云南农业大学学报，1993，8 (3)：203～204
[42] 沈瑛，胡国文，陈志谊等. 稻种资源抗病虫性鉴定及持久抗性研究. 中国水稻研究所年报，1993，29～30 和 1994，25
[43] 宋凤鸣，葛秀春，郑重等. 两种十八碳二烯酸诱发水稻对稻瘟病的抗性及其防病作用. 中国水稻科学，1994，8 (3)：162～168
[44] 孙漱源，陶荣祥，施德. 我国水稻抗稻瘟病育种研究. 见：农牧渔业部全国植物保护总站主编. 中国水稻病虫综合防治进展 . 杭州：浙江科学技术出版社，1987，33～45
[45] 唐乐尘，张学博，邱红芳. 杂交水稻抗瘟性的遗传系谱分析与优化组合. 福建农业大学学报，1994，23 (3)：286～292
[46] 王国梁，卢浩然，陈启锋. 水稻品种抗瘟性生化鉴定的研究. 福建农学院学报，1986，15 (3)：195～203
[47] 王国平，罗宽. 水稻品种抗瘟性诱导研究 Ⅰ. 非生物诱导物的筛选及诱导方法初探. 植物病理学

报，1994，24 (2)：123～127

[48] 王绍坤，陈寘．水稻品种慢瘟性及其机制的研究．湖南农学院学报，1987 (3)：47～53

[49] 王彦才，徐兆桢，徐润邑等．水稻抗瘟性与过氧化物酶同工酶的初步研究．植物保护学报，1991，18 (4)：289～292

[50] 王宗华，郑学勤，谢联辉等．稻瘟病菌生理小种 RAPD 分析及其与马唐瘟的差异．热带作物学报，1997，18 (2)：92～97

[51] 吴鸿健，潘湘濒，朱荣生等．水稻穗颈段组织结构对稻瘟病抗病性的研究．植物保护，1989，15 (3)：2～4

[52] 吴全安，梁克恭，曹骥等．粮食作物种质资源抗病虫鉴定方法．北京：农业出版社，1991

[53] 肖放华，罗崇善，彭绍裘等．杂交稻种质资源抗稻瘟病鉴定研究．湖南农业科学，1994 (6)：14～15，25

[54] 肖拴锁，王钧．水稻中超氧诱导与稻瘟菌抗性及苯丙氨酸解氨酶、几丁酶、B-1，3-葡聚糖酶活性诱导的关系．中国水稻科学，1997，11 (2)：93～102

[55] 游修龄．我国水稻品种资源的历史概述．作物品种资源，1982 (1)：10～17

[56] 余晓明，季本仁，段金玉．过氧化物酶与水稻抗瘟性．云南农业大学学报，1991，6 (4)：218～222

[57] 袁筱萍，沈瑛，朱培良，赵新华．水稻外引品种（系）抗稻瘟病性鉴定．植物保护，1996 (4)：9～11

[58] 张国忠，李合生．水稻品种抗稻瘟力与稻株碳氮代谢间的关系．湖北农业科学，1988 (10)：21～24

[59] 张俊国．中早熟水稻新品种长白 9 号稻瘟病抗性基因鉴定分析．吉林农业科学，1996 (1)：57～59

[60] 郑康乐，钱惠荣，庄杰云等．应用 DNA 标记定位水稻的抗稻瘟病基因．植物病理学报，1995，25 (4)：307～313

[61] 中国水稻研究所．全国稻种资源抗病虫性和抗逆性鉴定．中国水稻研究所年报，1990，25～26

[62] 朱衡，蒋琬如，陈美玲等．稻瘟病菌株 DNA 指纹及其与小种致病性相互关系的研究．作物学报，1994，20 (3)：257～263

[63] 朱衡，翟文学，陈美玲等．稻瘟病菌重复顺序 POR6 和稻瘟病菌的分型．真菌学报，1995，14 (3)：218～225

[64] 朱小源，杨祁云，霍超斌等．水稻品种对稻瘟病的质量抗性和数量抗性的初步研究．中国水稻科学，1996，10 (3)：181～184

[65] Shen Y，Huang DN，Qiu DW，Fan ZF et al. Exploration of Induced Resistance in Rice Plants by Buff Pigment Mutants of *Pyricularia oryae*. Chinese J Rice Sci，1990，4 (3)：139～142

[66] Shen Y，Zhu Pl，Yuan XP，Zhao XH. Genetic Diversity and Geographic Distribution of Magnaporthe grisea in China. Journal of Zhejiang Agricultural University，1998，24 (5)：493～501

第二节

[67] 北京农业大学等．农业植物病理学．北京：农业出版社，1982

[68] 曹秀菊，孙恢鸿，李友荣等．云南稻种资源对白叶枯病抗病性鉴定研究．作物品种资源，1991 (3)：21～23

[69] 陈其志，钱汉良，柯愈祥等．水稻新品种（系）对主要病虫害的抗性研究．湖北植保，1997 (1)：6～9

[70] 陈全庆，黄振兴，彭远祥等．上海地方品种资源对主要病虫害的抗性鉴定．上海农业科技，1987（1）：15，14

[71] 陈勇，廖新华，刀绍仙等．云南稻种资源对白叶枯病抗性的研究．见：朱立宏主编．主要农作物抗病性遗传研究进展，南京：江苏科学技术出版社，1990，21～30

[72] 陈忠诚，杨丽梅，包华理．籼型优质稻品种对主要病虫的抗性．西南农业学报，1995，8（水稻主要病虫害及综合防治技术研究专辑）：12～16

[73] 成国英，苏清实，蔡福民等．湖北省水稻白叶枯病近年持续流行的原因探讨．湖北农业科学，1990（12）：1～3，29

[74] 成国英，苏清实，蔡福民等．湖北省水稻白叶枯病菌致病型研究．华中农业大学学报，1994，13（6）：569～575

[75] 成国英，蔡福民，何正武等．以多菌株接种法比较水稻品种对稻白叶枯病的抗感性以及不同种植期对其抗感性的影响．湖北植保，1995（5）：5～7

[76] 程宁辉，许志刚．水稻叶片^{14}C同化物的积累与抗白叶枯病斑扩展的关系．江苏农业学报，1993，9（2）：48～50

[77] 褚菊征，盛景山．1978—1984年国外稻种资源的研究与利用．作物品种资源，1986（3）：43～44

[78] 戴法超，褚菊征，曹秀菊等．云南稻地方品种抗病性的初步研究．作物品种资源，1985（2）：22～25

[79] 戴继跃，曾令祥，张再兴．贵州地方水稻品种抗性研究，抗“两逆两病”种质的频度及其分布．贵州农业科学，1989（1）：9～14

[80] 戴良英，万文举，邹冬生．遗传工程水稻GER-1的田间抗病性调查及病虫综合防治试验．湖南农业科学，1994（1）：15～17

[81] 戴陆国，张端品．一个值得注意的稻种资源——毫梅．作物品种资源，1989（3）：46

[82] 戴陆国，张端品，谢岳峰等．云南稻毫梅抗白叶枯病新基因定位．西南农业学报，1990，3（3）：54～58

[83] 段永嘉，张世光．云南水稻白叶枯病菌系鉴别品种的筛选及菌系群的划分．云南农业大学学报，1987，2（2）：1～8

[84] 范怀忠，伍尚忠．广东省珠江三角洲水稻细菌性条斑研究简报，植病知识，1957，1（11）：6～8

[85] 方中达，范怀忠，伍尚忠等．水稻白叶枯病及条斑病和李氏禾条斑病病原细菌的比较研究．植物病理学报，1957，3（2）：99～124

[86] 方中达，朱家琳，刘经芬．水稻品种对白叶枯病抗病性测定的方法．南京农学院学报，1957（2）：61～68

[87] 方中达，任欣正．李氏禾与水稻白叶枯及条斑病相互关系的进一步研究．植物病理学报，1959，5（2）：100～109

[88] 方中达．水稻白叶枯病．南京：江苏人民出版社，1962

[89] 方中达，刘经芬，朱家玲等．水稻抗病性研究Ⅱ．水稻品种对白叶枯病的抗病性及抗病机理的初步分析．植病学报，1963，6（2）：107～112

[90] 方中达，伍尚忠，过崇俭等．中国水稻白叶枯病菌致病型的研究．植物病理学报，1990，20（2）：81～88

[91] 冯家勋，唐纪良，马庆生．水稻白叶枯病菌 rpf C基因DNA序列的测定分析．广西农业大学学报，1996，15（4）：273～278

[92] 高必达，陈賁，稻白叶枯病胞外多糖与致病性关系的研究初报，湖南农学院学报，1986，12（4）：61～69

[93] 高和平，林兴华，余功新等．4 个云南稻种对白叶枯病抗性的遗传研究．华中农业大学学报，1996，15（2）：105～109
[94] 高山林，朱立宏．水稻白叶枯病抗性遗传研究．南京农学院学报，1982，5（1）：22～34
[95] 谷守礼，钱汉良，张翼等．水稻抗性品种的研究与应用．湖北农业科学，1990（12）：6～9
[96] 顾正远，陈毓苓，史阿宝等．水稻新品种“南京 14”对病虫的多抗性研究．中国农业科学，1989（6）：66～68
[97] 顾正远，史阿宝，张长平等．稻种资源对两病两虫抗性评价及利用．作物品种资源，1991（1）：29～31
[98] 郭孔雁．水稻丰抗优品种资源的研究．湖南农学院学报，1988，14（2）：9～13
[99] 国外引进稻种资源抗病虫鉴定协作组．水稻国外资源“三病一虫”抗性鉴定（1980—1981 年总结）．作物品种资源，1982（2）：27～31
[100] 过崇俭，邓秀蓉，张长平．水稻品种成株期对白叶枯病的抗性．江苏农业学报，1987，3（1）：25～30
[101] 过崇俭，张长平，王根来等．太湖流域粳稻资源抗白叶枯病种质的筛选和评价．江苏农业学报，1986，2（2）：7～12
[102] 韩玉梅，赵荣杰．野生稻对白叶枯病的抗性研究．植物保护学报，1988，15（1）：45～48
[103] 何晨阳，王金生．水稻白叶枯病菌致病基因的研究进展．南京农业大学学报，1994，17（3）：42～46
[104] 何汉生，吴如健，王忠文．水稻对白叶枯病抗性室内鉴定方法的初步研究：离体叶片段法．华南农业大学学报，1985，6（1）：81～83
[105] 何月秋，曾小萍，黄瑞荣等．水稻品种（系）的四种病害抗性鉴定．江西农业科技，1991（4）：23～24
[106] 侯小华，李友荣，魏子生．水稻新品种抗白叶枯病的鉴定与应用．湖南农业科学，1997（4）：26～27
[107] 湖北省农业科学院作物品种资源研究室．湖北省农作物品种资源研究．作物品种资源，1985（1）：16～19
[108] 湖南省安仁县农科所，湖南省农业局，湖南省水稻研究所．水稻品种抗白叶枯病鉴定总结．湖南农业科技，1977（1）：7～15
[109] 华中农科所植保系．全国水稻白叶枯病座谈会总结（1957）．华中农业科学，1957（2）：137～141
[110] 黄瑞荣，曾小萍，文艳华等．江西东乡野生稻对三种病害抗性的研究．作物品种资源，1990（4）：36～37
[111] 黄世文，袁筱萍，吕福英等．我国水稻当家品种对稻瘟病、白叶枯病的兼抗反应初探．植物保护，1990，16（4）：7～9
[112] 黄世文，胡国文，唐健等．水稻品种（组合）抗病虫性的评价．植物保护，1993，19（6）：2～3
[113] 黄世文．国内水稻白叶枯病病原菌系研究进展．植物保护，1994，20（1）：29～31
[114] 江苏省农业科学院植物保护研究所，粮食作物研究所．稻种资源白叶枯病抗性鉴定研究．江苏农业科学，1980（3）：21～28
[115] 蒋士君，陈賔．水稻白叶枯病菌胞外多糖的病理学研究．湖南农学院学报，1992，18（1）：83～91
[116] 柯玉琴，叶明志，伍迪明等．白叶枯病菌感染对水稻叶绿体、线粒体 ATPase 活性的影响．福建农学院学报，1993，22（2）：237～240
[117] 李容柏，孙恢鸿，陆岗等．几个野稻抗源对白叶枯病抗性的遗传．广西农业科学，1995（1）：

33～35

[118] 李晓风，董笑苏，李昕．水稻品种对白叶枯病菌抗性遗传研究．安徽农学院学报，1984（1）：83～87

[119] 李宣铿，黄河清，罗崇善等．杂交水稻三系资源及组合抗白叶枯病鉴定．杂交水稻，1992（1）：35～36

[120] 李友荣，魏子生，侯小华．杂交稻新组合抗白叶枯病鉴定结果．杂交水稻，1988（6）：30～31

[121] 李友荣，魏子生，侯小华．国际水稻种质对白叶枯病的抗性评价与利用研究．湖南农业科学，1993（3）：43～44

[122] 李友荣，魏子生，侯小华．水稻多抗性品种的选育研究．中国稻米，1995（1）：3～5

[123] 林朝重，余永钰，林抗美等．福建省水稻新品种多抗性鉴定与利用研究．植物保护，1993，19（4）：9～10

[124] 林世成，章琦，阙更生等．普通野生稻对水稻白叶枯病抗性的评价及遗传研究初报，中国水稻科学，1992，6（4）：155～158

[125] 林兴华，余功新，张端品．云南水稻品种冬糯的白叶枯病抗性基因定位研究Ⅰ．抗病基因的初级三体分析定位．遗传学报，1992，19（5）：459～466

[126] 鲁传涛，张桂芬．水稻品种对白叶枯细菌不同致病型的抗性鉴定．河南农业科学，1997（1）：23～24

[127] 陆岗，孙恢鸿，李容柏等．红谷占对白叶枯病的抗性遗传．西南农业学报，1994，7（1）：46～48

[128] 路文如，沈锦骅．杂交水稻组合与白叶枯病菌相互作用的研究．作物学报，1987，13（1）：29～36

[129] 罗利军．云南大粒水稻对稻白叶枯病的抗性遗传．遗传学报，1991，18（5）：457～460

[130] 罗炎兴，张集文，蔡福民等．鄂荆糯6号对水稻主要病害的抗性表现．植物保护，1991，17（5）：29

[131] 农业部．关于发布适用农业科学技术成果的通告（第1号）．中国农牧渔业报，1990—3—5（1，3）

[132] 潘大建，黄巧云，张良佑等．非AA染色体组型野生稻抗病虫性研究．广东农业科学，1995（4）：36～38

[133] 潘启民，徐德将．水稻白叶枯病的抗性遗传．遗传，1980，2（3）：31～32

[134] 庞汉华．中国普通野生稻种质资源若干特性分析．作物品种资源，1992（4）：6～8

[135] 彭绍裘，魏子生，毛昌祥等．云南省疣粒野生稻、药用野生稻和普通野生稻多抗性鉴定．植物病理学报，1982，12（4）：58～60，封底

[136] 彭绍裘，王自平，肖放华．小粒野生稻多抗性鉴定简报，作物品种资源，1991（1）：41

[137] 祁祖白，李宝健，黄国维等．水稻抗白叶枯病基因及其在多代回交情况下的遗传规律的研究．遗传，1987（1）：1～4

[138] 钱汉良，杨定斌，陈其志．水稻品种对白叶枯病的抗性评价及联合抗病性分析．西南农业学报，1995，8（水稻主要病虫害及综合防治技术研究专辑）：119～122

[139] 钱汉良，陈其志，张冀等．江汉平原水稻白叶枯病菌致病型的变异研究．植物病理学报，1997，27（4）：333～337

[140] 沙学延，诸培新，朱立宏等．江苏省主栽水稻品种白叶枯病抗性分析．江苏农业学报，1994，10（1）：50～51

[141] 邵尉兰，许志刚，方中达．水稻白叶枯病菌的胞外酶与毒力关系的初步研究．南京农大学学报，1986，9（4）：41～44

[142] 沈瑛，朱培良，赵新华等. 几个水稻品种（系）对白叶枯病菌致病型的抗性研究. 植物保护，1992，18（4）：5～6
[143] 沈瑛，吴明国，袁筱萍等. 部分粳稻品种（系）对白叶枯病抗病谱的测定. 植物保护，1998（2）：17～19
[144] 苏泽胜. 安徽省水稻地方品种研究工作简结. 作物品种资源，1986（1）：21～22
[145] 苏泽胜，郑象芬，王元垒等. 安徽省水稻品种资源抗病虫性鉴定研究. 安徽农业科学，1990（4）：335～340
[146] 孙恢鸿，农秀美，黄福新等. 新恢复系 30 选和桂 33 及其配制的杂交稻组合对白叶枯病的抗性测定. 广西农业科学，1984（2）：33～35
[147] 孙恢鸿，农秀美，黄福新等. 广西栽培稻种质资源抗白叶枯病研究. 广西农业科学，1991（5）：221～224
[148] 孙恢鸿，农秀美，黄福新等. 国际水稻白叶枯病鉴定圃材料的抗性鉴定. 广西农业科学，1993（1）：35～37
[149] 孙恢鸿，农秀美，黄福新等. 广西常规稻区试品种抗白叶枯病鉴定与分析. 广西植保，1997（4）：1～4
[150] 孙恢鸿，农秀美，吴妙燊等. 广西野生稻资源抗白叶枯病研究. 植物保护学报，1992，19（3）：237～241
[151] 孙恢鸿，农秀美，吴妙燊等. 外引野稻对白叶枯病的抗性鉴定. 植物保护学报，1995，22（3）：237～240
[152] 孙恢鸿，李清标，黄莲江. 广西稻白叶枯病菌致病变异性研究再报，广西农业科学，1993（3）：128～129
[153] 孙恢鸿，李清标，吴妙燊等. 普通野生稻花粉植株抗白叶枯病性研究. 西南农业学报，1991，4（1）：87～90
[154] 孙恢鸿，赖星华，梁耀懋等. 国外水稻品种白叶枯病抗源筛选研究. 广西农业科学，1985（4）：28～34
[155] 孙恢鸿，黄福新，陈永惠. 广西杂交稻区试组合的抗白叶枯病鉴定. 植物保护学报，1998，25（2）：187～188
[156] 孙立华，吕学锋，汤邦根等. 抗稻白叶枯病体细胞突变体筛选操作技术及其利用. 江苏农业学报，1991，7（1）：32～37
[157] 唐纪良，温海祥，黎起泰等. 水稻白叶枯病黄单胞菌中与甘蓝黑腐病黄单胞菌致病因子调控基因（*rpf* 基因）同源基因的分子克隆. 广西农学院学报，1991，10（2）：1～9
[158] 唐明达，陈賁，周仲文. 稻株体内有机物成分与稻白叶枯病抗性的关系. 湖南农业科学，1982（1）：13～16
[159] 陶全州，殷尚智，徐伟军等. 水稻中对不亲和白叶枯病菌株专一识别的多肽. 中国水稻科学，1992，6（3）：97～104
[160] 涂巨民，彭仲明. 不同抗白叶枯病型水稻品种过氧化物酶同工酶的变化. 华中农业大学学报，1986，5（3）：228～233
[161] 万邦惠，孙恢鸿，农秀美等. 水稻白叶枯病抗性遗传的研究. 广西农业科学，1980（9）：24～27
[162] 万丙良，张献龙. *Xa-21* 基因的分子生物学研究进展. 中国水稻科学，1998，12（2）：115～118
[163] 万焕桥，张端品，谢岳峰. 风情 2 号白叶枯病抗性基因定位. 中国水稻科学，1993，7（4）：217～221
[164] 万建民，朱立宏. 太湖晚粳抗白叶枯病遗传研究. 江苏农业学报，1990，6（3）：1～9

[165] 万文举，罗宽. 杂交水稻抗病性遗传研究. 湖南农业科技，1979 (2)：40～44

[166] 汪新国. 籼稻白叶枯病中间抗源抗性的转育效应. 安徽农学院学报，1991，18 (3)：191～198

[167] 王昌明. 水稻抗病性遗传研究Ⅰ. 水稻对白叶枯病抗性的遗传. 植物病理学报，1986，16 (3)：161～168

[168] 王建设，朱立宏，张红生等. 利用RFLP标记定位水稻抗白叶枯病基因 *Xa*-*7* (初报). 南京农业大学学报，1996，19 (3)：125～127

[169] 王乃元，梁廉迳，陈青华. 籼稻不育系对稻瘟病、白叶枯病抗性比较分析. 福建农学院学报，1991，20 (3)：254～259

[170] 王润华，卢永根. 水稻白叶枯病的抗性遗传及其在杂交后代选择效果的研究. 华南农业大学学报,1995，16 (1)：1～6

[171] 王文俊. 辐射诱发水稻抗白叶枯病突变的研究. 湖北农业科学，1992 (2)：6～8

[172] 王文相，孔凡明，杨家珍. 皖中抗水稻白叶枯病品种筛选鉴定和应用的研究. 植物保护，1986，12 (2)：23～25

[173] 王兴达，唐纪良. 水稻白叶枯病黄单胞菌 *rpfF* 基因的定位及其在致病调控中的作用. 广西农业大学学报，1996，15 (1)：14～16

[174] 王以秀，严菊强，薛庆中等. 水稻抗病品种单209矮叶片感染白叶枯病的超微结构变化. 植物病理学报，1992，22 (4)：365～368

[175] 魏子生，李友荣，吴清泉等. 水稻品种对白叶枯病菌抗性反应的研究. 湖南农业科学，1984 (3)：35～36

[176] 魏子生，李友荣，吴清泉等. 水稻品种抗白叶枯病研究. 植物保护学报，1988，15 (1)：22，28

[177] 翁锦屏，赵美玲. 水稻抗白叶枯病亲本的筛选及其应用. 浙江农业科学，1986 (6)：273～278

[178] 翁锦屏. 浙江省水稻品种（系）抗白叶枯病的鉴定. 浙江农业科学，1987 (2) 78～80

[179] 翁锦屏，林贻滋. 水稻品种（系）对白叶枯病的抗谱测定. 浙江农业科学，1990 (5)：229～230

[180] 吴功振，陈素文. 对白叶枯病抗性不同的水稻品种同工酶凝胶电泳的观察. 植物学报，1981，23 (3)：251～253

[181] 吴岳轩，王荣臣，曾富华. 杂交稻对白叶枯病的诱导抗性与细胞内防御酶系统关系的初步研究. 植物病理学报，1996，26 (2)：127～131

[182] 伍尚忠，徐羡明，林运松等. 广东水稻品种对不同白叶枯病菌株的抗性反应. 植物保护学报，1980，7 (1)：43～47

[183] 伍尚忠，徐羡明，刘景梅. 21个水稻资源品种对白叶枯病的抗病谱测定. 广东农业科学，1981 (5)：16～17

[184] 伍尚忠，崔力强，陈忠诚等. 青华矮6号对稻白叶枯病的抵抗性. 植物保护学报，1985，12 (4)：237～240

[185] 伍尚忠，陈忠诚，崔力强等. 晚型籼稻“晚华矮1号”等品种对白叶枯病的抗性测定. 广东农业科学，1986 (3)：32～34

[186] 伍尚忠，崔力强，黄绍棠等. 水稻抗病新品种植20—5. 广东农业科学，1988 (4)：4～6

[187] 伍尚忠，柯苇，徐羡明等. 华南籼稻抗白叶枯病遗传研究Ⅰ. 华竹矮及青华矮6号的抗病性遗传. 广东农业科学，1990 (2)：39～42

[188] 伍尚忠，柯苇，徐羡明等. 华南籼稻抗白叶枯病遗传研究Ⅱ. 水稻品种玻璃矮的抗病性遗传. 广东农业科学，1990，(3)：36～38

[189] 伍尚忠. 水稻白叶枯病及其防治. 上海：上海科学技术出版社，1983

[190] 武波，Wilson GTJ，唐纪良等. 水稻白叶枯病黄单胞菌编码顺乌头酸酶的 *rpf*-*A* 基因的鉴定.

广西农业大学学报，1996，15（1）：1～6
[191] 夏景玉，李宪，刘建国. 水稻品种的白叶枯病抗性及其利用研究. 安徽农业科学，1989（1）：52～56
[192] 夏怡厚，蔡为艺，陈章艳. 水稻品种对稻白叶枯病不同菌系的抗性研究. 福建农学院学报，1985，14（3）：233～238
[193] 肖思心，陈企村，茹庆华. 宁夏水稻品种（系）对白叶枯病的抗性鉴定. 宁夏农林科技，1989（5）：13～16
[194] 谢岳峰，Vera Cruz CM，Mew TW. 水稻对白叶枯病抗性的研究. 华中农学院学报，1982，1（1）：27～37
[195] 谢岳峰，张端品，余功新等. 15个云南地方品种对白叶枯病抗性的遗传研究. 见：朱立宏主编. 主要农作物抗病性遗传研究进展，南京：江苏科技出版社，1990，14～20
[196] 熊卫，余功新，林兴华等. 五个云南稻种抗白叶枯病基因分析. 华中农业大学学报，1994，13（2）：99～110
[197] 徐冬春，罗宏度，陈香美. 一九八五年早稻对白叶枯病抗性鉴定总结. 宜春农专学报，1986（1）：45～54
[198] 徐建龙，林贻滋，申宗坦. 三个粳稻品种的稻瘟和白叶枯病抗性遗传分析. 中国水稻科学，1990，4（4）：150～156
[199] 徐建龙，奚永安，林贻滋. 三个晚粳品种（系）抗白叶枯病基因的研究. 浙江农业学报，1993，5（3）：143～146
[200] 徐羡明，刘景梅，伍尚忠. 水稻品种资源抗白叶枯病研究. 植物保护学报，1986，13（4）：227～233
[201] 徐羡明，林壁润，何明昆等. 广东地方稻种资源对白叶枯病的抗性鉴定. 广东农业科学，1990（5）：31～34，14
[202] 徐羡明，伍尚忠，刘景梅等. 国际稻抗白叶枯病鉴定圃在广东的评价和利用. 见：广东省农业科学院植物保护研究所，水稻品种抗病性研究及抗病育种论文汇编（1981—1995），29～33
[203] 徐羡明，杨祁云，王官远等. 海南岛稻种资源对白叶枯病的抗性鉴定. 广东农业科学，1991（2）：26～27
[204] 徐羡明，曾列先，林壁润等. 广东水稻白叶枯病菌致病型研究. 植物保护，1994，20（4）：7～9
[205] 徐羡明，曾列先，林壁润等. 广东珠江三角洲水稻白叶枯病菌致病型研究. 西南农业学报，1995，8（水稻主要病虫害及综合防治技术研究专辑）：115～118
[206] 徐羡明，曾列先，伍尚忠. 广东野生稻种质资源对白叶枯病的抗性鉴定. 广东农业科学，1986（5）：29～31
[207] 许志刚，李志正，张红生等. 水稻新品种多抗性的综合鉴定及其在生产上的应用研究. 南京农业大学学报，1989，12（4）：54～57
[208] 许志刚，宋华明. 几个水稻不育系对白叶枯病的抗性. 华北农学报，1997，12（1）：46～50
[209] 许志刚，刘凤权，沈秀萍等. 水稻白叶枯病和条斑病的流行与预测（综述）. 西南农业大学学报，1998，20（5）：567～572
[210] 薛俊杰. 河南省粳稻品种抗白叶枯病鉴定及防治研究. 植物保护，1995，21（1）：19～20
[211] 杨仁崔，杨惠杰，杨蜀岚等. 野生稻种（*O. rhizomatis* V.）对稻白叶枯病的抗性评价. 中国农业科学，1999，32（3）：38
[212] 杨文才，章琦，王春莲. 六个籼稻品种对水稻白叶枯病的抗性遗传研究. 华中农业大学学报，1994，13（3）：234～240

[213] 叶明志，柯玉琴，夏怡厚等. 水稻幼苗感染白叶枯病后若干同工酶的变化. 福建农学院学报，1991，20（3）：351～356

[214] 叶钟音，刘经芬. 水稻对白叶枯病菌（*Xanthomonas campestris* pv. *oryzae*）的抗性与过氧化物酶和过氧化物酶同工酶活性的关系. 南京农学院学报，1984，7（2）：39～45

[215] 应存山，蔡林平. 浙江省稻种资源的评价与优良种质. 作物品种资源，1987（1）：1～2

[216] 余功新，张端品，谢岳峰. 水稻品种 IR28 对我国白叶枯病菌系抗病基因定位研究. 作物学报，1990，16（2）：139～152

[217] 余永钰，林抗美，林朝重等. 外引水稻品种（系）多抗性鉴定评价与利用研究. 福建省农业科学院学报，1995，10（2）：23～26

[218] 袁文静，孙恢鸿，舒理慧等. 苯丙氨酸解氨酶（PAL）活性与广西普通野生稻抗白叶枯病的关系. 华中师范大学学报（自然科学版），1993（生物工程学专辑）：36～40

[219] 曾列先，马镇荣，徐羡明等. 以水稻白叶枯病原菌培养过滤液离体筛选再生植株后代的抗病性研究. 植物保护学报，1992，19（3）：231～235

[220] 曾列先，黄少华，伍尚忠. 水稻新品种（系）对白叶枯病的抗性分析. 西南农业大学学报，1998，20（5）：563～566

[221] 曾令祥. 三抗水稻品种绥阳粘. 作物品种资源，1990（3）：46～47

[222] 曾令祥，戴继跃，周维佳等. 贵州地方稻种资源品种对稻瘟病和白叶枯病抗性评定研究. 西南农业学报，1991，4（2）：71～76

[223] 曾左葵，谢岳峰. 水稻对白叶枯病的抗性遗传研究Ⅱ. 抗病品种对 4 个白叶枯病菌系抗性的遗传. 华中农学院学报，1983，2（2）：1～10

[224] 曾左葵，谢岳峰. 水稻对白叶枯病的抗性遗传研究Ⅰ. 水稻品种对白叶枯菌系 C1701 抗性遗传. 华中农学院学报，1983，2（1）：1～8

[225] 曾左葵，陈永坚，陈其志. 湖北稻种资源对“两病”、“两虫”抗感反应鉴定及分析. 湖北农业科学，1992（2）：22～25

[226] 张成琬，何明，罗显芝. 水稻品种资源抗白叶枯病性研究. 四川农业科技，1983（4）：4～8

[227] 张承妹，章琦，陆家安等. 水稻花粉株系白叶枯病抗性遗传. 遗传学报，1993，20（1）：88～95

[228] 张端品，谢岳峰. 粳稻品种对白叶枯病的抗性遗传. 中国农业科学，1982（5）：17～24

[229] 张端品，谢岳峰，苗东华. 水稻品种对白叶枯病成株抗性研究. 中国农业科学，1984，17（1）：40～49

[230] 张端品，谢岳峰. 水稻白叶枯病抗源研究. 作物品种资源，1988（1）：18～22

[231] 张国淳. 粳稻四抗资源嘉 23-2. 作物品种资源，1989（4）：43～44

[232] 张红生，翟虎渠，陆志强等. 水稻不同抗白叶枯病基因抗谱鉴定及在杂种 F_1 代的表达. 南京农业大学学报，1997，20（2）：12～16

[233] 张克云. 稻种资源抗病抗虫鉴定总结. 湖南农业科学，1991（5）：33～35

[234] 张世光，段永嘉. 滇榆 1 号等 5 个水稻品种白叶枯病抗性基因分析. 云南农业大学学报，1989，4（1）：34～37

[235] 张世光，杨伴川. 云南稻种对白叶枯病菌系抗性分析. 云南农业大学学报，1991，6（3）：148～153

[236] 张学博，夏怡厚，许文耀等. 几个稻瘟病和白叶枯病的抗源品种. 福建农业科技，1984（5）：19～21

[237] 张学博. 兼抗稻瘟病和白叶枯病的 4 个籼稻品种. 植物保护，1990，16（4）：51

[238] 章琦，林世成，Khush GS 等. 水稻对白叶枯病（*Xanthomonas campestris* pv. *oryzae*）的抗性遗

传研究Ⅰ. 水稻品种对菲律宾白叶枯病菌系 PXO61 抗性遗传. 中国农业科学，1986，19 (5)：19～24

[239] 章琦，苗东华. 水稻对白叶枯病成株抗性研究. 作物学报，1986，12 (4)：241～247

[240] 章琦，王春莲，林世成. 水稻抗病育种研究Ⅲ. 我国主栽品种对若干白叶枯病菌系的抗性分析. 中国农业科学，1988，21 (1)：41～49

[241] 章琦，施爱农，王春莲等. 水稻白叶枯病 (*Xanthomonas campestris* pv. *oryzae*) 抗性遗传研究Ⅱ. 水稻品种对三个菌系的遗传分析. 中国水稻科学，1990，4 (1)：1～8

[242] 章琦. 水稻白叶枯病的抗性和遗传研究进展 (综述). 见：朱立宏主编. 主要农作物抗病性遗传研究进展，南京：江苏科学技术出版社，1990，1～13

[243] 章琦，施爱农，王春莲等. 9 个水稻品种对水稻白叶枯病的抗性遗传研究. 作物学报，1994，20 (1)：84～92

[244] 章琦，王春莲，李道远等. 野生稻抗稻白叶枯病性 (*Xanthornonas oryzae* pv. oryzae) 的评价. 中国农业科学，1994，27 (5)：1～9

[245] 章琦. 我国水稻抗白叶枯病基因的利用及策略. 植物保护学报，1995，22 (3)：241～246

[246] 章琦，朱立宏，谢岳峰等. 我国水稻抗白叶枯病性状遗传研究的标准化问题的商榷. 中国农业科学，1996，29 (4)：85～92

[247] 章琦，赵炳宇，王春莲等. 普通野生稻的抗水稻白叶枯病新基因的鉴定和分子标记定位. 中国农业科学，1999，32 (3)：109

[248] 章旺根，申宗坦. 水稻品种对稻瘟病和白叶枯病的抗性遗传. 植物保护学报，1986，13 (2)：103～108

[249] 章显光，龚国祥，黄永楷. 水稻白叶枯病抗性鉴定及其关联性分析. 湖北农业科学，1995 (5)：21～24

[250] 赵新华，沈瑛，朱培良等. 国外水稻品种 (系) 对我国白叶枯病菌致病型的反应及其利用. 植物保护，1994，20 (1)：2～3

[251] 赵新华，沈瑛，袁筱萍，朱培良. 不同叶期水稻对白叶枯病的抗病性. 浙江农业科学，1995 (3)：122～123

[252] 赵新平，张端品，谢岳峰. 水稻品种对白叶枯病的成株抗性遗传研究. 华中农学院学报，1985，4 (3)：11～22

[253] 郑文心，何丽群. 水稻白叶枯病抗性遗传研究. 广东农业科学，1990 (1)：38～41，37

[254] 中山大学生物系遗传学教研室. 水稻白叶枯病抗性遗传的初步研究. 中山大学学报，1979 (1)：144～151

[255] 周家瑜，李桂生，靳维标. 山东省稻种资源白叶枯病抗性鉴定简报，作物品种资源，1987 (1)：24

[256] 周乐聪，罗宽，陈寘. 水稻白叶枯病诱导抗性的研究. 湖南农学院学报，1993，19 (1)：25～33

[257] 周茂繁. 水稻白叶枯菌交叉保护作用的初步研究. 华中农业大学学报，1986，5 (1)：102～103

[258] 周泰初，董敏玉，王根来. 粳稻品种对白叶枯病的抗性遗传. 江苏农业科学，1982 (4)：1～5

[259] 周毓珍，朱立宏. 水稻抗白叶枯病遗传研究Ⅱ. 几个中间抗源的转育效应. 南京农业大学学报，1985 (3)：10～16

[260] 朱衡，章琦，王春莲等. 水稻白叶枯病菌的 RAPD 分型. 生物工程学报，1995，11 (3)：281～284

[261] 朱立宏，周毓珍，许志刚. 水稻白叶枯病抗性遗传的初步研究. 南京农学院科学研究简报，1979 (总 4)：1～9

[262] 朱立宏，万建民，邵启明. 籼稻抗白叶枯病衍生抗源选育及其遗传分析. 南京农业大学学报，1990，13 (1)：13～18

[263] Ou SH. Rice Diseases. Common Mycol Inst Kew，England GB. 1985，96～103

[264] Tang JL，Feng JX，Lu GT，et al. A potential way to biocontrol of rice bacterial diseases. 浙江农业大学学报，1998，24 (5)：528～536

[265] Zhang Q，Leach JE，Nelson RJ，et al. priliminary analysis of the population structure of *Xanthomonas oryzae* pv. *oryzae* in China. Chinese J Rice Sci，1995，9 (1)：7～14

第 三 节

[266] 陈声祥. 水稻病毒病发生现状及研究进展. 浙江农业科学，1996 (1)：41～42

[267] 陈志谊，陈毓苓，陆凡等. 江苏省水稻品种细菌性条斑病抗性鉴定结果. 江苏农业科学，1998 (2)：43～45

[268] 成国英，黄昌华. 水稻品种对稻细条病菌的抗性测定. 湖北植保，1996 (3)：22～24

[269] 戴良英，陈寘. 水稻品种对水稻细菌性条斑病抗性鉴定和抗性机制的研究. 湖南农学院学报，1988，14 (4)：39～45

[270] 傅正擎，许志刚. “稻细菌性短条斑病”、水稻细菌性条斑病和李氏禾条斑病病原细菌的比较研究. 植物病理学报，1997，27 (3)：225～230

[271] 傅正擎，许志刚，杨杰等. 水稻品种对两种细菌病害抗性关系的研究. 江苏农业学报，1997，13 (3)：157～161

[272] 高东明，李爱民，秦文胜. 江、浙两省主要粳、糯稻品种对条纹叶枯病的抗性测定. 浙江农业科学，1991 (2)：96～98

[273] 何月秋，黄瑞荣，文艳华. 水稻品种抗细菌性条斑病机制研究. 江西农业学报，1993，5 (2)：133～139

[274] 何月秋，文艳华，黄瑞荣等. 杂交稻对细条病抗性遗传研究. 江西农业大学学报，1994，16 (1)：62～65

[275] 黄前炽，文艳萍，杨炬等. 灰飞虱及条纹叶枯病的综合防治研究. 云南农业科技，1983 (4)：144～149

[276] 库什 GS. 国际水稻研究所的抗病和抗虫育种工作. 见：浙江省农业科学院科技情报室翻译. 水稻育种译文集. 上海：上海人民出版社，1975，133～150

[277] 库什 GS. 江苏省农业科学院科技情报研究室译. 水稻的抗病和抗虫育种. 南京：江苏科学技术出版社，1978，33～50

[278] 李友荣. 水稻品种对细菌性条斑病的抗性研究. 湖南农业科学. 1994 (1)：39～40

[279] 梁传永，李大春，易建平，许志刚. 中国水稻条斑病毒力型的研究. 南京农业大学学报，1994，17 (增刊)：48～52

[280] 林丽明，吴祖建，谢荔岩等. 水稻草矮病毒与品种抗性的互作. 福建农业大学学报，1998，27 (4)：444～448

[281] 林奇英，谢联辉，谢莉妍. 水稻簇矮病的研究 VI. 水稻种质对病毒的抗性评价. 植物病理学报，1993，23 (4)：305～308

[282] 林奇英，谢联辉，谢莉妍等. 中菲两种水稻病毒病的比较研究Ⅳ. 水稻东格鲁病毒的株系. 农业科学集刊，1993 (1)：211～214

[283] 林奇英，谢联辉，谢莉妍等. 中菲两种水稻病毒病的比较研究Ⅲ. 水稻草状矮化病毒的株系. 农

业科学集刊，1993（1）：207～210

[284] 林世成，闵绍楷. 中国水稻品种及其系谱. 上海：上海科学技术出版社，1990

[285] 卢雄斌，周国瑛，吴建华等. 水稻齿叶矮缩病毒 Segment 9 dsRNA 的序列分析及其在大肠杆菌 DE3 中的表达. 病毒学报，1997，13（1）：68～73

[286] 陆家安，万常炫，邹馥梅等. 水稻条纹叶枯病抗性的遗传. 上海农业学报，1990，6（4）：33～37

[287] 鸟山，国士. 日本对主要水稻病害的抗病育种. 见：浙江省农业科学院科技情报室翻译. 水稻育种译文集. 上海：上海人民出版社，1975，226～227

[288] 农秀美，廖恒登，刘志明，李为杏. 广西水稻细条病菌致病力分化研究初报，西南农业学报，1991，4（4）：94～97

[289] 农秀美，刘志明，李为杏. 水稻不同生育期对细菌性条斑病的抗性研究. 广西农业科学，1992（4）：174～176

[290] 裘维蕃. 植物病毒学（修订本）. 北京：农业出版社，1985

[291] 全国水稻病毒病研究协作组. 我国水稻黄矮病（RYSV）和矮缩病（RDV）的综合防治研究. 中国农业科学，1984（1）：75～78

[292] 沙斯特莱 SVS. 印度对水稻东格鲁病毒病的抗病育种. 见：浙江省农业科学院科技情报室翻译. 水稻育种译文集. 上海：上海人民出版社，1975，p261～279

[293] 孙恢鸿，农秀美，陈永惠. 稻细菌性短条斑病菌的病原鉴定. 植物病理学报，1983，13（1）：15～21

[294] 王汉荣，谢关林，冯仲民等. 水稻品种（系）对细菌性条斑病的抗性评价. 中国农学通报，1995，11（3）：17～19

[295] 吴祖建，林奇英，谢联辉等. 中菲两种水稻病毒病的比较研究Ⅴ. 水稻种质对病毒及其介体的抗性. 福建农业大学学报，1994，23（1）：58～62

[296] 吴祖建，林奇英，李本金等. 水稻品种对黄叶病（RTYV）的抗性. 上海农学院学报，1995，13（增刊）：58～64

[297] 夏怡厚，林维英，陈藕英. 水稻品种（系）对稻细菌性条斑病的抗性鉴定和抗源筛选. 福建农学院学报，1992，21（1）：32～36

[298] 夏怡厚，林维英，陈藕英. 水稻细菌性条斑病菌的致病力变异和菌系鉴别. 福建农学院学报，1992，21（3）：278～282

[299] 向建国，任新国，戴良英. 水稻条斑病菌致病力分化研究. 湖南农业科学，1991，12（1）：27～32

[300] 谢关林，王汉荣，陈军昂等. 水稻细菌性条斑病菌侵入途径研究. 植物检疫，1991，5（1）：1～4

[301] 谢关林. 水稻细菌性条斑病抗性鉴定技术述评. 水稻文摘，1991，10（5）：1～4

[302] 谢联辉，林奇英. 水稻品种对病毒病的抗性研究. 福建农学院学报，1982，11（2）：15～18

[303] 谢联辉，林奇英，朱其亮等. 福建水稻东格鲁病发生和防治. 福建农学院学报，1983，12（4）：275～284

[304] 谢联辉，林奇英. 我国水稻病毒病研究的进展. 中国农业科学，1984（6）：66

[305] 谢联辉，林奇英，吴祖建等. 中国水稻病毒病的诊断、监测和防治对策. 福建农业大学学报，1994，23（3）：280～285

[306] 刑祖颐，何家齐，刘志武等. 籼粳稻杂交育种的研究Ⅱ. 抗条纹叶枯病育种. 作物学报，1985，11（1）：1～7

[307] 徐承业，魏永贞，余南. 水稻普通矮缩病毒致病力分化的初步探讨. 植物病理学报，1979，9

(2)：143～145

[308] 徐羡明，林壁润，曾列先. 普通野生稻种质资源对细菌性条斑病的抗性鉴定. 植物保护，1991 (6)：4～5

[309] 徐羡明，林壁润，曾列先. 广东水稻细菌性条斑病菌致病力分化研究初报，广东农业科学，1992 (6)：31～32

[310] 许志刚，钱菊梅. 水稻细菌性条斑病适生性与控制研究进展. 植物检疫，1995，9 (4)：239～244

[311] 严位中，孙茂林，曾令湊. 水稻细菌性条斑病发生情况的调查. 云南农业科技，1980，6 (2)：26～29

[312] 燕义唐，王晋芳，邱并生等. 水稻条纹叶枯病毒外壳蛋白基因在工程水稻植株中的表达. 植物学报，1992，34 (12)：899～906

[313] 杨文定，吴祖建，王苏燕等. 表达反义核酶 RNA 的转基因水稻对矮缩病毒复制和症状的抑制作用. 中国病毒，1997，11 (3)：277～283

[314] 张红生，陆志强，朱立宏. 四个籼稻品种对细菌性条斑病抗性遗传研究. 中国水稻科学，1996，10 (4)：193～196

[315] 张晓葵，肖利人，黄河清等. 稻种资源抗水稻细菌性条斑病鉴定. 湖南农业科学，1992 (2)：33～35

[316] 种藏文，王长方，卢同. 福建省水稻细菌性条斑病菌致病力分化研究. 福建农业科技，1989 (5)：2～3

[317] Adhikari TB，Mew TW. Pathogenic variability in *X. c.* pv. *oryzicola*. International Rice Research Newsletters (IRRN)，1985，10 (1)：16～18

[318] Anjaneyulu A，John VT. Strains of tungro virus. Phytopathology，1972，62：1116～1119

[319] Ezuka A. Rice varieties resistant to rice stripe virus. Plant Protection (Japan)，1985，39 (11)：18～22

[320] Fan Z，Dahal G，Dasgupta I，Hay J，Hull R. Variation in the genome of rice tungro bacilliform virus：molecular characterization of six isolates. Journal of General Virology，1996，77 (5)：847～854

[321] Goto M. Resistance of rice varieties and species of wild rice to bacterial leaf blight and leaf streak diseases. Philippines Agric.，1965，48：329～338

[322] Hayano -Saito Y，Tsuji T，Fujii K，et al. Localization of the rice stripe disease resistance gene，Stv-bi，by graphical genotyping and Linkage analyses with molecular markers. Theoretical and Applied Genetics，1998，96 (8)：1044～1049

[323] Kimura I，Minobe Y，Omura T. Changes in a nucleic acid and a protein componen of rice virus particles associated with an increase in symptom severity. Journal of General Virology，1987，68：3211～3215

[324] Kimura I. Loss of vector-transmissibility in an isolate of rice dwarf virus. Annals of the Phytopathological Society of Japan，1976，42：322～324

[325] Lee BC，He YK，Murao K，et al. Phylogenetic relationship between rice dwarf phytoreovirus isolates from five countries. European Journal of Plant Pathology. 1997，103 (6)：493～499

[326] Maoka T，Omura T，Harjosudarmo J，et al. Loss of vector-transmissibility by maintaining rice ragged stunt virus in rice plants without vector transmission. Annuals of Phytopathological Society of Japan，1993，59：185～187

[327] Mew TW. Current status and futures of research on bacterial leaf blight of rice. Anu Rev Phytopathology，

1987，25：265～382

[328] Mishra MD，Niazi FR，Basu AN，Ghosh A，Raychaudhuri SP. Detection and characterization of a new strain of rice tungro virus in India. Plant Disease Report，1976，60：23～25

[329] Murao K，Suda N，Uyeda I，Isogai M，Suga H，Yamada N，Kimura I，Shikata E. Genomic heterogeneity of rice dwarf phytoreovirus field isolates and nucleotide sequences of variants of genome segment 12. Journal of General Virology，1994，75：1843～1848

[330] Nemoto H，Ishikawa K，Shimura E. The resistance to rice stripe virus and small brown planthopper in rice variety，IR50. Breeding Science，1994，44 (1)：13～18

[331] Rao CS. The relation between certain host characters and bacterial leaf streak incidence. Indian J Mycology and Plant Pathology，1978，8 (2)：153～156

[332] Raymundo AK，A. Briones Jr. Genetic diversity in *Xanthomonas oryzae* pv. *oryzicola*. IRRN，1995，20：3～5

[333] Sebastian LS，Ikeda R，Huang N，et al. Molecular mapping of resistance to rice tungro spherical virus and green leafhopper. Phytopathology，1996，86，1：25～30

[334] Shekhawat GS，Srivastava，DN. Epidemiclogy of bacterial leaf streak of rice. Annals of the Phytopath Soc Jap，1972，38：7～34

[335] Suga H，Uyeda I，Yan J，Murao K，et al. Heterogeneity of rice ragged stunt oryzavirus genome segment 9 and its segregation by insect vector transmission. Archive of Virology，1995，140：1503～1509

[336] Upadhyaya NM，Yang M，Kositrantana W，et al. Molecular analysis of rice ragged stunt oryzavirus segment 9 and sequence conservation among isolates from Thailand and India. Archive of Virology，1995，140：1945～1956

[337] Yan YT，Wnag JF，Qiu BS ，et al. Resistance to rice stripe virus conferred by expression of coat protein in transgenic indica rice plants regenerated from bombarded suspension culture. Virologica Sinica ，1997，12：260～269

[338] Zhao B，Lu XB，Xue QZ，et al. Production of transgenic rice plants expressing rice ragged stunt virus S9 cDNA by the biolistic method. Abstracts for the 8th International Congress of Genetics. Beijing，China，1998，365

[339] Zheng HH，Li Y，Chen ZL，et al. Recovery of transgenic rice plants expressing the rice dwarf virus outer coat protein gene (S8). Theory of Applied Genetics，1997，94：522～527

第四节

[340] 陈兵，王坤元，董国强等. 水稻纹枯病菌致病性与酶活力的关系. 浙江农业学报，1992，4 (1)：8～14

[341] 陈集双，葛超新，张炳欣. 几种作物上及土壤中的丝核菌类群鉴定. 浙江农业大学学报，1990，16 (增刊 2)：219～224

[342] 陈延熙，张敦华，段霞渝等. 关于 *Rhizoctonia solani* 菌丝融合分类和有性世代的研究. 植物病理学报，1985，15 (3)：139～143

[343] 陈志谊，戴耕耘，过崇俭等. 水稻中抗纹枯病品种的田间防病效果. 江苏农业科学，1988 (9)：18～19

[344] 陈志谊，过崇俭，杨金生. 水稻品种间纹枯病的严重度与产量损失的关系. 植物保护学报，1989，

16 (1): 49～54

[345] 陈志谊，过崇俭. 防治水稻纹枯病的新途径. 江苏农业科学，1989 (4): 25～26

[346] 陈志谊，王玉环，殷尚智. 水稻纹枯病抗性机制研究. 中国农业科学，1992，25 (4): 41～46

[347] 陈志谊，殷尚智，陆凡等. 稻种资源对水稻纹枯病抗性鉴定初报 . 植物保护，1994，20 (6): 23

[348] 邓先明. 四川省西北部稻区水稻纹枯病菌系研究. 西南农业大学学报，1991，13 (4): 380～383

[349] 过崇俭，陈志谊. 水稻纹枯病菌致病力分化及品种抗性鉴定技术的研究. 中国农业科学，1985，18 (5): 50～57

[350] 过崇俭，陈志谊. 我国水稻纹枯病防治策略的探讨. 江苏农业学报，1992，8 (2): 36～39

[351] 蒋文烈，金梅松，刘大雄等. 浙江省地方稻种资源对纹枯病抗性的鉴定. 浙江农业学报，1993，5 (3): 177～178

[352] 康霄文，陈捷，龙晓波等. 水稻纹枯病菌毒素的初步研究. 沈阳农业大学学报，1992，23 (1): 19～22

[353] 李华荣，颜思齐. 四川省东、南部稻区水稻纹枯病菌系研究. 真菌学报，1990，9 (1): 41～49

[354] 李清铣，夏正俊. 江苏几种作物病原丝核菌生物学特性的研究. 江苏农学院学报，1988，9 (3): 23～26

[355] 李祥，侯明生，胡汉桥. 湖北省水稻纹枯病菌菌丝融合群鉴定. 华中农业大学学报，1993，12 (1): 14～17

[356] 李志正，殷问东，许志刚等. 中籼稻新品系 262 多抗性鉴定. 江苏农业学报，1987，3 (1): 43～45

[357] 林清，陶家凤. 水稻生育期对立枯丝核菌的反应研究. 四川农业大学学报，1992，10 (3): 478～483

[358] 刘力，葛起新. 华东地区立枯丝核菌融合群鉴定. 浙江农业大学学报，1987，13 (3): 227～233

[359] 蒙姣荣，张超冲，韦刚. 广西水稻、玉米上丝核菌菌丝融合群鉴定. 见：刘仪主编. 植物病害研究与防治. 北京：中国农业科技出版社，1998，3～5

[360] 孟祥伟，沈永安，夏景岐等. 纹枯病病斑类型扩展能力与水稻品种抗病性的关系. 吉林农业科学，1996 (1): 62～64

[361] 潘学彪，Rush MC 美国的水稻纹枯病抗病遗传育种研究. 江苏农学院学报，1997，18 (1): 57～63

[362] 潘学彪，Rush MC 两个水稻改良抗源对纹枯病抗性的遗传研究. 江苏农学院学报，1997，18 (2): 1～6

[363] 潘学彪，陈宗祥，徐敬友等. 不同接种调查方法对抗水稻纹枯病遗传研究的影响. 江苏农学院学报，1997，18 (3): 27～32

[364] 潘学彪，顾思梁，Rush MC 等. 两个水稻改良抗源对纹枯病抗性的遗传研究 2. 抗源间互交 F_4 的抗性表现. 江苏农学院学报，1997，18 (4): 1～4

[365] 彭绍裘，曾昭瑞，张志光. 水稻纹枯病及其防治. 上海：上海科学技术出版社，1986

[366] 彭绍裘，范坤成. 我国主要稻作区纹枯病发生趋势预测. 病虫测报，1987 (2): 19～23

[367] 沙学延，张红生，朱立宏. 水稻抗纹枯病研究进展（综述). 见：朱立宏主编. 主要农作物抗病性遗传研究进展，南京：江苏科学技术出版社，1990，131～138

[368] 檀根甲，嵇明福，丁克坚等. 品种和氮肥对早稻纹枯病影响的定量研究，安徽农学院学报，1992，19 (2): 138～143

[369] 陶家凤，张敏，文成敬. 西南地区立枯丝核菌菌丝融合群及其生态学研究. 四川农业大学学报，1994，12 (3): 364～369

[370] 陶家凤. 立枯丝核菌对水稻侵染过程的研究. 四川农业大学学报，1992，10 (3)：471～477
[371] 王文相，杨家珍，顾江涛等. 水稻品种对纹枯病抗性鉴定研究. 安徽农业科学，1990 (3)：250～254
[372] 王振跃，李洪连，王守正等. 河南省几种主要禾谷作物丝核菌的鉴定及交互侵染研究. 河南农业大学学报，1993，27 (4)：323～326
[373] 徐羡明，曾列先，林壁润等. 普通野生稻种质资源对纹枯病的抗性鉴定. 植物病理学报，1992，22 (4)：300
[374] 杨家珍. 筛选水稻抗纹枯病抗源品种的研究. 安徽农业科学，1982 (2)：62～65
[375] 杨家珍，许平，王文相等. 水稻品种产生纹枯病菌核能力的研究. 安徽农业科学，1991 (2)：153～158
[376] 余卓桐. 水稻纹枯病流行、预测及损失测定. 植物保护学报，1985，12 (3)：181～186
[377] 岳红宾，王守正，袁红霞等. 河南丝核菌分组和致病性研究. 河南农业大学学报，1997，31 (2)：103～108
[378] 曾令祥，邓光辉，戴继跃. 贵州省稻种资源抗纹枯病性鉴定. 贵州农业科学，1987 (2)：1～5
[379] 曾令祥，戴继跃，周维佳等. 贵州省水稻纹枯病 *Thanatephorus cucumeris* (Frank) Donk. 菌系的研究. 贵州农业科学，1990 (4)：1～6
[380] 曾令祥. 水稻纹枯病致病力研究Ⅱ. 菌株、品种、叶龄间的互作关系. 贵州农业科学，1991 (2)：23～26
[381] 曾令祥，谢海呈，周维佳. 稻纹枯病菌对水稻成株期致病力研究. 西南农业学报，1995，8 (2)：65～69
[382] 张红生，朱立宏，沙学延等. 水稻纹枯病抗性机理的初步研究. 见：朱立宏主编. 主要农作物抗病性遗传研究进展. 南京：江苏科学技术出版社，1990，153～164
[383] 张穗，朱有钰，吴友三. 中国东北地区禾谷类作物丝核菌病. 中国农业科学，1985 (6)：87
[384] 张天晓. *Rhizoctonia solani* 菌丝融合群的研究. 湖南师范学院学报（自然科学版），1984 (2)：69～72
[385] 张天晓，张志光. 立枯丝核菌 *Rhizoctonia solani* Kühn 的研究. 湖南师范大学自然科学学报，1986，9 (1)：76～82
[386] 朱立宏，沙学延，张红生等. 水稻抗纹枯病的遗传研究. 见：朱立宏主编. 主要农作物抗病性遗传研究进展. 南京：江苏科学技术出版社，1990，139～152

第十四章

玉米品种抗病性及其利用

第一节　大斑病和小斑病

大斑病和小斑病是世界各玉米产区都有发生的重要病害。长期以来种植的农家品种，具有较好的水平抗病性，受害较轻。20 世纪 70 年代以后，由于引进和推广了一些感病玉米杂交种，我国玉米大斑病、小斑病逐渐严重，以至频繁流行，生产上遭受很大损失。据统计，河北、河南、陕西、山东、山西、辽宁、吉林、黑龙江等玉米主产省大斑病、小斑病严重发生面积达 670 万 hm^2，年损失粮食 17 亿 kg。

玉米种质单一化，可导致病原菌优势小种的变化，从而酿成大斑病、小斑病的猖獗发生。美国玉米带曾广泛种植用 T 型细胞质雄性不育系配制的玉米杂交种，使强毒性的病原 T 小种成为优势小种，造成 70 年代初期小斑病大流行，1970 年玉米带因病减产 165 亿 kg，引起了各国的高度警惕。1982 年在我国辽宁省丹东市，发现了玉米大斑病菌生理小种 2 号。1984 年以后，该小种不仅在辽宁全省发生，还传播到吉林、河北等省，发生频率显著上升。2 号小种能侵染带有 Ht_1 基因的抗病杂交种。东北地区推广的丹玉 13、铁单 8 号等杂交种，是由具有 Ht_1 基因的自交系 $Mo17Ht_1$、E_{23}等组配的。生理小种 2 号的出现和流行，使这两个抗大斑病的杂交种变为感病。因此，充分利用多种类型的抗病性，选育具有丰富抗病基因的玉米杂交种，搞好品种合理布局，对于控制大斑病、小斑病的流行至为重要。

一、病原菌的致病性及其分化

玉米大斑病菌可侵染玉米、高粱、苏丹草等禾本科植物。该菌有两个专化型，其一是高粱专化型（*Trichometasphaeria turcica* f. sp. *sorghi*），可侵染玉米、高粱、苏丹草；其二是玉米专化型（*T. turcica* f. sp. *zeae*），只能侵染玉米。玉米专化型又依据对具有 *Ht* 抗病基因的玉米品系有无毒性，划分为不同的生理小种。对含有 *Ht* 基因的玉米品系无毒性的菌株，属于生理小种 1 号，若菌株对含 Ht_1 基因的玉米品系有毒性，对含有 Ht_2、Ht_3 或其他类似基因的玉米无毒性，则属于生理小种 2 号。1 号小种的毒性公式是 Ht_1、Ht_2、Ht_3、Ht_n/0（寄主有效抗病基因/无效抗病基因），2 号小种的是 Ht_2、Ht_3、Ht_n/Ht_1。这两个小种对普通品种，即不含 *Ht* 基因的玉米品种，均具有毒性。以后，还发现了生理小种3号。总之，划分3个生理小种，主要根据是一系列不同玉米基因型，即鉴别寄主的抗病或感病反应，详见表14-1。

表14-1　玉米大斑病菌3个生理小种的鉴别

生理小种	玉米抗病基因			
	Ht_1	Ht_2	Ht_3	Ht_n
1号	R	R	R	R
2号	S	R	R	R
3号	R	S	S	R

生理小种1号广泛分布于世界各国，该小种对具有 Ht_1 基因的玉米材料如 $RB_{37}Ht_1A$、$RB_{37}Ht_1B$、$RC103Ht_1A$、$RC103Ht_1B$ 等都无毒性，而对不具有 Ht 基因的水平抗病性玉米品系有毒性，发病后产生萎蔫型病斑。

在1976—1979年，全国玉米病害攻关协作组进行了玉米大斑病菌生理型鉴定联合试验，从各地标样分离得到了171个菌株，这些菌株在具有 Ht_1 或 Ht_2 基因的鉴别寄主上，均产生抗病褪绿斑（R），在多基因玉米鉴别寄主上，则产生感病萎蔫斑（S），都属于生理小种1号（表14-2）。

表14-2　玉米大斑病菌生理小种鉴定结果

（潘顺法等，1982）

采样地点	1977年			1978年				1979年			
	RCI64 Ht_1	H84 Ht_1	A619 Ht_1	RCI64 Ht_1	RN6 Ht_1	ROH43 Ht_2	NN14B Ht_2	RCI64 Ht_1	H84 Ht_1	A619 Ht_1	NN14B Ht_2
哈尔滨	R	R	R	R	R	R	R	R	R	R	R
公主岭	R	R	R	R	R	R	R	R	R	R	R
凤　城	R	R	R	R	R	R	R	R	R	R	R
烟　台	R	R	R	R	R	R	R	R	R	R	R
武　功	R	R	R	R	R	R	R	R	R	R	R
宜　昌	R	R	R	R	R	R	R	R	R	R	R
南　宁	R	R	R	R	R	R	R	R	R	R	R
安　阳	R	R	R	R	R	R	R				
保　定	R	R	R					R	R	R	R
赤　峰				R	R	R	R	R	R	R	R
北　京				R	R	R	R	R	R	R	R
济　南				R	R	R	R	R	R	R	R
大　同				R	R	R	R	R	R	R	R
威　宁				R	R	R	R	R	R	R	R
马尔康				R	R	R	R	R	R	R	R
柏各庄								R	R	R	R
文山州								R	R	R	R
东　阳	R	R	R								
嵊　县				R	R	R	R				
牡丹江								R	R	R	R

吴纪昌等报道，1980—1981年从辽宁、广西、浙江、陕西、黑龙江等地采集了105个病菌标样，分离纯化后，进行了接种鉴定。结果其中有90个菌株在具有 Ht_1 或 Ht_2 的鉴别寄主上表现为抗病性褪绿斑（R），属生理小种1号，有15个菌株在具有 Ht_1 基因的鉴别寄主上产生萎蔫斑（S），有毒性，而在 Ht_2 鉴别寄主上产生抗病褪绿斑（R），无毒性，属生理小种2号（表14-3）。这是我国发现生理小种2号的首次报道。吴安国等（1986）在云南采集鉴定了41个大斑病菌菌株，发现其中2个菌株能侵染含 Ht_2 或 Ht_3 的单基因材料，属3号生理小种。这是在我国发现玉米大斑病菌生理小种3号的首次报道。

表14-3 玉米大斑病菌15个菌株在7个鉴别寄主上的反应型

（吴纪昌等，1983）

鉴别寄主	79-2	79-3	80-1	80-8	80-14	80-21	80-22	80-23	80-27	80-43	80-44	80-45	80-59	80-75	70-108
承28	S	S	MS	S	S	S	S	S	MS	S	S	S	S	S	S
自330	S	S	S	S	S	S	S	S	S	S	S	S	S	S	S
H84（Ht_1）	S	S	S	MS	S	S	S	S	MS	S	S	S	S	S	MS
RB37Ht_2	S	S	S	MS	S	S	S	S	MS	S	S	S	S	S	MS
NN14BHt_2	R	R	R	R	R	R	R	R	R	R	R	R	R	R	R
H95Ht_3	R	R	R	R	R	R	R	R	R	R	R	R	R	R	R
OH43Ht_3	R	R	R	R	R	R	R	R	R	R	R	R	R	R	R

长期以来没有关于玉米小斑病菌（*Bipolaris maydis*）生理小种的报道，70年代初期美国玉米带小斑病的大流行，促进了相关研究。随后发现是一种新小种引起了小斑病流行，该小种比普通小斑病菌致病性更强，对T型细胞质玉米有专化致病性，据此命名为T小种，而将原来广泛存在的小斑病菌，称为O小种。这两个小种的主要区别见表14-4。

表14-4 玉米小斑病菌T小种与O小种的主要区别

区别点	生理小种	
	T 小 种	O 小 种
对玉米细胞质的专化性	对T型细胞质玉米具有专化致病性，对正常品系和其他胞质无专化性	对不同细胞质的玉米无明显专化性
症状	病斑较大，除叶片、叶柄、苞叶外，还能侵染果穗	通常仅侵染叶片，病斑较小
毒素	产生T毒素，该毒素能抑制T型细胞质玉米根系生长，使幼苗及成株叶片枯萎	产生少量寄主非专化性毒素
病菌生长温度	生长适温低于O小种，在北方地区多有发生	生长适温高于T小种，主要发生在温暖地区

全国玉米病害研究攻关协作组在1976—1977年，进行了玉米小斑病菌生理型联合试验。从丹东的TC103、南宁的HmS大黄46、保定的H69和天津的T塘四平头等玉米材料的果穗上分离小斑病菌，用分离菌株接种TC103、MC103、C103、C野鸡红1、野鸡红、HmS大黄46、大黄46等不同胞质的不育系及其保持系幼苗。结果上述分离菌株对

TC103、HmS 大黄 46 不育系玉米致病性强，病斑大，坏死快；而对相应的保持系和 C 型、M 型不育系玉米的致病性弱，病斑小，坏死慢，不产生萎蔫枯死现象。这 4 个果穗分离菌株符合国外报道的 T 小种特征。

朱贤朝等（1979）用不同地区采集的小斑病菌标样进行接种鉴定，其中有三个菌株可使 T 型胞质玉米幼苗产生萎蔫斑，而对正常胞质玉米以及 M、C、CA、EK、D、PS 等型胞质玉米，仅产生坏死斑。这些菌株类似国外的 T 小种。有两个分离菌株对 T 型胞质玉米无上述特异性，是 O 小种（表 14-5）。

表 14-5　五个玉米小斑病菌标样致病性比较

（朱贤朝，1979）

标样号及来源	鉴别寄主名称	病斑反应型	小种
76-361（北京 H69 叶片）	C103Tms	R	O
	C103	R	
	单 412Tms	M	
	单 412	M	
76-414（广西 C103 叶片）	C103Tms	R	O
	C103	R	
	单 412Tms	M	
	单 412	M	
76-527（辽宁 C103Tms 果穗）	C103Tms	S	T
	C103	R	
	单 412Tms	S	
	单 412	M	
	C103 “M” ms	R	
	B37 “C” ms	M	
	W182B “CA” ms	M	
	W182B “EK” ms	M	
	W182B “D” ms	M	
	W182B “PS” ms	M	
76-528（天津塘四平头 Tms 果穗）	C103Tms	S	T
	C103	R	
	单 412Tms	S	
	单 412	M	
76-529（广西大黄 46 黑 Tms 苞叶）	C103Tms	S	T
	C103	R	
	单 412Tms	S	
	单 412	M	

罗畔池、黄梧芳等（1981）报道，我国玉米小斑病菌是一个非常复杂的群体，美国提出的 T 和 O 两个生理小种，并不能确切反映出我国情况。经 3 年试验，筛选出了 T、C、S、N（正常）等四类细胞质的 8 个自交系，作为我国玉米小斑病菌生理小种的鉴别寄主，它们是：T 单 412-2、TC103、Va35、C 二南二四、Ms344、Ms05、辽马 43、二南二四。根据不同菌株在鉴别寄主上产生病斑的类型（萎蔫斑或坏死斑）、级别、数量、长度等指标，可划分出 16 个生理小种。对全国 16 个省（直辖市、自治区）181 个标样鉴定结果，已鉴别出 12 个生理小种（表 14-6）。

表 14-6 我国玉米小斑病菌生理小种分布频率

（引自罗畔池、黄梧芳等）

小种名称	不同胞质玉米反应型 T C S N	分布地区	频率（%）
中 TS	S R S R	—	—
中 TSN	S R S S	河北	1
中 T	S R R R	黑龙江、河北、天津、湖北、浙江、陕西、山东、河南、广西	15.3
中 TN	S R R S	江苏、广西	3.1
中 TC	S S R R	山东、江苏、浙江、广西、四川	7.1
中 TCN	S S R S	河北、河南、黑龙江、山东、广西、云南、江苏、贵州	15.3
中 TCS	S S S R	湖北、山东、河北	4.1
中 TCSN	S S S S	陕西、河北、山东、广西、广东、贵州、河南、浙江、辽宁、上海、北京、天津	23.5
中 C	R S R R	广西、贵州	4.1
中 CN	R S R S	广西、河北、贵州	5.1
中 CS	R S S R	—	—
中 CSN	R S S S	浙江、山东、河北	4.1
中 S	R R S R	—	—
中 SN	R R S S	—	—
中 N	R R R S	广西	1.0
中 O	R R R R	河北、北京、吉林、黑龙江、河南、广西、广东、云南	16.3

二、玉米的抗病性及其遗传

我国玉米品种资源非常丰富，广大劳动人民在长期实践中，培育出多种类型的玉米品种。农家品种以及各育种单位选育的自交系和杂交种对大斑病、小斑病大多表现为水平抗病性，即数量性状抗病性。玉米也具有垂直抗病性，从国外引进的玉米材料有的具有垂直抗病性，例如，抗大斑病的具有 *Ht* 基因的显性单基因材料，抗小斑病的含有 *rhm* 隐性单基因材料等。

具有数量性状抗病性品种，病株叶片上形成萎蔫斑（MR、MS 或 S 型病斑），但病斑少而小，产孢量少，叶枯缓慢。

褪绿斑抗病性属质量性状抗病性，在具有 *Ht* 显性单基因的玉米上，产生抗病反应型，大斑病病斑较小，周围有褪绿晕圈，中间为坏死线形斑，坏死慢，产孢量很少。具有 *rhm* 隐性基因的玉米材料，对小斑病也具有褪绿斑型抗病性。

玉米品种对大斑病的数量性状抗病性受多基因控制，显性遗传，采取轮回育种方法可累加抗病基因。用水平抗病性不同的材料组配杂交组合，F_1 代抗病性状主要表现在病情指数、病斑数量、病斑大小和产孢量等指标的差异。

李莫然等（1980）报道，杂种一代抗病性与亲本抗病性关系密切，杂交种的病级比双亲平均病级低。若其中一个亲本含抗病显性单基因，其后代多表现为褪绿斑类型，呈显性超亲遗传。

吴纪昌等（1980）报道，双亲抗病，则杂种一代抗病，抗病亲本与感病亲本杂交，子一代抗至中抗；双亲均感病，子一代感病。杂种一代抗病性介于双亲之间，且倾向于抗病性强的亲本。

苏书文等（1982）用多基因抗大斑病自交系进行了抗病性遗传规律研究，发现双亲病级平均值和 F_1 病级呈高度显著的正相关（r=0.925）。显性单基因 Ht_1 自交系在不同的背景中，F_1 传递的显性抗病程度不同。具有 Ht 基因的褪绿斑型玉米材料与病斑数量型抗病性材料杂交后，杂种一代表现为褪绿斑反应，这种显性单基因遗传的抗病性效应，并不削弱亲本中病斑数量型抗病性的作用。相反地，褪绿斑型抗病性在病斑数量型抗病基因的背景中，二者抗病性互补，总的抗病水平加强。综合利用垂直抗病性与水平抗病性，对控制大斑病为害，提高品种抗病性水平，具有更大的作用。

玉米品种对小斑病的抗病性主要表现为水平抗病性。抗病程度取决于病斑数量、病斑面积和单位病斑面积产孢量等三个因素的影响。张传模等（1983）报道，亲本自交系的病级、病斑数量或三因素的乘积与 F_1 代抗病性（病级）呈高度正相关，相关系数分别为0.87、0.85 和 0.79，可利用这种相关性预测杂交一代的抗病性。

山东省农业科学院植物保护研究所（1980）测试了 1 491 个玉米单交种，分析 F_1 代与双亲抗病性的关系，取得以下结果：双亲抗病，F_1 代全部抗病；双亲高感，F_1 代有64.7%高感，14.4%轻度感病，20.9%为中感；双亲中抗，则 F_1 代有 53.9%表现为中抗，29.4%轻度感病，17.7%高感；双亲一抗一感，则 F_1 代表现为中度偏抗。河北省农业科学院植物保护研究所（1974）鉴定了 129 个杂交组合，凡有高抗亲本的组合，抗病程度趋向于抗病亲本，这说明抗病自交系的遗传传递能力强。

三、玉米对大斑病、小斑病的抗病性鉴定方法

玉米对大斑病、小斑病抗病性的常规鉴定，包括温室苗期抗病性鉴定和田间成株期抗病性鉴定，均需进行人工接种，并创造易于发病的环境条件。温室苗期抗病性鉴定，试验周期短，一年内可重复多次。人工接种条件易于控制，可以保证充分发病。但由于受到鉴定设施条件的限制，鉴定品种数量较少，玉米发病和生育状况也与田间不同，苗期的鉴定结果并不能完全代替成株期鉴定，有时还不一致。

（一）温室苗期抗病性鉴定

通常用盆栽育苗，每盆播种 3～4 粒种子，留苗 2 株。接种用孢子悬浮液的孢子液浓度为显微镜 10×10 倍视野有 10 个左右孢子，喷雾接种，喷雾要充分、周到。接种后用塑料薄膜覆盖保湿 24h。接种、保湿和育苗的环境温度保持在 20～25℃。大斑病在接种后 2 周，小斑病在接种后 7～10 天调查记载发病情况。

（二）田间成株期抗病性鉴定

每个品种留苗 20～30 株，可不设重复，但要设感病和抗病对照品种。鉴定圃周围播种感病品种作保护行，并诱发病害。

大斑病接种方法有病叶法、孢子悬液喷雾法和撒高粱粒（或碎玉米粒）法。病叶法是采集感病品种病叶，粉碎或浸泡于水中，在玉米 7～8 叶期，洒于叶腋及心叶内。孢子悬液喷雾法同苗期接种方法。撒高粱粒（或玉米碎粒）法是在玉米喇叭口期和果穗吐丝前，将扩繁好的，长满大斑病菌的高粱粒或玉米（碎）粒撒于心叶及叶腋内。利用以上方法接

种成功的关键是要保持较高的环境湿度，所以应在雨后或傍晚有露水时进行接种，阴天接种后适当灌水效果也较好。

小斑病的接种时间在玉米抽雄前。接种方法有田间插放病叶，病叶粉碎后灌心叶，撒施长满病菌的高粱粒或碎玉米粒，全株喷布孢子悬液或用孢子悬液灌心叶等方法。具体操作及要求同大斑病接种方法。

（三）其他鉴定方法

除上述常规鉴定方法外，还可采用丁布测定法、T小种毒素鉴别法等方法。

丁布是玉米产生的一种化学物质，与其对大斑病和玉米螟的抵抗性有关。玉米长到35～40cm高时，丁布含量高。测试玉米植株丁布含量，可判别品种抗病程度。

用小斑病菌T小种产生的毒素，测定对玉米初生根的生长抑制作用，可鉴别具有T型胞质的玉米抗病性，简便而快速，有较好的应用价值。使玉米种子在25℃温箱萌发，48h后选取种子根生长一致的幼苗（5～10mm），放在T小种病菌培养液内，以蒸馏水作对照。48h后测量初生根长度。也可用毒素稀释液喷雾法鉴定，将T小种毒素粗提液稀释后对玉米幼苗喷雾接种，3天后，T型胞质玉米幼苗即可表现症状。

（四）发病调查记载和抗病性评价

玉米大斑病、小斑病抗病性鉴定时适宜的发病调查时间，成株田间鉴定一般在玉米吐丝后15～20天；温室苗期抗病性鉴定，大斑病在接种后2周，小斑病在接种后7～10天。

发病普遍程度以病株率（%）表示，多用于调查生产上大范围发病情况。品种抗病性鉴定还应分级调查记载病害的严重程度，即严重度。严重度可以叶片为单位或以整株为单位进行调查，前者多用于病菌生理分化研究，要求逐叶记载发病情况，按病斑所占叶片的面积，分为9级，即0，1%，5%，10%，20%，30%，50%，70%和100%。然后利用严重度，计算出各植株的病情指数，用各处理的平均病情指数作比较分析。

品种抗病性鉴定以整株为单位调查记载时，严重度分为0，0.5，1，2，3，4，5级，共7级标准，各级标准如下。

玉米大斑病分级标准：

0级：全株叶片无病斑；

0.5级：全株叶片有零星病斑（占叶面积5%以下）；

1级：全株叶片有少量病斑（占叶面积6%～10%）；

2级：全株叶片有中量病斑（占叶面积11%～50%）；

3级：植株下部叶片有多量病斑（占叶面积51%以上），出现大片枯死，中部叶片有中量病斑；

4级：植株下部叶片枯死，中部叶片有多量病斑，出现大片枯死，上部叶片有中量病斑；

5级：全株基本枯死。

玉米小斑病分级标准：

0级：全株叶片无病斑；

0.5级：植株下部叶片有零星病斑（占叶面积10%以下）；

1级：植株下部叶片有少量病斑（占叶面积11%～25%）；

2 级：植株下部叶片有中量病斑（占叶面积 26%～50%），中部叶片有少量病斑；

3 级：植株下部叶片有多量病斑（占叶面积 51%以上），出现大片枯死，中部叶片有中量病斑，上部叶片有少量病斑；

4 级：植株下部叶片基本枯死，中部叶片有多量病斑，出现大片枯死，上部叶片有中量病斑；

5 级：全株基本枯死。

上述以整株为单位记载时，下、中、上部叶片划分的界线是：果穗上、下各 2 片叶为中部叶片，其上为上部叶片，其下为下部叶片。

进行大量品种材料筛选时，也可目测一个品种各植株的综合病级，按上述 7 级分级标准予以评判记载。

可用上述 7 级分级标准的调查结果，评价被鉴定品种的抗病程度：0.5～1 级的为高抗，2 级的为抗病，3 级的为感病，4～5 级的为高感。

除以上按病斑多少进行分级记载严重度外，还应调查病斑反应型。

大斑病病斑反应型记载标准如下：

R 型（高抗）：病斑呈条状或窄梭形，黄绿色水浸状褪绿斑，有褐色坏死斑块。

MR 型（中抗）：病斑条梭形，褐色，边缘黄绿色。

MS 型（中感）：病斑褐色梭形大斑，有黄绿色边线。

S 型（高感）：病斑为褐色梭形大斑。

小斑病病斑反应型记载标准是：

A 型斑（中抗）：病斑长方形或长椭圆形，宽度受叶脉限制。

B 型斑（高抗）：为坏死小斑，周围有黄色晕圈。

C 型斑（感病）：大椭圆形或纺锤形病斑，宽度不受叶脉限制。

四、玉米抗病种质资源

参加全国玉米病害防治研究协作攻关的各单位，对玉米品种资源做了大量鉴选工作。筛选出了不少高抗大斑病和小斑病的优良抗源材料、抗病自交系、杂交种，在生产上发挥了重要作用。

（一）抗大斑病的种质资源

对大斑病高抗的自交系有：莱 1032、$A619Ht_1$、$A632Ht_1$、H84、$RB14Ht_1$、$RB37Ht_1$、$RC103Ht_1$、$RCI64Ht_1$、$RN6Ht_1$、$ROH_{48}Ht_1$、$RW64Ht_1$、$NN14BHt_1$、$Oh43Ht_1$、$H95Ht_1$ 等显性单基因抗病自交系。白 525、凤白 29B、齐 31、辽 1311、辽马 43、吉 63、吉 713、百日齐、毕节大白 115、赤 411、赤 118、武 105、英地、金 8、承白 101、张系 6、帕拉马地、南 44、南秋 6、威风 324、威恩、洛白、桦 55、唐早绿、旅 28、获白、黄早 4、徐 711、陕 105A、铁 130、莱白 20、遗 193、矮 114、黔西白马牙 135、33331、C131A、Mo17、TC103、Va36 等多基因抗病自交系。

对大斑病高抗的农家品种有：一丈青、八趟白、大白马牙、大红骨、大金顶、大青稞、小粒白、千斤白、三河快玉米、山东黄、文安白马牙、丰润白马牙、白爆裂、多穗白、多叶白玉米、红骨头黄、迁安白马牙、南阳白、洛阳小金子、唐山黄、铁岭黄、通县八沟白、坝县黄马牙、博白、滦县白马牙等。

对大斑病高抗的杂交种有：太单1号、丰七1号（吉63×W59E)、丰单1号（获白×330)、太单67、中单2号、长丰5号、同单24、吉63×英46、吉单101、忻黄单53、忻黄单54、忻黄单55、吕单17、邯综74、承单3号、承单4号、京早7号、复白1号、商单2号、商单4号、跃进3号、跃进8号、黄白单1号、鲁单3号、鲁单13、鲁单19、朝阳4号、锦单1号等。

（二）抗小斑病的种质资源

对小斑病表现高抗的自交系、杂交种和农家品种有：H84、C103、S25、330、黄3-4、黄141、凤白29、百0-8、百78-1、百45-11、W59E、齐31、太183、矮154、获白、辽金107、辽秋212、Va315等自交系；群单105、群壮101、蓟科1号、丹玉6号、鲁单21、中单2号、博单1号、郑单2号、京黄113、京黄105、京早7号、赤单50、承单3号、承单4号、予农704、保单69-1、冀协1号等杂交种；双穗白、白八趟、农家白、八大行、太国黄、灯笼红、胥各庄多穗、二白包头、白头霜等农家品种。

第二节 丝黑穗病

由于连年大面积种植感病玉米杂交种，玉米丝黑穗病自20世纪70年代中期以后迅速蔓延发展，造成很大危害，被列为我国玉米“三大病害”之一。国内各玉米栽培区均有分布，以黑龙江、吉林、辽宁、山西、陕西、内蒙古、天津、甘肃、云南、贵州、四川、广西等省（自治区、直辖市）发生较重。据主产玉米的9省（自治区）统计，因丝黑穗病危害，年损失粮食3.3亿kg。

各地推广应用的感病玉米杂交种包括陕西省推广的黄白单交、白单4号、群单105、陕单1号和陕单7号等；甘肃省推广的张单488、予双5号等；河南省西部推广的郑单2号、白单4号和陕单7号等；其他省（自治区）推广的京早7号、鲁原单31、武单早等。

实践证明，采取以抗病品种为中心的综合防治策略，是控制玉米丝黑穗病的有效途径。全国玉米病害防治研究协作组把品种资源的抗病性鉴选列为重要研究课题。陕西省采取以抗病品种为中心的综合防治策略，果断淘汰了白单4号、黄白单交和群单105等高感杂交种。通过几年的连续防治，把丝黑穗病发病率由原来的10%～15%，压低到5%以下，以后又将发病率稳定控制在1%以下。据1979—1983年5年统计，由于控制了丝黑穗病，全省挽回粮食损失4.5亿kg，价值1亿多元。

玉米丝黑穗病是北方春玉米区病虫综合防治的主要对象。20世纪80年代通过推广抗病品种，控制了丝黑穗病为害。90年代以后，推广种植的掖单4号、掖单5号、掖单51、九单15、吉单209、吉单204等高油玉米杂交种均感染丝黑穗病。陕西省商洛地区一些地方，高抗杂交种中单2号发病率达20%。防治丝黑穗病应坚持持续选育抗病杂交种，不断替换感病的杂交种，以达到稳定控制病害的目的。

一、病原菌致病性及其生理分化

玉米丝黑穗病菌属黑粉菌科轴黑粉菌属，与高粱丝黑穗病菌是同一种真菌，据国外学者研究，两者分属不同变种。玉米丝黑穗病菌为玉米变种 *Sphacelotheca reiliana* (Kühn) Clint. var. *zeae* Pass.，高粱丝黑穗菌为高粱变种 *S. reiliana* (Kühn) Clint. var. *reiliana*。

玉米丝黑穗病菌同高粱丝黑穗病菌致病性不同，两者交互侵染关系也比较复杂。国内外许多学者的研究结果不尽一致，有的认为是两者不能相互侵染，有的认为高粱菌株可侵染玉米，但致病性低，而玉米菌株不能侵染高粱。有的研究结果表明，玉米菌株对不同的高粱品种侵染率不同，表现出从不侵染到侵染率较高等多种情况。不少学者的试验证实，高粱菌株侵染玉米后，回接再分离菌，则不侵染高粱。

据国外报道，高粱丝黑穗病菌有 4 个生理小种。吴新兰（1982）提出了一套适用于我国的高粱鉴别寄主，包括三尺三、护 4 号（属中国高粱类型），苏马克或早熟苏马克（甜高粱类型）、白卡弗尔、3197B、矮黄迈罗、莫特瑞塔（分别为非洲南部、西部和中部类型）、早运气甜（甜玉米）等品种。他们认为，对中国高粱三尺三、护 4 号和甜玉米致病性强，对苏马或早熟苏马克致病性弱，而对白卡弗尔、3197A 或 3197B 几乎不侵染的菌株，应划为一个生理小种（例如公主岭菌株）；对 3197A 或 3197B、白卡弗尔、苏马克或早熟苏马克致病性强，而对中国类型高粱三尺三、护 4 号和甜玉米致病性较弱的可划为另一个生理小种（例如辽阳菌株、忻县菌株等）。

国内已有的研究表明，玉米丝黑穗菌无明显的生理分化，但尚需进一步深入探讨。首先应筛选合适的玉米鉴别寄主，再对不同地区的玉米丝黑穗病菌进行致病性测试，确定小种划分的原则和标准，进而提出玉米丝黑穗病菌生理小种名单。

二、玉米对丝黑穗病的抗病性及其遗传

玉米丝黑穗病是系统侵染的土传病害，病株果穗是主要受害和显症器官，且全穗发生病变，不结籽粒，发病率就是损失率。种植抗病品种是防治玉米丝黑穗病的根本途径，也是综合防治的中心环节。玉米不同自交系或杂交种之间，抗病性差异十分显著。有的自交系或杂交种，例如埃及 205、埃及 525、白单 4 号等高度感病，在人工接种条件下，发病率可达 80%以上。有的自交系或杂交种高度抗病，例如 Mo17、单 624、中单 2 号、陕单 9 号等，在人工接种条件下，发病率在 10%以下。

品种间抗病性差异主要表现为器官和组织的感病时期长短不同，而不是感病苗龄长短的不同。朱有镛等（1984）选用高感品种白单 4 号、中感品种白单 1 号、中抗品种丹玉 6 号，研究了其在苗龄、器官年龄和组织年龄三方面的感病差异，抗病品种在器官和组织的感病年龄上比感病品种短。这种差异实质上反映了细胞生理老熟速度上的差异，由于其同时表现于器官和组织，有抗侵入和抗扩展的双重作用。不论哪种年龄，不同抗病性品种均保持其固有的抗、感性，即抗病品种仍抗病，感病品种仍感病。幼器官和幼组织具有最强的感病性。

据陕西、辽宁、吉林、四川和山西等省的研究结果，玉米对丝黑穗病的抗病性属数量遗传，以加性遗传效应为主。杂种一代发病率和双亲自交系抗病程度关系密切。

马秉元等（1983）报道，玉米对丝黑穗病的抗病性受显性核基因或隐性核基因控制，或受非等位基因互作所控制，表现为多种遗传方式。根据对 85 个杂交组合的测试结果，

母本平均发病率为13.66%（R），父本平均发病率为52.08%（HS），双亲发病率平均值为32.87%（S）。F_1代发病率为29.27%（S），介于双亲之间，略低于双亲发病率平均值。在测试的85个杂交组合中：①有69个组合属于此种情况，频率占81.1%。F_1代发病率与双亲发病率平均值呈极显著正相关（r=0.799 8**）。可由双亲对丝黑穗病的抗病程度预测F_1代抗病程度。②有14个组合抗病性表现为隐性遗传，F_1代发病率高于双亲，占供测杂交组合的16.5%。③有极少数组合，F_1代发病率显著低于双亲，即抗病程度超过父、母本，表现出超亲遗传现象，占测试85个组合的2.4%，这说明还有上位效应在起作用。④高抗自交系Mo17经6年鉴定，平均发病率0.32%（HR），以该自交系用作亲本的21个组合，有14个组合表现抗病，占66.7%，其中与感病自交系组配的14个组合，有7个为显性遗传，占50%。⑤同为高感自交系，但在不同的遗传背景下，F_1代抗病程度不完全相同。武109经5年接种鉴定，平均发病率64.2%（HS），但与抗病自交系组配的杂交组合绝大多数表现抗病，这表明武109的感病基因在大多数遗传背景下呈隐性。而高感自交系埃及205（5年平均发病率87.3%）、埃及525（4年平均发病率77.2%）的感病基因，在F_1代却表现为显性，有其参加的杂交组合均表现高感（HS）或感病（S）。⑥分析了27对杂交组合的正、反交的F_1代抗病性表现，有17对正反交一致，占63%，10对略有差异，这说明抗病基因是细胞核基因。

曹如槐等（1986）选用了6个抗病性不同的自交系，进行双列杂交，测试玉米品种（系）对丝黑穗病的抗病性遗传。结果表明，玉米对丝黑穗病的抗病性主要受加性基因控制，这种抗病性在后代易固定，并可稳定遗传。同时，不同自交系间抗病性的配合力存在着显著差异。抗病育种时，既要重视抗源的筛选，又要对抗源进行抗病性配合力的测定。只有选用抗病性一般配合力高的亲本（至少应一高一中），才能获得抗病性较强的杂交种。由于抗病性主要受加性基因控制，因此，采用回交转育法培育自交系比较困难，而在杂交组合的分离后代中选育抗病自交系易取得成功。

三、玉米对丝黑穗病的抗病性鉴定方法

玉米丝黑穗病是土壤传染病害，品种抗病性鉴定应采取人工土壤接种的鉴定方法。所用接种体为病穗产生的厚垣孢子。在玉米收获前采集病穗，要选择典型病穗，避免误采玉米瘤黑粉病果穗，也不要采集发霉、生虫的病穗。病穗采回后要晾晒数日，防止发霉污染，然后放置在干燥处保存备用。

供鉴玉米材料的播种期应利于发病，两熟地区应春播。播种前将上年采集保存的菌粉搓碎过筛后，与土壤配制成0.1%孢子含量的菌土，即50kg过筛的细潮土（如土壤过干，要喷水湿润），加菌粉50g，拌和均匀。播种时，每穴种子上均匀覆盖100g菌土。玉米穴播、每穴播2～3粒种子，间苗时留单株。种植密度45 000株/hm^2，供鉴定的每个玉米自交系或杂交种不应少于50株。挖穴、播种、盖菌土等操作应尽量均匀一致。供鉴定的品种材料要保证其遗传的同质性，纯度要高，种子饱满，发芽正常，以保证鉴定结果准确可靠。

玉米雌、雄穗抽出，症状明显表现后，调查发病株率。按下列标准评价抗病性：

高抗（HR）：发病株率5%以下；

抗病（R）：发病株率5.1%～20%；

感病（S）：发病株率20.1%～50%；

高感（HS）：发病株率50.1%以上。

一个材料应连续鉴定两年，结果一致即可评定抗病程度，如两年结果不一致，还要进行第三年鉴定。

不同年度间，玉米丝黑穗病发生轻重有一定差异，抗病性鉴定时要加入对照品种。一般选择抗病的和感病的自交系、杂交种各1～2个作为对照。抗病对照可选用中单2号、陕单9号、吉单101、Mo17等；感病对照选用白单4号、陕单7号、埃及205、武206等。

四、玉米对丝黑穗病的抗病种质资源

全国玉米病害防治研究协作攻关组，把品种抗病性鉴定作为一项重要研究课题，做了大量工作。据统计，13个省（自治区）22个协作单位在“六五”、“七五”期间共鉴定了3 607份玉米材料，表现抗病的1 825份，占50.0%，其中自交系2 408个，表现抗病的1 235个，占49.8%，杂交种（组合）963个，抗病的526个，占54.62%，农家品种164个，表现抗病的64个，占39.0%。通过鉴定，筛选出一批抗病性较好的自交系、农家品种和杂交种（组合），提供给生产上利用，发挥了防病增产的显著作用。

抗病自交系有Mo17、辽1311、吉63、获白、7091、武107、单7148、南杂7513、单624、自330、辽64-14-1、HD103、C11-1、英64-7-4、B77、太早26-1、156A4、吉803、吉758、B64、M14、B73、维尔27、八农102-1、铁130、吉708、W24、吉852、丹3705、丹3696、自334-1、大W1024、吉713、吉783-1、铁201、铁202、铁204等。

抗病农家品种有白鹤、大粒马牙、中熟黄玉米、暴包谷、宝清琉球、火包米、英粒子、笨包谷、山西二早子等。

抗病杂交种（组合）有中单2号（Mo17×自330）、陕单9号（武109×Mo17）、大单2号（自330×B70）、丹玉6号（旅28×自330）、辽单2号（大秋36×替423）、丰单1号（获白×自330）、户单1号（黄早四×Mo17）、酒单2号（HD103×C11-1）、辽1311×Mo17、吉41×吉63、吉单101（吉63×M14）、四单8号（系14×Mo17）、吉63×Mo17、Mo17×朝23、Mo17×旅9宽、浚单6号（获白×331-6）、白单8号、庆单1号（峰262×峰19-3）、白单2号（英64×维尔64）、长单12、吉63×辽1311、517×辽1311、嫩单1号（维尔44×大黄46）、W24×W20、铁单4号、铁单6号、铁201×H84、长单7号、西单3号（吉63×武102）、丹玉10号、沈单3号、承单4号（凤白29B×自330）、丹玉2号（旅9×自330）、承单3号（606-22×凤自29B）等。

陕西省农业科学院在1976—1982年间，先后对750份玉米自交系、杂交种、农家品种等作了抗病性鉴定。结果抗病材料占23.6%，其中自交系抗病的占21.4%，杂交种抗病的占24.5%，农家品种抗病的占21.4%。Mo17、武107、辽1311、获白、7091、B70、吉63、中单2号和陕单9号等，经4～5次连续鉴定，均表现抗病。T38-11、单6210、白鹤43、丰单1号、西单3号、庆单1号等抗病性也很好。1980—1989年又分批对1 148

份农家品种资源进行了抗病性鉴定，表现高抗的占 61.1%，抗病的占 66.8%。筛选出五色玉米、白火玉米、黄火玉米、圪塔白、矮脚黄、本地黄、老黄玉米、老白玉米、大黄包谷、辽东白、花包谷、二黄早、湖南早、高脚黄、齐头黄、乌龙早、九月寒等高抗材料。以农家种抗源为亲本，选育出一批新自交系，并组配了杂交组合参加区试，例如 S24×K11、S24×沈 118、S29×K11 等，都有良好的应用前景。在 1991—1995 年进行的品种多抗性鉴定中，继续把丝黑穗病作为主要鉴定对象，所鉴定的近 500 份玉米材料中，抗丝黑穗病的材料占 50%以上。综合抗病性表现好的玉米自交系、杂交种有武 118、武 125、武 1216、陕单 931、陕资 02－3、陕单 934、陕玉 1217、陕玉 1 208 和 5003×武 116 等。

吉林省农业科学院在“九五”期间（1991—1995 年），人工接种鉴定了 947 份玉米自交系和杂交种的抗病性，筛选出综合抗病性好的材料 217 份，占 22.91%，抗丝黑穗病材料 409 份，占 43.19%。综合抗病性表现好的杂交种有：四早 6、四早 12、四单 19、四单 72、四单 105、吉单 180、太合 1 号、掖单 11、吉单 156、吉单 159、本育 9 号等。抗病自交系有 419、340、5003、丹玉 02、JL010、C604、A225 等。

第三节　病毒病

一、侵染玉米的主要病毒种类和发生特点

侵染玉米的病毒种类较多，国内为害严重的主要有玉米矮花叶病毒（MDMV）和玉米粗缩病毒（MRDV），甘肃河西地区玉米条纹矮缩病毒局部发生较重。玉米矮花叶病是世界各玉米产区广泛分布的一种病毒病害，国内最早于 1968 年在河南省和河北省局部地区暴发流行，玉米因病减产 3 000 万 kg，以后又扩展到北方各省玉米产区。1977 年甘肃省张掖、天水两地区发病株率达 40%～50%，减产 17%～76%。1994—1995 年河北（唐山、承德）、山东（泰安）、辽宁、山西、河南、北京等省、直辖市矮花叶病大发生，造成了严重损失，山西省忻州地区发病株率高达 100%，几乎颗粒无收。1996 年在河北省承德、唐山、秦皇岛等地以及山西、山东等省再度大面积流行成灾。

玉米矮花叶病毒为线状病毒，传毒介体有玉米蚜、禾谷缢管蚜、麦二叉蚜、棉蚜、桃蚜和麦长管蚜等 25 种蚜虫，还可以通过汁液摩擦和种子带毒传播。带毒种子是重要毒源。据报道，有些玉米品系种子带毒率较高，如 7922 自交系种子带毒率为 12.2%，掖单 2 号为 3.15%，天玉 1 号为 0.27%，天单 1 号为 1%，B70 为 2.2%，Mo17 为 0.15%，8112 为 1.04%等。

玉米矮花叶病毒寄主范围广，包括玉米、高粱、谷子等禾本科作物以及牛鞭草、雀麦等 200 多种禾草。该病毒有两个主要株系，它们的区别是能否侵染约翰逊草，能侵染的为 MDMV－A 株系，不能侵染的为 B 株系，国内仅有 B 株系。国外学者又进一步从 A 株系中区分出 MDMV－C、D、E、F 等株系。据石银鹿（1986）报道，从白草（*Pennistum fcaccidum* Griseb）的花叶病株上分离到一种病毒分离物，鉴定为 MDMV－G，俗称白草株系。该株系与 MDMV－B 很相似，但在鉴别寄主忻梁 7 号和 Atlas 高粱上所致症状有显著差异，B 株系可在忻梁 7 号和 52 号高粱上产生枯斑和枯心反应，在 Atlas 高粱接种叶片上产生枯斑和有限的系统性红色坏死条纹，而 G 株系在这 3 个高粱品种上都表现为系

统花叶症状。据 1984 年测定，山西省高粱上发生的病毒株系，G 多于 B，而玉米上则 B 多于 G。

玉米粗缩病是一种毁灭性的病害，国内最早于 1954 年在新疆和甘肃发现。20 世纪 60 年代，河北保定的重病田发病株率可达 81%。在 70 年代中期，河北、北京等地推行间作套种，玉米播期提前，粗缩病猖獗发生。1977 年石家庄地区因病毁种玉米 1 452hm^2，损失粮食 5 万 t。进入 90 年代以后，该病在河北、北京、天津、山西、山东、河南、陕西、云南等省、直辖市发病面积又迅速扩大，多次暴发流行。1990 年云南丽江县发病面积 458.3hm^2，损失玉米 11.75 万 kg。1993 年河北省发病面积 40 万 hm^2，占全省玉米种植面积的 1/5，减产 6 000 万 kg。1992 年以后，玉米粗缩病在陕西省关中地区连年发生，1994 年全省发病 33.33 万 hm^2，病株率高于 60%的重病田在 13.33 万 hm^2 以上，平均损失率 40%，减产 5 亿 kg。1994 年山西省运城地区大面积流行。1995 年华北地区发病严重。1996 年山东省惠民县 2 万 hm^2 玉米全部发病，早播的套种田，病株率达 40%～80%，河北省辛集市因病毁种 0.13 万 hm^2。1997 年河南濮阳 0.43 万 hm^2 玉米发生粗缩病。

玉米粗缩病毒为球状病毒，由灰飞虱以持久性方式传播。该病毒只侵染单子叶植物，主要寄主有玉米、高粱、谷子、水稻、大麦、黑麦、小麦以及马唐、稗草、金狗尾、画眉等。玉米病株严重矮化，节间缩短，叶片对生，叶色浓绿，不抽穗或抽穗而不结实，籽粒很少。

二、玉米品种的抗病性及其遗传

玉米品种间对病毒的抗病性存在差异，种植抗病品种是防治玉米病毒病的主要措施之一。玉米矮花叶病和粗缩病在北方玉米产区大范围流行成灾，主要在 90 年代以后。在“六五”、“七五”期间，全国协作攻关的主要对象是玉米三大病害，即丝黑穗病、大斑病和小斑病。在“八五”期间，玉米茎腐病发生较多，不少单位开展了研究工作。对玉米病毒的研究基础则比较薄弱。在“八五”以前，各育种单位未将抗病毒列为主要育种目标。生产上大量应用的掖 107、Mo17 等品种，对两种主要病毒都高度感病。

大面积种植感病品种，是导致玉米病毒大发生的主要因素。20 世纪 60 年代中期，河南、河北病区主要推广种植感病的新单 1 号。70 年代山东省的泰单 71 号，甘肃省的长峰 7 号、天玉 1 号、天双 1 号、维尔 156 等，90 年代以后的掖 107、Mo17、5003、南 23－23 以及忻抗 1 号等都高度感病。Mo17 是高抗三大病害的自交系，用其配制的中单 2 号等杂交种的推广，对控制玉米三大病害起了重要作用。国内很多单位用 Mo17 组配新杂交组合，从而带来了病毒病的暴发流行。

至于玉米对粗缩病的抗病性，国内研究较少，但不同品种间发病轻重有明显差异。表现比较抗病的自交系、品种和杂交种，如百 78－1－14、百 226、唐 105、埃 1278C－2、56826、黄 3－4、旅 9、太 183、331、黄 94－2－1、加 32、墩子黄、黄小 162 和予农 704、2569×获白等。而郑单 2 号、丹玉 6 号、群单 105、博单 1 号、中单 2 号以及自交系掖 107、8112、Mo17 特等对粗缩病均为高感。

曹如槐等（1987）用 6 个抗病性不同的自交系进行双列杂交，得到 30 个正反交组合，人工接种矮花叶病毒。根据病情指数进行抗病性遗传参数分析，取得以下结果：玉米对矮花叶病抗病性的一般配合力方差达极显著水平，表明加性遗传效应具有重要作用，这种抗病性在后代易于固定，并能产生超亲分离，故通过对杂交后代的连续选择或群体轮回选择，可获得抗病自交系。抗病性特殊配合力方差也达极显著水平，这说明显性效应也具有一定作用。玉米对矮花叶病的抗病性具有较强的遗传传递能力，它是由自交系本身的遗传特性决定的，受加性和非加性基因控制，属细胞核遗传。供试的6个自交系中，黄早4和永白28具有较高的抗病性一般配合力，可将抗病性稳定遗传给后代，是较理想的抗源。太183和辽1311的抗病性一般配合力很低，但与高抗自交系杂交时，能表现出较强的杂种优势，故也可酌情利用。运白80和埃及205抗病性一般配合力不高，但其配制的杂交组合有超亲优势。

陈雨天等（1982）报道，玉米品种（系）对矮花叶病的抗病性，不仅表现为发病率和病情指数上的显著差异，而且症状也有所不同。抗病材料一般潜育期长、扩展慢、病叶多从叶基向叶尖形成褪绿条带，而感病品种潜育期短、病情扩展快、表现花叶症状。所测试的29个杂交组合，双亲均抗病的4个组合和一抗一感的19个组合，共23个组合，F_1代表现抗病，占79.3%。

三、抗病性鉴定方法

甘肃省农业科学院植物保护研究所（1982）总结出了一套玉米矮花叶病抗病性鉴定的切实可行的方法。人工接毒的介体为玉米蚜，采自田间自然蚜群，毒源为矮花叶病田间典型病株的嫩叶。每个鉴定材料播种两行，一行供苗期人工接毒，一行自然感病。行距33cm，行长自交系4m，杂交种5m，一般在6月中旬播种。出苗后在鉴定圃四周间隔6m，移栽种植矮花叶病株，供迁入蚜虫传播毒源。

人工接毒在玉米齐苗后3～4叶期进行，先把带有玉米蚜的玉米或高粱病叶采回，用毛笔轻轻扫下，于培养皿内饥饿2h，采典型玉米病株上部嫩叶，抽去中脉，剪成长1.5cm，宽1cm的叶段，放入皿内，置阴凉处饲毒4h，然后把带有蚜虫的病叶夹放在被鉴定的玉米幼苗上部叶腋间或心叶中。每个材料接30株，每株接虫5头左右，为不影响自然感染行，接种后不再喷药杀虫，20天以后调查发病率一次，并于当时将此行全部拔除，只留自然感病行，感染行定苗时，病株不间掉，每个材料留苗30株。在玉米喇叭口期调查发病株率，抽雄期调查发病级别，并计算病情指数。

玉米矮花叶病成株期病情分级标准：

0级：全株无病；

1级：果穗以上少数叶片出现褪绿症状；

2级：病株略矮，中、下部叶片呈条纹症状；

3级：病株明显矮化，雄穗分枝少，果穗瘦小或空秆。

关于品种抗病性划分标准，全国尚无统一的办法。现将甘肃省农业科学院植物保护研究所（1982）、山西省农业科学院品种资源研究所（1987）采用的分级标准介绍如下，各地在实际应用中，可不断总结完善，使之规范化。

甘肃省农业科学院植物保护研究所1978—1982年在进行品种抗病性鉴定中，综合人工接种及大田调查结果，并参照对照品种病情，提出划分标准，将鉴定材料归类。1978—1979年，将自交系发病率在5%以下，病情指数也在5以下的定为高抗（HR），苗期发病率不超过20%，抽雄期发病率不超过30%，病情指数不超过20的定为抗病（R），苗期和成株期发病率分别超过20%和30%，病情指数在20以上的定为感病（S）。杂交种发病率在20%以下，病情指数在10以下的为抗病（R），发病率不超过50%，病情指数不超过30为中抗（MR），发病率在50%以上，病情指数30以上为感病（S）。1980年以后对抗感程度划分标准又做了修正补充，自交系发病率15%，病情指数15以下，划为高抗（HR），发病率不超过40%，病情指数不超过30的为抗病（R），发病率40%以上，病情指数30以上为感病（S）。杂交种发病率20%，病情指数10以下为高抗（HR），发病率不超过35%，病情指数不超过20为抗病（R），发病率40%左右，病情指数40左右为中抗（MR），发病率50%以上，病情指数50以上为感病。山西省农业科学院品种资源研究所采用的分级标准见表14-7。

表14-7　玉米品种对矮花叶病抗感程度划分标准

（山西品资所，1987）

抗感类型	人工接种发病株率（%）	自然感染			
		自交系		杂交种	
		病株率（%）	病情指数	病情指数	
高抗HR	0～5	—	—	—	—
抗病R	5.1～15	0～25	0～20	0～15	0～10
中抗MR	15.1～25	—	—	—	—
感病S	25.1～35	25.1以上	20.1以上	15.1以上	10.1以上
高感HS	35.1以上	—	—	—	—

在进行品种抗病性鉴定时，应设对照品种。甘肃省农业科学院植物保护研究所提出的对照品种名单是：黄早4、330_2-92×黄早4（HR）、获白、丰单1号（R）、陇单1号（MR）、华160、天玉1号（S）。

玉米粗缩病是一种毁灭性病害，病株矮缩不长，不结果穗或虽有果穗但籽粒很少，所以一般按发病株率判定发病轻重。发病株率5%以下的为高抗（HR），5%～10%的为抗病（R），10%～30%的为感病（S），30%以上为高感（HS）。关于发病严重度的分级记载标准，尚无统一的办法。现提出以下抽雄期调查分级标准供试用，并在实际应用中使其逐步完善和规范：

0级（高抗HR）：健株；

1级（抗病R）：病株矮1/5～1/4，叶色浓绿；

2级（感病S）：病株矮1/2～2/3，叶片僵直，叶色浓绿；

3级（高感HS）：病株矮缩超过2/3以上或畸形不长，叶色浓绿。

此外，张会孔等（1998）也提出了一个在自然发病条件下，以掖单13号为对象的分级标准：

0级：健株；

1级：粒数或株产量损失50%以下，株高为健株的2/3；

2 级：粒数或株产量损失 51%～65%，株高为健株的 2/3；

3 级：粒数或株产量损失 66%～80%，株高为健株的 3/5；

4 级：粒数或株产量损失 81%～95%，株高为健株的 3/5；

5 级：粒数或株产量损失 96%以上，株高为健株的 1/2 以下。

测试结果表明，玉米粗缩病苗期病株率与收获期病情指数呈极显著正相关，因此可由苗期发病率预测当年发病严重程度，用以指导大田防治。

四、玉米对矮花叶病的抗病种质资源

甘肃省农业科学院植物保护研究所在 1978—1982 年，共鉴定了玉米材料 1 681 份，其中自交系 1066 个，杂交种及农家品种 615 个。对矮花叶病表现高抗和抗病的自交系、杂交种和农家品种共有 126 个，占鉴定材料的 11.8%。

主要抗病自交系、杂交种和农家品种有黄早 4、原 70B、单 7148、唐 105、黄 362、威风 322、威风 324、单 675、白凤 154、黄 3-4、海东 120、永白 28、早四门 390、获唐 2379、二南 24、白早 4、获白、武 105、武 110、武 302、齐 31、330_2-92、威齐、A116、黄 204、M 南 31、78365、A619、马自 138-1、马自 138-5、330_2-92×黄早 4、黄早 4×矮 C103、鲁原单 4 号×黄早 4、浚 725×黄早 4、原武 02×黄早 4、武 110×可利 67、鲁原单 32 号、武 105×永白 28、丰单 1 号、武 405×获白、郭玉 1 号、庆白 4 号、长单 15、长单 16、张单 8012、陇单 1 号、中单 2 号、郑单 2 号、张单 802、武 206×330、黄早 4×西埃、门可早大×330、黄早 4×武 206、单 7148×获唐 2379、雁 202×黄早 4；黄棒子、武都黄包谷、白马牙、花里虎、多穗玉米、太行白-1 等。

山西省农业科学院品种资源研究所在 1980—1984 年五年间共鉴定玉米材料 1 574 份，其中农家品种 1 282 份，自交系 202 份，杂交组合 90 份。表现高抗（HR）的有 11 个材料，即黄早 4、白金 0-3、威风 322、永白 28、运单 3 号、大单 2 号、晋单 18 等。表现抗病（R）的有 27 个材料，即雁选 1 号、小黄玉米、华凤 100、运单 1 号、运单 2 号、获白、齐 31、同单 7 号、中单 2 号、白玉米、白马牙等。表现中抗（MR）的有 16 个，其中有 207-33、埃及 205、长征 2 号、野鸡红 A 等。

参 考 文 献

[1] 河北省保定地区科技情报所译. 植物抗病育种——概念和应用. 北京：农业出版社，1979

[2] 白金铠，潘顺法，罗畔池等. 玉米大、小斑病及其防治. 上海：上海科学技术出版社，1985

[3] 白金铠主编. 杂粮作物病害. 北京：中国农业出版社，1997

[4] 曹如槐，任建华，王晓玲. 玉米对丝黑穗病抗病性遗传规律的研究. 植物病理学报 . 1986，16 (2)：93～98

[5] 曹如槐，王晓玲，任建华等. 玉米对矮花叶病抗病性遗传的初步研究. 植物病理学报 . 1987，17 (2)：119～120

[6] 陈刚. 玉米大斑病菌生理小种 2 号的分布与防治. 玉米科学 . 1993，1 (1)：65～66

[7] 崔洋，刘克明，魏建昆. 玉米小斑病菌 C 小种毒素的分离、纯化及其植物病理反应. 植物病理学报 . 1991，21 (3)：187～191

[8] 邸垫平，苗洪芹，吴和平等．玉米矮花叶病毒在抗、感、耐玉米自交系接种叶片内的扩展．见：刘仪主编．植物病害研究与防治．北京：中国农业科技出版社，1998，161～163
[9] 董金皋，黄梧芳．离体玉米根冠细胞对 Hm-毒素敏感性的研究．植物病理学报．1988，18（4）：239～244
[10] 段双科，马秉元，李亚玲．应用玉米小斑病 T 小种毒素粗提液快速测定 T 型细胞质玉米技术方法的研究．植物病理学报．1981，11（4）：58～59
[11] 甘肃农科院植保所病毒组．玉米矮花叶病及其防治．甘肃农业科技．1980（3）：19～20
[12] 甘肃省农科院植保所病毒组．玉米品种资源抗矮花叶病鉴定初报．甘肃农业科技．1982（3）：11～12
[13] 高卫东，戴法超．玉米大斑病研究的新进展．植物病理学报．1993，23（3）：193～195
[14] 何丽泉，杨培，杨书堂等．玉米粗缩病的发生与防治．植物保护．1982，8（3）：29～35
[15] 李建生．玉米对大斑病单基因抗病性与多基因抗病性互作效应的研究．作物学报．1984，10（3）：155～162
[16] 李竞雄主编．玉米育种研究进展．北京：科学出版社，1992
[17] 刘惕若，薛国典．玉米品种对丝黑穗病的抗病性和幼苗诊断的研究．植物保护学报．1983，10（4）：274～276
[18] 陆宝男，李玉，刘雪静．玉米丝黑穗病防治研究．植物保护学报．1980，7（2）：75～82
[19] 罗畔池，刘克明，黄梧芳等．我国玉米小斑病菌的生理小种．植物病理学报．1981，11（3）：49～56
[20] 马秉元，李亚玲，段双科等．玉米丝黑穗病研究：Ⅲ综合防治措施与效果．见：陕西省植物保护研究所编著．植物保护研究．西安：陕西科学技术出版社，1992，201～212
[21] 马秉元，李亚玲，段双科等．玉米对丝黑穗病的抗病性遗传初步研究．中国农业科学．1983，16（4）：12～17
[22] 马秉元，李亚玲，段双科等．玉米丝黑穗病菌侵染条件及其与高粱菌的交互侵染．陕西农业科学．1981（5）：40～42
[23] 马秉元，李亚玲，段双科等．玉米丝黑穗病的综合防治．农业科学技术通讯．1979（4）：32
[24] 马秉元，李亚玲，段双科等．玉米丝黑穗病研究：Ⅰ病原菌生物学及生理分化．见：陕西省植物保护研究所编著．植物保护研究．西安：陕西科学技术出版社，1992．188～195
[25] 马秉元，李亚玲，龙书生．陕西省玉米品种抗病性研究进展与分析．玉米科学．1997，5（4）：67～71
[26] 马秉元，马友信，段双科等．陕西省玉米大、小斑病发生流行研究．见：陕西省植物保护研究所编著．植物保护研究．西安：陕西科学技术出版社，1992．178～187
[27] 马秉元．我国玉米丝黑穗病综合防治研究进展．中国农业科学．1985，18（1）：46～51
[28] 马宜生．玉米丝黑穗病菌接种高粱的试验．植物保护学报．1984，11（1）：8
[29] 苗洪芹，邸垫平，吴和平等．玉米矮花叶病毒在抗、感、耐玉米自交系植株体内的系统运转．见：刘仪主编．植物病害研究与防治．北京：中国农业科技出版社，1998．164～167
[30] 潘顺法，白金铠，李勇等．玉米大斑病菌生理小种鉴定结果初报．植物病理学报．1982，12（1）：61～64
[31] 潘顺法，姜晶春，马润芝等．玉米大斑病防治研究．中国农业科学．1980，13（3）：78～84
[32] 钱幼亭，孙晓平，刘艳．我国玉米粗缩病发生现状和综合防治策略探讨．见：中国植物保护学会等编．中国植物保护研究进展．北京：中国科学技术出版社，1996
[33] 陕西省植物保护研究所．农作物病虫害防治．西安：陕西科学技术出版社，1983

[34] 石银鹿，张琦，王富荣等．玉米矮花叶病毒的株系鉴定．植物病理学报．1986，16（2）：99～104
[35] 史春霖，徐绍华．北京玉米和高粱上的玉米矮花叶病毒．植物病理学报．1979，9（1）：35～40
[36] 苏书文，梅振邦，高合明等．玉米抗大斑病遗传及其育种的研究．作物学报．1982，8（1）：15～21
[37] 汪志和，杨占起，陈国民等．抚宁县玉米矮花叶病抗病品种的筛选和防治决策．见：刘仪主编．植物病害研究与防治．北京：中国农业科技出版社，1998．300～303
[38] 王金华，王全茂．玉米丁布对幼苗丝黑穗病抗病性关系的研究．植物保护学报．1989，16（3）：187～191
[39] 王铨茂，许红．玉米对玉米小斑病菌抗病性与过氧化物酶活力关系的研究初报．植物病理学报．1983，13（3）：60～62
[40] 吴纪昌，陈刚，邹桂珍等．玉米大斑病菌生理小种研究初报．1983，13（2）：15～20
[41] 吴全安，梁克恭，朱贤朝．我国玉米小斑病菌的研究．中国农业科学．1984，111（2）：70～74
[42] 杨本荣．玉米粗缩病的发生与作物抗病性的关系．河北农学报．1983，8（3）：29～35
[43] 玉米遗传育种学编写组．玉米遗传育种学．北京：科学出版社，1979
[44] 玉米种质资源鉴定协作组．玉米种质资源对小斑病的抗病性鉴定研究．植物保护．1991，17（6）：18～19
[45] 张传模，徐维基，朱贤朝等．11个玉米自交系对小斑病O小种几个抗病性因素遗传的研究．遗传学报．1983，10（3）：186～193
[46] 张会孔，杨振霞．玉米粗缩病严重度分级标准的研究．见：刘仪主编．植物病害研究与防治．北京：中国农业科技出版社，1998
[47] 张秦风，任芝英，关蕴瑞．玉米矮花叶病研究初报．陕西农业科学．1982（6）：15～16
[48] 张志德．玉米抗丝黑穗病性苗期鉴定方法的研究．植物保护学报．1984，11（4）：283～284
[49] 中国农科院植保所病毒组．玉米花叶条纹病的发生与防治．农业科学技术通讯．1973（3）：21
[50] 周广和，杜志强，王锡锋等．玉米矮花叶病严重流行及防治策略．见：中国植物保护学会等编．中国植物保护研究进展．北京：中国科学技术出版社，1996，218～221
[51] 朱贤朝，吴全安，李健平等．玉米小斑病菌生理小种研究初报．植物病理学报．1979，9（2）：113～120
[52] 朱贤朝，吴全安，张传模等．八个玉米自交系对小斑病（O小种）田间成株期水平抗病性因素的观察研究．植物病理学报．1981，11（3）：43～48
[53] 朱有钰，宋佐衡，刘晔．玉米不同抗病性品种对丝黑穗病在感病年龄上的差异．植物病理学报．1984，14（3）：135～139
[54] Al-Sonaily IA，Mankin CJ，Semeniuk G. Physiologic Specialization of *Sphacelotheca reiliana* to sorghum and corn. Phytopatology，1963，53（6）：723～726
[55] Farag I S. Determination of the time of infection of corn head smut. Phytopathology，1973，63（10）：1215～1216
[56] Hooker A L. Resistance to *Helmiuthosporium turcicum* from *Tripsacum floridamum* incorporated into corn. Plant Breeding Abstr，1982，52：112
[57] Hooker AL. Physiological races of *Helminthosporium magolis* and disease resistance. Plant Disease Reptr，1970，54：1104～1108
[58] Hooker AL. A virulence of *Helminthisp orium turcicum* on monogenic resistant corn. Phytopathology. 1965，55：462～463
[59] Lim S M. Use of *Helminthosporium manyelis* race T pathotoxin to determine disease reaction of ger-

minating corn seed. Agronomy Journal, 1971, 63: 712～713

[60] Lim SM, Kinsey JG, Hooker AL. Inheritance of virulence in *Helminthosporium turcicum* to monogenic resistant corn. Phytopathology, 1974, 64: 1150～1151

[61] Louie R. Strains of maize dwarf mosaic virus. Plant Disease Reptr, 1975, 59: 518～522

[62] Philip M. Prevalence and pathogenicity of *Sphaclotheca railiana* causing head smut of field corn in California. Phytopathology, 1962, 52. 3: 199～202

[63] Raymundo A D. Effect of gene HtN on the development of northern leaf blight epidemics. Plant Disease Peptr, 1981, 65: 327～330

[64] Smith D R, Hooker AL. Monogenic chlorotic lesion resistance in corn to *Helminthosporium maycis*. Crop Science, 1973, 12: 330～331

第十五章

马铃薯品种抗病性及其利用

至今马铃薯栽培历史才400多年，已经成为我国以及全世界重要的粮菜兼用作物，以发达国家和我国贫困山区人均占有量最多。全世界马铃薯播种面积0.23亿hm^2左右，我国400万hm^2左右，是世界第一马铃薯生产大国。马铃薯是典型无性繁殖作物，具有高产潜力。马铃薯病害种类多，发生重，研究也较深入。19世纪中期欧洲马铃薯晚疫病大流行，造成了历史上有名的大饥荒和社会动荡，并促进了植物病理学的发展。当前马铃薯晚疫病依然是最危险的流行性病害。马铃薯感染病毒而引起退化，造成严重减产，引发了对植物病毒学的深入研究，促进了茎尖组织培养和脱毒种薯生产等生物技术的发展。国内外的经验都证明，选育和利用抗病品种是防治马铃薯病害的最重要、最经济有效的措施，抗病品种利用是综合防治体系的重心。

第一节　病 毒 病

马铃薯病毒病是世界范围的重要病害，是导致马铃薯退化的重要因素。在我国大部分地区，包括北方一季作地区，病毒病害都严重发生，引起产量下降和品质变劣，给马铃薯生产带来极大的威胁。现已发现侵染马铃薯的病毒有20多种。此外还有类病毒引起的马铃薯纺锤块茎病，植原体引起的马铃薯丛枝病和束顶萎蔫病等类似病害。我国发生较重的病毒和类病毒有7种，即马铃薯重花叶病毒（*Potato virus* Y，PVY）、马铃薯普通花叶病毒（*Potato virus X*，PVX）、马铃薯卷叶病毒（*Potato leaf roll virus*，PLRV）、马铃薯轻花叶病毒（*Potato virus A*，PVA）、马铃薯纺锤块茎类病毒（*Potato spindle tuber viroid*，PSTV）、马铃薯潜隐花叶病毒（*Potato virus S*，PVS）和马铃薯副皱缩病毒（*Potato virus M*，PVM）。对它们的生物学特性、形态结构、血清学特性、传染途径、鉴别寄主和寄主范围等均有较详尽的研究，为抗病育种和病害防治提供了有价值的基础资料。

一、抗病类型及其遗传基础

马铃薯的普通栽培种（当前全世界广泛种植的栽培种）是同源四倍体（4X，2n＝48），由于是四体遗传，遗传基础较为复杂。马铃薯野生种和近缘栽培种有二倍体、三倍体和六倍体等，有同源性的也有异源性的，用于杂交育种时，其可开花性、花器正常性、孕性、亲和性、蕾花果脱落性、结实性等均对抗病性遗传和抗病类型有影响。马铃薯采用无性繁殖方式繁殖后代，马铃薯的品种是无性繁殖系（clone），在品种群体中个体之间的遗传基础是一致的。但是，马铃薯品种的基因型是杂合性的，这是无性繁殖作物最主要的遗传特点。有一些品种可以有性繁殖产生种子，种子无论是杂交得到的，还是自交得到的，其后代群体都会发生分离。长期无性繁殖使多种病毒、细菌和真菌等病原物得以借助种薯逐代传递，致使发病加重，品种的抗病类型复杂且难以界定。

（一）品种的抗病类型

根据马铃薯对病毒侵染的反应，将品种的抗病性划分为如下类型：

1. *免疫和高抗类型*　免疫或高抗的品种在病毒进入后，可以强烈抑制病毒繁殖，不表现任何症状。一般讲体内也不应存在病毒。这类品种很少，对多种病毒还找不到免疫和高抗的品种和抗源。仅发现对 X 病毒、Y 病毒和 A 病毒具有免疫性的品种较多。

2. *过敏性反应抗病类型*　植株被病毒侵染后即产生坏死反应，侵入点的细胞坏死，病毒被钝化。如果坏死反应发生比较缓慢时，病毒可通过韧皮部而扩散，产生“系统坏死”和“顶端坏死”，甚至全株坏死，其结果也使病毒钝化。这样就以局部组织或整个病株的坏死，限制了病毒对其余组织或其他植株的感染。这种抗病性也被称为“田间免疫”。野生种的过敏性反应和普通栽培种类型的过敏性反应有本质上的不同，它们作为病毒抗源的价值也不相同。野生种的过敏性抗病性针对病毒的所有株系，而品种的过敏性抗病性则仅仅针对个别株系。野生种的免疫性和过敏性反应抗病性实际上有相同的价值。

3. *田间抗病性*　主要指植物的一些生理特性，如提早达到老龄，而产生的阻碍病毒繁殖和转移的抗病性。具有这样抗病性的品种在田间条件下，表现为感病株数减少。

4. *耐病性*　耐病性是指植物忍受病害的性能。外观上，发病情况类似感病品种，但产量损失比感病品种较小。衡量耐病性的标准是测定产量。许多历史悠久的农家品种多是耐病品种。由于耐病品种在产区多年种植，自身带有大量的病毒，可传染脱毒品种和其他寄主植物，使用耐病品种应当慎重。

5. *避病性*　避病特性不属于狭义的抗病，而是感病的植物在某种条件下得以躲避发病或避免病害盛发。对有些病毒，找不到抗病材料时，可以利用避病性选用品种和改进栽培技术。

（二）品种抗病性的遗传基础

范德普兰克（Vanderplank）根据品种的抗病性与病原物小种的毒性之间有无特异的相互作用，把植物的抗病性分为两大类。有特异相互作用的称为垂直抗病性（vertical resistance），没有特异相互作用的称为水平抗病性（horizontal resistance）。这些观点受到了马铃薯遗传育种学家的欢迎。

1. *垂直抗病性（小种专化抗病性）*　具有垂直抗病性的品种抵抗病原物的某些小种，但对另一些小种则不能抵抗，即品种的抗病性与小种的毒性之间有特异的相互作用。这种抗病性一般表现为免疫或高度抗病。但是抗病性不稳定和不能持久。往往抗病品种推广出去不几年，由于在病原物的群体中出现致病小种，就表现为高度感病。

就遗传基础来看，垂直抗病性是由单基因，即主效基因（major gene）控制的。抗病性遗传表现为质量遗传（qualitative inheritance）。

在流行学上，具有垂直抗病性的品种可以起到减少初始菌量的作用。大面积使用单一的垂直抗病性品种是先进和经济的，但是有较大的危险性，应当跟踪病原物的变异情况，提倡选育多抗品种和作好品种合理布局。

2. 水平抗病性（非小种专化抗病性） 理论上，具有水平抗病性的品种对所有小种的反应都是一致的。即品种的抗病性与小种的毒性之间没有特异的相互作用。水平抗病性不易因小种发生变化而在短期内变为感病，抗病性比较稳定和持久。

在遗传学上，水平抗病性是由多基因（polygenes）控制的，是许多微效基因（minor gene）综合地起作用，抗病性遗传表现为数量遗传（quantitative inheritance）。

测定水平抗病性可用多小种进行接种，调查病情和产量。用初步被认定是水平抗病性的品种与非常感病的品种杂交，子一代即可分离，如抗病性呈连续变异和数量遗传，即是由多基因控制的抗病性。可利用基因的累加效应选育出较强的抗病品种。

水平抗病性可使病害潜育期延长，病原物繁殖体数量减少，发病速度慢，最终发病程度轻。

二、马铃薯对重花叶病毒（PVY）的抗病性

重花叶病毒也称为马铃薯 Y 病毒，是危害我国马铃薯生产，引起严重退化的主要病毒。因为它易于传播，发病和流行快，减产可达 80%。当重花叶病毒与其他病毒，如普通花叶病毒、卷叶病毒、轻花叶病毒等复合侵染时，则减产更为严重。

（一）田间症状

病株发病初期顶部叶片的叶脉产生斑驳，后期发展为叶脉坏死。坏死严重时，沿叶柄蔓延到主茎上，主茎上产生褐色条斑。叶片完全坏死并萎蔫，形成所谓垂叶条斑。有些品种虽不坏死，但病株矮小，茎叶变脆，节间短，叶片呈现普通花叶症状，并集生成丛。重花叶病毒与普通花叶病毒混合侵染，则呈皱缩花叶症状。由于马铃薯的品种和重花叶病毒的株系不同，表现的症状也不同。这就要求育种者具有识别病害的实践经验。

（二）病原

PVY 是一种弯曲的、线状的、螺旋形结构的病毒粒体，大小为 730nm×11nm。稀释终点 1：100～1：1 000，致死温度 52～55℃，体外保存期 24～48h。

1. 病毒株系 重花叶病毒的株系主要有 3 组：普通株系（Y^O）、条斑株系（Y^C）和烟草叶脉坏死株系（Y^N）。重花叶病毒可以接触传毒和蚜虫传毒。重花叶病毒与轻花叶病毒或普通花叶病毒混合侵染时表现为皱缩花叶，可加快坏死，使植株干枯绝产。20 世纪 50 年代在欧洲发现的重花叶病毒的新株系 Y^N，病株呈潜隐型或呈现极轻微的皱缩花叶，在田间不易鉴别。Y^n 可借蚜虫和接触传毒。马铃薯植株感染 Y^N 后，对重花叶病毒的其他株系并没有保护作用。重花叶病毒的 C 株系是难借蚜虫传毒的。

2. 鉴定技术 血清鉴定重花叶病毒要有适当的病毒浓度，才发生血清学反应。株系间血清专化性较强。鉴别寄主为洋酸浆（接种后 10 天在接种叶上产生坏死斑点）和 A_6 系。后者是由马铃薯野生种地霉松和普通栽培种品种阿奎拉的杂交后代中，筛选出的无性系，在接种叶上产生黑色斑点。由于 A_6 为无性繁殖系，只能借块茎繁殖，所以必须注意保持不被病毒感染。在人工光照 2 000lx 的条件下，接种后至少需 5～6 天才呈现症状。近年来多改用 SdA 系和 SdY 系（为 *S. dimissum* 的自交系），可利用其摘叶进行离体接种培

养，在有光照的条件下，接种后 3 天即可发病；在无人工辅助光照的条件下经 4 天也可出现坏死斑症状。SdY 和 SdA 都可用实生种子进行繁殖，具有一定汰毒作用。普通烟草品种 Samsun、心叶烟、洋金花和枸杞也都可作为鉴别寄主。

在育种工作中，常利用指示植物和抗血清鉴定重花叶病毒。由于马铃薯的品种和重花叶病毒的株系不同，表现的症状也不同。仅利用抗血清鉴定重花叶病毒，其准确性远不如对普通花叶病毒、潜隐花叶病毒和副皱缩花叶病毒的血清学鉴定效果。利用某一株系作为抗原制作的血清，只能对该株系发生血清反应。因此，应配合利用 A_6 和 *S. dimissum* 作指示植物。

（三）马铃薯对重花叶病毒的抗病性及其利用

1. 品种的抗病性　马铃薯栽培品种间对重花叶病毒的抗病性有很大的差异，且主要对该病毒具有田间抗病性，很少具有过敏性抗病性。

国外抗病性研究成果表明，较抗重花叶病毒的品种有白头翁（Anemone）、阿奎拉（Aquila）、阿普它（Apta）、维拉（Vera）、卡它丁（Katahdin）、北斗星（Fortune）、七百万（Chippewa）、燕子（Schwalbe）、波兰二号（Everest）、卡皮拉（Capella）、马利它（Maritta）等。

2. 品种抗病性的遗传来源　对重花叶病毒具有田间抗病性的一些品种如阿普它、卡皮拉、马利它、燕子等都是利用〔*S. demissum*× Polanin（来源于 *S. andigena*）〕的杂种作亲本育成的。同时，这些育成品种也是很好的抗源亲本，能将其对重花叶病毒的田间抗病性遗传给后代。品种卡它丁对重花叶病毒具有过敏性抗病性，并且可将这一特性遗传给后代。卡它丁和燕子可产生较多的抗重花叶病毒的后代。

有人利用人工接种方法，对 180 个品种的自交实生苗，进行了抗病性鉴定，产生较多抗重花叶病毒后代的品种有卡它丁（75%不感病），其次是高淀粉、燕子等品种。

由于重花叶病毒有不同的株系，使抗病育种工作复杂化。重花叶病毒的 C 株系在一些品种、野生种以及鉴别寄主酸浆上，症状较一般重花叶病毒更为严重。C 株系在一些品种上表现为潜隐型，危害性更大。Y^N株系在侵染当年并不表现症状（带毒者），以后逐渐发病，该株系又极易蚜虫传毒，欧洲的许多栽培品种因感染该株系而失去种植价值。

3. 野生种的抗病基因　有一些野生种具有对重花叶病毒的免疫性和过敏抗病性，但用于育种往往带进一些不良性状，回交后抗病性有所降低。

异源四倍体野生种 *S. stoloniferum* 对重花叶病毒所有的株系的抗病性，都受 1 显性基因控制，并且是二体遗传。*S. stoloniferum* 对重花叶病毒表现不同类型的抗病性（免疫或过敏），是复等位基因的作用。R_y基因决定免疫性，R_{ym}基因决定过敏性第Ⅰ类型；R_{yn}基因决定过敏性第Ⅱ～Ⅴ类型；r_y基因决定感病。抗病程度 $R_y>R_{yn}>R_{ym}>r_y$（Ross，1966）。

4. 野生资源的利用途径及其遗传效应　异源四倍体 *S. stoloniferum* 与普通栽培种（*S. tuberosum*）是较难以杂交成功的。如先将异源四倍体 *S. stoloniferum* 诱变为同源八倍体，用作母本再与普通栽培种杂交，则较易成功。其杂种 F_1代具有染色体 72 条（来自 *S. stoloniferum* 的 48 条，来自 *S. tuberosum* 的 24 条），全部个体都抗病，均含有该野生种的显性抗病基因。其回交后代发生分离现象，抗病与不抗病的比例约为 1∶1，但由于回交杂种染色体数不平衡，常有不抗病杂种个体数量增多的倾向，从而抗病与不抗病的比例成为 2∶3。

S. stoloniferum×*S. tuberosum* 的杂种与普通栽培种多次回交，获得的四倍体杂种均是单显性杂种（$R_y r_y r_y r_y$），其自交后代抗病与不抗病的分离比为 3∶1；测交后代为1∶1。

南美洲二倍体种 *S. chacoense*（2n=24）的一些单系含有对重花叶病毒的抗病基因 R_y 和 R_{yn}，与 *S. stoloniferum* 的抗病基因极其相似。个别 *S. chacoense* 单系，除含有 R_y 和 R_{yn} 基因外，还有控制重花叶病毒一些株系，具有顶端坏死反应的基因 N_y。有人报道，基因 N_y 对重花叶病毒的各株系，均有致死性的坏死反应。同时，在 *S. chacoense* 中，N_y 基因与 N_x 基因（抗普通花叶病毒，引起坏死反应）是连锁的。

马铃薯栽培品种具有显性基因 N_c，该基因控制对重花叶病毒 C 株系的顶端坏死反应。含有基因 N_c 品种并没有多大的育种价值。在栽培品种中尚未发现含有 N_y 基因的材料。

目前，已知野生种 *S. stoloniferum*、*S. acuale* 和 *S. chacoense* 可作为抗重花叶病毒育种的优良原始材料。前联邦德国在利用野生种 *S. stoloniferum* 与栽培品种进行种间杂交的基础上，经多次回交育成了新品种哥兰吉利亚（Grazilia），该品种对重花叶和轻花叶病毒具有免疫性，并对卷叶病毒具有田间抗病性。四倍体野生种 *S. acaule* 也含有抗病基因。

（四）我国抗重花叶病毒的研究成果

1. *新型栽培种的育种价值* 南美洲安第斯栽培种（*S. andigena*，为四倍体栽培种）是安第斯种（*S. andigenum* Juz. et Buk，属短日照型四倍体野生种和栽培种）的一部分。地理分布区域广泛，包括阿根廷、玻利维亚、智利、秘鲁、厄瓜多尔、哥伦比亚、危地马拉的安第斯山区和墨西哥。因此，安第斯栽培种种内具有极广泛的遗传变异性，是丰富的基因库。大量的研究结果确认，安第斯栽培种具有下列抗病遗传特性：含有对重花叶病毒的抗病基因，对普通花叶病毒免疫，对潜隐花叶病毒有过敏性抗病性，对晚疫病有田间抗病性，抗青枯病、黑胫病、环腐病和线虫。*S. andigena* 四倍体栽培种极易与普通栽培种杂交，这给通过杂交方式引入抗病基因带来了极方便的条件。但是，引入的 *S. andigena* 在北半球高纬度长日照条件下种植，不开花且生育期大大延长，给直接利用造成困难。欧洲著名遗传育种家西蒙兹（Simmonds）等人从 60 年代初期开始，大量广泛地引进南美洲的安第斯栽培种在欧洲进行适应性种植和轮回选择。经 10 多年的混合授粉和抗病性筛选，获得一大批适应长日照，经济性状近似普通栽培种的材料。西蒙兹等人把经长日照轮回选择的 *S. andigena* 称为新型栽培种（Neo-Tuberosum），它们极易与普通栽培种杂交。西蒙兹等人还认为，现在种植的马铃薯普通栽培种，大部分是由秘鲁或哥伦比亚的安第斯山区引入欧洲的，经人工选择成为能适应长日照的 *S. andigena* 类型。因此，可以认为普通栽培种只是具有广泛基因源的安第斯种中极小的一部分 。新型栽培种在抗病性育种中具有重要的作用，近 20 多年来国内外应用较多，在育种中已取得成果。

2. *我国对新型栽培种的利用* 我国以东北农业大学为主，自 70 年代起，先后从加拿大、秘鲁等地引入新型栽培种（Neo-tuberosum）进行轮回选择。我国是利用马铃薯新型栽培种作抗病育种材料最早的国家之一。从 1978 年开始，由东北农学院主持，组织各院校和科研单位联合攻关，开始筛选 *S. andigena* 的抗病株系和自交系，经轮回选择获得了许多品系，通过抗病配合力的测定，鉴选出一部分有价值的抗病育种材料。最主要的着眼点是筛选抗病毒病和晚疫病的材料，以进行种质资源的创新，解决马铃薯普通栽培种的基因狭窄的问题。经鉴定保存的无性系材料中，较抗重花叶病毒的品系有 NES 10001 - 10080，NES 30001 - 30090，NES 40001 - 40070，NS79 - 12 系列，NS12 - 88 系列等材料 300 多份。在全国联合攻关中，筛选出抗 Y 病毒的品系材料 20 多份，并已利用到 T×A 的杂交组合中，选育出新品种 12 个。还选育了一些我国特有的自交系材料。其中呼 H 系列品系、东农 H 系列品系，呼自 77 - 28、呼自 77 - 106、呼自 79 - 16，NS_{79}、NS_{12}等抗病性遗传力较高，是宝贵的新基因材料。

3. 抗重花叶病毒 Y 基因的导入

国外已经获取了抗 Y 病毒的基因，已建立起马铃薯对该基因的转导体系。我国一些大学和科研单位已经引入该基因，正在进行基因导入工程的研究。

（五）我国栽培品种抗病性材料

我国现有的栽培品种抗重花叶病毒的有小叶子、丰收白、克新 1 号、西薯 1 号、三六一、沙杂 15、郑薯 2 号、呼薯 1 号、内薯 2 号、泰山 1 号、波友 1 号、德友 2 号等 。品系有甘 67 - 5 - 3、克 693、克 753、克 6108 - 17、克 6717 - 36、呼自 278、呼自 77 - 28、呼自 77 - 106、呼自 79 - 16 等。

三、马铃薯对普通花叶病毒（PVX）的抗病性

马铃薯普通花叶病毒亦称马铃薯 X 病毒，在自然界分布最为普遍，绝大多数的栽培品种都已经感染了该病毒。在已知的马铃薯病毒中，它的危害最轻，但亦可减产 10% 左右。

（一）田间症状

感病植株的叶片轻微花叶，比正常植株块茎数量减少且块茎较小。有些品种植株坏死，减产严重。如果复合感染重花叶病毒（PVY）或轻花叶病毒（PVA）则减产更为严重。因此，普通花叶病毒是一种具有潜在危险的病毒。

（二）病原

马铃薯普通花叶病毒粒体弯杆状，大小 515nm×12nm，稀释终点为 1∶10 000～1∶1 000 000，致死温度约 70℃。

普通花叶病毒对有些品种引起脉间花叶，而植株正常叶片平展，男爵（Irish Cobbler）和尤伯尔（Jubel）等品种感病株不表现任何症状，但是病毒的携带者。了解哪些品种是“带毒者”很重要，因为带毒者往往是反应严重品种的侵染源。有些具有田间抗病性的品种，对不同株系有不同的反应。例如品种卡它丁（Katahdin ）和艾比库尔（ Epicure）感染 B 株系时，植株顶部幼叶产生坏死斑，这是一种过敏反应，使生长点死亡，阻止产生系统侵染。

1. *病毒株系*　普通花叶病毒的株系很多，已知的有 X^1，X^2，X^3 和 X^4 等四组株系。不同组的株系均有血清关系，但不同组的株系间却没有交叉保护作用。例如，品种爱尔司特林（Eersteling）感染 X^2 株系后亦非常容易感染 X^3 组的株系。X^1，X^2 和 X^3 组的株系侵染一定的品种后，均能引起过敏性反应，但 X^4 组的株系，对已鉴定的所有品种均能引起脉间花叶。因此，对其他组株系发生过敏性反应的品种，仍有感染 X^4 组株系的危险。幸

而迄今在田间尚未发现X^4组株系。X^2组株系即B株系，X^3即一般所称的普通株系。

2. 传染途径　马铃薯普通花叶病毒，在自然界可由病株与健株接触传毒，也可由农具、衣物和动物皮毛带毒传播。健康种薯幼芽与病薯幼芽接触，田间植株根部接触都能传毒。普通花叶病毒不借蚜虫传播，蝗虫及其他咀嚼口器昆虫如同衣物和皮毛一样也可经接触传毒。现已经发现马铃薯癌肿病病原菌（*Synchytrium endobioticum*）可以传播普通花叶病毒。普通花叶病毒不能借马铃薯实生种子传毒，但能由菟丝子（*Cuscuta campestris*）的种子传毒。

3. 鉴定技术　马铃薯普通花叶病毒的指示植物有千日红（*Gomphrena globosa*），接种后5～11天，在接种叶片上出现具红色晕圈的黄色坏死斑。其他鉴别寄主还有曼陀罗、洋金花、普通烟、心叶烟、黄花烟和辣椒等。利用抗血清鉴定病株效果明显。

马铃薯普通花叶病毒的不同株系在普通烟草上表现的症状是不同的。有的品种对一些株系呈顶端坏死，而对B株系则呈现花叶，而另一些品种则相反。例如，凡引起品种艾比库尔和爱德华顶端坏死的株系，属于普通花叶病毒株系，不引起这些品种顶端坏死，而引起品种总统和胜利（Arran Victory）顶端坏死的则属于B株系。

（三）品种的抗病性及其利用

育成新品种应对所有的株系均具有抗病性，因而必须用普通花叶病毒的各种株系接种鉴定。为了工作方便起见，常利用带有多种株系的品种作为接种毒源。一般认为品种尤伯尔（Jubel）含有普通花叶病毒的多个株系。利用尤伯尔接种后，被鉴定的品种或育种材料如不产生坏死反应，则该材料不具有过敏性抗病性。

1. 抗病性的遗传基础　根据马铃薯品种是否具有抗病基因N_x，N_b及其抗病反应，可将普通花叶病毒的株系分为四类（表15-1）。

表15-1　马铃薯普通花叶病毒的株系和过敏性基因N_x和N_b的关系

品种名称	基因型	品种对普通花叶病毒各株系的反应*			
		1类	2类	3类	4类
阿兰班纳（Arran Banner）	$n_x n_b$	S	S	S	S
艾比库尔	$N_x n_b$	N	S	N	S
阿兰胜利	$n_x N_b$	N	N	S	S
克利司挑战（Craigs Defiance）	$N_x N_b$	N	N	N	S

N=过敏性反应；S=感病。

第三类为一般常见的株系，第二类为B株系。第一、二和三类在毒力、耐热性和血清反应上均有差异。具有基因N_x或N_b以及同时具有基因N_x和N_b的均感染普通花叶病毒（X），因为这些品种都不能对第四类株系产生坏死反应。基因N_x决定对第一、三类株系的抗病性；基因N_b决定对第一、二类株系的抗病性；同时具有N_x和N_b基因决定对第一、二和三类株系的抗病性。

2. 抗病品种　目前尚未发现单独含有N_x基因的品种。在大多数品种中N_x和N_a是连锁的，N_a控制对轻花叶（A）病毒的过敏性反应。许多品种含有N_b基因，多是利用卡它丁（含有N_b基因）做亲本育成的。在现有品种中也没有发现仅含有N_x和N_b基因的品种，因为 N_x 和 N_a 是连锁的，只有同时含有 $N_xN_bN_a$ 基因的品种（表 15-2）。

在 *S. tuberosum* 的各品种中，基因 N_x、N_a 和 N_c（控制对重花叶病毒 C 株系的过敏抗病性）是连锁的，但基因 N_x 和 N_b（控制对普通花叶病毒 B 株系的过敏抗病性）并不位于同源染色体上。

表 15-2　含有对病毒过敏反应基因的一些品种

基因型	品种名称
N_x	—
N_b	Katahdin，Pontiac，Sebago，Varan，Chippewa，Star，Erdgold
N_xN_b	—
N_xN_a	Cardinal
$N_x N_a N_c$	King Edward
$N_x N_a N_c N_b$	Harbinger，Craigs Defiance
$N_b N_a$	Ackersegen，Bintje，Record
$N_b N_c$	Pepo，president
$N_b N_x N_a$	Dominion，Fortune
N_a	Irish Cobbler，Tawa，Merimack
N_c	Warba，Majestic
N_aN_c	Up-to-date，Early Rose

3. 抗病育种的途径和遗传效应　大多数含有 N_x 和 N_b 基因的品种，基因型为单显性（$N_xn_xn_xn_x$）或（$N_bn_bn_bn_b$），与不抗病的品种杂交，后代抗病的与不抗病的分离比为 1∶1，而自交后代分离比为 3∶1。有些品种的基因型是双显性，例如艾比库尔为 $N_xN_xn_xn_x$，卡它丁为 $N_bN_bn_bn_b$，这些品种的后代均表现典型的四体遗传。

通过大量的试验，发现只有品种北斗星（Ella×*S. andigena*）对所有株系均发生坏死反应。这表明马铃薯品种中除 N_x 和 N_b 外，还有其他过敏性反应基因。

目前已知 S41956 对普通花叶病毒具有高度抗病性，但感染潜隐花叶病（S），并是轻花叶（A）的带毒体。利用 S41956 做亲本育成的品种沙科和塔瓦等，都对普通花叶病毒具有高度抗病性。当将感染普通花叶病毒的接穗嫁接在 S41956、塔瓦和沙科等品种的砧木上，在砧木茎中发现了普通花叶病毒。因此，这些品种并非对普通花叶病毒免疫，而只是具有过敏抗病性。

用 S41956 与两个不抗普通花叶病毒的品种卡它丁和伊尔莱因（Earlaine）杂交，在其杂种后代中得到 37%抗病杂种，而在 S41956 的自交后代中得到 72%的抗病后代。据此可知 S41956 对普通花叶病毒的抗病性是受两对显性互补基因 *A* 和 *B* 控制的。S41956 的基因型为 *AaaaBbbb*。但也可认为 S41956 对普通花叶病毒的抗病性是受 1 个显性基因 R_x 控制的。品种沙科自交后代对普通花叶病毒的抗病与不抗病分离比为 9∶7，而测交后代抗病与不抗病的比例为 1∶3。由此可推知沙科的基因型为 *AaaaBbbb*。据此，品种 S41956 对普通花叶病毒的抗病性应是两个显性互补基因控制的。

此外，四倍体栽培种 *S. andigena* 也是进行抗普通花叶病毒育种的很有价值的原始材料，很容易与普通栽培种杂交。*S. andigena* 的无性系 C. P. C. 1676 对普通花叶病毒的免疫性是受一显性基因（R_x）所控制，为四体遗传。荷兰曾利用它作为抗线虫育种的原始材料，选出一批优良的实生苗后代，其中 50%以上的杂种都是高度抗普通花叶病毒的。

异源四倍体野生种 *S. acule* 对普通花叶病毒的抗病性受一显性基因控制。不同程度的抗病性（免疫或过敏性抗病性）是受位于同一染色体位点上的一组复等位基因所控制。R_k控制对普通花叶病毒所有株系的免疫性，基因 R_{xn} 控制对所有株系的过敏反应，基因 R_{xs}控制产生坏死，兼有花叶，隐性基因 r_x 为感病型，抗病程度 $R_k > R_{xn} > R_{xs} > r_x$。*S. acule* 对普通花叶病毒的抗病性为二体遗传，其自交后代抗病对不抗病的比例为 3∶1；而测交后代的比例是 1∶1。

用 *S. acaule* 和 *S. tuberosum* 杂交时，首先要将 *S. acaule* 人工诱发为同源八倍体，这样可以大大提高杂交成功率。然后利用 *S. tuberosum* 与种间杂种进行 4～5 次回交，选择优良的抗病杂种。利用 *S. acaule* 作育种材料曾获得许多四倍体的杂种，其中育成的新品种沙费尔（Saphir）和阿奈特（Anett）含有抗普通花叶病毒的单显性基因。用沙费尔与不抗病的类型杂交，其后代产生 50%抗病的杂种。

目前，从事抗普通花叶病毒的育种，除了利用野生种 *S. acaule* 外，主要利用 *S. andigena* 的一些无性繁殖系以及 S41956，沙科、塔瓦、沙费尔、阿奈特等品种作为抗病亲本材料。

4. 我国抗病育种资源　我国利用较多的品种、品系有甘 73 - 21 - 1、川 374 - 24、甘 67 - 5 - 3、S41956、Huater、Fortuna、Jemseg、Saco、Tawa、Ukama、Волфовский、*S. demissum* 等。

四、马铃薯对卷叶病毒（PLRV）的抗病性

马铃薯卷叶病（Potato leaf roll）是发现最早的马铃薯病毒病害（1916 年），最早在南美安第斯山区发现。

马铃薯卷叶病遍布世界的马铃薯种植区，造成严重的产量损失。在我国也广为传播，中原地区和南方马铃薯种植区发生较重。感病株块茎减产40%～70%，减产的幅度取决于栽培条件、品种和所感染的株系。该病是我国抗病育种的主要目标之一。

（一）田间症状

初侵染症状主要表现在植株顶部的幼嫩叶片上，这些叶片通常耸立。呈灰黄色，但有的品种带紫色或红色。某些品种植株基部叶片的小叶经常卷起，或顶部叶片向上耸立。

再侵染的整株症状较严重，但植株顶部症状很少比初侵染重。病株直立并较健株矮小，老龄叶片卷起，顶部叶片颜色变淡，基部叶片变硬，革质化。碘测验表明叶片积累有大量淀粉。有些品种的老龄叶片着有紫色，有的老龄叶片边缘严重坏死。还有一些品种的块茎内部呈现坏死，称为“网状坏死”。

初侵病株的减产程度远小于再侵染病株。如在生育后期发生初侵染，既不呈现症状，也不减产。感病株块茎有时萌发出纤细芽。

（二）病原

马铃薯卷叶病毒为球形病毒，直径 24～25nm。病毒粒体有—RNA，分子量为 2×10^6，含量为 28%。稀释终点约为 10^{-4}，致死温度 70℃，体外存活期 4 天（洋酸浆汁液）和12～24h（蚜虫提取液）。

1. 株系　有多种株系但专化性不确切，对鉴别寄主引起同一类型的症状。虽然在马

铃薯的各个品种上引起的症状严重程度不同，但还不足以用来区分株系。也有人根据症状轻重分为重、中、轻等3个株系，还有人分为4个株系，称为1号、2号、3号和4号。

2. *传毒方式* 卷叶病毒不能进行汁液接触传毒，在自然条件下仅为蚜虫传毒，桃蚜为主要传毒介体，大戟长管蚜、鼠李蚜和田旋花蚜也传毒。蚜虫持久性（循环性）传毒，需经长时间的饲毒和放毒。人工接种蚜虫传毒时，应选用出生9天的蚜虫，在4℃条件下饥饿24h，在毒株上饲养1～2h传毒效果较好。从蚜虫吸食的叶片，到病毒转移到块茎，需8～10天。染病块茎带毒传病。

3. *鉴定技术* 主要依靠鉴别寄主进行鉴定。鉴别寄主有洋酸浆、紫花刺果曼陀罗和苦蘵（*Physalis angulata*）等。马铃薯感染卷叶病毒后，茎的韧皮部筛管内形成了利用染色方法可以观察到的一种多糖类硬结物。根据这一原理，可利用染色法鉴定卷叶病毒。块茎切取脐部横切片，染色后可鉴定是否带卷叶病毒。一般血清鉴定不准确，因PLRV在寄主体内浓度低，难于提取和提纯。我国于1984年制备出高效价PLRV抗血清，1989年又制备出单克隆抗体和分子互补DNA探针。同时，也制备出酶联免疫诊断试剂盒，开始用酶联免疫吸附试验和免疫吸附电镜诊断马铃薯卷叶病毒。

（三）马铃薯对卷叶病毒的抗病性

目前尚未发现对卷叶病毒具有免疫性的原始材料。由于病毒的株系较多，马铃薯对卷叶病毒的抗病性又为多对基因所控制，给抗卷叶病毒育种带来了许多困难。另外，人工接种鉴定育种材料的方法也较复杂，因为卷叶病毒只能借蚜虫和嫁接传毒接种，接种后经数周才能表现症状，一些耐病品种在第二年才能表现症状。因此，当前国内外均在卷叶病毒流行区田间条件下，鉴定大量杂种的田间抗病性。

1. *抗病品种* 在田间条件下比较抗卷叶病毒的品种有阿奎拉、阿姆塞尔、阿普他、红纹白（Red Warba）、维拉（较抗花叶病毒）、卡皮拉、卡它丁、米拉、北斗星、火玛（Houma）、燕子、斯塔尔等。

比较抗卷叶病毒的杂种B 1276 - 185是从火玛×卡它丁的杂种后代中选育的。根据接种鉴定结果来看，燕子的抗病性强于阿奎拉。品种阿普他对卷叶病毒具有田间抗病性，并对该病毒反应极敏感。感病块茎产生纤细芽，不发芽，或长出细弱苗后不久死亡，有自身淘汰病株的作用。

我国抗卷叶病毒的品种和品系有克新一号、克新五号、高原三号、波友一号、波友二号、德友四号、黄扁头、呼自77 - 106以及*S. phujeja*的品系6042 - 6060等。

2. *抗病遗传效应* 马铃薯对卷叶病毒的抗病性是受多对基因（累加基因）控制的。如能综合较多累加基因，即利用抗卷叶病毒的多个品种进行复合杂交，就能显著提高新品种对卷叶病毒的抗病性。例如，抗卷叶病毒品种燕子是从阿奎拉与卡皮拉的杂种后代中选育出来的，燕子对卷叶病毒的抗病性超过了亲本，并兼抗重花叶病毒和轻花叶病毒。在田间条件经3年鉴定，对照品种感病率90%～100%，而燕子感病率只有4%～10%。

在田间条件下，凡是后代产生较多健株的杂交组合，其后代中出现抗卷叶病毒的株数也较多，入选优良单株的机会亦多。优良组合（阿普他×燕子）的健株可达60%，入选的一些优良无性系，经3年田间鉴定，感病率均较低，不同株系的感病率在0～4%之间。一些优良的复合杂交组合，不感病的健株可达80%。

3. *野生种抗病基因利用及遗传效应* 马铃薯的一些野生种和栽培种对卷叶病毒也具有田间抗病性，例如 *S. demissum*，*S. chacoense*，*S. acaule*，*S. andigena* 等。这些种对卷叶病毒的抗病性是受一些显性基因控制的多基因遗传。上述一些种的抗病株自交后代中分离的抗病株不超过 2%，在两个抗病的无性繁殖系的杂种后代中可出现 9%的抗病单株。在抗病×不抗病的杂种后代中出现抗病的杂种约有 5%～8%。如果利用 3～4 个抗病的亲本进行三交和双交则更能显著提高杂种后代中抗病株的数量，并且可观察到超亲现象，即杂种的抗病程度超过了亲本。例如，在单交组合（A×B）后代中出现抗病类型的数量为 3.5%；三交组合（A×B）×C 为 15%；而双交组合（a×b）×（c×d）为 18%。其中在［（*S. chacoense*×*S. tuberosum*2）×阿奎拉］×［（*S. demissum*×*S. tuberosum*3）×（*S. tuberosum*4×*S. andigena*）］的杂交组合中出现抗病毒的杂种数量达到 40.8%。

S. stoloniferum 虽然严重感染卷叶病毒，但是利用它与 *S. acaule*、*S. andigena* 等进行杂交，可育成对重花叶病毒、轻花叶病毒、普通花叶病毒以及卷叶病毒具有田间抗病性的杂种。

在进行病毒鉴定时应注意，用蚜虫传毒鉴定野生种和栽培种的杂种实生苗的抗病性时，个体间感病程度的差异很大，有些单株接种当年即表现症状，另一些单株第二年由块茎长出的植株才表现症状。利用酸浆（*Physalis floridana*）做鉴别寄主，可发现这些不表现症状的植株体内，常常带有卷叶病毒。从事卷叶病毒的抗病性育种，对育种材料必须采用重复接种（嫁接或利用蚜虫传毒）方法鉴定其抗病性。经三年鉴定没有症状或只在第三年表现症状的植株才可作为对卷叶病毒具有高度抗病性的育种材料。

五、马铃薯对轻花叶病毒（PVA）的抗病性

马铃薯轻花叶（A）病毒可引起轻型花叶症状，它广泛发生于全世界大部分马铃薯种植区。该病毒与普通花叶病毒或重花叶病毒复合侵染时，症状和为害加重。

（一）田间症状

感病株花叶，有时呈严重花叶。花叶的淡色部分不规则，在叶脉上和叶脉间均有淡色部分，暗色部分色泽较健株更深。与普通花叶病毒（X）引起的脉间花叶不同，轻花叶（A）引起典型的叶脉花叶。病株叶片发亮，后期叶脉下凹，叶缘皱褶呈波状。由于叶脉和叶肉的发育不同，引起皱缩。感病株由于茎枝向外弯曲，常呈“开放”状。天气晴暖时症状远不如阴天明显，甚至完全隐蔽。

（二）病原

轻花叶病毒弯杆状，长约 750nm，稀释终点 1∶50～1∶100，致死温度 44～52℃，体外保毒期 12～14h。轻花叶病毒的株系可分为强系、中间系和弱系，但大体上属于同一型。轻花叶病毒可以接触传毒，也可由桃蚜、稠李蚜等行非持久性传毒。该病毒的抗原性很弱，在马铃薯植株中的浓度较低，血清鉴定无应用价值。

（三）对轻花叶病毒的抗病性和利用

1. *品种抗病性* 有些对轻花叶病毒具有田间抗病性的品种，当利用茎枝或块茎髓心嫁接进行人工接种时，不表现花叶而呈顶端坏死。对某一株系具有过敏反应的品种，对其他株系也有过敏反应。

轻花叶病毒的株系较其他花叶病病毒简单。因此，选育抗轻花叶病毒的品种比选育抗重花叶病毒的品种较容易。抗轻花叶病毒的品种有卡它丁、八月、阿克塞根、兴登堡、马利它、北斗星、抗疫白、艾比库尔、塔瓦、七百万、沙司吉亚等。

2. 野生种抗病性基因及利用　在野生种马铃薯中，除了 *S. stoloniferum* 对重花叶病毒和轻花叶病毒抗病外，*S. demissum* 亦具有 N_y 基因，且该基因有多效性，抵抗轻花叶（A）病毒。*S. demissum* 含有基因 N_a，在同时感染重花叶病毒时，控制对轻花叶病毒的坏死反应。由此可知，基因 N_a 与 *S. stoloniferum* 所含有的基因 R_{yn} 具有相同的作用。*S. demissum* 具有三个复等位基因，抗病程度 $N_y > N_a > a$，其中的两个显性基因均有抗轻花叶病毒的作用，N_a 基因兼有抗重花叶病毒的作用。

3. 遗传基础和效应　马铃薯栽培种对轻花叶病毒可发生过敏性反应（嫁接传毒时呈现顶端坏死）。该栽培种以及其他一些野生种、二倍体栽培种对轻花叶病毒的抗病性均为显性基因 N_a 所控制。在普通栽培种的品种中 N_a 基因为四体遗传，同时具有该基因的基因型均为单显性，即在“抗病×不抗病”的杂种后代中出现抗病的个体数为 50%，而在抗病品种的自交后代中出现抗病的个体数约占 75%。

许多栽培品种含有 N_a 基因，抵抗轻花叶病毒所有株系。利用普通栽培种的品种，便可选育出抗轻花叶病毒的新品种。在利用野生种 *S. stoloniferum* 的基础上，已经育成了对轻花叶病毒和重花叶病毒免疫的新品种比松和法纳尔，我国已用作育种亲本材料。

4. 我国的抗病性品种　我国的抗 PAV 病毒的品种和品系有：巫峡、卡它丁、白头翁、兰芽、西北果、燕子、Apta、Early Rose、Farvoita、Spunta 等。

六、马铃薯对纺锤块茎类病毒（PSTV）的抗病性

马铃薯纺锤块茎病自 1922 年发现以来，长期被认为是由病毒引起的，但始终未能在电子显微镜下看到病毒粒体。1967 年，美国 Diener 和 Ramer 发现病原是比病毒小而简单的类病毒（viroid）。类病毒是没有蛋白质外壳的核酸。现在已知的最小病毒的分子量还比这种类病毒大 80 倍。在类病毒发现以前，科学家们认为分子量小于 100 万的病毒核酸不能改变寄主细胞的活动，也不能在寄主细胞内进行复制（繁殖）和引起疾病。类病毒致病性的发现与细菌和病毒的发现具有同样的重大意义。

马铃薯纺锤块茎病是 Martin 于 1922 年在美国新泽西州发现的。后来在加拿大、阿根廷、苏联欧洲部分、波兰和保加利亚等地均有发现，现分布十分广泛。该病害严重影响马铃薯的产量和品质，感染强系减产 60%以上，感染弱系减产 20%～55%。马铃薯纺锤块茎病在我国一季作区，如黑龙江、内蒙古等地发生较重甚至绝产，是我国种薯生产和实生种子利用中亟待解决的主要病害问题。

（一）田间症状

马铃薯感病植株所结块茎变长，顶端变尖，有时呈明显的龟裂，致使块茎纺锤状。块茎的芽眼较多而平浅，有时呈凸起状。红皮或紫皮品种感病后褪色，有网纹的品种网纹消失。病株茎直立很少分枝，叶片较健株浓绿，叶片和叶柄与茎的夹角变小，顶部叶片耸立呈束顶状，叶缘呈波状或向上卷起，叶背面呈紫红色。也有的品种表现丛枝状。

（二）病原

马铃薯纺锤块茎类病毒（*Potato spindle tuber viroid*，PSTV）平均长度约50nm，直径和双链DNA分子相似，有线状（分子量为1.1×105）或环状（分子量1.37×105），其结构是单链闭合环状RNA分子。稀释终点为1∶1 000～1∶10 000，致死温度60～65℃，体外保毒期长3～5天。

现已知马铃薯纺锤块茎类病毒有一些强系和弱系。不同株系在番茄上表现出高度交叉保护作用。弱株系能干扰强株系的侵染。弱株系在番茄和马铃薯上症状均比较温和。在气候温暖的条件下比在冷凉条件下症状严重。

纺锤块茎类病毒可借汁液接触传毒。与块茎切面相接触和切刀均可传毒。蚜虫、马铃薯甲虫和其他一些甲虫也可传毒。1969年确证纺锤块茎类病毒可以借马铃薯实生种子传毒。由病株采收的实生种子带病率约为6%～89%。类病毒在寄主细胞内进行复制时，自身不能产生必需的酶体系，而需依赖细胞内已存在的酶。据推测，类病毒可能存在于细胞核内，并能与染色质结合，使之免受核糖核酸酶的分解，得以可借实生种子传毒。

纺锤块茎类病毒可以用指示植物、聚丙烯酰胺凝胶电泳和互补DNA探针核酸斑点杂交等技术鉴定。鉴别寄主或指示植物有番茄品种Rutgers、新莨菪（*Scopolia sinensis*）等。采用双接种法可同时区分弱系与强系，因为弱系有保护作用。

（三）品种抗病性及利用

目前，尚未发现对纺锤块茎类病毒具有免疫和过敏性抗病性的品种和种。在田间感病率较低的品种有早普力、早玫瑰、红纹白、七百万、卡它丁、抗疫白和阿普它等。在野生种中，*S. kurtzianum* 的一个单系对纺锤块茎类病毒具有抗病性。我国植物病理工作者研究过利用弱株系接种，增强主栽品种的抗病性问题，该技术对于延长优良品种使用年限还是有作用的。我国栽培品种的抗病性，从近年测定结果来看，在云南种植了近40年的米拉基本没有受到感染。呼薯4号、自-278、68-红、郑薯2号、中心24（B71-240.2）、克疫等均比较抗病。

近年来，我国育种工作者基于抗病性材料较少，实生种子可传播病毒等原因，着重加强了对纺锤块茎类病毒的检测技术的研究和利用。自1986年以来，应用互补DNA的NASH和R-PAGE方法，检测了我国8个马铃薯主产区80余份实生薯亲本、主栽品种、品系以及育种亲本的2 700多份样品。结果表明，主栽品种虎头、克新2号、克新3号、克新4号、同薯8号、内薯3号、紫花白、晋薯2号、晋薯8号等都有不同程度感染。亲本必须使用无纺锤块茎类病毒的材料。对脱毒种薯的茎尖剥离材料必须先经聚丙烯酰胺往返电泳检测，确定不带毒者方可进行脱毒工作。

中国科学院微生物研究所于“八五”期间进行了抗马铃薯纺锤块茎类病毒的转核酶基因研究。利用核酶具有切割小分子RNA的催化功能，控制病毒的增殖。已将核酶基因转入马铃薯的两个品种，获得了抗PSTV的转基因植株，并有一定的表达效果。

七、马铃薯对潜隐花叶病毒（PVS）的抗病性

马铃薯潜隐花叶病毒分布比较广泛，其为害程度因品种和株系不同而异，一般为害较轻，减产10%～15%。与其他花叶病毒（X，A，Y等）复合侵染时很少影响或加强其他

病毒的典型症状。

（一）田间症状

感病株叶脉下凹从而使叶片皱缩，有的叶片轻微下垂，且植株呈“开放”状。叶片淡绿具有轻微斑驳和皱缩，产生小薯的百分率较高。很多时候只有与健株比较才能较准确地鉴别症状。

（二）病原

病毒长杆状，大小为652nm×13nm，稀释终点1∶1 000，致死温度约60℃，体外保存期48h。可利用抗血清鉴别毒株。容易汁液传毒，石竹潜隐花叶病毒株系可借桃蚜传毒。鉴别寄主可用千日红、SdY、灰藜和洋金花等。

一般认为潜隐花叶病毒有3种株系：荷兰系（不能借蚜虫传毒）、北斗星系（汁液传毒）、石竹系（蚜虫传毒）。不同株系能引起相似的症状，但寄主范围却不同。有人将引发的症状划分为5种类型。与健株比较观察，感病株在遮荫条件下，较老龄叶片通常不能变为均匀的黄色，常有绿色或青铜色斑点，这种斑点在阴天时也较明显。

（三）抗病性及其利用

几乎所有栽培品种均感染潜隐花叶病毒，为抗病育种带来许多的困难。一般认为品种沙科对潜隐花叶病毒具有免疫性。该品种是自B96-56×S41956的杂种后代中选育的。在接种鉴定时不感病，但利用嫁接传毒时，发现用沙科作砧木的植株块茎内有潜隐花叶病毒，这说明沙科仅是高度抗病不是免疫。在鉴定育种材料对潜隐花叶病的高度抗病性时，应采用嫁接传毒，并延长潜育期6～16周。

用汁液接种，并用抗血清和鉴别寄主 *Nicotiana debneyi* 鉴定时，品种沙科自交后代100%抗病，品种S41956自交后代有27%抗病，B96-56自交后代有3%抗病。同时，在B96-56×沙科的杂种后代中有15%是抗病的，B41956×B96-56的后代中有7%是抗病的。根据鉴定结果推算，马铃薯栽培品种对潜隐花叶病毒的抗病性是受一隐性基因 *s* 控制的。品种沙科的基因型为 *ssss*，S41956为 *Ssss*，B96-56的基因型为 *SSss*。

已知沙科选自B96-56×S41956的杂种后代。如果我们重复利用这一杂交组合，根据亲本基因型可推算出，杂种F_1代出现抗潜隐花叶病毒的实生苗的理论百分数为8.3%，这与上述试验数值7%是很接近的。马铃薯属于同源四倍体，其遗传推算方法如图15-1。

根据图15-1中配子的类型以及雌雄配子可自由组合的规律，杂种后代结合子出现的类型和比率，可以估计出后代各种抗病类型出现的概率。例如，上述杂交育种组合中，杂种F_1世代出现抗病基因型（*ssss*）的几率，应当是占后代群体总数约1/12，即8.3%左右，结果也确实如此。

用沙科作亲本与不抗病的品种杂交，后代中可出现10%左右的类似沙科的个体。沙科虽然还具有薯大、中熟的优良性状，但有块茎易感晚疫病、薯形不整齐、匍匐枝过长等缺点，需进行改良。

P.I.258907（*S. andigena*）与 *S. tuberosum* 进行两次杂交，在其回交后代中仍有50%的植株具有与原始亲本一样的过敏性抗病性，而对照品种的感染率达80%～100%。在田间条件下，繁殖具有过敏性抗病性的无性繁殖系，极易拔除感染潜隐花叶病毒的病株。另外，P.I.258907无论用嫁接传毒或汁液接种都不感染普通花叶病毒的3个株系，在其杂交

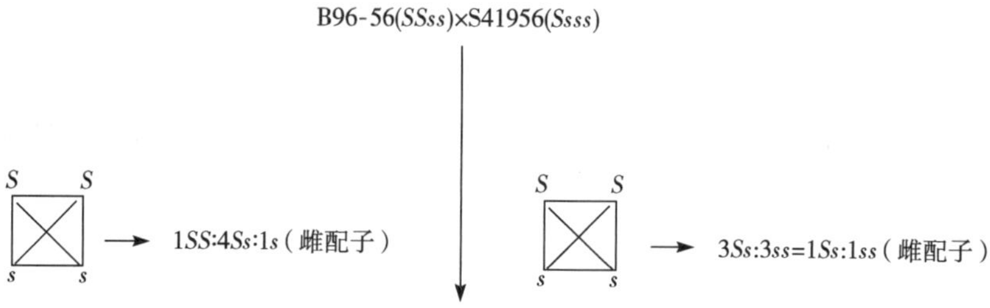

配子和结合子类型及比率

	1Ss	1ss
1SS	1SSSs	1SSss
4Ss	4SSss	4Ssss
1ss	1Ssss	1ssss

图 15-1 马铃薯质量性状遗传示意图

和自交后代中仍出现具有对普通花叶病毒过敏性的或免疫的植株，极少出现感病株。

八、马铃薯对副皱缩花叶病毒（PVM）的抗病性

马铃薯副皱缩花叶病在世界广泛流行，以东欧较重，但是为害程度较轻，一般减产10%～20%。症状在叶片上表现为斑驳、花叶、皱缩和卷叶。枝条短小，嫩叶畸形和扭曲，植株顶部有些卷曲。感病程度与病毒株系、马铃薯品种和环境条件有关，在有些品种上可形成叶柄和茎坏死。

马铃薯副皱缩花叶病毒长弯杆状，大小为 650nm×12nm。稀释终点 1∶100～1∶10 000，致死温度 65～70℃，体外保毒期 2～4 天，可汁液传毒，除株系 M-K.E. 外都可蚜虫传毒。血清鉴定病株效果良好。鉴别寄主有千日红、洋金花、豇豆、地霉松等，对不同株系反应不同。

该病毒有 4 个株系，即侵染爱德华品种，且据此命名的 M-K.E. 株系以及 M-Bi 株系、M-Fort 株系和 M-U.D. 株系等，均根据毒株分离品种而命名。

目前，尚未发现对副皱缩花叶病具有高度抗病性的原始材料。在栽培品种中，具有田间抗病性的品种有阿尔法、中早熟、农学家和卡美拉兹等。在野生种中，只有 *S. tarijennse*、*S. commersonii* 和 *S. chacoense* 等具有一定程度的田间抗病性。在抗病鉴定时，抗病类型的自交后代出现抗病类型的数量随接种次数增多而逐渐减少，由此推断，野生种对副皱缩花叶病（M）病毒的抗病性是多基因遗传的。

第二节 晚疫病

晚疫病是马铃薯生产上最重要的一种病害，世界各地普遍发生。不论是从国外引种，还是

国内育种，都把对晚疫病的抗病性放在重要位置。国际马铃薯研究中心于 1992 年 11 月举行了一次确定优先项目的测试，结果在所有的研究项目中，晚疫病防治被放在最优先的地位。

一、分布和危害

大约在 1830 年，欧洲和美国发现了马铃薯晚疫病。1845 年前后晚疫病在爱尔兰等地大流行，引起了“马铃薯饥荒”，有近百万人被饿死，150 万人逃亡北美洲。马铃薯晚疫病在我国南北产区普遍发生，多次发生大流行。1950 年华北地区晚疫病暴发，当年减产 30%～50%，绥远省东部和察哈尔省北部减产 70%～80%。青海省从 20 世纪 50 年代至今，晚疫病 8 次大流行，在流行年份减产达 50%。由于主栽品种 Mira 的抗病性衰退或丧失，西南山区 1990—1991 年晚疫病大发生，产量损失 360 万 t，约占正常年份总产量的 1/3。河北围场县 1990 年晚疫病大流行，100%地块发病，严重地块减产 70%。近年来，晚疫病有严重发生的趋势。

二、病原菌及其寄生专化性

马铃薯晚疫病病原菌为致病疫霉 *Phytophthora infestans*（Mont.）de Bary，菌丝无色、无隔、多核。孢囊梗从寄主的气孔伸出，无色，有 1～4 个分枝，每个分枝的顶端产生孢子囊。孢囊梗继续生长，在顶端又可形成新的孢子囊，孢囊梗便成为节状，各节基部膨大顶端尖细。孢子囊无色，单胞，卵圆形，大小为 21～38μm ×12～23μm，顶端有乳头状突起。孢子囊是该病菌的主要繁殖器官，可借风雨传播。

晚疫病菌异宗配合，有两种交配型，即 A_1 和 A_2。自然产生的卵孢子首先在墨西哥托卢卡河谷（晚疫病菌的起源和变异中心）被发现，因该地具有两种交配型。其他发病地区仅有 A_1 交配型，不产生有性态。但近年有报告称 A_2 已随种薯调运传播到其他地区。我国也已发现 A_2 交配型。

马铃薯晚疫病菌有明显的致病性分化现象，有许多个生理小种，采用国际命名方案命名。该方案最初选用 16 种抗病基因型的品种作鉴别寄主，它们是 4 个抗病基因（R_1、R_2、R_3、R_4）的不同组合。由这些鉴别寄主可以鉴定出晚疫病菌的 0、1、2、3、4、1，2、1，3、1，4……等 16 个生理小种（表 15-3）。以后又发现了 11 个 *R* 基因，用作鉴别寄主，又鉴定出许多小种。0 号小种只能侵染不含 *R* 基因的品种（*rrrr* 基因型）。

晚疫病菌的变异性很大，一些菌种发生毒性变异后，就能够侵染原来高度抗病或免疫的品种。

表 15-3　致病疫霉的生理小种与寄主基因型的关系

（Black，1953）

基因型	马铃薯晚疫病的生理小种															
	0	1	2	3	4	1，2	1，3	1，4	2，3	2，4	3，4	1，2，3	1，2，4	1，3，4	2，3，4	1，2，3，4
R	+	+	+	+	+	+	+	+	+	+	+	+	+	+	+	+
R_1	−	+	−	−	−	+	+	+	−	−	−	+	+	+	−	+
R_2	−	−	+	−	−	+	−	−	+	+	−	+	+	−	+	+

（续）

基因型	马铃薯晚疫病的生理小种															
	0	1	2	3	4	1，2	1，3	1，4	2，3	2，4	3，4	1，2，3	1，2，4	1，3，4	2，3，4	1，2，3，4
R_3	−	−	−	+	−	−	+	−	+	−	+	+	−	+	+	+
R_4	−	−	−	−	+	−	−	+	−	+	+	−	+	+	+	+
$R_1 R_2$	−	−	−	−	−	+	−	−	−	−	−	+	+	−	−	+
$R_1 R_3$	−	−	−	−	−	−	+	−	−	−	−	+	−	+	−	+
$R_1 R_4$	−	−	−	−	−	−	−	+	−	−	−	−	+	+	−	+
$R_2 R_3$	−	−	−	−	−	−	−	−	+	−	−	+	−	−	+	+
$R_2 R_4$	−	−	−	−	−	−	−	−	−	+	−	−	+	−	+	+
$R_3 R_4$	−	−	−	−	−	−	−	−	−	−	+	−	−	+	+	+
$R_1 R_2 R_3$	−	−	−	−	−	−	−	−	−	−	−	+	−	−	−	+
$R_1 R_2 R_4$	−	−	−	−	−	−	−	−	−	−	−	−	+	−	−	+
$R_1 R_3 R_4$	−	−	−	−	−	−	−	−	−	−	−	−	−	+	−	+
$R_2 R_3 R_4$	−	−	−	−	−	−	−	−	−	−	−	−	−	−	+	+
$R_1 R_2 R_3 R_4$	−	−	−	−	−	−	−	−	−	−	−	−	−	−	−	+

注："+"表示能侵染，"−"表示不能侵染。

三、品种的抗病类型和遗传基础

马铃薯对晚疫病的抗病性有两类，一类为小种专化性抗病性，也称为垂直抗病性或单基因抗病性，另一类为小种非专化性抗病性，也称为一般抗病性、田间抗病性或水平抗病性。

小种专化性抗病性是 R 基因控制的主效基因抗病性，抗病植株表现过敏性反应。在出现新的小种后，抗病植株将会被侵染，造成毁灭性的灾害。在一些野生种中都发现有对晚疫病的过敏性抗病基因，这些种属于 *Demissa*，*Pongipedicellata*，*Polyadenia* 等系，它们的抗病性为 *Tuberosum* 栽培种所不具有。1909 年 Salaman 发现 *S. demissum* 具有过敏性抗病性，从 20 世纪 20 年代起在抗病育种中应用。*S. demissum* 中最先被确认的，具有 R_1～R_4 抗病基因的育种材料，至今仍在抗病育种中应用。

栽培品种多具有 R_1 基因，具有两个不同基因的品种不多，且主要是 R_1R_4、R_1R_3、R_3R_4 的组合，具有 R_2 基因的品种较少见。

来自 *S. demissum* 的 R 基因的遗传符合简单的孟德尔遗传方式，它们是显性基因，位于不同的染色体上。理论上 $R \times r$ 杂交后代抗病的与感病的比例为 1∶1；$RR \times r$ 的比例为 3∶1；$R \times R$ 的比例位为 3∶1；$RR \times R$ 的比例为 7∶1；$RR \times RR$ 的比例为 15∶1；$R \times RRRR$ 的比例为 31∶1（以上各基因型简写方式所表示的扩展基因型是：R 为 $Rrrr$，RR 为 $RRrr$，RRR 为 $RRRr$，r 为 $rrrr$）。

田间抗病性严格地讲应指不受 R 基因控制的抗病性。含有相同 R 基因的不同植株的感染程度也不相同，这是因为感染程度还取决于是否存在控制田间抗病性的微效多基因。一般认为田间抗病性是若干保护机制共同作用的结果，这些保护机制包括抗侵入、抗扩展、抑制孢子囊形成与发育等等。品种西北果的抗病性是抗侵入为基础的。墨西哥小种区系复杂，R 基因在那里很快失效，在墨西哥选育出的无性系是典型的田间抗病性（水平抗病性）材料。

田间抗病性（水平抗病性）通常是在田间发病条件下，根据植株感染的等级来确定的。多数研究者采用6级制，0级表示无侵入，5级表示植株病死。水平抗病性的遗传规律符合数量性状的遗传特点。杂交后代群体的变异呈连续分布状态，中间型偏多，高抗或抗病性超亲的少，亲本的抗病基因有累加作用，抗病性不因生理小种的变异而变异，但容易受到环境影响而波动。

四、品种抗病性的利用

选育和使用抗病品种是防治马铃薯晚疫病最经济、最有效、最简便的方法，在国内外均获得成功。在人类与马铃薯晚疫病斗争的150多年中，应用最普遍，收效最显著的防治措施，莫过于栽培抗病品种。

（一）抗病性因素

马铃薯对晚疫病的抗病因素错综复杂，可从以下几个方面介绍。

1. 品种　不同品种对晚疫病的抗病能力有很大的差异。一般株型直立、叶片具有茸毛的多抗病。有的品种在病菌侵入后，细胞中很快产生抗菌物质，抑制病菌的扩展，表现有生理机能上的抗病性。品种表现出来的抗病性强弱又与晚疫病生理小种有关。根据东北农业大学农学院的研究，自波兰1号上分离得到的菌系致病力最强，可侵染感病、中抗和高抗的品种。但自感病品种男爵上分离得到的菌系只能侵染感病品种，而不能侵染中抗和高抗的品种。

2. 生育期　马铃薯不同生育期的抗病性有差异，以芽期最感病，以后抗病力逐渐加强，到现蕾期又下降，开花期最敏感，田间病害流行大多从开花期开始。

3. 器官　马铃薯茎叶与块茎对晚疫病的抗病性不同，块茎抗晚疫病的品种最有价值。块茎带病极大地影响鲜薯品质，并是贮藏鲜薯烂窖的主要原因之一，而种薯带病是最重要的田间发病的初侵染源。主栽品种东农303和克新4号都是植株感病块茎抗病；而克新1号却是植株抗病块茎不抗病，经常发生烂薯烂窖的重大损失。

（二）抗病品种和抗病材料

马铃薯抗晚疫病育种面临许多困难。其一，植株抗病性与块茎的抗病性之间无显著的相关性；其二，垂直抗病性与水平抗病性难以截然分开。垂直抗病性品种易得，水平抗病性品种难得；其三，抗晚疫病和抗病毒病有一定的矛盾。使用脱毒种薯对品种的抗晚疫病能力有影响。

经全国各地鉴定，抗病性较强的品种有：黑龙江推广的克新2号、克新3号、克新4号、克新7号、东农303、带有292-20血缘的黑龙江1号、黑龙江3号等，以及由国外引入的波友1号（Epoka，疫不加）、波友2号（Ewerest，疫畏它）、德友1号（Mila，米拉）、德友3号（Aquila，阿奎拉，中寨黄皮）、德友7号（Capella，卡皮拉）、白头翁（Anemone，块茎抗）、克疫（Kuannae，老不死）、金冠（Goldcrown）等；河北的跃进、虎头、坝薯9号；山西的晋薯2号、晋薯3号、晋薯4号、同薯3号、同薯5号；辽宁的金坑白；甘肃的胜利1号；青海的高原1号、高原2号、高原3号；陕西的沙杂1号、沙杂15号、文胜4号、安农5号、西薯1号；内蒙古的乌盟684、乌盟601、乌盟623、呼薯1号、内薯2号、内薯3号；湖北的双丰收；广东的五台白、丰收白。

抗病的农家品种有四川的滑石板、老林洋芋、阿斯；云、贵、川的河坝洋芋；黑龙江的黄麻子；以及其他农家品种小叶子、小白梨、大白花、大山包红皮、广灵里外黄、水城转心红、龙山白皮、威28、岷县15、炉霍红洋芋、元叶青、倮波书波、靖县洋芋子等。我国西北地区由于干旱晚疫病的生理小种较少，抗病品种比率较大。西南地区潮湿多雨，抗病的农家品种较多，品系也较多，抗病品系如川字系列号、凉字系列号、鄂字系列号和康薯等。西南是我国筛选马铃薯抗晚疫病材料的最好的天然场所。

抗病的品系材料有50余份较珍贵者，分布于全国各主要马铃薯育种单位。新型栽培种材料200余份，是经1974年、1978年和1980年3次在四川凉山、云南丽江、湖北恩施等地，专门以抗晚疫病为目标，采用轮回选择和混合选择方式，多次对实生苗世代和无性系世代鉴定后筛选出来的。

野生种抗病材料有：*S. demissum* 6092－6095、*S. stoloniferum* 6102－6112，以及其他野生种材料4类6份。

五、水平抗病性育种

（一）垂直抗病性育种的困境

我国20世纪80年代以前育成的抗晚疫病的品种大体上可视为垂直抗病性品种，使用十几年以后，由于小种的变化，原有的抗病性渐渐丧失。发达国家在利用垂直抗病品种时，往往配合进行定期药剂防治，防治成本过高，且面临着环境污染和食品污染的问题而进入困境。特别值得指出的是，药剂防治掩盖了小种的变异、新小种出现，在有利气候条件下仍可造成毁灭性损失。我国80年代引入的Favorita、Shepody等品种都出现过类似问题。70年代以后，国际上已主要致力于水平抗病性品种的选育和利用。我国在80年代以后，也开始进行水平抗病性品种的筛选。

（二）国际研究进展

国际马铃薯中心（CIP）已建立了群体A和群体B两个相应的育种体系，着眼于水平抗病性的鉴定、评价和利用。

1. *群体A* 始建于1982年，由具有最优良的农艺性状的材料组成，兼有对晚疫病的水平抗病性和垂直抗病性。在这个群体中，无意识地引入了垂直抗病性基因（*R*基因）。这些已知和未知*R*基因的存在，以不同方式的互作，干扰了水平抗病性的鉴定和筛选，增加了检测的复杂性。排除*R*基因干扰的检测技术复杂，代价较高，国际马铃薯中心和我国都在探讨。

2. *群体B* 这是一个相当新的育种群体，它的建立是目前国际马铃薯中心晚疫病育种方面的主要研究课题。在这个群体中，水平抗病性和农艺性状是在缺乏*R*基因的条件下进行改良的。现有的资源包括当地Andigena的种质资源、古老的不带主效基因的Tuberosum品种、从群体A中提取出的保留一定水平抗病性而不含*R*基因的株系，以及由南美和墨西哥一些野生种演化而来的品种等。

群体B的主要特点在于晚疫病水平抗病性的检测和筛选不同于群体A，群体B缺乏*R*基因，不存在*R*基因的干扰。不论当地存在任何小种，都可以有效地筛选水平抗病性。

检测过程大大简化，研究成本大大降低。

3. *检测和筛选不带 R 基因的无性系方法*　几乎所有栽培品种的主效抗病基因总是与水平抗病性的微效基因共存，这是水平抗病性育种的最困难的问题。如何从高级育种材料中提取不带 *R* 基因的无性系成为关键技术。国际马铃薯中心采用以下鉴定筛选流程：① 用0 号生理小种接种植株。②在田间检验水平抗病性。③利用离体叶进行实验室检测。④不带 *R* 基因的子代检测。他们按此技术路线执行已获得初步结果。

（三）我国的研究进展

1. *筛选国际马铃薯中心的材料*　我国在 20 世纪 80 年代评价和筛选了一大批国际马铃薯中心提供的种质资源材料，已筛选出许多适合中国条件的抗病高产品种和品系，如 CIP 的品系 388192－12、CFK69.1、I－1085 等。1995 年起，国际马铃薯中心群体 B 的 50 个杂交组合，在中国一些地区进行水平抗病性的筛选。

2. *筛选野生资源*　东北农学院自 1978 引入能产生 2n 配子的马铃薯二倍体杂种后，进行了近缘种种间杂交（4X－2X、4X－4X）。还大量地引进了二倍体近缘种 *S. phureja*、*S. stoloniferum* 等不带 *R* 基因的水平抗病性的资源，通过种间杂交和复合杂交，进行水平抗病性育种工作。

3. *筛选新型栽培种*　东北农学院从 1974 年开始，在四川凉山州的罗基山进行了新型栽培种的抗病筛选，其目标就是选育配合力高的水平抗病性亲本材料。经 6 年的轮回选择，已经选出可作水平抗病性育种材料的 8 大自交系 120 多份无性繁殖系，发放到全国主要马铃薯育种单位用作杂交亲本。10 余年来，通过 T×A 或 A×T 的杂交方式，已育成品种 12 个，亲本材料 200 多份，极大地推动了我国马铃薯抗晚疫病育种的发展。

第三节　青 枯 病

青枯病亦称细菌性萎蔫病、南方细菌性萎蔫病、褐腐病（Brown rot）等，是马铃薯的主要细菌性病害之一。

一、分布和危害

青枯病也是一种世界性病害，在各大洲均有分布，但是以温暖潮湿、雨水充沛的热带和亚热带发生最严重，温带较轻，寒带偶有发现。在我国，青枯病主要发生在长江流域以南的西南单、双季混作区和南方二季作马铃薯栽培区，包括四川、贵州、湖北（西部）、湖南、云南、广东、福建和台湾等省。二季作栽培区的江西、江苏、上海、山东、河南、安徽、北京、天津和辽宁南部等地也有发生，个别地区有逐年加重的趋势。北方一季作地区没有田间大面积发生的报道。病株一般减产 40%以上。

青枯病是一种维管束病害，在马铃薯幼苗期和成株期均可发生。田间典型症状是叶片、分枝或植株呈现急性萎蔫而枯死。在病情发展较慢的情况下，也可见到叶片变黄、干枯和植株矮化等症状。发病植株茎秆基部维管束变黄或黄褐色。受害块茎的芽眼变浅褐色，重者呈环状腐烂，剖切块茎几分钟后，不需用手挤即从切面溢出污白色菌脓。

二、病原细菌和小种分化

病原菌为茄劳尔氏菌，学名为 *Ralstonia solanacearum*，为杆状细菌，长 1.5～2.5μm，直径 0.5～0.7μm ，无芽孢，无荚膜，有端生鞭毛 1～4 根，革兰氏染色反应阴性，为严格好气菌，不能使葡萄糖发酵产酸，能还原硝酸盐形成氨。

根据对植物种的寄生专化性差异，国际上将青枯病菌划分为 5 个小种，即 1 号、2 号、3 号、4 号和 5 号。寄生马铃薯的是 1 号小种和 3 号小种。在我国这两个小种均有发现，但以 3 号小种占优势。3 号小种的寄主范围较窄，主要侵染马铃薯，也侵染番茄。1 号小种的寄主范围很广，除可侵染茄科的栽培种和野生种外，还侵染花生、甘薯、芝麻、姜等作物。青枯病的小种和生化变种之间没有确定的相关性。

三、抗病性及其利用

（一）普通栽培种的抗病性

选育和种植抗病品种是防治马铃薯青枯病的最经济有效的途径。从 20 世纪 30 年代起，美国等国家就开始在普通栽培种的品种资源中寻找对青枯病的抗病材料，进行了大量的鉴定筛选工作，先后测试了上万份无性系材料，但均未找到高抗的品种、品系或选系，只发现有中等抗病或耐病的材料。看来，对青枯病的抗病性是多基因控制的水平抗病性。

（二）二倍体栽培种的育种价值

20 世纪 60 年代中后期，Thursten 和 Lazano 在哥伦比亚，从当地的二倍体近缘栽培种富利亚薯（*Solanum phureja*）的 190 个后代选系中，鉴定出 6 份抗病性水平很高的材料。美国威斯康星大学 Sequeira 等利用哥伦比亚资源中心的两份富利亚薯后代选系 CCC1386 和 CCC1389，与四倍体普通栽培种的优良品种卡它丁进行杂交，所得后代又引进了墨西哥品种的抗病基因，选育出了 10 个家系 369 个无性系，可惜这些材料几经转手，已大多流失。1972 年国际马铃薯中心（CIP）成立以后，重新收集和鉴定了 7 份 Sequeira 的抗青枯病的材料，这就是著名的 BR 系抗青枯病种质无性系，其中有的已经成为品种，在秘鲁、斐济和一些非洲国家推广利用。后来，CIP 利用 BR 系为抗病亲本，相继选育出 6 批抗青枯病材料，这些材料正在菲律宾、斯里兰卡、印度尼西亚、越南等国进行鉴定筛选和利用。

（三）野生种的利用

近年来，国外还从稀毛薯（*S. sparsipilum*）、多裂叶薯（*S. multidissectum*）、恰柯薯（*S. chacoense*）、窄刀薯（*S. stenotonum*）、小拱薯（*S. microdontum*）和萝卜叶薯（*S. raphanifolium*）等野生种中鉴定出含有抗青枯病的基因，并用作抗原亲本选育出一些新的无性系。

（四）我国的研究进展

我国从 1984 年起有计划的从国际马铃薯中心引进数批抗青枯病的种质材料，包括高世代无性系、家系和杂交组合的实生种子。其中 69 份无性系材料已在北京、恩施和彭县的病圃中进行了 3～5 年的系统鉴定。从中筛选出了 5 份对青枯病具有稳定抗病性的无性系，即 MS-42.3（即 CIP800928）、MS-1C.2（即 CIP800935）、CIP377852.2、

CIP381064.8、AVRDC-1287.19（即 CIP800938）。其中 MS-42.3 和 MS-1C.2 对 3 号小种中不同菌系表现高抗。MS-42.3 对 1 号小种（山东菌株 PO_1）也高抗。这两个无性系的农艺性状不理想，但却是很好的抗病亲本材料。CIP377852.2 在彭县和北京对 3 号小种表现中等抗病性，CIP381064.8 在恩施对当地 3 号小种菌系具有良好的抗病性，同时还抗 1 号小种，这两个无性系具有高产潜力和良好品质，可用于抗青枯病育种，也可能在某些适宜地区直接利用。AVRDC-1287.19 在上述三个地区的试验中，对 3 号小种都不抗病，可是在北京的连续 4 年鉴定中对 1 号小种表现高抗。这个无性系是亚洲蔬菜中心育出的，其所含抗源不是富利亚薯而是来自野生种萝卜叶薯和恰柯薯，在台湾省表现出良好的抗病性，且具有热适应性，农艺性状也较好，可以在抗青枯病育种和生产上加以利用。以上这些无性系材料已被我国一些育种单位用作抗病亲本。

中国农业科学院植物保护研究所何礼远和南方马铃薯中心的试验表明，MS-42.3 和 AVRDC-1287.19 与我国一些优良品种如米拉、虎头等有良好的配合力，已从它们的杂交后代中筛选出一批抗青枯病、农艺性状也很好的单株系。据 1997 年报道，中国农业科学院植物保护研究所已经选育出高抗马铃薯青枯病、适宜我国南方和中原栽培的、综合农艺性状比较完美的新品种，其水平达到世界领先。南方马铃薯中心培育的 783-1 已经通过鉴定，抗青枯病中等水平，比较稳定，可在病区应用。湖南省黔阳地区农科所从一些杂交组合的后代选系中，鉴选出湘 754-240、湘 758-60、湘 781-100、湘 7821-90 等抗病品系。

在青枯病为害地区，特别是 3 号小种流行地区，主要传染源是种薯，只要切断青枯病侵染循环中的这一关键环节，就可以基本控制病害。从北方一季作无病区调运种薯是一项简单而有效的办法。

第四节 其他病害

马铃薯的病害较多，在我国目前的栽培水平下，马铃薯甚至马铃薯种薯基本不用药剂，主要依靠品种自身的抗病性来控制病害。除上述 3 种主要病害外，在我国危害较重和具有潜在危险性的病害还有马铃薯癌肿病、马铃薯疮痂病、马铃薯早疫病、马铃薯干腐病、马铃薯环腐病、马铃薯黑胫病、马铃薯软腐病等。

一、马铃薯抗癌肿病性及其利用

癌肿病是 1888 年首先在匈牙利发现的，以后世界各地陆续有发现，现在已经成为世界性病害。我国于 20 世纪 70 年代后期，在云、贵、川的一些高寒阴湿地区发现了癌肿病，目前在南方各省均有报道，已经成为发展势头很大的潜在危险性病害。

马铃薯癌肿病主要发生在植株的茎基部，地下茎、匍匐茎和块茎都可受到侵染，致使组织增生形成癌肿。肿瘤是粗糙的球状体，柔嫩，肉质，大小不一，小的如豆粒，大的如拳头。地下部分肿瘤的色泽与块茎颜色相似，露出地面的变绿色。肿瘤老化时颜色均变黑，因而也称为“黑色癌肿病”。病块茎很像花椰菜。挖出患病的块茎时，部分癌肿溃散，孢子大量遗留在土壤中。癌肿病可引起大幅度的减产和严重降低块茎的品质。

癌肿病的病原菌为 *Synchytrium endobioticum*（Schiilb.）Perc.（内生集壶菌）。不产生菌丝，以游动孢子侵入寄主表皮，繁殖膨大成一个原孢子堆，进一步发展成孢子囊堆。单倍的孢子囊堆在细胞内形成，每个孢子囊堆含有1～9个孢子囊。休眠或越冬的孢子囊呈金黄褐色，球形，直径35～80μm。游动孢子直径1.5～2.2μm，梨形，靠后生的一根鞭毛运动。初侵染后形成夏孢子囊，萌发产生游动孢子，大约2h后，游动孢子穿透寄主的表皮细胞。游动孢子可结合形成合子，侵入深层细胞产生休眠孢子囊（越冬孢子囊）。寄主组织腐烂后，休眠孢子囊释放出来。该菌在土壤中可存活38年之久。温度12～24℃有利于病菌的侵染。

该菌存在许多生理小种，给评价品种的抗病性造成困难。布朗确定了3个形态相同而寄主范围不同的生理小种，分别命名为"G"、"D"和"SB"。

我国对马铃薯癌肿病的研究较晚，已鉴定出一些具有田间抗病性的品种或品系，例如火玛、卡它丁、白头翁、西北果、苏联红、男爵、波友1号、南湖塔、荷兰薯、德友1号、德友3号、德友6号、德友7号、金红洋芋、川771-56、川772-196、Desiree、Favorita、EBA、Spunta、Estima Wilia、Вирулане、Зазерский、Имандра、Кунгра、Мунгра、Мурманский、Октябренок等。高度抗病品种有抗疫白、西北果等。晋薯2号、米拉在四川西昌也表现抗病。国外对特定小种免疫的品种有阿兰系列品种，原苏联的种间杂交种品种叶卡捷琳、提姆普、彼得节前收割、北方、赫拉、味美和儿童团员等。一些野生种都含有对癌肿病的高抗基因。

二、马铃薯抗疮痂病性及其利用

马铃薯疮痂病又名普通疮痂病，1841年首先发现于德国，以后随着马铃薯种植区域的扩展而传播到世界各地。我国于1899年和1919年就有外国人分别报道在东北和华南有疮痂病发生。现我国大部分马铃薯栽培地区均有该病发生，西北地区的发病率较低。

病原菌一般只为害马铃薯块茎的皮层，而不深入薯肉，使鲜薯的外观变劣，商品价值大为降低。如果在块茎膨大期发病，遇到阴雨连绵、土壤潮湿的条件，疮痂病会引发其他真菌或细菌的侵染，而造成大面积的块茎腐烂，减产较大。

马铃薯块茎表面初生大如针尖的凸起，褐色较模糊，6～8天后扩大到0.5 cm，患病组织硬结。由于病斑下栓皮细胞的大量产生，最后形成圆形或不规则形状的疮痂状病斑，含有成熟的黄褐色孢子球。一旦表皮破裂，病斑剥落，便露出粉状孢子团。在马铃薯、番茄和其他寄主的根上，组织增生，形成明显的大小不等的肿瘤。有时块茎上的孢子堆可逐渐扩大，形成溃疡。在贮藏期间，孢子堆处可续发干腐病。

疮痂病菌不同的小种还可造成表面疮痂、普通疮痂、凹痕疮痂、散布性疮痂和丘疹疮痂等不同的症状类型。

马铃薯普通疮痂病的致病菌为 *Streptomyces scabies*（Thaxt.）Waks. & Henrici，是一种放线菌。菌体丝状，很细，直径约0.5～1.0μm，可分枝，末端螺旋状。菌丝可连续分割形成多数圆柱形孢子。孢子大小为1.2～1.5μm×0.8～1.0μm。

病原菌可以在土壤中长期腐生。种植马铃薯后，一旦遇到适宜发病的条件，病菌的丝状体及其孢子便可以通过块茎的皮孔、气孔或伤口侵入块茎。即使在长期不栽培马铃薯，甚至从未种植过马铃薯的地方，一旦种植了马铃薯，在适于发病的条件下，仍然可能发生疮痂病。例如，在美国的华盛顿州，由矮灌丛荒地新开垦的农田，种植马铃薯无疮痂病。可是，连续种植马铃薯3年以上时，疮痂病就严重发生。显然，带病种薯是重要菌源。多数研究者认为，病原菌仅仅侵入快速生长阶段的块茎。病原菌侵染的临界期只限于块茎开始膨大的头10天。一旦形成了木栓质的周皮，就不易被侵染了。23～25℃适宜侵染发病。土壤pH7左右，即中性土壤发病频繁，但有些小种在酸性土壤中更易发生。干燥土壤较易发病。

国外有很多抗疮痂病的品种。我国30年来育成的品种很多，但尚未进行正规的抗病性鉴定。在发病严重的年份，通过田间鉴定，找出了一些抗病品种。田间抗病性较好的品种有泰山1号、春薯1号、Avon、Bison、Norgold Russet、Norchip、Зазерский、Фитофтороустойчивый等，野生种材料有*S. chacoense* 6081－6090、*S. commersonii* 6091、*S. demissum* 6092－6095、*S. polyadenium* 6098、*S. stoloniforum* 6102－6112等。近年来，我国大量选育食用加工型马铃薯，抗疮痂病育种已经提到议事日程，但寻找高度抗病的和田间抗病的抗源都不困难。

三、马铃薯抗早疫病性及其利用

早疫病是马铃薯最普遍和最常见的病害之一，有人认为它与马铃薯几乎是共存的。早在1882年美国新泽西州就有发病的报道，但可以推断，早疫病的发生可能与马铃薯的栽培有同样久远的历史。我国在1899年、1916年和1918年就有关于早疫病的报道。种植马铃薯的地方都有早疫病发生。早疫病的最大影响是使叶丛受害干枯，一般减产10%左右，严重者全株枯死。块茎也可发生枯斑，使商品和食用品质降低。病原菌还侵染番茄、茄子、龙葵等植物，为害番茄比马铃薯还严重。

马铃薯的叶片、叶柄、茎、匍匐茎、块茎和浆果均可发生早疫病。在叶片上，早疫病的症状有3种。其一，叶面发生暗褐色至黑色、直径3～4mm、近圆形并带有明显同心轮纹的病斑，最初在病斑周围有狭窄的褪绿带，以后逐渐消失。其二，叶片上产生数量较多的暗褐色或黑色、形状不规则的小坏死斑。其三，沿小叶顶尖发生与晚疫病病斑相似的褐色或黑褐色大型病斑。空气潮湿时，病斑表面可形成黑褐色或黑色霉层，严重时叶片干枯凋萎。

马铃薯块茎发病后，产生微凹陷的圆形或不规则的黑褐色病斑，大小不等，有的直径可达2cm。患病组织的边缘明显，有时略微突起。病斑下面的块茎组织变褐，呈现木栓化干腐，深度一般不超过6mm。老化的病斑上可产生裂缝。

病原菌是*Alternaria solani*（E & M）Jones & Grout，分生孢子梗单生或簇生，圆柱状，暗褐色，有1～7个隔膜，大小为40～90μm×6～8μm。分生孢子砖壁状，顶端具有细长的孢嘴，暗褐色，自然条件下多单生，大小为120～296μm×12～20μm，有数个横隔膜。

早疫病菌生长的最低温度为1～2℃，最高37～45℃，最适26～28℃。分生孢子在6～34℃下，1～2h内萌发，28～30℃下仅需35～45min。病菌繁殖需要相对较高的温度，亚热带地区发病较重。

当马铃薯收获后，病原菌以菌丝体在病残体中或患病块茎里越冬，可保持生命力1年以上。马铃薯出苗后，病残体上形成分生孢子，借风雨或昆虫携带而传播。分生孢子萌发后产生芽管，自气孔、伤口或表皮侵入茎、叶组织。条件适宜时，2～3天后形成病斑，3～4天后又产生分生孢子，在田间发生多次再侵染。

马铃薯植株所含有的生物碱如茄啶和茄素，对早疫病菌生长有抑制作用。生长30天的马铃薯叶片含有1 570μg/g生物碱，而生长120天的老叶片仅含有260μg/g。晒种和施用氮肥有利于提高抗病性。

在我国，早疫病的危害不算严重，所以未列为抗病育种的重点目标。国内外的栽培品种尚无高抗早疫病的，但有较好的田间抗病性品种。我国目前的主栽品种都具有对早疫病的田间抗病性。筛选高抗早疫病的抗源也不困难。

四、马铃薯抗干腐病性及其利用

马铃薯干腐病是贮藏期病害，引起块茎腐烂，危害程度与贮藏的条件有关。干腐病还可造成种薯在萌芽到出土期间腐烂，使田间缺苗断条。我国的二季作地区秋种马铃薯发病严重。

病块茎出现褐色而稍凹陷的病斑，以后病斑逐渐扩大，造成整个块茎腐烂。在腐烂部分的表面，常常形成由菌丝体紧密交织而构成的凸形垫，上面被以白色、黄色、粉红色或其他颜色的孢子团。

病块茎在潮湿的条件下，容易发展成软腐。在干燥的条件下，由于腐烂一层干缩一层，以致患病处的外皮起皱，形成一轮一轮的皱纹，最后整个块茎腐烂，内部组织变成黄色、粉红色的干块。

干腐病的病原菌为多种镰刀菌，我国已报道的有 *Fusarium avenaceum*、*F. caeruleum*、*F. oxysporum* 和 *F. solani* 等。

国内尚未正式进行品种抗病性测定。根据生产和育种的经验，一般说来，早熟品种最容易感病，中熟品种次之，晚熟品种比较抗病。块茎皮嫩皮薄、成熟度差的容易感病，皮层老化、成熟饱满者较为抗病。

五、马铃薯抗环腐病性及其利用

马铃薯环腐病最早于20世纪初发现于德国，目前世界各国均有发生，是一种世界性病害。我国于50年代最先在黑龙江省发现，随着种薯调运和育种材料交换，病区不断扩大，60年代在青海、北京等少数地区发生，70年代以后又逐渐传播到其他省、自治区、直辖市，目前已遍及全国各马铃薯产区。此病在我国为害最猖獗的时期是70年代中前期。以内蒙古为例，1972年普查表明，全区22个旗（县）普遍发病，病株率一般为20%，严重发病地块减产60%以上。南方有的多年建设起来的自留种薯基地县、区，由于环腐病的发生而不得不撤销。该病在贮藏期间可继续为害，引起块茎腐烂，还显著降低块茎的品质。

环腐病是一种维管束病害。田间一般在开花期以后发病，初期症状为叶脉间褪绿斑驳状以后逐渐变黄枯萎。叶片边缘也可变黄枯死，并向上卷曲。发病一般先从植株下部叶片开始逐渐向上发展到全株。由于环境条件和抗病性的不同，植株的症状有很大的差别。一种类型是植株矮缩、瘦弱、分枝少、叶片发黄，萎蔫症状不明显，且一般到生长后期才出现。另一种是急性萎蔫型，叶片呈灰绿色并向内卷曲，提早枯死。受害植株的茎部维管束，变为浅黄色或黄褐色。块茎表面的症状在轻度为害时不明显，随着病势发展，皮色变暗或变褐。芽眼也可变色但没有菌脓溢出。横切病块茎，可见维管束变成黄色或褐色。轻者只局部维管束变黄，呈不连续的点状；重者整个维管束环变色。病菌可侵害块茎维管束周围的薄壁组织，造成环状腐烂，严重时皮层与髓部组织分离。受到软腐病菌或其他腐生菌二次侵染时，块茎内可形成空腔。环腐病和青枯病引起的块茎腐烂症状的区别在于，前者必须用力挤压方可从维管束内溢出乳白色菌脓，而后者则无需挤压即可自动溢出菌脓。

环腐病为细菌性病害，病原菌为环腐棒状杆菌。过去长期通用学名为 *Corynebacterium sepedonicum*（Spieck. & Kotth.）Skapt. & Burkh.，现更名为 *Clavibacter michiganers* subsp. *sepedonicum*（Spieck. & Kotth.）Davis et al.；为杆状细菌，但有的菌体近圆形，还有的为棒形或楔形，平均长度 0.8～1.2μm，直径 0.4～0.6μm。以新鲜培养物制片，常在显微镜下观察到相连的菌体呈 V 形、L 形或 Y 形。此菌不产生芽孢，无荚膜，无鞭毛，不运动，革兰氏染色阳性。在普通培养基上生长很慢，5～7 天左右才形成针头大菌落。菌落为白色，圆形，表面光滑，边缘整齐，薄，呈半透明状。在酵母膏蛋白胨葡萄糖琼脂培养基上生长特别快，3～4 天即可长出菌落。在自然条件下病原菌只寄生于马铃薯。

最重要的传染来源为带病种薯，靠带病薯作远距离传播。切块播种用的切刀可传病，切一个带病块茎能传染多达 28 个健康块茎。环腐病菌在土壤中存活时间很短，残留的病薯作用也不大。带病块茎和健康块茎可接触传染。盛薯的容器往往粘有病残体，病菌在其上可存活很长时间（最长可达 9 个月）。病菌的最适宜生长温度是 20～30℃，致死温度是 50℃10min。土壤温度 18～22℃时，病害发展很快。

新中国成立以后，一直重视对马铃薯杂交育种后代进行环腐病的抗病性筛选，已经育成高抗环腐病的品种，使我国环腐病的大流行得以控制。这些品种和品系是东农 303、双丰收、北薯 1 号、宁薯 1 号、万薯 9 号、高原 1 号、高原 4 号、坝薯 8 号、跃进、虎头、克新 1 号、克新 5 号、克新 7 号、克新 2 号、克新 4 号、克新 3 号、克新 6 号、固红 1 号、白头翁、克疫、波友 1 号、波友 2 号、紫小叶、甘 75 - 4 - 10、本 744 - 22、同 7405 - 235、固 71 - 14 - 3、固 78 - B - 8、乌盟 601、Alpfa、Colina、Desiree、Flisak、Grand Falls、Jaerla、Lawa、Leona、Muncel、Teton、Neo - tuberosum6001 - 6041、*S. phureja* 6042 - 6060、*S. demissum* 6092 - 6095 等。

我国在环腐病综合防治上，采取种薯产地检疫，推广抗环腐病品种，种薯生长基地应用整薯播种，主产区播种切块种薯采取切刀消毒等措施，对消除马铃薯环腐病的为害起了很大作用。

六、马铃薯对黑胫病的抗性及其利用

马铃薯黑胫病是以茎基部变黑的症状而命名的。该病也可以引起块茎腐烂，故有些著作将该病与其他细菌引起的块茎腐烂统称为软腐病。

黑胫病在东北、华北和西北普遍发生，在南方和西南马铃薯栽培区也有加重的趋势。一般年份田间发病率1%～5%，严重的地块在10%以上。在多雨年份，感病品种病株率可达100%，造成严重减产。在贮藏期块茎腐烂，严重时引起烂窖。以带病块茎作种薯，可发生幼芽坏死和死苗，造成田间缺苗断垄。

典型症状是植株茎基部呈墨黑色腐烂。病害往往是从块茎开始，经由匍匐茎传至茎基部，继而发展到茎上部。匍匐茎和茎部除表皮变色外，维管束也变浅褐色。病株矮化、僵直、叶片变黄，小叶边缘向上卷曲。发病后期，茎基部黑色腐烂，整个植株变黄萎蔫，甚至倒伏死亡。块茎一般是从连接匍匐茎的脐部开始发病，初期脐部略变色，后病部扩大并呈黑褐色，髓部组织变黑心腐，最后整个块茎腐烂。

病原菌是胡萝卜软腐欧文氏菌黑胫病亚种 *Erwinia carotovora* subsp. *atroseptica* (Van Hall) Dye.，为杆状细菌，长1.11～3.28μm，直径0.58～0.82μm，无芽孢，无荚膜，周生鞭毛，能运动，革兰氏染色阴性。在培养基上菌落污白色，圆形，光滑，边缘整齐，微凸起，质地黏稠。为兼性厌气菌，超过36℃不能生长。

黑胫病的主要侵染来源是带病种薯和土壤。病菌残留在土壤中的病薯或其他病残体上，在冷凉潮湿的条件下存活时间很长，在2℃可存活80～110天。

冷凉和潮湿是黑胫病发生的适宜条件。黑胫病菌主要是通过块茎皮孔、生长裂缝和机械伤口侵入。金针虫、蛴螬等的为害有利于黑胫病发生。

不同马铃薯品种对黑胫病的抗病性有差异，有的品种抗侵入性较强，有的品种抗扩展性较强，有的兼具两种抗性。例如，克新1号、郑薯2号和丰收白等较抗侵入，克新4号、郑薯3号和高原7号等抗扩展，而疫不加对侵入和扩展均有良好抵抗性。我国一些农家品种可作为抗黑胫病育种的原始材料，这些品种有大白花、水城转心红、竹根、贵州天麻、贵州扁担、隆里沱沱和紫小叶等。

参 考 文 献

[1] BB. 赫沃斯托娃 NM 雅什娜主编．唐洪明，李克来译．马铃薯遗传学．北京：农业出版社，1981

[2] 黑龙江省农业科学院马铃薯研究所等主编．全国马铃薯品种资源编目．哈尔滨：黑龙江科学技术出版社，1983

[3] 黑龙江省农业科学院马铃薯研究所主编．中国马铃薯栽培学．北京：中国农业出版社，1994

[4] 华南农学院，河北农业大学主编．植物病理学．北京：农业出版社，1980

[5] 田兴亚，陈伊里．对产生2N配子的二倍体杂种遗传效应的估计．马铃薯杂志．1996（1）：24～28

[6] 田兴亚，陈伊里．马铃薯实生种子优良杂交组合的评价．马铃薯杂志．1995（4）：15～19

[7] 田兴亚，李景华．马铃薯栽培种四倍体和二倍体杂种配合力的研究．东北农学院学报．1982（2）：103～114

[8] 王军，宋伯符．中国马铃薯晚疫病防治研讨会文集．北京：中国农业科技出版社，1993

[9] Hougas W, Peloquin SJ. A haploid plant of the potato variety Katahdin. Nature, 1957, 180: 1209～1210

[10] Mendiburu AO, Peloquin SJ. The significance of 2n gametes in potato breeding. Theor Appl Genet,

1977，49：53～61

[11] Tian XY，Lu WH，Ouyang GQ. Estimating combining ability of 4x - 2x crosses in cultivated potatoes. The Journal of Northeast Agricultural University (English Edition)，1996，3 (2)：103～109

第十六章

棉花品种抗病性及其利用

第一节　枯　萎　病

一、重要性和主要成就

枯萎病是棉花最重要的病害之一。该病是在20世纪30年代引进美国棉种未经检疫和消毒处理而传入我国的。50年代仅在四川射洪、陕西关中、辽宁营口等少数地方发病，60～70年代在各主产棉区迅速扩散蔓延，到70年代末至80年代初在陕西泾阳、三原、高陵，山东高密，河北石家庄，河南豫北，四川射洪，江苏常熟、南通等地出现大面积严重病田。据1982年全国棉花枯萎和黄萎病普查结果，当时全国已有574个县发病，以枯萎病为主，全国枯萎和黄萎病发病面积达148万 hm^2，其中因枯萎病为害绝产面积达2.1万 hm^2，每年损失皮棉1亿kg以上。由于抗枯萎病棉花品种的大面积推广，该病的为害逐步得到控制，但病害也得到进一步传播，棉花枯萎病已遍布全国各棉区。

枯萎病是土传维管束病害，病原菌在病株维管束内繁殖扩展，棉株的根、茎、叶、叶柄、铃壳、棉籽等各部位均可带菌。病原菌在土壤中可存活多年。枯萎病被称为棉花的癌症，发病后化学农药无明显防治效果。因此，棉花对枯萎病的抗病性利用就显得更为重要。早在50年代初，西南农业科学研究所和四川简阳棉花试验站等单位的科技人员，在四川射洪县感病品种德字531的重病田，找到了抗病单株，用系统选育法育成了我国第一个高抗枯萎病的抗源品种川52-128，开创了利用抗病品种防治棉花枯萎病的历史。在1972年全国棉花枯、黄萎病学术讨论会上，提出以抗病品种为主的综合防治策略，并成立了全国棉花枯、黄萎病综合防治研究协作组。抗枯萎病育种和抗病新品种区域试验、示范及推广工作受到普遍重视，并取得了十分突出的成就。

（一）育成多批抗病品种

50年代是我国棉花抗病育种起步阶段。除育成抗源品种川52-128外，又从岱字棉15中系统选育成川57-681和川57-50。辽宁省农业科学院棉麻研究所育成了辽棉1号和辽棉2号。这5个品种虽然未得到大面积推广，但成为抗病育种的主要抗源。

60年代陕西省棉花研究所等单位，以50年代育成的品种为抗源，采用有性杂交法，育成了陕4、陕401、川62-200、中棉所3号、中8004等13个品种。

70年代是我国棉花抗病育种大发展时期，共育成了29个品种。植物保护部门也开展了抗病育种工作，中国农业科学院植物保护研究所从陕 65－141 中系统选育出了高抗枯萎病、高产品种中植 86－1 号，是该时期较突出的品种。此外还有鲁抗 1 号、协作 1 号、川 73－27、陕 3563 等。

80 年代我国棉花抗枯萎病育种又有较大发展，共育成了 48 个品种。中国农业科学院棉花研究所育成了兼抗枯、黄萎病，丰产性和品质均较突出的中棉所 12。此外，还育成了晋 260、豫 7910、中植 86－4 号、中 6331 等。1989 年后全国棉花常规品种区域试验与全国棉花抗病品种区域试验合并，这标志着我国棉花抗病育种进入了一个新时期，90 年代育出的品种绝大部分具有较强的抗枯萎病性能。

（二）棉花抗病品种综合性状不断提高

我国选育的抗枯萎病棉花品种的抗病性，比从美国、前苏联等国引进的品种抗病性强。据 1976 年中国农业科学院植物保护研究所鉴定，由美国引进的抗枯萎病品种登恩 118 发病率 20.0%，病情指数 11.1，而我国 70 年代育成的中植 86－1 号发病率仅 3.2%，病情指数 2.2。80 年代育成的中棉所 12 不但高抗枯萎病而且耐黄萎病。

从丰产性看，50 年代育成的川 52－128 产量较低，衣分率仅 31.2%，未能大面积推广。60 年代育成的陕 401 衣分率达 38.0%，皮棉产量比川 52－128 有明显提高。70 年代育成的中植 86－1 号衣分率 39.8%，平均比对照陕 401 增产 18.9%，在无病田比感病对照徐州 142 增产 6.2%。80 年代育成的中棉所 12 在无病田的丰产性也略高于 80 年代末推广的感病对照品种，因此得到大面积推广。从纤维品质看，纤维的断裂长度等方面也有一定提高（表 16－1）。

表 16－1　我国棉花抗病品种综合性状的提高*

代表品种	育成时间（年）	抗病性	绒长（mm）	衣分（%）	强力（g）	细度（a/g）	断长（km）	每 667m² 皮棉产量（kg）	对照品种	比对照增产（%）
川 57－681	1952—1956	抗枯萎病	31.0	31.2	—	—	—	50.0	—	—
陕 401	1963—1969	抗枯萎病	30.0	38.0	3.84	5 700	21.89	59.0	陕 4	12.1
中植 86－1	1972—1977	抗枯萎病	30.3	39.8	3.63	5 783	21.00	70.8	陕 401	18.9
中棉所 12	1983—1987	兼抗枯萎病、黄萎病	30.7	41.0	3.95	5 765	22.80	91.9	晋棉 7	15.6

*　资料引自：马存，陈其煐。我国棉花抗枯、黄萎病育种研究进展，中国农业科学，1992（1）50～57。

（三）棉花抗枯萎病品种的示范推广获得显著经济效益

以抗枯萎病品种为主的我国棉花抗病品种应用，可分为 3 个阶段介绍：

第一阶段（1970—1977 年）：70 年代初，陕西省和全国抗病品种区域试验表明，陕 401 在轻病田比对照品种增产 17.3%，在重病田比感病对照增产 42.1%。70 年代中期，陕 401 在枯萎病严重为害的陕西关中、山东潍坊、豫北、山西运城、四川射洪等地推广面积达 13.3 万 hm^2，另外陕 112、陕 416、川 62－200 也有较大面积种植，至 1977 年抗病品种种植面积为 16.7 万 hm^2，枯萎病在重病区为害得到缓解。

第二阶段（1978—1986 年）：1978 年中国农业科学院植物保护研究所育成高抗枯萎病的高产品种中植 86－1 号。1978—1980 年在河南、山东、江苏、浙江等省重病区示范。据示范区（1.5 万 hm^2）统计，中植 86-1 号比感病对照徐州 142、岱字棉 15 等平均增产 67.4%。在无病田比感病常规品种也略有增产。中植 86-1 号的育成改变了抗病品种不高产的局面，至 1985 年在重病区推广面积达 33.3 万 hm^2。另外陕 1155、川 73-27、鲁抗 1 号等品种推广面积也在 6.7 万 hm^2 左右。至 1986 年全国抗病品种种植面积达 100 万 hm^2，主要枯萎病区得到初步控制。

第三阶段（1987—1992 年）：1987 年中棉所 12 通过全国棉花抗病品种区域试验。该品种兼抗枯萎病、黄萎病两种病害，丰产性及品质均较优良，1990 年在全国种植面积达 133.3 万 hm^2。另外盐棉 48、鲁棉 9 号、冀棉 14 等品种也有较大面积的种植。1990 年全国棉花抗病品种种植面积达到 236 万 hm^2，占当年全国植棉面积（535.5 万 hm^2）的 44.1%。按每公顷增产皮棉 112.5 kg 计算，每千克按 6 元计算，1990 年增加收入 15.9 亿元。1975—1990 年累计推广抗病品种 1 133 万 hm^2，经济效益达 76.5 亿元。

1993 年棉花黄萎病在全国各主产棉区严重危害，黄萎病已成为棉花生产主要障碍，棉花抗病育种也进入了新的历史阶段。

二、棉花枯萎病菌的致病性、生理小种及其变异

棉花枯萎病的病原菌为尖孢镰刀菌萎蔫专化型［*Fusarium oxysporum* Schl. f. sp. *vasinfectum*（Atk.）Snyder & Hansen］。我国不同地区的枯萎病菌致病性存在明显差异。

1960 年，Armstrong 等最先采用陆地棉、亚洲棉、海岛棉、大豆和金元烟草等作为鉴别寄主，根据不同菌系对一套鉴别寄主的致病性差异，将棉花枯萎病菌分成 4 个生理小种（1～4 号），这些小种的地理分布明显不同。1 号小种只侵染陆地棉，广泛分布于美洲、亚洲、欧洲等植棉区；2 号小种除侵染陆地棉外，还侵染大豆和金元烟草，只分布在美国局部地区；3 号小种为埃及型，不侵染陆地棉，只侵染海岛棉；4 号小种为印度型，只侵染亚洲棉，不侵染海岛棉和陆地棉。1966 年，Ibrahim 又发现了 5 号小种（苏丹型），侵染亚洲棉和海岛棉，不侵染陆地棉。1978 年，Armstrong 等在巴西发现了 6 号小种，它对陆地棉和秋葵的致病性与 1 号、2 号小种相似，但不侵染烟草和紫花苜蓿。

1985 年，陈其煐等采用国外统一使用的鉴别寄主，对我国的棉花枯萎病菌进行了生理小种鉴定，发现采自新疆的 2 个菌株与国外报道的 3 号小种的致病反应相同，定为 3 号小种；其他菌株的致病反应均不同于国外已报道的生理小种。将严重感染所有棉属寄主，不侵染或只轻度侵染非棉属鉴别寄主的菌株，定名为 7 号小种；将不侵染或只轻度侵染棉属寄主，但能侵染金元烟草、大豆的菌株定名为 8 号小种。7 号、8 号小种均为我国首次报道。7 号小种为我国广大棉区的优势小种，致病性强，分布范围广，毒性强于所有国外小种。8 号小种的分布范围只局限于湖北新州以及江苏局部地区，3 号小种只分布在新疆棉区。

1990 年，孙文姬等利用血清学技术对枯萎病菌种、专化型、生理小种的血清学关系进行了研究，认为血清学技术可用于枯萎病菌不同种的鉴定，但难以鉴定到小种水平。

营养亲和性是指遗传性不同的菌丝间融合、异核体形成并进行准性生殖的能力。Puhalla（1985）首先确立了用不能还原硝酸盐作惟一氮源生长的突变体（Nit 突变体）进行

营养亲和性试验的方法。该法通过观察不同菌株的 Nit 突变体之间是否互补而形成异核体，将其分成不同的营养亲和群（vegetative compatibility groups，VCG）。不同菌系间是否亲和，可反映出其间生物学特性、遗传特性异同和亲缘关系的远近。这一技术已应用于尖孢镰刀菌 10 余个专化型的群体结构分析。

丁之铨等（1992）分析了我国棉枯萎菌的各小种的 61 个菌株的营养亲和性，发现 3 号小种的 7 个菌株和 7 号小种的 42 个菌株各属于单独的营养亲和群，8 号小种的 8 个菌株分属于 6 个不同的亲和群，不同小种的菌株之间没有亲和性。李延军等（1998）的营养亲和性测定也得出了十分相似的结论。这表明，我国棉枯萎菌各小种间的亲缘关系较远，3 号与 7 号小种分别与 1 个不同的营养亲和群对应，8 号小种的遗传构成却十分复杂，与多个营养亲和群对应。

分子标记现已用于尖孢镰刀菌遗传研究。有人利用 RAPD 标记研究了豌豆专化型（f. sp. *dianthi*）、香蕉专化型（f. sp. *cubense*）、菜豆专化型（f. sp. *phascoi*）的遗传多态性。法国 Assigbetse 等（1994）对采自亚洲、非洲和美洲的 46 个棉枯萎病菌菌株进行了 RAPD 分析，将其划分为 3 个 RAPD 组。

冯洁等（1998）利用 RAPD 分子标记技术对我国棉花枯萎病菌生理小种划分进行了验证。聚类分析显示，3 号和 7 号小种的菌株分别属于 2 个独立的 MD 组，8 号小种的菌株则分属于 2 个不同的 RAPD 组，这与传统的以致病性为主要依据的生理小种划分基本一致。RAPD 分析结果与营养亲和性试验之间也具有较强的可比性，这说明我国棉花枯萎病菌不同生理小种在细胞水平及分子水平上均存在较大差异。

病原菌致病性变异的机制包括有性重组、突变、异核现象与准性重组或细胞质变异等。对棉花枯萎病菌致病性变异的研究甚少。尖孢镰刀菌尚未发现有性态，但存在异核现象和准性生殖。徐孝华等（1987）发现，我国一些地区的枯萎病菌菌株存在异核现象。史大刚等（1991）认为，异核的产生可能是导致新疆地区生理型Ⅲ（即 3 号小种）菌株致病性增强的重要原因。

棉花品种的更换和大面积种植单一品种，加速了病原菌小种构成的变化。近年来，新疆地区海岛棉面积锐减，大面积种植陆地棉，不侵染陆地棉的 3 号小种锐减，目前已很难再采集到 3 号小种的标样。张莉等（1998）的研究证实，目前新疆棉枯萎病菌的大多数菌株为 7 号小种，与内地的 7 号小种菌株同属于一个营养亲和群。

研究病原菌的小种结构的主要目的是为抗病育种、品种合理布局提供科学准确的信息。除了重点监测强致病性的 7 号小种以外，还应加强对能克服栽培品种抗病性的新小种的监测。8 号小种内部遗传组成复杂，这可能与美国棉种的引种有关，应引起人们的足够重视。今后，随着增添鉴别能力强的辅助鉴别，很可能在这一类群中划分出新的小种类型。

三、抗病类型和特点

（一）棉花品种对枯萎病的抗病类型

植物的抗病性是其抵抗病原侵染和危害的遗传性状。20 世纪 50 年代初即发现棉花品种间抗病程度有很大差异。一般把棉花品种的抗病程度区分为感病、耐病、抗病、高度抗病和免疫等级别，但至今未发现真正免疫的品种。

1. 对枯萎病的耐病性　耐病性是品种遭受病原菌侵染后，不造成严重产量与品质损失的特性。不少棉花品种对枯萎病具有良好的耐病性。耐病品种发病率较高，尤其后期剖秆检查的发病率更高，但枯死率低，现蕾后恢复很快，后期植株外部症状不明显，对产量影响较小。在抗病或高抗品种推广之前，人们自觉或不自觉地利用耐病品种，以减少产量损失。

2. 对枯萎病的抗病性　在同一块枯萎病严重发生的病田，同时播种高感品种与高抗品种，在发病高峰期，高感品种枯萎发病率可达100%，并且大部分棉株枯死，而高抗品种发病率在10%以下，不会有死苗现象。发病率低，说明有抗侵入机制，发病后不死苗说明有抗扩展和抗繁殖机制。有不少植物，包括单子叶植物在内，可以被枯萎病病原菌侵染，但不表现症状，被称作“带菌体”。

棉花的抗病性与棉株本身组织结构有关，由于枯萎病是维管束病害，因此抗病性与维管束、髓、髓射线的结构关系密切。解剖测定表明，感病品种泗棉2号的导管排列不及抗病品种冀328-1紧密。可以看出，排列紧密的品种抗病，排列疏松则菌丝易于入侵而感病。菌丝占有的细胞感病品种多于抗病品种。棉花品种对枯萎病的抗病性强弱，还与棉株体内的植保素、单宁、凝集素等物质的含量有关。

（二）棉花抗病品种的表现特点

在枯萎病严重发生田，感病品种发病率可达100%，死苗率也可达60%～80%，甚至绝产。高抗品种，发病率可压低到10%以下，对产量影响很小。不同级别的枯萎病株，在株高、果枝数、铃重等方面都有明显的差异（表16-2）。

表16-2　不同级别枯萎病株与健株生育性状比较

病株级别	株高（cm）	果枝数（个）	营养枝数（个）	结铃数（个）	铃重（g）
健株	80.6	17.8	1.5	18.9	5.4
Ⅰ级病株	77.0	16.9	1.1	15.2	4.4
Ⅱ级病株	64.5	13.9	0.7	10.7	4.5
Ⅲ级病株	48.9	9.3	0.6	5.1	3.9

1983年，中国农业科学院植物保护研究所在山东聊城枯萎病重病田，对不同级别的枯萎病株田间产量要素进行了研究，结果Ⅰ级、Ⅱ级和Ⅲ级病株成铃数分别比健株减少21.6%、32.0%和64.0%；籽棉铃重分别降低0.3g、0.7g和1.2g；衣分率分别降低0.4%、1.4%和2.0%；皮棉单产分别降低26.6%、42.6%和73.1%（表16-3）。

表16-3　不同级别枯萎病株与健株丰产性比较

病株级别	单株成铃		籽棉铃重		衣分率		单株皮棉产量	
	个数	比0级减少（%）	铃重（g）	比0级减少（g）	衣分率（%）	比0级减少（%）	产量（g）	比0级减少（%）
0	12.5		5.6		40.3		28.2	
Ⅰ级	9.8	21.6	5.3	0.3	39.9	0.4	20.7	26.6
Ⅱ级	8.5	32.0	4.9	0.7	38.9	1.4	16.2	42.6
Ⅲ级	4.5	64.0	4.4	1.2	38.3	2.0	7.6	73.1

在70年代初，抗病品种开始大面积应用，抗病品种的产量比感病品种成倍增长。1972—1977年山东省高密县康庄农场枯萎病重病田，种植了抗病品种陕棉4号，6年平均发病率比感病品种徐州1818降低82.4%，增产48.0%～165.1%。高抗枯萎病的品种中植86-1号，1981—1982年在豫、鲁、苏、浙等省示范，比当地感病品种平均增产67.4%。

四、抗病性的遗传规律

棉花品种抗枯萎病的遗传规律，国内外均有很多研究，但由于所用菌系及品种组合不一致，所采用的抗病性鉴定方法不同，所获得的结果差异较大。

Fahmy等（1927）采用免疫品种与感病品种杂交，分析其后代分离比例，结果杂交一代免疫，杂交二代群体中免疫、耐病、感病单株的分离比为75∶15∶10，感病单株在苗期即大部分枯死，耐病单株后代可再分离出免疫、耐病及感病单株，免疫单株的后代则不再发生分离。他们认为棉花对枯萎病的抗病性是由1个显性基因和几个微效基因所决定的。Kelkav（1947）研究了海岛棉、亚洲棉的抗枯萎病遗传规律，发现海岛棉的抗病性是由1个显性基因和1个至多个修饰基因所决定的，而亚洲棉则由2个互补的显性基因和3个具有抑制作用的基因控制。Jone（1961）用珂字棉100GA与德字棉425进行抗病性遗传研究，他认为在枯萎病和线虫并存的情况下，其抗病性由2～3个基因所控制。Smith等（1960）研究了Cook307和德字425，认为抗病性由1个显性基因和一些修饰基因所决定。Campngnaco等（1971）认为大多数棉花品种对枯萎病的抗病性是由单个基因控制的不完全显性遗传。Netzer（1985）根据对抗病爱字棉SJ-2与感病比马棉S-5的杂交后代分析，认为爱字棉对3号小种的抗病性受显性基因支配。

高永成等（1994）采用病圃连续筛选的方法对感病的岱字棉16、中17、徐州142及西农411进行抗病性改造。经过5年的选择，病株率逐年逐代下降，抗病性逐年逐代提高。病株率由90%逐渐下降到10%以下，感病品种转化为高抗品种。他们认为这是寄主免疫功能定向的适应变异和后天获得抗病性遗传的累加作用的结果，所获得的抗病性可以稳定遗传。

Bird等（1973）分析了大量棉花材料，认为棉花抗病性属于显性基因效应。Singh等（1988）认为棉花对枯萎病抗性受1个主效基因和许多修饰基因所控制，在亚洲棉中，一般配合力方差大于特殊配合力方差，抗病性遗传以显性效应为主。Kappelmen等（1971）用7个陆地棉品种间杂交，在总共42个试验材料中，加性效应显著的有34个，而显性效应显著的有2个，上位效应显著的有8个，在非加性效应的材料中，绝大部分材料的加性效应也呈显著水平。因此，他们认为在棉花抗枯萎病性状中，加性效应应该是主要的。Aibeles等（1978）也认为加性效应比显性效应要大。Megehad（1984）采用埃及海岛棉与苏联海岛棉品种进行双列杂交，其后代的抗病性表现出明显的杂种优势，表明其基因效应是非加性的。在F_1和F_2代中，一般配合力和特殊配合力都显著，但特殊配合力比一般配合力更强，说明遗传效应是非加性的显性效应，抗病性受多个基因控制。

中国农业大学、陕西省农业科学院棉花研究所、江苏省南通地区农科所等分析了大量棉花杂交后代，发现其抗病性与亲本抗病性水平密切相关。感病亲本杂交，后代的抗病性差，耐病亲本与耐病亲本或抗病亲本与感病亲本杂交，后代多为耐病；在抗病与耐病亲本或抗病亲本之间杂交，后代大多表现出较高的抗病性。

1985—1992 年间校百才等对大量组合的抗病性遗传规律进行了研究，发现抗病性的一般配合力方差大于特殊配合力方差。张凤鑫等（1987）认为抗枯萎病性以加性效应为主，其 h_B^2 为 86.7%。李俊兰（1987）对陆地棉组合杂交后代的分析表明抗病性遗传中，加性成分达到极显著水平，有 1 个组合的显性效应以及加性×加性、显性×显性的上位效应和另 1 个组合的加性×加性上位效应也达到了显著水平。王振山等（1989）的研究也表明，抗枯萎病性是由多基因控制的，基因间加性效应显著，但也存在显性效应和上位效应。在抗病品种与感病品种的杂交组合中，加性效应、显性效应、加性×显性的上位效应都有作用，而在抗病品种与耐病品种的组合中，主要是加性效应和显性效应。张金发等（1994）用 4 个抗病品种（中棉所 12、苏棉 3 号、鄂抗棉 1 号和鄂 62 - 1）与 4 个感病品种（鄂荆 1 号、鄂棉 18、华棉 102 和华棉 7301）进行双列杂交试验，在发病严重而均匀的田间病圃中进行抗病鉴定。结果表明，亲本的抗病性水平与其配合力效应、显性作用大小是基本一致的，抗病性为部分显性，以加性效应占优势，显性效应较小，无上位性，广义和狭义遗传力均很高，分别为 0.91 和 0.83，至少有一组显性抗病基因控制棉花对枯萎病的抗病性。

冯纯大等（1996）对我国育成的 200 多个抗枯萎病品种进行了系谱分析，发现其遗传基础非常狭窄，主要有 4 大来源，分别为德字 531、岱字棉 15、亚洲棉和乌干达棉，用这 4 个抗源育成的品种（系）达 186 个。

五、棉花抗枯萎病的种质资源

按照植物分类系统，棉花属锦葵目、锦葵科、棉属（*Gossypium*）。棉属有 4 个栽培种，即陆地棉、海岛棉、亚洲棉和草棉。我国保存以陆地棉为主的棉花品种资源 4 000 多份，是棉花抗病育种的种质基础。在棉属中，有很多野生种及野生种系，具有多种多样的抗逆性状，是改良棉花栽培种极其珍贵的遗传资源。

（一）棉属栽培种对枯萎病的抗病性差异

棉属三大栽培种中，亚洲棉（中棉）抗枯萎病性能最强，陆地棉次之，海岛棉最差。陕西省植物保护研究所罗家龙、吉冉中等在 1975—1978 年对我国 3 710 个棉花品种资源进行了抗枯萎病鉴定，结果以亚洲棉抗病性最强，308 个材料平均病情指数为 25.2，免疫、高抗和抗病类型占鉴定数的 39.5%，耐病的占 27.8%，感病的占 32.7%；陆地棉抗病性次之，3 102 个材料平均病情指数 70.9，免疫、高抗和抗病材料占 8.2%，耐病的占 8.3%，感病类型占 83.5%。海岛棉抗枯萎病性能最差，平均病情指数 97.2，无抗病类型，耐病型仅占 2%，98%为感病型。草棉仅有 5 个材料，抗病性与亚洲棉相似，有 3 个材料抗病，2 个感病。木棉材料有 17 个，木棉属海岛棉类型，抗枯萎病性能也差，平均病情指数 89.0，无抗病类型，耐病型占 5.9%，感病型占 94.1%（表 16 - 4）。

1986—1987 年，马存、孙文姬等对 423 个品种资源进行抗病性鉴定，结果亚洲棉的

表 16-4　不同棉种抗枯萎病性比较

棉种名称	鉴定材料数(个)	免疫		高抗		抗病		耐病		感病		病情指数平均值
		数目(个)	病情指数	数目(个)	病情指数	数目(个)	病情指数	数目(个)	病情指数	数目(个)	病情指数	
陆地棉	3 102	13	0.42	99	3.19	137	4.42	260	8.38	2 593	83.59	70.9
海岛棉	278	0	—	0	—	0	—	4	1.44	274	98.57	97.2
亚洲棉	308	10	3.25	65	21.10	47	15.26	86	27.92	100	32.47	25.2
草　棉	5	0	—	0	—	3	6.00	0	—	2	40.00	19.6
木　棉	17	0	—	0	—	0	—	1	5.85	16	94.17	89.0

抗病能力最强，20 个亚洲棉品种室内鉴定均属高抗；陆地棉次之，鉴定的 387 个品种资源中，高抗的占 5.9%，抗病的占 4.4%，耐病的占 7.5%，感病的占 82.2%；海岛棉的抗枯萎病性差，鉴定的 16 个品种中，感病的占 87.5%，耐病的占 12.5%，无抗病类型（表 16-5）。

表 16-5　三大棉花栽培种对枯萎病抗病性的比较

棉　种	鉴定品种数(个)	免疫		高抗		抗病		耐病		感病	
		数目(个)	比率(%)	数目(个)	比率(%)	数目(个)	比率(%)	数目(个)	比率(%)	数目(个)	比率(%)
陆地棉	387	0	0.0	23	5.9	17	4.4	29	7.5	318	83.2
海岛棉	16	0	0.0	0	0.0	0	0	2	12.5	14	87.5
亚洲棉	20	0	0.0	20.0	100.0	0	0.0	0	0.0	0	0.0

（二）我国首批抗源的选育及其特性

20 世纪 50 年代初，西南农业科学研究所和四川省简阳棉花试验站，用系统育种法育成了我国首批高抗枯萎病的抗源品种川 52-128 和川 57-681。这两个品种成为我国 60 年代和 70 年代抗病育种的主要抗源。据不完全统计，用川 52-128、川 57-681 为抗源育成的抗病品种有 20 多个，示范推广面积 100 万 hm^2 以上。这些抗源的特点是抗病性强，持久而稳定（表 16-6）。

表 16-6　抗源品种不同年代抗病性比较

年代	川 52-128			川 57-681		
	鉴定年数(年)	抗源病情指数	感病对照病情指数	鉴定年数(年)	抗源病情指数	感病对照病情指数
50	7	10.6	37.8	2	2.0	20.5
60	5	3.6	29.2	4	2.5	28.7
70	5	22.6	60.5	1	3.1	52.8
80	3	6.6	39.9	3	2.6	39.9
平均		10.9	46.4		2.6	35.5

注：感病对照品种：德字 531、岱字棉 15、达棉 1 号。

从 50 年代到 80 年代对两个抗源品种进行 20 次鉴定，川 52-128 平均枯萎病病情指数 10.9，感病对照岱字棉 15 等的平均病情指数 46.4，比感病对照平均减轻 76.8%；川 57-681 平均病情指数 2.6，感病对照平均病情指数 35.5，比感病对照平均减轻 92.3%。川 52-128、川 57-681 具有抗枯萎病多种菌系的特性。在 1979—1980 年全国棉花枯萎病菌生理型联合试验中，测定了川 52-128 对 18 个省、直辖市的 129 个枯萎菌系的抗病性反应，结果对 12 个菌系表现高抗，对 72 个菌系表现抗病，对 36 个表现耐病偏抗，以上合计 120 个菌系，占参试菌系的 93%，川 52-128 仅感染 9 个菌系。这两个抗源品种的抗病性遗传力很高，用作父本或作母本，后代均有较好的抗病性。

六、抗病性鉴定方法

经多年研究改进，棉花抗枯萎病鉴定已有一套较成熟的方法，即田间病圃鉴定与温室内苗期鉴定。

（一）田间病圃鉴定

利用田间病圃进行抗枯萎病、黄萎病鉴定及抗病材料筛选，一直是抗病性鉴定的主要方法。病圃有纯枯萎病圃、纯黄萎病圃及枯萎病、黄萎病混合病圃等几种类型。病圃要求土地平坦，肥力均匀，灌排方便，土质适合植棉。最好用符合上述条件的重病田，进行补充接菌后即可成为鉴定用的病圃。病圃接菌方法有两种，一种是用发病率 80%以上的重病田的棉秆和残枝落叶，铡成 4～6cm 长的小段，冬耕前每 667m^2 用 250～300kg，均匀地撒于地面，冬耕时翻入耕作层内。另一种是用枯萎病菌的麦粒沙或废棉籽培养物接菌，在播种前将培养物撒于播种沟内，每 667m^2 用培养物 50kg 左右，或穴播，撒于播种穴内，每穴 10g 左右。用上述两种方法建立的病圃，第一年和第二年最好种植感病品种，以检测病圃发病程度和发病均匀性。鉴定时一定要设感病对照，感病对照发病率应在 80%以上，病情指数 50～60，以确保鉴定的准确性。

病圃田间鉴定，主要以棉花成株发病高峰期病情调查结果为依据评价抗病性。枯萎病在 6 月下旬现蕾期调查，黄萎病在 8 月下旬至 9 月上旬调查，有的在秋季还要进行剖秆检查。调查时要记载和统计总株数、病株数和严重度级别。病级（严重度分级）标准见表 16-7。

表 16-7　病圃鉴定抗病性的发病严重度分级标准

病级	棉枯萎病		棉黄萎病	
	蕾　期	剖　秆	花铃期	剖　秆
0 级	健株，无症状表现	健株，茎秆木质部无变色	健株，无症状表现	健株，茎秆木质部无变色
Ⅰ级	病株叶片 25%以下表现典型病状	茎秆木质部病变占剖面 1/4 以下	病株 25%以下叶片表现典型病状	茎秆木质部病变占剖面 1/4 以下
Ⅱ级	病株叶片 25%～50%表现病状，病株略矮化	茎秆木质部病变占剖面 1/4～1/2	病株 25%～50%叶片表现典型病状	茎秆木质部病变占剖面 1/4～1/2
Ⅲ级	病株叶片 50%～90%表现病状，病株略矮化	茎秆木质部病变占剖面 1/2～3/4	病株 50%以上叶片表现典型病状	茎秆木质部病变占剖面 1/2～3/4
Ⅳ级	病株叶片全部脱落至枯死或急性枯死	茎秆木质部病变占剖面 3/4 以上	叶片大量脱落，至光秆死亡	茎秆木质部病变占 3/4 以上

以调查总株数及发病株数计算出发病率，用以下公式计算病情指数：

$$\text{病情指数}=\frac{\sum \text{级数}\times\text{每级的病株数}}{\text{调查总株数}\times 4}\times 100$$

在适宜的发病强度下，即感病对照病情指数为 50～60 时，根据鉴定所得病情指数来划分抗病类型，具体标准如表 16－8。

表 16－8　棉花品种抗病性划分标准

抗病类型	病情指数	
	枯萎病	黄萎病
免疫（I）	0	0
高抗（HR）	5.0 以下	10.0 以下
抗病（R）	5.1～10.0	10.1～20.0
耐病（T）	10.1～20.0	20.1～35.0
感病（S）	20.1 以下	35.1 以上

（二）温室苗期鉴定

田间病圃鉴定所用时间长，土壤菌量不易控制，每年气象条件对发病有明显影响。从 20 世纪 70 年代开始，研究温室苗期鉴定方法，目前常用的是温室内纸钵法。该法取未种过棉花的土壤，过筛后经 160℃烤箱干热灭菌 2h，将干土重 2%～3%枯萎菌培养物接入灭菌土内。用废报纸做成直径 6cm、高 8cm 的纸钵，将接菌后的土壤装入钵内，把纸钵放在塑料盘内，每盘 12～16 个钵。所采用的病菌最好是致病性强、当年从重病株分离出的菌种。被鉴定的棉种用硫酸脱绒，药剂拌种，每一个钵内播种 8～10 粒种子，保证每钵有苗 5 株以上。根据鉴定品种数量决定每一品种的钵数，一般每品种 12～18 钵即可。播种后温室温度应控制在 20～28℃，晚上若遇低温，要用电炉等方式加温，白天温度超过 28℃后要及时开窗降温。要及时浇水，保持适宜的湿度。当棉苗长到 1 片真叶时，即播种后 1 个月左右，为发病初期，应做一次发病情况调查。当感病对照发病率达 80%左右，病情指数 50 左右时，进行最后一次发病情况调查，计算病情指数，判定抗病类型。

温室苗期鉴定所用发病分级标准：0 级：健株；Ⅰ级：子叶发病；Ⅱ级：子叶及 1 片真叶发病；Ⅲ级：2 片以上真叶发病，或落叶成光秆；Ⅳ级：落叶成光秆并且棉苗枯死。

经多年鉴定实践证明，温室抗枯萎病鉴定结果与田间结果基本一致。近年来，全国多数枯萎病圃出现衰退现象，枯萎病发病率较低，采用温室鉴定具有更重要的意义。

七、抗病育种和品种利用中的经验、问题及解决途径

（一）我国棉花抗枯萎病育种的主要经验

1. *根据生产需要，不断调整育种目标*　确定正确的育种目标，是抗病育种的前提。在枯萎病危害严重而抗源缺乏的 50 年代，把提高抗病性作为抗病育种的主要目标，在获得一定数量抗源之后，再提高丰产性和改进纤维品质。实践证明先攻抗病性，再攻产量和品质的策略是正确的。按照这一原则，50 年代育出川 52－128 等一系列抗源品种。以后 20 年间以这些品种为抗源，确定了选育抗病、丰产品种的目标，育成丰产性有较大提高的陕 401、中植 86－1 号、川 73－27 等一批新品种。80 年代抗枯萎育种具有较丰富的抗源，对育种目标提出了更高的要求，把兼抗枯萎病、黄萎病和高产、优质作为育种攻关目标，所育成的中棉所 12 等 48 个品种，其中 20 个品种有兼抗（耐）枯萎病、黄萎病性能，

在丰产性及纤维品质上也有较大提高。1993年黄萎病在全国各棉区暴发成灾，黄萎病成为棉花生产的主要矛盾。在1994年3月召开的全国棉花育种攻关会上，把提高品种对黄萎病的抗病性列为育种攻关的主要目标。根据不同阶段生产需要，不断地提出新的育种目标，是新中国成立50年来棉花抗病育种工作的主要经验。

2. *重视抗源的发掘，为育种奠定基础* 抗源是抗病育种的物质基础，重视抗源的收集、创造、筛选和利用，是获得抗病品种的重要手段。50年代育成川52-128等抗源，60年代育成陕4、陕401、陕65-141等又丰富了抗枯萎病的抗源。从70年代初开始，陕西省农业科学院植物保护研究所及中国农业科学院植物保护研究所、棉花研究所，对我国保存的近4 000个棉花品种资源进行了抗枯萎病、黄萎病鉴定。至1990年底，已将3 240份棉属种质资源抗枯萎病鉴定数据，输入我国国家种质资源数据库，为很好的利用这些资源提供了方便。

80年代初中国科学院遗传研究所等单位，开始尝试棉属种间远缘杂交研究。80年代末，中国科学院上海生物化学研究所与江苏省农业科学院经济作物研究所开展导入外源DNA选育棉花抗病品种的工作，均创造出一批抗病材料，进一步丰富了我国棉花的抗源。

3. *认识和应用抗病性遗传规律* 陕西省农业科学院棉花研究所等单位，从抗、感亲本的大量杂交后代分析中，发现双亲均为感病的，其后代抗病性差，双亲抗病性中等或一方感病，另一方抗病的，后代多为耐病，少数超双亲，双亲均为抗病或一方抗病，另一方耐病的，后代抗病性较强。

多数育种家认为，对枯萎病的抗病性呈不完全显性遗传。在抗病与感病亲本的杂交中，用抗病品种做母本的，子一代、子二代的抗病性比用感病品种作母本的为优，表现出母本效应。但也有一些试验结果指出抗病性为多基因控制的数量性状，以加性效应为主。加深对抗病性遗传规律的认识，减少了抗病育种的盲目性。

4. *不断改进育种方法，提高抗病育种技术水平* 50年来我国棉花抗病育种采用了系统选育、杂交育种、复合杂交以及杂交与其他方式相结合，乃至生物技术育种等方法，经历了由传统方法到现代育种技术的发展过程。系统选育法是抗病育种的主要方法之一。它具有方法简便、快速、育成品种性状稳定等特点。50年代育成的5个品种全部是由系统选育法育成。70年代，中国农业科学院植物保护研究所等单位在陕64-141、陕4、陕401等生产品种群体内，继续选择，育成了高抗、高产品种中植86-1，川73-27等17个品种。

杂交育种是促进基因分离、重组、累加、创造新类型的主要手段。60年代，陕西省农业科学院棉花研究所等单位，用50年代育成的抗源，进行杂交育种，选育出一批抗病性好、丰产性有显著提高的陕4、陕401、陕3563等品种。在80年代，杂交育种占主导地位，育成的48个品种有43个是用杂交方法育成的。80年代以后，不少单位开展了生物技术育种研究。

5. *建立发病重而均匀的病圃* 新中国成立50年来，育成的抗病品种全部是在枯萎病、黄萎病病圃内经多年连续选择而育成的。因此，发病重而均匀的病圃是抗病育种必不可少的基础条件，是使育成品种具有良好抗病性的基本保证。

（二）存在的问题及解决途径

1. 枯萎病圃的衰退现象　病圃在连续多年种植抗病品种后，再种植感病品种，则发病率大大降低，这种现象被称作病圃衰退。据马存等 1987—1988 年研究证明，连作抗病品种中植 86-1 号 10 年以上的病圃，再种植感病品种冀棉 11，枯萎病发病率仅 1.9%，病情指数 0.6。在此病圃接入大量枯萎病菌培养物后，感病品种发病率也仅有 9.8%，病情指数 4.4，而相同量的病原菌接入果园土中，发病率高达 57.1%，病情指数达 28.8。衰退病圃的土壤被称作枯萎病菌的抑菌土，反之未衰退的土壤称作导菌土。在衰退病圃内选育出的品种抗病性就有可能达不到要求。目前全国各育种单位的枯萎病病圃多数存在不同程度的衰退现象，应采取有效的改造措施，或在无病田新建病圃，以满足抗病育种的需要。

2. 抗枯萎病性状的保持　90 年代以来，黄萎病在全国各主产棉区连年严重发生，各育种单位已将提高育成品种对黄萎病的抗病性，放在育种目标的首位。由于枯萎病圃的衰退，大田枯萎病发生又轻，容易造成育成品种抗枯萎病性能的降低，这一问题应引起重视。各棉花育种单位应更新枯萎病圃，育种材料、有希望的品系均应在枯萎病圃内鉴定和考验，淘汰抗病性差的材料，保证育成品种具有良好的抗枯萎病性能。

第二节　黄 萎 病

一、重要性和主要成就

棉花黄萎病与枯萎病相同，都是为害棉花最严重的病害。黄萎病也是 20 世纪 30 年代引进美国棉种时，未经检疫和种子消毒处理，随带菌种子传入我国的。黄萎病也是维管束病害，主要由带菌土壤传播，发病规律与枯萎病有许多相同之处。60 年代初在我国北方部分棉区，如陕西三原、河北唐山、山西运城、山东高密等县发病较重。70～80 年代枯萎病严重为害，黄萎病的问题并不十分突出。进入 90 年代以后，黄萎病逐年加重。1993 年黄萎病在全国各棉区暴发成灾，发病面积约占全国棉田总面积的一半，重病田面积达 130 万 hm^2 以上，损失皮棉 1 亿 kg。1995 年和 1996 年在北方棉区又连续大发生，黄萎病已成为棉花高产的主要障碍。

黄萎病与枯萎病一样，都是土传维管束病害，病原菌在病株维管束内繁殖扩展，棉株的根、茎、叶、铃、棉籽等部位均可带菌。秋冬大量的病株残体，包括带菌根、茎、叶、铃壳、枯枝等留在田间，成为第二年再侵染的菌源。病原菌在土壤内的病残体中可存活多年。发病后化学药剂无明显防治效果。因此，棉花对黄萎病抗病性的利用是非常重要的，世界各国也均以选育抗病品种为防治黄萎病的主要手段。

我国棉花抗黄萎病育种与抗枯萎病育种基本上是同步进行的。50～80 年代育成的 95 个抗病品种中，有 10 个为抗黄萎病品种，有 22 个是兼抗枯萎病和黄萎病两种病害的品种（表 16-9）。50 年代育成抗黄萎病的品种有辽棉 1 号、辽棉 2 号；60 年代育成的有中 8004、中 8010；70 年代育成的有陕 1155、中 9 等 5 个品种。80 年代育成的兼抗品种较多，包括中棉所 12、冀棉 14S6 等 20 个，且推广面积大，不但对控制枯萎病危害起了决定性作用，而且也减轻了黄萎病危害。

表 16-9 1949—1989 年全国育成的棉花抗病品种及育种方法

年代	品种数目	比 50 年代增长倍数	抗枯萎病品种		抗黄萎病品种		兼抗两病品种		系统育种		杂交育种	
			数量（个）	比率（%）	数量（个）	比率（%）	数量（个）	比率（%）	数量（个）	比率（%）	数量（个）	比率（%）
50	5	0	3	60.0	2	40.0	0	0	5	100	0	0
60	13	1.6	11	84.6	2	15.4	0	0	4	30.8	9	69.2
70	29	4.8	22	75.9	5	17.2	2	6.9	17	58.0	12	41.1
80	48	8.6	27	56.2	1	12.1	20	41.7	5	10.4	43	89.6
总计	95		63	66.3	10	10.5	22	23.2	31	32.6	64	67.4

注：1. 资料引自：谭联望．我国棉花枯萎病育种的进展．中国农业科学．1982（3）：16～22。
2. 80 年代品种资料系作者根据全国抗病区域试验总结摘编。

进入 90 年代，我国棉田黄萎病逐年加重，抗黄萎病育种引起各有关单位的重视。江苏省淮阴市种子公司育成的淮阴 910，中国农业科学院植物保护研究所育成的中植 86-6 号，对黄萎病都有较好的抗病性，但因比对照增产不显著而没能通过审定。四川省棉花研究所与中国农业科学院植物保护研究所分别育成了川 737、川 2802 和中植 BD18，为抗黄萎病育种提供了较好的抗源，但这 3 个材料对黄萎病的抗病性都未达到高抗程度。由于高抗材料缺乏等原因，到 90 年代末，尚未育出高抗黄萎病，且丰产性和品质均好的品种。

二、病原菌的致病性及其分化

棉花黄萎病的病原菌为大丽轮枝孢 *Verticillium dahliae* Kleb.，但长期误认为黑白轮枝孢 *Verticillium albo-atrum*，后经多方面的研究，将其确定为两个独立的种。我国在 70 年代末期以前，棉花黄萎病病原菌学名一直沿用黑白轮枝孢。全国棉花枯萎病、黄萎病协作组于 1977—1978 年进行了联合试验，对新疆、陕西、河北、江苏、河南、辽宁等 8 个植棉省（自治区）所采集的 34 个标样，14 个单孢菌系进行了鉴定，最终将我国棉花黄萎病病原菌确定为大丽轮枝孢。

棉花黄萎病菌的寄主范围很广，不像棉枯萎病菌那样具有明显的寄生专化性，但不同菌系间的致病性仍存在较大差异。美国 Schnathorst 等（1966）根据不同菌系对棉花的致病特点，划分为能引起棉花落叶的落叶致病型（T_1，后改为 T_9）和症状较温和的非落叶致病型（SS_4）。70 年代末协作组应用 8 个省（直辖市、自治区）的黄萎菌系，以陆地棉、海岛棉、亚洲棉 3 大棉种的不同抗病性品种为鉴别寄主，将我国棉花黄萎病菌划分为 3 个生理型。生理型 1 号的致病性最强，以陕西泾阳菌系为代表；生理型 2 号致病性弱，以新疆和田菌系、车排子菌系为代表；生理型 3 号致病性中等，广泛分布于长江和黄河流域棉区。

1983 年陆家云等首次报道在江苏省南通和常熟发现了与 T_9 落叶型致病性相似的落叶型菌系，在非落叶型菌系中又区分出叶枯型和黄斑型两个致病类型。1993 年、1995 年、1996 年棉花黄萎病接连严重发生，在北方棉区出现了大片落叶成光秆和死株的病田，这与典型的落叶型菌系的症状十分相似。1995 年吴献忠等报道，在山东一些重病田发现了强致病的落叶型菌系。1997 年石磊岩等对采自河南、河北、山东、陕西、辽宁等北方棉区的 34 个黄萎病菌系进行了致病性测定，将 27 个菌系鉴定为落叶型，其中有些菌系致害棉株的落叶程度与美国 T_9 相当或更重。

传统的棉花黄萎病菌“种”及致病类型的鉴定主要以病原菌形态、生理特性及其在鉴别寄主上的致病反应等特征为依据。随着现代科学技术的发展，人们开始借助于遗传学、生物化学、分子生物学等先进的手段对传统的病原菌分类进行验证。

姚耀文等（1990）利用聚丙烯酸胺凝胶电泳技术对 11 个棉花黄萎病菌菌系的电泳谱带进行分析。Puhalla 等（1985）确立了用 Nit 突变体进行营养亲和性测定的方法。国外利用这一方法将棉花黄萎病菌划分为 4 个营养群。李延军等（1989）用 Nit 突变体亲和测定将采自我国 15 个省（直辖市、自治区）的 6 个棉花黄萎病菌菌系鉴定为 2 个亲和群，第一个亲和群只含落叶型菌系，非落叶型菌系则属另一个亲和群。顾本康等（1993）获得了相同的研究结果。

Calder 等（1991）利用 RFLP 分子标记证实 *V. dahliae* 和 *V. ablo-atrum* 是两个独立的种。Nazar 等（1991）利用核酸杂交的方法也将两个种区分开来。石磊岩等（1997）利用 RAPD 标记对 48 个黄萎菌菌系进行了分析，不仅可区分 *V. dahliae* 和 *V. ablo-atrum* 这两个不同的种，而且可鉴定出落叶型菌系与非落叶型菌系，并发现我国的落叶型菌系与美国的落叶型菌系可能具有共同的起源。

三、抗病性的类型和特点

棉花品种对黄萎病的抗病性与枯萎病一样，可按发病程度区分为感病、耐病（中抗）、抗病、高抗和免疫等级别，但至今未发现有免疫类型。

黄萎病是成株期病害，病原菌侵入棉株后，部分叶片表现明显黄萎症状，不同品种症状轻与重有明显差异，产量损失显著不同，具有耐病性差异。黄萎病菌引起的萎蔫症状，除了落叶型之外，多属缓慢发展。棉花生育后期萎蔫对产量影响较小，尤其 7～8 月份的高温，不利于黄萎病菌的繁殖和为害，而有利于棉株的生长发育，更显示出棉花品种的耐病性。目前，陆地棉尚缺乏高抗黄萎病的品种，但耐病品种丰产性明显优于感病品种，耐病性在生产中具有较重要的作用。

高抗枯萎病的品种种植在严重发病田，可把枯萎发病率压低到 10%或更低；而若把抗黄萎性能最好的陆地棉品种，种植在黄萎病严重病田，发病率可能还会达到 50%。早在 70 年代末，就已经选育出了高抗枯萎病、高产、优质的棉花品种，但对黄萎病，选育高抗抗源材料的目标尚无突破性进展。因此，研究棉花对黄萎病的抗病机理，创造高抗黄萎病的抗源和高抗、高产、优质品种，已成为棉花抗病育种的重要研究课题。

在北方棉区，黄萎病在 6 月初开始发病并逐渐加重，至 8 月底 9 月初达到高峰期。据姚耀文等（1987）的研究结果，黄萎病单株产量损失因病级而异，Ⅰ级病株损失率为 10.8%，Ⅱ级为 29.6%，Ⅲ级为 45.9%，Ⅳ级高达 63.1%。群体产量损失，在病情指数 5.0～53.0 时，皮棉损失率达 7.6%～38.5%。黄萎病菌侵入后，症状表现与当时气象条件有密切关系，在 7～8 月份持续高温条件下，黄萎病发病受到抑制。黄萎病发病早晚，病株产量损失也有显著差异。6 月下旬发病的棉株，比健株减产 66.9%，而 7 月下旬以后才开始发病的棉株，比健株仅减产 20.3%。发病早晚也是品种抗病性的表现。黄萎病发病强度受气象因素温度影响较大，使品种抗病性表现的年度间差异也较大，这给品种抗病性鉴定增加了难度。

四、抗病性的遗传规律

关于棉花对黄萎病抗病性的遗传规律，国内外学者有过大量的研究，但结论却不甚一致，有的认为棉花对黄萎病的抗病性是受单个显性基因控制的，另有一些学者则认为是受多个基因控制的，以数量性状的遗传方式进行遗传。

早在 1931 年，Fahmy 对一些品种的抗黄萎病的遗传规律研究后，认为抗病性由 1 个显性基因控制。Barrow（1970）用耐病的爱字棉 9519 与感病的爱字棉 227 杂交，研究对非落叶型菌系 SS_4 的抗病性遗传，其 F_1 代全部耐病，F_2 代耐病与感病单株的分离比为 3∶1，与感病亲本回交一代的耐病与感病单株的分离比为 1∶1，这表明爱字棉 9519 耐病性由 1 个显性基因控制。Stephen 等（1969）用抗病海岛棉与感病陆地棉，进行了大量的杂交试验，86 个组合的 F_1 均表现抗病，7 个组合的 F_1 与抗病亲本的回交一代表现抗病，12 个组合 F_1 与感病亲本的回交一代分离出抗病、感病、耐病等 3 种类型。他们认为对黄萎病的抗病性是由 1 对显性基因控制的。Wilhelm 等（1970）和一批前苏联学者通过对海岛棉与陆地棉杂交后代的分析，也认为抗病性是由 1 对显性基因控制的。Willdrian 等（1972）和 Wilhelm 等（1974）在转育墨西哥半野生棉抗黄萎病性状培育抗黄萎病品种过程中，对墨西哥品种和半野生种的抗黄萎病性进行了深入的研究。育成的抗黄萎病品种与墨西哥品种的杂交，F_1 代都表现抗病，抗病性呈完全显性，F_2 则出现 3∶1 的分离比，而回交一代的分离比为 1∶1，回交二代的分离比为 3∶1，这说明其抗病性为显性单基因遗传。Bell 等（1969）通过用抗病海岛棉与 7 个感病陆地棉杂交，发现 2 个组合中抗病性为部分显性，5 个组合为完全显性。Barroul 等（1970）以及前苏联学者尤拉谢夫（1978）等也认为抗病性受显性基因控制。

Harrison 等（1955），从感病 Acala 5－12 中选出了抗黄萎病品种 Acala 4－42，并发现其抗病性是隐性性状。我国的中棉所 12，双亲均是高度感病的，但中棉所 12 却有良好的耐病能力。Brinkerhoff 等（1987）在 10 个陆地棉的双列杂交分析中发现，对黄萎病的抗病性是由隐性基因控制的。Robert 等（1972）对 Acala 1517c 与 Lankant 57 杂交后代的分析，Devey 等（1987）对耐病的爱字棉 SJ－1 与感病的 SS971 及岱字棉 70 杂交后代的分析，都认为耐病性是由隐性基因控制的。

由于所选用的品种、抗病性鉴定方法和选用的菌系不同，有不少研究认为棉花对黄萎病的抗病性是受多个基因控制的。Verhalen 等（1971）用 10 个抗病性不同的陆地棉品系进行不完全双列杂交，发现抗病性是由多基因支配的数量性状，加性方差是这些材料抗病性变异的主要来源，其遗传力范围为 54%～64%。Robert 等（1971）的研究表明，抗病性是加性效应的多基因控制的，其 h_B^2 为 0～83%。Votenok（1973）在前苏联用较抗病的 C－2501 与感病的 8196 杂交，F_2 代抗、感分离比为 1∶15，使用墨西哥半野生棉的高抗材料 064222 与较抗病的爱字棉 4－42 杂交，F_2 代的抗、感分离比达 268∶1，这都表明抗病性是由多基因所控制。许多前苏联学者都发现在抗病与感病亲本杂交后代中，病株的发病程度呈现多基因遗传性状的连续分布，后代家系的抗病性多数接近于抗病亲本，认为抗病性是由多基因所控制的数量性状，至少由 4 对独立的显性基因控制。而 Smith 等在陆地棉对黑白轮枝菌的抗病性研究中发现，其抗病性为10对以上的基因所控制。

Rawi等（1984）通过对4个品种的3组杂交后代的抗病性分析，在抗病性遗传中，显性效应比加性效应更重要，其h_B^2在37%～55%之间，Devey（1987）对48个陆地棉的温室和田间试验，得出其h_B^2分别为0.70%和0.74%，h_N^2分别为0.61%和0.69%。Harrison（1995）用Acala4-42进行的抗黄萎病遗传研究也认为抗病性由多个基因控制。

我国学者校百才等（1985）认为对黄萎病的抗病性遗传非常复杂，抗病性的一般配合力方差明显大于特殊配合力方差，说明其基因的作用以加性效应为主，h_B^2为36.31%，h_N^2为31.23%。王振山（1989）的研究也表明加性效应是主要的，其次是显性效应。谭永久等（1991）采用自育的抗黄萎病种质川737和川2802与感病品种进行双列杂交试验，发现抗病性遗传的一般配合力方差明显大于特殊配合力方差，以加性效应为主。

南京农业大学的潘家驹（1994）研究组对棉花的黄萎病抗病性遗传规律进行了多年研究。蒯本科等（1987）采用抗病的海岛棉、陆地棉与感病的陆地棉品种杂交试验，使用VD_2单菌系在温室和田间对杂交后代进行抗病性鉴定，结果表明抗病性为显性单基因遗传。郭小平等（1991）采用抗病性不同的品种组配杂交组合，采用VD_2、VD_5、VD_{132}等3个菌系，在苗期用蘸根法接种进行抗病性鉴定，结果表明对各菌系的抗病性均为显性单基因遗传，而采用混合菌系接种时，其后代的表现非常复杂。1989—1991年他们又采用14个菌系培养滤液（毒素）混合接种，作抗病性鉴定，以期消除活菌系间的拮抗作用，但各类型杂交组合却表现出普遍的感病性。

五、棉花抗黄萎病种质资源

我国目前保存有4 000余份棉花种质资源。在棉属中有不少野生种及野生种系，它们具有多种多样的抗逆性状，是选育抗黄萎病品种的宝贵资源。

（一）棉属栽培种对黄萎病的抗病性差异

海岛棉对黄萎病的抗病性最强，陆地棉次之，亚洲棉最差。陈振声（1981）对581个陆地棉、海岛棉及海陆杂交种材料进行了田间鉴定，海岛棉品种9个，高抗类型占55.6%，抗病的占11.1%，感病的仅占22.2%；陆地棉566个品种，其中高抗的占0.53%，抗病的占5.3%，耐病的占23.5%，感病的占70.7%；亚洲棉品种3个，1个耐病，2个感病。在国家“七五”科技攻关期间，中国农业科学院棉花研究所和植物保护研究所对3 717份品种资源进行了抗黄萎病鉴定。结果在152个海岛棉中，表现高抗的114个，占参试海岛棉总数的75.0%，抗病的32个，占21.2%，两者合计96.7%；陆地棉表现高抗和抗病的各占0.65%和1.64%。

1986—1987年中国农业科学院植物保护研究所对三大栽培棉种的105个品种进行了抗黄萎病鉴定，结果海岛棉25个品种，平均发病率3.5%，平均病情指数1.01；陆地棉42个品种，平均发病率49.1%，平均病情指数18.18；亚洲棉的平均发病率为52.1%，病情指数22.91。这一结果说明，海岛棉的抗黄萎病性显著地比陆地棉和亚洲棉强。在同期鉴定的1 633个品种中，海岛棉67个品种，高抗和抗病类型占57.9%，耐病的占42.1%，无感病材料；陆地棉1 512个品种，感病的占77.4%，耐病的占21.8%，抗病的仅占0.8%（表16-10）。海岛棉具有较强的抗黄萎病性能，如何将海岛棉的抗黄萎基因转育到陆地棉，这是利用生物技术抗病育种的重要课题。

表 16-10 三大棉种的品种资源抗黄萎病性比较

棉种名称	鉴定数(个)	免疫		高抗		抗病		耐病		感病	
		数量(个)	比率(%)	数量(个)	比率(%)	数量(个)	比率(%)	数量(个)	比率(%)	数量(个)	比率(%)
陆地棉	1 512	0	0.0	0	0.0	12	0.8	330	21.8	1 170	77.4
海岛棉	67	0	0.0	13	22.8	20	35.1	24	42.1	0	0.0
亚洲棉	64	0	0.0	0	0.0	0	0.0	6	9.4	58	90.6

（二）我国的棉花黄萎病抗源概况

我国已经筛选出一批抗病性较好的抗源材料，如四川省棉花研究所育成的川 737 和川 2802，中国农业科学院植物保护研究所育成的中植 86-6 号和中植 BD18 等。

川 737 是由（川棉 1 号× 62-200）×（陕 112＋陕 401）复合多父本杂交后代，在黄萎病圃连续汰选育成的。川 2802 是从抗枯萎病，耐黄萎病的（414×冀合 328）杂交后代中选择单株，经多年病圃汰选育成的。1987—1992 年在八省不同类型病圃或重病田，经 6 年 25 次抗黄萎病鉴定，川 737 平均病情指数为 16.4，川 2802 为 15.6，分别比感病对照中植 86-1 号减轻 58 %和 64 %，比耐病对照中棉所 12 减轻 18.8%和 26.5%。这两个抗源对我国现有黄萎菌的不同致病型以及Ⅰ、Ⅱ、Ⅲ号生理型，均有较强的抗病性。以这两个种质为抗源，四川省南充市农业科学研究所，育成了川杂 6 号（组合为洞 A×川 737）；山东省棉花研究中心育成鲁 8784［组合为 2352×（2292×川 737）］等新品系，都具有较好的抗病性。

中国农业科学院植物保护研究所 90 年代初育成了双抗品系中植 86—6 号和黄萎病抗源中植 BD18。中植 86-6 号是以中棉所 12 为母本、中植 86-4 号为父本杂交，后代在黄萎病圃内连续筛选育成的。该品系经 1991—1995 年在河南新乡育种基地种植，在河南省棉花品种区域试验，和在京、冀、鲁、豫 4 省（直辖市）5 年 16 个试验点鉴定，均表现良好，平均病情指数 15.89，为抗黄萎病品种，同期对照中棉所 12 平均病情指数 21.67，为耐病品种。1995 年 中植 86-6 号在冀、鲁、豫黄萎病重病区示范面积达 1.33 万 hm^2。

中植 BD18 是以辽 1038 为母本，以 79207 为父本，杂交后代经黄萎病圃多年连续强压筛选而育成。1992—1997 年中植 BD18 经八省 18 个单位，27 次抗黄萎病鉴定，平均病情指数 11.65，接近高抗水平，同期对照中棉所 12 平均病情指数 29.8，属耐黄萎病类型品种。中植 BD18 是目前抗黄萎病性能最好的抗源。该抗源还高抗枯萎病，中抗棉蚜，综合性状好。至 1998 年，已有八省 16 个单位用 BD18 为抗源，进行杂交育种，已育出一批抗黄萎病性能较好的新品系。

虽然上述几个抗源达到了抗病的水平，但目前陆地棉内尚缺乏高抗黄萎病的种质，需采取多种育种手段，筛选和创造高抗黄萎病抗源。

六、抗病性的鉴定方法

棉花黄萎病是成株期病害，发病时间长，得到可靠的鉴定结果比枯萎病难度更大。经过多年的研究，田间黄萎病圃法、室内纸钵法，都已经比较成熟，是目前常用的方法。

（一）田间抗黄萎病鉴定

利用田间病圃进行鉴定，是抗黄萎病性鉴定的主要方法。为了避免枯萎病菌的干扰，最好是用纯黄萎病病圃鉴定，也可采用以黄萎病为主的枯萎病、黄萎病混生病圃。关于病圃的设置，在抗枯萎病鉴定一节内已作过介绍，黄萎病病圃的建立与枯萎病圃基本上相同。建立后第一年、第二年最好种植感病品种。若是用病棉柴接菌，最好再用废棉籽培养的黄萎病菌培养物，在播种行内补充接种，使发病加重。在黄萎病发病高峰期，发病率达80%左右，病情指数达50～60，且发病均匀，则第二年即可用作病圃，进行抗病性鉴定。

黄萎病发病调查时间在8月下旬至9月初，正值黄萎病发病高峰期。发病严重度分5级，分级标准见表16-7。棉花品种的抗病类型（即反应型）划分标准与枯萎病不完全相同，病情指数10以下的为高抗型（HR），10.1～20.0的为抗病型（R），20.1～35.0的为耐病型（T），35.1以上的为感病型（S）（表16-8）。

（二）室内早期抗黄萎病鉴定

黄萎病在田间棉株现蕾期才开始发病，温室内发病也较晚，给室内鉴定造成一定困难。中国农业科学院植物保护研究所和棉花研究所，经过多年研究认为纸钵撕底蘸根法是较好的室内鉴定方法。

1. 制钵与播种　用旧报纸制成直径6cm高8cm有底纸钵，放在30cm × 20cm × 9cm的塑料盆中，钵内装入未种过棉花的灭菌土壤。每盆放钵8～12个，棉种经硫酸脱绒，并在55～60℃热水中浸种30min，催芽后播种，每钵播8～10粒。温室保持18～28℃，注意及时浇水管理。

2. 接菌　先制备每毫升含1×10^7个孢子的黄萎病菌孢子悬浮液，用前取10ml菌悬液放在培养皿内。棉苗第一片真叶展平后，将纸钵的底部报纸撕去（撕底时可损伤棉苗部分幼根），置于装有10ml菌悬液的培养皿内，使其将菌液吸净，这一过程称作撕底蘸根，然后将纸钵再放回盆内。

3. 发病调查　蘸根后15天左右即可普遍发病，可进行第一次发病调查。当感病对照品种发病达80%左右，病情指数达50左右后，即进行最后一次发病调查。温室内发病严重度也按5级法分级，分级标准与田间有所差异：0级：健株；Ⅰ级：子叶发病；Ⅱ级：子叶发病并有1片真叶发病；Ⅲ级：2片以上真叶发病；Ⅳ级：子叶和真叶因病全部脱落，顶心枯死。一般从播种至鉴定结束约需45天。多年实践证明纸钵撕底蘸根法，发病快，方法简便，鉴定结果与田间基本一致，但有时发病偏重。孙文姬（1998年）等，提出了无底塑料钵菌液浇根法，即用较厚的塑料薄膜，制成直径6cm高8cm的圆筒形钵，无底无盖。当钵内棉苗长至一片真叶展平时，先将塑料钵从盆中取出，置于玻璃板上，用手握住塑料钵，稍用力在玻璃板上转两圈，使长出钵底的棉花根产生伤口，随后将塑料钵倒过来，使棉苗向下底向上，用指穿过苗间防止土壤掉落出来，将每毫升含1×10^7个孢子黄萎病菌的菌悬液10ml浇于钵底，至菌液完全被吸收为止。再将带棉苗的塑料钵置于铺有薄薄一层潮湿灭菌土的塑料盆中，1h后浇入盆底200ml自来水。精细管理，20天左右即可做发病调查。此法比纸钵撕底蘸根法更简便，克服了发病重、纸钵易破的缺点。棉株发病适中，鉴定结果与田间人工黄萎病圃的一致。

另外，南京农业大学章元寿等，利用黄萎病菌毒素进行抗病鉴定。将室内培养的2片真叶期棉苗，浸入到已制好的黄萎病菌毒素滤液内，根据不同品种致萎程度评价其抗病性，此法的效果需进一步在实践中验证。

七、黄萎病抗病育种和品种利用中的经验、问题及解决途径

我国棉花抗黄萎病育种的经验与抗枯萎病的基本相同，这里不再介绍。由于高抗黄萎病抗源缺乏等原因，抗黄萎病育种进展较慢。在抗病性遗传规律研究、抗源筛选及创造、抗病性鉴定等方面还存在一些问题。

（一）对抗黄萎病遗传规律，还应进行深入研究

棉花对黄萎病的抗病性遗传国内外有过不少的研究，但研究结果很不相同。有人认为棉花对黄萎病的抗病性是显性或隐性单基因遗传，但也有些研究表明抗病性是由多基因控制的。这种差异可能是由所用品种材料和黄萎病菌菌系不同所造成的，抗病性鉴定方法、棉花生育期、气象条件等也有影响。鉴于棉花对黄萎病抗病性的遗传是较为复杂的，对所用抗源和育成品种的抗病性遗传规律，还应进行深入研究。

（二）缺乏高度抗病的抗源，应采取多种措施筛选或创造抗源

我国现存的棉花品种资源约 4 000 份，经过十余年的鉴定，发现高抗和抗病的资源均为海岛棉，不能直接利用。虽然在陆地棉品种资源中也发现了一些抗病性较好的材料，但大部分属于耐病类型。20 世纪 90 年代育成的川 737、川 2802、中植 86 - 6、中植 BD18、湘棉 16、淮阴 910 等，均达不到高抗的水平。其抗病性稳定性、抗病性的遗传力等均需进一步研究。总的来说，目前高抗抗源材料十分缺乏，急需采用多种方法筛选和创造抗源，为抗病育种服务。野生棉、半野生棉、海岛棉及棉属近缘植物，含有较为丰富的抗黄萎病基因，如何将这些基因转育到陆地棉中，创造高抗黄萎病的抗源，是十分重要的研究课题。在 60 年代，前苏联利用墨西哥半野生棉，育成了著名的抗黄萎病品种塔什干 1 号、塔什干 2 号和塔什干 3 号，就是成功的先例。

（三）育种方法单一，应采取多种方法加速抗黄萎病育种进程

抗黄萎病育种进展较慢，除抗源缺乏外，育种方法单一、有关部门对抗黄萎病育种重视不够、研究经费不足等也是重要原因。应采用多种方法加速抗黄萎病育种进程。抗枯萎病品种，绝大多数是通过系统选育或普通有性杂交育成的，实践证明，单一采用这些传统方法，在抗黄萎病育种上收效不大。应采取远缘杂交、生物技术等多种方法进行抗黄萎病育种。中国科学院遗传研究所等单位，采用远缘杂交已取得较大成绩，打下了良好的基础。应用生物技术育种，在多种农作物上已取得突破性进展，而在抗黄萎病育种方面，虽然取得了一些进展，但应加强这方面的研究。

（四）抗黄萎病鉴定方法有待规范

黄萎病田间发病轻重与土壤菌量、品种抗病性及气象条件有关，同一品种在不同地点、不同年份抗病性鉴定结果差异较大。目前新育成并通过省级审定的品种，抗黄萎病数据与实际抗病性有较大差距。马存等（1997）对北方棉区（包括新疆棉区）1990—1996 年间通过省级审定的品种，进行了抗病性分析。有 8 个品种的黄萎病病情指数在 10 以下，应属于高抗类型，但这 8 个品种的实际抗病性没有一个能达到高抗标准。其余多数品种的黄萎病病情数据也与该品种的实际表现差距较远。造成这一结果的主要原因是抗病性鉴定

方法不规范，单纯用黄萎病情指数大小来判定某一品种抗病性好坏，存在较大问题。目前各地区域试验对抗黄萎病鉴定无严格要求，鉴定用的病圃多数发病较轻。多数未设感病对照，有的甚至连耐病对照也没有。致使多数品种病情指数较低，与该品种实际抗病性有较大差距。另外，气象条件也有重要影响，若夏季7～8月份气温高，发病就轻，持续高温发病更轻。单纯用田间发病调查的实测病情指数，判定某一品种的抗病性强弱，存在较多问题。为了提高棉花抗黄萎病鉴定水平，需设法校正因土壤菌量、气象因素等所造成的差异，现提出以下几项措施。

第一、制定全国统一的抗黄萎病鉴定规程。现在已把提高品种的抗黄萎病性列为重要育种目标，种子主管部门应尽早制定棉花品种抗黄萎病鉴定规程。应委托有鉴定经验的植物保护部门承担鉴定任务，每年及时写出较为准确可靠的鉴定报告。

第二、用相对病情指数来判定品种的抗病性。由于黄萎病病情指数高低受到土壤菌量、气象因素和品种抗病性等多方面的影响，单纯用病情指数来判定每个被鉴定品种的抗病性存在较多问题。1987年马存提出应用抗病效果来评价棉花种质的抗病性，经过十多年试用，采用相对病情指数来代替病情指数方法已较成熟。其具体方法是，在抗黄萎病鉴定时一定要设感病对照，鉴定用的病圃（或重病田）感病品种病情指数应在50.0左右。发病调查在8月下旬至9月初发病高峰期进行。调查数据分析时，先用全国统一规定的感病对照品种标准病情指数50.0除以本次感病对照病情指数，求出校正系数K值，然后将本次被鉴定品种的病情指数实测数据乘以K值，即得出被鉴定品种的相对病情指数。相对病情指数10以下为高抗，10.1～20.0为抗病，20.1～35.0为耐病，35.1以上为感病。用相对病情指数来判定品种的抗病性，使鉴定结果与品种实际的抗病表现比较一致。

第三、品种审定应对品种的抗黄萎病性能提出明确要求。虽然目前黄萎病危害已十分严重，但因品种审定对抗黄萎病性能无明确要求，因此，一些育种者尚未将提高品种抗黄萎病性能列为育种主攻方向。这可能是通过审定的品种抗黄萎性能较差的重要原因。尤其是在黄河流域棉区，品种如果不抗黄萎病，其推广应用就会受到很大限制。今后通过审定的品种，对黄萎病的抗病性应提出要求。

参 考 文 献

[1] 陈其煐，孙文姬．我国棉花枯萎镰刀菌生理小种研究．中国农业科学，1985，18（6）：1～6

[2] 陈其煐主编．棉花病害防治新技术．北京：金盾出版社，1992

[3] 陈振声，陆景洪，王素芳．棉花品种资源抗黄萎病田间鉴定．棉花，1980（3）：25～28

[4] 冯洁，孙文姬，石磊岩等．我国棉花枯萎病菌生理小种的分子指纹分析．棉花学报，1999，11（5）：230～234

[5] 高永城，杨之为．棉花抗枯、黄萎病之提高与改造．中国农业科学，1979，12（3）：31～40

[6] 高永成，张倩，曾慕衡等．棉花枯萎抗病性形成规律的发现与抗病性定向培育法．棉花学报，1995，7（4）：202～205

[7] 顾本康，马存主编．中国棉花抗病育种．南京：江苏科学技术出版社，1996

[8] 简桂良，马存，孙文姬．试谈我国棉花抗黄萎病鉴定的地理选择．植物保护，1994，20（5）：33～34

[9] 蒋克明．棉花优质与兼抗之我见．中国棉花，1987（5）：7

[10] 蒯本科，潘家驹．棉花黄萎病抗病性遗传研究初报．见：中国农业科学院棉花研究所主编．棉花育种基础研究论文集．北京：学术期刊出版社，1987，59～64

[11] 李成葆，张久绪，朱荷琴等．棉花品种资源抗枯、黄萎病性鉴定．中国棉花，1990（5）：40～42

[12] 李广娴，杨付新．全国棉花抗枯萎病品种区试16年．中国棉花，1988（5）：26～27

[13] 陆家云，曹以勤．江苏省棉花黄萎病原菌（*Verticillium dahliae*）致病性的分化．南京农学院学报,1983（2）：36～43

[14] 罗家龙，夏武顺，吕金殿等．棉花品种资源对枯萎病抗病性的研究．中国农业科学，1980，13（3）：41～46

[15] 马存，石磊岩，刘洪涛等．棉花抗枯萎病、高产新品种"中植86－1号"的选育．中国农业科学，1980，13（2）：31～36

[16] 马存，张弘．棉花枯萎病产量损失初步研究．植物病理学报，1986，16（4）：245～251

[17] 马存，孙文姬，简桂良等．棉花对枯、黄萎病抗病性反应型划分方法的商榷．植物保护，1987，13（4）：43～44

[18] 马存，孙文姬，石磊岩等．三大棉种对棉花主要病害抗病性研究．植物保护学报，1992（3）：16～22

[19] 马存，陈其煐．我国棉花抗枯、黄萎病育种研究进展．中国农业科学，1992，25（1）：50～57

[20] 马存，简桂良，孙文姬等．我国棉花抗黄萎病育种现状、问题及对策．中国农业科学，1997，30（2）：58～64

[21] 马存，简桂良，孙文姬．我国棉花品种抗黄萎病鉴定存在的问题及对策．见：刘仪主编．植物病害研究与防治．北京：中国农业科技出版社，1998，388～390

[22] 潘家驹，张天真，蒯本科等．棉花黄萎病抗病性遗传研究，南京农业大学学报，1994，17（3）：8～18

[23] 沈其益主编．棉花病害基础研究与防治．北京：科学出版社，1992

[24] 石磊岩，王莉梅，孙文姬等．北方棉区棉花黄萎病原菌（*Verticillium dahliae*）的RAPD分析与致病型鉴定．见：刘仪主编．植物病害研究与防治．北京：中国农业科技出版社，1998，433～440

[25] 史大刚，田逢秀，宋天凤．棉花枯萎镰刀菌致病性变异的研究Ⅱ：生理Ⅱ、Ⅲ型菌系异核现象．植物病理学报，1991，21（2）：145～150

[26] 孙文姬，马存，简桂良．浅谈棉花种质抗枯、黄萎病鉴定．作物品种资源，1994（1）：23～24

[27] 孙文姬，简桂良，马存等．棉花抗黄萎病新种质BD18. 植物保护，1995，24（2）：23

[28] 孙文姬，简桂良，马存等．棉花品种抗枯、黄萎病鉴定结果统计方法的改进．见：邱式邦主编．中国植物保护研究进展．北京：中国科技出版社，1996，253～256

[29] 谭联望．我国棉花抗枯、黄萎病育种的进展．中国农业科学，1982，15（3）：16～22

[30] 谭联望，刘正德．中棉所12的选育及其种性研究．中国农业科学，1990，23（3）：12～19

[31] 谭永久，徐富有．棉花品种抗枯萎病性苗期鉴定方法的研究．植物病理学报，1980，10（1）：43～48

[32] 谭永久，蔡应繁，邓李果等．陆地棉花黄萎病抗病性遗传及利用．中国棉花，1991，20（1）：10～13

[33] 谭永久，李琼芳，蔡应繁等．棉花抗黄萎病新抗源种质川737、川2802的抗病性研究．棉花学报，1995，7（3）：184～188

[34] 吴功振．我国棉花高抗枯萎病的抗源品种．棉花，1982（4）：17～18

[35] 吴献忠，李风玲，郑长英等．山东棉花黄萎病原菌致病性分化研究．植物保护，1995，21（6）：2

[36] 校百才．陆地棉抗枯、黄萎病性状配合力、遗传力的初步研究．作物学报，1985，25（4）：267～273

[37] 徐孝华，顾桂芬．在我国几个地区棉田中枯萎病镰刀菌异核现象的分析．北京农业大学学报，1987，13（2）：183～189

[38] 姚耀文，谭联望．棉花枯、黄萎病圃的设置利用．棉花，1979（5）：28～32

[39] 姚耀文，朱颖初，沈崇尧等．凝胶电泳法在棉花黄萎病原菌致病类型鉴定中的应用．见：陈其煐，李典谟，曹赤阳主编．棉花病虫害综合防治及研究进展．北京：中国农业科技出版社，1990，416～419

[40] 张凤鑫．棉花抗逆抗病性育种理论与实践的研究．西南农业大学学报，1987 年增刊（总 3）：14～31

[41] 张莉，李国英．新疆棉花枯萎病菌营养亲和群的初步研究．见：刘仪主编．植物病害研究与防治．北京：中国农业科技出版社，1998，51～54

[42] 张铭恢．苏联棉花抗黄萎病遗传育种的研究．国外农学——棉花，1986（4）：1～8

[43] 张绪振，张树琴，陈吉棣等．我国棉花黄萎病原菌“种”的鉴定．见：全国棉花枯黄萎病综合防治协作组，中国农业科学院植物保护研究所主编．中国棉花病害研究及其综合防治．北京：农业出版社，1984，44～43

[44] 赵俊兴．陆地棉抗枯、黄萎病相关性的分析．江西棉花，1992（2）：18

[45] Armstrong GM, Armstrong JK. American, Egyptian and Indian cotton-wilt Fusarium: Their patrhogenictity and relationship to other wilt Fusaria. U S Dep Agric Thec Bull, 1960, 1219 ～1221

[46] Armstrong GM, Armstrong JK. A new race (race 6) of the cotton－wit Fusarium from Brazil. Plant Disease Reporter, 1978, 62: 421～423

[47] Assigbetse KB, Fernanedz D. Differentiation of *Fusarium oxysporum* f. sp. *vasinfectum* race on cotton by RAPD analysis. Phytopathology, 1994, 84: 622～626

[48] Barrow JR. A genetic analysis of Verticillium wilt tolerance in cotton. Proc Beltwide Prod Res Conf, 1970, 68～73

[49] Barrow JR. Heterozygossity in inheritance of verticillium wilt tolerance in cotton. Phytopathology, 1970, 60: 301～303

[50] Carder JH. Molecular variation and restriction fragment length polymor－phisms (RFLPs) with and between six species of Verticillium. Mycological Research, 1991, 95: 935～942

[51] Devey JE, Roose ML. Genetic analysis of verricillium wilt tolerance in cotton using pedigree data from three crosses. Theoretical and Applied Genetics, 1987, 74: 162～167

[52] Grajal－Martin MJ, Simon CJ. Use of random amplified polymorphic DNA (RAPD) to characterize race 2 of *Fusarium oxyporum* f. sp. *pisi*. Phytopathology, 1993, 83: 6, 612～614

[53] Jones JE. Inheritance of resistance to Fusarium wilt in upland cotton. Dis Abs, 1961, 22: 34～35

[54] Kappelman AJ. Fusarium wilt in upland cotton. Dis Abs, 1961, 22: 34～35

[55] Kappelman AJ. Inheritance of resistance to Fusarium wilt in cotton. Crop Sci, 1971, 41 (5): 672～674

[56] Netzer D. Resistance of interspecific cotton hybrids (*G. hirsutum*). Plant Dis Rep, 1975, 59: 803～805

[57] Nazar RN, Carder JH. Protential use of PCR－amplified ribosomal intergenic sequences in the detection and differentiation of Verticillium wilt pathogens. Physiological and Molecular Plant Pathology, 1991, 39: 1～11

[58] Nazar RN. Potential use of PCR—amplified ribosomal intergenic sequences in the detection and differentiation of Verticillium. Mycological Reseach, 1991, 95: 935～942

[59] Puhalla JE, Huimmel M. Vegetative compatibility groups within *Verticillium dahliae* . Phytopathology, 1983, 73: 1305～1308

[60] Puhalla JE. Classification of strains of *Fusarium oxysporum* on the basis of vegetative compatibility. Can J Bot, 1985, 63: 179～183

[61] Roberts CL, Staten G. Heritbility of Verticillium wilt tolerance in crosses of American upland cotton. Crop Science, 1972, 12: 63～66

[62] Sackston WE. Epidemiology and control of seed—born *Verticillium* spp. causing vascular wilt. Seed Science and Technology, 1983, 11: 731～747

[63] Smithm AL, Dick JB. Inheriatance of resistance to Fusarium wilt inupland and sea island cottons as complicated by nematodes under field conditions. Phytopathology, 1960, 50: 44～48

[64] Verhalen LM, Brinkerhoff LA, Fun KC, et al. A quantitative genetic study of Verticillium wilt resistance amoy seleted lines of upland cotton. Crop Sic, 1971, 11: 407～412

[65] Waalaijk C, Baayen RP. Identification of races of *Fusarium oxysporum* f. sp. *dianthi* by DNA fingerprintion and vegetative compatibility. Eppo conference on new methods of diagnosis in plant protection, Wageningen, Netherlands, 25～28, Jan, Bulletin OEPP, 1995, 25: 1～2, 117～124

[66] Woo SL, Zoina A. Characterization of *Fusarium oxysporum* f. sp. *phaseoli* by pathogenic races VCGs, RELP, and RAPD. Phytopathology, 1996, 86: 9, 966～973

第十七章

油菜品种抗病性及其利用

病毒病、菌核病是我国油菜主产区的重要病害，在大流行年份，可造成毁灭性的损失。多年来，对病原物的致病特点、致病性分化、寄主抗病性特点与遗传规律，都作了深入研究，同时还大量搜集整理了国内、外种质资源，从中筛选出抗源材料，利用这些抗源，先后培育出许多优良的抗病品种。推广和应用这些抗病品种，不仅有效地控制了油菜病害，而且对油菜产量的提高和品质的改良，也都有重要作用。

第一节　病 毒 病

油菜病毒病在我国分布广泛，各油菜产区均有发生。长江流域冬油菜产区发病尤其普遍，在城镇郊区和秋冬温暖干旱年份为害严重。病田一般发病率达10%～30%，严重的在80%以上。重病区流行年份减产20%～30%，严重的达70%以上。病株平均产量损失65.7%，种子含油量降低7.0%。目前采取的主要防治措施是苗期喷药治蚜防病和种植抗病品种。

一、油菜抗病毒育种的主要成就

选育和利用抗病品种，是油菜病毒病综合防治体系中的关键措施。多年来国内、外育种学家和植病学家都非常重视，开展了大量的研究工作，取得了很多成就。

贺源辉等（1989）通过复合杂交和定向选择，育成了多抗（耐）性高产新品种中油821，对病毒病具有较强的抗病性，已在全国范围内示范推广。据1985—1989年的统计，全国累计种植面积已达200多万 hm^2。

李彦勇等（1982）通过田间自然诱发鉴定、人工接种鉴定和在安徽省多点试种，筛选出了红油1号、奥罗和新都4号等3个高抗品种。周必文等（1993）从油菜种质资源中，选出了中RVS-1、中RVS-2和中RVS-3等3份抗病材料，经1981—1990年鉴定，其抗（耐）病性高于当时的推广良种。近年来，张书芬等（2002）选育出高抗优质油菜杂交种豫油5号；邹崇顺等（2003）选育出高抗高产的新品种中双6号；许才康等（2003）选育出双低甘蓝型油菜高抗品种苏油1号等，在各地均表现良好。国外Waish等（1985）用芜菁花叶病毒接种鉴定，发现Lingot品种表现免疫，Dinas、Caron和Rafal等3个品种有50%植株免疫。

二、油菜病毒的种类和株系

我国发生的油菜病毒已知有4种，即芜菁花叶病毒（*Turnip mosaic virus*，TuMV）、黄瓜花叶病毒（*Cucumber mosaic virus*，CMV）、烟草花叶病毒（*Tobacco mosaic virus*，TMV）和油菜花叶病毒（YMV）。据王圣玉等（1990）报道，1986—1990年间，在我国南方10个省（直辖市）油菜主产区进行了病毒的田间调查和血清学检测，发现芜菁花叶病毒分布最广，侵染率最高，达到了80.84%，黄瓜花叶病毒侵染率达8.73%，烟草花叶病毒达8.38%，后两种病毒多与芜菁花叶病毒复合侵染。指示植物鉴定结果表明，油菜花叶病毒（YMV）发生很少。我国现在种植较多的油菜类型，主要是甘蓝型油菜，其次是白菜型油菜，芥菜型油菜多分布于西北干旱地区和高原山区。各类型油菜在条件适合时，均能被病毒侵染，造成严重发病。

芜菁花叶病毒对白菜型油菜的致病性最强，能引起全株性的花叶和皱缩症状。苗期表现花叶皱缩，严重者越冬期死亡，稍轻者尚能继续生长，但后期病株有不同程度的矮化，茎秆、果轴短缩，角果畸形，不能正常结实，部分植株提早死亡。甘蓝型油菜发病后，以枯斑症状为主，重病株后期矮化、畸形，薹茎短缩，花果丛集，角果畸形，结实减少，部分植株提早死亡，对产量影响较大。

关于芜菁花叶病毒的株系，国内外均作过一些研究。Yoshii（1986）总结了各国研究结果，将芜菁花叶病毒分为两个株系组，即甘蓝株系组和普通株系组。甘蓝株系组在甘蓝（*B. oleracea*）上产生严重的环状枯斑，在心叶烟（*N. glutinosa*）上产生严重的花叶症状，其分布仅限于欧洲、北美、澳大利亚、新西兰和南非等地，起源于英国和西欧的甘蓝发源地。普通株系组在以上两种寄主上只引起轻微症状，广泛分布于印度、中国、日本等亚洲地区和欧洲、北美、大洋洲等地，起源于亚洲。Provvidenti（1980）选出了一套鉴别芜菁花叶病毒株系的大白菜品种，在纽约对十字花科蔬菜上的芜菁花叶病毒进行了株系鉴定，发现了4个株系，即C_1、C_2、C_3和C_4。Green（1985）用这套鉴别寄主，对我国台湾十字花科蔬菜上芜菁花叶病毒进行了株系鉴定，除确认以上4个株系外，还发现了第五个株系，即C_5。

我国自50年代以来，先后有李德葆（1964）和王拱辰（1974）对浙江省的油菜，魏景超等（1958）对华东的油菜和十字花科蔬菜，都作了芜菁花叶病毒的株系鉴定，各自区分出2个株系。其他地方也进行了类似研究，结果大体相同，基本上是根据病毒能否侵染心叶烟和普通烟，而划分为2～4个株系。

李丽丽等（1991）采用Provvidenti的一套株系鉴别品种，对采自长江流域10个省（直辖市）油菜上的164个芜菁花叶病毒分离物进行了株系鉴定，结果发现了12个株系，即TuMV-CR_1至TuMV-CR_{12}。这些株系对油菜的致病性有明显的差异，CR_1侵染油菜后，可致植株严重矮缩和死亡，是一个分布最广、致病性极强的强毒株系。CR_1接种各鉴别寄主后，Tropical Delight、Crusader和PI 419105都呈感病反应（S），而PI 418957呈免疫反应（I）。

三、油菜对病毒的抗病性类型和特点

白菜型和芥菜型油菜感染病毒后，形成系统花叶症状，这是病毒进入植株体内后，阻碍了营养物质的运输与分配，影响叶片细胞中叶绿体的形成和发育，或使叶绿体破坏或积聚，导致叶片形成深绿、浅绿镶嵌的花叶症状，这是一种感病的表现。而甘蓝型油菜感染病毒后，呈过敏性反应，导致细胞和局部组织坏死，在叶片和茎秆上形成枯斑，这是一种抗病表现。此种抗病性系主动抗病性，形成低侵染型病斑。中油 821、奥罗等抗病品种就属于这种抗病类型。

周必文等（1992）比较了抗病和感病品种的过氧化物酶同工酶，在子叶期不接种条件下，在相对迁移率 17%～47%范围内，有 6 个位点出现酶带，抗病品种与感病品种的酶带数量、酶带出现的位点和强弱程度都有明显的差异。这表明品种抗病性与植株体内过氧化物酶同工酶有密切关系。

印度 Labana 等（1983）的研究表明，油菜嫩枝叶片中的抗坏血酸和硫代葡萄糖甙含量越高，对主要传毒介体萝卜蚜的抵抗性就越强。通过分析不同油菜品种体内的化学成分，选育出了抗蚜品种，从而减轻了病毒感染。这类品种可减少传毒介体昆虫的接触，降低了传毒几率，属于避病性。

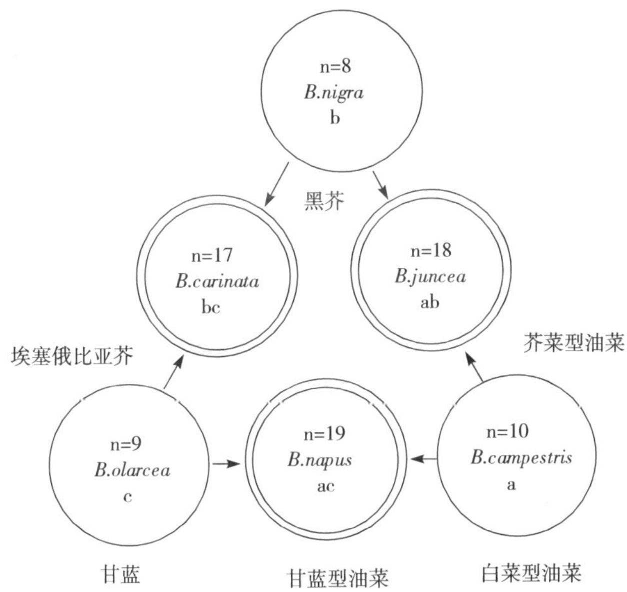

图 17 - 1　芸薹属油菜近缘种的亲缘关系

陈玉卿等（1993）鉴定了芸薹属 6 个栽培种油菜的抗病性，结果表明不同类型油菜对病毒病的抗（耐）性有明显差异，从田间鉴选高抗材料的中选率来看，甘蓝（*B. oleracea*）为 60%，埃塞俄比亚芥（*B. carinata*）为 18.4%，甘蓝型油菜（*B. napus*）为 5.7%，其余黑芥（*B. nigra*）、芥菜型油菜（*B. juncea*）、白菜型油菜（*B. campestris*）等 3 个种均为 0。这表明带有 C 染色体组的种群较抗（耐）病毒病，各类型油菜间抗病性差异与其亲缘关系十分密切，基本符合“禹式三角”模式（图 17 - 1）。

四、油菜抗病毒种质资源

我国是白菜型和芥菜型油菜的原产地之一，种植油菜的历史悠久。20 世纪 30 年代以来，又陆续从日本、欧洲等地引入了甘蓝型油菜品种。我国所搜集和保存的油菜品种资源十分丰富，具有适应各种生态条件的品种类型，其中也蕴藏着很多宝贵的抗病资源，值得深入研究。

李丽丽等（1992）首次对我国所搜集和保存的 3 510 份油菜种质资源进行了抗病毒鉴定。通过田间自然诱发鉴定和人工接种鉴定，筛选出一批抗病资源。鉴定结果如表 17-1、表 17-2 所示，未发现免疫品种，有高抗材料 42 份，中抗材料 69 份。这 111 份材料都是在田间和人工接种鉴定中抗病性表现一致的好材料。表 17-1 中的"耐病材料"是指田间抗病性表现较好，而在人工接种鉴定中，抗病性级别低于田间。将这些材料分别归入田间同级抗病性的耐病类型。这批材料在田间自然条件下有较好的抗病性，而在发病条件适合且进行人工接种病毒的情况下，抗病性则有所下降。在这些材料中，有些也可能具有避病特性。

表 17-1 我国油菜种质资源抗病毒鉴定结果

油菜类型	材料数	免疫	高抗	高耐	中抗	中耐	低抗	感病
甘蓝型（*Brassica napus*）	1 030	0	3	65	6	54	244	658
白菜型（*B. campestris*）	1 515	0	11	37	22	34	194	1 217
芥菜型（*B. juncea*）	893	0	21	12	33	10	154	663
其他类型	72	0	7	1	8	2	19	35
合计	3 510	0	42	115	69	100	611	2 573

注：引自《作物品种资源》，1992（2）：32～34。

表 17-2 油菜种质资源中抗病毒品种（材料）

抗病性等级	品种数	抗病品种（材料）在资源目录中的编号										
高抗	42	0775	0928	0979	1023	1058	1059	1062	1322	1460	1471	1495
		1899	2038	2048	2056	2059	2074	2092	2137	2275	2279	2287
		2288	2705	3140	3153	3155	3156	3159	3160	3198	3200	3205
		3207	3208	3209	3210	3211	3212	3213	3215	3307		
中抗	69	0133	0419	0719	0776	0931	0933	0946	0948	0954	0958	0959
		0965	0970	0989	0991	1018	1027	1030	1061	1079	1181	1451
		1454	1462	1468	1470	1472	1474	1496	1500	1512	1909	2050
		2055	2057	2073	2078	2223	2247	2254	2255	2266	2283	2466
		2467	2494	3084	3158	3162	3139	3141	3148	3151	3154	3163
		3177	3185	3194	3199	3202	3203	3204	3206	3216	3364	3458
		H63	3466	3013								

注：引自《作物品种资源》，1992（2）：32～34。各编号的品种（材料）名称、来源等详见《中国油菜品种资源目录》和其续编一（中国农业科学院油料作物研究所主编，分别于 1993 和 1997 年由中国农业出版社出版）。

Ahlanat 等（1982）接种鉴定发现 YST-7、YST-10、YSS-9、T-67 等 4 个白菜型油菜品种和 BR-40、KRAbb pod7、219、T6342 等芥菜型油菜品种抗病毒。

五、油菜对病毒的抗病性鉴定方法

油菜对病毒的抗病性，一般均采用田间自然诱发鉴定和人工接毒鉴定相结合的方法，进行全面评价。对抗病性很强、经济性状良好的品种，再进行多点生产试验，以进一步了解其地区适应性，评价能否推广和应用于生产。为了较准确地鉴定油菜品种（材料）对病毒的抗病性，我国统一制定了一套鉴定方法，用于油菜种质资源的抗病性鉴定。

（一）田间自然诱发鉴定

将参试材料种植于鉴定圃内，按不同油菜类型分别顺序排列，根据鉴定材料数量，设或不设重复。各个材料种植2～5行，行距33cm，株距17～20cm，小区面积2～4m^2，行数和小区面积可根据鉴定材料数量而增减。每10个材料区两侧各设一对照区，对照品种一般为已推广品种。参试材料播期较正常播期提前10～20天。另外，在每厢地的一侧和试验地周围，于油菜播种前15～20天，播种一至数行诱蚜作物，例如萝卜和小白菜等。苗期一般不治蚜，以确保鉴定圃中对照品种的平均发病率能达到20%左右。

（二）人工接种鉴定

在田间鉴定中表现中抗以上的材料，可进一步进行人工接种鉴定。少数材料也可直接进行人工接种鉴定。对照品种与田间自然诱发鉴定相同。接种的毒源为油菜产区分布最广、为害最重的芜菁花叶病毒。取病叶研磨后，加10倍磷酸缓冲液（0.05mol/L，pH7.8）稀释，用于接种。在参试油菜3～5叶期，用病叶汁液加金刚砂摩擦接种。接种后置于室温20～25℃的环境中培育，使对照的平均发病率达到50%左右。

（三）发病调查

1. 调查方法

（1）田间自然诱发鉴定圃：在植株角果发育早期，对照品种发病率达到20%左右时，调查参试材料发病情况。每份材料调查30株以上，记载发病株数和严重度级别，计算发病率、病情指数和抗病性指数，根据抗病性指数划分抗病性等级。

（2）人工接种鉴定圃：在油菜幼苗期，当对照发病率达到50%左右时，对各材料进行发病株率调查，鉴定株数为10～20株，记载症状反应型（花叶、枯斑等），计算发病率和抗病效果，根据抗病效果划分抗病性等级。

2. 严重度分级标准和统计计算

（1）角果发育早期发病严重度标准：

0级：无病症；

1级：株型基本正常，茎生叶有病变或主茎有病变，或局部分枝轻度病变，全株受害角果数在1/4以下；

2级：植株轻度矮化或畸形，或有1/3以下分枝数严重病变，全株受害角果数达1/4～2/4；

3级：植株显著矮化或畸形，或严重病变的分枝数达1/3～2/3；全株受害角果数达2/4～3/4；

4级：植株严重矮化或畸形，或严重病变的分枝数达2/3以上，全株受害角果数达3/4以上。

（2）统计方法：

$$发病率=\frac{发病株数}{调查总株数}\times 100\%$$

$$病情指数 = \frac{\sum(严重度级别 \times 该级株数)}{总株数 \times 最高严重度级别} \times 100$$

$$抗病效果 = P_0 - \frac{P}{P_0}\ (P:参试品种发病率;P_0 对照品种发病率)$$

$$抗病指数(RI) = \ln\frac{DI}{1-DI} - \ln\frac{DI_0}{1-DI_0}$$

（DI：参试品种病情指数；DI_0：对照品种病情指数）

（3）抗病性分级标准：见表 17-3。

表 17-3 抗病性分级标准

指　标	免疫	高抗	中抗	低抗	低感	中感	高感
抗病指数	—	<−1.21	−1.2～−0.7	−0.7～0	0～0.9	>0.9	>2.0
抗病效果	1.0	>0.7	>0.5	>0	—	—	—

注：引自《作物品种资源》，1992（2）：32～34。

（四）抗病性的综合评价

根据田间鉴定和人工接种鉴定结果，进行抗病性综合评价。凡田间和人工接种鉴定的抗病性等级表现一致的，则确定为该等级。若田间抗病性等级高于人工接种鉴定的，则确定为田间同级的耐病类型。例如，某品种田间鉴定为高抗，而人工接种鉴定结果为中抗或低抗，则此品种的最后评价为高耐。

六、抗病育种的经验

不同类型油菜对病毒的抗病性存在一定差异，已知具有 C 染色体组的油菜比较抗病毒，因而可以参考禹式三角模式关系来选择亲本，以便实现抗病性的种间转移。根据国内外的经验，在杂交亲本确定后，以抗病性强的亲本作为母本较好，并注意运用回交方法。

油菜病毒有 TuMV、CMV 和 TMV 等数种，其比率各地不完全相同。田间自然发生的病毒区系比较复杂多样，在抗病育种过程中，应首先进行田间自然诱发鉴定，以初步确定所育品种对多种毒源的田间抗病性。通过田间鉴定初筛选出的抗病材料，还必须进一步有针对性地进行人工接种鉴定，在人工创造的最有利的发病条件下，接种发生频率最高的主要病毒或主要株系。根据血清学鉴定的结果，芜菁花叶病毒是各地油菜的主要毒源。该病毒又以 CR_1 株系分布最广，是一个强毒株系。用强毒株系接种，可以更严格地考验品种的抗病性。根据田间鉴定和人工接种鉴定的结果，进行综合评价。所选定的抗病品种在生产上应能经受病害流行的考验，以达到抗病高产的目的。

由于气候条件、栽培条件的变化和品种更替，各地病毒种类及其比率也会发生变化，在抗病育种工作中，必须掌握毒原变化动态。推广使用了抗病品种后，并非一劳永逸。甘蓝型油菜属常异交作物，群体变异幅度较大，抗病性也有可能减退或发生变异，必须准备接班品种，以便及时接替或更换。

第二节　菌 核 病

油菜菌核病广泛分布于世界各地，我国各油菜产区也都有发生。长江流域和东南沿海各省发生严重，一般发病率为10%～30%，严重者达80%以上。病株一般减产10%～70%，含油量降低1%～5%。由于油菜种植面积的扩大、播种期提早、施肥量增大以及品种不抗病等因素，菌核病趋于严重，在春季多雨年份常流行成灾。油菜菌核病的病原菌是核盘菌［*Sclerotinia sclerotiorum*（Lib.）De Bary］。核盘菌是一种广谱性的兼性寄生菌，寄主范围甚广，已知寄主有64科，400余种植物。油菜品种间抗病性差异不显著，这给寻找抗源带来极大困难。

一、油菜抗菌核病育种的重要性和主要成就

油菜菌核病菌主要以菌核在土壤和油菜病残体中，或混杂在种子中越夏、越冬。旬均温在8～14℃，湿度适宜时，菌核萌发长出子囊盘，产生并大量放射子囊孢子。子囊孢子随气流传播。在油菜花期，子囊孢子侵染花瓣。带菌花瓣脱落后，着落在叶片上，花瓣上的菌丝迅速侵入叶片，进而向茎秆和附近的健叶蔓延，引起全株发病。在长江流域，油菜开花期和角果发育期降雨很多，适于病害发生。在菌源量大、生态条件适宜、寄主处于易感期等条件下，势必酿成菌核病大流行，仅仅采取农业防治和药剂防治措施难以遏止其发展。在种植抗病品种的基础上，再辅以其他防治措施，就可以控制病害，减轻危害损失。大面积推广种植抗病品种，是油菜菌核病综合防治的基本措施。

多年来国内外的育种家和植物保护专家，通力协作，深入调查研究，多方发掘抗源，采用多种育种途径来选育抗病品种，取得了一些新成就。贺源辉等（1989）选育出多抗（耐）性油菜新品种中油821，抗（耐）菌核病等病害。截至1989年，该品种在全国各地的种植面积已达200万hm^2。刘澄清等（1988，1994）先后选育出抗（耐）病、高产、优质的中油低芥2号和中双4号等新品种。中油低芥2号在1986年已列为湖北省推广良种，中双4号已成为长江上中游区重点推广良种，1993年推广面积达20万hm^2以上。近年来，各地又进一步选育出抗（耐）菌核病的高产、优质良种。例如，张书芬等（2002）选育出了豫油5号，邹崇顺等（2003）选育出了中双6号，许才康等（2003）选育出了苏油1号等。国外也从油菜资源材料中筛选出抗菌核病的Early Giant、Librador、Dora、Nering、Perle和Lirama等甘蓝型油菜品种。

二、核盘菌的致病性和生理分化

核盘菌的子囊孢子在油菜体表萌发后，形成侵入丝，借机械压力穿透表皮侵入，也可从伤口、自然孔口等处侵入。侵染菌丝在寄主体内繁殖，产生大量果胶酶、纤维素分解酶、蛋白质分解酶和草酸毒素等，杀死和离解寄主细胞，从中获取营养物质并导致寄主发病。子囊孢子萌发后较易侵染花瓣和衰老的叶片，不能直接侵染茎秆，可能由于茎秆的角质层和表皮细胞壁的机械坚韧度大，使侵入丝的发展受阻。但是菌丝直接接触茎秆后，由于能产生各种酶和毒素，因此可以侵入茎秆，使之发病。

核盘菌［*Sclerotinia sclerotiorum*（Lib.）De Bary］、三叶草核盘菌（*S. trifoliorum* Eriksson）和小核盘菌（*S. minor* Jagger）为近缘种。Wong等（1979）对这三个近缘种进行了细胞学检查，发现核盘菌的子囊孢子有2个细胞核，单倍体染色体8条；三叶草核盘菌和小核盘菌的子囊孢子均有4个细胞核，三叶草核盘菌单倍体染色体8条，小核盘菌

仅有 4 条。但这三个近缘种在菌体形态特征和生物学特性等方面差异不显著，寄主范围也互有交叉。

由于核盘菌的寄主范围甚广，其生理分化研究不可能根据对不同寄主的侵染能力，而是根据培养特性和生长发育的适宜条件加以区分。Tanrikut 等（1951）在不同温度和 pH 条件下培养几个核盘菌菌株，发现在低温下菌株间的生长无差异，而在 25℃以上的高温条件下，菌株间生长速度有明显差异，pH 为 2 时，也有明显差异。

据国外报道，核盘菌菌丝生长适温为 20～25℃（Bedi，1962），最适 pH 为 3～8.9（Tanrikut，1951）。1978 年美国植物病理学会 *Sclerotinia* 学术讨论会报道，核盘菌菌丝生长的适宜 pH 为 2.5～9。在我国华中地区采集的核盘菌种，菌丝生长适温为 15～29℃，生长最适的 pH 为 6～11（李丽丽等，1986），与国外的报道有明显差异。这说明由于生态环境不同，不同地域的核盘菌，其生理特性也会有变化。但与其他多种病原菌比较，核盘菌的生理分化并不严重，尚不至于因生理分化而使推广的抗病品种“丧失”抗病性。

三、油菜的抗病性类型和特点

由于核盘菌具有致病性强和多寄主的特点，油菜品种的抗病机制，主要表现为耐病和避病。例如，中油 821、中油 4 号、中油低芥 2 号等新品种，在田间自然诱发鉴定和人工接种鉴定时，病原菌均可侵入和扩展，但较感病品种扩展速度慢，且有抗损害的特点，可以保持较高的产量，亦即表现耐病性。核盘菌在致病过程中，产生草酸毒素，破坏油菜组织和细胞，不同的油菜品种，对草酸的吸收和运转有较大差异。试验证明，用^{14}C-草酸钾溶液浸根处理后，进行放射性自显影和放射性强度测定，结果在抗（耐）病品种体内，^{14}C-草酸钾仅分布于叶脉中，而在感病品种体内，则均匀扩散至整个叶片，高感品种的吸收量超过高抗（耐）品种的 4 倍（刘胜毅等，1997）。

有些品种在自然条件下比较抗病，这与其农艺性状有关。例如有效分枝点较高、分枝角度较小的品种，带病花瓣落在叶片上的数量也相对减少，且株间通风较好，相对湿度较低，不利于病菌增殖，从而可延缓病害在植株间的蔓延。花瓣是田间病菌再侵染的重要桥梁，花瓣的有无、大小和着落在叶片上的数量与植株发病情况有密切关系。胡宝成等（1996）对甘蓝型油菜波里马细胞质雄性不育系的避病性研究表明，不育系较保持系的病株率和病情指数降低 50%左右，这与雄性不育系的小花瓣性状有关，由于其花瓣较小，不易黏附在叶片上，减少了病原菌的再侵染菌量。油菜品种相对抗病性与花瓣黏附率呈正相关（r=0.94）。傅寿仲等（1992）进行了油菜无花瓣育种，无花瓣品种消除了花瓣带菌，对菌核病的传播几率比有花瓣的品种减少了 34.1%。在同一田块中，无花瓣品种群体发病率比正常品种下降了 80.2%～94.7%。以上研究证明，油菜因花瓣性状不同，而具有抗接触性质的避病性。

四、抗病性遗传

近年来的育种实践表明，甘蓝型油菜品种（品系）间存在着抗（耐）病性的差异，而且这种抗病性可以遗传。

刘澄清等（1991）用强耐病性亲本组配的杂交和回交 1 代、2 代群体，均表现明显的偏亲本的强耐病特性，且呈部分显性。这表明基因型间存在耐病性差异，这种耐病特性具有较高的遗传力（56%～64.8%）。一般植物的抗病性多为细胞核遗传，细胞核染色体上的抗病基因控制抗病性状的遗传。陈玉卿等（1993）对芸薹属油菜种质资源的研究结果表明，抗菌核病的基因主要存在于B和C染色体组。

胡宝成等（1996）对甘蓝型油菜波里马细胞质雄性不育系作了研究，发现不育系较保持系的发病率低49.8%，病情指数低68.6%，转育成新的不育系后，比同核保持系的发病率和病情指数仍分别低48.4%和51.8%，这种抗病性是伴随着雄性不育细胞质所控制的小花瓣性状而遗传的，实质上是一种避病性，且可以通过细胞质遗传。

五、油菜的抗病种质资源

我国幅员辽阔，地理条件和气候条件复杂多样，各地耕作和栽培制度也不相同。长期以来，经过自然淘汰和人工选择培育，形成了多种多样的、能适应各种生态条件的遗传资源，表现出遗传性状多样性。20世纪30年代以来，又陆续从国外引入了甘蓝型油菜品种，丰富了我国品种资源的宝库，为寻找抗病种质资源提供了有利条件。

据周乐聪等（1994）对1592份油菜种质资源的田间抗病性鉴定，未发现免疫材料，高抗的材料占25.1%，中抗的占15.6%，低抗的占26.4%。对1 587份油菜种质资源又进行了人工接种鉴定，结果仍无免疫品种，高抗者占0.1%，中抗者占0.8%，低抗者占34.2%，其他均不同程度地感病（表17-4）。田间鉴定结果表明，在三种类型的油菜中，以芥菜型油菜的高抗材料所占比率最大（45.3%），甘蓝型油菜次之（26.1%），白菜型油菜最少（18.7%）。这种田间抗病的材料，大多数具有避病性或耐病性，在人工接种鉴定时，抗病性明显下降，不过这种特性在生产中仍有利用价值。

表17-4　油菜种质资源抗菌核病鉴定结果

鉴定方法	油菜类型	材料份数	高　抗	中　抗	低　抗	低　感	中　感	高　感
田间鉴定	芥菜型（*Brassica juncea*）	223	101	54	46	20	2	0
	甘蓝型（*B. napus*）	514	134	52	92	119	92	25
	白菜型（*B. campestris*）	839	157	138	279	206	51	8
	其他类型	16	8	5	3	0	0	0
	合计	1 592	400	249	420	345	145	33
人工接种鉴定	芥菜型（*Brassica juncea*）	872	1	9	310	234	158	169
	甘蓝型（*B. napus*）	207	1	2	93	90	14	7
	白菜型（*B. campestris*）	415	0	1	123	145	76	70
	其他类型	93	0	0	26	41	8	18
	合计	1 587	2	12	543	510	256	264

注：引自《中国油料》，1994（增刊）：69～72。

周必文等（1993）从油菜种质资源中选出了中RVS-1、中RVS-2和中RVS-3等3份抗菌核病和其他病害的多抗性材料。根据国外对油菜种质资源的鉴定，抗菌核病的甘蓝型油菜有Early Giant、Librador、Doral、Norina、Perle、Lirama等，但这些材料仅仅在田间表现抗病。

六、油菜对菌核病的抗病性鉴定方法

（一）鉴定方法

通常采用田间自然诱发鉴定和人工接种鉴定相结合的方法，根据两者鉴定结果进行综合评价。也可用草酸鉴定法进行初步抗病性鉴定，作为综合评价的依据之一。

1. *田间自然诱发鉴定法* 供试材料顺序排列，种植于鉴定圃中，不设重复，每5～10个小区设1个对照区，小区大小按每区可供调查株数为30～50株而定。若供试材料较少要求又较高，可采用随机区组设计，重复3～4次，每重复设1～2个对照区，以每区有100～200株安排小区面积。油菜播种后，每平方米面积接种当年收集的菌核0.5～1枚，埋入土表下1cm左右，各材料较正常播期提前10～20天播种，适当增施氮肥。

2. *人工接种鉴定法* 根据试验要求，在温室或网室内进行，在苗期或开花期人工接种鉴定。接种体以菌丝体为主，特殊要求的试验也可以用子囊孢子接种。获取接种用菌丝体，可用PDA培养基平板繁殖新鲜菌丝，在25℃左右的温箱中培养3天，待菌丝刚长满培养皿时，用打孔器（直径0.6cm）由长满菌丝的培养基平板，切取若干小块供接种用。欲获取子囊孢子，可取大量菌核埋入土表下1cm左右，待子囊盘长出后，采集平展成熟的子囊盘，研碎制成孢子悬浮液。适宜接种浓度为单个显微镜视野（×100）有孢子10～30个。

（1）苗期鉴定：每份供试材料有幼苗20～50株，每10份材料设一对照。于3～5片真叶期进行菌丝体接种，每株接种1叶，每叶接种1～3个菌丝块，使菌丝紧贴叶面。接种苗置于20～25℃、相对湿度高于90%的环境中培养。24h后开始观察发病情况，在对照材料发病达到所要求的选择压力后，进行病情调查。

（2）花期鉴定：用菌丝体接种时，每株接种1个菌丝块，接在植株离地面40cm左右高度的叶腋中，紧贴叶腋，再用湿棉球覆盖保湿，直至对照和多数材料发病后，停止保湿。在成熟期进行病情分级调查。若用孢子悬浮液接种，则在盛花初期，向花轴喷布孢子悬浮液，然后每天用清水喷雾2次以上，使植株持续处于高湿条件下，以利于孢子发芽和侵染。此试验宜在温室内进行。在成熟期进行病情分级调查。

（3）离体叶片接种鉴定：从幼苗期至开花期均可采叶。取植株生长一致，叶龄、叶位相同的健壮绿叶，每株采1叶，每份材料采10～20片叶。将采得的叶片排列于保湿的方形搪瓷盘内。每盘放置对照和供试材料的叶片各1片，叶柄基部覆盖吸水纱布条，每个叶片接种1个菌丝块。接种后用玻璃板覆盖搪瓷盘，以保持盘中的高湿状态，置于20℃左右的环境中培养。24h后开始观察发病情况，在对照发病达到所要求的选择压力后，进行病情分级调查。

3. *草酸鉴定法* 各材料播种于盛有消毒蛭石和土壤（1∶2）的塑料钵（高8cm、直径10cm）中，每钵施复合肥0.1g，播后置于5～20℃的环境中培育。每钵留苗10株，在2叶期浇一次Honglang培养液，在3叶期取苗，洗净根部备用。用含2分子结晶水的草酸和去离子水配制10～20mmol/L的草酸溶液，每烧杯盛80ml，将幼苗插入草酸液中，使草酸液淹没根系，以清水处理的作对照。处理后置于15～25℃、相对湿度70%～85%、室内自然光照下培育。在36h内，每12h更换或补加一次草酸液。在对照品种大部分植株的半数叶片萎蔫时，进行分级调查，计算萎蔫指数、抗病效果和相对抗病性指数。

（二）调查标准和统计方法

1. 病情分级标准

（1）角果发育期病情分级标准：

0 级：无症状；

1 级：1/3 以下的分枝数发病或主茎有少数小型病斑，全株受害角果数在 1/4 以下；

2 级：1/3～2/3 分枝数或主茎中上部发病，全株受害角果数达 1/4～2/4；

3 级：2/3 以上分枝数或主茎中下部发病，全株受害角果数达 2/4～3/4；

4 级：绝大部分或全部分枝发病或主茎基部有绕茎病斑，全株受害角果数达 3/4 以上。

（2）幼苗叶片菌丝体接种的病情分级标准：

0 级：无症状；

1 级：病斑直径小于 1cm；

2 级：病斑直径 1～2cm；

3 级：叶片大部或全部发病；

4 级：叶柄发病；

5 级：菌丝蔓延至叶柄基部或茎部。

（3）草酸浸根毒害分级标准 ：

0 级：无症状；

1 级：叶尖病变；

2 级：半数以下叶片叶身病变；

3 级：半数或半数以上叶片叶身病变，或半数及不足半数叶片叶柄病变；

4 级：半数以上叶片数叶柄病变；

5 级：全株叶柄病变。

2. 调查结果的统计方法

$$发病率(\%) = \frac{发病数}{调查总数} \times 100\%$$

$$病情指数 = \frac{\sum[病级数 \times 该级病株(叶)数]}{调查总株(叶)数 \times 最高病级数} \times 100$$

$$抗病效果(\%) = 对照品种发病率 - \frac{参试品种发病率}{对照品种发病率}$$

$$抗病性指数(RI) = \ln\frac{DI}{1-DI} - \ln\frac{DI_0}{1-DI_0}$$

（DI：参试品种病情指数；DI_0：对照品种病情指数）

3. 抗病性分级标准

参见表 17-3。

（三）综合评价

根据田间自然诱发鉴定结果和人工接种鉴定结果或草酸毒害测定结果，进行综合评价。凡抗病性表现一致的，则列入该抗病性等级，凡田间抗病性高于人工接种或草酸测定抗病性结果者，则可归于田间同级抗病性等级的耐病类型，其中也包括避病类型在内。

七、油菜抗菌核病育种的经验

各种类型油菜的品种间都存在抗（耐）病性的差异。甘蓝型油菜抗病育种的实践表明，必须用抗（耐）病性品种作为亲本，组配杂交，杂种初期处于杂合状态，强化性状分离，并进行多次回交，加强对早期世代分离的鉴定与选择，使后代明显地表现出偏亲本的强抗（耐）病特性。对各代的抗病性鉴定，应采用田间自然诱发鉴定和人工接种鉴定相结合的方法，以全面评价杂种后代的抗病程度，再结合其经济性状和品质的表现，选育出抗（耐）病性强的高产优质新品种。

人工有性杂交方法，往往存在双亲配合力差和优良性状难以互补的问题。近年来抗病育种的经验表明，可在隔离区内将双亲相邻种植，自然选择授粉，再结合自交分离、人工接种鉴定和多代定向选择，就可育成与亲本相似或更优的抗病优质良种。

除了亲本抗病性状外，植株的形态避病特点也十分重要。例如，植株分枝位点高、分枝角度小、花瓣小或无花瓣等性状，均能有效地起到避病作用，在抗病育种过程中，也应该注意对这些性状的选择。

国外抗病育种的经验表明，实现抗病性的种间转移，采取的途径有远缘杂交、γ射线照射诱变等。采用组织培养方法可以克服远缘杂交不亲和性，保存优异种质，缩短育种时间，还可利用组织培养物作为诱发处理材料，以扩大诱变处理的群体，增强选择压力，提高获得理想突变体的几率，提高育种的效率。

参 考 文 献

[1] 陈玉卿，侯庆树，张洁夫等．芸薹属油菜种质资源抗（耐）菌核病、病毒病的鉴定，中国油料．1993，15（2）：4～7

[2] 傅寿仲，吕忠进．油菜无花瓣育种的研究进展．中国油料，1992，14（1）：1～5

[3] 贺源辉，陈秀芳．多抗（耐）性油菜新品种中油 821 的推广、应用和前景．中国油料，1989，11（3）：1～4

[4] 胡宝成，陈凤祥，李强生等．甘蓝型油菜细胞质雄性不育系对菌核病的抗（避）、耐病性研究．华中农业大学学报，1996，15（2）：127～132

[5] 李丽丽，王圣玉．油菜菌核病病原生态条件研究．中国油料，1986，8（1）：75～78

[6] 李丽丽，周必文．油菜三种主要病害调查标准的修订．中国油料，1987，9（1）：77～78

[7] 李丽丽．油菜芜菁花叶病毒株系鉴定．中国油料，1989，11（2）：51～55

[8] 李丽丽，王圣玉，方小平等．油菜种质资源抗病毒病鉴定研究．作物品种资源，1992（2）：32～34

[9] 李彦勇．甘蓝型油菜品种对病毒病抗病性鉴定研究．中国油料，1982，4（1）：54～59

[10] 刘澄清，邹崇顺，黄有菊．油菜新品种中油低芥 2 号的选育研究．中国油料，1988，10（2）：1～3

[11] 刘澄清，杜德志，邹崇顺等．甘蓝型油菜的抗耐病性及其遗传效应研究．中国农业科学，1991，24（3）：43～49

[12] 刘澄清，黄有菊，王春华等．甘蓝型冬油菜新品种中双 4 号的选育研究．中国油料，1994，16（1）：67～71

[13] 刘胜毅，周必文，潘家荣等．抗感菌核病油菜品种对草酸的吸收和转运差异．中国油料，1997，19（1）：50～52

[14] 刘忠松．油菜抗病遗传育种研究进展．中国油料，1989，11（2）：77～81

[15] 王圣玉，李丽丽，方小平等．我国南方油菜病毒病的发生和病原血清学鉴定．植物保护，1990，16（6）：2～4

[16] 许才康，马红梅，董遵等．双低甘蓝型油菜新品种苏油 1 号的选育．中国油料作物学报，2003，25（4）：117～119

[17] 曾士迈．作物品种资源的抗病性鉴定．北京：中国农业出版社，1985

[18] 张书芬，田保明，文雁成等．抗寒、抗病、优质油菜杂交种豫油 5 号的选育．中国油料作物学报，2002，24（3）：68～70

[19] 中国农学会遗传资源学会．中国作物遗传资源．北京：中国农业出版社，1994

[20] 中国农业科学院油料作物研究所．油菜菌核病．北京：中国农业出版社，1979

[21] 中国农业科学院植物保护研究所主编．中国农作物病虫害（第二版）．北京：中国农业出版社，1995

[22] 周必文，刘胜毅，陈道炎等．油菜抗病毒病与过氧化物酶关系．中国油料，1992，14（2）：52～54

[23] 周必文，陈道炎，余琦等．油菜多抗病性材料的鉴定与筛选．中国油料，1993，15（1）：14～17

[24] 周必文．油菜菌核病评价方法．中国油料，1994，16（增刊，总第 4 期）：89

[25] 周乐聪，余琦，刘胜毅等．油菜品种资源对菌核病的抗病性鉴定．中国油料，1994，16（增刊，总第 4 期）：69～72

[26] 邹崇顺，李桂英，瞿桢等．早熟、优质、高产、抗病油菜新品种中双 6 号的选育．中国油料作物学报，2003，25（4）：113～114

[27] Green SK, et al., Turnip mosaic virus strain in cruciferous hosts in Taiwan. Plant Disesae, 1985, 69（1）：28～31

[28] Provvidenti RJ. Evaluation of Chinese cabbage cultivars from Japan and the People's Republic of China for resistance to turnip mosaic virus and cauliflower mosaic virus. J Amer Sor Hort Sci., 1980, 105（4）：571～573

[29] Purdy LH. *Sclerotinia sclerotiorum*: history disease and symptomatology, host range, geographic distribution and inpact. Ibid, 1979, 69: 875～880

[30] Tanrikut S, et al., Studies on the physiology of *Selerotinia sclerotiorum*. Phytopathology. 1951, 41: 1099～1103

[31] Waish JA, et al.. Viruses infecting winter oilseed rape (*Brassica napus* ssp. Oleifera) Ann. Appl. Biol, 1985, 107: 485～495

[32] Wong AL, et al., Cytology of *Selerotinia sclerotiorum* and related species. J Gen Microbial, 1979, 112: 29～34

第十八章

花生品种抗病性及其利用

我国花生主要病害有叶斑病、青枯病、锈病、网斑病和病毒病等。我国对花生叶斑病的抗病育种研究较少。花生锈病从1969年起在世界热带及亚热带花生产区迅速流行，同时传入我国，在大流行年份造成毁灭性的损失，我国进行了抗病性利用研究。花生青枯病为土传性病害，经几十年研究，尚难找到有效的防治方法。直到20世纪60年代以后，我国开展了种质资源抗病性鉴定和抗病育种工作，选育出抗病品种并推广应用，才解决了花生青枯病的防治问题。

第一节　青 枯 病

由 *Ralstonia solanacearum* 引起的花生青枯病，是我国花生的重要病害之一。目前分布于广东、广西、海南、湖南、湖北、福建、江西、浙江、安徽、江苏、贵州、四川、河南、河北、山东、辽宁、台湾等17个省（自治区），发病面积达40多万 hm^2，病田一般减产20%～40%，重病地减产50%以上，甚至造成绝收。

一、花生抗青枯病育种的重要性和主要成就

我国自20世纪50年代开始，对花生青枯病进行病原鉴定和发病调查，60年代在病原学和流行学研究方面有所进展，但仍未能解决防治问题。青枯病是土传病害，难以防治，虽经大量农药的筛选，也未能选出理想的药剂。在没有抗病品种前，最佳防治途径是轮作。我国耕地面积有限，复种指数高，病菌在土壤中存活时间又很长，重病地需经5～6年轮作，因而这项措施很难实施。直到70年代选育出了抗病品种，才从根本上解决了防治问题。花生抗病品种的推广，使青枯病在一些地区得到了控制。

我国在70年代鉴定筛选出了协抗青、台山三粒肉等抗源。花生主产地区的育种单位先后开展了抗青枯病育种工作，迄今已选育并推广了鲁花3号、桂油28、鄂花5号、中花2号、粤油256、粤油92、粤油202-35、粤油200、皖花2号等一批抗病高产品种，推广面积达20多万 hm^2。

鲁花3号为山东省花生研究所用徐州68-4作母本，协抗青作父本，通过有性杂交育成的。该品种珍珠豆型，早熟，直立，中粒，增产幅度大，高抗青枯病。

桂油28为广西农业科学院选育出的高抗青枯病品种，该品种用台山三粒肉与粤油

551杂交育成，在病区推广后，已取得明显经济效益。

皖花2号为安徽肥东花生原种场选育出的高抗青枯病品种。该品种是以鲁花3号作母本，与当地品种杂交育成的，属珍珠豆型，适于在淮河以南和生态条件相似的地区种植，比对照品种粤油116增产13.9%～20.7%。

鄂花5号、中花2号均为中国农业科学院油料作物研究所选育出的抗病品种，已在湖北、江西、湖南、河南等省推广。中花2号系以改良系谱法从"鄂花4号×台山三粒肉"的杂种后代中选育的，高抗青枯病，增产显著，蛋白质含量高，早熟，是一个适应性较广的花生新品种。

广东省农业科学院选育出了抗青枯病品种粤油92。该品种稳产，高产，高抗青枯病，耐锈病，已在生产上推广。该院还选育出了粤油256、粤油202-35、粤油200（天府11）和粤油79等抗病品种，已在广东、广西、四川等地推广。粤油79是高抗青枯病，抗锈病，高蛋白，高产的花生新品种。

二、花生青枯病菌的致病性分化

（一）花生青枯病菌的致病性及其变异

从感染青枯病的花生植株中，可以分离到致病的和非致病的两类菌落。Kelman曾在含蛋白胨、葡萄糖、酪朊水解物的琼脂培养基中，加入2，3，5-氯化三苯基四氮唑，来区别不同致病性的菌株。在培养基平板上，致病菌株菌落呈不规则形，乳白色，中间粉红色；丧失致病性的菌株，菌落圆形，深红色。康耀卫等（1997）采用转座子Tn5诱变，获得了青枯病菌的胞外蛋白输出缺失突变体，该突变体失去了对寄主植物的致萎能力，丧失了致病性。

青枯病菌不同菌株对同一花生品种的致病性也有明显的差异。胡宝珏等（1981）报道，同一花生品种，在不同地区的感病情况不同。例如，水口椏子在荣成表现感病，发病率达61.7%，而在莒南、文登则表现高抗，发病率只有0.5%～6.5%，这是由于各地菌株的致病性不同所造成的。

李文溶等（1987）研究了我国各地花生青枯病菌的致病性，从我国花生主产区6个省搜集和分离到了36个菌株，对6个不同抗病性的花生品种进行交叉接种鉴定，根据其致病反应，区分出了7个致病型（表18-1）。其中Ⅴ型和Ⅱ型出现的频率最高，分别为36.1%和25.0%，其余各型出现频率为5.5%～13.9%。Ⅴ型为优势类型，在南、北方5个省都有出现，而Ⅰ、Ⅱ型主要分布在北方，Ⅵ、Ⅶ型主要分布在南方。南方病区菌株的致病性普遍比北方病区的菌株强。同一青枯菌株在不同生态环境影响下，其致病性又会发生明显的变化。例如在山东表现较弱致病性的，在广东则明显增强。同样地，广西的强致病性菌株移到山东接种，其致病性明显下降。

表18-1　花生鉴别品种接种青枯病菌不同菌株后的反应

菌　　株	协抗青	台山三粒肉	潢川直秆	鲁抗青	伏花生	鄂花3号	致病型	菌株数
P_8、P_3	HR	HR	HR	HR	S	S	Ⅰ	2
P_5、P_6、P_7、P_{28}、P_{29} P_{31}、P_{32}、P_{33}、P_{35}	HR	HR	R	R	S	S	Ⅱ	9

（续）

菌　　株	协抗青	台山三粒肉	潢川直秆	鲁抗青	伏花生	鄂花3号	致病型	菌株数
P_1、P_9	HR	R	R	R	S	S	Ⅲ	2
P_{25}、P_{36}	R	HR	R	R	S	S	Ⅳ	2
P_2、P_4、P_{10}、P_{11}、P_{12} P_{14}、P_{15}、P_{19}、P_{21}、P_{22}、P_{24}、P_{30}、P_{34}	R	R	R	R	S	S	Ⅴ	13
P_{13}、P_{18}、P_{20}、P_{23}、P_{27}	R	R	R	R	R	R	Ⅵ	5
P_{16}、P_{17}、P_{26}	S	S	S	S	S	S	Ⅶ	3

注：引自《花生科技》1987（4）：2。表中HR为高抗，R为抗病，S为感病。

（二）花生青枯病菌的小种

青枯菌寄主范围广泛，可以侵染包括茄科和豆科在内的40个科的200多种植物。迄今国内外将青枯菌按其寄主范围分为5个小种。侵染花生的青枯菌属1号小种。

（三）花生青枯病菌的生物型

Hayuward（1964）根据不同菌株对3个六碳醇和3个双糖的利用以及氧化反应特点，将青枯病菌分为4个生物型（biotype）。华静月等（1984）对采自我国13个省（直辖市、自治区）14种寄主植物上的80个青枯菌株进行了生物型测定，结果表明我国有4种生物型，大部分菌株属生物型Ⅲ和Ⅳ。侵染花生的青枯菌属生物型Ⅲ、Ⅳ。廖碧辉、李文溶等（1984）对花生青枯菌的测定结果，各地Ⅲ、Ⅳ两种生物型是混合存在的。不同生物型的菌株接种同一品种，其致病性也有一定差异（表18-2）。侵染花生的还有生物型Ⅰ，仅在美国东南部有发生，我国尚未发现。

表18-2　不同生物型菌株的致病性差异

生物型	菌株来源	鉴别品种发病率（%）		
		协抗青（R）	78-1159（M）	鄂花3号（S）
Ⅲ	广西南宁	22.2	27.3	77.8
Ⅳ	湖北红安	0	40.0	100
	山东临沂	22.2	54.6	88.9

Cook等（1989）利用9个DNA探针，进行RFLP分析，将青枯菌分为28组，根据RFLP组群的配对相似系数，又将全部的青枯菌分为两个类群，可将不同的生物型和小种均划归到这两个类群。目前青枯菌的命名和分类还不能反映出上述分子遗传学上的差异，但进一步的研究工作，有可能将这两个类群确定为两个亚种。两个类群中均有侵染花生的菌株。

三、花生对青枯病的抗病机制

青枯病菌侵入花生后，阻塞根和茎的输导组织，病株迅速失水、萎蔫，直至死亡。花生对青枯病抗病性是形态结构和生理生化诸方面的综合表现。但花生抗青枯病的机制，目前还不十分清楚。

段乃雄等（1996）的研究表明，抗病品种接种前后吲哚乙酸氧化酶（IAA）活性变化不大，感病品种则呈明显下降的趋势，病原菌侵入后可能产生了一种抑制 IAA 活性的物质，导致感病品种酶活性下降。抗病品种受到病原菌侵染后，苯丙氨酸解氨酶（PAL）和多酚氧化酶（PPO）的活性上升速度快、增幅大，感病品种酶活性上升缓慢、增幅小。单志慧等（1995）的研究表明，接种后抗病品种过氧化物酶（POX）同工酶酶带数增加，酶活性增强。

苯丙氨酸解氨酶是苯丙烷代谢途径的关键酶，是酚代谢的主要酶之一。在花生抗病品种中，侵入的病原菌形成的某些物质，在基因转录或转译水平上对苯丙氨酸解氨酶有正调节作用，这是一种抗病的生化反应。多酚氧化酶是植物次生代谢中的重要酶，参与酚与醌的转化反应，其活性的高低预示着寄主组织中酚类含量的高低。在花生青枯病菌侵入后，多酚氧化酶催化多酚类物质部分氧化为对病菌具有更大毒性的醌类物质，这是寄主对病原物的一种主动保卫反应。抗病品种受到病原菌侵染后，多酚氧化酶上升的幅度和速度都高于感病品种，因而抵御病原菌侵染的能力也高于感病品种。

抗病品种除能抵御青枯病菌外，对其他微生物也有抵抗能力。廖伯寿等（1992）的研究结果表明，花生抗青枯病的品种，根瘤菌结瘤数和苗期植株含氮量均低于感病品种，这说明抗病品种不仅能抵抗青枯病菌，而且也能抵抗根瘤菌。

四、花生抗病性的遗传

王玉莹等（1985）对花生抗青枯病的遗传方式进行了研究，结果表明抗病性可能受几对部分隐性基因控制，F_1代具有隐性效应，F_2代变异幅度大，呈连续数量分布，也具有隐性效应。虽然抗病性为隐性遗传，但采用连续选择也能获得较好的效果。

廖伯寿（1986）通过双列杂交和人工接种分析，证明抗病性为部分显性，但程度较小。亲本水平差异大的组合无超显性存在，后代抗病性在很大程度上取决于亲本抗病性的平均水平。抗病性的一般配合力的作用远远大于特殊配合力，这表明抗病性主要受加性基因的控制。珍珠豆型品种的抗病性受 3 对主效基因控制。龙生型抗源的抗病性也呈部分显性（廖伯寿等，1994），存在加性和非加性的遗传效应，抗病性的显性程度高于珍珠豆型和多粒型抗源，而且存在明显的细胞质效应。

花生对青枯病的抗病性较为稳定。早在 1927 年，印度尼西亚 Schwarz 等选育出花生抗病品种 Schwarz 21，至今未丧失抗病性。我国在 70 年代选育出的抗病品种“协抗青”、“台山三粒肉”、“台山珍珠”等现仍保持其抗病性。

五、花生抗青枯病种质资源

我国自 20 世纪 60 年代以来，福建、广东和湖北等省曾对部分种质资源作了抗青枯病鉴定，筛选出了“协抗青”、“台山珍珠”、“台山三粒肉”等高抗种质。

随着我国花生品种资源数量的增长，80 年代以来，我国在三个五年计划中从 4 600 份资源中鉴定出了包括四大类型的抗病材料 80 余份，其中 80% 为龙生型材料，普通型和多粒型中的抗病材料极少。

在鉴定中所发现的高抗种质资源，都来自长江以南和华南诸省低纬度区域。该地区青枯病发病面积大，病情严重，利用本地高抗材料选育抗病品种是非常有利的。在这些高抗材料中，有的品质好，增产潜力大，可用作亲本，选育抗病、高产、优质品种，有的还可以直接利用。

六、花生对青枯病抗病性的鉴定方法

经过多年的研究和实践，我国已就花生对青枯病的抗病性，提出了一套统一鉴定方法和标准（李文溶等，1983）。鉴定采用的是田间自然诱发鉴定和人工接种鉴定相结合的方法，自然诱发鉴定可以在各地区的病害压力下，淘汰大量感病品种，而人工接种鉴定，可以用单一菌株在相同的病害压力和适宜的发病条件下，进一步验证自然诱发鉴定的结果。

（一）田间自然诱发鉴定

鉴定圃必须选择砂质土壤、青枯病发病率90%以上的连作花生地。试验设计采取随机区组法或间比排列，4次重复。播种前用50%多菌灵拌种，防止因其他病害发生而引起死苗。播种期的日均温要稳定在20℃左右，或5cm深处土温稳定在25℃左右。鉴定圃土壤要保持湿润状态，土壤含水量一般砂质土为18%～20%，壤土为20%～24%。管理与一般大田相同。鉴定圃的感病品种死株率达70%以上，且各重复间差异不大时方为可靠，鉴定必须重复3年，最好用同一严重病圃持续鉴定。

（二）人工接种鉴定

接种用菌种必须从花生大面积病田的病株分离，再进行致病性测定，选择致病性强的菌株供试。常用菌悬液浸种法或穿刺法接种。在播种前用浸种法接种。菌悬液接种浓度为3×10^9～6×10^9个/ml。通常浸种20min，浸后立即播种。穿刺接种时菌悬液浓度为1×10^8～5×10^8个/ml。在花生初花至盛花期，用4号注射针挑取菌液一滴，在植株第三个完全展开叶的叶腋间穿刺。

其他接种方法还有灌根法和剪叶法，都在花生初花至盛花期进行。灌根法接种时先将根部周围的泥土挖开，稍伤侧根，再灌入3～5ml菌悬液，并迅速盖土。剪叶法是用带有菌悬液的剪刀剪切花生叶片，接种效果也很好。

（三）调查与统计

在田间诱发鉴定和菌悬液浸种鉴定时，应于花生定苗后，调查参鉴材料的总株数，在发病高峰期调查病株数，收获前调查累计发病株数。调查病株时，应避免把其他枯萎性病害的病株计算在内。人工接种鉴定的，于接种后30～40天调查累计发病株数。在进行品种资源抗病性鉴定和抗病品种区域试验时，应调查全部株数。在大田进行试验示范时，可抽样调查。

利用总株数和病株数的调查数据，计算抗病株率：

$$\text{抗病株率（\%）}=\frac{\text{总株数}-\text{病株数}}{\text{总株数}}\times100\%$$

最后用新复极差法（SSR）进行统计分析。

（四）品种抗病标准

抗病品种以“协抗青”为主对照，“台山三粒肉”为副对照，感病品种以“鄂花3号”或“伏花生”或当地感病品种为对照。品种抗性以抗病株率（%）表示，抗病性程度分为五级（表18-3）。鉴定的品种必须是纯种，发芽率要在95%以上。

表 18-3 抗病性分级标准

抗病性等级	抗病株率（%）
Ⅰ级（高抗）	90%以上
Ⅱ级（中抗）	70%～89%
Ⅲ级（低抗）	50%～69%
Ⅳ级（中感）	30%～49%
Ⅴ级（高感）	30%以下

注：人工穿刺接种抗性在此基础上每级可下降 10%，作为抗病比较标准。

七、抗青枯病育种的经验和问题

抗病育种的经验表明，花生对青枯病的抗病性，遗传基础较为简单，易于通过杂交在品种间转移，杂种后代的抗病性稳定也较快，迄今花生抗青枯病育种，主要还是采用品种间杂交的方法。

杂交试验表明，栽培花生密枝与疏枝两个亚种的高抗品种间杂交，在 F_3 和 F_4 代可分离出感病家系，这说明不同类型的抗源材料存在抗病性的分化，由于我国龙生型花生中的抗病基因型频率大，而且这些抗病的龙生型材料均来自病害重而病原菌分化较大的南方湿热地区，因而龙生型内存在青枯病抗性遗传基础的分化也是可能的。所以鉴定杂交后代的抗病性，最好从 F_3 代开始，这样有利于快速选择出抗病材料。

杂交育种最好采用复式杂交方式，因为通常抗病性与丰产性负相关，且有的品种抗病性为部分显性，有的则为隐性，只有选用复式杂交的方式，才能保留各亲本材料的优点，选育出抗病高产的新品种。

已推广的抗病品种，主要问题是类型单一，基本都是珍珠豆型品种，所利用的抗病基因数量也较少。今后应大力拓宽抗病育种的种质基础，采用多种育种途径，特别是要开展诱变育种和生物工程育种，以尽快选育出抗病性更强，产量更高的新品种。

第二节 锈 病

由 *Puccinia arachidis* Speg. 引起的花生锈病，自 1970 年以后，在海南、广东、广西、湖南、湖北、福建、江西、江苏、四川、河南、河北、山东和辽宁等省（自治区）相继发生，南方各产区发病更为严重。在广东省，春花生和秋花生受害均重，而在福建和江西则以秋花生发病较多。湖北、山东等省的夏花生锈病渐趋严重。病株一般减产 15%，重病年减产 50%，出仁率和出油率也显著下降。

一、花生抗锈病育种的主要成就

在 20 世纪 70 年代以前，防治花生锈病的主要方法是药剂防治。通常在整个生育期要喷药 3 次以上，因成本高且造成环境污染，而不易推广。以后相继选育出汕油 27、汕油 523、粤油 202-35、中花 4 号等抗锈病品种，已在生产上推广应用，发挥了重要作用。

广东省是花生锈病的严重发生区，汕头地区农业科学研究所选育出汕油 27、汕油 523

等抗锈品种已用于锈病防治。汕油 523 是采用复交法，导入秘鲁多粒型材料 NCAC 170970 的抗锈基因选育而成的。该品种属珍珠豆型，抗锈高产，适应南方春、秋两熟水旱田栽培。广东省农业科学院选育出粤油 202-35，高抗锈病并兼抗青枯病，已在广东等地推广。中国农业科学院油料作物研究所选育出抗锈病新品种中花 4 号，现已在广西、江西、湖南、湖北、河南等省推广。此外，河南省葛秀荣等（1986）选育出的丰产新品种豫花 7 号，安徽省选育出皖花 2 号，台湾省杨金兴（1996）选育出的台农 6 号等，都具有一定的抗锈性。黎穗临等（1994）筛选出了 3 个高抗锈病的杂交后代，可供继续选育。今后还将不断育出抗锈新品种。

建于印度的国际半干旱热带作物研究所（ICRISAT）已将野生花生变种的抗锈性，转育到栽培花生中。用栽培花生与免疫或高抗的野生种杂交，育出了几个稳定的四倍体或近似四倍体品系。其中有些品系产量明显高于感病的印度栽培品种。

二、花生锈菌的致病性分化

花生锈菌寄主单一，除侵染花生属植物外，还未发现有侵染其他寄主的记载。现仅发现了夏孢子阶段，对其整个生活史还缺乏了解。Subrahmanyam 等（1983）认为，花生品种的抗锈性在大流行区内表现稳定。

周亮高等（1986）提出了花生锈菌致病性的分化现象。同一个花生品种在广东的表现与国际半干旱热带作物研究所的鉴定结果并不完全一致。例如，PI298115 的抗病性国际半干旱热带作物研究所鉴定为 4 级，在广东表现为 1 级；NCAC17090 的抗病性，国际半干旱热带作物研究所鉴定为 2 级，在广东为 7 级（表 18-4）。

表 18-4　花生品种在不同地区的抗锈性鉴定结果

品种名称	病情级别	
	国际半干旱热带作物研究所（印度）	中国广东
TMV_2	9	9
PI259747	3	4
PI350680	3	4
PI298115	4	1
PI315608	3	1
NCAC17090	2	7

注：引自《广东农业科技》，1986（1）：44。表中采用国际半干旱热带作物研究所花生锈病的 9 级标准。

周亮高等（1986）对花生锈菌的致病性分化进行了初步研究，用采自广东的 4 个锈菌菌株和来自印度的 1 个菌株，接种相同的花生品种，结果从广东品种 551-116 上分离的菌株，致病性明显与印度菌株和广东另两个菌株不同，应当视为不同的生理小种，至于印度菌株与广东另两个菌株是否为同一生理小种，还有待进一步研究。

三、花生抗锈性的类型和特点

目前栽培的花生具有慢锈性，抗病基因型的潜伏期延长，侵染几率减少，夏孢子堆变小，孢子形成和孢子发芽力降低（Subrahmanyam，1983），从而发病减轻。

花生抗锈性与叶片气孔多少或大小无关，不论感病或抗病基因型，锈菌夏孢子都可发芽，芽管都经气孔进入，但在免疫的花生变种上，锈菌进入叶片的气孔下腔后，很快死亡。这表明，抗锈性与侵染菌丝在气孔下腔和叶组织中扩展的速度与范围有关。野生花生的抗锈性很强，不少材料是免疫的，其抗锈机制可能与栽培花生不同。野生花生的抗锈性明显比栽培花生强，与其抗锈基因为显性有关。

Cook（1989）曾研究了花生品种抗锈性的生理特点。感病材料受到锈菌侵染后，组织内的可溶性糖、可溶性氨基氮和酚酸含量增加，总氮和叶绿素含量减少，而抗病品种受到锈菌侵染后，上述指标无显著变化。

不同花生材料间抗锈性的差异明显。廖伯寿曾报道，对锈病表现高抗或近免疫的种间杂种衍生材料，在人工接种后潜育期长达 20 天以上，侵染率低，病斑直径小，病斑多数为过敏性坏死斑，叶面积损坏率很低，可以忽略不计。这表明种间杂种衍生材料具有与栽培花生不同的抗锈性成分。EC76446（292）在世界各地均表现较好的抗锈性，它的产孢级数和孢子堆破裂率相对较低，在高病害压力下，也可以表现出过敏性反应，因而具有抗病性稳定性强的特点。另外一个抗锈材料 NCAC17090，其抗病特点为侵染频率低，但在高病害压力下，病斑较大，产孢率较高，近年来其田间抗病性已有所降低。

栽培花生的有效抗锈性属于慢锈型，野生花生大都为免疫型，控制不同抗锈性类型的基因不同，深入研究不同抗锈性类型，有利于选育抗锈品种。

四、花生抗锈性的遗传

国际半干旱热带作物研究所对栽培花生杂交组合的亲本，F_1和F_2代，BC_1和BC_2代作了遗传分析，发现抗锈性为隐性遗传，由加性基因×加性基因，加性基因×显性基因的作用控制。有些二倍体的野生花生，抗锈性是部分显性的，二倍体栽培花生则都是隐性的。

向荣英等（1986）用双列杂交分析方法，对珍珠豆和多粒型花生品种进行了抗锈性遗传分析，认为控制花生抗锈性的基因至少有两组以上，抗锈病遗传以加性效应为主，也有显性效应，但是次要的。感病基因表现显性，抗病基因为隐性，感病基因出现频率比抗病基因多 3.5 倍。廖伯寿等（1988）的研究结果表明，花生抗锈性由核基因控制，为数量隐性遗传，抗锈性的回交效应明显，抗锈性主要受加性基因控制，同时也存在显性作用。

Knauft（1983）认为不同抗源可能有不同的抗锈基因。中国农业科学院油料作物研究所，在抗病育种中还观察到一些现象，说明花生的（隐性）抗锈基因间可能有交互作用。

虽然前人认为花生的抗锈性是稳定的，但也观察到同一抗锈基因型在不同条件下，有不同的抗病性表现。例如，最早在南美发现的抗锈栽培花生品种 Tarapoto，在南美、美国、印度和非洲等地都表现出强而稳定的抗病性，并兼抗叶斑病。我国从国外引进了不同编号的，但同为 Tarapoto 的品种资源，在我国生态条件下，PI341879 表现高抗，PI259747 和 PI405132 表现中抗，其余 5 份均表现感病。

五、花生抗锈种质资源

国外从 20 世纪 40 年代起，开展了花生抗锈性鉴定工作。最先在南美秘鲁发现了抗锈花生品种。国际半干旱热带作物研究所先后对12 000余份材料作了抗锈性鉴定，选出了抗锈的栽培种花生种质80余份，野生花生大部分对锈病免疫。

我国自70年代开始进行抗锈性鉴定，并从国外引进了少量抗病资源。80年代对4 000余份花生种质资源进行了系统鉴定（姜慧芳等，1992），结果在2 508份国内资源中，发现了高抗材料21份，中抗材料237份；在1 644份国外资源中，发现高抗材料234份，中抗材料188份。不同类型的品种以及不同地区来源的品种，其抗锈性表现不同，即使是同一品种，在不同地区其抗锈表现也不完全一致。在不同类型的品种中，普通型品种抗病资源数量最多，占抗病资源总数的51.18%，多粒型占22.21%，还从珍珠豆型花生品种中鉴定出高抗材料5份，但在国外珍珠豆型资源中，未见抗锈材料。国外对龙生型花生未进行过鉴定，我国首次鉴定就发现了高抗材料13份，占我国高抗资源的61.90%，这些龙生型资源主要来自四川省。

黎穗临等（1994）对国外引种的36份材料进行了鉴定，发现高抗材料19份，中抗的15份，中感的2份，2年结果一致。这一结果和前述结果都说明国外有丰富的抗锈花生资源，而且表现出稳定的抗锈性。

周蓉等（1990）对花生属野生种质资源进行了抗锈性鉴定，在6个区组62份材料中，有23份对锈病免疫，再次证明野生花生的抗锈性较强。

六、花生抗锈性鉴定方法

花生抗锈性鉴定分两步进行，即初筛和复筛。初筛采用田间自然诱发鉴定，复筛采用室内人工接种鉴定。

（一）田间自然诱发鉴定

自然诱发鉴定在大田进行，试验地要有良好的排灌条件，在干旱年份应进行灌溉，以有利于锈病发生。保护区种植感病品种诱发锈病，要提前播种，必要时对诱发区进行人工接种。生长期不使用杀菌剂。参鉴品种或材料在田间顺序排列，不设重复，每10个品种或种质资源材料设1个对照，以当地栽培面积较大的同类型的感病品种为对照品种。对照品种各年不变。每个鉴定材料定苗后应不少于20株。花生收获前按国际分级标准，目测调查。感病对照品种病情必须在7级以上。

（二）人工接种鉴定

经田间鉴定，表现为1～3.5级的品种或材料需进行人工接种鉴定，用整株筛选法或离体叶片筛选法，重复2次，以感病品种为对照。

1. 整株筛选法　植株栽培于盆钵内，在开花高峰期，于傍晚喷布孢子悬浮液（加0.1%吐温80）接种。接种后的植株，置于24～30℃的温室内，保湿24h。30天后按分级标准调查发病情况。

2. 离体叶片筛选法　在开花前，摘取植株第三片（由上向下计数）无病虫的叶片，接种孢子悬浮液，置培养皿内保湿培养，温度保持25℃左右。接种后15天检查发病情况。

（三）鉴定标准

田间诱发鉴定，采用下述国际统一的分级标准（表18-5）。

表 18-5　病情分级标准

（摘自 Subrahmanyam 等，1995）

级数	症 状 描 述	叶面积损坏（%）
1	无症状	0
2	少量锈菌孢子堆分布于下部叶片	1～5
3	下部叶片孢子堆较多，坏死斑明显，中部叶片出现少量孢子堆	6～10
4	下部和中部叶片孢子堆较多，下部叶片坏死斑严重	11～20
5	中、下部叶片坏死斑严重，上部叶片出现少量孢子堆	21～30
6	下部叶片完全坏死，中部叶片出现坏死斑，上部叶片有较多的孢子堆	31～40
7	中、下部叶片严重损坏，上部叶片孢子堆密度很大	41～60
8	中、下部叶片完全坏死，上部叶片出现坏死斑	61～80
9	全株叶片坏死枯萎	81～100

按以上标准，以小区为单位进行全小区目测，表现 1 级的为免疫材料；2～3.5 级的为高抗；3.6～5 级的为中抗；5.1～7.0 级的为感病；7.1～9 级的为高感。

人工接种鉴定的按如下标准调查记载：

1（免疫）：无症状表现；

2（高抗）：仅产生稀疏的小孢子堆；

3（中抗）：孢子堆占叶面积的 30%以下；

4（感病）：孢子堆大而密集，孢子堆占叶面积的 30%～50%，叶片变黄。

七、花生抗锈育种的经验和问题

培育抗病品种是最经济有效的防治方法。从种质资源中鉴选出的大多数抗锈品系，农艺性状是不理想的。国际半干旱热带作物研究所为了把抗病性与优良农艺性状结合起来，进行了大量杂交育种工作。利用系谱法和混合法选育，已经得到了高抗锈病的高产品种。用突变 1 与 *A. villosa* 进行种间杂交，也选育出了抗锈病的花生新品系。

我国花生抗锈育种经验表明，凡用多粒型材料作抗源亲本的杂种后代，抗锈性与不良的荚果性状及晚熟等特性连锁，抗病性与产量的矛盾很大，这一问题的解决，还没有大的突破。但现有的研究结果表明，可以利用种间杂种衍生材料作抗源亲本，或者作桥梁亲本。用目前所获得的稳定的种间杂种衍生材料，与不同类型的品种杂交，后代不会出现明显的紧密连锁现象，而且这些衍生材料除了抗锈外，对其他病害也有较高的抗病性，因而具有广泛的利用前景。

杂交后代的选择与处理，应根据不同情况进行处理。由于花生锈病抗性受隐性基因控制，可以在分离的早期世代开始进行抗性的选择。抗性遗传行为简单、受控基因少的抗源的杂种后代可以采用系谱法从早代开始选择抗性，而对于遗传行为复杂、抗性基因间可能存在互作的抗源后代，则宜采用集团选择法或改良系谱法，在中期世代（F_4～F_5）开始选择抗性。

我国现有的抗锈品种，除少数高抗外，大多数为中抗。在发病较轻的年份，这些品种能控制锈病发生，减少损失，但在发病严重的年份，则不能完全避免损失。现有的品种还不能满足生产上的需要，今后要利用种间杂种衍生材料作抗源亲本，不断提高抗锈性。另外，还要采用多种途径创新种质，培育更多的抗病高产品种。

参 考 文 献

[1] 单志慧，谈宇俊．花生抗青枯病机制的初步研究．中国油料，1995，17（3）：40～42

[2] 段乃雄，谈宇俊，姜慧芳等．花生种质资源抗花生青枯病鉴定．中国油料，1993，15（1）：22～29

[3] 段乃雄，谈宇俊，彭忠．花生品种感染青枯病菌后几种酶活性变化．见：中国作物学会油料作物专业委员会编．中国油料作物科学技术新进展．北京：中国农业科技出版社，1996，338～343

[4] 甘信民．早熟高抗青枯病花生——鲁花3号．中国油料，1985，7（4）：55

[5] 葛秀荣，张新友，狄先．花生新品种豫花7号的选育．中国油料，1996，18（3）：14～16

[6] 胡宝珏，王家绍，侯绪友等．花生青枯病的研究．花生科技，1981，4（1）：87～90

[7] 华静月，张长龄，何礼远．我国植物青枯菌的生化型和其他生理差异．植物保护学报，1984，11（1）：43～50

[8] 姜慧芳，段乃雄，谈宇俊．花生种质资源抗花生锈病初步鉴定．中国油料，1992，14（3）：43～45

[9] 康耀卫．植物青枯菌胞外蛋白输出缺失突变体及其与致病性关系．植物病理学报，1997，27（1）：95

[10] 黎穗临，梁炫强，李一聪等．花生国外引种抗锈病鉴定．花生科技，1994（1）：13～14

[11] 黎穗临，廖小妹，林少璇等．花生亲本材料的创新和育种新技术应用研究．花生科技，1994（2）：11～12

[12] 李少雄，梁炫强，崔富华等．抗青枯病花生新品种粤油200的选育研究．中国油料作物学报，2000，22（1）：31～33

[13] 李文溶，谈宇俊．花生品种抗青枯病鉴定技术标准．中国油料，1983，5（4）：67～68

[14] 李文溶，段乃雄．花生青枯菌致病性的研究．花生科技，1987（4）：1～4

[15] 梁炫强，李一聪，李少雄等．优质高产兼抗花生新品种粤油202-35选育研究．花生科技，2000（1）：1～3

[16] 廖碧辉，李文溶，余华就．广西花生青枯病菌系分化鉴定．广西农业科学，1984（1）：41～44

[17] 廖伯寿，李文溶，孙大容．花生抗青枯病遗传．中国油料，1986，8（3）：1～8

[18] 廖伯寿，王玉莹，唐桂英．花生锈病抗病性遗传研究．中国油料，1988，10（3）：12～17

[19] 廖伯寿，王玉莹，段乃雄．花生抗锈性的遗传改良研究概述．中国油料，1991，13（4）：92～94

[20] 廖伯寿，姜荣文，谈宇俊．花生抗青枯病材料的固氮性状研究．中国油料，1992，14（4）：34～37

[21] 廖伯寿，段乃雄，谈宇俊．龙生型花生青枯病抗病性遗传研究．中国油料，1994，16（4）：4～8

[22] 孙大容主编．花生育种学．北京：中国农业出版社，1998

[23] 谈宇俊，廖伯寿．国内外花生青枯病研究述评．中国油料，1990，12（4）：87～90

[24] 王探应．花生锈病：半干旱热带地区花生生产的重要威胁．油料作物，1986（4）：13～18

[25] 王玉莹，王春华，夏杏明．花生抗青枯病抗病性遗传的初步研究．中国油料，1985，7（4）：15～18

[26] 王玉莹，唐桂英，夏杏明等．抗青枯病高产优质花生新品种中花2号的选育．中国油料，1990，12（3）：5～8

[27] 向荣英．花生抗锈病遗传．花生科技，1986（2）：1～4

[28] 杨金兴．落花生新品种台农6号之育成．中华农业研究，1996，45（2）：113～129

[29] 郑广柔．抗青枯病花生品种粤油92的选育研究．广东农业科技，1987（6）：18～20

[30] 郑奕雄．花生抗锈高产品种汕油523的选育研究．广东农业科学，1996（3）：19～20

[31] 中国农业科学院植物保护研究所主编. 中国农作物病虫害（上册）（第二版）. 北京：中国农业出版社，1995，933～943

[32] 周桂元，梁炫强，李一聪等. 高蛋白、多抗、高产花生新品种粤油 79 的选育. 中国油料作物学报,2002，24（3）：71～73

[33] 周亮高，陈福坤，吴有女. 花生锈病菌（*Puccinia arachidis* Speg.）生理小种研究初报. 广东农业科技，1986（1）：44～45

[34] 周蓉，段乃雄，谈宇俊等. 花生叶部病害抗病性种质鉴定. 花生科技，1990，73（2）：33～34

[35] 周章来，韦秀平. 花生新品种皖花 2 号. 中国油料，1996，18（3）：67

[36] Hayward AC. Characteristics of *Pseudomonas solanacearum*. J Appl Bact，1964，27：265～277

[37] Hayward AC. Diagnosis，distribution and status of groandnut bacterial wilt. In：Bacterial wilt of groundnut. Proceedings of an ACIAR/ICRISAT，1990，12～17

[38] Rathnaswmy R. 用突变 1 与 *A. villosa* 杂交选育的抗晚斑病和锈病的花生新品种 . 油料作物，1987，9（3）：54～55

[39] Subrahmanyam P，McDonald D. Rust disease of groundnut. ICRISAT Information Bulletin，1983，13

第十九章

大豆品种抗病性及其利用

大豆起源于中国，栽培历史悠久，有丰富的品种资源。迄今我国发现的具有经济重要性的大豆病害已达35种以上，每年病害造成的损失估计为5%～7%。在这些病害中，发生面积广、对产量影响大的主要有病毒病、线虫病、锈病、菌核病、灰斑病和霜霉病等。科技工作者就大豆上述病害的抗病性和抗病性遗传作了大量研究，鉴定了我国丰富的大豆品种资源对主要病害的抗病性，发现一批优良抗源。我国的大豆育种家先后培育出一系列适于我国各生态区域应用的高产抗病品种，对提高我国大豆生产水平和品质改良起了重要作用。

第一节　花叶病毒病

我国已发现并经过鉴定的大豆病毒有8种，其中大豆花叶病毒（*Soybean mosaic virus*，SMV）在全国各地普遍发生，通常占田间病毒发生率的70%～95%以上。在花生产区种植的大豆还常感染花生条纹病毒（*Peanut stripe virus*，PSV），该病毒常与SMV复合侵染。局部地区发生黄瓜花叶病毒侵染引起的大豆矮化病毒病。其他各种大豆病毒均零星发生，未见大面积流行的报道。

大豆花叶病毒造成的产量损失，因大豆播种期、品种抗病性、病毒侵染时期以及病毒株系不同而有所差异，常年损失率约为5%～7%，重病年或局部地区可达10%～20%，少数田块更达50%以上。大豆种子"褐斑粒"症状主要是大豆花叶病毒侵染而形成的，"褐斑粒"的出现严重降低了大豆的商品价值。

一、重要性和主要成就

大豆植株感染病毒后，豆荚数减少，百粒重减低，种子萌发率、蛋白质含量、含油量等都明显降低，脂肪酸、蛋白质和游离氨基酸的组分也有所变动。大豆花叶病毒是种传病毒，带毒种子是田间主要初次侵染毒源，该病毒还由多种蚜虫进行非持久性传播。防治大豆花叶病的主要措施是种植抗病品种，其他防治方法成效不大。我国在20世纪60年代，有很多产量高、品质好的大豆品种，均因不抗病毒而被淘汰。

60年代以后，我国大豆育种家在广泛收集大豆抗病毒资源的基础上，通过系统选育、杂交、诱变等方法，先后选育出一批适于各地种植的抗病品种。其中包括原东北农业科学院选育的齐黄3号、齐黄22、鲁豆4号，徐州市农业科学研究所选育的徐豆1号，中国科学院遗传研究所选育的科黄3号、诱变30，中国农业科学院油料作物研究所选育的中豆19，黑龙江省农业科学院选育的黑农32，东北农业大学选育的东农39、东农40、东农41，吉林省农业科学院选育的吉林26、吉林28等等。80年代以后，在全国大豆新品种选育项目中，已把抗大豆花叶病毒列为重要育种目标。目前各地推广的大豆品种均具有不同程度的抗病毒特性。但是，随着大豆品种整体水平的提高和大豆花叶病毒的株系变异，也要求品种抗病毒的程度不断提高，以确保大豆品种高产优质。

二、大豆花叶病毒的致病性和病毒株系

（一）大豆花叶病毒的致病性

大豆品种因抗病性差异，感染病毒后出现不同类型的系统症状，诸如轻花叶、斑驳花叶、卷叶花叶、缩脉、叶组织泡状、脉枯或芽枯等。病株的叶片、花瓣、花萼、雌蕊、雄蕊、荚皮、种子等部位均含有病毒。若种子的胚内含有病毒，则萌发产生的实生苗即为病苗。种皮和胚乳中含有的病毒，在种子干燥及贮藏过程中大部分被钝化，因而不是病苗形成的主要原因。大豆的褐斑粒主要是因植株感染病毒而形成的，但褐斑粒本身不一定带毒或传毒。因此，不能依据褐斑粒，而认定带毒种子。

（二）大豆花叶病毒的株系

关于大豆花叶病毒的株系，尚未进行全国性的研究，仅各大豆主要产区，对本地流行株系作了研究。病毒株系主要依据不同大豆品种感染病毒后的抗、感反应来区分。通常选取人工接种后，症状较一致，反应较稳定，有鉴别作用的大豆品种作为株系的鉴别寄主。

吕文清等（1985）鉴定了辽宁、吉林、黑龙江等三省的29市的1 391个毒株，依据各毒株对感病、中度抗病或高度抗病等各类品种的致病性，将东北的大豆花叶病毒区分为1号、2号和3号等三个株系群，其中1号株系群占32%、2号株系群占46%、3号株系群占22%。

濮祖芹等（1982）和陈永萱等（1986）利用7个大豆品种、2个扁豆品种、1个菜豆品种和1个蚕豆品种，根据症状不同，将江苏的6个毒株、东北的2个毒株，区分为Sa至Sh等8个株系，其中Sd株系和Sf株系来自东北。在江苏省分布最广泛的是Sa株系和Sb株系。

Cho等（1979）曾用8个抗病性不同的大豆品种，将美国的大豆花叶病毒区分为G_1至G7等7个株系。许志刚等（1983）以Cho等用过的品种为基础，又增加3个大豆品种，共提出了10个鉴别品种。利用这套鉴别品种，将23个毒株区分为G_1至G_{10}等10个株系。所测毒株包括从国内7个省、直辖市病株标样分离出的19个毒株以及江苏当地鉴定为Sb、Sc、Sd和Sf株系的4个毒株。

罗瑞梧等（1990）在山东省采集了145个大豆花叶病毒标样，根据6个不同抗病性的大豆品种的反应差异，区分为6个株系，即弱毒株系（Sd_1和Sd_2），中毒株系（Sd_3和Sd_4）以及强毒株系（Sd_5及Sd_6），各类毒株所占比率分别为41.4%、46.9%和11.7%。

余子林等（1986）从湖北省各地的病株种子分离大豆花叶病毒毒株，根据鉴别品种的反应，划分为S_1、S_2和S_3等3个株系，其中S_1分布最广，S_3次之，S_2分布区域最小，

但毒力最强。

由于我国大豆生态型差别大，各地抗病毒育种均采用当地的大豆花叶病毒株系来鉴定大豆品种的抗病性。从1980年至1990年间对国家品种资源库中17 000多份大豆资源的抗病毒鉴定结果，可知各地大豆花叶病毒株系的毒力差异较大，在目前流行株系中，以山东株系毒力最强，湖北次之，江苏及东北的株系较弱。

三、大豆对花叶病毒抗病性的类型和特点

大豆品种对大豆花叶病毒的抗病性，可根据人工接种的症状和产量损失程度，区分为强弱不同的类型。一般无症带毒的品种为高抗品种，表现轻花叶和黄化斑驳，而无脉枯的品种属抗病品种，表现花叶、卷叶花叶症状的为中抗品种，表现其他症状且植株矮化的为感病品种。人工接种时病毒剂量远高于蚜传病毒量，因而大部分鉴定为中抗品种的，在田间或蚜传接毒后不表现症状或仅为轻花叶症状。

抗花叶病毒的大豆品种，农艺性状无显著特点。病株叶片、花器和种子的全酚含量，在抗病与感病品种之间有显著差异。大豆花叶病毒是一种种传病毒。种子抗病性不同的品种在感染大豆花叶病毒后，叶片内病毒含量并没有显著区别，但叶片、花器（包括花瓣、花萼、花粉、花柱等）和种胚中的全酚含量，抗病品种显著高于感病品种。抗病品种的种子传毒率显著低于感病品种（杨书军，1990，Yu，1989）。种子上出现褐斑，称为“褐斑粒”，影响大豆商品价值。褐斑的出现与大豆植株感染大豆花叶病毒有关，褐斑种子带毒或传毒，但不能作为确定种子带毒率的惟一标准。影响大豆褐斑粒形成与发展的因素中，大豆种质起决定性作用。试验证明，抗褐斑类型的品种，受环境条件影响小，在植株严重感染病毒的情况下，仍然表现抗褐斑特性（李默然，1986）。因此，在大豆抗花叶病毒育种中，应主要选育无症或轻症类型，并兼顾其抵抗种子传毒和抗褐斑特性。

四、大豆对花叶病毒的抗病性遗传

大豆对花叶病毒毒性株系的抗病性是由显性单基因控制的。胡蕴珠等（1985）用抗病的韩国大豆“广吉”与江苏省3个品种杂交，接种江苏的SMV-Sa和Sc株系，对F_1和F_2世代的抗病性测定表明，抗病性由1对显性基因控制，这一结论进一步为回交1代和杂交3代的分离比所证实。严隽析等（1985）用4个丰产感病的大豆品种与4个抗病品种，配置了12个杂交组合，接种江苏SMV-Sa及Sc株系，后代的抗、感分离情况也证明抗病性为单个显性基因所控制。刘显华等（1987）用（公交7901-3 × Mashall）和（吉林16号× 公交7911-2）两个组合的F_1代、F_2代和其双亲为试材，分别接种大豆花叶病毒东北2号株系和3号株系，结果证明公交7901-3和Mashall抗2号株系的为显性基因；来自Mashall的抗3号株系以及来自公交7911-2抗2号株系的均为两个独立的显性基因；而来自吉林16或公交7911-3的抗3号株系的基因为隐性。这说明参试材料抗2号、3号株系的基因为2对，抗病基因的显、隐性依材料而异。罗曼（1979）通过正反交试验表明，细胞质对抗病性不起作用。

吴宗璞（1986，1990 ）认为大豆品种有两类抵抗花叶病毒的基因，分别控制植株的

抗病性和种子对褐斑斑驳的抗病性。陈怡等（1991）用抗褐斑的Merit品种与感染褐斑的黑农16及黑农17杂交，再接种东北1号株系和3号株系测定，证明Merit品种对1号株系的抗褐斑性受2对隐性基因控制，而对3号株系的抗褐斑性则为2对显性基因控制。

但也有与上述结果不一致的研究报告。由于我国大豆品种资源丰富，各地大豆花叶病毒株系毒性强弱又有不同，抗病遗传方式自然复杂多样。

五、大豆抗花叶病毒的种质资源

大豆起源于中国，并有悠久的栽培历史，品种资源丰富。1984年至1986年，吉林省农业科科院、黑龙江省农业科学院和辽宁省铁岭地区农业科学研究所等单位，共鉴定了3 341份东北大豆品种资源的抗病性。1980年至1990年，在全国各育种单位田间鉴定初筛的基础上，又由中国农业科学院油料作物研究所、南京农业大学、山东省农业科学院、江苏省农业科学院等单位，分别用各地已知病毒株系或当地大豆花叶病毒分离物进一步作了人工接种鉴定，结果共鉴定了17 497份国内外大豆种质资源。表19-1和表19-2列出了主要结果，可供大豆抗病毒育种工作者参考。

表19-1　中国大豆品种资源抗SMV鉴定结果

品种资源份数	无症	高抗	中抗	中感	高感
总数	16	124	931	6 248	10 178
百分率（%）	0.09	0.71	5.32	35.71	58.17

表19-2　不同生态区域大豆对SMV的抗病资源

抗病性	来源	资源数	ZDD编号
无症抗病	四川	1	13050
	吉林	2	17979，18019
	辽宁	9	18155，18160，18161，18166，18169，18175，18176，18178，18238
	北京	1	18048
高抗	山东	3	19338，19360，19397
	黑龙江	1	17740
	吉林	3	17974，18003，18004
	辽宁	18	7810*，18079，18089，18132，18140，18147，18148，18149，18157，18158，18159，18164，18168，18172，18177，18226，19245，19262
	内蒙古	2	18287，18300
	北京	23	18390，18391，18396，18401，18402，18403，18404，18405，18406，18407，18409，18412，18413，18414，18415，18417，18419，18421，19393，19394，19395，19399，19400
	河北	5	1588，1609，1617，1620，1645
	山西	3	2009，2249，9542
	山东	28	9879，9884，10072，19109，19124，19221，19310，19316，19336，19337，19339，19341，19344，19345，19346，19348，19350，19352，19354，19358，19361，19375，19377，19379，19380，19388，19391，19396
	江苏	17	3730，3731，3735，3739，3828，3851，3955，3972，3974，3980，4012，4017，4070，4270，11206，11207，11210
	安徽	1	5801

（续）

抗病性	来源	资源数	ZDD 编号
高抗	河南	1	10095
	贵州	3	6622，14970，15672
	四川	8	12944，12968，12973，12999，13053，20653，20654，20656
	浙江	2	13839，13841
	福建	1	14100
	江西	2	14254，14266
	国外引进	7	WDD662，677，725，801，804，809，936

注：ZDD7810 为 1984—1989 年东北三地鉴定的结果。

此外，Goodman 等（1979）发现有种子不传毒的品种或品系，如 PI203406、PI240664、PI325779、Amsoy、FC31678、PI60279、PI68680、Clound、Manchu、Muckden 和 Virginia 等。Amsoy71、Beeson、Willam 等属于低度种传品种。李默然等（1986）发现除 Merit 外，Wiyerjin 和紫丰 4 号也是低度种传品种。

六、大豆抗花叶病毒的鉴定方法

大豆对花叶病毒的抗病性鉴定，首先在发病地区经田间自然诱发发病后，作初步鉴定，所得抗病材料再在防虫网室中进行人工接种鉴定。全国大豆抗花叶病毒鉴定方法如下：

（1）由于各地大豆花叶病毒毒株的毒力不同，鉴定应使用在品种预期推广地区所发生的株系或纯化的分离物。为避免误用同样侵染大豆的花生条纹病毒或黄瓜花叶病毒，应先确认分离物为大豆花叶病毒。可将分离物先接种菜豆 Topcrop 品种、花生、普通烟或黄烟，菜豆表现枯斑，其他寄主无症者为大豆花叶病毒。也可用 ELISA 法或琼脂扩散法作血清学鉴定。确定为大豆花叶病毒后，经过纯化并在无毒品种上繁殖，作为接种毒源。在株系明确的地区，应以当地主要流行株系作为接种毒源。

（2）在防虫网室内的繁毒豆株上，取症状明显的病叶（一般在 4～6 复叶期采叶），称重后，加 0.01mol/L 磷酸缓冲液（pH7），以 1∶20 的比例稀释，捣碎匀浆，再加 1%～2%的 400～600 目金刚砂，混匀后摩擦接种。若接种份数多，接种时间长，可在接种液中添加 0.5% 巯基乙醇，并避免强光直射，保持 25℃。

（3）网室内或田间小区宽 2m，行距 30～35cm，每行不少于 20 株，每品种种植 1～2 行，每隔 20 行种 1 份感病对照品种。待鉴定材料（包括感病对照）1 对真叶展平时，去除已显卷曲或花叶症状的带毒实生苗，然后接种。每份材料接种株数不少于 20 株。田间鉴定时，必须在鉴定区四周种植大豆花叶病毒不侵染的作物，用作隔离区，并每隔 7～10 天施药灭蚜一次。接种 3～4 周后，在植株花荚期按五级分级标准进行病情调查，抗病材料应在结荚期再调查一次。当感病对照品种病情指数低于 40 时，需重新鉴定。在网室或田间表现中抗以上的材料，应在防虫网室内进行复鉴，每份材料不少于 10 株，5 株为不接种对照。每 20 份材料增种感病品种 1 份，调查时期和方法与初鉴相同，接种株发病率应全部达到 100%。

(4) 采用以下五级病情分级标准调查记载发病严重度并计算病情指数：

0级：植株正常，无症状；

1级：植株正常，叶平展，呈轻花叶或黄化斑驳（无脉枯）；

2级：植株基本正常，有花叶，斑驳花叶，卷叶花叶；

3级：植株略矮，皱缩花叶，缩脉；

4级：植株矮化，叶片畸形皱缩，系统脉枯或枯斑，芽枯。

(5) 根据病情指数作出抗病性评价。抗病性评价标准如下：

病情指数	抗病性评价
0	免疫（IM）
10以下	高抗（HR）
10.01～25.00	中抗（MR）
25.01～40.00	中感（MS）
40.01以上	高感（HS）

(6) 注意事项：在人工接种条件下，调查时发病率一般应为100%，每一品种的症状表现基本一致，若其中有个别植株不发病或病情严重度相差一级以上，则该材料种子可能有混杂，应去除混杂株后重新鉴定。鉴定时期最高温度应在28℃以下，若超过30℃，会发生隐症现象，鉴定结果不准确。自然病圃应发病均匀，育种单位病圃发病均较严重而均匀，但若发病不均匀，可在每个品种的每一行边种1粒带病种子，作为初次侵染源，待鉴定后，拔除带病种子长出的病株。

七、存在的问题和解决途径

大豆抗病毒育种有两方面的问题需作改进，一是鉴定方法，另一是抗源利用。使用正确的抗病性鉴定方法，才能保证鉴定结果的科学性，为此需建立一个自然诱发鉴定圃和一个防虫的人工接种鉴定圃。自然诱发鉴定是最常用、最基本的鉴定方法，鉴定结果在一定程度上代表了品种的水平抗病性。后者应用当地病毒株系作为毒源进行人工接种，鉴定结果在一定程度上代表了品种的垂直抗病性。现在采用自然诱发作为初筛，人工接种作为复筛的方法。这样，自然诱发鉴定入选的材料往往在人工接种中被淘汰，除了淘汰具有不良农艺性状的材料外，也淘汰了一些农艺性状好而且中抗的材料。而目前推广的大豆品种，对病毒大都中度抗病，少数高度抗病。自然诱发鉴定筛选出的材料多数抗病稳定性较好，有一定的抗病持久性，而人工接种鉴定所得材料多数抗病稳定性较差，即抗病性不够持久，其原因除了当地大豆花叶病毒株系发生变异外，还可能是所用接种毒源的代表性不够所致。这类问题需要大豆育种家与植物病理学家共同研究解决。

抗病育种中抗源的选用至为重要。直接使用鉴定出的抗源，在育种过程中往往出现抗病与丰产、优质的矛盾，解决此类矛盾，就需要根据本地区的情况，多创造一些中间抗源材料。用中间抗源材料作亲本，选配杂交组合。

我国通过人工诱变育种，已选育出了一批高产、优质的抗病品种，并得到大面积推广。诱变育种可诱生新的抗病基因，也可以打破抗病性与不良性状的连锁遗传，值得重视。在大豆育种中已开始应用先进的生物技术手段，设备条件和技术力量较好的单位应大力加强该领域的研究。

第二节 胞囊线虫

与大豆有关的线虫至少有 100 多种，其中最重要的是大豆胞囊线虫（*Heterodera glycines* Ichinohe）和根结线虫（*Meloidogyne* spp.），前者多发生于气候偏凉地带，后者在暖热地带。肾形线虫（*Rotylenchulus reniformis* Linford and Oliveira）、枪线虫（*Hoplolaimus* spp.）、刺线虫（*Belonolaimus longicaudatus* Rau）、根腐线虫［*Pratylenchus brachyurus*（Godfrey）Filipjev and Schuurmans Stekhoven］等仅在局部地区危害较重。此外，环线虫［*Criconemella ornata*（Raski）Luc and Raski］常在豆田杂草上大量发生，剑线虫（*Xiphinema*）、矮化线虫（*Tylenchorhynchus*）、螺旋线虫（*Helicotylenchas*）、盾线虫（*Scutellonema*）和盘旋线虫（*Rotylenchus*）等也较常见。各地由线虫引起的大豆产量损失差异很大，变动于损失不明显（隐蔽）到 100%。为避免或减轻线虫造成的损失，需充分重视土壤中线虫群体的变化，采取措施尽量减少侵染源或阻止线虫侵入。大豆品种间对特定线虫种或小种的敏感性有显著差异，因而发掘使用抗病品种、阻止或阻碍线虫的取食和发育是重要防治措施。轮作以及非寄主、抗病寄主和感病寄主品种的组合种植可防治多种大豆寄生线虫。施用杀线虫剂对于某些线虫是必要的和彻底的防治措施。轮作与施用杀线虫剂都能降低线虫群体的初始密度，减少初侵染虫源。

一、利用抗病大豆品种的重要性和主要成就

大豆胞囊线虫病是国内外公认的毁灭性病害之一。该病最早于 1899 年在我国东北发现，现我国东北三省、内蒙古和黄淮海大豆产区都有严重发生。受害豆苗成片矮黄停止生长，在开花前后，病株主根根表显露白色有光泽的柠檬形幼胞囊。根表被撑裂，造成伤口，可引发次生病原物的复合侵染，根部多腐烂而死，少数未死亡的，可从生纤细毛根，勉强维持生命，至少减产七八成。发病轻的也要减产三五成。满含虫卵的胞囊逸落土中，随气流、水流、土壤粘带等途径传播。卵的生活力可维持 10 年之久，田间又有多种栽培的或野生的寄主广泛分布，因而胞囊线虫病很难防除。

大豆种质资源间对胞囊线虫的抗性差异极显著，野生黑豆尤其明显，很有利用前途。我国为大豆发源地，栽培历史悠久，自然形成的抗病种质资源很丰富。20 世纪 50 年代，美国大豆生产迅速发展，由于大面积连作重茬，其著名的“大豆带”发生了两种毁灭性根病——大豆胞囊线虫病和大豆疫霉根腐病（*Phytophthora sojae*），使其大豆栽培难以为继。后从中国引入野生黑豆（北京小黑豆）作抗源，育成了抗、耐胞囊线虫病的系列品种，使该病得以控制。美国伊利诺斯大学国际大豆研究所的迈克尔·欧文博士说“在美中两国进行的科学交流中，仅大豆研究这一项，中国所可能给予的帮助和好处，就将大得难以置信”。迄今美、日等大豆主产国，都将抗病品种的选育和利用，作为主要防治途径。抗胞囊线虫的品种其他根病的发生大都较轻。不抗这两种根病的品种就不能推广。美国在 1966 年至 1996 年育出的抗胞囊线虫的大豆品种达 130 个，日本从 1955 年到 1980 年育出了抗、耐线虫的优良大豆品种近 40 个。

1980 年以来，中国农业科学院植物保护研究所和品种资源研究所引进了抗大豆胞囊线虫的黄种皮品种，并在国内有代表性的重病区进行试种鉴评，根据其抗病性和适生性选择优良材料，再与各地产量高而不抗胞囊线虫的大豆品种杂交，或者直接进行系统选种。以黑龙江省农业科学院盐碱地作物育种研究所为主，协作育成了高抗 3 号小种的抗线 1 号（另有系列抗病品种抗线 2 号等），适于黑龙江省西部和内蒙古东部栽培。还由山东省青岛市植物保护站为主，协作育出了高抗 4 号小种的青杂黄豆 1 号，适于在山东省胶东栽培。上述品种分别推广种植了 13.33 余万 hm^2 与 2.85 万 hm^2，在一般病地比感病品种增产 30%左右，在特重病地增产更多，分获 1997 年国家发明四等奖和 1996 年山东省科技进步三等奖。此外，各地育成的抗、耐胞囊线虫的品种、品系还有山东潍坊的新抗 86-40，黑龙江的嫩丰 14、庆丰 1 号、齐黄 25、垦抗号系列，吉抗品系，山东的高密 8505，安徽的蒙城 8118 等，均在当地大豆生产中得到推广应用，取得了显著效果。

二、大豆胞囊线虫的致病性和生理小种

大豆胞囊线虫具有活物寄生性，侵入植株幼嫩部位，内寄生定居，为害输导组织维管束。大豆播后刚生出根尖，土壤内的二龄幼虫即可侵入，虫体在薄壁组织中，头部插入维管束内，口针分泌激素，刺激头部周围寄主细胞过度分化，组织畸变，养分输导受阻，甚至发生养分的逆流反馈。至大豆开花期，胞囊线虫发育达到成虫期，成虫大量孕卵（每雌虫平均 260 粒，多至 500 粒左右），腹部膨大成为胞囊。大豆根皮破裂，露出白色有光泽的粒状幼胞囊。大豆根部受伤，体液渗漏，植株营养不足而萎黄，同时烂根死苗，在干旱、缺肥条件下受害尤甚（萨塞，1960；陈品三，1996）。在我国东北地区一作大豆上，胞囊线虫一年发生 3 代，在黄淮海地区夏作大豆上可发生 4 代。各代二龄侵染性幼虫侵入主根初生根尖。只要大豆生长新根，就可不断侵入，直到不再产生新根尖为止。除第一代以外，其他各代幼虫虽然也多有侵入，为害耗养也很严重，但因此时大豆根系庞大而分散，可耐受线虫为害，不至于造成死棵。各代线虫持续繁殖，土壤中积聚了大量胞囊，成为次年初侵染虫源，可能导致病害大发生。

美国的 Ross 和 Brim（1957）最早注意到大豆胞囊线虫群体的致病性差异。日本的松山（1961）也发现胞囊线虫的生理小种差异。Riggs（1981，1988）使用了 4 个标准鉴别品种，根据这 4 个品种抗病、感病的各种可能组合，预先编排了 16 个小种的序号和反应模式。迄今全球已发现生理小种有 13 个，美国有 1 号、2 号、3 号、4 号、5 号、6 号、7 号、9 号、10 号、14 号、15 号和 16 号等 12 个小种，日本有 1 号、3 号、4 号和 5 号等 4 个小种。

1980 年对统一引进的抗线虫品种进行了异地病田种植鉴评，发现同一品种在不同地区的抗、感表现不同，国外抗虫品种的表现也有差异。1982 年又将 Riggs 寄赠之统一鉴别品种的标准种子分发各地统鉴，结果证明上述差异确因生理小种不同所致，我国大豆胞囊线虫也存在广泛的致病性分化。现已知我国有 1 号、2 号、3 号、4 号、5 号、6 号和 7 号等 7 个小种。其中 7 号是在我国首先发现并命名的，并已得到 Riggs 等的认同。1 号、3 号和 4 号小种分布面积最大，危害最重，是我国最重要的小种，也是我国最早明确的小

种。4号小种致病性最强（刘维志，1984；商绍刚等，1989），对之几乎没有黄种皮的高抗品种。大体上东北一季作豆区以1号小种（分布于辽宁、黑龙江）和3号小种（分布于黑龙江、吉林、内蒙古）为主，并有2号、5号、6号等小种。黄淮海夏大豆区以4号小种为主，并有1号、2号、3号、5号、7号等小种（陈品三等，1987；颜清上，1995）。若按省划分，山东省小种区系较复杂，有1号、2号、4号、5号、7号等5个小种，内蒙古有2号、3号、5号、6号等4个小种，黑龙江省有1号、3号、6号等3个小种，皖北有4号、5号等2个小种，苏北只有3号小种。

三、大豆对胞囊线虫病抗病性的类型和特点

胞囊线虫对大豆的致病过程包括积累有侵染力的病原量，实施侵入和侵入后的发育、繁殖等三个环节。抗病性表现为针对这三个环节的抵制、抗御现象，包括不利于卵的孵化而降低病原量，阻滞侵入或限制线虫发育与繁殖，亦即抗孵化、抗侵入和抗发育，根据这些特性评定免疫、高抗或耐病。

植物线虫具有锋利口针能主动刺入，寄主细胞壁难以阻止其侵入。卵的孵化则多受植物根部分泌物的影响。植物对抗线虫的主要方式是限制其发育，即抗发育。通常以植物限制线虫发育和繁殖的程度为标准，进行抗病性分级。例如，以根表线虫胞囊数目分级，免疫品种根表不显露胞囊（0个），高抗的单株根部平均有胞囊0.1～3个，中抗的有3.1～10个，中感的有10.1～30个、高感的有30个以上。应用该标准，要求对照感病品种有胞囊30个以上。在显囊盛期调查，调查时应尽量仔细地挖出全根系，而不使胞囊脱落，这样鉴定结果才准确可靠。还可用胞囊指数（IP）分级，即IP≤10%的为抗病，IP≥10%的为感病，只划分抗病和感病两型。该法适用于生理小种鉴定（IP亦即CI，为Cyct Index的缩略语）。

依据根表胞囊数分级评定抗病性，不能反映出根内侵入数差异和抗发育的程度，也不能评价耐病性，以至错误地把耐病品种当成感病或高感品种。又由于不是把抗侵入作为免疫，而是将"不见胞囊"作为免疫，实质上是将抗繁殖作为免疫。不显露胞囊并不是真正的免疫（抗侵入或不危害）。

1978年著名线虫学家威廉姆斯将植物对线虫的抗病性，从抑制线虫发育和繁殖的角度，划分为五个类型（或梯次）。对于具有第一类抗病性的品种，二龄幼虫虽然可以侵入，但不能发育成为下一龄的幼虫；对于具有第二类抗病性的品种，线虫侵入后，仅部分二龄幼虫可以发育成三龄幼虫；第三类抗病性允许侵入后的部分幼虫发育成为成熟的雄虫，但不能形成雌虫；第四类抗病性允许形成较多的雄虫和为数不多的无繁殖力的雌虫；第五类则可形成少量能繁殖的雌虫。由上述分类可见威廉姆斯以根内幼虫发育动态作为评定抗病性的主要依据，仅第五类涉及显囊雌虫，这种评定办法能充分反映线虫的内寄生特性，比现行的以显囊量来划分抗病性更为全面和科学。

我国学者的初步研究表明，大豆抗胞囊线虫性的特点可能为组织学营养性抑制二龄幼虫发育繁殖，甚至致二龄、三龄幼虫死亡；既可能是组织细胞学上（合胞体之形成与否及大小）对二龄幼虫侵入穿刺损伤，特别是头插入处周围细胞组织之过敏性保卫反应，亦还可能并必然有对侵染性二龄幼虫口针分泌酶的生理反应（颜清上，1997），这些都是大豆

品资种性所特有并可遗传的因素。

近年来国内外的研究还有下列发现：

(1) 感病大豆品种的合胞体细胞较大，靠近木质导管一侧有内生长，各种细胞器丰富，内质网数量多，形体长，且多为光滑型；抗病品种合胞体细胞较小，核糖体较多，内质网小而少且多为粗糙型，细胞内出现较多的类脂肪体，在侵染早期细胞质快速降解，有时发现细胞发生质壁分离。

(2) 抗病品种根内大豆胞囊线虫幼虫头周围根组织有明显的坏死，鞘细胞处形成较小的合胞体，且染色较深，呈坏死反应；而感病品种中柱内有较大的合胞体并较少发生坏死反应。

(3) 抗病性豆类资源根内总糖含量较低，胱氨酸为零，而感病者游离氨基酸总量以及精氨酸、谷氨酸、丙亮氨酸、缬氨酸、天门冬氨酸等氨基酸含量明显增加；但总酚含量、绿原酸含量和阿魏酸含量抗、感品种均有增加，抗病品种增高一至数倍。类黄酮和木质素含量变化正相反（颜清上等，1997），抗病的增加感病的降低，与国外有关研究结果相同(Gommers，1977；Huang，1991)。

(4) 抗病品种根渗出物诱孵越冬胞囊幼虫数，一开始就显著高于去离子水对照，而孵化 8 天后却显著低于感病对照。新鲜胞囊诱孵数（幼虫）和离体卵诱孵数，在各材料间表现一致，即抗病的始终显著低于感病的。在孵化中后期，与去离子水对照的差异达显著水平。

四、大豆抗病性的遗传与变异

筛选抗源是为了评价种质资源在抗病性方面的表现，并应用于杂交育种和转基因育种，抗源抗病性及其遗传性对其在抗病育种上的使用价值至关重要（马育华，1982；王连铮，1992；王志，1990)。研究抗源的遗传关系可依据抗源对同一生理小种反应的差异来判断，也可根据不同抗源杂交后代分离情况决定。

利用生物间遗传学原理推断抗源携带的抗病性基因是一个简便途径。Mclann 等(1982) 发现从 PI89772 上选择的线虫群体在 PI89772 上繁殖很好，而在另 5 个品种上繁殖极差，因而认为这 5 个品种至少具有一些相同的抗病基因，且不同于前一个品种。Young (1982) 在其 4 号小种感染发病的田块中，从抗病植株上选择胞囊繁殖供试，结果取自 Bedford 及 PI88788 植株上的，可在其根上大量繁殖，但在 PI89772、PI90763、Peking 上却下降。同样地，取自后三者根上的胞囊，在前二者根上繁殖亦很差，说明后三者具有不同于 PI88788 的抗病基因。

Anand 等（1983）根据不同寄主对 4 号生理小种的反应，证明 PI88788 和 PI90763 携带不同的抗病基因，PI87631 - 1、PI209332、Cloud 与 PI88788 的抗病基因相似，而 PI89772 与 PI90763 的抗病基因紧密相关。Young (1995) 筛选出多抗性的 PI467312 种质后，对它和 PI437654 分别接种 2 号小种，结果前者的寄生指数为 30，而后者为 0，表明二者抗病性有遗传差异。

确切研究各抗源遗传关系的方法，是配制抗×抗杂交组合，根据其后代 F_2 和 F_3 的分离情况来判断。为了证明对 3、5 号生理小种的新抗源与原来老抗源是否携带相同的抗病基因，Anand 等（1986）配制了杂交组合，结果表明 PI437654、PI88788、PI209332、PI90763 带有不同于 Forrest（其抗病基因来自 Peking）的抗 3 号小种基因，Peking 与 PI438489B 含有对 3 号小种不同的抗病基因，PI90763 与 PI404198A 含有对 5 号小种不同的抗病基因。Rao - Arelli 等（1988）的杂交研究结果表明，Peking、PI90763、PI438489B、PI404166 和 PI404198 具有对 3 号小种相同的抗病基因；Peking、PI88788、PI438496B 间至少有一对抗病基因存在差异。

Anand 等（1989）对 5 号小种的研究表明 Peking、PI90763 各有一对互不相同的显性抗病基因，后来他又证明 PI424595 含有一个不同于 PI90763 的隐性抗病基因。Young 等（1994）的研究结果表明，PI424595、PI438342、Peking、PI90763、PI437654 等材料，在大多数基因位点含有相同的抗 5 号小种的基因，PI399061 在一个或多个位点具有不同于上述抗源的抗病基因。

在明确一些抗源的抗病基因并收集到足够多的生理小种时，利用生物间遗传学原理，可以不通过杂交进行抗病基因的推导。刘维志等（1994）采用此法对我国某些黑豆抗源的抗病基因进行了推导，结果表明长粒黑与 Peking 的抗病基因相同，哈尔滨小黑豆含有与 PI90763 相同的抗病基因，小黑豆比 PI90763 多含有抗 14 号生理小种的基因，秣食黑豆比 PI88788 缺少抗 14 号小种的基因，连毛黑豆仅含抗 3 号生理小种的基因。

王志等（1990）对我国大豆抗胞囊线虫病材料灰皮支黑豆、84 - 7、84 - 2 等对 4 号生理小种的抗病性遗传进行了研究，认为其抗病性由 2 个隐性基因控制。颜清上等（1995）对灰皮支黑豆和元钵黑豆的遗传研究表明，此二抗源对 4 号小种的抗病性至少由 3 对隐性基因和 1～2 对显性基因控制。薛庆喜（1991）推断 84 - 7831（哈尔滨小黑豆后代）、CN210（Peking 后代）的抗病性由 3 个独立的隐性基因控制。刘维志（1993）认为在铁丰 24×小粒黑豆组合中，抗病基因为一显性一隐性，开育 10×小粒黑豆可能存在 4 对抗病基因，而且存在互补现象。李莹等（1996）对灰皮支黑豆和应县小黑豆抗 4 号小种的抗病性遗传研究中，发现它们还兼抗 1 号、3 号、5 号小种。

五、大豆抗胞囊线虫的种质资源

大豆抗胞囊线虫种质资源筛选研究较为突出的国家当推美、日两国，美国在 1954 年首次在北卡罗来纳州发现该病，随后在密苏里、阿肯色、田纳西、弗吉尼亚、伊利诺斯及印第安纳等大豆主产州大面积毁灭性发生该病，成为当时美国大豆的二大病害之一。筛选抗大豆胞囊线虫的种质资源受到重视，Ross 和 Brim（1957）在重病田采用双行法，对 2800 份材料进行了抗胞囊线虫鉴定，筛选出 8 份高抗材料：Ilsoy、Peking、PI189920、PI189969、PI79693、PI90763、PI209332 和 PI84751。来自我国北京的 Peking 成为最著名的抗源，利用后育出了一系列抗病品种，控制了线虫为害。Anand（1988）发现所有抗 5 号、14 号小种的材料都抗 3 号小种，PI437654 抗当时所发现的 1 号至 5 号全部 5 个小种。Young（1995）筛选出了从中国引入的 PI467312，抗 3 号、5 号和 14 号小种。

日本 50 年代初对各发病地区大豆品种进行了抗线虫筛选，得出了 10 个抗病地方品种，后来用系统选育法从下田不知中选出了耐病品种下田不知 1 号和线虫不知，成为日本抗线虫育种最重要的抗源。前苏联鉴定出了抗阿穆尔州线虫的抗源高秆 1 号、黑眼眉、Amurskaya 4 72 等。朝鲜鉴定出了中录、哈曼等抗源。

20 世纪 70 年代中后期至 80 年代初期，我国各地开始对大豆种质资源抗胞囊线虫的筛选研究，鉴定出一些“免疫”或高抗的资源，但由于当时鉴定标准不统一，有的未按小种进行鉴定，结果不够确定。1985 年由中国农业科学院品种资源研究所组织了大豆种质抗胞囊线虫鉴定协作组，并于 1986—1990 年，对全国 1 万多份大豆种质资源按统一的鉴定方法和分级标准，分别在 1 号、3 号、4 号、5 号生理小种发生地区进行了抗病性鉴定和筛选（颜清上等，1997；刘维志等，1991；张仁双等，1985；刘汉起等，1989；赵经荣，1990；张磊，1992）。共筛选出了对 1 号生理小种中抗以上的品种 128 份，其中免疫的 16 份（全为黑豆），高抗、中抗的 112 份（77 份为黑豆）；对 3 号生理小种中抗以上的品种 288 份，其中免疫的 30 份（26 份为黑豆），高抗、中抗的 238 份（225 份为黑豆）；对 4 号生理小种无免疫的，中抗以上的 11 份，9 份为黑豆；对 5 号生理小种表现抗病的 9 份，全为黑豆。在以上抗源中五寨黑豆和灰皮支黑豆兼抗 1 号、3 号、4 号、5 号生理小种。褐豆对 1 号小种抗病的有 10 份，对 3 号小种免疫的 3 份，抗病的 18 份，对 4 号小种抗病的 2 份。筛选出的免疫和高抗材料大都为黑色、深色，这表明抗病性与黑色种皮有关联。抗病基因 *Rhg4* 与控制深色种皮基因 *i* 紧密连锁，不易分离。

筛选出的抗病和兼抗材料经田间病圃重复鉴定、异地交叉鉴定和人工定量接种鉴定，确认高抗种质五寨黑豆、赤不流黑豆、山阴大黑豆、灰皮支黑豆、8510 大黑豆、山西本地黑豆、元钵黑豆，以及高抗 4 号小种的串山黄黑豆、10 253 黑豆、三股条黑豆等抗病性稳定，可供抗病育种应用（李莹等，1987，1991；马书君等，1991）。这些结果还说明我国大豆种质资源具有丰富而又重要的抗病基因，不同的抗源品种可能带有相同、相似或密切相关的抗病基因。探明抗源间的遗传关系，对抗病育种是至关重要的。

抗大豆胞囊线虫的种质资源存在着明显的区域性特点，主要来自山西、河北和陕西，其次是山东。这些地方土地瘠薄，干旱少雨。小黑豆具有比黄大豆更强的逆境生长力和特有性状（根系特别发达，株叶细茂），具有对不良条件的适应性，多为长期栽培的地方品种和野生植被。同时又因其兼抗多个小种，使分布区内小种单一而较稳定。

六、大豆抗病性的鉴定方法

（一）卵悬浮液的制备方法

用含有胞囊的土样或根系，按以下操作步骤制备：

（1）用系列孔目的筛子淘洗过筛，分离胞囊，收集于 250ml 烧杯中；

（2）将烧杯内的胞囊悬浮液倒在铺有滤纸的漏斗内过滤；

（3）把（2）所用的滤纸，在几层吸水纸上去水，待吸干后用软毛刷小心将胞囊刷入研碎器中；

（4）将研碎器芯轻轻扭动 1～2 次后，用吸管加入 5～10ml 自来水，将碎皮及卵洗入 250ml 烧杯内；

（5）将破碎胞囊悬浮液倒入 200 目和 500 目套筛，用自来水轻轻洗下 200 目筛子上的卵于 500 目筛子内；

(6) 将500目筛子内的卵收集于250ml烧杯内，定容至100ml；

(7) 用吸管吸取0.5ml卵悬浮液，加于盛有4.5ml自来水的小烧杯内，充分摇匀；

(8) 立即取0.5ml稀释液于计数皿上，用少许自来水滴入计数皿内，使卵随机下沉在计数皿底。在立体解剖镜下计数1/4皿底的卵数；

(9) 再重复(7)(8)操作一次，两次所得卵数平均值乘以80，即为该悬浮液每毫升的含卵数。

(二) 种植和接种方法

1. 材料　大豆品种的健康种子、胞囊线虫卵悬浮液。

2. 设备及操作

(1) 将大豆种子在培养皿内浸泡4～6h，充分吸胀后播入盛有经热力消毒的蛭石发芽器皿中，胚根长4～5cm时供移栽接种用。

(2) 用热力消毒的壤土、沙土混合土壤，装满供试9cm直径陶盆中，并压平表土。

(3) 用玻棒在盆中央扎3～4cm深的孔洞，选生长一致的大豆芽苗，栽入洞内，每陶盆1株，共5盆。同时将已制备的定量胞囊线虫卵悬浮液，按每盆2 000～4 000个卵数，用吸管注入孔洞内，再用混合土覆土1.5～2cm厚。

(4) 陶盆按号次放置于24～30℃温室内，正常管理。

(5) 在生长35天左右，主根根表胞囊露出的盛期，检查和计数胞囊量。

另外，中国农业科学院植物保护研究所植病线虫室创用透明塑料薄膜桶袋栽培法，将透明薄膜剪裁成长25cm、宽15cm的长方片，纵长方向卷成筒状，以2～3个大头针纵向叠缝，再折叠底边，亦以1～2个大头针缝合封边，制成直径4.5cm、高20cm的圆桶，装入混沙土备用。接种可用重病田土壤，每桶接栽芽苗1或3株，每土样装栽10桶，共10～30苗。该法优点是薄膜透明，可以直观根系显囊情况，便于掌握显囊盛期适时调查。薄膜圆桶可在调查时卧置于小搪瓷长方白盘中，抽去纵横缝(边)的大头针，薄膜散开，用解剖针仔细地轻轻剖开土柱，露出完整根系，全查计数，比较准确。可避免盆栽的扣盆伤根，丢失胞囊。塑膜桶桶形细高，节省温室空间，管理方便。塑膜用后洗净仍可再用，不用时平叠起来也好存放。

(三) 抗病性的鉴定标准

通常是以根和土中胞囊繁殖增加量来衡量发病严重程度。大豆品种的抗病性指标常用的有两种。

其一是Golden (1970) 等提出的胞囊指数法 (Cyst Index, CI)，胞囊指数 (CI) 为供试品种每株根上平均胞囊数除以感病对照品种每株根上的平均胞囊数，再乘以100%。CI≥10%的感病，反之为抗病。该法常用于鉴别生理小种。

其二是根据每株根上胞囊数的分级方法，可分为以下五级。

0级：无胞囊(免疫)；

1级：有1～5个胞囊(高抗)；

2级：有6～10个胞囊(中抗)；

3级：有11～30个胞囊(感病)；

4级：有30个以上胞囊(高感)。

七、抗病育种和品种利用中的经验、问题和解决途径

大豆是地域性较强的作物，大豆胞囊线虫是个易变物种，所以抗病性育种应针对特重地区生理小种，并逐年跟踪监测其变异。采取当地丰产感病品种与高抗抗源杂交，以第一代对主根的危害情况为准，鉴选评判其后代抗病性，优先选留对胞囊线虫高抗的。

品种抗病性鉴定必须进行定量接种，在适于发病的条件下严格鉴评，必要时进行根组织染色观察幼虫侵染和发育繁殖进程。避免在生产田一般年份的气候条件下鉴评，把避病当成抗、耐病。

常规鉴定方法在目前和今后一段时间内仍是最主要的鉴定方法。但随着抗病基础研究的深入，以生化标记和分子标记辅助的鉴定方法将会得到发展。Pavlova（1989）认为呼吸酶的差异可作为抗病品种选择的一个因子。Kim 等（1990）报道了过氧化物同工酶酶谱与抗病的关系。分子生物学的发展，尤其是 RFLP 和 RAPD 技术的出现，为分子标记辅助的抗病性鉴定方法提供了更广阔的前景。Weismann 等（1992）报道，pBLT24 和 pBLT65 两个 RFLP 标记与 Rhg4 基因座位连锁。Concibido 等（1993，1994）报道，两个 RFLP 标记，pA85 和 pB32 与大豆抗病性紧密相关。

需密切监测生理小种的变化，不断针对小种变化，进行抗病育种。避免抗病品种在重病地连作，实行与非寄主和优质丰产的感病、耐病品种轮作。同时坚持种苗处理、备种期预防和综合治理，包括实施增施有机肥、造墒改土等基础性丰产防病栽培措施，以造成不利于线虫孳生的生境。

第三节　锈　　病

由豆薯层锈菌（*Phakopsora pachyrhizi* Sydw.）引起的大豆锈病是亚洲热带及亚热带地区的重要病害，也是我国大豆的主要病害之一。该病主要分布在我国长江以南各大豆产区，包括海南、广东、广西、湖南、湖北、台湾、福建、江西、浙江、安徽、江苏、云南、贵州、四川等省（自治区），而河南、河北、山东、山西、陕西、甘肃、吉林等北方省份发病较少。各地的气候条件不同，全年各季种植的大豆都可能受害，一般以秋大豆受害普遍而严重。

20 世纪 70 年代以来，大豆锈病在我国危害渐趋严重。在南方各大豆产区，尤其是在沿海、山区和丘陵地区，除个别轻病年份外，一般发病都较严重。大豆感染锈病后，全株落叶，含油量降低 4.27%～14.94%，百粒重降低 3%～50%，一般减产 10%～30%，重则减产 50%以上，早期发病的基本无收。

一、大豆抗锈性利用的重要性和主要成就

我国虽然早在 1935 年就有锈病发生的报道（余子林，1996），但为害很轻。直至 20 世纪 70 年代锈病严重发生，并成为我国南方大豆的主要病害之一，方才引起各地的重视。在锈病防治方面，最初以药剂防治为主，栽培技术措施为辅。虽然筛选出了一些防效较好的药剂，但药剂防治不仅要增加投资，且长期使用农药还会造成环境污染等公害。且施药

需以准确的病害测报为依据，难以实施。栽培防病措施只能起辅助防治作用，单独实施不易奏效。利用大豆品种的抗病性，选育和栽培抗病品种，能经济而有效地防止锈病发生，控制大豆锈病的危害。

中国农业科学院油料作物研究所组织协作组，对大豆品种的抗锈性进行了鉴定，确认品种间存在抗锈性的差异。通过多年的努力，已鉴定和选育出一批抗锈品种，并已在生产上利用和推广。浙江的秋豆品种九月黄在福建省大豆锈病重病区推广后，基本上控制了大豆锈病的为害，比当地品种增产 75%以上。玉山青皮豆在江西种植，明显减轻了锈病发生，较原推广的八月黄、瑞金小黄豆等品种增产 18%～27%。浙江的抗病品种樟子乌是黑皮、青仁，抗病高产的秋大豆品种，替代原种植的大青豆、大黄豆等品种，已用于出口，经济效益明显增加。由广西柳州地区农业科学研究所选育的高产抗病品种柳豆 1 号，在广西来宾等地大面积种植，比对照品种北京豆增产 9.4%。中国农业科学院油料作物研究所选育的抗病品种中豆 19、中油 84-87、早春 1 号等都已推广应用，中豆 19 已种植 66.67 多万 hm^2。中油 84-87 为抗锈病、高蛋白、高产、稳产的大豆新品种。早春 1 号为南方春大豆抗锈品种，适于在锈病严重的蔗田套种，现已在广西、湖南等地推广。

二、大豆锈菌的致病性和生理小种

来自不同地区的夏孢子对同一大豆品种的致病力不同，反应型、病斑大小和产生孢子数量均有差异。接种不同夏孢子的分离物，在同一品种上可表现出抗病和感病决然不同的两种反应型。用分别来自我国台湾、印度、澳大利亚和印度尼西亚的夏孢子，同时接种在 wayne 大豆品种的叶片上，从病斑大小看，澳大利亚分离物的最小，仅 0.33mm，其他 3 个分离物在 0.61～0.77mm 之间。接种 2 周后，测定病斑夏孢子堆数，澳大利亚分离物仅 1 个病斑，8 个孢子堆，其数量最少，其他 3 个分离物为 2.0～3.5 个病斑，12.6～14 个孢子堆；各分离物平均每个孢子堆产生夏孢子个数，澳大利亚分离物产生量为 0.13μg，2 028个，印度分离物为 0.24μg，3 768 个，印度尼西亚分离物为 0.40μg，6 268 个，中国台湾为 0.42μg，6 600 个。可见各地病原分离物在同等条件下，对大豆危害程度不同，主要是因其致病力的差异所致。澳大利亚分离物的致病力较另外 3 个地区的弱。

在大豆及其他豆科植物寄主上的豆薯层锈菌，有小种分化现象。Vakili（1976）报道，豆薯层锈菌在波多黎各不同豆科植物上毒力不同。Bromfield（1980），用澳大利亚、印度、波多黎各及中国台湾的夏孢子分离物，接种不同大豆品种，结果发现有 3 种不同的病斑反应型，即 O 型（免疫）、Tan 型（感病型）和 RB 型（抗病型）。澳大利亚夏孢子分离物 71-1 接种在 8 个不同大豆品种上，既有 Tan 型，也有 RB 型；印度夏孢子分离物 73-1，在 8 个大豆品种上产生 RB 型，在 5 个品种上产生 O 型；而中国台湾的分离物在 13 个大豆品种上均为 Tan 型；波多黎各分离物 PR-Comp 在 20 个不同大豆品种上，也均为 Tan 型。由此可见，豆薯层锈菌有生理分化现象，不同分离物对同一品种表现出不同的反应型，对不同品种反应型也不一致，由不同生理小种所致。

我国对豆薯层锈菌生理小种分化研究，首先在台湾进行。Ding（1983）采集亚洲蔬菜研究发展中心（AVRDC）试验场内 12 个夏孢子分离物，接种在 11 个大豆品种上，根据反应型，可区分为 5 个生理小种。叶忠川（1983）从台湾 5 个地区采集夏孢子，每地区采10个，共50个夏孢子分离物，经单胞分离后，接种在5个大豆鉴别品种上，2周后调查，根据病斑反应型分为A、B、C三个生理小种，并明确了台湾农业试验所和花莲流行的生理小种为B，亚洲蔬菜研究发展中心的为A，屏东的为A和B，台东的为B。谈宇俊等（1989）采集湖北省不同大豆品种上的7个夏孢子分离物，经单胞分离后，接种在8个大豆品种上，根据病斑反应型，区分为4个生理小种。这4个生理小种，A小种为致病力强小种，B、C、D三个小种致病力较弱。湖北省4个小种与台湾省3个小种比较，湖北的A、B小种与台湾A、B小种相同，而台湾C小种在湖北尚未发现，湖北另有2个新小种C和D。

三、大豆抗锈性的类型和特点

现有的大豆抗锈性研究结果表明，品种抗病性一方面表现在大豆抗病组织结构，另一方面表现在病菌侵染后产生的生理生化等反应，抵抗病菌的侵入和蔓延，是主动抗病性与被动抗病性的一种综合表现。

费甫华等（1996）对大豆品种抗锈性的组织学研究结果，大豆接种锈菌后，每2天取样，石蜡切片，显微观察，抗病品种“屏南豆”第三天就可见叶表面开始产生乳状突起结构，即细胞变大、变长，并纵向过度生长，胞壁加厚。接种后1～13天共观察到78样次乳状突起结构，占观察总样的13.9%，而在感病品种“猴子毛”叶片表面上未观察到这一结构。

不同抗病性品种，木质化程度也有明显差异，抗病品种接种后木质化速度快，数量多，是感病品种的2.62倍。

豆薯层锈菌夏孢子堆形成频率与品种抗病性有显著的相关性。抗病品种“屏南豆”完成一次侵染循环需要14～15天，感病品种只需8～9天，第九天不仅产生大量孢子且已成熟，另外，还见到夏孢子再侵染。接种13天观察夏孢子堆数，每100个样进行比较，感病品种“猴子毛”为183.0个孢子堆，而抗病品种“屏南豆”只有8.6个，前者为后者的21.3倍。

植物同工酶是基因的产物，是基因的表达形式，植物受到病菌侵染会引起酶活性的变化，这是寄主对寄生物的反应。锈菌接种大豆后，过氧化物酶同工酶由未接种时的7条酶带，增加至9条；抗病品种比感病品种多1～2条酶带（吉林省农业科学院大豆研究所，1986）。豆薯层锈菌侵染大豆叶片后，引起过氧化物酶同工酶的变化，这种变化起初在侵染点及其附近，继而向外扩展，因而表现出病叶不同位置过氧化物酶同工酶有所不同，距离病斑中心越近，酶带越多，酶活性越强。

四、大豆抗锈性的遗传与变异

我国台湾农业研究中心对大豆品种抗锈性遗传的研究表明，大豆对锈病的抗病性为一对显性基因所控制（谈宇俊，1996）。AVRDC曾报道，感病性是由隐性基因控制。美国Bromfield等（1980）和印度Singh等（1980）报道，品种抗锈性由一个显性基因控制。澳大利亚Mclean等的研究结果表明，抗病性品种除带单个显性抗病基因外，也有的带有2个显性抗病基因。Dimyati等（1977）测出有含4个抗病基因的品种。

我国谈宇俊（1991）等利用 4 个抗锈性反应不同的大豆品种，配制成 4×4 不完全双列杂交。采用离体叶片人工接种鉴定法，鉴定 F_1、F_2 和 B_1C_1、B_1C_2 杂种抗病性。结果表明，4 个品种抗锈性遗传基础显著不同，抗病品种屏南豆的抗锈性受一个 显性基因控制，而耐病品种的耐病性受多基因控制，并有超显性作用存在。抗病性的回交效应明显，受细胞核基因控制。抗病性的一般配合力和特殊配合力均重要，抗病性的广义遗传力和狭义遗传力均较高。

从各大豆抗锈性遗传的研究结果来看，Komata（PI200492）、Ankur（PI462312）、PI1230970、台农 3 号、屏南豆（PI459025）等品种，分别具有一个显性的抗锈基因；感病品种一般由一个隐性基因控制；也有些品种由 2～4 个基因控制。野生大豆由单基因或多基因控制，有的群体有 10 个以上抗病基因。总之，从受控基因来看，抗病性为显性，而感病性为隐性。野生大豆抗病性基因更多，利用野生品种作抗源亲本或将抗病基因导入栽培种，其后代能更有效地控制不同的病原生理小种。从遗传的配合力来看，抗病性的一般配合力和特殊配合力均重要。抗病性的回交效应明显。鉴于以上这些遗传特性，用于品种改良，能起到一定的指导作用。在品种改良中，首先要尽量选用抗病性强的材料作为亲本。抗病性回交效应明显，通过多次回交改良，不断增强其抗锈性。由于抗病性的遗传力较高，而且抗病性为显性遗传，所以在品种改良过程中，应从早期世代开始选择。由于抗病性的显性作用占的比重较大，所以要注意连续选择，注重抗病性加性基因的积累，以此指导品种抗锈性的改良。

品种抗病性的遗传特性也会出现不同的持久性、暂时性或不稳定性。因此，抗病性在不同地区已发现变异，如在 AVRDC 表现抗病的品种，在我国湖北、福建等地表现感病（谈宇俊，1996）。某些抗锈品种如台南 3 号、PI300451、PI200492、PI368037 和 Wayne 对印度尼西亚小种感病（Sumarno ，1974）。PI200492 在澳大利亚原来是抗病的，后来也变成感病。品种抗病性的遗传特性会受病原、环境条件及其他综合因子的影响而发生变异。

五、大豆抗锈病的种质资源

谈宇俊等(1997)于 1985—1995 年通过田间和人工接种,对我国南方 14 省(直辖市) 8 711份大豆种质资源进行了抗大豆锈病鉴定。鉴定结果未见免疫资源,仅鉴定出大降色豆、古田岭黑白毛豆、马山仁峰黄豆、天等黑豆、宿 89 - 1 等 74 份抗病资源,占鉴定总数的 0.85%;中感资源 3 846 份,占鉴定总数的 44.15%;高感资源 4 791 份,占鉴定总数的 55%。即感病资源共占 99.15%。由此看出,抗大豆锈病资源远远低于其他病害的资源。

这些抗病资源来自江苏、福建、湖北、广东、安徽等地。江苏最多,福建次之,且主要是夏大豆,秋大豆很少。抗病资源分布广泛,类型多样,为抗病育种提供了丰富的遗传基础。

六、大豆抗锈病性的鉴定方法

(一) 大豆品种抗锈病性鉴定方法

鉴定分两个步骤。第一步初筛为田间诱发鉴定；第二步复筛为人工接种鉴定。凡田间诱发鉴定表现中抗以上的品种，均需进行人工接种重复鉴定。

1. 田间自然诱发鉴定　试验地选在大豆锈病常发区，尤其是在大豆锈病发病的季节，进行田间诱发鉴定。每品种播种 2 行，留苗 20 株以上，顺序排列，不设重复，以当地感病品种为对照，周围种植感病品种。天气干旱时进行喷灌，创造发病条件。收获前 10～15 天，按田间分级标准进行调查，确定抗病性级别。

2. 人工接种鉴定　在室内进行，可用大豆植株，也可用大豆离体叶片。为了快速、准确地进行鉴定，通常采用离体叶片鉴定法。此法易于控制温、湿度，反映各品种的抗病性。

为了鉴定的一致性和准确性，病原菌采自田间大豆锈病菌夏孢子，也可用室内大豆植株上保存的夏孢子或低温保存的夏孢子，接种到大豆健株上，在 24℃下培养，使其产生新鲜夏孢子，配制成 3 亿/ml 左右夏孢子悬浮液，加吐温 80，充分搅拌后待用。离体叶片应在大豆植株长出 3～4 片复叶时，每株上采摘第二片复叶，每品种重复 3 次，设感病品种为对照。将孢子悬浮液喷于叶背，在 15cm 培养皿内保湿，置 24℃恒温培养，24h 后增加光照。接种后第十四天调查反应型。

（二）大豆抗锈性分级标准

1. 田间调查标准　采用国际大豆锈病协作组制定的三位数字标准，即 IWGSR 分级系统（Yang，1991），采用目测法估计。该标准第一位数字表示大豆植株发病部位：1——植株下部叶片发病；2——植株中部叶片发病；3——植株上部叶片发病。第二位数字表示叶片上锈病病斑的密度：1——无病斑；2——病斑密度低（叶面孢子堆数＜10 个/cm^2）；3——病斑密度中等（11～50 个/cm^2）；4——病斑密度高（＞50 个/cm^2）。第三位数字代表孢子堆类型，寄主对锈菌反应。1——无孢子堆；2——孢子堆不破裂；3——孢子堆破裂。分级标准见表 19－3。

表 19－3　大豆抗锈性反应和 IWGSR 分级标准

（引自《大豆锈病》，中国农业出版社，1996）

反　应	IWGSR 分级标准
免疫（I）	111
抗病（R）	122，123，132，133，222，223
中抗（MR）	142，143，232，233，242，322，323
中感（MS）	332，333
感病（S）	343

2. 人工接种离体叶片的反应型标准　谈宇俊（1994）通过大量观察，将品种抗病反应型分为 5 个类型。

免疫型——无症状；

过敏型（高抗）——叶片出现针尖大小黑点；

枯斑型（抗病）——病斑呈红色或紫红色枯斑，大部分此类型反应的品种，出现水溶性红色色素，14～20 天未见孢子散出或出现少数孢子堆，且散出少数孢子；

局限型（中感）——产生黑色局限型病斑，病斑不扩大，10 天后孢子堆破裂，产生大量夏孢子，叶色较绿；

扩散型（高感）——病斑黄褐色，接种 1 周形成孢子堆，8～11 天孢子堆破裂，产生大量夏孢子，病斑蔓延很快，迅速连结成片，叶片很快变黄、枯死。

七、抗锈育种和品种利用中的经验、问题与解决途径

我国现阶段抗大豆锈病育种主要采用杂交育种和诱变育种，均已获得成功。杂交育种主要选择抗病性强的材料作亲本，特别要选择持久抗病性材料或具有减速抗病性的材料作亲本，还可部分利用由多个抗病基因控制的野生大豆作亲本。要注意在早期世代进行选择。由于抗病性的回交效应明显，可进行多次回交，增强抗病性。引进的抗病品种往往易“丧失”抗病性或产量下降，需要先进行试种，表现好的才能推广。

今后的品种改良工作应该是杂交育种、诱变育种与生物工程相结合。诱变育种还可以采用新的诱变手段和方法。有条件的研究单位，可进行抗病基因转移等生物工程育种。

第四节　霜 霉 病

由大豆霜霉菌［*Peronospora manschurica*（Naum.）Syd. ex Gaum.］引起的大豆霜霉病分布于全国各大豆产区，黑龙江、吉林、辽宁、河北、陕西、山西、河南等省普遍发病，其中以黑龙江、吉林两省发生最严重。大豆病株率一般为10%～30%，局部地区个别品种可达60%以上，有的甚至达到100%。病株百粒重一般降低4%～16%，严重的降低30%左右。病株种子含油量减少0.6%～1.7%，出油率降低2.7%～7.6%。由于霜霉病的危害，病叶早落，大豆产量和品质下降，一般减产8%～15%。

一、大豆抗霜霉病育种的主要成就

大豆霜霉病的主要防治方法是利用抗病品种和实施药剂防治。但药剂防治因田间喷药操作不方便，成本较高，且造成环境污染，不宜大面积实施，最经济有效的防治方法还是利用品种的抗病性，来控制病害的发生。

我国利用育成的一些抗病品种，已经明显地减轻了大豆霜霉病的发生。最早选育出的较抗病品种有九农9号、牧师1号、东农36、合丰25、黑龙21、郑长叶豆和青林21等。绥农4号、绥农6号、绥78-5035、绥78-5345等4个大豆品种更对霜霉病表现免疫。在黑龙江省推广的品种中，表现高抗以上的品种有10个，即绥农4号、哈70-5048、绥农6号、牡专1号、合丰25、黑河54、东农64-286、东农36、黑农21号和绥78-5035。

近年吕桂兰、张仁双等（1997）选育出了辽豆9号、辽豆10号、辽豆11等高产、抗病品种。吕明春等（1997）选育出了高产、高蛋白、高脂肪的鲁豆13，除抗霜霉病外，还兼抗多种其他病虫。浙江省丽水县华金渭（1997）选育出了高产、优质的秋大豆品种丽秋1号，大豆霜霉病发生较轻。于秀普等（1994）通过化学诱变，选育出了大豆抗病新品种冀豆8号。

二、大豆霜霉病菌的致病性和生理小种

大豆霜霉病菌具有高度生理专化性。Geeseman最先证实了大豆霜霉病菌的生理分

化，并根据7个种质材料的反应，确定了3个小种。截止到1977年，美国已报道了32个生理小种。随着抗病品种的更替，生理小种区系也有较大的变化。早年报道的小种，现在有的已不复存在，有的只在局部地区个别品种上发生，有的仍在流行，而新的小种则不断出现。美国于1981年，在伊利诺斯州大豆病害监测田的Union品种上，发现了1个新的毒性小种，即33号小种。栽培品种Union抵抗已知的所有小种，具*RPM*基因，但感染33号小种。

李明等（1992）于1987—1989年间，在黑龙江省绥化地区的9个市、县采集了10个病菌标样，接种于12个大豆鉴别寄主品种上，鉴定出了3个生理小种。这些小种与美国已报道的32个小种明显不同，暂命名为中1号、中2号和中3号小种。中1号小种在Pridesoy、Norchief、Mukden、Richland、Mini、Dorman、Kabott、Ogden和Woods-yellow等9个鉴别寄主品种上，均表现"S"型反应，而在Roanoke、S-100和Palmetto上则表现"R"型反应，仅分布于兰西和肇州两地。中3号小种在Pridesoy、Norchief、Mukden、Richland、Mini、Palmetto、Dorman、Kabott、Ogden和Woods-yellow等10个鉴别寄主品种上表现"S"型反应，而在Roanoke和S-100上表现"R"型反应，仅分布于庆安。

三、大豆抗霜霉病性的类型和特点

不同的大豆基因型对大豆霜霉病的抗病性有显著差异，寄主的组织病理学研究进一步提出了证据。抗病性不同的大豆品种接种霜霉病菌后，在12h内品种间没有明显差异，但接种24h后，霜霉病菌在感病品种内形成更多的菌丝分枝和吸器。接种后36h，菌丝在感病品种组织中的穿透比抗病品种深入，扩展速度较快，吸器多。接种51h后，抗病性品种组织中的菌丝却不再扩展。可见菌丝的快速生长和形成大量吸器，是病原菌在感病品种中发展的明显特征。

大豆对霜霉病的阶段抗病性较明显，在叶龄不同的叶片上，病斑反应有差异。同一感病品种，幼苗叶片感病可产生大块病斑，成株期感病，病斑面积较小。随着幼苗龄期增长，抗病性提高，而感病率下降，这一现象在结荚后的叶片上表现更为明显(刘惕若等，1983)。

对感病植株生物化学变化的观察表明，大豆植株接种10天后，与健株比较，钙的成分增加50%以上。感病株的核酸合成有所减少（于秀普，1994）。

四、大豆抗霜霉病性的遗传与变异

Lim（1989）研究测定了大豆栽培品种Fayette和PI88788对霜霉菌小种2号和33号的抗病性遗传，并鉴定了有关的抗病性基因。结果表明，Fayette的抗病性是由1对显性基因控制。Fayette由Williams和PI88788杂交而成，Williams易感这两个生理小种，Fayette对这两个生理小种的抗病性可能是由PI88788转移来的，PI88788中的抗病性基因代号为Rpm_2。抗病性亲本没有病状，但对生理小种2号或33号感病的亲本同抗病亲本杂交其F_1代出现小斑点。F_2和F_3代的分离情况表明，纯合抗病植株没有病状，杂合抗病植株出现小斑点。抗病杂种间杂交的F_1代用生理小种2号接种时无病状，表明不同位点上的这两个抗病基因间具有上位效应。

崔玉瑰等（1992）的研究结果是，大豆霜霉病是由单基因控制的简单遗传，F_1代抗病性为完全显性，F_2代抗病单株与感病单株按3∶1分离，F_3代出现抗病系和抗病分离系，两类系的比例为1∶2。F_1与感病亲本回交，回交一代抗病与感病单株分离比例为1∶1，F_1与抗病亲本回交，回交一代表现抗病。

抗病基因在一定的条件下，明显产生变异，如在美国带抗病基因的Kamrich品种通过杂交，选育出抗病品种Williams，后来Williams对霜霉菌小种2号和33号感病。这说明同一抗病基因在不同环境下，对不同的生理小种，其抗病性产生了变异。

五、大豆抗霜霉病的种质资源

黑龙江省农业科学院绥化农科所对1 300份材料进行了鉴定，共筛选出高抗材料319份（李明等，1987）。其中一部分用于抗病育种，已选出了70个高抗新品种。绥78-5035（绥抗霉3号）就是一个高度抗病且抗病性稳定的品系，经6年9个点次重复鉴定均未发病。黑龙江省高抗类型的推广品种有10多个。

高抗类型的农家品种有113份，例如白秣食豆、黑青早-中-三、黑1-4-2、巴彦平顶香、小金黄、铁荚、四粒黄、五顶株、黄秣食豆、黑豆、小粒黄、一窝蜂、平顶香（呼兰）、60天还家（拜泉）、毛豆A、紫花矬、哈尔滨小黑豆等。

高抗类型的杂交后代13份，例如：龙79-4001-2、龙80-4002、龙80-4004、龙80-3902-2、龙80-3801、龙80-5604、龙79-6615等。

美国经过对大量资源的筛选，目前对32个大豆霜霉病生理小种免疫或高抗的材料有Kanrich 、Mendota、Pine Dell Perfection、PI171443和PI201422等。

我国抗霜霉病遗传资源丰富，仅黑龙江省就筛选出抗病材料319份，在全国可筛选出更多的抗病资源，利用这些资源一定能选出更多的抗病高产品种。

六、大豆抗霜霉病鉴定方法

（一）田间和人工接种鉴定方法

一般在病区可进行田间初筛，中抗以上品种再进行人工接种鉴定。

1. *田间自然诱发鉴定法*　鉴定品种顺序排列，并设感病行进行诱发鉴定。感病行选用感病品种，最好能进行人工接种。

2. *接种鉴定法*　初生复叶的感病性反应较好，尤以幼苗出土一周后发育的初生真叶，接种后获得的结果最为稳定可靠，与田间发病观察基本是一致的，是最适宜的接种鉴定时期。接种时期以一对真叶展开3/4时，V_1期前一天为宜。接种后，于18℃保湿24h（相对湿度80%～95%）。设3～4次重复。接种6～9天后即可评价品种抗病性反应。

大豆霜霉菌为专性寄生菌，目前尚不能在人工合成培养基上培养，只能在寄主植株上保存菌种。可用卵孢子和分生孢子接种。

用卵孢子接种法，在接种前应测定卵子存活率。除直接接种在寄主上测定外，还可采用水洗法或染色法。用下列方法均可获得系统侵染病株：

（1）将感染霜霉病的种子直接播于10～16℃的土壤中，使其萌发，缓慢生长，诱发系统侵染病株。

(2) 将感染霜霉病的种子于10℃下保湿6天后，于温室（10～16℃）播种。

(3) 刮取卵孢子，制成悬液，接种于萌动豆种的子叶中，然后播种。

(4) 将刮取的卵孢子与10倍的滑石粉混合，接种于种子的子叶中，再行播种。

(5) 将病叶组织干燥粉碎，豆种浸泡，除去种皮，拌附病叶粉末，或将其接种于子叶之间，播于土壤中。

用上述方法接种播种后，温度保持在10～16℃，使卵孢子萌发，幼苗缓慢生长，一般可获得10%～40%的系统感染的幼苗。

用分生孢子接种，可在系统发病株出现病斑后，摘取病叶，用自来水冲洗后，置于平皿内保湿，在18～20℃条件下过夜，即可产生大量分生孢子，用含0.1%吐温20的无菌蒸馏水冲洗分生孢子，用软毛刷刷洗叶片背部，配成 0.3×10^6～1.4×10^6 孢子/ml 的分生孢子悬液喷雾接种。接种后置于18℃下，保湿24h，一周后评价反应型。

(二) 调查标准和统计方法

1. 调查标准

0级（免疫）：无病斑或其他感染标志；

1级（抗病）：有少数局限型病斑，小点状，直径0.5mm以下；

2级（中抗）：散生不规则小型褪绿病斑，直径2mm以下；

3级（中感）：不规则褪绿病斑，直径4mm以下；

4级（感病）：病斑扩展连片，直径4mm以上。

2. 调查结果统计方法　可直接用抗病性级数表示抗病性的程度，也可计算出发病率、病情指数和抗病效果。

计算公式如下：

发病率＝（发病率/调查总数）×100%

病情指数＝$\sum$（病级数×该级病株数）/ 调查总株数×最高病级数

抗病效果＝ 对照品种发病率－（参试品种发病率/对照品种发病率）

抗病性指数(RI) ＝ln（$DI/1-DI$） － ln（$DI_0/1-DI_0$）

（DI 参试品种病情指数；DI_0对照品种病情指数）

3. 抗病性等级划分标准

(1) 各级抗病性：0～2级抗病；3～5级感病。

(2) 按抗病效果划分：

高抗：抗病效果＞70；

中抗：抗病效果＞50；

低抗：抗病效果＞10；

感病：抗病效果＜10。

七、抗霜霉病育种和品种利用中的经验、问题与解决途径

大豆霜霉病是专性寄生菌病害，病原菌生理小种比较多。根据我国生态区划和品种分布的特点，明确我国主要大豆栽培区和主要病区流行的生理小种及其分布非常重要。只有这样才能有针对性地选育抗病品种，尤其是选育抗多个生理小种的品种，这类品种更有实

用价值，推广的地域更广。

在大豆抗病育种实践中，选用抗病亲本的同时，还应注意亲本搭配的远缘性。抗病品种的推广应用，会改变生理小种的流行结构，因此，需要明确和监视其消长变化。根据新产生的主要生理小种，选育抗病品种，有利于加快育成有效的抗病品种的速度。

推广抗病品种时，要注意品种的搭配，不要长期使用同一个抗病品种，可采用几个抗病品种同时使用或交替使用，以免出现品种抗病性的“丧失”。由外地引进抗病品种，需要试种成功后才能推广。

参 考 文 献

[1] A.I. 泰勒著. 陈品三，郝近大译. 植物线虫学研究入门. 北京：农业出版社，1981

[2] J.N. 萨塞，詹金斯著. 毕志树，陈品三主译. 线虫学基础与进展——植物寄生性和土壤型线虫. 北京：农业出版社，1985

[3] 陈品三，张东生，陈森玉. 大豆胞囊线虫7号生理小种初报. 中国农业科学，1987，20（2）：97

[4] 陈品三. 大豆胞囊线虫病研究进展及展望. 大豆通报，1993（2，3）：14～16

[5] 陈怡，栾晓燕，黄承运等. 大豆对两个大豆花叶病毒株系的抗病性遗传. 黑龙江农业科学，1991（5）：21～27

[6] 陈永萱，薛宝娣，胡蕴珠. 大豆花叶病毒（SMV）两个新株系的鉴定. 植物保护学报，1986，13（4）：221～226

[7] 陈永萱，薛宝娣，浦冠勤. 大豆花叶病毒（SMV）种子带毒的研究. 病毒学杂志，1987（3）：66～71

[8] 崔玉瑰，姜成喜，吕德昌等. 大豆霜霉病（*Peronospora manschurica*）抗病性遗传分析. 大豆科学，1992，11（1）：31～35

[9] 大豆种质抗胞囊线虫鉴定研究协作组. 大豆种质资源对大豆胞囊线虫1、3和4号生理小种的抗病性鉴定. 大豆科学，1993，12（2）：91～99

[10] 戴芳澜，相望年，郑儒永. 中国经济植物病原目录. 北京：科学出版社，1958

[11] 费甫华，谈宇俊，周茂繁. 大豆抗锈病组织病理学研究. 中国油料，1996，18（1）：48～50

[12] 费甫华，谈宇俊，周茂繁. 大豆锈病与过氧化物酶同工酶关系的初步研究. 大豆科学，1997，16（2）：107～112

[13] 葛莘，张明厚. 大豆体内大豆花叶病毒（SMV）浓度与种子传毒率的关系. 病毒学杂志，1987（2）：66～73

[14] 胡蕴珠，盖钧镒，马育华等. 大豆对两个SMV株系抗病性遗传研究. 南京农业大学学报，1985（3）：17～22

[15] 基里杨诺娃（苏）著（1955）. 魏嘉典，郑家兰，李丽丽，陈品三译. 植物寄生线虫. 北京：财政经济出版社，1957

[16] 李明，赵欣，刘钧芝等. 大豆霜霉病菌生理小种研究初报. 植物病理学报，1992，22（1）：71～75

[17] 李明，赵欣，秦文秀. 大豆霜霉病抗源筛选的研究. 大豆科学，1987，6（1）：71～77

[18] 李默然，耿迎春. 筛选大豆花叶病毒种传率低品种的研究. 大豆科学，1986，5（3）：245～248

[19] 李莹，王志，焦广音等. 中国大豆遗传资源对大豆胞囊线虫4号生理小种的抗病性鉴定研究. 中国农业科学，1991，24（5）64～69

[20] 李莹，王志，卫保国. 大豆胞囊线虫4号小种新抗源的筛选和利用. 大豆科学，1987，6（4）：

291～298
[21] 刘汉起，商绍刚，霍虹等．大豆品种对大豆胞囊线虫 1、3、4 号生理小种的抗病性．大豆科学，1989，8（1）：113～114
[22] 刘惕若，王守正，李丽丽编著．油料作物病害及其防治．上海：上海科学技术出版社，1983
[23] 刘维志，洪权春，刘晔等．生物间遗传学原理在小黑豆抗源类型品种抗胞囊线虫基因归类中的应用．大豆科学，1994，13（1）：1～4
[24] 刘维志，刘晔，陈品三．东北地区部分市县大豆胞囊线虫生理小种鉴定结果．沈阳农学院学报，1984（2）：75～78
[25] 刘维志，刘晔，段玉玺．黄淮海地区大豆种质资源对大豆胞囊线虫 1 号生理小种的抗病性鉴定研究．大豆科学，1991，10（4）：327～329
[26] 刘维志．关于加速抗胞囊线虫病大豆育种选育问题的商榷．大豆科学，1986，5（1）：77～82
[27] 刘维志主编．植物线虫学研究技术．沈阳：辽宁科学技术出版社，1995
[28] 刘显华，孙大敏，赵荣林．大豆品种抗大豆花叶病毒（SMV）2、3 号株系的遗传．吉林农业科学，1987（2）：9～11
[29] 刘晔，刘维志．大豆胞囊线虫在不同大豆品种根内的发育．辽宁农业科学，1988（4）：16～18
[30] 刘宗麟．大豆品种对大豆花叶病毒的抗病性反应．大豆科学，1984，3（2）：132～138
[31] 刘宗麟．大豆霜霉病．大豆科学，1986，6（1）：83～89
[32] 吕文清，张明厚，钟兆西．大豆褐斑粒与大豆花叶病毒若干株系的关系．植物病理学报，1981，11（2）：31～35
[33] 吕文清，张明厚，钟兆西．东北三省大豆花叶病毒（SMV）株系种类与分布．植物病理学报，1985，15（4）：225～228
[34] 罗瑞梧，杨崇良，尚佑芬等．山东省大豆花叶病毒株系鉴定．山东农业科学，1990（5）：18～20
[35] 马书君，张玉华，薛庆喜等．大豆品种资源对大豆胞囊线虫 3 号小种抗病性鉴定研究．大豆科学，1991，10（3）：165～172
[36] 马育华．植物育种的数量遗传学基础．南京：江苏科学技术出版社，1982
[37] 濮祖芹，曹琦，房德纯等．大豆花叶病毒的株系鉴定．植物保护学报，1982，9（1）：15～20
[38] 商绍刚等．东北三省大豆胞囊线虫生理小种分布情况．大豆科学，1989，8（4）：382
[39] 孙志强，刘玉芝．大豆对大豆花叶病毒 1，2，3 号毒株的抗病性遗传．见：盖钧镒主编．大豆育种应用基础和技术研究进展．南京：江苏科学技术出版社，1990，161～166
[40] 谈宇俊，单志慧，孙永亮等．中国大豆种质资源抗大豆锈病鉴定．大豆科学，1997，16（3）：205～209
[41] 谈宇俊，孙永亮，单志慧．大豆品种抗锈病遗传的研究．大豆科学，1991（2）：104～109
[42] 谈宇俊，孙永亮．大豆锈病病菌生理小种的初步研究．大豆科学，1989，8（1）：71～74
[43] 谈宇俊，余子林，杨又迪著．大豆锈病．北京：中国农业出版社，1996
[44] 谈宇俊．大豆不同品种对大豆锈菌（*Phakospora pachyrhizi* Sydow）抗病反应型的研究．见：谈宇俊主编．大豆锈病研究进展．武汉：湖北科学技术出版社，1994：149～158
[45] 王连铮，王金陵主编．大豆遗传育种学．北京：科学出版社，1992
[46] 王志，李莹．大豆抗胞囊线虫 4 号生理小种的遗传和转育．山西农业科学，1990（6）：4～6
[47] 吴宗璞，高凤兰，孟庆喜等．大豆品种对 SMV 不同毒株抗病性反应与种粒斑驳关系的研究．大豆科学，1986，5（2）：153～160
[48] 吴宗璞，高凤兰，孟庆喜等．大豆籽粒种皮斑驳发生规律及其与内外条件的关系．见：盖钧镒主编．大豆育种应用基础和技术研究进展．南京：江苏科学技术出版社，1990，174～180

[49] 武天龙，杨庆凯，赵淑文等. 大豆抗胞囊线虫鉴定方法及对 3 号生理小种的抗病性遗传分析. 东北农学院学报，1992，23 (4)：322～327

[50] 许志刚，GoodmanRM，Polston TE. 大豆花叶病毒株系鉴定. 南京农学院学报，1983 (3)：36～40

[51] 薛庆喜等. 大豆 F_2 群体对大豆胞囊线虫 3 号优势小种抗病性遗传. 中国油料，1991，13 (2)：32～33

[52] 严隽析，马育华. 大豆花叶病毒抗病性遗传的初步研究. 大豆科学，1985，4 (4)：249～259

[53] 颜清上，陈品三，王连铮. 中国小黑豆抗源对大豆胞囊线虫 4 号小种抗病性机制的研究 Ⅰ，抗源品种对大豆胞囊线虫侵染和发育的影响. 植物病理学报，1996，26 (4)：317～323

[54] 颜清上，陈品三，王连铮. 北京地区大豆胞囊线虫 4 号生理小种的验证. 大豆科学，1995，14 (4)：355～359

[55] 颜清上，陈品三，王连铮. 中国小黑豆抗源对大豆胞囊线虫 4 号生理小种抗病性机制的研究 Ⅱ，抗感品种根部合胞体超微结构的比较. 植物病理学报，1997，27 (1)：37～41

[56] 颜清上，王连铮，常汝镇. 大豆胞囊线虫病抗源筛选和利用研究概述. 大豆科学，1997，16 (2)：162～167

[57] 颜清上，王连铮，陈品三. 中国小黑豆抗源对大豆胞囊线虫 4 号生理小种抗病性机制的研究 Ⅲ，抑制线虫发育的组织病理学证据. 大豆科学，1997，16 (1)：35～37

[58] 颜清上，王连铮，陈品三等. 大豆根渗出物对大豆胞囊线虫 4 号生理小种卵孵化的影响. 植物病理学报，1997，27 (3)：269～274

[59] 颜清上，王连铮，陈品三等. 中国小黑豆抗源对大豆胞囊线虫 4 号生理小种抗病的生化反应. 作物学报，1997，23 (5)：529～537

[60] 颜清上，王连铮. 大豆胞囊线虫病鉴定方法研究进展. 大豆科学，1995，14 (2)：151～159

[61] 杨碧野. 日本大豆胞囊线虫育种概况. 中国油料，1983，5 (3)：70～73

[62] 杨书军，余子林. 大豆低种传花叶病毒品种筛选指标的研究. 见：盖钧镒主编. 大豆育种应用基础和技术研究进展. 南京：江苏科学技术出版社，1990，152～160

[63] 于秀普. 大豆新品种冀豆 8 号的选育. 中国油料，1994，16 (2)：58～59

[64] 余子林. 大豆花叶病毒. 见：吴全安主编. 粮食作物种质资源抗病虫鉴定方法. 北京：农业出版社，1991，51～52

[65] 张国栋. 美国大豆胞囊线虫生理小种及抗病育种研究进展. 大豆科学，1994，13 (3)：252～260

[66] 张磊，戴瓯和等. 大豆种质资源对大豆胞囊线虫 5 号小种的抗病性鉴定. 大豆科学，1992，11 (1)：79～82

[67] 张明厚. 大豆抗花叶病毒育种概况. 大豆科学，1985，4 (4)：319～326

[68] 张仁双，牛颖英. 大豆胞囊线虫病抗源品种鉴定筛选研究. 大豆科学，1985，4 (2)：137～140

[69] 赵经荣，邢邯. 山东大豆资源对大豆胞囊线虫 1 号生理小种的抗病性鉴定. 见：盖钧镒主编. 大豆育种应用基础和技术研究进展. 南京：江苏科学技术出版社，1990，182～186

[70] 中国农业科学院植物保护研究所主编. 中国农作物病虫害. 第二版. 上册. 北京：中国农业出版社，1996

[71] 钟兆西，王伟，吴宗璞等. 影响大豆褐斑粒形成的因素. 东北农学院学报，1986，17 (4)：363～368

[72] Acedo JA，Dropkin VH. Technique for obtaining eggs and juveniles of *Heterodera glycines*. J of Nematol，1982，14 (3)：418～420

[73] Acedo JA，Dropkin VH，Luedders VD. Nematode population attrition and histopathology of *Hetro-*

dera glycines association. J Nematol，1984，16（1）：48～57

[74] Bromfieid KR，Melching JS，Kingsolver CH. Virulence and aggressiveness of *Phakopsora pachyrhizi* isolates causing soybean rust. Phtopatholoty，1980，70（1）：17～21

[75] Bromfield KR，Hartwing EE. Resistance to soybean rust and mode of inheritance. Crop Science，1980，20（2）：254～255

[76] Chan KL. Studies on artificial inoculation and heredity in soybean rust [abst.]. In：Abstracts of research reports of Taiwan Agricultural Research Center. Taibei：Taiwan Agricultural Research Center，1969—1972，138～139

[77] Cho EK，Goodman RM. Strains of soybean mosaic vrius：classification based on virulence in resistant soybean cultivars. Phytopathol，1979，69：467～470

[78] Dimyati A，Guhardja E，Makmur A，et al. Inheritance of rust resistance in soybeans. Penelitanian，Pertanian. 1983，3（1）：23～26

[79] Ding J. Host range and physiological races of soybean rust pathogen（*Phakopsora pachyrhizi*）. Shanhua，Tainanan：AVRDC.，1983：14

[80] Gommers FJ，Dropkin VH. Quantitative histochemistry of nematode - induced transfer cells. Phytopathology，1977，67：869～873

[81] Goodman RM，Glena R，Bower Jr，et al. Identification of soybean germplasm lines and cultivars with low incidence of soybean mosaic virus. Crop Sci，1979，19：264～267

[82] Googman RN，et al. The biochemistry and physiology of plant disease. University of Missouri Press，1987

[83] Huang JS，Barker KR. Glyceollin I in soybean - cyst nematode interactions - Spatial and temporal distribution of resistant and susceptible soybeans. Plant Physiology，1991，96（4）：1302～1307

[84] Kim YH，Riggs RD，Kim KS. Structural changes associared with resistance of *Heterodera glycines*. J of Nematol，1987，19（2）：177～187

[85] Kwon SH，Oh JH. Resistance to a necrotic straint of soybeen mosaic virus in soybeans. Crop Sci，1980，20：403～404

[86] Lim SM. Inheritance of resistance to *Peronospora maschurica* races 2 and 3 in soybean. Phytopathology，1989，79（8）：877～879

[87] Lim SM. New physiological race of *Peronospora manschurica* virulent to the gene Rpm in soybean. Plant Disease，1984，68（1）：71～72

[88] Riggs RD，Wrather JA. Biology and management of the soybean cyst nematode. APS press. 1992，1～14，61～96，107～114，143～182

[89] Romeu AS，Hartwing EE. Inheritance of reaction to soybean mosaic virus in soybeans. Crop Sci，1979，19（3）：372～375

[90] Schmitt DP，Riggs RD. Influence of selected plant species on hatching of eggs and development of juveniles of *Heterodera glycines*. J of Nematol，1991，23（1）：1～6

[91] Tefft PM，Bone LW. Plant - induced hatching of eggs of the soybean cyst nematode *Heterodera glycines*. J of Nematol，1985，17（93）：275～279

[92] Vakili NG，Bromifeld KR. Phakopsora rust on soybean and other legumes in Puerto Rico. Plant Disease Reporter，1976，60（12）：995～999

[93] Yeh CC. Physiological races of *Phakposora pachyrhizi* in Taiwan. J of Agricultural Research of China，1983，32（1）：69～74

[94] Yeh CC. Tschanz AT, Sinclair JB. *Phakopsora pachyrhizi* uuredial development, uredospore production and factors affecting teliospore formation on soybeans. Australian J of Agricultural Research. 1982, 33 (1): 25～31

[95] Yu ZL, Yang SJ, Liu JL, et al. Some influential factors by seed - transmission of soybean mosaic virus. Proc of World Soybean Research Conference Ⅳ, 1989, 1421～1424

第二十章

甜菜品种抗病性及其利用

我国在1896年引入糖用甜菜，新中国成立之后方正式开展甜菜育种研究，仅有40余年的历史。我国甜菜育种研究是在引种、鉴定和选择利用的基础上发展起来的，抗病育种起步更晚。我国不是甜菜起源地，在20世纪50年代主要进行抗源的收集和鉴定研究，其后抗病育种才得以逐渐展开。迄今已经培育出一批适于我国栽培的、多种类型的优良抗病品种和品系，在甜菜抗病育种方面取得了重要成就。采用的主要抗病育种方法也由单纯的系统选择发展为系统选择、杂交育种、细胞工程育种和转基因工程育种等多种育种方式相结合的方法。

我国主要的甜菜病害有褐斑病、根腐病、丛根病、黄化毒病、白粉病等，其中褐斑病、根腐病、丛根病在全国发生普遍，危害严重，是主要的抗病育种目标。黄化毒病、白粉病在西北、华北甜菜种植区发生较重，为当地的抗病育种目标之一。

第一节　褐斑病

甜菜褐斑病是由甜菜尾孢（*Cercospora beticola* Sacc.）侵染引起的一种真菌性病害。甜菜褐斑病在我国发生普遍，危害严重。甜菜罹病后块根减产10%～40%，含糖率下降1～4度。主要防治方法是使用抗病品种和施用杀菌剂。为了降低生产成本，减少杀菌剂对环境的污染，选育和推广抗病品种是最基本的防病措施。抗褐斑病是我国甜菜育种的主要目标之一。

甜菜对褐斑病的抗病性遗传极为复杂，主要有如下两种类型：(1) 由一对显性主效基因控制；(2) 至少由4～5对基因控制（罗成飞等，2000）。不同研究因取材、研究方法和环境条件不同，对甜菜抗褐斑病性遗传规律的认识也存在差异。我国的多数学者认为甜菜对褐斑病的抗病性以多基因的加性效应为主，但也存在主效基因效应（刘景泉，1985；杨炎生等，1989；陈丽，1990；李占学，1991）。也有学者认为杂种的抗褐斑病性主要来自亲本基因的非加性作用，杂种的抗病性多趋近抗病亲本（胡文信等，1984）。

我国对搜集的1097份甜菜种质资源进行了抗病性鉴定，到1995年，初步筛选出高抗材料102份（病情指数≤20），抗病材料155份（病情指数20.1～30），为抗病育种工作奠定了较好的基础（李雅华等，1998）。

早期的抗病育种主要采用系统选择方法，选出了双丰 1 号、双丰 5 号和范育 1 号等品种（陈玉噗，1981）。目前系统选择方法主要用于配制杂交组合前的亲本的选育，如吉洮 201 的父本 $848S_5$ - 3315 的选育（李永哲等，1997），它是以范育 1 号高代自交系 8 - $8S_5$ 为基础材料，以抗病性为重点采用系统选择法，经两代定向选择培育出的抗褐斑病性强、经济性状优良的品系。

杂交育种是主要的育种方法，选择对褐斑病具有较好抗性的父本和母本非常重要。我国的大多数甜菜抗褐斑病品种是采用这种方法育成的。以甜菜多系杂交种甜研 8 号的选育为例，它是以 KH 为骨干系，与 4 个自交系按 4∶1（自交系等量）配制的多系自然杂交种（刘景泉等，1999）。偏高糖型抗病甜菜多倍体品种甜研 301，是以抗褐斑病的四倍体甜 408 作为母本，较抗褐斑病的二倍体 1103 作父本杂交选育出的。甜研 301 的抗病性比父本强，接近于母本。较抗褐斑病的吉洮 201 是以 $848S_5$ - 3315 为父本，雄性不育系 JTM -01A 为母本育成的甜菜二倍体雄性不育系杂交种。

利用细胞工程育种方法，选育甜菜抗褐斑病品系是抗病育种的新途径。国内将甜菜褐斑病菌毒素作为选择压力，诱导未授粉胚珠的抗性瘉伤组织，进而诱导再生植株，移栽加倍，现在已经获得纯合的抗病品系（马龙彪等，2001；张悦琴等，1997）。转基因技术也开始在抗褐斑病育种中应用。通过致瘤土壤杆菌介导法将菜豆几丁质酶基因导入甜菜，已获得再生植株（马龙彪等，2000）。

抗病性鉴定多采用田间自然病圃鉴定方法，其次为人工接种鉴定法。而室内离体叶片接种法和毒素筛选法仅用于生物工程育种材料的早期鉴定。鉴定时病情调查标准主要采用的是以植株为单位的 5 级制和以小区为单位的 4 级制。进行田间人工接种鉴定时，早代材料或系统选育亲本材料的病情调查标准，采用以叶片为单位的 4 级制，高代材料采用以植株为单位的 5 级制。

第二节　丛根病

甜菜丛根病是由甜菜黄脉坏死病毒（*Beet necrotic yellow vein virus*，BNYVV）引起的一种毁灭性病害，该病毒以甜菜多黏菌（*Polymyxa betae*）为传播介体。我国于 1978 年在内蒙古的土默川首次发现该病，其扩展蔓延十分迅速，目前已经成为我国西北、华北地区甜菜生产的最大威胁，在东北地区亦有发生的报道。由于没有其他经济有效的防治措施，选育和推广抗病品种就成为惟一的防治方法。经过十几年的努力，我国已培育出多个抗病性或耐病性较好的品种，如甜研 309、甜研 203、宁甜单优 1 号和双丰 317 等。甜菜对丛根病的抗病性遗传较为复杂，有的属质量遗传，如 Rz、P_{107}、C_{28} 等均具有显性单基因；也有的属于数量遗传的，如 $C_{39}R$、$C_{47}R$、C_{94}、R_{05}、R_{20} 等（冯建忠等，1994）。

在我国的甜菜种质资源中丛根病抗源极少，需从国外引进（闰斌杰等，2000）。野生沿海甜菜（*Beta maritima*）、普通甜菜（*B . vulgaris*）、白花甜菜（*B. corolliflora*）及中间型甜菜（*B. intermedia*）均具有一定的抗病性，但是目前尚不能直接利用（李彦丽等，2000）。抗病种质资源是抗病育种的基础，从国外搜集、引进和鉴选抗源是抗病育种的首要任务。

抗丛根病育种方法有强化选择育种、杂交育种、回交育种、轮回选择、多倍体与杂种优势利用、远缘杂交和基因工程育种等多种方法。

强化选择育种法主要用于抗（耐）丛根病新品系的选育。耐丛根病品系 SN8901 就是在丛根病病圃中优选耐病株系育成的（李景慧等，1995）。抗丛根病品系 BY_1 是由丛根病试验区发现的优良单株，进行套袋自交，所得后代按系在病区鉴定而筛选得到的（李刚强等，1999）。在丛根病重病田，对国外引进的几对雄性不育系杂交组合连续进行育性和抗病性强化选择，经过 4 轮的单株、集团选择，选育出抗病品系 NC-7 和 NC-8（姚元虎，1997）。

杂交育种是抗病育种的主要方法。宁甜单优 1 号是抗病的宁 ml01A 与宁 $92S_1$ 杂交育成的抗病单粒型二倍体杂优品种（雍占元等，1996）。耐丛根病甜研 309 是以二倍体甜 211 为父本，四倍体甜 427 为母本育成的耐病多倍体品种（孙以楚等，1997）。耐丛根病品种甜研 203 由 3 个耐病有粉系 KH、VI8541（抗褐斑病、耐根腐病和丛根病）和 F8561 为亲本，按 2∶2∶1 比例混合栽植自由授粉配制而成多系抗病杂交种（刘景泉等，1999）。

利用基因工程方法培育抗丛根病品种是一种新的途径。我国已经将甜菜黄脉坏死病毒外壳蛋白基因（BNYVV-CP）采用致瘤土壤杆菌介导法导入甜菜的外植体中，并诱导出了再生植株（刘巧红等，2000）。

在丛根病病圃或重病地块，根据植株的地上部和根部症状表现进行抗病性鉴定，以及定向强化选择是目前我国抗病品种（系）选育最常用的方法。在同一地块，由于多黏菌分布不均匀以及多黏菌所携带的 BNYVV 数量不等，会使甜菜抗病性鉴定和单株选择的可靠性降低，容易造成误选误判。相关研究结果表明，甜菜 2 月龄幼苗须根中 BNYVV 的含量与品种（系）的抗病性表现正相关。因此，国外已广泛地采用酶联免疫吸附法（ELISA），检测温室人工病土生长的幼苗须根中病毒含量，进行早期的抗病性鉴定和单株或品系的选择。ELISA 法检测幼苗须根中病毒含量，技术成熟、鉴定效率高，值得借鉴和推广。

第三节 黄化毒病

甜菜黄化毒病是由甜菜黄化病毒（*Beet yellow virus*，BYV）侵染引起的，主要传播媒介是桃蚜。甜菜黄化毒病在我国华北地区严重发生，大流行时，块根产量损失可达 50%～60%。

甜菜对黄化毒病的抗病性由多基因控制，呈显性遗传。在抗源筛选方面，截至 1995 年，我国已经从 383 份材料中，初步筛选出高抗材料（病情指数≤5.9）66 份，抗病材料（病情指数 6.0～10.9）38 份，可见我国的抗源较为丰富。

抗病育种方法主要有系统选育和杂交育种两种方法。系统选育主要用于抗病品系和亲本的选育，如 R_{7-74} 品系的选育（邓峰等，1982）。杂交育种是选育抗甜菜黄化毒病的最主要方法。甜菜对黄化毒病的抗病性呈显性遗传，遗传力高，在育种时应注重亲本早代抗病性强化选择，可在早代加大选择压力，进行严格的单株选择，之后连续提纯2～3代。把一个世代的选择周期扩展为两年，第一年以田间鉴定和择优选择为主，保留无病或耐病母根，第二年则以控制花粉的提纯选择为重点。在采种株开花前严格剔除罹病较重、生长差的劣株，减少不良花粉对整个群体的影响。同时在配制组合中应注重对母本的选择，母本的抗病性强度对后代抗病性起主导作用，母本抗病性强，则后代出现的抗病植株比率高。如7921是由多个抗黄化毒病品系复合杂交而成的（魏国诚，1983）。

抗病性鉴定一般在自然病圃进行，主要根据植株的症状表现分为0～3级，并进一步计算病情指数，进行群体的抗病性分级。

第四节　根腐病

甜菜根腐病是由镰刀菌（*Fusarium* spp.）、立枯丝核菌（*Rhizoctonia solani*）丝囊霉（*Aphanomyces cochlioides*）和细菌等多种病原菌引起的生长期甜菜块根腐烂病的统称，在我国发生普遍，尤其以东北地区受害最重，一般可使块根减产10%～40%，发病严重时达60%以上。在同一地块，往往多种根腐病病原菌混合发生，培育兼抗几种病原菌的品种难度极大。

目前我国甜菜品种资源中抗根腐病材料，尤其是兼抗多种病原菌的材料很少，在野生甜菜中沿海甜菜（*B. maritima*）和普通甜菜（*B. vulgaris*）对丝核菌和镰刀菌根腐病具有一定的耐病性。已经从65份野生资源中，筛选出6份抗根腐病的野生种质材料。甜菜抗病性遗传方式尚不十分清楚。对丝核菌根腐病的抗病性可能有两个或两个以上的基因控制，抗病性为显性。

抗病育种方面主要选择较抗（耐）的材料为亲本，采用杂交育种方法进行，已培育出一批抗病性较强的品种，如甜菜多倍体品种甜研302、甜研304、甜研309和甜菜多系杂交种甜研8号、甜研7号、甜研203等等。

抗病性鉴定主要在根腐病病圃或重病地块上进行，离体块根钻孔接种法和土壤接种法均少应用。

第五节　白粉病

甜菜白粉病（*Erysiphe betae* Weltzien）是我国西北地区甜菜的主要病害之一，在新疆一般罹病率为50%～90%，病情指数20%～90%，块根减产10%～20%，块根含糖降低0.5～1.2度。

截至1995年，在抗病性鉴定的273份材料中，初步筛选出抗病材料（病情指数≤20.0）12份，说明我国抗甜菜白粉病资源较为缺乏。

针对白粉病的抗病育种研究很少，育成的抗病品种主要有新甜2号和新甜7号（刘正，1982；邹如清等，1997）。新甜7号是以雄性不育系石M201A为母本，抗白粉病品系Z-2为父本育成的雄性不育二倍体杂交种。新甜2号是波利3号与新甜1号自然杂交，经过单株选择育成的抗白粉病品种。

第六节　今后甜菜抗病育种的目标和任务

在过去数十年里，我国甜菜抗病育种研究取得了重大成就，育出了许多抗病和耐病品种，基本上满足了甜菜生产上对抗病品种的需求，对我国甜菜糖业的稳定和持续发展做出了巨大的贡献（表 20-1）。

同时也应该看到甜菜抗病育种还有许多亟待研究和解决的问题，这也是今后我国甜菜抗病育种的目标和任务。

我国的抗病资源还相当匮乏，亟待丰富。除积极引进和搜集国外优异抗源外，应加强对野生资源的搜集、鉴定和利用研究。要进一步加强对甜菜抗病性遗传规律的研究，减少抗病育种中的随机性和盲目性。要积极利用远源杂交技术、细胞工程技术和基因工程技术等先进的抗病育种方法，创造新的抗源材料或抗病新品种。同时还要积极探索和采用先进的抗病性鉴定方法，提高抗性鉴定效率、准确性和可靠性，加速抗病育种进程。要努力把抗不同甜菜病害的基因集成到一个品种中去，育成优良的多抗品种，提高品种的综合抗病能力。

表 20-1　我国部分甜菜抗病和耐病品种一览表

品种名	亲本组成	育成方法	育成时间	命名时间	抗病类型
甜研 3 号	GW-65×Ajl	单株系统选育	1962	1975	抗褐斑病
甜研 4 号	GW-49×（Ajl×CLR）	杂交后系统选育	1962	1975	抗褐斑病
甜研 6 号	GW-65×（Ajl×CLR）	集团选择	1974	1975	抗褐斑病、耐根腐病
甜研 7 号	GW-65	混合选育	1990	1995	抗褐斑病、耐根腐病
甜研 8 号	KH	品系综合种	1990	1998	抗褐斑病、耐根腐病
甜研 301	甜 408X 甜 1103	自然杂交	1980	1986	抗褐斑病、耐根腐病
甜研 302	甜 408×甜 202	自然杂交	1983	1989	抗褐斑病、耐根腐病
甜研 303	甜 425×甜 202	自然杂交	1983	1989	抗褐斑病、耐根腐病
甜研 304	甜 426×甜 217	自然杂交	1986	1992	抗褐斑病、耐根腐病
甜研 309	甜 427×甜 211	自然杂交	1992	1997	抗褐斑病、耐根腐病、耐丛根病
吉洮 201	$848S_5$-3315×JTM-01A	杂交选育		1996	抗褐斑病
双丰 1 号	K. Bus-CLR	品系综合种	1958	1964	抗褐斑病
双丰 5 号	GW65	单株系统选育	1962	1966	抗褐斑病
范育 1 号	K. Bus-CLR	单株系统选育	1965	1978	抗褐斑病
甜研 203	KH、VI8541、F8561	综合种		1997	抗根腐病、耐丛根病
宁甜单优 1 号	宁 m101A×宁 $92S_1$	杂交选育		1994	抗丛根病
宁甜双优 1 号	M201A×宁引 S7506	杂交选育		1994	抗丛根病、根腐病
双丰 317	抗-1×双 8	系统选育	1994	1998	抗丛根病
双丰 17	抗-1×双 8	系统选育	1994	1998	抗丛根病
工农 2 号	K. Bus-CLR	系统选育	1966	1969	抗黄化毒病
新甜 2 号	K. P001-3	系统选育	1977	1979	抗白粉病
新甜 7 号	石 M201A×Z-2	杂交选育		1994	抗白粉病

参 考 文 献

[1] 陈丽. 甜菜的杂种优势分析. 中国甜菜，1990 (2)：15～22
[2] 陈玉噗. 甜菜品种资源在育种和生产上的利用. 中国甜菜，1981 (1)：8～14
[3] 邓峰，苏廷荃. 甜菜抗黄化毒病育种. 中国甜菜，1982 (4)：1～8
[4] 冯建忠. 美国甜菜抗丛根病（BNYVV）资源研究概况. 中国甜菜，1994 (4)：49～53
[5] 胡文信，王红旗. 甜菜杂种优势及配合力的研究. 中国甜菜，1984 (4)：6～17
[6] 李刚强，张惠忠，兰文秀等. 甜菜抗丛根病品系 By-1 的选育. 中国糖料，1999 (2)：15～17
[7] 李景慧，邹如清，张素珍等. 耐丛根病甜菜新品系-SN8901 的选育. 中国糖料，1995 (3)：35～37
[8] 李彦丽，齐兴亚. 甜菜野生资源抗丛根病和根腐病性的评估与筛选. 中国糖料，2000 (1)：1～4
[9] 李永哲，许志良，韩喜国等. 甜菜二倍体雄性不育杂交种——吉洮 201 的选育. 中国糖料，1997 (2)：14～15
[10] 李占学. 甜菜主要经济性状的基因效应与杂优育种的亲本选配. 中国甜菜，1991 (3)：53～56
[11] 刘景泉. 甜菜主要性状配合力的研究. 中国甜菜，1985 (4)：1～9
[12] 刘景泉，陈丽，程大友等. 甜菜多系杂交种甜研八号的选育. 中国糖料，1999 (1)：1～5
[13] 刘景泉，陈丽，程大友等. 耐丛根病甜菜杂交种甜研 203 的选育. 中国糖料，1999 (3)：9～11
[14] 刘巧红. 外壳蛋白基因转化甜菜及植株再生. 中国甜菜糖业，2000 (2)：1～4
[15] 刘正. 新甜 2 号的选育及生育规律的研究. 中国甜菜，1982 (4)：8～13
[16] 罗成飞，孔凡江. 谈甜菜抗褐斑病育种. 中国甜菜糖业，2000 (4)：28～30
[17] 马龙彪，张悦琴，吴则东等. 抗甜菜褐斑病体细胞无性系变异的研究. 中国糖料，2001 (1)：1～5
[18] 马龙彪，徐香玲，张悦琴等. 几丁质酶基因转化甜菜的初步研究. 中国糖料，2000 (3)：18～20
[19] 孙以楚，杨炎生，王华忠等. 甜菜多倍体新品种甜研 309 的选育. 中国糖料，1997 (3)：1～4
[20] 魏国诚. 7921 的选择特点及效果比较. 中国甜菜，1983 (1)：14～23
[21] 闫斌杰，王永平，王长魁等. 甜菜丛根病防治与实践. 中国甜菜糖业，2000 (2)：27～29
[22] 杨炎生，孙以楚. 抗病偏高糖甜菜多倍体新品种甜研 301 的选育. 中国甜菜，1989 (3)：7～11
[23] 姚元虎. 甜菜抗丛根病品系及杂交组合的选择初探. 中国糖料，1997 (2)：41～43
[24] 雍占元，龚建国，吕云海等. 抗（耐）丛根病两个甜菜新品种的选育. 中国糖料，1996 (1)：14～18
[25] 张悦琴，马龙彪，陆国庆等. 利用细胞工程育种方法选育甜菜抗褐斑病品系初报. 中国糖料，1997 (4)：20～23
[26] 邹如清，赵图强，王维成等. 甜菜丰产优质新品种新甜 7 号的选育与推广. 中国糖料，1997 (4)：5～8
[27] Hecker RJ. (蔡惠珍译). 甜菜抗丝核菌根腐病遗传. 国外农学——甜菜，1982 (2)：14～17

第二十一章

烟草品种抗病性及其利用

烟草是我国重要经济作物之一，也是病害为害最严重的作物之一。据 1989—1991 年调查，病害造成的经济损失为 10%～20%。在 68 种侵染性病害中，发生普遍而严重的有烟草病毒病（TMV、CMV、PVY)、黑胫病、赤星病、青枯病、野火病、角斑病、根结线虫病等。非侵染性病害有 20 多种，其中烟草气候性斑点病危害最重。国内外防治实践证明，这些病害问题主要通过利用抗病品种来解决。1920—1940 年美国一些地区因青枯病为害，造成烟农破产。在陆续培育和推广一系列抗病品种后，这些地区的烟草生产才得以恢复。利用 TI448A 为抗源，育成的 Oxford26，是第一个抗青枯病品种。在 20 世纪 40 年代至 50 年代，我国黄淮烟区烟草黑胫病猖獗为害，迫使烟区转移。在推广较抗黑胫病的金星 6007 等品种后，烟草生产才得以恢复和发展。60 年代中期，烟草赤星病先后在河南和山东烟区暴发流行，随后蔓延到全国各大烟区，育种工作者从农家品种中选育出“净叶黄”等一系列较抗赤星病的品种，取代了金星 6007 等感病品种后，烟草赤星病才逐步下降为次要病害。烟草白粉病在 50 年代是广东晒烟区的毁灭性病害，广东省农业科学院经济作物研究所从密节烟中选出了对白粉病免疫的晒烟品种塘蓬等，推广后基本上控制了白粉病的危害。烟草根结线虫病近年在我国逐年加重，疫区也逐年扩大，在一些重病区推广了中烟 14、NC89 等抗南方根结线虫的品种，基本控制了危害。

我国烟草抗病育种起步较晚，1950 年后各省才针对当地病害开展抗病品种选育。1950 年台湾省烟草花叶病（TMV）普遍发生，严重威胁该省的烤烟生产，引进的抗 TMV 品种又因产量和质量问题，而不为烟农接受。1953 年开始实行抗 TMV 的杂交育种计划，1958 年育成了优质抗 TMV 的品种“万国士”，并迅速推广。1966 年育成了兼抗 TMV 与白粉病的品种“万国芬”，1975 年育成了较抗烟草黄瓜花叶病（CMV）的烤烟品种 GAT2、GAT4 等。1951 年山东省开始烟草杂交抗病育种，育成了高抗黑胫病的品系。20 世纪 60 年代中国农业科学院烟草研究所选育出了产量、质量都较理想的抗黑胫病和 TMV 的金星 6007，并在山东等省大面积种植。该所在 70 年代育成了高抗黑胫病的革新 3 号，80 年代育成了我国第一个抗南方根结线虫的烤烟品种中烟 14，90 年代以来先后育成兼抗黑胫病、赤星病等两种以上病害的中烟 86、中烟 90 和中烟 9203 等品种。1958 年广东经济作物研究所从密节企叶与特字 400 - 7 组合中选育出高抗白粉病的广东多叶 1 号、多叶 2 号、多叶 3 号等。河南省从 60 年代至 70 年代先后选育了高抗赤星病的净叶黄和许金4号，前者迄今仍为我国抗赤星病育种的主体抗源。辽宁省丹东地区农业科学研究所多年来育成了一系列抗TMV品种。云南省近年育成的V_2等对黑胫病等病害也有较好的抗病性。

我国烟草抗病育种工作与美国等先进国家相比，起步较晚，品种资源研究滞后，育种工作人员少而分散，学科间也不够协调，还不能适应生产发展和病害防治的需要。

第一节 黑胫病

黑胫病是温带、亚热带和热带烟草的主要病害之一。Breda de Haan（1896）在爪哇首次发现烟草黑胫病，Cook（1924）在波多黎各也有发现，此后世界各主要产烟地区陆续报道了烟草黑胫病的发生和危害。我国大约在1927—1928年在山东省就有黑胫病发生，1934年俞大绂作了病原菌鉴定，确认为烟草黑胫病。以后病区逐渐扩大到黄河、长江和珠江流域各个烟区，并引起严重损失，直到20世纪60年代推广抗病品种后，病情的发展才受到抑制。

我国抗黑胫病育种工作是从50年代初开始的。首先从美国等地引种了大批烤烟品种，在病区鉴定筛选。先后推广了Oxford 1、Oxford 4、抵字101、富字64等品种。70年代末至今又先后从国外引进了一批优质的抗黑胫病品种，如G140、G28、NC82、NC89、K326、K346等，并在全国广泛种植，不仅在控制黑胫病上起到了重要作用，而且还提高了我国烟叶质量。

系统选育，即在黑胫病流行地区从现有的品种群体内，择抗黑胫病的单株，通过比较和鉴定，形成新的抗病品种。金星6007就是从地方品种滕县金星中选出的抗黑胫病、丰产、优质的烤烟品种。

在杂交育种方面，首先以抵字101为抗源，相继育成了革新3号、春雷3号和广黄55等抗黑胫病的品种。70年代以后，主要以G28为主体抗源，育成了一系列抗黑胫病品种，其中有中烟14、中烟15、中烟86、中烟90、中烟9203、CF80和云烟85等。1997年审定通过了我国第一个对黑胫病有垂直抗病性的白肋烟杂种一代鄂烟2号，该品种高抗黑胫病，兼抗根黑腐病、野火病等，并在湖北白肋烟产区大面积种植。

中国科学院遗传研究所周嘉平等（1986）利用γ射线辐射诱变，从优质高感黑胫病的烤烟品种小黄金1025的花药培养单倍体中，选出了抗病突变系R400，其后代的抗病性表现稳定。

一、病原菌的致病性及其变异

烟草黑胫病菌 *Phytophthora parasitica* var. *nicotianae*（Breda de Haan）Tucker是疫霉属病原卵菌，在自然条件下只侵染烟草。该菌气生菌丝较细，无色透明，无分隔。无性世代产生孢子囊、游动孢子及厚壁孢子。孢子囊顶生或侧生在菌丝上，初为白色，乳状突起不明显，老熟时呈灰白色或淡黄色，梨形或椭圆形，顶端有一乳状突起，在适宜条件下可产生5～30个游动孢子。游动孢子无色，椭圆形或肾形，侧生两根不等长的鞭毛，可在水中游动，遇到寄主时失去鞭毛，萌发产生芽管侵入寄主。在较低湿度下，孢子囊也能直接萌发，产生芽管侵入寄主。厚壁孢子产生于病株残体中，圆形或卵形，无乳状突起，初生时为淡黄色，壁薄，老熟时呈黄褐色，壁加厚，能抵抗不良环境，是该菌主要越冬菌态之一。我国在自然条件下未发现烟草黑胫病菌的卵孢子。

烟草黑胫病菌喜高温高湿，主要侵染烟草根系和茎基部，在高湿多雨条件下，亦可侵染植株中下部叶片，形成直径数厘米的大型叶斑。

在20世纪60年代初，我们通过对山东、河南、安徽等地统一病圃的发病调查和室内致病性测定，发现黑胫病菌群体存在致病性差异，可分为强、中、弱三个致病类型。此前，Powers和Lucas（1952）曾发现黑胫病菌的弱致病力菌系，Apple（1962）报道该菌群体中致病性由强到弱的不同菌系。强致病性的菌系孢子囊和游动孢子数量均比弱致病性菌系多，游动孢子的游动时间也较长。

烟草黑胫病是主要为害根茎部的局部斑痕性病害，但又常引起类似维管束病害的萎蔫症状。其致萎机制有两种可能，其一该菌产生有毒的致萎代谢产物，其二该菌产生果胶酶和纤维素酶，分解寄主果胶质和纤维素，堵塞导管，而阻碍水分输送，引起上部叶片萎蔫。多数学者认为黑胫病菌引起的萎蔫是这两种机制共同作用的结果。

黑胫病菌有明显的致病性分化。Johnson（1958）从肯塔基州烟田中分离到一个强致病性菌系。Apple（1962）分别用该菌系和普通株系，接种野生种 *Nicotiana plumbaginifolia* 植株，发现肯塔基菌系高度致病，而普通菌系几乎不能致病，据此将前者定名为1号小种，将后者称为0号小种。

烟草黑胫病在南非直到1968年后才成为主要病害，当时的优势小种为2号小种。在引进并大面积种植抗2号小种的品种后，又导致1号小种的猖獗。迄今2号小种仅分布于南非。

John等（1974）在美国康涅狄格州发现了致病性不同于0号小种和1号小种的菌系，命名为3号小种，该小种较耐低温，仅在美国有少量存在。

黑胫病菌各生理小种对鉴别寄主的致病性见表21-1。

表21-1　烟草黑胫病菌的生理小种

鉴别寄主	生理小种			
	0	1	2	3
L8	R	S	R	MR
NC1071	R	S		R
N. nesophila	S	R		R
N. nudicaulis	R	S		
A23	S	S	R	S
WS117	S	S		S

朱贤朝等（1982，1987）从1980年开始，从全国14个主要产烟省（自治区）采集病样，分离得到了253个黑胫病菌菌株，用一套鉴别寄主测定，结果0号小种有229个，1号小种12个（7个采自辽宁），还有12个菌株既不同于0号小种，也不同于1号小种（表21-2）。

表 21-2 我国烟草黑胫病菌生理小种鉴定结果

（引自朱贤朝等，1982）

鉴别寄主	生理小种	
	0	1
NC1071	R	S
L8	R	S
N. nesophila	S	S
Florida 301	R	R
金星 6007	MR	M
小黄金 1025	S	S
合计	229	12

1993—1996 年他们与湖北省白肋烟研究所合作，针对该烟区黑胫病发生的实际情况，再次进行生理小种鉴定，结果表明白肋烟上发生的仍为 0 号小种。此外，云南、陕西等省也报道了各自的小种鉴定结果。当前，我国烟草黑胫病菌的优势小种仍为 0 号小种。

根据国际烟草科学研究合作中心（CORESTA）植物病理学组多年在世界各主要产烟地区，利用统一鉴别寄主所进行的小种鉴定结果表明，在大多数产烟国家当前仍以 0 号小种为主。

二、烟草对黑胫病的抗病性类型及其特点

烟草对黑胫病的抗病性既有水平抗病性，也有垂直抗病性。迄今所利用的主要是水平抗病性。烟草抗黑胫病育种，早年主要在美国进行。1922 年，Tisdale 发现 Big Cuba 和 Little Cuba 抗黑胫病，用作抗源，进行杂交育种。1931 年育成一些高抗黑胫病的雪茄包皮烟品系，其中 Florida301 的抗病性最好，称之为 Florida301 型抗病性。这种抗病性主要降低黑胫病的流行速度。Florida301 被广泛用于烤烟抗黑胫病育种，迄今各国抗黑胫病的品种大都具有 Florida301 型抗病性。抗病品种和感病品种之间，根际积累的游动孢子数量无差异，侵染位点数和侵染数量也无差异，但在抗病品种上的大病斑数比感病品种少得多。抗病品种根上的病斑较少扩展到地上茎部，感病品种则较多。另有资料证明，在单位病斑面积上形成的孢子囊数目，抗病品种也比感病品种少。

另一个具有水平抗病性的种质是来自多米尼加的雪茄烟品种 Beinhart1000-1。在人类已利用的抗源中，该品种的抗病性水平最高，并能兼抗多种重要病害，但其抗病基因与控制雪茄烟特性的基因紧密连锁，难以转移到其他类型的烟草中，尤其难以转移到烤烟中。

具有 Florida301 型抗病性的品种，有明显的阶段抗病性，苗期较感病，随着株龄增长，抗病性逐渐提高，现蕾以后最抗病。不同器官的抗病性也有明显差异，根的抗病性最强，茎部次之，而叶片易感染。

烟草属有 66 个种，生产上利用的只有两个种，其他野生种中蕴藏着对多种病害的抗病基因，有些已被成功地转育到栽培种中。Valleau（1960）把 *N. loniflora* 对黑胫病的抗病性转移到白肋烟中，育成了高抗 0 号和 2 号小种，抗 3 号小种的品系 L8。但 L8 在田间发生严重的生理性叶斑病，难以在生产上直接利用，该性状受隐性基因控制。L8 与其他品种杂交的 F_1 代不发生生理性叶斑病，因此 L8 在美国、南非等国家多用作白肋烟杂种

一代利用的抗病亲本。Chaplin（1962）把 *N. plumbaginifolia* 的抗黑胫病基因转移到烤烟品种中，并先后育成了 NC2326 和 NC1071 等抗病烤烟品种。Apple 等在其杂种后代中发现了两种类型的抗病性，即以 NC1071 为代表的 0 型抗病性（抵抗 0 号小种和 3 号小种，感染 1 号小种），和以 NC2326 为代表的 0、1 型抗病性（抗 0 号和 1 号小种）。NC1071 的根、茎和叶片对 0 号小种的抗病性基本一致。

Zoetern 等用黑胫病菌接种愈伤组织。接种后 3h 内，不论亲和性或不亲和性愈伤组织，游动孢子都能正常萌发和侵入，但在 24h 后，不亲和愈伤组织表现明显过敏性反应，细胞坏死崩溃，48h 后病原菌仅局限在 5～8 层细胞中，而亲合性愈伤组织被侵入后，大多数细胞仍很旺盛，菌丝可深入到 50 多层细胞内。

三、烟草抗黑胫病的种质资源与抗病性遗传

抗黑胫病的种质资源有几种类型（表 21 - 3），以具有 Florida301 型抗病性的材料最重要，始终是各国烟草抗病育种的主体抗源。20 世纪 50 年代以前，以具有 Florid 301 型抗病性的 Coker139 为核心亲本，育成了 Coker319、NC95、Va115 等优质抗病品种。后来以这些品种为核心亲本，相继育成了适应现代卷烟需要的优质抗病烤烟品种 G28、K326、Coker47、NC82 等，不仅在生产上广泛种植，且成为具有 Florida301 型抗病性的核心亲本，我国利用它先后育成了中烟 14、中烟 85、中烟 9203、云烟 85 等优质烤烟品种。这种类型的抗病性表现为多基因控制的数量性状，F_1 代的抗病性水平一般低于抗病亲本，但抗病性较稳定，自应用以来，并未观察到抗病性明显下降的现象。

表 21 - 3　烟草对黑胫病的抗源

抗源名称	烟草类型	抗病性来源	遗传方式	抗病性谱
Florida301	雪茄烟	*N. tabacum*	多基因	中抗各小种
Beinhart1000—1	雪茄烟	*N. tabacum*	部分显性寡基因	高抗各小种
Coker176	烤烟	*N. tabacum*	多基因	抗各小种
NC82	烤烟	*N. tabacum*	多基因	抗各小种
K—149	烤烟	*N. tabacum*	多基因	抗各小种
NC2326	烤烟	*N. plumbaginifolia*	复杂遗传	抗 0 号、1 号小种
NC1071	烤烟	*N. plumbaginifolia*	显性单基因或寡基因	抗 0 号、3 号小种
L8	白肋烟	*N. longiflora*	显性单基因或寡基因	高抗 0 号小种
Ky17	白肋烟	*N. tabacum*	显性寡基因	高抗各小种
TN86	白肋烟	*N. tabacum*	显性寡基因	高抗各小种
Hicks21		*N. tabacum*	显性寡基因	抗 2 号小种

另一重要抗源是从多米尼加的 Beinhart1000 的群体中选出的 Beinhart1000 - 1，在严重发病的病圃中，最抗病的白肋烟品种平均发病率为 25%时，它几乎不发病。Beinhart 1000 -1 的抗病性受寡基因控制，部分显性遗传。但抗病性基因与雪茄烟特性基因紧密连锁，迄今该类型抗病白肋烟品种只有 KY17，且品质不理想难以推广，烤烟品种只有 PD121 和 Be1921。

N. longiflora 型抗病材料是白肋烟对黑胫病的抗源。1960 年，Valleau 育成了高抗 0 号小种的 L8，其抗病性受显性单基因控制，表现垂直抗病性。L8 因生理性斑点病严重，只用作白肋烟杂交种的抗病亲本，抗病组合 MSKY14×L8 在许多国家种植。美国有 35%

的白肋烟是以L8为抗病亲本的杂交种。

N. plumbaginifolia 型抗病性系指在 *N. tabacum* × *N. plumbaginifolia* 的后代群体中发现的0型和0，1型抗病性。前者以NC1071为代表，高抗0号小种，而高感“1”号小种，其抗病性是受显性单基因控制，而后者是以NC2326为代表的，遗传方式较复杂，对0号小种的抗病性水平比NC1071低，但对1号小种也有一定程度的抗病性。

晾晒烟大概在明朝嘉靖、万历年间传入我国，20世纪初烤烟才传入我国。我国虽不是烟草原产地，但因幅员辽阔，自然生态条件多样，也有丰富的种质资源。在已鉴定的1 000多份材料中，高抗黑胫病的烤烟有20多份，晾晒烟有7份，但在国内的白肋烟、香料烟、雪茄烟和黄花烟中尚未发现高抗黑胫病的材料（表21-4）。

在64个烟草野生种中，有8个种对黑胫病有不同程度的抗病性，它们是：*N. glauca*，*N. paniculata*，*N. longiflora*，*N. plumbaginifolia*，*N. repanda*，*N. stocktonii*，*N. nesophila*，*N. nudicaulis*。栽培种 *N. tabacum* 也具有不同程度的抗病性，但大多为水平抗病性，只有Delcrest202高抗2号小种。迄今除 *N. longiflora* 和 *N. plumbaginifolia* 的抗病基因已被成功转移到栽培品种外，其他尚无成功事例。

表21-4 我国烟草抗黑胫病的种质资源

种质名称	类型	种质名称	类型
小黄金0644	烤烟	竖把2135	烤烟
小黄金0029	烤烟	黄苗二苯烟2221	烤烟
扁黄金	烤烟	7411	烤烟
小黄金0007	烤烟	革新2号	烤烟
大黄金0398	烤烟	革新3号	烤烟
大虎耳	烤烟	许金3号	烤烟
大黄金0336	烤烟	6186	烤烟
大青筋	烤烟	什新-2	晒烟
进屋黄	烤烟	宽叶二柳	晒烟
大白金0552	烤烟	来凤烂花烟	晒烟
邹鼻懒汉烟	烤烟	细叶柳	晒烟
大平根	烤烟	毛杆香	晒烟
歪把子	烤烟	沈阳晒烟	晒烟
竖把子2125	烤烟	大秋根	晒烟

四、烟草抗黑胫病的鉴定方法

烟草种质资源和品（系）种对黑胫病的抗病性鉴定以田间病圃自然发病（有时辅以人工接种）和室内苗期接种鉴定为主。

（一）田间病圃鉴定

将8～10片叶的烟苗移至病圃中，每个品种（系）至少1行，每行20株以上，3～4次重复，随机或顺序排列。每重复小区至少栽一组标准对照品种，包括抗病品种革新3号，中抗品种金星6007和感病品种小黄金1025。根据需要还可设当地种植的抗病、中抗、感病品种做辅助对照品种。若进行人工辅助接种，一般要在移栽成活后10～20天用菌谷接种到根茎基的土壤中。新建病圃每株用菌谷3～5g，老病圃用2～3g。除接种后适当增加浇水次数外，其他管理措施与一般大田相同。在发病初期、盛期和末期调查发病情况。若人工接种，则于接种后20天、40天和60天各调查一次。调查采用的发病严重度分级标准见表21-5。根据各品种发病情况，参照抗、中、感的发病情况，综合分析评价各供试材料的抗病性水平。对中抗以上的材料，第二年尚需进行重复鉴定。

菌谷的制作方法：将谷子煮至半数谷粒开花捞出，装入三角瓶中高压灭菌1h。冷却后，接入黑胫病菌菌种，置于28±1℃温度下培养10～14天即可。

表21-5　烟草黑胫病严重度分级标准

病级	分级标准
0级	全株无病
1级	茎部病斑不超过茎围的1/2，或半数以下叶片轻度凋萎，或下部少数叶片出现病斑
2级	茎部病斑超过茎围1/2，或半数以上叶片凋萎
3级	茎部病斑环绕茎围，或2/3以上叶片凋萎
4级	病株全部叶片凋萎或枯死

（二）室内接种鉴定

温室苗期接种主要有根接和茎接两种。

1. *茎接种法*　在燕麦琼脂培养基平面上培养14～20天的菌体，添加0.1%硝酸钾溶液10ml左右，潮湿菌丝以诱发孢子囊产生。然后于10℃左右条件放置24h，诱发游动孢子释放，滤去菌丝后配制成浓度为10^3个孢子/ml的游动孢子悬浮液，进行注射接种。这个方法可有效区分对0号小种具有垂直抗病性或高的水平抗病性品种，但对中等程度的水平抗病性较难区分。

2. *根接种法*　将苗龄40天左右的烟苗移栽至直径20cm的花盆中，每盆2株，或在育苗盘内按5cm株距留苗。待达到6～8片真叶时，每株接种0.25～0.5g菌谷，置于28℃条件下诱发病害。

分别在接种后3天、5天、7天和10天调查病情，根据发病速度及病情评判抗病性水平。但此法检测准确性较低，对于大多数中抗或中感材料难以准确区分。在温室苗期筛选时，适量使用甲霜灵可提高抗病性检测水平。即6～7周苗龄时，在接种病菌前或接种后，用0.3μg/ml处理可扩大病级差距，提高评价准确性。

（三）其他鉴定方法

1. *愈伤组织鉴定法*　在组织培养的髓愈伤组织上接种黑胫病菌。感病品种的愈伤组织很容易被寄生，菌丝可覆盖全部愈伤组织，而抗病的愈伤组织较难被寄生，且菌丝生长稀疏。根据愈伤组织上菌丝生长情况来评价的抗病性水平，与成株期抗病性水平高度相关。可用于单倍体植株杂种后代抗病性筛选。即把单倍体植株移栽到病土中，在其全生育期调查病害反应，成活的抗病单倍体植株用于加倍。

2. *离体叶片鉴定法*　取下供试植株7～9cm长的叶片，用0.05%NaOCl消毒后，接种菌丝块（直径1cm）。逐日记载病斑数和面积，感病叶片在3～4天后形成病斑，根据病斑大小和数量判断抗病性水平，淘汰感病植株，只将中抗以上的烟株移栽到田间，这样就减少了田间试验的群体数量。

五、抗病育种和品种利用的经验、问题与解决途径

目前我国种植的抗病烟草品种，不论是引进的还是国内选育的，其抗病性大都来源于

Florida301，是属于数量遗传的水平抗病性。在环境条件有利于黑胫病流行或菌量较大时，仍会有相当多的病害发生。例如，G28、NC89 和 K326 等品种在连作烟田中，有时发病株率可达 30%以上，造成相当大的损失。因此黑胫病的防治，都采取以种植抗病品种为中心，以轮作为基础，辅之以药剂防治的综合防治方法。在有根结线虫为害的地区，还要考虑种植兼抗根结线虫的品种，因为根结线虫的为害会使黑胫病抗病性降低甚至完全丧失。如果种植仅抗黑胫病的品种，那就必须利用农药防治根结线虫。

我国烟草主要病害除黑胫病外，尚有病毒病、赤星病、青枯病、根结线虫病等十余种。在进行抗黑胫病育种时，必须考虑对其他重要病害的抗病性，否则将顾此失彼。60 年代以前通过引育结合，在生产上推广了一批抗黑胫病品种，但这些品种对赤星病的抗病性较低，导致了该病在河南、山东等省大流行，继而蔓延到全国各烟区。70 年代末至 80 年代初，在全国推广了从美国引进的优质抗病烤烟品种，再一次引起赤星病大流行，同时烟草黄瓜花叶病（CMV）也逐渐加重。为此必须加强多抗病性育种。中国农业科学院烟草研究所经过多年努力，先后育成了兼抗黑胫病和赤星病，病毒病发生较轻的中烟 90、中烟 9203 及中烟 98 等烤烟新品种，但品质尚不能令人满意。

我国现已收集收藏了 4 000 余份国内外各类烟草种质材料，对其中部分材料进行了抗病性筛选，获得了一批兼抗几种病害的种质。若全部鉴定筛选，有望发现更多抗病种质。今后应对这些种质材料进行深入研究和有效利用。

第二节 赤星病

赤星病是当前我国烟草上最重要的叶斑病害，对烟叶的产量和质量都会产生严重的影响，发病严重时甚至使烟叶失去采收价值，造成绝产。据不完全统计，我国每年因赤星病造成的直接经济损失达 7 000 多万元人民币。

一、抗病性利用的重要性和主要成就

实践证明，利用抗病品种是防治烟草赤星病最经济有效的措施。烟草赤星病于 20 世纪 60 年代在我国曾一度流行，推广抗病品种后，70 年代发病有所减轻，80 年代以后，由于大面积种植感病品种，赤星病再次大规模流行。

在 20 世纪 60～70 年代，赤星病曾在世界范围内严重发生，部分抗病性较好的品种直接用于生产，其中包括如美国的 Florida22、Baur、NC95、G28，我国的净叶黄、潘元黄、革新 3 号、歪把子、偏筋黄等。这些品种取代了原先的抵抗根、茎部病害但感赤星病的品种，在生产上大面积推广，对抑制赤星病、减轻危害起了重要作用。

与此同时，育种学家通过杂交选育，把抗病基因由农艺性状较差的抗病品种转移到品质较好的推广品种中。美国将著名抗源 Beinhart1000 - 1 的抗病性转移到烤烟品种 PD121 和 Be1921 以及白肋烟品种 Banket A1 中。日本的 6 个烤烟品种也部分地导入了 Beinhart1000 - 1 的部分抗病性。

国内的主要抗源净叶黄在抗赤星病育种中起了重要作用，由其直接育成了千斤黄、单育 2 号、许金 4 号、中烟 15、中烟 86 和中烟 90 等抗病品种。另外还利用一些优质中抗的

品种进行杂交育种，结果由 NC95 育成了 VA770、VA080、K358 等品种，由 Coker319 育成了 Coker347、Coker254、Coker 128、Coker313 和 Coker411 等品种，由 G28 育成了 Be1902、辽烟 13、中烟 15、中烟 86、和 CV 系列抗病品种或品系。

80 年代后期至 90 年代，烟草赤星病只在我国和印度等地大量发生，抗病育种工作也主要在这些地区开展。除常规的杂交育种以外，还采用了许多新技术，例如利用毒素选择抗病突变体、利用弱毒菌株诱导抗病性、体细胞远缘杂交以及抗真菌基因转化等，取得了不少成绩。

二、病原菌的致病性分化

细链格孢［*Alternaria alternata*（Fries）Keissler］本来是一种广泛分布的腐生性真菌，但该菌在获得产生寄主专化性毒素的能力后，就变为有着严格寄主范围的专化性寄生菌。其中能产生 AT 毒素的类群是该菌烟草致病型，只侵染烟属植物，诱发赤星病。茄科的几种杂草也能被侵染，但发病非常轻微。

赤星病菌产生不同类型的毒素和酶，实现侵染。其中 AT 毒素是决定性致病因子。AT 毒素不能直接杀死植物细胞。病斑的形成是由于病原菌向烟草叶组织内分泌以细链格孢酮酸（tenuazonic acid）为主的多种低分子化合物，致使侵入点周围形成褪绿晕圈，继而杀死细胞。一些细胞壁降解酶也参与了寄主细胞崩溃的过程。在死体上繁殖的腐生性的病原菌通过不断分泌毒素，逐步向健康组织扩展。

由于烟草赤星病菌致病性的强弱与产生毒素的能力密切相关，在不同时间或不同地点分离到的菌株，致病性存在明显的分化，甚至同一病斑上所产生的孢子，致病性也不相同。经单孢分离得到的菌株，在多次人工培养后，致病性会发生变化。有些菌株不能侵染烟草，致病性很弱，称为非致病性菌株或弱毒菌株。

迄今尚无烟草赤星病菌存在不同生理小种的报道。

三、烟草对赤星病抗病性特点和类型

烟草对赤星病的抗病性表现为水平抗病性，不同品种对赤星病的敏感程度差异很大，但不存在免疫品种。造成品种间抗病性差异的主要原因有以下几个方面。

（一）品种对毒素的敏感程度

在烟草—赤星病菌互作体系中，AT 毒素是识别因子。只有产生 AT 毒素的病原菌才能侵染烟草，而用不产生 AT 毒素的非致病性菌株接种烟草可以诱导系统抗病性。Nishimura & Kohmoto（1983）认为毒素很可能在致病过程中起阻遏子（suppressor）的作用，抑制寄主保卫机制的运行。

对 AT 毒素敏感的植物与烟草赤星病菌的寄主范围一致。不同烟草品种对 AT 毒素处理的反应存在明显的差异。Kodama 等（1990）发现感病品种的原生质体对毒素比抗病品种更为敏感。烟草对赤星病的抗病程度首先取决于对 AT 毒素的敏感程度。

除 AT 毒素外，赤星病菌产生的其他毒素在致病过程中也起了重要作用，烟草品种的抗病性与其对这些毒素的敏感程度也密切相关。郭永峰等（1997）的研究表明，品种抗病斑扩展的能力与对细链格孢酮酸的敏感程度一致。

（二）侵染后的生理生化反应

烟草感染赤星病后，其代谢活动受到很大影响，表现为烟株或烟叶组织内化学成分、激素水平和一些酶活性的变化，这些变化与品种抗病性也有关系。其中多酚类物质绿原酸和芸香苷作用明显。多酚类物质的减少会使叶绿素合成减退，抗病能力降低。感病品种感染赤星病后，体内多酚类物质减少更为明显。另外，植株体内激素对抗病程度也有影响，赤霉素使烟草更感病，而激动素能提高抗病性。许多研究表明，病组织的过氧化物酶同工酶、多酚氧化酶、硝酸还原酶和抗坏血酸氧化酶等酶的活性与品种抗病性有关，抗病品种叶组织中这些酶类活性较高或上升较快。

（三）叶片形态和组织结构

烟草品种间形态差异明显，叶毛密度、角质层及表皮厚度、叶表胶质含量等因素都能影响病原菌侵染程度。有人发现去掉叶毛的烟草叶片更感病。叶肉组织结构及其对病菌细胞壁降解酶的敏感程度也是影响抗病性的重要因素。赤星病是一种成熟期病害，Lioyd（1972）认为幼嫩组织细胞壁较厚，这是烟草苗期较抗赤星病的原因之一。另外 Stavely 和 Slana（1971）对病叶组织的显微观察发现，烟叶组织在侵染点周围形成瘢痕层，阻止菌丝胞间伸长，病斑扩展受阻。

（四）烟草品种抗病性的类型

烟草品种对赤星病的抗病性有不同类型。

Main 和 Chaplin（1968）研究了不同品种田间叶片上的病斑数量，指出 PD121 的抗病性表现为病斑数量显著减少，而中抗品种 NC80383-5-9 则主要限制病斑周围褪绿晕圈的形成。Stavely 等（1981）发现品种间赤星病的表观侵染速率（r）有显著差异，而 Beinhart1000-1、PD121 等遗传背景相似的品种，r 值非常接近。郭永峰等（1997）分析了烟草品种抗侵入和抗扩展情况，认为供试品种有两种抗病性类型。以国外主要抗源 Beinhart1000-1 为代表的品种抗侵入的能力很强，但病斑较大，对 AT 毒素不敏感，但对链格孢酮酸敏感。以国内抗病品种净叶黄和许金 4 号为代表的类型，既抗病菌侵入也抗病斑扩展，对两种毒素都不敏感。

四、抗病性的遗传与变异

有关烟草对赤星病抗病性的遗传规律研究较少。早年 Chaplin 和 Graham（1963）对 Beinhart1000-1 的抗病性遗传进行了研究，该品种与感病品种杂交后 F_1 代的抗病性近于抗病亲本，F_2 代出现 3∶1 的分离，据此认为 Beinhart1000-1 的抗病性由单基因控制，部分显性遗传。Stavely 等（1975）对包括 Beinhart1000-1 在内的 8 个高抗赤星病的材料做了遗传分析，认为这些品种的抗病性都是由多基因控制的，表现为数量遗传。

Dobhal 和 Monga（1991）报道了对 10 个印度黄花烟品系抗病性遗传的双列杂交分析，结果表明黄花烟的抗病性是由多个微效基因控制的，这些微效基因间有加性效应，也有非加性效应。

河南省许昌烟草研究所（1995）曾对净叶黄的抗病性作了遗传分析，净叶黄与 12 个感病品种杂交后的 F_1 代抗病能力较高，F_2 代抗病植株与感病植株的分离比为 3∶1，这表明净叶黄的抗病性受显性单基因控制。郭永峰等（1998）用包括 Beinhart1000-1 和净叶黄在内的 7 个抗感程度不同的品种进行双列杂交，对后代进行了双列分析和世代方差分析，结果与 Dobhal 和 Monga 类似，认为抗病性是由多个微效基因控制。Beinhart1000－1的抗病基因是显性表达，而国内抗病品种净叶黄和许金 4 号的抗病基因大部分是隐性的。

赤星病的发生受温度和湿度条件影响很大，品种间抗病性基本上呈连续分布。即使是抗病品种，在接种强度增大后，也可能与感病品种同样敏感。多数人倾向于认为普通烟草对赤星病的抗病性是由多基因控制的水平抗病性。

五、抗病种质资源

20 世纪 50 年代后期赤星病在美国烟区暴发流行，Graham 和 Chaplin 发现种植在南卡罗来纳的雪茄烟品种 Beinhart1000－1 有较高水平的田间抗病性。该品种的抗病性很快就被其他研究者所确认，成为当时惟一的高抗品种和抗病育种的主要抗源。

国外品种 Baur、Florida22、Banana leaf、Coker258、Ambalema、NC80383－5－9、NC95、Virginia Gold、Coker319、Speight G－28、Nanbu、Chyudarumq、Kustaga、White Stem Otinoco、C304、Cekpka 等对赤星病有不同程度的抗病性。其中中抗品种如 NC95、Coker319、Speight G28、White Stem orinoco 等也常用于抗赤星病杂交育种。

我国在 60 年代初期，对地方品种资源进行了大规模的整理鉴定，发掘了一大批有利用价值的传统品种。其中 1965 年从河南地方品种长脖黄中选育得到的净叶黄对赤星病高度抗病，该品种作为我国的主要抗源在抗病育种中起了重要作用。我国现有品种资源中还有不少材料对赤星病的抗病性也较好。中国农业科学院烟草研究所对 429 份资源材料进行了田间筛选，找到了一些抗病性与净叶黄相当且表现稳定的材料，详见表 21－6。

表 21－6 抗赤星病性较好的资源材料

（孔凡玉等，1996）

品种名称	类型	病情指数 *	品种名称	类型	病情指数 *
山东多叶	烤烟	8.2	TI1223	烤烟	7.0
琥珀香	晾晒烟	3.8	许金 7 号	烤烟	7.4
许金 4 号	烤烟	7.2	旱烟 2059	晾晒烟	13.5
78－3012	烤烟	2.9	净叶黄	烤烟	8.1
凤城黄金	烤烟	7.9	潘元黄	烤烟	3.0
黄毛子－1	晾晒烟	6.1	山烟	晾晒烟	7.4
Mary land	晾晒烟	2.9	黑牛皮	晾晒烟	3.1
多叶烟	烤烟	6.1	83－5	烤烟	5.3
塘蓬	晾晒烟	3.5	Beinhart1000－1	雪茄烟	5.6
			感病对照 GI40	烤烟	24.1

* 1995 年结果。

我国地方品种中抗赤星病的有烤烟品种黄杆烟、晾晒烟品种小鸡尾、白花烟 2169、泉烟、白花铁杆、大间槽、红花铁杆、付耳子、四川晒烟、泡杆子、转角楼、桐乡烟和老板烟等。国内育成烤烟品种中马尚特号、安农 1 号、临朐 1 号、革新 1 号、革新 3 号、革新 5 号、单育 2 号、许金 4 号、千斤黄、中卫 1 号等对赤星病抗病性较强。

在 70 年代，Stavely 等对美国农业部保存的 1500 多份烟草种质材料进行了抗赤星病性的田间筛选，结果没有发现免疫的材料，但 TI1467 等 8 个材料的抗病性比当时美国推广的抗病品种 Florida22 和 Baur 更强（表 21－7）。

表 21－7 美国农业部烟草品种资源中抗赤星病的材料

（Stavely 等，1981）

材料名称	抗病性评价	品种类型	成熟期
Ambalema	高抗	雪茄烟	中
PD121	高抗	烤烟	中
TI1043	高抗	雪茄烟	晚
TI820	高抗	雪茄烟	中
TI995	高抗	浅色晾烟	早
TI1467	高抗	雪茄烟	晚
Beinhait1000	高抗	雪茄烟	晚
Beinhart1000－1	高抗	雪茄烟	晚

20 世纪中叶以后，育种学家把目光移向了烟属野生种。一些植物病理学家对野生烟草的抗病性进行了鉴定，先后对当时所知的 65 个烟属野生种中的 63 个，在多个地区进行了抗病性温室鉴定。结果表明，*N. wigandioides* 和 *N. bonariensis* 接近免疫，另有 5 个野生种对赤星病表现高抗（表 21－8）。

表 21－8 抗赤星病的烟属野生种

（Stavely 等，1971）

组　名	种　名	成熟叶	茎　秆	幼　叶
Alalae	*N. bonariensis*	免疫-很轻	免疫	病斑较少
	N. longiftora	很轻	轻	很轻
Noctiflorae	*N. noctiflora*	很轻	免疫	很轻
Repandae	*N. repanda*	很轻	很轻	很轻
Suareolentes	*N. debneyi*	很轻	免疫	很轻
	N. suareolens	很轻	免疫-很轻	很轻
Undulatae	*N. wigandioides*	很轻	免疫	较重

野生种抗病性的筛选丰富了赤星病抗源，这些抗源材料可能有单基因抗病性，为抗病育种开辟了广阔的前景。

六、抗病性鉴定方法

烟草赤星病抗病性表现为病斑数较少，病斑较小，病斑周围的褪绿晕圈较小，对病原接种物组分（包括菌丝体、孢子、毒素等）不敏感。评价品种抗病性，以田间生长后期自然发病后叶片上产生的病斑为标准。有试验证明，苗期鉴定、离体叶片鉴定和体细胞处理等方法也可用于测定烟草品种的抗病程度。

（一）自然发病和大田辅助接种鉴定

大田自然发病鉴定是最直接的、最有说服力的抗病性鉴定方法。进行抗病性鉴定的烟田，可以采用不打顶、不采收、适当晚播、增施氮肥等措施促进自然发病。如自然发病不够严重，可进行人工辅助接种。

大田接种在下部叶片开始成熟时进行，接种体可用病菌孢子悬浮液。由于大田接种需要的接种体量大，人工培养费工费时，有的研究者把赤星病病叶匀浆过滤后配成悬浮液喷雾接种，或直接在田间撒布病叶粉末。加用葡萄糖、吐温 80 等可以提高接种效率。

通常在发病后分次调查田间病情，也有人提出对采收病叶进行一次性调查。在烟叶烘烤过程中病斑会继续增加和扩展，烤后再记录病情，能使抗病性评价更全面。

大田自然发病抗病性鉴定受环境条件影响较大，最好经多年多点鉴定后综合评价。

（二）苗期和室内接种鉴定

室内接种通常在苗龄 3 个月左右或 9～10 叶期进行，用孢子液全株喷雾接种或下部叶片点滴接种。苗期接种所用孢子液浓度要稍高，常为 10^5～10^6个/ml。在 20～30℃下保湿 5～10 天后记录发病情况。机械损伤处理可以加重和加速发病。董汉松等（1993）采用注射法接种，使烟苗发生快速反应。

室内鉴定不像大田鉴定那样需要大量的人力和物力，可以较好地控制发病条件，适用于较精细的研究工作。但室内接种需要较先进的保温保湿设备，不适于进行大批量的抗病性鉴定。

（三）离体叶片接种鉴定

离体叶片接种是一种快速简便的抗病性鉴定方法。采摘不同品种的生理条件相似的叶片，用孢子悬浮液处理，既可以严格控制发病条件，又可以在较短的时间内进行大批量抗病性鉴定。但该方法的鉴定结果和田间抗病性相关程度稍差，多用于田间鉴定之前，淘汰高感材料，以加快抗病性筛选进程，节省人力物力。

由于烟草品种对病菌侵入或扩展的抗病性与其整体抗病性并不一致，在离体叶片接种后，只测量病斑大小或侵入点数量都不能全面地评价品种抗病性。最好能采用统一的标准，客观评估发病的严重程度。

（四）毒素处理鉴定

烟草品种对多种毒素的敏感程度与其对病菌本身的敏感程度密切相关，一些毒素能诱发烟草产生部分或全部症状，因而一些研究者采用毒素处理的方法评价品种抗病性。赤星病菌毒素的混合组分或单一组分都可用于接种。接种方法有离体叶片接种、幼苗浸根处理、种子根处理和体细胞处理等。由不同品种的反应评价其抗病性。

烟草对毒素处理的反应较快，毒素的接种浓度需严格控制。对幼嫩组织和体细胞的处理可以减少叶片生理状况造成的发病差异。不同组分的毒素在致病过程中起不同的作用，毒素处理也是有效的抗病性研究手段。毒素制备较复杂，毒素诱发的病变与实际发病距离较大，因此毒素很少用于常规的品种抗病性评价。

七、抗病育种和品种利用的经验、问题及解决途径

烟草对赤星病的抗病资源丰富，已有的抗病育种工作多是以 Beinhart1000－1 和净叶黄等少数品种开展的，新的抗病性资源的开发仍有大量的工作可做。

抗赤星病育种从一开始就遇到了许多难以解决的困难，诸如抗源的抗病性水平不高，多数高抗材料低产劣质等，低产劣质性状往往与抗病性一起遗传给后代，以致难以分离出既优质高产又能抗病的品系。许多研究者发现，烤烟中以高抗品种 Beinhart1000－1 为亲本的杂交后代，总无法摆脱一股浓重的雪茄味。

有关烟草抗赤星病的研究与利用，在以下几个方面仍需进一步加强：

第一，加强对高抗烟属野生种及烟草原始材料的开发利用，高抗野生烟草及烟草原始材料有可能存在单基因抗病性，易于抗病育种。

第二，深入开展主要抗源的抗病性机制研究，明确其抗病特点和抗病性类型，以有效地选择亲本。

第三，深入研究各主要抗源的抗病性遗传规律，合理决定杂交选育的方式。在利用配合力良好的亲本的基础上，充分利用基因的累加作用和显性效应，把不同抗病基因集中到一个材料中。

第四，采取常规杂交育种和生物技术手段相结合的办法，加快育种进程，更快、更多地获得适合生产需要的优质高抗品种或品系。

第三节 病 毒 病

烟草病毒病害是各主要产烟国的主要病害。侵染烟草的病毒种类很多，Wolf（1957）报道了危害烟草的 20 种病毒，Lucas（1975）报道了成株期烟草病毒 18 种。在 1989—1991 年间进行的烟草病害普查中，发现了危害我国烟草的 17 种病毒。烟草上危害最重、分布最广的有烟草花叶病毒（*Tobacco mosaic virus*，TMV），黄瓜花叶病毒（*Cucumber mosaic virus*，CMV）和马铃薯 Y 病毒组的若干病毒。本节将着重讨论对这 3 种（类）病毒的抗病性。

一、抗病性利用的重要性和主要成就

烟草病毒主要通过蚜虫传播或接触传播，目前仍没有很好的防治方法，抗病育种作为一条经济有效的措施，受到烟草育种工作者的高度重视。

对于烟草花叶病毒（TMV），曾利用 *N . glutinosa* 的抗病性，育成了大批高抗品种，例如 Ky56、By21、By37、By49、Ky17、Ky180、Ky190、NC75、VA770、TN86、TN90、Ky907、Coker86、NC744 等。我国利用 Ky56 作亲本育成了辽烟 8 号、辽烟 10 号等抗 TMV 品种，利用 Coker86 的抗病性，育成了辽烟 13、辽烟 14 等抗 TMV 品种。中国农业科学院烟草研究所育成的 CV85、CV87、CV09-2 等品系也高抗 TMV。

在转基因抗病毒育种方面，Powell 等（1986）成功地将 TMV 病毒外壳蛋白基因（*CP*），以致瘤土壤杆菌 Ti 质粒作为载体，利用叶盘法转化烟草受体细胞，得到转移 TMV 外壳蛋白基因的烟草工程植株。1987 年陈章良亦成功完成 *TMV-CP* 的构建、转化与表达。田颖川（1990）、方荣祥（1993）等都获得转基因抗 TMV 工程植株或双抗 TMV、CMV 的工程植株，但至今未能作为主栽品种应用于生产。

在烟草抗黄瓜花叶病毒（CMV）育种方面，我国台湾 Wan 等（1971）从 GAT2 和 GAT4 杂种 F_2代的群体（约 39000 株）中，选出了 7 个抗病植株，用“Hicks broad leaf”作轮回亲本，进行轮回选择，获得了高产、优质、抗病的品种。在 80 年代育成了台烟 6 号（TT6）和台烟 7 号（TT7）等品种，以及 413、470 等品系。Cuozzo 等（1988）利用 *CMV-CP* 基因和反义 RNA，人工创造抗 CMV 的种质，田波（1992）、方荣祥（1993）、陈章良（1994）等也分别把 *CMV-CP* 及卫星 RNA 导入烟草品种 NC89 和 G-28 中，创

造出抗CMV的转基因烟草。

美国曾针对马铃薯Y病毒组的三种病毒，即马铃薯Y病毒（PVY）、烟草蚀纹病毒（TEV）和烟草脉斑驳病毒（TVMV），对TI1406的抗病性进行了研究。首先把TI1406对PVY的抗病性，导入Burley 49中，育成了兼抗PVY、TEV和TVMV三种病毒的品系PVY202。在此基础上，进一步与Burley21杂交育成了Ky907、Ky8529和Ky8958等抗病品系或品种，还育成了TN86、TN90、DH926、KDH960、Greeneville 107等抗病品种。

日本筛选出了高抗PVY-T株系的抗源，其中VAM表现高抗，Enshu和Okinawa中抗，Perevi和Bursana低抗。采用Perevi和VAM分别与By4、By103、By104、Va115、F105、MCL、Tsukubal等杂交，获得了10个抗PVY-T株系的烤烟品系，其中有F108、F109、F225和F226等。利用Enshu、VAM、Bursana分别与白肋烟Burley21、Kentucky10杂交，获得了5个抗PVY-T系的白肋烟品系。利用Enshu、VAM、Bursana分别与N203、N301、Awa、N502等杂交，获得9个高抗PVY-T株系的品系。抗PVY-T株系的F108和F109就是从（MCI×VAM）×MCI的10个杂交组合中选育出来的。日本选育的这些烤烟新品种，不但抗PVY-T，而且还兼抗其他烟草病害，农艺性状和烟气质量也较好。例如，F56中抗细菌性萎蔫病、黑胫病和根黑腐病，高抗TMV、白粉病和PVY-T。F57烟叶产量和品质好，富有香气，高抗PVY-T，中抗细菌性萎蔫病和黑胫病。F58高抗PVY-T，中抗细菌性萎蔫病、黑胫病和根黑腐病，高抗TMV。

国内前些年烟草上PVY发生不重，研究较少。山东农业大学曾鉴定了NC82、NC89、G28、G80、G140、红花大金元等12个品种对PVY普通株系的抗病性，结果没有发现抗病品种。据1996和1997年的初步调查，多数外引品种，如K326、K346、NC89、NC82、NC27NF、RG17等均不抗PVY。

美国肯塔基大学的Nielsen用烟草脉斑驳病毒（TVMV）的外壳蛋白基因转化白肋烟品系，获得了对PVY多个株系、TVMV和TEV具有广谱抗病性工程株。Kim等将PVY脉坏死株系的复制酶基因（*NIb*）互补DNA，转入烟草白肋21，对其后代的检测表明，都具有很强的抗病性。国内吴元华等已利用生物工程技术，获得了抗PVY-N的转马铃薯Y病毒复制酶基因（*NIb*）烟草。

二、病原物的致病性、生理小种及其变异

烟草花叶病毒（TMV）除烟草外，在自然条件下还侵染番茄、马铃薯、茄子、辣椒、龙葵等茄科作物，人工接种能侵染的植物更多。Thornberry（1966）列出了350多种寄主植物。辛相启等（1996）还发现TMV能侵染甘薯。

烟草花叶病毒（TMV）有很多株系，最重要的有普通株系、黄斑株系、番茄株系、十字花科株系、菜豆株系和车前草株系等。

在我国，福建的林奇英等发现了4个株系，即普通株系（TMV-C）、番茄株系（TMV-Tom）、黄色花叶株系（TMV-YM）和环斑株系（TMV-RS）。普通株系感染三生烟（*N. taboccum* var. Samsum）表现花叶和畸形，白肋烟（White burley）表现花叶，番茄表现花叶和蕨叶，辣椒和洋酸浆表现花叶。番茄株系感染三生烟，产生脉明和轻微斑

驳症状，白肋烟则出现脉明和斑驳，番茄表现斑驳，辣椒产生花叶，洋酸浆产生黄色花叶。黄色花叶株系在三生烟上产生黄色花叶，在白肋烟上产生局部病斑和花叶，在番茄和洋酸浆上产生黄色花叶，在辣椒上也产生黄色花叶。环斑株系侵染后，三生烟产生褪绿环斑，白肋烟产生环斑，番茄和辣椒也产生环斑，洋酸浆产生局部病斑。

黄瓜花叶病毒（CMV）也有许多不同株系，各株系的症状、毒力、传染能力、稀释终点和致死温度等都不相同。主要的变异株有黄化毒株、Y毒株、菠菜毒株等。黄化毒株（Price，1934）即 Price 6号毒株，感染烟草后出现鲜黄色花叶，百日草（*Zinnia elegans*）的接种叶则出现坏死斑。Y毒株（Price，1934）在烟草上的症状类似于黄化毒株，但较轻。菠菜毒株（Bhargava，1951）感染烟草，发生局部坏死病斑、系统花叶或畸形坏死斑，叶脉略有坏死。

在我国台湾省，将烟草上的CMV区分为5个株系，除表现典型CMV症状的D系以外，尚有轻症系（G）、黄斑系1（Y_1）、黄斑系2（Y_2）和扭曲系（SD）等。

福建省CMV有3个株系，即普通株系（CMV-C）、黄化株系（CMV-Yel）及烟草坏死株系（CMV-TN）。CMV-C在三生烟上表现花叶，在心叶烟上表现花叶、畸形。CMV-Yel在三生烟上表现黄化、斑驳，在心叶烟上表现斑驳。CMV-TN在三生烟上表现叶脉坏死和橡叶纹，在心叶烟上表现花叶和橡叶纹。

据陈保善等（1983—1984）的调查，认为广东烟区CMV可能有3个株系，即普通株系（CMV-C）、烟草坏死株系（CMV-TN）和烟草黄色坏死株系（CMV-TYN）。其中CMV-TN在普通烟上引起坏死斑和叶脉坏死，有时出现橡叶纹。可系统侵染萝卜（*Raphanus sativus* var. *longipinnatus*），蚜传在普通烟上产生坏死纹；CMV-TYN在普通烟上产生黄斑和黄色花叶，有时产生坏死斑，在百日草和曼陀罗上产生枯斑。番茄和茄子的接种叶产生多轮环斑。

马铃薯Y病毒（PVY）也有许多株系，可以根据在烟草和其他寄主上的症状加以区分。Bawden等（1936）报道了来自英国和澳大利亚的C株系；Nobrega等（1944）报道了来自南美的坏死株系或脉坏死株系。Kahn等（1963）报道了普通株系。

Bokx（1982）将PVY划分为3个株系（或株系组）：（1）烟草脉坏死株系（PVY^N株系，Tobacco veinal necrosy srains），这一株系在烟草上产生严重的系统脉坏死；（2）普通株系（PVY^O株系，Common strains），在烟草上产生系统斑驳；（3）点刻条纹株系（PVY^C株系，Stipple streak strains），也包括马铃薯C病毒，烟草上的症状与PVY^O株系相同。

Gooding等（1973）研究了美国东南部烟草上的PVY分离物后，根据抵抗或感染根结线虫的品种表现的症状，将其划分为3个株系。M^SM^R株系在抵抗或感染根结线虫病的品种上都不引起坏死；M^SN^R株系在抗根结线虫的品种上引起严重坏死症状，而在感染品种上不引起坏死；N^SN^R株系在两类品种上都引起严重坏死。Gooding（1985）将不同来源的分离物划分为9个株系：P-US、MM、MN、NN、VAM-B、EUROPE-WG、CHILE、SA和ARG。其中VAM-B可引起抗PVY品种VAM坏死，引起人们的高度重视。Vorster（1990）在南非烟区采集到72个分离物，划分为4个株系，即PVY^{O-chl}、PVY^N、PVY^{N-S}（茎坏死株系）和PVY^C。PVY^{N-S}引起烟草茎坏死，PVY^N引起烟草叶脉坏死，PVY^{C}不能被蚜虫传播，PVY^{O-chl}在烟草中部叶片上形成鲜黄色的斑块和环斑，底部叶片常褪绿。

PVY 在日本主要有 2 个株系，即普通株系（PVY^{O}）和坏死株系（PVY^{N}）。坏死株系又被分为 3 个亚株系，即 PVY-YSS、PVY-A1 和 PVY-T，以 PVY-T 为害最重。PVY-T 侵染烤烟、晒晾烟和白肋烟，都引起显著坏死，研究最多。

吴元华（1992）发现我国东北烟区发生的 PVY 有 4 个株系，即普通株系（PVY^{O}）、脉坏死株系（PVY^{N}）、茎坏死株系（PVY^{NS}）和点刻条纹株系（PVY^{C}）。普通株系（PVY^{O}）在烟叶上产生花叶、斑驳症状。脉坏死株系（PVY^{N}）为害整株，病株表面呈污黄褐色，失去光泽，较健株稍矮，多从底叶开始发病，向上部叶片扩展，病叶的侧脉坏死从叶基部向叶尖部扩展，呈灰褐色，拔起病株后可见到下部须根枯死，但上部须根仍较正常。茎坏死株系（PVY^{NS}）引起主脉和茎变褐，随后坏死。点刻条纹株系（PVY^{C}）在烟草旺长期后引起上部叶片花叶状均匀褪绿，也有枯死斑点，叶脉仍呈绿色网纹状。

青州烟草研究所 1996 年鉴定表明，山东烟区主要有 2 个株系，即 PVY^{O}和 PVY^{N}。山东农业大学于 1986 年在山东滕州等地发现的烟草黄色斑驳坏死病，是 PVY-T 株系侵染所引起的。该病发病初期，上部叶片布满黄色圆形褪绿斑，直径 1～4mm，后发展成坏死斑。坏死斑在白肋烟上呈圆形，在普通烟上呈不规则形。病株主、侧脉均发生坏死条纹，叶脉坏死不凹陷，呈黑褐色。叶尖先枯死，可延至叶缘，直至整个叶片全部枯死，但无系统花叶症状。1986 年该病仅在滕州、莒县、沂水等局部烟区发生，但在 1996 年的调查中发现，山东烟区已普遍发病。

鉴于 PVY 在自然界中存在多数株系，而且随着抗病品种的应用，新的株系会不断出现。最简单的划分方法是区分为轻型株系和重型株系两类，轻型株系不引起坏死症状，重型株系引起坏死症状。但从抗病育种的角度考虑，在一定时期内株系划分越细越好。

烟草蚀纹病毒（TEV）和烟草脉斑驳病毒（TVMV）也存在很多株系。

三、抗病性类型和特点

对 TMV 的抗病性主要有耐病、过敏坏死与抗侵染 3 类。

Nolla 和 Roque（1933）发现哥伦比亚的烟草品种 Ambalema 抗 TMV。Cameron（1945）和 Holmes（1955）的进一步研究表明，Ambalema 较少受到 TMV 的侵染，发病叶片中含有较低浓度的病毒粒子，TMV 粒体向嫩叶输送的速度也很缓慢。Bancroft 和 Pound（1954）发现在 16～20℃时，感病植株几乎不表现症状，病毒粒体浓度低；但在 28℃下生长的植株，感染后出现严重症状。因此，Ambalema 型抗病性是一种耐病性，且依赖于气温条件。Valleau（1952）报道，Ambalema 抗病性是由隐性等位基因 *mt*1 和 *mt*2 控制的，抗病基因与不利性状基因有连锁关系。

N. glutinosa 是抗 TMV 育种应用的主要抗源，其抗病性为过敏坏死反应，接种叶片上出现局部枯斑，枯斑直径为 1～10mm，它是由于一组受 TMV 侵染的细胞，在被侵染后迅速死亡而引起的，病毒被限制在病斑内。Holmes（1938）研究表明，该抗病性是由显性单基因（*NN*）控制的。该抗病性已成功地转移到栽培品种中，而且赋予了过敏坏死的反应特性。尽管在 TMV 中在致病性上存在许多株系，但迄今在自然界尚未发现或克服

N. glutinosa 抗性的株系。Shimomura（1973）发现用 TMV 接种 *N. glutinosa* 或其他带有 N 基因的植株下部叶片，接种后若置于 22℃条件下，TMV 没有从接种叶片向上部叶片移动，而接种后立即置于 30℃条件下，TMV 迅速从接种叶片向未接种叶片移动，并形成系统感染，但若在 22℃下已形成局部枯斑的烟株转到 30℃条件下，一般不再产生系统感染，但可在坏死斑痕周围观察到完整的 TMV 颗粒，证明在接种叶片上 TMV 还是可以移动的。随后的许多研究证明，在 TMV 侵染含 *N* 基因烟草（如 xanthi - nc）的烟株后其内源水杨酸（SA）增加 10 倍以上，而在 30℃下未发现水杨酸有增加的现象，由此可认为在高温下，*N. glutinosa* 型的抗性的过敏反应丧失与在受侵染烟株中不能积累水杨酸有关。

在烟属中还有若干个种对 TMV 的侵染产生过敏反应，*N. sylvestris* 对 TMV 的某些株系的侵染产生过敏反应，形成局部斑痕，且带有 *N'* 基因。Fraser（1979）用 TMV 普通株系接种时形成系统侵染，而再用另一些株系接种时形成圆形局部坏死斑痕，呈过敏反应，当再用这个株系上部叶片接种时，所产生的斑痕既小又少，但不降低 TMV 的繁殖量。随后他又用 TMV 的 10 个株系分别接种具有 *N* 基因和 *N'* 基因烟株。在 *N* 基因烟株上 10 个株系均产生过敏反应，无系统花叶，而在 *N'* 基因烟株上有 9 个株产生局部斑痕，但同时都杂有系统扩展，且像 *N* 基因一样，高温也抑制局部斑痕形成，而成为系统侵染；与 *N* 基因不同的是，在 *N'* 基因斑痕上 TMV 繁殖量较大，且斑痕大小差异较大。另有一个株系在 *N'* 基因烟株上只引起系统花叶。

Miyamoto 等（1975）报道了另一个坏死斑痕烟草种 *N. rustica*，在受 TMV 侵染时，形成系统斑痕。且迅速出现顶部坏死。

在普通烟草 *N. tobacum* 中，从哥伦比亚发现的 Ambalema 抗 TMV。许多研究表明，Ambalema 与其他品种相比，较少受到 TMV 侵染，尤其在较低温度下，受 TMV 侵染植株几乎不出现任何症状，但从受侵染叶片中可检测到少量 TMV 颗粒，而且 TMV 向嫩叶移动速度也较缓慢，因此称之为无症状寄主，应属耐病性类型，同时具有抗扩展和抑制 TMV 繁殖的特性。但在 28℃条件下，生长的烟株受 TMV 侵染后产生严重症状，因此其抗病性也受温度条件的影响，即在较高温度下丧失抗病性。尽管人们从 20 世纪 30 年代就致力于这个抗性的利用研究，但由于无法打破其抗病性与不良农艺性状的连锁，到 20 世纪 50 年代已放弃对这个抗病性的利用研究。

目前在生产上虽无高抗 CMV 品种，但品种间耐病性程度有明显差异。某些品种或种在受 CMV 侵染后，有一定抗侵入能力，有较长的潜育期，在受到 CMV 同样侵染条件下，发病较迟，症状也较轻。有些烟草种，如 *N. benthamiana*，*N. bonariensis* 和 *N. ralmondii* 等，受到 CMV 侵染后表现过敏坏死反应，但都尚未被转育到烟草品种中。烟草对 CMV 的抗病机制是受多因素控制的，许多研究发现在抗（耐）CMV 烟草品种组织中 CMV 的繁殖和移动速度都与感病品种相似，而其移动的范围和距离较小。

目前在生产上抗 PVY 的烟草品种大都是受隐性单基因控制的，其抗源 Virgin A Mutant 在田间和温室接种鉴定中都表现出耐 PVY 的侵染。但 Brandle 等（1995）认为 VAM 具有抗侵染能力，接种后既不表现症状，在组织中也检测不到 PVY 颗粒。尽管除 VAM 外还有一些较好的抗源，但已应用的都与 VAM 有近似等位基因。但近年在智利、阿根廷及国际烟草 PVY 合作研究（Verrier，1997）等都发现了新的株系，不仅能侵染 Virgin A Mutant，而且可以引起严重叶脉坏死。

许多研究表明，对于 PVY 的某些坏死株系的抗病性与对南方根结线虫的感病性是连锁的，Gooding 等（1973）同时用根结线虫（*M. incognita*）和 PVY 的一个坏死株系（M^SN^R）接种后发现，所有感根结线虫的植株都不产生坏死症状，而抗根结线虫的植株都产生坏死症状。

烟草抗 PVY 育种和生产实践证明，抗 PVY 基因与感烟草霜霉病基因紧密连锁难以打破。Horvath（1969）和 Bradley（1964）都报道，抗 PVY 某些株系的烟草品种对欧洲流行的烟草霜霉病菌菌系是感病的，而许多抗霜霉病的品种也高感 PVY 的某些株系，Virgin A Mutant 是由 Virgin A 辐射诱导产生的突变体，它抗 PVY 大多数株系，易感烟草霜霉病，而 Virgin A 是抗霜霉病的。一些抗霜霉病的烟草野生种也都易感 PVY。

四、抗病性的遗传

1929—1938 年，Holmes 就 *N. glutinosa* 对于 TMV 的抗性遗传进行了深入研究，结果表明 *N. glutinosa* 对 TMV 的过敏反应型抗病性是受显性单基因控制的，并命名为 *N* 基因。*N. sylvestris* 对某些株系的侵染产生过敏反应型抗病性，其抗病性也是受显性单基因控制的，但具有这个基因的烟草品种用 TMV 普通株系接种时形成系统侵染，而对多数 TMV 株系的侵染都形成过敏反应圆形坏死斑痕，且具有一定范围的系统扩展，故 *N. sylvestris* 的抗 TMV 基因被命名为 *N'*。

许多研究表明哥伦比亚烟草品种 Ambalema 高抗 TMV，人工接种时，较少受到侵染，在正常温度下接种 TMV 几乎不产生任何症状。Valleau（1952）报道，Ambalema 对 TMV 的抗病性受一对隐性基因 *mt1* 和 *mt2* 控制，且常与不良农艺性状紧密连锁。

在 *N. tabacum* 的资源中有许多材料对 TMV 具过敏反应抗病性，研究表明，其中大多数都是来自 *N. glutinosa*。但也发现个别材料的过敏抗病基因与 *N. glutinosa* 有不同。Mansfield 等（1998）将 TI1500 与具有 *N* 基因的烟草品种杂交，在分析了这个杂种后代的抗病和感病分离情况后，认为在 TI1500 中的抗 TMV 基因与 *N* 基因不是等位的。

Holmes 抗病系是对 CMV 最好的且已被利用抗源。Holmes 抗病系是 *N. glutinosa*、TI245 和 Ambalema 的性状综合后形成的一个稳定的抗病品系，其抗病性受 5 个基因控制，其基因型为 *NNrm1rm2t1t1t2t2*，其中 *N* 基因来自 *N. glutinosa*，*rm1* 和 *rm2* 基因来自 Ambalema，*t1* 和 *t2* 基因来自 TI245。*N. tomentosa* 等种类在接种 CMV 后通常症状比大多数烟草轻，将这些种与普通烟草（*N. tabacum*）杂交后的抗病性遗传研究表明，这些种对 CMV 的抗病性是受隐性单基因控制的。

目前在烟草育种中已被广泛应用的 PVY 抗源主要是 Virgin A Mutant，许多研究已证明其抗病性是受隐性单基因 *va* 控制的，现已被转移到各种类型的烟草中，在 *N. tabacum* 中已被利用的 PVY 抗源大都含有 *va* 的近似等位基因。NC602 是从感 PVY 的 McNair944 通过花粉培养，其单倍体植株与 PVY 坏死株系共同培养诱发产生了一个抗 PVY 的烤烟品系，抗病性遗传研究表明，其抗病基因与 *va* 基因不是等位的。*N. africana* 对 PVY 高抗或免疫，*N. tabacum* × *N. africana* 的种间杂种植株高抗 PVY，抗病性显性。

五、抗病种质资源

烟属野生种和普通烟草品种都有不少烟草花叶病毒（TMV）的抗源，例如 *N. acuminata*、*N. goodspeedii*、*N. glauca*、*N. longsdorffii*、*N. repanda*、*N. rustica*、*N. wigauchioides*、*N. benevides*、*N. gossei*、*N. nesophila*、*N. stocktonii*、*N. suaveolens*、*N. undulata*、*N. vetutina*、*N. sonderae* 和 *N. tomentosiformis* 等。*N. hesperis*、*N. petunioides*、*N. stocktonii* 和 *N. tomentosa* 抗 TMV 的番茄株系。Pobeda 3、CV888 和 Neverokop12 等品种也抗 TMV 番茄株系。美国搜集的 TI 系列种质也存在不少抗源，例如 TI407、TI468、TI203、TI245、TI383、TI384、TI410、TI411、TI412、TI413、TI436、TI437、TI438、TI439、TI448、TI448A、TI449、TI450、TI465、TI470、TI471、TI692 和 TI1467 等品种都抵抗 TMV。

20 世纪 60 年代初期，前苏联对 300 余份烟草品种和烟属植物进行了对 CMV 的抗病性筛选，但没有发现免疫或高抗的材料，仅 *N. benthamiana*、*N. bonariensis* 和 *N. raimondii* 表现过敏坏死反应。此外，Holmes（1960）曾育成 1 个抗 CMV 的品系，通称为“Holmes”。

目前公认的 CMV 抗源主要有 TI245、铁把子、GAT-2 和 GAT-4 等。

烟草野生种中普遍存在着对马铃薯 Y 病毒（PVY 的）的抗病性。Endemann 等（1957）报道 *N. sanderae* 、*N. affinis* 、*N. texana*、*N. triganophylla* 等被 PVY 侵染后，无症状表现。Bode（1958）报道 *N. glauca* 、*N. raimondii* 、*N. tomentosiformis* 不感病。Sievert（1972）鉴定了 62 个种的抗病性，结果表明除以上各种外，还有 *N. benavidesii*、*N. k nighttiana*、*N. miersii*、*N. noctifora*、*N. otophora*、*N. thyrsiflora*、*N. tomentosa* var. *leguiana*、*N. wigandioides* 等 8 个种对 PVY 是免疫的。Burk 等（1982）鉴定了 40 多个烟草种对 PVY 的 3 个株系（M^SM^R、M^SN^R、N^SN^R）的反应，对 3 个株系都表现免疫的有 *N. benavidesii*、*N. glauca* 、*N. raimondee* 和 *N. wigandioides*。可被 1 个或几个株系侵染，但不表现矮化和脉坏死的有 *N. knighttiana*、*N. tomentosa*、*N. otophora*、*N. petunioides*、*N. debneyi*。

日本的研究人员鉴定了 703 个烟草品种（品系），发现 74 个烟草品种（品系）抗 PVY-T，其中有 3 个烤烟品种，20 个白肋烟品种。主要的抗源有 Virgin A Mutant（高抗）、Enshu（中抗）、Okinawa（中抗）、Perevi（低抗）和 Bursana（低抗）等。

六、抗病性鉴定方法

烟草抗病毒鉴定一直采用苗期鉴定方法。因为田间病毒种类复杂，一般不采用田间鉴定方法，如果要了解对各病毒区系的总体抗病情况，可实行田间鉴定。

整个鉴定过程都应在防虫温室内完成，若室内自然光照较弱，可在接种后补充光照。育苗土壤经高压蒸汽灭菌，保证不带病毒。

毒源在接种前一般需连续转接两次以提高其致病性。接种前取症状较为明显的病叶用金刚砂研磨榨汁，再以磷酸缓冲液稀释 40 倍，可根据病毒种类适当调整。在烟苗 3～4 片真叶期，选择晴天的上午进行接种，以利于充分发病。每品种（系）接种株数为 30～40

株。接种后立即用自来水冲洗掉叶面多余病毒汁液。两周后调查病情指数。应分别设置抗、感对照品种各 1～2 个。

发病严重度分级标准如下：

0 级：全株无病。

1 级：心叶脉明或轻微花叶，或上部 1/3 叶片花叶但不变形，植株无明显矮化。

2 级：1/3～1/2 叶片花叶，或少数叶片变形，或主脉变黑，植株矮化为正常株高的 2/3 以上。

3 级：1/2～2/3 叶片花叶，变形或主侧脉坏死，植株矮化为正常株高的 1/2～2/3。

4 级：全株叶片花叶，严重变形或坏死，病株矮化为正常株高的 1/3～1/2。

利用下述公式计算抗病性指数（RI）：

$$RI = \ln\frac{DI}{1-D} - \ln\frac{DI_0}{1-DI_O}$$

式中：DI 为参试品种病情指数；DI_0 为对照品种病情指数（作者采用感病对照品种的病情指数）。

抗病性分级可参考表 21－9 所列出的标准。

表 21－9　抗病性分级标准

抗病等级	免疫	高抗	中抗	中感	高感
抗病性指数	—	<－2.0	－2.0～－1.0	－1.0～－0.0	>0

第四节　线　虫　病

烟草线虫病包括烟草根结线虫病、烟草胞囊线虫病、烟草根褐腐线虫病等，其中以根结线虫病发生范围最广，危害程度最重。本节主要介绍烟草对根结线虫病的抗病性。

一、重要性和主要成就

20 世纪 80 年代以前，烟草根结线虫病仅在我国河南、山东等少数烟区零星发生，但从 80 年代中后期以来，病区逐年扩大，迄今云南、河南、山东等 13 个主要产烟区都有发生，局部地区危害和损失较重，已经成为我国烟草的主要病害之一。由于杀线虫剂成本高、毒性大、残留量高，难以在生产上广泛应用，轮作措施也由于粮烟争地等矛盾不能很好地实施，抗病品种的选育及利用就成为关键防治措施。

烟草对根结线虫病的抗病性利用始于 20 世纪 30 年代，Clayton 等人筛选出了南方根结线虫的抗源并开展了育种工作。最初的抗源主要是 TI706。Moore 及其同事在 1961 年，成功地培育出高抗南方根结线虫（1 号和 3 号小种）并兼抗其他 4 种病害的烤烟品种 NC95。此后，许多育种工作以 NC95 和 Coker139（抗病性亦来自 TI706）为主体亲本，先后育成了 SC72、NC60、K326、G28、G80、RG11、Coker347 等一系列抗南方根结线虫的烤烟品种。

另外，针对其他根结线虫种，例如爪哇根结线虫、花生根结线虫等，也作了较多研究，并在野生种中发现了许多抗源，但是育成的抗病品种很少。Schweppenhauser（1963）成功地把 *N. longiflora* 和 *N. repanda* 的抗病性转移到栽培品种中，Cornelissen 和 Vanwyk（1987）利用（R83×NC95）与 Hicks、Delcrest202 杂交，经过 9 代选择，育出了抗爪哇根结线虫，并兼抗南方根结线虫（2 号、4 号小种）的 KNST16 品系。

根结线虫病还未列入我国抗病育种的主攻目标，只是针对南方根结线虫 1 号小种进行了一般性的抗源筛选。在目前育成品种中，仅有 20 世纪 70 年代利用美国抗病品种 G28 育成的中烟 14 抗南方根结线虫 1 号小种。

二、病原物的致病性与生理小种

根结线虫是专性寄生物，只有卵、二龄期幼虫和雄虫可在烟草体外存活，仅二龄幼虫具有侵染能力。烟草根部分生区的细胞分泌小分子引诱物质，可以将线虫幼虫引诱到根部，二龄幼虫咬破根的表皮，进入根冠后面的延长部位。幼虫头部常处于中柱的维管束鞘和内皮层，而身体则斜处于皮层之中。卵还可在根内孵化，幼虫则移动到邻近的组织中。这种形式的侵染常形成大型虫瘿。

线虫刺入寄主组织的唾液分泌物，可能是酶和生长素的混合物，具有刺激寄主形成某些特殊细胞的作用。线虫可以在这些细胞上取食，刺激细胞分裂，引起细胞肿大，形成根结。

被根结线虫侵入的烟草植株，更容易受到真菌和细菌危害，抗病性降低。

根结线虫属中已报道的种类达 40 多种，普遍危害烟草的有 5 种：南方根结线虫[*Meloidogyne incognita*（Kofoid and White）Chitwood]、爪哇根结线虫[*Meloidogyne javanica*（Treub）Chitwood]、花生根结线虫[*Meloidogyne arenaria*（Neal）Chitwood]、北方根结线虫（*Meloidogyne halpa* Chitwood）和高弓根结线虫（*Meloidogyne acrita* Chitwood）。南方根结线虫有 1 号、2 号、3 号和 4 号生理小种，花生根结线虫有 1 号和 2 号生理小种（表 21-10）。

在我国烟草上 5 种根结线虫都有发现，以南方根结线虫 1 号小种占优势。自 20 世纪 90 年代以来，爪哇根结线虫和花生根结线虫 2 号小种的比例逐年上升，在局部地区已成为优势种，北方根结线虫和高弓根结线虫只在少数地区发现。

同一种根结线虫来自不同地区的分离物，致病性存在比较明显的差异。单个卵块或单个幼虫繁殖的后代致病性也有变化。Tiantaphyllouh 和 Sasser（1960）从 15 个南方根结线虫种群分离出的单个卵块或单个幼虫，在抗病烟草上连续移植 3～5 次后，致病性较原分离物有明显增高。

根结线虫种群在抗病寄主上繁殖几代后，原来比率很小的致病类型，可能不断增多而居优势。山东诸城从 1989 年起，长期单一种植抗南方根结线虫 1 号小种的 G80，到了 1995 年，抗病性“丧失”而表现感病。1995 年采集的标样，鉴定为花生根结线虫 2 号小种。由于长期单一种植抗南方根结线虫 1 号小种的品种，致使 1 号小种虫口逐年减少，致病的花生根结线虫 2 号小种上升为优势种群，使抗病品种“丧失”了抗病性。

不同种或不同小种的根结线虫，对于同一烟草品种的致病性差异很大，绝大多数抗南方根结线虫的品种，感染其他根结线虫。

表 21-10　根结线虫的鉴别寄主

根结线虫种	烟草	棉花	辣椒	西瓜	花生	番茄
南方根结线虫						
1 号小种	−	−	+	+	−	+
2 号小种	+	−	+	+	−	+
3 号小种	−	+	+	+	−	+
4 号小种	+	+	+	+	−	+
花生根结线虫						
1 号小种	+	−	+	+	+	+
2 号小种	+	−	−	+	−	+
爪哇根结线虫	+	−	−	+	−	+
北方根结线虫	+	−	+	−	+	+

注：烟草品种是 NC95，棉花品种是 Deltapine16，辣椒品种是 California wonder，西瓜品种是 Charleston Grey，花生品种是 Florrunner，番茄品种是 Rutgers。该表引自《植物根结线虫：生物学、分类鉴定和防治》，泰勒和萨塞著，杨宝君和曾大鹏译，科学出版社 1983 年出版。

三、抗病性类型和特点

抗根结线虫的烟草形成的根结小而少，根结线虫繁殖差，数量少，烟株生长正常。抗病性表达为阻止幼虫在根内的生长、发育和繁殖，导致线虫死亡或改变成虫雌雄比例，使雄成虫增多。

一般说来，品种间抗根结线虫侵入的能力差异不大，但也有抗侵入的品种。抗侵入品种的根分泌物可抑制卵孵化，阻止二龄幼虫趋根移动或者分泌物中含有杀线虫的化学组分。Shukla 等（1988）研究了抗病与感病品种根分泌物对根结线虫的影响，结果抗病品种 NC95 的根系分泌物，对卵孵化有很强的抑制作用，对于二龄幼虫的存活能力也有很大影响。抗病品种根分泌物中的总酚、游离氨基酸和总糖都多于较感病的品种。

大多数抗病品种具有主动抗病性。在线虫侵入后，寄主本身发生一系列抗病生化反应，产生了一些不利于线虫发育的代谢物质。抗病烟草品种 NC95 在南方根结线虫侵入后，过氧化物还原酶活性显著增高，根部酚类和多酚类物质含量增多。抗病品种被爪哇根结线虫侵染后，根内酚类、游离氨基酸等增多，特别是羟脯氨酸的增高，一直被视为寄主抗根结线虫反应的标志。还有些抗病品种发生了过敏性反应，侵染点周围细胞快速死亡。抗高弓根结线虫的 *N. repanda* 就发生过敏性抗病反应，氧化作用产物绿原酸迅速积累，侵入的线虫被坏死细胞包围而不能穿透皮层。吲哚乙酸（IAA）氧化作用影响根结形成，这种氧化作用受到酚类物质的影响，单酚/多酚比例高，可以提高氧化作用水平，促进根结的形成。抗病品种受到侵染前后单酚/多酚比例变化不大，但感病品种被侵染后，单酚/多酚比例很快增高。

另外，有些烟草抗病品种根组织的结构特点或化学组成，不利于线虫侵染与发病，表现为细胞壁较厚，具有抑制线虫酶活性的化学成分或者缺少线虫发育所必需的营养物质。

有些烟草品种对于根结线虫有不同程度的耐病性，线虫可以正常繁殖，但不造成很大的伤害。

四、抗病性的遗传

有关研究较少。最早 Clayton 发现 TI706 对南方根结线虫的抗病性是由多基因控制的，并用该品种作抗源，于 1950 年育成了抗病性较好的品系 RK42，但抗病性与不利性状（小叶、窄叶、低产）紧密连锁。后来用 RK42 与（*N. sylvestris*×*N. tomentosiformis*）的一个异源多倍体杂种杂交，成功地打破了这种连锁，其抗病性是由单基因控制的，亦即排除了较不重要的抗病基因，只保留了 TI706 的显性主效基因。

Schweppenhauser 利用 256 品系（来自烟草品种 Nyoka）与 *N. longiflora* 杂交，成功地把对爪哇根结线虫的抵抗性转移到栽培品种中，抵抗性是由一个主效基因和多个修饰基因共同控制的。Radotani 等（1985）研究了 Okinawa12 对爪哇根结线虫的抵抗性，发现亦为显性单基因控制，且与低温敏感基因紧密连锁。

五、抗病种质资源

对于南方根结线虫，美国等国家利用的主要抗源是 TI419、TI422、TI706 以及抗病性来自 TI706 的 NC95、Coker139 等。对于其他种根结线虫，在栽培品种或品系中，很少发现抗源。对于爪哇根结线虫，256 品系（来自烟草品种 Nyoka）和 PCT－4 的抗病性较好。

烟草野生种中对不同根结线虫都有许多抗病性资源（表 21－11）。特别是 *N. repanda*，对多种根结线虫都有较高的抗病性。*N. arensii*、*N. exigua*、*N. knightiana*、*N. longiflora*、*N. megalosiphon*、*N. nudicaulis*、*N. otophora* 和 *N. paniculata* 等野生种至少对一种以上的根结线虫表现高抗或中抗。由于不同研究者鉴定的材料来源和鉴定方法不同，对于一些种质资源的抗病性评价可能存在差异。Arcia 等发现 *N. otophora* 的不同材料对南方根结线虫 1 号与 4 号小种的反应不同。在供试的 5 个材料中，Laquinta 抵抗这两个小种，Jujuy 对 4 号小种有一定的抵抗性，其余 3 个材料对两个小种都是感染的。

表 21－11 抗根结线虫的烟草野生种质

根结线虫种类	抗病资源
南方根结线虫	*N. arensii*、*N. glauca*、*N. longiflora*、*N. otophora*、*N. plumbaginifolia*、*N. megalosiphon*、*N. repanda*、*N. knightiana*、*N. paniculata*、*N. nudicaulis*
花生根结线虫	*N. longiflora*、*N. megalosiphon*、*N. arensii*、*N. repanda*
高弓根结线虫	*N. repanda*、*N. megalosiphon*、*N. arensii*、*N. sylvestris*、*N. tomentosa*、*N. otophora*、*N. paniculata*、*N. nudicaulis*、*N. glauca*
爪哇根结线虫	*N. megalosiphon*、*N. sylvestris*、*N. longiflora*、*N. repanda*、*N. otophora*

中国农业科学院烟草研究所从 20 世纪 80 年代起，对我国收集的品种资源进行了鉴定，由 3411 份材料中，筛选出 93 份抵抗南方根结线虫 1 号小种的材料（表 21－12），其中晒烟有 72 份，说明我国晒烟中存在较多抗病资源，可进一步挖掘利用。

表 21-12　我国烟草品种资源中部分抗根结线虫病的材料

品种名称	品种类型	品种名称	品种类型
竖把 2135	烤烟	有把烟	晒烟
单育 3 号	烤烟	无把烟	晒烟
信杂 1 号	烤烟	秀山叶子	晒烟
中卫 2 号	烤烟	柳叶尖	晒烟
中烟 14	烤烟	小立耳 1 号、2 号	晒烟
讪河无名烟	晒烟	兴仁大柳叶 1 号、2 号	晒烟
莲花烟 1 号、3 号、4 号、5 号	晒烟	毛秆烟	晒烟
Bureyl	白肋烟	Kokobu izmir	香料烟

六、抗病性鉴定方法

烟草对根结线虫病的抗病性，多用形成的根结数量和线虫的繁殖数量两种指标评价。对于耐病品种的评价，还应进行产量测定。抗病性鉴定可以在温室内进行，也可以在田间进行。

（一）田间鉴定

田间自然发病鉴定是最直接的鉴定方法，比较接近生产实际，可以在历年发病较重的地块进行。但由于田间虫源密度不均匀，品种年度间发病差异较大。

病圃鉴定是最有效的田间鉴定方法。建立病圃，首先必须繁殖纯一的虫源和设立严格的隔离条件。还要定期进行线虫种类和数量监测，保持较稳定的种群密度。

田间鉴定受环境因素影响较大，最好多年重复鉴定，综合评价。

（二）温室鉴定

温室鉴定比较省工省时，环境条件一致，是目前普遍采用的方法。

常用病土或根结接种，所得结果与田间发病比较一致。将苗龄 35～40 天的烟草移栽到有虫土壤（病土或根结与消毒营养土按 1∶4 的比例混合均匀）中，在室温 25～30℃条件下生长 2 个月。调查时拔出烟株，冲洗掉根上的泥土，统计根结数量。

卵接种法也是一种较好的接种方法。该法先在感病番茄品种 Rugter 上繁殖根结线虫，然后用 NaOCl 法提取、制备和定量卵悬浮液，使每毫升悬浮液含线虫卵 1 000 个。根据鉴定要求，每株接种相同数量的卵。接种株在室温 25～30℃的条件下生长 2 个月后，检查并计数根系上的根结数或卵块数。

卵接种法比病土（病根）接种法更为可靠和准确，病原生物型单一，接种量一致，但方法比较繁琐。

七、抗病育种和品种利用的经验、问题及解决途径

烟草对抗根结线虫的抗病育种和品种利用，大多是针对南方根结线虫进行的。生产上利用的品种均具有对单一线虫的抵抗性，这导致其他根结线虫种类数量上升。当前烟草抗根结线虫育种的主要问题，是如何利用已有的抗源，培育出抵抗其他种线虫，或者兼抗多种根结线虫的优质品种。

大多数抗源材料为野生种质，这增加了抗病性利用的难度。这些抗源大多是劣质低产的，不良性状往往随着抗病性一起遗传给后代，难以分离出抗病且优质的品系。这就要求对抗源的遗传性有较深入的了解，开展对各类抗源抗病机制研究，开辟亲本利用的合理途径。

生物技术的发展使我们得以采用远源杂交、体细胞融合、抗病性相关基因克隆与转化等途径，创造大量的抗病中间材料，再结合常规杂交育种，更快地获得优质高抗的品系或品种。

第五节　青枯病

青枯病是热带和亚热带地区烟草的毁灭性病害，主要分布在北纬45°至南纬45°之间。该病于1880年在美国北卡罗来纳州的Granwille地区首次发现，1910年某些农场因病减产25%～100%，1920—1940年一些农场被迫停止种烟。我国长江以南各烟区普遍发生青枯病，尤以台湾、广东、广西、福建、湖南、四川和贵州等省（自治区）受害最重。1953年在贵州省贵定、龙里等地的为害程度超过黑胫病，1984—1986年在贵州省遵义、广东省梅州和广西各烟区严重发生，不少田块发病率达50%以上，1998年在福建龙岩和三明再一次暴发流行，严重田块发病率达70%以上。近年烟草青枯病有向北扩展蔓延的趋势，河南、山东、辽宁等省的局部地区相继发病，个别地块发病率超过30%。

虽然一些栽培措施可以减轻烟草的损失，但没有任何单一措施可以控制该病的为害。轮作是最有效的栽培措施，但在生产实践中基本无法实施，药剂防治亦难奏效。国内外的实践证明利用抗病品种是经济而有效的措施。

一、烟草青枯病菌的致病性与生理小种

烟草青枯病菌为茄劳尔氏菌 *Ralstonia solanacearum*，菌体杆状，两端钝圆，大小为0.9～2.0μm× 0.5～0.8μm，具有1～3根鞭毛，多为单极生，偶有两极生，无内生孢子，无荚膜，好气性，革兰氏染色阴性反应。该菌生长的温度范围为18～37℃，最适温度为30～35℃，致死温度为52℃10min。

青枯病菌的寄主范围很广，侵染的双子叶植物达33科220多种，其中茄科植物受害最重，也可以侵染某些单子叶植物。田间许多杂草都是该菌的寄主。

青枯病菌种内存在致病性、生化特性、血清学反应或噬菌体敏感性不同的类型。根据寄主范围的不同，可分为3个生理小种，1号小种侵染番茄、烟草、马铃薯、茄子等茄科植物以及花生等其他科植物，2号小种侵染香蕉和海里康属植物，不侵染烟草，3号小种侵染马铃薯和番茄，也不侵染烟草。小种内还存在致病性或其他特征上有差异的众菌系或亚小种。例如，有人根据生化特性，区分出4个生化型。

在田间条件下，青枯病菌多从根部伤口侵入，移栽所造成的伤口最适于侵入。地下害虫或根结线虫为害所造成的伤口，也是青枯病侵入的门户。在菌量多时，即使没有伤口也能侵入，此时从新生根萌发处或根毛与皮层连接处侵入，但侵入效率较低。病原菌侵入后立即进行分裂繁殖，并进入维管束，在茎部维管束中移动的速度取决于土壤湿度、空气温

度和品种抗病性水平等因素。有人发现在接种后 24h，病原菌在茎中以 0.25m/h 的速度向上移动，发生移动的最低、最适和最高温度分别为 15℃、32℃和 40℃。

毒性菌系进入感病品种的维管束系统以后，可以迅速繁殖，产生由多糖和肽类组成的黏胶物质，提高维管束流的黏度，导致维管束的堵塞。细菌的菌体聚团的本身，在某种程度上也阻碍水分的移动。青枯病菌还产生纤维素酶和果胶酶，降解和破坏水分输导组织，加重萎蔫程度。弱毒株系或无毒株系不产生黏胶物质，产生的纤维素酶也很少，这可能是由于病原菌繁殖减低的缘故。

二、烟草的抗病特点

对于烟草抗青枯病的性质研究甚少，Smith 和 Clayton 发现抗病性来自 TI448A 的烟草品（系）种在生长季早期常有明显萎蔫症状而后期恢复正常，除了比健康植株少 1～2 片叶外，无明显外部症状。

在感病品种植株体内，病原菌产生多量生长抑制物质，干扰水分输导和正常代谢，病株矮小。受侵染烟株体内还出现生长激素失衡，尤其是吲哚乙酸（IAA）含量增加，薄壁细胞增加，维管束发生变化，导管内形成侵填体。病原菌侵染后，在抗病品种导管内能迅速形成侵填体。

在生产季节同量接菌的条件下，抗病品种 Coker86 和 NC95 根系上青枯病菌群体的数量显著少于感病品种 Hicks。这表明抗病品种可以抑制病原菌的繁殖，从而降低田间再侵染的菌源数量。

有人发现抗病品种显症比感病品种迟，症状发展缓慢。感病品种 BY4 在病害严重发生之前，病原菌就达到了最大的群体密度（10^8 cfu/g 土壤），而对于抗病品种 NC95 和 SC72，病原菌达到同样的群体密度要晚得多。Ono 等利用噬菌体检测技术，检查病株根部细菌数量，发现抗病品种 Awa（抗病性不同于 TI448A 抗病性）与感病品种无明显区别，但在抗病品种中病原菌移动缓慢。

三、抗病种质资源

1934—1936 年美国农业部派考察组赴墨西哥、中美洲及南美洲广泛搜集烟草种质资源，通过温室接种鉴定，从哥伦比亚的一个选系 TI448 中发现了一个变异株，对青枯病有高度抗病性，留种繁殖后定名为 TI448A。它与烤烟品种杂交所获得的抗病品系都有类似烤烟的性状，具有可接受的质量特征。TI448A 是美国烤烟抗青枯病育种的主体抗源。

1942 年 Clayton 和 Smith 将来自爪哇的 TI79A 与土耳其的两个中抗品种杂交，育成了高抗青枯病的品系，定名为 79X，其抗病程度高于任何一个亲本，也用作抗源，但抗病性常与小叶和品质差的性状连锁。

1977 年 Matsuda 从日本地方品种鉴定出 Enshu 和 Hatanodaruma 两个高抗青枯病的材料，并在日本的烤烟和晾晒烟抗青枯病育种中应用。

我们经过多年田间病圃接种鉴定，基本上确认了国外资源的抗病性，还从我国地方品种中初步筛选出 43 个抗病资源，除了反帝 3 号-丙、白花 205 和 84 - 3117 是育种家利用抗源育成的烤烟品种外，其余均为地方晒烟品种（表 21 - 13，表 21 - 14）。

表 21-13 国外抗青枯病的烟草种质资源

名 称	抗病性水平	来源地	报 道 人
TI79A	抗	爪哇	Clayton 和 smith，1942
Xanthi	抗	土耳其	Clayton 和 smith，1942
Sumatrac	抗	印度尼西亚	Honing，1914
Awa	抗	日本	Matsuda 和 Ohashi，1973
Hatano	抗	日本	Matsuda 和 Ohashi，1973
Kokubu	抗	日本	Matsuda 和 Ohashi，1973
Oderuma	抗	日本	Matsuda 和 Ohashi，1973
79X	抗	美国	Clayton 和 smith，1942
TI448A	抗	哥伦比亚	Clayton 和 smith，1942
Enshu	抗	日本	Matsuda，1977
Hatanodaruma	抗	日本	Matsuda，1977

表 21-14 我国地方品种中青枯病抗病资源

资源名称	类型	抗病性水平	备 注
反帝 3 号-丙	烤烟	抗	DB101×湄潭大柳叶
白花 205	烤烟	抗	G28 花药辐射 H2
84-3117	烤烟	抗	(G140×大白筋 599) H2
舒兰光把	烤烟	抗	吉林舒兰县
竹县大叶子	晒烟	抗	山西忻州市
浮山大烟叶	晒烟	抗	山西浮山县
临县簸箕片	晒烟	高抗	山西临县
临县泥土片	晒烟	抗	山西临县
韩城烟	晒烟	抗	山西石楼县
芮南烟子	晒烟	高抗	山西石楼县
芮城大叶旱烟	晒烟	高抗	山西石楼县
永济千斤塔	晒烟	抗	山西永济县
永济大叶笨烟	晒烟	抗	山西永济县
芮城莴苣烟叶	晒烟	抗	山西石楼县
小柳叶烟	晒烟	高抗	山西芮城县
蜀晋烟叶	晒烟	高抗	山西
贵阳烟	晒烟	高抗	河南许昌市
清涧羊角大烟	晒烟	高抗	陕西清涧县
子洲羊角大烟	晒烟	高抗	陕西子洲县
西藏多年生烟	晒烟	抗	西藏
安流晒烟	晒烟	高抗	广东五华县
辣烟-2	晒烟	抗	广西隆林
灵山申利	晒烟	抗	广西灵山县
柴花香	晒烟	高抗	山东昌乐县
小杀猪刀	晒烟	抗	湖北竹山县
尖叶密梗	晒烟	抗	广东
灵山土烟	晒烟	抗	广西灵山县
荔浦土烟-3	晒烟	抗	广西荔浦县
荔浦土烟-4	晒烟	抗	广西荔浦县
高山烂花烟	晒烟	抗	湖北来凤县
二兰烟	晒烟	抗	湖北咸丰县
咸丰大铁板烟	晒烟	抗	湖北咸丰县

（续）

资源名称	类型	抗病性水平	备　注
咸丰大角烟	晒烟	抗	湖北咸丰县
千斤塔（圆叶种）	晒烟	抗	湖北黄冈县
黑骨小湖	晒烟	高抗	福建平和县
疏节金林尾	晒烟	高抗	广东广州市
大筒烟	晒烟	抗	广东增城县
密节金林尾	晒烟	抗	广东广州市
企叶种	晒烟	高抗	广东廉江市
遵义泡杆烟	晒烟	高抗	贵州遵义县
勐海乡晒烟-1	晒烟	抗	云南勐海县
80-1	晒烟	抗	
晋太35	晒烟	高抗	大明烟×蛟河晒烟

四、抗病性的遗传

不同的抗源，抗病性遗传方式不同。TI448A对青枯病的抗病性是受隐性多基因控制的。79X的抗病性亦是受隐性多基因控制的，但与TI448A的关系至今尚未确定。Smith和Clayton发现，79X与TI448A杂交的F_1代，比两个亲本感病，推测这两个抗源材料的抗病基因不同。

日本一些具有中度抗病性的材料，例如Awa、Hatano、Kokubu和Odannur等，它们的抗病性是受部分显性基因*Rps*控制。高抗品种Enshu和Hatanodaruma的抗病性不仅受*Rps*基因控制，而且还受多基因控制。

据遗传分析，DSPA抗病性为多基因控制，Xanthi的抗病性是部分显性基因*Rxa*控制的，Xanthi的抗病性还包括多基因因素，Sumatra C和Awa的抗病性受相同基因控制（表21-15）。

我国地方晒烟品种中存在一批抗青枯病材料，其遗传基础尚需进一步研究。

表21-15　抗青枯病种质资源的抗病性遗传方式

抗源名称	遗传方式	报道人及年份
TI448A	隐性多基因	Smith等，1948
79X	隐性多基因（与TI448A不同）	Smith等，1948
Awa	部分显性基因*Rps*	Matsuda等，1973
Enshu	*Rps*和多基因	Matsuda等，1973
DSPA	多基因	Matsuda，1973
Samatra C	*Rps*和多基因	Matsuda，1973
Xanthi	部分显性基因*Rxa*	Matsuda，1973

五、抗病性鉴定方法

（一）温室苗期鉴定

温室苗期鉴定应用较多的有两种接种方法。一种为注射接种法，即用注射器将浓度为76 $\times 10^8$ cfu/ml的细菌悬浮液1滴注入第二或第三片完全张开叶的叶腋处。然后在28～30℃的温度下保湿，诱发病害发生。另一种为伤根灌菌液接种法，即在盆栽烟株距茎2～

2.5cm 的一侧用小刀划深约 4 cm 左右，以切断侧根，并立即倒入 10ml 浓度为 7.6×10^8 cfu/ml 细菌悬浮液。然后保持足够的土壤湿度和 28～30℃的温度。于接种后 7 天、10 天、15 天和 21 天调查病情。

这两种接种方法都可获得较好的结果，伤根浇灌接种可以更有效地区分抗病和感病的差异。

（二）大田鉴定

大田鉴定一般在青枯病病圃中进行，并辅之以人工接种以使田间菌量均匀一致。为了正确评价供试材料的抗病性水平，设抗病品种 DB101 和感病品种长脖黄为对照品种。分别在发病初期、盛期和末期，按 0～4 级标准，调查病害严重度，计算病情指数。参照抗病和感病对照发病情况，综合评价各供试材料的抗病性水平。

还有人用浇灌法接种，将浓度为 8×10^6 cfu/ml 的毒性菌系菌体悬浮液，在移栽时，按每株 50ml 的用量倒入穴中。这种方法比移栽成活后再伤根接种更有效。关于病情调查指标，也有人采用流行速度和病情发展曲线下面积。

六、抗病育种进展

1934—1941 年，Clayton 等从 1000 多份材料中选出了高抗青枯病的 TI448A，以它为亲本，于 1945 年育成了第一个抗青枯病烤烟品种。此后又育成了 DB101、DB102、Coker139 等一系列抗病品种，使得青枯病为害大大减轻。津巴布韦、日本、菲律宾等国主要采用具有 TI448A 血统的亲本，开展抗青枯病育种。

从 1980 年开始，Richard 等为了提高品种的抗病水平，用不同遗传背景的材料与烤烟品种 Speight G-15 进行随机杂交，通过轮回选择把不同抗病性基因累加到烤烟中，获得了一批病情指数很低的高抗材料。

我国抗青枯病育种起步较晚。1955 年台湾省在进行抗 TMV 和抗白粉病育种的同时，加强了抗青枯病的选育工作。将选出的 5 个最抗青枯病的材料与 T. T. 5（抗 TMV 和白粉病）杂交，经过多年接种鉴定，选出了 5 个优于 T. T. 5 兼抗青枯病、TMV 和白粉病的品系，育成了兼抗 TMV 和青枯病的 T. T. 8。

1970 年，袁伟林等利用 DB101 为抗病亲本与泥潭大柳叶杂交，选出了抗青枯病的品种反帝 3 号-丙。1980 年中国农业科学院烟草研究所以 G28、G140 为抗病亲本，通过杂交或辐射育种，选出了白花 205 等抗青枯病的烤烟品种，但因其品质等不理想而未能推广种植。贵州省烟草研究所选育的贵烟 11，1996 年通过了全国烟草品种审定，该品种较抗青枯病，品质优良，已在贵州烟区推广种植。从 1986 年开始，中国农业科学院烟草研究所与贵州省烟草研究所协作，在田间辅助接种的青枯病病圃中，对 1659 份资源材料进行了抗病性筛选，有 43 份材料抗青枯病。我国晒晾烟资源中有一批高抗青枯病的材料，这为开展抗青枯病育种提供了物质基础。

目前我国的烤烟品种大都是从美国引进的，其中 G28、K326、NC82、G80、NC89 等，据资料介绍是抗青枯病的，但在生产调查和病圃鉴定中发现，都较易感病。CORESTA 青枯病合作试验中，所用材料包括了已有各类抗源，但在 1986 年和 1997 年都严重发病。这些变化究竟是环境条件不同引起的，还是青枯病菌致病性不同造成的，需要进一步研究。

参 考 文 献

第一节

[1] 李惠琴．烟草黑胫病抗性鉴定方法与抗性指标的探讨．中国烟草，1982 (1)：39～41

[2] 佟道儒主编．烟草育种学．北京：中国农业出版社，1997

[3] 王智发等．山东省烟草黑胫病菌生理分化的研究．植物保护学报，1985，12 (1)：51～55

[4] 中国农业科学院烟草研究所．中国烟草品种志．北京：农业出版社，1987

[5] 周嘉平等．烟草抗黑胫病突变体的细胞筛选．遗传学报，1986，17 (3)：180～188

[6] 朱贤朝，郭振业，刘保安等．我国烟草黑胫病菌生理小种研究初报．中国烟草，1987 (4)：1～3

[7] 朱贤朝．烟草黑胫病菌生理小种研究概论和鉴定技术．中国烟草，1982，2 (1)：23～27

[8] Apple JL. Physiological specialization within *Phytophthora parasitica* var. *nicotianae*. Phytopathology, 1962, 52: 351～354

[9] Apple JL. Transfer of resistance to blank shank (*Phytophthora parasitica* var. *nicotianae*) from *Nicotiana plumbaginifolia* to *N. tabacum*. Phytopathology, 1962, 52: 1

[10] Apple JL. Pathogenic, cultural, and physiological variation within *Phytophthora parasitica* var. *nicotianae*. Phytopahology, 1957, 47: 733～740

[11] Chaplin JF. Comparison of tobacco blank shank resistance from four sources. Tob Sci, 1966, 10: 59～62

[12] Csino AS. Differential root and stem resistance to tobacco blank shank. Coresta, 1997 (1): 124～125

[13] Flower RA, Johnson AW. Occurrence of race 1 of *Phytophthora parasitica* var. *nicotianae* in Georgia. Plant Dis. Rep, 1973, 57: 832～833

[14] Flowers RA, Smiley JH. Occurrences of racc 1 of *Phytophthora parasitica* var. *nicotianae*. Ky Agr Exp Sta, Anuual Report, 1969, 81: 82～83

[15] Gustave S, Haward E, et al. Comparative blank shank. Resistance of Beinhart 1000 (Quin Diaz), NC5346 and Rg in F1 generation involving various tobacco types. Tob Sci, 1963, 7: 144～147

[16] John L. McIntyre, Taylor GS. Screening tobacco seedling for resistance to *Phytophthora parasitica* var. *nicotianae*. Phgtopathology, 1976, 66: 70～73

[17] Johnson EM, Stokes GW, Valleau WD. Breeding studies with tobacco. Ky Agr Exp Sta Anuual Report, 1958, 71: 25

[18] Joseph L, Troutman RG, Henderson, Lapraok JL. Indexing tobacco for blank shank resistance. Tob Sci, 1962, 6: 107～109

[19] Kutova I, Ivancheva - Gabrovska T. Resistance of *Nicotiana* species to blank shank (*Phytophthora parasitica* var. *nicotianae*). Bulletin Coresta, 1984 (2/3): 71

[20] Lamprecht MP, Prinsloo GC, Wanwyk RJ. Inheritance of resistance to race 2 of the blank shank fungus (*Phytophthora parasitica* var. *nicotianae*) of tobacco. Agroplantae, 1974, 6: 73～76

[21] Lamprecht MP. Breeding flue - cured tobacco resistant to South African blank shank (*Phytophthora parasitica* var. *nicotianae*). Agroplantae, 1973, 5: 67～72

[22] Litton CC, Collins GB, Legg PD. Reaction of *Nicotiana tabacum* and other *Nicotiana* species to race

0 and 1 of *Phytophthora parasitica* var. *nicotianae*. Tob Sci, 1970, 14: 128～136

[23] Litton CC, Nielsen MT. Use of metalaxyl to inprove black shank screening technigue. Tob Soi, 1983, 27: 84～86

[24] Main N, Delon R, Trentin F, et al. Two techniques for assaying resistance to *Phytophthora parasitica* var. *nicotianae* on young tobacco plants. Tob Sci, 1995, 39 (2): 43～48

[25] Pringsloo GC, Pauer GDC. Identification of races of *Phytophthora parasitica* var. *nicotionae* occurring in South Africa. Phytophylactica, 1974, 6 (4): 217～219

[26] Valleau WD, Johnson EM, Stokes GW. Black Shank resistance from wild species of *Nicotiana*. Kentucky Agr Exp Sta Anual Report, 1959, 72: 10～11

[27] Wersman EA, Matzinger DF, Powell NT. Genetic investigations of intraspecific and interspecific sources of blank shank resistance in tobacco. Tob Sci, 1974, 18: 15～18

[28] Wills WH, Laurenc D Moore. Response of some cultivars and lines of tobacco to stem inoculation with *Phytophthora parasitica* var. *nicotianae*. Tob Sci, 1971, 15: 51～53

第二节

[29] 陈惠明，刘敬业，冉邦定．烟草感染赤星病后有关酶动态的研究．中国烟草学报，1994，2 (2)：21～27

[30] 董汉松，王智发．烟草赤星病菌致病性分化和弱毒株抗病性诱导作用的研究．植物保护学报，1992，19：87～90

[31] 郭永峰．烟草赤星病抗病性鉴定的新方法——毒素抗病性鉴定法．中国烟草，1995，4：44～47

[32] 郭永峰，朱贤朝，石金开等．烟草对赤星病田间抗病性的遗传研究．中国烟草科学，1998，3：1～6

[33] 郭永峰，朱贤朝，孔繁玉等．赤星病抗源的抗性比较．中国烟草科学，1997，1：1～6

[34] 王素琴，李杨立，刘凤兰，宋惠远．"净叶黄"抗赤星病遗传规律的测定．烟草科技，1995，1：30～32

[35] 吴中心，姚根怀，张同庆，张保占．烟草赤星病抗病性鉴定方法的研究．植物保护，1994，20 (1)：13～14

[36] 中国农业科学院烟草研究所．中国烟草品种志．北京：农业出版社，1987

[37] Chaplin JJ, Graham TW. Brown spot resistance in *Nicotiana tabacum*. Tobacco Science, 1963, 7: 59～62

[38] Dobhal VK, Monga D. Genetic analysis of field resistance to brown spot caused by *Alternaria alternata* (Fries) Keissler in Nicotiana tabacum Linn. Tobacco Research, 1991, 17 (1): 11～15

[39] Kodama M, Sazuki T, Otani H, et al. Purification and bioassay of host - Selected AT - toxin from *Alternaria alternata* causing brown spot of todacco. Ann Phytopath Soc Japan, 1990, 56: 628～636

[40] Lloyd HL. Therapeatic effect of kinetin on tobacco alternariosis. Nature, 1972, 240: 94～96

[41] Lucas GB. Disease of Tobacco (3rd ed). Raleigh, NC Biol Comsulting Associates, 1975, 267～296

[42] Main CE, Chaplin JF. Resistance to brown spot in flue - cured tobacco. Phytopathology, 1968, 58: 730

[43] Nishimura S, Kohmoto K. Host - specific toxins and chemlcal structures from Alternaria species. Ann. Phytopathol, 1983, 21: 87～116

[44] Ramm CV, Lucas GB. Variability in susceptibility of Nicotiana species to *Alternaria longipes*. Plant

Dis Reptr, 1963, 47 (5): 369～371

[45] Stavely JR, Slana LJ. Relation of leaf age to the reaction of tobacco to *Alternaria alternata*. Phytopathology, 1971, 61: 73～78

[46] Stavely JR, Gwynn GR, et al. Brown spot resistance in *Nicotiana tabacum* germplasm. Tobacco Science, 1981, 25: 24～29

第 三 节

[47] 陈保善等. 广东省烟草花叶病病原病毒鉴定. 病毒学报, 1996, 2 (2): 166～173

[48] 付鸣佳等. 广东烟草花叶病毒株系研究. 中国病毒学, 1997, 3: 254～259

[49] 王劲波, 王凤龙, 钱玉梅等. 山东烟区主要病毒的株系鉴定. 中国烟草学报, 1998, 4 (1): 24～32

[50] Aenderson RG, Chaplin JF. Reaction of homozygous and heterozygous root knot resistant tobacco breeding lines to a vernal - necrosis strain of potato virus Y. Tob Sci, 1978, 22: 126～127

[51] Arcia - Monteyuma MA. Sources of resistance in tobacco to potato virus Y and their mode of inheritance. Diss Abstr, Int B, 1979, 40 (1): 11～12

[52] Chen CH, Wu JK, Chang CS, et al. Breeding tobacco resistant to cucamber mosaic virus. Tob Abstr, 1978, 22 (4): 1 195

[53] Edmondson ER. Studies of potato virus Y on tobacco: Inheritance of resistance and interaction with other viruses. Tob Abstr, 1973, 17 (2): 360

[54] Fraser R S S Systemic consequences of the local lesion reaction to tobacco mosaic virus in a tobacco variety lacking the N gene for hypersensitivity. Physiol Plant Pathol, 1979, 14 (3): 383～394

[55] Fraser RSS. Varying effectiveness of the N' gene for resistance to tobacco mosaic virus in tobacco infected with virus strains differing in coat protein properties. Physiol Plant Pathol, 1983, 22 (1): 109～119

[56] Gooding GV Jr, Tolin SA. Strains of potato virus Y° affecting flue - cured tobacco in the Southeastern United States. Plant Dis Rep, 1973, 57 (3): 200～204

[57] Gooding GV Jr, Wersman EA, Rufty RC. Reaction of *Nicotiana tabacum* L. cultivar Havana 307 to potato virus Y, tobacco vein mottling virus, tobacco etch virus and *Peronospora tabacina*. Tob Sci, 1985, 29: 32～35

[58] Johnson MC, Pirone TP. Evaluation of tobacco introduction 1406 as a source of virus resistance. Phytopathology, 1982, 71: 68～71

[59] Lakshman DK, Gonsalves D. Genetics analysis of two large lesion isolates of cucumber mosaic virus. Phytoputhology, 1985, 75 (7): 758～762

[60] Lucas GB, Gooding GV, Sasser JN, et al. Reaction of *Nicotiana africana* to black shank, Granville wilt, root knot, tobacco mosaic virus and potato virus Y. Tob Int, 1980, 182 (23): 64～65

[61] Mansfield KM, Wilkinson CA, Tolin SA. Inheritance of tobacco mosaic virus resistance in TI1459, TI1462 and TI1500. Tob Abstri, 1998, 42 (5): 53

[62] Miyamoto S, Miyamoto Y. Movement of tobacco mosaic virus within the plant of *Nicotiana rustica*. Tob Abatr, 1975, 19 (1): 239

[63] Moldovam MJ, Kriska AS. Resistance of *Nicotiana* varieties and wild specific to potato virus Y. Tob. Abatr, 1974, 18 (2): 381

[64] Padyet HS, Beachuy RN. Analysis of a tobacco mosaic virus strain capable of overcoming N - gene -

mediated resistance. The Plant Cell，1993，51（5）：577～586

[65] Roberts PL，Wood KR. Decrases in ribosome levele in tobacco infected with a chlorotic strain of cucumber mosaic virus Physiol Plant Puthol，1981，19（1）：99～111

[66] Rufty RC，Wernsman EA，Powell NT. Genetic analysis of the association between resistance to infection by a strain of potato virus Y in tobacco. Phytophology，1983，73（10）：1413～1418

[67] Termosky MF，Podkin OV. Reaction of tobacco varieties and wild *Nicotiana* spp. to the infection of cucumber mosaic virus. Selskokhoy Biol，1970，5（4）：575～578

[68] Wan H，Chen CH，Wu JK. Breeding tobacco resistant to cucumber mosaic virus in Taiwan. Euphytica，1984，33（1）：17～25

[69] Wersman EA，Gooding GV Jr. Allelism tests among sources of resistance to tobacco etch virus and potato virus Y. Tob Abstr，1991，35（5）：1905

[70] Yung CA，Wersman EA，Gooding GV Jr. Characterization of potato virus Y resistance from gametodonal variation in flue-cured tobacco. Phytopathology，1991，81（8）：887～891

第四节

[71] 刘维志. 植物线虫学研究技术. 沈阳：辽宁科学技术出版社，1995

[72] 中国农业科学院烟草研究所. 中国烟草品种资源. 北京：农业出版社，1987

[73] Arcia MA，Wernsman EA. Reaction of some *Nicotiana otophora* accessions to two races of the root-knot nematode *Meloidogyne incognita* Nematropica，1993，13（2）：221～227

[74] Cornelissen APF，Vanwyk RJ. *Nicotiana tabacum* breeding lines resistant to various roo-knot nematodes（*Meloidogyne* spp.）. Nematologica，1987（33）：316～321

[75] Durbin RD. Nicotiana：Procedures for experimental use. U. S Department of agriculture，Technical Bulletin，1986：87～110

[76] Lucas GB. Disease of Tobacco (3rd ed). Raleigh，NC Biol Comsulting Associates，1975，59～86

[77] Ramjilal NK，Krishnamurthy GVG. Response of *Nicotiana* species and varieties to the root-knot nematode，*Meloidogyne javanica*. Tobacco Research，1986，14（2）：128～131

[78] Siva RK，Krishnamurthy GVG. Biochemical changes in tobacco plants infested with root-knot *Meloidogyne javanica*. Tobacco Research，1996，22（2）：116～119

[79] Taylor AL，Sasser JN. Biology，Identification and Control of Root-knot Nematodes. North carolina state university graphics，1978

第五节

[80] 佟道儒等. 烟草育种学. 北京：中国农业出版社，1997

[81] 中国农业科学院烟草研究所. 中国烟草品种资源. 北京：农业出版社，1987

[82] 朱贤朝，郭振业，石金开等. 烟草品种资源、烟草黑胫病、烟草青枯病和烟草根结线虫病抗源筛选. 中国烟草学会会刊，1992，81～88

[83] Chen WY，Echandi E. Influence of inoculum density，soil temperature and tobacco caltirars on bacterial wilt severity and root colonization on by *Pseudomonas solanacearum*. Tob Sci，1984，28：59～63

[84] Cheng EY，Cai DC. Breeding tobacco risistance to bacterial wilt. Taiwan Tob Wine Monon Our Tob Res Qngt Annu Rep，1968，40～45

[85] Clayton EF，Smith TE. Resistance of tobacco to bacterial wilt. Agri Research，1942，65：

547～554

[86] Haba H，Ono K. Ecological studies on the Bacterial wilt on tobacco caused by *Pseudomonas solanacearum* E F Smith. Bull Ckogana Tob Enp Sta，1984，43：33～40

[87] Hague MP，Echandi E. Characteristics of strains of *Pseudomonas solanacearum* from North Carolina. Phytopathology，1984，74 (2)：855

[88] Kin JM，Yi YK，Park EW. Use of disease progress curve to screen tobacco varieties resistant to bacterial wilt. Coresta，1985 (2)：11

[89] Lucas GB. Disease of Tobacco (Third edition). Fuquay - Varina：Harold E. Parker and Sons Printer，1975

[90] Ono K，Harn H，Akazawa J. Ecological studies on the bacterial wilt of tobacco caused by *Pseudomonas solanacearum* E F Smith. V. Morement of the pathogen in tobacco plant. Coresta，1984 (2/3)：113

[91] Stavely JR. Nicotiona：Procedures for experimental use. Technical Bulletin，1979，87～110

[92] Terblanche JO. Bacterial wilt of tobacco in the Republic of South Africa. Coresta，1994，1：86

第二十二章

白菜、甘蓝品种抗病性及其利用

白菜类和甘蓝类蔬菜同属于十字花科（Cruciferae）芸薹属（*Brassica*），包括十多个亚种和变种。目前对其抗病性的研究主要集中于大白菜［*B. campestris* L. ssp. *pekinnensis*（Lour.）Olsson］、小白菜［*B. campestis* L. ssp. *chinensis*（L.）Makino var. *communis* Tsen et Lee］和结球甘蓝［*B. olerecea* L. var. *captata* L.］。这三种蔬菜的播种总面积达 266 万 hm^2 以上，居我国蔬菜的前三位，其丰歉对人民生活影响最大。

白菜类和甘蓝类蔬菜的真菌病害，国内已报道的有 12 种，即霜霉病［*Peronospora parasitica*（Pers.）Fr.］、白锈病［*Albugo candida*（Pers.）O' kuntze，*A. macrospora*（Togashi）S. Ito］、根肿病（*Plasmodiophora brassicae* Woron.）、白粉病［*Erysiphe cruciferarum*（Opiz.）Junell］、菌核病［*Sclerotinia sclerotiorum*（Lib.）de Bary］、黑斑病［*Alternaria brassicae*（Berk.）Sacc.，*A. brassicicola*（Sch.）Wilt，*A. raphni* Gvoves et Skoliko］、灰霉病（*Botrytis cinerea* Pers.）、炭疽病（*Colletotrichum higginsianum* Sacc.）、白斑病［*Cercosporella brassicae*（Faut. et Roum.）von Hoehnel］、褐斑病（*Cercospora brassicicola* P. Hennings）、黑胫病［*Phoma lingam*（Tode）Desm.］、立枯根腐病（*Rhizoctonia solani* Kühn）。已报道的细菌病害有软腐病［*Erwinia carotovora*（Jode）Holl. pv. *carotovora* Dye］、黑腐病［*Xanthomonas campesrtis* pv. *campestris*（Pam.）Dowson］、细菌性黑斑病［*Pseudomonas maculicola*（McCulloch）F. L. Stevens］。病毒病害有 5 种，即芜菁花叶病毒（*Turnip mosaic virus*，TuMV）、黄瓜花叶病毒（*Cucumber mosais virus*，CMV）、烟草花叶病毒（*Tobacco mosaic virus*，TMV）、花椰菜花叶病毒（*Cauliflower mosaic virus*，CaMV）、萝卜花叶病毒（*Raphani mosaic virus*，RMV）。线虫病害 1 种，即根结线虫（*Meloidogyne arenaria* Chit 等）。在 20 世纪 80 年代以前，白菜以“三大病害”，即病毒病、霜霉病、软腐病造成的损失最大。此后，由于加强了新品种的选育及综合防治技术的推广，白菜病毒病得到了较好的控制，但同时又出现了一些新的病害。据农业部等单位的调查（北方大白菜病害综防技术研究与应用协作组，1993），到 20 世纪 90 年代初期，引起较大损失的常发病害除了霜霉病、软腐病以外，还有黑斑病、黑腐病、白斑病、炭疽病等。防治白菜病害，采用包括抗病品种在内的综合防治措施，对于病毒病和霜霉病，使用抗病品种更是主要防治措施。

在甘蓝类蔬菜的病害中，病毒病、黑腐病和霜霉病比较严重。近十余年来，开展了对甘蓝病毒病和黑腐病的抗病性研究和抗病育种，并取得了一定的进展。

本章将全面介绍我国白菜和甘蓝的抗病性研究及利用情况。

第一节　病毒病

早在20世纪30年代，就曾有人见到白菜病毒病的危害（范怀忠等，1957），但其大面积流行主要发生在50年代。1952年我国东北、华北大白菜病毒病突发大流行，大白菜损失惨重，东北地区损失率达50%以上（裘维蕃，1957）。1958年大白菜病毒病在我国北方又一次大流行，华北地区遭受严重损失。在新疆，自1958至1962年病毒病几次大流行。20世纪70年代以后，白菜病毒病大流行的频率有所下降，但在我国北方的一些地区仍不时受害。例如1972年在北京、1979年在黑龙江、1980年在吉林、1984—1986年在新疆、1986—1987年在甘肃、陕西等地都有病毒病大流行记录（谢浩等，1994；北京市植物保护站，1990）。在全国范围内，北方发病重于南方。

我国对白菜病毒病的研究起始于20世纪30年代末期（凌立等，1939），当时主要进行病毒种类分析。1957—1978年，在白菜和甘蓝上共报道了TuMV、CMV、TMV、CaMV、RMV等5种危害白菜和甘蓝的病毒。1983年国家组建了蔬菜抗病育种攻关协作组，由“六五”至“九五”，经过几个五年计划的努力，已经选育出了一大批有实用价值的抗病品种。在20世纪80年代，陕西省多使用由山东等地引进的品种，因抗病性较差，大白菜病毒病曾连年发生。90年代以来，淘汰了外引感病品种，推广了陕西省农业科学院选育的“秦白二号”等系列品种，使大白菜病毒病基本得到了控制。北京自1975年以来，推广了一系列杂交一代新品种，大白菜病毒病一直没有成灾。全国的其他地区也大都有适应当地种植的优良品种，从而大大减轻了病毒病的危害。

一、白菜、甘蓝病毒种群组成和芜菁花叶病毒致病性分化

世界上已正式报道的十字花科蔬菜病毒共有12种（冯兰香等，1995），包括芜菁花叶病毒（TuMV）、花椰菜花叶病毒（CaMV）、黄瓜花叶病毒（CMV）、萝卜花叶病毒（RMV）、烟草花叶病毒（TMV）、甜菜西部黄化病毒（BWYV）、萝卜耳突花叶病毒（REMV）、芜菁丛簇病毒（TuRV）、芜菁皱叶病毒（TuCV）、芜菁潜隐病毒（TuLV）、芜菁黄花叶病毒（TuYMV）、南芥菜花叶病毒（ArMV）等。我国目前发现的病毒种类尚较少。

我国对白菜、甘蓝病毒病的研究大都与其他十字花科蔬菜和油料病毒病一并进行。凌立等（1939）首次报道了“油菜毒素病”，指出其病原病毒可以侵染白菜、中国萝卜和青菜，而不能侵染甘蓝、花椰菜和苤蓝。裘维蕃等（1957）曾将芜菁花叶病毒（TuMV）定名为“孤丁病一号”。范怀忠、柯冲（1957）研究了广州地区十字花科蔬菜的4个病毒，测定了寄主范围和物理性质，将其划分为两类，即1号、2号病毒为芜菁花叶病毒（TuMV），3号、4号为黄瓜花叶病毒（CMV）。1962年，裘维蕃等报道烟草花叶病毒

(TMV) 可以侵害白菜，引起环斑型症状，将其定名为“白菜孤丁病 2 号”。胡吉成等(1964) 研究了吉林省大白菜上发生的黄瓜花叶病毒 (CMV)，并将该病害称为白菜的“僵叶病”。西北农学院等 (1976) 报告了陕西地区的十字花科蔬菜病毒病，认为在十字花科蔬菜上除了有 TuMV 及 CMV 以外，还有萝卜花叶病毒 (RMV)。谢浩等 (1978) 发现新疆的十字花科蔬菜病毒除 TuMV、CMV 以外，还有花椰菜花叶病毒 (CaMV)。吴新兰等 (1964) 研究了萝卜环斑病毒，认为它与 TuMV 有所区别，为萝卜花叶病毒(RMV) 的一个株系。

早期对甘蓝病毒病害的研究，多与白菜及油菜病毒病一并进行，由于有的病毒株系在甘蓝上是隐症的，所以有报道误认为不侵染甘蓝。

对白菜、甘蓝病毒的系统研究，主要在 1983 年国家抗病育种攻关组建立以后。1983—1985 年间，攻关组分别在黑龙江、河北、山东、陕西、重庆、广东、北京、上海及南京、沈阳等地采集了 7982 份毒样，用统一的方法 (表 22 - 1)，分析了这些地区的病毒种类及各自所占的比例 (刘元凯等，1995)。

表 22 - 1　白菜、甘蓝主要病毒性状比较

病毒性状		TuMV	CMV	TMV	CMV+TMV
寄主反应	普通烟	LN	SM	SN　SM	LN　SM
	心叶烟	SCh　SN	SM	LN	LN　SM
	白菜	SM	Ma (SM)	SM	SM (LN)
	黄瓜	Ma	SM	Ma	SM
体外存活期 (天)		2～4	2～5	730	
稀释限点		1∶2 500～3 000	1∶2 000～3 000	1∶50 000～100 000	
致死温度 (℃)		55～65	60～65	>95	
电镜下粒子形态		线状	球状	杆状	

注：L：局部症状；S：系统症状；N：枯斑；M：花叶；Ch：褪绿斑；Ma：隐症。

综合这些地区的结果，TuMV (包括与 CMV 的双重感染) 占 71.9%，CMV 占 16.4%，TMV 占 4.2%，未定病原的占 0.35%，未检查出的有 7.15%。在我国南方，CMV 发生的比例较大。李经略等 (1990) 认为，CMV 所占的比例有逐年上升的趋势，这与采集毒样的生态环境有关。在寄主蔬菜多季连作地区，特别是在保护地蔬菜面积较大的地区，CMV 所占地比例要更大一些。

关于十字花科蔬菜病毒致病性分化的问题，早就有人关注，目前的研究主要集中于芜菁花叶病毒。

Hoggan 和 Johnson (1935) 首次报道了 TuMV 的株系分化，此后国内外许多学者采用不同的方法进行了研究。裘维蕃等 (1963) 首次报道了我国 TuMV 株系的分化情况。他们从北京和天津收集了 109 个十字花科蔬菜病毒分离物，根据这些分离物在白菜、三生烟、黄苗榆、心叶烟、千日红、曼陀罗和黄瓜等 8 个寄主上的致病特点，划分为 7 个类型，进而又分别作了致死温度、稀释限点、体外存活期及血清学反应等项试验。最后将 TuMV 划分为 4 个株系，其中除 K_{1-1} 是已知株系外，K_{1-2}、K_{1-3}、K_{1-4} 等都是新发现的株系。在 109 个 TuMV 分离物中，K_{1-2} 占 59%、K_{1-3} 占 32%、K_{1-4} 占 2.5%。在天津市分离物中，K_{1-3} 占 68.8%、K_{1-3} 占 22.7%、K_{1-4} 占 6.3%、K_{1-1} 为 0。此外，还发现蔬菜种类、品种不同，病毒株系分布也不一致。例如，在北京青白口上 K_{1-3} 远多于 K_{1-2}，天津的邓鄯沽大核桃纹则发生 K_{1-3}。

在 20 世纪 70～80 年代，国外也有一些有关 TuMV 株系的报道（Smith，1972）。有人把可以侵染甘蓝、花椰菜、心叶烟的毒株确定为甘蓝系，将不能侵染上述寄主的确定为普通系。但是从抗病育种的需要来看，这种划分方法过于简单。美国的 Provvident（1980）使用由大白菜中选出的 PI391560、PI418957、PI419105、R65Days、Tropical Delight、Tropicana、PI419106、Crusader、Champion 等 9 个品种，组成一套鉴别寄主，根据在这套鉴别寄主上的反应，将纽约州的 TuMV 划分为 C_1、C_2、C_3、C_4 等 4 个株系。亚洲蔬菜研究中心的 Green（1985）将 Provvident 的鉴别寄主作了简化，只保留 Tropical Delight、Crusader、PI418957、PI419105 等 4 个品种，据此我国台湾地区的 TuMV 划分为 C_1、C_2、C_3、C_4、C_5 等 5 个株系（表 22-2）。

表 22-2　Green 氏利用 4 个鉴别寄主划分的 TuMV 株系*

鉴别寄主	TuMV 株系及其致病性				
	1	2	3	4	5
PI418957	I	R	I	R	S
PI419105	S	R	R	S	S
Tropical Delight	I	S	S	S	S
Crusader	S	S	S	S	S

* 表中：I：免疫；R：抗病；S：感病。

冯兰香等（1995）利用 Green 的鉴别寄主，将北京地区的 TuMV 划分为 5 个株系，其中 C_1 占 19.4%、C_2 占 3.2%、C_3 占 9.7%、C_4 占 45.2%、C_5 占 22.6%，并认为这套鉴别寄主能反映 TuMV 毒性基因差异，简单可用。刘元凯等也使用 Green 的方法，测定了我国 10 个省、直辖市提供的 19 个 TuMV 主流分离物的株系归属，结果 C_1 占 5.26%、C_4 占 31.58%、C_5 占 36.84%，此外还有 21.05%的分离物接近 C_2 及 C_3（将其定名为 C_{3-2}），5.26%的分离物不同于 Green 已发现的株系，将其定名为 C_6。还发现在扩大试验后，隶属于同一株系的各分离物对同一种蔬菜的致病性往往会表现较大差异。例如，同属于 C_4 株系的两个分离物，其中一个对大白菜致病性较强，另一个对大白菜的致病性较弱，但对小白菜的致病性又明显较高。在同属于 C_{3-2} 株系的 4 个分离物中，陕西的秦 1 致病性明显弱于来源于黑龙江、江苏和上海的 3 个分离物。以上结果表明，Green 的鉴别寄主不适于扩大应用（刘栩平，1995a）。

我国幅员辽阔，生境复杂，是白菜的起源地，有必要研究出适合我国应用的 TuMV 株系鉴别体系。在 20 世纪 80 年代后期，由黑龙江省和上海市两个园艺研究所牵头，全国抗病育种攻关协作组做了大量研究，在几种十字花科蔬菜中筛选出了 6 个鉴别寄主。利用这套鉴别寄主可将 19 个 TuMV 主流分离物划分为 7 个株系，这些主流分离物是从 739 份材料中选出的（表 22-3）。

表 22-3 我国 TuMV 分离物归类和鉴别寄主反应

株 系	鉴别寄主反应					
	鲁白 2 号结球白菜	秦白 1 号结球白菜	C2 不结球白菜	渝 8748 甘蓝	法国花椰菜	山东籽菁
普通株系（Tu1）	MR	R	MR	R	R	R
小白菜株系（Tu2）	S	R	S	R	R	MR
海洋白菜株系（Tu3）	S	MR，R	MR，R	MR，R	MR，R	R
大陆白菜株系（Tu4）	S	S	R	R	R	R
甘蓝株系（Tu5）	S	S，R	MR，R	S	MR	R
花椰菜株系（Tu6）	I	MR，R	R	S	S	I
芜菁株系（Tu7）	S	MR，R	S	R	R	S

注：I：免疫，不带毒；R：抗病，无症带毒；MR：中抗；S：感病。

为了验证我国提出的这套由 6 种十字花科蔬菜组成的鉴别寄主划分 TuMV 株系的可靠性，刘栩平等（1995，b、c）又通过建立 TuMV 杂交瘤细胞株的方法即单克隆抗体技术分析了 Tu1～Tu7 七个株系的抗原决定簇。结果表明，Tu4 具有抗源决定簇 A 和 B，Tu3 具有 A、B 和 C，Tu2 具有 A、B 和 D，Tu7 具有 A、B、C、D 和 E，Tu5 具有 A、B、C、D、E 和 F。即分子生物学分析结果与利用鉴别寄主划分株系的结果基本吻合。

这套鉴别寄主除白菜外，还采用了其他十字花科蔬菜，适用范围有了扩展，通过单克隆抗体的检验，也证明是可靠的（刘栩平，1995d），但是在使用时仍还做不到十全十美。

二、白菜对芜菁花叶病毒抗病性的遗传规律

关于白菜对芜菁花叶病毒的抗病遗传规律，国内已有的研究较少。魏毓棠等（1995）在辽宁，鹿英杰等在黑龙江，司家钢等（1995）在北京都研究了大白菜抗病性的遗传，曹光亮等（1995）在南京研究了不结球白菜的抗病性遗传。他们所研究的育种材料均为高代自交系，但使用的 TuMV 株系各不相同。研究均采用一套全双列杂交组合，分别按随机区组排列，对组合的抗病性进行了鉴定。除鹿英杰等采用自然发病鉴定法外，其他研究者均采用了苗期接种鉴定方法，有的还参考了田间自然发病鉴定的结果。为了了解环境条件对鉴定结果的影响，魏毓棠等分别在 4 月和 10 月分两次做了试验，证明环境条件对抗病性影响不大。这些研究采用的病情调查标准及调查数据分析方法也大致相同，即按 Hayman 分析法，用共同亲本的协方差对各阵列的方差的回归分析，估算相应的遗传参数，按 Mather 和 Jinks 的方法进行双列表分析，按 Griffiug 方法 1 的模型 I 做配合力分析。

上述研究者得到的结果大致相似，即白菜（包括大白菜和不结球白菜）对 TuMV 的抗病性遗传符合“加性一显性”效应遗传模式。对 TuMV 的抗病性表现不完全显性，是由寡基因或寡基因组控制的，狭义的遗传力均较高。在遗传效应中同时存在加性及显性效应，不结球白菜还存在反交效应，但以加性效应为主。魏毓棠等还认为大白菜对 TuMV 的抗病性受 4 对以上完全隐性基因控制，同时受环境敏感基因的影响，抗病性为数量性状，并据此认为选育免疫的品种或一代杂种十分困难。此外，还有人研究了对 TuMV 的抗病性与结球白菜的结球特点之间的相关性，结果除球叶数外，大白菜的其他育种性状均与对 TuMV 的抗病性有显著的遗传相关，其中单株重、球重随抗病性的提高而增高，而

其他各性状的相应变化均与选择方向相反。

在进行抗病育种时，多用杂交后系统选育或同一抗病亲本回交选择的方法转育成抗病品种。在杂交优势育种中，要获得高度抗病的组合，双亲必须有较好的抗病性。在纯化抗病材料时，以人工控制自交抗病性纯化速度较快。一般自交 4～6 代，即可获得抗病性稳定的自交系。由于结球白菜对 TuMV 的抗病性，与单株重、球重之外的其他性状均呈负相关，为了育种的整体需要，可以通过特殊配合力的选择，得到较为抗病的优良组合。由于其狭义遗传力高，抗病性遗传传递力很高，可以通过 F_2 的选择获得高抗材料。

但是，目前的研究者认为在研究中所涉及的毒源种类、环境差异或育种材料都不够多，以上结论能在多大范围内适用，尚需进一步探讨。

关于甘蓝对 TuMV 的抗病性遗传，国外虽有很多报道，但结论很不一致。较早的研究认为，甘蓝对 TuMV 的抗病性是不完全显性（Pound，1951），推断可能是多基因遗传的。有些报道则认为，甘蓝对花叶病毒（TuMV 和 CaMV）的抗病性为显性遗传。

我国对甘蓝抗 TuMV 的遗传规律研究较少。王超等（1994）认为，甘蓝对 TuMV 的抗病性为显性独立遗传，亲本的抗病基因纯合，正反交的抗病性差异不明显。在分析前人得出的不一致结论时，王超等认为可能是因为试验所用的亲本材料未必都是抗性纯合的高代自交系，而环境条件的不一致也会影响试验的准确性。

在十字花科蔬菜病毒中，仅对抗 TuMV 的遗传研究较多，对其他病毒的抗病性遗传研究得少，尚难评述。

此外，魏毓棠等（1995）还研究了白菜抗病性的生理生化特点，结果表明大白菜可溶性固形物含量、过氧化物酶活性、氨基酸的总量等都与其抗病性成正相关。曹光亮等（1995）认为，利用上述生理生化指标，可以对大白菜的抗病性进行间接鉴定。

三、大白菜对芜菁花叶病毒的抗病种质资源

据文献记载，大白菜起源于我国，抗 TuMV 的种质资源应十分丰富，但是这方面的研究一直比较薄弱。在 20 世纪 50～60 年代，仅有品种抗病性鉴定的报道，所研究的品种不过十余个。

自 20 世纪 80 年代以来，抗病育种攻关协作组的 11 个单位系统地研究了我国大白菜抗 TuMV 种质资源的问题。这些单位首先在所在地区进行了 TuMV 抗源的筛选。各地从 3 000多份大白菜的抗源中选出了 28 份有代表性的抗病材料。后在黑龙江省园艺所，用国内收集鉴定出的 19 个 TuMV 主流分离物，对该 28 份材料进行了接种鉴定。结果表明，其中有 5 个材料，即 BP016、BP007、BP058、BP031 和 BP079，对这 19 个分离物都表现高抗，有 3 个材料，即 BP051、BP197、BP112，对个别毒源表现为抗病或中抗。这次筛选出的抗源材料适应性强，在我国抗 TuMV 育种中有广泛的应用价值。

四、对芜菁花叶病毒的抗病性鉴定方法

尽管我国白菜和甘蓝上已报道的病毒有 5 种，但 TuMV 所占比率较大，目前仅对 TuMV 建立了成熟的抗病性鉴定方法。

鉴定工作分别在白菜、甘蓝的苗期和成株期进行。苗期鉴定一般在防虫温室内进行，

人工接种 TuMV，鉴定结果比较稳定。成株期鉴定在田间病圃中进行，依靠 TuMV 后的自然发病来鉴定抗病性，虽有时受到年度气象条件和病原数量的影响，但鉴定结果可代表田间发病实况。

（一）苗期鉴定

1. *毒源的繁殖* 鉴定前先在防虫温室、培养室或网室内繁殖足够的 TuMV 毒源。在进行接种前 40 天培育一批 TuMV 繁殖寄主，即白帮油菜（不结球白菜）、焦县二叶或二牛心（大白菜）。育苗时要保证器具和土壤不受其他病毒污染。当植株生长到 2～3 片真叶时接种 TuMV 毒源。

TuMV 毒源一般是用上一年保存在冰箱里的有代表性的 TuMV 毒源干样。这些毒源各地使用的株系不尽相同。如鉴定大白菜对 TuMV 的抗病性时，中国农业科学院等单位多使用 82-13 或 TuMV-C_4株系，黑龙江省农业科学院园艺研究所多使用 TuMV 海洋白菜株系（82-018），沈阳农业大学使用辽宁 1 号株系（TuMVh_{ln-1}）；鉴定甘蓝对 TuMV 的抗病性时，则使用 C_4的几个分离物京 83-15、京 83-23 和渝 1 等。配制用于白菜的接种液，使用含有毒源的干样加入少量的 0.05mol/L 磷酸缓冲液（pH 7.0），在研钵内磨碎后，再加 1～2 倍的磷酸缓冲液，接种到繁殖寄主上（接种方法与后述接种方法相同）。接种后的繁殖寄主应放在防虫温室中，在 25～28℃下生长 2 周后，植株充分显症时即可供接种使用。

在需要毒源较多时，繁殖寄主可多培养一些时间，以获得更多的病叶。

2. *鉴定用幼苗培育* 供鉴定用的幼苗应在封闭完好的温室或培养室内培育。所使用的器具和育苗盘须洗净，并用 0.1%的新洁尔灭消毒。使用的土壤要事先用高压灭菌锅灭菌（一般在 121℃下保持 1h）。盆栽时装土量和播后覆土的深浅要一致。供鉴定的种子应充实、饱满、纯净、发芽势一致，播种时每盆 2～3 粒种子。每个材料应有 3 次重复，每个重复有 15～20 株，除播种供鉴定的材料外，还要设抗病和感病的对照品种。在黑腐病发生严重的地方，供鉴定的种子事先要用 0.1%的升汞或 7.1%的漂白粉（10g+14ml 水）消毒 5～10min。

培育幼苗的温度白天应控制在 15℃左右，并给以较强的光照，以避免徒长。浇水要尽量均匀。当幼苗生长至 2～3 片真叶时进行接种鉴定。

3. *接种方法* 将充分显症的 TuMV 繁殖寄主的叶片取下，洗净，去掉叶柄后剪碎，放在已消毒的研钵中，若鉴定白菜对 TuMV 的抗病性，则加入 2 倍的 0.05mol/L 磷酸缓冲液（pH 7.0），若鉴定甘蓝对 TuMV 的抗病性，则加 3～5 倍 0.03mol/L 磷酸缓冲液（pH 7.0），然后研碎，再加入 2 倍的上述 0.05mol/L 或 0.03mol/L 的磷酸缓冲液（pH 7.0）稀释备用（也有人加入巯基乙醇后稀释 60 倍备用）。

接种时先在被鉴定的幼苗叶片上喷布 40 目的金刚砂（甘蓝用 60 目的），用洗净的手指（最好戴个指套）蘸取经研磨的 TuMV 汁液后，摩擦接种 2 个叶片，接后 20s 内用水冲洗叶面。接种完毕立即遮荫（用报纸遮荫即可，但也有人认为不遮荫更有利于病毒侵染），24h 后再重复接种一次。接种苗在 25～28℃下培养 20 天后，调查幼苗发病情况（刘栩平，1995d）。

4. *病情分级标准* 白菜和甘蓝苗期抗 TuMV 鉴定使用的分级标准与抗病性评价方法

略有不同，现分别介绍。

（1）白菜苗期的病情分级标准

0 级：无任何症状；

0.1 级：接种叶出现个别褪绿斑；

0.5 级：接种叶出现少数褪绿斑；

1 级：心叶明脉，轻花叶；

3 级：心叶及中部叶片花叶或叶皱缩成畸形；

5 级：心叶及中、外部叶片花叶，少数叶片畸形，皱缩，植株轻度矮化；

7 级：重花叶，多数叶皱缩畸形，球叶上出现叶脉坏死或坏死斑，植株矮化；

9 级：大部分叶片枯死，以致整株死亡。

（2）白菜抗病性评价标准

免疫（I）：无病也不带毒；

高抗（HR）：病情指数 0.01～11.11；

抗病（R）：病情指数 11.12～33.33；

中抗（MR）：病情指数 33.34～55.55；

感病（S）：病情指数 55.56～77.77；

高感（HS）：病情指数 77.78～100。

由于少数植株带毒而不显症，可以将植株的外叶剥掉，留两片小叶再进行一次接种，可以基本淘汰假的抗病单株，而获得可靠的抗病材料。

（3）甘蓝苗期病情分级标准

0 级：无任何症状；

1 级：接种叶或心叶出现褪绿斑点，明脉或轻花叶；

3 级：心叶及中部叶片出现花叶或明脉；

5 级：心叶及中部叶片出现花叶，少数叶片畸形或皱缩；

7 级：重花叶，多数叶片畸形、皱缩，植株矮化；

9 级：严重花叶，畸形，叶脉或全株坏死。

（4）甘蓝抗病性评价标准

免疫（I）：病情指数为 0，不带毒；

高抗（HR）：0 < 病情指数≤2；

抗病（R）：2< 病情指数≤15；

中抗（MR）：15< 病情指数≤30；

感病（S）：30< 病情指数。

（二）成株期鉴定

在成株期进行接种鉴定。病情分级采用如下标准。

0 级：无任何症状；

1 级：心叶明脉、轻花叶；

3 级：心叶及中部叶片花叶；

5 级：心叶及中、外部叶片花叶，少数叶片畸形、皱缩，轻度矮化；

7 级：重花叶，多数叶皱缩畸形，球叶上出现叶脉坏死或坏死斑，植株矮化；
9 级：严重花叶和皱缩，叶脉坏死至整株坏死，无商品价值。
抗病性评价标准如下。
免疫（I）：无病也不带毒；
高抗（HR）：病情指数 0.01～5.55；
抗病（R）：病情指数 5.56～11.11；
中抗（MR）：病情指数 11.12～33.33；
感病（S）：病情指数 33.34～55.55；
高感（HS）：病情指数 55.56～100。

五、经验、问题和解决途径

在白菜、甘蓝对各种病害的抗病育种中，以抗病毒育种取得的成绩最大。目前在各主要产区都有一些抗 TuMV 的新品种，使用抗病品种后大大减轻了病毒危害。这些成绩的取得，得益于 1983 年国家蔬菜抗病育种攻关组的成立。在此之前的十多年里，我国对白菜、甘蓝的病毒病害虽然已有不少的报道，但仍难以反映出全国的基本情况。成立攻关组后，十余个在白菜、甘蓝研究方面的主力单位通力合作，取得了很大的进展。在病原种类、株系分化以及抗源筛选等方面取得的研究结果，大都是在研究了各地数千份材料后所取得的，其代表性和可靠性是前所未有的。此外，协作组的成立还有利于蔬菜育种专家与蔬菜病理专家的合作，在毒源鉴定、株系分化研究和抗源鉴选诸方面得以充分吸收国内外的研究成果，充分利用我国是白菜起源地这一有利条件，建立和发展了适合我国国情的技术体系，既提高了这类蔬菜的抗病性研究水平，也促进了蔬菜病理学的发展。

另一方面，从所取得的研究结果来看，有些方面尚需深入。例如，在毒源种类鉴定方面，我国正式报道的病毒仅有 5 种，其中 RMV 的地位还有一些争论。在病原致病性分化的研究方面，仅对 TuMV 进行了比较深入的研究，对其他病毒，例如 CMV、CaMV、TMV、RMV 等研究还很少。而在 TuMV 的株系分化的研究上，由于我国地域辽阔、生态环境复杂多样，目前已经提出的两套株系划分方法，使用起来还不尽如人意。另外，在甘蓝和白菜抗病毒的遗传规律和生化机制方面，由于研究材料的局限性，尚有争议，有必要进行更为深入的研究。随着抗病品种的推广、生态条件的变化和引进品种的增多，为害白菜、甘蓝的病毒种类及致病性仍会发生变化，为了育种的需要，有必要对其动态进行长期监测。

第二节 霜霉病

十字花科蔬菜霜霉病［*Peronospora parasitica*（Pres.）Fr.，异名：*P. brassicae* Gaümann］是世界性的病害，1796 年人们对该病就有过研究。该病在我国的发生历史较长，最早在 1912 年即有记载（Miyake，1912），至 20 世纪 30～40 年代，已经成为生产上的重要病害之一，对该病的研究也逐渐增多，除了病原学以外，还研究了病原菌的侵染机制（朱学曾等，1936）和生理分化（王铨茂等，1944）等。

20世纪50～60年代该病在我国北方持续流行。例如，在1952年、1958年、1960年、1961年和1975年曾多次在北京市流行（北京市植物保护站，1990），大白菜损失严重。霜霉病与同时发生的病毒病、软腐病统称为白菜“三大病害”。1958年发生全国性大流行，仅黑龙江、辽宁、吉林、河北和山东五省减产即达7.5亿kg。大白菜霜霉病的大流行促进了对该病的研究，一些育种单位也开始进行抗病品种的选育工作。70年代中期以后，由于抗病品种的推广，霜霉病总体上有所减轻，间或发生大流行。当前霜霉病仍然是白菜的重要病害。

甘蓝也常常发生霜霉病，但比白菜特别是大白菜，病情和损失轻。

一、病原菌的寄生性及其生理分化

白菜霜霉病原菌属于专性寄生菌，至今还不能在人工培养基上培养。该菌主要寄生于多种十字花科蔬菜，有高度寄生专化性。王铨茂等（1944）将十字花科蔬菜霜霉病原菌划分为分别寄生芸薹属、萝卜属或荠菜属的3个变种。尽管其后又有一些有关该菌生理分化的研究，其结果大体一致。

（1）芸薹属变种（*P. parasitica* var. *brassicae*）：对芸薹属侵染力最强，对萝卜属侵染力最弱，不侵染荠菜属。在该变种中，来源不同的菌系致病性还有差异，可分为以下类型。

白菜型：侵染白菜、小白菜、芥菜、芜菁等蔬菜的能力强，侵染甘蓝的能力弱。

芥菜型：能侵染芥菜，有的菌株不能侵染白菜、小白菜、芜菁，有的则能。

甘蓝型：对甘蓝、苤蓝、花椰菜等侵染能力较强，而对大白菜、小白菜、芜菁、芥菜的侵染能力很弱。

（2）萝卜属变种（*P. parasitica* var. *raphani*）：仅对萝卜侵染能力强，对芸薹属侵染力很弱、不侵染荠菜。

（3）荠属变种（*P. parasitica* var. *capsellae*）：仅侵染荠菜，不能侵染芸薹、萝卜两属的蔬菜。

国家抗病育种攻关协作组，在20世纪90年代初对十字花科蔬菜霜霉病的生理分化再次进行了研究（焦慧彦等，1995）。对芸薹属和萝卜属88个品种分别接种各地采集的14个白菜霜霉病原菌株和6个其他十字花科蔬菜霜霉病原菌株，菌株采自北京、哈尔滨、齐齐哈尔、沈阳、石家庄、青岛、郑州、成都、上海和广州等10个地方。该研究除了验证王铨茂等的结果外，还筛选出了5个小白菜品种作为鉴别寄主，用来将北京、上海、广州小白菜上的霜霉病原菌划分为3个不同的生理型，筛选出了3个大白菜品种，用来将大白菜上的11个菌株划分为8个生理型。但是限于病原菌保存和繁殖技术上的困难，收集的病原菌标样偏少，其代表性如何还应做进一步的验证。

二、白菜对霜霉病的抗病性鉴定技术

鉴定白菜对霜霉病的抗病性，育苗方法与抗病毒鉴定时所采用的方法相同，现仅就接种物获取方法、接种的方法和调查方法介绍如下。

（一）接种体的培养与制备

霜霉病原菌是一种严格寄生菌，只能在活体上保存。有人将霜霉病原菌接种在白菜幼苗上，在25℃的条件下，可保存3周。但是由于霜霉病对环境条件要求严格，在活体上转移时，往往会因产孢或接种困难，而将病原物丢失。目前，一般采用低温保存罹病子叶的方法，较为有效。

该法在田间选择初发病的病叶，携回室内洗去叶背面的繁殖体，在20℃下保湿12～24h，待病叶背面长出一层新的霉层后，将其洗下，用来接种感病白菜幼苗的子叶。5～7天后幼苗发病，将病苗保湿24h，病苗子叶背面会生出大量霉层，小心将其剪下，放在培养皿内并保存在－25℃以下的低温下。为了有足够的接种体数量，需保存近百片病叶。保存期间冰箱一定不能停电，遇到特殊的情况而停电时，应转移到有冷冻条件的地方，或将冰箱用保温材料罩起来。在这样的条件下，一般可以保存12个月以上，在6个月内不会影响其致病性。使用时将病叶由冰箱里取出，立即用蒸馏水洗下霉状物，并调节到4×10^4个孢子/ml，加0.1％吐温20备用。

（二）接种方法

鉴定白菜对霜霉病的抗病性所使用的接种方法，目前有点滴接种法和喷雾接种法两种。接种的苗龄可在子叶充分展平期至8片真叶期。但是，在子叶期接种，发病往往过于严重，为提高工作效率和确保结果准确，以采用点滴法在两片真叶期接种最好。接种后立即进行保湿，即将已接种的幼苗用黑色塑料膜罩起来，用加湿器定时加入湿气，在约20℃下保湿24h。

（三）病情调查

一般在接种后7天进行病情调查。调查前先将接种幼苗保湿24h。调查时逐叶记载接种叶片的病情，计算病情指数。病情分级标准如下：

0级：无病斑；

1级：接种叶上有稀疏的褐色斑点，不扩展；

3级：叶片上有较多的病斑，多数凹陷，无霉层；

5级：叶片病斑向四处扩展，叶背生少量霉层；

7级：病斑扩展面积达叶片的1/2以上2/3以下，有较多的霉层；

9级：病斑扩展面积达2/3以上，有大量霉层。

抗病性评价标准：

免疫（I）：病情指数为0；

高抗（HR）：病情指数在11.11以下；

抗病（R）：病情指数11.2～33.33；

中抗（MR）：病情指数33.34～55.55；

感病（S）：病情指数55.56～77.77；

高感（HS）：病情指数77.78以上。

白菜、甘蓝成株期对霜霉病的抗病性鉴定一般在收获前进行，对自然发病情况进行调查。病情分级标准如下：

0级：无症；

1级：外部叶片上有少量病斑；

3级：外部叶片上有多数病斑，但不连成片；

5级：多数叶片上产生病斑，部分叶片病斑已连成片，有霉层；

7级：多数叶片上产生病斑和霉层，病斑已连成片或局部干枯；

9级：多数叶片或整株枯死。

抗病性评价标准与苗期相同。

三、白菜和甘蓝抗霜霉病育种和品种利用中存在的问题

十字花科蔬菜霜霉病抗病性的研究起步较早，取得的成绩也十分显著。目前，凡是审定的新品种，都必须是对霜霉病具有一定的抗病性。如果将20世纪60～70年代的品种与80年代以来培育的新品种比较，这些新品种的抗病性有了很大的提高。但是，在霜霉病防治方面，也还存在不容忽视的问题。20世纪90年代初期，农业部组织的“北方大白菜病害综防技术研究和应用”协作组，对北方10个省、直辖市大白菜病害进行了调查，结果表明霜霉病仍是排在首位的重要病害，不仅经常发生，而且造成的损失最大。这说明对霜霉病还没能有效控制。有关寄主抗病性的研究，存在以下4个主要问题。

(1) 目前对病原菌的致病性分化虽已研究清楚，但是由于菌种难于保存，在进行白菜、甘蓝苗期抗病性接种鉴定时，所用的接种体并没有使用代表性小种，多数接种菌即采即用，所选出的品种针对性不强。

(2) 苗期抗病性鉴定结果与成株抗病性表现不一致。在新品种选育时，品种的抗病性多半是根据田间自然病圃的抗病表现来确定，而自然病圃霜霉病的发生受气象条件的影响较大，在一些年份发病轻，抗病性不能得到充分的表现。

(3) 对寄主抗病性遗传规律和机制缺乏研究，在抗病品种选育时缺少必要的理论指导。

(4) 十字花科蔬菜霜霉病原菌较难保存，需要一定规模的设备条件，这也给深入研究上述几个问题带来了较大的困难。

今后，仍需加强育种、植病两专业的合作，加强病原菌研究，提高抗病材料筛选的针对性，并实行抗病品种的合理布局，使新选育出的白菜与甘蓝品种对霜霉病的抗病性提高到一个新水平。

第三节 黑斑病

白菜黑斑病是世界性的重要病害，主要由芸薹链格孢引起。我国最早于1919年在广东省的甘蓝上发现，1932年报道在广州为害大白菜（涂治等，1932）。至20世纪40年代，白菜黑斑病在我国分布已较为普遍，但对生产影响不大。20世纪70年代末大白菜黑斑病发生趋于严重，受害较重的地区包括云南、贵州、湖北、河北、北京、甘肃和吉林等省、直辖市的部分市、县。1982—1983年河北省保定地区大白菜因病减产约10%，严重的减产40%～60%。1988年北京市大白菜黑斑病大流行，有0.13万余 hm^2 发生严重，每株叶片枯死达8片以上，菜心裸露，发病中等以上的田块达0.33万 hm^2，全市减产约

20%。近年来该病在我国南方又有发展，除白菜外，还危害芥蓝、紫菜薹、芥菜等十字花科蔬菜，分布区域扩大到广东、福建等东南沿海地区。白菜黑斑病已成为我国大白菜的主要病害之一。

在20世纪80年代以前由于黑斑病发生轻，很少进行防治，此后主要依靠化学防治。自1986年开始，我国才较系统地开展抗病育种以及相关研究。研究内容包括黑斑病原菌的种类，病原菌的生物学特性，病原菌的致病性分化，大白菜抗病遗传规律以及抗病材料筛选技术等。已经筛选出了少数抗源，但至今还未找到对黑斑病免疫的材料，生产上使用的多为一些中抗的品种。在一般发病年份，中抗品种对黑斑病有一定控制作用，遇流行年份，或在一些多雨的山区，单靠中抗品种仍不能有效地控制病害。此外，目前有关黑斑病的研究主要针对白菜上的芸薹链格孢。尚未见有关其他十字花科蔬菜，以及针对其他黑斑病原菌的抗病育种报道。

一、病原菌的种群及其致病性的分化

在我国通常将链格孢属真菌引起的十字花科蔬菜叶部病害，统称为“黑斑病”。经研究，发现了4种病原菌，即芸薹链格孢（*A. brassicae*）、甘蓝链格孢（*A. brassicicola*）、萝卜链格孢（*A. raphani*）、细链格孢（*A. alternata*），其形态特征见表22-4。白菜上发生的最普遍和最严重的是芸薹链格孢，其次是甘蓝链格孢，萝卜链格孢仅在内蒙古（李明远等，1993）、青岛和南京有发生。关于细链格孢能否侵染白菜尚有争论。李明远等（1988）的研究表明，该菌可以危害白菜种子，降低种子发芽率。但用该菌进行人工接种时，在叶片上不能形成典型病斑，仅在高湿条件下，接种的叶片或叶帮上生成细小的褐点。田间细链格孢大都在其他病害引起的病灶上腐生，不是黑斑病的病原菌。另据文献报道，芜菁链格孢（*A. napiformis* Purkayatha & Mallik）可危害十字花科蔬菜，其形态与细链格孢（*A. alternata*）相似，有可能是白菜黑斑病的另一种病原菌，但因国内还没有有关研究报告，尚难确定。

表22-4 白菜上常见的4种链格孢属真菌形态比较

性 状	芸薹链格孢	萝卜链格孢	甘蓝链格孢	细链格孢
孢子着生状	单生（少短串生）	单生（少短串生）	长串生	长串生
孢子大小（μm）	95～235×12～23	27.5～76.3×12.5～30	15.9～90×6.2～17.5	9.5～40×5～13
喙胞	长	短	不明显至短	不明显至短
厚垣孢子	偶见	大量	无	无
在PDA上产孢	易至较难	较难	易	易

十字花科蔬菜黑斑病原种类在不同的地区，在同一地区的不同季节都可能不同。例如，北京市在6～8月份，甘蓝、白菜上的黑斑病原菌以甘蓝链格孢为主，而9～11月份大白菜、甘蓝、芥菜、小油菜和萝卜病叶90%都是芸薹链格孢引起的，仅花椰菜上甘蓝链格孢较多。西安秋季大白菜和不结球白菜（黑油菜）上以芸薹链格孢为主，在甘蓝上则以甘蓝链格孢为主。广州在整个冬季，各种十字花科蔬菜上均以甘蓝链格孢为主（李明远等，1995）。

此外，李明远等（1991）还发现芸薹链格孢有6个不同的温度适应型，这表明该菌对环境温度有广泛的适应性。

李明远等还对芸薹链格孢致病性分化进行了研究。该项研究首先从300多个大白菜种质材料中选出4个能够区分病原菌致病性的鉴别寄主，再利用这套鉴别寄主，将由北京、广州、南京、哈尔滨、石家庄、西安、成都和青岛等8个城市收集的53个芸薹链格孢分离物，划分为5个致病类型，详见表22-5。

表22-5　我国部分地区白菜黑斑病原菌（芸薹链格孢）致病类型的划分

致病类型	鉴别寄主的抗感情况				病原菌分离物编号	共计	出现率（%）
	DB1	DB2	DB3	DB4			
AB-1	R	R	R	R	43，44，48，63，75	5	9.43
AB-2	R	S	R	S	47，52，64	3	5.66
AB-3	R	R	S	S	7，8-2，10-2，11-1，12-2，20，45，51，63，65，66，70，74	13	24.53
AB-4	R	S	S	S	2-1，2-2，2-3，5，10-1b，73，10-2，11，14-6，17，19，21，46，49，50，53，54，55，56，57，58，59，60，61，68，69，71，72	28	52.83
AB-5	S	S	S	S	4，16-1，24，67	4	7.54

这5个类型的致病性由弱至强，其中以AB-4占的比率最大，达52.83%。由于所测分离物多采自北京，这一结果尚不能反映芸薹链格孢各致病类型在全国的分布情况。

二、抗黑斑病遗传规律的研究

迄今对大白菜抗黑斑病的遗传规律研究尚少。张凤兰等（1997）曾用了4个自交不亲和系94-217、94-231、94-219和94-273为试材，对大白菜苗期抗黑斑病（芸薹链格孢，下同）的遗传规律进行了研究。在这4个材料中，前两个稳定地抗黑斑病，后两个稳定地高感黑斑病，采用4×4完全双列杂交的方法，经人工套袋蕾期授粉，获得了自交系和F_1代种子。在幼苗第二片真叶完全展开时，测定对黑斑病的抗病性。结果表明，两个抗病亲本与两个感病亲本自交系的F_1代抗病性差异显著，抗与抗、感与感两个亲本间抗病性差异不显著，这说明对黑斑病的抗病性存在相对真实的稳定的遗传差异。在不同亲本组合的杂交后代中，两个抗病亲本杂交的F_1代仍表现抗病，两个感病的亲本杂交的F_1代仍表现感病，一个抗病与一个感病的亲本杂交后，其F_1代表现为中间偏抗类型。F_1代的抗病性都超过中亲值，且达到显著水平。只有一个组合，即94-217×94-219的子代抗病性超过亲本，其余的组合都没有明显超过亲本。

如果将这4个亲本中的抗×感作为正交，感×抗作为反交进行两组成对数据平均数的比较，正反交无显著差异，这说明大白菜对黑斑病的抗病性由核基因控制，不受细胞质的影响。

对配合力的分析表明，其一般配合力的F值为22.226（差异极显著），而特殊配合力的F值只有1.342（差异不显著）。这说明大白菜对黑斑病的抗病性主要由一般配合力决定，即以基因加性效应为主。由于加性效应受环境影响较小，基因也比较容易固定，适于常规育种，通过杂交选育可获得相应的性状更好的自交系。若进行杂交优势育种，则需要提高双亲的效应值，即采用抗病性均比较强的亲本，才能选育出高抗黑斑病的一代杂种。因此，选育抗黑斑病的自交系及常规品种较容易，而选育高抗的一代杂种则比较困难。亲本一般配合力效应值（G）的研究表明，94－217、94－231、94－219和94－273这4个自交系的效应值（G）分别为7.042、6.186、－3.746和－9.482，其间的差异较大。将各亲本一般配合力效应值进行多重比较，可见两个抗病亲本一般配合力效应值差异不显著，两个感病亲本间一般配合力效应值差异显著，两个抗病亲本和两个感病亲本之间一般配合力效应值差异极显著。

遗传参数分析结果表明，其广义遗传力为64.45%，狭义遗传力为61.95%，遗传力相对较高。

三、白菜对黑斑病的抗病性鉴定技术

自20世纪80年代以来，有关白菜黑斑病抗病性鉴定的报道较多，涉及病原菌生物学、菌种保存技术、抗病性选择压力以及抗病性鉴定方法等多方面的问题，这里仅介绍与抗病性鉴定直接有关的研究结果。

（一）病原菌分离培养技术的研究

一些研究表明，田间发生的黑斑病原菌，生物学特性是有差异的。为使抗病性鉴定的结果保持一致，就需选用致病性稳定的代表性病原菌。首先要从田间采集的病叶分离病原菌，过去多用组织分离法，但病叶上往往混有细交链孢等腐生菌，而后者在PSA（或PDA）平板上比黑斑病病原菌生长快，用组织分离法往往得不到所需要的病原菌。有人就曾误把分离到的细交链孢当成芸薹链格孢的“短喙型”而用于抗病性的鉴定。为了避免这种情况的发生，可利用黑斑病病原菌孢子较大，较易挑取的特点，直接从病斑上挑取单个孢子进行繁殖。具体的方法是：将病叶（或蜡叶标本）洗净，在15℃的无菌条件下保湿培养，使其产生孢子。产孢后，用挑针直接挑取典型孢子，转移到PSA培养基上，纯化后扩大培养，就可得到大量供鉴定用的分生孢子。使用这种分离方法，准确，省时，容易得到单孢子系，大大简化了病原菌分离程序。

（二）黑斑病病原菌产孢技术

黑斑病病原菌在人工培养基上产孢不稳定，有的菌系可以在基物上直接产孢，有的却不能产孢。可以产孢的菌株之间产孢能力也差异甚大。黑斑病病原菌产孢需要较长的时间，长达18天，有时孢子间混有较多菌丝，菌丝也能萌发和侵入，因而难以在抗病性鉴定中进行接种体定量。这样，就有必要研究一套新的产孢技术，以便能获得大量纯净的接种体。李明远等（1991）曾研究过培养基成分对产孢能力的影响，分别用杏干、燕麦片、莴笋、白菜或玉米粉等成分与蔗糖、琼脂制成培养基，结果发现在多数培养基上，黑斑病原菌的产孢量有明显提高（表22－6），但因培养中易被杂菌污染或因基物过黏，取下的孢子少，且混有菌丝，均不适用。

朱宗源（1985）曾用分割基物光照法诱发茄链格孢的孢子产生，将该法用于黑斑病病原菌，因产孢不稳定亦未成功。后来又比较了黑斑病原菌在小麦粒培养基、燕麦粒培养基、玉米粒培养基以及高粱粒培养基上的产孢情况，证明使用玉米粒培养基，产孢期最长，产孢较稳定，还不易被杂菌污染。

使用玉米粒培养基的具体方法，是先将玉米粒煮熟，分装在三角瓶中灭菌后，在培养基上接种芸薹链格孢，然后在25℃下培养2周。将培养物取出，放在日光灯下照射4h，然后在15℃下保湿48h。玉米粒表面即可生成大量孢子，将玉米粒上的初生孢子刷掉，再度保湿，会产生更多的孢子。每隔48h刷取一次孢子，一直可以刷6次（共12天）。其中以第二次产孢量最大，每克基物的产孢量可达48万个，而且孢子形态较均一，所含菌丝很少。进一步试验表明，玉米粒诱发的孢子可在－20℃低温冰箱中长期贮存。贮存15个月后，发芽率仍在80%以上。刷掉孢子的基物表面仍可长出新的孢子，可周年提供鉴定用的接种体。

表22-6　不同培养基上黑斑病病原菌的生长与产孢量

培养基	菌落平均直径（cm）	平均产孢量（万个/皿）	菌落性状
PDA培养基	7.125	5.7	菌丝较密，孢子少
杏干蔗糖琼脂培养基	4.5	121.1	菌丝浓密，孢子多
莴笋蔗糖琼脂培养基	6.35	61.5	菌丝稀疏，孢子多
燕麦蔗糖琼脂培养基	4.7	56.6	菌丝浓密，孢子多
白菜蔗糖琼脂培养基	6.64	30.4	菌丝较密，孢子较多
玉米蔗糖琼脂培养基	3.56	18.7	菌丝较密，孢子少

此外，还可采用刮除气生菌丝的方法诱发孢子的产生，该法取培养约2周的PDA培养基平板，在冰水中浸泡3～5min，用弯头镊子轻轻将表面黑斑病原菌菌丝刮除（不需要刮净），后经紫外光照射数分钟，在15～20℃下保湿72h，即可得到大量孢子。

不论使用哪种孢子诱发方法，产孢量都与菌种的保存方法及保存时间有关，生命力较强的菌体更易于产孢。

（三）菌种保存方法

为使抗病性鉴定结果可靠并前后一致，需有可靠的菌种保存方法。短期保存菌种，可将病原菌接种到PSA培养基或PDA培养基斜面上，在1～4℃的冰箱里保存。但使用这种方法，每半年就应转接更新一次，转接次数多了，病原菌可能会发生性状变异。此外，还可用石蜡油保存菌种，一般可以保存1～2年，但有时菌种易被污染或失活。李明远等用保存病叶的方法保存菌种，取得了稳定的效果。该法将分离到的黑斑病原菌单孢菌系接种到白菜子叶上，发病后制成蜡叶标本，封藏在有干燥剂的器皿中，置于－18～－20℃下保存，使用时取出一片子叶，用直接挑取法分离病原菌，得到的即是黑斑病病原菌的单孢菌系。使用这种方法，大约可保存5～6年，更长的时间仍然会影响其生活力和产孢稳定性。

（四）白菜苗期抗病性鉴定的选择压力

在进行白菜苗期抗病性鉴定时，接种所用的孢子浓度对病斑大小的影响很大。孢子浓度过高或过低，都不易区别供鉴材料的抗病性。因此，必须确定适于抗病性鉴定的孢子浓度，亦即选择压力。李明远等曾用4个不同水平的孢子浓度，采用滴接法，接种8个大白菜种质材料，以确定适宜的接种压力。结果表明，接种体浓度为1 200个孢子/ml时，最能区分抗病性差异，8个材料分别表现为耐病、感病或高度感病（表22-7）。根据以上结果，可以把1 200个孢子/ml作为筛选抗黑斑病大白菜材料的适宜选择压力。

表 22-7 黑斑病原菌接种量对白菜抗病性的影响

供试品种	各孢子浓度下的抗病类型			
	300 个/ml	1 200 个/ml	4 800 个/ml	19 200 个/ml
翻心白	T	HS	HS	HS
小白口	T	S	HS	HS
北京新 1 号	T	T	S	HS
双青 156	T	S	HS	HS
唐山快菜	T	T	HS	HS
万泉白邦	T	T	HS	HS
北京 106	T	HS	HS	HS
北京新 2 号	T	T	S	HS

注：T：耐病，S：感病，HS：高感。

（五）白菜对黑斑病的苗期抗病性鉴定技术

在上述单项研究的基础上，制定出如下白菜对黑斑病的苗期抗病性鉴定技术。

1. *育苗* 鉴定工作在封闭完好的玻璃温室或培养室内进行。使用经高温灭菌的营养土及经 0.1%新洁尔灭消毒的育苗盘或营养钵育苗。供鉴种子需充实饱满、纯净、发芽势一致。每批材料均设抗病与感病对照，每个处理 15～20 株，重复 3 次。在白菜黑腐病发生严重的地方，供试种子应先用 0.1%的升汞液消毒 5min，冲净后使用。

2. *病原菌的分离、保存与孢子诱发* 广泛收集本地区的白菜黑斑病病样（最少 15 个），洗净后诱发出孢子，用直接挑取孢子的方法分离病原菌。植床在 PSA 培养基平板上于 20～25℃下培养，经回接鉴定确认为芸薹链格孢后，即转入 PSA 斜面。其中一部分菌种接种到 40～50 株白菜幼苗子叶上，发病后取下子叶制成蜡叶标本，放入有干燥剂的皿内，封存于－13～－20℃的冰箱中，作长期保存，其余的可作为当年进行抗病性鉴定的菌源。以后每年在进行大白菜苗期抗病性鉴定前约 1 个月，取干的病子叶用直接挑取孢子的方法分离病原菌，然后接在玉米粒培养基上，在 15℃下培养 2 周后取出，用日光灯（40W，距离 20cm）照射 4h，在 15℃诱发孢子 48h，洗下产生的孢子，然后再诱发一次孢子，放在－18～－20℃的低温冰箱中保存，随用随取。

如用当年分离到的菌种，还可将其转接到 PSA 平板上，2 周后用接近 0℃的无菌水浸泡病原菌，并用毛笔刮去菌丝，在紫外光灯下照射 3min，放在 15℃下黑暗中 48h，诱发孢子。

3. *接种* 可在子叶充分展开时或真叶期进行人工接种。子叶期接种用点滴法，孢子浓度为平均每毫升约 1 200 个孢子，在无光、20～25℃（据病原菌温度型选择），100%的相对湿度下保湿 24h。然后移入温室正常管理，接种后第六天保湿 24h，调查发病情况。

真叶期接种在幼苗长至 4～5 叶时进行。除可以用上述点滴法以外，还可以使用喷雾法接种，接种液浓度为 4×10^4～8×10^4 个孢子/ml，喷在叶片正面，每 30 株约需用病原菌孢子悬液 10ml。然后在 15～21℃和 100%的相对湿度下，保湿 7～8 天（最初 48h 连续保湿并遮荫，以后仅夜间保湿），保湿后揭膜调查发病情况。

4. *病情调查和抗病性评定* 以单株为单位，按下述分级标准调查病情。根据病情评定抗病性级别，进行归类。

（1）子叶发病的病情分级标准

0 级：无病；

1 级：接种叶有少量枯死小点，一般不透过叶背；

3 级：接种叶病斑占有面积为全叶的 1/4 以下；

5 级：接种叶病斑占有面积为全叶的 1/4 以上，但不超过 1/2；

7 级：接种叶病斑占有面积超过叶片的 1/2，但不足 3/4；

9 级：病斑面积超过叶面 3/4 以至死亡。

（2）真叶发病的病情分级标准

0 级：无病；

1 级：接种叶生褐色小点，无霉层；

3 级：接种叶生褪绿斑，无霉层；

5 级：接种叶片生褐色轮纹斑，病斑外无坏死区，有少量霉层；

7 级：接种叶片生褐色轮纹斑，周围有明显枯死区，有较多的霉层；

9 级：接种叶病斑连片，有较大面积枯死区，霉层明显。

（3）单株抗病性评定和归类

0 级：免疫（I）；

1 级：高抗（HR）；

3 级：抗病（R）；

5 级：耐病（T）；

7 级：感病（S）；

9 级：高感（HS）。

（4）群体抗病性评定和归类

病情指数为 0：免疫（I）；

病情指数为 0.1～11.1：高抗（HR）；

病情指数为 11.2～33.3：抗病（R）；

病情指数为 33.4～55.6：耐病（T）；

病情指数为 55.7～77.8：感病（S）；

病情指数为 77.9～100：高感（HS）。

（六）白菜成株期对黑斑病抗病性鉴定方法

选育白菜抗黑斑病的品种，也需要进行成株期的抗病性鉴定。成株期抗病性鉴定多采用自然发病调查，但目前尚无统一的方法。一般在白菜收获前进行，鉴定时往往要同时调查记载几个病害，例如北京市蔬菜研究中心同时要记载霜霉病、病毒病、软腐病、黑腐病、黑斑病等多种病害的发病情况。因工作量很大，调查记载比较粗略。有的使用株行分级的方法，调查时将病株分成三个等级：整株叶片仅有零星病斑至下部叶片普遍有较多病斑的，记为“＋”；病斑已蔓延至植株中上部，且普遍有较多的病斑，但外叶尚未成片干枯的，记为“＋＋”；病斑已蔓延到植株的上部，外叶出现成片枯死的，记为“＋＋＋”。如果病情介于两个等级之间，可在最接近等级的右上角标以“＋”或“－”，以示区别。

在进行品种间比较时，也采用按株分级的方法调查，再计算病情指数进行比较。病情的分级标准如下：

0 级：无病；

0.5 级：个别叶片有零星病斑；

1 级：个别叶片有少数病斑或少数叶片有个别病斑；

3 级：整株少数叶片有少数病斑；

5 级：整株少数叶片有较多病斑或多数叶片有少数病斑；

7 级：整株多数叶片有多数病斑或少数叶片干枯；

9 级：整株多数外叶干枯。

（七）抗病性的其他鉴定方法

鉴定白菜对黑斑病的抗病性，除了上述常规鉴定方法外，还有一些利用相关指标进行抗病性鉴定的方法，已有研究的有离体叶接种鉴定法和毒素处理鉴定法。

1. *大白菜离体叶人工接种法* 这种方法是陕西省农业科学院蔬菜研究所提出的（刘焕然，1990）。该所在选育大白菜抗病材料时，不仅要了解其群体的抗病性，还十分注意保留群体中出现的抗病单株。使用离体叶鉴定法，可以保留所发现的个别优良材料。

该法先培育好长有 6 个叶片的无病苗，将其由内至外的第四至第六叶位的叶片取下，用 10%的双氧水消毒伤口，扦插在用锯末和蛭石混成的已消毒的基质中，浇足无菌水，并在育苗盘（49cm×35cm）中浇 5ml 无糖 MS 改良培养液。

离体叶用芸薹链格孢孢子悬液接种。所用孢子悬液浓度为 10×10 倍显微镜视野中有 10～24 个孢子。接种后在 10～12℃变温条件下保湿，4 天后调查。

离体叶病情分级标准如下：单叶片无病的为 0 级；有 1mm 以下失绿斑的为 1 级；有 1～3mm 坏死小斑的为 3 级；有 3～5mm 中型褐斑，不连片，有少量霉层的为 5 级；有 5mm 以上的坏死斑，少量连片，霉层较多的为 7 级；有 5mm 以上的坏死斑，病斑密布连片，霉层多，叶片有干枯的为 9 级。据各级病叶数计算病情指数，抗病性评定归类标准同前。

据试验，使用这种扦插法，叶片可以存活 15 天。12 个材料用该法鉴定的结果与常规的苗期真叶接种法比较，两者相关性显著，抗病性归类平均吻合率达 83.3%（刘焕然等，1995）。

2. *黑斑病菌毒素处理鉴定法* 病原菌产生的致病毒素在病害的侵染中起着十分重要的作用，病原菌的毒素粗提液可以用来代替病原菌，筛选抗病的材料。河北省农业科学院和李明远都曾试用过这种方法。鉴定时首先将芸薹链格孢接种于 Fries 培养液内，在 25℃下间歇振荡培养 20～30 天，用离心法（6 000r/min，20min）或抽滤法（滤膜孔径 0.4μm）获得毒素的粗提滤液，可用其 50 倍液处理离体叶片或用 100 倍液浸泡有 3～4 片叶的带根白菜幼苗，24h 后调查其叶片或植株的症状，按下列标准分级记载。

（1）毒素处理的离体叶

0 级：无症；

1 级：生有个别侵染点或褐色枯点；

3 级：生有多数侵染点或褐色枯点；

5 级：形成个别侵染斑块；

7 级：形成多数侵染斑块；

9 级：侵染斑块相连，叶片坏死。

(2) 毒素浸根处理的幼苗

0 级：无症；

1 级：个别叶片产生失水斑点；

3 级：多数叶片产生失水斑点；

5 级：多数叶片产生失水斑点，叶缘轻度萎蔫；

7 级：全叶轻度萎蔫；

9 级：全叶重度萎蔫。

$$病情指数=\frac{\sum 各病级植株数\times 该病级代表数值}{总株数\times 最高病级代表数值}\times 100$$

李明远等在 1987—1990 年使用孢子接种方法对北京蔬菜研究中心提供的 444 份材料进行了苗期抗黑斑病鉴定，同时还对 654 个材料的田间发病情况进行了调查。综合苗期及成株期的鉴定结果，选出了 3 个抗源。其中 88-3-96、89-3-51 分别为北京新 2 号及北京新 1 号的亲本，这两个杂交种在生产上的表现均比当前推广的北京 106 抗病，目前已经在生产上大面积应用。抗源筛选的成功说明所用鉴定方法是可行的。

四、白菜抗黑斑病育种中存在的问题

近些年来，我国对黑斑病抗病性的研究有了较大的进展，一些育种单位也将抗黑斑病作为大白菜育种的主要目标之一。尽管如此，目前找到的抗源较少，在生产上尚无过硬抗病品种。已有的抗病品种一般尚经受不住特殊气候条件的考验。在白菜黑斑病的抗病育种和抗病性研究方面还有以下工作需要开展。

1. 进一步调查白菜黑斑病菌的种群组成及其发展动态　目前我们对这一问题的了解还是很初步的，仅有北京市和陕西省的个别单位对其种群作过比较系统的调查，许多黑斑病发生严重的地区，例如云南、贵州、福建等省，还没有这方面的报道。即使在北京，根据近年来品种抗病性的变化情况，也有必要继续研究。特别要搞清楚 *A. raphani* 和 *A. napiformis* 这两个种在我国的分布和重要性。随着我国市场经济的发展，大白菜已成为周年生产的重要菜种，不将这一问题搞清，抗病育种难免存在盲目性。

2. 深入研究白菜对各种黑斑病菌的抗病性鉴定技术　目前白菜抗病育种仍针对芸薹链格孢，而为害白菜的还有甘蓝链格孢、萝卜链格孢等 2～3 种病原菌，对这些病原菌的生物学特性、抗病性筛选方法、白菜抗病遗传规律等都缺乏研究，更缺乏一套可行的抗病性鉴定技术规程。除白菜外，其他十字花科蔬菜，例如甘蓝、紫菜薹等，也需要有一套可行的抗病性鉴定方法。

3. 深入研究抗病材料筛选或创制方法　白菜抗黑斑病属于不完全显性，所以获得高抗及免疫品种的难度较大，需采用更先进的方法，提高抗病材料筛选效率。也需要采用包括转基因技术在内的先进技术创制抗源。目前在这些方面的研究基础尚差，需积极开展工作。

第四节 黑腐病

十字花科蔬菜黑腐病是世界性的大病害。我国甘蓝黑腐病的最早报道，见于1958年的东北农作物病虫害防治手册，自20世纪70年代起逐渐加重。黑腐病除给甘蓝生产造成很大的损失以外，还给花椰菜、白菜、油菜、球茎甘蓝、青花菜、抱子甘蓝、羽衣甘蓝等十字花科蔬菜生产造成很大的损失，已成为这些蔬菜的重要病害之一。在大白菜上黑腐病往往与软腐病同时发生，复合侵染，大大加重对大白菜的为害。对甘蓝黑腐病的抗病性研究，国外起步于20世纪50年代（Bain，1955），直到70年代才育成实用的品种。我国相应的研究，起始于80年代中期，目前已育成了一些抗黑腐病的优良品种，例如中甘9号、西圆3号等，都为甘蓝黑腐病的防治起到了较好的作用。

一、病原菌的致病性和致病性分化

寄生于十字花科蔬菜的黑腐病菌为野油菜黄单胞的一个致病变种［*Xanthomonas campestris* pv. *campestris*（Pam.）Dowson］，菌体杆状，0.7～3μm×0.4～0.5μm，单生或链生，极生鞭毛，无芽孢，有荚膜，革兰氏染色阴性。在牛肉汁培养基上，菌落近圆形，初淡黄色，后变为蜡黄色，边缘完整，略凸起，薄或平滑，具光泽。老龄菌落边缘呈放射状。该菌能使明胶液化，在费美液中生长很少，在孔氏液中不生长，氧化酶阴性，接触酶阳性，能水解吐温30，产生硫化氢，不产生吲哚，硝酸盐不还原，能水解淀粉，尿酶阳性，最适pH6.4，耐盐度为2%～5%。该菌的自然寄主和人工接种寄主有194种，除十字花科蔬菜外，还有芫荽、茴香、莴苣、苋菜、胡萝卜、番茄、黄瓜、葫芦、西瓜、菜豆、豇豆等。李经略等（1995）称我国的黑腐病菌不能侵染芫荽、茴香、苋菜和莴笋，但可以侵染菠菜。

李经略等（1995）曾对甘蓝黑腐病菌的致病性分化进行了初步的研究，比较了来自重庆、杨陵、北京和哈尔滨的4个菌株，结果表明其形态有一定的差异，生化性状没有明显差异，对17个甘蓝品种的致病性有一定差异。因所用菌株数目太少，尚难得出一般性的结论。要明确全国十字花科蔬菜黑腐病菌致病性分化情况，还有大量的工作要做。

二、甘蓝对黑腐病的抗病性遗传规律

国外对甘蓝黑腐病抗病性遗传规律的研究，得到的结果很不一致。例如，Bain（1955）认为甘蓝对黑腐病的抗病性受1对显性基因控制。Williams（1980）则提出了3对基因的遗传模式，即抗病性由1对隐性基因控制，此外还受1对显性和1对隐性修饰基因的影响。Dickson等（1987）认为甘蓝的抗病性受1对隐性基因控制，但在某些材料中存在着修饰基因。

我国曾利用3个甘蓝高代抗病自交系和4个不同的高代感病自交系进行完全双列杂交，用Williams等（1972）的方法进行接种鉴定。结果表明，甘蓝在田间的抗病性具有极高的狭义遗传力，抗病性表现为隐性，并有修饰基因存在。对黑腐病的抗病性在一定程度上为数量性状，但控制抗病性的基因数目较少，作用的强度和方式也不一样。根据这一结果，建议抗病品种的选择应在早期世代进行，又因抗病性表现为隐性，最好双亲都抗黑腐病。

三、甘蓝、白菜对黑腐病的抗病性鉴定技术

（一）病原的分离培养与鉴定

分离病原细菌可采用稀释法或组织分离法，稀释法更为方便。有人比较了分离培养基，认为使用纤维二糖琼脂培养基最适，马铃薯酵母膏葡萄糖琼脂培养基次之，PDA 培养基的效果不及以上两种，但因制备方便，仍有人使用。黑腐病病原细菌的常规鉴定，程序比较繁杂，而采用心叶烟过敏性反应测定和淀粉酶测定的方法，则较快速简便。该法将纯化了的细菌，配成一定浓度的菌悬液，用注射器注入心叶烟的叶脉中，1 周后观察叶片上是否产生过敏性枯斑，有枯斑产生即为寄生菌。再将该菌在淀粉固体培养基上培养 48h，用碘酒精涂抹培养基的表面，如培养基变成黑紫色，而菌落周围出现较宽的白色区，即表明为黑腐病病原细菌。

（二）接种方法

接种黑腐病菌的常用方法是针刺接种法，即将一束针固定在一起蘸取细菌悬液，再用以刺伤叶片进行接种。也可采用剪叶法，用消毒的手术剪子蘸取细菌悬液后，对充分展开的叶片，垂直于叶片的主脉，剪掉叶尖，造成一个 0.5～1.0 cm 的伤口即可（Staub 等，1972）。这两种接种方法，都可用以接种甘蓝和白菜叶片。但是使用这些接种方法，所鉴定出的仅是植株的抗扩展能力，而且往往发病偏重，不能充分地表现出植株全面的抗病性。经过试验比较，目前大多认为使用喷雾法接种更为可靠。该法用小喷雾器，将菌悬液喷到预先已经过保湿、叶缘出现吐水的植株上，随后再保湿 24h。12 天后植株发病，即可进行调查记载（李永镐，1995）。黑腐病菌从水孔侵入，喷雾法比较接近实际，发病程度可以充分地反映出材料的抗病性，在我国甘蓝和白菜抗病性鉴定中已逐渐被采用。

（三）接种苗的苗龄

白菜和甘蓝的整个生育期都可感染黑腐病，但抗病性随着苗龄的增长而增强。在 1～2 片真叶期接种鉴定，幼苗容易死亡，不易看出植株的抗病性。一般选择在 3～4 片真叶时进行接种，约在播种后 3～4 周，鉴定周期也不算长。

（四）接菌剂量

在人工接种的条件下进行甘蓝和白菜抗病性的评定，植株的发病程度往往与接菌剂量有直接的关系，接菌量越大，发病也越重，接菌量并非越高越好，因为发病过重会掩盖植株间抗病性的差异。李永镐等（1995）用 3 个已知抗病性的材料，研究接种液中菌体浓度与抗病性的关系，发现菌体浓度为 10^8 个菌体/ml 时，品种间抗病性的差异最大，可作为品种抗病性鉴定的最佳接菌浓度。

由于细菌的菌体较小，难以直接计数，一般使用比色法定量。先用黑腐病菌配制成较浓的母液，用医院常用的微玻璃珠细菌浓度标定管进行比色，选取透光率最接近的浓度推算母液的浓度，再加水稀释为 10^8 个菌体/ml，即可使用。还有人使用血球计数板进行定量，但由于细菌菌体较小，做起来比较费力。

（五）接种前后的环境控制

甘蓝、白菜黑腐病菌一般由水孔侵入，要在叶缘有水珠（水孔的吐水）时接种，为了造成这种状态，可在接种前进行保湿。尽管在接种后不保湿，仍可以发病，但由于尚不明确湿度对病原菌扩展的作用，现仍沿用接种后保湿的方法。在接种后，将接种苗放置在20～25℃的条件下生长较好。

（六）抗病性鉴定的技术流程

1. *育苗* 播种前供试材料的种子在50℃的热水中处理10min。出苗后移植到装有灭菌土的营养钵内，当幼苗长至3片真叶时进行接种。

2. *制备接种液* 将纯化的黑腐病菌转移到纤维二糖琼脂培养基、肉汁冻琼脂培养基、PDA培养基斜面上培养2～3天，继而在肉汁冻液体培养基内振荡培养24h，用无菌水制备浓度为10^8个菌体/ml的菌悬液供接种使用。

3. *接种* 先将供试的幼苗在保湿箱内保湿一夜，使其叶缘出现水珠，次日用洁净小喷雾器将已配好的菌悬液均匀喷洒到叶片上。喷雾时应防止引起叶缘水珠滴落。接种苗在25℃左右的温度下保湿24h，在接种后11～14天进行病情调查。

4. *病情分级和抗病性评价*

（1）病情分级标准

0级：无症；

1级：水孔处有黑色枯死点，无扩展；

3级：病斑从水孔向外扩展，占叶面积5%以下；

5级：病斑从水孔向外扩展，占叶面积5%～25%；

7级：病斑从水孔向外扩展，占叶面积25%～50%；

9级：病斑从水孔向外扩展，占叶面积50%以上。

（2）病情评价和归类标准

免疫（I）：病情指数为0；

高抗（HR）：病情指数在11.11以下；

抗病（R）：病情指数11.12～33.33；

中抗（MR）：病情指数33.34～55.55；

感病（S）：病情指数55.56～77.77；

高感（HS）：病情指数77.78以上。

在进行甘蓝和大白菜苗期抗黑腐病鉴定时，要注意栽培管理水平对鉴定结果的影响。鉴定时苗龄较大，接种后又需较长时间的培养，培养适温也比较高。在这样的情况下，如果水分管理不合理，往往植株下部会出现生理性枯叶，在进行病情调查时，难以准确分级。

5. *成株期抗病性鉴定* 甘蓝、白菜成株期抗病性鉴定，不进行人工接种，在收获前调查植株的自然发病病情，据以评价抗病性。病情分级标准如下：

0级：无病；

1级：整株仅有1～3个叶片叶缘有V字形病斑；

3级：整株有3个以上的叶片叶缘有V字形病斑；

5 级：除叶缘有 V 字形病斑外，叶柄也有腐烂斑，但叶片尚未枯死；

7 级：除叶缘有 V 字形病斑外，有叶柄腐烂或短缩茎腐烂，引起少数叶片枯死；

9 级：植株多数叶片枯死或折倒。

四、甘蓝、白菜黑腐病抗病育种中存在的问题

我国甘蓝和白菜抗黑腐病育种历史较短，抗病筛选技术尚不成熟。例如，关于病原菌致病性分化，仅有 1 篇研究报告，其研究方法和取材数量上均有不足。目前在进行抗病性鉴定时，使用由田间随机取得的菌株，鉴定结果的代表性如何，很难说清楚。

在寄主抗病性遗传研究方面，有关甘蓝的报道很少，白菜尚未见报道，遗传规律不清。此外，在甘蓝和白菜的抗病性鉴定技术上也存在诸多问题，往往影响到鉴定结果的可靠性，其中主要的有下述两个问题。

（一）关于苗期人工接种鉴定的环境控制

黑腐病菌由水孔侵入，喷雾接种时，一般先保湿而后接菌，接种后再保湿 24h。但是接后的环境湿度对发病的影响尚不明确，接种后是否必须保湿，保湿多长时间最合理，并无根据。澄清这一问题，有助于简化鉴定程序。

此外，关于接种后的温度控制，目前也有待解决。李明远等（1995）以大白菜为材料，在光照培养箱中的控温试验表明，接菌后幼苗生长适温为 25～30℃，在这个温度范围内，温度越高，发病越快。但李永镐（1995）的研究发现，温度对甘蓝的抗病性表现有一定的影响。红 22、86－1072 和 87D16 等 3 个甘蓝材料在不同的温度下进行抗病性鉴定，红 22 和 86－1072 随着环境温度的升高，抗病性也增强，而 87D16 的抗病性则随着温度的升高而减弱。抗病性鉴定结果的稳定性，往往与鉴定单位的温室条件密切相关。

（二）关于病情调查标准的科学性问题

目前在进行甘蓝、白菜抗病性鉴定时，病情分级的依据是 V 字形病斑的扩展面积，病斑面积又取决于病斑数量和病斑向叶片内扩展的深度。病级相同的病叶，这两个因素往往不同，有的品种病斑数量多，扩展的深度小，而有的品种则病斑数量少，扩展却比较深。这两个因素实际上反映了寄主不同的抗病机制，此种差异使用目前的苗期病情分级标准无法区分开来。

在甘蓝、大白菜成株期抗病性鉴定时，病情分级标准更加复杂。此外，黑腐病在成株期还扩展到叶柄，并引起植株腐烂，而且往往还有其他细菌（例如软腐细菌）的复合侵染，这些都增加了病情分级的难度。合理解决这些问题，有助于提高它们抗病性鉴定的准确性。

参　考　文　献

[1] 北方大白菜病害防治研究与应用协作组．我国北方大白菜病害现状及发展浅见．中国蔬菜，1993（4）：38～40

[2] 曹光亮，曹寿椿．不结球白菜对 TuMV 抗性与过氧化物酶关系的初步研究．见：李树德．中国主要蔬菜抗病育种进展．北京：科学出版社，1995，124～127

[3] 范怀忠，柯冲．广州及附近十字花科蔬菜病毒的鉴定．植物病理学报，1957，3（2）：155～169
[4] 冯兰香，徐玲，刘佳．北京地区大白菜上病毒种类及 TuMV 株系．见：李树德．中国主要蔬菜抗病育种进展．北京：科学出版社，1995，26
[5] 胡吉成等．大白菜僵叶病的研究．植物病理学报，1964，7（4）：395～402
[6] 焦慧彦．白菜霜霉病生理型分析的研究．见：李树德．中国主要蔬菜抗病育种进展．北京：科学出版社，1995，60～63
[7] 李经略．陕西省十字花科蔬菜 CMV 发生动态及影响．植物保护，1990，16（6）：45
[8] 李经略，甘蓝黑腐病原菌致病性分化现状初步分析，见：李树德．中国主要蔬菜抗病育种进展．北京：科学出版社，1995，608～610
[9] 李经略，李惠兰．甘蓝黑腐病生物学特性研究．见：李树德．中国主要蔬菜抗病育种进展．北京：科学出版社，1995，603～607
[10] 李明远，柯常取．十字花科蔬菜黑斑病的病原．北京农业科学，1988，增刊：1～5
[11] 李明远．萝卜链格孢形态学的研究．华北农学报，1988，8（3）：98～100
[12] 李明远等．芸薹链格孢产孢基物与光照条件的选择．华北农学报，1991，3（6）：111～115
[13] 李明远，柯常取，曾丽．芸薹链格孢菌丝生长温度的研究．真菌学报，1991，10（4）：165～170
[14] 李明远，刘焕然，柯常取等．白菜黑斑病原菌种群的研究．见：李树德．中国主要蔬菜抗病育种进展．北京：科学出版社，1995，35～38
[15] 李明远，武冬繁．温度对大白菜黑腐病侵染与发病影响的研究．华北农学报，1995，10（4）：92～94
[16] 李永镐．甘蓝黑腐病苗期抗病性鉴定方法——喷雾接种法研究．见：李树德．中国主要蔬菜抗病育种进展．北京：科学出版社，1995，611～613
[17] 凌立，杨演．油菜病毒病．金陵学报，1939（9）：293～304
[18] 刘焕然，柯桂兰．大白菜离体叶黑斑病人工接种鉴定技术．陕西农业科学，1990（2）：15～16
[19] 刘栩平，路文长．用 Green 寄主谱划分 TuMV 株系．见：李树德．中国主要蔬菜抗病育种进展．北京：科学出版社，1995，11～14
[20] 刘栩平，路文长，刘元凯．TuMV 新鉴定寄主谱的筛选和株系划分．见：李树德．中国主要蔬菜抗病育种进展．北京：科学出版社，1995b，15～18
[21] 刘栩平，路文长，刘元凯．杂交瘤细胞株的建立及抗源决定筛选和株系划分．见：李树德．中国主要蔬菜抗病育种进展．北京：科学出版社，1995，22～25
[22] 刘栩平，刘元凯．大白菜对 TuMV 抗病性鉴定方法研究．见：李树德．中国主要蔬菜抗病育种进展．北京：科学出版社，1995，30～34
[23] 刘元凯，刘栩平．白菜病毒病的毒源种群研究．见：李树德．中国主要蔬菜抗病育种进展．北京：科学出版社，1995，6
[24] 裘维蕃，王祈楷．中国白菜的一种病毒病害——“孤丁”．植物病理学报，1957，3（1）：131～144
[25] 裘维蕃．关于引致大白菜孤丁病的环斑型烟草花叶病毒的研究．植物保护学报，1962，85～92
[26] 裘维蕃，梁训生．京津大白菜孤丁病毒毒源类型及分布．植物病理学报，1963，6（2）：169
[27] 司家钢．白菜对芜菁花叶病毒（TuMV）抗性遗传规律的研究．见：李树德．中国主要蔬菜抗病育种进展．北京：科学出版社，1995，109～112
[28] 涂治．Notes on diseases of economic plant in South China. Lingnan Sci J，1932（11）：489～504
[29] 王超，许蕊仙．甘蓝抗 TuMV 的抗性遗传研究．见：李树德．中国主要蔬菜抗病育种进展．北京：科学出版社，1995，624～626

[30] 王铨茂．十字花科霜霉病生理分化及寄主抗病现象．科学农业，1944（1）：249～257
[31] 王晓武，方智远，孙培田等．甘蓝黑腐病抗性遗传分析研究．见：李树德．中国主要蔬菜抗病育种进展．北京：科学出版社，1995，627～631
[32] 魏毓棠，李广海，王允兰等．大白菜对芜菁花叶病毒（辽宁1号分离物）的抗性遗传规律的研究．见：李树德．中国主要蔬菜抗病育种进展．北京：科学出版社，1995，104～108
[33] 魏毓棠，赵国余，陶正平，韦石泉．大白菜对芜菁花叶病毒抗性及生理生化相关性状的研究．见：李树德．中国主要蔬菜抗病育种进展．北京：科学出版社，1995，119～123
[34] 吴新兰，谢浩．萝卜环斑病毒血清的研究．植物病理学报，1964，7（2）：145～149
[35] 西北农学院植保系，西安市农科所．西安地区十字花科蔬菜病毒病的鉴定．微生物学报，1976，16（2）：136～141
[36] 谢浩，杨秀荣，董平．农作物病毒病及防治．乌鲁木齐：新疆人民出版社，1994
[37] 张凤兰，徐家炳，陈广等．大白菜苗期对黑斑病抗性遗传规律的研究．华北农学报，1997，12（3）：115～119
[38] 中国农业科学院东北农科所等．东北农作物病虫防治手册．沈阳：辽宁人民出版社，1958
[39] 朱宗源．诱导茄链格孢菌分生孢子形成新技术．真菌学报，1985，4（3）：180～18

第二十三章

黄瓜、西瓜品种抗病性及其利用

第一节 霜霉病

瓜类作物霜霉病菌［*Pseudoperonospora cubensis*（Berk. et Curt.）Rostow.］于1868年在古巴首次报道后，目前已发展成瓜类作物的世界性病害。几十年来，以瓜类作物抗霜霉病育种为中心，对病原菌的致病性分化、抗病性遗传、抗病机制、抗病性鉴定方法及其抗病种质资源的开发利用，进行了较为广泛的研究，推动了瓜类作物抗病育种工作的发展。

一、相关研究概述

瓜类作物霜霉病菌有明显的寄生专化性和致病性分化现象。Thomas（1987）将其分为5个专化型。Epps等（1952）和Ellis（1951）据田间品比试验，认为该菌具有致病性分化现象。但Geaman（1972）和傅俊范等分别在罗马尼亚和中国的研究表明，黄瓜霜霉病菌不存在生理小种分化，中国菌株仅具有致病力强弱的差异。

关于黄瓜对霜霉病抗病性的遗传，Jenkins（1946）认为抗病品种Chinese Long和Puerto Rico 37的抗病性是由多基因控制的。Barnes等（1954）认为控制品种PI197087抗病性的基因包括1～2个主要基因和1个或多个次要基因。van Vliet等（1974）发现Poinsett品种的抗病性受1个隐性基因控制，且认为该基因与抗白粉病的基因连锁。Shimizu（1962，1963）则发现抗病品种Aojihai含有3对隐性抗病基因，且与控制果实深绿色泽的基因连锁。我国吕淑珍等（1990）通过高代自交系的杂交和回交试验，发现所用材料的抗病性受多个隐性基因控制。

黄瓜对霜霉病的抗病性与其组织结构、细胞内含物和多种酶活性密切相关。李靖等（1991）报道，黄瓜叶片感染霜霉病后，病斑周围组织内的多酚氧化酶、过氧化物酶和苯丙氨酸解氨酶的活性与抗病性有密切关系。抗病品种被侵染后，细胞很快颗粒化坏死，病菌也同时死亡；中抗品种细胞内具有少量活菌丝；感病品种细胞和组织里有大量菌丝蔓延，细胞被破坏。刘庆元（1993）发现黄瓜叶内叶绿素含量、过氧化物酶活性和可溶性糖的含量与抗病性强弱呈正相关。

二、黄瓜抗霜霉病鉴定方法

适用于抗病育种的单一病害抗病性鉴定方法，应满足简便易行、周期短、重复测定差异小等基本要求，苗期室内抗病性鉴定最为适宜。从我国的实际条件出发，为适应日光温室和塑料大棚栽培，所育品种须兼抗几种病害。国家“八五”科技攻关黄瓜抗病育种课题提出了兼抗3种黄瓜病害的要求。多抗性鉴定往往以霜霉病和枯萎病为基础，增加对另一种病害的抗病性，例如白粉病、细菌性角斑病或黑星病等。

（一）接种方法

1. *喷雾接种法*　在子叶形成期或2～3片真叶期喷雾接种。接种用孢子囊悬浮液浓度分别为5×10^3个/ml和$5\times10^3\sim1\times10^4$个/ml。接种温度20℃，黑暗保湿18～20h，接种苗培养温度20～27℃。Thomas（1992）及Cohen（1979）等采用了此方法。

2. *子叶期点滴接种法*　翁祖信等（1991）提出此接种方法。黄瓜幼苗子叶展平时，在每片子叶中央滴一滴菌悬液，菌悬液浓度为1 500～4 500个孢子囊/ml，每滴菌液约0.04ml。接种温度18～20℃，保湿12h，接种苗培养温度16～26℃。

3. *离体真叶点滴接种法*　Rodenberg（1965），Singh（1971）和傅淑云（1983）等都采用了这种方法。采摘新鲜叶片置于大培养皿内，将叶柄插入吸水的脱脂棉球里。在叶片上定点滴加菌悬液接种。菌悬液浓度为1 500～2 000个孢子囊/ml，接种温度20℃，保湿12～24h，接种苗培养温度20～25℃。

4. *离体子叶或真叶叶盘接种法*　Singh（1971）、Pitrat等（1988）和Parkash等（1989）均采用了此方法。除用于抗病性鉴定外，该法还用于培养和保存菌种。采集同龄期子叶，或取2～3叶期真叶打取叶盘（所用叶盘直径为15mm），叶面向下放于大培养皿内的吸湿滤纸上。用点滴法接种，菌悬液浓度5×10^3个孢子囊/ml，每片子叶或叶盘滴加1滴菌悬液（50μl）。接种后培养皿加盖，置于定温室内培养，保持日间温度25℃，夜间温度18℃。

（二）苗期与成株期抗病性鉴定结果的相关性

许多试验结果提供的证据表明，黄瓜苗期抗霜霉病的鉴定结果与成株期鉴定结果显著相关。张光明等（1988）用6个黄瓜品种，分别进行室内苗期接种鉴定和田间成株期自然发病鉴定，两者相关系数为0.876 3，呈显著正相关。许启新（1994）选用9个黄瓜品种，比较室内真叶离体接种鉴定和田间成株期自然发病鉴定结果，其相关系数为0.72，同样达到显著相关水平。因此，大批量的抗病性鉴定可采取室内苗期人工接种鉴定方法，以提高鉴定效率。

（三）苗期多抗性鉴定

苗期多抗性鉴定在供试材料较少、测定项目较多时，具有明显优点。但有时症状不典型，抗病性受到不同程度的干扰，病原物间还可能发生交叉保护作用，多抗性鉴定结果需要进一步证实。因此，除非鉴定材料特别缺乏，否则不一定采用这种方法。我国黄瓜多抗性鉴定的常用程序如下：先在胚芽期，用菌悬液浸种法接种枯萎病菌；子叶展平时，按鉴定要求，用点滴法或喷雾法，在子叶上接种霜霉病菌、疫病菌或白粉病菌；真叶期用喷雾法或伤口接种法接种黑星病菌、炭疽病菌或细菌性角斑病菌等。

最好用子叶离体接种法，或真叶叶盘法接种霜霉病菌，以减少同株多病的相互干扰，确保鉴定结果的可靠性。

三、国家科技攻关黄瓜抗病育种研究所采用的抗霜霉病鉴定程序

我国从“六五”开始立项研究主要蔬菜优质、丰产、抗病育种技术，到“七五”后期至“八五”初期，黄瓜抗病育种技术才实现系统化和程序化。黄瓜对主要病害的抗病性鉴定规程是各协作单位根据我国黄瓜病害的发生和流行情况反复研究和实践所形成的。用这套方法，已经筛选出兼抗5种病害的抗源材料，取得了重要成果。

（一）植物材料的准备

种子用0.1%升汞水浸泡10min，或1%次氯酸钠10min，清水冲洗后，摆放在垫有两层湿滤纸的培养皿内，在28～30℃的恒温箱里催芽。齐芽后播种于塑料营养钵内，育苗基质为3∶1的蛭石草炭营养土。待子叶充分展平、心叶露出时接种。每个材料设4次重复，每个重复用10株苗。津研2号为抗病对照品种，长春密刺为感病对照品种。

（二）接种体制备

采集发病比较一致的自然病叶或人工接种病叶，用清水冲洗干净后，放置在具有散射光、温度16～20℃的条件下，保湿培养24h。取出病叶，用毛笔蘸水刷下培养产生的孢子囊，经两层纱布过滤后，用血球计数板计数孢子囊，然后稀释至所需浓度。

（三）接种方法

用子叶点滴法接种，菌悬液浓度为2 000个孢子囊/ml。接种前一天用清水洗去子叶上的尘土，次日傍晚用取样器定量接菌0.04ml，需滴于每片子叶的中央。然后在20℃左右，遮光保湿12～16h。揭开保湿帘后控制温度18～25℃。

（四）病情调查与严重度分级标准

在霜霉病初发期、盛发期和病情稳定期，分别进行3次调查。一般在接种4～5天后进行第一次病情调查，其后每隔2天调查一次。调查时记载病斑类型、发病率和病级（表23-1），以第三次调查所得病情指数为评价抗病性的依据，病斑类型、病株率、病叶率等用作参考。

表23-1 不同病级发病情况

病 级	代表值	发 病 情 况
0级	0	无症状
1级	1	接种点出现微小斑点，病斑直径小于0.5cm
2级	3	病斑明显，直径为0.5～1cm
3级	5	病斑面积占叶面积的1/3以下
4级	7	病斑面积占叶面积的1/3～2/3
5级	9	病斑面积占叶面积的2/3以上

（五）抗病性评价标准

保护地与露地品种的评价标准不同。按病情指数（DI）划分高抗（HR）、抗病（R）、中抗（MR）、感病（S）和高感（HS）等级别。

表 23-2　保护地与露地品种不同抗病性病情指数（DI）

抗病性分级	保护地品种	露地品种
HR	0＜DI≤15	0＜DI≤10
R	15＜DI≤35	10＜DI≤30
MR	35＜DI≤55	30＜DI≤50
S	55＜DI≤75	50＜DI≤70
HS	75＜DI	70＜DI

四、黄瓜抗霜霉病品种与抗源材料的利用

蔬菜育种工作发展很快，每年都推出许多新品种。黄瓜抗霜霉病品种在不断更新，本文仅列举在黄瓜抗病育种攻关研究中，采用统一鉴定程序所鉴定、筛选的抗源材料和抗病品种。

（一）抗霜霉病的黄瓜材料

山东省农业科学院蔬菜研究所鉴选的抗病材料 124-1-5、124-1-13 和 87-4，均属绿皮密刺型黄瓜，除抗霜霉病外，124-1-5 还兼抗枯萎病，124-1-13 兼抗白粉病与枯萎病，87-4 兼抗白粉病和细菌性角斑病。黑龙江省农业科学院园艺研究所选育的 KH-193 和 K-2611 都抗霜霉病，后者还兼抗疫病，均为早熟的白刺棒状瓜品种。广东省农业科学院经济作物研究所和植物保护研究所合作育成的 82 大雌性系和大衙 8303，抗霜霉病兼抗炭疽病、疫病、细菌性角斑病等。此外，82 大雌性系还兼抗枯萎病。这两个材料是华南型黄瓜的代表。

（二）抗霜霉病的黄瓜新品种

天津市农业科学院黄瓜研究所从抗霜霉病的自交系组合中，选育出系列抗霜霉病品种。津杂 1 号、津杂 2 号抗霜霉病兼抗白粉病；津杂 3 号、津杂 4 号高抗霜霉病兼抗枯萎病，津杂 4 号还兼抗白粉病。中国农业科学院蔬菜花卉研究所由抗霜霉病的雌性系育成了兼抗霜霉病、白粉病的新品种 1101、中农 2 号、中农 4 号及中农 8 号。此外，其他单位还育出了津春 1 号、5918、龙杂黄 2 号、龙杂黄 3 号、87-3 等。

第二节　枯 萎 病

黄瓜枯萎病（*Fusarium oxysporum* f. sp. *cucumerinum* Owen）由 Weber 于 1925 年首次报道；西瓜枯萎病［*F. oxysporum* f. sp. *niveum*（E. F. Sm.）Snyd. and Hans.］由 Smith 于 1891 年首次发现，现大多数国家都有发生。防治瓜类作物枯萎病，需采取抗病育种、嫁接育苗、轮作倒茬和化学防治等多种措施。

一、黄瓜品种对枯萎病的抗性

（一）相关研究的概述

侵染瓜类作物、引起枯萎病的尖镰孢菌有明显的寄生分化，目前分为 5 个专化型。引起黄瓜发病的为黄瓜专化型。该专化型严重侵染黄瓜和甜瓜，轻度侵染西瓜。Armstrong 等（1978）鉴定了来自美国、以色列和日本的黄瓜枯萎病菌，认为其致病性有明显差异，

分属于生理小种1号、2号和3号。翁祖信等（1989）采用Armstrong的鉴别寄主，鉴定了我国哈尔滨、北京、兰州、南京和广州等地的黄瓜枯萎病菌，发现这些黄瓜枯萎病菌的致病性与美国、以色列和日本等国家的不同，命名为生理小种4号。

对黄瓜抗枯萎病性的遗传研究较少，从现有资料来看，其遗传规律较为复杂，但其抗病性可以转育和选择。Netzer等（1977）发现，抗病材料WIS-248自交后代不感病，与感病品种Shimshon杂交后，F_1代的抗病性与WIS-248相似，F_2代出现抗感分离，抗病植株与感病植株的比例为3∶1，F_1代与Shimshon回交后代，抗感分离比为1∶1，表明WIS-248对枯萎病的抗病性是由显性单基因控制的。利光泰郎等（1975）报道，抗病亲本青节成的抗病性由3对基因控制。侯安福等（1992）发现所用材料对枯萎病的抗病性由4对显性基因控制，抗病亲本具有部分抗病性或完全抗病性，细胞质对抗病性有一定的影响。

（二）黄瓜抗枯萎病鉴定方法

1. *沙培法* 接种菌用液体培养基振荡培养1周，培养液经过滤、离心后获取孢子，用以配制孢子悬浮液。将孢子悬浮液倒入灭菌的沙子中，搅拌均匀，使每克沙子含有10^5个分生孢子。黄瓜种子消毒后，播于接菌的沙盘内，放在28℃温室内培养。

2. *菌土法* 接种菌用马铃薯葡萄糖培养液，在28℃条件下振荡培养1周。每3kg灭菌的砂壤土接种50ml菌悬液，混匀后装于育苗钵内。黄瓜种子消毒后播于钵内菌土中，然后在25℃的温室中培养。

3. *玉米沙接种法* 按1∶4的比例配制玉米沙，灭菌后用于培养接种菌。定温培养1周后，以2%的剂量拌入蛭石草炭营养土内。黄瓜种子经灭菌、催芽后，播种于盛有接菌营养土的育苗钵内，置于25～28℃的温室内培养。

4. *灌根法* 可采用珍珠岩、细沙或营养土做基质育苗，于幼苗1片真叶期，用塑料板插入植株四周的基质中伤根，然后定量倒入菌悬液接种，间隔5～7天后再用菌悬液接种一次。幼苗在25～28℃的温室内培养。

5. *蘸根法* 育苗盘盛细砂或珍珠岩育苗，在幼苗1片真叶期，轻轻拔起植株并用清水冲洗根部，经轻微伤根后，在浓度为5×10^7个孢子/ml的菌悬液中蘸根3～5min，然后定植在营养钵内，置于25～28℃的温室内培养。

6. *胚芽接种法* 翁祖信等（1989）提出了胚芽接种法。该法适用于大批量抗病材料和品种的筛选与鉴定。在黄瓜种子胚芽长至0.5～1cm时，浸入浓度为10^6个孢子/ml的孢子悬浮液内20min，取出后播种于灭菌的营养土里，置于25～28℃的定温室或温室内培养。

7. *毒素滤液处理法* 周凯南等（1989）首先将此方法应用于黄瓜枯萎病苗期抗病性鉴定。病原菌于PSC培养液中振荡培养5天，培养温度为28℃。培养液经三层滤纸过滤后，再离心处理，取得上清液，配制成25%的稀释液。该稀释液含有病原菌产生的毒素。待植物材料发育到2片真叶期，轻轻拔起植株，用清水冲洗根部后，插入装有毒素稀释液的大试管里，在23～28℃条件下培养。此法鉴定结果与苗期接种测定结果呈显著正相关。

（三）国家科技攻关黄瓜抗病育种研究所采用的抗枯萎病鉴定程序

1. *植物材料的准备* 鉴定材料和对照品种都用0.1%升汞水浸种10min，或1% 次氯酸钠浸种 10min，取出后用清水冲洗 3 次，放置在垫有两层湿滤纸的培养皿里，再于 28℃恒温箱内催芽，待胚长 0.5～1cm 时接种。

2. 接种体制备 将病原菌接种于盛有 150 ml 马铃薯乳糖培养液的三角瓶内，置于 25℃恒温摇床上振荡培养 7 天，摇床转速为 120r/min。培养菌液经 2 层纱布过滤后，再以 4 000r/min 离心 10min，去掉上清液，加水稀释后用血球计数板镜检计数。加水稀释至接种所需浓度。

3. 接种方法 于盛有催芽种子的培养皿中倒入上述孢子悬浮液（浓度为 10^6 个小孢子/ml）30ml，浸泡胚芽 20min 后沥除菌液。种芽播种于经过消毒的蛭石草炭营养土里，每钵播 1～2 粒。然后置于 20～24℃的定温室或温室里培养，出苗后白天温度提高到 25℃。以长春密刺为抗病对照，津研 2 号为感病对照。每个材料 4 次重复，每个重复 10 株苗。

4. 病情调查与严重度分级标准 病情调查 3 次，在津研 2 号发病率达 20%左右时做第一次调查，以后分别在病害盛发期与病情稳定期调查，以第三次调查结果为抗病性评价依据（表 23 - 3）。

表 23 - 3 不同病级发病情况

病 级	代表值	发 病 情 况
0	0	无症状
1	1	胚轴和子叶出现轻微症状，但生长正常
2	3	胚轴和子叶出现明显坏死斑，或 1 片子叶黄化，影响生长
3	5	2 片子叶黄化，或 1 片子叶枯死
4	7	2 片子叶生长僵化，植株部分萎蔫或停止生长
5	9	整株萎蔫、倒伏或枯死

5. 抗病性评价标准 保护地品种与露地品种按不同标准分别评价。根据病情指数（DI），划定高抗（HR）、抗病（R）、中抗（MR）、感病（S）和高感（HS）等级别（表 23 -4）。

表 23 - 4 保护地品种与露地品种不同抗病性病情指数（DI）

抗病性分级	保护地品种	露地品种
HR	0<DI≤10	0<DI≤15
R	10<DI≤30	15<DI≤35
MR	30<DI≤50	35<DI≤55
S	50<DI≤70	55<DI≤75
HS	70<DI	75<DI

（四）黄瓜抗枯萎病品种与抗源材料的利用

1. 抗枯萎病的黄瓜材料 广东省农业科学院经济作物研究所和植物保护研究所合作，利用 82 全雌系与大衙大吊瓜杂交，再与大衙大吊瓜回交，经多次抗病筛选和 7 代选育，最终育出了抗病的 82 大雌性系材料，除抗枯萎病外，该材料还兼抗霜霉病、疫病、炭疽病和细菌性角斑病。山东省农业科学院蔬菜研究所从许多组合中选出了抗枯萎病的育种材料 124 - 1 - 5 和 124 - 1 - 13，其中 124 - 1 - 5 兼抗霜霉病，124 - 2 - 13 兼抗霜霉病和白粉病。黑龙江省农业科学院园艺研究所选育出了抗枯萎病和疫病的材料 290 - 85 - 13。中国农业科学院蔬菜花卉研究所选育出了雌性系 33G、自交系 476 及自交系 38 等抗枯萎病材料。

2. *抗枯萎病的黄瓜新品种* 中国农业科学院蔬菜花卉研究所以抗霜霉病的雌性系 371G 为母本、抗枯萎的自交系 476 为父本进行杂交育种，选育出了抗枯萎病品种中农 5 号和中农 7 号。广东省农业科学院经济作物研究所和植物保护研究所用 82 大雌性系及自交系 56 等抗枯萎病材料配制杂交组合，选育出了早青 2 号、夏青 4 号等抗枯萎病的黄瓜品种。此外，其他单位筛选鉴定出的津杂 3 号、龙杂黄 2 号、龙杂黄 3 号、龙杂黄 6 号、92-13、92-29、津春 1 号、5918、18930 和 87-2 等品种都抗枯萎病并兼抗其他病害。

二、西瓜品种对枯萎病的抗病性及其利用

西瓜抗枯萎病育种始于 1911 年。美国育种家 Orton 育出第一个抗枯萎病的西瓜品种 Conqueror（征服者）。至今美国西瓜抗枯萎病的育种材料和抗病品种均居世界之首，并应用抗病品种有效地控制了枯萎病。此外，非洲生态型西瓜也具有许多抗枯萎病的育种材料，可用于西瓜抗枯萎病育种。

（一）西瓜枯萎病菌的专化型与生理小种

西瓜枯萎病菌为尖镰孢的西瓜专化型，有生理小种分化现象。Cirulli（1972）报道了小种 0 和小种 1，后来 Netzer（1976）又报道了小种 2。Martyn（1981，1984）用美国和以色列的 42 个菌株做了系统鉴定，认为小种 1 普遍存在。目前栽培品种主要对小种 1 具有抗病性，小种 2 的分布范围很小，也许未来可能成为抗病性育种的目标。小种 0 感染无抗性基因的植株，在育种上没有实际意义。在我国，张兴平（1991）发现了小种 0 和小种 1，在鉴定中还发现了类似小种 2 的菌株，但是否是小种 2 尚无定论，因为该菌株对 Sugarlee 和 Charlesto Gray 不致病，与标准的小种 2 不一致。

（二）西瓜抗枯萎病遗传

国外学者的研究表明，西瓜对枯萎病的抗病性遗传方式依所用材料不同而有差异。Orton 等发现西瓜抗病基因为隐性遗传，Henderson 用高抗品种、中度抗病品种和感病品种进行相互杂交和回交，发现了显性和不完全显性遗传。Welch 认为栽培品种间的杂交组合与栽培品种和半栽培品种所配制的组合，其抗病性遗传机制是不同的。Netzer 利用高抗品种和感病品种配制组合，认为高抗品种的抗病性是可以转育和选择的。

（三）西瓜抗枯萎病鉴定方法

1. *菌液浸根法* 接种菌于灭菌麦粒培养基上培养 2 周，培养温度为 25～28℃，然后加自来水搅拌、双层纱布过滤。用血球计数板计数小孢子浓度，制备成浓度为 1×10^6 个小孢子/ml 的孢子悬浮液用于接种。鉴定材料的种子用 3%双氧水灭菌后，催芽并播种于珍珠岩基质中，在子叶展平期接种。轻轻拔起幼苗，冲洗根系，再吸去根表附着水，将幼苗置于孢子悬浮液中浸根 3～5min，再栽入湿润的珍珠岩里，浇灌营养液，置于阴凉处缓苗后，放置于 20～28℃的温室中培养。

2. *伤根灌液法* 接种前在植株四周的土壤中插入利刃伤根，然后倒入定量孢子悬浮液。接菌量为每 200g 土壤 20×10^6 个孢子。其他事项同菌液浸根法。

3. *土表浇液法* 灌注孢子悬浮液接种的时间提前到播种前。将灭菌的育苗土装钵，

浇水至湿润，然后灌入孢子悬浮液，播种后覆盖无菌育苗土，出苗后调查。接种物制备和接菌量等与伤根灌液法相同。

4. 带菌麦粒拌土法　灭菌后的麦粒接种供试枯萎病菌，在25～28℃下培养2周，制成带菌麦粒。灭菌育苗土按0.5%的剂量加入带菌麦粒匀浆（称取定量带菌麦粒匀浆3min），混匀后装钵，浇水后播种并覆盖无菌育苗土。

5. 过氧化物酶同工酶测定法　西瓜叶片过氧化物酶同工酶带数有7条，F区有3条酶带，S区有4条酶带。接种后，各品种间因抗感程度不同，酶带数目不同。感病品种的酶带数随着病情加重而增多，由增多情况可判定感病程度。此法采样时期为2片真叶期，测定结果与苗期症状鉴定结果呈正相关。

（四）西瓜种质资源的抗病性

刘宏谋等（1988）利用田间自然发病与人工病株回接相结合的方法，吉加兵等（1990）采用室内苗期人工接种鉴定的方法，鉴定了我国西瓜种质资源与品种对枯萎病的抗病性。刘宏谋等采用死苗率作为鉴定指标，死苗率10%以下为高抗，10%～25%为抗病，25%～50%为耐病，50%以上为感病。鉴定结果表明，抗病品种只有中8602F_1、中8601F_1；感病品种有8155、郑州3号、新红宝、金钟冠龙、74-5-1等。吉加兵等鉴定的26个西瓜材料和品种中，只有118（病死株率57%）、琼露（病死株率78%）为中度感病，其余均为高感（病死株率为83%～100%）。

王鸣等（1988）收集了国内外有代表性的种质资源，采用浸根接种法（接种体浓度为5×10^6个孢子/ml，浸泡时间3min）进行了抗病性鉴定。根据鉴定结果，将供试材料分为4类：发病率小于20%为高抗型，发病率21%～50%为中度抗病型，发病率51%～80%为轻度感染型，发病率大于80%为感病型。鉴定出的高抗型材料有Af. 10、Af. 5、Af. 3-2、Af. 3-1、Af. 3、Af. 1-2、Af. 1-1、旭易位系（4）-1-R、Af. 2、WIWse、新大和易位系AT21-1、新大和易位系AT20-5等。非洲、欧洲生态型材料大多数抗枯萎病，东亚生态型、华北生态型、俄罗斯生态型材料绝大多数感病。

（五）美国西瓜抗枯萎病品种和材料

我国和东亚西瓜品种多数感病，进行抗枯萎病育种首先需要引入一定数量的抗病种质材料和品种。非洲具有较多的抗源材料，但多为野生西瓜，其经济性状与育种要求相差甚远（王鸣等，1988）。除非洲外，美国的抗病材料和品种最为丰富，且普遍具有可直接利用的经济性状（表23-5）。众所周知，美国西瓜抗枯萎病育种起步早，抗病育种技术水平高，抗源材料及抗病品种不断增多，正确地引入使用，将会促进我国西瓜抗枯萎病育种的发展。

表23-5　美国西瓜抗枯萎病品种及抗病亲本

（引自赵艳茹原表，1991）

品　种	亲本来源	育成年代	育成者及育成单位
Conqueror	Eden，Citron	1911年	Orton，美国农业部试验站
Iowa King	Conqueror	1931年	Layton等，依阿华试验站
Iowa Ball	Conqueror	1925年	
Kleekley Sweet	Kleckley Sweet	1936年	Walker等，利兹堡试验站

（续）

品 种	亲本来源	育成年代	育成者及育成单位
Leesbury	Kleckley Sweet	1936年	
Florida Seeding 124	Hawkesbury WR，Leesbury	20世纪 40年代	
Calhoun Gray	Florida Seeding 124	20世纪60年代	美国农业部蔬菜试验站
Calhoun Sweet	Florida Seeding 124，Dixie Queen	20世纪60年代	
Summit	Florida Seeding 124	20世纪50年代	
Carrisonian	Africa8，Hawkesbury，Leesbury	1960年	
Charleston Gray	Africa 8，Iowa Belle	20世纪50年代	Crall等，佛罗里达大学及其利兹堡试验站
Jubilee	Carrisonian，Iowa Belle	20世纪50年代	
Crimson Sweet	Miles，Peacoke，Charleston Gray	20世纪60年代	
Texa W5	Hawkesbury，Leetbury	20世纪60年代	
Smokelce	Texa W5，Charleston Gray	20世纪80年代	
Dixilee	Texa W5，WR Peacoke 132，Summit，Fairfax，Graybelle	1983年	
Sugerlee	Texa W5，Summit. Charleston Gray，Fairfax Crimson Sweet	1983年	
Charlee	Texa W5，Charleston Gray，Calhoun Gray	1983年	
Minilee		1986年	
Micklee		1986年	

（六）我国西瓜抗枯萎病育种进展

近10余年来，因西瓜重茬，枯萎病发生逐年严重。西瓜育种的目标已由品质、产量、贮运等项要求扩展到抗病性。近年来在西瓜种质资源鉴定的基础上，鉴选和引入了一些抗源材料，选育出了一批抗枯萎病的品种，且大多数兼具抗炭疽病的特性。这些品种有郑抗1号、郑抗2号、郑抗3号、西农8号、京抗2号、京抗3号、丰乐5号、庆发8号、庆红宝、豫西瓜4号、华农宝、庆农2号、庆农5号以及武陵红、密桂和圳宝等品种。我国西瓜的抗病、高产、优质育种，从抗枯萎病起步，将逐步拓宽到对多种病害的兼抗育种。

第三节　其他病害

一、黄瓜品种对白粉病的抗病性及其利用

黄瓜白粉病菌寄主广泛，抗源材料少，现有的黄瓜品种大多在生长中后期普遍发病。不同种类的瓜类白粉病菌无性阶段形态相似，症状相同，难以鉴定。目前，对瓜类白粉病菌的致病性分化现象了解甚少，甚至对各种致病菌的分布范围也不清楚。常规抗病性鉴定时，菌种多就地采样扩繁，抗病性的地域适应性需由区域试验或异地示范来确定。

(一) 黄瓜白粉病菌

国外普遍认为，黄瓜白粉病的病原菌为 *Sphaerothca fuliginea*（Schlecht. ex Fr.）Poll. 和 *Erysiphe cichoracearum* DC. ex Mecat，但《中国真菌志（白粉菌目）》（1987）认为中国黄瓜白粉病菌为 *S. cucurbitae* 和 *E. cucurbitacearum*。屈振琮（1981）认为我国吉林省黄瓜白粉病致病菌为 *S. fuliginea*。据 Bertrand（1991）研究，*S. fuliginea* 和 *E. cichoracearum* 对黄瓜、甜瓜、西葫芦和西瓜的致病性具有差异，据此将前者划分为 3 个致病类型，后者划分为 4 个致病类型。黄瓜白粉病菌尚无生理小种报道。许多国家都发生黄瓜白粉病，病原菌为上述两种或以 *S. fuliginea* 为主。

(二) 黄瓜对白粉病的抗病性遗传及抗病机制

据国外研究，所测定的黄瓜品种不同，抗病性遗传规律也不相同。例如 Puerto Rico 37 品种的抗病性由隐性多基因控制（Smith，1948），Yomaki 的抗病性是由 2 对隐性基因控制的（Wilson ，1956），P. I. 19708 的抗病性以 1 个或 2 个主要基因与 1 个或 2 个次要基因共同起作用（Barnes 等，1956），P. I. 1200812 的抗病性可能由 3 个隐性基因所控制（Kooistra，1968），而 Shanmugasundaram 等（1971）则指出，黄瓜对 *S. fuliginea* 的抗病性由 1 个隐性主效基因（S）、1 个显性加强基因（R）和 1 个显性抑制基因（I）所控制。

董毅敏等（1990）发现，抗病品种津研 7 号感染白粉病后，多酚氧化酶、过氧化物酶和苯丙氨酸裂解酶活性比感病品种北京小刺明显增高，3 种酶的活性与植株抗病性呈正相关。

(三) 黄瓜抗白粉病鉴定方法

1. *干孢子粉直接接种法*　这是应用较早的一种方法。在接种前 12～24h 采集病叶并吹去已老化的分生孢子，然后保湿诱发新生孢子。鉴定材料于子叶期或 2～3 片真叶期接种，在接种箱上部掸动已诱发出新孢子的病叶，使孢子粉均匀降落到下面的接种叶片上。培养室保持白天温度 25℃，夜间温度 20℃。

2. *孢子悬浮液喷雾接种法*　将新鲜的孢子粉用毛笔刷入到清水里配制孢子悬浮液，供接种用。于子叶期或 2～3 片真叶期喷雾接种。Menzies 等（1992）接种时使用的孢子悬浮液浓度为 2×10^{3} 个孢子/ml，Ferriere（1988）使用的浓度为 4×10^{4} 个孢子/ml。

3. *叶盘接种法*　Bertrand（1991）应用叶盘接种法。于植株第三片真叶长成时采摘下来，用打孔器打成直径 2cm 的叶盘，叶盘正面朝上，顺序摆放在透明塑料盒或大培养皿内的湿滤纸上。将白粉病菌孢子粉吹入接种箱内，1～2min 后，孢子粉均匀落在每个叶盘上。塑料盒或大培养皿加盖后，置于 20～25℃下培养。为防止叶盘黄化，滤纸需滴加营养液。

Ferriere（1988）认为，甜瓜不同叶序的叶片对白粉病菌的抗病性具有明显差异。其子叶抗病性最弱，第一片真叶较强，第三片真叶的抗病性可代表整株抗病性水平。黄瓜是否如此，尚无报道，不过在黄瓜苗期抗病性鉴定中，可以参照第三片真叶的鉴定结果。

(四) 国家科技攻关黄瓜抗病育种研究所采用的抗白粉病鉴定程序

1. *植物材料的准备*　种子经消毒和催芽后，播在按 3∶1 的比例配制的灭菌蛭石草炭营养土里。在适宜栽培条件下培育壮苗，严防白粉病菌自然侵染。津研 2 号为抗病对照品种，长春密刺为感病对照品种。

2. 接种体制备　收集人工接种或自然发病的叶片，吹散陈旧的孢子，于散光条件下离体保湿24h，培养温度24℃，使之产生新分生孢子。用毛笔将新鲜分生孢子掸于清水里配制悬浮液（加吐温－20，浓度为0.05%），镜检并稀释至接种浓度10^5个孢子/ml。配好的孢子悬浮液需尽快用于接种。

3. 接种方法　于一片真叶期接种。采用卫生喷雾器，向第一片真叶正面均匀喷雾孢子悬浮液。接种苗于22～25℃的温室内黑暗保湿12～16h，然后置于白天25～28℃，夜晚18℃的温室中，直至发病。

4. 发病严重度分级标准　病情调查时，采用表23-6的发病严重度分级标准。

表23-6　发病严重度分级标准

病级	代表值	发病情况
0级	0	无症状
1级	1	初见白粉微斑，散生，直径2mm以内
2级	3	病斑明显，孢子堆薄，直径2～5mm
3级	5	病斑面积不超过叶面积的1/3，叶片出现黄化
4级	7	孢子堆浓厚，病斑面积占叶面积的1/3～2/3，叶片黄化较重
5级	9	病斑面积占叶面积的2/3以上，叶片黄化严重或干枯

5. 抗病性评价标准　保护地品种与露地品种采用不同的抗病性评价标准（表23-7）。按病情指数（DI）高低，划分为高抗（HR）、抗病（R）、中抗（MR）、感病（S）和高感（HS）。

表23-7　抗病性评价标准

抗病性分级	保护地品种	露地品种
HR	0<DI≤25	0<DI≤15
R	25<DI≤45	15<DI≤35
MR	45<DI≤65	35<DI≤55
S	65<DI≤80	55<DI≤75
HS	80<DI	75<DI

（五）黄瓜抗白粉病品种与抗源材料的利用

在本章第一节里曾提到，van Vliet等（1974）认为，黄瓜Poinsett品种对霜霉病的抗病性受1个隐性基因控制，该基因与抗白粉病的基因连锁。我们在抗病性鉴定中也发现，抗霜霉病的品种往往也兼抗白粉病。

1. 抗白粉病的黄瓜材料　我国抗白粉病的黄瓜材料较少。在对国家黄瓜抗病育种攻关协作组所提供黄瓜材料的统一鉴定中发现，黑龙江省农业科学院园艺研究所的290-85-13和山东省农业科学院蔬菜研究所的87-4都抗白粉病，兼抗霜霉病。此外，黑龙江省农业科学院园艺研究所的K-2611抗霜霉病和疫病，较抗白粉病。

2. 抗白粉病的黄瓜品种　在前述黄瓜抗霜霉病鉴定一节中所介绍的抗霜霉病品种大都兼抗白粉病。例如，天津黄瓜研究所育出的津杂1号、津杂2号、津杂4号、津春1号、津春3号、津春4号等均抗白粉病。中国农业科学蔬菜花卉研究所选育的中农1101、中农2号、中农4号等也都兼抗白粉病和霜霉病。此外，5918、18930、鲁黄瓜1号、87-3号、夏青4号等对白粉病都有不同程度的抗(耐)病性，大部分还兼抗霜霉病或其他病害。

二、黄瓜和西瓜品种对炭疽病的抗病性及其利用

葫芦科刺盘孢［*Colletotrichum lagenarium*（Pass）Ellet Halst.］为害黄瓜和西瓜，引起炭疽病，发生普遍而严重。国外于20世纪50年代开始进行瓜类作物的抗炭疽病育种研究。我国在“六五”、“七五”期间，曾立项进行黄瓜抗炭疽病的攻关研究，到“七五”末期，已初步育成黄瓜抗炭疽病的新品种。早年 Layton 和 Wilson（1931）报道西瓜种质资源对炭疽病的抗病性有明显差异，推动了抗病育种工作。到1947年，育成了抗炭疽病的西瓜品种。我国抗炭疽病西瓜的鉴选工作自80年代末开始起步，研究内容逐渐丰富。

（一）黄瓜对炭疽病的抗病性及其利用

1. *黄瓜抗炭疽病鉴定方法* 接种体用菜豆荚培养制备。该法取新鲜菜豆荚（若用备用的干豆荚，需事先用无菌水浸泡5～6h），剪成1.5cm左右的小段，装进试管内灭菌备用。挑取PDA斜面培养的炭疽病菌菌丝块，接种在豆荚上。在24℃恒温和无光照条件下培养5～7天。用无菌水冲下豆荚上长出的分生孢子，配制孢子悬浮液，并调至接种所要求的浓度。

幼苗第一片真叶完全展开时为接种最适期。采用喷雾接种法。喷雾用孢子悬浮液浓度为3×10^6个分生孢子/ml（相当于100倍显微镜视野中5～7个分生孢子）。雾滴要细，且均匀分布于叶面。接种温度24～25℃，接种后遮光保湿24h，然后转入24～26℃的温室继续培养，4～5天后开始发病。

发病情况一般调查2次，即接种后第四至五天调查一次，再过2～3天调查第二次。以第二次调查结果作为评价抗病性的依据。

调查所用发病严重度分级标准如表23-8。

表23-8 发病严重度分级标准

病级	代表值	发病情况
0	0	无症状
1	1	叶面出现1～5个病斑
2	3	叶面出现6～10个病斑
3	5	叶面出现11～20个病斑
4	7	叶面病斑数超过21个
5	9	发病严重，叶片凋萎下垂，植株枯死

评价抗病性时，不论露地品种或保护地品种，都暂用表23-9的统一标准。

表23-9 不同抗病性病情指数（DI）

抗病性分级	病情指数（DI）
高抗（HR）	0<DI≤10
抗病（R）	10<DI≤35
中抗（MR）	35<DI≤55
感病（S）	55<DI≤75
高感（HS）	75<DI

2. *抗病性利用* 广东省农业科学院经济作物研究所和植物保护研究所用大衙大吊瓜与82全雌性系杂交，并用大衙大吊瓜回交，育成多抗材料82大雌性系及大衙8303等。

82大雌性系和大衙8303均被用作抗炭疽病的亲本。82大雌性系与丰产、抗病、优质的黄瓜配成了37个组合，最终育出了抗炭疽病的华南型黄瓜品种早青2号、夏青4号等。此外，新育出的抗炭疽病黄瓜品种还有津杂4号、中农1101、87-3和中农2号等，这些品种多属露地品种。

（二）西瓜对炭疽病的抗病性及其利用

1. *西瓜炭疽病菌生理分化和西瓜抗病机制* Goode（1958）确认西瓜炭疽病菌存在3个生理小种。小种1对黄瓜品种致病，对南瓜（Butternut）中度致病，对西瓜（Fairfax，Congo和Charleston Gray）轻度致病；小种2对西瓜、黄瓜各品种均致病，对南瓜品种中度致病；小种3对黄瓜品种致病，对西瓜品种轻度致病，对南瓜不致病。此后，Jenkins（1964）又鉴定出了4个生理小种，其中小种4对各鉴别寄主全部致病，小种5高度侵染西瓜、轻度侵染黄瓜，小种6高度侵染西瓜并侵染硬皮甜瓜，小种7类似于小种4、小种5和小种6，但对Pixie黄瓜致病力弱。前3个小种分布广泛，对小种4尚有异议，如Dutta（1960）认为小种4对某些西瓜、黄瓜品种没有致病力。

刘莉等（1990）发现西瓜子叶期、一片真叶期的POD酶活性，子叶期的POD酶活性，均与植株的抗病性呈正相关，而脯氨酸、赖氨酸和精氨酸含量则与抗病性呈显著负相关。细胞表面的糖蛋白积累有助于增强植株的抗病性。叶表皮及叶肉细胞小，排列紧密的品种较为抗病。

2. *抗病性鉴定方法* 刘莉等（1990）采用幼苗室内鉴定方法。将西瓜炭疽病菌接种在PSA培养基上，28℃恒温培养10天后，用无菌水冲洗分生孢子，制备孢子悬浮液（浓度为10^6个分生孢子/ml），用于接种幼苗。

在一片真叶展开期，用喷雾法接种。接种后幼苗放在24～26℃条件下，黑暗保湿48h。此后日间16h光照，7～10天后进行病情调查。

调查所用发病严重度分级标准如表23-10，采用表23-11的标准评价抗病性。

表23-10 严重度分级标准

病级	代表值	发病情况
0	0	无症状
1	1	轻微侵染，仅子叶有极少数小病斑
2	3	中度侵染，真叶发病，但病斑较少（6～10个）
3	5	严重侵染，病斑较多（11～20个）
4	7	侵染非常严重，坏死斑多（21个以上）而扩大
5	9	病株死亡

表23-11 不同抗病性病情指数（DI）

抗病性分级	病情指数
免疫（I）	0
高抗（HR）	0<DI≤11
抗病（R）	11<DI≤33
中抗（MR）	33<DI≤55
感病（S）	55<DI≤77
高感（HS）	77<DI

3. *西瓜种质资源的抗病性* 刘莉等鉴定的59份代表性材料中，以非洲生态型材料最抗病，例如AW1-1、AW5、AW9、PI19392等。一些属于美国生态型的材料也抗病，例如Charleston Gray、Gongo、Apline等。少数华北生态型材料表现抗病，例如西农8号(F_1)。中度抗病的以美国、我国华北和东亚等生态型的为主，例如Crimson Sweet、Seline、郑州3号、WW150、KYP和大和冰淇淋等。我国华北生态型材料新青、庆丰、早花和新疆生态型材料呼图壁早熟等均表现感病。

4. *抗病育种进展* 西瓜对炭疽病菌主要生理小种的抗病性均为单显性基因控制。国际上抗病育种多以小种1号、2号和3号为目标，尚未导入对小种4号、5号、6号和7号的抗病性。我国有关西瓜抗炭疽病育种的报道很少，目前未见有针对单个小种的抗病性育种。目前抗炭疽病和枯萎病的品种有庆农2号、武陵红、密桂、景丰宝2号、华夏新红宝和圳宝等；抗枯萎病而兼抗炭疽病的有庆发8号、庆农5号、庆红宝、京抗2号、京抗3号、西农8号、丰乐5号、华农宝和郑抗2号等。

三、黄瓜品种对疫病、角斑病和黑星病的抗病性及其利用

国外对黄瓜疫病（*Phytophthora melonis* Katsura）的研究较少，国内自20世纪70年代初开始研究。黄瓜细菌性角斑病［*Pseudomonas syringae* pv. *laehrymans* (Smith and Bryan) Young Dye and Wilkie］发生较普遍，20世纪70年代在东北三省造成严重危害。黄瓜黑星病（*Cladosporium cucumerinum* Ellis and Arthur）曾于50～60年代在美国、荷兰大流行，我国自70年代末开始发生，对东北地区保护地黄瓜为害较重。

（一）黄瓜对疫病的抗病性及其利用

1. *黄瓜疫病菌的致病性差异* 由广州、杭州、上海、武汉、成都和北京等地采集的7个黄瓜疫病菌菌株，不论用菌丝块接种瓜条，还是用菌丝或游动孢子接种黄瓜苗，都造成严重发病。广东省农业科学院植物保护研究所和经济作物研究所，从广州地区采集了44个黄瓜疫病菌菌株，经致病力测定，划分为4个类群：类群1致病力最弱，菌株数占18.18%，黄瓜品种感染度为0～1.2级；类群2致病力中度偏低，菌株数占27.27%，黄瓜品种感染度为1.3～1.9级；类群3致病力中度偏高，菌株数占40.91%，品种感染度为2.0～2.7级；类群4致病力最强，菌株数占13.64%，品种感染度为2.8～3.0级。根据以上测定结果，认为广州地区的黄瓜疫病菌只存在致病力差异，尚无生理小种分化。

2. *黄瓜抗疫病鉴定方法* 在黄瓜苗期接种疫病菌，可采用菌丝块接种、游动孢子喷雾接种和游动孢子点滴接种等不同方法。前两种方法存在接菌量不够精确和菌液分布不均匀等问题，因而多采用点滴接种法。

鉴定菌在PDA培养基上培养，长出菌丝后，挑取菌丝接种黄瓜子叶，待其充分发病后，剪下病叶5～6片，浸泡于100 ml清水内，于25℃左右条件下培养6～8h即有大量游动孢子释放。用两层纱布过滤得到菌悬液，并将菌悬液调至接种所需要的接种浓度（150个游动孢子/ml）。

鉴定材料生长到子叶充分展平、心叶吐出时，用取样器（或用口径一致的滴管）定量吸取0.04ml菌悬液滴到每片子叶中央接种。接种于恒温室或温室中进行，温度20℃，遮光保湿16h。然后接种苗在温室中进行常规管理，白天有光照，保持25℃，夜间无光照，

保持 18℃。

用津研 2 号作为感病对照品种，长春密刺为抗病对照品种。在病叶率达 20% 时，进行第一次调查，待病情稳定后再做第二次调查，以最后一次调查结果作为评价抗病性的依据。

调查所用发病严重度分级标准如表 23 - 12。保护地品种和露地品种，按其病情指数（DI），用表 23 - 13 的标准划定高抗（HR）、抗病（R）、中抗（MR）、感病（S）和高感（HS）等级别。

表 23 - 12 发病严重度分级标准

病级	代表值	发 病 情 况
0	0	无症状
1	1	接种点坏死斑直径 0.5cm 以下
2	3	坏死斑直径 0.5～1.0cm
3	5	病斑直径超过 1.0cm，但病斑面积不超过叶面积 1/3
4	7	病斑面积占叶面积的 1/3～2/3
5	9	病斑面积占叶面积的 2/3 以上

表 23 - 13 保护地、露地品种抗病性分级

抗病性分级	保护地品种	露 地 品 种
高抗（HR）	0<DI≤10	0<DI≤15
抗病（R）	10<DI≤30	15<DI≤35
中抗（MR）	30<DI≤50	35<DI≤55
感病（S）	50<DI≤70	55<DI≤75
高感（HS）	70<DI	75<DI

3. *黄瓜品种的抗病性利用* 广东省农业科学院经济作物研究所和植物保护研究所通过对 300 多个黄瓜品种资源材料的苗期抗疫病鉴定，筛选出了抗病材料大衙大吊瓜。1985 年用 82 全雌系与大衙大吊瓜杂交，又进行回交，最后选育出了抗疫病的黄瓜系列品种早青 2 号、82 大雌性系、大衙 8303 等，其中 82 大雌性系还兼抗枯萎病、霜霉病、炭疽病和细菌性角斑病。其他育种单位也选育出了一批抗疫病材料和品种。抗病材料有 K - 2611、94 - 35、94 - 30、33G、38 号等。抗病品种有 92 - 29、92 - 13、87 - 2、龙杂黄 2 号、龙杂黄 6 号、中农 1101、中农 4 号、中农 5 号、中农 13 号等。

（二）黄瓜对细菌性角斑病的抗病性鉴定和利用

1. *抗病性鉴定方法* 培养接种菌所用的培养液（基）成分为：磷酸二氢钾 0.3g，磷酸一氢钾 1.2g，硫酸镁 0.3g，铁、铜、锌、锰各 1mg/kg，蔗糖 8g，蒸馏水 1 000ml。调至 pH=6.9，加压 15 磅* 灭菌 15min。每 50ml 培养液加天门冬酰胺 1 000mg、蔗糖 500mg。如果配制固体培养基，灭菌前每 1 000ml 配方中，加琼脂粉 18g。培养液接菌后，置于 24℃的恒温摇床上振荡培养 48h。用光度计或比色法测定菌悬液浓度，然后调至接种所需浓度 3×10^8 个菌体/ml。

* 磅为非许用单位，1 磅=0.454kg。

在苗龄一叶一心期进行点滴接种或喷雾接种。点滴接种时，每滴菌液量0.03ml。接种后遮光保湿48h，湿度需95％以上，温度23～26℃。接种后1周左右发病。从接种日算起，分别于第十天和第十五天进行两次病情调查，以第二次调查所得病情指数评价抗病性(表23-14)。抗病性评价时，无论保护地品种或露地品种，都暂用一个指标(表23-15)。

表23-14　发病严重度分级标准

病级	代表值	发病情况
0	0	无症状
1	1	产生坏死斑点，病斑不扩大
2	3	坏死斑发展慢，病斑面积占叶片面积1/5以下
3	5	病斑扩大较快，病斑面积占叶片面积的1/5～1/3
4	7	病斑连接，病斑面积占叶片面积的1/3～2/3
5	9	病斑破裂穿孔，病斑面积占叶片面积的2/3以上

表23-15　不同抗病性病情指数（DI）

抗病性分级	病情指数
高抗（HR）	0＜DI≤20
抗病（R）	20＜DI≤40
中抗（MR）	40＜DI≤60
感病（S）	60＜DI≤80
高感（HS）	80＜DI

2. 抗病性利用　Williams等认为细菌性角斑病菌不存在致病性分化。大内等测定了159个日本菌株，其致病性都比较接近。关钟燕等对我国65个菌株进行了致病性比较，结果证明其致病性分化不明显。黄瓜品种间抗病性差异显著，但未见高抗和免疫品种。因此，选育抗细菌性角斑病的黄瓜品种，需从筛选抗源材料着手，工作难度较大。

近15年来，国内的育种部门初步选育出了一些抗病材料或抗病品种。抗病材料有82大雌性系、大衙8303、87-4、B10、94-35、94-30、89121、农大甲号等。抗病品种有龙杂黄3号、龙杂黄6号、92-29、92-13、津春1号、农大9302、中农5号、87-2等。抗病材料和抗病品种的抗病性水平仍待进一步提高。

（三）黄瓜对黑星病的抗病性及其利用

1. 抗病机制与抗病性遗传　Hijwegen (1963) 认为黄瓜组织的木质化作用是抗黑星病的重要机制，含羟脯氨酸糖蛋白的增加也有助于增强抗病性，这一结果后来被许多学者证实。Husain和Rich (1958) 以及Mahadevan等 (1965) 都发现抗病植株被侵染后，产生一种抑制物，可纯化病菌所分泌的果胶酶。Stermer和Hammerschmidt (1984) 发现抗病性表达时，过氧化物酶活性增强，促进了酚类聚合木质素和含羟脯氨酸糖蛋白的形成。

黄瓜对黑星病的抗病性由显性单基因控制。Bailey (1939) 还发现对黑星病的抗病性由不完全显性基因控制的实例。黄瓜品种对黑星病的抗病性相当稳定，有的可延续30多年。

2. 抗病性鉴定方法　Walker (1950) 采用了一片真叶期幼苗喷雾接种鉴定法，并证明苗期抗病性与成株期的抗性一致；Hayia (1975) 提出了生长点接种法，Vakalounakis和Williams (1989) 采用子叶点滴接种法，效果均较好。Dorozhkin和Nalobova (1979) 使用瓜条切片点滴接种法，也获得了成功。

国内李宝栋等（1994）采用沙盘育苗喷雾接种法，大大缩小了鉴定重复间的差异。该法用 PDA 培养基平板培养接种用孢子，在23℃恒温下培养2周后，加水刮取孢子，两层纱布过滤后制备菌悬液，用血球计数板计数孢子，稀释至接种所需浓度（2×10^6个孢子/ml）。

第一片真叶完全展开时进行喷雾接种，每15钵幼苗用150ml菌液。接种温度20℃左右，保湿24h。接种苗培养期间湿度不能低于85%，夜间温度18℃，日间温度不超过28℃。目前黄瓜对黑星病抗病性，仅鉴定保护地品种及材料。严重度分级标准和抗病性分级标准分别见表23-16和表23-17。

表 23-16 发病严重度分级标准

病级	代表值	发 病 情 况
0	0	无症状
1	1	接种叶出现可见黄色小点
2	3	接种叶出现少数病斑
3	5	接种叶病斑面积占叶面积的1/3以内
4	7	接种叶病斑面积占叶面积的1/3～2/3
5	9	接种叶病斑面积占叶面积的2/3以上

表 23-17 不同抗病性病情指数

抗病性级别	病情指数（DI）
高抗（HR）	0<DI≤15
抗病（R）	15<DI≤35
中抗（MR）	35<DI≤55
感病（S）	55<DI≤75
高感（HS）	75<DI

3. 抗病性利用 Kroft 和 Tercken（1920）在自然发病条件下，首次鉴选出抗黑星病的系列品种 Baarlose Nietolekker。Bailey（1939）则在自然发病条件下，筛选出抗源材料 Longfellow，并杂交获得抗病品种 Maine No. 2。后来 Walker 用回交法育成的 Wisconsin SR6、Wisconsin SR10、Wisconsin SMR9、Wisconsin SMR12、Wisconsin SMR15、Wisconsin SMR18等，已用作美国抗黑星病育种的主要亲本。

我国近年来也选育出一批较好的抗病材料和品种。抗源材料有89121、33G、38号、农大甲号等。抗病品种有津春1号、农大9302、中农7号、中农13等。津春1号和中农13的应用面积逐年扩大，对黄瓜黑星病已表现较好的控制作用。

参 考 文 献

[1] 董毅敏，徐建华. 抗病和感病黄瓜品种感染白粉病菌后几种酶活性的变化. 植物学报，1990，32（2）：160～164

[2] 冯东昕，李宝栋. 黄瓜枯萎病病原菌研究及抗病育种进展. 中国蔬菜，1994（5）：56～58

[3] 冯东昕，李宝栋. 主要瓜类作物抗白粉病育种研究进展. 中国蔬菜，1996（1）：55～59

[4] 冯东昕，李宝栋. 主要瓜类作物抗霜霉病育种研究进展. 中国蔬菜，1997（2）：45～46

[5] 高利，庞金安. 黄瓜主要病害抗性遗传研究进展. 中国蔬菜，2004（1）：63～66

[6] 关钟燕．黄瓜黑星病苗期人工接种抗病性鉴定技术研究．北方园艺，1993（6）：11～12
[7] 黄健坤，戚佩坤．广州地区疫病病原菌的鉴定及防治研究．华南农学院学报，1982（2）：36～43
[8] 韩旭，菅野绍雄．部分隐性基因控制黄瓜枯萎病抗性的实例．北方园艺，1996（2）：7～9
[9] 吉加兵，徐润芳．西瓜种质资源抗枯萎病性的苗期鉴定．中国西瓜甜瓜，1990（2）：19～20
[10] 吉加兵．西瓜枯萎病苗期抗性鉴定方法的探讨．中国西瓜甜瓜，1992（1）：35～39
[11] 吉加兵．西瓜抗炭疽病育种现状．长江蔬菜，1994（2）：7～8
[12] 李宝栋，冯东昕．黄瓜品种苗期抗黑星病筛选初报．植物保护，1994，20（1）：22～23
[13] 李树德主编．中国主要蔬菜抗病育种进展．北京：科学出版社，1995
[14] 林毓娥，陈清华，卓齐勇等．华南型黄瓜育种现状及发展趋势．广东农业科学，1999（1）：15～17
[15] 刘宏谋，胡新锁．西瓜品种抗枯萎病鉴定．植物保护，1988，14（3）：30～31
[16] 刘莉，王鸣．西瓜种质资源苗期对炭疽病抗性的研究．中国西瓜甜瓜，1990（1）：9～11
[17] 马德华．我国黄瓜育种研究进展及发展趋势．天津农业科学，1997，3（专集）
[18] 马青，崔鸿文，张管曲等．黄瓜抗白粉性组织病理学研究．西北农业学报，1996，5（3）：45～48
[19] 高振华译（山川邦夫著）．蔬菜抗病品种及其利用．北京：农业出版社，1982
[20] 王冰，顾三军，孙小镭．黄瓜苗期复合接种多抗性鉴定方法研究．山东农业科学，1997（1）：15～17
[21] 王鸣．西瓜种质资源苗期对枯萎病抗性人工接种鉴定的研究．中国西瓜甜瓜，1988（1）：6～10
[22] 翁祖信，蒋兴祥，肖小文．黄瓜枯萎病抗病性鉴定方法研究——胚根接种法．中国蔬菜，1985（2）：30～33
[23] 翁祖信，徐新波，冯东昕．黄瓜枯萎病菌生理小种研究初报．中国蔬菜，1989（1）：19～21
[24] 翁祖信，冯东昕，李宝栋．黄瓜霜霉病抗病性鉴定技术研究初报．中国蔬菜，1991（4）：7～9
[25] 谢双大，朱天圣，陈桂珍等．黄瓜炭疽病的苗期人工接种鉴定方法研究初报．中国蔬菜，1988（1）：28～30
[26] 许勇，周强．黄瓜黑星病的研究．中国蔬菜，1994（6）：54～57
[27] 许勇，朱其杰，张旭等．黄瓜黑星病抗病性离体子叶接种鉴定方法．北京农业大学学报，1994，20（4）：30～34
[28] 于思勤，王守正．西瓜品种抗枯萎病鉴定方法的研究．中国农业科学，1990，23（1）：31～36
[29] 张兴平，王鸣．我国西瓜枯萎病生理小种分化研究初报．中国西瓜甜瓜，1991（1）：39～43
[30] 赵艳茹．西瓜枯萎病抗性育种的进展．北京农业科学，1991（4）：37～41
[31] Armstrong GM，Armstrong JK，Netzer D. Pathogenic races of the cucumber-wilt *Fusarium*. Plant Disease Report，1978，62：824～828
[32] Desert JM，Baker LR，Fobes JF. Inheritance of reaction to *Pseudomonas lachrymans* in pickling cucumber. Euphytica，1982，31：847～856
[33] Kooistra E. Powdery mildew resistance in cucumber. Euphytica，1988，17：236～244
[34] Morishita M，Sugiyama K，Saito T，et al. Powdery mildew resistance in cucumber. Japan Agricultural Research Quarterly，2003，37（1）：7～14
[35] Netzer D，Niego S，Galum E. A dominant gene conferring resistance to Fusarium wilt in cucumber. Phytopathology，1977，67：525～527
[36] Pierce L，Weher TC. Review of genes and linkage groups in cucumber. Hort Science，1990，25：605～615

[37] Sitterly WR. Powerdery mildew of cucurbits. In: Spender D M , ed. The Powdery Mildews. Lendon: Academic Press. 1978, 359～379

[38] Thomas CE. Physiological specialization in *Pseudoperonospora cubensis*. Phytopathology, 1987, 77: 1621～1624

[39] Thomas CE. Physiological specialization in downey and powdery mildews of cucurbits. Proceeding of the EUCARPIA meeting on cucurbit genetics and breeding, Avignon, France, 1988

[40] Vakalounkais DJ. Inheritance and genetic linkage of fusarium wilt (*Fusarium oxysporum* f. sp. *cucumerinum* race 1) and scab (*Cladosporium cucumerium*) resistance genes in cucumber (*Cucumis sativus*). Ann App Biol, 1993, 123: 359～365

[41] Vakalounkais DJ. Inheritance and linkage of resistance in cucumber line SMR - 18 to race 1 and 2 of *Fusarium oxysporum* f. sp. *cucumerium*. Plant Pathology, 1995, 44: 169～172

第二十四章

番茄品种抗病性及其利用

番茄是我国以及世界其他国家的主要蔬菜作物之一，一年四季均有种植，由于经常在非生长适宜时期栽培和不当连作，致使病害种类增多，危害也渐趋严重。病毒病、叶霉病、青枯病、枯萎病、灰霉病、菌核病和根结线虫病等都已成为生产上的大敌。一些发达国家早在20世纪30年代就开始用野生番茄进行杂交和回交，培育抗病材料，到60年代就育成了一大批抗病品种，目前已培育出兼抗6种病害的露地品种和保护地品种，有力地推动了番茄生产的迅速发展。我国开展番茄抗病育种已有20余年的历史，但有组织地进行仅10余年，1983年番茄抗病育种被列入国家重点科技攻关项目。1990年制定的“八五”番茄抗病育种目标是：保护地专用品种应抗番茄花叶病毒（ToMV）、兼抗叶霉病或晚疫病；露地品种应抗番茄花叶病毒、中抗黄瓜花叶病毒（CMV），兼抗枯萎病、叶霉病或青枯病。罐藏番茄新品种应抗番茄花叶病毒、中抗黄瓜花叶病毒。“九五”期间又增加了抗根结线虫病的指标。到“八五”计划结束时，仅全国番茄抗病育种攻关组育成的单抗、兼抗或多抗新品种、新品系就多达50余个，在各省、自治区、直辖市累计推广了25.6万 hm^2，增加产值9.03亿元。因此，番茄是利用抗病品种最有成效的蔬菜之一。

我国在20多年的番茄抗病育种研究中，根据具体情况，借鉴国外的经验，制定出了一整套抗病性鉴定方法，在抗病育种中发挥了重要的作用。

第一节　病毒病

病毒病是影响我国番茄产量和品质提高的重要病害之一，一般减产30%以上，夏番茄甚至可能绝收。1909年美国在番茄上发现的第一个病毒是烟草花叶病毒（TMV），20世纪70年代，国际上把各种性状类似于TMV，并在番茄上引起相似症状，但病毒组成，特别是氨基酸序列与TMV典型株系稍有差异的病毒另称为番茄花叶病毒（*Tomato mosaic virus*，ToMV），本书也采用这一名称。迄今世界各地已发现近30种病毒可以侵染番茄。虽然采用了弱毒疫苗、种子带毒钝化处理、田间禁止吸烟、物理避蚜、喷药治蚜和清洁田园等诸多防病措施，终因各种原因而不易奏效。从40年代起，美国就进行了番茄抗病毒育种研究。到了70年代，几乎世界各国都在进行抗病毒育种，不断推出抗病品种，在生产上发挥了很大作用。

我国对番茄病毒的研究也起始于ToMV，迄今已至少发现了13种侵染番茄的病毒

(冯兰香等，1998；陈京等，1988)，其中以 ToMV 和黄瓜花叶病毒（CMV）发生最普遍，危害最严重。从 70 年代后期，我国一些单位开始进行抗病育种，至今已培育出百余个抗病品种，仅参加国家科技攻关课题的各单位，在“七五”和“八五”期间就育成了 40 多个抗病品种（李树德等，1991；高振华等，1997）。鲜食品种有中杂 4 号、中杂 7 号、中杂 9 号、中蔬 5 号、中蔬 6 号、蒲红 7 号、蒲红 8 号、申粉 3 号、9197、苏抗 9 号、苏抗 10 号、苏保 1 号、霞粉、毛粉 802、西粉 1 号、西粉 3 号、毛 G1 号、92 - 30、红百合、东农 702、东农 703、东农 704、88 - 14 和红牡丹等高抗 ToMV 并中抗 CMV；542 粉红、中蔬 4 号、佳粉 15、蒲红 6 号、C939、粤星和多宝等中抗 ToMV 和 CMV；东农 707 抗 ToMV，红玉中抗 CMV。罐藏品种有红杂 25、浙杂 805 和新番 4 号等高抗 ToMV、中抗 CMV；红杂 16、简易支架 18、鉴 18、浙杂 5 号和浙杂 9 号等高抗 ToMV；313 中抗 CMV。

一、主要番茄病毒的株系分化

（一）番茄花叶病毒（ToMV）的株系分化

McRitchie 和 Alexander（1963）利用抗病性不同的两个栽培番茄品种（Bonny Best、CstMVV - 18 - 15）和 3 个秘鲁番茄品系（P. I. 126945、P. I. 127832 和 P. I. 128650），将美国俄亥俄州的 ToMV 划分成Ⅰ、Ⅱ、Ⅲ 和 Ⅳ等 4 个株系。后来，Cirulli 和 Alexander（1969）作了进一步的研究，在俄亥俄州又发现了一个新株系，即Ⅴ株系。

Pelham（1970）用一套含有 *Tm-1*、*Tm-2* 和 $Tm-2^2$ 等位基因的 Craigella 番茄品系，将上述 5 个俄亥俄州的 ToMV 株系重新作了比较，认为株系Ⅰ和Ⅱ相似，予以合并和重新命名为 ToMV 0 株系，将株系Ⅲ、Ⅳ和Ⅴ分别定名为 ToMV 1、ToMV 2 和 ToMV 1. 2，另外还发现了能侵染 $Tm-2^2$ 纯合基因的新株系 ToMV 2^2。现在，划分番茄上 ToMV 株系的鉴别寄主谱已经标准化和国际化，是英国温室作物研究所筛选出的，由 6 个不同基因型的番茄品种组成的 GCR 系统，仍按 Pelham 的方法划分株系（表 24 - 1）。

表 24 - 1 ToMV 基因型株系在 GCR 系统番茄上的症状表现

GCR 系统番茄名称	ToMV 基因型株系的症状表现				
	0 株系	1 株系	2 株系	1. 2 株系	2^2株系
GCR26（+/+），CK	S	S	S	S	S
GCR237（*Tm-1/Tm-1*）	H	S	H^+	S	S
GCR236（$Tm-2^{nv}/Tm-2^{nv}$）*	H	H	S	S	S
GCR526（*Tm-2/Tm-2*）	H	H	S	S	S
GCR254（$Tm-1/Tm-1, Tm-2^{nv}/Tm-2^{nv}$）	H	H	H^+	S	S
GCR267（$Tm-2^2/Tm-2^2$）	H	H	H	H	S

注：S：感病；H：健康；H^+：无症带毒；*：GCR236 的植株茎秆为绿色是其特征。

在 60～70 年代，世界各地基本上以株系 0 为主，株系 1 次之。株系 0 只能侵染不含任何抗 ToMV 基因的番茄品种，株系 1 只侵染含 *Tm-1* 基因的番茄。侵染含 *Tm-2* 基因番茄的株系 2 发生较少，能侵染含 *Tm-1* 和 *Tm-2* 基因番茄的株系 1. 2 最少。

在 1990—1995 年期间，中国农业科学院蔬菜花卉研究所、江苏省农业科学院蔬菜研究所与亚洲蔬菜研究发展中心（ARC－AVRDC）合作，研究了我国大陆 30 个省（直辖市、自治区）番茄 ToMV 株系的分化。结果株系 0 最多，各省均有分布，是黑龙江、吉林、宁夏、青海、新疆、甘肃、天津、河北、河南、山东、江西、湖南、福建、云南、贵州、西藏、广东、广西和海南等省（直辖市、自治区）的主流株系，占当地 ToMV 分离物的 14.3%～100%，除福建和贵州两省外，都占 50%以上。株系 1 居第二位，除西藏外，其余 29 个省（直辖市、自治区）均有发生，是辽宁、内蒙古、陕西、山西、北京、上海、安徽、浙江、江苏、湖北和四川等省（直辖市、自治区）的主流株系，发生比率在 40%以上。株系 3 居第三位，半数以上省（直辖市、自治区）有分布，以辽宁、上海、安徽、江苏等省（直辖市）较多，发生比率在 20%以上。株系 1.2 很少，仅在北京、上海、安徽、浙江、江苏和湖北的样本中检测到，发生率以江苏最高，为 11.1%。株系 2^2 极少，尚需进一步研究。

（二）黄瓜花叶病毒（CMV）株系的分化

在番茄自然种质资源中尚未发现抗 CMV 的基因，因而划分 CMV 株系的最基本方法是将来自不同植物的 CMV 接种到不同科、属寄主植物上，按其症状归类。但这样划分的株系与番茄抗 CMV 育种无紧密关系。

“九五”国家番茄抗病育种攻关组从番茄育种的实际需要出发，在长期进行番茄抗病性鉴定的基础上，选择了对 CMV 抵抗性有较明显差异的番茄品种或材料，作为 CMV 株系鉴别寄主。这套鉴别寄主包括 4 个番茄品种（早粉 2 号、542 番茄、苏抗 9 号、双抗 2 号）和两种烟草（心叶烟、哈瓦那 38 号烟）。用这套鉴别寄主将我国番茄上的 CMV 划分成 4 个株系：轻花叶株系、重花叶株系（包括蕨叶症）、坏死株系和黄化株系。

我国以重花叶株系和轻花叶株系分布最广、比率最高，除西藏外（至今尚未有 CMV 为害番茄的报道），各省（直辖市、自治区）均有发生。重花叶株系是黑龙江、内蒙古、宁夏、青海、甘肃、吉林、辽宁、陕西、山西、北京、天津、河北、河南、江苏、上海、安徽、江西、湖北、湖南、四川、福建、云南、贵州、广东和广西等省（直辖市、自治区）的主流株系，在 23 个省（直辖市、自治区）的 CMV 分离物中占 50%以上。轻花叶株系的发生比率略小，是新疆、山东、浙江和海南的主流株系，占 40%以上。坏死株系较少，在内蒙古、宁夏、甘肃、吉林、辽宁、山西、北京、河北、江苏、上海、安徽、江西、湖北、福建、云南和广东有所发生，占 10%左右。黄化株系分布范围较窄，仅在北京、山西、河北、江苏、上海、浙江、湖北、湖南、四川、云南、广东、广西和海南发现，发生比率以北京市最低，为 5.0%，海南省最高，为 36.4%。这种划分方法基本上能反映出 CMV 在番茄（特别是苗期阶段）的症状表现及毒性强弱。以重花叶株系为主的结果，为番茄抗病育种提供了明确的接种毒源。当然，有关番茄 CMV 株系的分化还应深入研究。

二、抗病种质资源及其遗传

（一）对 ToMV 的抗病资源

在较长的一段时间里，可用于番茄抗 ToMV 育种的基因至少有 3 个，即 *Tm-1*、*Tm-2* 和 $T\text{-}m2^2$。20 世纪 40 年代初期，在夏威夷开始用秘鲁番茄（*Lycopersicon peruvianum*）、醋栗番茄（*L. pimpinellifolinm*）和多毛番茄（*L. hirsutum*）与栽培番茄复

合杂交。Holmes（1957）从其杂交后代中选育出一个抗病品系，编号为 P. I. 235673；后来 Alexander 直接从多毛番茄中选拔出另一个抗病品系，编号为 P. I. 126445，这两个品系的抗病性均由显性抗病基因 *Tm-1* 控制。

Soost（1963）从夏威夷农业试验场的 2603 番茄系中发现了第二个显性基因，即 *Tm-2* 基因。该基因的抗病性比 *Tm-1* 强，但它与不良隐性基因 *nv* 紧密连锁，故称为 $Tm-2^{nv}$基因。$Tm-2^{nv}$ 基因在纯合情况下会引起植株矮化和叶片发黄。Laterrot 等（1969）从秘鲁番茄 P. I. 126926 品系的杂交后代中，选育出了与 *Tm-2* 抗病性相同，但不与 *nv* 连锁的新品系。第三个单显性基因 $Tm-2^2$ 是 Alexander（1963）在秘鲁番茄 P. I. 128650 品系与栽培番茄的杂交后代中发现的，其抗病性明显高于 *Tm-2*。Pecaut（1965）阐明了 $Tm-2^2$ 和 *Tm-2* 的等位关系，现已明确，两者都在第九染色体上，且极紧密连锁。

虽然 *Tm-2* 和 $Tm-2^2$ 基因的抗病性要比 *Tm-1* 强得多，但是含有 *Tm-2* 或 $Tm-2^2$ 基因的品种一旦感染 ToMV，或环境温度高于 27℃，病株叶、茎和果实坏死，植株顶端更容易发生坏死，温度愈高坏死愈重。通常含 $Tm-2^2$ 比含 *Tm-2* 基因导致的植株坏死率高，尤以含 $Tm-2^2/+$ 杂合基因的品种坏死更严重。同样是含 $Tm-2^2/+$ 杂合基因型的品种，但若与 *Tm-1* 基因并存，为 $Tm-1/+$、$Tm-2^2/+$ 基因型，则坏死现象非常少。

番茄 ToMV 基因型株系与其他许多病原物一样，变异性很大，易随抗病品种栽培面积的扩大和年限的增加而改变，不断地产生出能侵染原有抗病品种的新株系。这种情况在国外已屡见不鲜，中国也不例外。因此，可以预言，随着抗病番茄品种大面积地推广，ToMV 株系 0 的比例将愈来愈小，株系 1、株系 2 或株系 1. 2 将愈来愈多，危害将愈来愈大。为使今后番茄抗病育种工作摆脱因 ToMV 株系变异而造成的困境，应搞好抗病基因的合理使用和抗病品种的合理布局。不可盲目大面积种植含高层次抗病基因的品种，并要少量种植农艺性状好但感染 ToMV 的品种，以干扰 ToMV 株系迅速向高层次演化。

（二）对 CMV 的抗病资源

番茄抗 CMV 材料的筛选和创新一直是国内外有关学者研究的重点，但遗憾的是迄今尚未在栽培种番茄或野生种番茄中发现高水平的抗 CMV 的资源，仅野生型“秘鲁番茄”和“多毛番茄”中的一些品系有一定的耐病性。由于其抗病性遗传十分复杂，因此采用常规育种手段，向栽培种转移抗病性的尝试未获成功，后代的耐病性也非常差（Hikida 和 Raymer，1972）。最近国外有些研究单位报道，通过长期、不断地筛选和鉴定工作，已发现一批对 CMV 表现抗病的番茄材料，其中最令人瞩目的是 Stamova 等（1990，1998）从智利番茄（*L. chilense*）中鉴定出一些抗 CMV 的材料，如 LA0458 品系对美国、保加利亚、匈牙利等国家的番茄 CMV 亚组Ⅰ和亚组Ⅱ中的一些分离物表现很好的抗性，再经遗传分析为单基因显性，此基因被命名为 *Cmr*（Stoimenova 等，2000），该材料为今后进行番茄抗 CMV 育种提供了可能。虽然野生材料的转育常常存在杂交不亲和性，但根据有关研究，以普通栽培种为母本与智利番茄或秘鲁番茄杂交，通过胚培养获得 F_1 代，再经回交可将野生目标性状进行转育。目前国内外利用胚培养援救 F_1 代的技术已十分成熟（吴定华等，1992；余诞年等，1997；Stamova 等，1998），我国利用胚培养技术已获得了抗

CMV 的新材料（徐鹤林，1998）。此外，还有 Rick 等（1986）、吴定华等（2000）利用类番茄（*Solanum lycopericoides*）与番茄属进行杂交，获得的 2×及 42×的 F_1 代在田间表现抗 CMV 等病毒病。现代分子生物学技术为番茄抗 CMV 育种开辟了一条全新的途径，一大批转入了 CMV 外壳蛋白基因、卫星 RNA 基因或其他有关基因的工程植株相继问世（Monti 等，1999；Tomassoli 等，1999），在不久的将来一定会用于生产（黄锡志等，2001）。

三、苗期抗病性鉴定方法

（一）对 ToMV 的抗病性鉴定

1. 接种体的准备　我国番茄 ToMV 有 4 个株系，要依据育种目标来确定用于抗病性鉴定的株系。为防止各株系间的相互污染，除搞好隔离外，还需在特定番茄品种上保存相应的株系。株系 0 可用不含任何抗 ToMV 基因的 GCR26、早粉 2 号或加拿大 8 号等番茄品种保存。株系 1 可用含 *Tm-1* 纯合基因的 GCR237 番茄保存。株系 2 用含 *Tm-2* 纯合基因的 GCR526 番茄保存，株系 1.2 用含 *Tm-1/Tm-1*，$Tm\text{-}2^{nv}/Tm\text{-}2^{nv}$ 的 GCR254 番茄保存。各株系既可用各自的保存寄主繁殖，也可用早粉 2 号或加拿大番茄繁殖，但要防止繁殖过程中的株系污染。各株系接种繁殖寄主后 2～3 周采收病叶，1g 鲜病叶加 50ml 的 0.01mol/L 磷酸缓冲液（pH7.0）或自来水匀浆，纱布过滤或 3 000r/min 离心 15min，用滤液或上清液接种进行抗病性鉴定。

2. 人工接种鉴定　鉴定工作在防虫日光温室里进行，土壤及肥料均需经高温灭菌，盆钵需充分洗净。待鉴定的种子先在 10%磷酸三钠溶液中浸泡 15min，然后用清水冲洗干净，晾干后播种。番茄幼苗自 1 片真叶期起就可进行人工接种。有多种接种方法，常用的有手指摩擦接种、磨砂玻匙摩擦接种、病毒汁液浸根接种和喷枪接种等。手指摩擦接种和磨砂玻匙摩擦接种都简单易行，尤其适用于少量材料的鉴定，但不易接种均匀，需重复接种以减少误差。病毒汁液浸根接种效果也不错，但需把幼苗拔起和洗根，这样易伤根而影响缓苗。喷枪接种在国外早已广泛应用，其喷枪类似艺术喷漆枪，最突出的优点是接种快速，特别适合大样品的筛选和鉴定。接种前将幼苗置于黑暗处一昼夜，使之柔嫩些，然后在叶面上撒一薄层 600 目金刚砂。接种时喷枪嘴距幼苗约 2cm，空气压缩机压力为 2.1～2.5kg/cm²，接种后立即用自来水冲洗叶面上多余的病毒汁液，一般接种 2 次，间隔 3～5 天。

接种鉴定期间，室内温度尽量控制在 22～32℃，正常光照。每品种设 3 次重复，每重复 10 株苗，以感病和抗病（或相对抗病）品种作对照，接种后 3 周调查病害情况。

3. 病情调查记载

（1）单株病情分级标准：按病状的轻重从 0 到 9 共分 10 级，但记载时归并成 0、1、3、5、7 和 9 级共 6 档。

0 级：无任何病状；

1 级：心叶明脉或 1～2 片叶呈现花叶；

3 级：中上部叶片花叶；

5 级：除多数叶片花叶外，少数叶片畸形；

7级：多数叶片重花叶、畸形、皱缩或植株矮化；

9级：多数叶片重花叶、畸形，植株明显矮化，甚至枯萎死亡。

(2) 群体抗病性归类标准：

免疫（Ⅰ）：病情指数为0，植株不带毒；

高抗（HR）：0＜病情指数≤2；

抗病（R）：2＜病情指数≤15；

中抗（MR）：15＜病情指数≤30；

感病（S）：30＜病情指数≤45；

高感（HS）：病情指数＞45。

(二) 对CMV的抗病性鉴定

1. *接种体的准备* 我国番茄上的CMV也有4个株系，以重花叶株系发生最普遍，为害也较重，因而通常以重花叶株系作为抗病性鉴定的接种毒源。CMV不但有着不同株系间相互污染的问题，而且也容易遭到ToMV或TMV的污染，宜将CMV保存在枯斑三生烟（*Nicotiana tabacum* cv. Samsun NN）或珊西烟（*N*. *t*. cv. Xanthi NC）上，也可用早粉2号或加拿大8号等番茄繁殖。由于CMV在寄主体内的繁殖高峰期很短，在适宜的繁殖温度条件（20～25℃）下，于接种后10天左右采收病叶，切勿等症状严重后才采叶。1g鲜病叶加10ml的0.03mol/L磷酸缓冲液（pH8.0）匀浆，其他操作步骤同ToMV。

2. *人工接种鉴定* 鉴定工作在防虫日光温室里进行，接种苗龄不宜太大，以1～2片真叶为好，土壤、肥料、种子处理、接种方法及次数同ToMV。由于CMV的病情发展受环境条件特别是温度的影响很大，温度过高或过低均不利于病状的充分表现，所以要创造良好的发病环境。接种当天室内温度最好在25～28℃，以后控制在20～30℃。一般接种后7天开始出现症状，3周后进行病情调查。

3. *病情调查记载*

(1) 单株病情分级标准

0级：无任何症状；

1级：上叶明脉或1～2片叶呈现花叶；

3级：中上部叶片花叶；

5级：除多数叶片花叶外，少数叶片畸形或明显皱缩；

7级：多数叶片重花叶，部分叶片畸形、变细长，植株明显矮化；

9级：多数叶片重花叶、畸形或蕨叶，植株严重矮化，甚至枯死。

(2) 群体抗病性归类标准

免疫（Ⅰ）：病情指数为0，植株不带毒；

高抗（HR）：0＜病情指数≤5；

抗病（R）：5＜病情指数≤20；

中抗（MR）：20＜病情指数≤40；

感病（S）：40＜病情指数≤60；

高感（HS）：病情指数＞60。

第二节　叶 霉 病

番茄叶霉病［*Fulvia fulva* (Cooke) Ciferri.］原是我国南方番茄上的常见病害，近十几年来，北方地区随着保护地番茄的迅速发展而渐趋严重，现已成为生产上的一大威胁。棚室番茄病叶率一般为30%～40%，重者高达90%以上，通常减产15%～25%。由于自然界存在着较丰富的抗病资源，所以培育抗病品种是防治叶霉病的最有效的途径。美、英等国从20世纪30年代起就开始抗病育种的研究，至今已培育出上百个抗叶霉病的品种。从20世纪80年代起，我国也开展了番茄抗叶霉病育种研究，并培育出一批抗病品种。目前保护地种植的番茄品种大多数抗叶霉病，如中杂7号、中杂8号、中杂9号、佳粉10、佳粉15、申粉3号、苏保1号、东农707、9197、92-30等。

一、病原菌的生理小种分化

番茄叶霉病是蔬菜病害中病原菌小种分化最频繁、最复杂的病害。据Kerr (1977) 报道，已发现的生理小种至少有13个，番茄的抗病基因至少有11个，并描述了这11个基因对5个流行小种的反应。Russell (1978) 报道有24个生理小种。我国主要采用国际上通用的鉴别寄主谱（从日本农林水产省野菜试验场引进），由7个含不同抗病基因的番茄品种组成，即Money Maker（含*Cf0*基因，为感病对照）；Leaf Mould Resister（含*Cf1*基因）；Vetomold（含*Cf2*基因）；V121（含*Cf3*基因）；Ont7516（含*Cf4*基因）；Ont7717（含*Cf9*基因）。再参照Hubbeling (1971) 番茄叶霉病菌生理小种分化表中的P. Day分类法划分小种。

在"八五"期间，全国番茄抗病育种攻关协作组曾对我国主要番茄产区的叶霉病菌进行了生理小种分化的研究（张环等，1995）。1985年以前，我国种植的番茄基本上都不含抗叶霉病的基因，因此田间叶霉病菌小种分化的层次较低，北京地区只有2和1.2小种，分别占供试菌株的11.1%和88.9%。从1987年开始在北京地区试种和推广了抗ToMV和叶霉病的番茄品种双抗2号，该品种具*Cf4*基因，对2和1.2小种免疫，在小种分化层次同样较低的黑龙江、吉林、河北、河南、山东、陕西、新疆、江西、江苏、浙江、湖北等16个省（直辖市、自治区）试种，也不受叶霉病的侵染。但是，经过3年以后，就发现某些田块的双抗2号不抗病了，这说明已经出现了可侵染具*Cf4*基因番茄的生理小种。到了1990—1992年，北京地区除了原有的2和1.2小种外，还分化出了2.3、1.2.3、2.4、1.2.4、2.3.4和1.2.3.4等小种，分别占供测菌株的5.9%、11.8%、17.6%、5.9%、20.6%、11.8%和17.6%。

20世纪90年代中期以来，原本对上述生理小种免疫，含*Cf5*基因的番茄新品种佳粉15和中杂9号等有所发病，这预示着能克服*Cf5*基因的小种的出现和叶霉病菌致病力继续增高。在1992—1993年，东北地区尚处于番茄抗叶霉病育种的早期，该地区仅发现分化层次较低的小种，以1.3小种为主，占菌株总数的40%，层次最高的是1.2.3小种，才占6.7%，这一结果与1985年北京地区叶霉病菌生理小种分化情况相似。

二、抗病种质资源和抗病性的遗传变异

番茄的许多近缘野生种具有对重要病害的抗病性，细叶番茄（*Lycopersicon pimpinellifolim*）就是一例。1934年从细叶番茄中发现了由单基因控制的、对叶霉病免疫的材料Missour 160，此后抗病种质材料不断地被发现，绝大多数来自野生番茄。如野生型细叶番茄中的Vetomold、V121、Ont7717、Ont7526、Ont7522、Ont7719和Ont7515品种分别含*Cf2*、*Cf4*、*Cf5*、*Cf6*、*Cf7*、*Cf8*、*Cf9*、*Cf10*等基因，另外一些品种或品系含有*Cf13*、*Cf14*等基因。多毛番茄（*L. hirsutum*）中的P135品种含*Cf4*基因；野生型秘鲁番茄（*L. peruvianum*）中的Ont7716品种含*Cf11*基因；野生型潘那利番茄（*L. pennellii*）同样含有抗病基因。此外，普通番茄（*L. esculentum*）的一些品种也含有抗病基因，如Stirling Castle含*Cf1*基因，这与其祖先是野生樱桃番茄（*L. e.* var. *cerasiforme*）有关。这些抗病基因大都控制质量性状，显性。美国遗传学家Rick和Butlere（1956）率先将*Cf1*、*Cf2*和*Cf3*基因在染色体上定位。Kanwar、Kerr和Harney（1980）将24个抗病基因全部定位于12条染色体上，直到现在有关研究报道还不断出现（柴敏，1995）。

与野生种进行种间杂交，可以把抗病基因转入栽培番茄。然而抗病品种只要在生产中大量应用，很快就会"丧失"其抗病性。例如，40年代美国育出了含*Cf1*基因的Stirling Castle和Leaf Mould Resister No. 1品种，以后被小种1侵染。此后又育成了含*Cf2*基因的Vetomold、含*Cf1*和*Cf2*的V473等抗病新品种，可是这些品种在加拿大和西欧推广不久，又被小种2摧垮。后来含*Cf3*基因的V121、59、Vineland、F101等品种的应用，导致了小种4的产生。到了60年代，在美洲、欧洲等地甚至出现了能克服*Cf4*基因的新的小种，迫使育种学家不断推出新的抗病品种。目前我国也正在经历着这种小种频繁变化的阶段。究其原因，美国著名番茄专家Atherton和Rudich认为除病原菌本身的特性外，种植者和育种学家共同加速了生理小种和抗病品种的更新换代（柴敏，1995）。当某个抗病品种出现时，种植者就争相利用，往往将它们种植在易于发病的条件下，并不再注意栽培防病了，时间一长，病原菌就很容易通过突变产生新的小种。再者，育种学家培育出的抗病品种基本上只含单基因，种植2～3年后便"丧失"了原有的抗病性。解决此问题的主要措施是，育种学家应根据具体情况培育出含两个或两个以上抗病基因的复合抗病品种，种植者应选择能抗当地主流生理小种的品种，并加强栽培管理，降低棚室内的湿度，并辅之以药剂防治。

三、苗期抗病性鉴定方法

（一）接种体的准备

番茄叶霉病生理小种组成比较复杂，需在搞清当地小种的基础上，选择主流小种作为接种菌源。通常该菌在PDA斜面培养基上培养，4℃下保存，也可直接将新鲜病叶置于－20℃下保存，每半年在不含任何抗病基因的番茄叶片上活化一次。接种前，将保存的菌种再在PDA平板培养基上繁殖后，用灭菌水配成浓度为10^6个/ml的孢子悬浮液备用。

（二）人工接种鉴定

待鉴定的种子先在0.1%升汞溶液中浸泡10min，然后在清水中冲洗30min（或1%次氯酸钠溶液浸泡10min后用清水洗净），晾干后播种在日光温室里。土壤及肥料均经高温灭菌，盆钵经充分洗净。接种苗龄不宜太小，至少应具3片真叶，最好具4～5片叶。用小型喷雾器或毛笔将菌液均匀地喷在或抹在番茄叶片的背面，以不形成水滴流淌为度，喷雾接种的菌液需经纱布过滤，以免堵塞喷头。接种后将幼苗置于人工气候室内或保湿箱内。加强室内温、湿度管理十分重要。温度控制在19～24℃，相对湿度90%以上，特别是接种后头48h的相对湿度应达到100%，正常光照（或1万lux以上）。每品种设3次重复，每重复10株苗，以感病和抗病品种作对照。接种后2周调查病害严重度。

在对同株幼苗进行多抗病性人工接种鉴定时，也可用离体叶片接种。从供鉴定的幼苗上选择同一位置，充分生长的，无任何伤痕的叶片，用利刀连同叶片柄切下，放在装有消毒的并吸足了灭菌水的蛭石的搪瓷盘内，叶背向上，叶柄斜插入蛭石中，用涂抹法将叶霉病菌接种于叶片背面，随即用透明塑料薄膜或玻璃罩上。接种后温、湿度管理及病害调查同前所述，并需及时补充灭菌的营养液，避免蛭石发干。

（三）病情调查记载

1. 单株病情分级标准

0级：无任何症状；

1级：接种叶出现褪绿至黄色病斑；

3级：接种叶病斑上产生薄而稀疏的霉状物；

5级：接种叶病斑上产生明显的霉层；

7级：接种叶病斑上产生浓密的霉层，而且上部叶片也受到侵染（指整株幼苗接种）；

9级：除接种叶病斑上有浓密的霉层外，上部叶片的霉层也很明显（指整株幼苗接种）或病叶开始发黄。

2. 群体抗病性划分标准

免疫（I）：病情指数为0，无侵染；

高抗（HR）：0<病情指数≤11；

抗病（R）：11<病情指数≤22；

中抗（MR）：22<病情指数≤33；

感病（S）：33<病情指数≤55；

高感（HS）：病情指数>55。

第三节　青 枯 病

番茄青枯病（*Ralstonia solanacearum*）又称细菌性枯萎病，是番茄的重要病害，在我国长江流域及其以南地区发生普遍，为害严重。青枯病常在番茄开花坐果的关键时期发病，1周后植株即可死亡，对产量影响很大，高发田块甚至绝收。病原细菌在土壤中可长期存活，极难防治。美国和日本等国十分重视抗青枯病育种，并育出了一些抗病品种。我国在番茄抗青枯病育种方面处于世界领先地位，现已成功地育成了一批具有世界一流抗病性水平的品种，例如丰顺、C396、粤星、红百合、多宝、粤宝、夏星、玉石、抗青19等，均在生产上发挥了重要作用，成效显著。

一、病原菌的生理小种分化

青枯病菌是一个极其复杂的群体，变异较大。其种下分类方法主要有两种，即生理小种法和生化型法。Buddenhagen 等（1962）根据寄主范围，将青枯病菌划分为3个生理小种。小种1号寄主范围较广，主要侵染烟草、番茄以及其他茄科植物和一部分二倍体香蕉。小种2号侵染二倍体香蕉和海里康属的某些种。小种3号主要侵染马铃薯和番茄，对其他茄科作物的致病力极弱。Hayward（1964）根据青枯菌对三种双糖（乳糖、麦芽糖和纤维二糖）和三种己醇（甘露醇、甜醇和山梨醇）的氧化能力的差别，分成4个生化型，即生化型Ⅰ、生化型Ⅱ、生化型Ⅲ和生化型Ⅳ。

我国也有一些番茄青枯病菌分化的报道。华静月（1984）报道番茄青枯菌有生化型Ⅱ、生化型Ⅲ和生化型Ⅳ，以生化型Ⅲ为主。霍超斌等（1988）认为广东地区番茄青枯菌属生理小种1号，生化型Ⅲ。林维英等（1992）的研究结果表明，福建有生化型Ⅲ和Ⅳ，以生化型Ⅲ为主。林美琛（1993）报道浙江有生化型Ⅰ、Ⅲ、Ⅳ和新生化型等4种，也以Ⅲ型为主。曾宪铭（1995）新的鉴定结果是，广东以生化型Ⅲ为主，其次是生化型Ⅳ，极少量为生化型Ⅱ。姚革（1990）指出，青枯菌生化型并不是一个稳定的群体，它在分类上的价值有待进一步探讨。

亚洲蔬菜研究与发展中心曾用8个番茄品种做鉴别寄主，把23个分离株分成6个致病型，如果用更多的鉴别寄主和分离株作供试材料，则分成的致病型将会增加。因此，1986年许东等认为青枯菌的种下分类用血清学方法较好。刘琼光等（1998）将采自广东、广西、海南等地的85个番茄青枯菌菌株分为4个血清型，即血清型Ⅰ、血清型Ⅱ、血清型Ⅲ、血清型Ⅳ，其中以血清型Ⅰ为优势类群。血清型Ⅰ含大部分生化型Ⅲ的菌株，血清型Ⅱ含部分生化型Ⅳ菌株，血清型Ⅲ仅含生化型Ⅱ菌株，血清型Ⅳ也含部分生化型Ⅳ菌株。这表明血清型与生化型之间既有一定相关性，也存在一定的差异。总之，有关番茄青枯病菌的分化至今仍未有定论。

二、抗病种质资源和抗病性的遗传

美国夏威夷农业试验站发现，细叶番茄 P. I. 127805a 是一个抗病材料，并培育出一些抵抗某些生理小种的品种（Acosta 等，1964），用其选择系 HES5808 培育出的抗病品种 Kewalo，还兼抗枯萎病、细菌性斑点病和根结线虫病。波多黎哥的洋梨型小果种番茄 *L. e.* var. *pyriforme* (Beltsville No. 3841）和哥伦比亚的樱桃番茄 *L. e.* var. *cerasiforme* 也是很好的抗源，美国北卡罗来纳农业试验站用其选择系 NC1953 - 64N，育成了 Venus、Saturn 等抗病品种（郑光华等，1989）。Venus 和 Kewalo 的杂交一代 BWN - 21 具有比双亲更高的抗病性，并兼抗枯萎病、细菌性斑点病和根结线虫病（Gilbert，1974）。日本对引进的 NC1953 - 64N 进行了改造，培育出既抗青枯病又抗枯萎病的 BF 兴津 101，但主要用作砧木，进行嫁接防治青枯病。夏威夷农业试验站利用细叶番茄 Hawaii 7998 系统选育出的 LS89，既是抗病品种（兼抗枯萎病），也用作育种材料，日本将它与 BF 兴津 101 杂交，其 F_1 代有很强的抗病性。菲律宾 VC9、VC11、VC48 也是良好的抗源材料。70 年代，亚洲蔬菜研究与发展中心进行了大规模的抗青枯病育种，其 3761 品系兼抗青枯病和病毒病。80 年代，我国从引进的番茄品种资源中，筛选出一批抗源材料，如土星、金星、CR24-3、Co39-3、Co39-4、3780、0718-3、0720-1、0769-1-1、CL32D、抗 2 等（邓铭光等，1998）。华南农业大学园艺系以美狮与美梅为亲本配制的一代杂种丰顺号高抗青枯病，中抗 CMV（李鹏飞，1995）。广东省农业科学院经济作物研究所以 CV11 为亲本材料，育成了高抗青枯病的杂交种夏星，以抗病 1 与优品质 2 为亲本，育出了抗青枯病、耐 CMV 的杂交种粤红玉等（黄爱兴，1995）。

有关番茄青枯病抗病性遗传的研究，目前还没有统一的结论。不同的研究者，使用不同的抗源材料，在不同的生育期鉴定，所得到的结论也不一致。Vanderplank（1963）认为对青枯病的抗病性可能受多基因控制，还存在一些受环境影响的微效基因。Acosta 等（1964）及 Henderson 等（1972）报道，Kewalo、Venus 和 Saturn 等抗病品种的抗病性分别受较少的主效基因控制和多基因支配。邓铭光等（1998）用 3 个抗病品种或品系（抗青 19、54 号、372）与 1 个感病品系（16 号），配成 4×4 的完全双列杂交，对 F_1代的抗病性进行了分析，发现番茄对青枯病的抗病性至少受 1 对基因控制，很可能受多基因控制，其抗病性遗传符合加性—显性模型，以加性遗传为主。感病对抗病为不完全显性，亲本中正负效等位基因分布不对称，所携带的显性等位基因约 1.3 倍于隐性等位基因。利用高抗病性的材料作抗源，可用常规育种方法选育出抗病的后代。

山邦川夫（1978）报道，现有的抗青枯病品种均具水平抗病性，其抗病基因往往与品质差、果实小等不良性状连锁，不易培育出既抗病又优质、高产的番茄品种。抗病品种的抗病性表现受环境因子的影响很大，在病原接种体密度过大，土壤温、湿度过高时也会发病。因而在种植抗病品种时，仍应重视土壤改良、轮作换茬、土壤消毒、高垄种植等栽培防病措施的应用。

三、苗期抗病性鉴定方法

（一）接种体的准备

首先要挑选毒性菌落，将保存在灭菌蒸馏水中的菌种摇匀，挑取一环菌液在 TZC（三苯基氯化四唑）培养基平板上划线。平板在 30℃培养 36～48h 后，出现两种菌落，其中较大、白边较宽、中央粉红色、似有流动感的菌落是毒性菌落。这种菌落黏稠度小，易在平板上扩展，呈不规则形。挑取的毒性菌落在不含 TZC 的基础培养基上，扩大培养 36～48h 后，用清水配制成浓度为 10^6～10^7 cfu/ml 的接种菌液。TZC 培养基的成分为葡萄糖 10g，蛋白胨 10g，水解酪蛋白 1g，琼脂 18g，蒸馏水 1 000ml，配制后每瓶分装 200ml，灭菌后加入单独灭菌的 1%的 2，3，5-三苯基氯化四唑溶液。

（二）人工接种鉴定

采用浸根接种法。待鉴定的种子先在 0.1%升汞溶液中浸泡 10min，然后用清水冲洗 30min（或 1%次氯酸钠溶液浸泡 10min 后用清水洗净），晾干后播种。所用土壤及肥料需经灭菌，盆钵应充分洗净，按正常栽培方法进行管理。将具 5～6 片真叶的幼苗拔起，去除根系上的泥土，再将幼苗根部浸在菌液中接种 10min，然后重新栽植。每品种设 3 次重复，每重复 10 株苗，以感病和抗病品种作对照。接种时和接种后的温度是影响发病的关键因素，要求温室内夜间温度不低于 20℃，白天温度在 28℃左右，并要保持土壤湿润，光照正常，以利于发病，3 周后调查发病情况。

(三) 病情调查记载方法

1. 单株病情分级标准

0 级：无病；

1 级：1 片叶萎蔫；

2 级：2～3 片叶萎蔫；

3 级：除顶部 2～3 片叶外，其他叶片萎蔫；

4 级：整株叶片萎蔫。

2. 群体抗病性分类标准

免疫（Ⅰ）：病情指数为 0，无侵染；

高抗（HR）：病情指数＜20；

抗病（R）：20＜病情指数≤30；

中抗（MR）：30＜病情指数≤40；

感病（S）：40＜病情指数≤60；

高感（HS）：病情指数＞60。

第四节 枯萎病

番茄枯萎病［*Fusarium oxysporum* f. sp. *lycopersici*（Sacc.）Snyder et Hansen］是重要的土传维管束病害，可引起番茄成片枯萎死亡。该病遍及全世界，我国南方各地和北方保护地均有分布，在连作多的田块尤为严重。培育抗病品种是控制危害的根本措施。最早的番茄抗枯萎病育种始于美国，近十年来，我国也培育出早丰、毛粉 802、西粉 1 号、西安大红、霞粉、苏抗 11、毛 G1 号、渝抗 4 号、蜀早 3 号等抗病品种。

一、病原菌的生理小种分化

早有报道番茄枯萎病菌存在三个生理小种，即生理小种 1、2 和 3。1941 年随着含 *I-1* 基因的抗病品种 Pan America 的育成，也正式明确生理小种 1 的存在；1945 年 Alexander等在美国俄亥俄州发现了能克服基因 *I* 的新小种，即生理小种 2，但直到 1961 年在佛罗里达州的番茄上才看到该新小种的实际危害；1986 年及以后巴西、美国、加拿大、日本和澳大利亚等国均发现生理小种 3，该小种可侵染抵抗生理小种 1 和生理小种 2 的品种。生理小种 1、生理小种 2 引起番茄维管束变褐，通常出现半身茎叶黄化枯萎症状；生理小种 3 多在初冬到早春低温下的保护地番茄上发生，呈根茎部维管束变褐的根腐病。目前，生理小种 1 仍是世界上最主要的和最重要的小种，我国只鉴定出生理小种 1。

1978 年，日本山邦川夫介绍了划分番茄枯萎病菌生理小种的方法（表 24 - 2）。

表 24-2　番茄枯萎病菌生理小种和抗病性的相互关系

番茄鉴别品种（含不同抗枯萎病基因型）	枯萎病菌生理小种*		
	生理小种 1	生理小种 2	生理小种 3
大型福寿（+/+）	S	S	S
兴津 3 号（*I-1* / *I-1*）	R	S	S
瓦尔特（*I-2* / *I-2*）	R	R	S
强力玲光（*I-3* / *I-3*）	R	-**	R

* 日本的生理小种 1、2、3 分别叫做 J-1、J-2、J-3；** 未肯定的抗病性，S：感病，R：抗病。

“八五”期间，郑贵彬等人划分我国番茄枯萎病菌生理小种时，根据山邦川夫划分的原则并结合我国现有番茄品种的实际情况，分别用早粉 2 号（+/+）和特罗皮克 1（*I-1*/*I-1*）代替大型福寿和兴津 3 号。

二、抗病种质资源及抗病性的遗传与变异

已报道的番茄枯萎病抗病性基因有 *I-1*、*I-2* 和 *I-3*，分别抗生理小种 1、生理小种 2 和生理小种 3，均为单基因显性遗传。*I-1* 和 *I-2* 基因都在第 11 染色体上，分别来自细叶番茄（*Lycopersicon pimpinellifomlium*）P. I. 79532 和 P . I. 126915 等；*I-3* 位于第 7 染色体上，来源于潘那利番茄（*L. pennellii*）LA716。

美国在育成具垂直抗病性的品种 Pan America 以后，又以该品种为亲本育成了许多其他抗病品种。20 世纪 50 年代日本从美国引进含 *I-1* 基因的抗病品种 Omestead，并转育成兴津 3 号，又以兴津 3 号为亲本于 1961 年育成了日本第一个抗枯萎病的实用品种秋光；到目前为止，日本育成的抗枯萎病品种不少于 150 个，大部分是含有 *I-1* 基因的杂合 F_1。我国抗枯萎病育种起步较晚，70 年代前后广泛种植从国外引入的含 *I-1* 基因的特罗皮克（Tropic）、满丝（Manalucie）、佛罗里达（Florida）和加拿大 8 号等品种，90 年代有了自己育成的抗枯萎病品种，均含 *I-1* 基因。

美国在细叶番茄和普通番茄（*L. piminellifolium* 与 *L. esculentum*）的种间杂种 P. I. 126915 中发现了抗病个体，并进一步选育成抗病性稳定的系统，该系统含有 *I-1* 和 *I-2* 基因，以后佛罗里达州立试验站推出了带这些抗病基因的品种瓦尔特（Walter）和佛罗里达 MH-1 等实用品种。此后保加利亚在秘鲁番茄（*L. peruvianum*）、多腺番茄（*L. glandulosum*）、智利番茄（*L. chilense*）、多毛番茄的光毛变种（*L. hirsutum* f. *glabralum*）及 *S. lycopersicoides* 中发现对生理小种 1 和生理小种 2 的抵抗性，而且从细叶番茄、总状番茄（*L. racemigerum*）中选出了抗生理小种 1 和生理小种 2 的纯合品系，后人以此育成了许多带有 *I-1* 和 *I-2* 基因的抗病品种。

抗生理小种 3 的材料有细叶番茄 P. I. 72、P. I. 124039 和普通番茄品系 US628 和 US629，但普通番茄品系的抗病性比细叶番茄品系弱，这两种来源的抗病性都不是简单遗传，其遗传力中等。1974 年，日本人驹田发现了秘鲁番茄 P. I. 126944 对生理小种 3 有抗病性，后被用来转育成 IRB301-30、IRB301-31 等抗源材料和强力玲光等品种。有人认为 P. I. 126944 系除受一个显性基因控制外，还有其他几个补足基因。据日本报道，IRB301-30 和 IRB301-31 还抗在美国、加拿大发生的番茄根腐枯萎病。

近些年来，随着分子生物学的发展对该病的抗病性遗传又有了一些新说法，如潘那利

番茄的第 7 染色体上也含有 *I-1* 基因，位于 RFLP 标记 TG20 和 TG128 之间，与原基因 *I* 不等位；潘那利番茄 P. I. 41473 对生理小种 3 的抗病性受两个独立显性基因控制，其一与 *I-2* 等位。来自多毛番茄 LA1777 及小花番茄（*L. parviflorum*）LA2133 品系对生理小种 3 的抗病性不同于 *I-3* 基因，是受两个独立隐性基因的控制。

从多年来种植抗枯萎病品种的情况看，即使含有同一个垂直抗病性基因，其抗病性也有差异，这可能是品种中补足基因和遗传背景的差异所致。此外，还需要为抗病品种的种植创造良好的生态环境，首先是栽培温度不宜太低和防止线虫的寄生，否则会大大降低品种的抗病性；其次应增加钙肥和硼肥，积极改良土壤的理化性状。

三、苗期抗病性鉴定方法

番茄枯萎病的抗病性鉴定方法有多种，诸如菌液灌根、蘸根、浸根和种植在菌土中接种等，最常用苗期浸根接种法。

（一）接种体的准备

目前生理小种 1 在我国占主导地位，可作为接种菌源。该菌在 PDA 培养基上置 4℃下保存，一年中转管约 3 次，以保持病菌的致病力。接种前再在 PDA 培养基上活化，培养温度 24～26℃，1 周后培养基表面长满分生孢子，用灭菌水将其洗下，配成浓度为 10^6 个/ml 的孢子悬浮液用作接种。也可将保存于 PDA 斜面培养基上的枯萎病菌接种于盛有 150ml PL 培养液的锥形瓶中，再置于 25℃摇床上，以 120r/min 培养 7 天。培养液经两层纱布过滤，并经 4 000r/min 离心 10min，倒除上清液，加适量蒸馏水将孢子稀释到接种所需浓度。

（二）人工接种鉴定

鉴定工作在人工控制的培养室或日光温室里进行，土壤及肥料均经高温灭菌，盆钵经充分洗净。待鉴定的种子先在 0.1%升汞溶液中浸泡 10min，然后在清水中冲洗 30min（或 1%次氯酸钠溶液浸泡 10min 后用清水洗净），催芽播种。当番茄具 1 片真叶时，将幼苗拔起用水将根系冲洗干净，剪去 1/3 根的长度，在接种菌液中浸根 10min，然后移栽在苗钵内。每品种设 3 次重复，每重复 10 株苗，以感病和抗病（或相对抗病）品种作对照。接种后气温保持在 25～30℃之间，土温在 25～28℃之间，光照强度在 1 万 lux 以上。2～3 周后调查发病情况。

（三）病情调查记载

1. 单株病情分级标准

0 级：无症状；

1 级：1 片或 2 片子叶明显变黄以致脱落；

2 级：1～2 片真叶变黄或全株变黄绿色，叶片下垂呈轻微萎蔫；

3 级：全株明显萎蔫或叶片严重变黄，植株生长受阻，稍矮化；

4 级：全株严重萎蔫甚至枯死。

2. 群体抗病性分类标准

免疫（I）：病情指数为 0，无侵染；

高抗（HR）：0＜病情指数≤5；

抗病（R）：5＜病情指数≤20；

中抗（MR）：20＜病情指数≤40；

感病（S）：40＜病情指数≤60；

高感（HS）：病情指数＞60。

第五节　根结线虫

番茄是许多植物寄生线虫的重要寄主，近年来由于保护地蔬菜的迅速发展，为菜地线虫特别是根结线虫的积累和传播提供了良好的生态环境，致使番茄根结线虫病害的发生日趋严重，在许多地方已成为增产的主要障碍。美国从 20 世纪 40 年代起就开展了番茄抗根结线虫病的育种研究，以后荷兰、法国、英国、日本等纷纷效仿，育出了大量的抗病品种。我国在“九五”期间开始了该项研究，现已获得了一些抗源材料和品系。

一、番茄根结线虫的种类

迄今报道侵染我国番茄的线虫共 7 属 20 余种，均为根系寄生物。发生最普遍、危害最严重的是固定性内寄生的根结线虫（*Meloidogyme* spp.），其次是迁移性内寄生的根腐线虫（*Pratylenchus* spp.），它们分别诱致番茄根结线虫病和番茄根腐线虫病。危害番茄的根结线虫已报道的有 8 种：南方根结线虫（*Meloidogyme incognita*）、北方根结线虫（*M*. *hapla*）、花生根结线虫（*M*. *arenaria*）、高弓根结线虫（*M*. *acrita*）、爪哇根结线虫（*M*. *javanica*）、中华根结线虫（*M*. *sinensis*）、泰晤士根结线虫（*M*. *thamesi*）和象耳豆根结线虫（*M*. *entherobolii*），其中南方根结线虫是我国番茄根结线虫病的主要种类，几乎在所有的番茄种植区均有分布。

二、抗病种质资源及抗病性的遗传与变异

据 Bailey（1941）报道，在普通番茄、多毛番茄和细叶番茄中没有发现抗线虫病的材料，但在秘鲁番茄中却发现了十多份高抗材料。1944 年 Smith 就是从秘鲁番茄（P. I. 128657）和栽培番茄的种间杂交后代中选出许多抗病品种。Gilbert 等（1956）也用上述种间杂交和栽培番茄回交方法，将选育的 HES4969 和 HES 4846 进行遗传分析，明确了这些抗病性受 1 个显性基因支配，定名为 *Mi* 基因。*Mi* 基因位于第 6 染色体上，能抗爪哇根结线虫、花生根结线虫和高弓根结线虫。美国利用 *Mi* 基因育成了 Anahu 和 AFN8 两个抗病品种；东京农业试验场以 Anahu 为亲本，育成了 NFR1～3 号 3 个品种（前田，1964），以后又分别以 NFR1～3 号为亲本，育出关东等 5 个抗病品种，直到现在应用的抗线虫品种几乎都是从这两个品种发展而来的。但含有 *Mi* 基因的杂合植株必须生长在低于 28℃的环境下，否则会失去抗线虫性。

1974 年，Rick 和 Fobes 发现 VFN8 和其他一些抗线虫品种都有酸性磷酸酶的基因突变（后来称之为 $APS-1^1$ 基因）。Rick 等的这一发现对抗线虫育种贡献很大，因为 $APS-1^1$ 基因可作为抗病性选择的一个重要指标。1980 年 Medina - Filho 和 Stevens 发现对线虫敏感的品种和品系都是纯合的 $APS-1^+$，而开放传粉的抗线虫品种是 $APS-1^{+/+}$ 或 $APS-1^{1/1}$；杂交种则是 $APS-1^{+/+}$ 或 $APS-1^{+/1}$。凡是带 $APS-1^{+/+}$ 基因的、开放授粉

的抗线虫品种都直接或间接地来源于 Anahu，这可能是在早代材料中发生了 $APS-1^1$ 和 *Mi* 基因的交换；而带 $APS-1^{1/1}$ 的则来源于 VFN8。

但不是所有的抗根结线虫病品种都来自 P. I. 128657 品系，也有的来自别的育种材料。如 Sidhu（1973）对 Nematex、Small Fry 及 Cold Set 3 个品种的抗病基因进行了分析，发现都是受 1 个主效基因支配，前两个品种是显性遗传，后一个是隐性遗传，分别命名为 $L-MiR_1$、$L-MiR_2$ 和 $L-MiR_3$，这些基因和上述基因的关系尚不清楚。

三、苗期抗病性鉴定方法

我国番茄抗根结线虫病的苗期人工接种抗病性鉴定方法研究开展较晚，目前应用较多的是线虫悬浮液灌根法。

（一）接种体的准备

目前我国番茄根结线虫的优势种是南方根结线虫，因而用该线虫作接种源。病原线虫先在感病番茄 Rutgers 上培养 6～8 周，然后大量挑取浅棕褐色卵块，加 200ml 的 0.5% 次氯酸钠（NaOCl）溶液，用力猛摇 3min，卵悬浮液通过 100 目和 500 目的筛子后，将 500 目筛上的卵块用自来水轻轻冲洗（洗去 NaOCl），再将卵块冲洗到 1L 的容器中并加满水，取 3ml 卵块悬浮液，镜检计数，最后用卵块悬浮液配制成根结线虫病病土备用。

（二）人工接种鉴定

鉴定工作在人工隔离的日光温室里进行，土壤及肥料均经高温灭菌，盆钵经充分洗净。当待鉴定的番茄具 2～3 片真叶时，移栽到用于鉴定的苗钵内，每钵一苗。鉴定苗钵的底部先放入一定量的线虫卵块和幼虫的土壤，每钵接种 5 000 个卵（或侵染性二龄幼虫），然后移苗、覆土。每品种设 3 次重复，每重复 10 株苗，以感病和抗病（或相对抗病）品种作对照。6～7 周后小心地取出幼苗，轻轻洗去根部泥土，用解剖镜或放大镜检查根部的根结数和卵块数。

（三）病情调查记载

1. 单株病情分级标准

0 级：无根结或卵块；

1 级：1 个根结或卵块；

2 级：3～10 个根结或卵块；

3 级：11～30 个根结或卵块；

4 级：31～100 个根结或卵块；

5 级：100 个以上根结或卵块。

注：植株的抗病性是以线虫的繁殖量来衡量，不是以根结数来衡量，当根结数和卵块数不一致时，以卵块数为标准计算。

2. 群体抗病性分类标准

免疫（I）：病情指数为 0；

高抗（HR）：0<病情指数≤20；

抗病（R）：20<病情指数≤40；

中抗（MR）：40<病情指数≤60；

感病（S）：60＜病情指数≤75；

高感（HS）：病情指数＞75。

参　考　文　献

[1] 柴敏．番茄叶霉病病原菌及其抗病性研究．见：李树德．中国主要蔬菜抗病育种进展．北京：科学出版社，1995，257～259

[2] 陈京，胡伟贞，王树琴等．番茄环斑病毒检测技术的研究．见：冯兰香．中国番茄主要病虫害及其防治．北京：中国农业出版社，1998，78～82

[3] 邓铭光，虞皓，谢双大等．番茄对青枯病抗病性遗传的初步研究．见：冯兰香．中国番茄主要病虫害及其防治．北京：中国农业出版社，1998，229～233

[4] 冯兰香，杨荣昌，田如燕等．中国番茄的四种病毒．见：冯兰香．中国番茄主要病虫害及其防治．北京：中国农业出版社，1998，45～51

[5] 冯兰香，杨荣昌，李树德等．中国各省（自治区、直辖市）番茄上番茄花叶病毒株系的鉴定．见：冯兰香．中国番茄主要病虫害及其防治．北京：中国农业出版社，1998，52～58

[6] 高振华，李树德，徐悌维等．“八五”国家科技攻关番茄新品种选育技术研究专题育成的新品种（系）简介．园艺学报，1997，24（1）：57～62

[7] 高振华译（山川邦夫著）．蔬菜抗病品种及其利用．北京：农业出版社，1982

[8] 华静月，张长龄，何礼远．我国植物青枯病的生化型和其他生理差异．植物保护学报，1984，11（1）：43～50

[9] 黄爱兴．抗青枯病优质高产番茄材料玉石的选育．见：李树德．中国主要蔬菜抗病育种进展．北京：科学出版社，1995，321～322

[10] 霍超斌．广东番茄青枯菌的特性研究．广东农业科学，1988（1）：39～40

[11] 李鹏飞．抗青枯病番茄品种的系统选育．见：李树德．中国主要蔬菜抗病育种进展．北京：科学出版社，1995，348～349

[12] 李树德，高振华，朱亚英．“七五”国家科技攻关——蔬菜新品种选育研究：Ⅰ. 番茄专题育成的新品种（系）简介．园艺学报，1991，18（2）：183～188

[13] 林美琛．浙江番茄青枯病菌生化型研究初报．植物病理学报，1993，23（2）：100～105

[14] 刘琼光，曾宪铭，董春．番茄青枯病的血清型．见：冯兰香．中国番茄病虫害及其防治研究．北京：中国农业出版社，1998，224～227

[15] 徐建华，付鹏．中国番茄线虫病害概述．见：冯兰香．中国番茄主要病虫害及其防治．北京：中国农业出版社，1998，240～244

[16] 杨荣昌，冯兰香，徐鹤林等．中国番茄上黄瓜花叶病毒株系分化的研究．见：冯兰香．中国番茄主要病虫害及其防治．北京：中国农业出版社，1998，59～68

[17] 姚革．四川省细菌性青枯菌菌系及分布研究．西南农业大学学报，1990，15（5）：536～539

[18] 曾宪铭．广东番茄青枯病的病原及其抗病性鉴定方法．见：李树德．中国主要蔬菜抗病育种进展．北京：科学出版社，1995，263～322

[19] 张环，冯兰香，李桂英．番茄叶霉病生理小种的鉴定．见：李树德．中国主要蔬菜抗病育种进展．北京：科学出版社，1995，260～262

[20] 郑光华，沈征言译（J. G. Atherton & J. Rudich 编著）．抗细菌病害育种．北京：北京农业大学出版社，1989

[21] 郑贵彬，王发科. 番茄枯萎病尖镰孢菌西安 3 号菌株的初步鉴定. 见：李树德. 中国主要蔬菜抗病育种进展. 北京：科学出版社，1995，267～271

[22] Acosa JC，Gilbert JC，Quinoin VL. Heritability of bacterial wilt resistance in tomato. Proc Am Soc Hortic Sci，1964，84：455～462

[23] Alexander LC. Transfer of a dominant type of resistance to the four known Ohio pathogenic strains of tomato mosaic virus (TMV) from *Lycopersicon peruvianum* to *L. esculentum*. Phytopathol，1963，53：869

[24] Bailey DM. The seedling test method for root - knot - nematode resistance. Proc Am Soc Hort Sci，1941，38：573～575

[25] Bohn GW，Tucker CM. Studies on Fusarium wilt of the tomato. Immunity in *Lycopersicon pimpinellifolium* Mill and its inheritance in hybrids. Missouri Agric Exp Stan Res Bull，1940，311：82

[26] Bournival BL，Vallejos CE，Scott JW. Genetic analysis of resistances races 1 and 2 of *Fusarium oxysporum* f. sp. *lycopersici* from the wild tomato *Lycopersicon pennellii*. Theror Appl Genet，1990，79 (5)：641～645

[27] Bournival BL，Vallejos CE. New sources of genetic resistance to race 3 of Fusarium wilt of tomato. Plant Dis，1991，75 (3)：281～284

[28] Buddenhagen IW，Sequeira L，Kelma A. Designation of races in *Pseudomonas solanacearum*，Phytopath，1962，52：726

[29] Cirulli M，Alexander LJ. Influence of temperature and strain of tomato mosaic virus on resistance in tomato breeding line derived from *Lycopersicon peruvianum*. Phytopathol，1969，59：1287～1297

[30] Clayberg CD，Butler L，Rick CM，et al. Second list of known genes in the tomato. Hered，1960，51：167～174

[31] Farley J，Oakers G，Jaberg C. A new greenhouse tomato root - rot disease caused by *Fusarium oxysporum*：A preliminary riport. Greenhouse Research 1975，Research Summary 82，Ohio Agric Res Dev Cent，Wooster，Ohio.

[32] Flor HH. Genetics of pathogenicity in *Melampsora lini*. J，Agric Res，1946，73：335～357

[33] Gilbert JC，Tanaka JS，Takeda K Y. 'Kewalo'tomato. Hortic Sci，1979，5：481～482

[34] Gilbert JG，McGuire DC. Inheritance of resistance to severe root knot from *Meloidogyne incognita* in commercial type tomatoes. Proc Amer Soc Hortic Sci，1956，68：437～442

[35] Hayward AC. Characteristics of *Pseudomonas solanacearum*. J Appl Bact，1964，27：265～277

[36] Henderson WR，Jenkins SF，Venus，et al. Two new tomato varieties combining desirable horticultural features with southern bacterial wilt resistance. Bill 444，Agric Exp Sta Noth Carolina State Univ，Raleigh，1972，1～13

[37] Hikida HR，Raymer WB. Sources and inheritance of Peru tomato virus tolerance in tomato. Phytopathology，1972，62：764

[38] Holmas FO. True - breeding resistance in tomato infection by tobacco mosaic virus. Phytopathology，1957，47：16～17 (Abstr.)

[39] Hubbeling N. Determination trouble with new reces of *Cladosporium fulvum* Cooke. Overdruk UIT：Mededelingen Fakultelt Landbouw Wetenschppen Gent，1971，36 (1) 300～305

[40] Kerr EA. Problems and complications of developing new greenhouse varieties. Proc Can Midwest Greenhouse Vegetable Growers，1977，45～47

[41] Laterrot H. Difference in susceptibility to necrosis of Tm - $2^{/+}$ and Tm - 2^{a} hybrids. TGC Rep，

1972，21～31

[42] McGrath DJ，Gillespie D，Vawdrey L. Inheritance of resistance to *Fusarium oxysporum* f. sp. *Lycopersiciraces* 2 and 3 in *Lycopersicon pennellii*. Aust J Agric Res，1987，30 (4)：729～734

[43] McGrath DJ. BHRS2 - 3 fusarium Wilt - resistance tomato. Hort Science，1988，236 (6)：1093～1094

[44] McRitchie JJ，Alexander LJ. Host - specific *Lycopersicon strains* of tobacco mosaic virus. Phytopathology，1963，53：394～398

[45] Medina - Filho HP，Stevens MA. Tomato breeding for nematode resistance：survey of resistant varieties for horticultural characteristics and genotype of acid phosphatase. Acta Hort，1980，100：389～393

[46] Pecaut P. Tomate：II Resistance au virus de la mosique du tabac (TMV). Rep Stnd' Amelioration Plantes Maraicheres (INRA)，1964，50～53

[47] Pelham J. Necrosis of Tm - 2^2 plants. TGC Rep，1970，20：36～37

[48] Pelham J. The establishment of anew strain of tomato mosaic virus resulting from the use of resistant varieties of tomato. Ann Appl Biol，1970，65：293～297

[49] Porte WS，Walker HB. The Pan American tomato，a new red variety highly resistant to fusarium wilt. U S Dept Agric Cire，1941，611：6

[50] Rick CM，Butler L. Cytogenetics of the tomato. Adv Genet，1956，8：267～382

[51] Rick CM，Fobes J. Association of an allozyme with nematode resistance. Rep. Tom. Gen. Coop.，1974，24～25

[52] Russell GE. Leaf mould in plant breeding for pest and disease resistance，Butterworths，London - Boston，1978，133～136

[53] Sarfatti M，Abu - abied MM，Katan J，et al. RFLP mapping of I - 1 a wee locus in tomato conferring resistance against *Fusarium oxysporum* f. sp. *lycopersici* race 1. Theor appl Genet，1991，82 (1)：22～26

[54] Sarfatti M，Katan J，Fluhr R，Zamir D. An RFLP marker in tomato linked to the fusarium oxysporum resistance gene I - 2. Theor. Appl. Genmet. 1989，78 (5)：755～759

[55] Scott JW，Jones JP. Monogenic resistance in tomato to *Fusarium oxysporum* f. sp. *lycopersici* race 3. Euphytic，1989，40 (1 - 2)：49～54

[56] Sidhu G，Webster JM. Genetics of resistance in the tomato the root - knot nematode - wilt - fungus complex. J Hered，1974，65：153～156

[57] Smith PG. Embryo culture of a tomato species hybrid. Phytopathol，1944，34：413～416

[58] Soost RK. Hybrid tomato resistant to tomato mosaic virus. J Hered 1963，54：241～144

[59] Stall RE，Walter JM. Selection and inheritance of resistance in tomato to isolates of races 1 and 2the Fusarium wilt organism. Phytopathol，1965，55：1213～1215

[60] Strobel JW. Walter tomato. TGC Rep，1968，19：39～40

[61] Tigchelaar EC. Tomato breeding，in：Breeding Vegetable Crops，AVI Publishing Co. 1968，135～171

[62] Van der plank JE. Plant disease epidemic and control，New York，Academic Press. 1963，349

[63] 驹田旦. 最近问题となっん野菜の土壤病害. 农及园，1974，49：600～604

[64] 前田速雄. トマトキマキィモネュタみせゐねの抵抗病性品种の品种の育种研究. 东京农试研报，1964，3：1～8

第二十五章

辣（甜）椒品种抗病性及其利用

辣椒和甜椒是重要栽培蔬菜，病害种类多，危害重。抗病品种的选育和使用在辣（甜）椒病虫害综合防治中占有重要地位。无公害蔬菜的发展，更要求重点开发抗病品种。本章仅就开展较好的抗病毒育种和抗疫病育种，作详细介绍。

第一节　病毒病

一、抗病育种的重要性和主要成就

病毒病是辣（甜）椒上发生普遍、危害严重的一类世界性病害，自 Doolitte（1923）和 Palon（1925）发现黄瓜花叶病毒与烟草花叶病毒侵染辣（甜）椒以来，至今全世界已发现 38 种病毒能侵染辣（甜）椒。20 世纪 70 年代以后，我国辣（甜）椒病毒病渐趋严重，减产幅度达到 30%～70%，严重的地块甚至绝产，对辣（甜）椒生产构成严重威胁。1983 年我国把辣（甜）椒抗病育种列为国家重点科技攻关专题，组织主要科研机构和高等院校的遗传学、育种学、植物病理学等多学科研究人员协作攻关。此后陆续培育出了多类型的抗病、优质、丰产新品种。这些品种主抗烟草花叶病毒，有些还兼抗（耐）黄瓜花叶病毒，且商品性好，适合在保护地、露地等不同生态环境中栽培。其中辣椒品种有苏椒 2 号、苏椒 3 号、苏椒 5 号、苏椒 6 号、碧玉、云丰、湘研 3 号、湘研 5 号、湘研 9 号、湘研 10 号、辽椒 4 号、吉椒 3 号、津椒 3 号、津椒 8 号、西杂 7 号、哈椒杂 1 号等；甜椒品种有中椒 2 号、中椒 3 号、中椒 4 号、中椒 5 号、农大 40、农发、农乐、甜杂 1 号、甜杂 2 号、甜杂 3 号、甜杂 6 号、苏椒 4 号、吉椒 1 号、吉椒 2 号、辽椒 3 号、津椒 2 号等。这些抗病毒的辣（甜）椒品种先后成为我国辣（甜）椒生产的主栽品种，使得我国辣（甜）椒生产在“七五”、“八五”和“九五”期间得以迅速发展（李树德，1995）。

二、病毒种类和株系分化

（一）病毒种类

1983 年以来，在不同地区、不同季节，针对不同品种和各种症状类型，广泛采集了辣（甜）椒病毒病标样。先后由北京、天津、辽宁、吉林、新疆、江苏和湖南等省（直辖市、自治区）采得标样近 5 000 个。对这些标样，利用鉴别寄主法、蚜虫传毒试验、病毒粒体的电子显微镜观察以及多种血清学方法（琼脂双扩散法、ELISA 测定、对流免疫电泳法等），进行了病毒种类鉴定。所用主要鉴别寄主包括心叶烟（*Nicotiana glutinosa*）、三生烟（*N. tabacum cv*. Somsm NN）、哈瓦那 38 号烟（*N. tabacum* 哈瓦那 38）、白肋烟（*N. tabacum* White Burley）、曼陀罗（*Datura stramonium*）、洋酸浆（*Physalis floridana*）、大千生（*Nicandra prysaioides*）、矮牵牛（*Petunia hybrida*）、千日红（*Gomphrena globosa*）、罗勒（*Ocimum basilicum*）、百日草（*Zinnia elegans*）、番杏（*Tetragonia expansa*）、苋色藜（*Chenopodium amaranticolor*）等。

由近 5 000 份标样共鉴定出 8 种病毒，即烟草花叶病毒（TMV）、黄瓜花叶病毒（CMV）、马铃薯 X 病毒（PVX）、马铃薯 Y 病毒（PVY）、烟草蚀纹病毒（TEV）、苜蓿花叶病毒（AlMV）、蚕豆萎蔫病毒（BBWV）和烟草脆裂病毒（TRV）。在不同地区或不同年份，各种病毒的出现分布频率有所不同，但总的看来，引起我国辣（甜）椒发病的优势病毒为烟草花叶病毒（TMV）和黄瓜花叶病毒（CMV）。在田间，通常辣（甜）椒早期发生的是烟草花叶病毒（TMV），以后发生黄瓜花叶病毒（CMV）或两者的复合侵染。

（二）烟草花叶病毒、黄瓜花叶病毒的株系分化

利用 10 个鉴别寄主（LS 809、LS 815、I－π、昌介、长江尖椒、辣椒 10 号、东镜尖椒、野生椒、苏密斯椒和麻椒），对我国辣（甜）椒上烟草花叶病毒的 63 个分离物进行了株系鉴定，初步划分为 2 个株系，即烟草花叶病毒辣椒花叶株系（TMV－PM）和烟草花叶病毒辣椒坏死株系（TMV－PN）。

利用 LS8501（HR）、LS8502（R）、LS8503（T）、LS8504（S）和 LS8505（HS）等 5 个辣椒 CMV 基因型株系鉴别寄主，将我国辣（甜）椒的 149 个黄瓜花叶病毒分离物区分为 6 个株系，即黄瓜花叶病毒辣椒轻症系（CMV－PmM）、黄瓜花叶病毒辣椒环斑系（CMV－PRi）、黄瓜花叶病毒辣椒斑驳系（CMV－POM）、黄瓜花叶病毒辣椒蕨叶系（CMV－PF）、黄瓜花叶病毒辣椒坏死系（CMV－PN）和黄瓜花叶病毒辣椒黄斑系（CMV－PYM）。其中 CMV－PmM 致病力最弱，CMV－PYM 致病力最强。危害最严重而分布较广的是 CMV－PN 和 CMV－PF 两株系，侵染辣（甜）椒后表现丛生、矮化和系统坏死等症状，引起“三落”（落叶、落蕾、落果），造成严重减产或绝收（李树德，1995）。

三、辣（甜）椒抗病毒病类型及特点

1934 年 Holmes 发现 *Capsicum frutescens* 的一个品种（辣酱椒）和 *C. annuum* 的一个品种（Minimum Blanco）叶片接种 TMV 后 3～4 天产生局部坏死斑，5～7 天叶片变黄脱落而植株其他部分无病毒，而在接种试验中 *C. annuum* 的大多数品种产生系统花叶（Holmes，1934）。8 周苗龄的辣酱椒植株接种 CMV 后，叶片产生系统花叶，进而发展到茎秆坏死，最终新叶和嫩枝畸形。而 10 周苗龄或更老的植株，能将病毒局限在接种的老叶或幼嫩的侧枝上，成株不会发生严重的病毒病（Rusko 等，1980）。

王述彬等研究了辣（甜）椒从苗期到成株期，对黄瓜花叶病毒抗病性的变化，发现 Vc16a 在苗期和成株期都表现高抗，其余 13 个品种苗期感病，其中 1 个品种成株期表现抗病，3 个品种表现中感（Wang 等，1998）。这充分说明辣（甜）椒苗期与成株期对黄瓜花叶病毒的抗病性有较大的差异。

邹学校等（1993）研究表明，温度偏低地区起源的辣椒品种较抗烟草花叶病毒和黄瓜

花叶病毒，品种的抗寒性与抗病毒的能力呈正相关。刘建华等的研究表明，辣椒对烟草花叶病毒和黄瓜花叶病毒的抗病性与其辣椒素含量呈正相关。Simmons（1980）测试了1 105份辣椒材料（大多数为*C. annuum*，少数为*C. chinense*或*C. pendulum*）对烟草花叶病毒辣椒株系的抗病性，没有发现产生局部枯斑反应的材料，但在P. I. 297486、P. I. 179870、P. I. 174809和P. I. 174111的后代中筛选出了10份材料，皆在病毒浓度较低时表现中抗，且症状温和。

四、辣（甜）椒抗病毒特性的遗传

（一）抗烟草花叶病毒特性的遗传

Holmes将TMV侵染后产生局部坏死症状的辣酱椒材料与产生系统症状的材料杂交，发现前者受显性单基因控制，命名为*L*基因，进而把*L*基因从辣酱椒中转入甜椒。这个重要的基因可防止TMV普通株系在温室和露地的系统侵染。Holmes还发现Long Red Cayenne、Sunnybrook和Sweet Meat Glory的一个选系，在L位点都有一个加性基因，具有这种基因的植株产生沿叶脉坏死的侵蚀斑，叶片恢复无毒后通常会脱落。Holmes将该基因命名为l^i基因，表示病毒不完全局限化。基因*L*对*l*或l^i完全显性，但l^i/l基因型产生系统坏死，在30℃高温下植株死亡。欧、美等国利用l^i基因，培育出了许多基因型为l^i/l^i的商品辣椒品种，例如Keystone Resistant Giant、YoloY、Florida VRZ、VRZ-34、XVR3-25以及荷兰温室品种Verbeterde Glas等。这些品种在正常的温室和露地条件下不受TMV普通株系侵染（Boukema，1980）。

杨永林等用R2、R3、S4和S5等4个亲本进行双列杂交，研究了抗TMV特性的遗传。结果F_1代多数植株表现抗病，F_2代抗病与感病植株的分离比为3∶1，这表明辣椒对TMV的抗病性是由1个显性基因控制的，但χ^2检验的显著性不高，置信度为50%～75%，表明该基因可能是不完全显性的（李树德，1995）。

（二）抗黄瓜花叶病毒特性的遗传

Pochard在其辣椒抗CMV育种研究中没有发现能完全抵抗CMV的材料，甚至连抵抗某一特定株系的材料都没有。他认为只有将*Ra*、*Rb*和*Rc*等3个抗病基因组合在同一基因型中才能表达持久的高水平的抗病性。*Ra*基因在病毒接种浓度较低时，控制逃避感染的能力；*Rb*是一个过敏型抗病基因，可将病毒局限在坏死斑内；而*Rc*是一个非坏死性基因，抑制病毒增殖。Pochard在Val×Babas（双亲都具*Rb*基因）的后代中还观察到了抗CMV特性的超亲分离（Pochard，1977）。

（三）抗烟草蚀纹病毒和马铃薯Y病毒特性的遗传

Greenlenf（1956）在辣椒抗TEV特性的遗传研究中发现，Cayenne SC46252有1对隐性基因控制对TEV的抵抗性，辣酱椒的少数植株由于修饰基因的作用而使抗TEV的水平提高到近免疫水平。Cook的研究表明P. I. 26428和SC46252对TEV普通株系的抵抗性也受1对隐性基因控制，这两个品种均对PVY的强毒株系（PVY-N）表现免疫。Cook的遗传分析还表明对TEV的抗病基因也抵抗PVY，这与Bawden等早期报道的结论一致（Bawden等，1945）。

据Barrios（1971）报道，辣椒品种LP-1具有抗TEV的显性基因，接种TEV后无症状表现。LP-1×辣酱椒的F_1代接种后也无症状，既不出现斑驳，也不表现枯萎症状，其F_2代出现3（花叶，不枯萎）∶1（枯萎）的分离。

五、辣（甜）椒抗病毒种质资源

我国采用苗期人工接种法，鉴定了由国内外搜集的3 312份辣（甜）椒种质资源对TMV和CMV的抵抗性。结果筛选出了抗TMV材料（5＜病情指数≤20）279份，中抗CMV的材料（20＜病情指数≤40）317份，兼抗TMV和CMV的材料162份。辣椒抗病育种国家攻关专题组于1994年10月，对抗源材料的苗期鉴定结果表明，江苏省农业科学院蔬菜研究所筛选出的JSC-1和中国农业大学园艺系筛选的9358高抗吉林的CMV，抵抗江苏和北京的CMV，中国农业科学院蔬菜花卉研究所筛选的92-101、吉林省蔬菜花卉研究所筛选的94-R7、哈尔滨市蔬菜研究所筛选的H01对吉林、江苏和北京的CMV都达到抗病水平，而原西北农业大学园艺系筛选的牛角椒、辽宁省农业科学院园艺研究所筛选的79号对吉林、江苏CMV达到抗病水平，对北京CMV达到中抗水平。

六、辣（甜）椒苗期病毒抗病性鉴定方法

（一）病毒和株系的选择

TMV、CMV寄主范围较广，抗病性鉴定用的毒源应来自辣（甜）椒。用于鉴定的TMV或CMV的株系，应根据育种的方向和目标，选用不同的株系，以使育成品种的抗病谱能符合田间株系发生的实际情况。

（二）毒源准备

确定了鉴定所用的病毒种类及其相应的株系之后，供鉴TMV用白肋烟繁殖，CMV用三生烟繁殖。白肋烟、三生烟在接种TMV或CMV14天后，病叶可用于接种。

（三）鉴定用苗准备

待鉴定的辣（甜）椒种子按标号播于育苗盘内，幼苗长到2叶1心期，分苗到ϕ7cm的营养钵内。基质为经过高温灭菌的土壤或蛭石、草炭混合物（1∶1）。每份试材取健康苗45株，分成3个重复，每个重复15株。幼苗长至3片真叶展平后用于接种。整个育苗过程均在防虫室内。

（四）接种浓度和接种方法

TMV用0.01mol/L磷酸缓冲液（pH 7.0～7.2）稀释，接种浓度为1∶10（W/V）。CMV也用0.01mol/L磷酸缓冲液（pH7.0～7.2）稀释，接种浓度为1∶5（W/V）。

采用人工摩擦法接种。先向叶片喷少量600目金刚砂，然后用食指蘸取病毒液轻轻摩擦叶片，自下而上顺序接种3片真叶，然后用清水冲洗叶片。接种后的材料置于控温室内，气温保持在25±1℃，光照每天10～12h，光强为6 000 lux。

（五）发病调查和抗病程度分级

在接种后第五天调查局部枯斑，接种后第十八天调查系统发病症状。病情按下述标准分级：

0级　无任何症状；

1级　心叶明脉或接种叶急性枯斑；

3 级　少数叶片呈现花叶或茎部产生坏死点；

5 级　多数叶片花叶，少数叶片畸形、皱缩或茎部产生坏死条斑；

7 级　多数叶片畸形、蕨叶，植株矮化或茎部条斑、叶脉系统坏死；

9 级　植株严重矮化、停止生长或植株严重系统坏死，甚至死亡。

抗病程度按下述标准分级：

免疫（I）：病情指数为 0

高抗（HR）：0< 病情指数 ≤5

抗病（R）：5< 病情指数 ≤20

中抗（MR）：20< 病情指数 ≤40

感病（S）：病情指数 >40

七、抗病毒病育种的经验和问题

我国辣（甜）椒抗病毒病育种起始于 1983 年，并列为国家重点攻关专题，组织主要科研机构和农业院校的遗传学、育种学以及植物病理学等多学科人员协同攻关。我国科研人员以辣（甜）椒病毒种群研究为基础，首先探明了为害我国辣（甜）椒的主要病毒为烟草花叶病毒和黄瓜花叶病毒，然后针对这两种病毒进行抗病育种。另外还提出了一套针对 TMV 与 CMV 的苗期人工接种鉴定方法和抗病性评价标准，在攻关协作组内统一使用，筛选抗 TMV 和 CMV 的抗源材料，加速了我国辣（甜）椒抗病育种的进程。

由于我国地域辽阔，各地生态环境差异很大，辣（甜）椒地方栽培品种资源较为丰富。全国各攻关协作单位利用统一的鉴定方法和评价标准，在较短时间内筛选出了一批辣（甜）椒抗 TMV 和 CMV 的抗源材料。各单位根据各自的实际情况引进或交换抗源材料，先从抗 TMV 着手，采用杂优利用育种法，在"六五"和"七五"结束时已育成了 23 个抗病品种，这些品种均抗 TMV，有些还兼抗 CMV，品质、商品性、丰产性也很好。经多点示范和试种，这些抗病品种很受广大种植者的欢迎，很快就在全国推广。进入"八五"后，针对我国辣（甜）椒生产中 CMV 为害日趋严重的局面，我国辣（甜）椒抗病育种人员开展了对 TMV 和 CMV 的多抗育种。甜椒对 CMV 的抗源材料很少，郭家珍等率先开展了抗病毒病材料的创新，通过甜椒与辣椒杂交、回交和添加杂交，在其后代分离群体中，进行系谱选择和定向培育，经苗期人工接种鉴定、田间抗病性鉴定以及产量比较，选育出了 5 个抗 TMV、耐 CMV 的甜椒育种新材料（90 - 5、90 - 105、90 - 109、90 - 111 和 90 - 138），其植物学性状和经济性状基本稳定，且具有较高的产量水平。在"八五"结束时，我国已育成了一批适合保护地、露地栽培的抗 TMV、兼抗（中抗）CMV 的优良一代杂交品种，其中包括苏椒 5 号、中椒 5 号、甜杂 6 号、湘研 3 号、湘研 5 号等，这些优良品种已成为我国辣（甜）椒的主栽品种。我国在"六五"、"七五"和"八五"期间育成的辣（甜）椒抗病毒病优良品种，已在全国 28 个省、直辖市、自治区种植，累计推广面积超过 200 万 hm^2。

尽管我国辣（甜）椒抗病毒病育种取得了令人瞩目的成绩，但抗病育种基础薄弱，加之病毒种类多，株系复杂，还有大量基础研究有待深入进行，其中包括抗 TMV、抗 CMV 材料创新，新的育种方法创建等。在市场经济条件下，全国各育种单位，依据互利互惠原则，加强抗源材料和优良育种材料的交换，协作创新，才能提高抗病毒育种水平，不断选育出更多、更好的辣（甜）椒品种，满足种植者和消费者的共同需求，使我国辣（甜）椒抗病毒育种在21世纪再上新台阶。

第二节 疫 病

一、抗病育种的重要性和主要成就

辣（甜）椒疫病（*Phytophthora capsici*）是为害严重的世界性大病害。自1918年在美国新墨西哥州首次报道以来，在北美洲、南美洲、欧洲及亚洲逐渐蔓延，使辣（甜）椒生产蒙受了巨大损失。意大利辣（甜）椒生产中，50%的损失是由疫病造成的，希腊栽培的线椒发病率更达70%以上。美国、阿根廷、日本等国都将辣（甜）椒疫病列为重要病害进行研究。

20世纪60年代以来，疫病在我国吉林、辽宁、青海、河北、北京、云南、甘肃、贵州、上海、浙江、江西、江苏等省（直辖市）相继发生。1964年甘肃兰州市首次发生疫病大流行，全市约266hm^2甜椒、牛角椒发病率高达100%，1987年发生第二次大流行，全市80%的辣、甜椒发病，采收期缩短3个月，减产250多万kg。青海省在20世纪70年代和80年代曾两次发生疫病流行，死秧率一般为15%～20%，严重者达95%以上，有的甚至绝产。90年代以后，东北的吉林、辽宁，西北的甘肃、青海、新疆，长江流域的江苏、上海、湖北、湖南、江西，西南的云南、贵州，还有海南省，都普遍发生辣（甜）椒疫病，为害日趋严重，已成为我国辣、甜椒的重要病害。尽管采取了轮作换茬、高垄栽培、药剂灌根、土壤处理等一系列防治措施，取得了一定效果，但解决疫病的根本途径还是使用抗病品种。1991年我国把辣、甜椒抗病育种列为“九五”国家攻关专题时，就把疫病列为抗病对象之一，从而把我国的辣、甜椒抗病育种工作推上了多抗育种的新台阶。尽管辣、甜椒抗疫病育种任务十分艰巨，但在全国十家科研院所和高等院校多学科专家的共同努力下，仍然取得了较大的成绩，育成了一批抗（耐）疫病的辣、甜椒品种，其中包括苏椒5号、甜杂6号、中椒5号、碧玉、85-1、西杂1号、西杂2号、9185、湘研2号、湘研3号、湘研5号、哈椒杂1号等，有些已成为我国辣、甜椒主栽品种（李树德，1995）。

二、辣椒疫病病原菌形态和致病性

辣椒疫病的病原菌是辣椒疫霉（*Phytophthora capsici*）。在胡萝卜琼脂培养基平板上，典型菌株呈放射状生长，有些菌株的菌落絮状或均匀。气生菌丝中等到繁茂，菌丝宽3～10μm。游动孢子囊形态变化很大，近球形、肾形、卵形、长卵形或不规则形，大小为25～85μm×30～55μm，长宽比为0.6～1.7，具1～3个明显乳突，具15～57μm的长柄，孢子囊可脱落。孢子囊多以游动孢子形式萌发，有时可见孢子囊直接萌发。每个孢子囊可释放7～40个游动孢子；游动孢子肾形或宽梨形，10～15μm×7～12μm，鞭毛长17～30μm，游动时间短。休止孢子球形，直径7～12μm，直接萌发产生芽管。有些菌株可形成厚垣孢子和菌丝膨大体，多数间生。藏卵器球形，直径29～35μm，雄器球形或筒形，围生，无色，10～12μm×7～12μm。卵孢子球形，直径 20～30μm。该菌孢子囊具乳突，易脱落，具长柄，孢子囊基部渐细，可在高温下（>35℃）生长，有别于同属内形态相似的种。该菌最低生长温度为 10℃，最高为 37℃，最适生长温度为 25～27℃。

辣椒疫霉具有较强的致病力，在自然条件下，能侵染辣椒、番茄、茄子、黄瓜、南瓜等作物的幼苗、叶片和果实，人工接种还可侵染青海红花菜豆、蚕豆、葱、芹菜等 10 多种蔬菜的叶片。林柏青等测试了来自 9 省（市）4 种蔬菜作物上的 11 个辣椒疫霉菌菌株的致病性，结果表明多数来源于辣椒的菌株致病性较强，但也有少数菌株的致病性很低（林柏青、张松林，1994）。

三、辣（甜）椒抗疫病的特点

Jones 等（1975）研究了甜椒果实超微结构、辣椒素变化与抗疫病相关性。用游动孢子接种甜椒成熟果实 4h 后，第一、二层皮层细胞发生过敏性坏死，这种坏死发生在细胞壁凹陷处，同时辣椒素迅速增加，菌丝生长受到抑制。Barksdala 对辣椒叶片和花器的固有抗病性研究表明，辣椒叶片对疫病的抗病性与花器的抗病性一致。Byung - Kook - Hwang（1991）报道，在被辣椒疫霉侵染的辣椒茎秆中，可溶性蛋白质、酯酶及过氧化物定位酶的种类与健株茎秆有显著差异。Kim（1990）和 Seum 等（1991）对辣椒 2 叶期与 6 叶期的阶段抗病性测定结果表明，抗病品种 Kingku 中的糖、氨基酸、酚、大量元素（N、P、K、Ca、Mg）及辣椒素的种类和含量都与感病品种 Hanhyul 有很大差异。

王述彬等（1994）用辣椒疫霉游动孢子浸根接种抗病基因型 Pc54，30～60min 后，游动孢子到达 Pc54 根表且形成两个萌发端。同等根表面积上形成萌发端的游动孢子的数量，Pc54 为 2.6 个（电镜 10 个视野平均值），而感病基因型 Pc150 则为 10.3 个，约为 Pc54 的 4 倍。60～150min 后，Pc54 根表游动孢子的一个萌发端长出芽管，芽管长 50～60μm，且有多处突起，顶端产生吸盘。Pc54 根表产生吸盘的游动孢子数量，电镜 10 个视野的平均值为 0.96 个，约占已萌发游动孢子数量的 30%～40%。在 Pc54 根表萌发并产生吸盘（侵入点）游动孢子数量仅为 Pc150 根表的 1/10。接种 4～24h 后，Pc54 根表只产生少量菌丝，Pc54 根表菌丝数量约为 Pc150 的 1/10。接种 24～48h 后，Pc54 根表产生少量孢子囊，相同面积根表孢子囊数量只为 Pc150 的 1/20，且孢子囊内的游动孢子均未成熟。

Naqvi 等报道感病品种根的分泌物能刺激辣椒疫霉游动孢子萌发，同时抑制辣椒疫霉拮抗菌孢子萌发，而抗病品种根的分泌物则刺激拮抗菌孢子萌发。

四、辣（甜）椒对疫病的抗病性遗传

Kimble 和 Grogan（1966）报道，在辣椒（*Capsicum annuum*）的 613 份原始材料中只有 13 份对疫病表现出不同程度的抗病性，其中包括 P.I.188376、P.I.201232、P.I.201234，接种 30 天后死苗率只有 7%～15%。Smith 等（1967）发现用 YW 作亲本杂交的 F_1 代全部植株表现抗病，抗病性为显性，F_2、F_3 分别出现 3∶1 和 15∶1 的分离比，这表明抗病性受 1 对独立的显性基因控制。Smith 等认为能将高水平的抗病性转入优良品种。1974 年日本长野县中信地方试验场，从阿根廷引入 No.10 品种。据小林等接种鉴定，认为 No.10 抗病性虽不完全，但抗病性的遗传比较单纯，有希望用于“王牌”等栽培品种的回交育种。Pochard 和 Chambonnet 用中等抗病的材料 Phyo636 与感病材料杂交，后代出现超亲分离，其抗病性比 Phyo636 强而稳定。Pochard 把抗源 P. I. 201234 的抗病性导入几个法国品种中，他发现 F_2 代的抗病性至少受两个互补基因控制，其表达取决于遗传背景。Reifschneider 等（1992）研究了辣椒疫病成株抗病性的遗传，发现抗病亲本 CNPH148 纯合体的抗病性是 1 个显性基因和 1 个隐性基因相互作用的结果。

30 年来，各国研究者用不同的抗疫病材料，研究了抗病性的遗传。结果表明，辣（甜）椒对疫病的抗病性遗传较为复杂，有单基因抗病性、寡基因抗病性和多基因抗病性三类。利用单基因与寡基因抗病性可育成杂种一代，也可选育多系品种，或者利用合成杂交法、添加杂交法、逐步回交法等方法把多个单抗基因导入一个品种而育成聚合品种。利用多基因抗病性，可采用轮回选择法或回交轮回选择法，也可采用复合法把多个微效基因集中起来，以增强品种的抗病稳定性。

五、辣（甜）椒抗疫病的种质资源

国内外辣椒病理学家和育种学家通过抗病性鉴定筛选和人工诱变获得一大批抗病性良好的抗源。寻找优良抗源，有三条主要途径：在现有主栽品种和古老地方品种中寻找，在辣椒野生种中寻找以及人工诱变。

我国利用苗期灌根法，鉴定了 2 061 份辣（甜）椒种质资源对疫病的抗性，结果发现达到中抗以上水平的材料有 93 份，其中可作为抗源的有 9 份，即江苏省农业科学院蔬菜研究所筛选的 JSPc－1，中国农业大学园艺系筛选的 91－19，中国农业科学院蔬菜花卉研究所筛选的 93－100，北京农林科学院蔬菜中心筛选的 N520，湖南省农业科学院蔬菜研究所筛选的 9504，天津市蔬菜研究所筛选的 941001，辽宁省农业科学院园艺研究所筛选的 79 号，原西北农业大学园艺系筛选的关中线椒和哈尔滨市蔬菜研究所筛选的牛角椒等。尖辣椒一般对疫病的抗病性较强，而甜椒多不抗病。

现已发现辣椒属有 20 多个近缘野生种，蕴藏着许多极为珍贵的抗病基因。Clerjeau 等已在 *C. chinense*，*C. pendulum* 等种内找到了抗源，Juarez 也发现了 19 个抗疫病的野生辣椒材料。利用野生抗源，在转移抗病基因的同时也可能携带野生亲本的一些不良农艺性状，从而增加了抗疫病育种的难度。

利用人工诱变方法创造抗源，有一定的机遇性。Favert 和 Saccardo 等人都应用辐射诱变的方法，获得了抗疫病植株。

六、辣（甜）椒抗疫病的鉴定方法

（一）菌株的选择

辣椒疫霉具有较广的寄主范围，用于接种鉴定的病原菌菌株必须来源于辣（甜）椒。分离菌株在长期保存后，致病力有所减弱，因而应适时回接复壮。

（二）接种体准备

不同游动孢子囊内所含的游动孢子数目差异较大，对试验结果的稳定性有较大影响。使用游动孢子作为接种体时，病原菌的繁殖应使用 V8 汁液体培养基，在 25～28℃暗培养 3～4 天后，将菌丝移入无菌水中，每隔 12h 换无菌水 1 次，培养 3～4 天，待游动孢子释放后，用无菌水调整到所需浓度，用作接种体。

（三）鉴定用苗准备

将抗病性鉴定的辣（甜）椒种子按号播在育苗盘内，待幼苗长到2叶1心期，分苗到ϕ7cm营养钵内，基质为经过高温灭菌的土壤或蛭石与草炭（1∶1）混合基质。每份试材培育健康幼苗60株，分成3个重复，每个重复20株。幼苗长至6片真叶展平后用于接种。幼苗应长势好，健壮，生长一致。

（四）接种方法

接种苗生育期以6叶展平为宜，此时辣（甜）椒幼苗茎部开始木质化，植株间的抗病性差异趋于明显。接种方法采用营养钵灌根法，在距茎基部1cm处打一较深的小孔，将接种体悬浮液灌于孔内。注意不要使菌液直接接触到植株根颈或茎基部。接种体悬浮液的剂量为3 000个游动孢子/株（$3ml \times 10^3$个游动孢子/ml）。接种后的材料置于控温室内，气温保持在25±1℃，接后48h内土壤湿度保持近饱和状态，每天光照10～12h，光照强度6 000 lux。

（五）调查方法

辣（甜）椒品种和育种材料对疫病的抗病性差异很大，不同材料的抗病性表现时期也有差异。为体现这些差别，应分3次调查。

第一次调查：在接种48h后（第3天）进行，以了解不同材料的发病速度差别。

第二次调查：在接种后第七天进行，广泛筛选抗病材料时，以此次调查结果为基准。

第三次调查：接种后第十四天进行，目的在于选留抗病性强的单株材料。

发病严重度按下述标准分级：

0级　无病；

1级　幼苗根颈部稍有变黑，叶片不萎蔫或萎蔫可恢复；

2级　幼苗根颈部变黑达1～2cm，叶片不可恢复性萎蔫，下部叶片偶有脱落；

3级　幼苗根颈部变黑超过2cm，叶片明显萎蔫或落叶；

4级　幼苗茎部变黑缢缩，除生长点外全部叶片脱落或整株萎蔫；

5级　植株枯死。

品种对疫病的抗病性级别按下列标准划分：

免疫（I）：病情指数为0；

高抗（HR）：0＜病情指数≤10；

抗病（R）：10＜病情指数≤30；

中抗（MR）：30＜病情指数≤50；

感病（S）：病情指数＞50。

七、辣（甜）椒抗疫病育种的经验、问题及解决途径

我国辣（甜）椒抗疫病育种事业起步较晚，在“八五”期间，由全国十家科教单位协作，在借鉴国外辣（甜）椒抗疫病育种成功经验的同时，针对我国实际情况，对种质资源采用统一鉴定的方法，获得了一批可直接利用的抗疫病材料。在此基础上，很快培育出对疫病具有一定抗性的优良辣（甜）椒一代杂交品种，例如苏椒5号、甜杂6号、中椒5

号、湘研 3 号、湘研 5 号等。这些品种的亲本都来自我国的地方品种，育成后很快得到应用推广，深受我国广大辣（甜）椒种植者的欢迎。

由于我国辣（甜）椒抗疫病育种仅有近 10 余年时间，尚欠全面深入研究，今后还需要解决以下问题：

（1）开展中国辣(甜)椒疫霉致病力分化的研究。这是一项不可或缺的基础性研究工作，只有明确了我国辣椒疫霉致病力分化的实况，才能真正筛选出稳定的抗源材料和育种材料。

（2）开展中国辣（甜）椒种质资源抗疫病的遗传背景和遗传规律研究。我国有较丰富的辣（甜）椒种质资源，尽管辣椒不起源于我国，但栽培历史已达 300 余年，在各地不同的生态环境条件下，经长期驯化，出现了大量地方品种。这些品种在与病原物和环境条件的相互作用中，形成了特定的遗传背景和遗传机理。开展遗传研究，有利于充分挖掘和合理利用抗源，加速我国辣（甜）椒抗疫病育种进程。

（3）挖掘和创造高水平的抗源材料。众所周知，抗源是抗病育种工作的基础，是育成抗病品种的前提。我国到底有多少辣（甜）椒抗源可资利用？还需要深入研究与挖掘后才能给出答案。据国外研究，高水平的疫病抗源材料，主要集中在辣椒的近缘野生种中，只有转育利用这类抗源，才能创造出高水平的育种材料。这一工作尽管难度很大，但只要采用灵活、实用、科学的方法，甚有潜力和前途。

（4）采用科学实用的抗病育种方法是快出、多出抗病品种的关键。国外在种质资源和育种材料抗病遗传研究的基础上，根据具体育种材料的遗传特点，分别采用以下 3 种方法，育出了抗疫病品种，这些方法值得借鉴。

第一，杂种优势利用。这是辣（甜）椒抗疫病育种的重要方法，当对疫病的抗病性由 1 对或 2 对基因控制时，可将抗病性由单亲或双亲导入 F_1 代杂种中。Sharma 等采用 Waxy Globe（抗病）×Yolo Wonder（感病），California（感病）×Solan Yellow（抗病）等组合，分别获得了相当抗病的 F_1 代。Barksdale 等将 Fyuco（抗病）或 Ps（抗病）分别与 California Wonder（感病）杂交，发现其 F_1 杂种的抗病程度与抗病亲本相当。

第二，添加杂交法。这是辣（甜）椒多抗育种的重要方法。添加杂交法可将分散于多个亲本上的优良性状综合于杂种之中，大大丰富杂种的遗传组成，可育成综合性状优良、适应性广、抗多种病害的优良品种。在辣（甜）椒栽培过程中，往往发生多种病害。推广抗单一病害的品种后，可能导致其他病害猖獗，其他病害也可能降低植株对主要病害的抗病性。因而采用添加杂交法，开展多抗育种，显得尤为重要。Choi 等将疫病感病品种 Taeanjaerae 与寡基因抗疫病品种 Gimjanggochu 杂交，其 F_1 代再同抗 TMV 的 Taegujaerae 杂交，从杂交后代中选育出了兼抗疫病和 TMV 的多抗品种 Jangsuguchu。

第三，回交育种法。该法已广泛应用于辣（甜）椒的抗疫病育种。当抗病性受主效基因控制且遗传力较高时，采用回交育种法可成功选育出抗疫病新品种。Saini 等曾用 Waxy Globe（抗病）与 California Wonder（感病）进行 3 次回交后，获得了 1 个品系，既具有 Waxy Globe 的抗病性，又具有 California Wonder 的大果等优良性状。

参考文献

[1] 李树德. 中国主要蔬菜抗病育种进展. 北京：科学出版社，1995

[2] 邹学校. 辣椒品种资源抗病性与起源地生态环境的关系. 北京：中国广播电视出版社，1993
[3] 林柏青，张松林. 辣椒品种抗疫病鉴定方法的初步研究. 中国蔬菜，1994 (4)：21～24
[4] 王述彬，赵华仑，丁犁平等. 辣椒疫霉游动孢子在不同基因型辣椒根表侵入活动的初步研究. 植物病理学报，1995，25 (1)：86
[5] Barrios E P, Mosolcar H I, Black L L. Inheritance of resistance to TEV and CMV in *Capsicum frutescens*. Phytopathology , 1971, 61: 1318
[6] Bawden FC, Kassanis B. The suppression of one plant virus by another. Ann Appl Biol, 1945, 32: 52～57
[7] Boukema. Allelism of genes controlling resistance to TMV in *Capsicum* L. Euphytica , 1980, 29: 433～439
[8] Byung - Kook - Kwnag. Soluble proteins, esterases and superoxide dismutase in stem tissue of pepper plants in relation to age - related resistance to *Phytopathora capsici*. Journal of Phytopathology, 1991, 132 (2): 129～138
[9] Greenleaf. Inheritance of resistance to TEV in *Capsicum frutescens* and in *C. annuum*. Phytopathology, 1956, 64: 371～373
[10] Holmes FO. Inheritance of ability to tobacco mosaic vinis. Phytopathology. 1934, 24: 984～1002
[11] Kimble KA, Groogan RG. Resistance to Phytophthora root rot in pepper. Plant Dis Rep, 1960, 44: 872～873
[12] Pochard. Methods for studying partial resistance to CMV. CAPSICUM, 1977, 77: 93～104
[13] Rusko J, Csillery G. Selection for CMV resistance in pepper by the method develeped by Pochard. CAPSICUM , 1980, 80: 37～39
[14] Simmons L B. Virus resistance and symptom expression in *Capsicum* species. Louisiana State Univ. 1980, 5th Natl. Pepper Conf.
[15] Smith PG, et al. Inheritance of resistance in pepper to Phytophthora root rot. Phytopathology, 1967, 57: 377～379
[16] Wang Shubin, Pissawan Chiemsombat, Yang Charles. Evaluation of pepper (sweet pepper) resistance to CMV at seedling and maturation stages of plants. 江苏农业学报，1998，14 (1)：21～26

图书在版编目（CIP）数据

中国农作物抗病性及其利用/李振岐，商鸿生主编．北京：中国农业出版社，2005.8
ISBN 7-109-09884-2

Ⅰ.中… Ⅱ.①李…②商… Ⅲ.作物—抗病性—研究—中国 Ⅳ.S432.2

中国版本图书馆 CIP 数据核字（2005）第 054187 号

中国农业出版社出版
（北京市朝阳区农展馆北路 2 号）
（邮政编码 100026）
出版人：傅玉祥
责任编辑　张洪光

中国农业出版社印刷厂印刷　新华书店北京发行所发行
2005 年 9 月第 1 版　2005 年 9 月北京第 1 次印刷

开本：787mm×1092mm 1/16　印张：36　插页：8
字数：839 千字　印数：1～2 500 册
定价：148.00 元